国家高技术研究发展计划项目课题研究成果
流域水循环模拟与调控国家重点实验室资助

畦田施肥灌溉地表水流溶质运动理论与模拟

许　迪　章少辉　白美健　李益农　著

科学出版社
北　京

内 容 简 介

本书以国家高技术研究发展计划(863 计划)项目课题和国家自然科学基金课题等取得的研究成果为依托,围绕畦田施肥灌溉地表水流溶质迁移运动过程,开展相关理论与模拟方法研究。其中第 2 ~ 第 4 章主要阐述畦田施肥灌溉地表水流溶质运动理论与模拟方法;第 5 ~ 第 8 章主要涉及畦田灌溉地表水流运动模拟;第 9 ~ 第 11 章主要开展畦田施肥灌溉地表水流溶质运动模拟;第 12 ~ 第 15 章主要进行畦田施肥灌溉性能评价与技术要素优化组合分析。

本书具备理论性、前沿性和适用性,可供从事农业水土工程、农田水利工程等学科的科研人员、教师、设计人员及管理者参考,也可作为相关专业研究生和本科生的学习参考书。

图书在版编目(CIP)数据

畦灌施肥灌溉地表水流溶质运动理论与模拟 / 许迪等著. —北京：科学出版社，2017.12

ISBN 978-7-03-055356-0

Ⅰ. 畦… Ⅱ. 许… Ⅲ. 畦灌-施肥-研究 Ⅳ. ①S275.3 ②S147.2

中国版本图书馆 CIP 数据核字（2017）第 281892 号

责任编辑：李 敏 杨逢渤 / 责任校对：彭 涛

责任印制：肖 兴 / 封面设计：章少辉 黄华斌

科学出版社 出版

北京东黄城根北街 16 号

邮政编码：100717

http://www.sciencep.com

中国科学院印刷厂 印刷

科学出版社发行 各地新华书店经销

*

2017 年 12 月第 一 版 开本：787×1092 1/16

2017 年 12 月第一次印刷 印张：29 1/4

字数：700 000

定价：298.00 元

（如有印装质量问题，我社负责调换）

序　　言

地面施肥灌溉因具备简便、经济、实用的特点，已在国外农业生产中得到应用。在地面施肥灌溉条件下，地表水肥料溶质沿畦（沟）长度分布的均匀性将直接影响下渗肥分在作物根系层内的分布状况，这不仅取决于灌水分布的均匀性，还与施肥分布的均匀性密切相关。粗放的地面施肥灌溉措施必然导致肥料的非均匀分布及深层渗漏流失，致使施肥灌溉性能下降并对农田水土环境带来潜在危害。

为了获取高水准的地面施肥灌溉性能与效果，不断改进和完善地面施肥灌溉设计方法及运行管理活动，亟待开展地面施肥灌溉地表水流溶质运动理论与模拟方法研究，丰富完善相关的理论与方法，创建开发相应的数学模型，建立改进相关的数值模拟解法，以便为优化地面施肥灌溉工程设计方案、评价地面施肥灌溉系统性能、鉴选地面施肥灌溉运行管理措施提供支撑条件，实现灌溉节水（肥）增效和农田减排降污的目标。

围绕畦田施肥灌溉地表水流溶质运动理论与模拟研究主题，本书作者依托国家863计划课题“激光控制平地与精细地面灌溉设备”（2006AA100210）、“精细地面灌溉技术与设备”（2011AA100505），以及国家自然科学基金项目“微地形和入渗空间变异对畦灌性能组合影响研究”（50909100）、“撒施化肥下畦灌地表–土壤水肥耦合模拟方法研究”（51209227）“土地精细平整下畦灌二维水流运动特性及畦田布局模式研究”（51279225），长期系统地开展田间科学试验观测、理论机理深化、模拟模型创建、数值求解方法构建、模拟分析评价等室内外深入研究。基于试验观测与理论分析相结合的思路，丰富了畦田施肥灌溉地表水流溶质运动理论与模拟方法，创建了基于全水动力学方程数学类型改型的地表非恒定流运动模拟技术与方法，构建了畦田撒（液）施肥料灌溉地表水流溶质运动全耦合模型，开展了畦田撒（液）施肥料灌溉性能模拟评价与技术要素优化组合分析，取得了如下四个方面的主要创新成果。

第一，基于基础物理学与几何学新视角，丰富了现有畦田施肥灌溉地表水流溶质运动理论与方法，改进和完善了地表水流溶质运动模拟模型及其数值模拟方法，为科学表征和数值求解畦田施肥灌溉地表水流溶质迁移运动提供了数理基础与模拟方法。

1）丰富了畦田施肥灌溉地表水流溶质运动理论与模拟方法。构建了不同坐标系下地表水流溶质运动各物理变量之间的变换关系式，有效降低了应用地表水流溶质运动张量解决实际问题的数学难度；简化完善了雷诺平均尺度下和地面水深尺度下地表水流溶质运动控制方程的推导过程，构建了两种尺度下地表水流流速之间的定量关系式；提出了基于剪切理论的地表水流溶质弥散系数表达式，拓展了守恒型对流–弥散方程的表述形式，为开展跨尺度下的地表水流溶质运动数值模拟提供了理论依据。

2）完善了畦田施肥灌溉地表水流溶质运动模拟模型。对地表水流溶质运动控制及耦合方程表达式与其数值模拟方法的数理需求分析表明，采用守恒–非守恒型全水动力学方程和守恒型对流–弥散方程及具备自适应迎风特征离散格式的有限体积法，是准确表述畦田施肥灌溉地表水流溶质运动的最佳选择；基于畦面微地形空间分布状况影响的数理需求解析，揭示了基于守恒–非守恒型全水动力学方程可以有效规避维系物理变量之间数值平衡关系约束的内在机理。

3）改进了畦田施肥灌溉地表水流溶质运动数值模拟方法。对地表水流溶质运动控制及耦合方程的系统性数学类型分类，为有效选择或合理构建适宜的数值模拟方法奠定了基础；基于构造的地表水流溶质运动物理波特征向量空间与实际物理空间的双重映射关系，形象地诠释了向量耗散有限体积法的数理机制；借助立体几何直观表达形式，改进了地表水流溶质运动干湿边界捕捉方法，克服了现有方法仅适用于地表水流溶质运动消退过程的明显缺陷。

第二，基于改变偏微分方程组数学类型的思路，创建了基于双曲–抛物型守恒–非守恒全水动力学方程的地面灌溉模型及其数值模拟方法，构建了各向异性畦面糙率模型，攻克了初始地表水深、干湿边界、糙率各向同性等前提假设条件不合理的技术难题，为模拟地面灌溉地表非恒定流运动提供了可靠的数值求解工具与手段。

1）创建了双曲–抛物型守恒–非守恒全水动力学方程并构造了相应的初始条件和边界条件。通过设置并引入平衡函数，将双曲型守恒–非守恒全水动力学方程分解为描述地表水流运动扩散效应和对流效应的抛物型扩散方程及双曲型对流方程，创立了易于被数值模拟求解的双曲–抛物型守恒–非守恒全水动力学方程，完全规避了因初始地表水深假设引起的在无水区域求解抛物型扩散方程遇到的数学奇点问题，且仅在有水区域定义并运算双曲型对流方程，摒弃了干湿边界条件，避免了由此带来的计算误差。

2）构建了各向异性畦面糙率模型。考虑畦面糙率各向异性显著特征，将抛物型扩散方程中的标量型地表水流扩散系数转换为张量型向量，基于双曲型对流方程中的各向同性畦面糙率向量，推导获得各向异性畦面糙率向量表达式，由两者共同构成的各向异性畦面糙率模型真实反映和体现出畦底表土形态对水流运动阻力产生的影响作用。

3）建立了标量耗散有限体积法及全隐时间离散数值解法。采用零耗散中心格式有限体积法空间离散抛物型扩散方程，基于迎风格式基本概念并类比于空气动力学中对马赫数在数值平均意义下的重新定义，建立起具有标量耗散特征的有限体积法并对双曲型对流方程进行空间离散，采用全隐时间离散格式达到统一数值模拟求解双曲–抛物型守恒–非守恒全水动力学方程中各分量项的目的，实现了真正意义上的无条件稳定性数值求解。

与现有双曲型守恒全水动力学方程地面灌溉模型的最佳模拟效果相比，对考虑各向异性畦面糙率模型的双曲–抛物型守恒–非守恒全水动力学方程地面灌溉模型而言，数值模拟求解难度明显下降，估值精度提高了 12 个百分点以上，水量平衡误差降低了 3 个量级，数值计算稳定性高出了 2 个量级，计算效率上升了近 10 倍，量级提升了地表非恒定流运动模拟性能。

第三，基于跨越典型特征尺度构思，创立了畦田撒施肥料灌溉地表水流溶质运动全耦合模型，突破了迄今为止无法模拟撒施肥料灌溉地表水流溶质运动的技术瓶颈，构建了畦田液施肥料灌溉地表水流溶质运动全耦合模型，为畦田施肥灌溉地表水流溶质运动数值模拟及工程优化设计与性能评价提供了可靠的支撑条件。

1）创立了畦田撒施肥料灌溉地表水流溶质运动全耦合模型。在采用地面水深尺度下的双曲–抛物型守恒–非守恒全水动力学方程表述地表水流运动过程的基础上，基于雷诺平均尺度下垂向非均布流速分布律及守恒或非守恒型 Navior-Stokes 方程组的质量守恒方程，重构了三维非均匀分布地表水流速场，利用雷诺平均尺度下守恒型对流–扩散方程描述地表水流溶质运动过程，创立了跨越典型特征尺度下的畦田撒施肥料灌溉地表水流溶质运动全耦合模型，实现了地表水流的对流与扩散过程和溶质的对流与扩散过程间的非线性互动关联。

2）构建了畦田液施肥料灌溉地表水流溶质运动全耦合模型。借助双曲–抛物型守恒–非守恒全水动力学方程描述畦田液施肥料灌溉地表水流溶质运动过程，利用守恒型对流–弥散方程表述地表水流溶质运动过程，构建了畦田液施肥料灌溉地表水流溶质运动全耦合方程及全耦合模式，实现了地表水流溶质弥散过程与地表水流溶质运动其他物理过程之间的全耦合同步求解。

畦田液施肥料灌溉地表水流溶质运动全耦合模型模拟的氮素浓度平均值相对误

差约为 5%，在数值计算稳定性和质量平衡误差等方面也具备优良性能；与现有地表水流溶质运动耦合模型的最佳模拟效果相比，畦田液施肥料灌溉地表水流溶质运动全耦合模型的氮素浓度模拟精度提高了 3 个百分点以上，质量平衡误差降低了 3 个量级，明显改善了模拟效果。

第四，基于肥料非均匀撒施系数定义，采用建立的畦田施肥灌溉地表水流溶质运动全耦合模型，系统开展了撒施和液施肥料灌溉性能模拟评价及技术要素优化组合分析，确定了施肥灌溉技术要素优化组合方案及其空间区域，为畦田施肥灌溉工程优化设计与运行管理提供了参数选择依据。

1）畦田撒施肥料灌溉性能模拟评价与灌溉技术要素优化组合。揭示出施肥性能评价指标施氮分布均匀性 UCC_N 和施氮效率 E_{aN} 随肥料非均匀撒施系数的增大呈现出先升后降的变化趋势与特点，发现不同入流形式下最佳肥料非均匀撒施系数随畦田规格（条畦→窄畦→宽畦）扩大而递减增加，不同畦田规格下最佳肥料非均匀撒施系数却随入流形式（线形→扇形→角形）变化而递增上升，扩大畦田规格将增加各入流形式下的最佳肥料非均匀撒施系数。在 $UCC_N \geqslant 75\%$ 和 $E_{aN} \geqslant 75\%$ 约束下确定的施肥灌溉技术要素优化组合空间区域，可为华北平原冬小麦畦田撒施肥料灌溉工程优化设计与运行管理提供参数选择依据。

2）畦田液施肥料灌溉性能模拟评价与灌溉技术要素优化组合。揭示出施肥性能评价指标施氮分布均匀性 UCC_N 和施氮效率 E_{aN} 随施肥时机的变化呈现出逐渐下降的变化趋势与特点，发现扇形和角形入流形式下最佳施肥时机随畦田规格（条畦→窄畦→宽畦）扩大由前半程液施灌溉转为全程液施灌溉，窄畦和宽畦下最佳施肥时机也随入流形式（线形→扇形→角形）变化由前半程液施灌溉转为全程液施灌溉，扩大畦田规格将改变扇形和角形入流形式下的最佳施肥时机选择。在 $UCC_N \geqslant 75\%$ 和 $E_{aN} \geqslant 75\%$ 约束下确定的施肥灌溉技术要素优化组合空间区域，可为华北平原冬小麦畦田液施肥料灌溉工程优化设计与运行管理提供参数选择依据。

全书由参与上述国家 863 计划项目课题和国家自然科学基金项目的科研人员合作撰写。第 1 章由许迪、章少辉、白美健、李益农撰写；第 2、第 5、第 11、第 15 章由许迪、章少辉、白美健、李益农撰写；第 3、第 4、第 6、第 10、第 14 章由章少辉、许迪、白美健、李益农撰写；第 7、第 12、第 13 章由白美健、许迪、李益农、章少辉撰写；第 8、第 9 章由李益农、白美健、许迪、章少辉撰写；由许迪完成全书统稿。

除上述人员外，先后参与本项工作的其他人员还有：中国水利水电科学研究院李福祥、史源等，以及博（硕）士研究生于非、梁艳萍、李志新、董勤各、刘姗姗、张凯等。此外，在研究过程中，还得到大连理工大学金生教授、清华大学余锡平教授的热情指教与帮助，以及河北省冶河灌区管理处、北京市大兴区水务局、新疆生产建设兵团等单位的大力协助和支持，在此一并表示由衷的感谢和敬意！

由于研究水平和时间所限，书中难免存在不足和疏漏，恳请同行专家批评指正，不吝赐教。

作　者

2017 年 12 月

Preface

Surface fertilization irrigation has been widely applied in agricultural production practices due to its simple, economical, and practical properties. In surface fertilization irrigation, the water and fertilizer distribution uniformity along the field surface can directly affect the nutrient distribution in crop root zone, which depends not only on irrigation water uniformity but also on fertilization distribution uniformity. As a result, extensive surface fertilization irrigation strageties will inevitably lead to uneven fertilizer distribution and deep percolation loss, and therefore low fertilization performance and potential damage to the soil and water environment of farmland.

To achieve accurate performances and effects of surface fertilization irrigation, and to continuously improve the design and management of surface fertilization irrigation system, it urgently needs to conduct research on the theory and method on surface water flow and solute transport, enrich relevant theory and method, develop corresponding mathmatical model, and construct and improve relevant numerical solution, so that to provide support in the optimal design, performance evaluation, as well as identification and selection of operation and management strategies of surface fertilization irrigation system for the ultimate target of improving irrigation water use and fertilizer application efficiency and of reducing farmland pollution.

The authors of this book have been focusing on the theory and simulation of water flow and solute transport in surface fertilization irrigation over the past years, and deeply and systematically devoting themselves to field experiment observation, theoretical mechanism exploration, simulation model development, numerical simulation method construction, simulation analysis and performance evaluation about surface fertilization irrigation based on recent research projects, including the National High Technology Research and Development Program Projects of "Laser-control land leveling and precise surface irrigation equipments (2006AA100210)" and "Precise surface irrigation technology and equipments (2011AA100505)" as well as the National Natural Science Foundation Projects of "Study on the effects of the spatial variability of micro-topography and infiltration on irrigation performance (50909100)", "Study on the water-fertilizer coupled simulation method in surface-subsurface domain under basin irrigation with conventional fertilizer application (51209227)" and "Study on 2-D irrigation water flow characteristic and basin layout mode with precise land leveling (51279225)". Based on the combination of experiment observation, theoretical analysis and numerical simulation, the authors enriched and developed the mathematical-physical theory and numerical method on water flow and solute transport in surface fertilization irrigation, created the simulation technology and method for unsteady surface water flow based on the mathematical type modification of Fully-Hydrodynamic Equation, and construct the fully-coupled models for surface water flow and solute transport in both basin fertigation and basin irrigation with conventional fertilizer application. Moreover, the models developed above had been applied to simulate the impact of the technological elements in basin fertilization irrigation on fertilization performance, and to determine the optimal combination of these technological elements. Overall, four major innovations had been achieved as follows:

(1) Based on a novel perspective of basic physics and geometry, existing theory and method on surface water flow and solute transport in basin fertilization irrigation were enriched, and the corresponding mathematical model and its numerical solutions were effectively improved, thus providing mathematical-physical basis and simulation method for scientific characterization and numerical solution of surface water flow and solute transport processes in basin fertilization irrigation.

(2) Based on the thinking of changing the mathematical type of the partially differential equation, a surface irrigation mathmatical model and its numerical solution on the basis of conserved/non-conserved Fully Hydrodynamic Equation with hyperbolic-parabolic hybrid structure were first established and an anisotropic roughness model was developed, and the technical difficult problems in the hypothetical conditions of initial water depth, dry-wet boundary and isotropic roughness were totally overcome and tackled, thus providing reliable numerical solution tools and means for simulation of surface water flow and solute transport in basin fertilization irrigation.

(3) Based on a conception across typical characteristic scales, a fully-coupled model to simulate surface water flow and solute transport in basin irrigation with conventional

fertilizer application was constructed, and meanwhile a fully-coupled model to simulate surface water flow and solute transport in basin fertigation was developed, thus providing reliable support for the optimal design and performance evaluation of basin fertilization irrigation system.

(4) Based on the definition of non-uniform conventional fertilizer application coefficient, the developed fully-coupled models as mentioned above were applied to evaluate the fertilization performance and to determine the optimal scenarios and phase domain of the technological factors in basin fertilization irrigation, thus providing basis for parameter selection in the optimal design and operation management of basin fertilization irrigation system.

The following colleagues contributed to this work: Li Fuxiang, Shi Yuan, Wu Caili as well as Yu Fei, Liang Yanping, Li Zhixin, Dong Qinge, Liu Shanshan, Zhang Kai. The authors are grateful to Professor Jin Sheng of Dalian University of Technology and Professor Yu Xiping of Tsinghua University. The authors would also like to thank the irrigation districts in Hebei province, Beijing Daxing Water Resources Bureau, and Xinjiang Production & Construction Corps.

目　录

Catalogue

第 1 章
Chapter 1

绪　　论

步入21世纪后,世界各国社会经济可持续发展强烈依赖于粮食安全和水安全,致使大力发展灌溉农业的重要性与必要性日趋显现。当前全球农作物灌溉面积约占总耕地面积的20%,全球灌溉用水量约占总用水量的70%,其中约95%的农作物灌溉面积使用地面灌溉技术与方法(Turral et al.,2010;UNESCO,2014)。伴随着地面灌溉技术与方法的普遍采用,近年来,地面施肥灌溉也得到实际应用(Kafkafi et al.,2011)。

地面施肥灌溉通常分为撒施肥料灌溉和液施肥料灌溉两种方式。前者是包括中国在内的发展中国家普遍使用的地面施肥灌溉方式,具有施肥灌水简便、无需专业设备投入等特点,但存在水肥施用过程可控性差、水肥分布均匀性较低等缺陷;后者则是施肥与灌溉结合的产物,将肥料预先溶解后形成的肥液随灌溉过程均速注入田间,借助施肥装置实现控制施肥时机及用量的目的,具备省时、省力、化肥利用率较高等特点(Boldt et al.,1994;Playán et al.,1997;Burguete et al.,2009)。

肥料在地面施肥灌溉过程中伴随着地表水流作溶质迁移对流-扩散运动,肥料溶质沿畦(沟)长度的均匀分布状况主要取决于灌溉水分分布均匀性和施肥灌溉方式,非均匀的肥料分布状况常使相当数量的肥料经深层渗漏、地表径流等途径流失损耗,进而污染地表和地下水体(Boldt et al.,1994)。因此,为了获得高水平的地面施肥灌溉性能并有效减少对农田生态环境产生的潜在影响,亟待采用合理的地面施肥灌溉技术与方法,并据此开展相关工程优化设计与运行管理活动(Zerihun et al.,2003)。

近年来,地面施肥灌溉工程优化设计与性能及运行管理效果评价正日趋建立在对施肥灌溉技术要素进行优化组合的数值模拟基础上,进而形成对地面施肥灌溉地表水流溶质运动理论与模拟方法的迫切需求。然而,现有地表水流溶质运动理论与模拟方法基本上直接移植于河流动力学相关理论与模型(García-Navarro et al.,2000;Abbasi et al.,2003;Zerihun et al.,2005a),并未考虑地表浅水流运动下地表(田面)相对高程空间分布差异与地表水深同属于相同量级变量的物理事实,因而忽略了地表水流溶质运动缓慢扩散及局部绕流现象对水肥运动规律与特征产生的显著影响,导致现有地表水流溶质运动模型与方法的模拟性能和效果相对偏低,甚至许多情况下无法满足解决实际问题所需。为此,亟待深入研究不同地面施肥灌溉方式下的地表水流溶质运动规律与特征,正确认识地表水流溶质运动的基本物理特征,合理表述地表水流溶质运动控制方程的数学表达形式,研发撒施和液施肥料灌溉地表水流溶质运动控制方程及模拟模型,开发相关的数值模拟求解方法,以便为优化施肥灌溉工程设计方案、评价施肥灌溉性能、鉴选施肥灌溉运行管理措施提供支撑条件。

1.1　地面灌溉地表水流运动理论与模拟方法

现有地面灌溉地表水流运动理论与模拟方法主要来自河流动力学相关理论与模型,即将地表水流运动控制方程与地表入渗公式相结合,在必要的初始条件和边界条件约束下,建立起用以模拟再现地面灌溉水流动力学过程的地面灌溉模型。其中,地表水流运动控制方程常以地面水深尺度下的守恒型全水动力学方程为依托,实际当中也采用其简化形式:零惯量(扩散波)方程和动力波方程,而地表入渗公式则主要使用经验型公式。用于求解地面灌溉模型的数值方法主要包括特征线法、有限差分法、有限体积法、有限单元法等。

1.1.1 地表水流运动控制方程与初始和边界条件

1.1.1.1 地表水流运动基本物理特征与灌溉技术要素

地面灌溉是指水流从地表进入田间并借助重力和毛细管力作用浸润土壤的一种常见灌溉方法,按照浸润土壤方式差异又可分为畦田灌溉(畦灌)和沟田灌溉(沟灌)两种形式。畦田灌溉是我国最普遍采用的地面灌溉形式(图1-1)。通过修筑的田埂将受灌农田分隔成一系列畦块后,将水流从末级供水渠道或管道引入畦田,水流沿畦长方向(一维条畦)或沿畦长和畦宽两个方向(二维宽畦)做对流、扩散、局部绕流等一系列非恒定运动,并在流动过程中受重力作用入渗逐渐湿润土壤。地表水流运动过程一般包括水流的推进、消退和入渗等时段,入渗贯穿于全部时段中。

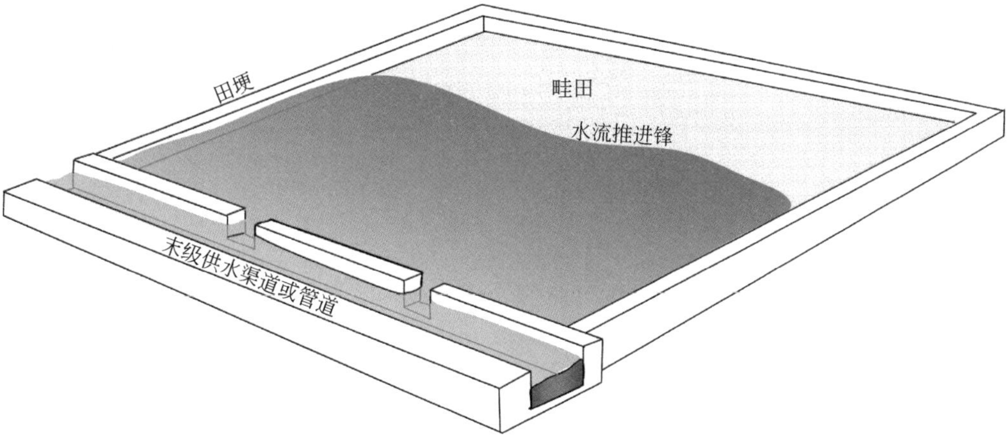

图1-1 畦田灌溉示意图

影响地表水流运动过程进而影响地面灌溉性能的主要灌溉技术要素可以划分为三种类型:①田块几何尺度要素,包括畦(沟)长(宽)度、田面微地形空间分布状况、纵(横)向坡度、畦(沟)尾部封闭状态;②灌溉管理要素,包括入地流量、入流形式、改口成数;③土壤特性要素,包括土壤入渗特性和田面糙率方向性。灌溉效率、灌水均匀度等地面灌溉性能评价指标均为以上灌溉技术要素的函数,改变并优化组合这些技术要素可获得最佳的地面灌溉性能与效果。

在以上影响地面灌溉性能的主要灌溉技术要素中,田块几何尺度要素和灌溉管理要素均属于可控因子,采用人为措施与活动可达到改变其现状的目的,而土壤特性要素则属于不可控因子,受土壤质地、土壤水分布、表土固结度、耕作栽培措施等影响,土壤特性常表现出程度不一的时空变异性,致使地面灌溉性能呈现出不确定性与随机性。大量研究结果表明(Zapata and Playán,2000;Strellkoff et al.,2003;许迪等,2007),在地面灌溉工程设计与运行管理优化条件下,影响地表水流运动过程和地面灌溉性能的主要灌溉技术要素是田面微地形空间分布状况(图 1-2)、土壤入渗时空变异性(图 1-3)和田面糙率方向性(图 1-4),这些应该在地面灌溉地表水流运动理论与模拟方法研究中给予重点关注。

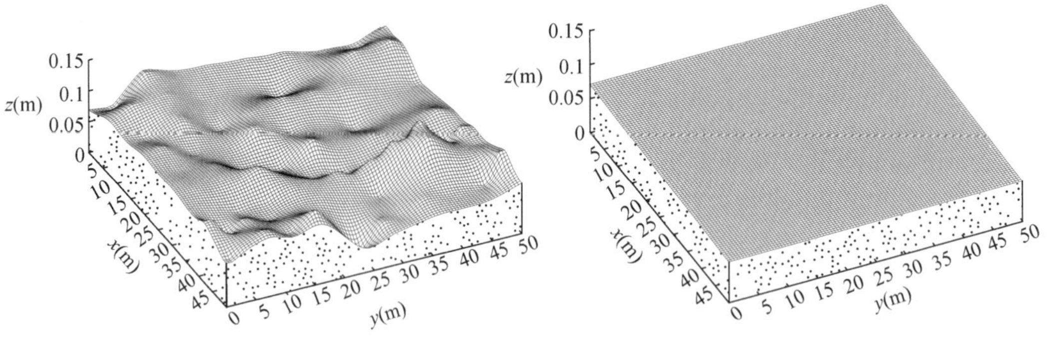

(a) 考虑田面微地形空间分布状况　(b) 不考虑田面微地形空间分布状况

图 1-2　典型田块的田面微地形空间分布状况示意图

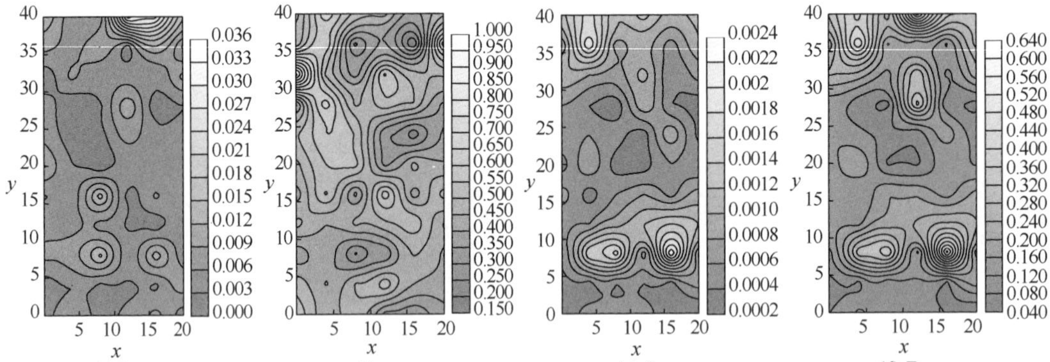

(a) k_{in}　(b) α　(c) f_0　(d) Z_{180}

图 1-3　典型田块的经验性入渗公式参数($Z=k_{in}\cdot\tau_{in}^{\alpha}+f_0\cdot\tau$)空间分布状况

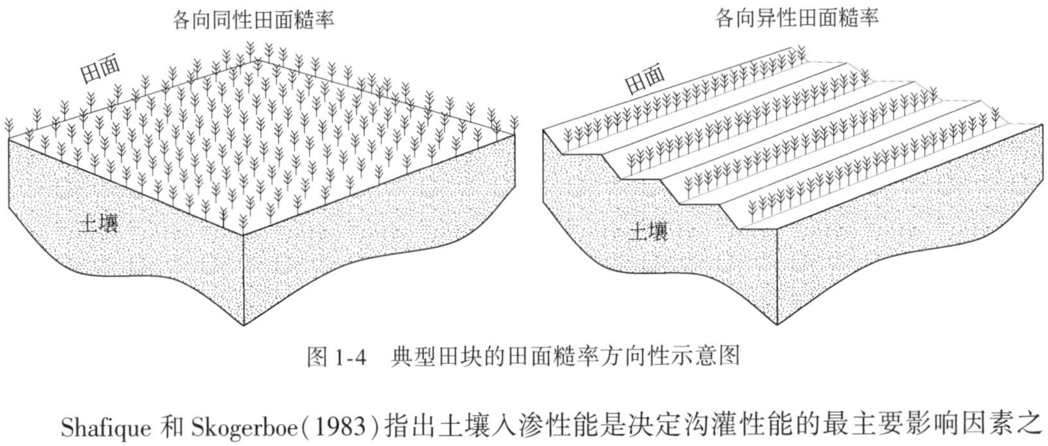

图 1-4　典型田块的田面糙率方向性示意图

Shafique 和 Skogerboe(1983)指出土壤入渗性能是决定沟灌性能的最主要影响因素之一,其时空变异性是获得较高灌溉效率的主要制约因子。Izadi 和 Wallender(1985)发现沟灌中约1/3的土壤入渗变异性起因于沿沟长湿周的变异性，其余2/3与土壤质地变异性和观测误差有关。Jaynes 和 Hunsaker(1989)指出尽管畦灌下土壤入渗变异性的稳定性较高，但入渗率的变异系数仍高达53%。Hunsaker 和 Bucks(1991)指出水平畦灌下51%～68%的入渗变异性来自灌前土壤含水量的差异，其余是非均匀田面高程分布差异造成的，且37%的冬小麦产量变异性归咎于土壤入渗变异性。Playán 等(1996)认为水平畦灌下的畦面微地形空间分布状况差异，可引起约34%的入渗受水时间变异及73%的入渗受水深变异，且地表水流运动推进和消退时间及灌溉性能明显受到微地形状况影响。de Sousa 等(1995)提出水平沟灌下的田面高程非均匀性会明显减少灌水均匀度，导致作物产量最多减少2/3。此外，灌溉浅流下的地表作物覆盖对水流运动阻力较大，且缓流下的水流阻力并非处于全紊流状态，导致畦面糙率随雷诺数、地表植被特性变化而发生改变(Strelkoff et al.,2000)。许迪等(2002)根据冬小麦田间灌溉试验结果，讨论了畦面微地形空间分布状况对灌水质量及作物产量的影响，研究表明畦灌性能和作物产量随田面平整状况的改善而得到明显提高，采用激光控制土地精平技术可以实现高标准的田面平整程度。因耕作播种等形成的作物布局结构及地表局部的起伏凹凸常表现出特定方向性，致使地表水流阻力呈现出各向异性特征，在二维宽畦下尤为凸显。Strellkoff 等(2003)初步提出了考虑畦面糙率各向异性的张量型地表水流运动阻力系数，但却无法用于扩散效应和对流效应并存的状况。

1.1.1.2 地表水流运动控制方程

地面灌溉地表水流垂向运动尺度远小于其水平向，故属于典型的浅水流运动状态，符合浅水动力学垂向静压假设条件，即水流压力沿垂向近似呈静压分布状况(潭维炎,1998；江春波等,2007)，故可采用地面水深尺度下的守恒型全水动力学方程表述地面灌溉地表水流运动过程。尽管守恒型全水动力学方程在描述洪水演变与河流水动力学过程等激变非恒定流运动中得到广泛应用(Liang and Marche,2009)，但当表述地面灌溉地表水流运动过程时，却往往表现出较差的表达性能(Rogers et al.,2003)。如图1-5所示，与洪水演变和河流水动力学下的地表浅水流运动状况相比，地面灌溉浅水流运动条件下的流速和水深远小于前者，且地表(畦面)相对高程 b 的空间分布差异对水流运动影响的尺度效应呈量级提升，致使地表水流局部绕流扩散现象严重，影响到利用该方程对此物理问题加以表述的正确性。此外，为了考虑畦面微地形空间分布状况对地面灌溉地表水流运动过程的影响，常需在数值求解守恒型全水动力学方程过程中维系物理通量梯度与地表(畦面)相对高程梯度向量之间的数值平衡关系，这导致模拟性能下降(Morton and Mayers,2005)。

鉴于地面灌溉下的流速相对缓慢，在舍去守恒型全水动力学方程中惯性量项(加速度项)后，形成了零惯量(扩散波)方程(Strelkoff and Katopodes,1977；Strelkoff et al., 2003)，由于其仅描述了地表水流在重力作用下的水波扩散过程，又称为扩散波方程(Hughes et al.,2011)，适用于描述较小弗劳德数 Fr 下的地表水流运动过程(Walker,1987；Bradford et al.,2002)。此外，由于零惯量(扩散波)方程中的分量方程仍为偏微分方程，故在一维条件下又提出了动力波方程，即在不考虑畦面微地形空间分布状况下，一维地表水流的水面线近似呈指数函数形式分布(Walker and Skogerboe,1987)，可以用来近似替代零惯量(扩

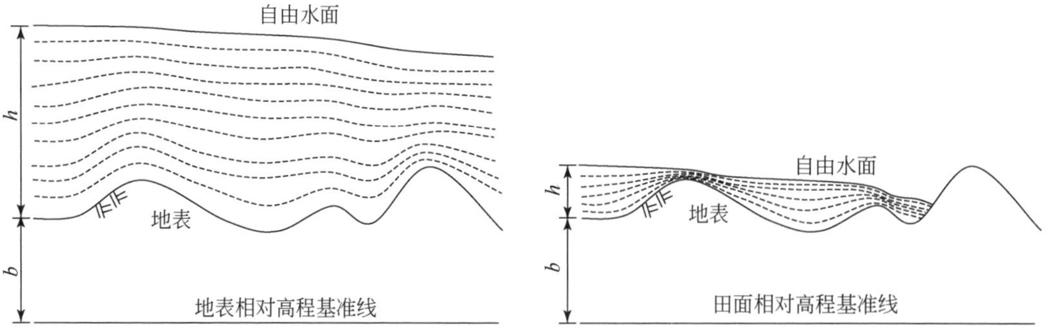

(a) 洪水演变和河流水动力学　　(b) 地面灌溉

图 1-5　不同水力学条件下地表水流运动状况的示意图

散波)方程中的动量守恒方程,但因限制条件较多致使该方程很少用于实际(Strelkoff et al.,1998)。

1.1.1.3　地表入渗公式

为了表述地面灌溉多孔基底界面上的地表水流运动过程,可将地表水流运动控制方程与入渗公式相结合,建立起地面灌溉模型,并将入渗耦合在该模型的源(汇)项当中。入渗常被视为单相非压缩流体运动,可借助非饱和土壤水流动 Darcy 定律和质量守恒原理加以描述。当采用具有物理机制的土壤水动力学方程(Richards 方程)表征入渗时,具有精确描述土壤水变饱和运动且入渗估值精度较高的特点,但难点在于需要获取土壤水力特性参数并对其进行率定(Strelkoff et al.,1998)。为此,常采用经验型或具有半物理机制的公式描述入渗,这包括 Kostiakov 公式(1932 年)、Kostiakov-Lewis 公式(1981 年)、Horton 公式(1940 年)、Philip 公式(1957 年)、Green-Ampt 公式(1911 年)等。其中,具有半物理机制的 Green-Ampt 公式考虑了土壤质地、干容重、先期土壤含水量、地表水深等影响因素,物理意义明确、估值效果较好,但受复杂的物理参数定义、大量的试验观测数据需求、繁琐的公式推理过程等制约,其更多局限在理论意义上而实用性却相对较低(Bautista et al.,2001)。采用 Kostiakov 公式、Kostiakov-Lewis 公式、Horton 公式和 Philip 公式等经验型公式描述入渗过程主要与受水时间有关,其式中经验参数少且获取相对容易,综合反映了土壤水力特性、前期土壤水分、水流形态等初始条件和边界条件影响,从实用角度出发,易于推广采用(Bautistaet al.,2001)。

作为经验型公式和半物理机制公式的折中,Parlange 等(1982,1985)提出一个考虑土壤吸着性、土壤导水率特性的含有 3 参数的准解析公式,这些具有物理含义的参数使该式适用各种土壤类型。Haverkamp 等(1990)通过引入一个附加参数修改了 Parlange 公式,其考虑了地表水深对入渗的影响而非向经验公式那样只考虑受水时间。使用 Parlange 公式和 Kostiakov-Lewis 公式尽管都不会明显影响对地表水流推进时间的估值,但前者可以提供更为准确的水平衡估算,并在考虑前期土壤水分变化对入渗预测影响基础上,更好地描述入渗过程。

1.1.1.4　初始条件和边界条件

初始条件是当 $t=0$ 时，地表计算区域内的地表水深和流速均为零，然而，地表水深为零却成为求解全水动力学方程的数学奇点。为此，在数值模拟过程中，需要在地表无水区域内假设存在着一个薄水层，即 $h\neq 0$ 的初始地表水深假设条件(Playán et al.,1994)，但这极易引起数值计算的不稳定及更为复杂的干湿边界条件问题(Bradford and Katopodes, 2001)。

边界条件主要包括田块首部入流边界条件和田埂处无流边界条件。田块首部入流口位置及入流形式常会影响地表水流运动推进的均匀分布程度及其流态的变化。当对其做数学描述时，常将田块首部入流口简化处理为一个点源，但实际中往往是具有一定宽度的田埂豁口，故该简化虽考虑到数学描述之便，但却不利于实际应用。考虑到两者的兼容，Playán 等(1994)提出了 3 种典型的田块首部入流边界条件及边界节点设置(图 1-6)：①线形入流描述了沿田块首部一边上数个点源的入流状况，可在相关边界节点处设置地表水深或流量；②扇形入流描述了位于田块首部一边上单个点源的入流状况，可在至少 1 个边界节点处设置地表水深或流量；③角形入流描述了位于田块首部一边上任一拐角处单个点源的入流状况，可在该拐角节点处设置地表水深或流量。

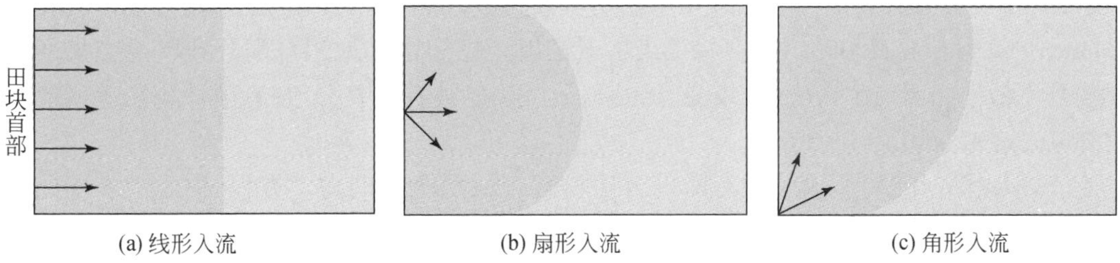

图 1-6　典型的田块首部入流边界条件及边界节点设置示意图

如图 1-1 所示，田块被田埂环绕和包围，以防止水流溢出到其他田块，故不允许水流通过田埂的条件被定义为田埂处无流边界条件，其被应用到除入流节点以外的所有边界节点处，并维持该处的零水力梯度条件。

以上边界条件通常分为流量边界条件(物理边界条件)和地表水深边界条件(数值边界条件)。在地面灌溉地表水流运动数值模拟过程中，需要同时给定这两类流量边界条件才能构成完备的边界约束状况(Strelkoff et al.,1996)，这不仅增大了数值模拟求解难度，还会在田面微地形空间分布状况较差时出现无法控制的模拟误差(Brufau et al.,2002)。

1.1.2　地面灌溉模型及其数值模拟方法

常选用守恒型全水动力学方程或零惯量(扩散波)方程作为地面灌溉地表水流运动控制方程，并与入渗公式相结合，建立相应的地面灌溉模型。而求解地面灌溉模型的数值模拟解法主要包括特征线法、有限单元法、有限差分法、有限体积法及其彼此间的组合，其各具优缺点，选用时取决于特定问题、计算区域大小、计算工具和手段、期望精度与效率等。

针对计算区域内规则的矩形网格，多利用有限差分法开展空间离散(Playán et al.,

1994;Strelkoff et al.,1996),对不规则形状的田块,需采用阶梯式边界曲线对边界进行近似处理(Karpik et al.,1997),这带来计算资源的巨大浪费,故不推荐矩形网格,而使用更为精确逼近不规则形状且不导致多余计算节点的数值解法。有限单元法常用于将复杂计算区域空间离散为诸多三角形单元格的情况,但编制计算代码时采用了复杂的数据结构且执行起来较为繁复,在将复杂的计算区域转换为矩形区域时需付出巨大编程努力。相比而言,有限体积法中的四边形离散方法可以有效地解决该问题(Singh and Bhallamud,1997)。在计算区域的某些节点处,采用二维 Taylor 级数展开式估算未知函数(Khanna et al.,2003)的做法具备灵活的几何适应性,且允许选择计算节点位置并改变彼此间的距离。对规则形状的计算区域,可采用特征线法、显式或隐式有限差分法及其组合数值模拟求解一维地表水流运动控制方程,而对不规则形状的计算区域,则应采用显式或隐式有限体积法和有限单元法。

1.1.2.1 基于守恒型全水动力学方程的地面灌溉模型数值模拟求解

早期多针对一维问题开展地面灌溉地表水流运动过程数值模拟,一般不考虑田面微地形空间分布状况对地表水流运动的影响(Alazba and Strelkoff,1994)。由于守恒型全水动力学方程属于双曲型方程结构,在时空域内存在着特征线,故可将偏微分方程简化为沿该特征线的常微分方程,进而简化求解守恒型全水动力学方程(刘钰和惠士博,1987;Morton and Mayers,2005)。但在特征线法下难以考虑田面微地形空间分布状况带来的影响,且不易推广至二维情境(潭维炎,1998),故该法已被有限差分法、有限体积法等所取代(Brufau et al.,2002)。

Playán 等(1994)基于显式有限差分法求解守恒型全水动力学方程,构建了实用的二维畦田灌溉地表水流运动模型,并将畦面微地形空间分布状况的影响纳入该模型中(Playán et al.,1996)。与有限差分法相比,从空气动力学发展起来的有限体积法,则在局部单元格和整体计算区域上都保持了较好的质量与动量守恒性(LeVeque,2002),更适宜求解守恒型全水动力学方程。Singh 和 Bhallamudi(1997)利用显式二阶精度有限体积法开发出二维地面灌溉模型,采用输入的田间网格实测数据表征入渗和田面高程分布空间变异性,指出为了准确评价灌水分布均匀性,应同时考虑田面高程和入渗空间分布变异性的影响。Bradford 和 Katopodes(2001)开发出一个基于有限体积法的二维地面灌溉模型,用于模拟非水平畦田灌溉地表水流运动,显示出较好模拟效果。Brufau 等(2002)也开发出一个二维地面灌溉模型,利用三角形或四边形网格中心有限体积法求解地表水流运动控制方程,可以理想地描述畦面底部形状及水流推进锋位置。Zapata 和 Playán(2000)将 Playán 开发的二维地面灌溉模型用于连续畦田灌溉系统性能评价,与单个畦田相比,在减少灌溉时间和入渗量及消退时间上更加有效。

当采用有限体积法解算守恒型全水动力学方程时,维系物理通量梯度与地表(田面)相对高程梯度向量之间的数值平衡关系是求解的关键所在(Bermudez and Vazquez,1994;Vazquez-Cendon,1999;García-Navarro et al.,2000;Ying et al.,2004)。Hubbard 和 Garcia-Navarro(2000)在阐述利用向量耗散有限体积法解算守恒型全水动力学方程时,明确指出应基于迎风格式对其中的物理通量梯度项和地表(田面)相对高程梯度向量开展空间离散。Brufau 等(2002)将向量耗散有限体积法用于考虑田面微地形空间分布状况影响下的二维畦灌地表水流运动模拟,获得了较好的地表水流运动推进、消退和局部绕流模拟效果,提高了模拟畦灌水动力学过程的精度。

Zhou 等(2001)、Liang 和 Marche(2009)通过严格的数学分析论证后指出,在守恒型全水动力学方程数值模拟求解中,若采用地表水位相对高程 ζ 替代地表水深 h 作为基本变量,则可采用相对简单的中心差分法空间离散田面微地形空间分布状况,而无需采用 Hubbard 和 Garcia-Navarro(2000)建议的迎风格式,这虽可有效简化畦灌地表水流运动模拟,但却为精确捕捉地表水流运动推进(消退)锋带来困难。

如前所述,地表无水区域成为数值模拟求解守恒型全水动力学方程的数学奇点,而无法开展模拟计算。如图 1-7 所示,采用初始地表水深假设条件,可将水波以激波形式穿越水流推进锋传送至无水区域,但真实的物理过程却是当水波传送到水流推进锋附近时将逐渐衰减直至消失,由此引起的物理误差极易导致数值计算的不稳定甚至发散(Bradford et al.,2002)。为此,Begnudelli 和 Sanders(2006,2007)基于有限体积法的基本概念,提出了用于捕捉地表水流运动干湿边界的 VFRs(volume-free surface relationships approach),即在地表水流运动推进(消退)锋附近处,采用地表水位相对高程与水量之间的立体几何代数关系替代守恒型全水动力学方程,这虽提高了水量守恒性却降低了动量守恒性。

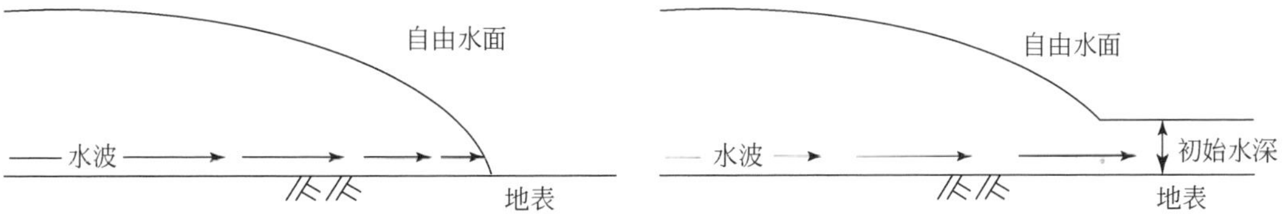

(a)地表水流运动推进锋附近的真实流态　　(b)初始地表水深假设下地表水流运动推进锋附近的流态

图 1-7　畦田灌溉地表水流运动推进锋附近的流态示意图

1.1.2.2　基于零惯量(扩散波)方程的地面灌溉模型数值模拟求解

与守恒型全水动力学方程相比,零惯量(扩散波)方程的模拟精度相对较低,但计算效率却相对较高(Soroush et al.,2013)。在不考虑田面微地形空间分布状况或者是分布状况较好下的一维畦灌地表水流运动模拟中,该方程得到了应用(Alazba and Strelkoff,1994;Zerihun et al.,2008;Bautista et al.,2009)。

Strelkoff 等(2003)利用隐式有限差分法求解零惯量(扩散波)方程,基于结构化单元格建立起二维地面灌溉模型,但计算稳定性较差,计算耗时较长。Khanna 等(2003)通过将零惯量(扩散波)方程表达为非守恒型对流-扩散形式,提出了基于非结构单元格的二维地面灌溉模型,但其非守恒性导致较差的模拟精度。Strelkoff 等(1996,2003)基于零惯量(扩散波)方程开发出二维地面灌溉模型用于非水平畦灌地表水流运动模拟,利用隐式有限差分法进行求解,模拟精度和效果高度取决于畦面微地形空间分布状况、入渗、畦底形状、畦面糙率等因素。Schmitz 和 Seus(1989)开发出一维零惯量(扩散波)方程,与守恒型全水动力学模型相比,预测误差至少降低 6%。

1.1.3　研发趋势与重点

随着数值模拟解法和计算机技术的快速发展与进步,基于物理机制较为完备的全水动力学方程模拟地面灌溉地表水流运动已成为主流趋势与方向,这有效提升了数值模拟求解地表非恒定流运动的精度和效率。为了明确区分和阐述地表水流运动扩散效应与对流效应的物理机制及其关联性,亟待研究构建物理意义更为明确完备的全水动力学方程表达形式,改变其双曲型方程数学类型,有效规避或减弱维系方程中相关变量之间数值平衡关系的制约,并考虑田面糙率各向异性特征对二维地面灌溉地表水流运动产生的影响,以便达到提高模拟精度和计算效率的目的。此外,由于向量耗散有限体积法的数学结构较为复杂,矩阵运算工作量庞大,故应针对构建的全水动力学方程表达形式,构造和开发高精度、高效率的数值模拟解法与工具。

1.2　地面施肥灌溉地表水流溶质运动理论与模拟方法

现有地面施肥灌溉地表水流运动理论与模拟方法主要针对液施肥料灌溉方式,主要取决于地表水流运动控制方程与地表水流溶质运动控制方程之间的耦合求解形式。顺次非耦合求解是在由地表水流运动控制方程得到的流速场基础上,再利用地表水流溶质运动控制方程获得相应的溶质浓度场,这适用于流速场和溶质浓度场的变化相对缓慢情景;同步耦合求解是在考虑流速场和溶质浓度场共存前提下,先构建起地表水流溶质运动耦合方程,再同步解算地表水流运动控制方程和地表水流溶质运动控制方程,这适宜于局部流速场和溶质浓度场变化相对剧烈的状况。其中,地表水流运动控制方程常以地面水深尺度下的守恒型全水动力学方程及其简化的零惯量(扩散波)方程等为依托,地表水流溶质运动控制方程则主要使用地面水深尺度下的守恒型对流-弥散方程及其简化的纯对流方程和纯弥散方程。用于求解地面施肥灌溉模型的数值方法主要包括特征线法、有限差分法、有限体积法等。

1.2.1　地表水流溶质运动控制方程与初始条件和边界条件

1.2.1.1　地表水流溶质运动基本物理特征与施肥灌溉技术要素

除了影响地表水流运动过程进而影响地面灌溉性能的三类主要灌溉技术要素外,影响地表水流溶质运动过程进而影响地面施肥灌溉性能的技术要素还应包括与施肥灌溉方式相关的要素,施肥灌溉方式差异将显著影响溶质在地表水流运动过程中的分布状态及特点,且在边界条件的数学表述上也存在着本质差异。

地面施肥灌溉通常分为撒施肥料灌溉和液施肥料灌溉两种方式。一方面,在撒施肥料灌溉过程中,当化肥撒施于地表后,伴随着灌溉水流推进做溶质迁移对流-扩散运动,肥粒在被逐渐溶解的同时向下游滚动,受垂向流速差异和肥料溶解速率双重影响,纵向平均溶质浓度常呈现出邻近地表处相对较大而靠近自由水面处相对较小的非均匀分布状况,沿水深垂向显示出较大的浓度差异[图 1-8(a)],这表现为典型的三维地表水流溶质运动状态(Bradford and Katopodes,1998),与之相关的施肥灌溉要素是均匀或非均匀撒施肥料程度。另一方面,对液施肥料灌溉方式而言,化肥以液态形式被灌溉水流携带均速注入田块,在地表湍流作用下,垂向溶质浓度差异迅速被纵向剪切流扩散所削弱,溶质浓度沿水深垂向分布的差异较小,可近似视为均匀分布状况[图1-8(b)],这表现为典型的准二维地表水流溶质运动状态(Murillo et al.,2005),与之相关的施肥灌溉要素是施肥时机,包括全程液施肥料灌溉、前半程液施肥料灌溉、后半程液施肥料灌溉及间歇液施肥料灌溉等形式。

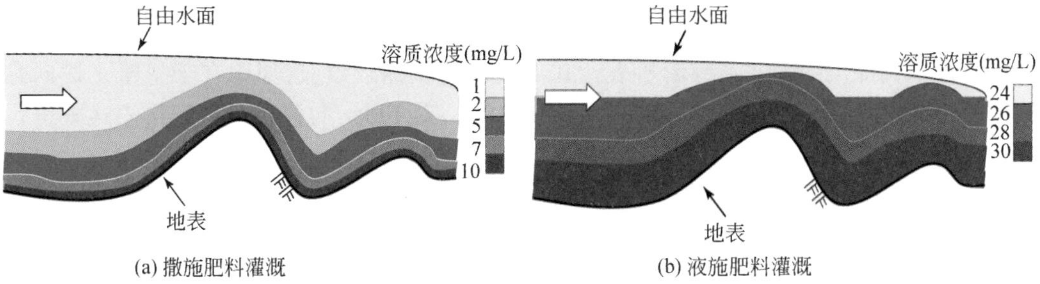

图1-8 地面施肥灌溉地表水流溶质浓度沿水深垂向分布状况示意图

Playán 和 Faci(1997)通过液施肥料灌溉田间试验,研究了施肥时机、入地流量和灌水时间对硝酸盐氮素土壤空间分布状况的影响,指出在较大入地流量下于灌溉中期施肥可获得较为理想的施肥灌水均匀性,且恒定施肥速率下可以得到较高施肥均匀性。Garcia-Navarro 和 Vazquez-Cendon(2000)通过田间试验分析了液施肥料灌溉技术要素对施肥灌溉性能的影响,指出施肥时机、入地流量、土壤入渗性、田面微地形空间分布状况、坡度等是施肥灌溉性能的主要影响因素,其中,施肥时机和入地流量对水氮时空分布影响尤为显著。Abbasi 等(2003)针对沟灌施肥时机对溴化物分布均匀性的影响开展了田间试验研究,发现在灌溉全程或后半程施用溴化物要比在前半程施用具有较高溶质分布均匀性,且入沟流量、土壤入渗性、田面微地形空间分布状况、施肥历时等都对溶质分布均匀性有着不同程度的作用。Adamsen 等(2005)在给定单宽流量下,比较了条畦灌溉4种施用时机下溴化物溶质的土壤空间分布状况,对非砂质土壤而言,在灌溉全程施用溴化物可获得最佳溶质分布状况。Abbasi 等(2012)在3种土壤质地下开展沟灌施肥田间试验,分别在灌溉前半程、后半程及全程于沟口注入硝酸钾,结果表明不同沟灌施肥方案下的水肥均匀性之间没有显著差异,但灌溉前半程和全程方案似乎优于后半程。

1.2.1.2 地表水流溶质运动控制方程

液施肥料灌溉地表水流溶质运动表现出典型的准二维流态与特征,肥液浓度沿水深垂向近似为均匀分布状态[图1-8(b)],故形成与地表水流垂向静压假设相一致的溶质浓度沿水深垂向均布的物理假设条件,地表水流溶质运动过程遵循经典的管道和河流混合理论(Taylor, 1953; Aris, 1956; Fischer et al., 1979; French, 1985)。Taylor(1953)和 Elder(1959)利用一维对流-弥散公式描述了沿垂向水深的平均溶质浓度纵向传播过程,并采用基于溶质浓度垂向均布假设的守恒型对流-弥散方程作为地表水流溶质运动控制方程,这极大简化了对液施肥料灌溉地表水流溶质运动理论的描述,据此开发出相关的模拟模型

(García-Navarro and Vazquez-Cendon,2000;Zerihun et al.,2005b;Murillo et al.,2005)。

弥散是源于垂向均布流速与实际流速之间差异所引起的溶质运动现象(Pope,2000),构造适宜的地表水流溶质弥散系数解析表达式是完善守恒型对流-弥散方程表述形式的重要前提。Taylor(1954)从观测管道水流溶质运动中获知,当水流与溶质充分混合后,溶质在远离入流口处呈现出类似费克(Fick)扩散现象。Aris(1956)将弥散机制进一步区分为分子扩散和剪切弥散。Elder(1959)将 Taylor 理论推广至河流水动力学领域,提出了剪切流速概念,并给出基于剪切流理论的弥散系数解析表达式,用于一维畦灌地表水流溶质运动模拟(Zerihun et al.,2005a,2005b)。此外,根据自然宽阔河道的试验观测结果,Elder(1959)发现其提出的弥散系数解析表达式低估了溶质弥散效应,原因在于忽略了横向弥散过程。为此,Fischer 等(1979)和 Rutherford(1994)对 Elder 的弥散系数解析表达式进行了修正与完善。

与剪切流速机理不同,Abbasi 等(2003)提出了类似于多孔介质流体动力学溶质机械弥散系数(Bear,1972)的地表水流溶质弥散系数表达式,其可较好地描述出现的溶质弥散现象,但与基于剪切流速构造的弥散系数相比,模拟效果的孰优孰劣却未见相关报道。现有地表水流溶质弥散系数解析表达式均是针对一维情景,而在二维地表水流溶质运动模拟中,常将弥散系数简化为一个常数(Murillo et al.,2008)或者是不考虑溶质弥散过程(Begnudelli and Sanders,2006,2007)。

撒施肥料灌溉地表水流溶质运动表现出典型的三维流态与特征[图 1-8(a)],从而导致溶质浓度垂向均布假设前提无法成立,故不能采用地面水深尺度下的守恒型对流-弥散方程作为地表水流溶质运动控制方程,而只能依靠连续介质尺度下或雷诺平均尺度下的三维 Navier-Stokes 方程组和对流-扩散方程,但受求解此类方程的时空离散精度较高和模拟难度较大等条件制约,迄今尚未建起相关的模拟模型及其数值模拟解法(Bradford and Katopodes,1998)。

1.2.1.3 地表溶质入渗公式

地面施肥灌溉地表水流溶质随入渗进入土壤后,由土壤溶质运动的对流-扩散方程加以描述,此时,需要 Richards 方程提供已知的 Darcy 流速。常见做法是利用经验公式得到的入渗水量与垂向均布溶质浓度的乘积来估算溶质入渗量(Abbasi et al.,2003),这虽然仅描述了溶质入渗量沿畦(沟)长的空间分布状况,但基本上可满足实际需求,故应用广泛。

1.2.1.4 初始条件和边界条件

除了满足数值模拟求解地面灌溉地表水流运动控制方程所必需的初始条件和边界条件外,在地面施肥灌溉条件下,还应满足求解地表水流溶质运动控制方程所需的条件。对初始条件而言,除原有的零水深条件和零流速条件外,还应包括零溶质浓度条件;对边界条件,除田块首部入流边界条件及田埂处无流边界条件外,还应包括田块首部入流边界处初始溶质浓度条件及田埂处无流边界处溶质浓度零梯度条件。

1.2.2 地面施肥灌溉模型及其数值模拟方法

常选用守恒型对流-弥散方程或纯对流方程和纯弥散方程作为地面施肥灌溉地表水

流溶质运动控制方程,并与守恒型全水动力学方程等相结合,建立起相应的地面施肥灌溉模型。在数值解法上,先采用时间分裂法将对流-弥散方程分解为对流和弥散两个方程(Abbasi et al.,2003),再利用特征线法、有限差分法、有限体积法及其组合进行时空离散,选用时取决于特定问题、计算区域大小、计算工具和手段、期望精度与效率等。

在地表水流溶质运动模拟过程中,相对于土壤水流速,地表水流速往往要大出几个数量级,且溶质运动的背景流速场属于强对流场,求解中常会遇到由此引起的数值震荡问题(Abassi et al.,2003),故采用 P_e数(peclet number)度量对流占优程度,当 P_e>10 时,强数值震荡将使模拟结果失效(Huyakorn and Pinder,1983)。为此,基于时间分裂法将对流-弥散方程分解为对流和弥散两个方程后,分别采用有限差分法、有限体积法等进行空间离散(LeVeque, 1998)。采用时间分裂法虽避免了 P_e数的约束,但因对流和扩散常同时发生,而时空离散却视对流和扩散近似交替发生,引起了分裂误差(Holly and Usseglio-Polatera, 1984)。因此,同步高效且高精度地求解对流-弥散方程一直是地表水流溶质运动模拟中的难点与热点(Murillo et al.,2005)。

Playán 和 Faci(1997)顺次非耦合求解一维全水动力学方程和纯对流方程,构建了实用的地面施肥灌溉模型,但因未考虑溶质弥散过程和田面微地形空间分布状况的影响,模拟精度较低。Strelkoff(2006)将开发的纯对流公式引入 SRFR 模型,用于模拟地面施肥灌溉过程中的水肥分布状况,其主要假设是地表水与入渗水之间没有混合,便于追踪入渗水流。García-Navarro 和 Vazquez-Cendon(2000)及 Abassi 等(2003)基于顺次非耦合求解建立起一维畦灌地表水流溶质运动模型,基于时间分裂法分离对流-弥散方程,利用准拉格朗日积分形式求解对流公式,采用中心差分格式离散扩散公式,这虽然提高了模拟精度,但却未考虑田面微地形空间分布状况影响。Burguete 等(2009)将全水动力学方程与对流-弥散方程相组合构建起地面施肥灌溉模型,采用基于时间分裂法的二阶 TVD(total variation diminishing)解法,并对边界条件及节点进行特殊处理。Perea 等(2010)开发了一个对流-弥散方程模拟沟灌肥料溶质运移过程,分别在每个时间节点处独立求解对流过程和弥散过程,采用三次样条插值和时间加权有限差分格式,并在非均质、非稳定沟灌条件下应用了 Fischer 纵向弥散公式。

顺次非耦合求解形式无法应对较差田面微地形空间分布状况下局部水流变化较为剧烈的情景,原因在于流速场和溶质浓度场本属同一物理场,采用不同的数值解法分别解算对流方程和弥散方程时,易引发数值收敛的错位问题,致使两个物理场无法完全一致(Murillo et al.,2008)。而在同步耦合解法下,先将全水动力学方程和对流-弥散方程表达为向量形式,再采用向量耗散有限体积法统一空间离散这两个方程,使任意时间点下的流速场与溶质浓度场做到完全一致,达到同步耦合模拟求解地表水流和溶质运动的目的。与顺次非耦合解法相比,同步耦合解法适用于各类流态,且易于推广至二维情景,但缺点是计算效率较低,模拟精度有待提高,故还难以有效开展大规模的模拟计算。

1.2.3　研发趋势与重点

在地面施肥灌溉地表水流溶质运动理论与模拟方法中,尽管现有液施肥料灌溉地表水流溶质运动耦合方程可以有效消除强对流作用下地表水流和溶质浓度运动波的传播误差,改善地表水流溶质运动模拟效果,但受对流项和弥散项分属不同数学类型及其适宜的离散格式差异制约,尚无法基于相同的时空离散格式统一数值处置该耦合方程中的所有物理项,实现地表水流溶质弥散过程与地表水流溶质运动其他物理过程间的同步全耦合,故亟待研发同步全耦合求解液施肥料灌溉地表水流溶质运动全耦合模型的数值解法。此外,鉴于地面水深尺度下的全水动力学方程和对流-弥散方程无法表述撒施肥料灌溉地表水流溶质运动过程,而连续介质尺度下或雷诺平均尺度下的 Navier-Stokes 方程组和对流-扩散方程,因受求解的时空离散精度较高和模拟难度较大等因素制约而不能被直接利用的现实,故须另辟蹊径,寻求新的思路,创建撒施肥料灌溉地表水流溶质运动全耦合模型,构造开发相应的数值模拟解法,突破尚不能开展数值模拟撒施肥料灌溉地表水流溶质运动过程的技术瓶颈。

1.3 主要研究内容

针对以上阐述的研发趋势与重点,本书将围绕畦田施肥灌溉方式,开展地表水流溶质运动理论与模拟研究,主要包括畦田施肥灌溉地表水流溶质运动理论与模拟方法、畦田灌溉地表水流运动模拟、畦田施肥灌溉地表水流溶质运动模拟、畦田施肥灌溉性能评价与技术要素优化组合 4 个方面的内容。

1.3.1 畦田施肥灌溉地表水流溶质运动理论与模拟方法

在畦田施肥灌溉地表水流溶质运动理论与模拟方法上,完善畦田施肥灌溉地表水流溶质运动理论与方法,改善畦田施肥灌溉地表水流溶质运动模拟模型,改进畦田施肥灌溉地表水流溶质运动数值模拟解法。

第 2 章在描述地表水流溶质运动水动力学基础上,阐述地表水流溶质运动典型特征尺度及其物理变量与控制方程表达式,系统给出不同典型特征尺度下的地表水流运动控制方程和地表水流溶质运动控制方程,建立并分析不同典型特征尺度下地表水流运动流速场之间的关系及其异同,以及地表水流溶质运动扩散与弥散之间的关系及其差异。

第 3 章基于畦田施肥灌溉地表水流溶质运动理论与方法,将地表水流溶质运动控制及耦合方程与其所描述的特定物理现象紧密结合,系统阐述畦田施肥灌溉地表水流溶质运动模拟模型及耦合模拟模型,评述各自的特点与特征,给出相应的初始条件和边界条件及常用的数值模拟方法,诠释畦田施肥灌溉地表水流溶质运动物理过程的数理需求。

第 4 章在对畦田施肥灌溉地表水流溶质运动控制及耦合方程进行数学类型分类的基础上,从几何学新视角出发,直观阐述有限差分法和有限体积法的基本原理、离散格式及稳定性条件等,并基于现代数学映射理念,重新诠释向量耗散有限体积法在严格维系地表水流溶质运动控制及耦合方程中各空间导数离散式之间平衡的数理机制,改进完善现有用于捕捉地表水流溶质运动推进锋和消退锋的空间离散格式。

1.3.2 畦田灌溉地表水流运动模拟

在畦田灌溉地表水流运动模拟上,创立基于双曲-抛物型方程结构的全水动力学方程畦田灌溉模型及相应的数值模拟解法,构建考虑畦面糙率各向异性的全水动力学方程畦田灌溉模型,建立基于 Richards 方程估算入渗通量的全水动力学方程畦田灌溉模型,以及依据维度分裂主方向修正的全水动力学方程畦田灌溉模型。

第 5 章对守恒-非守恒型全水动力学方程的数学类型进行改型,将现有的双曲型方程表达式分解为表述地表水流运动扩散过程和对流过程的抛物型方程及双曲型方程,构建基于双曲-抛物型方程结构的守恒-非守恒型全水动力学方程畦田灌溉模型,构造相应的初始条件和边界条件,开发适宜的数值模拟解法。基于典型畦田灌溉试验实测数据,评价基于双曲-抛物型方程结构的守恒-非守恒型全水动力学方程畦田灌溉模型的模拟效果,揭示对流-扩散效应对畦面微地形空间分布状况的直观物理响应。

第 6 章借助张量型地表水流运动阻力系数的构思,构造由张量型地表水流运动扩散系数和各向异性畦面糙率向量共同形成的各向异性畦面糙率模型,构建考虑畦面糙率各向异性的基于双曲-抛物型方程结构的守恒-非守恒型全水动力学方程畦田灌溉模型。基于典型畦田灌溉试验实测数据,评价畦面糙率各向异性下基于双曲-抛物型方程结构的守恒-非守恒型全水动力学方程畦田灌溉模型的模拟效果,揭示对流-扩散效应对畦面微地形空间分布状况的直观物理响应,并依据畦田灌溉数值模拟实验设计,分析评价各向异性畦面糙率下灌溉技术要素对畦田灌溉性能的影响。

第 7 章依据全水动力学方程地表入渗项与 Richards 方程入渗通量项属于同一物理过程的事实,基于线性系统叠加原理,建立地表水与土壤水动力学全耦合方程和全耦合模式,构建利用 Richards 方程估算入渗通量的基于双曲-抛物型方程结构的守恒-非守恒型全水动力学方程畦田灌溉模型。基于典型畦田灌溉试验实测数据,对比评价不同耦合模式下采用 Kostiakov 公式和 Richards 方程估算入渗通量的基于双曲-抛物型方程结构的守恒-非守恒型全水动力学方程畦田灌溉模型的模拟效果,揭示畦面微地形空间分布状况对地表水流运动模拟结果的直观物理影响,并依据畦田灌溉数值模拟实验设计,分析评价采用 Richards 方程估算入渗通量下灌溉技术要素对畦田灌溉性能的影响。

第 8 章基于维度分裂解法中各分量的物理含义,定义提出不同主方向修正的概念,构建依据维度分裂主方向修正的基于双曲-抛物型方程结构的守恒-非守恒型全水动力学方程畦田灌溉模型。根据典型畦田灌溉试验实测数据,比较分析不同主方向修正下维度分裂与维度非分裂隐式解法之间在模拟效果上的差异,探寻最佳的维度分裂隐式解法,揭示畦面微地形空间分布状况对地表水流运动模拟结果的直观物理影响。

1.3.3 畦田施肥灌溉地表水流溶质运动模拟

在畦田施肥灌溉地表水流溶质运动模拟上,基于冬小麦畦田施肥灌溉田间科学试验与观测,改进完善液施肥料灌溉地表水流溶质运动全耦合模型,创立开发撒施肥料灌溉地表水流溶质运动全耦合模型。

第 9 章以尿素和硫酸铵作为地面施肥灌溉中施用的化肥,开展各类畦田施肥灌溉田间试验,实际观测地表水流溶质运动过程及土壤水分和溶质空间分布状况,在为合理评价畦田施肥灌溉性能提供基础数据同时,也为确认和验证后续所构建的畦田施肥灌溉地表水流溶质运动全耦合模型提供支撑条件。

第 10 章基于双曲–抛物型方程结构的守恒–非守恒型全水动力学方程及其全隐数值模拟解法,借助守恒型对流–弥散方程描述地表水流溶质运动,建立地表水流溶质运动全耦合方程及全耦合模式,构建畦田液施肥料灌溉地表水流溶质运动全耦合模型。基于典型畦田液施硫酸铵灌溉试验实测数据,评价畦田液施肥料灌溉地表水流溶质运动全耦合模型模拟效果,揭示畦面微地形空间分布状况对地表水流溶质量分布状况的直观物理影响。

第 11 章基于双曲–抛物型方程结构的守恒–非守恒型全水动力学方程表述地表水流运动过程,在重构地表三维非均匀分布流速场基础上,借助雷诺平均尺度下的守恒型对流–扩散方程描述三维地表水流溶质运动过程,建立地表水流溶质运动全耦合方程及全耦合模式,构建畦田撒施肥料灌溉地表水流溶质运动全耦合模型。基于典型畦田撒施硫酸铵灌溉试验实测数据,评价畦田撒施肥料灌溉地表水流溶质运动全耦合模型模拟效果,揭示畦面微地形空间分布状况对地表水流溶质量分布状况的直观物理影响。

1.3.4　畦田施肥灌溉性能评价与技术要素优化组合

在畦田施肥灌溉性能评价与技术要素优化组合基础上,分析评价冬小麦施用尿素和硫酸铵肥料灌溉特性与性能,开展畦田液施和撒施肥料灌溉性能模拟评价与技术要素优化组合。

第 12 章基于均匀撒施和液施尿素冬小麦条畦施肥灌溉试验观测数据,分析不同畦田施用尿素灌溉处理下的地表水流氮素时空分布特性和土壤水氮时空分布差异,评价畦田施肥灌溉性能,提出均匀撒施和液施尿素下适宜的冬小麦畦田施肥灌溉方式。

第 13 章基于均匀和非均匀撒施及液施硫酸铵冬小麦畦田施肥灌溉试验观测数据,分析不同畦田施肥灌溉处理下的地表水流氮素时空分布特性和土壤水氮时空分布差异,探讨地表水流氮素与土壤氮素的空间分布关系,评价畦田施肥灌溉性能,提出均匀和非均匀撒施及液施硫酸铵下适宜的冬小麦畦田施肥灌溉方式。

第 14 章基于构建的畦田液施肥料灌溉地表水流溶质运动全耦合模型,根据畦田施肥灌溉数值模拟实验设计,系统开展畦田液施肥料灌溉性能模拟评价,分析各施肥灌溉技术要素对施肥性能的影响,确定施肥灌溉技术要素优化组合方案及空间区域。

第 15 章基于构建的畦田撒施肥料灌溉地表水流溶质运动全耦合模型,根据畦田施肥灌溉数值模拟实验设计,系统开展畦田撒施肥料灌溉性能模拟评价,分析各施肥灌溉技术要素对施肥性能的影响,确定各技术要素优化组合方案及空间区域。

参 考 文 献

李益农,许迪,白美健,等 . 2016. 农田土地精细平整技术 . 北京:中国水利水电出版社

江春波,张永良,丁则平 . 2007. 计算流体力学 . 北京:中国电力出版社

刘钰,惠士博 . 1987. 畦灌水流运动的数学模型及数值计算 . 水利学报,2:1-10

潭维炎 . 1998. 计算浅水动力学 . 北京:清华大学出版社

许迪,李益农,程先军,等 . 2002. 田间节水灌溉新技术研究与应用 . 北京:中国农业出版社

许迪,龚时宏,李益农,等 . 2007. 农业高效用水技术研究与创新 . 北京:中国农业出版社

Abbasi F, Simunek J, van Genuchten M T, et al. 2003. Overland water flow and solute transport: model development and field data analysis. Journal of Irrigation and Drainage Engineering, 129(2): 71-81

Abbasi F, Rezaee H T, Jolaini M, et al. 2012. Evaluation of fertigation in different soils and furrow irrigation regimes. Irrigation and Drainage, 61(4):533-541

Adamsen F J, Hunsaker D J, Perea H. 2005. Border strip fertigation: effect of injection strategies on the distribution of bromide. Transactions of the ASAE, 48(2): 529-540

Alazba A A, Strelkoff T S. 1994. Correct form of Hall technique for border irrigation advance. Journal of Irrigation and Drainage Engineering, 120(6): 292-307

Alazba A A. 2002. Simple mathematical model for water advance determination. Irrigation Science, 21:75-81

Aris R. 1956. On the dispersion of a solute in a fluid flowing through a tube. Proc eedings Royal of Society London A, 235:67-77

Bautista E, Hardy L, English M, et al. 2001. Estimation of soil and crop hydraulic properties for surface irrigation: theory and practice. ASAE Annual Meeting, California: Sacramento Convention Center

Bautista E, Clemmens A J, Strelkoff T S, et al. 2009. Modern analysis of surface irrigation systems with WINSRFR. Agriculture Water Management, 96(7):1146-1154

Begnudelli L, Sanders B F. 2006. Unstructured grid finite-volume algorithm for shallow-water flow and scalar transport with wetting and drying. Journal of Hydraulic Engineering, 132(4):371-384

Begnudelli L, Sanders B F. 2007. Conservative wetting and drying methodology for quadrilateral grid finite-volume models. Journal of Hydraulic Engineering, 133(3): 312-322

Bermudez A, Vazquez M E. 1994. Upwind methods for hyperbolic conservation laws with source terms. Computers & Fluids, 23(8):1049-1071

Bradford S F, Katopodes N D. 1998. Non-hydrostatic model for surface irrigation. Journal of Irrigation and Drainage Engineering, 124(4):200-212

Bradford S F, Katopodes N D. 2001. Finite volume model for non-level basin irrigation. Journal of Irrigation and Drainage Engineering, 127(4):216-223

Brufau P, Garcia-Navarro P, Playán E, et al. 2002. Numerical modeling of basin irrigation with an upwind scheme. Journal of Irrigation and Drainage Engineering, 128(4):212-223

Boldt A L, Watts D G, Eisenhauer D E, et al. 1994. Simulation of water applied nitrogen distribution under surge irrigation. Transaction of ASAE, 37(4):1157-1165

Burguete J, Zapata N, Garcia-Navarro P, et al. 2009. Fertigation in furrows and level furrow systems. I: model description and numerical tests. Journal of Irrigation and Drainage Engineering, 135(4):401-412

Clemmens A J, Strelkoff T. 1979. Dimensionless advance for level-basin irrigation. Journal of Irrigation and Drainage Engineering, 105 (IR3):259-293

de Sousa P L, Dedrick A R, Clemmens A J, et al. 1995. Effects of furrow elevation differences on level-basin performance. Transactions of ASAE, 38(1):153-158

Elder J W. 1959. The dispersion of marked fluid in turbulent shear flow. Journal of Fluid Mechanics, 5(4): 544-560

FAO. 2011. Current world fertilizer trends and outlook to 2011/12. Roma, Italy

FAO. 2008. Consumption in nutrients of Nitrogen Fertilizers (N total nutrients) in China-2002-2008. Roma, Italy

Fischer H B, Imberger J, List J E, et al. 1979. Mixing in Inland and Coastal Waters. New York: Academic Press, Inc

French R H. 1985. Open-Channel Hydraulics. New York: McGraw-Hill

Garcia-Navarro P, Vazquez-Cendon M E. 2000. On numerical treatment of the source terms in the shallow water equations. Computers & Fluids, 29(8):951-979

García-Navarro P, Playán E, Zapata N. 2000. Solute transport modelling in overland flow applied to fertigation. Journal of Irrigation and Drainage Engineering, 126(1):33-40

Green W H, Ampt G A. 1911. Studies on soil physics Ⅰ: flow of air and water through soils. Journal of Agriculture Science, 4(1):1-24

Haverkamp R, Kutilek M, Parlange J Y, et al. 1988. Infiltration under ponded conditions: 2. Infiltration equations tested for parameter time-dependence and predictive use. Soil Science, 145(5):317-329

Haverkamp R, Parlange J Y, Starr J L, et al. 1990. Infiltration under ponded conditions:3. A predictive equation based on physical parameters. Soil Science, 149(5): 292-300

Holly F M Jr, Usseglio-Polatera J. 1984. Dispersion simulation in two-dimensional tidal flow. Journal of Irrigation and Drainage Engineering, 110(7): 905-926

Horton R E. 1940. An approach towards a physical interpretation of infiltration capacity. Soil Sci ence. Society of American Journal,5:399-417

Hubbard M E, Garcia-Navarro P. 2000. Flux difference splitting and the balancing of source terms and flux gradients. Journal of Computational Physics, 165(1):89-125

Hughes J D, Decker J D, Langevin C D. 2011. Use of upscaled elevation and surface roughness data in two-dimensional surface water models. Advances in Water Resources, 34(9):1151-1164

Hunsaker D J, Bucks D A. 1991. Irrigation uniformity of level basins as influenced by variations in soil water content and surface elevation. Agriculture Water Management, 19:325-340

Huyakorn P S, Pinder G F. 1983. Computational Methods in Subsurface Flow. London:Academic Press

Izadi B, Wallender W W. 1985. Furrow hydraulic characteristics and infiltration. Transactions of the ASAE, 28: 1901-1908

Jaynes D B, Hunsaker D J. 1989. Spatial and temporal variability of water content and infiltration on a flood irrigated field. Transactions of the ASAE, 32:1229-1238

Kafkafi U, Tarchitzky J. 2011. Fertigation-A Tool for Efficient Fertilizer and Water Management. 田有国,译. 北京:中国农业出版社

Karpik R S, Crockett S R. 1997. Semi-lagrangian algorithm for two-dimensional advection-diffusion equation on curvilinear coordinate meshes. Journal of Hydraulic Engineering, 123(5):389-401

Khanna M, Malano H M, Fenton J D, et al. 2003a. Two-dimensional simulation model for contour basin layouts in southeast Australia I: Rectangular basins. Journal of Irrigation and Drainage Engineering, 129(5): 305-325

Kostiakov A V. 1932. On the dynamics of the coefficient of water percolation in soils and on the necessity for studying it from a dynamics point of view for purposes of amelioration. Trans. Sixth Comm. International Society Soil Science, Part A,17-21

LeVeque R J. 1998. Finite difference methods for differential equations. Seattle:University of Washington

LeVeque R J. 2002. Finite Volume Methods for Hyperbolic Problems. Cambridge: The Press Syndicate of the University of Cambridge

Liang Q, Marche F. 2009. Numerical resolution of well-balanced shallow water equations with complex source terms. Advances in Water Resources, 32(6):873-884

Morton K W, Mayers D F. 2005. Numerical Solution of Partial Differential Equations. Cambridge: Cambridge University Press

Murillo J, Burguete J, Brufau P, et al. 2005. Coupling between shallow water and solute flow equations: analysis and management of source terms in 2D. International Journal for Numerical Method in Fluids, 49(5):267-299

Murillo J, García-Navarro P, Burguete J. 2008. Analysis of a second-order upwind method for the simulation of solute transport in 2D shallow water flow. International Journal for Numerical Method in Fluids, 56(4): 661-686

Parlange J Y, Lisle I, Braddock R D, et al. 1982. The three-parameter infiltration equation. Soil Science, 133(6):337-341

Parlange J Y, Haverkamp R, Touma J. 1985. Infiltration under ponded conditions:1. Optimal analytical solution and comparison with experimental observations. Soil Science, 139(4):305-311

Patrick H, Michel P. 2011. Fertilizer outlook 2011-2015. Canada:79th IFA Annual Conference Montreal

Perea H, Strelkoff T S, Adamsen FJ, et al. 2010. Nonuniform and unsteady solute transport in furrow irrigation. Ⅰ: model development. Journal of Irrigation and Drainage Engineering, 136(6):365-375

Philip J. 1957. The theory of infiltration. I. The infiltration equation and its solution. Soil Science, 83:345-357

Playán E, Walker W R, Merkley G P. 1994. Two-dimensional simulation of basin irrigation. Ⅰ: Theory. Journal of Irrigation and Drainage Engineering, 120(5):837-856

Playán E, Faci J M, Serreta A. 1996. Modeling microtopography in basin irrigation. Journal of Irrigation and Drainage Engineering, 122(6):339-347

Playán E, Faci J M. 1997. Border fertigation: Field experiments and a simple model. Irrigation Science, 17(4): 163-171

Pope S B. 2000. Turbulent Flows. Cambridge:Cambridge University Press

Rogers B D, Borthwick A G L, Taylor P H. 2003. Mathematical balancing of flux gradient and source terms prior to using Roe's approximate Riemann solver. Journal of Computational Physics, 192(2):422-451

Rutherford J C. 1994. River Mixing. Chichester:John Wiley & Sons

Schmitz G, Seus G J. 1989. Analytical model of level basin irrigation. Journal of Irrigation and Drainage Engineering, 115(1):78-95

Shafique M S, Skogerboe G V. 1983. Impact of seasonal infiltration function variation on furrow irrigation performance. Proceedings of the National Conference on Advances in Infiltration, ASAE Meeting

Shao S, Lo EYM. 2003. Incompressible SPH method for simulating Newtonian and non-Newtonian flows with a free surface. Advances in Water Resources, 26(7):787-800

Singh V P, Bhallamudi S M. 1996. Complete hydrodynamic border-strip irrigation model. Journal of Irrigation and Drainage Engineering, 122(4):189-197

Singh V P, Bhallamudi S M. 1997. Hydrodynamic modeling of basin irrigation. Journal of Irrigation and Drainage Engineering, 123(6):407-414

Soroush F, Fenton J D, Mostafazadeh-Fard B, et al. 2013. Simulation of furrow irrigation using the Slow-change/slow-flow equation. Agricultural Water Management, 116(1):160-174

Strelkoff T S, Katopodes N D. 1977. Border irrigation hydraulics with zero - inertia. Journal of Irrigation and Drainage Division, 103(IR3):325-342

Strelkoff T S, Al-Tamaini A H, Clemmens A J, et al. 1996. Simulation of two-dimensional flow in basins and borders. Presentation at the 1996 ASAE Annual International Meeting, Phoenix Civic Plaza, Arizona

Strelkoff T S, Clemmens A J, Schmidt B V. 1998. SRFR v. 3. 31. Computer program for simulating flow in surface irrigation: Furrow-basins-borders. U. S. Water Conservation Laboratory, USDA-ARS, Phoenix

Strelkoff T S, Clemmens A J, Bautista E. 2000. Field-parameter estimation for surface irrigation management and design. In Water Management 2000, ASAC Conference, Ft. Collins, USA

Strelkoff T S, Tamimi A H, Clemmens A J. 2003. Two-dimensional basin flow with irregular bottom configuration. Journal of Irrigation and Drainage Engineering, 129(6):391-401

Strelkoff T S, Clemmens A J, Perea-Estrada H. 2006. Calculation of non-reactive chemical distribution in surface fertigation. Agricultural Water Management, 86(1):93-101

Strelkoff T S, Clemmens A J, Bautista E. 2009. Field properties in surface irrigation management and design. Journal of Irrigation and Drainage Engineering, 135(5):525-536

Taylor G. 1953. Dispersion of soluble matter in solvent flowing slowly through a tube. Proc., Royal Soc., 1953, London, England, Ser. A, 219:186-203

Taylor G. 1954. The dispersion of matter in turbulent flow through a pipe//Royal Society, Proceedings of the Royal Society of London A: Mathematical, Physical and Engineering Sciences, 223(1155): 446-468

Turral H, Svendsen M, Faures J M. 2010. Investing in irrigation: reviewing the past and looking to the future. Agricultural Water Management, 97(4):551-560

UNESCO. 2014. The United Nations World Water Development Report 2014-Water and Energy. Paris, France

Vázquez-Cendón M E. 1999. Improved treatment of source terms in upwind schemes for the shallow water equations in channels with irregular geometry. Journal of Computational Physics, 148(2):497-526

Vico G, Porporato A. 2011. From rainfed agriculture to stress-avoidance irrigation: I. A generalized irrigation scheme with stochastic soil moisture. Advances in Water Resources, 34(2):263-271

Walker W R, Skogerboe G V. 1987. Surface Irrigation: Theory and Practice. Englewood Cliffs:Prentice-Hall Inc

Ying X, Khan A A, Wang S Y. 2004. Upwind conservative scheme for the Saint-Venant equations. Journal Hydraulic Engineering, 130(10):977-987

Zapata N, Playán E. 2000. Elevation and infiltration in a level basin. Ⅰ. Characterizing variability. Irrigation Science, 19(4):155-164

Zerihun D, Sanchez C A, Farrell-Poe K L, et al. 2003. Performance indices for surface N fertigation. Journal of Irrigation and Drainage Engineering, 129(3):173-183

Zerihun D, Furman A, Warrick A W, et al. 2005a. Coupled surface-subsurface solute transport model for irrigation borders and basins. Ⅰ. model development. Journal of Irrigation and Drainage Engineering, 131(5): 396-406

Zerihun D, Sanchez C A, Furman A, et al. 2005b. Coupled surface - subsurface solute transport model for irrigation borders and basins Ⅱ. Model evaluation. Journal of Irrigation and Drainage Engineering, 131(5): 407-419

Zerihun D, Furman A, Sanchez C A, et al. 2008. Development of simplified solutions for modeling recession in basins. Journal of Irrigation and Drainage Engineering, 135(5):327-340

Zhou J G, Causon D M, Mingham C G, et al. 2001. The surface gradient method for the treatment of source terms in the shallow-water equations. Journal of Computational Physics, 168(1):1-25

第 2 章
Chapter 2

畦田施肥灌溉地表水流溶质运动理论与方法

随着农业生产中过量施用化肥引起的面源污染问题日益受到重视,人们日趋关注畦田施肥灌溉工程优化设计与性能评价及其运行管理(Burguete et al.,2009),这对丰富畦田施肥灌溉地表水流溶质运动理论提出了更高要求(Abbasi et al.,2003;Playán et al.,2004)。为此,系统阐述和完善畦田施肥灌溉地表水流溶质运动理论与方法,可为建立和改进畦田施肥灌溉地表水流溶质运动模拟模型及数值模拟方法提供必要的基础支撑条件。

就畦田施肥灌溉地表水流溶质运动理论与方法而言,Walker 和 Skogerboe(1987)虽已对地表水流运动控制方程及各物理变量表达式的含义及其由来进行过阐述,但迄今还未见从基础物理学角度出发,明确定义畦田灌溉特有水动力学条件下的典型特征尺度问题,对地表水流运动控制方程及物理变量中存在的诸多问题尚未开展过系统地探讨(Bradford and Katopodes,1998),这包括地表水流运动守恒性概念、不同典型特征尺度下的前提假设条件、地表水流运动控制方程与流速场间的逻辑及解析关系等。故在畦田施肥灌溉地表水流溶质运动模拟中,还缺乏可靠的理论基础支撑,易出现前提假设条件不明晰、相关物理概念和物理变量定义较为混乱等问题,致使人们无法从数理机制上深入探究现有模拟模型及数值模拟方法的正确性与准确性,难以合理诠释和正确理解抽象的模拟结果与直观现实世界之间存在的众多异同表象(Strelkoff et al.,2003,2009;Clemmens,2009)。

另外,尽管人们已对畦田施肥灌溉地表水流溶质运动控制方程、初始条件和边界条件及溶质弥散系数等进行过有益探讨(Zerihun et al.,2004;Perea,2005;Burguete et al.,2009),但尚未完整地阐述与不同典型特征尺度地表水流溶质运动理论相应的基本概念及定义,尤其在溶质弥散系数定义及解析表达式上(García-Navarro et al.,2000;Abbasi et al.,2003;Zerihun et al.,2005a)。为此,亟待系统地阐释和描述畦田施肥灌溉地表水流溶质运动所特有的数理表达基础,以便为正确识别与理解畦田施肥灌溉物理过程的抽象表达与客观现实间的关联性提供可靠的数理基础依据。

本章在描述地表水流溶质运动水动力学基础上,阐述地表水流溶质运动典型特征尺度及物理变量与控制方程表达式,系统给出不同典型特征尺度下的地表水流运动控制方程和地表水流溶质运动控制方程,建立并分析不同典型特征尺度下地表水流运动流速场之间的关系及异同,以及地表水流溶质运动扩散与弥散之间的关系及差异。

2.1 地表水流溶质运动水动力学基础

通常采用拉格朗日(Lagrange)和欧拉(Euler)两种数学表达方法描述地表水流溶质运动过程,前者重在关注运动过程中的水流微元体及依附其上的溶质所形成的地表水流溶质微元体,后者则主要关心通过任意固定空间位置点处的地表水流溶质微元体群。在此基础上,依据质量、动量和能量守恒定理,获得相应的地表水流溶质运动控制方程,并基于物理事实的唯一性及不同观察者所处的各物理参考系的客观存在性,建立地表水流溶质运动物理变量在不同坐标系之间的定量变换关系。

2.1.1 地表水流溶质运动数学描述方法

地表水流溶质常以离子态形式存在于水流中,故可将其视为一个整体。当空间典型尺度大于3倍水分子的平均自由程时，地表水流溶质常以连续形式存在，称为连续介质（Tritton，1988）。物理学中常将连续介质视为相互作用的微元体群（Monaghan，1994），称为地表水流溶质微元体群，且相邻微元体间的各物理变量具有足够的连续性和可微分性。当人们主要关注地表水流溶质微元体的运动规律时，即为描述地表水流溶质运动的拉格朗日方法，而当人们重点关心经过任意固定空间位置点处的地表水流溶质微元体群的运动规律时，则为描述地表水流溶质运动的欧拉方法（吴望一，1982）。在描述地表水流溶质运动时，若仅关注地表水流溶质微元体中的水流或溶质，则称之为地表水流微元体或地表水流溶质微元体。

2.1.1.1　拉格朗日方法

拉格朗日方法是通过追踪地表水流溶质微元体的运动，达到研究整个地表水流溶质运动过程的目的。该方法基于质点力学所含的基本物理变量包括地表水流溶质微元体的位移、水压强和溶质浓度。在由正交坐标轴 x、y 和 z 组成的三维空间内，地表水流溶质微元体 $i(i=1,2,3,\cdots,N-1,N)$ 在 t 时刻的空间位置点坐标、水压强和溶质浓度被分别表达为

$$x_i=x(a_i^0,b_i^0,c_i^0,t) \tag{2-1}$$

$$y_i=y(a_i^0,b_i^0,c_i^0,t) \tag{2-2}$$

$$z_i=z(a_i^0,b_i^0,c_i^0,t) \tag{2-3}$$

$$p_i=p(a_i^0,b_i^0,c_i^0,t) \tag{2-4}$$

$$c_i=c(a_i^0,b_i^0,c_i^0,t) \tag{2-5}$$

式中，a_i^0、b_i^0 和 c_i^0 为地表水流溶质微元体 i 在初始时刻 t_0 的空间位置（m）；p_i 为地表水流溶质微元体 i 受到的水压强（MPa）；c_i 为地表水流溶质微元体 i 携带的溶质浓度（g/m^3）。

对地表水流溶质运动而言，若相邻两个微元体间的溶质浓度存在差异，则受分子热运动影响将出现扩散现象，直至相邻微元体携带的溶质浓度相等为止。基于式(2-5)，采用菲克定律（Fick rule）表达地表水流溶质浓度的扩散过程（欧特尔，2008），其表达式为

$$(q_x^{\mathrm{L}})_i=-\rho\cdot\kappa_c\frac{\mathrm{d}c_i}{\mathrm{d}x} \tag{2-6}$$

$$(q_y^{\mathrm{L}})_i=-\rho\cdot\kappa_c\frac{\mathrm{d}c_i}{\mathrm{d}y} \tag{2-7}$$

$$(q_z^{\mathrm{L}})_i=-\rho\cdot\kappa_c\frac{\mathrm{d}c_i}{\mathrm{d}z} \tag{2-8}$$

式中，$(q_x^{\mathrm{L}})_i$、$(q_y^{\mathrm{L}})_i$ 和 $(q_z^{\mathrm{L}})_i$ 分别为地表水流溶质微元体 i 沿 x、y 和 z 坐标向向相邻微元体扩散的溶质通量（m/s）；ρ 为水密度（kg/m^3）；κ_c 为水分子扩散系数（m/s^2）。

对地表水流溶质微元体 i 而言，若 a_i^0、b_i^0 和 c_i^0 为常数，t 为变量，则借助式(2-1)～式(2-8)可描述地表水流溶质微元体的运动规律，而对任意时刻 t，若 a_i^0、b_i^0 和 c_i^0 为变量，则可借助式(2-1)～式(2-8)描述不同地表水流溶质微元体的空间分布规律。流体力学中称 a_i^0、b_i^0 和 c_i^0 为拉格朗日变量，其不是空间坐标的函数，而是地表水流溶质微元体的标号，用于辨别不同的微元体。

对式(2-1)~式(2-3)求一阶和二阶时间导数后，可获得地表水流溶质微元体 i 的速度和加速度：

$$u_i=\frac{\mathrm{d}x_i}{\mathrm{d}t}=u(a_i^0,b_i^0,c_i^0,t) \tag{2-9}$$

$$v_i=\frac{\mathrm{d}y_i}{\mathrm{d}t}=v(a_i^0,b_i^0,c_i^0,t) \tag{2-10}$$

$$w_i=\frac{\mathrm{d}z_i}{\mathrm{d}t}=w(a_i^0,b_i^0,c_i^0,t) \tag{2-11}$$

$$(a_x^{\mathrm{L}})_i=\frac{\mathrm{d}^2x_i}{\mathrm{d}t^2}=a_x^{\mathrm{L}}(a_i^0,b_i^0,c_i^0,t) \tag{2-12}$$

$$(a_y^{\mathrm{L}})_i=\frac{\mathrm{d}^2y_i}{\mathrm{d}t^2}=a_y^{\mathrm{L}}(a_i^0,b_i^0,c_i^0,t) \tag{2-13}$$

$$(a_z^{\mathrm{L}})_i=\frac{\mathrm{d}^2z_i}{\mathrm{d}t^2}=a_z^{\mathrm{L}}(a_i^0,b_i^0,c_i^0,t) \tag{2-14}$$

式中，u_i、v_i 和 w_i 分别为地表水流溶质微元体 i 沿 x、y 和 z 坐标向的速度分量(m/s)；$(a_x^{\mathrm{L}})_i$、$(a_y^{\mathrm{L}})_i$、$(a_z^{\mathrm{L}})_i$ 分别为地表水流溶质微元体 i 沿 x、y 和 z 坐标向的加速度分量(m/s^2)。

目前，常见的拉格朗日方法主要是光滑粒子流体动力学(smoothed particle hydrodynamics，SPH)方法(Monaghan，1994)。毫无疑问，当采用拉格朗日方法描述地表水流溶质运动时，需将地表水流溶质离散成大量粒子，并建立这些粒子间的相互作用关系，这无疑需要巨大的计算工作量，故实际中较少应用。

2.1.1.2 欧拉方法

欧拉方法是通过关注经过任意固定空间位置点处的地表水流溶质微元体群的变化规律，达到描述整个地表水流溶质运动过程的目的。对欧拉法更为通俗的解释是，首先确定一个固定的空间位置点，然后观测经过该点的地表水流溶质微元体群的各物理变量变化，这包括运动速度、水压强和溶质浓度。若将这些物理变量直接赋予该空间位置点，则由各点形成的连通域即构成地表水流溶质物理场：

$$u=u(x,y,z,t) \tag{2-15}$$

$$v=v(x,y,z,t) \tag{2-16}$$

$$w=w(x,y,z,t) \tag{2-17}$$

$$p=p(x,y,z,t) \tag{2-18}$$

$$c=c(x,y,z,t) \tag{2-19}$$

式中，u、v 和 w 分别为通过任意固定空间位置点处的地表水流溶质微元体群沿 x、y 和 z 坐标向的速度分量(m/s)；p 为通过任意固定空间位置点处的地表水流溶质微元体群受到的水压强(MPa)；c 为通过任意固定空间位置点处的地表水流溶质微元体群携带的溶质浓度(g/m^3)。

对地表水流溶质运动而言，若任意两个固定空间位置点之间的溶质浓度存在着差异，则在分子热运动驱动下，彼此间的溶质浓度值将最终趋于相同。基于式(2-19)，采用菲克定律描述地表水流溶质浓度的扩散过程(欧特尔，2008)：

$$q_x^{\mathrm{U}}=-\rho\cdot\kappa_c\frac{\partial c}{\partial x} \tag{2-20}$$

$$q_y^{\mathrm{U}}=-\rho\cdot\kappa_c\frac{\partial c}{\partial y} \tag{2-21}$$

$$q_z^{\mathrm{U}}=-\rho\cdot\kappa_c\frac{\partial c}{\partial z} \tag{2-22}$$

式中，q_x^{U}、q_y^{U} 和 q_z^{U} 分别为任意固定空间位置点处的地表水流溶质微元体群沿 x、y 和 z 坐标向向相邻微元体群扩散的溶质通量（m/s）；ρ 为水密度（$\mathrm{kg/m^3}$）；κ_c 为水分子扩散系数（$\mathrm{m/s^2}$）。

对式（2-15）～式（2-17）进行时间求导后，可得到地表水流溶质微元体群的加速度：

$$a_x^{\mathrm{U}}=\frac{\partial u}{\partial t}+\frac{\partial u}{\partial x}\cdot\frac{\partial x}{\partial t}+\frac{\partial u}{\partial y}\cdot\frac{\partial y}{\partial t}+\frac{\partial u}{\partial z}\cdot\frac{\partial z}{\partial t} \tag{2-23}$$

$$a_y^{\mathrm{U}}=\frac{\partial v}{\partial t}+\frac{\partial v}{\partial x}\cdot\frac{\partial x}{\partial t}+\frac{\partial v}{\partial y}\cdot\frac{\partial y}{\partial t}+\frac{\partial v}{\partial z}\cdot\frac{\partial z}{\partial t} \tag{2-24}$$

$$a_z^{\mathrm{U}}=\frac{\partial w}{\partial t}+\frac{\partial w}{\partial x}\cdot\frac{\partial x}{\partial t}+\frac{\partial w}{\partial y}\cdot\frac{\partial y}{\partial t}+\frac{\partial w}{\partial z}\cdot\frac{\partial z}{\partial t} \tag{2-25}$$

式中，a_x^{U}、a_y^{U} 和 a_z^{U} 分别为通过任意固定空间位置点处的地表水流溶质微元体群沿 x、y 和 z 坐标向的加速度分量（$\mathrm{m/s^2}$）。

对式（2-19）中，地表水流溶质微元体群携带的溶质浓度随时间的变化率可表示为

$$\frac{\partial c}{\partial t}+\frac{\partial c}{\partial x}\cdot\frac{\partial x}{\partial t}+\frac{\partial c}{\partial y}\cdot\frac{\partial y}{\partial t}+\frac{\partial c}{\partial z}\cdot\frac{\partial z}{\partial t} \tag{2-26}$$

从欧拉方法定义可知，上述各式中的 x、y 和 z 也是 t 时刻通过该固定空间位置点处的地表水流溶质微元体群的位移，这表明当关注对象从地表水流溶质微元体转移到微元体群时，式（2-9）～式（2-11）中表述的 u_i、v_i 和 w_i 将成为地表水流溶质微元体群的速度分量 u、v 和 w，将其代入式（2-23）～式（2-25）后可得到：

$$a_x^{\mathrm{U}}=\frac{\partial u}{\partial t}+u\frac{\partial u}{\partial x}+v\frac{\partial u}{\partial y}+w\frac{\partial u}{\partial z} \tag{2-27}$$

$$a_y^{\mathrm{U}}=\frac{\partial v}{\partial t}+u\frac{\partial v}{\partial x}+v\frac{\partial v}{\partial y}+w\frac{\partial v}{\partial z} \tag{2-28}$$

$$a_z^{\mathrm{U}}=\frac{\partial w}{\partial t}+u\frac{\partial w}{\partial x}+v\frac{\partial w}{\partial y}+w\frac{\partial w}{\partial z} \tag{2-29}$$

$$\frac{\partial c}{\partial t}+u\frac{\partial c}{\partial x}+v\frac{\partial c}{\partial y}+w\frac{\partial c}{\partial z} \tag{2-30}$$

在流体力学中，常引入全导数的概念统一表达欧拉方法意义下的地表水流溶质微元体群的加速度，其定义式[式（2-27）～式（2-30）]表达如下：

$$\frac{\mathrm{D}}{\mathrm{D}t}=\frac{\partial}{\partial t}+u\frac{\partial}{\partial x}+v\frac{\partial}{\partial y}+w\frac{\partial}{\partial z} \tag{2-31}$$

若定义地表水流速向量 $\boldsymbol{u}=(u,v,w)^{\mathrm{T}}$，则式（2-31）可被简记为

$$\frac{\mathrm{D}}{\mathrm{D}t}=\frac{\partial}{\partial t}+(\boldsymbol{u}\cdot\nabla) \tag{2-32}$$

式中，∇为梯度算子，且 $\nabla=\frac{\partial}{\partial x}\boldsymbol{i}+\frac{\partial}{\partial y}\boldsymbol{j}+\frac{\partial}{\partial z}\boldsymbol{k}$，其中，$\boldsymbol{i}$、$\boldsymbol{j}$ 和 $\boldsymbol{k}$ 分别为沿 x、y 和 z 坐标向的单位向量。

式(2-32)中$\frac{\partial}{\partial t}$被称为当地导数，表示任意固定空间位置点处的地表水流溶质物理变量随时间的变化率，$(\boldsymbol{u}\cdot\nabla)$为迁移导数，表示任意时刻不同地表水流溶质微元体群经过任意固定空间位置点时引起的该点物理变量的空间变化率。

与基于质点动力学的拉格朗日方法相比，欧拉方法采用场论力学形式表达，数值模拟计算格式易于构造，模拟计算量远小于前者。由于在实际工程中，人们往往并不关心地表水流溶质微元体的来龙去脉，而是关注研究区域内地表水流运动溶质场的局部或整体变化情况，故欧拉方法得以广泛采用。

2.1.2　地表水流溶质运动基本物理定理及控制方程

基于描述地表水流溶质运动的数学方法及其基本物理定理，借助微积分运算法则，可获得地表水流溶质运动控制方程。在拉格朗日方法下，质点力学中的物理学基本定理在数学表达式上更为简洁，故据此并基于全导数的概念，可得到欧拉方法下的地表水流溶质运动控制方程。

2.1.2.1　质量守恒定理及控制方程

如图 2-1 所示，对地表水流溶质微元体单元δV而言，其沿 x、y 和 z 坐标向的尺寸分别为δx、δy 和δz，根据质量守恒定理，δV 的质量δm($\delta m=\rho\cdot\delta V$)对时间的变化率为零，由此可获得拉格朗日方法下的地表水流溶质运动质量守恒方程积分式：

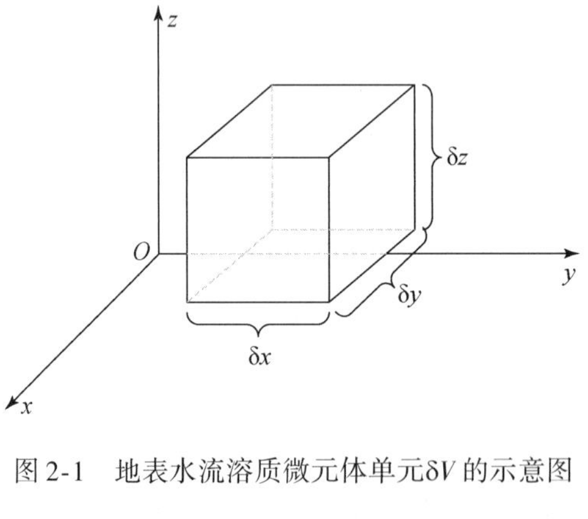

图 2-1　地表水流溶质微元体单元δV的示意图

$$\frac{\mathrm{D}\delta m}{\mathrm{D}t}=\frac{\mathrm{D}}{\mathrm{D}t}\iiint_{\delta V}\rho\mathrm{d}V=0 \tag{2-33}$$

式中，$\mathrm{d}V$ 为地表水流溶质微元体的空间体积(m^3)，且 $\mathrm{d}V=\mathrm{d}x\mathrm{d}y\mathrm{d}z$。

对式(2-33)展开如下：

$$\iiint_{\delta V}\frac{\mathrm{D}(\rho\mathrm{d}V)}{\mathrm{D}t}=\iiint_{\delta V}\left[\frac{\mathrm{D}\rho}{\mathrm{D}t}\mathrm{d}V+\rho\frac{\mathrm{D}(\mathrm{d}V)}{\mathrm{D}t}\right] \tag{2-34}$$

基于式(2-32),借助 dV 不随时间变化的微分运算法则,将式(2-34)展开为

$$\iiint_{\delta V}\left[\frac{D\rho}{Dt}dV+\rho\frac{D(dV)}{Dt}\right]=\iiint_{\delta V}\left\{\left[\frac{\partial\rho}{\partial t}+(\boldsymbol{u}\cdot\nabla)\rho\right]dV+\rho(\nabla\cdot\boldsymbol{u})dV\right\}$$

$$=\iiint_{\delta V}\left[\frac{\partial\rho}{\partial t}+\nabla(\rho\cdot\boldsymbol{u})\right]dV=0 \quad (2\text{-}35)$$

式(2-35)即为欧拉方法下的地表水流溶质运动质量守恒方程积分式,据此可获得欧拉方法下的地表水流溶质运动质量守恒方程微分式:

$$\frac{\partial\rho}{\partial t}+\nabla\cdot(\rho\cdot\boldsymbol{u})=0 \quad (2\text{-}36)$$

式(2-36)又可被表达为

$$\frac{\partial\rho}{\partial t}+\frac{\partial(\rho\cdot u)}{\partial x}+\frac{\partial(\rho\cdot v)}{\partial y}+\frac{\partial(\rho\cdot w)}{\partial z}=0 \quad (2\text{-}37)$$

考虑到地表水流溶质运动扩散过程,在如图 2-1 所示的地表水流溶质微元体空间区域内,溶质量对时间的变化率应等于该微元体与相邻微元体之间的溶质扩散量,由此可获得拉格朗日方法下的地表水流溶质运动方程积分式:

$$\frac{D}{Dt}\iiint_{\delta V}\rho\cdot c\,dV=\iiint_{\delta V}\nabla\left(\rho\cdot\kappa_c\frac{dc}{d\boldsymbol{x}}\right)dV \quad (2\text{-}38)$$

式中,$\boldsymbol{x}$ 为空间坐标向量,包含 x、y 和 z 3 个分量(m)。

基于式(2-38),可获得拉格朗日方法下的地表水流溶质运动方程微分式:

$$\frac{D(\rho\cdot c)}{Dt}=\frac{\partial}{\partial x}\left(\rho\cdot\kappa_c\frac{dc}{dx}\right)+\frac{\partial}{\partial y}\left(\rho\cdot\kappa_c\frac{dc}{dy}\right)+\frac{\partial}{\partial z}\left(\rho\cdot\kappa_c\frac{dc}{dz}\right)+\frac{\partial}{\partial x}\left(\rho\cdot\kappa_c\frac{dc}{dy}\right)+\frac{\partial}{\partial x}\left(\rho\cdot\kappa_c\frac{dc}{dz}\right)$$

$$+\frac{\partial}{\partial y}\left(\rho\cdot\kappa_c\frac{dc}{dx}\right)+\frac{\partial}{\partial y}\left(\rho\cdot\kappa_c\frac{dc}{dz}\right)+\frac{\partial}{\partial z}\left(\rho\cdot\kappa_c\frac{dc}{dx}\right)+\frac{\partial}{\partial z}\left(\rho\cdot\kappa_c\frac{dc}{dy}\right) \quad (2\text{-}39)$$

若将式(2-39)等号左侧的全导数基于式(2-31)予以展开,并采用欧拉方法下的菲克定律代替拉格朗日方法下的表达式,即可获得欧拉方法下的地表水流溶质运动方程微分式:

$$\frac{\partial(\rho\cdot c)}{\partial t}+u\frac{\partial(\rho\cdot c)}{\partial x}+v\frac{\partial(\rho\cdot c)}{\partial y}+w\frac{\partial(\rho\cdot c)}{\partial z}=\frac{\partial}{\partial x}\left(\rho\cdot\kappa_c\frac{\partial c}{\partial x}\right)+\frac{\partial}{\partial y}\left(\rho\cdot\kappa_c\frac{\partial c}{\partial y}\right)+\frac{\partial}{\partial z}\left(\rho\cdot\kappa_c\frac{\partial c}{\partial z}\right)$$

$$+\frac{\partial}{\partial x}\left(\rho\cdot\kappa_c\frac{\partial c}{\partial y}\right)+\frac{\partial}{\partial x}\left(\rho\cdot\kappa_c\frac{\partial c}{\partial z}\right)+\frac{\partial}{\partial y}\left(\rho\cdot\kappa_c\frac{\partial c}{\partial x}\right)+\frac{\partial}{\partial y}\left(\rho\cdot\kappa_c\frac{\partial c}{\partial z}\right)+\frac{\partial}{\partial z}\left(\rho\cdot\kappa_c\frac{\partial c}{\partial x}\right)+\frac{\partial}{\partial z}\left(\rho\cdot\kappa_c\frac{\partial c}{\partial y}\right)$$

(2-40)

2.1.2.2　动量守恒定理及控制方程

地表水流溶质微元体受到的体积力与表面应力之和应等于其动量的时间变化率,此即为动量守恒定理。如图 2-1 所示,地表水流溶质微元体单元δV 受到的基本力分别是体积力(如重力)和表面应力,其表达式为

$$\iiint_{\delta V}\rho\cdot\boldsymbol{f}dV \quad (2\text{-}41)$$

$$\iint_{\delta S}\boldsymbol{p}\cdot\boldsymbol{n}dS \quad (2\text{-}42)$$

式中，$\boldsymbol{f}$ 为地表水流溶质微元体受到的体积力张量(N)，其沿 x、y 和 z 坐标向的分量分别为 f_x、f_y 和 f_z；$\boldsymbol{p}$ 为地表水流溶质微元体受到的表面应力张量(MPa)，其包含 9 个分量 $p_{ij}(i,j=x,y,z)$；δS 为δV 的外侧微元面(m^2)；$\boldsymbol{n}$ 为δS 的外向单位法向量。

由高斯公式可知，式(2-42)可表达成如下形式：

$$\iiint_{\delta V} \nabla\cdot \boldsymbol{p}\mathrm{d}V \tag{2-43}$$

其中δV 的动量变化率为

$$\frac{\mathrm{D}}{\mathrm{D}t}\iiint_{\delta V}\rho\cdot \boldsymbol{u}\mathrm{d}V \tag{2-44}$$

基于$\delta m=\rho\cdot\delta V$ 及 $\mathrm{D}(\delta m)/\mathrm{D}t=0$，式(2-44)又被表达如下：

$$\iiint_{\delta V}\left(\frac{\mathrm{D}\boldsymbol{u}}{\mathrm{D}t}\mathrm{d}V+\boldsymbol{u}\frac{\mathrm{D}(\mathrm{d}m)}{\mathrm{D}t}\right)=\iiint_{\delta V}\rho\frac{\mathrm{D}\boldsymbol{u}}{\mathrm{D}t}\mathrm{d}V \tag{2-45}$$

由动量守恒定理可知，拉格朗日方法下的地表水流溶质微元体动量守恒方程积分式为

$$\iiint_{\delta V}\rho\frac{\mathrm{D}\boldsymbol{u}}{\mathrm{D}t}\mathrm{d}V=\iiint_{\delta V}\rho\cdot\boldsymbol{f}\mathrm{d}V+\iiint_{\delta V}\nabla\cdot\boldsymbol{p}\mathrm{d}V \tag{2-46}$$

基于式(2-46)，可获得拉格朗日方法下的地表水流溶质微元体动量守恒方程微分式为

$$\rho\frac{\mathrm{D}\boldsymbol{u}}{\mathrm{D}t}=\rho\cdot\boldsymbol{f}+\nabla\cdot\boldsymbol{p} \tag{2-47}$$

根据地表水流速向量 $\boldsymbol{u}$、体积力张量 $\boldsymbol{f}$ 和表面应力张量 $\boldsymbol{p}$ 的分量形式，式(2-47)还可被表达如下：

$$\rho\left(\frac{\partial u}{\partial t}+u\frac{\partial u}{\partial x}+v\frac{\partial u}{\partial y}+w\frac{\partial u}{\partial z}\right)=\rho\cdot f_x+\frac{\partial p_{xx}}{\partial x}+\frac{\partial p_{xy}}{\partial y}+\frac{\partial p_{xz}}{\partial z} \tag{2-48}$$

$$\rho\left(\frac{\partial v}{\partial t}+u\frac{\partial v}{\partial x}+v\frac{\partial v}{\partial y}+w\frac{\partial v}{\partial z}\right)=\rho\cdot f_y+\frac{\partial p_{yx}}{\partial x}+\frac{\partial p_{yy}}{\partial y}+\frac{\partial p_{yz}}{\partial z} \tag{2-49}$$

$$\rho\left(\frac{\partial w}{\partial t}+u\frac{\partial w}{\partial x}+v\frac{\partial w}{\partial y}+w\frac{\partial w}{\partial z}\right)=\rho\cdot f_z+\frac{\partial p_{zx}}{\partial x}+\frac{\partial p_{zy}}{\partial y}+\frac{\partial p_{zz}}{\partial z} \tag{2-50}$$

表面应力张量 $\boldsymbol{p}$ 的分量 $p_{ij}(i,j=x,y,z)$可被分解成各向同性和各向异性两部分之和(吴望一，1982)，即

$$\begin{pmatrix}p_{xx}&p_{xy}&p_{xz}\\p_{yx}&p_{yy}&p_{yz}\\p_{zx}&p_{zy}&p_{zz}\end{pmatrix}=\begin{pmatrix}-p&0&0\\0&-p&0\\0&0&-p\end{pmatrix}+\begin{pmatrix}\tau_{xx}&\tau_{xy}&\tau_{xz}\\\tau_{yx}&\tau_{yy}&\tau_{yz}\\\tau_{zx}&\tau_{zy}&\tau_{zz}\end{pmatrix} \tag{2-51}$$

$$p=-\frac{1}{3}(p_{xx}+p_{yy}+p_{zz}) \tag{2-52}$$

式(2-51)中 p 为表面应力张量各向同性部分的平均之和，也即水压强，而表面应力张量各向异性部分为 $\tau_{ij}(i,j=x,y,z)$，其为流速梯度张量 s_{kl}的线性齐次函数(欧特尔，2008)，

$$\boldsymbol{\tau}_{ij}=\boldsymbol{c}_{ijkl}\cdot\boldsymbol{s}_{kl} \tag{2-53}$$

式中，$\boldsymbol{c}_{ijkl}$为表征地表水流黏性的系数张量；其中，$\boldsymbol{s}_{kl}(k,l=x,y,z)$被表达为

$$\begin{pmatrix} s_{xx} & s_{xy} & s_{xz} \\ s_{yx} & s_{yy} & s_{yz} \\ s_{zx} & s_{zy} & s_{zz} \end{pmatrix} = \begin{pmatrix} \frac{\partial u}{\partial x} & \frac{\partial u}{\partial y} & \frac{\partial u}{\partial z} \\ \frac{\partial v}{\partial x} & \frac{\partial v}{\partial y} & \frac{\partial v}{\partial z} \\ \frac{\partial w}{\partial x} & \frac{\partial w}{\partial y} & \frac{\partial w}{\partial z} \end{pmatrix} \tag{2-54}$$

依据地表水流黏性各向同性特征及广义牛顿本构关系（欧特尔，2008），式（2-53）可被具体表达为

$$\tau_{xx} = -\frac{2}{3}\mu\left(\frac{\partial u}{\partial x}+\frac{\partial v}{\partial y}+\frac{\partial w}{\partial z}\right)+2\mu\frac{\partial u}{\partial x} \tag{2-55}$$

$$\tau_{yy} = -\frac{2}{3}\mu\left(\frac{\partial u}{\partial x}+\frac{\partial v}{\partial y}+\frac{\partial w}{\partial z}\right)+2\mu\frac{\partial v}{\partial y} \tag{2-56}$$

$$\tau_{zz} = -\frac{2}{3}\mu\left(\frac{\partial u}{\partial x}+\frac{\partial v}{\partial y}+\frac{\partial w}{\partial z}\right)+2\mu\frac{\partial w}{\partial z} \tag{2-57}$$

$$\tau_{xy} = \tau_{yx} = \mu\left(\frac{\partial u}{\partial y}+\frac{\partial v}{\partial x}\right) \tag{2-58}$$

$$\tau_{xz} = \tau_{zx} = \mu\left(\frac{\partial u}{\partial z}+\frac{\partial w}{\partial x}\right) \tag{2-59}$$

$$\tau_{yz} = \tau_{zy} = \mu\left(\frac{\partial w}{\partial y}+\frac{\partial u}{\partial z}\right) \tag{2-60}$$

式中，μ 为地表水流动力学黏性系数[g/(m·s)]。

将式（2-55）～式（2-60）代入式（2-51）中，并入式（2-48）～式（2-50）后，即可获得欧拉方法下的地表水流溶质运动动量守恒方程，

$$\rho\left(\frac{\partial u}{\partial t}+u\frac{\partial u}{\partial x}+v\frac{\partial u}{\partial y}+w\frac{\partial u}{\partial z}\right)=\rho\cdot f_x+\frac{\partial}{\partial x}\left[-p-\frac{2}{3}\mu\left(\frac{\partial u}{\partial x}+\frac{\partial v}{\partial y}+\frac{\partial w}{\partial z}\right)+2\mu\frac{\partial u}{\partial x}\right] \\ +\frac{\partial}{\partial y}\left[\mu\left(\frac{\partial u}{\partial y}+\frac{\partial v}{\partial x}\right)\right]+\frac{\partial}{\partial z}\left[\mu\left(\frac{\partial u}{\partial z}+\frac{\partial w}{\partial x}\right)\right] \tag{2-61}$$

$$\rho\left(\frac{\partial v}{\partial t}+u\frac{\partial v}{\partial x}+v\frac{\partial v}{\partial y}+w\frac{\partial v}{\partial z}\right)=\rho\cdot f_y+\frac{\partial}{\partial x}\left[\mu\left(\frac{\partial u}{\partial y}+\frac{\partial v}{\partial x}\right)\right]+\frac{\partial}{\partial y}\left[-p-\frac{2}{3}\mu\left(\frac{\partial u}{\partial x}+\frac{\partial v}{\partial y}+\frac{\partial w}{\partial z}\right)+2\mu\frac{\partial v}{\partial y}\right] \\ +\frac{\partial}{\partial z}\left[\mu\left(\frac{\partial v}{\partial z}+\frac{\partial w}{\partial y}\right)\right] \tag{2-62}$$

$$\rho\left(\frac{\partial w}{\partial t}+u\frac{\partial w}{\partial x}+v\frac{\partial w}{\partial y}+w\frac{\partial w}{\partial z}\right)=\rho\cdot f_z+\frac{\partial}{\partial x}\left[\mu\left(\frac{\partial u}{\partial z}+\frac{\partial w}{\partial x}\right)\right]+\frac{\partial}{\partial y}\left[\mu\left(\frac{\partial v}{\partial z}+\frac{\partial w}{\partial y}\right)\right] \\ +\frac{\partial}{\partial z}\left[-p-\frac{2}{3}\mu\left(\frac{\partial u}{\partial x}+\frac{\partial v}{\partial y}+\frac{\partial w}{\partial z}\right)+2\mu\frac{\partial w}{\partial z}\right] \tag{2-63}$$

2.1.2.3　能量守恒定理及控制方程

体积力和表面应力对地表水流溶质微元体所做的功再加上热传导传递的能量应等于其能量的时间变化率，这即为能量守恒定理。当地表水流溶质微元体内的能量包括内能和动能时，式（2-64）成立：

$$\iiint_{\delta V}\rho\left(\tilde{U}+\frac{|\boldsymbol{u}|^2}{2}\right)\mathrm{d}V \tag{2-64}$$

式中，$\tilde{U}$ 为地表水流溶质微元体的内能(J)；$\frac{|\boldsymbol{u}|^2}{2}$ 为地表水流溶质微元体的动能(m^2/s^2)；dV 为地表水流溶质微元体。

体积力与表面应力对地表水流溶质微元体所做的功及热传导传递的能量被分别表达为(欧特尔，2008)

$$\iiint_{\delta V} \rho \cdot \boldsymbol{f} \cdot \boldsymbol{u} \mathrm{d}V \tag{2-65}$$

$$\iint_{\delta S} (\boldsymbol{p} \cdot \boldsymbol{u}) \cdot \boldsymbol{n} \mathrm{d}S \tag{2-66}$$

$$\iint_{\delta V} (\kappa_h \cdot \nabla T) \cdot \boldsymbol{n} \mathrm{d}S \tag{2-67}$$

式中，T 为地表水流溶质微元体的温度(K)；κ_h 为地表水流溶质微元体的热传导系数[J/(m·K)]。

基于高斯公式，式(2-66)和式(2-67)中的面积分可变换成如下体积分：

$$\iint_{\delta S} (\boldsymbol{p} \cdot \boldsymbol{u}) \cdot \boldsymbol{n} \mathrm{d}S = \iiint_{\delta V} \nabla(\boldsymbol{p} \cdot \boldsymbol{u}) \mathrm{d}V \tag{2-68}$$

$$\iint_{\delta S} (\kappa_h \cdot \nabla T) \cdot \boldsymbol{n} \mathrm{d}S = \iiint_{\delta V} \nabla(\kappa_h \cdot \nabla T) \mathrm{d}V \tag{2-69}$$

由能量守恒定理可知，拉格朗日方法下的地表水流溶质运动能量守恒方程积分式为

$$\iiint_{\delta V} \rho \frac{\mathrm{D}}{\mathrm{D}t}\left(\tilde{U} + \frac{|\boldsymbol{u}|^2}{2}\right) \mathrm{d}V = \iiint_{\delta V} \rho \cdot \boldsymbol{f} \cdot \boldsymbol{u} \mathrm{d}V + \iiint_{\delta V} \nabla(\boldsymbol{p} \cdot \boldsymbol{u}) \mathrm{d}V + \iiint_{\delta V} \nabla(\kappa_h \cdot \nabla T) \mathrm{d}V \tag{2-70}$$

基于式(2-70)，可获得拉格朗日方法下的地表水流溶质运动能量守恒方程微分式：

$$\rho \frac{\mathrm{D}}{\mathrm{D}t}\left(\frac{|\boldsymbol{u}|^2}{2}\right) + \rho \frac{\mathrm{D}\tilde{U}}{\mathrm{D}t} = \rho \cdot \boldsymbol{f} \cdot \boldsymbol{u} + \nabla(\boldsymbol{p} \cdot \boldsymbol{u}) + \nabla(\kappa_h \cdot \nabla T) \tag{2-71}$$

为了简化式(2-71)，在式(2-47)等号两侧同乘以地表水流速向量 $\boldsymbol{u}$：

$$\rho \frac{\mathrm{D}}{\mathrm{D}t}\left(\frac{|\boldsymbol{u}|^2}{2}\right) = \rho \cdot \boldsymbol{f} \cdot \boldsymbol{u} + \nabla \boldsymbol{p} \cdot \boldsymbol{u} \tag{2-72}$$

将式(2-72)代入式(2-71)且合并同类项后，即可得到欧拉方法下的地表水流溶质运动能量守恒方程微分式：

$$\rho\left(\frac{\partial \tilde{U}}{\partial t} + u\frac{\partial \tilde{U}}{\partial x} + v\frac{\partial \tilde{U}}{\partial y} + w\frac{\partial \tilde{U}}{\partial z}\right) = p_{xx}\frac{\partial u}{\partial x} + p_{yy}\frac{\partial v}{\partial y} + p_{zz}\frac{\partial w}{\partial z} + p_{xy}\left(\frac{\partial v}{\partial x} + \frac{\partial u}{\partial y}\right) + p_{yz}\left(\frac{\partial w}{\partial y} + \frac{\partial v}{\partial z}\right) + p_{zx}\left(\frac{\partial u}{\partial z} + \frac{\partial w}{\partial x}\right)$$
$$+ \frac{\partial}{\partial x}\left(\kappa_h \frac{\partial T}{\partial x}\right) + \frac{\partial}{\partial y}\left(\kappa_h \frac{\partial T}{\partial y}\right) + \frac{\partial}{\partial z}\left(\kappa_h \frac{\partial T}{\partial z}\right) \tag{2-73}$$

2.1.2.4 热力学状态方程

2.1.2.1 节~2.1.2.3 节中用于描述地表水流溶质运动的质量守恒、动量守恒和能量守恒方程个数为 6 个，但其中涉及的物理变量为 7 个，即水分子密度 ρ、溶质浓度 c、流速 u、v 和 w、水压强 p 及内能 $\tilde{U}$，故需再补充一个方程才能形成封闭的地表水流溶质运动控制方程组，这即为热力学状态方程(Courant and Friedrichs，1948)：

$$p=P_A\left(\frac{\rho}{\rho_0}\right)^{\gamma}-P_B \tag{2-74}$$

式中，ρ_0为 1 个大气压和 4℃时的水密度（kg/m^3），常取值为 $1000kg/m^3$；P_A和 P_B为常数（Mpa），分别取值为 304. 076Mpa 和 303. 975Mpa；γ 为无量纲常数，常取值为 7。

对地表水流溶质运动而言，针对地表水深 h，式（2-74）又被修正成如下形式（Monaghan，1994）：

$$p=\frac{\rho\sqrt{200\cdot g\cdot h}}{\gamma}\left[\left(\frac{\rho}{\rho_0}\right)^{\gamma}-1\right] \tag{2-75}$$

2. 1. 3　地表水流溶质运动物理变量类型及其变换关系

用于描述畦田施肥灌溉地表水流溶质运动的物理变量类型通常包括标量、向量和张量，在不同坐标系下这些物理变量具有相应的表达形式。基于不同坐标系间的变换形式，可以构造出线性变换的关系式，用于建立彼此之间的关联，并保证含义的唯一性。

2. 1. 3. 1　物理变量的类型

（1）标量和向量

标量是指仅具有大小但无方向性的物理变量，如任意时空位置点处的地表水深 h 和地表水流溶质浓度 c 等。向量则是指既具有大小又具备方向性的物理变量，如任意时空位置点处的地表水流速向量 $\boldsymbol{u}$，常包括 3 个分量，即沿水平 x 和 y 坐标向的流速分量 u 和 v 及沿垂向 z 坐标向的流速分量 w。

（2）张量

Ricci 明确了现代意义下的张量概念（Bubrovin et al.，1999），目的在于研究微分几何学。在数学上常将张量定义为多重线性函数，而力学中则定义其为按照一定线性关系进行变换的物理变量，这两个定义间是等价的，但却难以形象地理解张量的概念。

事实上，张量可通过与标量和向量的对比做出更为形象直观的理解。标量仅具备大小，故其没有分量；向量同时具有大小和方向，故沿不同坐标轴存在着不同的分量；张量为同时定义在多个空间坐标系上的物理变量，其分量可同时沿不同空间坐标系下的坐标轴进行分解，如式（2-51）中的 τ_{ij}即为典型的二阶张量，其表达形式如下：

$$\boldsymbol{\tau}=\begin{pmatrix}\tau_{xx} & \tau_{xy} & \tau_{xz}\\ \tau_{yx} & \tau_{yy} & \tau_{yz}\\ \tau_{zx} & \tau_{zy} & \tau_{zz}\end{pmatrix} \tag{2-76}$$

从式（2-76）可知，张量 $\boldsymbol{\tau}$ 含有 9 个分量，可同时在两个坐标系上进行分量分解，而这两个坐标系均由坐标轴 x、y 和 z 构成，且 $\boldsymbol{\tau}$ 的阶数由所在坐标系的个数决定，均为二阶变量。除此之外，张量 $\boldsymbol{\tau}$ 还具有对称性，即 $\tau_{ij}=\tau_{ji}(i,j=x,y)$，故地表水流运动控制方程所涉及的张量通常都为二阶对称张量。

2. 1. 3. 2　物理变量间的变换关系

物理变量在不同空间坐标系下的表现形式一般应满足线性变换关系。对标量和向量而言,该变换关系呈现为单一的线性关系,但张量则需满足双重的线性关系。

(1)标量与向量

标量仅具有大小而无方向,与定义的坐标系无关,故不同空间坐标系下的变换关系为常值1。对向量而言,若在原始坐标系下被标记为$x-y$,则其旋转β角度后所得到的坐标系为$x'-y'$(图2-2)。此时,在原始坐标系下的向量$(D_x, D_y)^T$与旋转坐标系下的向量$(D_x', D_y')^T$之间应满足如下变换关系(Marsden and Ratiu,1999):

$$\begin{pmatrix} D_x \\ D_y \end{pmatrix} = \begin{pmatrix} \cos\beta & -\sin\beta \\ \sin\beta & \cos\beta \end{pmatrix} \cdot \begin{pmatrix} D_x' \\ D_y' \end{pmatrix} \tag{2-77}$$

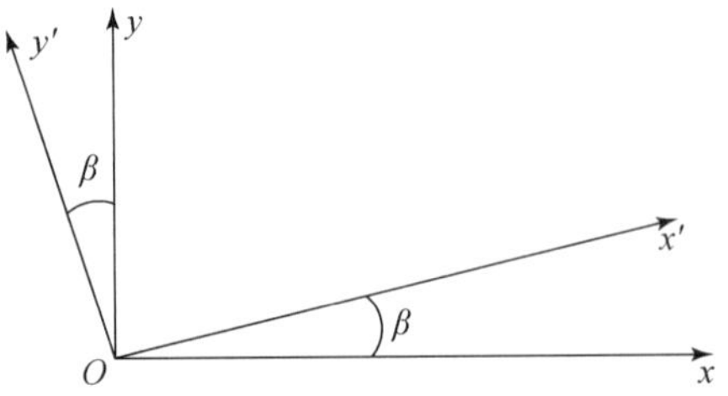

图2-2 二维空间坐标系的旋转示意图

借助爱因斯坦求和形式,式(2-77)可被写为如下标准的向量变换关系式:

$$D_i = a_{ij} \cdot D_j \tag{2-78}$$

式中,a_{ij}为变换矩阵的分量表达形式。

(2)二阶张量之间

对原始坐标系$x-y$和旋转坐标$x'-y'$下分别定义的张量D_{ij}和$D_{i'j'}$而言,借助爱因斯坦求和形式,两者之间的变换关系式为(Marsden and Ratiu,1999)

$$D_{ij} = a_{ij'} \cdot a_{i'j} \cdot D_{i'j'} \tag{2-79}$$

与式(2-78)相比,式(2-79)属于双重线性变换关系。由张量定义可知(Arnold,1999),式(2-79)中的$a_{ij'}$和$a_{i'j}$是式(2-77)中坐标变换矩阵的两种分量表达形式。通过对比式(2-79)和式(2-77)中变换矩阵的元素排序和分量表达式下标的排序,式(2-79)可被表达成如下形式:

$$\begin{pmatrix} D_{xx} & D_{xy} \\ D_{yx} & D_{yy} \end{pmatrix} = \begin{pmatrix} \cos\beta & -\sin\beta \\ \sin\beta & \cos\beta \end{pmatrix} \cdot \begin{pmatrix} D_{x'x'} & D_{x'y'} \\ D_{y'x'} & D_{y'y'} \end{pmatrix} \cdot \begin{pmatrix} \cos\beta & -\sin\beta \\ \sin\beta & \cos\beta \end{pmatrix}^T \tag{2-80}$$

在主方向坐标系下,若将其坐标轴标记为A和B,则式(2-80)中的张量$\boldsymbol{D}_{i'j'}(i', j' = x, y)$可简化成对角矩阵形式,其中,仅包含分量$D_A$和$D_B$,则式(2-80)可被简化为如下形式:

$$\begin{pmatrix} D_{xx} & D_{xy} \\ D_{yx} & D_{yy} \end{pmatrix} = \begin{pmatrix} \cos\beta & -\sin\beta \\ \sin\beta & \cos\beta \end{pmatrix} \cdot \begin{pmatrix} D_A & 0 \\ 0 & D_B \end{pmatrix} \cdot \begin{pmatrix} \cos\beta & -\sin\beta \\ \sin\beta & \cos\beta \end{pmatrix}^T$$
$$= \begin{pmatrix} D_A \cdot \cos^2\beta + D_B \cdot \sin^2\beta & (D_A - D_B)\cos\beta \cdot \sin\beta \\ (D_A - D_B)\cos\beta \cdot \sin\beta & D_A \cdot \sin^2\beta + D_B \cdot \cos^2\beta \end{pmatrix} \tag{2-81}$$

2.1.3.3 物理变量的几何表述

对标量而言,仅有大小而无方向,一般不采用几何方式表述。向量既有大小又有方向,通常采用有向线段表达。图 2-3 显示出二维空间坐标系下速度向量的几何表达示意图,其中,有向线段的方向表示为速度方向,其大小则表示速度数量。

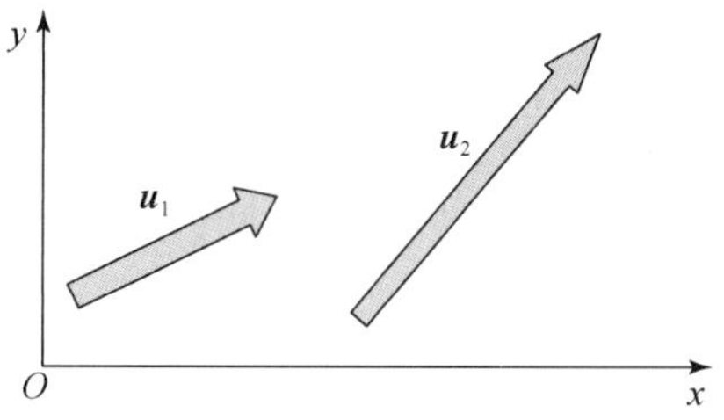

图 2-3　二维空间坐标系下速度向量的几何表达示意图

对任一对称张量而言,都存在着一个二次有心曲面与之相对应,该张量的分量即为二次有心曲面解析表达式的系数(吴望一,1982)。若以张量 $\boldsymbol{\tau}$ 为例,基于式(2-76)可约化得到二维空间坐标系下的分量表达式:

$$\boldsymbol{\tau}=\begin{pmatrix}\tau_{xx} & \tau_{xy}\\ \tau_{yx} & \tau_{yy}\end{pmatrix} \tag{2-82}$$

二次有心曲面在二维空间坐标系下可被约化为二次有心曲线,故式(2-82)对应的二次有心曲线被表达为

$$\tau_{xx}\cdot x^2+\tau_{yy}\cdot y^2+2\tau_{xy}\cdot x\cdot y=1 \tag{2-83}$$

如图 2-4 所示,式(2-83)实际上是椭圆曲线在一般空间坐标系下的数学解析式。通过坐标旋转使坐标轴与椭圆曲线主轴重合后,式(2-83)可被表达成如下标准形式(尤承业,2005):

$$\tau_A\cdot x^2+\tau_B\cdot y^2=1 \tag{2-84}$$

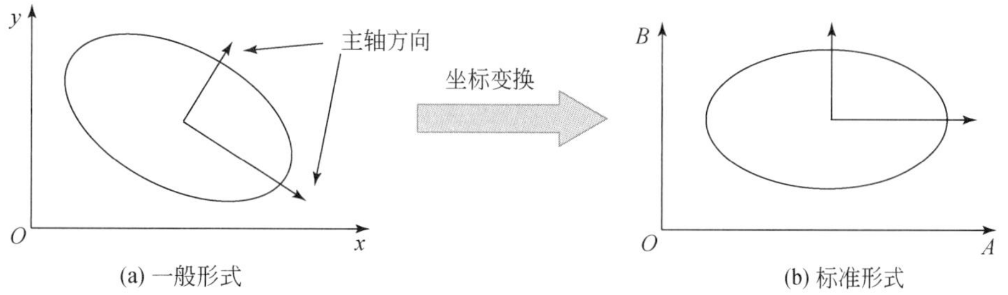

图 2-4　不同空间坐标系下的椭圆曲线及其主轴方向

式(2-84)中的 τ_A 和 τ_B 即为张量 $\boldsymbol{\tau}$ 在主方向坐标系下的分量,其与 x-y 坐标系下的分量变换关系式应满足式(2-81)。另外,基于式(2-84)中的系数还可获得该椭圆曲线两个主轴的长度应分别为 $1/\sqrt{\tau_A}$ 和 $1/\sqrt{\tau_B}$。

2.2　地表水流溶质运动典型特征尺度及物理变量与控制方程表达式

依据所关注的同一物理现象在细节上的差异,可在不同典型特征尺度下描述畦田施肥灌溉地表水流溶质运动过程，这包括连续介质尺度、雷诺平均尺度和地面水深尺度。根据守恒定律，各典型特征尺度下的地表水流溶质运动物理变量与控制方程具有各自的表达形式，且分为守恒型和非守恒型。

2.2.1　典型特征尺度

典型特征尺度通常是指在选定单位制下具有特定数量级的时空尺度与范围，由于时间与空间尺度之间密切相关，故仅采用空间尺度概念予以表达（沈惠川，2011）。典型特征尺度概念的出现与数值模拟技术与方法的发展密不可分。对任一典型特征尺度而言，采用相应的数学与物理学理论仅能表述该尺度以上的地表水流溶质运动过程，而小于该尺度的过程则只能借助概念性（非机理性）模型加以描述（Pope，2000）。受制于数值模拟方法精度等因素的影响，较小典型特征尺度下的地表水流溶质运动模拟结果未必适用于较大典型特征尺度。故需针对特定的地表水流溶质运动问题，选择在适宜的典型特征尺度下进行表述，否则将造成人力、物力和财力的巨大浪费。对畦田施肥灌溉地表水流溶质运动过程而言，典型特征尺度一般涉及连续介质尺度、雷诺平均尺度和地面水深尺度。

2.2.1.1　连续介质尺度

水分子状态下的地表水流溶质运动常处于离散状态，但随着观测尺度增大，地表水流溶质运动逐渐呈现出连续介质状态，故连续介质尺度通常是指以连续形式表述地表水流溶质运动的最小尺度，其约为水分子平均自由程的 3 个数量级，在常温、常压（20℃，1 个大气压）下约为 10^{-11}m 量级（Pope，2000）。

2.2.1.2　雷诺平均尺度

图 2-5 显示出在任意固定空间位置点处沿 x 坐标向的地表水流溶质微元体群的流速 u 的变化过程，其为总体变化趋势（虚线）与随机脉动状况（实线）间的合成。基于随机变量的基本概念，u（Pope，2000）被定义为

$$u=\langle u\rangle+u' \tag{2-85}$$

式中，$\langle u\rangle$ 为 u 的数学期望，反映随机变量 u 的平均取值；u' 为 u 的随机脉动值，由数学期望运算法则可知，$\langle u'\rangle=0$。

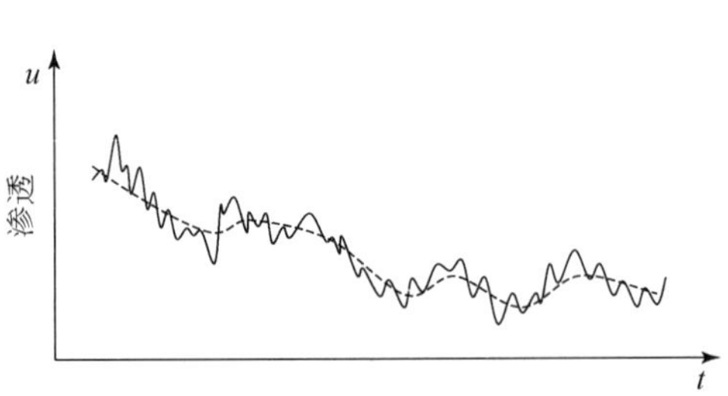

图 2-5　地表水流溶质微元体群的流速 u 的变化过程

同理，对沿 y 和 z 坐标向的地表水流溶质微元体群的流速 v 和 w 及水压强 p 和溶质浓度 c，也存在着如下表达式：

$$v=\langle v\rangle+v' \tag{2-86}$$

$$w=\langle w\rangle+w' \tag{2-87}$$

$$p=\langle p\rangle+p' \tag{2-88}$$

$$c=\langle c\rangle+c' \tag{2-89}$$

式中，$\langle v\rangle$、$\langle w\rangle$、$\langle p\rangle$和$\langle c\rangle$分别为 v、w、p 和 c 的数学期望；v'、w'、p'和 c'分别为 v、w、p 和 c 的随机脉动值，且$\langle v'\rangle=\langle w'\rangle=\langle p'\rangle=\langle c'\rangle=0$。

式(2-85)～式(2-89)中各物理变量 u、v、w、p 和 c 的数学期望$\langle u\rangle$、$\langle v\rangle$、$\langle w\rangle$、$\langle p\rangle$和$\langle c\rangle$是以其概率值为权重的平均值，即为雷诺平均值，其相应的典型特征尺度称为雷诺平均尺度。引入雷诺平均尺度的目的在于过滤掉地表水流溶质微元体群的随机脉动过程，但又必须反映出地表水流溶质浓度场的三维非均匀分布状态，故该尺度将随着实际物理过程的变化而发生改变。当地表水流处于层流状态时，雷诺平均尺度与连续介质尺度重合，而进入湍流状态，雷诺平均尺度则恰好过滤掉地表水流溶质微元体群的随机脉动过程的尺度。由于随机脉动过程属于跨尺度的物理过程，故雷诺平均尺度属于大于连续介质尺度并跨越时空变化的典型特征尺度(Pope，2000)。

2.2.1.3　地面水深尺度

当从宏观角度观察地表水流溶质运动过程时，若各物理变量在水平向取值均大于垂向取值的 2 个数量级以上时，即可忽略沿垂向的变化效应，这相当于对各物理变量做垂向积分平均处理，此时对应的典型特征尺度即称为地面水深尺度。

2.2.1.4　不同典型特征尺度间的关系

图 2-6 给出以上 3 种不同典型特征尺度之间的逻辑关系及其基本物理特征，其中，连续介质尺度为基本尺度，呈现出连续状态下地表水流溶质运动过程的所有物理细节。在此基础上，当利用加权平均方式过滤掉与湍流运动过程相关的物理细节后，即可获得雷诺平均尺度下的地表水流溶质运动物理过程。若再基于垂向积分平均方式，进一步过滤掉地表水流溶质运动沿垂向物理过程时，可得到地面水深尺度下的地表水流溶质运动过程。由此可见，这 3 种典型特征尺度是以递进的方式逐步过滤掉地表水流溶质运动过程中的某些物理细节，突出不同层次的基本物理特征，从而为开展各类地表水流溶质运动数值模拟奠定基础。

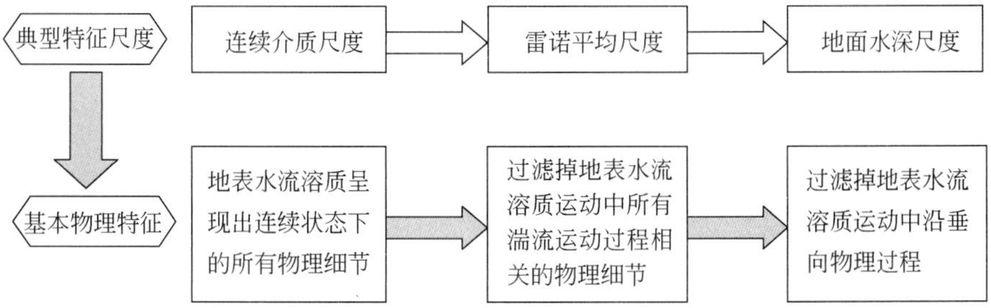

图 2-6　3 种典型特征尺度之间的逻辑关系及其基本物理特征

2.2.2　物理变量与控制方程表达式

从数学角度而言，地表水流溶质运动中的水波往往以偏微分方程的弱解形式出现，但直观上看，这些弱解即为间断波，即水波中任意空间位置点处的波幅呈现为垂直变化的趋势，水波的梯度为无穷大。若要精确描述地表水流溶质运动中的间断波传播过程，准确给出地表水流溶质运动的物理变量与控制方程守恒表达式成为必要条件，而利用非守恒表达式模拟的间断波则易于出现波动相位差等问题，故基于守恒形式定义地表水流溶质运动的做法具有易于理论推导并保持局部和整体的物理量守恒性等特点（LeVeque，2002）。

2.2.2.1　物理变量

对不同的地表水流溶质运动典型特征尺度而言，均存在着一个可被观测到的最小体积单元体（representative elementary volume，REV），若任意物理变量自身能借助 REV 描述其质量守恒性和动量守恒性，则其称为守恒型物理变量，反之称为非守恒型物理变量。

2.2.2.2　控制方程表达式

以沿 x 坐标向为例，若任意物理变量的组合项 f_x 的空间导数未采用链式求导法则就能进行合并同类项和简化，则可在任意数值区间 $[x_1, x_2]$ 内对其进行积分如下：

$$\int_{x_1}^{x_2} \frac{\partial f_x}{\partial x} \mathrm{d}x = f_x(x_2) - f_x(x_1) \tag{2-90}$$

若 f_x 为沿 x 坐标向的地表水流溶质微元体群的流速 u 的平方，即 u^2，则基于式（2-90）进行积分后可形成表达式为 $u^2|_{x_2} - u^2|_{x_1}$。从物理学角度来看，式（2-90）描述了由 u 携带的单位质量水流动量在进出 $[x_1, x_2]$ 后所留存的总动量，故其描述了地表水流速物理变量的某种守恒性，这称为控制方程守恒表达式。

若 f_x 的空间导数被表达成 $a_x \dfrac{\partial f_x}{\partial x}$，其中，$a_x$ 为时间和空间的函数，则其难被积分后形成如式（2-90）的形式。同样，还以沿 x 坐标向的地表水流溶质微元体群的流速 u 的平方，即 u^2 为例，利用链式求导法则可得到 $2u\dfrac{\partial u}{\partial x}$，对其积分后难以形成如式（2-90）等号右侧的形式，这被称为控制方程非守恒表达式。

2.3　地表水流运动控制方程

描述畦田灌溉地表水流运动过程的宏观尺度决定了可以忽略水分子密度对其带来的影响，进而得到连续介质尺度下的地表水流运动控制方程，并据此推导获得雷诺平均尺度下和地面水深尺度下的地表水流运动控制方程，阐述不同典型特征尺度下各类控制方程间的逻辑关系及其方程中各项的原始物理含义，分析不同典型特征尺度下地表水流流速场之间的关系与异同。

2.3.1　连续介质尺度

对连续介质尺度而言,在水分子不可压缩的假设前提下,由于忽略了能量对地表水流运动的影响,故不考虑能量守恒方程,基于地表水流运动质量守恒方程和动量守恒方程即可得到地表水流运动控制方程组,即 Navier-Stokes 方程组。该方程组包括非守恒型表达式和守恒型表达式,其中前者为基本表达式,后者可借助链式求导法则获得。

2.3.1.1　非守恒型 Navier-Stokes 方程组

当地表水流处于三维空间运动状况下,且水密度 ρ 为常数时,地表水流运动受到的体积力仅有重力,故式(2-37)和式(2-61)~式(2-63)可被简化为连续介质尺度下的地表水流运动控制方程组,即非守恒型 Navier-Stokes 方程组(吴望一,1982):

$$\frac{\partial u}{\partial x}+\frac{\partial v}{\partial y}+\frac{\partial w}{\partial z}=0 \tag{2-91}$$

$$\frac{\partial u}{\partial t}+u\frac{\partial u}{\partial x}+v\frac{\partial u}{\partial y}+w\frac{\partial u}{\partial z}=-\frac{1}{\rho}\cdot\frac{\partial p}{\partial x}+\nu\left(\frac{\partial^2 u}{\partial x^2}+\frac{\partial^2 v}{\partial y^2}+\frac{\partial^2 w}{\partial z^2}\right) \tag{2-92}$$

$$\frac{\partial v}{\partial t}+u\frac{\partial v}{\partial x}+v\frac{\partial v}{\partial y}+w\frac{\partial v}{\partial z}=-\frac{1}{\rho}\cdot\frac{\partial p}{\partial y}+\nu\left(\frac{\partial^2 u}{\partial x^2}+\frac{\partial^2 v}{\partial y^2}+\frac{\partial^2 w}{\partial z^2}\right) \tag{2-93}$$

$$\frac{\partial w}{\partial t}+u\frac{\partial w}{\partial x}+v\frac{\partial w}{\partial y}+w\frac{\partial w}{\partial z}=-g-\frac{1}{\rho}\cdot\frac{\partial p}{\partial z}+\nu\left(\frac{\partial^2 u}{\partial x^2}+\frac{\partial^2 v}{\partial y^2}+\frac{\partial^2 w}{\partial z^2}\right) \tag{2-94}$$

式中,g 为重力加速度(m/s^2);ν 为地表水流运动黏性系数(m^2/s),在常温、常压(20℃,1 个大气压)下取值为 $10^{-6}m^2/s$。

2.3.1.2　守恒型 Navier-Stokes 方程组

对地表水流微元体群的流速及其彼此之间的乘积而言,存在如下链式求导法则(张筑生,2011):

$$\frac{\partial(u\cdot u)}{\partial x}=u\frac{\partial u}{\partial x}+u\frac{\partial u}{\partial x};\frac{\partial(v\cdot u)}{\partial y}=v\frac{\partial u}{\partial y}+u\frac{\partial v}{\partial y};\frac{\partial(w\cdot u)}{\partial z}=w\frac{\partial u}{\partial z}+u\frac{\partial w}{\partial z} \tag{2-95}$$

$$\frac{\partial(u\cdot v)}{\partial x}=u\frac{\partial v}{\partial x}+v\frac{\partial u}{\partial x};\frac{\partial(v\cdot v)}{\partial y}=v\frac{\partial v}{\partial y}+v\frac{\partial v}{\partial y};\frac{\partial(w\cdot v)}{\partial z}=w\frac{\partial v}{\partial z}+v\frac{\partial w}{\partial z} \tag{2-96}$$

$$\frac{\partial(u\cdot w)}{\partial x}=u\frac{\partial w}{\partial x}+w\frac{\partial u}{\partial x};\frac{\partial(v\cdot w)}{\partial y}=v\frac{\partial w}{\partial y}+w\frac{\partial v}{\partial y};\frac{\partial(w\cdot w)}{\partial z}=w\frac{\partial w}{\partial z}+w\frac{\partial w}{\partial z} \tag{2-97}$$

基于式(2-91)和式(2-95)~式(2-97),则式(2-92)~式(2-94)可被变换为连续介质尺度下的地表水流运动控制方程组,即守恒型 Navier-Stokes 方程组(吴望一,1982):

$$\frac{\partial u}{\partial t}+\frac{\partial(u\cdot u)}{\partial x}+\frac{\partial(v\cdot u)}{\partial y}+\frac{\partial(w\cdot u)}{\partial z}=-\frac{1}{\rho}\cdot\frac{\partial p}{\partial x}+\nu\left(\frac{\partial^2 u}{\partial x^2}+\frac{\partial^2 v}{\partial y^2}+\frac{\partial^2 w}{\partial z^2}\right) \tag{2-98}$$

$$\frac{\partial v}{\partial t}+\frac{\partial(u\cdot v)}{\partial x}+\frac{\partial(v\cdot v)}{\partial y}+\frac{\partial(w\cdot v)}{\partial z}=-\frac{1}{\rho}\cdot\frac{\partial p}{\partial y}+\nu\left(\frac{\partial^2 u}{\partial x^2}+\frac{\partial^2 v}{\partial y^2}+\frac{\partial^2 w}{\partial z^2}\right) \tag{2-99}$$

$$\frac{\partial w}{\partial t}+\frac{\partial(u\cdot w)}{\partial x}+\frac{\partial(v\cdot w)}{\partial y}+\frac{\partial(w\cdot w)}{\partial z}=-g-\frac{1}{\rho}\cdot\frac{\partial p}{\partial z}+\nu\left(\frac{\partial^2 u}{\partial x^2}+\frac{\partial^2 v}{\partial y^2}+\frac{\partial^2 w}{\partial z^2}\right) \tag{2-100}$$

当采用连续介质尺度下的守恒型和非守恒型 Navier-Stokes 方程组描述地表水流运动

过程时,不仅在计算区域的局部还是在整体上均具有严格的质量守恒性和动量守恒性(LeVeque,2002),且前者更易于被推导和演绎。但由于数值模拟求解 Navier-Stokes 方程组需要的时空离散精度高达 5 阶以上(Borges et al.,2008),故难以用于解决实际问题(Bradford and Sanders,2002),通常是作为推导其他尺度下的地表水流运动控制方程的基础公式。

2.3.2　雷诺平均尺度

雷诺平均尺度即为连续介质尺度下各物理变量的数学期望,基于连续介质尺度下 Navier-Stokes 方程组中各项的数学期望,就可获得雷诺平均尺度下的 Navier-Stokes 方程组。然而,在描述雷诺平均尺度下的地表水流运动过程时,出现的所谓雷诺应力项将使 Navier-Stokes 方程组呈现出非封闭状态。为了解决该难题,需在 Navier-Stokes 方程组推导过程中引入湍流模型,起到封闭该方程组的作用(Pope,2000)。由于湍流模型属于本构方程,已形成了雷诺应力与雷诺流速场间的关系,故其没有守恒型和非守恒型之分。

2.3.2.1　非守恒型 Navier-Stokes 方程组

将式(2-85)~式(2-88)代入连续介质尺度下的地表水流运动控制方程组[式(2-91)~式(2-94)],并注意到地表水流运动受到的体积力仅有重力,即可得到雷诺平均尺度下的地表水流运动控制方程组,即非守恒型 Navier-Stokes 方程组(Pope,2000):

$$\frac{\partial\langle u\rangle}{\partial x}+\frac{\partial\langle v\rangle}{\partial y}+\frac{\partial\langle w\rangle}{\partial z}=0 \tag{2-101}$$

$$\frac{\partial\langle u\rangle}{\partial t}+\langle u\rangle\frac{\partial\langle u\rangle}{\partial x}+\langle v\rangle\frac{\partial\langle u\rangle}{\partial y}+\langle w\rangle\frac{\partial\langle u\rangle}{\partial z}=-\frac{1}{\rho}\cdot\frac{\partial\langle p\rangle}{\partial x}+\nu\left(\frac{\partial^2\langle u\rangle}{\partial x^2}+\frac{\partial^2\langle v\rangle}{\partial y^2}+\frac{\partial^2\langle w\rangle}{\partial z^2}\right)-\frac{\partial(\langle u'\cdot u'\rangle)}{\partial x}-\frac{\partial(\langle u'\cdot v'\rangle)}{\partial y}-\frac{\partial(\langle u'\cdot w'\rangle)}{\partial z} \tag{2-102}$$

$$\frac{\partial\langle v\rangle}{\partial t}+\langle u\rangle\frac{\partial\langle v\rangle}{\partial x}+\langle v\rangle\frac{\partial\langle v\rangle}{\partial y}+\langle w\rangle\frac{\partial\langle v\rangle}{\partial z}=-\frac{1}{\rho}\cdot\frac{\partial\langle p\rangle}{\partial y}+\nu\left(\frac{\partial^2\langle u\rangle}{\partial x^2}+\frac{\partial^2\langle v\rangle}{\partial y^2}+\frac{\partial^2\langle w\rangle}{\partial z^2}\right)-\frac{\partial(\langle v'\cdot u'\rangle)}{\partial x}-\frac{\partial(\langle v'\cdot v'\rangle)}{\partial y}-\frac{\partial(\langle v'\cdot w'\rangle)}{\partial z} \tag{2-103}$$

$$\frac{\partial\langle w\rangle}{\partial t}+\langle u\rangle\frac{\partial\langle w\rangle}{\partial x}+\langle v\rangle\frac{\partial\langle w\rangle}{\partial y}+\langle w\rangle\frac{\partial\langle w\rangle}{\partial z}=-\frac{1}{\rho}\cdot\frac{\partial\langle p\rangle}{\partial z}+\nu\left(\frac{\partial^2\langle u\rangle}{\partial x^2}+\frac{\partial^2\langle v\rangle}{\partial y^2}+\frac{\partial^2\langle w\rangle}{\partial z^2}\right)-\frac{\partial(\langle w'\cdot u'\rangle)}{\partial x}-\frac{\partial(\langle w'\cdot v'\rangle)}{\partial y}-\frac{\partial(\langle w'\cdot w'\rangle)}{\partial z} \tag{2-104}$$

当基于连续介质尺度下的 Navier-Stokes 方程组推导雷诺尺度下的 Navier-Stokes 方程组时,压强的随机脉动项会相互抵消(欧特尔,2008),故式(2-102)~式(2-104)中仅包含有流速随机脉动值乘积的雷诺平均梯度项。

2.3.2.2　守恒型 Navier-Stokes 方程组

对地表水流微元体群的流速数学期望及其彼此之间的乘积而言，存在如下链式求导法则（张筑生，2011）：

$$\frac{\partial(\langle u\rangle\cdot\langle u\rangle)}{\partial x}=\langle u\rangle\frac{\partial\langle u\rangle}{\partial x}+\langle u\rangle\frac{\partial\langle u\rangle}{\partial x};\quad \frac{\partial(\langle v\rangle\cdot\langle u\rangle)}{\partial y}=\langle v\rangle\frac{\partial\langle u\rangle}{\partial y}+\langle u\rangle\frac{\partial\langle v\rangle}{\partial y};\quad \frac{\partial(\langle w\rangle\cdot\langle u\rangle)}{\partial z}=\langle w\rangle\frac{\partial\langle u\rangle}{\partial z}+\langle u\rangle\frac{\partial\langle w\rangle}{\partial z}\tag{2-105}$$

$$\frac{\partial(\langle u\rangle\cdot\langle v\rangle)}{\partial x}=\langle u\rangle\frac{\partial\langle v\rangle}{\partial x}+\langle v\rangle\frac{\partial\langle u\rangle}{\partial x};\quad \frac{\partial(\langle v\rangle\cdot\langle v\rangle)}{\partial y}=\langle v\rangle\frac{\partial\langle v\rangle}{\partial y}+\langle v\rangle\frac{\partial\langle v\rangle}{\partial y};\quad \frac{\partial(\langle w\rangle\cdot\langle v\rangle)}{\partial z}=\langle w\rangle\frac{\partial\langle v\rangle}{\partial z}+\langle v\rangle\frac{\partial\langle w\rangle}{\partial z}\tag{2-106}$$

$$\frac{\partial(\langle u\rangle\cdot\langle w\rangle)}{\partial x}=\langle u\rangle\frac{\partial\langle w\rangle}{\partial x}+\langle w\rangle\frac{\partial\langle u\rangle}{\partial x};\quad \frac{\partial(\langle v\rangle\cdot\langle w\rangle)}{\partial y}=\langle v\rangle\frac{\partial\langle w\rangle}{\partial y}+\langle w\rangle\frac{\partial\langle v\rangle}{\partial y};\quad \frac{\partial(\langle w\rangle\cdot\langle w\rangle)}{\partial z}=\langle w\rangle\frac{\partial\langle w\rangle}{\partial z}+\langle w\rangle\frac{\partial\langle w\rangle}{\partial z}\tag{2-107}$$

借助式(2-101)和式(2-105)~式(2-107)，则式(2-102)~式(2-104)可被变换为雷诺平均尺度下的地表水流运动控制方程组，即守恒型 Navier-Stokes 方程组：

$$\frac{\partial\langle u\rangle}{\partial t}+\frac{\partial(\langle u\rangle\cdot\langle u\rangle)}{\partial x}+\frac{\partial(\langle v\rangle\cdot\langle u\rangle)}{\partial y}+\frac{\partial(\langle w\rangle\cdot\langle u\rangle)}{\partial z}=-\frac{1}{\rho}\cdot\frac{\partial\langle p\rangle}{\partial x}+\nu\left(\frac{\partial^2\langle u\rangle}{\partial x^2}+\frac{\partial^2\langle v\rangle}{\partial y^2}+\frac{\partial^2\langle w\rangle}{\partial z^2}\right)-\frac{\partial(\langle u'\cdot u'\rangle)}{\partial x}-\frac{\partial(\langle u'\cdot v'\rangle)}{\partial y}-\frac{\partial(\langle u'\cdot w'\rangle)}{\partial z}\tag{2-108}$$

$$\frac{\partial\langle v\rangle}{\partial t}+\frac{\partial(\langle u\rangle\cdot\langle v\rangle)}{\partial x}+\frac{\partial(\langle v\rangle\cdot\langle v\rangle)}{\partial y}+\frac{\partial(\langle w\rangle\cdot\langle v\rangle)}{\partial z}=-\frac{1}{\rho}\cdot\frac{\partial\langle p\rangle}{\partial y}+\nu\left(\frac{\partial^2\langle u\rangle}{\partial x^2}+\frac{\partial^2\langle v\rangle}{\partial y^2}+\frac{\partial^2\langle w\rangle}{\partial z^2}\right)-\frac{\partial(\langle v'\cdot u'\rangle)}{\partial x}-\frac{\partial(\langle v'\cdot v'\rangle)}{\partial y}-\frac{\partial(\langle v'\cdot w'\rangle)}{\partial z}\tag{2-109}$$

$$\frac{\partial\langle w\rangle}{\partial t}+\frac{\partial(\langle u\rangle\cdot\langle w\rangle)}{\partial x}+\frac{\partial(\langle v\rangle\cdot\langle w\rangle)}{\partial y}+\frac{\partial(\langle w\rangle\cdot\langle w\rangle)}{\partial z}=-\frac{1}{\rho}\cdot\frac{\partial\langle p\rangle}{\partial z}+\nu\left(\frac{\partial^2\langle u\rangle}{\partial x^2}+\frac{\partial^2\langle v\rangle}{\partial y^2}+\frac{\partial^2\langle w\rangle}{\partial z^2}\right)-\frac{\partial(\langle w'\cdot u'\rangle)}{\partial x}-\frac{\partial(\langle w'\cdot v'\rangle)}{\partial y}-\frac{\partial(\langle w'\cdot w'\rangle)}{\partial z}\tag{2-110}$$

2.3.2.3　湍流模型

对比式(2-92)~式(2-94)和式(2-98)~式(2-100)可以发现，虽然式(2-102)~式(2-104)和式(2-108)~式(2-110)中各物理变量已变为雷诺平均尺度下的流速和水压强，但还多出了属于未知项的流速随机脉动值乘积的梯度项。为此，需在其中引入如下湍流模型(Pope,2000),以便起到封闭方程组的作用,进而获得完整意义上的雷诺平均尺度下的非守恒型和守恒型 Navier-Stokes 方程组:

$$\langle u' \cdot u' \rangle = -3\nu_t \frac{\partial \langle u \rangle}{\partial x} \tag{2-111}$$

$$\langle v' \cdot v' \rangle = -3\nu_t \frac{\partial \langle v \rangle}{\partial y} \tag{2-112}$$

$$\langle w' \cdot w' \rangle = -3\nu_t \frac{\partial \langle w \rangle}{\partial z} \tag{2-113}$$

$$\langle u' \cdot v' \rangle = \langle v' \cdot u' \rangle = -\nu_t \left(\frac{\partial \langle u \rangle}{\partial y} + \frac{\partial \langle v \rangle}{\partial x} \right) \tag{2-114}$$

$$\langle u' \cdot w' \rangle = \langle w' \cdot u' \rangle = -\nu_t \left(\frac{\partial \langle u \rangle}{\partial z} + \frac{\partial \langle w \rangle}{\partial x} \right) \tag{2-115}$$

$$\langle v' \cdot w' \rangle = \langle w' \cdot v' \rangle = -\nu_t \left(\frac{\partial \langle v \rangle}{\partial y} + \frac{\partial \langle w \rangle}{\partial z} \right) \tag{2-116}$$

式中,ν_t为地表水流湍流扩散系数($m^2 \cdot L/s$),且 $\nu_t = l^2 \cdot \Omega$(Baldwin and Lomax,1978),其中,

$$l = \kappa \cdot y \left[1 - \exp\left(-\frac{u_\tau \cdot z}{46\nu} \right) \right] \tag{2-117}$$

$$\Omega = \left| \Omega_x^2 + \Omega_y^2 + \Omega_z^2 \right|^{1/2} \tag{2-118}$$

$$\text{且 } \Omega_x = \frac{\partial \langle w \rangle}{\partial y} - \frac{\partial \langle v \rangle}{\partial z}; \quad \Omega_y = \frac{\partial \langle u \rangle}{\partial z} - \frac{\partial \langle w \rangle}{\partial x}; \quad \Omega_z = \frac{\partial \langle v \rangle}{\partial x} - \frac{\partial \langle u \rangle}{\partial y}$$

式中,κ 为 Karman 常数,取值为 0.4(Xu,2010);ν 为地表水流运动黏性系数(m^2/s);u_τ 为地表水流剪切速度(m/s),且 $u_\tau = \sqrt{\tau_s / \rho}$,其中,$\tau_s$为水流与地表的剪切应力(MPa)。

Bradford 和 Katopodes(1998)基于雷诺平均尺度下的守恒型 Navier-Stokes 方程组[式(2-101)和式(2-108)~式(2-118)]试图模拟畦田灌溉地表水流运动过程,但存在的地表自由水面难以捕捉等问题导致数值计算严重发散,此外,为了保持离散单元格合理的几何尺寸比例,造成海量的空间离散节点,致使计算过程极为耗时(阎超,2006)。尽管雷诺平均尺度下的 Navier-Stokes 方程组仍难以直接用于模拟畦田灌溉地表水流运动过程(Bradford and Sanders,2002),但因该尺度具备了大于连续介质尺度且跨越时空变化的典型特征,从而为实现跨典型特征尺度的地表水流运动模拟提供了契机。

2.3.3　地面水深尺度

在地面水深尺度下,常将地表水流运动各物理变量表征为垂向均布状态,对连续介质尺度下守恒型 Navier-Stokes 方程组中各项做出垂向积分平均处理后,即可获得地面水深尺度下的地表水流运动控制方程组,即著名的守恒型 Saint-Venant 方程组。此外,借助链式求导法则并基于守恒型方程组可推导获得非守恒型 Saint-Venant 方程组,但因极少应用,故不做介绍。

2.3.3.1　物理变量的垂向积分平均表达式

对任意物理变量 f 的垂向积分平均表达式被定义为

$$\bar{f}=\frac{1}{h}\int_{b}^{\zeta}f\mathrm{d}z \tag{2-119}$$

式中，ζ 为地表水位相对高程(m)；b 为地表(畦面)相对高程(m)；h 为地表水深(m)，且 $h=\zeta-b$(图 2-7)。

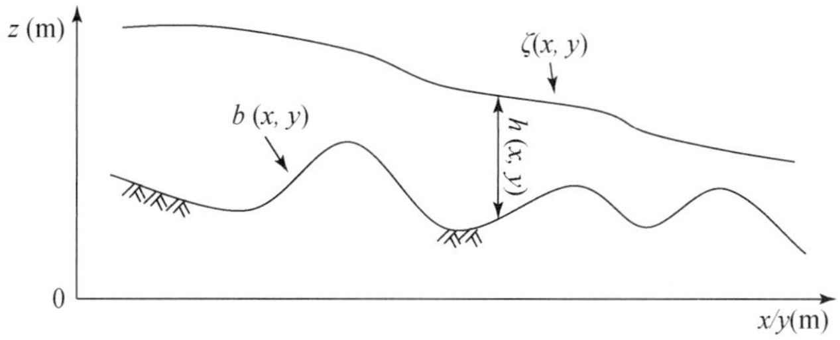

图 2-7　地表水流运动中地表几何尺寸的示意图

基于莱布尼兹求导法则(Widder，1989)，对式(2-119)求导数如下：

$$\frac{\partial}{\partial x}(h\cdot\bar{f})=\frac{\partial}{\partial x}\int_{b}^{\zeta}f\mathrm{d}z=\int_{b}^{\zeta}\frac{\partial f}{\partial x}\mathrm{d}z+f(\zeta)\frac{\partial\zeta}{\partial x}-f(b)\frac{\partial b}{\partial x} \tag{2-120}$$

将式(2-120)的空间坐标变换为时间坐标，并注意到在数值模拟过程中畦面微地形空间分布状况不随时间而变的事实，得到如下等式：

$$\frac{\partial}{\partial t}(h\cdot\bar{f})=\frac{\partial}{\partial t}\int_{b}^{\zeta}f\mathrm{d}z=\int_{b}^{\zeta}\frac{\partial f}{\partial t}\mathrm{d}z+f(\zeta)\frac{\partial\zeta}{\partial t} \tag{2-121}$$

同理，可定义获得沿 x 和 y 坐标向单宽流量的垂向积分平均表达式：

$$q_x=\int_{b}^{\zeta}u\mathrm{d}z=h\cdot\bar{u} \tag{2-122}$$

$$q_y=\int_{b}^{\zeta}v\mathrm{d}z=h\cdot\bar{v} \tag{2-123}$$

式中，q_x 和 q_y 分别为沿 x 和 y 坐标向的单宽流量[$m^3/(s\cdot m)$]；$\bar{u}$ 和 $\bar{v}$ 分别为沿 x 和 y 坐标向的地表水流垂向均布流速(m/s)。

沿 x 和 y 坐标向的地表水流溶质微元体群的流速 u 和 v 的乘积 $\overline{u\cdot v}$ 与其垂向积分平均值乘积之间的关系应满足(Pope，2000)：

$$\overline{u\cdot v}=\bar{u}\cdot\bar{v}+\bar{u}'\cdot\bar{v}' \tag{2-124}$$

式中，$\bar{u}'$ 和 $\bar{v}'$ 分别为沿 x 和 y 坐标向的地表水流溶质微元体群的群流速 u 与 v 偏离 $\bar{u}$ 及 $\bar{v}$ 的随机脉动量垂向均值(m/s)，常大于雷诺平均尺度下的随机脉动值 u' 和 v'。

2.3.3.2　守恒型 Saint-Venant 方程组

对式(2-91)做垂向积分平均处理得

$$\frac{1}{h}\int_{b}^{\zeta}\left(\frac{\partial u}{\partial x}+\frac{\partial v}{\partial y}+\frac{\partial w}{\partial z}\right)\mathrm{d}z=0 \tag{2-125}$$

根据式(2-120)，式(2-125)中各项可被分别表达为

$$\int_{b}^{\zeta}\frac{\partial u}{\partial x}\mathrm{d}z=\frac{\partial}{\partial x}(h\cdot\bar{u})+u(\zeta)\frac{\partial\zeta}{\partial x}-u(b)\frac{\partial b}{\partial x} \tag{2-126}$$

$$\int_b^\zeta \frac{\partial v}{\partial y}\mathrm{d}z = \frac{\partial}{\partial y}(h \cdot \bar{v}) + v(\zeta)\frac{\partial \zeta}{\partial y} - v(b)\frac{\partial b}{\partial y} \tag{2-127}$$

$$\int_b^\zeta \frac{\partial w}{\partial z}\mathrm{d}z = w(\zeta) - w(b) = \frac{\partial \zeta}{\partial t} + u(\zeta)\frac{\partial \zeta}{\partial x} + v(\zeta)\frac{\partial \zeta}{\partial y} - u(b)\frac{\partial b}{\partial x} - v(b)\frac{\partial b}{\partial y} \tag{2-128}$$

由于地表水流黏滞特性导致近地表流速为零，即 $u(b)=0$ 和 $v(b)=0$，且考虑到 $\zeta=b+h$，则基于式(2-125)可获得地面水深尺度下的地表水流运动质量守恒方程：

$$\frac{\partial h}{\partial t}+\frac{\partial (h \cdot \bar{u})}{\partial x}+\frac{\partial (h \cdot \bar{v})}{\partial y}=0 \tag{2-129}$$

由于地面水深尺度下可忽略垂向流速、加速度和表面应力的变化，故在仅考虑重力作用下，将式(2-100)简化如下：

$$\frac{\partial p}{\partial z}=-\rho \cdot g \tag{2-130}$$

在地表水流自由水面处存在着给定的大气压强，由于其与水密度和体积等无关，难以形成地表水流运动驱动力，当该值取为零后，式(2-130)被表述为

$$p=\rho \cdot g \cdot h \tag{2-131}$$

式(2-131)表明，地表水流运动中的水压强沿垂向呈现为静压线性分布状态，该压力作用实际上就是静水压力。

对式(2-98)等号左侧各项做垂向积分平均处理得

$$\int_b^\zeta \left[\frac{\partial u}{\partial t} + \frac{\partial (u \cdot u)}{\partial x} + \frac{\partial (v \cdot u)}{\partial y} + \frac{\partial (w \cdot u)}{\partial z}\right]\mathrm{d}z \tag{2-132}$$

基于式(2-120)和式(2-121)，式(2-132)中各项可被分别表达为

$$\int_b^\zeta \frac{\partial u}{\partial t}\mathrm{d}z = \frac{\partial}{\partial t}(h \cdot \bar{u}) - u(\zeta)\frac{\partial \zeta}{\partial t} \tag{2-133}$$

$$\int_b^\zeta \frac{\partial (u \cdot u)}{\partial x}\mathrm{d}z = \frac{\partial}{\partial x}(h \cdot \bar{u} \cdot \bar{u}) - u(\zeta) \cdot u(\zeta)\frac{\partial \zeta}{\partial x} + u(b) \cdot u(b)\frac{\partial b}{\partial x} \tag{2-134}$$

$$\int_b^\zeta \frac{\partial (v \cdot u)}{\partial y}\mathrm{d}z = \frac{\partial}{\partial y}(h \cdot \bar{v} \cdot \bar{u}) - v(\zeta) \cdot u(\zeta)\frac{\partial \zeta}{\partial y} + v(b) \cdot u(b)\frac{\partial b}{\partial y} \tag{2-135}$$

$$\int_b^\zeta \frac{\partial (w \cdot u)}{\partial z}\mathrm{d}z = w(\zeta) \cdot u(\zeta) - w(b) \cdot u(b) \tag{2-136}$$

将式(2-133)～式(2-136)代入式(2-132)，并合并到式(2-124)，则可得到：

$$\int_b^\zeta \left[\frac{\partial u}{\partial t} + \frac{\partial (u \cdot u)}{\partial x} + \frac{\partial (v \cdot u)}{\partial y} + \frac{\partial (w \cdot u)}{\partial z}\right]\mathrm{d}z = \frac{\partial q_x}{\partial t} + \frac{\partial}{\partial x}(q_x \cdot \bar{u}) + \frac{\partial}{\partial y}(q_y \cdot \bar{v}) + \frac{\partial}{\partial x}(h \cdot \bar{u}' \cdot \bar{u}') + \frac{\partial}{\partial y}(h \cdot \bar{u}' \cdot \bar{v}') \tag{2-137}$$

由于地表水流运动沿水平向上无体积力存在，即 $f_x=0$，故对式(2-98)等号右侧项做垂向积分平均处理得

$$-\int_b^\zeta \frac{1}{\rho} \cdot \frac{\partial p}{\partial x}\mathrm{d}z + \int_b^\zeta \nu\left(\frac{\partial^2 u}{\partial x^2} + \frac{\partial^2 v}{\partial y^2} + \frac{\partial^2 w}{\partial z^2}\right)\mathrm{d}z \tag{2-138}$$

基于式(2-120)，对式(2-138)中的左侧项进行展开，得

$$\int_b^{\zeta}\frac{1}{\rho}\cdot\frac{\partial p}{\partial x}\mathrm{d}z=\frac{1}{\rho}\cdot\frac{\partial}{\partial x}(h\cdot\bar{p})+g\cdot h\frac{\partial b}{\partial x}=\frac{\partial}{\partial x}\left(\frac{1}{2}g\cdot h^2\right)+g\cdot h\frac{\partial b}{\partial x}\tag{2-139}$$

将式(2-139)等号右侧项与式(2-138)中的右侧项合并后,可得到沿 x 坐标向的地表水流摩阻力 f_{rx} 为

$$f_{rx}=\frac{\partial}{\partial x}(h\cdot\bar{u}'\cdot\bar{u}')+\frac{\partial}{\partial y}(h\cdot\bar{u}'\cdot\bar{v}')+\int_b^{\zeta}\nu\left(\frac{\partial^2 u}{\partial x^2}+\frac{\partial^2 v}{\partial y^2}+\frac{\partial^2 w}{\partial z^2}\right)\mathrm{d}z\tag{2-140}$$

式(2-140)等号右侧项中的前两项为地表水流溶质微元体群的流速偏离垂向均布流速值的随机脉动应力项,而最后一项则是不同地表水流质点之间及水流与地表或作物之间的摩擦应力项。

对式(2-99)做垂向积分平均处理后,可得到沿 y 坐标向的地表水流摩阻力 f_{ry} 为

$$f_{ry}=\frac{\partial}{\partial x}(h\cdot\bar{v}'\cdot\bar{u}')+\frac{\partial}{\partial y}(h\cdot\bar{v}'\cdot\bar{v}')+\int_b^{\zeta}\nu\left(\frac{\partial^2 u}{\partial x^2}+\frac{\partial^2 v}{\partial y^2}+\frac{\partial^2 w}{\partial z^2}\right)\mathrm{d}z\tag{2-141}$$

实际应用中常基于地表水流垂向均布流速 $\bar{u}$ 和 $\bar{v}$ 及地表水深 h 对式(2-140)和式(2-141)中各项做显示表达。由于畦田灌溉地表水流常处于湍流状态,故依据普朗特混合长度理论,推导出随机脉动应力与垂向均布流速的平方成正比关系,且牛顿阻力定律也表明地表水流物体受到的摩擦阻力与垂向均布流速的平方成正比(欧特尔,2008),故 f_{rx} 和 f_{ry} 与地表水流垂向均布流速的平方也成如下正比关系:

$$f_{rx}=C_D\cdot\bar{u}\cdot|\bar{\boldsymbol{u}}|\ \text{或}\ f_{rx}=C_D\cdot\bar{u}\sqrt{\bar{u}^2+\bar{v}^2}\tag{2-142}$$

$$f_{ry}=C_D\cdot\bar{v}\cdot|\bar{\boldsymbol{u}}|\ \text{或}\ f_{ry}=C_D\cdot\bar{v}\sqrt{\bar{u}^2+\bar{v}^2}\tag{2-143}$$

式中,$|\bar{\boldsymbol{u}}|$ 为地表水流垂向均布流速向量的范数,且 $|\bar{\boldsymbol{u}}|=\sqrt{\bar{u}^2+\bar{v}^2}$;$C_D$ 为经验系数,常基于实验数据确定,此处直接借助水力学基本公式 $C_D=g\cdot n^2\cdot h^{-1/3}$(Pope,2000;Bradford and Sanders,2002)确定。

在量化 C_D 基础上,f_{rx} 和 f_{ry} 又可被表达为

$$f_{rx}=g\frac{n^2\cdot\bar{u}\cdot|\bar{\boldsymbol{u}}|}{h^{1/3}}\ \text{或}\ f_{rx}=g\frac{n^2\cdot\bar{u}\sqrt{\bar{u}^2+\bar{v}^2}}{h^{1/3}}\tag{2-144}$$

$$f_{ry}=g\frac{n^2\cdot\bar{v}\cdot|\bar{\boldsymbol{u}}|}{h^{1/3}}\ \text{或}\ f_{ry}=g\frac{n^2\cdot\bar{v}\sqrt{\bar{u}^2+\bar{v}^2}}{h^{1/3}}\tag{2-145}$$

C_D 不仅反映了地表和作物对水流阻力的影响,还包含湍流脉动对水流阻力的作用。由于河流动力学中常将湍流脉动对水流的阻力约化成涡旋项,畦面糙率系数通常大于河流动力学中的糙率系数,这是由于前者包含的阻力项要大于后者。

由 Onsager 互易关系(Bear,1972;沈惠川,2011)可知,f_{rx} 和 f_{ry} 与地表水流阻力坡度之间呈如下线性关系:

$$f_{rx}=-g\cdot h\cdot S_f^x\tag{2-146}$$

$$f_{ry}=-g\cdot h\cdot S_f^y\tag{2-147}$$

式中,S_f^x 和 S_f^y 分别为沿 x 和 y 坐标向的地表水流阻力坡度;负号表示地表水流受到的阻力与地表水流阻力坡度方向相反。

依据式(2-144)和式(2-145),S_f^x 和 S_f^y 可被显式表达为

$$S_f^x = -\frac{n^2 \cdot \bar{u} \sqrt{\bar{u}^2 + \bar{v}^2}}{h^{4/3}} \tag{2-148}$$

$$S_f^y = -\frac{n^2 \cdot \bar{v} \sqrt{\bar{u}^2 + \bar{v}^2}}{h^{4/3}} \tag{2-149}$$

综上所述，在水分子不可压缩的假设前提下，基于对连续介质尺度下 Navier-Stokes 方程组的垂向积分平均表达，即可获得地面水深尺度下的地表水流运动控制方程，这就是著名的守恒型 Saint-Venant 方程组：

$$\frac{\partial h}{\partial t} + \frac{\partial(h \cdot \bar{u})}{\partial x} + \frac{\partial(h \cdot \bar{v})}{\partial y} = \frac{\partial h}{\partial t} + \frac{\partial q_x}{\partial x} + \frac{\partial q_y}{\partial y} = 0 \tag{2-150}$$

$$\frac{\partial q_x}{\partial t} + \frac{\partial}{\partial y}(q_x \cdot \bar{v}) + \frac{\partial}{\partial x}\left(q_x \cdot \bar{u} + \frac{1}{2} g \cdot h^2\right) = -g \cdot h \frac{\partial b}{\partial x} - g \cdot h \frac{n^2 \cdot \bar{u} \sqrt{\bar{u}^2 + \bar{v}^2}}{h^{4/3}} \tag{2-151}$$

$$\frac{\partial q_y}{\partial t} + \frac{\partial}{\partial x}(q_y \cdot \bar{u}) + \frac{\partial}{\partial y}\left(q_y \cdot \bar{v} + \frac{1}{2} g \cdot h^2\right) = -g \cdot h \frac{\partial b}{\partial y} - g \cdot h \frac{n^2 \cdot \bar{v} \sqrt{\bar{u}^2 + \bar{v}^2}}{h^{4/3}} \tag{2-152}$$

在畦田灌溉条件下，由于流速、水深等物理变量的垂向数值变化远小于水平向，故可忽略垂向变化效应，这就为应用地面水深尺度下的地表水流运动控制方程提供了用武之地，使守恒型 Saint-Venant 方程组被广泛用于描述畦田灌溉地表水非恒定流运动过程。

2.3.4 不同典型特征尺度下地表水流流速场之间的关系

如图 2-8 所示，对相同的地表水流流速场而言，不同典型特征尺度下的地表水流运动控制方程反映出程度不一的流速场信息。连续介质尺度下的 Navier-Stokes 方程组可描述大于 3 倍水分子平均自由程以上任意尺度的地表水流运动过程，所包含的地表水流流速场信息最为全面，雷诺平均尺度下的 Navier-Stokes 方程组给出了未考虑随机脉动过程下的三维非均匀分布地表水流流速场信息，而地面水深尺度下的 Saint-Venant 方程组则反映出垂向均布的地表水流流速场信息，显示出了各自的特点及适用范围。

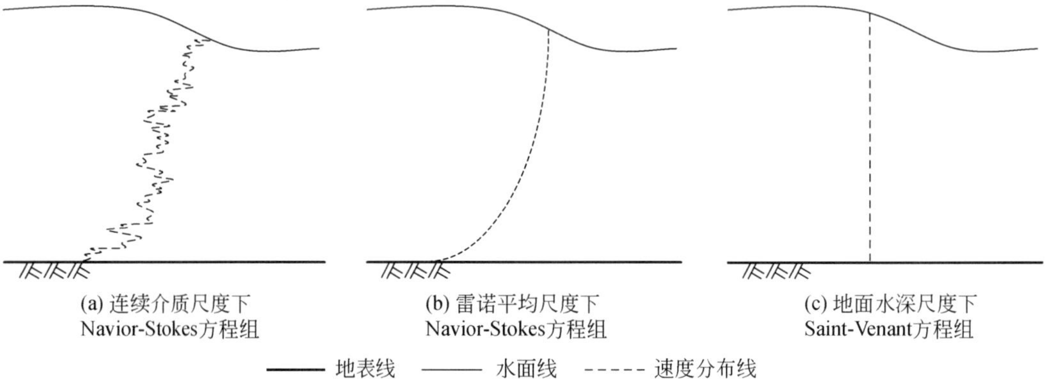

图 2-8 不同典型特征尺度下地表水流运动控制方程组反映出的流速场信息

基于式(2-120)，对式(2-85)进行处理后可得到：

$$\bar{u} = \frac{1}{h}\int_b^\zeta u \mathrm{d}z = \frac{1}{h}\int_b^\zeta (\langle u \rangle + u')\mathrm{d}z = \frac{1}{h}\int_b^\zeta \langle u \rangle \mathrm{d}z + \frac{1}{h}\int_b^\zeta u' \mathrm{d}z \tag{2-153}$$

在畦田灌溉地表浅水流状态下,式(2-153)等号右侧中$\int_b^\zeta u'\mathrm{d}z=0$约小于$\int_b^\zeta\langle u\rangle\mathrm{d}z$ 3 个数量级以上(Pope,2000),故可近似认为$\int_b^\zeta u'\mathrm{d}z=0$,从而得到:

$$\bar{u}=\frac{1}{h}\int_b^\zeta\langle u\rangle\mathrm{d}z \tag{2-154}$$

式(2-153)清晰地表明连续介质尺度下与雷诺平均尺度下 Navier-Stokes 方程组的水平向地表水流流速垂向积分平均值相等,且等于地面水深尺度下 Saint-Venant 方程组的水平向地表水流垂向均布流速值,而式(2-154)则明确给出雷诺平均尺度下与地面水深尺度下水平向地表水流流速垂向积分平均值间的定量关系。

雷诺平均尺度下沿 x 坐标向的地表水流溶质微元体群的流速 u 的数学期望$\langle u\rangle$应满足以下条件(Pope,2000):

$$\langle u\rangle=\frac{u_\tau}{\kappa}\ln\left(\frac{u_\tau\cdot z}{\nu}\right)+0.52 \tag{2-155}$$

式中,κ 为 Karman 常数,取值为 0.4(Xu,2010);ν 为地表水流运动黏性系数($\mathrm{m^2/s}$);u_τ 为地表水流剪切速度(m/s)。

这表明若已知式(2-155)中的 u_τ 值,即可获得雷诺平均尺度下的$\langle u\rangle$值,再利用式(2-154)得到地面水深尺度下的 $\bar{u}$ 值。反之,若由地面水深尺度下的 Saint-Venant 方程组得到了 $\bar{u}$ 值,即可通过联立求解式(2-154)和式(2-155)得到 u_τ 值基础上,利用式(2-155)获知雷诺平均尺度下$\langle u\rangle$的垂向非均布信息。显而易见,以上建立的雷诺平均尺度下与地面水深尺度下地表水流流速间的定量关系式,为实现跨典型特征尺度下的地表水流运动数值模拟提供了理论支撑条件。

2.4　地表水流溶质运动控制方程

与地表水流运动相类似,畦田施肥灌溉地表水流溶质运动亦处于不可压缩状态,由此可获得连续介质尺度下的地表水流溶质运动控制方程,即对流-扩散方程。在此基础上,依据雷诺平均尺度和地面水深尺度典型特征尺度下各物理变量与连续介质尺度相应物理变量之间的关系,推导获得相应的地表水流溶质运动控制方程,探讨不同典型特征尺度下地表水流溶质扩散与弥散间的关系及差异。

2.4.1　连续介质尺度

基于水分子不可压缩的假设前提,可得到连续介质尺度下的地表水流溶质运动控制方程。与连续介质尺度下的地表水流运动控制方程类似,地表水流溶质运动控制方程也分为守恒型表达式和非守恒型表达式,前者为基础表达式,而借助链式求导法则可得到后者。

2.4.1.1　非守恒型对流-扩散方程

当水密度为常数时,借助二元微分求导法则(张筑生,2011)可将式(2-40)简化为连续

介质尺度下的地表水流溶质运动控制方程,即非守恒型对流-扩散方程:

$$\frac{\partial c}{\partial t}+u\frac{\partial c}{\partial x}+v\frac{\partial c}{\partial y}+w\frac{\partial c}{\partial z}=\kappa_c\frac{\partial^2 c}{\partial x^2}+\kappa_c\frac{\partial^2 c}{\partial y^2}+\kappa_c\frac{\partial^2 c}{\partial z^2}+2\kappa_c\frac{\partial^2 c}{\partial x\partial y}+2\kappa_c\frac{\partial^2 c}{\partial x\partial z}+2\kappa_c\frac{\partial^2 c}{\partial y\partial z}\tag{2-156}$$

2.4.1.2　守恒型对流-扩散方程

对地表水流微元体群的流速与溶质浓度的乘积而言,存在如下链式求导法则(张筑生,2011):

$$\frac{\partial(u\cdot c)}{\partial x}=u\frac{\partial c}{\partial x}+c\frac{\partial u}{\partial x};\quad\frac{\partial(v\cdot c)}{\partial x}=v\frac{\partial c}{\partial x}+c\frac{\partial v}{\partial x};\quad\frac{\partial(w\cdot c)}{\partial x}=w\frac{\partial c}{\partial x}+c\frac{\partial w}{\partial x}\tag{2-157}$$

基于式(2-91)和式(2-157),则式(2-156)可被变换为连续介质尺度下的地表水流溶质运动控制方程,即守恒型对流-扩散方程:

$$\frac{\partial c}{\partial t}+\frac{\partial(u\cdot c)}{\partial x}+\frac{\partial(v\cdot c)}{\partial y}+\frac{\partial(w\cdot c)}{\partial z}=\kappa_c\frac{\partial^2 c}{\partial x^2}+\kappa_c\frac{\partial^2 c}{\partial y^2}+\kappa_c\frac{\partial^2 c}{\partial z^2}+2\kappa_c\frac{\partial^2 c}{\partial x\partial y}+2\kappa_c\frac{\partial^2 c}{\partial x\partial z}+2\kappa_c\frac{\partial^2 c}{\partial y\partial z}\tag{2-158}$$

采用连续介质尺度下的守恒型和非守恒型对流-扩散方程描述地表水流溶质运动过程时,在计算区域的整体和局部层面上也均保持着优良的质量守恒性和动量守恒性,但与连续介质尺度下的守恒型和非守恒型 Navier-Stokes 方程组数值模拟求解中遇到的问题相似,受模拟精度的制约,难以用于解决实际问题,常作为推导其他尺度下的地表水流溶质运动控制方程的基础公式。

2.4.2　雷诺平均尺度

基于连续介质尺度下守恒型对流-扩散方程中各项的数学期望,即可得到雷诺平均尺度下的守恒型对流-扩散方程,并借助链式求导法则并基于守恒型方程推导获得非守恒型对流-扩散方程,但因后者极少应用,故不做介绍。此外,也需在雷诺平均尺度下的守恒型对流-扩散方程推导过程中引入湍流模型,以便封闭该方程。

将式(2-85)~式(2-87)和式(2-89)代入连续介质尺度下的地表水流溶质运动控制方程[式(2-158)],即可获得雷诺平均尺度下的地表水流溶质运动控制方程,即守恒型对流-扩散方程:

$$\begin{aligned}\frac{\partial\langle c\rangle}{\partial t}+\frac{\partial(\langle u\rangle\cdot\langle c\rangle)}{\partial x}+\frac{\partial(\langle v\rangle\cdot\langle c\rangle)}{\partial y}+\frac{\partial\langle w\rangle\cdot\langle c\rangle}{\partial z}&=\kappa_c\frac{\partial^2\langle c\rangle}{\partial x^2}+\kappa_c\frac{\partial^2\langle c\rangle}{\partial y^2}+\kappa_c\frac{\partial^2\langle c\rangle}{\partial z^2}\\&\quad+2\kappa_c\frac{\partial^2\langle c\rangle}{\partial x\partial y}+2\kappa_c\frac{\partial^2\langle c\rangle}{\partial x\partial z}+2\kappa_c\frac{\partial^2\langle c\rangle}{\partial y\partial z}\\&\quad-\frac{\partial\langle u'\cdot c'\rangle}{\partial x}-\frac{\partial\langle v'\cdot c'\rangle}{\partial y}-\frac{\partial\langle w'\cdot c'\rangle}{\partial z}\end{aligned}\tag{2-159}$$

与式(2-158)相比,式(2-159)中的物理变量虽然已变为雷诺平均尺度下的流速和溶质浓度,但还多出了属于未知项的流速与溶质浓度随机脉动值乘积的梯度项,为此,需引入如下湍流模型(Pope,2000):

$$\langle u'\cdot c'\rangle=-\kappa_t\frac{\partial\langle c\rangle}{\partial x}\tag{2-160}$$

$$\langle v' \cdot c' \rangle = -\kappa_t \frac{\partial \langle c \rangle}{\partial y} \tag{2-161}$$

$$\langle w' \cdot c' \rangle = -\kappa_t \frac{\partial \langle c \rangle}{\partial z} \tag{2-162}$$

式中，κ_t为地表水流溶质湍流扩散系数(m/s^2)。

由于地表水流脉动引起的溶质运动要远大于分子扩散引起的溶质运动，在式(2-159)中可忽略后者的影响，即 $\kappa_c=0$。在将式(2-160)～式(2-162)代入式(2-159)后，即可获得完整意义上的雷诺平均尺度下的守恒型对流–扩散方程：

$$\frac{\partial\langle c\rangle}{\partial t}+\frac{\partial(\langle u\rangle\cdot\langle c\rangle)}{\partial x}+\frac{\partial(\langle v\rangle\cdot\langle c\rangle)}{\partial y}+\frac{\partial\langle w\rangle\cdot\langle c\rangle}{\partial z}=\frac{\partial}{\partial x}\left(\kappa_t\frac{\partial\langle c\rangle}{\partial x}\right)+\frac{\partial}{\partial y}\left(\kappa_t\frac{\partial\langle c\rangle}{\partial y}\right)+\frac{\partial}{\partial z}\left(\kappa_t\frac{\partial\langle c\rangle}{\partial z}\right) \tag{2-163}$$

在实际应用中，常引入普朗特数(P_{r_t})表达地表水流湍流扩散系数(v_t)与地表水流溶质湍流扩散系数(κ_t)间的关系(Pope，2000)：

$$P_{r_t}=\frac{\nu_t}{\kappa_t} \tag{2-164}$$

式中，P_{r_t}为普朗特数，取值为 0.6～1.0(张兆顺等，2008)。

当利用式(2-163)描述畦田施肥灌溉地表水流溶质运动时，需采用数值模拟求解雷诺平均尺度下的 Navier-Stokes 方程组所获得的三维地表水流非均匀分布流速场信息，但限于前述数值模拟求解 Navier-Stokes 方程组遇到的诸多困难，迄今鲜见利用雷诺平均尺度下的守恒型对流–扩散方程数值模拟地表水流溶质运动的实例。

2.4.3　地面水深尺度

与地面水深尺度下获取地表水流流速场相类似，在地表水流溶质运动中也不考虑溶质浓度的垂向变化过程。通过对连续介质尺度下守恒型对流–扩散方程中的各项进行垂向积分平均处理后，即可获得地面水深尺度下的地表水流溶质运动控制方程，由于此时溶质扩散过程已衍变为溶质弥散过程，故需在引入宏观物理假设基础上，构造溶质弥散系数。此外，借助链式求导法则并基于守恒型方程，可推导获得非守恒型对流–弥散方程，但因极少应用，故不做介绍。

2.4.3.1　守恒型对流–弥散方程

当忽略水分子扩散影响时，即 $\kappa_c=0$，连续介质尺度下的地表水流溶质运动控制方程[式(2-158)]被简化为如下形式：

$$\frac{\partial c}{\partial t}+\frac{\partial(u\cdot c)}{\partial x}+\frac{\partial(v\cdot c)}{\partial y}+\frac{\partial(w\cdot c)}{\partial z}=0 \tag{2-165}$$

对式(2-165)等号左侧项进行垂向积分平均处理可得到：

$$\int_b^\zeta\left[\frac{\partial c}{\partial t}+\frac{\partial(u\cdot c)}{\partial x}+\frac{\partial(v\cdot c)}{\partial y}+\frac{\partial(w\cdot c)}{\partial z}\right]\mathrm{d}z \tag{2-166}$$

依据式(2-120)和式(2-121)，式(2-166)中各项可被分别表达为

$$\int_b^\zeta \frac{\partial c}{\partial t}\mathrm{d}z=\frac{\partial}{\partial t}(h\cdot\bar{c})-c(\zeta)\frac{\partial\zeta}{\partial t} \tag{2-167}$$

$$\int_b^\zeta \frac{\partial(u\cdot c)}{\partial x}\mathrm{d}z=\frac{\partial}{\partial x}(h\cdot\overline{u\cdot c})-u(\zeta)\cdot c(\zeta)\frac{\partial\zeta}{\partial x}+u(b)\cdot c(b)\frac{\partial b}{\partial x} \tag{2-168}$$

$$\int_b^\zeta \frac{\partial(v\cdot c)}{\partial y}\mathrm{d}z=\frac{\partial}{\partial y}(h\cdot\overline{v\cdot c})-v(\zeta)\cdot c(\zeta)\frac{\partial\zeta}{\partial y}+v(b)\cdot c(b)\frac{\partial b}{\partial y} \tag{2-169}$$

$$\int_b^\zeta \frac{\partial(w\cdot c)}{\partial z}\mathrm{d}z=w(\zeta)\cdot c(\zeta)-w(b)\cdot c(b) \tag{2-170}$$

式中，$\bar{c}$ 为地表水流垂向均布溶质浓度（kg/m³）。

将式（2-167）~式（2-170）代入式（2-166）后，可得到：

$$\begin{aligned}\int_b^\zeta\left[\frac{\partial c}{\partial t}+\frac{\partial(u\cdot c)}{\partial x}+\frac{\partial(v\cdot c)}{\partial y}+\frac{\partial(w\cdot c)}{\partial z}\right]\mathrm{d}z=&\frac{\partial}{\partial t}(h\cdot\overline{u\cdot c})+\frac{\partial}{\partial x}(h\cdot\overline{u\cdot c})+\frac{\partial}{\partial y}(h\cdot\overline{v\cdot c})\\&-c(\zeta)\frac{\partial\zeta}{\partial t}-u(\zeta)\cdot c(\zeta)\frac{\partial\zeta}{\partial x}+u(b)\cdot c(b)\frac{\partial b}{\partial x}\\&-v(\zeta)\cdot c(\zeta)\frac{\partial\zeta}{\partial y}+v(b)\cdot c(b)\frac{\partial b}{\partial y}+w(\zeta)\\&\cdot c(\zeta)-w(b)\cdot c(b)\end{aligned} \tag{2-171}$$

如前所述，由于近地表流速趋于零，故式（2-171）可被简化为

$$\begin{aligned}\int_b^\zeta\left[\frac{\partial c}{\partial t}+\frac{\partial(u\cdot c)}{\partial x}+\frac{\partial(v\cdot c)}{\partial y}+\frac{\partial(w\cdot c)}{\partial z}\right]\mathrm{d}z=&\frac{\partial}{\partial t}(h\cdot\bar{c})+\frac{\partial}{\partial x}(h\cdot\overline{u\cdot c})+\frac{\partial}{\partial y}(h\cdot\overline{v\cdot c})\\&-c(\zeta)\frac{\partial\zeta}{\partial t}-u(\zeta)\cdot c(\zeta)\frac{\partial\zeta}{\partial x}-v(\zeta)\cdot c(\zeta)\frac{\partial\zeta}{\partial y}\\&+w(\zeta)\cdot c(\zeta)\end{aligned} \tag{2-172}$$

对式（2-172）等号右侧的后 4 项做如下运算，得

$$\begin{aligned}-c(\zeta)\frac{\partial\zeta}{\partial t}-u(\zeta)\cdot c(\zeta)\frac{\partial\zeta}{\partial x}-v(\zeta)\cdot c(\zeta)\frac{\partial\zeta}{\partial y}+w(\zeta)\cdot c(\zeta)&=-c(\zeta)\left(\frac{\partial\zeta}{\partial t}+u\frac{\partial\zeta}{\partial x}+v\frac{\partial\zeta}{\partial y}\right)+u(\zeta)\cdot c(\zeta)\\&=-u(\zeta)\cdot c(\zeta)+u(\zeta)\cdot c(\zeta)=0\end{aligned} \tag{2-173}$$

与式（2-124）相似，式（2-173）亦存在如下关系（Pope，2000）：

$$\overline{u\cdot c}=\bar{u}\cdot\bar{c}+\bar{u}'\cdot\bar{c}' \tag{2-174}$$

基于式（2-173）和式（2-174），可将式（2-172）变换为式（2-175）：

$$\begin{aligned}\int_b^\zeta\left[\frac{\partial c}{\partial t}+\frac{\partial(u\cdot c)}{\partial x}+\frac{\partial(v\cdot c)}{\partial y}+\frac{\partial(w\cdot c)}{\partial z}\right]\mathrm{d}z=&\frac{\partial}{\partial t}(h\cdot\bar{c})+\frac{\partial}{\partial x}(h\cdot\bar{u}\cdot\bar{c})+\frac{\partial}{\partial y}(h\cdot\bar{v}\cdot\bar{c})\\&+\frac{\partial}{\partial x}(h\cdot\bar{u}'\cdot\bar{c}')+\frac{\partial}{\partial y}(h\cdot\bar{v}'\cdot\bar{c}')\end{aligned} \tag{2-175}$$

式（2-175）等号右侧最后两项中的 $h\cdot\bar{u}'\cdot\bar{c}'$ 和 $h\cdot\bar{v}'\cdot\bar{c}'$ 分别为地表水流实际流速偏离其垂向均布值的脉动所引起的溶质通量。与湍流模型类似，通过建立这两项与地表水流垂向均布流速和溶质溶度之间的关系，即可实现对式（2-175）的求解，得

$$(q_x)_c=h\cdot\bar{u}'\cdot\bar{c}'=h\cdot K_x^c\frac{\partial\bar{c}}{\partial x} \tag{2-176}$$

$$(q_y)_c=h\cdot\bar{v}'\cdot\bar{c}'=h\cdot K_y^c\frac{\partial\bar{c}}{\partial y} \tag{2-177}$$

式中，K_x^c 和 K_y^c 分别为沿 x 和 y 坐标向的地表水流溶质弥散系数(m/s^2)；$\bar{u}'$和 $\bar{v}'$分别为沿 x 和 y 坐标向的地表水流溶质微元体群的流速 u 与 v 偏离 $\bar{u}$ 及 $\bar{v}$ 的随机脉动量垂向均值(m/s)，$\bar{u}' \cdot \bar{v}'$显然大于雷诺平均尺度下的$\langle u' \cdot v' \rangle$。

将式(2-176)和式(2-177)代入式(2-175)后，可获得地面水深尺度下的地表水流溶质运动控制方程，即为守恒型对流–弥散方程：

$$\frac{\partial}{\partial t}(h \cdot \bar{c}) + \frac{\partial}{\partial x}(h \cdot \bar{u} \cdot \bar{c}) + \frac{\partial}{\partial y}(h \cdot \bar{v} \cdot \bar{c}) = \frac{\partial}{\partial x}\left(h \cdot K_x^c \frac{\partial \bar{c}}{\partial x}\right) + \frac{\partial}{\partial y}\left(h \cdot K_y^c \frac{\partial \bar{c}}{\partial y}\right) \tag{2-178}$$

通过对比可以发现，雷诺平均尺度下的守恒型对流–扩散方程[式(2-163)]中的 κ_t 为地表水流溶质湍流扩散系数，而地面水深尺度下的守恒型对流–弥散方程[式(2-178)]中的 K_x^c 和 K_y^c 为地表水流溶质弥散系数，后者不仅包含了地表水流实际分布偏离雷诺平均分布所引起的湍流扩散，还包括了雷诺平均偏离垂向均布流速所引起的溶质弥散，故由 K_x^c 和 K_y^c 表征的溶质弥散效应要大于湍流引起的溶质扩散效应，这已被大量野外观测试验证实(Perea，2005)。

由于地表水流溶质弥散具有各向异性特征，故地表水流溶质弥散系数属于二阶张量 $\boldsymbol{K}_c$，其表达式为

$$\boldsymbol{K}_c = \begin{pmatrix} K_{xx}^c & K_{xy}^c \\ K_{yx}^c & K_{yy}^c \end{pmatrix} \tag{2-179}$$

式中，K_{xx}^c、K_{xy}^c、K_{yx}^c和 K_{yy}^c分别为二阶张量 $\boldsymbol{K}_c$的 4 个分量。

基于二阶张量变换理论，若将主方向坐标系的坐标轴标记为 A_c和 B_c，则地表水流溶质弥散系数张量 $\boldsymbol{K}_c$可被简化为

$$\boldsymbol{K}_c = \begin{pmatrix} K_A^c & 0 \\ 0 & K_B^c \end{pmatrix} \tag{2-180}$$

在地表水流溶质弥散各向异性条件下，式(2-178)可被表达为如下形式：

$$\frac{\partial}{\partial t}(h \cdot \bar{c}) + \frac{\partial}{\partial x}(h \cdot \bar{u} \cdot \bar{c}) + \frac{\partial}{\partial y}(h \cdot \bar{v} \cdot \bar{c}) = \frac{\partial}{\partial x}\left(h \cdot K_{xx}^c \frac{\partial \bar{c}}{\partial x}\right) + \frac{\partial}{\partial x}\left(h \cdot K_{xy}^c \frac{\partial \bar{c}}{\partial y}\right) + \frac{\partial}{\partial y}\left(h \cdot K_{yx}^c \frac{\partial \bar{c}}{\partial x}\right) + \frac{\partial}{\partial y}\left(h \cdot K_{yy}^c \frac{\partial \bar{c}}{\partial y}\right) \tag{2-181}$$

由于地面水深尺度下的地表水流运动控制方程已被广泛用于畦田灌溉地表水非恒定流运动模拟，这就为应用地面水深尺度下的地表水流溶质运动控制方程奠定了基础，使守恒型对流–弥散方程得以在实际中采用。

2.4.3.2　基于多孔介质理论的地表水流溶质弥散系数

常采用与溶质在多孔介质中的机械弥散系数进行类比的方式，获取地表水流溶质弥散系数的解析表达式。在各向同性条件下，假设地表水流溶质弥散系数 K_x^c 和 K_y^c 与地表水流垂向均布流速成正比(Bear，1972；Abbasi et al.，2003)，则

$$K_x^c = K_y^c = K_l^m \sqrt{\bar{u}^2 + \bar{v}^2} \tag{2-182}$$

式中，K_l^m 为基于多孔介质理论的地表水流溶质弥散率(m)。

在各向异性状况下，地表水流溶质弥散系数张量 $\boldsymbol{K}_c$ 在主方向坐标系 A_c-B_c 中包含两个分量，借助式(2-182)中的标量型地表水流溶质弥散率 K_l^m，分别沿 A_c 和 B_c 坐标向定义地表水流溶质弥散率 K_{lA}^m 和 K_{lB}^m，则式(2-180)中的 K_A^c 和 K_B^c 可被表达如下：

$$K_A^c=K_{lA}^m\sqrt{\bar{u}^2+\bar{v}^2}\;;\;K_B^c=K_{lB}^m\sqrt{\bar{u}^2+\bar{v}^2} \tag{2-183}$$

假设 β 是由主方向坐标系 A_c-B_c 按逆时针旋转至任意坐标系 $x-y$ 时的角度，则任意坐标系和主方向坐标系下式(2-179)中各分量之间应满足以下变换关系：

$$\begin{pmatrix} K_{xx}^c & K_{xy}^c \\ K_{yx}^c & K_{yy}^c \end{pmatrix}=\begin{pmatrix} K_A^c\cdot\cos^2\beta+K_B^c\cdot\sin^2\beta & (K_A^c-K_B^c)\cdot\cos\beta\cdot\sin\beta \\ (K_A^c-K_B^c)\cdot\cos\beta\cdot\sin\beta & K_A^c\cdot\sin^2\beta+K_B^c\cdot\cos^2\beta \end{pmatrix} \tag{2-184}$$

此时，β 与地表水流垂向均布流速间应满足如下定义：

$$\sin\beta=\frac{|\bar{u}|}{\sqrt{\bar{u}^2+\bar{v}^2}} \tag{2-185}$$

$$\cos\beta=\frac{|\bar{v}|}{\sqrt{\bar{u}^2+\bar{v}^2}} \tag{2-186}$$

基于式(2-185)和式(2-186)，并将式(2-183)代入式(2-184)后，可得到基于多孔介质理论的地表水流溶质弥散系数张量 $\boldsymbol{K}_c$ 的表达式为

$$\begin{pmatrix} K_{xx}^c & K_{xy}^c \\ K_{yx}^c & K_{yy}^c \end{pmatrix}=\frac{1}{\sqrt{\bar{u}^2+\bar{v}^2}}\begin{pmatrix} K_{lA}^m\cdot\bar{u}^2+K_{lB}^m\cdot\bar{v}^2 & (K_{lA}^m-K_{lB}^m)\cdot|\bar{u}\cdot\bar{v}| \\ (K_{lA}^m-K_{lB}^m)\cdot|\bar{u}\cdot\bar{v}| & K_{lB}^m\cdot\bar{u}^2+K_{lA}^m\cdot\bar{v}^2 \end{pmatrix} \tag{2-187}$$

2.4.3.3 基于剪切流理论的地表水流溶质弥散系数

由于畦田施肥灌溉地表水深相对较浅，可认为地表水流始终处于剪切层范围内，在假设地表水流溶质弥散系数与地表水流垂向均布流速成正比关系(Rutherford，1994)基础上，构造各向同性条件下的 K_x^c 和 K_y^c，得

$$K_x^c=K_l^s\cdot h\cdot u_x^* \tag{2-188}$$

$$K_y^c=K_l^s\cdot h\cdot u_y^* \tag{2-189}$$

式中，K_l^s 为基于剪切流理论的地表水流溶质弥散率(m)；u_x^* 和 u_y^* 分别为沿 x 和 y 坐标向的地表水流剪切速度(m/s)。

在地表浅水流态下，可采用地表摩阻力表达地表水流剪切速度(Zerihun et al.，2005；Perea，2005)，即

$$u_x^*=\sqrt{g\cdot h\cdot S_f^x}=\frac{n\sqrt{g\cdot|\bar{u}|(\bar{u}^2+\bar{v}^2)^{1/2}}}{h^{1/6}} \tag{2-190}$$

$$u_y^*=\sqrt{g\cdot h\cdot S_f^x}=\frac{n\sqrt{g\cdot|\bar{v}|(\bar{u}^2+\bar{v}^2)^{1/2}}}{h^{1/6}} \tag{2-191}$$

将式(2-190)和式(2-191)代入式(2-188)和式(2-189)后，可得到：

$$K_x^c=K_l^s\cdot h^{5/6}\cdot n\sqrt{g\cdot|\bar{u}|(\bar{u}^2+\bar{v}^2)^{1/2}} \tag{2-192}$$

$$K_y^c=K_l^s\cdot h^{5/6}\cdot n\sqrt{g\cdot|\bar{v}|(\bar{u}^2+\bar{v}^2)^{1/2}} \tag{2-193}$$

在各向异性状况下，若沿主方向坐标轴 A_c 和 B_c 定义的地表水流溶质弥散率为 K_{lA}^s 和

K_{lB}^{s}，则基于式(2-192)和式(2-193)，可得到如下 K_A^c 和 K_B^c 表达式：

$$K_A^c = K_{lA}^s \cdot h^{5/6} \cdot n\sqrt{g \cdot |\bar{u}|(\bar{u}^2+\bar{v}^2)^{1/2}} \tag{2-194}$$

$$K_B^c = K_{lB}^s \cdot h^{5/6} \cdot n\sqrt{g \cdot |\bar{v}|(\bar{u}^2+\bar{v}^2)^{1/2}} \tag{2-195}$$

基于式(2-184)～式(2-186)，可得到基于剪切流理论的地表水流溶质弥散系数张量 $\boldsymbol{K}_c$ 的表达式为

$$\boldsymbol{K}_c = \begin{pmatrix} K_{xx}^c & K_{xy}^c \\ K_{yx}^c & K_{yy}^c \end{pmatrix} = \frac{\sqrt{g} \cdot h^{5/6} \cdot n}{(\bar{u}^2+\bar{v}^2)^{3/2}} \begin{pmatrix} K_{lA}^s\sqrt{|\bar{u}|} \cdot \bar{v}^2 + K_{lB}^s \cdot \bar{u}^2\sqrt{|\bar{v}|} & K_{lA}^s \cdot |\bar{u}|^{3/2} \cdot |\bar{v}| - K_{lB}^s \cdot |\bar{u}| \cdot |\bar{v}|^{3/2} \\ K_{lA}^s \cdot |\bar{u}|^{3/2} \cdot |\bar{v}| - K_{lB}^s \cdot \bar{u} \cdot |\bar{v}|^{3/2} & K_{lA}^s \cdot |\bar{u}|^{5/2} + K_{lB}^s \cdot |\bar{v}|^{5/2} \end{pmatrix} \tag{2-196}$$

2.4.3.4　不同地表水流溶质弥散系数表达式之间的比较

Elder(1959)指出在各向同性条件下，采用基于多孔介质理论的 K_A^c 和 K_B^c 常难以模拟二维地表水流溶质运动，这是由于在其相关实验中并未考虑地表(畦面)相对高程空间分布差异对水流纵横向运动的影响，这通常导致明显的溶质弥散非均匀分布状态。在畦面微地形空间分布状况较好条件下，地表水流运动主要受水位势能驱动，地表水流以近似均匀扩散的形式沿畦面各个方向上运动，基本不产生明显的局部绕流现象(Strelkoff et al., 2003)，这类似于水流在各向同性多孔介质中的运动状态，故基于多孔介质理论的 K_A^c 和 K_B^c 更适于表述田面相对平整下的地表水流溶质运动弥散过程。

对基于剪切流理论的 K_A^c 和 K_B^c 而言，因其考虑了不同坐标方向上的流速分量对溶质弥散的影响作用，故更为适用于描述各类情景下的地表水流溶质运动弥散过程。以 Elder(1959)给出的实验为例，若不借助各向异性的概念，采用基于剪切流理论下的 K_A^c 和 K_B^c 仍可解释不同坐标向之间存在明显流动差异所引起的溶质弥散非均布状态，且对参数的率定更为简便。此外，虽然基于剪切流理论的 K_A^c 和 K_B^c 表达式相对较为复杂，但仍属于非导数型数学项，数值模拟计算中无需进行空间离散。为此，在畦田施肥灌溉地表水流溶质运动模拟中，建议采用基于剪切理论的地表水流溶质弥散系数表达式。

2.4.4　不同典型特征尺度下地表水流溶质扩散与弥散之间的关系及其差异

因分子热运动引起的地表水流溶质运动称为溶质扩散，在微观尺度上，可借助热力学第二定律定量解释，即在封闭系统中的热运动致使熵趋于极大值，使各空间位置点处的溶质分子趋于均匀分布(Pope,2000)。在宏观尺度上，溶质扩散表现为在浓度梯度作用下的溶质运动，一般采用菲克定律描述，溶质扩散最终导致各空间位置点处的浓度梯度趋于零，溶质浓度趋于均匀，这与微观尺度的解释相一致。

参考图 2-8 给出的流速场信息，一方面，如图 2-9(a)显示出雷诺平均尺度下积分的平均流速场与连续介质尺度下微观流速场之间的差异引起了地表水流溶质运动，这称为地表水流溶质湍流弥散(Pope,2000)。地表水流溶质湍流弥散似乎与溶质湍流扩散的称谓相矛盾，这缘于历史典故。当初在地表水流流速场雷诺平均尺度下建立湍流地表水流溶

质运动控制方程时，是直接类比于菲克定律表达式，并继承了分子扩散的提法，但相关物理过程现已被人们定义为湍流弥散（Pope，2000）。另一方面，如图 2-9（b）所示，地面水深尺度下积分的平均流速场与连续介质尺度下微观流速场之间的差异引起了地表水流溶质运动，这称作地表水流溶质弥散（Rutherford，1994），故式（2-178）或式（2-181）均称为守恒型对流–弥散方程。

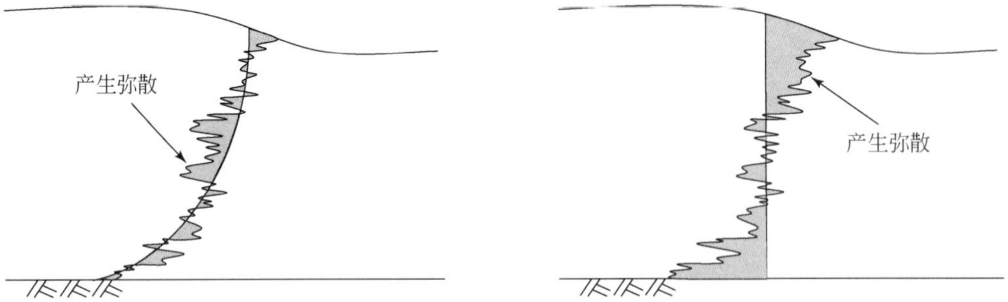

(a) 雷诺平均尺度与连续介质尺度间的流速场差异　　(b) 地面水深尺度与连续介质尺度间的流速场差异

图 2-9　地表水流溶质运动弥散现象产生原因的示意图

综上所述，雷诺平均尺度下积分的平均流速场与连续介质尺度下微观流速场之间的差异所引起的地表水流溶质运动称为溶质弥散，因湍流引起的地表水流溶质运动控制方程称为溶质湍流扩散方程，而地面水深尺度下积分的平均流速场与连续介质尺度下微观流速场之间的差异所引起的地表水流溶质运动控制方程称作溶质弥散方程。

2.5　结　　论

本章从基础物理学视角出发，建立了地表水流溶质运动中各物理变量在不同坐标系之间的变换关系式，重点阐述了地面水深尺度下的地表水流溶质运动物理变量及控制方程定义式，获得了地表水流溶质运动 Saint-Venant 方程组及守恒型对流–弥散方程，构建分析了不同典型特征尺度下地表水流流速场间的关系及地表水流溶质扩散与弥散间的关系及差异，丰富了现有畦田施肥灌溉地表水流溶质运动理论与方法。

构建的不同坐标系下地表水流溶质运动各物理变量之间的变换关系式，有效降低了在实际中应用地表水流溶质运动张量时的难度；简化完善了雷诺平均尺度和地面水深尺度下地表水流溶质运动控制方程的推导过程，建立了两种尺度下地表水流流速间的定量关系式，为开展跨典型特征尺度下的地表水流溶质运动数值模拟提供了理论依据；通过分析不同典型特征尺度下地表水流溶质弥散系数间的关系，提出了适用于畦田施肥灌溉的基于剪切理论的地表水流溶质弥散系数表达式，拓展了守恒型对流–弥散方程表述形式。

参考文献

H. 欧特尔 等. 2008. 普朗特流体力学基础. 朱自强，钱翼稷，李宗瑞，译. 北京：科学出版社

沈惠川. 2011. 统计力学. 合肥：中国科技大学出版社

吴望一 . 1982. 流体力学(上册). 北京:北京大学出版社

阎超 . 2006. 计算流体力学方法及应用 . 北京:北京航空航天大学出版社

尤承业 . 2005. 解析几何 . 北京:北京大学出版社

张兆顺, 崔桂香, 许春晓 . 2008. 湍流大涡数值模拟的理论和应用 . 北京: 清华大学出版社

张筑生 . 2011. 数学分析新讲(第二册). 北京:北京大学出版社

Arnold V I. 1999. Mathematical Methods of Classical Mechanics (second edition). Springer-Verlag New York Inc and Beijing World Publishing Corporation

Abbasi F, Simunek J, van Genuchten M, et al. 2003. Overland water flow and solute transport: model development and field-data analysis. Journal of Irrigation and Drainage Engineering, 129(2):71-81

Abbasi F, Feyen J, Roth R L, et al. 2003. Water flow and solute transport in furrow-irrigated fields. Irrigation Science, 22(2): 57-65

Borges R, Carmona M, Costa B, et al. 2008. An improved weighted essentially non-oscillatory scheme for hyperbolic conservation laws. Journal of Computational Physics, 227(6): 3191-3211

Baldwin B S, Lomax H. 1978. Thin layer approximation and algebraic model for separated turbulent flows. AIAA Journal,257(1):78-257

Bear J. 1972. Dynamics of Fluids in Porous Media. New York:Dover Publications

Bradford S F, Katopodes N D. 1998. Non-hydrostatic model for surface irrigation. Journal of Irrigation and Drainage Engineering, 124(4): 200-212

Bradford S F, Sanders B. 2002. Finite-volume model for shallow-water flooding of arbitrary topography. Journal of Hydraulic Engineering, 128(3): 289-298

Bubrovin B A, Fomenko A T, Novikov S P. 1999. Modern Geometry- Methods and Applications Part Ⅰ. The Geometry of Surface, Transformation Group, and Fields (2nd Edition). Beijing: World Publishing Corporation

Burguete J, Zapata N, García-Navarro P, et al. 2009. Fertigation in furrows and level furrow systems. I: model description and numerical tests. Journal of Irrigation and Drainage Engineering, 135(4): 401-412

Clemmens A J. 2009. Errors in surface irrigation evaluation from incorrect model assumptions. Journal of Irrigation and Drainage Engineering, 135(5): 556-565

Courant R, Friedrichs K O. 1948 . Supersonic Flow and Shock Waves. New York: Inter science

Elder J E. 1959. The dispersion of marked fluid in turbulent shear flow. Journal of Fluid Mechanics, 5: 544-560

García-Navarro P, Playán E, Zapata N. 2000. Solute transport modeling in overland flow applied to fertigation. Journal of Irrigation and Drainage Engineering, 126(1): 33-40

LeVeque R J. 2002. Finite Volume Methods for Hyperbolic Problems. Cambridge: The Press Syndicate of the University of Cambridge

Marsden J, Ratiu T. 1999. Introduction to Mechanics and Symmetry. New York:Spring-Verlag New York, Inc

Monaghan J J. 1994. Simulating free surface with SPH. Journal of Computational Physics, 110(2): 399-406

Perea H. 2005. Development, verification, and evaluation of a solute transport model in surface irrigation. Arizona:The University of Arizona

Playán E, Rodríguez J A, García-Navarro P. 2004. Simulation model for level furrows. Ⅰ: Analysis of field experiments. Journal of Irrigation and Drainage Engineering, 130(2): 106-112

Pope S B. 2000. Turbulent Flows. Cambridge:Cambridge University Press

Rutherford J C. 1994. River Mixing. England:Wiley Press

Strelkoff T S, Tamimi A H, Clemmens A J. 2003. Two-dimensional basin flow with irregular bottom configuration. Journal of Irrigation and Drainage Engineering, 29(6): 391-401

Strelkoff T S, Clemmens A J, Bautista E. 2009. Estimation of soil and crop hydraulic properties. Journal of Irrigation and Drainage Engineering, 135(5): 537-555

Tritton D J. 1988. Physical Fluid Dynamics. New York: Oxford Science Publications

Walker W R, Skogerboe G V. 1987. Surface Irrigation, Theory and Practice. Englewood Cliffs: Prentice-Hall

Widder D V. 1989. Advanced Calculus. Dover Pulications

Zerihun D, Furman A, Warrick A W, et al. 2005. Coupled surface-subsurface solute transport model for irrigation borders and basins. Ⅰ. model development. Journal of Irrigation and Drainage Engineering, 131(5): 396-406

第 3 章
Chapter 3

畦田施肥灌溉地表水流溶质运动模拟模型

地面施肥灌溉工程设计与性能评价建立在对灌溉施肥技术要素进行优化组合的数值模拟计算基础上，为此，构建地面施肥灌溉地表水流溶质运动模拟模型成为重要的前提条件。人们需要基于畦田施肥灌溉地表水流溶质运动理论与方法，依据不同典型特征尺度下的地表水流溶质运动控制方程及初始条件和边界条件，构建和完善相应的地表水流溶质运动模拟模型。

尽管连续介质尺度下和雷诺平均尺度下的 Navier-Stokes 方程组可以精确表述畦田施肥灌溉地表水流溶质运动过程，但受高阶时空离散精度需求、地表自由水面难以捕捉、计算超耗时等诸多因素制约，目前还难以直接用于解决实际问题（Bradford and Katopodes，2001）。为此，现有注意力主要集中在地面水深尺度下的畦田施肥灌溉地表水流溶质运动模拟模型构建上，即基于地表水流垂向均布流速的全水动力学方程表述地表水流运动过程，利用地表水流垂向均布溶质浓度的对流–弥散方程表述地表水流溶质运动过程，构造相应的初始条件和边界条件，利用适宜的数值模拟方法求解模型。

一方面，在现有畦田灌溉地表水流运动模拟模型中，常将水流运动视作明渠非恒定流水力学问题（Bradfordand Katopodes，2001；Brufau et al.，2002），但在地表浅水流运动状态下，畦面微地形空间分布状况和畦田灌溉入流条件往往对地表水流的流态产生较大影响，导致现有全水动力学方程畦田灌溉模型的模拟精度偏低且计算效率等性能较差。另一方面，现有畦田施肥灌溉地表水流溶质运动模拟模型主要是针对液施肥料灌溉条件开发的，这与其被局限在地表水流垂向均布流速和溶质浓度假设前提下相关（Bradford et al.，1998）。在液施肥料灌溉状况下，用于数值模拟求解地表水流流速场与溶质浓度场的非耦合顺次和耦合同步两种求解方式均不能准确地区分对流效应、水势与溶质浓度势的扩散效应等对地表水流溶质运动耦合演变的驱动作用，易于混淆水势扩散、水深扩散等基本概念（Murillo et al.，2005，2008）。为此，亟待从畦田施肥灌溉地表水流溶质运动的基本物理特征入手，将直观的物理现象与抽象的数学模型协调统一，为合理描述畦田施肥灌溉地表水流溶质运动过程提供适宜的模拟手段与工具。

本章基于畦田施肥灌溉地表水流溶质运动理论与方法，将地表水流溶质运动控制及耦合方程与其所描述的特定物理现象紧密结合，系统阐述畦田施肥灌溉地表水流溶质运动模拟模型及耦合模拟模型，评述各自的特点与特征，给出相应的初始条件和边界条件及常用的数值模拟方法，诠释畦田施肥灌溉地表水流溶质运动物理过程的数理需求。

3.1 地表水流运动模拟模型

基于畦田灌溉地表水流运动模拟理论与方法，阐述地面水深尺度下的地表水流运动控制方程，形成不同表达形式的畦田灌溉地表水流运动模拟模型。

3.1.1 地表水流运动控制方程

地面水深尺度下的畦田灌溉地表水流运动控制方程，即为在守恒型 Saint-Venant 方程组中添加了地表入渗项后形成的方程,由于充分考虑了影响地表水流运动状态的各类物理要素,故称为守恒型全水动力学方程,据此又可获得守恒-非守恒型全水动力学方程和非守恒型全水动力学方程。此外,当忽略一些影响相对较小的物理变量项时,又可将全水动力学方程简化为零惯量(扩散波)方程和动力波方程。

3.1.1.1　全水动力学方程

(1)守恒型全水动力学方程

在守恒型Saint-Venant方程组[式(2-150)~式(2-152)]中添加地表入渗项后,即可得到守恒型全水动力学方程(Akanbi and Katopodes,1988;Playán et al.,1994):

$$\frac{\partial h}{\partial t}+\frac{\partial q_x}{\partial x}+\frac{\partial q_y}{\partial y}=-i_c \tag{3-1}$$

$$\frac{\partial q_x}{\partial t}+\frac{\partial}{\partial y}(q_x\cdot\bar{v})+\frac{\partial}{\partial x}\left(q_x\cdot\bar{u}+\frac{1}{2}g\cdot h^2\right)=-g\cdot h\frac{\partial b}{\partial x}-g\cdot h\frac{n^2\cdot\bar{u}\sqrt{\bar{u}^2+\bar{v}^2}}{h^{4/3}}+\frac{1}{2}i_c\cdot\bar{u} \tag{3-2}$$

$$\frac{\partial q_y}{\partial t}+\frac{\partial}{\partial x}(q_y\cdot\bar{u})+\frac{\partial}{\partial y}\left(q_y\cdot\bar{v}+\frac{1}{2}g\cdot h^2\right)=-g\cdot h\frac{\partial b}{\partial y}-g\cdot h\frac{n^2\cdot\bar{v}\sqrt{\bar{u}^2+\bar{v}^2}}{h^{4/3}}+\frac{1}{2}i_c\cdot\bar{v} \tag{3-3}$$

式中,h为地表水深(m);b为地表(畦面)相对高程(m);$\bar{u}$和$\bar{v}$分别为沿x和y坐标向的地表水流垂向均布流速(m/s);q_x和q_y分别为沿x和y坐标向的单宽流量[$m^3/(s\cdot m)$];g为重力加速度(m/s^2),取值为9.8m/s^2;n为畦面糙率系数($s/m^{1/3}$);i_c为地表入渗率(cm/min)。

在式(3-1)~式(3-3)中,采用Kostiakov公式表达地表入渗率i_c:

$$i_c=k_{in}\cdot\alpha\cdot\tau_{in}^{\alpha-1} \tag{3-4}$$

式中,k_{in}为土壤入渗参数(cm/min^{α});α为无量纲入渗指数参数;τ_{in}为入渗受水时间(min)。

式(3-1)~式(3-3)通常又可表示为如下向量形式:

$$\frac{\partial \boldsymbol{U}}{\partial t}+\frac{\partial \boldsymbol{F}_x}{\partial x}+\frac{\partial \boldsymbol{F}_y}{\partial y}=\boldsymbol{S} \tag{3-5}$$

$$\boldsymbol{U}=\begin{pmatrix}h\\q_x\\q_y\end{pmatrix};\quad \boldsymbol{F}_x=\begin{pmatrix}q_x\\q_x\cdot\bar{u}+\frac{1}{2}g\cdot h^2\\q_x\cdot\bar{u}\end{pmatrix};\quad \boldsymbol{F}_y=\begin{pmatrix}q_y\\q_y\cdot\bar{v}\\q_y\cdot\bar{v}+\frac{1}{2}g\cdot h^2\end{pmatrix} \tag{3-6}$$

$$\boldsymbol{S}=\begin{pmatrix}i_c\\-g\cdot h\frac{\partial b}{\partial x}-g\frac{n^2\cdot\bar{u}\sqrt{\bar{u}^2+\bar{v}^2}}{h^{1/3}}+\frac{1}{2}\bar{u}\cdot i_c\\-g\cdot h\frac{\partial b}{\partial y}-g\frac{n^2\cdot\bar{v}\sqrt{\bar{u}^2+\bar{v}^2}}{h^{1/3}}+\frac{1}{2}\cdot\bar{v}i_c\end{pmatrix} \tag{3-7}$$

式中,$\boldsymbol{U}$为地表水流运动因变量向量;$\boldsymbol{F}_x$和$\boldsymbol{F}_y$分别为沿x和y坐标向的地表水流运动物理通量;$\boldsymbol{S}$为地表水流运动源项向量,其为地表(畦面)相对高程梯度向量$\boldsymbol{S}_b$、畦面糙率向量$\boldsymbol{S}_f$和入渗向量$\boldsymbol{S}_{in}$之和,相应的表达式分别为

$$\boldsymbol{S}_b=\begin{pmatrix}0\\-g\cdot h\dfrac{\partial b}{\partial x}\\-g\cdot h\dfrac{\partial b}{\partial y}\end{pmatrix};\quad \boldsymbol{S}_f=\begin{pmatrix}0\\-g\cdot h\dfrac{n^2\cdot\bar{u}\sqrt{\bar{u}^2+\bar{v}^2}}{h^{4/3}}\\-g\cdot h\dfrac{n^2\cdot\bar{v}\sqrt{\bar{u}^2+\bar{v}^2}}{h^{4/3}}\end{pmatrix};\quad \boldsymbol{S}_{\rm in}=\begin{pmatrix}i_c\\\dfrac{1}{2}\bar{u}\cdot i_c\\\dfrac{1}{2}\bar{v}\cdot i_c\end{pmatrix} \tag{3-8}$$

依据式(3-8),可将源项向量 $\boldsymbol{S}$ 分解表述,则式(3-5)又可被表达为

$$\frac{\partial \boldsymbol{U}}{\partial t}+\frac{\partial \boldsymbol{F}_x}{\partial x}+\frac{\partial \boldsymbol{F}_y}{\partial y}=\boldsymbol{S}_b+\boldsymbol{S}_f+\boldsymbol{S}_{\rm in} \tag{3-9}$$

式(3-9)即为广泛用于地表浅水流运动条件下的守恒型全水动力学方程表达式(Bradford and Katopodes,2001;Brufau et al.,2002),可以发现,该式等号左侧为标准的二维对流方程形式(LeVeque,2002),即

$$\frac{\partial \boldsymbol{U}}{\partial t}+\frac{\partial \boldsymbol{F}_x}{\partial x}+\frac{\partial \boldsymbol{F}_y}{\partial y}=0 \tag{3-10}$$

为了明晰式(3-10)描述的地表浅水流运动物理本质,在仅考虑 x 坐标向上,对该式做如下矩阵分解:

$$\frac{\partial \boldsymbol{U}}{\partial t}+\boldsymbol{A}_x\frac{\partial \boldsymbol{U}}{\partial x}=0 \tag{3-11}$$

$$\boldsymbol{A}_x=\frac{\partial \boldsymbol{F}_x}{\partial \boldsymbol{U}}=\begin{pmatrix}0&1&0\\\tilde{c}^2-\bar{u}^2&2\bar{u}&0\\-\bar{u}\cdot\bar{v}&\bar{v}&\bar{u}\end{pmatrix} \tag{3-12}$$

式中,$\tilde{c}$ 为地表浅水流运动在重力作用下产生的波动速度,简称重力波速度(m/s),且 $\tilde{c}=\sqrt{g\cdot h}$;$\boldsymbol{A}_x$ 为沿 x 坐标向的雅克比(Jacobi)系数矩阵。

式(3-12)中 $\boldsymbol{A}_x$ 被表达成如下形式:

$$\boldsymbol{A}_x=\boldsymbol{M}_x\cdot\boldsymbol{\Lambda}_x\cdot\boldsymbol{M}_x^{-1} \tag{3-13}$$

$$\boldsymbol{\Lambda}_x=\begin{pmatrix}\bar{u}+\tilde{c}&0&0\\0&\bar{u}&0\\0&0&\bar{u}-\tilde{c}\end{pmatrix} \tag{3-14}$$

$$\boldsymbol{M}_x=\begin{pmatrix}1&0&1\\\bar{u}+\tilde{c}&0&\bar{u}-\tilde{c}\\\bar{v}&\tilde{c}&\bar{v}\end{pmatrix};\quad \boldsymbol{M}_x^{-1}=\begin{pmatrix}(-\bar{u}+\tilde{c})/2c&1/2\tilde{c}&0\\-\bar{v}/\tilde{c}&0&1/\tilde{c}\\(\bar{u}+c)/2\tilde{c}&-1/2\tilde{c}&0\end{pmatrix} \tag{3-15}$$

式中,$\bar{u}+\tilde{c}$ 和 $\bar{u}-\tilde{c}$ 均为地表水流运动特征速度,是地表水流垂向均布流速与重力波速度的合成速度(图 3-1)。

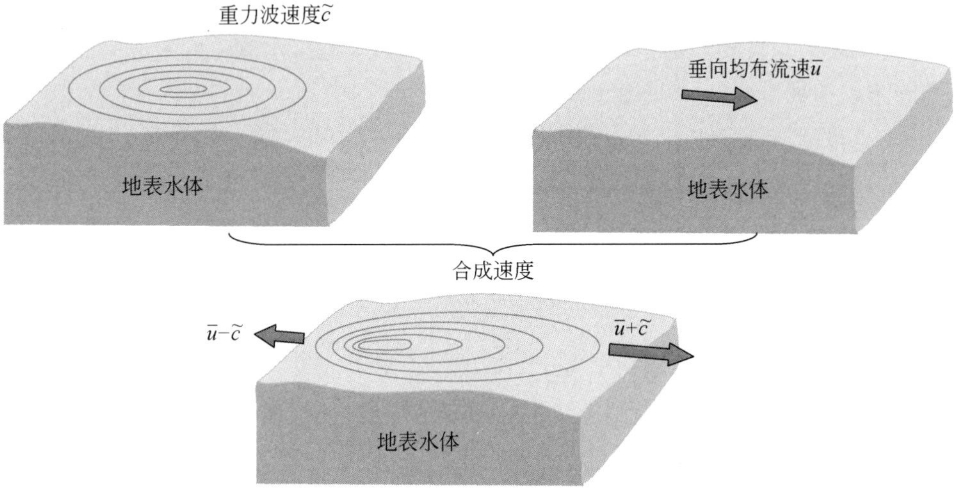

图 3-1　一维地表水流运动特征速度的示意图

当利用$\boldsymbol{M}_x^{-1}$同乘以式(3-11)等号两侧后,可获得式(3-16):

$$\boldsymbol{M}_x^{-1}\frac{\partial \boldsymbol{U}}{\partial t}+\boldsymbol{\Lambda}_x \cdot M_x^{-1}\frac{\partial \boldsymbol{U}}{\partial x}=0 \tag{3-16}$$

依据微分概念,在任意时空域内可近似认为流速场为常值,故式(3-16)可被表达为

$$\frac{\partial \tilde{\boldsymbol{U}}}{\partial t}+\boldsymbol{\Lambda}_x\frac{\partial \tilde{\boldsymbol{U}}}{\partial x}=0 \tag{3-17}$$

其中,$\tilde{\boldsymbol{U}}=\boldsymbol{M}_x^{-1}\cdot\boldsymbol{U}=\begin{pmatrix}(-\bar{u}+\tilde{c})/2c & 1/2\tilde{c} & 0\\ -\bar{v}/\tilde{c} & 0 & 1/\tilde{c}\\ (\bar{u}+c)/2\tilde{c} & -1/2\tilde{c} & 0\end{pmatrix}\cdot\begin{pmatrix}h\\ q_x\\ q_y\end{pmatrix}=\begin{pmatrix}h/2\\ 0\\ h/2\end{pmatrix}$

由此可见,式(3-17)可被表达为如下两个标准的对流方程:

$$\frac{\partial h}{\partial t}+2(\bar{u}+\tilde{c})\frac{\partial h}{\partial x}=0 \tag{3-18}$$

$$\frac{\partial h}{\partial t}+2(\bar{u}-\tilde{c})\frac{\partial h}{\partial x}=0 \tag{3-19}$$

基于以上所述,式(3-11)实际上描述了地表水深 h 沿 x 坐标向在地表水流运动特征速度 $\bar{u}+\tilde{c}$ 和 $\bar{u}-\tilde{c}$ 下的对流运动。同理,还可得到类似于式(3-11)的地表水深 h 沿 y 坐标向在 $\bar{v}+\tilde{c}$ 和 $\bar{v}-\tilde{c}$ 下的对流运动方程$\frac{\partial \boldsymbol{U}}{\partial t}+\boldsymbol{A}_y\frac{\partial \boldsymbol{U}}{\partial y}=0$。

在式(3-9)等号右侧中,$\boldsymbol{S}_b$描述了因地表(畦面)相对高程差异所引起的地表水流扩散过程,$\boldsymbol{S}_f$和$\boldsymbol{S}_{\text{in}}$属于耗散项,分别为耗散的地表水动量和地表水质量,同属于非驱动力。由此可见,该式反映出地表浅水流运动中存在着对流和扩散两个基本物理驱动机制,故又称为基于对流-扩散过程的守恒型全水动力学方程。

(2)守恒-非守恒型全水动力学方程

通常采用地表(畦面)相对高程 b 的标准偏差值 S_d 表征畦面微地形空间分布状况(de Sousa et al.,1995),且由地表水位相对高程 ζ[地表水深 h+地表(畦面)相对高程 b]产生的势能称为地表水位势能,其表达式为 $g \cdot \zeta$。当 $S_d>0$ 时,相邻畦面空间位置点间的地表水位势能差(即地表水位相对高程梯度 $\partial\zeta/\partial x$ 和 $\partial\zeta/\partial y$)而非地表水深势能差成为驱动地表水流运动的主要物理机制(Strelkoff et al.,2003)。

如图 3-2 所示,当沿畦面各空间位置点处的地表水位相对高程相等时,相应的地表水位势能才相同,此时地表水位相对高程梯度等于零,即 $\partial\zeta/\partial x=\partial\zeta/\partial y=0$。在地表水流处于静止条件下,不同畦面空间位置点处的地表水深及对应的地表水深势能之间的差异可能较大。为了表述方便,受地表水位相对高程梯度所驱动的地表水流运动物理效应称为地表水势扩散效应(简称扩散效应),相应的地表水流运动(或水流过程)称作扩散运动(或扩散过程)。

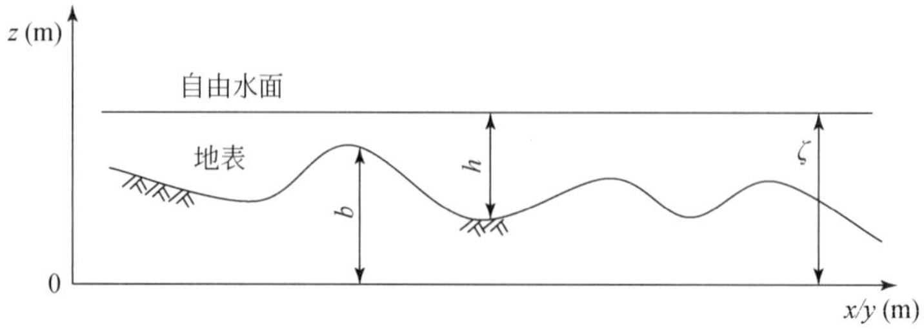

图 3-2　地表水流静止下地表水位相对高程和地表水深沿畦面空间位置点分布的示意图

另一个驱动地表水流运动的物理机制来自于对流效应,这源于水流自身惯性力,是地表水流为维持原有运动状态而与外力产生的抗衡作用,可采用加速度项表述(Arnold,1999)。借助式(2-31)及式(3-2)和式(3-3),可表述对流效应如下:

$$x \text{ 坐标向加速度项:}\ \frac{\partial q_x}{\partial t}+\frac{\partial}{\partial x}(q_x \cdot \bar{u})+\frac{\partial}{\partial y}(q_x \cdot \bar{v}) \tag{3-20}$$

$$y \text{ 坐标向加速度项:}\ \frac{\partial q_y}{\partial t}+\frac{\partial}{\partial x}(q_y \cdot \bar{u})+\frac{\partial}{\partial y}(q_y \cdot \bar{v}) \tag{3-21}$$

由于加速度项源于惯性力,故又称为惯性量。由对流效应产生的地表水流运动(或水流过程)通常称作对流运动(或对流过程)。

图 3-3 给出地表水流运动过程中扩散效应和对流效应的示意图,在前者驱动下,地表水流对称的沿各个方向做运动,而在后者驱动下,地表水流运动则表现出明显的方向性,这两者具有不同的物理机制和相应的数学表达式。

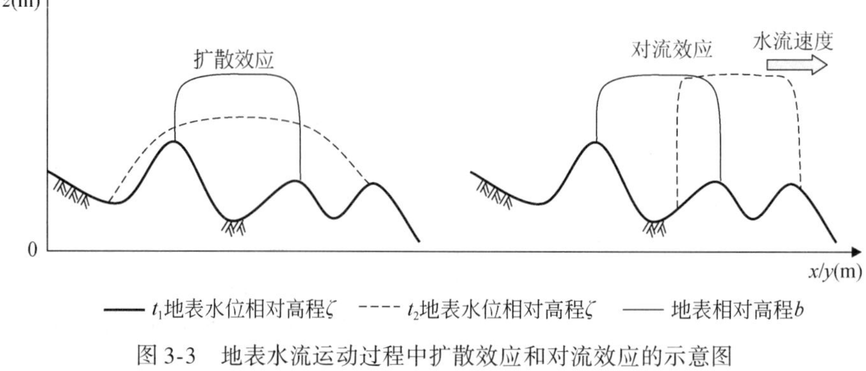

图 3-3　地表水流运动过程中扩散效应和对流效应的示意图

在构建畦田灌溉地表水流运动控制方程时，应明确区分扩散效应和对流效应这两个基本物理机制，并将其反映在畦田灌溉地表水流运动模拟模型中。为此，在将式(3-5)中 $\boldsymbol{F}_x$ 和 $\boldsymbol{F}_y$ 包含的地表水深梯度向量 $\partial(g \cdot h^2/2)/\partial x$ 和 $\partial(g \cdot h^2/2)/\partial y$ 与 $\boldsymbol{S}_b$ 合并为地表水位相对高程梯度向量 $\boldsymbol{S}_\zeta$ 后，即可将守恒型全水动力学方程转变为守恒-非守恒型全水动力学方程：

$$\frac{\partial h}{\partial t}+\frac{\partial q_x}{\partial x}+\frac{\partial q_y}{\partial y}=-i_c \tag{3-22}$$

$$\frac{\partial q_x}{\partial t}+\frac{\partial}{\partial y}(q_x \cdot \bar{v})+\frac{\partial}{\partial x}(q_x \cdot \bar{u})=-g \cdot h\frac{\partial \zeta}{\partial x}-g\frac{n^2 \cdot \bar{u}\sqrt{\bar{u}^2+\bar{v}^2}}{h^{1/3}}+\frac{1}{2}i_c \cdot \bar{u} \tag{3-23}$$

$$\frac{\partial q_y}{\partial t}+\frac{\partial}{\partial x}(q_y \cdot \bar{u})+\frac{\partial}{\partial y}(q_y \cdot \bar{v})=-g \cdot h\frac{\partial \zeta}{\partial y}-g\frac{n^2 \cdot \bar{v}\sqrt{\bar{u}^2+\bar{v}^2}}{h^{1/3}}+\frac{1}{2}i_c \cdot \bar{v} \tag{3-24}$$

由此可见，地表水流扩散运动和对流运动所对应的数学表达式实际上仅针对地表水流运动的动量守恒方程[式(3-23)和式(3-24)]，这是因为质量守恒方程[式(3-22)]仅描述了地表水流运动的物质不灭现象，而驱动地表水流运动的物理机制却是动量守恒方程。

式(3-22)~式(3-24)的向量形式如下：

$$\frac{\partial \boldsymbol{U}}{\partial t}+\frac{\partial \boldsymbol{F}_x^u}{\partial x}+\frac{\partial \boldsymbol{F}_y^u}{\partial y}=\boldsymbol{S}^u \tag{3-25}$$

$$\boldsymbol{F}_x^u=\begin{pmatrix} h \cdot \bar{u} \\ q_x \cdot \bar{u} \\ q_y \cdot \bar{u} \end{pmatrix}=\bar{u} \cdot \boldsymbol{U};\quad \boldsymbol{F}_y^u=\begin{pmatrix} h \cdot \bar{v} \\ q_x \cdot \bar{v} \\ q_y \cdot \bar{v} \end{pmatrix}=\bar{v} \cdot \boldsymbol{U} \tag{3-26}$$

式(3-25)中 $\boldsymbol{S}^u$ 为地表水位相对高程梯度向量 $\boldsymbol{S}_\zeta$、畦面糙率向量 $\boldsymbol{S}_f$ 和入渗向量 $\boldsymbol{S}_{\text{in}}$ 之和，其中 $\boldsymbol{S}_f$ 和 $\boldsymbol{S}_{\text{in}}$ 的表达式与式(3-8)相同，而 $\boldsymbol{S}_\zeta$ 被表达为

$$\boldsymbol{S}_\zeta=\begin{pmatrix} 0 \\ -g \cdot h\dfrac{\partial \zeta}{\partial x} \\ -g \cdot h\dfrac{\partial \zeta}{\partial y} \end{pmatrix} \tag{3-27}$$

式(3-26)中 $\boldsymbol{F}_x^u$ 和 $\boldsymbol{F}_y^u$ 分别描述了因变量向量 $\boldsymbol{U}$ 在地表水流垂向均布流速 $\bar{u}$ 和 $\bar{v}$ 携带下通过任意单位面积的对流运动，为沿 x 和 y 坐标向的地表水流运动对流通量，从而与式(3-6)中 $\boldsymbol{F}_x$ 和 $\boldsymbol{F}_y$ 相区别。

基于式(3-26)及其源项向量的分解表达式，式(3-25)还可被表达为更简洁的形式：

$$\frac{\partial \boldsymbol{U}}{\partial t}+\frac{\partial(\bar{u} \cdot \boldsymbol{U})}{\partial x}+\frac{\partial(\bar{v} \cdot \boldsymbol{U})}{\partial y}=\boldsymbol{S}_\zeta+\boldsymbol{S}_f+\boldsymbol{S}_{\text{in}} \tag{3-28}$$

式(3-28)等号左侧为标准的对流方程形式，而等号右侧中的 $\boldsymbol{S}_\zeta$ 表述了因地表(畦面)相对高程空间分布差异引起的地表水流扩散效应，且非守恒性主要体现在 $\boldsymbol{S}_\zeta$ 上，故称该式为基于对流-扩散过程的守恒-非守恒型全水动力学方程。此外，式(3-28)还明确表明驱动地表水流运动的物理机制由两个偏微分项加以定量描述，其一是地表水流自身携带下的对流过程，即 $\dfrac{\partial(\bar{u} \cdot \boldsymbol{U})}{\partial x}+\dfrac{\partial(\bar{v} \cdot \boldsymbol{U})}{\partial y}$，其二是地表水位相对高程梯度下的重力扩散过程，

即 $\boldsymbol{S}_{\zeta}$。

(3)非守恒型全水动力学方程

基于牛顿第二定律,Strelkoff 等(2003)推导获得了全水动力学方程的非守恒表达形式:

$$\frac{\partial h}{\partial t}+\frac{\partial q_x}{\partial x}+\frac{\partial q_y}{\partial y}=-i_c \tag{3-29}$$

$$\frac{\partial \bar{u}}{\partial t}+\bar{u}\frac{\partial \bar{u}}{\partial x}+\bar{v}\frac{\partial \bar{u}}{\partial y}=-g\frac{\partial \zeta}{\partial x}-g\frac{n^2\cdot\bar{u}\sqrt{\bar{u}^2+\bar{v}^2}}{h^{1/3}} \tag{3-30}$$

$$\frac{\partial \bar{v}}{\partial t}+\bar{u}\frac{\partial \bar{v}}{\partial x}+\bar{v}\frac{\partial \bar{v}}{\partial y}=-g\frac{\partial \zeta}{\partial y}-g\frac{n^2\cdot\bar{v}\sqrt{\bar{u}^2+\bar{v}^2}}{h^{1/3}} \tag{3-31}$$

若在式(3-30)等号两侧同乘以地表水深 h,则该式被表达为

$$h\frac{\partial \bar{u}}{\partial t}+h\cdot\bar{u}\frac{\partial \bar{u}}{\partial x}+h\cdot\bar{v}\frac{\partial \bar{u}}{\partial y}=-g\cdot h\frac{\partial \zeta}{\partial x}-g\cdot h\frac{n^2\cdot\bar{u}\sqrt{\bar{u}^2+\bar{v}^2}}{h^{1/3}} \tag{3-32}$$

对式(3-32)等号左侧项做如下变形处理后,可得到:

$$h\frac{\partial \bar{u}}{\partial t}+h\cdot\bar{u}\frac{\partial \bar{u}}{\partial x}+h\cdot\bar{v}\frac{\partial \bar{u}}{\partial y}=\frac{\partial(h\cdot\bar{u})}{\partial t}+\frac{\partial(h\cdot\bar{u}^2)}{\partial x}+\frac{\partial(h\cdot\bar{u}\cdot\bar{v})}{\partial y}-\bar{u}\left(\frac{\partial h}{\partial x}+\frac{\partial(h\cdot\bar{u})}{\partial x}+\frac{\partial(h\cdot\bar{v})}{\partial y}\right) \tag{3-33}$$

基于单宽流量定义式 $q_x=h\cdot\bar{u}$,并注意到如下等式:

$$\zeta=b+h \tag{3-34}$$

则将式(3-34)代入式(3-32)并联合式(3-33),可得沿 x 坐标向的动量方程表达式:

$$\frac{\partial q_x}{\partial t}+\frac{\partial}{\partial y}(q_x\cdot\bar{v})+\frac{\partial}{\partial x}\left(q_x\cdot\bar{u}+\frac{1}{2}g\cdot h^2\right)=-g\cdot h\frac{\partial b}{\partial x}-g\cdot h\frac{n^2\cdot\bar{u}\sqrt{\bar{u}^2+\bar{v}^2}}{h^{4/3}}+i_c\cdot\bar{u} \tag{3-35}$$

对比式(3-2)和式(3-35)可以看出,非守恒型动量方程中的入渗损失动量项 $i_c\cdot\bar{u}$ 是守恒型表达式中 $\frac{1}{2}i_c\cdot\bar{u}$ 的两倍。Akanbi 和 Katopodes(1988)在最初提出守恒型全水动力学方程时,并无详细理论推导入渗损失动量项。由于地面灌溉过程中因地表入渗所引起的地表水流动量损失往往很小,难以对地表水流运动产生较大影响,故常予以忽略(Singh and Bhallamudi,1997)。为此,简化式(3-35)或式(3-2)后,可得到式(3-36):

$$\frac{\partial q_x}{\partial t}+\frac{\partial}{\partial y}(q_x\cdot\bar{v})+\frac{\partial}{\partial x}\left(q_x\cdot\bar{u}+\frac{1}{2}g\cdot h^2\right)=-g\cdot h\frac{\partial b}{\partial x}-g\cdot h\frac{n^2\cdot\bar{u}\sqrt{\bar{u}^2+\bar{v}^2}}{h^{4/3}} \tag{3-36}$$

由此可见,在不考虑地表入渗损失动量项前提下,全水动力学方程的守恒型和非守恒型表达式在数学上是等价的,但由于非守恒型表达式在数值模拟计算中常难以严格控制质量与动量的守恒性,故在实际中应用较少。

3.1.1.2 零惯量(扩散波)方程

零惯量(扩散波)方程通常具有三种形式。在全水动力学方程中直接略去惯性量后获得的方程称为原始零惯量(扩散波)方程,尽管其对地表水流运动扩散过程作出完备描述,但是因彻底舍去了对流项,故应用范围有限。由于在原始零惯量(扩散波)方程中难以直

接引入各向异性畦面糙率的概念，Strelkoff 等(2003)提出了基于通量形式的零惯量(扩散波)方程，此外，Khanna 等(2003)还提出了基于对流-扩散过程的零惯量(扩散波)方程。

(1)原始零惯量(扩散波)方程

通常采用无量纲的弗劳德数 Fr 定量表述地表水流运动中对流效应与扩散效应之间的关系，其一维表达式如下(LeVeque，2002)：

$$Fr=\frac{\bar{u}}{\sqrt{g\cdot h}} \tag{3-37}$$

Fr 的欧几里得范数表达式为

$$|Fr|=\frac{|\bar{u}|}{\sqrt{g\cdot h}} \tag{3-38}$$

对二维地表水流运动而言，式(3-38)被表述为如下向量形式：

$$\boldsymbol{Fr}=\frac{\bar{\boldsymbol{u}}}{\sqrt{g\cdot h}} \tag{3-39}$$

式中，$\bar{\boldsymbol{u}}$ 为地表水流垂向均布流速向量，包括沿 x 和 y 坐标向的分量 $\bar{u}$ 和 $\bar{v}$。

式(3-39)还可被表达为如下向量的分量形式：

$$Fr_x=\frac{\bar{u}}{\sqrt{g\cdot h}};\ Fr_y=\frac{\bar{v}}{\sqrt{g\cdot h}} \tag{3-40}$$

二维 $\boldsymbol{Fr}$ 向量的欧几里得范数表达式为

$$|\boldsymbol{Fr}|=\frac{|\bar{\boldsymbol{u}}|}{\sqrt{g\cdot h}}\ 或\ |\boldsymbol{Fr}|=\sqrt{\frac{\bar{u}^2+\bar{v}^2}{g\cdot h}} \tag{3-41}$$

式中，$|\bar{\boldsymbol{u}}|$为地表水流垂向均布流速向量 $\bar{\boldsymbol{u}}$ 的欧几里得范数，且$|\bar{\boldsymbol{u}}|=\sqrt{\bar{u}^2+\bar{v}^2}$。

对流效应一般源自地表水流维持自身运动的惯性力，扩散效应则源于地表水位相对高程梯度，其物理本质是重力，故 Fr 实际上定量表达了地表水流惯性力与重力间的比例关系。当 S_d较小时，畦田灌溉地表水流运动不易产生明显的局部绕流现象，在地表水位相对高程梯度作用下，水流以扩散形式沿畦田各方向做近似均匀运动(Strelkoff et al.，2003)，对流效应往往极小。一般而言，当$|\boldsymbol{Fr}|<0.1$ 时，可忽略对流效应而仅考虑扩散效应，此时，可将守恒-非守恒型全水动力学方程[式(3-22)～式(3-24)]简化为原始零惯量方程(Strelkoff et al.，2003)，由于其描述了地表水波的扩散过程，又称为扩散波方程(Huang and Yeh，2009；Weill et al.，2011)，其表达式为

$$\frac{\partial h}{\partial t}+\frac{\partial q_x}{\partial x}+\frac{\partial q_y}{\partial y}=-i_c \tag{3-42}$$

$$\frac{\partial \zeta}{\partial x}=-\frac{n^2\cdot\bar{u}\sqrt{\bar{u}^2+\bar{v}^2}}{h^{4/3}}\quad 或\quad \frac{\partial \zeta}{\partial x}=S_f^x \tag{3-43}$$

$$\frac{\partial \zeta}{\partial y}=-\frac{n^2\cdot\bar{v}\sqrt{\bar{u}^2+\bar{v}^2}}{h^{4/3}}\quad 或\quad \frac{\partial \zeta}{\partial y}=S_f^y \tag{3-44}$$

在$|\boldsymbol{Fr}|<0.1$ 下，由式(3-41)可获得式(3-45)不等式：

$$\frac{1}{2}|\boldsymbol{Fr}|^2=\frac{(\bar{u}^2+\bar{v}^2)/2}{g\cdot h}<0.005 \tag{3-45}$$

式(3-45)表明，$|Fr|<0.1$ 意味着地表水流动能$(\bar{u}^2+\bar{v}^2)/2$ 不及地表水深势能（即 $g\cdot h$）的 1%，而地表水流动能的变化率（即加速度）就是对流效应的数学表述（Arnold，1999），故此时略去地表水流对流效应的影响具有明确的物理合理性。

式(3-42)～式(3-44)是零惯量（扩散波）方程的基本表达形式，很少直接用于数值模拟中，但现有其他表达形式的零惯量（扩散波）方程均源自于该式。

(2)基于通量形式的零惯量（扩散波）方程

如图 3-4 所示，考虑到畦面任意空间位置点处具有唯一的地表水流流速向量和地表水深，故在该点沿流速方向上建立起局部 x 坐标系，则地表水流运动被视为一维运动，地表水流阻力坡度[式(2-148)和式(2-149)]可被约化为如下一维形式：

$$S_f^x=-\frac{n^2\cdot\bar{u}|\bar{u}|}{h^{4/3}}\tag{3-46}$$

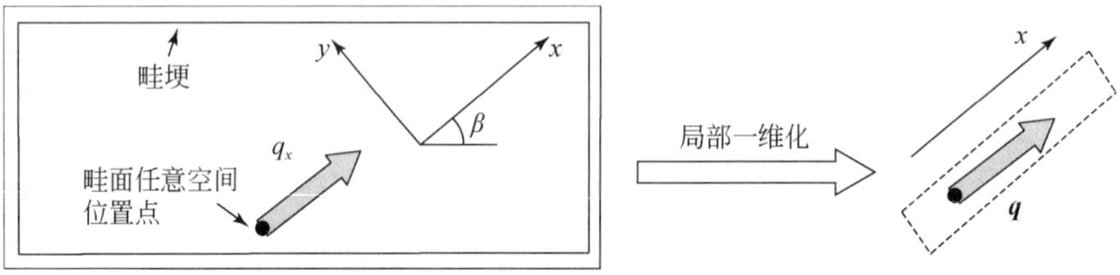

图 3-4　畦田灌溉地表水流运动的局部一维化示意图

基于单宽流量与地表水流阻力坡度方向相反的基本物理事实（Pope，2000），式(3-46)可被表达如下：

$$q_x=-K_f^s\sqrt{|S_f^x|}\tag{3-47}$$

式中，K_f^s 为地表水流运动阻力系数，且 $K_f^s=h^{5/3}/n$。

若定义地表水流阻力坡度向量$\boldsymbol{S}_f^c$ 如下：

$$\boldsymbol{S}_f^c=\begin{pmatrix}S_f^x\\S_f^y\end{pmatrix}\tag{3-48}$$

则由于坐标系变换并不改变物理现象的本质，故基于如图 3-5 所示的旋转坐标系，可将式(3-47)表达为如下形式：

$$\boldsymbol{q}=-K_f^s\sqrt{|\boldsymbol{S}_f^c|}\cdot\boldsymbol{\eta}\tag{3-49}$$

式中，$\boldsymbol{\eta}$ 为表征地表水流阻力坡度方向的单位向量。

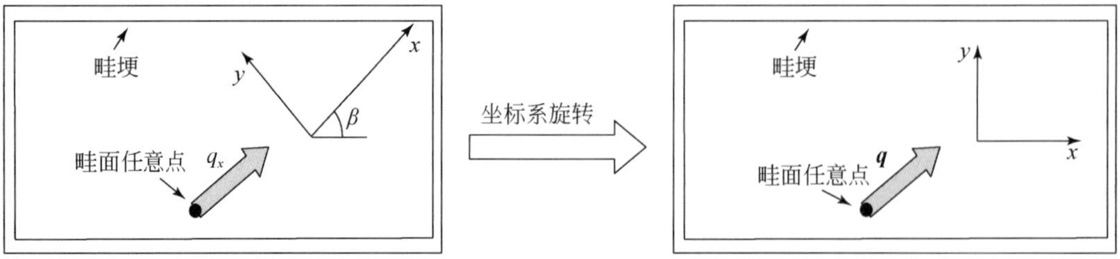

图 3-5　畦田灌溉地表水流在坐标系旋转下运动示意图

式(3-49)沿 x 和 y 坐标向的分量表达式(Strelkoff et al.,2003)为

$$q_x = -K_f^s \sqrt{\boldsymbol{S}_f^c} \cdot \cos\beta = -K_f^s \frac{S_f^x}{\sqrt{\boldsymbol{S}_f^c}} \tag{3-50}$$

$$q_y = -K_f^s \sqrt{\boldsymbol{S}_f^c} \cdot \sin\beta = -K_f^s \frac{S_f^y}{\sqrt{\boldsymbol{S}_f^c}} \tag{3-51}$$

基于图 3-2 并借助式(3-43)和式(3-44),式(3-50)和式(3-51)可被表达为地表水位相对高程梯度的函数形式:

$$q_x = -K_f^s \frac{\dfrac{\partial\zeta}{\partial x}}{\left[\left(\dfrac{\partial\zeta}{\partial x}\right)^2 + \left(\dfrac{\partial\zeta}{\partial y}\right)^2\right]^{1/4}} \tag{3-52}$$

$$q_y = -K_f^s \frac{\dfrac{\partial\zeta}{\partial y}}{\left[\left(\dfrac{\partial\zeta}{\partial x}\right)^2 + \left(\dfrac{\partial\zeta}{\partial y}\right)^2\right]^{1/4}} \tag{3-53}$$

由于单宽流量属于通量范畴,故式(3-42)与式(3-52)和式(3-53)被合称为基于通量形式的零惯量(扩散波)方程。由于二维条件下零惯量方程中的 3 个分量表达式尚没有统一的因变量,难以形成类似于全水动力学方程的向量表达形式,这或许是迄今为止难以建立用于畦田灌溉地表水流运动模拟的二维零惯量模型的重要原因。

(3)基于对流–扩散过程的零惯量(扩散波)方程

考虑到地表(畦面)相对高程 b 在一次地表水流运动过程中不随时间而变的基本事实,即 $\partial b/\partial t=0$,则地表水深 h 与地表水位相对高程 ζ 之间应满足式(3-54):

$$\frac{\partial h}{\partial t} = \frac{\partial h}{\partial t} + \frac{\partial b}{\partial t} = \frac{\partial(h+b)}{\partial t} = \frac{\partial\zeta}{\partial t} \tag{3-54}$$

基于式(3-54),将式(3-52)和式(3-53)代入式(3-42)并合并同类项处理后,可得到基于对流–扩散过程的零惯量(扩散波)方程(Khanna et al.,2003):

$$\frac{\partial\zeta}{\partial t} + U_{\mathrm{e}} \frac{\partial\zeta}{\partial x} + V_{\mathrm{e}} \frac{\partial\zeta}{\partial y} = D_{xx}^{\mathrm{e}} \frac{\partial^2\zeta}{\partial x^2} + D_{xy}^{\mathrm{e}} \frac{\partial^2\zeta}{\partial x \partial y} + D_{yy}^{\mathrm{e}} \frac{\partial^2\zeta}{\partial y^2} \tag{3-55}$$

$$U_{\mathrm{e}} = -\frac{5}{3n} \cdot \frac{h^{2/3}}{\left[\left(\dfrac{\partial\zeta}{\partial x}\right)^2 + \left(\dfrac{\partial\zeta}{\partial y}\right)^2\right]^{1/4}} \cdot \frac{\partial h}{\partial x} \tag{3-56}$$

$$V_{\mathrm{e}} = -\frac{5}{3n} \cdot \frac{h^{2/3}}{\left[\left(\dfrac{\partial\zeta}{\partial x}\right)^2 + \left(\dfrac{\partial\zeta}{\partial y}\right)^2\right]^{1/4}} \cdot \frac{\partial h}{\partial y} \tag{3-57}$$

$$D_{xx}^{\mathrm{e}} = \frac{b^{5/3}}{n} \cdot \frac{\dfrac{1}{2}\left(\dfrac{\partial\zeta}{\partial x}\right)^2 + \left(\dfrac{\partial\zeta}{\partial y}\right)^2}{\left[\left(\dfrac{\partial\zeta}{\partial x}\right)^2 + \left(\dfrac{\partial\zeta}{\partial y}\right)^2\right]^{5/4}} \tag{3-58}$$

$$D_{xy}^{\mathrm{e}} = \frac{b^{5/3}}{n} \cdot \frac{\dfrac{\partial\zeta}{\partial x}\dfrac{\partial\zeta}{\partial y}}{\left[\left(\dfrac{\partial\zeta}{\partial x}\right)^2 + \left(\dfrac{\partial\zeta}{\partial y}\right)^2\right]^{5/4}} \tag{3-59}$$

$$D_{yy}^{e}=\frac{b^{5/3}}{n}\cdot\frac{\left(\frac{\partial\zeta}{\partial x}\right)^2+\frac{1}{2}\left(\frac{\partial\zeta}{\partial y}\right)^2}{\left[\left(\frac{\partial\zeta}{\partial x}\right)^2+\left(\frac{\partial\zeta}{\partial y}\right)^2\right]^{5/4}} \tag{3-60}$$

基于对流–扩散过程的零惯量(扩散波)方程,借助 Taylor 级数展开式,可在二维不规则计算区域内直接开展畦田灌溉地表水流运动模拟(Khanna et al.,2003),而零惯量(扩散波)方程的原始表达式和通量表达式却不具备这种优势。然而,由于在式(3-55)中又出现了对流项,这意味着重新引入了对流运动,这与全水动力学方程被简化成零惯量(扩散波)方程后仅用于描述扩散运动的初衷相悖(Strelkoff et al.,2003),故无疑增大了构建数值模拟方法的难度。另外,依据式(2-90),具有标量形式的式(3-55)属于典型的非守恒形式,基于该式模拟地表水流运动常难以保证严格的水量守恒性。

3.1.1.3　动力波方程

当不考虑畦面微地形空间分布状况的影响(即 $S_d=0\text{cm}$)并忽略地表水流沿畦宽方向上的运动时,地表水流运动可被简化成一维形式。在较大畦面纵坡下,地表水流沿畦长方向运动可近似视为水面线以固定形状向下游的移动(图 3-6),此时可采用指数函数描述水面线的变化趋势(Bautista et al.,2009),并利用该函数替代沿畦长方向全水动力学方程的动量守恒方程,进而获得如下动力波方程(Walker and Skogerboe,1987):

$$\frac{\partial h}{\partial t}+\frac{\partial q_x}{\partial x}=-i_c \tag{3-61}$$

$$q_x=\alpha\cdot A^{m+1} \tag{3-62}$$

式中,$\alpha=(\rho_1 S_0/n)^{0.5}$,其中 S_0 为田面坡度;$m+1=\rho_2/2$;ρ_1 和 ρ_2 为经验参数;A 为畦田横向过流断面面积(m^2)。

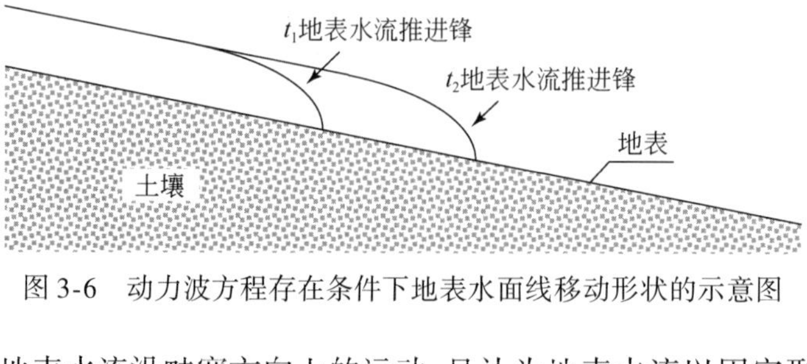

图 3-6　动力波方程存在条件下地表水面线移动形状的示意图

由于不考虑地表水流沿畦宽方向上的运动,且认为地表水流以固定形状向下游移动,故动力波方程仅能用于模拟较大畦面纵坡下的一维地表水流运动过程,且畦尾应处于非封闭状态。此外,将式(3-62)代入式(3-61),并注意到 $A=B\cdot h$(B 为畦田宽度,灌溉过程中为不变量),则动力波方程还可被写为如下简洁形式:

$$\frac{\partial h}{\partial t}+\alpha\cdot B^{m+1}\frac{\partial h^{m+1}}{\partial x}=-i_c \tag{3-63}$$

3.1.2　初始条件和边界条件

用于模拟畦田灌溉地表水流运动的初始条件包括计算区域内各物理变量的初始取值,而边界条件一般包括畦首入流边界和畦埂无流边界条件。

3.1.2.1　初始条件

当 $t=0$ 时,计算区域内各空间位置点处的物理变量如地表水深 $h(x,y,t)$、地表水流垂向均布流速 $\bar{u}(x,y,t)$ 和 $\bar{v}(x,y,t)$ 的取值均为零,即

$$h(x,y,0)=\bar{u}(x,y,0)=\bar{v}(x,y,0)=0 \tag{3-64}$$

由于在全水动力学方程中的畦面糙率向量是以地表水深 h 作为除数,故在地表无水区域[$h(x,y,0)=0$]内均成为求解该方程的数学奇点。目前,无论采用何种数值模拟方法(有限差分法或有限体积法)对全水动力学方程进行时空离散,均要在地表无水区域内设置 $h \neq 0$ 的初始地表水深假设条件(Bradford and Katopodes,2001),即假定一个薄水层,深度在 $10^{-10} \sim 10^{-3}$m(Playán et al.,1994)。

在地表无水区域内采用初始地表水深假设存在着两个明显不足:一是当 S_d 值较大时,易导致域内出现虚假的水流通量(Stelkoff et al.,2003),二是易产生地表水流运动波的错误传播,进而影响模拟结果的稳定性(Bradford and Katopodes,2001)。但由于迄今尚无更为有效的做法替代初始地表水深假设,故其依然得到广泛应用(Playán et al.,1994;Vivekanand and Bhallamudi,1996;Brufau et al.,2002)。对零惯量(扩散波)方程和动力波方程及随后所述的对流方程、弥散方程和对流-弥散方程而言,因已在地表有水区域和无水区域内设置了初始地表水深,故无须再设立附加的水深条件。

3.1.2.2　边界条件

畦首入流边界条件包括线形入流、扇形入流和角形入流 3 种入流形式(图 3-7),相应的入流边界均应满足给定的单宽流量,即

$$q_x(x_0,y_0,t)=q_x^0 \quad \text{或} \quad q_y(x_0,y_0,t)=q_y^0 \tag{3-65}$$

式中,x_0 和 y_0 为畦首入流口处的空间位置点坐标(m);q_x^0 和 q_y^0 为畦首入流口处任意时间 t 给定的沿 x 和 y 坐标向的单宽流量[m³/(s · m)]。

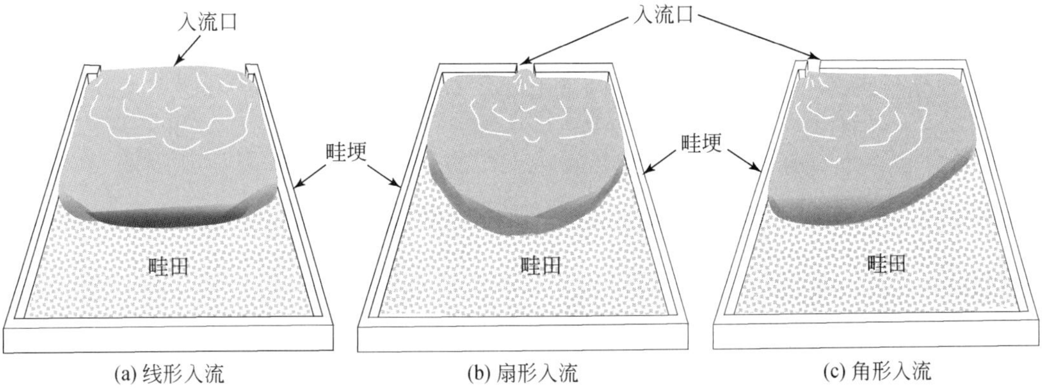

图 3-7　畦田灌溉入流形式的示意图

由于畦田灌溉地表水运动速度相对缓慢，故满足亚临界流条件(Playán et al.,1994；Bradford and Katopodes,2001)，即沿 x 或 y 坐标向的 Fr_x 或 Fr_y 应满足：

$$Fr_x = \frac{\bar{u}}{\sqrt{g \cdot h}} < 1 \text{ 或 } Fr_y = \frac{\bar{v}}{\sqrt{g \cdot h}} < 1 \tag{3-66}$$

由式(3-65)和式(3-66)，可得到畦首入流口处的地表水深 h_0 为

$$h_0 > \frac{(q_x^0)^{2/3}}{\sqrt{g}} \text{ 或 } h_0 > \frac{(q_y^0)^{2/3}}{\sqrt{g}} \tag{3-67}$$

在实际畦田灌溉过程中，单宽流量具有明显的向量特征，故应同时考虑沿 x 和 y 坐标向的入流过程，将式(3-67)涉及的计算式合二为一，得

$$h_0 > \frac{[(q_x^0)^2 + (q_y^0)^2]^{1/3}}{\sqrt{g}} \tag{3-68}$$

如图 3-7 所示，3 种畦首入流边界条件均应同时满足式(3-68)。由此可见，畦首入流边界条件实际上可最终归结为畦首入流口处的地表水深条件。

在封闭的畦埂处，需满足无流边界条件，即沿 x 和 y 坐标向满足零流量条件，即

$$q_x(x_e, y_e, t) = 0 \text{ 和 } q_y(x_e, y_e, t) = 0 \tag{3-69}$$

式中，x_e和 y_e为畦埂处的空间位置点坐标(m)。

式(3-69)意味着全水动力学方程的两个动量守恒方程[式(3-23)和式(3-24)]在畦埂边界处被简化为如下恒等式：

$$\frac{\partial \zeta_e}{\partial x} = 0 \text{ 或 } \frac{\partial h_e}{\partial x} = \frac{\partial b_e}{\partial x} \tag{3-70}$$

$$\frac{\partial \zeta_e}{\partial y} = 0 \text{ 或 } \frac{\partial h_e}{\partial y} = \frac{\partial b_e}{\partial y} \tag{3-71}$$

由此可见，无论是畦首入流边界条件还是畦埂无流边界条件，均可归结为畦田边界处的流量边界条件和水深边界条件。流量边界条件被称作物理边界条件，水深边界条件则被称为数值边界条件，后者是在前者基础上加入了某些限定性条件后所获得，如式(3-70)和式(3-71)就是在加入了亚临界流限定性条件后由式(3-68)推导获得。在由物理边界条件获得数值边界条件的过程中，常会引入不可预知的误差，故水深边界条件设置是守恒型全水动力学方程和守恒-非守恒型全水动力学方程的缺陷所在。

3.1.3　常用数值模拟方法

畦田灌溉地表水流运动控制方程的常用数值模拟方法一般分为拉格朗日解法和欧拉解法。

3.1.3.1　拉格朗日解法

现有数值模拟求解非守恒型全水动力学方程的拉格朗日解法称为 SPH 法(Chang et al.,2011)，而守恒型全水动力学方程和守恒-非守恒型全水动力学方程中的对流项因难被直接表达为拉格朗日形式，故无法使用该解法。此外，至今鲜见用于数值模拟求解零惯量(扩散波)方程和动力波方程的拉格朗日解法，这或许与此类方程中不存在对流项有关。

SPH 法是一种完全的拉格朗日解法，其将水流离散成粒子群，并借助钟形函数建立粒子间的相互作用，进而实现全水动力学方程的时空离散化。该解法能够完全消除对流效应所引起的数值震荡问题，其优势体现在水流激溅等大变形运动方面（Monaghan，1994），而缺点则主要是大量粒子间的相互作用常导致相对较低的计算效率，且对初始条件和边界条件的处理相对复杂，故质量守恒性和动量守恒性均低于欧拉法（Lee et al.，2008），至今尚未见 SPH 法在地面灌溉地表水流运动模拟中的应用。

3.1.3.2　欧拉解法

有限单元法用于流体力学中极易出现无法解释的数学项从而导致该解法的结构较为复杂（阎超，2006），因而鲜见用于全水动力学方程的求解。现有数值模拟求解守恒型全水动力学方程的欧拉解法主要是有限差分法（Playán et al.，1994，1996）和有限体积法（Vivekanand and Bhallamudi，1996；Bradford and Katopodes，2001；Brufau et al.，2002）。

基于蛙跳离散格式和四点偏心离散格式的有限差分法已用于求解守恒型全水动力学方程，其计算效率虽然较高，但模拟精度相对较差，并难以模拟畦田灌溉地表水流运动中常见的局部绕流现象（Brufau et al.，2002）。仅当畦面微地形空间分布状况和畦田灌溉入流条件较好时，利用这两种有限差分格式才可获得较佳的求解效果。此外，由于零惯量（扩散波）方程和动力波方程中不存在对流项，故宜采用中心格式有限差分法求解（LeVeque，2000）。

有限体积法具备优良的整体和局部质量及动量守恒性，且对计算区域边界的适应性较强，可以高精度地模拟畦田灌溉地表水流运动推进、绕流、消退等一系列过程，是求解守恒型全水动力学方程的常见数值模拟方法。但该法在应用过程中，也存在着矩阵运算较为复杂、数值平衡关系难以维系等诸多问题，数值耗散属于向量型耗散，常导致计算效率和模拟精度下降，成为制约其广泛应用的主要原因（Liou，1996）。此外，受制于各种因素的影响，数值模拟求解非守恒型全水动力学方程和守恒-非守恒型全水动力学方程的有限体积法迄今尚未得到开发（Hou et al.，2013；Liang et al.，2006）。

3.2　地表水流溶质运动模拟模型

基于畦田施肥灌溉地表水流溶质运动理论与方法，阐述地面水深尺度下的地表水流溶质运动控制方程，形成不同表达形式的畦田施肥灌溉地表水流溶质运动模拟模型。

3.2.1　地表水流溶质运动控制方程

对地面水深尺度下的畦田施肥灌溉地表水流溶质运动控制方程而言，通常为基于垂向积分平均的守恒型对流-弥散方程、守恒-非守恒型对流-弥散方程及非守恒型对流-弥散方程。当地表水流流速对溶质的对流效应远大于对溶质的弥散效应时，将对流-弥散方程简化为纯对流方程。反之，当仅考虑溶质的弥散效应时，将对流-弥散方程简化为纯弥散方程，作为对纯对流方程的补充。

3.2.1.1 对流-弥散方程

(1)守恒型对流-弥散方程

在地表水流溶质弥散呈现各向同性或各向异性下,在式(2-178)和式(2-181)中添加地表水流溶质入渗项后,可获得守恒型对流-弥散方程:

$$\frac{\partial}{\partial t}(h\cdot\bar{c})+\frac{\partial}{\partial x}(h\cdot\bar{u}\cdot\bar{c})+\frac{\partial}{\partial y}(h\cdot\bar{v}\cdot\bar{c})=\frac{\partial}{\partial x}\left(h\cdot K_x^c\frac{\partial\bar{c}}{\partial x}\right)+\frac{\partial}{\partial y}\left(h\cdot K_y^c\frac{\partial\bar{c}}{\partial y}\right)-i_c\cdot\bar{c} \quad (3\text{-}72)$$

$$\frac{\partial}{\partial t}(h\cdot\bar{c})+\frac{\partial}{\partial x}(h\cdot\bar{u}\cdot\bar{c})+\frac{\partial}{\partial y}(h\cdot\bar{v}\cdot\bar{c})=\frac{\partial}{\partial x}\left(h\cdot K_{xx}^c\frac{\partial\bar{c}}{\partial x}\right)+\frac{\partial}{\partial x}\left(h\cdot K_{xy}^c\frac{\partial\bar{c}}{\partial y}\right)+\frac{\partial}{\partial y}\left(h\cdot K_{yx}^c\frac{\partial\bar{c}}{\partial x}\right)+\frac{\partial}{\partial y}\left(h\cdot K_{yy}^c\frac{\partial\bar{c}}{\partial y}\right)-i_c\cdot\bar{c} \quad (3\text{-}73)$$

若假设畦面任意空间位置点处的地表水流溶质量 $\phi=h\cdot\bar{c}$,则式(3-72)和式(3-73)可被表达为如下常用形式:

$$\frac{\partial\phi}{\partial t}+\frac{\partial(\bar{u}\cdot\phi)}{\partial x}+\frac{\partial(\bar{v}\cdot\phi)}{\partial y}=\frac{\partial}{\partial x}\left(h\cdot K_x^c\frac{\partial\bar{c}}{\partial x}\right)+\frac{\partial}{\partial y}\left(h\cdot K_y^c\frac{\partial\bar{c}}{\partial y}\right)-i_c\cdot\bar{c} \quad (3\text{-}74)$$

$$\frac{\partial\phi}{\partial t}+\frac{\partial(\bar{u}\cdot\phi)}{\partial x}+\frac{\partial(\bar{v}\cdot\phi)}{\partial y}=\frac{\partial}{\partial x}\left(h\cdot K_{xx}^c\frac{\partial\bar{c}}{\partial x}\right)+\frac{\partial}{\partial x}\left(h\cdot K_{xy}^c\frac{\partial\bar{c}}{\partial y}\right)+\frac{\partial}{\partial y}\left(h\cdot K_{yx}^c\frac{\partial\bar{c}}{\partial x}\right)+\frac{\partial}{\partial y}\left(h\cdot K_{yy}^c\frac{\partial\bar{c}}{\partial y}\right)-i_c\cdot\bar{c} \quad (3\text{-}75)$$

(2)守恒-非守恒型对流-弥散方程

基于式(2-157),将式(3-72)和式(3-73)中的地表水流垂向均布流速项移到空间导数外,并在该等式两侧同除地表水深 h 后,可得到守恒-非守恒型对流-弥散方程:

$$\frac{\partial\bar{c}}{\partial t}+\bar{u}\frac{\partial\bar{c}}{\partial x}+\bar{v}\frac{\partial\bar{c}}{\partial y}=\frac{1}{h}\cdot\frac{\partial}{\partial x}\left(h\cdot K_x^c\frac{\partial\bar{c}}{\partial x}\right)+\frac{1}{h}\cdot\frac{\partial}{\partial y}\left(h\cdot K_y^c\frac{\partial\bar{c}}{\partial y}\right)-\frac{1}{h}i_c\cdot\bar{c} \quad (3\text{-}76)$$

$$\frac{\partial\bar{c}}{\partial t}+\bar{u}\frac{\partial\bar{c}}{\partial x}+\bar{v}\frac{\partial\bar{c}}{\partial y}=\frac{1}{h}\cdot\frac{\partial}{\partial x}\left(h\cdot K_{xx}^c\frac{\partial\bar{c}}{\partial x}\right)+\frac{1}{h}\cdot\frac{\partial}{\partial x}\left(h\cdot K_{xy}^c\frac{\partial\bar{c}}{\partial y}\right)+\frac{1}{h}\cdot\frac{\partial}{\partial y}\left(h\cdot K_{yx}^c\frac{\partial\bar{c}}{\partial x}\right)+\frac{1}{h}\cdot\frac{\partial}{\partial y}\left(h\cdot K_{yy}^c\frac{\partial\bar{c}}{\partial y}\right)-\frac{1}{h}i_c\cdot\bar{c} \quad (3\text{-}77)$$

式(3-76)和式(3-77)的非守恒性源自于对流项的非守恒表达形式,即

$$\frac{\partial\bar{c}}{\partial t}+\bar{u}\frac{\partial\bar{c}}{\partial x}+\bar{v}\frac{\partial\bar{c}}{\partial y} \quad (3\text{-}78)$$

而守恒性则源自于弥散项的守恒表达形式,即

$$\frac{1}{h}\cdot\frac{\partial}{\partial x}\left(h\cdot K_x^c\frac{\partial\bar{c}}{\partial x}\right)+\frac{1}{h}\cdot\frac{\partial}{\partial y}\left(h\cdot K_y^c\frac{\partial\bar{c}}{\partial y}\right) \quad (3\text{-}79)$$

$$\frac{1}{h}\cdot\frac{\partial}{\partial x}\left(h\cdot K_{xx}^c\frac{\partial\bar{c}}{\partial x}\right)+\frac{1}{h}\cdot\frac{\partial}{\partial x}\left(h\cdot K_{xy}^c\frac{\partial\bar{c}}{\partial y}\right)+\frac{1}{h}\cdot\frac{\partial}{\partial y}\left(h\cdot K_{yx}^c\frac{\partial\bar{c}}{\partial x}\right)+\frac{1}{h}\cdot\frac{\partial}{\partial y}\left(h\cdot K_{yy}^c\frac{\partial\bar{c}}{\partial y}\right) \quad (3\text{-}80)$$

式(3-76)和式(3-77)等号左侧的对流项与式(2-31)的形式相类似,故对地表水流溶质运动进行拉格朗日方法描述时,可借助全导数的概念直接将式(3-76)和式(3-77)表示为拉格朗日方法所需的形式(Tartakovsky et al.,2007a),这是式(3-74)和式(3-75)所不具

备的优势。

(3)非守恒型对流–弥散方程

对式(3-76)和式(3-77)等号右侧的弥散项求导数展开后,可获得非守恒型对流–弥散方程,其中 $K_{xy}^c = K_{yx}^c$:

$$\frac{\partial \bar{c}}{\partial t}+\bar{u}\frac{\partial \bar{c}}{\partial x}+\bar{v}\frac{\partial \bar{c}}{\partial y}=K_x^c\frac{\partial^2 \bar{c}}{\partial x^2}+K_y^c\frac{\partial^2 \bar{c}}{\partial y^2}+\frac{1}{h}\cdot\frac{\partial(h\cdot K_x^c)}{\partial x}\cdot\frac{\partial \bar{c}}{\partial x}+\frac{1}{h}\cdot\frac{\partial(h\cdot K_y^c)}{\partial y}\cdot\frac{\partial \bar{c}}{\partial y}-\frac{1}{h}i_c\cdot\bar{c} \tag{3-81}$$

$$\frac{\partial \bar{c}}{\partial t}+\bar{u}\frac{\partial \bar{c}}{\partial x}+\bar{v}\frac{\partial \bar{c}}{\partial y}=K_{xx}^c\frac{\partial^2 \bar{c}}{\partial x^2}+K_{yy}^c\frac{\partial^2 \bar{c}}{\partial y^2}+2K_{xy}^c\frac{\partial^2 \bar{c}}{\partial x\partial y}+\frac{1}{h}\cdot\frac{\partial(h\cdot K_{xx}^c)}{\partial x}\cdot\frac{\partial^2 \bar{c}}{\partial \partial x}+\frac{1}{h}\cdot\frac{\partial(h\cdot K_{xy}^c)}{\partial x}\cdot\frac{\partial \bar{c}}{\partial y}$$
$$+\frac{1}{h}\cdot\frac{\partial(h\cdot K_{yx}^c)}{\partial y}\cdot\frac{\partial \bar{c}}{\partial x}+\frac{1}{h}\cdot\frac{\partial(h\cdot K_{yy}^c)}{\partial y}\cdot\frac{\partial \bar{c}}{\partial y}-\frac{1}{h}i_c\cdot\bar{c} \tag{3-82}$$

式(3-81)和式(3-82)的优点在于对方程中各导数项进行了显式表达,故可直接采用中心差分格式空间离散。与守恒型和守恒–非守恒型表达式相比,弥散项的非守恒性导致存在较多的数学项,且在溶质的质量守恒性上也表现欠佳(LeVeque,2002),故已极少实际应用。

3.2.1.2　纯对流方程

纯对流方程中仅包括对流项,致使该方程的表达形式仅涉及单纯的守恒型或非守恒型表达式,不存在守恒–非守恒型表达式。

(1)守恒型纯对流方程

在仅考虑地表水流溶质的对流效应下,对式(3-74)和式(3-75)进行简化后,可得到守恒型纯对流方程:

$$\frac{\partial \phi}{\partial t}+\frac{\partial(\bar{u}\cdot\phi)}{\partial x}+\frac{\partial(\bar{v}\cdot\phi)}{\partial y}=-i_c\cdot\bar{c} \tag{3-83}$$

式(3-83)具有极佳的溶质质量守恒性,广泛用于描述地表水流溶质对流运动。

(2)非守恒型纯对流方程

若略去式(3-81)和式(3-82)中的溶质弥散项,可获得非守恒型纯对流方程,

$$\frac{\partial \bar{c}}{\partial t}+\bar{u}\frac{\partial \bar{c}}{\partial x}+\bar{v}\frac{\partial \bar{c}}{\partial y}=-\frac{1}{h}i_c\cdot\bar{c} \tag{3-84}$$

鉴于非守恒型纯对流方程在溶质质量守恒性上表现欠佳(LeVeque,2002),故式(3-84)的实际应用较少。Playán 和 Faci(1997)将基于纯对流方程的模拟结果与实测数据进行比较后发现,在距畦首较近的地表水流溶质浓度观测点处,模拟效果相对较好,但随着远离畦首,模拟效果变差,这表明当在畦田施肥灌溉地表水流溶质运动中难以忽略弥散效应时,采用纯对流方程具有一定局限性。

3.2.1.3　纯弥散方程

纯弥散方程中仅包括弥散项,致使该方程的表达形式仅涉及单纯的守恒型或非守恒型表达式,不存在守恒–非守恒型表达式。

(1)守恒型纯弥散方程

当仅保留式(3-74)和式(3-75)中的溶质弥散项时,可得到守恒型纯弥散方程为

$$\frac{\partial}{\partial t}(h\cdot\bar{c})=\frac{\partial}{\partial x}\left(h\cdot K_x^c\frac{\partial\bar{c}}{\partial x}\right)+\frac{\partial}{\partial y}\left(h\cdot K_y^c\frac{\partial\bar{c}}{\partial y}\right) \tag{3-85}$$

$$\frac{\partial}{\partial t}(h\cdot\bar{c})=\frac{\partial}{\partial x}\left(h\cdot K_{xx}^c\frac{\partial\bar{c}}{\partial x}\right)+\frac{\partial}{\partial x}\left(h\cdot K_{xy}^c\frac{\partial\bar{c}}{\partial y}\right)+\frac{\partial}{\partial y}\left(h\cdot K_{yx}^c\frac{\partial\bar{c}}{\partial x}\right)+\frac{\partial}{\partial y}\left(h\cdot K_{yy}^c\frac{\partial\bar{c}}{\partial y}\right) \tag{3-86}$$

式(3-85)和式(3-86)是对守恒型纯对流方程[式(3-83)]的补充(Zerihun et al., 2004)。

(2)非守恒型纯弥散方程

当略去式(3-81)和式(3-82)中的溶质对流项,可获得非守恒型纯弥散方程:

$$\frac{\partial\bar{c}}{\partial t}=K_x^c\frac{\partial^2\bar{c}}{\partial x^2}+K_y^c\frac{\partial^2\bar{c}}{\partial y^2}+\frac{1}{h}\cdot\frac{\partial(h\cdot K_x^c)}{\partial x}\cdot\frac{\partial\bar{c}}{\partial x}+\frac{1}{h}\cdot\frac{\partial(h\cdot K_y^c)}{\partial y}\cdot\frac{\partial\bar{c}}{\partial y} \tag{3-87}$$

$$\begin{aligned}\frac{\partial\bar{c}}{\partial t}=&K_{xx}^c\frac{\partial^2\bar{c}}{\partial x^2}+K_{yy}^c\frac{\partial^2\bar{c}}{\partial y^2}+K_{xy}^c\frac{\partial\bar{c}^2}{\partial x\partial y}+K_{yx}^c\frac{\partial\bar{c}^2}{\partial y\partial x}+\frac{1}{h}\cdot\frac{\partial(h\cdot K_x^c)}{\partial x}\cdot\frac{\partial\bar{c}}{\partial x}+\frac{1}{h}\cdot\frac{\partial(h\cdot K_{xy}^c)}{\partial x}\cdot\frac{\partial\bar{c}}{\partial y}\\&+\frac{1}{h}\cdot\frac{\partial(h\cdot K_{yx}^c)}{\partial y}\cdot\frac{\partial\bar{c}}{\partial x}+\frac{1}{h}\cdot\frac{\partial(h\cdot K_{yy}^c)}{\partial y}\cdot\frac{\partial\bar{c}}{\partial y}\end{aligned} \tag{3-88}$$

式(3-87)和式(3-88)的优点与式(3-81)和式(3-82)类似,即对各导数项做出了显式表达,故可直接利用中心差分格式空间离散。但因其中包含的数学项较多,且在溶质的质量守恒性上表现欠佳(LeVeque,2002),故也极少用于实际。

3.2.2 初始条件和边界条件

除用于模拟畦田灌溉地表水流运动所需的初始条件外,还应包含地表水流溶质浓度的初始取值,而边界条件则包括畦首入流边界和溶质浓度条件及畦埂无流边界与溶质浓度零梯度条件。

3.2.2.1 初始条件

当 $t=0$ 时,除原有初始条件外,计算区域内各空间位置点的地表水流垂向均布溶质浓度 $\bar{c}(x,y,t)$ 的取值均为零:

$$\bar{c}(x,y,0)=0 \tag{3-89}$$

3.2.2.2 边界条件

除原有畦首入流边界条件外,还应满足给定的地表水流垂向均布溶质浓度值,

$$\bar{c}(x_0,y_0,t)=C_0 \tag{3-90}$$

式中,C_0 为畦首入流口处任意时间 t 给定的地表水流垂向均布溶质浓度(g/m^3)。

除原有畦埂无流边界条件外,还应满足给定的地表水流垂向均布溶质浓度零梯度条件,即

$$\frac{\partial}{\partial x}\bar{c}(x_e,y_e,t)=0;\quad\frac{\partial}{\partial y}\bar{c}(x_e,y_e,t)=0 \tag{3-91}$$

3.2.3 常用数值模拟方法

畦田施肥灌溉地表水流溶质运动控制方程的常用数值模拟方法也分为拉格朗日解法和欧拉解法。若选用拉格朗日表达形式,但采用欧拉解法数值求解,则属于欧拉-拉格朗日混合解法。

3.2.3.1 拉格朗日解法

数值模拟求解守恒-非守恒型对流-弥散方程的拉格朗日法解法称为SPH法(Zhu and fox,2002;Tartakovsky et al.,2007b),而针对守恒型和非守恒型表达式的SPH法却鲜为人知,这与前者中的对流项难以被直接表达成拉格朗日形式而后者中的弥散项难以获得可解算的时空离散格式密切相关。

在SPH法中,先利用式(2-31)将式(3-76)或式(3-77)等号左侧各物理项表达成全导数的拉格朗日形式,再将水流离散成粒子群,并将溶质浓度也视为水流粒子的变量,进而数值模拟求解对流-弥散方程和纯对流方程(Tartakovsky et al.,2007b)。SPH法虽可完全消除溶质对流效应引发的数值震荡问题,但对初始条件和边界条件的处理较为复杂,质量守恒性要低于欧拉解法,故在地面施肥灌溉地表水流溶质运动模拟中较少采用。

3.2.3.2 欧拉解法

欧拉解法更易于针对守恒型对流-弥散方程构造出适宜的数值离散表达式,而守恒-非守恒型对流-弥散方程和非守恒型对流-弥散方程的结构却易产生极为繁复的时空离散格式(LeVeque,2002),故迄今鲜见将欧拉解法用于后者的实例。

当采用欧拉法数值模拟求解守恒型对流-弥散方程时,考虑到对流项的时空离散步长属于同阶量,即$\Delta t=0(\Delta x)$或$\Delta t=0(\Delta y)$,而弥散项的时空离散步长的平方属于同阶量,即$\Delta t=0(\Delta x^2)$或$\Delta t=0(\Delta y^2)$(LeVeque,2002),故不宜采用同类型的时间格式离散对流项和弥散项。目前,多是采用时间分裂法对对流项和弥散项进行时间分步求解,即先利用显时间格式求解对流项,再借助隐时间格式求解弥散项。采用时间分裂法尽管存在一定的分裂误差,但由于计算效率相对较高,成为应用较为广泛的时间离散格式之一(Abbasi et al.,2003)。

在利用时间分裂法对守恒型对流-弥散方程时间离散基础上,借助迎风离散格式的有限差分法或有限体积法空间离散对流项,采用中心格式有限差分法或有限体积法空间离散弥散项。此外,因纯对流方程中仅含对流项,故可借助迎风离散格式的有限差分法或有限体积法空间离散。与对流项相类似,使用中心格式有限体积法空间离散弥散项的应用也日益广泛。

3.2.3.3 欧拉-拉格朗日混合解法

在采用时间分裂法将守恒型对流-弥散方程分解为对流和弥散两个方程基础上,借助特征线法将对流的偏微分方程变换成常微分方程,实现粒子化离散,建起拉格朗日意义下的解法,以便消除对流效应引起的数值震荡,保持较高的模拟精度和计算效率,再采用欧拉解法(中心格式有限差分法和有限体积法)数值求解弥散方程,有效保证质量守恒性。欧拉–拉格朗日混合解法已在畦田施肥灌溉地表水流溶质运动模拟中得到应用(García-Navarro et al.,2000;Zerihun et al.,2005),但因该解法基于特征线的思路,故不能用于地表水流溶质运动耦合求解,现已应用渐少(Burguete et al.,2009)。

3.3 地表水流溶质运动耦合模拟模型

在以上模拟畦田施肥灌溉地表水流溶质运动过程中,通常是在利用地表水流运动模拟模型获得地表水流垂向均布流速场基础上,再顺次采用守恒型对流–弥散方程模拟地表水流溶质运动,这与地表水流流速场和溶质浓度场同时共存的物理事实相悖。当畦面微地形空间分布状况和畦田灌溉入流条件相对较差时,模拟结果与实测值之间往往出现难以解释的误差(Murillo et al.,2005),亟待重新理解和深入诠释地表水流溶质运动数理机制。

基于物理学守恒定律观点(LeVeque,2002),由地表水流溶质形成的联合体可视为在相同流速场驱动下的整体运动,其正确性已被大量实际观测结果证实(Burguete et al.,2009)。只有对地表水流溶质运动进行完整的同步描述,才可获得与该物理事实相符的数理表述形式。为此,人们构建起畦田施肥灌溉地表水流溶质运动耦合方程,借助有限体积法同步耦合数值模拟求解全水动力学方程和对流–弥散方程,这不仅可使模拟结果在局部和整体时空域上均保持良好的质量守恒性和动量守恒性,还可充分体现流速与溶质对流之间的耦合效应。由于地表水流溶质运动耦合模拟模型的控制方程承接于顺次非耦合求解地表水流溶质运动模型的控制方程,故特征尺度仍隶属地面水深尺度,两者差别仅在于非耦合模拟模型的控制方程为分量形式,而耦合模拟模型的控制方程则是向量形式。

3.3.1 地表水流溶质运动耦合方程

在畦田施肥灌溉地表水流溶质运动过程中,常将地表水流垂向均布流速和重力波速所合成的特征速度(图 3-1)与溶质对流速度相结合,形成守恒型特征速度场耦合方程。为此,将守恒型全水动力学方程[式(3-5)]与守恒型对流–弥散方程[式(3-74)]相组合,得到守恒型特征速度场耦合方程(LeVeque,2002):

$$\frac{\partial \boldsymbol{U}_c}{\partial t}+\frac{\partial \boldsymbol{F}_{c,x}}{\partial x}+\frac{\partial \boldsymbol{F}_{c,y}}{\partial y}=\boldsymbol{S}_c \tag{3-92}$$

$$\boldsymbol{U}_c=\begin{pmatrix} h \\ q_x \\ q_y \\ \phi \end{pmatrix};\quad \boldsymbol{F}_{c,x}=\begin{pmatrix} q_x \\ q_x\cdot\bar{u}+\dfrac{1}{2}g\cdot h^2 \\ q_y\cdot\bar{u} \\ \phi\cdot\bar{u} \end{pmatrix};\quad \boldsymbol{F}_{c,y}=\begin{pmatrix} q_y \\ q_x\cdot\bar{v} \\ q_y\cdot\bar{v}+\dfrac{1}{2}g\cdot h^2 \\ \phi\cdot\bar{v} \end{pmatrix} \tag{3-93}$$

$$
\boldsymbol{S}_c=\begin{pmatrix} i_c \\ -g\cdot h\dfrac{\partial b}{\partial x}-g\dfrac{n^2\cdot\bar{u}\sqrt{\bar{u}^2+\bar{v}^2}}{h^{1/3}}+\dfrac{1}{2}\bar{u}\cdot i_c \\ -g\cdot h\dfrac{\partial b}{\partial y}-g\dfrac{n^2\cdot\bar{v}\sqrt{\bar{u}^2+\bar{v}^2}}{h^{1/3}}+\dfrac{1}{2}\bar{v}\cdot i_c \\ \dfrac{\partial}{\partial x}\left(h\cdot K_x^c\dfrac{\partial\bar{c}}{\partial x}\right)+\dfrac{\partial}{\partial y}\left(h\cdot K_y^c\dfrac{\partial\bar{c}}{\partial y}\right)-i_c\cdot\bar{c} \end{pmatrix} \tag{3-94}
$$

式中，$\boldsymbol{U}_c$为地表水流溶质耦合运动因变量向量；$\boldsymbol{F}_{c,x}$和$\boldsymbol{F}_{c,y}$分别为沿x和y坐标向的地表水流溶质耦合运动物理通量；$\boldsymbol{S}_c$为地表水流溶质耦合运动源项向量，其为地表（畦面）相对高程梯度向量$\boldsymbol{S}_{c,b}$、畦面糙率向量$\boldsymbol{S}_{c,f}$、入渗向量$\boldsymbol{S}_{c,\text{in}}$和弥散向量$\boldsymbol{S}_{c,D}$之和，相应的表达式分别为

$$
\boldsymbol{S}_{c,b}=\begin{pmatrix} 0 \\ -g\cdot h\dfrac{\partial b}{\partial x} \\ -g\cdot h\dfrac{\partial b}{\partial y} \\ 0 \end{pmatrix};\ \boldsymbol{S}_{c,f}=\begin{pmatrix} 0 \\ -g\dfrac{n^2\cdot\bar{u}\sqrt{\bar{u}^2+\bar{v}^2}}{h^{1/3}} \\ -g\dfrac{n^2\cdot\bar{v}\sqrt{\bar{u}^2+\bar{v}^2}}{h^{1/3}} \\ 0 \end{pmatrix};\ \boldsymbol{S}_{c,\text{in}}=\begin{pmatrix} i_c \\ \dfrac{1}{2}\bar{u}\cdot i_c \\ \dfrac{1}{2}\bar{v}\cdot i_c \\ -i_c\cdot\bar{c} \end{pmatrix} \tag{3-95}
$$

$$
\boldsymbol{S}_{c,D}=\begin{pmatrix} 0 \\ 0 \\ 0 \\ \dfrac{\partial}{\partial x}\left(h\cdot K_x^c\dfrac{\partial\bar{c}}{\partial x}\right)+\dfrac{\partial}{\partial y}\left(h\cdot K_y^c\dfrac{\partial\bar{c}}{\partial y}\right) \end{pmatrix} \tag{3-96}
$$

依据式（3-95）和式（3-96），可将源项向量$\boldsymbol{S}_c$分解表述，则式（3-92）又可被表达为

$$
\frac{\partial\boldsymbol{U}_c}{\partial t}+\frac{\partial\boldsymbol{F}_{c,x}}{\partial x}+\frac{\partial\boldsymbol{F}_{c,y}}{\partial y}=\boldsymbol{S}_{c,b}+\boldsymbol{S}_{c,f}+\boldsymbol{S}_{c,\text{in}}+\boldsymbol{S}_{c,D} \tag{3-97}
$$

从式（3-97）的方程结构可以看出，已将地表水流垂向均布流速和重力波速度所合成的特征速度与溶质对流速度进行了耦合，但重力波速度属于水势扩散效应的一部分，其物理本质与垂向均布流速和溶质对流速度不同，故导致对其进行数值模拟求解的复杂性，这成为难以广泛应用此类方程的根本原因（Burguete et al.，2009）。

3.3.2　初始条件和边界条件

在耦合模拟畦田施肥灌溉地表水流溶质运动过程中，需分别给出地表水流垂向均布流速场和溶质浓度场的初始条件和边界条件，相关表达式与以上单独流速场或溶质浓度场的初始条件和边界条件相同。

3.3.3　常用数值模拟方法

数值模拟求解守恒型特征速度场耦合方程的解法为基于Roe格式的向量耗散有限体积法，其也存在着矩阵运算复杂、数值平衡关系难以维系、向量型耗散等明显缺陷（Liou，

1996),进而影响到实际应用效果(Hou et al.,2013;Liang et al.,2006)。

3.4 地表水流溶质运动物理过程数理需求

当采用地表水流溶质运动控制及耦合方程对畦田施肥灌溉地表水流溶质运动过程进行准确表述时,需将控制及耦合方程的数学构造与地表水流溶质运动的基本物理特征紧密相连,才能建立起性能优良的模拟模型。为此,需在明确地表水流溶质运动物理过程的基本特征基础上,诠释地表水流溶质运动物理过程的数理需求,这包括对控制及耦合方程表达式、数值模拟方法、畦面微地形空间分布状况影响等数理需求。

3.4.1 地表水流溶质运动基本物理特征

受较差畦面微地形空间分布状况影响,畦田施肥灌溉地表水流溶质运动往往呈现出明显的随机特征,致使畦面任意空间位置点处的地表水深 h 出现大于、等于或小于 S_d 的各种可能,进而引起复杂的地表水流流态。与此同时,受灌溉水源稳定性的影响,入畦流量常处于非恒定状态,这进一步强化了地表水流流态的复杂性,导致畦面局部区域内的地表水流流态随机地出现亚临界、临界和超临界等现象。对地表水流溶质运动整体而言,通常是这三种流态的随机分布组合。

从地表水流溶质运动的构成而言,溶质亦以初始间断波形式在畦田内随水流运动而传播,并分解成间断波和扩散波两种形式。在较差畦面微地形空间分布状况影响下,不同强度的间断波和扩散波会出现显著的叠加、耦合、削弱等一系列过程,致使地表水流溶质运动波在畦田内的分布状态更趋复杂化。

3.4.2 对控制及耦合方程表达式的数理需求

畦田施肥灌溉地表水流溶质运动控制及耦合方程一般分为守恒型表达式和非守恒型表达式和守恒-非守恒型表达式,对特定的地表水流溶质运动物理过程而言,需选用适宜的表达式才能达到准确描述相关物理过程及特征的目的。

3.4.2.1 守恒型表达式

在畦田灌溉地表水流运动过程中,突然增大入畦流量常导致在畦首附近出现水流间断波(激波)现象。随着地表水流运动的推进时间增加,该水流间断波在传播过程中不断被分解,形成间断波和稀疏波共存的现象(图 3-8)。由于间断波分解传播过程是地表水流对流效应(或惯性力)的集中体现,故不宜采用零惯量(扩散波)方程或动力波方程加以描述,只能利用守恒型全水动力学方程表达式(Bradford and Katopodes,2001)。

如图 3-9 所示,当施用的氮肥以固定溶质浓度从畦首注入畦田时,将在溶质量 ϕ 的前锋处形成水流间断波(接触间断)(LeVeque,2002),这需借助对流方程描述。随着地表水流运动的推进时间延长,该水流间断波在对流效应和湍流效应双重驱动下,被逐渐分解为间断波和扩散波,其中,间断波(次生间断波)仍由对流方程描述,而扩散波则需采用弥散方程描述。与畦田灌溉地表水流运动过程相类似,此时同样需借助守恒型全水动力学方

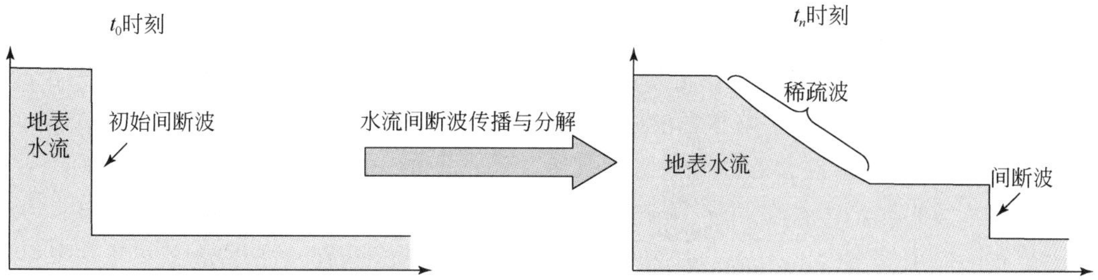

图 3-8　畦田灌溉过程中地表水流间断波(激波)的传播分解

程才能精确捕捉到次生间断波的传播过程。

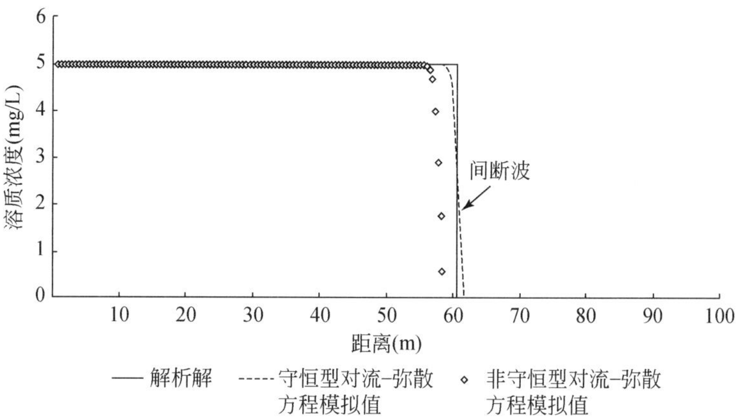

图 3-9　非均匀流速场下守恒型和非守恒型地表水流溶质运动方程模拟的溶质对流过程与解析值比较

图 3-9 显示的结果还表明,在非均匀流速场(包括恒定与非恒定)下,利用守恒型对流-弥散方程可以较好模拟溶质浓度波的相位及波幅,而采用非守恒型对流-弥散方程则会出现相位差。究其原因在于后者中隐含了间断波形被简化成大梯度波形的假设条件(图 3-10),而大梯度波形下的控制方程往往难以收敛至间断波形下的控制方程,从而导致波动传播模拟中出现相位差。

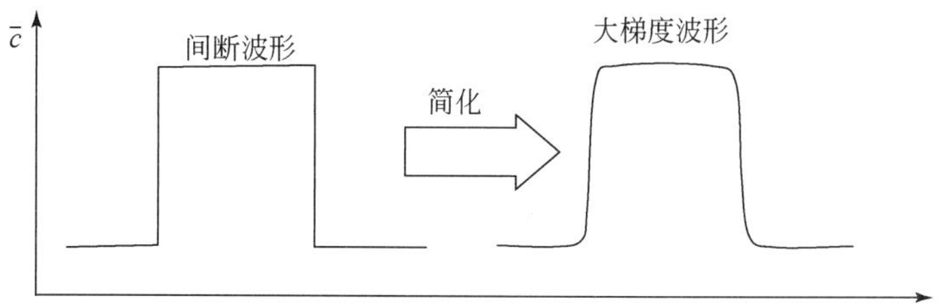

图 3-10　物理间断波形被简化成大梯度波形的示意图

3.4.2.2　非守恒型表达式

当入畦流量保持持续均匀时,地表水流常难以形成如图 3-8 所示的间断波现象,此时的地表水位变化相对平缓,采用非守恒型全水动力学方程可以较好地模拟地表水流运动过程。另外,在畦田施肥灌溉过程中,随着地表水流运动,溶质亦以间断波和扩散波形式传播。在较好畦面微地形空间分布状况和畦田灌溉入流条件下,溶质间断波可被简化成大梯度波形(图 3-10),当采用非守恒型全水动力学方程得到地表水流流速场后,可借助非守恒型对流–弥散方程获得相应的溶质浓度场。在整个地表水流溶质运动传播过程中,虽也易于出现波幅和相位差等问题,但产生的计算误差可被控制在一定范围,模拟结果一般可满足实际应用需求(Murillo et al.,2005)。此时采用顺次非耦合数值模拟求解非守恒型对流–弥散方程的做法,可以达到较佳的模拟效果。

3.4.2.3 守恒–非守恒型表达式

采用守恒–非守恒型全水动力学方程可以有效地描述如图 3-8 所示的地表水流间断波传播过程(Ying et al.,2004),$\boldsymbol{F}_x^u$ 和$\boldsymbol{F}_y^u$ 是准确模拟地表水流流态的充分必要条件,而 $\boldsymbol{S}_\zeta$ 是否需要采用守恒型表达形式则对模拟结果并无影响,这与水流间断波以对流形式传播而其邻域内的扩散效应又可被忽略密切相关(LeVeque,2002)。此外,对畦田施肥灌溉过程而言,守恒–非守恒型对流–弥散方程中的对流项为非守恒形式,当畦面微地形空间分布状况和畦田灌溉入流条件较好时,溶质间断波被简化成大梯度波形,此时可较好模拟地表水流溶质运动过程,否则不宜采用该类表达式。

通过以上分析可知,一方面,采用全水动力学方程的守恒型表达式和守恒–非守恒型表达式是准确表述畦田施肥灌溉地表水流运动推进和消退过程的重要前提,而非守恒型表达式却仅适用于均匀入流和畦面微地形空间分布状况较好的情景,考虑到守恒–非守恒型表达式具备更为明确的物理机制,故应成为首选。另一方面,对流–弥散方程的守恒型表达式可以较好描述溶质浓度波的相位及波幅,且可同时保证对流与弥散过程的物理守恒性,而非守恒型表达式却会出现波幅和相位差等问题,守恒–非守恒型表达式则受制于较好的畦面微地形空间分布状况和畦田灌溉入流条件约束。为此,对最为常见的畦田状况(较差畦面微地形空间分布状况和畦田灌溉入流条件)而言,守恒–非守恒型全水动力学方程及守恒型对流–弥散方程是准确表征畦田施肥灌溉地表水流溶质运动过程的最佳选择。

3.4.3 对数值模拟方法的数理需求

采用适宜的地表水流溶质运动控制及耦合方程可以准确地表述地表水流溶质运动过程,与此同时,还应针对地表水流溶质运动推进和消退过程的基本物理特征,选用适宜的数值模拟方法,进而获得较佳模拟效果。

3.4.3.1 地表水流溶质运动推进过程

在地表水流溶质运动推进过程中,水流常处于亚临界流态,即弗劳德 $Fr<1$,这意味着水流扩散效应小于对流效应,即

$$Fr=\frac{\bar{u}}{\sqrt{g\cdot h}}<1 \tag{3-98}$$

然而,较差的畦面微地形空间分布状况通常导致畦面局部区域内产生临界流($Fr=1$)或超临界流($Fr>1$)现象。从图3-11给出的畦田施肥灌溉地表水流溶质运动推进过程中Fr沿畦长分布状况($S_d=5$cm)中可以发现,在出现临界流和超临界流的局部区域内,沿推进方向上存在明显的降坡,这表明在模拟地表水流溶质运动过程中,若考虑模拟结果的质量守恒性,就应采用可同时满足模拟亚临界流、临界流和超临界流等不同流态的迎风离散格式有限体积法。

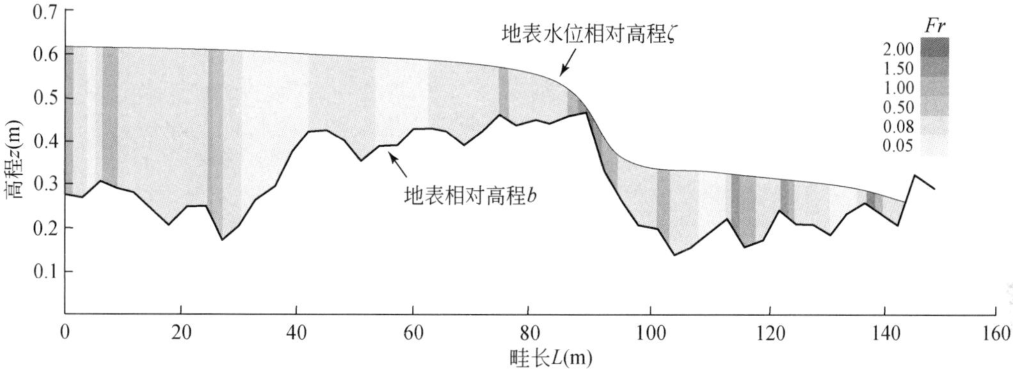

图3-11　畦田施肥灌溉地表水流溶质运动推进过程中地表水位相对高程及Fr沿畦长分布状况($S_d=5$cm)

对零惯量(扩散波)方程而言,省略惯性项意味着其仅能用于模拟亚临界流,且仅当$Fr<0.1$时,才能获得与全水动力学方程相近的模拟结果(Bradford and Katopodes,2001),故在如图3-11所示的情景下不宜采用该方程。当S_d值降至2.5cm时,地表水流不再处于超临界流(图3-12),此时除畦面存在明显坡降的局部区域外,其他各空间位置点处的Fr值均小于0.1,地表水流主要受重力波作用做扩散运动。故在较好畦面微地形空间分布状况下,可采用零惯量(扩散波)模型模拟地表水流溶质运动推进过程,但仅限于模拟亚临界流。

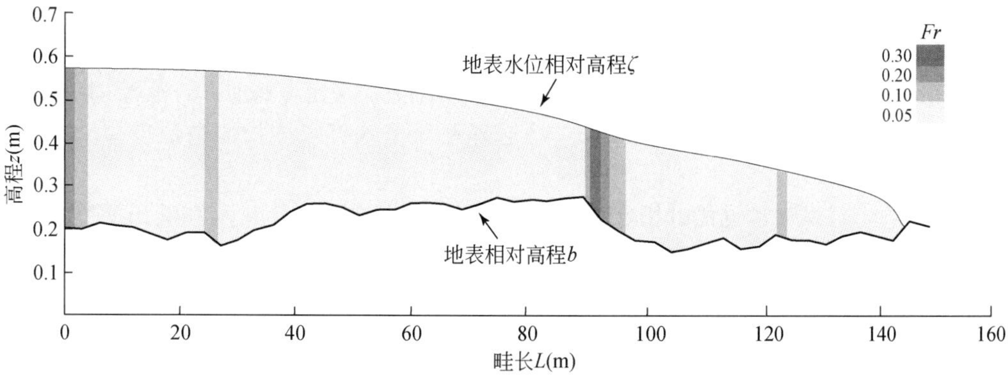

图3-12　畦田施肥灌溉地表水流溶质运动推进过程中地表水位相对高程及Fr沿畦长分布状况($S_d=2.5$cm)

3.4.3.2　地表水流溶质运动消退过程

当地表水流溶质运动处于消退过程时，畦田内任意空间位置点处的地表水流流速趋于零，即 $\bar{u}=\bar{v}=0$，此时地表水位相对高程 ζ 趋于水平态分布（图 3-13），呈静水面线状态，该物理特征可用式(3-99)描述：

$$\frac{\partial \zeta}{\partial x}=0;\ \frac{\partial \zeta}{\partial y}=0 \tag{3-99}$$

式(3-99)又可被表达成向量形式，即

$$\nabla \boldsymbol{\zeta}=0 \tag{3-100}$$

式中，∇为梯度算子，且 $\nabla=\frac{\partial}{\partial x}\boldsymbol{i}+\frac{\partial}{\partial y}\boldsymbol{j}$，其中，$\boldsymbol{i}$ 和 $\boldsymbol{j}$ 分别为沿 x 和 y 坐标向的单位向量。

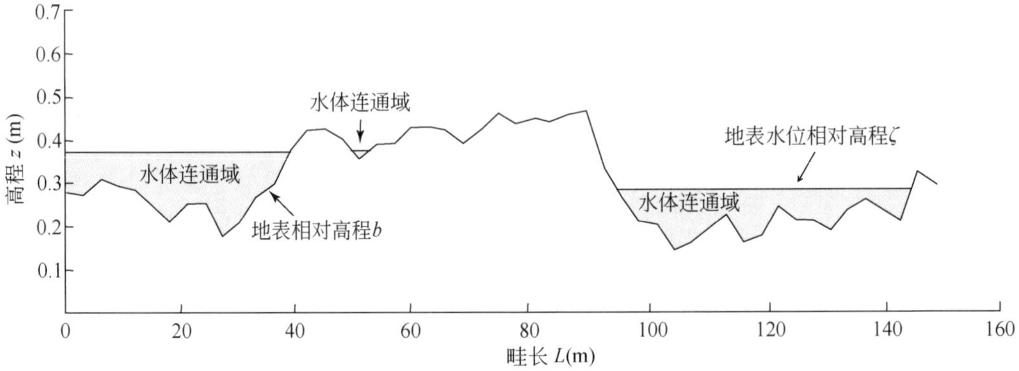

图 3-13　畦田施肥灌溉地表水流溶质运动消退过程中地表水位相对高程沿畦长分布状况（S_d=2.5cm）

式(3-100)实际上是对守恒–非守恒型全水动力学方程的动量守恒方程[式(3-23)和式(3-24)]做出的直接约化表述，这是基于守恒型全水动力学方程的动量守恒方程[式(3-2)和式(3-3)]所无法实现的，故前者要比后者能够更好地表述地表水流溶质运动消退过程。此外，在较差畦面微地形空间分布状况和畦田灌溉入流条件下，采用仅适用于空间节点矩形分布的有限差分法难以保证式(3-100)成立，而采用适用于任意形状空间单元格的有限体积法则极易做到这点。鉴于"无迎风特征"可归结到"零迎风特征"的范畴（LeVeque，2002），在地表水流溶质运动消退过程中，应选择迎风格式有限体积法数值模拟求解控制方程。

综上所述，对最为常见的畦田状况（较差畦面微地形空间分布状况和畦田灌溉入流条件）而言，自适应迎风离散格式的有限体积法是精确模拟地表水流溶质运动过程的最佳选择。

3.4.4　对考虑畦面微地形空间分布状况影响的数理需求

与洪水演变和河流水动力学下的地表浅水流运动状况相比，畦田灌溉地表水流运动速度明显放缓，地表水深也远小于前者，地表（畦面）相对高程的空间分布差异对地表水流运动状况影响的尺度效应呈量级提升，这导致地表水流的局部扩散和绕流现象频繁出现。

故应充分考虑畦面微地形空间分布状况对地表水流溶质运动产生的影响作用。

3.4.4.1　守恒型全水动力学方程

当数值模拟求解守恒型全水动力学方程[式(3-5)]时,为了考虑 S_d 对地表水流运动的影响,需要维系物理通量梯度 $\partial \boldsymbol{F}_x/\partial x$ 和 $\partial \boldsymbol{F}_y/\partial y$ 与地表(畦面)相对高程梯度向量 $\boldsymbol{S}_b$ 之间的数值平衡关系(Hubbard and Garcia-Navarro,2000;Rogers et al.,2003)。

当考虑计算区域内任意空间位置点处的地表水流垂向均布流速瞬态为零($\bar{u}=\bar{v}=0$)时,基于式(3-2)和式(3-3),可得到维系上述数值平衡关系的解析表达式:

$$\frac{\partial}{\partial x}\left(\frac{1}{2}g \cdot h^2\right)=-g \cdot h\frac{\partial b}{\partial x};\ \frac{\partial}{\partial y}\left(\frac{1}{2}g \cdot h^2\right)=-g \cdot h\frac{\partial b}{\partial y} \tag{3-101}$$

式(3-101)又可被表达成向量形式:

$$\nabla\left(\frac{1}{2}g \cdot h^2\right)=-g \cdot h \cdot \nabla b \tag{3-102}$$

从式(3-102)的方程结构可知,为了维系该数值平衡关系,当采用向量耗散有限体积法数值模拟求解守恒型全水动力学方程时,常存在两个明显缺陷:一是复杂的空间离散格式及与之相匹配的、稳定性限制严格的显时间格式导致计算耗时过长,计算效率下降,二是在地表水流运动推进锋和消退锋邻域内难以考虑动量守恒特性,这将导致局部绕流误差较大、整体模拟精度降低,进而成为制约向量耗散有限体积法广泛应用的主要障碍(Murillo et al.,2008)。

为了降低模拟难度并提高计算效率,常将 $\boldsymbol{S}_b$ 简化为常数向量,即将 $\partial b/\partial x$ 和 $\partial b/\partial y$ 视为沿 x 和 y 坐标向的畦面平均坡度 S_x 和 S_y。由于此时不再考虑畦面微地形空间分布状况的影响(S_d=0cm),式(3-102)可被简化为等号右侧为常量的偏微分方程,从而有效缓解了维系数值平衡关系的约束条件。此外,在水平畦田灌溉条件($S_x=S_y=0$)下,由于 $\partial b/\partial x=0$ 和 $\partial b/\partial y=0$,故式(3-102)中的 $\nabla b=0$,从而完全规避了维系数值平衡关系的约束条件。

同比于图 3-12 和图 3-13,图 3-14 和图 3-15 直观显示出当采用畦面平均坡度替代 $\partial b/\partial x$ 和 $\partial b/\partial y$ 时的模拟结果,这明显影响到准确模拟地表水流溶质运动过程的精度,且较大 S_d 下的影响程度尤为突出,甚至可能改变原有问题的基本物理特征(Hubbard and Garcia-Navarro,2000)。

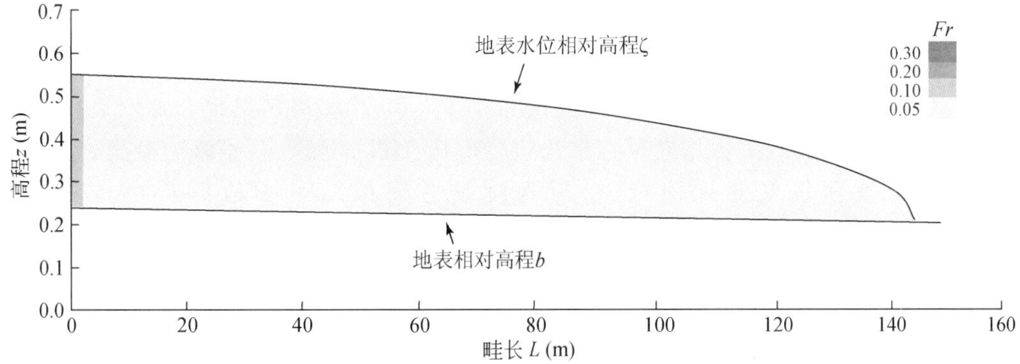

图 3-14　畦田施肥灌溉地表水流溶质运动推进过程中地表水位相对高程及 *Fr* 沿畦长分布状况(S_d=0cm)

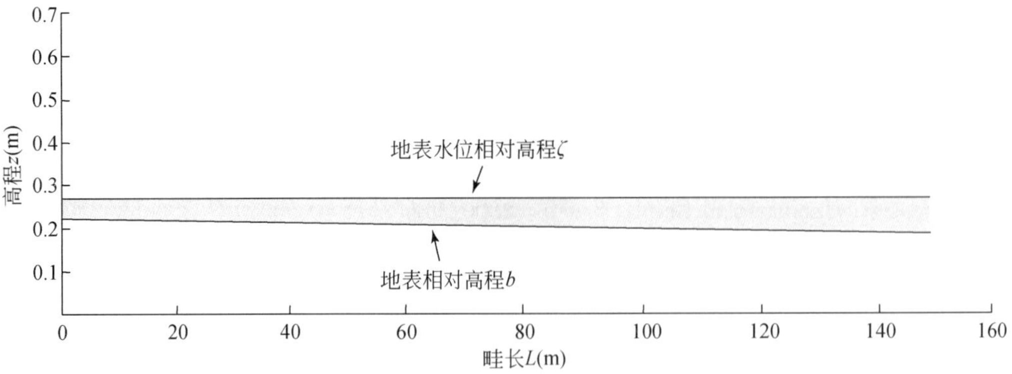

图 3-15　畦田施肥灌溉地表水流溶质运动消退过程中地表水位相对高程沿畦长分布状况($S_d=0$cm)

3.4.4.2　守恒-非守恒型全水动力学方程

与数值模拟求解守恒型全水动力学方程相似,为了考虑 S_d 对地表水流运动的影响,当数值模拟求解守恒-非守恒型全水动力学方程[式(3-25)]时,也需要维持对流通量梯度 $\partial \boldsymbol{F}_x^u/\partial x$ 和 $\partial \boldsymbol{F}_y^u/\partial y$ 与地表水位相对高程梯度向量 $\boldsymbol{S}_\zeta$ 之间的数值平衡关系(LeVeque,2002)。

当考虑计算区域内任意空间位置点处的地表水流垂向均布流速瞬态为零($\bar{u}=\bar{v}=0$)时,基于式(3-23)和式(3-24),可得到维系上述数值平衡关系的向量表达式,

$$\nabla\zeta=0 \tag{3-103}$$

显而易见,式(3-103)即为式(3-100),且与式(3-102)相比,式(3-103)隐含了地表(畦面)相对高程梯度 $\partial b/\partial x$ 和 $\partial b/\partial y$,反映出相邻畦面任意空间位置点间的地表水位势能差等于零的基本物理事实,定量表征了地表水流运动扩散效应(图 3-3)。这实际上意味着当以守恒-非守恒型全水动力学方程作为地表水流溶质运动控制方程时,将不再受数值平衡关系的制约,这有助于提升模拟精度和计算效率。

由此可见,当在地表水流溶质运动模拟过程中考虑畦面微地形空间分布状况的影响时,为了在有效规避维系数值平衡关系约束条件的同时又不影响模拟精度和计算效率,采用守恒-非守恒型全水动力学方程应为最佳选择。

3.5　地表水流溶质运动模拟及耦合模拟模型确认与验证

对任何模拟模型而言,应从模型的确认和验证入手,检验模拟结果和评价模拟性能。前者是基于田间试验观测数据对模拟结果进行确认(validation),观察该模型是否具有真实反映模拟物理现象变化的能力,后者则是对模拟结果的数值特性进行验证(verification),评价模拟结果与精确解间的定量关系及模拟性能等。

对实际物理问题而言,采用精确解而非解析解的主要原因在于相关控制方程往往鲜见解析解,但其数值解却会随着时空步长的缩小呈现出收敛趋势,该收敛解被定义为精确解。在实际中,若对模型的确认与验证均成立,则表明在预设的时空离散尺寸下,该模型的数值解可以客观地描述实际物理过程。此外,若模型的数值解难以收敛,则通常意味着

模拟结果呈现跳跃式的随机性,这与实际物理事实的唯一性相矛盾。

3.5.1　模型确认

对畦田施肥灌溉地表水流溶质运动模拟及耦合模拟模型而言,常借助一些统计参数评价指标(如平均相对误差、绝对误差、最大偏差、模拟效率等)比较地表水流运动推进时间和消退时间、地表水深、溶质浓度等模拟结果与田间实测数据间的差异程度,度量模拟模型客观表述地表水流溶质运动过程的实际能力,剔除该物理过程被其他更本质因素所主导的可能性,以及对该物理过程在经验和感知上的误差。

3.5.2　模型验证

在确认模拟模型基础上,常利用若干定量参数性能指标(如数值计算稳定性、收敛速率、质量守恒性、计算效率等)评价模型的模拟性能,对模拟结果的数值特性进行验证。

为了避免数值耗散对模拟结果的不利影响,常采用二阶精度的时空离散格式,这意味着数值模拟结果需在满足稳定性条件下以近似于二阶的速率收敛至精确解。对数值解与精确解间的定量关系而言,若控制方程具备解析解,则借助其进行验证,否则应构造一个数值序列,通过观察其收敛速率,达到评估模型收敛性的目的。此外,质量守恒性也是评价数值解与精确解关系的定量指标。精确解意味着模拟结果应收敛至极限解,水量或溶质量平衡误差也应收敛到零,然而由于实际模拟结果仅仅是对精确解(或极限解)的近似,故只能是趋近于零,而不能大于预设的阈值。对具体的预期情景方案,较高计算耗时意味着能耗和人力与物力的损耗,这大大降低了模型的适应性,故还需对比计算效率的差异。

数值计算稳定性、收敛速率和质量守恒性等评价指标均是时间的函数。在模型验证过程中,需时刻关注这些指标值能否被控制在预设的阈值范围内。一旦在某时刻超出预设的阈值,即表明模拟性能的下降,这势必会影响此时至模拟结束时的模拟精度。若要验证模型的良好模拟性能,需要确保验证的指标值在任意时刻的取值均应落入预设范围内。

3.6　结　　论

本章基于畦田施肥灌溉地表水流溶质运动理论与方法,系统阐述了地表水流运动模拟模型、地表水流溶质运动模拟模型和地表水流溶质运动耦合模拟模型中涉及的控制及耦合方程,以及相应的初始条件和边界条件及常用的数值模拟方法,围绕地表水流溶质运动的基本物理特征,诠释了地表水流溶质运动物理过程的数理需求,完善了现有畦田施肥灌溉地表水流溶质运动模拟模型。

对地表水流溶质运动控制及耦合方程表达式的数理需求分析结果表明,采用守恒-非守恒型全水动力学方程和守恒型对流-弥散方程是准确表述地表水流溶质运动的最佳选择;对地表水流溶质运动控制及耦合方程数值模拟方法的数理需求解析指出,自适应迎风离散格式的有限体积法无疑是数值解法的正确选择;在考虑畦面微地形空间分布状况影响的数理需求基础上,揭示了采用守恒-非守恒型全水动力学方程可有效规避维系变量之间数值平衡关系约束的数理机制。

参考文献

雷志栋,杨诗秀,谢森传.1988. 土壤水动力学.北京:清华大学出版社

阎超.2006. 计算流体力学方法及应用.北京:北京航空航天大学出版社

H. 欧特尔 等.2008. 普朗特流体力学基础.朱自强,钱翼稷,李宗瑞,译.北京:科学出版社

Abbasi F, Simunek J, van Genuchten M, et al. 2003. Overland water flow and solute transport: model development and field-data analysis. Journal of Irrigation and Drainage Engineering, 129(2): 71-81

Akanbi A A, Katopodes N D. 1988. Model for flood propagation on initially dry land. Journal of Hydraulic Engineering, 114(7): 689-706

Arnold V I. 1999. Mathematical Methods of Classical Mechanics (second edition). Beijing:Springer-Verlag New York Inc and Beijing World Publishing Corporation

Bautista E, Clemmens A J, Strelkoff T S, et al. 2009. Modern analysis of surface irrigation systems with WINSRFR. Agriculture Water Management, 96(7): 1146-1154

Bautista E, Clemmens A J, Strelkoff T. 2009. Structured application of the two-point method for the estimation of infiltration parameters in surface irrigation. Journal of Irrigation and Drainage Engineering, 135(5): 566-578

Bear J. 1972. Dynamics of Fluids in Porous Media. New York:Dover

Bradford S F, Katopodes B F. 2001. Finite volume model for non-level basin irrigation. Journal of Irrigation and Drainage Engineering, 127(4): 216-223

Brufau P, Garcia N P, Playán E, et al. 2002. Numerical modeling of basin irrigation with an upwind scheme. Journal of Irrigation and Drainage Engineering, 128(4): 212-223

Burguete J, Zapata N, Garcia-Navarro P, et al. 2009. Fertigation in furrows and level furrow systems. Ⅰ: model description and numerical tests. Journal of Irrigation and Drainage Engineering, 135(4): 401-412

Chang T, Kao H, Chang K, et al. 2011. Numerical simulation of shallow-water dam break flows in open channels using smoothed particle hydrodynamics. Journal of Hydrology, 408(1-2): 78-90

Clemmens A J, Strelkoff T S, Playán E. 2003. Field verification of two-dimensional surface irrigation model. Journal of Irrigation and Drainage Engineering, 129(6): 402-411

de Sousa P L, Dedtrik A R, Clemmens A J, et al. 1995. Effect of furrow elevation differences on level basin performance. Transactions of the ASAE, 38(1): 153-158

García-Navarro P, Playán E, Zapata N. 2000. Solute transport modeling in overland flow applied to fertigation. Journal of Irrigation and Drainage Engineering, 126(1): 33-40

Hou J, Liang Q, Simons F, et al. 2013. A 2D well-balanced shallow flow model for unstructured grids with novel slope source term treatment. Advances in Water Resources, 52(2): 107-131

Huang G, Yeh G. 2009. Comparative study of coupling approaches for surface water and subsurface interactions. Journal of Hydrologic Engineering, 14(5): 453-462

Hubbard M E, Garcia-Navarro P. 2000. Flux difference splitting and the balancing of source terms and flux gradients. Journal of Computational Physics, 165(1): 89-125

Khanna M, Malano H M, Fenton J D, et al. 2003. Two-dimensional simulation model for contour basin layouts in southeast Australia. Ⅰ: rectangular basins. Journal of Irrigation and Drainage Engineering, 129(5): 305-316

Lee E S, Moulinec C, Xu R, et al. 2008. Comparisons of weakly compressible and truly incompressible algorithms for the SPH mesh free particle method. Journal of Computational Physics, 227(18): 8417-8436

LeVeque R J. 2002. Finite Volume Methods for Hyperbolic Problems. Cambridge: The press syndicate of the University of cambridge

Liang D, Falconer R, Lin B. 2006. Comparison between TVD-MacCormack and ADI-type solvers of the shallow water equations. Advances in Water Resources, 29(12): 1833-1845

Liang Q, Marche F. 2009. Numerical resolution of well-balanced shallow water equations with complex source terms. Advances in Water Resources, 32(6): 873-884

Liang Q. 2010. Flood simulation using a well-balanced shallow flow model. Journal of Hydraulic Engineering, 136(9): 669-675

Liou M S. 1996. A Sequel to AUSM: AUSM+. Journal of Computational Physics, 129(19): 364-382

Manzini G, Ferraris S. 2004. Mass-conservative finite volume methods on 2-D unstructured grids for the Richards' equation. Advances in Water Resources, 27(12): 1199-1215

Marche F, Bonneton P, Fabrie P, et al. 2007. Evaluation of well-balanced bore capturing schemes for 2D wetting and drying processes. International Journal for Numerical Methods in Fluids, 53(5): 867-894

Monaghan J J. 1994. Simulating free surface with SPH. Journal of Computational Physics, 110(2): 399-406

Morton K W, Mayers D F. 2005. Numerical Solution of Partial Differential Equations. Cambridge: The University of cambridge Press

Murillo J, Burguete J, Brufau P, et al. 2005. Coupling between shallow water and solute flow equations: analysis and management of source terms in 2D. International Journal for Numerical Methods in Fluids, 49(3): 267-299

Murillo J, García-Navarro P, Burguete J. 2008. Analysis of a second - order upwind method for the simulation of solute transport in 2D shallow water flow. International Journal for Numerical Methods in Fluids, 56 (6): 661-686

Noelle S, Xing Y, Shu C W. 2007. High-order well-balanced finite volume WENO schemes for shallow water equation with moving water. Journal of Computational Physics, 226(1): 29-58

Playán E, Walker W R, Merkley G P. 1994. Two-dimensional simulation of basin irrigation Ⅰ: theory. Journal of Irrigation and Drainage Engineering, 120(5): 837-856

Playán E, Faci J M, Serreta A. 1996. Modeling microtopography in basin irrigation. Journal of Irrigation and Drainage Engineering, 122(6): 339-347

Playán E, Faci J M. 1997. Border fertigation: field experiments and a simple model. Irrigation Science, 17(4): 163-171

Pope S B. 2000. Turbulent Flows. Cambridge: Cambridge University Press

Rogers B D, Borthwick A G L, Taylor P H. 2003. Mathematical balancing of flux gradient and source terms prior to using Roe's approximate Riemann solver. Journal of Computational Physics, 192(2): 422-451

Singh V, Bhallamudi S M. 1997. Hydrodynamic modeling of basin irrigation. Journal of Irrigation and Drainage Engineering, 123(6): 407-414

Strelkoff T S, Clemmens A J, Bautista E. 2009. Field properties in surface irrigation management and design. Journal of Irrigation and Drainage Engineering, 135(5): 525-536

Strelkoff T S, Tamimi A H, Clemmens A J. 2003. Two-Dimensional Basin Flow with Irregular Bottom Configuration. Journal of Irrigation and Drainage Engineering, 29(6): 391-401

Tartakovsky A M, Meakin P, Scheibe T D, et al. 2007a. Simulation of reactive transport and precipitation with smoothed particle hydrodynamics. Journal of Computational Physics, 222(2): 654-672

Tartakovsky A M, Meakin P, Scheibe T D, et al. 2007b. A smoothed particle hydrodynamics model for reactive transport and mineral precipitation in porous and fractured porous media. Water Resources Research, 43: W05437

Vivekanand S, Bhallamudi M S. 1996. Hydrodynamic modeling of basin irrigation. Journal of Irrigation and Drainage Engineering, 123(6): 407-414

Walker W R, Skogerboe G V. 1987. Surface Irrigation, Theory and Practice. Englewood Cliffs: Prentice-Hall

Weill S, Mazzia A, Putti M, et al. 2011. Coupling water flow and solute transport into a physically-based surface-subsurface hydrological model. Advances in Water Resources, 34(1): 128-136

Zapata N, Playán E. 2000. Simulating elevation and infiltration in level-basin irrigation. Journal of Irrigation and Drainage Engineering, 126(2): 78-84

Zerihun D, Furman A, Warrick A W, et al. 2004. Coupled surface-subsurface solute transport model for irrigation borders and basins. Ⅰ. model development. Journal of Irrigation and Drainage Engineering, 131(5): 396-406

Zhu L, Fox P J. 2002. Simulation of pore-scale dispersion in periodic porous media using smoothed particle hydrodynamics. Journal of Computational Physics, 182(2): 622-645

第 4 章

Chapter 4

畦田施肥灌溉地表水流溶质运动数值模拟方法

在丰富完善畦田施肥灌溉地表水流溶质运动理论与方法及模拟模型的基础上，只有构造出适宜的数值模拟方法才能准确再现地表水流溶质运动物理过程，开展畦田施肥灌溉性能评价与技术要素优化组合分析。为此，需针对各类畦田施肥灌溉地表水流溶质运动模拟及耦合模拟模型的特点，采用并改进相应的适宜数值模拟方法。

在较好畦面微地形空间分布状况和畦田灌溉入流条件下，一般采用有限差分法时空离散全水动力学方程及零惯量（扩散波）方程和动力波方程，利用迭代法求解时空离散后形成的代数方程组，获得地表水深、地表水流流速场等模拟结果（Playán et al.，1994，1996；Bautista et al.，2009）。对地表水流溶质浓度场而言，常利用有限差分法时空离散对流-弥散方程，借助迭代法求解代数方程组，通过顺次非耦合数值模拟求解地表水流流速场与溶质浓度场，实现地表水流溶质运动过程的数值模拟（Garcia-Navarro et al.，2000；Abbasi et al.，2003；Zerihun et al.，2004）。

当畦面微地形空间分布状况和畦田灌溉入流条件较差时，采用有限差分法获得的模拟结果与实测数据之间存在较大误差（Zapata and Playán，2000），这缘于地表水局部绕流及水波和溶质波传播过程中出现的相位差等问题（Murillo et al.，2005），故应借助守恒性较强的有限体积法同步时空离散全水动力学方程和对流-弥散方程（Bradford and Katopodes，2001），尽管利用其解算地表水流溶质运动耦合方程可获得较好的模拟结果，但仍难保证在任意条件下均具有优良模拟性能（Burguete et al.，2009）。为此，需要持续改进和完善相关的数值模拟方法，使之能有效求解复杂情景下的畦田施肥灌溉地表水流溶质运动过程。

本章在对畦田施肥灌溉地表水流溶质运动控制及耦合方程进行数学类型分类的基础上，从几何学新视角出发，直观阐述有限差分法和有限体积法的基本原理、离散格式及稳定性条件等，并基于现代数学映射理念，重新诠释向量耗散有限体积法在严格维系地表水流溶质运动控制及耦合方程中各空间导数离散式之间平衡的数理机制，改进完善现有用于捕捉地表水流溶质运动推进锋和消退锋的空间离散格式。

4.1 地表水流溶质运动控制及耦合方程数学类型分类

数理方程自身的数学类型决定着数值模拟方法的性质与特点，应在明确现有地表水流溶质运动控制及耦合方程数学类型的基础上，选择和构造适宜的数值模拟方法，进而获得准确的模拟结果。

4.1.1 方程数学类型

二维平面域下一阶拟线性偏微分方程组的向量形式被统一表述为

$$\frac{\partial \boldsymbol{U}}{\partial t} + \boldsymbol{A}_x \frac{\partial \boldsymbol{U}}{\partial x} + \boldsymbol{A}_y \frac{\partial \boldsymbol{U}}{\partial y} = \boldsymbol{S} \tag{4-1}$$

式中，$\boldsymbol{U}$ 为因变量向量；$\boldsymbol{A}_x$ 和 $\boldsymbol{A}_y$ 为系数矩阵；$\boldsymbol{S}$ 为源项向量。

当 $\boldsymbol{A}_x$ 和 $\boldsymbol{A}_y$ 的特征值存在差异时，式（4-1）的数学类型可被定义如下（Morton and Mayers，2005）：

1）若 $\boldsymbol{A}_x$ 和 $\boldsymbol{A}_y$ 的特征值全部为互不相等的实数时，属于双曲型方程；

2)若 $\boldsymbol{A}_x$ 和 $\boldsymbol{A}_y$ 的特征值全部为零时,属于抛物型方程;

3)若 $\boldsymbol{A}_x$ 和 $\boldsymbol{A}_y$ 的特征值全部为复数时,属于椭圆型方程。

同理,对三维空间域下的二阶拟线性偏微分方程组,可通过降阶方法进行类似的分析和定义。

4.1.2　方程数学类型与守恒表达式

依照式(2-90),式(4-1)属于偏微分方程向量型的非守恒表达形式,由于该式是对偏微分方程进行数学类型分类的标准形式,故若对任意数理方程进行数学类型分类,则需先将其表述为向量型的非守恒表达形式。

依照求导目标的差异,偏微分方程自身存在多种向量型的非守恒表达形式。从式(4-1)的数学类型结构可知,其属于典型的向量型线性非守恒表达形式,式中各项的统一变量为因变量向量 $\boldsymbol{U}$。由此可见,向量型线性非守恒表达形式是对任意偏微分方程进行数学类型分类的基础。

如前所述,地表水流运动控制方程属于高度非线性的偏微分方程。若以守恒型全水动力学方程[式(3-5)]为例,则式(4-1)中 $\boldsymbol{A}_x$ 和 $\boldsymbol{A}_y$ 应满足式(4-2):

$$\boldsymbol{A}_x = \frac{\partial \boldsymbol{F}_x}{\partial \boldsymbol{U}}\ ;\quad \boldsymbol{A}_y = \frac{\partial \boldsymbol{F}_y}{\partial \boldsymbol{U}} \tag{4-2}$$

并认为 $\boldsymbol{A}_x$ 和 $\boldsymbol{A}_y$ 在任意局部时空域内可近似为常量,这样式(3-5)才可被表达为式(4-1)的形式,这也是式(4-1)被称为"拟线性"而非"线性"的根本原因。

对非守恒型全水动力学方程[式(3-29)~式(3-31)]而言,由于不存在统一的因变量向量,故无法被表达为向量形式。唯一的途径是先将其表述成守恒形式(LeVeque,2002),但这意味着式(4-1)源自于偏微分方程的守恒形式。

另外,地表水流溶质运动控制方程均为标量型表达形式,此时可认为式(4-1)被约化为标量型形式。若以守恒型纯对流方程[式(3-83)]为例,因变量向量 $\boldsymbol{U}$ 可被约化为地表水流溶质 ϕ,而 $\boldsymbol{A}_x$ 和 $\boldsymbol{A}_y$ 则分别被约化为地表水流垂向均布流速 $\bar{u}$ 和 $\bar{v}$ 。

4.1.3　方程数学类型分类

基于式(4-1),可对现有地表水流溶质运动控制及耦合方程进行数学类型分类。由于椭圆型方程仅涉及与时间无关的恒定物理问题(Morton and Mayers,2005),故此处的数学类型分类只包括双曲型方程、抛物型方程和双曲-抛物型方程。

双曲型方程常用于描述单向波动的地表水流溶质对流传播过程,该物理特征使此类方程的数学类型结构表现出极强的非线性特点,数值模拟求解难度较大(LeVeque,2002)。抛物型方程用来描述对称波动的地表水流溶质扩散(弥散)传播过程,这类方程数学类型结构的非线性特点相对较弱,数值模拟求解难度相对较小(LeVeque,2002)。双曲-抛物型方程主要用于描述地表水流溶质的单向对流与对称扩散(弥散)间的耦合运动过程,该耦合特征导致地表水流溶质呈现出非单纯的单向或对称特点。相对于双曲型方程而言,双曲-抛物型方程数学类型结构的非线性特点在理论上得到了弱化,数值模拟求解难度相对下降(Marsden and Ratiu,1999)。

4.1.3.1 双曲型方程

(1)守恒型全水动力学方程

守恒型全水动力学方程[式(3-5)]被重述如下:

$$\frac{\partial \boldsymbol{U}}{\partial t}+\frac{\partial \boldsymbol{F}_x}{\partial x}+\frac{\partial \boldsymbol{F}_y}{\partial y}=\boldsymbol{S} \tag{4-3}$$

通过等价变形处理,可获得式(4-3)的拟线性表达式:

$$\frac{\partial \boldsymbol{U}}{\partial t}+\boldsymbol{A}_x\frac{\partial \boldsymbol{U}}{\partial x}+\boldsymbol{A}_y\frac{\partial \boldsymbol{U}}{\partial y}=\boldsymbol{S} \tag{4-4}$$

$$\boldsymbol{A}_x=\frac{\partial \boldsymbol{F}_x}{\partial \boldsymbol{U}}=\begin{pmatrix}0 & 1 & 0\\ \tilde{c}^2-\bar{u}^2 & 2\bar{u} & 0\\ -\bar{u}\cdot\bar{v} & \bar{v} & \bar{u}\end{pmatrix};\quad \boldsymbol{A}_y=\frac{\partial \boldsymbol{F}_y}{\partial \boldsymbol{U}}=\begin{pmatrix}0 & 0 & 1\\ \bar{u}\cdot\bar{v} & \bar{v} & \bar{u}\\ \tilde{c}^2-\bar{v}^2 & 0 & 2\bar{v}\end{pmatrix} \tag{4-5}$$

式中,$\tilde{c}$ 为地表浅水流运动在重力作用下产生的波动速度,简称重力波速度(m/s),且 $\tilde{c}=\sqrt{g\cdot h}$;$\boldsymbol{A}_x$和$\boldsymbol{A}_y$分别为沿 x 和 y 坐标向的 Jacobi 系数矩阵。

式(4-4)被称作拟线性表达式的原因是其类似于线性方程表达形式,其中$\boldsymbol{A}_x$和$\boldsymbol{A}_y$是非线性项,故称为"拟线性",且$\boldsymbol{A}_x$和$\boldsymbol{A}_y$的特征值被表达如下:

$$\lambda_1^x=\bar{u}+\tilde{c};\quad \lambda_2^x=\bar{u};\quad \lambda_3^x=\bar{u}-\tilde{c} \tag{4-6}$$

$$\lambda_1^y=\bar{v}+\tilde{c};\quad \lambda_2^y=\bar{v};\quad \lambda_3^y=\bar{v}-\tilde{c} \tag{4-7}$$

若将以上特征值形成的对角阵标记为

$$\boldsymbol{\Lambda}_x=\begin{pmatrix}\bar{u}+\tilde{c} & 0 & 0\\ 0 & \bar{u} & 0\\ 0 & 0 & \bar{u}-\tilde{c}\end{pmatrix};\quad \boldsymbol{\Lambda}_y=\begin{pmatrix}\bar{v}+\tilde{c} & 0 & 0\\ 0 & \bar{v} & 0\\ 0 & 0 & \bar{v}-\tilde{c}\end{pmatrix} \tag{4-8}$$

则$\boldsymbol{A}_x$和$\boldsymbol{A}_y$与该特征值间的关系为

$$\boldsymbol{A}_x=\boldsymbol{M}_x\cdot\boldsymbol{\Lambda}_x\cdot\boldsymbol{M}_x^{-1} \tag{4-9}$$

$$\boldsymbol{A}_y=\boldsymbol{M}_y\cdot\boldsymbol{\Lambda}_y\cdot\boldsymbol{M}_y^{-1} \tag{4-10}$$

$$\boldsymbol{M}_x=\begin{pmatrix}1 & 0 & 1\\ \bar{u}+\tilde{c} & 0 & \bar{u}-\tilde{c}\\ \bar{v} & \tilde{c} & \bar{v}\end{pmatrix};\quad \boldsymbol{M}_x^{-1}=\begin{pmatrix}(-\bar{u}+\tilde{c})/2c & 1/2\tilde{c} & 0\\ -\bar{v}/\tilde{c} & 0 & 1/\tilde{c}\\ (\bar{u}+c)/2\tilde{c} & -1/2\tilde{c} & 0\end{pmatrix} \tag{4-11}$$

$$\boldsymbol{M}_y=\begin{pmatrix}1 & 0 & 1\\ \bar{u} & -\tilde{c} & \bar{u}\\ \bar{v}+\tilde{c} & 0 & \bar{v}-\tilde{c}\end{pmatrix};\quad \boldsymbol{M}_y^{-1}=\begin{pmatrix}(-\bar{v}+\tilde{c})/2\tilde{c} & 0 & 1/2\tilde{c}\\ \bar{u}/\tilde{c} & -1/\tilde{c} & 0\\ (\bar{v}+\tilde{c})/2\tilde{c} & 0 & -1/2\tilde{c}\end{pmatrix} \tag{4-12}$$

由式(4-6)和式(4-7)可知,$\boldsymbol{A}_x$和$\boldsymbol{A}_y$的特征值为不相等的实数,这表明守恒型全水动力学方程属于双曲型方程。

(2)守恒-非守恒型全水动力学方程

守恒-非守恒型全水动力学方程[式(3-25)]被重述如下:

$$\frac{\partial \boldsymbol{U}}{\partial t}+\frac{\partial \boldsymbol{F}_x^u}{\partial x}+\frac{\partial \boldsymbol{F}_y^u}{\partial y}=\boldsymbol{S}^u \tag{4-13}$$

通过等价变形处理,可获得式(4-13)的拟线性表达式:

$$\frac{\partial \boldsymbol{U}}{\partial t}+\boldsymbol{A}_x^u\frac{\partial \boldsymbol{U}}{\partial x}+\boldsymbol{A}_y^u\frac{\partial \boldsymbol{U}}{\partial y}=\boldsymbol{S}^u \tag{4-14}$$

$$\boldsymbol{A}_x^u=\frac{\partial \boldsymbol{F}_x^u}{\partial \boldsymbol{U}}=\begin{pmatrix}\bar{u}&0&0\\0&\bar{u}&0\\0&0&\bar{u}\end{pmatrix};\quad \boldsymbol{A}_y^u=\frac{\partial \boldsymbol{F}_y^u}{\partial \boldsymbol{U}}=\begin{pmatrix}\bar{v}&0&0\\0&\bar{v}&0\\0&0&\bar{v}\end{pmatrix} \tag{4-15}$$

通过直接计算可知,$\boldsymbol{A}_x^u$ 和 $\boldsymbol{A}_y^u$ 的特征值分别为地表水流垂向均布流速 $\bar{u}$ 和 $\bar{v}$,故守恒-非守恒型全水动力学方程属于双曲型方程。

(3)非守恒型全水动力学方程和非守恒型纯对流方程

若要对非守恒型全水动力学方程进行数学类型分类,需先将其变换为守恒形式。在非守恒型全水动力学方程构建中,从对式(3-30)做各种处理后得到式(3-36)的推导变换过程可知,非守恒型全水动力学方程属于双曲型方程。此外,非守恒型纯对流方程在数学形式上相当于非守恒型全水动力学方程的一个分量方程,故也属于双曲型方程。

(4)守恒型纯对流方程

当 $i_c=0$ 时,守恒型纯对流方程[式(3-83)]被表达如下:

$$\frac{\partial\phi}{\partial t}+\frac{\partial(\bar{u}\cdot\phi)}{\partial x}+\frac{\partial(\bar{v}\cdot\phi)}{\partial y}=0 \tag{4-16}$$

式(4-16)中的 Jacobi 系数矩阵被约化成标量 $\bar{u}$ 和 $\bar{v}$,则式(4-2)可被具体化为如下形式:

$$\bar{u}=\frac{\partial(\bar{u}\cdot\phi)}{\partial\phi};\quad \bar{v}=\frac{\partial(\bar{v}\cdot\phi)}{\partial\phi} \tag{4-17}$$

此时 $\boldsymbol{A}_x$ 和 $\boldsymbol{A}_y$ 的特征值即为地表水流垂向均布流速 $\bar{u}$ 和 $\bar{v}$,故守恒型纯对流方程属于双曲型方程。入渗项 i_c 属于源项,不影响偏微分方程属性,故有源项的守恒型纯对流程仍属于双曲型方程

(5)守恒型特征速度场耦合方程

守恒型特征速度场耦合方程[式(3-92)]被重述如下:

$$\frac{\partial \boldsymbol{U}_c}{\partial t}+\frac{\partial \boldsymbol{F}_{c,x}}{\partial x}+\frac{\partial \boldsymbol{F}_{c,y}}{\partial y}=\boldsymbol{S}_c \tag{4-18}$$

通过等价变形处理,可获得式(4-18)的拟线性表达式:

$$\frac{\partial \boldsymbol{U}_c}{\partial t}+\boldsymbol{A}_x^c\frac{\partial \boldsymbol{U}_c}{\partial x}+\boldsymbol{A}_y^c\frac{\partial \boldsymbol{U}_c}{\partial y}=\boldsymbol{S}_c \tag{4-19}$$

$$\boldsymbol{A}_x^c=\frac{\partial \boldsymbol{F}_{c,x}}{\partial \boldsymbol{U}_c}=\begin{pmatrix}0&1&0&0\\\tilde{c}^2-\bar{u}^2&2\bar{u}&0&0\\-\bar{u}\cdot\bar{v}&\bar{v}&\bar{u}&0\\-\bar{u}\cdot\bar{c}&\bar{c}&0&\bar{u}\end{pmatrix};\quad \boldsymbol{A}_y^c=\frac{\partial \boldsymbol{F}_{c,y}}{\partial \boldsymbol{U}_c}=\begin{pmatrix}0&0&1&0\\-\bar{u}\cdot\bar{v}&\bar{v}&0&0\\\tilde{c}^2-\bar{v}^2&0&2\bar{v}&0\\-\bar{v}\cdot\bar{c}&0&\bar{c}&\bar{v}\end{pmatrix} \tag{4-20}$$

式(4-20)中 $\boldsymbol{A}_x^c$ 和 $\boldsymbol{A}_y^x$ 的特征值分别为

$$(\lambda_c^x)_1=\bar{u}+\tilde{c};\quad(\lambda_c^x)_2=\bar{u};\quad(\lambda_c^x)_3=\bar{u}-\tilde{c};\quad(\lambda_c^x)_4=\bar{u} \tag{4-21}$$

$$(\lambda_c^y)_1=\bar{v}+\tilde{c};\quad(\lambda_c^y)_2=\bar{v};\quad(\lambda_c^y)_3=\bar{v}-\tilde{c};\quad(\lambda_c^y)_4=\bar{v} \tag{4-22}$$

若将以上特征值形成的对角阵标记为

$$\boldsymbol{\Lambda}_x^c=\begin{pmatrix}\bar{u}+\tilde{c} & 0 & 0 & 0\\ 0 & \bar{u} & 0 & 0\\ 0 & 0 & \bar{u}-\tilde{c} & 0\\ 0 & 0 & 0 & \bar{u}\end{pmatrix};\quad \boldsymbol{\Lambda}_y^c=\begin{pmatrix}\bar{v}+\tilde{c} & 0 & 0 & 0\\ 0 & \bar{v} & 0 & 0\\ 0 & 0 & \bar{v}-\tilde{c} & 0\\ 0 & 0 & 0 & \bar{v}\end{pmatrix} \tag{4-23}$$

则 $\boldsymbol{A}_x^c$ 和 $\boldsymbol{A}_y^x$ 与该特征值间的关系为

$$\boldsymbol{A}_x^c=\boldsymbol{M}_x^c\cdot\boldsymbol{\Lambda}_x^c\,(\boldsymbol{M}_x^c)^{-1} \tag{4-24}$$

$$\boldsymbol{A}_y^c=\boldsymbol{M}_y^c\cdot\boldsymbol{\Lambda}_y^c\,(\boldsymbol{M}_y^c)^{-1} \tag{4-25}$$

$$\boldsymbol{M}_x^c=\begin{pmatrix}1 & 0 & 1 & 0\\ \bar{u}+\tilde{c} & 0 & \bar{u}-\tilde{c} & 0\\ \bar{v} & \tilde{c} & \bar{v} & 0\\ \bar{c} & 2\bar{c} & \bar{c} & 1\end{pmatrix};\quad (\boldsymbol{M}_x^c)^{-1}=\frac{1}{2\tilde{c}}\begin{pmatrix}-\bar{u}+\tilde{c} & 1 & 0 & 0\\ -2\bar{v} & 0 & 2 & 0\\ \bar{u}+\tilde{c} & -1 & 0 & 0\\ -2\bar{c}(\tilde{c}-2\bar{v}) & 0 & -4\bar{c} & 1\end{pmatrix} \tag{4-26}$$

$$\boldsymbol{M}_y^c=\begin{pmatrix}1 & 0 & 1 & 0\\ \bar{u} & -\tilde{c} & \bar{u} & 0\\ \bar{v}+\tilde{c} & 0 & \bar{v}-\tilde{c} & 0\\ \bar{c} & 2\bar{c} & \bar{c} & 1\end{pmatrix};\quad (\boldsymbol{M}_y^c)^{-1}=\frac{1}{2\tilde{c}}\begin{pmatrix}-\bar{v}+\tilde{c} & 0 & 1 & 0\\ 2\bar{u} & -2 & 0 & 0\\ \bar{v}+\tilde{c} & 0 & -1 & 0\\ -2\bar{c}(\tilde{c}+2\bar{u}) & 4\bar{c} & 0 & 1\end{pmatrix} \tag{4-27}$$

由式(4-21)和式(4-22)可知，$\boldsymbol{A}_x^c$ 和 $\boldsymbol{A}_y^x$ 的特征值为不相等的实数，这表明守恒型特征速度场耦合方程也属于双曲型方程。

(6)动力波方程

当 $i_c=0$ 时，经过运算处置可将动力波方程[式(3-63)]表达如下：

$$\frac{\partial h}{\partial t}+\alpha\cdot B^{m+1}\frac{\partial h^{m+1}}{\partial x}=0 \tag{4-28}$$

对式(4-28)中非线性项做 Taylor 级数展开并仅保留到二阶小量后，可得到：

$$h^{m+1}=1+(m+1)\cdot(h-1)+\frac{m(m+1)}{2}(h-1)^2 \tag{4-29}$$

将式(4-29)代入式(4-28)后，并注意到 m 为常数型经验参数，其空间导数为零，故可得到：

$$\frac{\partial h}{\partial t}+[(m+1)+m(m+1)\cdot(h-1)]\frac{\partial h}{\partial x}=0 \tag{4-30}$$

若做如下变量代换，即

$$u_h=(m+1)+m(m+1)\cdot(h-1) \tag{4-31}$$

则式(4-31)可被表达为如下对流–扩散方程形式：

$$\frac{\partial h}{\partial t}+u_h\frac{\partial h}{\partial x}=0 \tag{4-32}$$

式(4-32)表明，动力波方程属于双曲型方程。由于源项不影响偏微分方程类型，故含有 i_c 的动力波方程仍属于双曲型方程

4.1.3.2　抛物型方程

(1)守恒型纯弥散方程

守恒型纯弥散方程[式(3-85)]被重述如下：

$$\frac{\partial}{\partial t}(h \cdot \bar{c}) = \frac{\partial}{\partial x}\left(h \cdot K_x^c \frac{\partial \bar{c}}{\partial x}\right) + \frac{\partial}{\partial y}\left(h \cdot K_y^c \frac{\partial \bar{c}}{\partial y}\right) \tag{4-33}$$

若做如下变量代换，即

$$f_{cx} = h \cdot K_x^c \frac{\partial \bar{c}}{\partial x} \tag{4-34}$$

$$f_{cy} = h \cdot K_y^c \frac{\partial \bar{c}}{\partial y} \tag{4-35}$$

则式(4-33)被表达成如下形式：

$$\frac{\partial(h \cdot \bar{c})}{\partial t} - \frac{\partial f_{cx}}{\partial x} - \frac{\partial f_{cy}}{\partial y} = 0 \tag{4-36}$$

$$\frac{\partial \bar{c}}{\partial x} = \frac{f_{cx}}{h \cdot K_x^c} \tag{4-37}$$

$$\frac{\partial \bar{c}}{\partial y} = \frac{f_{cy}}{h \cdot K_y^c} \tag{4-38}$$

式(4-36)~式(4-38)可被表达为如下向量形式：

$$\frac{\partial}{\partial t}\begin{pmatrix} h \cdot \bar{c} \\ 0 \\ 0 \end{pmatrix} + \frac{\partial}{\partial x}\begin{pmatrix} -f_{cx} \\ \bar{c} \\ 0 \end{pmatrix} + \frac{\partial}{\partial y}\begin{pmatrix} -f_{cy} \\ 0 \\ \bar{c} \end{pmatrix} = \begin{pmatrix} 0 \\ f_{cx}/h \cdot K_x^c \\ f_{cy}/h \cdot K_y^c \end{pmatrix} \tag{4-39}$$

通过等价变形处理，可获得式(4-39)的拟线性表达式：

$$\frac{\partial}{\partial t}\begin{pmatrix} h \cdot \bar{c} \\ 0 \\ 0 \end{pmatrix} + \boldsymbol{A}_{c,x} \frac{\partial}{\partial x}\begin{pmatrix} h \cdot \bar{c} \\ 0 \\ 0 \end{pmatrix} + \boldsymbol{A}_{c,y} \frac{\partial}{\partial y}\begin{pmatrix} h \cdot \bar{c} \\ 0 \\ 0 \end{pmatrix} = \begin{pmatrix} 0 \\ f/h \cdot K_x^c \\ g/h \cdot K_y^c \end{pmatrix} \tag{4-40}$$

$$\boldsymbol{A}_{c,x} = \begin{pmatrix} -\dfrac{\partial f_{cx}}{\partial x} \Big/ \dfrac{\partial(h \cdot \bar{c})}{\partial x} & 0 & 0 \\ 1 & 0 & 0 \\ 0 & 0 & 0 \end{pmatrix};\ \boldsymbol{A}_{c,y} = \begin{pmatrix} -\dfrac{\partial f_{cy}}{\partial y} \Big/ \dfrac{\partial(h \cdot \bar{c})}{\partial y} & 0 & 0 \\ 0 & 0 & 0 \\ 1 & 0 & 0 \end{pmatrix} \tag{4-41}$$

通过直接计算可知，$\boldsymbol{A}_{c,x}$和$\boldsymbol{A}_{c,y}$的特征值为零，故守恒型纯弥散方程属于抛物型方程。

(2)非守恒型纯弥散方程及原始和基于通量形式的零惯量(扩散波)方程

非守恒型纯弥散方程[式(3-87)]可被变换成守恒型纯弥散方程[式(3-85)]，故其属于抛物型方程。对原始零惯量(扩散波)方程[式(3-42)~式(3-44)]而言，由于扩散过程往往由抛物型方程描述，故应属于抛物型方程。此外，基于通量形式的零惯量(扩散波)方程[式(3-42)，式(3-52)和式(3-53)]是由其原始形式推导而得，故应同属于抛物型方程(Strelkoff et al.,2003)。但至今尚无将零惯量(扩散波)方程表达成标准抛物型方程的推导。

4.1.3.3 双曲–抛物型方程

(1)守恒型对流–弥散方程

当 $i_c=0$ 时,且 $\phi=h\cdot\bar{c}$,守恒型对流–弥散方程[式(3-72)]被表达如下:

$$\frac{\partial\phi}{\partial t}+\frac{\partial(\bar{u}\cdot\phi)}{\partial x}+\frac{\partial(\bar{v}\cdot\phi)}{\partial y}=\frac{\partial}{\partial x}\left(h\cdot K_x^c\frac{\partial\bar{c}}{\partial x}\right)+\frac{\partial}{\partial y}\left(h\cdot K_y^c\frac{\partial\bar{c}}{\partial y}\right)\tag{4-42}$$

式(4-42)包含对流项和弥散项,故可同时描述溶质的对流–弥散过程。对畦田施肥灌溉过程而言,虽然溶质的对流效应远大于弥散效应,但实测结果表明,弥散效应仍难被完全忽略(Playán and Faci,1997),故守恒型对流–弥散方程应归类为双曲–抛物型方程。

若 $i_c\neq0$,式(4-42)等号右侧中将出现源项 $i_c\cdot\bar{c}$,但该非微分形式的源项并不会影响到方程的数学类型(Morton and Mayers,2005),所以,当 $i_c\neq0$ 时,式(4-42)一般被称为带有源项的双曲–抛物型方程。

(2)守恒–非守恒型和非守恒型对流–弥散方程

守恒–非守恒型和非守恒型对流–弥散方程[式(3-76)和式(3-81)]均可被变换为守恒型对流–弥散方程[式(3-72)],故均属于双曲–抛物型方程。

(3)基于对流–扩散过程的零惯量(扩散波)方程

基于对流–扩散过程的零惯量(扩散波)方程[式(3-55)]被重述如下:

$$\frac{\partial\zeta}{\partial t}+U_{\mathrm{e}}\frac{\partial\zeta}{\partial x}+V_{\mathrm{e}}\frac{\partial\zeta}{\partial y}=D_{xx}^{\mathrm{e}}\frac{\partial^2\zeta}{\partial x^2}+D_{xy}^{\mathrm{e}}\frac{\partial^2\zeta}{\partial x\partial y}+D_{yy}^{\mathrm{e}}\frac{\partial^2\zeta}{\partial y^2}\tag{4-43}$$

式(4-38)与非守恒型对流–弥散方程的结构相同,故也属于双曲–抛物型方程。

4.2 地表水流溶质运动控制及耦合方程空间与时间离散格式

对数理方程进行空间与时间离散的概念形成有其原始的直观几何学背景(Needham,1998)。但现有研究成果和相关文献多是从分析学角度出发,重在论述空间与时间数值离散的严谨性和逻辑性,却往往掩盖了其原始含义,这严重阻碍了人们对数值模拟解法的正确理解和恰当使用。故有必要从几何学新视角入手,系统直观地阐述地表水流溶质运动控制及耦合方程的空间与时间离散格式,为了解现有数值模拟解法并对其发展提供几何学基础。

4.2.1 空间与时间域离散

对物理过程的控制方程一般涉及空间与时间域,常采用偏微分方程形式表达。由于空间与时间域均属于无穷点集,故偏微分控制方程具有无限维度,加之受到非线性特征的影响,常难以获得一般状态下的偏微分控制方程解析解(Temam,1997)。为此,人们采用有限大小的网格(或单元格)对控制方程的空间与时间域进行离散,将预期解决问题的维度由无限降解至有限,使之局部线性化,形成对原始问题的近似表述,这即为对偏微分控制方程的空间与时间域离散。

由于物理过程在空间坐标上的变化呈现出非均质性和非单一方向性的特征,各类偏微分控制方程的空间离散方法表现出多样性，如有限差分法、有限体积法和有限单元法等。但由于双曲型方程中蕴含着地表水流间断波，此类方程解的一阶导数出现不连续现象，故采用有限单元法数值模拟求解的难度较大（阎超，2006），一般不建议采用。与空间坐标相比，物理过程在时间坐标上的变化却具有均质性和单一方向性，这决定了对各类偏微分控制方程的时间离散方法而言，多采用基于 Taylor 级数展开的有限差分法。

4.2.2　空间离散有限差分法

有限差分法是最早用于开展偏微分控制方程空间导数项离散的数值模拟解法（Bell，1986）。利用有限差分法空间离散偏微分控制方程时，需考虑方程的数学类型及所描述的特定物理问题，否则易导致计算过程失稳，造成模拟失败。由于双曲型方程描述了地表水流溶质物理波沿特定方向的传播过程，在利用有限差分法空间离散时，应考虑地表水流溶质对流传播的特定方向，由此形成迎风（upwind）差分离散格式。与之相比，抛物型方程描述了地表水流溶质物理波的无特定方向扩散过程，可采用空间离散沿各方向对称的中心（center）差分离散格式。鉴于有限差分法的明确几何背景及人们认识事物更倾向于直观形象化的思维方式，故应采用直观几何表达与抽象解析推导相结合的思路，阐释基于有限差分法空间离散双曲型方程、抛物型方程和双曲–抛物型方程的原理及其离散格式。

有限差分法一般仅用于矩形网格下的空间离散，若用于非矩形网格，需先建立物理空间与计算空间之间的映射关系（阎超，2006），这无疑会增大利用该法数值模拟求解的难度，故鲜见有限差分法在非矩形网格下模拟地表水流溶质运动的实例。

4.2.2.1　双曲型方程迎风差分离散格式

当 $i_c=0$ 时，守恒型纯对流方程［式(3-83)］被表述如下：

$$\frac{\partial \phi}{\partial t}+\frac{\partial(\bar{u}\cdot\phi)}{\partial x}+\frac{\partial(\bar{v}\cdot\phi)}{\partial y}=0 \tag{4-44}$$

物理学中常将式(4-44)中的地表水流溶质视为一种物理波，而地表水流垂向均布流速 $\bar{u}$ 和 $\bar{v}$ 提供了该物理波的传播动力。若仅考虑沿 x 坐标向物理波的波动过程（图 4-1），则 $\bar{u}>0$ 时的信息是从左向右传播，反之亦然。同理，沿 y 坐标向物理波的波动过程也可做类似解释。

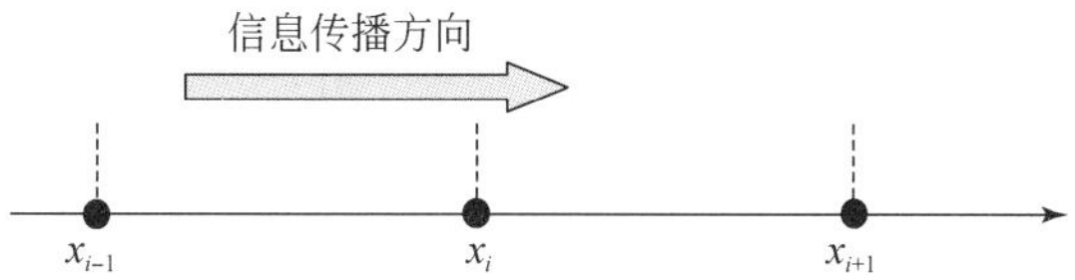

图 4-1　$\bar{u}>0$ 下地表水流溶质物理波的信息传播方向

如图 4-1 所示，由于地表水流溶质物理波的传播方向是从左到右，故在任意空间位置点$(i+1,j)$处的 $(\bar{u}\cdot\phi)$ 值依赖于点(i,j)处的值，故利用 Taylor 级数将 $(\bar{u}\cdot\phi)$ 在点$(i+1,j)$处的值于点(i,j)处展开如下：

$$(\bar{u}\cdot\phi)_{i+1,j}=(\bar{u}\cdot\phi)_{i,j}+\left.\frac{\partial(\bar{u}\cdot\phi)}{\partial x}\right|_{i,j}\Delta x+\left.\frac{\partial^2(\bar{u}\cdot\phi)}{\partial x^2}\right|_{i,j}(\Delta x)^2+\cdots \tag{4-45}$$

同理,也可得到沿 y 坐标向的 $(\bar{v}\cdot\phi)$ 的空间导数项表达式:

$$(\bar{v}\cdot\phi)_{i,j+1}=(\bar{v}\cdot\phi)_{i,j}+\left.\frac{\partial(\bar{v}\cdot\phi)}{\partial y}\right|_{i,j}\Delta y+\left.\frac{\partial^2(\bar{v}\cdot\phi)}{\partial y^2}\right|_{i,j}(\Delta y)^2+\cdots \tag{4-46}$$

若仅保留式(4-45)和式(4-46)中的一阶项,则式(4-44)中的空间导数项被离散成式(4-47),进而得到迎风差分离散格式,其中,迎风的含义就是迎着波动信息来临的方向,其表达式为

$$\frac{\partial\phi}{\partial t}+\frac{(\bar{u}\cdot\phi)_{i+1,j}-(\bar{u}\cdot\phi)_{i,j}}{\Delta x}+\frac{(\bar{v}\cdot\phi)_{i,j+1}-(\bar{v}\cdot\phi)_{i,j}}{\Delta y}=0 \tag{4-47}$$

基于守恒表达形式的有限差分法中的迎风差分离散格式极易将地表水流溶质物理波的波幅磨平(图 4-2),这源自一阶精度的离散格式具有较大耗散性,需要构造高精度的离散格式才可避免此类问题,但这往往难以实现自适应的迎风差分离散格式(Panday and Huyakorn,2004),故基于守恒表达形式的有限差分法中的迎风差分离散格式一般仅用于介绍基本概念,鲜见实用。

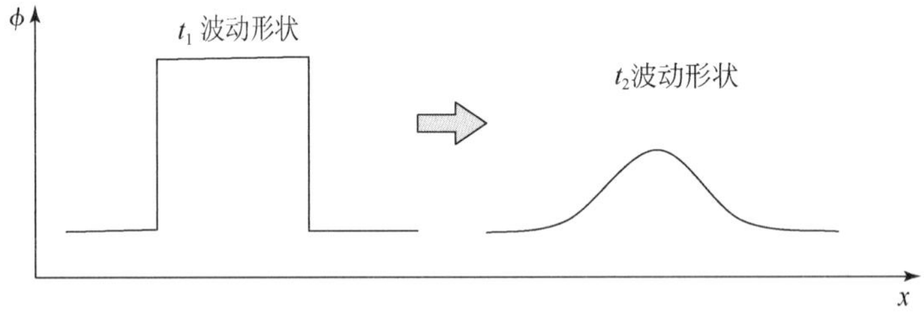

图 4-2　地表水流溶质物理波在传播过程中波幅易被磨平的示意图

在较好畦面微地形空间分布状况和畦田灌溉入流条件下,可将间断波形简化成大梯度波形(图 3-10),并采用非守恒型纯对流方程描述地表水流溶质运动,其表达式如下:

$$\frac{\partial\bar{c}}{\partial t}+\bar{u}\frac{\partial\bar{c}}{\partial x}+\bar{v}\frac{\partial\bar{c}}{\partial y}=0 \tag{4-48}$$

时空离散式(4-48)的常用方法为基于有限差分法形成的特征线法,基于如下假设:

$$\bar{u}=\frac{\mathrm{d}x}{\mathrm{d}t};\quad \bar{v}=\frac{\mathrm{d}y}{\mathrm{d}t} \tag{4-49}$$

则式(4-48)可被变换成全微分形式:

$$\frac{\mathrm{d}\bar{c}}{\mathrm{d}t}=0 \tag{4-50}$$

式(4-50)表明,在三维计算区域(x,y,t)内,存在着一条被称为特征线的路线 A—B,地表水流垂向均布溶质浓度 $\bar{c}$ 沿该路线传播(图 4-3)。

由图 4-3 可知,对未知时间步 t^{n_t+1} 而言,空间离散点 B 处的地表水流溶质物理波信息是由 t^{n_t} 时间步传播而来。然而,若回溯与之相关的 t^{n_t} 时间步的信息点 A,其空间坐标往往并不在空间离散节点处,这可标记为(x',y')。若已知 ϕ 在 t^{n_t} 时间步内的分布,则只需确定 A 点坐标(x',y')后,即可通过节点值进行插值计算,得到 ϕ 在(x',y')处的值,进而获得

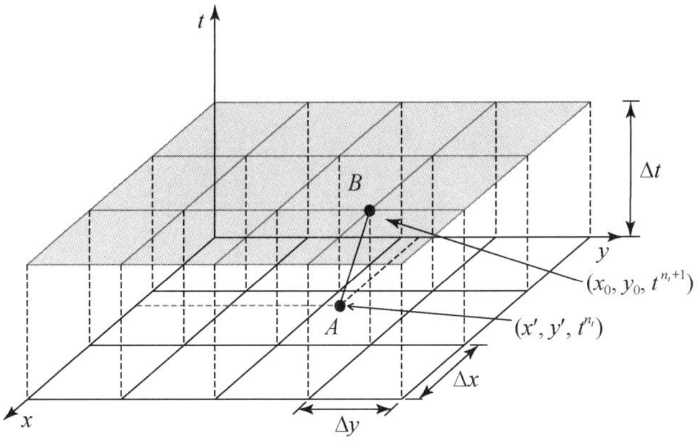

图 4-3　三维计算区域内时空离散的地表水流溶质物理波信息传播特征线

未知时间步 t^{n_t+1} 下 $\bar{c}$ 在各空间节点处的值。为了明晰此概念,可将图 4-3 显示的特征线 A—B 在 x-t 平面上投影,得到如图 4-4 所示的地表水流溶质物理波信息传播示意图。

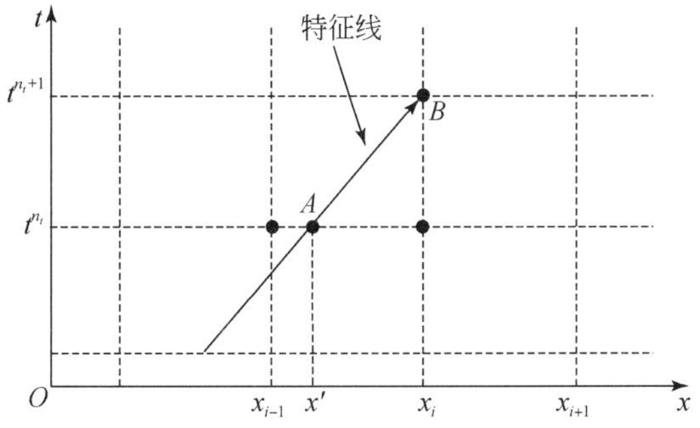

图 4-4　地表水流溶质物理波信息传播特征线在 x-t 平面内的投影

由式(4-49)可知,图 4-4 中的 x_i 与 x' 之间应满足如下关系:

$$x_i = x' + \frac{(\bar{u}')^{n_t} + \bar{u}_i^{n_t+1}}{2}\Delta t \tag{4-51}$$

对式(4-51)中非空间节点处的流速值,可通过线性插值获得,其形式如下:

$$(\bar{u}')^{n_t} = \vartheta \cdot \bar{u}_{i-1}^{n_t} + (1 - \vartheta)\bar{u}_i^{n_t} \tag{4-52}$$

式中, $\vartheta = \dfrac{x' - x_i}{x_i - x_{i-1}}$。

对式(4-51)和式(4-52)进行交替迭代,直到满足收敛准则式(4-53)时,即可获得 x' 的确切坐标值(Zerihun et al.,2004):

$$\frac{|\bar{u}_C^{n_p+1} - \bar{u}_C^{n_p}|}{|\bar{u}_C^{n_p}|} \leqslant \varepsilon \tag{4-53}$$

式中, n_p 为用于标识非时间的迭代步,区别于时间迭代步的上标 n_t; ε 为预设的误差值,一般取值为 10^{-5}。

以上数值模拟方法的计算精度是由待求变量在 x' 处的插值精度决定。对已知时间步

t^{n_t} 而言，若利用二阶精度拉格朗日插值法从空间网格点变量值获得 x' 处的变量值，则上述解法的精度为二阶，但若采用同时考虑空间节点变量值和变量导数值的高阶插值方法，则可获得高于二阶精度的模拟结果（Khanna et al.，2003；Zerihun et al.，2004）。以三次样条插值为例，其精度可达到四阶，但需求出变量在空间节点处的一阶导数值和二阶导数值：

$$\frac{\partial \bar{c}}{\partial x};\quad \frac{\partial \bar{c}}{\partial y};\quad \frac{\partial^2 \bar{c}}{\partial x^2};\quad \frac{\partial^2 \bar{c}}{\partial xy};\quad \frac{\partial^2 \bar{c}}{\partial y^2} \tag{4-54}$$

在一维均匀网格和非均匀网格及二维矩形网格下，三次样条插值法为求解一阶和二阶空间导数值提供了完备的算法，这里不再赘述。

对任意形状的二维畦田而言，需采用非矩形网格进行空间离散。由于三次样条插值法未能提供对式（4-54）各空间导数值的通用算法，Khanna 等（2003）在基于 Taylor 级数展开式求解一阶和二阶空间导数值基础上，建立了任意多边形网格下双曲型方程的有限差分法。在该法中，由于已知时间步下任意空间位置点处的地表水流溶质浓度值，故存在如下 Taylor 级数展开式：

$$\begin{aligned}\bar{c} &= \bar{c}_0 + (x - x_0)\frac{\partial \bar{c}}{\partial x} + (y - y_0)\frac{\partial \bar{c}}{\partial y} \\ &\quad + \frac{1}{2!}\left[(x - x_0)^2\frac{\partial^2 \bar{c}}{\partial x^2} + 2(x - x_0)(y - y_0)\frac{\partial^2 \bar{c}}{\partial x \partial y} + (y - y_0)^2\frac{\partial^2 \bar{c}}{\partial y^2}\right] + \cdots\end{aligned} \tag{4-55}$$

在保留二阶精度展开式下，对式（4-55）进行处理后，可得到如下方程：

$$\begin{aligned}&(x_i - x_0)\frac{\partial \bar{c}}{\partial x} + (y_i - y_0)\frac{\partial \bar{c}}{\partial y} + \frac{1}{2}(x_i - x_0)^2\frac{\partial^2 c}{\partial x^2} + (x_i - x_0)(y_i - y_0)\frac{\partial^2 c}{\partial x \partial y} \\ &\quad + \frac{1}{2}(y_i - y_0)^2\frac{\partial^2 c}{\partial y^2} = c_i - c_0\end{aligned} \tag{4-56}$$

式（4-56）包括 5 个未知变量并涉及 5 个空间位置点，利用该式建起的 5 个线性代数方程可形成完备可解的线性方程组。如图 4-5 所示，对已知地表水流溶质浓度值的空间位置点 $0(x_0, y_0)$ 处而言，可选择环绕的 5 个位置点，基于式（4-56）分别建立相应的线性代数方程，通过联解可在已知时间步下获得地表水流溶质浓度在任意空间位置点处的一阶导数值和二阶导数值。

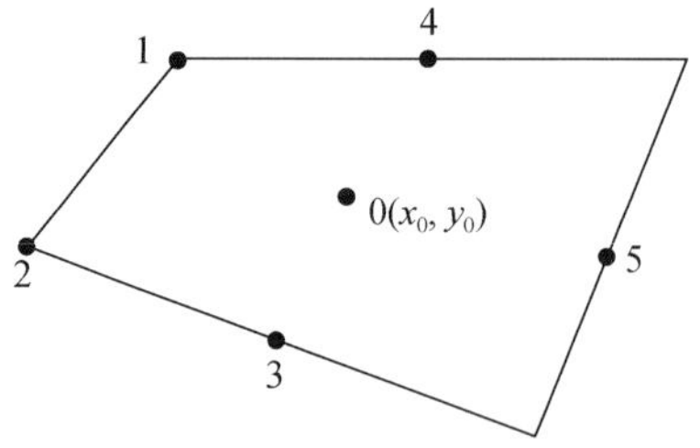

图 4-5　求解地表水流溶质浓度一阶导数项和二阶导数项时的空间位置点示意图

Khanna 等（2003）利用上述方法数值模拟求解二维零惯量（扩散波）方程。虽然高阶精度插值方法需要获取较多信息，但理论上，模拟精度相对较高，故应用较为普遍。此外，上述数值模拟解法一般仅用于标量型方程，难以用于向量型方程。

4.2.2.2　抛物型方程中心差分离散格式

守恒型纯弥散方程[式(3-85)]描述了地表水流溶质浓度在各方向上的弥散运动,这与由双曲型方程描述的地表水流溶质物理波沿特定方向传播的现象存在着本质差异,故对地表水流溶质浓度空间导数项的空间离散也应体现出该物理特征。

考虑沿 x 坐标向的物理变化过程,对地表水流溶质浓度一阶空间导数而言,除存在与式(4-55)相似的 Taylor 级数展开式外,还可将地表水流溶质浓度在任意空间位置点($i-1$,j)处的值于点(i,j)处进行展开,在求得两者之和后,可得到对称形式的 Taylor 级数展开式:

$$\bar{c}_{i+1,j}=\bar{c}_{i-1,j}+2\left.\frac{\partial\bar{c}}{\partial x}\right|_{i,j}\Delta x+\left.\frac{\partial^3\bar{c}}{\partial x^3}\right|_{i,j}(\Delta x)^3+\cdots \tag{4-57}$$

若舍去式(4-57)中三阶及以上的导数项,可获得地表水流溶质浓度一阶空间导数的中心差分格式:

$$\left.\frac{\partial\bar{c}}{\partial x}\right|_{i,j}=\frac{\bar{c}_{i+1,j}-\bar{c}_{i-1,j}}{2\Delta x} \tag{4-58}$$

在式(4-57)中舍去高阶导数项后,式(4-58)的空间离散精度为二阶,若在该式两侧同乘以 $h\cdot K_x^c$,则可获得式(4-59):

$$h\cdot K_x^c\left.\frac{\partial\bar{c}}{\partial x}\right|_{i,j}=(h\cdot K_x^c)_{i,j}\frac{\bar{c}_{i+1,j}-\bar{c}_{i-1,j}}{2\Delta x} \tag{4-59}$$

在任意空间位置点($i-1$,j)和(i,j)之间加入中间点($i-1/2$,j)后,将式(4-59)代入式(4-58),并沿 y 坐标向也做出类似处理后,可获得守恒型纯弥散方程的有限差分中心离散格式:

$$\begin{aligned}\frac{\partial\phi}{\partial t}=&\frac{(h\cdot K_x^c)_{i+1/2,j}\bar{c}_{i+1,j}-[(h\cdot K_x^c)_{i+1/2,j}+(h\cdot K_x^c)_{i-1/2,j}]\bar{c}_{i,j}+(h\cdot K_x^c)_{i-1/2,j}\bar{c}_{i-1,j}}{(\Delta x)^2}\\&+\frac{(h\cdot K_y^c)_{i,j+1/2}\bar{c}_{i,j+1}-[(h\cdot K_y^c)_{i,j+1/2}+(h\cdot K_y^c)_{i,j-1/2}]\bar{c}_{i,j}+(h\cdot K_y^c)_{i,j-1/2}\bar{c}_{i,j-1}}{(\Delta y)^2}\end{aligned} \tag{4-60}$$

式中,$(h\cdot K_x^c)_{i+1/2,j}$ 为 $h\cdot K_x^c$ 在任意空间位置点(i,j)和($i+1$,j)之间的中点值,采用 $[(h\cdot K_x^c)_{i+1,j}+(h\cdot K_x^c)_{i,j}]/2$ 计算。

式(4-60)具有二阶空间离散精度,在矩形网格下可解决许多实际问题。此外,对非守恒型纯弥散方程[式 3-87]而言,可直接采用中心差分离散格式有限差分法空间离散,其与式(4-60)的唯一差别是在离散项个数和弥散系数位置上有所不同。

对零惯量(扩散波)方程[式(3-42)]而言,Stelkoff 等(2003)提出了相应的有限差分法离散格式:

$$E_{i,j}=\frac{h_{i,j}^{n_t+1}-h_{i,j}^{n_t}}{\Delta t}+\frac{(q_x)_{i+1/2,j}^{n_t+1}-(q_x)_{i-1/2,j}^{n_t+1}}{\Delta x}+\frac{(q_y)_{i,j+1/2}^{n_t+1}-(q_y)_{i,j-1/2}^{n_t+1}}{\Delta y}+(i_c)_{i,j}^{n_t} \tag{4-61}$$

由式(4-61)可知,对式(3-50)和式(3-51)进行空间离散时,涉及各空间位置中间点(i

$+1/2,j)$、$(i-1/2,j)$、$(i,j+1/2)$ 和 $(i,j-1/2)$ 处的 $(q_x)_{i+1/2,j}$、$(q_x)_{i-1/2,j}$、$(q_y)_{i,j+1/2}$ 及 $(q_y)_{i,j-1/2}$。例如，当计算 $(q_x)_{i+1/2,j}$ 值所需的地表水位相对高程梯度项时，涉及如图 4-6 所示的空间网格点，此时沿 x 坐标向的有限差分法空间离散格式为

$$\left(\frac{\partial \zeta}{\partial x}\right)_{i+1/2,j}=\frac{1}{4}\,\text{II}_1\,\frac{\zeta_{i+1,j}-\zeta_{i,j}}{\Delta x}+\frac{1}{4}\,\text{II}_2\,\frac{\zeta_{i+1,j+1}-\zeta_{i,j+1}}{\Delta x}+\frac{1}{4}\,\text{II}_3\,\frac{\zeta_{i,j}-\zeta_{i-1,j}}{\Delta x}+\frac{1}{4}\,\text{II}_4\,\frac{\zeta_{i,j+1}-\zeta_{i-1,j+1}}{\Delta x} \tag{4-62}$$

在式(4-62)中，若空间网格点之间无流量通过，则 $\text{II}_i(i=1,2,3,4)=0$，否则为 1。由此可见，畦首入流边界条件和畦埂无流边界条件被自然地引入到零惯量(扩散波)方程的空间离散格式中。

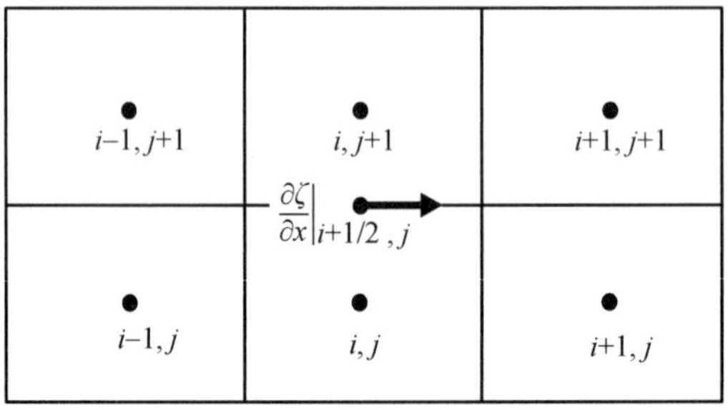

图 4-6　计算相邻网格点间中心位置点处的地表水位相对高程梯度涉及的空间网格点分布

同理，可得到沿 y 坐标向的有限差分法空间离散格式：

$$\left(\frac{\partial \zeta}{\partial y}\right)_{i+1/2,j}=\frac{1}{4}\,\text{II}_1\,\frac{\zeta_{i,j+1}-\zeta_{i,j}}{\Delta y}+\frac{1}{4}\,\text{II}_2\,\frac{\zeta_{i+1,j+1}-\zeta_{i+1,j}}{\Delta y}+\frac{1}{4}\,\text{II}_3\,\frac{\zeta_{i,j}-\zeta_{i,j-1}}{\Delta y}+\frac{1}{4}\,\text{II}_4\,\frac{\zeta_{i+1,j}-\zeta_{i+1,j-1}}{\Delta y} \tag{4-63}$$

基于式(4-62)和式(4-63)，可获得求解 $(q_x)_{i+1/2,j}$ 的有限差分法空间离散格式：

$$(q_x)_{i+1/2,j}=-(K_f^s)_{i+1/2,j}\frac{\left(\frac{\partial \zeta}{\partial x}\right)_{i+1/2,j}}{\left[\left(\frac{\partial \zeta}{\partial x}\right)^2_{i+1/2,j}+\left(\frac{\partial \zeta}{\partial y}\right)^2_{i+1/2,j}\right]^{1/4}} \tag{4-64}$$

以此类推，还可分别得到求解 $(q_x)_{i-1/2,j}$、$(q_y)_{i,j+1/2}$ 和 $(q_y)_{i,j-1/2}$ 的有限差分法空间离散格式，分别如下：

$$(q_x)_{i-1/2,j}=-(K_f^s)_{i-1/2,j}\frac{\left(\frac{\partial \zeta}{\partial x}\right)_{i-1/2,j}}{\left[\left(\frac{\partial \zeta}{\partial x}\right)^2_{i-1/2,j}+\left(\frac{\partial \zeta}{\partial y}\right)^2_{i-1/2,j}\right]^{1/4}} \tag{4-65}$$

$$(q_y)_{i,j+1/2}=-(K_f^s)_{i,j+1/2}\frac{\left(\frac{\partial \zeta}{\partial y}\right)_{i,j+1/2}}{\left[\left(\frac{\partial \zeta}{\partial x}\right)^2_{i,j+1/2}+\left(\frac{\partial \zeta}{\partial y}\right)^2_{i,j+1/2}\right]^{1/4}} \tag{4-66}$$

$$(q_x)_{i,j-1/2} = -(K_f^s)_{i,j-1/2} \frac{\left(\frac{\partial \zeta}{\partial x}\right)_{i,j-1/2}}{\left[\left(\frac{\partial \zeta}{\partial x}\right)^2_{i,j-1/2} + \left(\frac{\partial \zeta}{\partial y}\right)^2_{i,j-1/2}\right]^{1/4}} \tag{4-67}$$

将式(4-64)~式(4-67)代入式(4-61)后,形成非常复杂的非线性代数方程组,通过反复求解该线性方程组,直至 $E_{i,j}$ 小于某一预设的阈值,即可获得该时间步任意空间位置点处的地表水位相对高程值。事实上,采用有限差分法空间离散零惯量(扩散波)方程形成的时空离散格式的收敛性很差、计算效率极低、难以用于实际。

4.2.2.3　双曲-抛物型方程迎风-中心差分离散格式

对双曲-抛物型方程而言,可依据其中各物理项特性分别开展空间离散,双曲型项为与对流相关的物理项,采用迎风差分离散格式空间离散,抛物型项是与弥散(扩散)相关的物理项,利用中心差分离散格式空间离散。

以守恒型对流-弥散方程[式(3-72)]为例,当 $i_c=0$ 且 $\phi = h \cdot \bar{c}$ 时,对流项的空间离散格式即为式(4-47)等号左侧项,而弥散项的空间离散格式就是式(4-60)等号右侧项。此外,对非守恒型对流-弥散方程和守恒-非守恒型对流-弥散方程及动力波方程而言,有限差分法的空间离散方式与上述基本相同。

对基于对流-扩散过程的零惯量(扩散波)方程[式(3-55)]而言,其对流项的表达式与式(4-48)类似,故相应的空间离散过程与之相同,而扩散项包括沿 x 方向和 y 方向的混合求导项 $D_{xy}^e \dfrac{\partial^2 \zeta}{\partial x \partial y}$,其空间离散格式与式(4-60)稍有不同,为

$$\left.\left(D_{xx}^e \frac{\partial^2 \zeta}{\partial x^2} + D_{xy}^e \frac{\partial^2 \zeta}{\partial x \partial y} + D_{yy}^e \frac{\partial^2 \zeta}{\partial y^2}\right)\right|_{i,j} = (D_{xx}^e)_{i,j} \frac{\zeta_{i+1,j} - 2\zeta_{i,j} + \zeta_{i-1,j}}{(\Delta x)^2} + D_{xy}^e \frac{\zeta_{i+1,j+1} - \zeta_{i-1,j} - \zeta_{i,j-1} + \zeta_{i-1,j-1}}{4\Delta x \Delta y}$$
$$+ (D_{yy}^e)_{i,j} \frac{\zeta_{i,j-1} - 2\zeta_{i,j} + \zeta_{i,j-1}}{(\Delta y)^2} \tag{4-68}$$

若对流项也采用与式(4-68)相似的特征线法,并采用高精度的三次样条插值方法,即可获得任意空间离散点(i,j)处待求变量的高阶导数值,并据此直接得到式(4-68)等号左侧项(Khanna et al.,2003;Zerihun et al.,2004)。

4.2.3　时间离散有限差分法

物理过程的时间坐标具有单向性特征,致使用于时间离散偏微分控制方程的有限差分法也具备单向差分格式的特点,其保留的阶数决定时间离散的精度。与对空间导数项的离散相类似,当采用有限差分法离散任意物理变量的时间导数项时,也需借助 Taylor 级数进行展开,获得预设精度的代数方程表达项。

依照涉及的物理问题及偏微分控制方程数学类型的差异,时间离散格式包括一阶精度的显时间格式及一阶精度和二阶精度的隐时间格式,由此形成二阶精度的显时间格式及混合时间格式。显时间格式具有简便易用的特点,但由于对各空间位置点之间的物理变化过程进行了解耦,故受到严格的稳定性条件制约,仅能取较小的时间步长,束缚了该格式的适用性。隐时间格式保留了物理变量在各空间位置点之间的耦合效应,具有无条

件稳定特征,时间步长可取任意值,故适用范围较为广泛,缺陷是该格式结构相对复杂,需具备娴熟的数理技巧和编程技能才可使用。为了更有利于理解和使用这些时间格式,借助几何直观表达与抽象解析推导相结合的方式,阐释时间格式的由来及其稳定性概念。

4.2.3.1 基本时间离散格式

时间坐标具有单向性特征,这与双曲型方程的空间导数项类似。当 $i_c=0$ 时,以具备典型双曲型方程特征的守恒型纯对流方程[式(3-83)]等号左侧项中的时间导数项为例,将未知时间点(n_t+1)处的 ϕ 在 n_t时刻作如下 Taylor 级数展开:

$$\phi^{n_t+1} = \phi^{n_t} + \left.\frac{\partial\phi}{\partial t}\right|^{n_t}\Delta t + \left.\frac{\partial^2\phi}{\partial x^2}\right|^{n_t}(\Delta t)^2 + \cdots \tag{4-69}$$

若仅保留式(4-69)中的一阶导数项,可获得一阶精度表达式:

$$\frac{\partial\phi}{\partial t} = \frac{\phi^{n_t+1} - \phi^{n_t}}{\Delta t} \tag{4-70}$$

若同时保留一阶导数项和二阶导数项,则式(4-69)是 Δt 的二次方程表达式,当 Δt 分别取值 0、Δt 和 $2\Delta t$ 时,可获得如下线性代数方程组:

$$\begin{cases}\phi^{n_t+1}(0) = \phi^{n_t+1} \\ \phi^{n_t}(\Delta t) = \phi^{n_t} + \left.\frac{\partial\phi}{\partial t}\right|^{n_t}\Delta t + \left.\frac{\partial^2\phi}{\partial t^2}\right|^{n_t}(\Delta t)^2 \\ \phi^{n_t-1}(2\Delta t) = \phi^{n_t} + \left.\frac{\partial\phi}{\partial t}\right|^{n_t}(2\Delta t) + \left.\frac{\partial^2\phi}{\partial t^2}\right|^{n_t}(2\Delta t)^2\end{cases} \tag{4-71}$$

通过求解式(4-71),可获得时间导数的二阶精度离散格式:

$$\frac{\partial\phi}{\partial t} = \frac{3\phi^{n_t+1} - 4\phi^{n_t} + \phi^{n_t-1}}{2\Delta t} \tag{4-72}$$

式(4-70)和式(4-72)是最为常见的两种时间导数项离散格式,当然对时间导数项也可做更高阶精度的离散,但应用并不广泛。

4.2.3.2 显时间差分离散格式

若将式(4-70)用于 $i_c=0$ 下的式(3-83),并将式(4-47)中各项赋予已知时间步 n_t的值,则可得到如下显时间差分离散格式:

$$\frac{\phi_{i,j}^{n_t+1} - \phi_{i,j}^{n_t}}{\Delta t} + \frac{(\bar{u}\cdot\phi)_{i,j}^{n_t} - (\bar{u}\cdot\phi)_{i-1,j}^{n_t}}{\Delta x} + \frac{(\bar{v}\cdot\phi)_{i,j}^{n_t} - (\bar{v}\cdot\phi)_{i,j-1}^{n_t}}{\Delta y} = 0 \tag{4-73}$$

为了明晰物理概念,仅考虑式(4-73)中沿 x 坐标向的物理过程,经移项和合并同类项等处理后,可得到表达式:

$$\phi_{i,j}^{n_t+1} = \phi_{i,j}^{n_t} - \frac{u\Delta t}{\Delta x}(\phi_{i,j}^{n_t} - \phi_{i-1,j}^{n_t}) = (1 - \lambda_x^h)\phi_{i,j}^{n_t} + \lambda_x^h\cdot\phi_{i-1,j}^{n_t} \tag{4-74}$$

式中,λ_x^h 为组合系数,且 $\lambda_x^h = \bar{u}\cdot\Delta t/\Delta x$。

式(4-74)表明守恒型纯对流方程的时间离散步长与空间离散步长属于同阶量,这对一般的双曲型方程而言均成立,这也就是此类方程宜采用显时间差分离散格式的数学理由(LeVeque,2002)。隐时间差分离散格式具有信息传播单向性的特点,若对双曲型方程加以应用,极易导致较低的计算效率。此外,在显时间差分离散格式下,式(4-74)中的 λ_x^h 值不宜取得太大,否则模拟结果会迅速发散,导致模拟过程崩溃。

式(4-74)还意味着 n_t+1 时间点的未知变量可由已知时间点 n_t 的已知变量进行凸组合表达,故应满足 $\lambda_x^h \leqslant 1$ 的条件,这即为 CFL 稳定性条件,也即显时间差分离散格式稳定性的必要非充分条件(Courant and Friedrichs,1976)。

考虑到沿 x 坐标向的地表水流垂向均布流速 $\bar{u}$ 取值的正负性,CFL 稳定性条件可被表达为(Morton and Mayers,2005)

$$\lambda_x^h = |\bar{u}| \frac{\Delta t}{\Delta x} \leqslant 1 \tag{4-75}$$

当 $\bar{u}>0$ 时,CFL 稳定性条件的几何意义可从图 4-7 加以直观了解,$\lambda_x^h \leqslant 1$ 意味着 Δt 内的地表水流溶质物理波传播距离应不大于 Δx(即一个空间步长),否则该信息传播将越过待求点 x_i 的坐标,导致信息错误传播,致使模拟结果失稳。同理,对沿 y 坐标向的稳定性条件也可做出类似解释。

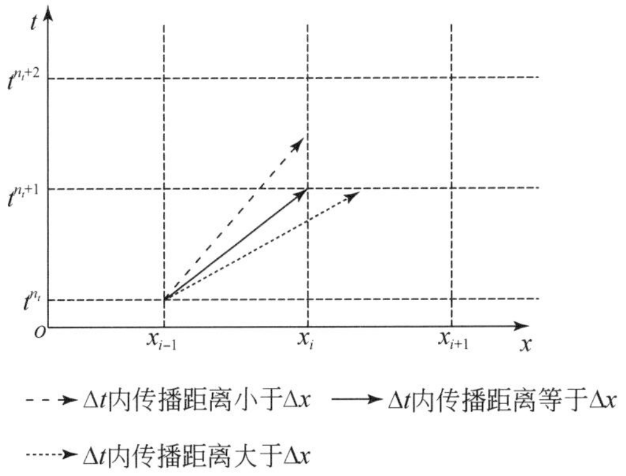

图 4-7　不同 λ_x^h 值下地表水流溶质物理波的传播距离

对二维计算区域而言,CFL 稳定性条件应满足如下不等式:

$$|\boldsymbol{\bar{u}}| \max\left(\frac{\Delta t}{\Delta x}, \frac{\Delta t}{\Delta y}\right) \leqslant 1\ ;\quad \sqrt{\bar{u}^2 + \bar{v}^2} \max\left(\frac{\Delta t}{\Delta x}, \frac{\Delta t}{\Delta y}\right) \leqslant 1 \tag{4-76}$$

式中,$|\boldsymbol{\bar{u}}|$ 为地表水流垂向均布流速向量的范数,其中,包括 $\bar{u}$ 和 $\bar{v}$ 两个分量(m/s)。

经上述处理后,$\bar{u}$ 和 $\bar{v}$ 同时大于零下守恒型纯对流方程的显时间差分离散格式为

$$\phi_{i,j}^{n_t+1} = \phi_{i,j}^{n_t} - \left[\lambda_x^p(\phi_{i,j}^{n_t} - \phi_{i-1,j}^{n_t}) + \lambda_y^p(\phi_{i,j}^{n_t} - \phi_{i,j-1}^{n_t})\right] \sqrt{\bar{u}^2 + \bar{v}^2}\ \frac{\Delta t}{\Delta x} \leqslant 1 \tag{4-77}$$

式(4-77)的时间离散精度仅为一阶,若要提高精度,一般不采用含有两个已知时间步的式(4-70),而是使用由两个一阶精度的显时间差分离散格式叠加后,形成二阶精度的 Runge-Kutta 法(Morton and Mayers,2005):

$$\phi_{i,j}^{n_t^*} = \phi_{i,j}^{n_t} - \left[\lambda_x^p(\phi_{i,j}^{n_t} - \phi_{i-1,j}^{n_t}) + \lambda_y^p(\phi_{i,j}^{n_t} - \phi_{i,j-1}^{n_t})\right] \tag{4-78}$$

$$\phi_{i,j}^{n_t+1} = \frac{1}{2}\phi_{i,j}^{n_t} + \frac{1}{2}\left\{\phi_{i,j}^{n_t^*} - \left[\lambda_x^p(\phi_{i,j}^{n_t^*} - \phi_{i-1,j}^{n_t^*}) + \lambda_y^p(\phi_{i,j}^{n_t^*} - \phi_{i,j-1}^{n_t^*})\right]\right\} \tag{4-79}$$

从式(4-78)和式(4-79)可以看出,Runge-Kutta 法的两个时间步均为未知时间步运

算,与式(4-72)相比,该法更易于简化编程代码。此外,Runge–Kutta 法的计算原理源自于积分梯形计算法则,故依照式(4-78)和式(4-79)等号右侧大括弧中的各项即为 ϕ 在未知时间步 n_t+2 的一阶精度逼近:

$$\phi_{i,j}^{n_t+2} = \phi_{i,j}^{n_t^*} - \left[\lambda_x^p\left(\phi_{i,j}^{n_t^*} - \phi_{i-1,j}^{n_t^*}\right) + \lambda_y^p\left(\phi_{i,j}^{n_t^*} - \phi_{i,j-1}^{n_t^*}\right)\right] \tag{4-80}$$

式(4-80)为已知时间步 n_t 和未知时间步 n_t+2 的 ϕ 值算术平均,即为积分梯形计算法则或二阶精度的插值计算方法(图 4-8):

$$\phi_{i,j}^{n_t+1} = \frac{1}{2}\left(\phi_{i,j}^{n_t} + \phi_{i,j}^{n_t+2}\right) \tag{4-81}$$

由此可见,Runge–Kutta 法虽为两步计算法则,但事实上仅向前演进了一个时间步长 Δt,故采用此法时需特别注意。

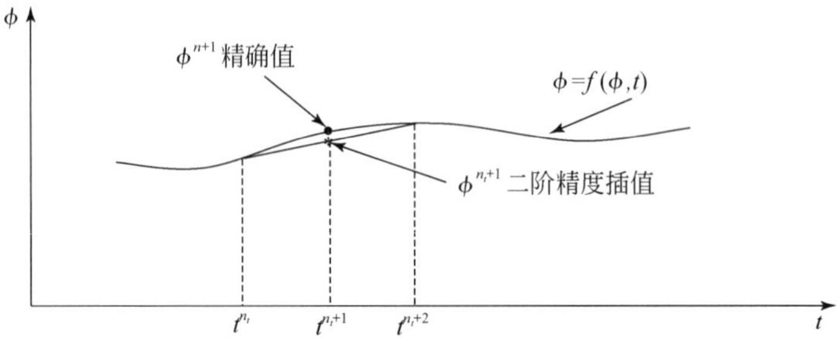

图 4-8　Runge-Kutta 法的计算原理及其精度

守恒型纯弥散方程[式(3-85)]属于典型的抛物型方程,其显时间差分离散格式如下:

$$\frac{\phi_{i,j}^{n_t+1} - \phi_{i,j}^{n_t}}{\Delta t} = \frac{(h \cdot K_x^c)_{i+1/2,j}^{n_t} \cdot \bar{c}_{i+1,j}^{n_t} - \left[(h \cdot K_x^c)_{i+1/2,j}^{n_t} + (h \cdot K_x^c)_{i-1/2,j}^{n_t}\right]\bar{c}_{i,j}^{n_t} + (h \cdot K_x^c)_{i-1/2,j}^{n_t} \cdot \bar{c}_{i-1,j}^{n_t}}{(\Delta x)^2}$$
$$+ \frac{(h \cdot K_y^c)_{i,j+1/2}^{n_t} \cdot \bar{c}_{i,j+1}^{n_t} - \left[(h \cdot K_y^c)_{i,j+1/2}^{n_t} + (h \cdot K_y^c)_{i,j-1/2}^{n_t}\right]\bar{c}_{i,j}^{n_t} + (h \cdot K_y^c)_{i,j-1/2}^{n_t} \cdot \bar{c}_{i,j-1}^{n_t}}{(\Delta y)^2} \tag{4-82}$$

与对式(4-74)的稳定性条件解释相类似,式(4-82)的稳定性条件为 $\Delta t/(\Delta x)^2 \leqslant 1$(LeVeque,2002),即 Δt 和 $(\Delta x)^2$ 属于同阶量。这表明当已知空间步长时,抛物型方程的时间步长要比双曲型方程至少低一个数量级,这易引起较低计算效率,故抛物型方程不宜采用显时间差分离散格式。

4.2.3.3　隐时间差分离散格式

若式(4-82)等号右侧中的变量均取未知时间步值时,守恒型纯弥散方程[式(3-85)]的隐时间差分离散格式为

$$\frac{\phi_{i,j}^{n_t+1} - \phi_{i,j}^{n_t}}{\Delta t} = \frac{(h \cdot K_x^c)_{i+1/2,j}^{n_t+1} \cdot \bar{c}_{i+1,j}^{n_t+1} - \left[(h \cdot K_x^c)_{i+1/2,j}^{n_t+1} + (h \cdot K_x^c)_{i-1/2,j}^{n_t+1}\right]\bar{c}_{i,j}^{n_t+1} + (h \cdot K_x^c)_{i-1/2,j}^{n_t+1} \cdot \bar{c}_{i-1,j}^{n_t+1}}{(\Delta x)^2}$$
$$+ \frac{(h \cdot K_y^c)_{i,j+1/2}^{n_t+1} \cdot \bar{c}_{i,j+1}^{n_t+1} - \left[(h \cdot K_y^c)_{i,j+1/2}^{n_t+1} + (h \cdot K_y^c)_{i,j-1/2}^{n_t+1}\right]\bar{c}_{i,j}^{n_t+1} + (h \cdot K_y^c)_{i,j-1/2}^{n_t+1} \cdot \bar{c}_{i,j-1}^{n_t+1}}{(\Delta y)^2} \tag{4-83}$$

经移项和合并同类项运算处理后,式(4-83)可变换为如下形式:

$$\lambda_x^p(K_x^c)_{i-1/2}^{n_t+1}\cdot\bar{c}_{i-1,j}^{n_t+1}+\lambda_y^p(K_y^c)_{i,j-1/2}^{n_t+1}\cdot\bar{c}_{i,j-1}^{n_t+1}+\lambda_x^p(K_x^c)_{i+1/2,j}^{n_t+1}\cdot\bar{c}_{i+1,j}^{n_t+1}+\lambda_y^p(K_x^c)_{i,j+1/2}^{n_t+1}\cdot\bar{c}_{i,j+1}^{n_t+1}$$
$$-\left[h_{i,j}^{n_t+1}+\lambda_x^p(K_x^c)_{i-1/2,j}^{n+1}+\lambda_x^p(K_x^c)_{i+1/2,j}^{n}+\lambda_y^p(K_y^c)_{i,j-1/2}^{n+1}+\lambda_y^p(K_y^c)_{i,j+1/2}^{n+1}\right]\bar{c}_{i,j}^{n_t+1}=-(h\cdot\bar{c})_{i,j}^{n_t} \tag{4-84}$$

式中，$\lambda_x^p=\Delta t/(\Delta x)^2$；$\lambda_y^p=\Delta t/(\Delta y)^2$。

与显时间差分离散格式[式(4-82)]相比，式(4-84)给出的隐时间差分离散格式已对未知时间步的待求量进行了耦合，这极大提高了时间步长取值(Morton and Mayers,2005)，降低了计算耗时，但待求变量耦合的代价是需要求解式(4-84)代数方程组，从而增大了编程难度。此外，式(4-84)的隐时间差分离散格式仅为一阶精度，若按式(4-72)进行二阶精度时间离散，可得到：

$$\lambda_x^p(K_x^c)_{i-1/2,j}^{n_t+1}\cdot\bar{c}_{i-1,j}^{n_t+1}+\lambda_x^p(K_y^c)_{i,j-1/2}^{n_t+1}\cdot\bar{c}_{i,j-1}^{n_t+1}+\lambda_y^p(K_x^c)_{i+1/2,j}^{n_t+1}\cdot\bar{c}_{i+1,j}^{n_t+1}+\lambda_y^p(K_y^c)_{i,j+1/2}^{n_t+1}\cdot\bar{c}_{i,j+1}^{n_t+1}$$
$$-\left[3h_{i,j}^{n_t+1}+\lambda_x^p(K_x^c)_{i-1/2,j}^{n+1}+\lambda_x^p(K_x^c)_{i+1/2,j}^{n}+\lambda_y^p(K_y^c)_{i,j-1/2}^{n+1}+\lambda_y^p(K_y^c)_{i,j+1/2}^{n+1}\right]\bar{c}_{i,j}^{n_t+1}$$
$$=(h\cdot\bar{c})_{i,j}^{n_t-1}-4(h\cdot\bar{c})_{i,j}^{n_t} \tag{4-85}$$

从式(4-85)可以看出，与一阶精度隐时间差分离散格式相比，二阶精度离散格式中涉及 3 个时间步的变量值，致使计算格式稍加复杂。

对双曲型方程而言，不宜采用隐时间差分离散格式，这源自此类方程描述的物理波信息传播具有方向性特征，致使隐时间格式下的代数方程组系数矩阵结构较为复杂，求解难度增加。

4.2.3.4　混合时间差分离散格式

双曲型方程宜采用显时间差分离散格式，而抛物型方程宜使用隐时间差分离散格式。当 $i_c=0$ 且 $\phi=h\cdot\bar{c}$ 时，对属于双曲–抛物型方程的守恒型对流–弥散方程[式(3-72)]而言，就难以采用单一的显时间或隐时间差分离散格式，故先采用显时间差分离散格式处置双曲型方程对流项，其公式为

$$\frac{\phi_{i,j}^{n_t^*}-\phi_{i,j}^{n_t}}{\Delta t}+\frac{(\bar{u}\cdot\phi)_{i,j}^{n_t}-(\bar{u}\cdot\phi)_{i-1,j}^{n_t}}{\Delta x}+\frac{(\bar{v}\cdot\phi)_{i,j}^{n_t}-(\bar{v}\cdot\phi)_{i,j-1}^{n_t}}{\Delta y}=0 \tag{4-86}$$

在得到 $\phi_{i,j}^{n_t^*}=(h\cdot\bar{c})_{i,j}^{n_t^*}$ 基础上，利用隐时间差分离散格式处置抛物型方程扩散项，得到如下公式：

$$\frac{\phi_{i,j}^{n_t+1}-\phi_{i,j}^{n_t}}{\Delta t}=\frac{(h\cdot K_x^c)_{i+1/2,j}^{n_t^*+1}\cdot\bar{c}_{i+1,j}^{n_t+1}-\left[(h\cdot K_x^c)_{i+1/2,j}^{n_t^*+1}+(h\cdot K_x^c)_{i-1/2,j}^{n_t^*+1}\right]\bar{c}_{i,j}^{n_t+1}+(h\cdot K_x^c)_{i-1/2,j}^{n_t^*+1}\cdot\bar{c}_{i-1,j}^{n_t+1}}{(\Delta x)^2}$$
$$+\frac{(h\cdot K_y^c)_{i,j+1/2}^{n_t^*+1}\cdot\bar{c}_{i,j+1}^{n_t+1}-\left[(h\cdot K_y^c)_{i,j+1/2}^{n_t^*+1}+(h\cdot K_y^c)_{i,j-1/2}^{n_t^*+1}\right]\bar{c}_{i,j}^{n_t+1}+(h\cdot K_y^c)_{i,j-1/2}^{n_t^*+1}\cdot\bar{c}_{i,j-1}^{n_t+1}}{(\Delta y)^2} \tag{4-87}$$

式(4-86)和式(4-87)合称为混合时间差分离散格式。

4.2.4　时间与空间混合离散有限差分法

在数值模拟解法发展早期，人们难以有效捕捉到第 3 章中如图 3-8 和图 3-9 所示的地表水流间断波现象，故采用大梯度波形代替该间断波(图 3-10)。与此同时，对时间与空间之间在物理性质上差异的了解还模糊不清，因此，一般采用时间与空间混合离散的方法求

解偏微分控制方程，此类数值模拟解法包括四点偏心差分离散格式和蛙跳差分离散格式。鉴于该类方法的命名具有鲜明的直观几何色彩，故采用平面几何与形象事物相结合方式，评述其用于数值模拟求解地表水流溶质运动控制方程的特点。

4.2.4.1 双曲型方程四点偏心差分离散格式

四点偏心差分离散格式又称 preissmann 格式，属于求解双曲型方程的有限差分法格式，多用于求解一维问题(Morton and Mayers，2005)。

若以时空离散点(x_i，t^{n_t})为基准，如图 4-9 给出四点偏心差分离散格式涉及的时空离散点及其信息传播过程。由此可知，该格式由已知时空离散点向相邻未知时空离散点偏移了一个步长，这恰好涉及 4 个时空离散点，故称为四点偏心差分离散格式。随着时间步进，这些时空离散点逐渐向右上侧移动，形象地模拟波动信息传播过程。

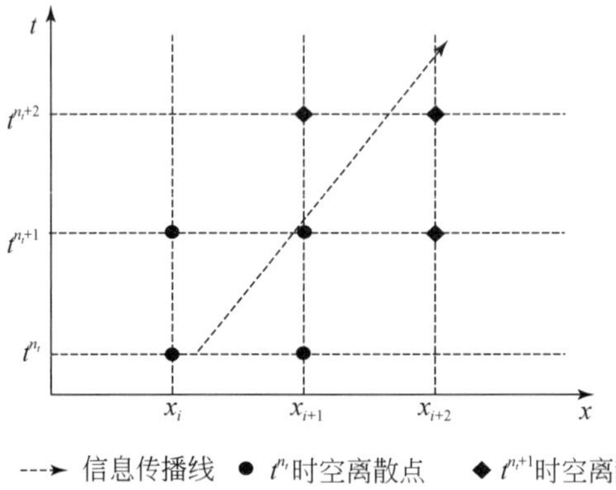

图 4-9 四点偏心差分理散格式涉及的时空离散点及其信息传播过程

当 $i_c=0$ 时，对守恒型全水动力学方程[式(3-1)～式(3-3)]沿 x 坐标向，采用四点偏心差分离散格式进行时空离散(Morton and Mayers，2005)，得

$$\frac{1}{2}\cdot\frac{h_{i+1}^{n_t+1}-h_{i+1}^{n_t}}{\Delta t}+\frac{1}{2}\cdot\frac{h_i^{n_t+1}-h_i^{n_t}}{\Delta t}+\alpha_p\frac{(q_x)_{i+1}^{n_t+1}-(q_x)_i^{n_t+1}}{\Delta x}+(1-\alpha_p)\frac{(q_x)_{i+1}^{n_t}-(q_x)_i^{n_t}}{\Delta x} \tag{4-88}$$

$$\begin{aligned}&\frac{1}{2}\cdot\frac{(q_x)_{i+1}^{n_t+1}-(q_x)_{i+1}^{n_t}}{\Delta t}+\frac{1}{2}\cdot\frac{(q_x)_i^{n_t+1}-(q_x)_i^{n_t}}{\Delta t}+\alpha_p\frac{(q_x\cdot\bar{u})_{i+1}^{n_t+1}-(q_x\cdot\bar{u})_i^{n_t+1}}{\Delta x}\\&+(1-\alpha_p)\frac{(q_x\cdot\bar{u})_{i+1}^{n_t}-(q_x\cdot\bar{u})_i^{n_t}}{\Delta x}+\frac{1}{2}g\left[\alpha_p\frac{(h^2)_{i+1}^{n_t+1}-(h_i^{n_t+1})}{\Delta x}+(1-\alpha_p)\frac{(h^2)_{i+1}^{n_t}-(h^2)_i^{n_t}}{\Delta x}\right]\\&+g\cdot n^2\cdot\alpha_p\frac{1}{2}\left[\left(\frac{\bar{u}\,|\,\bar{u}\,|}{h^{1/3}}\right)_{i+1}^{n_t+1}+\left(\frac{\bar{u}\,|\,\bar{u}\,|}{h^{1/3}}\right)_i^{n_t+1}\right]+g\cdot n^2\cdot(1-\alpha_p)\frac{1}{2}\left[\left(\frac{\bar{u}\,|\,\bar{u}\,|}{h^{1/3}}\right)_{i+1}^{n_t}+\left(\frac{\bar{u}\,|\,\bar{u}\,|}{h^{1/3}}\right)_i^{n_t}\right]\end{aligned} \tag{4-89}$$

式中，α_p 为加权系数，且 $0.5\leqslant\alpha_p\leqslant1$，较大 α_p 下的稳定性较好但模拟精度较差，而较小 α_p 下的稳定性较差但模拟精度较好。

式(4-88)和式(4-89)的时空离散精度虽仅为一阶，却可较好模拟大尺度下扩散效应远大于对流效应的地表水流运动过程(Morton and Mayers，2005)。

4.2.4.2　双曲型方程蛙跳差分离散格式

蛙跳差分离散格式是较早出现的一种求解双曲型方程的有限差分法格式，但并未考虑双曲型方程中信息传播具有方向性的特点（Morton and Mayers，2005）。

在二维计算区域内，若以时空离散点（x_i, t^{n_t}）为基准，如图 4-10 给出蛙跳差分离散格式涉及的时空离散点及其信息传播过程。由此可知，该格式的形状像一只张开双腿的青蛙，随着时间步进，青蛙向右上侧跳动，动态地模拟波动信息传播过程。

以守恒-非守恒型全水动力学方程的质量守恒方程[式(3-22)]为例，当 $i_c=0$ 时，其蛙跳差分离散格式被表达如下（Playán et al.，1994）：

$$\frac{h_{i,j}^{n_t+1}-h_{i,j}^{n_t}}{\Delta t}+\frac{(q_x)_{i+1,j}^{n_t+1/2}-(q_x)_{i-1,j}^{n_t+1/2}}{2\Delta x}+\frac{(q_y)_{i,j+1}^{n_t+1/2}-(q_y)_{i,j-1}^{n_t+1/2}}{2\Delta y}=0 \tag{4-90}$$

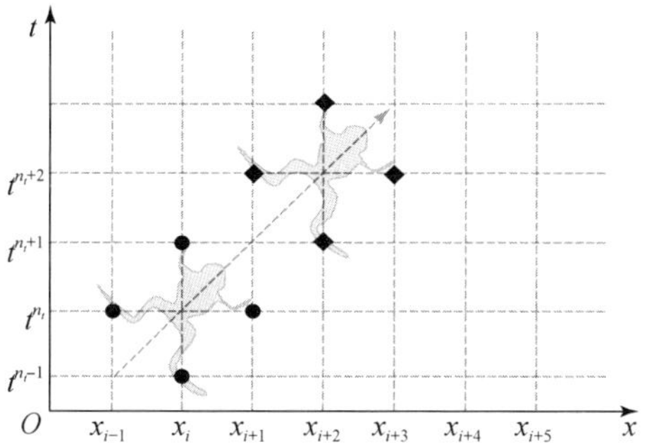

图 4-10　蛙跳差分离散格式涉及的时空离散点及其信息传播过程

对守恒-非守恒型全水动力学方程的动量守恒方程[式(3-23)和式(3-24)]而言，其蛙跳差分离散格式（Playán et al.，1994）分别为

$$\begin{aligned}
&\frac{(q_x)_{i,j}^{n_t+1/2}-(q_x)_{i,j}^{n_t-1/2}}{\Delta t}+\left\{g\cdot h_{i,j}^{n_t}-\frac{\left[(q_x)_{i,j}^{n_t-1/2}+(q_x)_{i,j}^{n_t+1/2}\right]^2}{4\left(h_{i,j}^{n_t}\right)^2}\right\}\frac{h_{i+1,j}^{n_t}-h_{i-1,j}^{n_t}}{2\Delta x}\\
&+\frac{\left[(q_x)_{i,j}^{n_t+1/2}+(q_x)_{i,j}^{n_t-1/2}\right]}{h_{i,j}^{n}}\cdot\frac{\left[(q_x)_{i+1,j}^{n_t+1/2}-(q_x)_{i-1,j}^{n_t+1/2}\right]+\left[(q_x)_{i+1,j}^{n_t-1/2}-(q_x)_{i-1,j}^{n_t-1/2}\right]}{4\Delta x}\\
&+\frac{\left[(q_x)_{i,j}^{n_t+1/2}+(q_x)_{i,j}^{n_t-1/2}\right]\left[(q_y)_{i,j}^{n_t+1/2}+(q_y)_{i,j}^{n_t-1/2}\right)}{4\left(h_{i,j}^{n}\right)^2}\cdot\frac{h_{i,j+1}^{n_t}-h_{i,j-1}^{n_t}}{2\Delta y}\\
&+\frac{(q_y)_{i,j}^{n_t+1/2}+(q_y)_{i,j}^{n_t-1/2}}{2h_{i,j}^{n}}\cdot\frac{\left[(q_x)_{i,j+1}^{n_t+1/2}-(q_x)_{i,j-1}^{n_t+1/2}\right]+\left[(q_x)_{i,j+1}^{n_t-1/2}-(q_x)_{i,j-1}^{n_t-1/2}\right]}{4\Delta y}\\
&+\frac{(q_x)_{i,j}^{n_t-1/2}+(q_x)_{i,j}^{n_t+1/2}}{2h_{i,j}^{n}}\cdot\frac{\left[(q_y)_{i,j+1}^{n_t+1/2}-(q_y)_{i,j-1}^{n_t+1/2}\right]+\left[(q_y)_{i,j+1}^{n_t-1/2}-(q_y)_{i,j-1}^{n_t-1/2}\right]}{4\Delta y}\\
&+g\cdot n^2\frac{(q_x)_{i,j}^{n_t+1/2}+(q_x)_{i,j}^{n_t-1/2}}{2}\cdot\left(h_{i,j}^{n_t}\right)^{-\frac{7}{3}}\\
&\cdot\left\{\left[\frac{(q_x)_{i,j}^{n_t+1/2}+(q_x)_{i,j}^{n_t-1/2}}{2}\right]^2+\left[\frac{(q_y)_{i,j}^{n_t+1/2}+(q_y)_{i,j}^{n_t-1/2}}{2}\right]^2\right\}^{1/2}=0
\end{aligned} \tag{4-91}$$

$$
\begin{aligned}
&\frac{(q_y)_{i,j}^{n_t+1/2} - (q_y)_{i,j}^{n_t-1/2}}{\Delta t} + \left\{ g \cdot h_{i,j}^{n_t} - \frac{[(q_y)_{i,j}^{n_t-1/2} + (q_y)_{i,j}^{n_t+1/2}]^2}{4\,(h_{i,j}^{n_t})^2} \right\} \frac{h_{i+1,j}^{n_t} - h_{i-1,j}^{n_t}}{2\Delta x} \\
&+ \frac{[(q_y)_{i,j}^{n_t+1/2} + (q_y)_{i,j}^{n_t-1/2}]}{h_{i,j}^{n}} \cdot \frac{[(q_y)_{i+1,j}^{n_t+1/2} - (q_y)_{i-1,j}^{n_t+1/2}] + [(q_y)_{i+1,j}^{n_t-1/2} - (q_y)_{i-1,j}^{n_t-1/2}]}{4\Delta x} \\
&+ \frac{[(q_y)_{i,j}^{n_t+1/2} + (q_y)_{i,j}^{n_t-1/2}][(q_x)_{i,j}^{n_t+1/2} + (q_x)_{i,j}^{n_t-1/2}]}{4\,(h_{i,j}^{n})^2} \cdot \frac{h_{i,j+1}^{n_t} - h_{i,j-1}^{n_t}}{2\Delta y} \\
&+ \frac{(q_x)_{i,j}^{n_t+1/2} + (q_x)_{i,j}^{n_t-1/2}}{2h_{i,j}^{n}} \cdot \frac{[(q_y)_{i,j+1}^{n_t+1/2} - (q_y)_{i,j-1}^{n_t+1/2}] + [(q_y)_{i,j+1}^{n_t-1/2} - (q_y)_{i,j-1}^{n_t-1/2}]}{4\Delta y} \\
&+ \frac{(q_y)_{i,j}^{n_t-1/2} + (q_y)_{i,j}^{n_t+1/2}}{2h_{i,j}^{n}} \cdot \frac{[(q_x)_{i,j+1}^{n_t+1/2} - (q_x)_{i,j-1}^{n_t+1/2}] + [(q_x)_{i,j+1}^{n_t-1/2} - (q_x)_{i,j-1}^{n_t-1/2}]}{4\Delta y} \\
&+ g \cdot n^2 \frac{(q_y)_{i,j}^{n_t+1/2} + (q_y)_{i,j}^{n_t-1/2}}{2} \cdot (h_{i,j}^{n})^{-\frac{7}{3}} \\
&\cdot \left\{ \left[\frac{(q_y)_{i,j}^{n_t+1/2} + (q_y)_{i,j}^{n_t-1/2}}{2} \right]^2 + \left[\frac{(q_x)_{i,j}^{n_t+1/2} + (q_x)_{i,j}^{n_t-1/2}}{2} \right]^2 \right\}^{1/2} = 0 \qquad (4\text{-}92)
\end{aligned}
$$

Playán 等(1994,1996)基于式(4-90)~式(4-92),构建起二维畦田灌溉地表水流运动模型求解方法,但缺陷是难以模拟地表水流运动中出现的局部绕流现象,并无法保证地表水流运动消退阶段内的静水面线呈水平状态,模拟精度相对较低(Brufau et al.,2002)。此外,从图 4-11 中可知,当采用上述时空混合离散有限差分法模拟地表水流间断波时,计算结果常出现震荡现象(Morton and Mayers,2005),故畦田灌溉条件较差时,不宜采用这种差分离散格式。

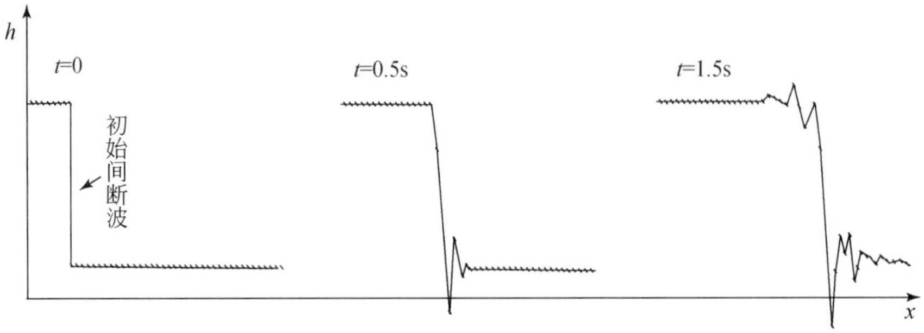

图 4-11 采用蛙跳差分离散格式模拟的初始间断波传播过程

4.2.5 空间离散有限体积法

与有限差分法相比,有限体积法从空间离散的视角重新表达了物理守恒定律,有效保持了计算区域内任意空间单元格的质量守恒与动量守恒,克服了离散状态下使用有限差分法不能精确体现物理守恒定律的缺陷,避免了因采用空间离散网格节点值作为基本变量时易引起的非守恒问题。

有限体积法中常采用迎风格式空间离散双曲型方程,形成了向量耗散有限体积法,并借助限制器函数提高空间离散精度,准确捕捉地表水流溶质运动间断波,使地表水流运动消退过程中的静水面线保持在水平状态。鉴于向量耗散有限体积法的概念较为抽象晦涩,故从几何学新视角入手,采用更为直观的方式阐述该法的基本概念,借助现代数学映射原理,重新诠释该法的空间离散格式。此外,常采用中心有限体积法离散格式空间离散抛物型方程,但与有限差分法不同,其适用于包括矩形和非矩形网格在内的任意形状空间单元格。

4.2.5.1　基本变量

空间离散有限体积法下的基本变量是特定物理变量在任意空间单元格内的积分平均值,即为该变量在空间单元格内的中心值(单元格内的积分平均值)。对一维计算区域而言,若以沿 x 坐标向的地表水流垂向均布流速 $\bar{u}$ 为例,相应的空间离散有限体积法表达式为

$$\bar{u}_i = \frac{1}{\Delta x_i}\int_{x_{i-1/2}}^{x_{i+1/2}} \bar{u}\mathrm{d}x \tag{4-93}$$

图 4-12(a)给出 $\bar{u}$ 的空间分布状况,按式(4-93)在任意空间单元格内积分平均后,可形成图 4-12(b)所示的变量分布形式,其中,$\bar{u}$ 已经由实际的光滑曲线变为阶梯状分布形式。同理,沿 y 坐标向的地表水流垂向均布流速 $\bar{v}$ 及地表水深 h 和地表水流垂向均布溶质浓度 $\bar{c}$ 等基本变量的空间离散有限体积法表达式也与式(4-93)类似。

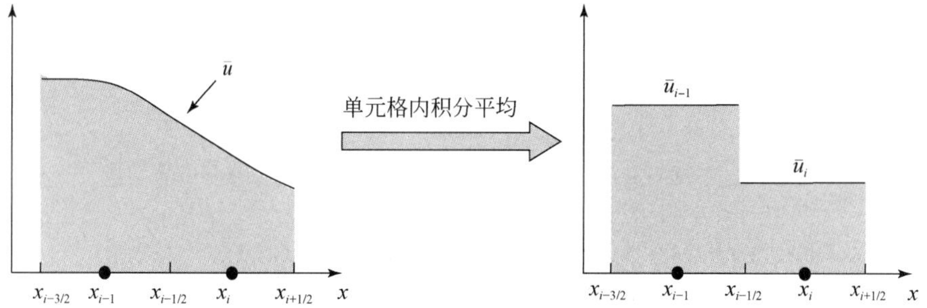

(a) 积分平均前　(b) 积分平均后

图 4-12　一维空间离散单元格内 $\bar{u}$ 的空间分布形式及其积分平均值

对二维计算区域而言,地表水流垂向均布流速 $\bar{u}$ 的有限体积法表达式为

$$\bar{u}_{i,j} = \frac{1}{|\Omega_{i,j}|}\iint_{\Omega_{i,j}} \bar{u}\mathrm{d}x\mathrm{d}y \tag{4-94}$$

式中,$\Omega_{i,j}$为任意空间离散单元格;$|\Omega_{i,j}|$为任意空间离散单元格 $\Omega_{i,j}$的面积(m^2)。

图 4-13 给出二维计算区域内 $\bar{u}$ 在矩形单元格和三角形单元格内积分平均后所形成的分布形式,可以看出,$\bar{u}$ 已经由实际的光滑曲面变为平面阶梯状分布形式。

4.2.5.2　双曲型方程迎风有限体积离散格式:向量耗散有限体积法

常采用迎风有限体积离散格式对双曲型方程空间离散,以具有典型双曲型方程特征的守恒型全水动力学方程[式(3-5)]为例,针对$\partial \boldsymbol{F}_x/\partial x$ 和$\partial \boldsymbol{F}_y/\partial y$ 中隐含的地表水流垂向均布流速 $\bar{u}$ 与 $\bar{v}$ 及特征速度 $\bar{u}+\tilde{c}$ 、$\bar{u}-\tilde{c}$ 、$\bar{v}+\tilde{c}$ 和 $\bar{v}-\tilde{c}$,可将地表水流运动分解为不同运动波分量方程的迎风有限体积离散格式。由于仅采用一个矩阵向量度量其耗散性,故具有显著的向量特征,被称为向量耗散有限体积法。

现有文献中对向量耗散有限体积法的阐述极为抽象繁琐,不易被理解。鉴于守恒型

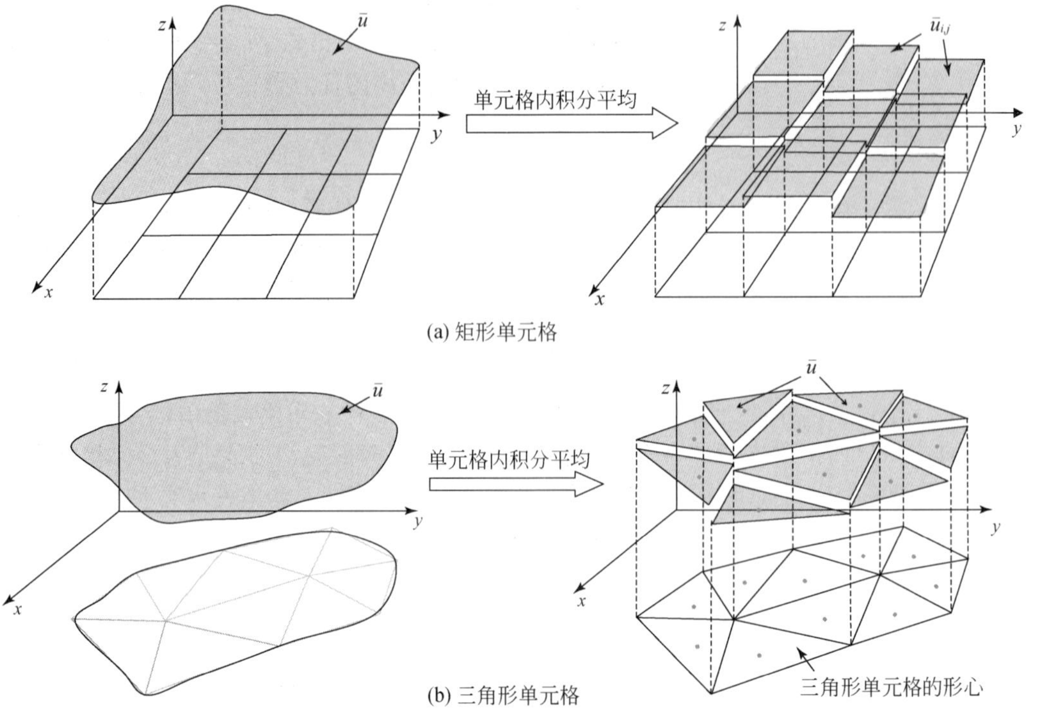

图 4-13 二维空间离散单元格内 $\bar{u}$ 的空间分布形式及其积分平均值

全水动力学方程在其特征向量空间中易被线性化和各分量方程易被解耦的特点,可在特征空间内构建起各分量方程的迎风有限体积离散格式基础上,借助互逆映射数学概念,直接将其映射回物理空间,自然显示出向量耗散有限体积离散格式的表达式,从而有效简化公式的推导过程,直观化表达式的结构,加深对其数理概念的了解与理解。

(1)线性双曲型方程计算原理

当 $i_c=0$ 且 $\bar{u}$ 为常值时,沿 x 坐标向的守恒型纯对流方程[式(3-83)]线性表达式如下:

$$\frac{\partial \phi}{\partial t}+\frac{\partial(\bar{u}\cdot\phi)}{\partial x}=0 \tag{4-95}$$

式中,($\bar{u}\cdot\phi$)为地表水流溶质通量,采用 f 标记。

若采用向量耗散有限体积法对式(4-95)空间离散,需先对其在任意空间单元格 i 上进行空间积分,得

$$\int_{x_{i-1/2}}^{x_{i+1/2}}\frac{\partial \phi}{\partial t}\mathrm{d}x+\int_{x_{i-1/2}}^{x_{i+1/2}}\frac{\partial(\bar{u}\cdot\phi)}{\partial x}\mathrm{d}x=0 \tag{4-96}$$

对式(4-96)等号左侧第 1 项而言,单元格尺寸不随时间而变,且 ϕ 为空间单元格的中心值,故可表达为

$$\int_{x_{i-1/2}}^{x_{i+1/2}}\frac{\partial \phi}{\partial t}\mathrm{d}x=\frac{\mathrm{d}\phi}{\mathrm{d}t}\Delta x \tag{4-97}$$

利用一维散度定理(Morton and Mayers,2005),展开式(4-96)等号左侧第 2 项,得

$$\int_{x_{i-1/2}}^{x_{i+1/2}}\frac{\partial(\bar{u}\cdot\phi)}{\partial x}\mathrm{d}x=(\bar{u}\cdot\phi)_{i+1/2}-(\bar{u}\cdot\phi)_{i-1/2} \tag{4-98}$$

基于式(4-70)、式(4-97)和式(4-98),式(4-95)的空间离散格式为

$$\frac{\phi_i^{n_t+1}-\phi_i^{n_t}}{\Delta t}+\frac{f_{i+1/2}^{n_t}-f_{i-1/2}^{n_t}}{\Delta x}=0 \tag{4-99}$$

式中,$f_{i+1/2}^{n}$ 和 $f_{i-1/2}^{n}$ 分别为空间单元格边界 $i+1/2$ 和 $i-1/2$ 处的数值通量,其为对地表水流溶质物理通量时空离散格式的称谓。

若 $\bar{u}>0$,则第 i 个空间单元格两侧的数值通量均应采用其左侧单元格的变量值计算,即采用迎风有限体积离散格式对式(4-99)做如下表达:

$$\frac{\phi_i^{n_t+1}-\phi_i^{n_t}}{\Delta t}+\frac{\bar{u}\cdot\phi_i^{n_t}-\bar{u}\cdot\phi_{i-1}^{n_t}}{\Delta x}=0 \tag{4-100}$$

从式(4-99)和式(4-100)可知,与迎风有限差分离散格式[式(4-47)]对比,迎风有限体积离散格式下先对方程积分再做离散似乎有些多余,但其实不然。对二维情景而言,当采用三角形单元格非结构网格时,其对式(4-99)的作用将凸显出来,这也正是采用有限体积法优于有限差分法的主要特点之一。

对式(4-100)进行移项和组合处理后,可得到式(4-101):

$$\phi_i^{n_t+1}=\phi_i^{n_t}+\frac{\bar{u}\cdot\Delta t}{\Delta x}\Delta\phi_{i-1/2}^{n_t} \tag{4-101}$$

式中,$\Delta\phi_{i-1/2}^{n_t}=\phi_i^{n_t}-\phi_{i-1}^{n_t}$。

式(4-101)表明在任意空间单元格内地表水流溶质物理波随时间的变化可归结为地表水流溶质物理波波动形状 $\Delta\phi_{\text{face}}^{n_t}$ 的演变,下标 face 表示空间单元格界面,如 $i-1/2$。图 4-14(a)显示出 t^{n_t} 时刻的地表水流溶质物理波波动形状,此时仅有一个单元格的 $\Delta\phi_{\text{face}}^{n_t}$,而其余 $\Delta\phi_{\text{face}}^{n_t}$ 等于零。经过 Δt 后,$\Delta\phi_{\text{face}}^{n_t}$ 在 $\bar{u}$ 作用下的运动距离为 $\bar{u}\cdot\Delta t$,相应的地表水流溶质物理波波动形状如图 4-14(b)所示。对 $\Delta\phi_{\text{face}}^{n_t}$ 在各空间单元格内积分平均后,可得到如图 4-14(c)所示的有限体积法下的地表水流溶质物理波波动对流过程,也即 $\Delta\phi_{\text{face}}^{n_t}$ 的传播过程。

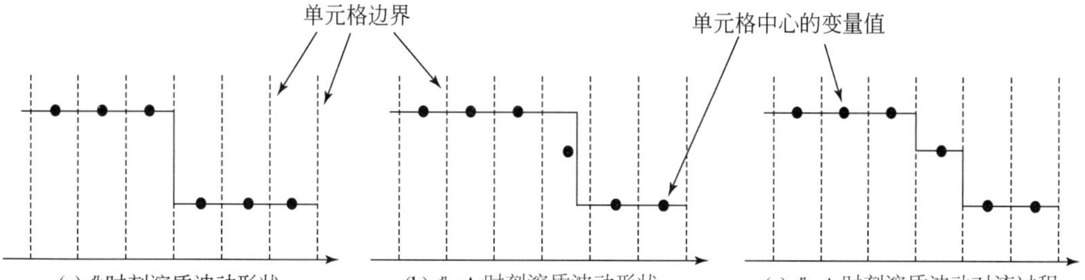

图 4-14　地表水流溶质物理波波动对流传播的有限体积法计算示意图

若 $\bar{u}<0$,则式(4-99)的迎风有限体积离散格式如下:

$$\frac{\phi_i^{n_t+1}-\phi_i^{n_t}}{\Delta t}+\frac{\bar{u}\cdot\phi_{i+1}^{n_t}-\bar{u}\cdot\phi_i^{n_t}}{\Delta x}=0 \tag{4-102}$$

式(4-100)和式(4-102)可被统一表达为

$$\frac{\phi_i^{n_t+1}-\phi_i^{n_t}}{\Delta t}+\frac{f_{i+1/2}^{n_t}-f_{i-1/2}^{n_t}}{\Delta x}=0 \tag{4-103}$$

经移项处理后，式(4-103)被表达为

$$\phi_i^{n_t+1}=\phi_i^{n_t}-\frac{\Delta t}{\Delta x}(f_{i+1/2}^{n_t}-f_{i-1/2}^{n_t}) \tag{4-104}$$

式(4-104)中数值通量$f_{i+1/2}^{n_t}$和$f_{i-1/2}^{n_t}$可被具体表达为

$$f_{i+1/2}^{n_t}=\frac{1}{2}(\bar{u}\cdot\phi_{i+1}^{n_t}+\bar{u}\cdot\phi_i^{n_t})-\frac{1}{2}|\bar{u}|(\phi_{i+1}^{n_t}-\phi_i^{n_t}) \tag{4-105}$$

$$f_{i-1/2}^{n_t}=\frac{1}{2}(\bar{u}\cdot\phi_i^{n_t}+\bar{u}\cdot\phi_{i-1}^{n_t})-\frac{1}{2}|\bar{u}|(\phi_i^{n_t}-\phi_{i-1}^{n_t}) \tag{4-106}$$

若引入式(4-107)和式(4-108)：

$$\bar{u}^+=\frac{1}{2}(\bar{u}+|\bar{u}|) \tag{4-107}$$

$$\bar{u}^-=\frac{1}{2}(\bar{u}-|\bar{u}|) \tag{4-108}$$

则$f_{i+1/2}^{n_t}$和$f_{i-1/2}^{n_t}$还可被表示为

$$f_{i+1/2}^{n_t}=\bar{u}^-\cdot\phi_{i+1}^{n_t}+\bar{u}^+\cdot\phi_i^{n_t} \tag{4-109}$$

$$f_{i-1/2}^{n_t}=\bar{u}^-\cdot\phi_i^{n_t}+\bar{u}^+\cdot\phi_{i-1}^{n_t} \tag{4-110}$$

基于式(4-109)和式(4-110)，式(4-104)又可被表示为

$$\phi_i^{n_t+1}=\phi_i^{n_t}+\frac{\Delta t}{\Delta x}(\bar{u}^-\cdot\Delta\phi_{i+1/2}^{n_t}+\bar{u}^+\cdot\Delta\phi_{i-1/2}^{n_t}) \tag{4-111}$$

式(4-111)被称为守恒型纯对流方程有限体积法空间离散格式的波动形式，具有明确的物理意义。如图4-15所示，引起第i个空间单元格内地表水流溶质通量变化的因素包括出入该单元格两侧边界$i+1/2$和$i-1/2$的$\Delta\phi_{\text{face}}^{n_t}$。

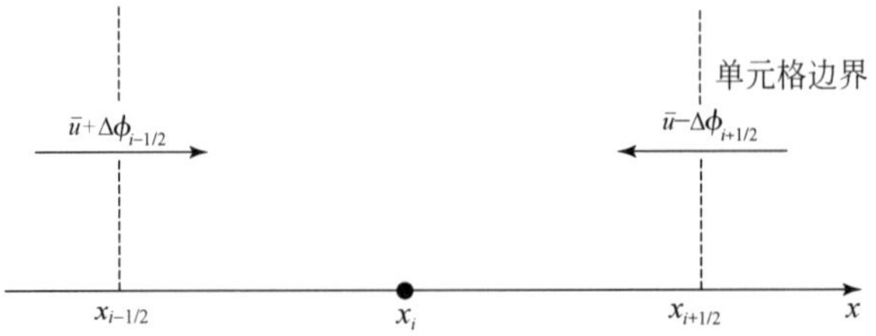

图4-15　第i个空间单元格内地表水流溶质通量变化信息传播过程的示意图

以上时空离散过程也可直接用于具有线性双曲型方程特征的非守恒型纯对流方程，对守恒-非守恒型全水动力学方程的拟线性表达式[式(4-14)]而言，式(4-104)也可被看作其任意分量的空间离散格式，也可直接用于式(4-14)。

(2)拟线性双曲型方程向量耗散有限体积离散格式

当源项向量$\boldsymbol{S}=0$时，守恒型全水动力学方程[式(3-5)]的拟线性表达式如下：

$$\frac{\partial\boldsymbol{U}}{\partial t}+\boldsymbol{A}_x\frac{\partial\boldsymbol{U}}{\partial x}+\boldsymbol{A}_y\frac{\partial\boldsymbol{U}}{\partial y}=0 \tag{4-112}$$

沿x和y坐标向的$\boldsymbol{A}_x\dfrac{\partial\boldsymbol{U}}{\partial x}$和$\boldsymbol{A}_y\dfrac{\partial\boldsymbol{U}}{\partial y}$引起因变量向量$\boldsymbol{U}$的时间变化，当仅考虑沿$x$坐标向的因素对$\boldsymbol{U}$的影响时，式(4-112)可被简化为

$$\frac{\partial \boldsymbol{U}}{\partial t}+\boldsymbol{A}_x\frac{\partial \boldsymbol{U}}{\partial x}=0 \tag{4-113}$$

借助式(4-11)定义的 $\boldsymbol{M}_x$ 和 $\boldsymbol{M}_x^{-1}$，式(4-113)被表达为

$$\frac{\partial \boldsymbol{U}}{\partial t}+\boldsymbol{M}_x\cdot\boldsymbol{\Lambda}_x\cdot\boldsymbol{M}_x^{-1}\frac{\partial \boldsymbol{U}}{\partial x}=0 \tag{4-114}$$

采用 $\boldsymbol{M}_x^{-1}$ 对式(4-114)进行左乘运算，且 $\boldsymbol{U}_\Lambda=\boldsymbol{M}_x^{-1}\cdot\boldsymbol{U}$，即可得到式(4-115)：

$$\frac{\partial \boldsymbol{U}_\Lambda}{\partial t}+\boldsymbol{\Lambda}_x\frac{\partial \boldsymbol{U}_\Lambda}{\partial x}=0 \tag{4-115}$$

式(4-115)又被显式表达为

$$\frac{\partial}{\partial t}\begin{pmatrix}h/2\\0\\h/2\end{pmatrix}+\begin{pmatrix}\bar{u}+\tilde{c}&0&0\\0&\bar{u}&0\\0&0&\bar{u}-\tilde{c}\end{pmatrix}\cdot\frac{\partial}{\partial x}\begin{pmatrix}h/2\\0\\h/2\end{pmatrix}=0 \tag{4-116}$$

式(4-115)由 3 个被解耦的标准对流方程构成，其中，对流速度是 $\boldsymbol{A}_x$ 的特征值 $\bar{u}+\tilde{c}$、$\bar{u}$ 和 $\bar{u}-\tilde{c}$，这也就回答了式(3-9)可被变换成标准对流方程的问题。

如图 4-16 所示，若将 $\boldsymbol{M}_x^{-1}$ 左乘运算看作一个映射，则式(4-115)就是式(4-113)被映射的结果，该映射还存在着对应的逆映射 $\boldsymbol{M}_x$。同理，沿 y 坐标向也存在着类似的映射和逆映射过程。

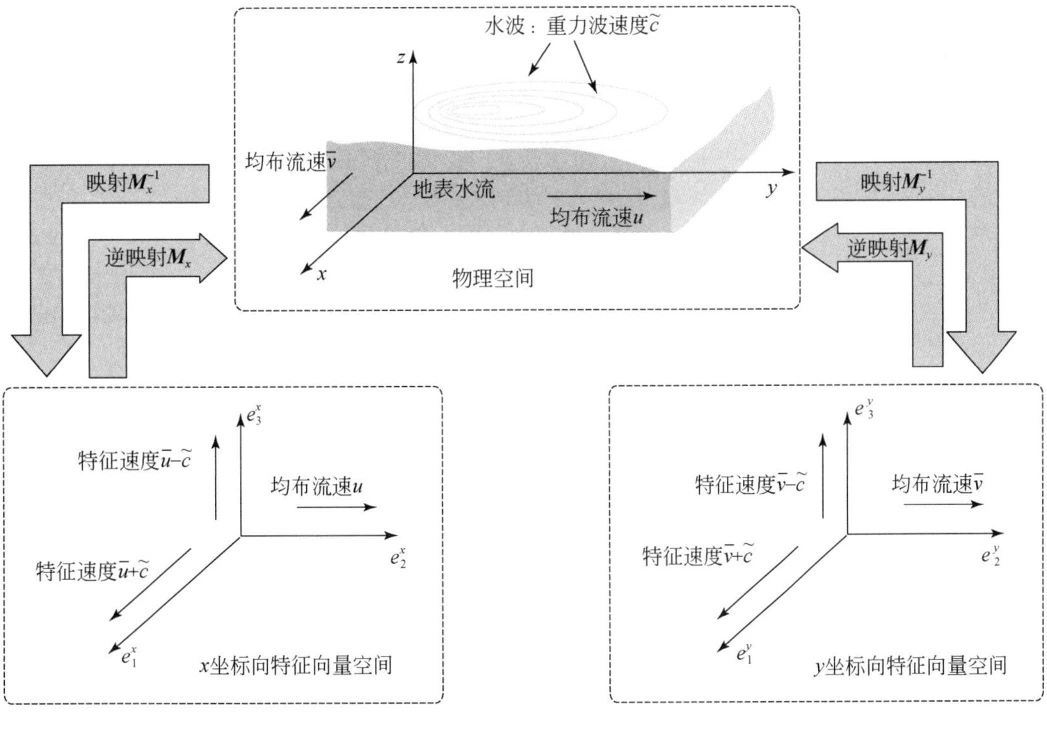

图 4-16　无源项向量下拟线性守恒型全水动力学方程中各物理变量与特征向量空间之间的映射与逆映射关系

通过类比式(4-105)和式(4-106),可直接得到式(4-115)的迎风有限体积离散格式为

$$(\boldsymbol{U}_{\Lambda})_{i,j}^{n_t+1} = (\boldsymbol{U}_{\Lambda})_{i,j}^{n_t} - \frac{\Delta t}{\Delta x}\cdot[(\boldsymbol{F}_x^{\Lambda})_{i+1,2j}^{n_t} - (\boldsymbol{F}_x^{\Lambda})_{i-1/2,j}^{n_t}] \tag{4-117}$$

$$(\boldsymbol{F}_x^{\Lambda})_{i+1/2,j}^{n_t} = \frac{1}{2}[\boldsymbol{\Lambda}_x(\boldsymbol{U}_{\Lambda})_{i+1j}^{n_t} + \boldsymbol{\Lambda}_x(\boldsymbol{U}_{\Lambda})_{i,j}^{n_t} - |\boldsymbol{\Lambda}_x|(\Delta\boldsymbol{U})_{i+1/2,j}^{n_t}] \tag{4-118}$$

$$(\boldsymbol{F}_x^{\Lambda})_{i-1/2,j}^{n_t} = \frac{1}{2}[\boldsymbol{\Lambda}_x(\boldsymbol{U}_{\Lambda})_{ij}^{n_t} + \boldsymbol{\Lambda}_x(\boldsymbol{U}_{\Lambda})_{i-1,j}^{n_t} - |\boldsymbol{\Lambda}_x|(\Delta\boldsymbol{U})_{i-1/2,j}^{n_t}] \tag{4-119}$$

借助图4-16中的逆映射$\boldsymbol{M}_x$,可将式(4-117)映射回物理空间,得到式(4-113)的迎风有限体积离散格式为

$$(\boldsymbol{U})_{i,j}^{n_t+1} = (\boldsymbol{U})_{i,j}^{n_t} - \frac{\Delta t}{\Delta x}\cdot[(\boldsymbol{F}_x)_{i+1/2,j}^{n_t} - (\boldsymbol{F}_x)_{i-1/2,j}^{n_t}] \tag{4-120}$$

$$(\boldsymbol{F}_x)_{i+1/2,j}^{n_t} = \frac{1}{2}[\boldsymbol{A}_x(\boldsymbol{U})_{i+1,j}^{n_t} + \boldsymbol{A}_x(\boldsymbol{U})_{i,j}^{n_t} - \boldsymbol{M}_x|\boldsymbol{\Lambda}_x|\boldsymbol{M}_x^{-1}(\Delta\boldsymbol{U})_{i+1/2,j}^{n_t}] \tag{4-121}$$

$$(\boldsymbol{F}_x)_{i-1/2,j}^{n_t} = \frac{1}{2}[\boldsymbol{A}_x(\boldsymbol{U})_{i,j}^{n_t} + \boldsymbol{A}_x(\boldsymbol{U})_{i-1,j}^{n_t} - \boldsymbol{M}_x|\boldsymbol{\Lambda}_x|\boldsymbol{M}_x^{-1}(\Delta\boldsymbol{U})_{i-1/2,j}^{n_t}] \tag{4-122}$$

式中,$(\boldsymbol{F}_x)_{i+1/2,j}^{n_t}$和$(\boldsymbol{F}_x)_{i-1/2,j}^{n_t}$分别为地表水流通过单元格$(i,j)$边界$(i+1/2,j)$处和$(i-1/2,j)$处的数值通量,是对$\boldsymbol{F}_x$时空离散格式的称谓。

同理,当仅考虑沿y坐标向的因素对$\boldsymbol{U}$的影响时,式(4-112)可被简化为

$$\frac{\partial\boldsymbol{U}}{\partial t} + \boldsymbol{A}_y\frac{\partial\boldsymbol{U}}{\partial y} = 0 \tag{4-123}$$

通过类比上述沿x坐标向的空间离散格式的推导过程,可获得式(4-123)的迎风有限体积离散格式,即

$$(\boldsymbol{U})_{i,j}^{n_t+1} = (\boldsymbol{U})_{i,j}^{n_t} - \frac{\Delta t}{\Delta y}\cdot[(\boldsymbol{F}_y)_{i,j+1/2}^{n_t} - (\boldsymbol{F}_y)_{i,j-1/2}^{n_t}] \tag{4-124}$$

$$(\boldsymbol{F}_y)_{i,j+1/2}^{n_t} = \frac{1}{2}[\boldsymbol{A}_y(\boldsymbol{U})_{i,j+1}^{n_t} + \boldsymbol{A}_y(\boldsymbol{U})_{i,j}^{n_t} - \boldsymbol{M}_y|\boldsymbol{\Lambda}_y|\boldsymbol{M}_y^{-1}(\Delta\boldsymbol{U})_{i,j+1/2}^{n_t}] \tag{4-125}$$

$$(\boldsymbol{F}_y)_{i,j-1/2}^{n_t} = \frac{1}{2}[\boldsymbol{A}_y(\boldsymbol{U})_{i,j}^{n_t} + \boldsymbol{A}_y(\boldsymbol{U})_{i,j-1}^{n_t} - \boldsymbol{M}_y|\boldsymbol{\Lambda}_y|\boldsymbol{M}_y^{-1}(\Delta\boldsymbol{U})_{i,j-1/2}^{n_t}] \tag{4-126}$$

式中,$(\boldsymbol{F}_y)_{i,j+1/2}^{n_t}$和$(\boldsymbol{F}_y)_{i,j-1/2}^{n_t}$分别为地表水流通过单元格$(i,j)$边界$(i,j+1/2)$处和$(i,j-1/2)$处的数值通量,是对$\boldsymbol{F}_y$时空离散格式的称谓。

基于式(4-120)和式(4-124),可得到拟线性守恒型全水动力学方程[式(4-112)]的向量耗散有限体积离散格式,由此可知,从双映射视角获得了与 LeVeque(2002)相同的表达式:

$$(\boldsymbol{U})_{i,j}^{n_t+1} = (\boldsymbol{U})_{i,j}^{n_t} - \frac{\Delta t}{\Delta x}\cdot[(\boldsymbol{F}_x)_{i+1,2j}^{n_t} - (\boldsymbol{F}_x)_{i-1/2,j}^{n_t}] - \frac{\Delta t}{\Delta y}\cdot[(\boldsymbol{F}_y)_{i,j+1/2}^{n_t} - (\boldsymbol{F}_y)_{i,j-1/2}^{n_t}] \tag{4-127}$$

通过类比式(4-104)与式(4-111)之间的关系,可将式(4-120)写为如下形式:

$$(\boldsymbol{U}_{\Lambda})_{i,j}^{n_t+1} = (\boldsymbol{U}_{\Lambda})_{i,j}^{n_t} - \frac{\Delta t}{\Delta x}\cdot[\boldsymbol{\Lambda}_x^{-}(\Delta\boldsymbol{U}_{\Lambda})_{i+1,2j}^{n_t} + \boldsymbol{\Lambda}_x^{+}(\Delta\boldsymbol{U}_{\Lambda})_{i-1/2,j}^{n_t}] \tag{4-128}$$

基于$\boldsymbol{M}_x$将式(4-128)映射回物理空间后,得到式(4-120)的空间离散格式波动形式:

$$\boldsymbol{U}_{i,j}^{n_t+1} = \boldsymbol{U}_{i,j}^{n_t} - \frac{\Delta t}{\Delta x} \cdot \left[\boldsymbol{M}_x \cdot \boldsymbol{\Lambda}_x^- \cdot \boldsymbol{M}_x^{-1} (\Delta \boldsymbol{U})_{i+1/2,j}^{n_t} + \boldsymbol{M}_x \cdot \boldsymbol{\Lambda}_x^+ \cdot \boldsymbol{M}_x^{-1} (\Delta \boldsymbol{U})_{i-1/2,j}^{n_t} \right] \tag{4-129}$$

同理，可获得式(4-124)的空间离散格式波动形式：

$$\boldsymbol{U}_{i,j}^{n_t+1} = \boldsymbol{U}_{i,j}^{n_t} - \frac{\Delta t}{\Delta y} \cdot \left[\boldsymbol{M}_y \cdot \boldsymbol{\Lambda}_y^- \cdot \boldsymbol{M}_y^{-1} (\Delta \boldsymbol{U})_{i,j+1/2}^{n_t} + \boldsymbol{M}_y \cdot \boldsymbol{\Lambda}_y^+ \cdot \boldsymbol{M}_y^{-1} (\Delta \boldsymbol{U})_{i,j-1/2}^{n_t} \right] \tag{4-130}$$

将式(4-129)与式(4-130)合并后，可最终获得式(4-112)的空间离散格式波动形式，其直观表述了地表水流以物质波形式穿越任意空间单元格(i,j)的物理过程(LeVeque，2002)：

$$\begin{aligned}\boldsymbol{U}_{i,j}^{n_t+1} = \boldsymbol{U}_{i,j}^{n_t} &- \frac{\Delta t}{\Delta x} \cdot \left[\boldsymbol{M}_x \cdot \boldsymbol{\Lambda}_x^- \cdot \boldsymbol{M}_x^{-1}(\Delta \boldsymbol{U})_{i+1/2,j}^{n_t} + \boldsymbol{M}_x \cdot \boldsymbol{\Lambda}_x^+ \cdot \boldsymbol{M}_x^{-1}(\Delta \boldsymbol{U})_{i-1/2,j}^{n_t} \right] \\ &- \frac{\Delta t}{\Delta y} \cdot \left[\boldsymbol{M}_y \cdot \boldsymbol{\Lambda}_y^- \cdot \boldsymbol{M}_y^{-1}(\Delta U)_{i,j+1/2}^{n_t} + \boldsymbol{M}_y \cdot \boldsymbol{\Lambda}_y^+ \cdot \boldsymbol{M}_y^{-1}(\Delta \boldsymbol{U})_{i,j-1/2}^{n_t} \right]\end{aligned} \tag{4-131}$$

(3)非线性双曲型方程向量耗散有限体积离散格式

当采用向量耗散有限体积法空间离散非线性的守恒型全水动力学方程[式(3-5)]时，需先对地表水流运动物理通量和地表(畦面)相对高程梯度向量空间离散，由于畦面糙率向量和入渗向量属于非空间导数项，采用空间单元格中心值即可计算得到。此外，通常采用限制器函数来有效提高地表水流运动方程空间离散格式的计算精度。

1)地表水流运动物理通量$\boldsymbol{F}_x$和$\boldsymbol{F}_y$的向量耗散离散格式。若将式(4-127)用于非线性守恒型全水动力学方程[式(4-3)]的拟线性表达式[式(4-4)]时，其中$\boldsymbol{A}_x$或$\boldsymbol{A}_y$需满足如下条件(Roe，1981)：①对空间单元格边界$(i-1/2,j)$处而言，$\boldsymbol{A}_x$仅是$\boldsymbol{U}_{i,j}$和$\boldsymbol{U}_{i-1,j}$的函数，即$\tilde{\boldsymbol{A}}_x = \boldsymbol{A}_x(\boldsymbol{U}_{i,j}, \boldsymbol{U}_{i-1,j})$；②$\boldsymbol{F}_{i,j} - \boldsymbol{F}_{i-1,j} = \frac{1}{2}\tilde{\boldsymbol{A}}_x(\boldsymbol{U}_{i,j} - \boldsymbol{U}_{i-1,j})$；③$\tilde{\boldsymbol{A}}_x$与$\boldsymbol{A}_x$具有相似的表达形式和实数特征值，且当$\boldsymbol{U}_{i,j} = \boldsymbol{U}_{i-1,j}$时，$\tilde{\boldsymbol{A}}_x = \boldsymbol{A}_x$。

上述各向量矩阵中的$\bar{u}$、$\bar{v}$、$\tilde{c}$及h变量均需表达成如下Roe平均形式：

$$\bar{u}_{i+1/2,j}^{\text{Roe}} = \frac{\bar{u}_{i+1,j}\sqrt{h_{i+1,j}} + \bar{u}_{i,j}\sqrt{h_{i,j}}}{\sqrt{h_{i+1,j}} + \sqrt{h_{i,j}}} \tag{4-132}$$

$$\bar{v}_{i+1/2,j}^{\text{Roe}} = \frac{\bar{v}_{i+1,j}\sqrt{h_{i+1,j}} + \bar{v}_{i,j}\sqrt{h_{i,j}}}{\sqrt{h_{i+1,j}} + \sqrt{h_{i,j}}} \tag{4-133}$$

$$\tilde{c}_{i+1/2,j}^{\text{Roe}} = \sqrt{\frac{g}{2}(h_{i+1,j} + h_{i,j})} \tag{4-134}$$

$$h_{i+1/2,j}^{\text{Roe}} = \frac{1}{2}(h_{i+1,j} + h_{i,j}) \tag{4-135}$$

经上述处理后，类比式(4-121)，$(\boldsymbol{F}_x)_{i+1/2,j}^{n_t}$的向量耗散有限体积离散格式为

$$(\boldsymbol{F}_x)_{i+1/2,j}^{n_t} = \frac{1}{2}\left[(\boldsymbol{A}_x)_{i,j}^{n_t} \cdot \boldsymbol{U}_{i,j}^{n_t} + (\boldsymbol{A}_x)_{i+1,j}^{n_t} \cdot \boldsymbol{U}_{i+1,j}^{n_t} \right] - \frac{1}{2} \left| (\boldsymbol{A}_x)_{i+1/2,j}^{n_t} \right| (\boldsymbol{U}_{i+1,j}^{n_t} - \boldsymbol{U}_{i,j}^{n_t}) \tag{4-136}$$

同理，还可得到 $(\boldsymbol{F}_x)_{i-1/2,j}^{n_t}$、$(\boldsymbol{F}_y)_{i,j+1/2}^{n_t}$ 和 $(\boldsymbol{F}_y)_{i,j-1/2}^{n_t}$ 的向量耗散有限体积离散格式为

$$(\boldsymbol{F}_x)_{i-1/2,j}^{n_t}=\frac{1}{2}[(\boldsymbol{A}_x)_{i,j}^{n_t}\cdot\boldsymbol{U}_{i,j}^{n_t}+(\boldsymbol{A}_x)_{i-1,j}^{n_t}\cdot\boldsymbol{U}_{i-1,j}^{n_t}]-\frac{1}{2}|(\boldsymbol{A}_x)_{i-1/2,j}^{n_t}|(\boldsymbol{U}_{i,j}^{n_t}-\boldsymbol{U}_{i-1,j}^{n_t}) \tag{4-137}$$

$$(\boldsymbol{F}_y)_{i,j+1/2}^{n_t}=\frac{1}{2}[(\boldsymbol{A}_y)_{i,j}^{n_t}\cdot\boldsymbol{U}_{i,j}^{n_t}+(\boldsymbol{A}_y)_{i,j+1}^{n_t}\cdot\boldsymbol{U}_{i,j+1}^{n_t}]-\frac{1}{2}|(\boldsymbol{A}_y)_{i,j+1/2}^{n_t}|(\boldsymbol{U}_{i,j+1}^{n_t}-\boldsymbol{U}_{i,j}^{n_t}) \tag{4-138}$$

$$(\boldsymbol{F}_y)_{i,j-1/2}^{n_t}=\frac{1}{2}[(\boldsymbol{A}_y)_{i,j}^{n_t}\cdot\boldsymbol{U}_{i,j}^{n_t}+(\boldsymbol{A}_x)_{i,j-1}^{n_t}\cdot\boldsymbol{U}_{i,j-1}^{n_t}]-\frac{1}{2}|(\boldsymbol{A}_y)_{i,j-1/2}^{n_t}|(\boldsymbol{U}_{i,j}^{n_t}-\boldsymbol{U}_{i,j-1}^{n_t}) \tag{4-139}$$

与守恒型全水动力学方程拟线性表达式的空间离散格式类似，非线性守恒型全水动力学方程也可被表达成类似式(4-131)的空间离散格式波动形式，只是各矩阵中的变量均需采用 Roe 平均形式。

2）地表（畦面）相对高程梯度向量 $\boldsymbol{S}_b$ 的向量耗散离散格式。对任意空间单元格 (i,j) 而言，若采用空间离散格式波动形式，则当 t^{n_t} 演进至 t^{n_t+1} 时刻时，由数值通量引起的因变量向量 $\boldsymbol{U}$ 的变化量为

$$(\Delta_t\boldsymbol{U}_{i,j}^{f})=\boldsymbol{U}_{i,j}^{n_t+1}-\boldsymbol{U}_{i,j}^{n_t}=-\frac{\Delta t}{\Delta x}\cdot[(\boldsymbol{M}_x\cdot\boldsymbol{\Lambda}_x^{-}\cdot\boldsymbol{M}_x^{-1}\cdot\Delta\boldsymbol{U})_{i+1/2,j}^{n_t}+(\boldsymbol{M}_x\cdot\boldsymbol{\Lambda}_x^{+}\cdot\boldsymbol{M}_x^{-1}\cdot\Delta\boldsymbol{U})_{i-1/2,j}^{n_t}]$$
$$+\frac{\Delta t}{\Delta y}\cdot[(\boldsymbol{M}_y\cdot\boldsymbol{\Lambda}_y^{-}\cdot\boldsymbol{M}_y^{-1}\cdot\Delta\boldsymbol{U})_{i,j+1/2}^{n_t}+(\boldsymbol{M}_y\cdot\boldsymbol{\Lambda}_y^{+}\cdot\boldsymbol{M}_y^{-1}\cdot\Delta\boldsymbol{U})_{i,j-1/2}^{n_t}] \tag{4-140}$$

地表水流运动物理通量 $\boldsymbol{F}_x$ 和 $\boldsymbol{F}_y$ 是 $\Delta\boldsymbol{U}$ 传播对单元格因变量向量产生的作用，对 $\boldsymbol{S}_b$ 也可做类似解释（Hubbard and Garcia-Navarro，2000）。若实测的地表（畦面）相对高程被视为空间单元格中心变量值，则沿 x 坐标向空间单元格边界两侧将形成与 $\Delta\boldsymbol{U}$ 相似的表达式，这称为 $\boldsymbol{S}_b$ 的空间离散格式波动形式，简称地形梯度波形：

$$(\tilde{\boldsymbol{S}}_x^{b})_{i+1/2,j}=\begin{pmatrix}0\\ g\cdot h_{i+1/2,j}^{\text{Roe}}(b_{i+1,j}-b_{i-1,j})\\ 0\end{pmatrix}=\begin{pmatrix}0\\ g\cdot h_{i+1/2,j}^{\text{Roe}}\cdot\Delta b_{i+1/2,j}\\ 0\end{pmatrix} \tag{4-141}$$

随着地表水流运动时间演进，地形梯度波形与数值通量相似，决定着任意空间单元格 (i,j) 内因变量向量 $\boldsymbol{U}$ 的变化量，当考虑信息传播的方向性时，才能正确模拟地形梯度波形对因变量向量的作用。

与数值通量被看作为 $\Delta\boldsymbol{U}$ 被映射至特征向量空间的做法相似，地形梯度波形也可被映射至该空间上：

$$(\tilde{\boldsymbol{S}}_x^{b})_{i+1/2,j}^{n_t}=(\boldsymbol{M}_x\cdot\boldsymbol{M}_x^{-1}\cdot\tilde{\boldsymbol{S}}_x^{b})_{i+1/2,j}^{n_t} \tag{4-142}$$

式中，$\boldsymbol{M}_x^{-1}\cdot\tilde{\boldsymbol{S}}_x^{b}$ 为 $\boldsymbol{S}_b$ 在特征向量空间 $\boldsymbol{M}_x$ 中的系数矩阵。

如图 4-17 所示，对任意空间单元格 (i,j) 而言，仅当考虑正、负特征速度下的地形梯度波形分别通过边界 $(i-1/2,j)$ 处和 $(i+1/2,j)$ 处的数量时，式(4-142)被分解为以下形式：

$$(\boldsymbol{S}_x^{-})_{i+1/2,j}^{n_t}=(\boldsymbol{M}_x\cdot\boldsymbol{I}_x^{-}\cdot\boldsymbol{M}_x^{-1}\cdot\tilde{\boldsymbol{S}}_x^{b})_{i+1/2,j}^{n_t} \tag{4-143}$$

$$(\boldsymbol{S}_x^{+})_{i-1/2,j}^{n_t}=(\boldsymbol{M}_x\cdot\boldsymbol{I}_x^{+}\cdot\boldsymbol{M}_x^{-1}\cdot\tilde{\boldsymbol{S}}_x^{b})_{i-1/2,j}^{n_t} \tag{4-144}$$

式中，$\boldsymbol{I}_x^{\pm}=\boldsymbol{\Lambda}_x^{-1}\cdot\boldsymbol{\Lambda}_x^{\pm}$。

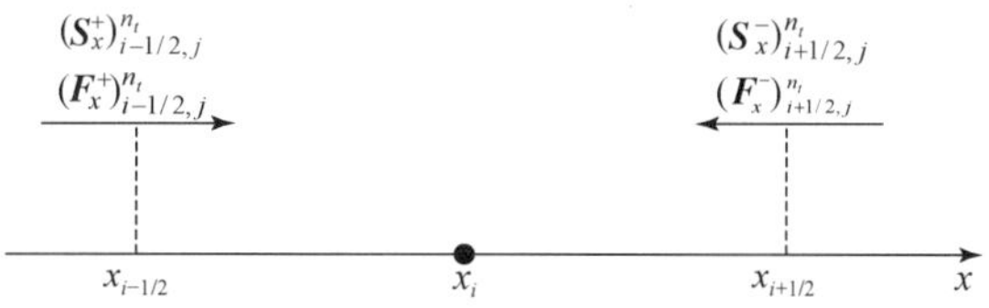

图 4-17　同时考虑物理通量与地表(畦面)相对高程梯度时沿 x 坐标向任意空间单元格(i,j)的信息传播过程

基于式(4-129)，可得到沿 x 坐标向的地形梯度波形对因变量向量 $\boldsymbol{U}$ 的贡献，其公式为

$$(\Delta_t\boldsymbol{U}_{i,j}^S)=\boldsymbol{U}_{i,j}^{n_t+1}-\boldsymbol{U}_{i,j}^{n_t}=\frac{\Delta t}{\Delta x}\cdot\left[(\boldsymbol{M}_x\cdot\boldsymbol{I}_x^-\cdot\boldsymbol{M}_x^{-1}\cdot\boldsymbol{S}_x^-)_{i+1/2,j}^{n_t}+(\boldsymbol{M}_x\cdot\boldsymbol{I}_x^+\cdot\boldsymbol{M}_x^{-1}\cdot\boldsymbol{S}_x^+)_{i-1/2,j}^{n_t}\right]\tag{4-145}$$

同理，还可得到沿 y 坐标向的地形梯度波形对因变量向量 $\boldsymbol{U}$ 的贡献，其公式为

$$(\Delta_t\boldsymbol{U}_{i,j}^S)=\boldsymbol{U}_{i,j}^{n_t+1}-\boldsymbol{U}_{i,j}^{n_t}=\frac{\Delta t}{\Delta y}\cdot\left[(\boldsymbol{M}_y\cdot\boldsymbol{I}_y^-\cdot\boldsymbol{M}_y^{-1}\cdot\boldsymbol{S}_y^-)_{i,j+1/2}^{n_t}+(\boldsymbol{M}_y\cdot\boldsymbol{I}_y^+\cdot\boldsymbol{M}_y^{-1}\cdot\boldsymbol{S}_y^+)_{i,j-1/2}^{n_t}\right]\tag{4-146}$$

若同时考虑沿 x 和 y 坐标向的数值通量与地形梯度波形对因变量向量 $\boldsymbol{U}$ 的作用，则可得到地形梯度波形的空间离散表达式为

$$\begin{aligned}\boldsymbol{U}_{i,j}^{n_t+1}=\boldsymbol{U}_{i,j}^{n_t}-\frac{\Delta t}{\Delta x}\cdot&\{[\boldsymbol{M}_x(\boldsymbol{\Lambda}_x^-\cdot\boldsymbol{M}_x^{-1})\cdot\Delta\boldsymbol{U}-\boldsymbol{I}_x^-\cdot\boldsymbol{M}_x^{-1}\cdot\boldsymbol{S}_x^-]\}_{i+1/2,j}^{n_t}\\&+[\boldsymbol{M}_x(\boldsymbol{\Lambda}_x^+\cdot\boldsymbol{M}_x^{-1}\cdot\Delta\boldsymbol{U}-\boldsymbol{I}_x^+\cdot\boldsymbol{M}^{-}1_x\cdot\boldsymbol{S}_x^+)]_{i-1/2,j}^{n_t}\}\\&-\frac{\Delta t}{\Delta y}\cdot\{[\boldsymbol{M}_y(\boldsymbol{\Lambda}_y^-\cdot\boldsymbol{M}_y^{-1}\cdot\Delta\boldsymbol{U}-\boldsymbol{I}_y^-\cdot\boldsymbol{M}_y^{-1}\cdot\boldsymbol{S}_y^-)]_{i,j+1/2}^{n_t}\\&+[\boldsymbol{M}_y(\boldsymbol{\Lambda}_y^+\cdot\boldsymbol{M}_y^{-1}\cdot\Delta\boldsymbol{U}-\boldsymbol{I}_y^+\cdot\boldsymbol{M}_y^{-1}\cdot\boldsymbol{S}_y^+)]_{i,j-1/2}^{n_t}\}\end{aligned}\tag{4-147}$$

对式(4-147)做简单运算后，可获得非线性守恒型全水动力学方程的基于 Roe 格式的向量耗散有限体积离散格式，其表达式为

$$\begin{aligned}\boldsymbol{U}_{i,j}^{n_t+1}=\boldsymbol{U}_{i,j}^{n_t}&-\frac{\Delta t}{\Delta x}\cdot(\boldsymbol{F}_{i+1/2,j}^{n_t}-\boldsymbol{F}_{i-1/2,j}^{n_t}+\boldsymbol{S}_{i+1/2,j}^{n_t}-\boldsymbol{S}_{i-1/2,j}^{n_t})\\&-\frac{\Delta t}{\Delta y}\cdot(\boldsymbol{F}_{i,j+1/2}^{n_t}-\boldsymbol{F}_{i,j-1/2}^{n_t}+\boldsymbol{S}_{i,j+1/2}^{n_t}-\boldsymbol{S}_{i,j-1/2}^{n_t})\end{aligned}\tag{4-148}$$

式中，$\boldsymbol{S}_{i+1/2,j}^{n_t}=[(\boldsymbol{M}_x)_{i+1/2,}(\boldsymbol{I}_x^-|\boldsymbol{\Lambda}_x|\boldsymbol{\Lambda}_x^{-1})_{i+1/2,j}(\boldsymbol{M}_x^{-1}\cdot\tilde{\boldsymbol{S}}_x^b)_{i+1/2,j}]^{n_t}$。

式(4-148)可用于准确模拟畦田施肥灌溉地表水流溶质运动过程中出现的亚临界、临界和超临界流态，并保持地表水流运动消退过程中的静水面线呈水平状态，这符合地表水流溶质运动过程对数值模拟解法的需求。对守恒型特征速度场耦合方程[式(3-92)]而言，相关向量耗散有限体积离散格式与非线性守恒型全水动力学方程的空间离散格式类似。

3)三角形网格下的向量耗散有限体积离散格式。有限体积法的优势在于非矩形单元格下的空间离散，适用于任意边界形状的计算区域。图 4-18 给出典型三角形单元格下符

号标记的示意图，其中第 i 个三角形单元格的中心为 c_i，其 3 个节点为 $v_{i,k}(k=1,2,3)$，与第 i 个三角形单元格相邻的 3 个单元格中心分别为 $c_{i,k}(k=1,2,3)$，共同的边界为 $f_{i,k}(k=1,2,3)$，这 4 个单元格所形成的集合标记为 σv_i。对第 i 个三角形单元格而言，Ω_i 为其包含的区域，$|\Omega_i|$ 为其包含的面积，$\partial\Omega_i$ 为其包含的边界。

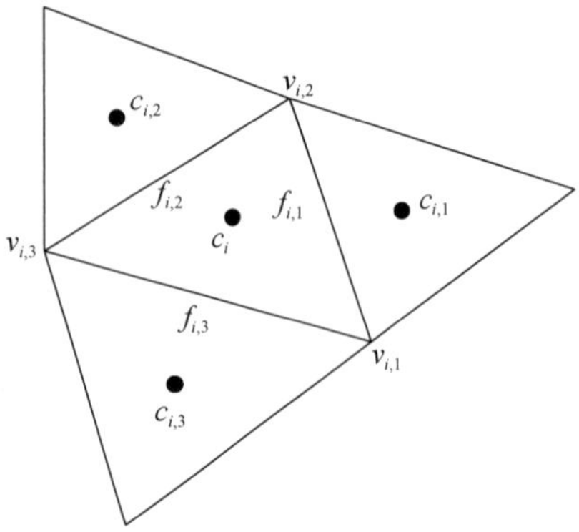

图 4-18　典型三角形单元格下符号标记的示意图

非线性守恒型全水动力学方程[式(4-3)]可被表达为如下形式：

$$\frac{\partial \boldsymbol{U}}{\partial t}+\nabla\cdot\begin{pmatrix}\boldsymbol{F}_x\\ \boldsymbol{F}_y\end{pmatrix}=\boldsymbol{S} \tag{4-149}$$

式中，∇ 为散度算子，且 $\nabla\cdot=\frac{\partial}{\partial x}+\frac{\partial}{\partial y}+\frac{\partial}{\partial z}$。

在第 i 个三角形单元格上，对式(4-149)积分如下：

$$\iint_{\Omega_i}\frac{\partial \boldsymbol{U}}{\partial t}\mathrm{d}x\mathrm{d}y+\iint_{\Omega_i}\nabla\cdot\begin{pmatrix}\boldsymbol{F}_x\\ \boldsymbol{F}_y\end{pmatrix}\mathrm{d}x\mathrm{d}y=\iint_{\Omega_i}\boldsymbol{S}\mathrm{d}x\mathrm{d}y \tag{4-150}$$

以下仅讨论式(4-150)中 $\boldsymbol{F}_x$ 和 $\boldsymbol{F}_y$ 积分式的空间离散过程，源项向量积分式的空间离散过程与之类似。

对 $\boldsymbol{F}_x$ 和 $\boldsymbol{F}_y$ 积分式而言，可利用散度定理表达为

$$\iint_{\Omega_i}\nabla\cdot\begin{pmatrix}\boldsymbol{F}_x\\ \boldsymbol{F}_y\end{pmatrix}\mathrm{d}x\mathrm{d}y=\oint_{\partial\Omega_i}(\boldsymbol{F}_x,\boldsymbol{F}_y)\boldsymbol{n}\mathrm{d}l \tag{4-151}$$

式中，$\boldsymbol{n}$ 为任意三角形单元格边界处的外向单位法向量；$\mathrm{d}l$ 为三角形单元格边界微元。

对式(4-151)等号右侧项的空间离散形式为

$$\oint_{\partial\Omega_i}(\boldsymbol{F}_x,\boldsymbol{F}_y)\boldsymbol{n}\mathrm{d}l=\sum_{k=1}^{3}(\boldsymbol{F}_x,\boldsymbol{F}_y)_{f_{i,k}}\cdot\boldsymbol{n}_{f_{i,k}}\cdot l_{i,k} \tag{4-152}$$

式中，$l_{i,k}$ 为三角形单元格边界 $f_{i,k}$ 的长度(m)。

式(4-152)中 $(\boldsymbol{F}_x,\boldsymbol{F}_y)_{f_{i,k}}$ 为通过三角形单元格边界 $f_{i,k}$ 处的数值通量。借助式(4-136)，可将任意时间步 n_t 的数值通量表达为

$$(\boldsymbol{F}_x,\boldsymbol{F}_y)_{f_{i,k}}^{n_t}=\frac{1}{2}\left[(\boldsymbol{A}_x n_x+\boldsymbol{A}_y n_y)_{c_i}^{n_t}\cdot\boldsymbol{U}_{c_{i,k}}^{n_t}+(\boldsymbol{A}_x n_x+\boldsymbol{A}_y n_y)_{c_{i,k}}^{n_t}\cdot\boldsymbol{U}_{c_{i,k}}^{n_t}\right]$$

$$-\frac{1}{2}\left|(\boldsymbol{A}_x n_x+\boldsymbol{A}_y n_y)_{f_{i,k}}^{n_t}\right|\cdot(\boldsymbol{U}_{c_i}^{n_t}-\boldsymbol{U}_{c_{i,k}}^{n_t}) \tag{4-153}$$

式中，n_x 和 n_y 分别为外向单位法向量 $\boldsymbol{n}$ 沿 x 和 y 坐标向的分量。

式(4-153)等号右侧项 $(\boldsymbol{A}_x n_x+\boldsymbol{A}_y n_y)_{f_{i,k}}^{n_t}$ 中的变量均为 Roe 平均形式，具体表达式与式(4-132)~式(4-135)类似。若以地表水流垂向均布流速 $\bar{u}$ 为例，该表达式为

$$\bar{u}_{f_{i,k}}^{\mathrm{Roe}}=\frac{\bar{u}_{c_i}\sqrt{h_{c_i}}+\bar{u}_{c_{i,k}}\sqrt{h_{c_{i,k}}}}{\sqrt{h_{c_i}}+\sqrt{h_{c_{i,k}}}} \tag{4-154}$$

4）minmod 限制器函数。在数值模拟地表水流溶质物理波传播过程中，常会出现较大的数值计算耗散性（LeVeque，2002）。如图 4-19 所示，随着地表水流溶质运动时间演进，地表水流溶质物理波的初始波形将逐渐被抹平，这是由于空间离散格式仅为一阶精度所致。

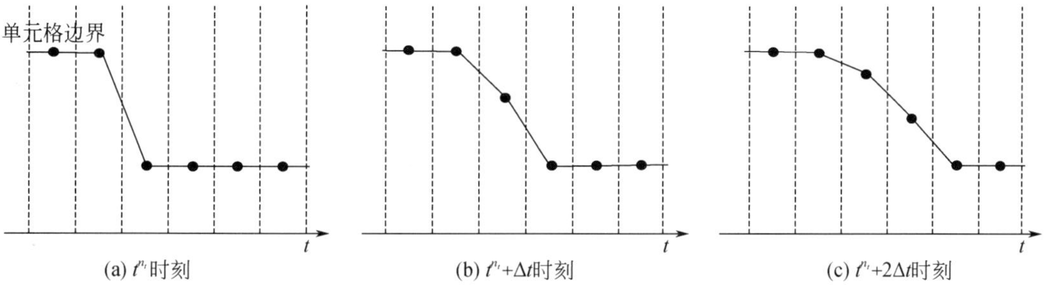

图 4-19　地表水流溶质物理波传播过程中数值耗散的示意图

为了有效降低数值计算耗散性，需要提高空间离散的计算精度。为此，在有限体积法中，常采用 minmod 限制器函数达到此目的（LeVeque，2002）。为了阐释清楚限制器函数的基本原理，在 $i_c=0$ 条件下，以仅含有地表水流溶质 ϕ 的守恒型纯对流方程[式(3-83)]为例，加以说明。

对 ϕ 而言，将第 i 个空间单元格内的分布值写为如下形式，完成对 ϕ 的重构：

$$\phi_i(x,t^{n_t})=\phi_i^{n_t}+\sigma_i^{n_t}(x-x_i)\qquad (x_{i-1/2}\leqslant x<x_{i+1/2}) \tag{4-155}$$

式中，$\phi_i(x,t^{n_t})$ 为 ϕ 在第 i 个空间单元格内的分布值或重构值；$\phi_i^{n_t}$ 为 ϕ 在第 i 个空间单元格内的均布值；$\sigma_i^{n_t}$ 为 ϕ 在第 i 个空间单元格内的分布梯度。

为了保证 ϕ 的质量守恒性，$\phi_i(x,t^{n_t})$ 应满足以下条件：

$$\frac{1}{\Delta x}\int_{x_{i-1/2}}^{x_{i+1/2}}\phi_i(x,t^{n_t})\,\mathrm{d}x=\phi_i^{n_t} \tag{4-156}$$

式(4-155)中的 $\sigma_i^{n_t}$ 可选择为不同的分布梯度形式，即中心梯度 $\sigma_i^{n_t}=\dfrac{\phi_{i+1}^{n_t}-\phi_{i-1}^{n_t}}{2\Delta x}$、迎风梯度 $\sigma_i^{n_t}=\dfrac{\phi_i^{n_t}-\phi_{i-1}^{n_t}}{\Delta x}$ 和逆风梯度 $\sigma_i^{n_t}=\dfrac{\phi_{i+1}^{n_t}-\phi_i^{n_t}}{\Delta x}$。

以图 4-19 显示的地表水流溶质物理波形为例，图 4-20 给出逆风梯度下的地表水流溶质物理波传播过程，可以发现存在着数值震荡问题，且在中心梯度下亦如此。若地表水流溶质物理波传播方向从右向左时，将变为迎风梯度，但仍会出现数值震荡，故在这些分布

梯度形式下均不适宜构造二阶精度的计算格式。

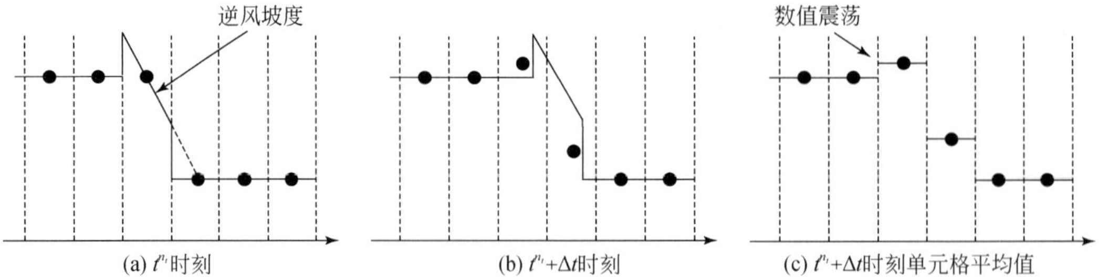

图 4-20 逆风梯度下重构地表水流溶质物理波传播过程中的数值震荡示意图

从图 4-20 还可直观看出，若考虑迎风梯度和逆风梯度下的最小值，则相应的数值震荡将被消除，此即为构造 minmod 限制器函数的原始思想：

$$\sigma_i^{n_t} = \mathrm{minmod}\left(\frac{\phi_i^{n_t} - \phi_{i-1}^{n_t}}{\Delta x}, \frac{\phi_{i+1}^{n_t} - \phi_i^{n_t}}{\Delta x}\right) \tag{4-157}$$

对变量 a_m 和 b_m 而言，在 minmod 限制器函数中的具体表达式如下：

$$\mathrm{minmod}(a_m, b_m) = \begin{cases} a_m & |a_m| < |b_m| \text{ 且 } a_m \cdot b_m > 0 \\ b_m & |a_m| > |b_m| \text{ 且 } a_m \cdot b_m > 0 \\ 0 & a_m \cdot b_m < 0 \end{cases} \tag{4-158}$$

由于矩形单元格边界的外向单位法向量平行于 x 或 y 坐标向，故一维 minmod 限制器函数可被直接用到二维情景，但三角形单元格边界的外向单位法向量分布却为随机状态，故二维 minmod 限制器函数要比矩形单元格下复杂得多。为此，以图 4-21 给出的三角形单元格下地表水流溶质 ϕ 的分布为例，说明构造 minmod 限制器函数的原理。

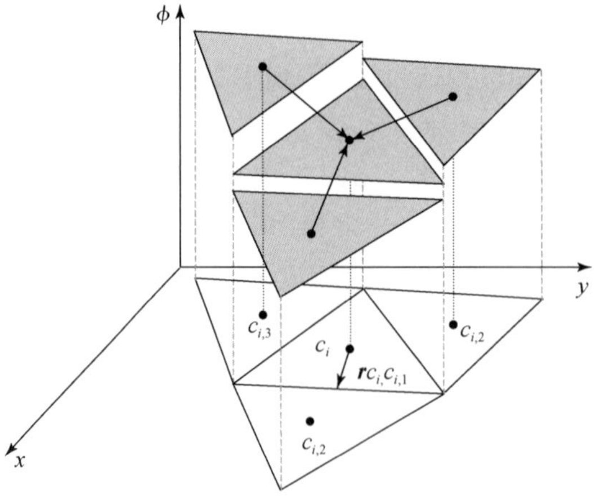

图 4-21 二维计算区域内三角形单元格下地表水流溶质 ϕ 的 minmod 限制器函数构造示意图

如图 4-21 所示，在构造地表水流溶质 ϕ 的 minmod 限制器函数之前，需先计算三角形单元格 c_i 内地表水流溶质 ϕ 的分布梯度。此时，三角形单元格 $c_{i,1}$、$c_{i,2}$ 和 $c_{i,3}$ 内的地表水流

溶质 ϕ 值构成了三角形的形状，若以该三角形的斜率近似表达 c_i 内的地表水流溶质分布梯度，则该三角形所位于的斜面可用以下线性函数表达为

$$\phi = a_c \cdot x + b_c \cdot y + c_c \tag{4-159}$$

式中，a_c 和 b_c 分别为斜面沿 x 和 y 坐标向的斜率，即三角形单元格 c_i 内地表水流溶质分布梯度的分量；c_c 为斜面的截距。

依据线性代数方程组求解原理，a_c 和 b_c 可分别表达为

$$a_c = \frac{\begin{vmatrix} \bar{c}_{c_{i,1}} & y_{c_{i,1}} & 1 \\ \bar{c}_{c_{i,2}} & y_{c_{i,2}} & 1 \\ \bar{c}_{c_{i,3}} & y_{c_{i,3}} & 1 \end{vmatrix}}{\begin{vmatrix} x_{c_{i,1}} & y_{c_{i,1}} & 1 \\ x_{c_{i,2}} & y_{c_{i,2}} & 1 \\ x_{c_{i,3}} & y_{c_{i,3}} & 1 \end{vmatrix}}; \quad b_c = \frac{\begin{vmatrix} x_{c_{i,1}} & \bar{c}_{c_{i,1}} & 1 \\ x_{c_{i,2}} & \bar{c}_{c_{i,2}} & 1 \\ x_{c_{i,3}} & \bar{c}_{c_{i,3}} & 1 \end{vmatrix}}{\begin{vmatrix} x_{c_{i,1}} & y_{c_{i,1}} & 1 \\ x_{c_{i,2}} & y_{c_{i,2}} & 1 \\ x_{c_{i,3}} & y_{c_{i,3}} & 1 \end{vmatrix}} \tag{4-160}$$

将式(4-160)中的行列式展开如下：

$$a_c = \frac{\left(y_{c_{i,3}} - y_{c_{i,1}},\ -y_{c_{i,2}} + y_{c_{i,1}}\right)}{\left(x_{c_{i,2}} - x_{c_{i,1}}\right)\left(y_{c_{i,3}} - y_{c_{i,1}}\right) - \left(x_{c_{i,3}} - x_{c_{i,1}}\right)\left(y_{c_{i,2}} - y_{c_{i,1}}\right)} \cdot \begin{pmatrix} \phi_{c_{i,2}} - \phi_{c_{i,1}} \\ \phi_{c_{i,3}} - \phi_{c_{i,1}} \end{pmatrix} \tag{4-161}$$

$$b_c = \frac{\left(-x_{c_{i,3}} + x_{c_{i,1}},\ \ y_{c_{i,2}} - y_{c_{i,1}}\right)}{\left(x_{c_{i,2}} - x_{c_{i,1}}\right)\left(y_{c_{i,3}} - y_{c_{i,1}}\right) - \left(x_{c_{i,3}} - x_{c_{i,1}}\right)\left(y_{c_{i,2}} - y_{c_{i,1}}\right)} \cdot \begin{pmatrix} \phi_{c_{i,2}} - \phi_{c_{i,1}} \\ \phi_{c_{i,3}} - \phi_{c_{i,1}} \end{pmatrix} \tag{4-162}$$

借助梯度算子 ∇，可将三角形单元格 c_i 内的地表水流溶质 ϕ 的分布梯度表示为如下向量形式：

$$\nabla\phi_{c_i} = \begin{pmatrix} a_c \\ b_c \end{pmatrix} = \frac{\begin{pmatrix} y_{c_{i,3}} - y_{c_{i,1}} & -y_{c_{i,2}} + y_{c_{i,1}} \\ -x_{c_{i,3}} + x_{c_{i,1}} & x_{c_{i,2}} - x_{c_{i,1}} \end{pmatrix}}{\left(x_{c_{i,2}} - x_{c_{i,1}}\right)\left(y_{c_{i,3}} - y_{c_{i,1}}\right) - \left(x_{c_{i,3}} - x_{c_{i,1}}\right)\left(y_{c_{i,2}} - y_{c_{i,1}}\right)} \cdot \begin{pmatrix} \phi_{c_{i,2}} - \phi_{c_{i,1}} \\ \phi_{c_{i,3}} - \phi_{c_{i,1}} \end{pmatrix} \tag{4-163}$$

若直接采用式(4-163)计算地表水流溶质 ϕ 的分布梯度，则与一维情景相类似，仍会出现数值震荡现象，故需对该梯度进行必要限制，即构造 minmod 限制器函数。

如图 4-21 所示，若仅关注三角形单元格中心 c_i 和 $c_{i,1}$ 处的变量值，则这两点处的地表水流溶质 ϕ 值形成的阶差为

$$s_{c_i,c_{i,1}} = \phi_{c_{i,1}} - \phi_{c_i} \tag{4-164}$$

借助构造 minmod 限制器函数的思路，可获得该溶质阶差 L_1 的取值范围，为

$$\min\left(s_{c_i,c_{i,1}}, 0\right) \leqslant L_1 \leqslant \max\left(s_{c_i,c_{i,1}}, 0\right) \tag{4-165}$$

为了对式(4-165)进行限制，将其表达为小于或等于 1 的分数形式，并将该分数直接与式(4-163)相乘，获得经过限制的溶质分布梯度。为此，在对式(4-165)进行变形处理

后，可得到梯度限制分数的表达式为

$$\alpha_1 = \begin{cases} \dfrac{\max(s_{c_i,c_{i,1}},0)}{s_{c_i,c_{i,1}}} & s_{c_i,c_{i,1}} > 0 \\ \dfrac{\min(s_{c_i,c_{i,1}},0)}{s_{c_i,c_{i,1}}} & s_{c_i,c_{i,1}} < 0 \\ 1 & s_{c_i,c_{i,1}} = 0 \end{cases} \tag{4-166}$$

在图4-21中，三角形单元格 c_i 还存在着与 $c_{i,2}$ 和 $c_{i,3}$ 相关的梯度限制分数 α_2 和 α_3。取 α_1、α_2 和 α_3 这3个梯度限制分数中的最小值，即可得到三角形单元格下的minmod限制器函数，为

$$\alpha_{\text{limit}} = \min(\alpha_1,\alpha_2,\alpha_3) \tag{4-167}$$

在minmod限制器函数作用下，地表水流溶质 ϕ 的分布梯度被表达为

$$\tilde{\nabla}\phi_{c_i} = \alpha_{\text{limit}}\nabla\phi_{c_i} \tag{4-168}$$

借助式(4-168)，可对如图4-21所示的三角形单元格 c_i 与 $c_{i,1}$ 交界面 $f_{i,1}$ 内侧的地表水流溶质 ϕ 值(对 c_i 而言，采用下标IN标记边界内侧)进行重构如下：

$$(\phi_{f_{i,1}})_{\text{IN}} = \phi_{c_i} + \boldsymbol{r}_{c_i,c_{i,1}} \cdot \tilde{\nabla}\phi_{c_i} \tag{4-169}$$

式中，$\boldsymbol{r}_{c_i,c_{i,1}}$ 为三角形单元格 c_i 与 $c_{i,1}$ 之间的向量。

同理，可获得三角形单元格 c_i 任意边界 $f_{i,k}(k=1,2,3)$ 内侧或外侧(对 c_i 而言，采用下标OUT标记边界外侧)的重构值如下：

$$(\phi_{f_{i,k}})_{\text{IN}} = \phi_{c_i} + \boldsymbol{r}_{c_i,c_{i,k}} \cdot \tilde{\nabla}\phi_{c_i} \tag{4-170}$$

$$(\phi_{f_{i,k}})_{\text{OUT}} = \phi_{c_{i,k}} + \boldsymbol{r}_{c_i,c_{i,k}} \cdot \tilde{\nabla}\phi_{c_{i,k}} \tag{4-171}$$

4.2.5.3 抛物型方程中心有限体积离散格式

以守恒型纯弥散方程[式(3-85)]为例，若采用矩形网格空间离散，则隐时间差分离散格式下的有限体积空间离散格式与有限差分法相同。有限体积法的优势体现在非结构网格空间离散上，故阐述式(3-85)在三角形网格下的空间离散状况。

在第 i 个三角形单元格上，对式(3-85)的向量表达式进行面积分，得

$$\iint_{\Omega_i} \frac{\partial\phi}{\partial t}\mathrm{d}x\mathrm{d}y = \iint_{\Omega_i} \nabla\cdot(h\cdot\boldsymbol{K}_c\cdot\nabla\bar{c})\mathrm{d}x\mathrm{d}y \tag{4-172}$$

$$\boldsymbol{K}_c = \begin{pmatrix} K_x^c & 0 \\ 0 & K_y^c \end{pmatrix} \tag{4-173}$$

利用散度定理对式(4-172)做如下变形处理，得

$$\iint_{\Omega_i} \frac{\partial\phi}{\partial t}\mathrm{d}x\mathrm{d}y = \oint_{\partial\Omega_i}(h\cdot\boldsymbol{K}_c\cdot\nabla\bar{c})\cdot\boldsymbol{n}\mathrm{d}l \tag{4-174}$$

当 $|\Omega_i|$ 不随时间而变且地表水流溶质 ϕ 的三角形单元格平均值为基本变量值并随时间发生变化时，式(4-172)等号左侧时间导数向量积分式的空间离散格式为

$$\frac{\mathrm{d}\phi}{\mathrm{d}t}|\Omega_i| = \oint_{\partial\Omega_i}(h\cdot \boldsymbol{K}_c\cdot\nabla\bar{c})\cdot\boldsymbol{n}\mathrm{d}l \tag{4-175}$$

对式(4-175)做如下展开,得

$$\frac{\mathrm{d}\phi_i}{\mathrm{d}t}\cdot|\Omega_i| = \sum_{k=1}^{3}\left(h_{f_{i,k}}^{\mathrm{Roe}}\cdot(\boldsymbol{K}_c)_{f_{i,k}}\frac{\bar{c}_{c_i}-\bar{c}_{c_i,c_{i,k}}}{d_{c_i,c_{i,k}}}\cdot\boldsymbol{n}_{i,k}\right)\cdot\boldsymbol{n}_{i,k}\cdot l_{i,k} \tag{4-176}$$

式中,$d_{c_i,c_{i,k}}$为三角形单元格中心c_i与$c_{i,k}$之间的距离(m);$l_{i,k}$为三角形单元格边界$f_{i,k}$的长度(m)。

采用二阶精度隐时间差分离散格式[式(4-72)]对式(4-176)做时间离散,得

$$\frac{3\phi_i^{n_t+1}-4\phi_i^{n_t}+\phi_i^{n_t-1}}{\Delta t}\cdot|\Omega|_i = \sum_{k=1}^{3}\left(h_{f_{i,k}}^{\mathrm{Roe}}\cdot(\boldsymbol{K}_c)_{f_{i,k}}\frac{\bar{c}_{c_i}-\bar{c}_{c_{i,k}}}{d_{c_i,c_{i,k}}}\cdot\boldsymbol{n}_{i,k}\right)^{n_t+1}\cdot\boldsymbol{n}_{i,k}\cdot l_{i,k} \tag{4-177}$$

展开式(4-177)并合并同类项后,可得到线性方程组:

$$a_i\cdot\bar{c}_i^{n_t+1}+b_i\cdot\bar{c}_{i,1}^{n_t+1}+c_i\cdot\bar{c}_{i,2}^{n_t+1}+d_i\cdot\bar{c}_{i,3}^{n_t+1}=e_i \tag{4-178}$$

式中,$a_i=\frac{\Delta t}{|\Omega_i|}\cdot\left[\frac{h_{f_{i,1}}^{\mathrm{Roe}}\cdot l_{i,1}}{d_{c_i,c_{i,1}}}\cdot\boldsymbol{n}_{i,1}^{\mathrm{T}}\cdot(\boldsymbol{K}_c)_{f_{i,1}}\cdot\boldsymbol{n}_{i,1}-\frac{h_{f_{i,2}}^{\mathrm{Roe}}\cdot l_{i,2}}{d_{c_i,c_{i,2}}}\cdot\boldsymbol{n}_{i,2}^{\mathrm{T}}\cdot(\boldsymbol{K}_c)_{f_{i,2}}\cdot\boldsymbol{n}_{i,2}-\frac{h_{f_{i,3}}^{\mathrm{Roe}}\cdot l_{i,3}}{d_{c_i,c_{i,3}}}\cdot\boldsymbol{n}_{i,3}^{\mathrm{T}}\cdot(\boldsymbol{K}_c)_{f_{i,3}}\cdot\boldsymbol{n}_{i,3}\right]^{n_t+1}$;

$b_i=\frac{\Delta t}{|\Omega_i|}\cdot\left[\frac{h_{f_{i,1}}^{\mathrm{Roe}}\cdot l_{i,1}}{d_{c_i,c_{i,1}}}\cdot\boldsymbol{n}_{i,1}^{\mathrm{T}}\cdot(\boldsymbol{K}_c)_{f_{i,1}}\cdot\boldsymbol{n}_{i,1}\right]^{n_t+1}$;$c_i=\frac{\Delta t}{|\Omega_i|}\cdot\left[\frac{h_{f_{i,2}}^{\mathrm{Roe}}\cdot l_{i,2}}{d_{c_i,c_{i,2}}}\cdot\boldsymbol{n}_{i,2}^{\mathrm{T}}\cdot(\boldsymbol{K}_c)_{f_{i,2}}\cdot\boldsymbol{n}_{i,2}\right]^{n_t+1}$;

$d_i=\frac{\Delta t}{|\Omega_i|}\cdot\left[\frac{h_{f_{i,3}}^{\mathrm{Roe}}\cdot l_{i,3}}{d_{c_i,c_{i,3}}}\cdot\boldsymbol{n}_{i,3}^{\mathrm{T}}\cdot(\boldsymbol{K}_c)_{f_{i,3}}\cdot\boldsymbol{n}_{i,3}\right]^{n_t+1}$;$e_i=\frac{\Delta t}{|\Omega_i|}\cdot(\phi_i^{n_t-1}-4\phi_i^{n_t})$。

式(4-178)为具有典型抛物型方程特征的守恒型纯弥散方程的中心有限体积离散格式,其他属于抛物型方程的控制方程中心有限体积离散格式与之类似。

4.2.5.4　双曲–抛物型方程迎风–中心有限体积离散格式

与有限差分法类似,对双曲–抛物型方程而言,可依据其中各项的物理特性分别开展空间离散。双曲型项是与对流过程相关的物理项,采用迎风有限体积格式空间离散,抛物型项是与弥散过程相关的物理项,利用中心有限体积格式空间离散。

以具有典型双曲–抛物型方程特征的守恒型对流–弥散方程[式(3-72)]为例,其对流项的空间离散格式与式(4-152)等号右侧项完全相同,而弥散项的空间离散格式则与式(4-177)等号右侧项完全相同。

4.3　地表水流溶质运动干湿边界条件空间与时间离散格式

除用于数值模拟求解地表水流溶质运动控制及耦合方程的畦首入流边界条件和畦埂无流边界条件外,在求解过程中,计算区域内还存在着地表有水与无水交界处的干湿边界问题,这常出现在地表水流溶质运动推进锋或消退锋位置处,此处的地表水流流速场或溶质浓度场会出现间断。

实时准确地捕捉干湿边界对提高地表水流溶质运动数值模拟精度至为关键。目前,常借助初始地表水深假设捕捉干湿边界,即当畦田内任意空间单元格处的地表水深小于初始水深时,模型不作数值计算,否则借助全水动力学方程进行模拟运算。但这种捕捉干

湿边界的做法会导致在地表水流溶质运动推进锋附近出现水流溶质的上冲(overshoots)和下冲(undershoots)现象(图 4-22)。与图 4-11 所示的引起数值计算不稳定性的原因不同,引发地表水流溶质上冲和下冲现象的主要原因是采用了不适宜的干湿边界捕捉方法(Begnudelli and Sanders,2006),故有必要改进完善现有的干湿边界捕捉方法。

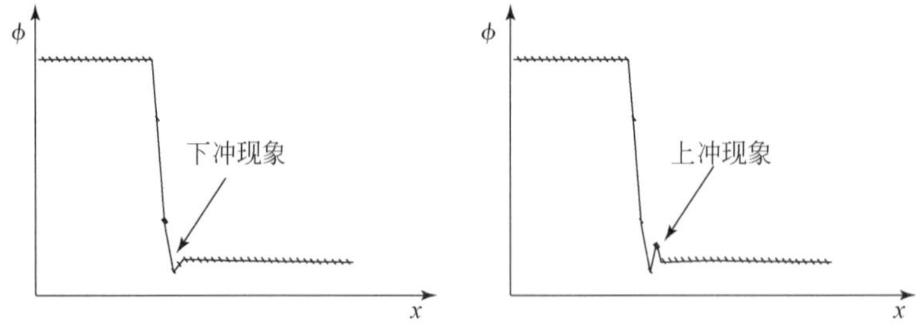

图 4-22 地表水流溶质运动推进锋附近出现的水流溶质上冲和下冲现象示意图

4.3.1 干湿边界条件与守恒型和非守恒型表达式之间的关系

当计算区域内充满地表水流溶质时,可利用有限体积法数值模拟求解守恒型地表水流溶质运动控制方程,此时地表水流流速和地表水深(或溶质浓度)均采用空间单元格边界值,以便保证流入和流出该单元格的水量或溶质量的严格质量守恒与动量守恒。

如图 4-23 所示,若在任意空间位置点处的一维地表水流流速场或溶质浓度场出现间断时,在初始地表水深假设下,可在地表有水区域和无水区域内数值模拟求解地表水流溶质运动控制方程。然而,当模拟计算地表水流流速场出现间断的单元格处的流入和流出时,若采用守恒型方程,且地表水流流速和地表水深均采用空间单元格边界值,则与以上计算区域内充满地表水流溶质的情景类似,可严格保证进出该单元格的物理变量守恒性。若此时采用非守恒型方程,如非守恒型纯对流方程[式(3-84)],则 $i_c=0$ 下的空间离散格式为

$$\frac{\partial \bar{c}}{\partial t}+\bar{u}_i\frac{\bar{c}_{i+1/2,L}-\bar{c}_{i-1/2,L}}{\Delta x}=0 \tag{4-179}$$

式中,下标 L 为空间单元格左侧的变量值,由 minmod 限制器函数借助该物理变量在单元格的中心值重构而得。

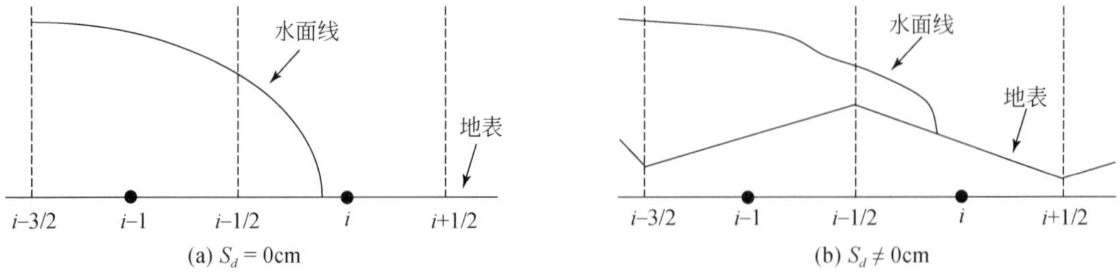

图 4-23 一维地表水流流速场或溶质浓度场出现间断下地表水面线的示意图

二维地表水流流速场或溶质浓度场出现间断下的变化情况要比一维状况下更趋复

杂。如图 4-24 所示,当地表水流溶质从空间单元格 c_{i3} 流入 c_i 时[图 4-24(a)],在该单元格边界法向位置处的控制方程仍可由式(4-179)表达(沿边界法向的局部一维化表述),且流速采用单元格中心 c_i 处的取值;当地表水流溶质从空间单元格 c_i 流出时[图 4-24(b)],仍采用单元格中心 c_i 处的取值。在两种情景下,均采用单元格中心 c_i 处的地表水流流速值,但需注意该流速是向量而非标量。由于三角形单元格不同边界处的地表水流流速之间存在着差异,这容易引起难以预知的计算误差,故二维情景不宜采用非守恒型方程。

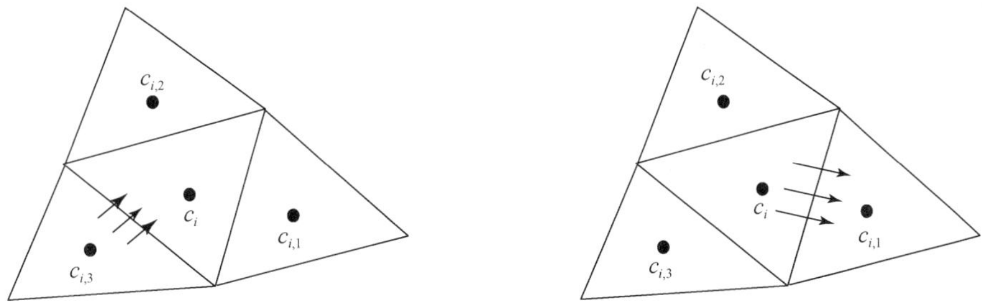

(a) 水流溶质从单元格 $c_{i,3}$ 流入单元格 c_i　　(b) 水流溶质从单元格 c_i 流入单元格 $c_{i,1}$

图 4-24　二维地表水流流速场或溶质浓度场出现间断下地表水面线的示意图

注:图 4-24(a)中 c_i 为无水单元格,$c_{i,3}$ 为有水单元格;图 4-24(b)中 c_i 为无水单元格,$c_{i,1}$ 为有水单元格

4.3.2　捕捉干湿边界的水量平衡几何关系式

目前,用于捕捉地表水流溶质运动干湿边界的有限体积法是 VFRs(volume/free-surface relationships approach)(Begnudelli and Sanders,2006,2007)。该法在位于地表水流溶质运动干湿边界处的空间单元格内,不运行地表水流溶质运动控制方程,而是基于有限体积法基本变量的定义及其变量重构的概念,在假设地表水位相对高程在任意空间单元格内呈线性分布基础上,通过比较自由水面与单元格节点处相对高程间的关系,建立地表水位相对高程与地表水深间的代数关系,进而直接推算该单元格中心处的地表水深值。

对地表水流溶质运动推进过程而言,逆坡下位于干湿边界单元格内的地表水流主要来自地表有水区域内的壅水作用,一般流速相对很小,且在地表水流溶质运动消退过程中的流速更小,故假设地表水流流速为零。另外,由于假设了地表水位相对高程在任意空间单元格内均呈线性分布状态,故在考虑地表(畦面)相对高程随机分布状况下,常利用三角形单元格的 3 个节点确定出一个线性斜面,对矩形单元格的 4 个节点则采用两个线性斜面进行拟合。由此可见,三角形单元格下的地表水流溶质运动干湿边界捕捉方法为最基本的方法,由此可构造出矩形单元格下的相应方法。

VFRs 的缺陷在于仅能保证计算区域内的水量守恒性而无法保证动量守恒性,且该式结构与地表有水区域内的全水动力学方程空间离散格式不一致,这增加了计算程序的复杂程度。此外,VFRs 仅适用于求解地表水流溶质运动在逆坡下的推进过程,故仍处于改进完善阶段。

4.3.2.1　地表有水区域与无水区域及其干湿边界区分

当捕捉地表水流溶质运动干湿边界时,需先定义和区分地表有水区域和无水区域。

对任意空间单元格而言,若所有节点处的地表水深均大于 10^{-6}m,则该单元格位于地表有水区域;若所有节点处的地表水深均小于 10^{-6}m,则该单元格位于地表无水区域;若所有节点处的地表水深均不同时大于或小于 10^{-6}m,则该单元格位于地表有水和无水区域的交界处,即干湿边界处(Begnudelli and Sanders,2006,2007)。

对任意迭代时间步 n_t+1 而言,均需借助前一个时间步 n_t 的三角形单元格处的地表水深计算所有单元格节点处的值。在此基础上,若该单元格位于地表有水区域,则通过数值模拟求解地表水流运动控制方程模拟水流运动;若该单元格位于地表无水区域,则无需求解该控制方程;若该单元格位于干湿边界处,就可采用干湿边界捕捉方法推算地表水深和地表水流速。

当采用三角形单元格对计算区域进行空间离散时,时间步 n_t 的第 i 个空间单元格节点 v_i 处的地表水位相对高程被计算如下:

$$\zeta_{v_i}^{n_t} = \frac{1}{M_i^w} \sum_{k \in \sigma_{v_i}^w} \zeta_k^{n_t} \tag{4-180}$$

式中,$\sigma_{v_i}^w$ 为共享单元格节点 v_i 处所有三角形单元格集合 σ_{v_i}(图 4-25)中被水淹没的单元格集合;M_i^w 为 $\sigma_{v_i}^w$ 内三角形单元格的数目;$\zeta_k^{n_t}$ 为时间步 n_t 时三角形单元格 $c_{i,k}$(k=0,1,2,3,4,5)中心的地表水位相对高程值(m)。

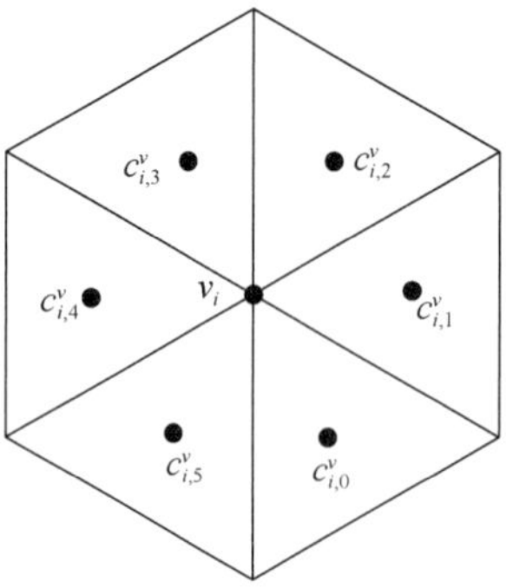

图 4-25　共享单元格节点 v_i 处的三角形单元格集合 σ_{v_i}

基于式(4-180),可计算获得任意空间三角形单元格节点 v_i 处的地表水深:

$$h_{v_i}^{n_t} = \max(\zeta_{v_i}^{n_t} - b_{v_i}, 0) \tag{4-181}$$

矩形单元格通常由两个三角形单元格组成,当在计算区域内采用矩形单元格空间离散时,可在干湿边界处先将其分解成两个三角形,并在每个三角形单元格内,分别采用式(4-180)和式(4-181)计算任意空间单元格节点处的地表水位相对高程和地表水深。

4.3.2.2　非结构三角形单元格离散格式

当采用非结构三角形单元格对计算区域进行空间离散时,在地表水流溶质运动干湿边界处的任意空间单元格内,假设三角形 3 个节点(x_1, y_1)、(x_2, y_2)和(x_3, y_3)处的地表(畦面)相对高程 b 之间的关系为 $b_1<b_2<b_3$,则地表水位相对高程 ζ 与 b 之间的几何关系如图 4-26 所示(Begnudelli and Sanders,2006)。

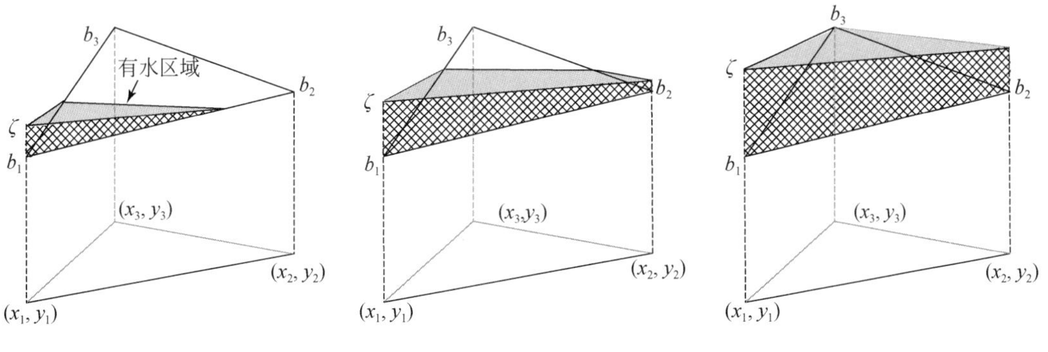

(a) $b_1<\zeta<b_2$　　(b) $b_2\leqslant\zeta<b_3$　　(c) $\zeta\geqslant b_3$

图 4-26　不同地表水位相对高程下水流淹没的三角形单元格区域

由图 4-26 可知，$\zeta=b_2$时的几何关系是建立地表水位相对高程 ζ 与地表水深 h 之间关系的关键所在。当地表水流恰好淹没 b_2点时，可将由节点(x_1,y_1)、(x_2,y_2)和(x_3,y_3)构成的平面三角形面积标记为$|\Omega|$，由节点(x_1,y_1)、(x_2,y_2)和节(x',y')构成的平面三角形面积标记为$|\Omega'|$，由图 4-27 右侧显示的比例关系可知，$|\Omega|$与$|\Omega'|$之间存在如下关系：

$$\frac{|\Omega'|}{|\Omega|}=1-\frac{b_3-b_2}{b_3-b_1}=\frac{b_2-b_1}{b_3-b_1}\tag{4-182}$$

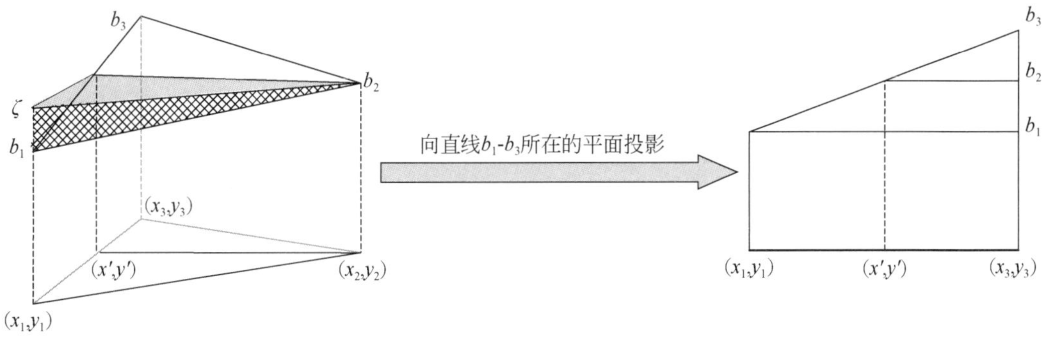

图 4-27　地表水位相对高程 $\zeta=b_2$时地表水体积与三角形单元格顶点坐标间的关系

从图 4-26 还可看出，在二维 x-y 平面上也存在着类似的三角形，其面积标记为$|\Omega''|$，将其与图 4-27 所示的地表水体积进行比较后可知，两者间存在如下比例关系(图 4-28)：

$$\frac{|\Omega''|}{|\Omega'|}=\frac{(\zeta-b_1)^2}{(b_2-b_1)^2}\tag{4-183}$$

由此可知，当地表水位相对高程 $b_1<\zeta<b_2$与$\zeta<b_2$时的地表水体积为

$$V=\frac{1}{3}|\Omega''|(\zeta-b_1)=\frac{1}{3}|\Omega|\frac{(\zeta-b_1)^3}{(b_3-b_1)\cdot(b_2-b_1)}\tag{4-184}$$

按照有限体积法基本变量的定义，$b_1<\zeta<b_2$时的地表水深 h 可表达为

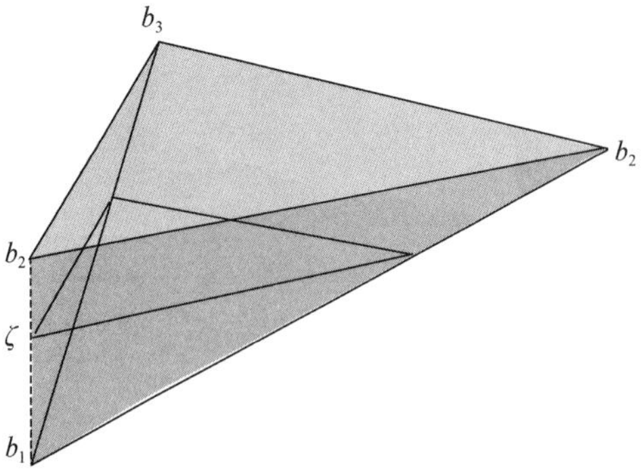

图 4-28 地表水位相对高程 $b_1 < \zeta < b_2$ 时三角形单元格内的地表水体积比较

$$h = \frac{1}{3} \cdot \frac{(\zeta - b_1)^3}{(b_3 - b_1) \cdot (b_2 - b_1)} \tag{4-185}$$

如图 4-29 所示,当地表水位相对高程 $b_2 \leqslant \zeta < b_3$ 时,地表水体积可被分解为 3 个部分,并分别标记为 $|\Omega|_L$、$|\Omega|_M$ 和 $|\Omega|_U$。

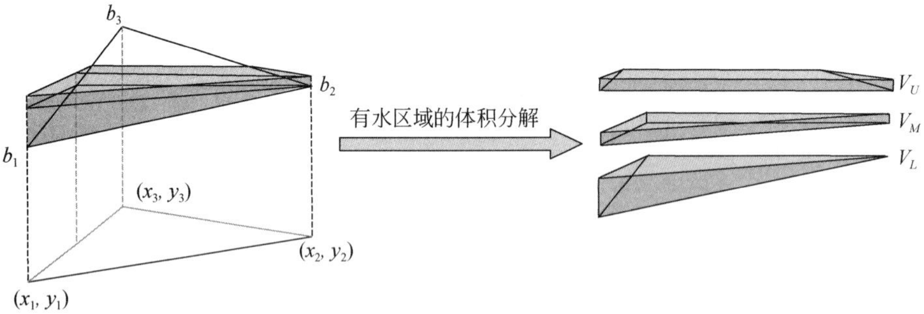

图 4-29 地表水位相对高程 $b_2 \leqslant \zeta < b_3$ 时三角形单元格内的地表水体积分解

由锥形、柱形体积计算公式可分别获得如图 4-29 所示的地表水体积 V_L 和 V_M,分别为

$$V_L = \frac{1}{3}|\Omega'|(b_2 - b_1) = \frac{1}{3}|\Omega|\frac{(b_2 - b_1)^2}{(b_3 - b_1)} \tag{4-186}$$

$$V_M = \frac{1}{2}|\Omega'|(\zeta - b_2) = \frac{1}{3}|\Omega|\frac{(b_2 - b_1) \cdot (\zeta - b_2)}{(b_3 - b_1)} \tag{4-187}$$

式(4-186)与式(4-187)之和为

$$V_L + V_M = |\Omega|\frac{(b_2 - b_1) \cdot (\zeta - b_2)}{3(b_3 - b_1)} \tag{4-188}$$

如图 4-30 所示,地表水体积 V_U 可看作是高度为 $|\zeta - b_2|$ 的棱柱体积 V_p(下底和上底分别为最低端和最高端的三角形)与具有相同高度的棱台体积 V_b(下底为最低端的三角形,上底为与 ζ 平行的三角形减去该三角形中阴影部分)之差,其中 V_b 是以 b_3 为共同顶点且分别以 b_2 和 ζ 为底的两个棱锥体积 V^S 和 V^L 之差。

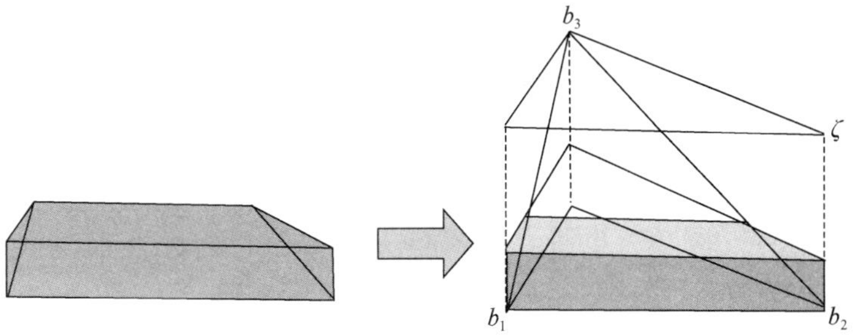

图4-30 三角形单元格下地表水体积 V_U 的几何结构分解图

若将由节点 (x',y')、(x_2,y_2) 和节点 (x_3,y_3) 构成的平面三角形面积标记为 $|\Omega_A|$，则由图4-28可知，其与 $|\Omega|$ 相比，存在如下比例关系：

$$\frac{|\Omega_A|}{|\Omega|}=\frac{b_3-b_2}{b_3-b_1} \tag{4-189}$$

基于式(4-189)，可计算获得地表水体积 V^S 为

$$V^S=\frac{1}{3}\Omega\frac{(b_3-\zeta)^3}{(b_3-b_2)\cdot(b_3-b_1)} \tag{4-190}$$

由式(4-190)可知，V^S 与地表水位相对高程 $b_1<\zeta<b_2$ 时的地表水体积公式的结构相同。事实上，两者正好是以地表(畦面)相对高程 b_2 为坐标的水平面呈反对称状态。

可直接计算获得地表水体积 V^L 为

$$V^L=\frac{1}{3}\Omega\frac{(b_3-b_2)^2}{(b_3-b_1)} \tag{4-191}$$

从式(4-191)可知，与地表水体积 V^S 计算公式的结构相似，V^L 与地表水位相对高程 $\zeta=b_2$ 时的地表水体积公式的结构也相同，两者正好也是以地表(畦面)相对高程 b_2 为坐标的水平面呈反对称状态。

在计算得到地表水体积 V^S 和 V^L 基础上，可得到 V_b 为

$$V_b=V^S-V^L=\frac{1}{3}\Omega\frac{(b_3-b_2)^3-(b_3-\zeta)^3}{(b_3-b_1)\cdot(b_3-b_2)} \tag{4-192}$$

棱柱体积 V_p 可直接计算如下：

$$V_p=\Omega\frac{(b_3-b_2)\cdot(\zeta-b_2)}{(b_3-b_1)} \tag{4-193}$$

在计算获得 V_p 和 V_b 之后，可得到 V_U 为

$$V_U=V_p-V_b=\frac{1}{3}\Omega\frac{3(b_3-b_2)^2\cdot(\zeta-b_2)-(b_3-b_2)^3+(b_3-\zeta)^3}{(b_3-b_1)\cdot(b_3-b_2)} \tag{4-194}$$

按照有限体积法基本变量的定义，$b_2\leqslant\zeta<b_3$ 时的地表水深 h 可表达如下：

$$h=\frac{-\zeta^3+\alpha_\zeta^1\cdot\zeta^2+\alpha_\zeta^2\cdot\zeta+\alpha_\zeta^3}{3(b_3-b_1)\cdot(b_3-b_2)} \tag{4-195}$$

式中，$\alpha_\zeta^1=3b_1$；$\alpha_\zeta^2=3(b_1\cdot b_2-b_2\cdot b_3-b_1\cdot b_3+b_2-b_1)$；$\alpha_\zeta^3=2b_2^2\cdot b_3+3b_2\cdot b_3^2-2b_2^2-3b_3^2+b_1\cdot b_2\cdot b_3-b_1\cdot b_2^2$。

当地表水位相对高程 $\zeta=b_3$ 时，三角形单元格内被水充满，此时必须采用全水动力学方程才能获得地表水深 h 和地表水流垂向均布流速 $\bar{u}$ 和 $\bar{v}$。

4.3.2.3 结构矩形单元格离散格式

当采用结构矩形单元格对计算区域进行空间离散时，需构建相应的地表水流溶质运动干湿边界捕捉方法。当考虑畦面微地形空间分布状况影响时，矩形单元格 4 个节点常难以分布在同一平面内。鉴于矩形单元格可视为由两个三角形单元格构成，故捕捉干湿边界的方法可在对三角形单元格下的干湿边界捕捉方法加以改造后而成（Begnudelliand Sanders，2007）。

如图 4-31 ~ 图 4-33 所示，若将地表（畦面）相对高程最小值的节点标记为 b_1，并按逆时针顺次标记为 b_2、b_3 和 b_4，则任意矩形单元格可被分解为两个三角形单元格，地表水流溶质运动推进锋或消退锋在该矩形单元格内的情景一般可分为 3 种情况。

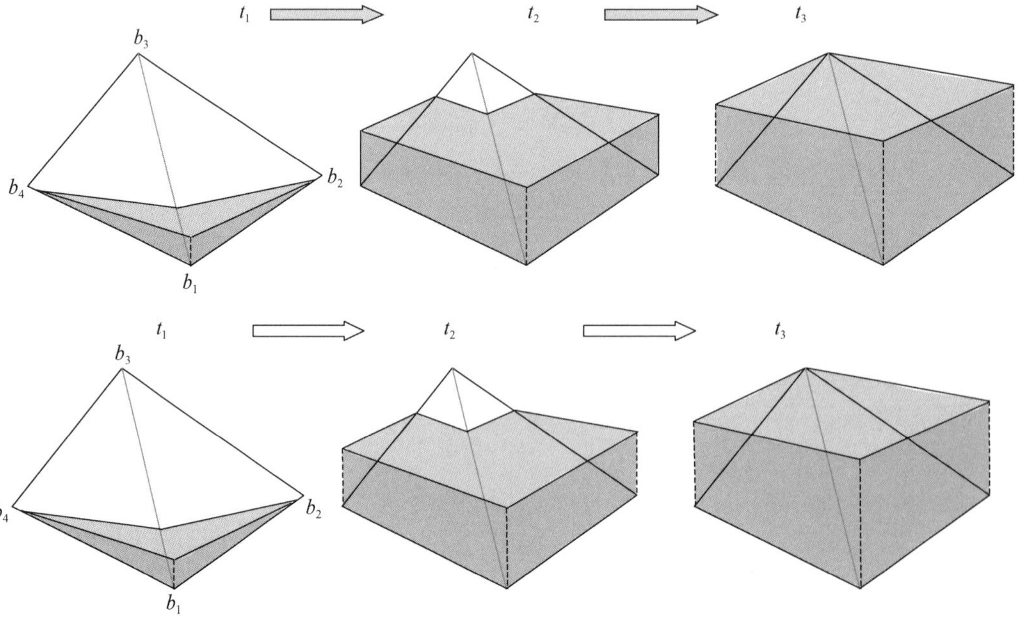

图 4-31 地表水流从一个方向淹没两个分解三角形时的地表水体积分解

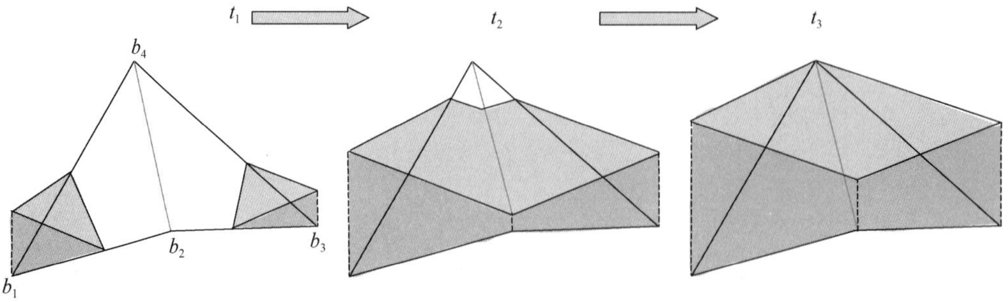

图 4-32 地表水流从两个方向淹没两个分解三角形时的地表水体积分解

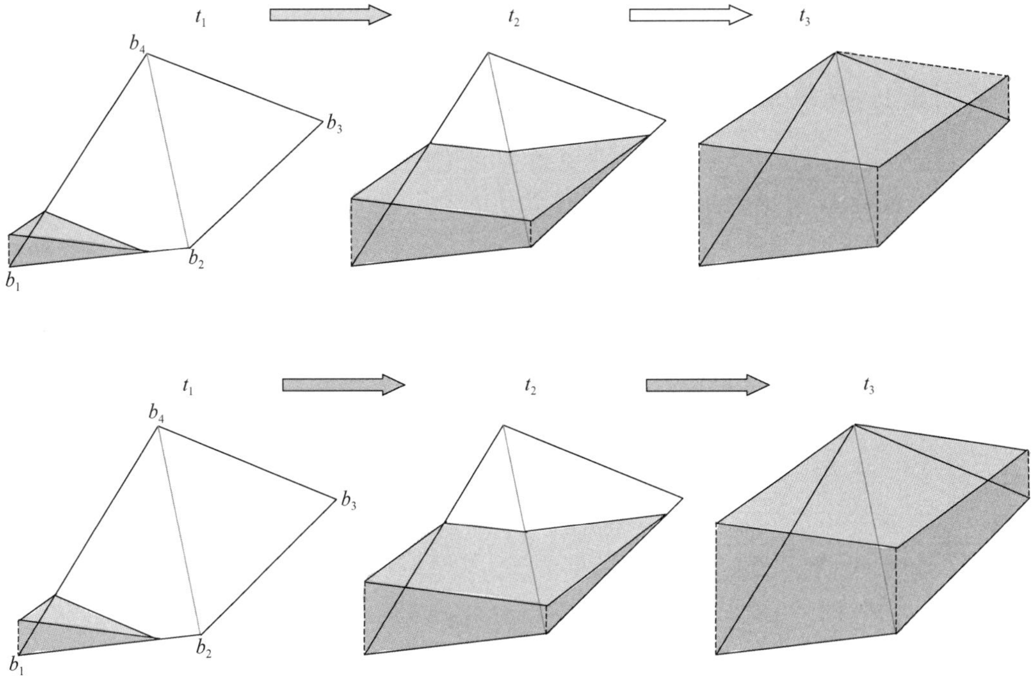

图 4-33　地表水流开始淹没一个分解三角形时的地表水体积分解

从图 4-31 ~图 4-33 给出的地表水体积与矩形单元格内坡度间的关系可以直观看出，无论地表水流处于何种状态，均为三角形单元格下这 3 种地表水位相对高程与地表水深之间的组合，在数值模拟解法上并无实质性变化。故针对任意矩形单元格，可分别采用三角形单元格下的 VFRs 表达地表水位相对高程与地表水深之间的关系，并整合得到矩形单元格下的相应关系。

4.3.3　改进的捕捉干湿边界的水量平衡几何关系式

对于复杂多变的畦面微地形空间分布状况而言，地表水流溶质运动常归类为逆坡流动和顺坡流动两种基本情景（图 4-34），但实际中常是这两种基本情景的任意组合。为此，

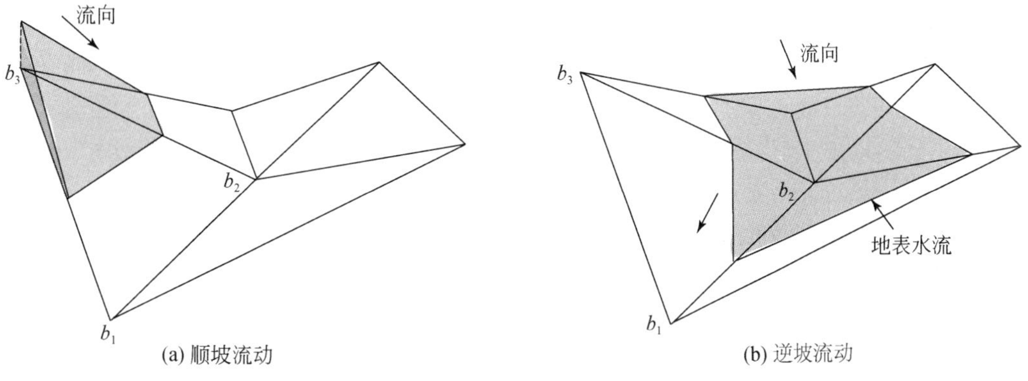

图 4-34　三角形单元格节点处地表（畦面）相对高程 $b_1 < b_2 < b_3$ 下的地表水流溶质运动示意图

基于逆坡流动下的 VFRs,构建顺坡流动下的 VFRs,并对现有捕捉地表水流溶质运动推进锋或消退锋的有限体积法加以改进完善。

4.3.3.1 地表有水区域与无水区域及干湿边界区分

常通过判断三角形单元格节点与中心地表水深区分该单元格是处于地表有水区域还是地表无水区域内,进而捕捉位于干湿边界处的单元格(Begnudelli and Sanders,2006)。为此,利用式(4-180)和式(4-181)计算三角形单元格节点处的地表水位相对高程和地表水深。地表水位相对高程常会出现如图4-35左侧所示的壅水现象,尽管其符合逆坡流动下的物理事实,但与顺坡流动相悖。

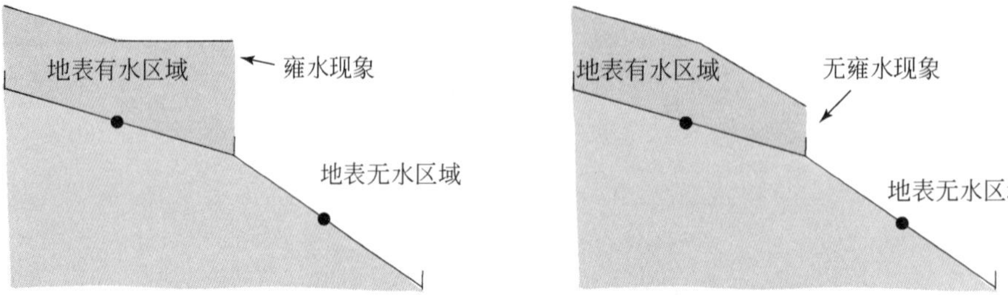

图4-35 顺坡流动下三角形单元格节点处壅水现象的示意图

为此,对式(4-180)进行修正后,可得到式(4-196):

$$\zeta_{v_i}^{n_t} = \frac{1}{M_{v_i}} \sum_{k \in \sigma_{v_i}} \zeta_k^{n_t} \tag{4-196}$$

式中,σ_{v_i} 为共享单元格节点 v_i 处所有三角形单元格的集合(图4-25);M_{v_i} 为 σ_{v_i} 内三角形单元格的数目;$\zeta_k^{n_t}$ 为时间步 n_t 时三角形单元格 $c_{i,k}$ 中心的地表水位相对高程值(m)。

式(4-196)与式(4-180)的根本区别在于,后者仅考虑了与所关注的单元格相邻的有水和部分被水淹没(即位于干湿边界)的单元格地表水位相对高程,而前者则考虑了与所关注的单元格相邻的所有单元格地表水位相对高程。在依据式(4-196)获得所有单元格节点处的地表水位相对高程后,即可借助式(4-181)计算得到相应的地表水深,从而有效消除了顺坡流动下的壅水现象。

4.3.3.2 非结构三角形单元格离散格式

从图4-34可以看出,若采用三角形单元格对计算区域空间离散,则顺坡流动下的地表水流需先流经该节点高程的最高点或中间点。与逆坡流动不同,顺坡流动下位于干湿边界单元格处的地表水流具有明显的流速,故应借助临近干湿边界有水区域单元格处的流速推算干湿边界单元格处的流速,进而获得相应的地表水体积和地表水深。当地表水流溶质运动速度相对平缓时,对干湿边界处的单元格而言,可假设地表水流速即为相邻地表有水区域单元格处的流速(图4-36)。

在获得干湿边界单元格处的地表水流速后,即可依据立体几何原理推算不同单元格内的地表水体积。如图4-37所示,若地表水流从三角形单元格节点高程的最高节点 b_3 进入任意单元格,则地表水流运动推进锋将以水平线前移。为了计算方便,从三角形单元格

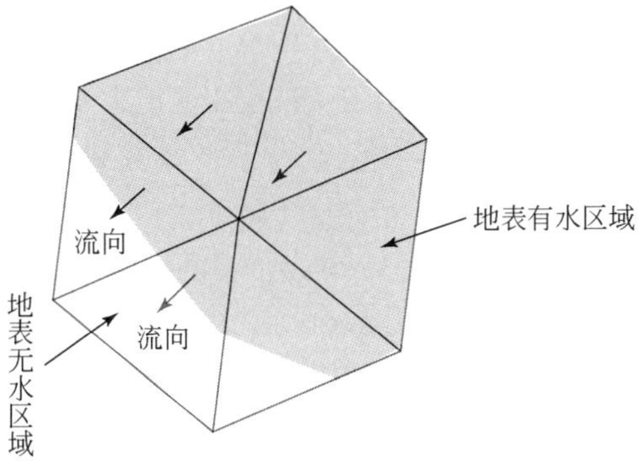

图 4-36　干湿边界单元格处的地表水流速等于相邻有水区域单元格处流速的示意图

注：相同形式流向的箭头表明流速相等。

节点高程的最低节点 b_1 处引出一条水平线，借助该水平线及立体几何原理，可直接获得逆坡流动和顺坡流动下的地表水深，当地表水流仅淹没节点高程的最高点时，地表水深为

$$h = \frac{-\zeta^3 + \alpha_\zeta^1 \cdot \zeta^2 + \alpha_\zeta^2 \cdot \zeta + \alpha_\zeta^3}{3(b_3 - b_1) \cdot (b_3 - b_2)} \tag{4-197}$$

而当地表水流淹没节点高程的最高点和中间点时，地表水深为

$$h = \frac{-\zeta^3 + \alpha_\zeta^1 \cdot \zeta^2 + \alpha_\zeta^2 \cdot \zeta + \alpha_\zeta^3}{3(b_3 - b_1) \cdot (b_3 - b_2)} \tag{4-198}$$

式中，$\alpha_\zeta^1 = 3b_1$；$\alpha_\zeta^2 = \dfrac{2.5\bar{u}_{\mathrm{dw}} \cdot \Delta t(b_2 \cdot b_3 - b_1 \cdot b_3 + b_3 - b_2) \cdot (b_3 \cdot b_2 - b_2 \cdot b_1)}{\sqrt{(x_1 - x_3)^2 + (y_1 - y_3)^2} + \sqrt{(x_3 - x_2)^2 + (y_3 - x_2)^2}}$，其中，$\bar{u}_{\mathrm{dw}}$ 为按图 4-36 中相邻单元格推算的流速值；$\alpha_\zeta^3 = \dfrac{\bar{u}_{\mathrm{dw}} \cdot \Delta t(b_2 \cdot b_3 - b_1 \cdot b_3)(b_3 \cdot b_2 - b_2 \cdot b_1)}{\sqrt{(x_1 - x_3)^2 + (y_1 - y_3)^2} + \sqrt{(x_3 - x_2)^2 + (y_3 - x_2)^2}}$。

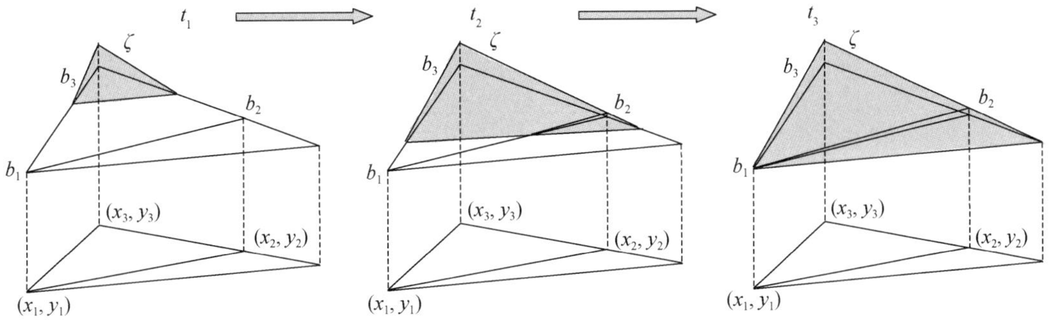

图 4-37　地表水流从三角形单元格节点高程的最高节点流入单元格后的地表水体积变化

对如图 4-37 所示的地表有水区域而言，3 个单元格的节点均被水流淹没，此时需求解全水动力学方程才能得到地表水深 h 和地表水流垂向均布流速 $\bar{u}$ 和 $\bar{v}$。

同理，如图 4-38 所示，若地表水流从三角形单元格结点高程的中间节点进入任意单元格，则逆坡流动和顺坡流动下的地表水深计算公式分为 2 个。当地表水流仅淹没节点高程的中间节点时，地表水深为

$$h=\frac{-\zeta^3+\alpha_\zeta^1\cdot\zeta^2+\alpha_\zeta^2\cdot\zeta+\alpha_\zeta^3}{3(b_3-b_1)\cdot(b_3-b_2)} \tag{4-199}$$

而当地表水流淹没节点高程的中间节点和最低节点时,地表水深为

$$h=\frac{-\zeta^3+\alpha_\zeta^1\cdot\zeta^2+\alpha_\zeta^2\cdot\zeta+\alpha_\zeta^3}{3(z_3-z_1)\cdot(z_3-z_2)} \tag{4-200}$$

式中, $\alpha_\zeta^1=3b_1$; $\alpha_\zeta^2=\dfrac{1.5\bar{u}_{\mathrm{dw}}\cdot\Delta t(b_2\cdot b_3-b_1\cdot b_3+b_3-b_2)}{\sqrt{(x_1-x_3)^2+(y_1-y_3)^2}+\sqrt{(x_3-x_2)^2+(y_3-x_2)^2}}$; $\alpha_\zeta^3=\dfrac{2\bar{u}_{\mathrm{dw}}\cdot\Delta t(b_3-b_2)}{\sqrt{(x_1-x_3)^2+(y_1-y_3)^2}+\sqrt{(x_3-x_2)^2+(y_3-x_2)^2}}$。

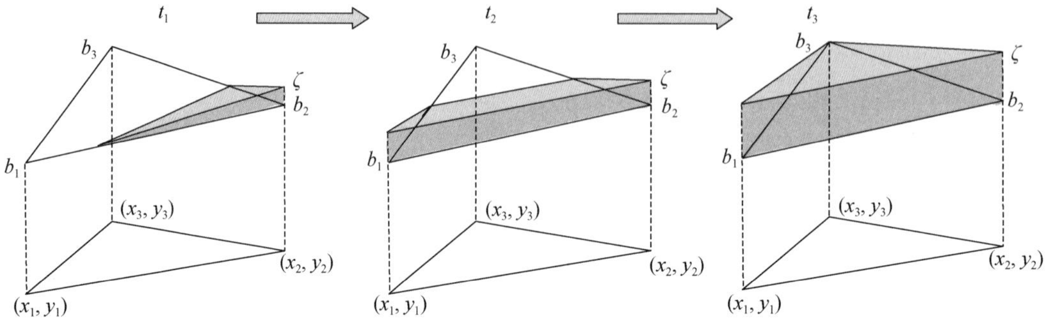

图 4-38 地表水流从三角形单元格节点高程的中间节点流入单元格后的地表水体积变化

对如图 4-38 所示的地表有水区域而言,3 个单元格的顶点均被水淹没,这时也需求解全水动力学方程才能得到地表水深 h 和地表水流垂向均布流速 $\bar{u}$ 和 $\bar{v}$ 。

同理,如图 4-39 所示,若地表水流从三角形单元格结点高程的中间节点和最高节点先后流入任意单元格,则逆坡流动和顺坡流动下的地表水深计算公式也分为 2 个。当地表水流仅淹没节点高程的最高节点时,地表水深为

$$h=\frac{-\zeta^3+\alpha_\zeta^1\cdot\zeta^2+\alpha_\zeta^2\cdot\zeta+\alpha_\zeta^3}{3(b_3-b_1)\cdot(b_3-b_2)} \tag{4-201}$$

而当地表水流淹没节点高程的最高节点和中间节点时,地表水深为

$$h=\frac{-\zeta^3+\alpha_\zeta^1\cdot\zeta^2+\alpha_\zeta^2\cdot\zeta+\alpha_\zeta^3}{3(b_3-b_1)\cdot(b_3-b_2)} \tag{4-202}$$

式中, $\alpha_\zeta^1=3z_1$; $\alpha_\zeta^2=\dfrac{\bar{u}_{\mathrm{dw}}\cdot\Delta t(b_2\cdot b_3-b_1\cdot b_3+b_1\cdot b_2\cdot b_3)\cdot(b_3-b_1)}{\sqrt{(x_1-x_3)^2+(y_1-y_3)^2}+\sqrt{(x_3-x_2)^2+(y_3-x_2)^2}}$; $\alpha_\zeta^3=\dfrac{\bar{u}_{\mathrm{dw}}\cdot\Delta t(b_2\cdot b_3-b_1\cdot b_3+b_1\cdot b_2\cdot b_3)\cdot(b_3-b_1)\cdot(b_2-b_1)}{\sqrt{(x_1-x_3)^2+(y_1-y_3)^2}+\sqrt{(x_3-x_2)^2+(y_3-x_2)^2}}$。

同样,对如图 4-39 所示的地表有水区域而言,3 个单元格的顶点都被水淹没,此时只有求解全水动力学方程才可获得地表水深 h 和地表水流垂向均布流速 $\bar{u}$ 和 $\bar{v}$ 。

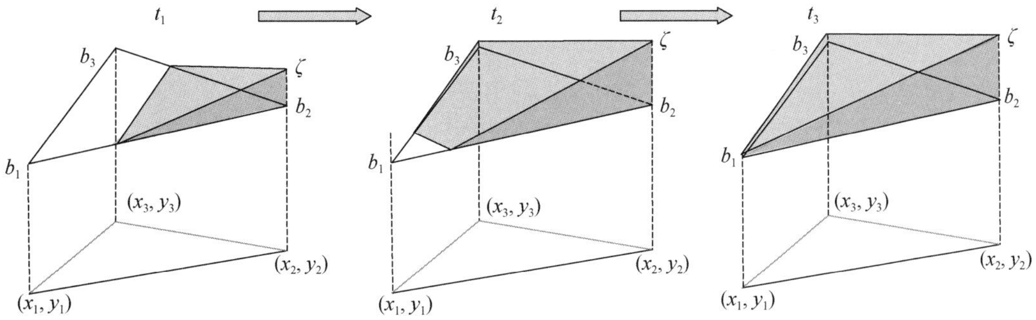

图 4-39　地表水流从三角形单元格节点高程的中间节点和最高节点先后流入单元格后的地表水体积变化

4.3.3.3　结构矩形单元格离散格式

当采用结构矩形单元格对计算区域进行空间离散时,需构建顺坡流动下的地表水流溶质运动干湿边界捕捉方法。与前述 VRFs 类似,矩形单元格仍可被分解成两个三角形单元格,并采用以上改进完善的干湿边界捕捉方法计算各三角形单元格内的地表水深和地表水流垂向均布流速。与矩形单元格下的 VRFs 不同,若两个三角形单元格内的所有节点都未被水流淹没,则可继续采用干湿边界捕捉方法计算两个单元格内的地表水深和地表水流垂向均布流速,直至全部节点均被淹没后,再解算全水动力学方程。

如图 4-40 ~ 图 4-43 所示,若将地表(畦面)相对高程最小值的节点标记为 b_1,并按逆时针顺次标记为 b_2、b_3 和 b_4,则任意矩形单元格可被分解为两个三角形单元格,地表水流溶质运动推进锋或消退锋在该矩形单元格内的情景一般可分为 4 种情况。

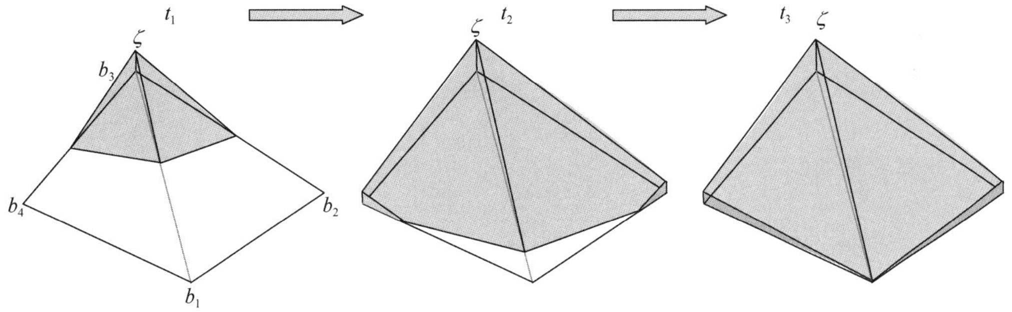

图 4-40　地表水流从节点高程的最高节点进入矩形单元格时的地表水体积变化

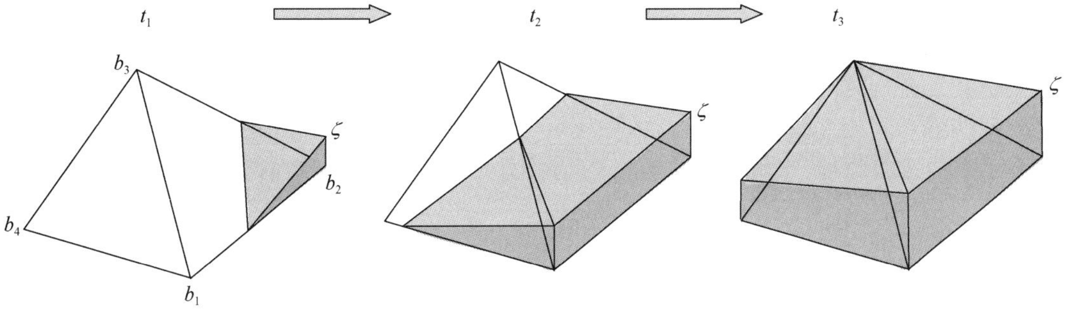

图 4-41　地表水流从节点高程的中间节点进入矩形单元格时的地表水体积变化

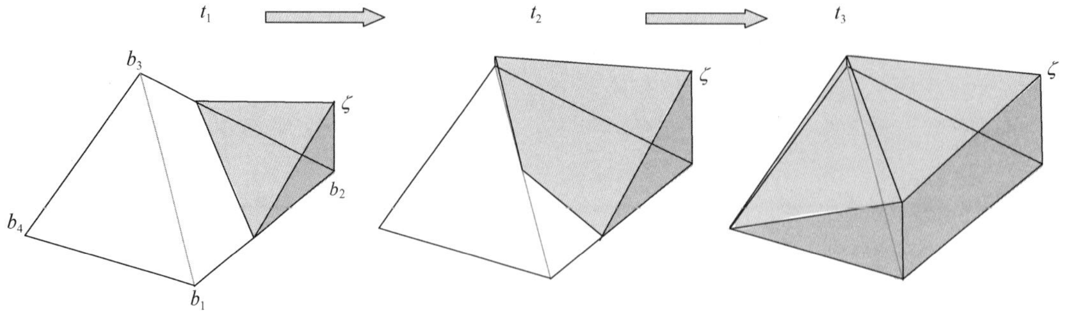

图 4-42 地表水流从节点高程的中间点和最高节点进入矩形单元格时的地表水体积变化

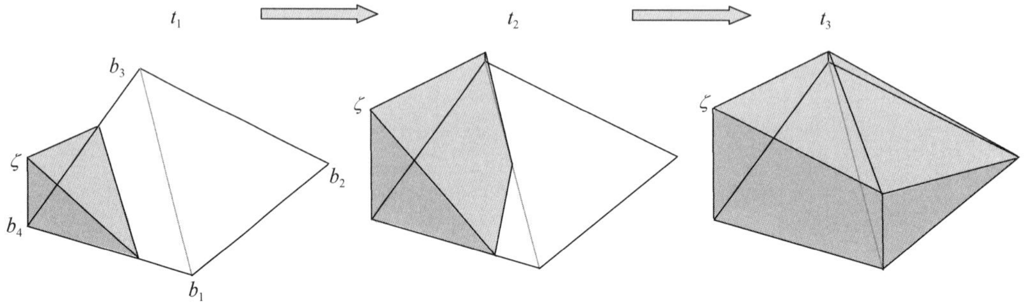

图 4-43 地表水流从节点高程的次低节点和最高节点进入矩形单元格时的地表水体积分解

综上所述,改进完善现有捕捉地表水流溶质运动干湿边界的水量平衡几何关系式,实质上最终归结为寻求位于干湿边界单元格内的地表水深。由此可见,获得畦首入流边界条件和畦埂无流边界条件及干湿边界条件,均可归结为得到相应单元格内的地表水深。需要指出的是以上涉及的捕捉地表水流溶质运动干湿边界的方法,仅能满足水量守恒性而无法实现动量守恒性,而动量守恒却往往决定着地表水流溶质运动推进锋的真实走向,这成为此类捕捉方法的不足所在。

4.4 地表水流溶质运动控制及耦合方程空间与时间离散方程求解方法

在畦田施肥灌溉地表水流溶质运动控制及耦合方程的时空离散方程中,与双曲型相关的部分往往是采用显时间离散格式,由于各空间离散点之间处于解耦状态,故仅需对各空间位置点进行时间演进计算即可;与抛物型相关的部分常是采用隐时间离散格式,形成各空间位置点间相互耦合的线性代数方程组,对之加以精确求解,才能较好模拟地表水流溶质运动过程。目前,求解线性代数方程组的方法主要包括松弛迭代法和双重共轭梯度稳定法,前者结构相对简单,易于理解,而后者结构却较为抽象复杂。

4.4.1 代数方程组求解方法

地表水流物理信息传播的单向性特征使宜采用显时间离散格式数值模拟求解双曲型

方程,其时空离散式在各时空点处已被解耦为单个的线性代数方程,故仅需逐个求解即可。另外,数值解算抛物型方程和双曲-抛物型方程宜采用隐时间离散格式,其时空离散式形成了在各时空点处相互耦合的线性代数方程组,只有联合求解才可获得未知时间步的各物理变量值,相关求解方法包括直接法和间接法。

典型的直接法是高斯消元法,通过系数矩阵消元获得未知物理变量,但当求解大型系数矩阵代数方程组时,往往失效,此时需使用迭代法。迭代法的典型代表是松弛迭代法(van der Vorst,1992),通过假设未知物理变量初始值,构造迭代序列,获得待求线性方程组的近似解。该法是求解具有对称正定系数矩阵特点的大型线性代数方程组的有效方法,但当畦田灌溉条件相对复杂时,抛物型方程时空离散格式中的系数矩阵常会表现出非对称特征,此时会出现不收敛现象。为此,van der Vorst(1992)提出的双重共轭梯度稳定法(Bi-conjugate gradient stabilized solver,Bi-CGSTAB),可有效确保任意迭代步的函数映射为压缩映射,以良好的稳定性和收敛性使构造的迭代序列可以收敛至精确解。

4.4.2 松弛迭代法

松弛迭代法是借助单位矩阵对待求线性代数方程组的系数矩阵进行分解后,形成一个简单的迭代公式,并引入松弛因子,构成松弛迭代法。

4.4.2.1 初始参数选取

对典型线性代数方程组 $\boldsymbol{A}\cdot\boldsymbol{X}=\boldsymbol{B}$ 而言,先依据经验给出未知物理变量初始值 $\boldsymbol{X}^0$,将其代入 $\boldsymbol{A}\cdot\boldsymbol{X}=\boldsymbol{B}$ 后,产生的初始残差值为

$$\boldsymbol{r}^0=\boldsymbol{B}-\boldsymbol{A}\cdot\boldsymbol{X}^0 \tag{4-203}$$

若 $\boldsymbol{r}^0$ 的模小于预设的误差值,则 $\boldsymbol{r}^0$ 为待求未知物理变量,否则,需要构造一个迭代序列,以便不断缩小该残差值。

4.4.2.2 迭代序列构造

为了缩小 $\boldsymbol{r}^0$ 直至预设的误差范围内,需构造一个迭代序列。为此,对 $\boldsymbol{A}\cdot\boldsymbol{X}=\boldsymbol{B}$ 中的系数矩阵 $\boldsymbol{A}$ 分解如下:

$$\boldsymbol{A}=\boldsymbol{I}-\tilde{\boldsymbol{A}}_0 \tag{4-204}$$

式中,$\boldsymbol{I}$ 为单位矩阵。

将式(4-204)代入 $\boldsymbol{A}\cdot\boldsymbol{X}=\boldsymbol{B}$ 中,可得

$$\boldsymbol{X}=\tilde{\boldsymbol{A}}_0\cdot\boldsymbol{X}+\boldsymbol{B} \tag{4-205}$$

基于式(4-205)构造如下迭代序列:

$$\boldsymbol{X}^{n_p+1}=\tilde{\boldsymbol{A}}_0\cdot\boldsymbol{X}^{n_p}+\boldsymbol{B} \tag{4-206}$$

对 $\boldsymbol{X}^{n_p}$ 而言,线性代数方程组 $\boldsymbol{A}\cdot\boldsymbol{X}=\boldsymbol{B}$ 的残差值被表达为

$$\boldsymbol{r}^{n_p}=\boldsymbol{B}-\tilde{\boldsymbol{A}}_0\cdot\boldsymbol{X}^{n_p} \tag{4-207}$$

借助式(4-207),可将迭代序列式(4-206)表达为

$$\boldsymbol{X}^{n_p+1}=\boldsymbol{X}^{n_p}+\boldsymbol{r}^{n_p} \tag{4-208}$$

由此可见，经由式(4-206)逐次改进的未知物理变量解 $\boldsymbol{X}^{n_p+1}$，实质上就是基于 n_p 次迭代后的残差值 $\boldsymbol{r}^{n_p}$ 所改进的 $\boldsymbol{X}^{n_p+1}$ 第 n_p 次近似解 $\boldsymbol{X}^{n_p}$，这意味着通过引入如下迭代式，即可改变式(4-208)的收敛效果（王勖成和邵敏，1997），即

$$\boldsymbol{X}^{n_p+1} = \boldsymbol{X}^{n_p} + \bar{\omega} \cdot \boldsymbol{r}^{n_p} \tag{4-209}$$

式中，$\bar{\omega}$ 为松弛因子。

大量数值实验模拟结果表明，利用松弛因子 $\bar{\omega}$ 可有效改善式(4-208)的收敛效果（喻文健，2012）。当 $\bar{\omega}<1$ 时，式(4-209)为低松弛迭代法，而 $\bar{\omega}>1$ 则为超松弛迭代法。

4.4.2.3　迭代序列收敛准则

若以上迭代过程满足如下收敛准则，则迭代结束，获得满足精度的 $\boldsymbol{X}$ 值；否则，将继续迭代式(4-209)：

$$\max(\ |x_i^{n_p+1} - x_i^{n_p}|\ ) \leqslant \varepsilon \tag{4-210}$$

式中，ε 为预设的收敛阈值，常取值为 10^{-5}。

4.4.3　双重共轭梯度稳定法

如图 4-44 所示，双重共轭梯度稳定法实际上是对共轭梯度法的深化。共轭梯度法直接基于物理学最速下降原理及数学变分法，最终形成可有效求解具有对称正定系数矩阵特点的大型线性代数方程组的双重共轭梯度稳定法。

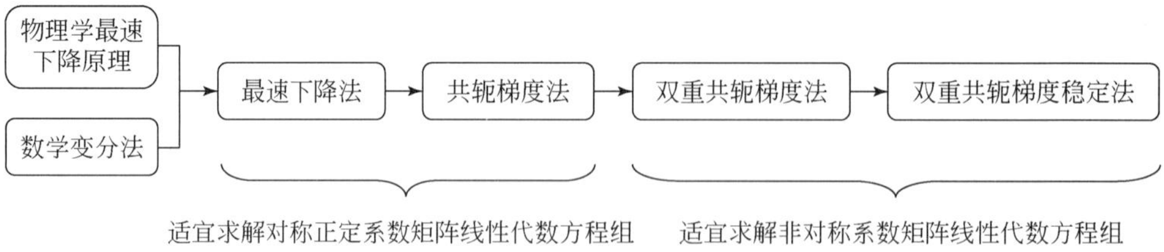

图 4-44　双重共轭梯度稳定法的发展脉络

4.4.3.1　方法来源及建立

（1）最速下降法

由物理学最速下降原理及数学变分法可知，若 $\boldsymbol{A}$ 为对称正定矩阵，则 $\boldsymbol{A} \cdot \boldsymbol{X}=\boldsymbol{B}$ 的解即为下述二次多元函数的极小值（喻文健，2012）：

$$\boldsymbol{Y} = \frac{1}{2}\boldsymbol{X}^{\mathrm{T}} \cdot \boldsymbol{A} \cdot \boldsymbol{X} - \boldsymbol{B}^{\mathrm{T}} \cdot \boldsymbol{X} \tag{4-211}$$

式(4-211)的迭代寻优算法被构造如下，即最速下降法：

$$\boldsymbol{X}^{n_p+1} = \boldsymbol{X}^{n_p} + \alpha^{n_p} \cdot \boldsymbol{P}^{n_p} \tag{4-212}$$

式中，$\boldsymbol{P}_p$ 为寻优方向，取为残差值 $\boldsymbol{r}^{n_p}$；α^{n_p} 为寻优演进的步长，且 $\alpha^{n_p} = \dfrac{(\boldsymbol{r}^{n_p})^{\mathrm{T}} \cdot \boldsymbol{r}^{n_p}}{(\boldsymbol{r}^{n_p})^{\mathrm{T}} \cdot \boldsymbol{A} \cdot \boldsymbol{r}^{n_p}}$。

最速下降法的缺陷是难以寻找到全局最优解，且收敛性相对较差。若将寻优迭代步的演进看作为一个映射，即

$$\boldsymbol{r}^{n_p+1}=\phi(\boldsymbol{A})\cdot\boldsymbol{r}^{n_p}=\phi\{\phi\cdots[\phi(A)]\}\cdot\boldsymbol{r}^0=\phi_{n_p}(\boldsymbol{A})\cdot r^0 \tag{4-213}$$

则该映射有时不是一个压缩映射，即残差的范数并不减小。

(2)共轭梯度法

从式(4-212)和式(4-213)可以看出，迭代寻优（即寻找满足预设精度的 $\boldsymbol{A}\cdot\boldsymbol{X}=\boldsymbol{B}$ 近似解）的过程均是以残差值 $\boldsymbol{r}^{n_p}$ 为指引。故对任意迭代步 n_p+1 而言，可在由（$\boldsymbol{r}^0,\boldsymbol{A}\cdot\boldsymbol{r}^0,\cdots,\boldsymbol{A}^{n_p}\cdot\boldsymbol{r}^0$）形成的扩展线性空间（称作 Krylov 空间）中寻优，而并非在每个迭代步内仅由 $\boldsymbol{r}^{n_p}$ 指引的方向上局部寻优，这就大大改善了最速下降法的收敛性和寻优效果。相应的寻优方向被改进如下：

$$\boldsymbol{P}^{n_p+1}=\boldsymbol{P}^{n_p}+\beta^{n_p-1}\cdot\boldsymbol{P}^{n_p-1} \tag{4-214}$$

$$\beta^{n_p-1}=-\frac{(\boldsymbol{r}^{n_p})^{\mathrm{T}}\cdot\boldsymbol{A}\cdot\boldsymbol{P}^{n_p}}{(\boldsymbol{P}^{n_p-1})^{\mathrm{T}}\cdot\boldsymbol{A}\cdot\boldsymbol{P}^{n_p-1}} \tag{4-215}$$

借助映射表达式(4-211)，式(4-215)还可表达为

$$\beta^{n_p-1}=-\frac{[\phi_{n_p}(\boldsymbol{A})\cdot\boldsymbol{r}^0]^{\mathrm{T}}\cdot\boldsymbol{P}^{n_p}}{[\phi_{n_{p-1}}(\boldsymbol{A})\cdot\boldsymbol{r}^0]^{\mathrm{T}}\cdot\boldsymbol{P}^{n_p-1}} \tag{4-216}$$

由式(4-214)获得的寻优方向，可满足 $(\boldsymbol{P}^{n_p+1})^{\mathrm{T}}\cdot\boldsymbol{A}\cdot\boldsymbol{P}^{n_p}=0$，即在任意相邻两个寻优方向上关于系数矩阵 $\boldsymbol{A}$ 正交，这在数学上称为共轭，故称作共轭梯度法（曹志浩，2005）。

(3)双重共轭梯度法

共轭梯度法不适于求解非对称系数矩阵的线性代数方程组，故人们设计出从两个方向上同时寻优的双重共轭梯度法（van der Vorst，1992）。该法从初始迭代步就预设了两个寻优方向，分别来自两个不同的残差值 $\boldsymbol{r}^{n_p}$ 和 $\tilde{\boldsymbol{r}}^{n_p}$，并基于式(4-214)形成两个交叉寻优方向，进而将共轭梯度法推广至求解非对称系数矩阵的线性代数方程组。

在双重共轭梯度法中，式(4-216)被改进成如下形式：

$$\beta^{n_p-1}=\frac{[\phi_{n_p}(\boldsymbol{A})\cdot\boldsymbol{r}^0]^{\mathrm{T}}\cdot[\phi_{n_p}(\boldsymbol{A})\cdot\tilde{\boldsymbol{r}}^0]}{[\phi_{n_p-1}(\boldsymbol{A})\cdot\boldsymbol{r}^0]^{\mathrm{T}}\cdot[\phi_{n_p-1}(\boldsymbol{A})\cdot\tilde{\boldsymbol{r}}^0]} \tag{4-217}$$

式中，下标 n_p 表明 ϕ 为 n_p 次的多项式，而非其迭代次数。

(4)双重共轭梯度稳定法

在利用双重共轭梯度法同时寻优两个方向中，残差值的范数常会出现局部峰值，即收敛不稳定。为了获得稳定的收敛速率，对式(4-216)做如下改进（van der Vorst，1992）：

$$\beta^{n_p-1}=\frac{[\phi_{n_p}(\boldsymbol{A})\cdot\boldsymbol{r}^0]^{\mathrm{T}}\cdot[\tilde{\phi}_{n_p}(\boldsymbol{A})\cdot\tilde{\boldsymbol{r}}^0]}{[\phi_{n_p-1}(\boldsymbol{A})\cdot\boldsymbol{r}^0]^{\mathrm{T}}\cdot[\tilde{\phi}_{n_p-1}(\boldsymbol{A})\cdot\tilde{\boldsymbol{r}}^0]} \tag{4-218}$$

$$\tilde{\phi}_{n_p}(A)=(1-\omega_{n_p}\cdot\boldsymbol{A})(1-\omega_{n_p-1}\cdot\boldsymbol{A})\cdots(1-\omega_0\cdot\boldsymbol{A}) \tag{4-219}$$

式中，ω_{n_p} 为系数值，其选择需使残差值 $\boldsymbol{r}^{n_p+1}$ 的范数极小化。

式(4-217)和式(4-218)之间的差异在于前者是在两个寻优方向上采用相同的压缩映射，而后者则是基于两个不同的压缩映射在两个方向上同时寻优，这就大为提高了寻优过程的收敛稳定性。

4.4.3.2　初始参数选取

对任意具有非对称（包括对称）系数矩阵的线性代数方程组 $\boldsymbol{A}\cdot\boldsymbol{X}=\boldsymbol{B}$ 而言，若假设未

知物理变量的初始值为 $\boldsymbol{X}_0$，则初始残差值可表达如下：

$$\boldsymbol{r}_0 = \boldsymbol{B} - \boldsymbol{A} \cdot \boldsymbol{X}_0 \tag{4-220}$$

若 $\boldsymbol{r}_0$ 的模小于预设的误差值，则 $\boldsymbol{r}_0$ 即为待求未知物理变量，否则，任取向量 $\bar{\boldsymbol{r}}_0$，其与 $\boldsymbol{r}_0$ 的点积应满足下述不等式：

$$(\boldsymbol{r}_0, \bar{\boldsymbol{r}}_0) \neq 0 \tag{4-221}$$

设置相关参量的初始值如下：

$$\rho = \alpha = \omega = 1 \tag{4-222}$$

$$\boldsymbol{v}_0 = \boldsymbol{p}_0 = 0 \tag{4-223}$$

4.4.3.3 迭代序列构造

压缩映射过程可被表达如下：

$$\rho^{n_p} = (\bar{\boldsymbol{r}}_0, \boldsymbol{r}^{n_p}) \tag{4-224}$$

$$\beta^{n_p-1} = \frac{\rho^{n_p}}{\rho^{n_p-1}} \cdot \frac{\alpha^{n_p-1}}{\omega^{n_p-1}} \tag{4-225}$$

$$\boldsymbol{p}^{n_p} = \boldsymbol{r}^{n_p-1} + \beta^{n_p-1} \cdot (\boldsymbol{p}^{n_p-1} - \omega^{n_p-1} \cdot \boldsymbol{v}^{n_p-1}) \tag{4-226}$$

$$\boldsymbol{v}^{n_p-1} = \boldsymbol{A} \cdot \boldsymbol{P}^{n_p} \tag{4-227}$$

$$\alpha^{n_p} = \frac{\rho^{n_p}}{(\bar{\boldsymbol{r}}_0, \boldsymbol{v}^{n_p})} \tag{4-228}$$

$$\boldsymbol{s}^{n_p+1} = \boldsymbol{r}^{n_p} - \alpha\, \boldsymbol{v}^{n_p} \tag{4-229}$$

$$\boldsymbol{t}^{n_p+1} = \boldsymbol{A} \cdot \boldsymbol{s}^{n_p+1} \tag{4-230}$$

$$\omega^{n_p} = \frac{(\boldsymbol{t}^{n_p+1}, \boldsymbol{s}^{n_p+1})}{(\boldsymbol{t}^{n_p+1}, \boldsymbol{t}^{n_p+1})} \tag{4-231}$$

$$\boldsymbol{X}^{n_p} = \boldsymbol{X}^{n_p-1} + \alpha^{n_p} \cdot \boldsymbol{p}^{n_p} + \omega^{n_p} \cdot \boldsymbol{s}^{n_p+1} \tag{4-232}$$

$$\boldsymbol{r}^{n_p+1} = \boldsymbol{s}^{n_p+1} - \omega^{n_p} \cdot \boldsymbol{t}^{n_p+1} \tag{4-233}$$

4.4.3.4 迭代序列收敛准则

若以上迭代过程满足下列收敛准则，则迭代构成结束，并获得满足精度的 $\boldsymbol{X}$ 值，否则，将继续迭代式(4-224)~式(4-233)：

$$\frac{\| \boldsymbol{r}^{n_p} \|_2}{\| \boldsymbol{r}_0 \|_2} \leqslant \varepsilon \tag{4-234}$$

式中，$\| \cdot \|_2$ 为向量的 l_2-型范数；ε 为设定的收敛阈值，常取值为 10^{-5}。

4.5 结　　论

本章对畦田施肥灌溉地表水流溶质运动控制及耦合方程进行数学类型分类的基础上，从几何学视角出发，采用由简单标量方程到复杂向量方程过渡的方式，阐述了有限差分法和有限体积法的基本原理、时空离散格式及数值模拟稳定性等数理概念，诠释了数值离散条件下地表水流信息传播与数值模拟稳定性之间的关系，对捕捉地表水流溶质运动

干湿边界的水量平衡几何关系式进行了完善,进而改进了现有畦田施肥灌溉地表水流溶质运动数值模拟方法

对地表水流溶质运动控制及耦合方程开展的系统性数学类型分类,为有效选择或合理构建适宜的数值模拟方法奠定了基础;构造了地表水流溶质运动物理波特征向量空间与实际物理空间之间的双重映射关系,形象诠释了向量耗散有限体积法的数理机制;借助立体几何直观表达方式,改进地表水流溶质运动干湿边界捕捉方法,克服了现有方法仅适用于地表水流溶质运动消退过程的明显缺陷,完善了基于向量耗散有限体积法求解地表水流溶质运动模拟模型的方法。

参考文献

曹志浩 . 2005. 变分迭代法 . 北京:科学出版社

王勖成,邵敏 . 1997. 有限单元法基本原理和数值方法 . 北京:清华大学出版社

阎超 . 2006. 计算流体力学方法及应用 . 北京:北京航空航天大学出版社

喻文健 . 2012. 数值分析与算法 . 北京:清华大学出版社

Abbasi F, Simunek J, Van Genuchten M T, et al. 2003. Overland water flow and solute transport: model development and field-data analysis. Journal of Irrigation and Drainage Engineering,129(2):71-81

Bautista E,Clemmens A J,Strelkoff T S,et al. 2009. Modern analysis of surface irrigation systems with WinSRFR. Agricultural Water Management,96(7):1146-1154

Bell E T. 1986. Men of Mathematics. New York:Touchstone

Begnudelli L,Sanders B F. 2006. Unstructured grid finite-volume algorithm for shallow-water flow and scalar transport with wetting and drying. Journal of Hydraulic Engineering,132(4):371-384

Begnudelli L,Sanders B F. 2007. Conservative wetting and drying methodology for quadrilateral grid finite-volume models. Journal of Hydraulic Engineering,133(3):312-322

Bradford S F,Katopodes B F. 2001. Finite volume model for non-level basin irrigation. Journal of Irrigation and Drainage Engineering,127(4):216-223

Brufau P,Garcia N P,Playán E,et al. 2002. Numerical modeling of basin irrigation with an upwind scheme. Journal of Irrigation and Drainage Engineering,128(4):212-223

Burguete J,Zapata N,García-Navarro P,et al. 2009. Fertigation in furrows and level furrow systems. Ⅰ: model description and numerical tests. Journal of Irrigation and Drainage Engineering,135(4):401-412

Courant R,Friedrichs K O. 1976. Supersonic Flow and Shock Waves. New York:Springer

Garcia-Navarro P, Playan E, Zapata N. 2000. Solute transport modeling in overland flow applied to fertigation. Journal of Irrigation and Drainage Engineering,126(1):33-40

Hou J,Liang Q,Simons F,et al. 2013. A 2D well-balanced shallow flow model for unstructured grids with novel slope source term treatment. Advances in Water Resources,52(2):107-131

Hubbard M E,Garcia-Navarro P. 2000. Flux difference splitting and the balancing of source terms and flux gradients. Journal of Computational Physics,165(1):89-125

Khanna M,Malano H M,Fenton J D,et al. 2003. Two-dimensional simulation model for contour basin layouts in southeast Australia Ⅰ: rectangular basins. Journal of Irrigation and Drainage Engineering,129(5):305-316

LeVeque R J. 2002. Finite Volume Methods for Hyperbolic Problems. Cambridge: The Press Syndicate of the University of Cambridge

Liang D,Falconer R,Lin B. 2006. Comparison between TVD-MacCormack and ADI-type solvers of the shallow water equations. Advances in Water Resources,29(12):1833-1845

Liou M S. 1996. A Sequel to AUSM:AUSM+. Journal of Computational Physics,129(19):364-382

Marsden J,Ratiu T. 1999. Introduction to Mechanics and Symmetry. New York:Spring-Verlag New York,Inc.

Morton K W, Mayers D F. 2005. Numerical Solution of Partial Differential Equations. Cambridge: Cambridge University Press

Murillo J,Burguete J,Brufau P,et al. 2005. Coupling between shallow water and solute flow equations: analysis and management of source terms in 2D. International Journal of Numerical Methods in Fluids,49(3):267-299

Needham T. 1998. Visual complex analysis. New York:Oxford University Press

Panday S, Huyakorn P S. 2004. A fully coupled physically-based spatially-distributed model for evaluating surface/subsurface flow. Advances in Water Resources,27(4):361-382

Playán E, Faci J M, Serreta A. 1996. Modeling microtopography in basin irrigation. Journal of Irrigation and Drainage Engineering,122(6):339-347

Playán E,Faci J M. 1997. Border fertigation: field experiments and a simple model. Irrigation Science,17(4): 163-171

Roe P L. 1981. Approximate Riemann solvers,parameter vectors,and difference schemes. Journal of Computational Physics,43(2):357-372

Strelkoff T S,Tamimi A H,Clemmens A J. 2003. A two-dimensional basin flow with irregular bottom configuration. Journal of Irrigation and Drainage Engineering,29(6):391-401

Temam R. 1997. Infinite dimensonal dynamical systems in mechanics and physics. New York:Springer

van der Vorst H A. 1992. Bi-CGSTAB:a fast and smoothly converging variant of Bi-CG for the solution of non-symmetric linear systems. SIAM Journal on Scientific and Statistical Computing,13(2):631-644

Ying X Y,Khan A A,Wang S S. 2004. Upwind conservative scheme for the Saint Venant equations. Journal of Hydraulic Engineering,130(10):977-987

Zapata N,Playán E. 2000. Simulating elevation and infiltration in level-basin irrigation. Journal of Irrigation and Drainage Engineering,126(2):78-84

Zerihun D,Furman A,Warrick A W,et al. 2004. Coupled surface-subsurface solute transport model for irrigation borders and basins. Ⅰ. model development. Journal of Irrigation and Drainage Engineering,131(5):396-406

第 5 章
Chapter 5

基于双曲–抛物型方程结构的全水动力学方程畦田灌溉地表水流运动模拟

伴随着数值模拟方法与计算机性能的不断改进完善，守恒型全水动力学方程及其数值模拟解法已应用于畦田灌溉地表水流运动模拟（Vivekanand and Bhallamudi，1996；Bradford and Katopodes，2001；Brufau et al.，2002），但具有更为明确物理机制与特征的守恒–非守恒型全水动力学方程，却因方程数学类型属性、初始条件设置和边界条件设置、数值模拟解法开发等方面存在的诸多制约与不足，未能得到实际应用。

首先，守恒–非守恒型全水动力学方程在数学类型分类上属于双曲型方程，极强的非线性特点致使对其进行数值模拟求解的难度较大（Brufau et al.，2002；Khanna et al.，2003；Rogers et al.，2003）。其次，在初始条件设置中，尽管初始地表水深假设避免了在地表无水区域内求解全水力学方程易于出现数学奇点的问题，但当畦面微地形空间分布状况较差时，需要设置较大的初始值才可保证模拟计算的稳定性和收敛性，而这极易引起地表无水区域内出现虚假的地表水流通量（Bradford and Katopodes，2001），从而严重影响模拟效果。再次，对边界条件设置而言，受田块边界几何结构和地表浅水流运动特征制约，其需要同时赋予物理（流量）和数值（水深）两类边界条件才能满足方程的数理适定性需求（Courant and Friedrichs，1948），但还会引起不可受控的水量平衡误差（Brufau et al.，2002），人们虽已构造出用于动态捕捉地表水流运动干湿边界的方法（Begnudelli and Sanders，2006；Liang and Marche，2009），但该方法仅能确保在干湿边界邻域内的水量守恒而无法保证动量守恒，进而易产生错误的地表水局部绕流过程。最后，现有向量耗散有限体积法是针对守恒型全水动力学方程开发的，故亟待研发用于数值模拟求解守恒–非守恒型全水动力学方程的特定有限体积法。

本章对守恒–非守恒型全水动力学方程的数学类型进行改型，将现有双曲型方程表达式分解为表述地表水流运动扩散过程和对流过程的抛物型方程与双曲型方程，构建基于双曲–抛物型方程结构的守恒–非守恒型全水动力学方程畦田灌溉模型，构造相应的初始条件和边界条件，开发适宜的数值模拟解法。基于典型畦田灌溉试验实测数据，评价基于双曲–抛物型方程结构的守恒–非守恒型全水动力学方程畦田灌溉模型的模拟效果，揭示对流–扩散效应对畦面微地形空间分布状况的直观物理响应。

5.1 基于双曲–抛物型方程结构的全水动力学方程畦田灌溉模型构建及数值模拟求解

为了改变守恒–非守恒型全水动力学方程数学类型的双曲型属性，通过设置并引入平衡函数的做法，将其分解为具有典型抛物型方程特征的扩散方程和具有典型双曲型方程特点的对流方程，构建基于双曲–抛物型方程结构的守恒–非守恒型全水动力学方程，构造相应的初始条件和边界条件，开发包括标量耗散有限体积法和全隐时间离散格式在内的数值模拟解法。

5.1.1 基于双曲–抛物型方程结构的全水动力学方程

守恒–非守恒型全水动力学方程［式(3-22)~式(3-24)］被重述如下：

$$\frac{\partial h}{\partial t}+\frac{\partial q_x}{\partial x}+\frac{\partial q_y}{\partial y}=-i_c \tag{5-1}$$

$$\frac{\partial q_x}{\partial t}+\frac{\partial}{\partial x}(q_x\cdot\bar{u})+\frac{\partial}{\partial y}(q_x\cdot\bar{v})=-g\cdot h\frac{\partial\zeta}{\partial x}-g\frac{n^2\cdot\bar{u}\sqrt{\bar{u}^2+\bar{v}^2}}{h^{1/3}}+\frac{1}{2}i_c\cdot\bar{u}\tag{5-2}$$

$$\frac{\partial q_y}{\partial t}+\frac{\partial}{\partial x}(q_y\cdot\bar{u})+\frac{\partial}{\partial y}(q_y\cdot\bar{v})=-g\cdot h\frac{\partial\zeta}{\partial y}-g\frac{n^2\cdot\bar{v}\sqrt{\bar{u}^2+\bar{v}^2}}{h^{1/3}}+\frac{1}{2}i_c\cdot\bar{v}\tag{5-3}$$

式中,h 为地表水深(m);$\bar{u}$ 和 $\bar{v}$ 分别为沿 x 和 y 坐标向的地表水流垂向均布流速(m/s);q_x 和 q_y 分别为沿 x 和 y 坐标向的单宽流量[$m^3/(s\cdot m)$],且 $q_x=h\cdot\bar{u}$ 和 $q_y=h\cdot\bar{v}$;g 为重力加速度(m/s^2);ζ 为地表水位相对高程[ζ=地表水深 h+地表(畦面)相对高程 b](m);n 为畦面糙率系数($s/m^{1/3}$);i_c 为地表入渗率(cm/min),采用 Kostiakov 公式估算。

鉴于式(5-1)~式(5-3)在数学类型分类上属于双曲型方程,为了弱化其极强的非线性特点,减弱对其进行数值模拟求解的难度,将其改型为双曲-抛物型方程。为此,在忽略 i_c 对地表水流运动动量守恒性影响前提下(Brufau et al.,2002;Strelkoff et al.,2003),通过设置并引入平衡函数 $F_x=g\cdot h\cdot C_x$ 和 $F_y=g\cdot h\cdot C_y$,将式(5-2)和式(5-3)表达如下:

$$\frac{\partial q_x}{\partial t}+\frac{\partial}{\partial x}(q_x\cdot\bar{u})+\frac{\partial}{\partial y}(q_x\cdot\bar{v})=F_x=g\cdot h\cdot C_x\;;$$
$$\frac{\partial q_y}{\partial t}+\frac{\partial}{\partial x}(q_y\cdot\bar{u})+\frac{\partial}{\partial y}(q_y\cdot\bar{v})=F_y=g\cdot h\cdot C_y\tag{5-4}$$

$$-g\cdot h\frac{\partial\zeta}{\partial x}-g\cdot q_x\frac{n^2\sqrt{\bar{u}^2+\bar{v}^2}}{h^{4/3}}=F_x=g\cdot h\cdot C_x\;;$$
$$-g\cdot h\frac{\partial\zeta}{\partial y}-g\cdot q_y\frac{n^2\sqrt{\bar{u}^2+\bar{v}^2}}{h^{4/3}}=F_y=g\cdot h\cdot C_y\tag{5-5}$$

式中,C_x 和 C_y 分别为单宽流量沿地表水深平均的对流效应。

经消元处理后,式(5-5)的两个恒等式可表达如下:

$$\frac{\partial\zeta}{\partial x}+\bar{u}\frac{n^2\sqrt{\bar{u}^2+\bar{v}^2}}{h^{4/3}}=-C_x\tag{5-6}$$

$$\frac{\partial\zeta}{\partial y}+\bar{v}\frac{n^2\sqrt{\bar{u}^2+\bar{v}^2}}{h^{4/3}}=-C_y\tag{5-7}$$

联立求解式(5-6)和式(5-7),可将 $\sqrt{\bar{u}^2+\bar{v}^2}$ 表达为地表水位相对高程梯度的函数形式,即

$$\sqrt{\bar{u}^2+\bar{v}^2}=\frac{h^{2/3}}{n}\left[\left(\frac{\partial\zeta}{\partial x}+C_x\right)^2+\left(\frac{\partial\zeta}{\partial y}+C_y\right)^2\right]^{1/4}\tag{5-8}$$

基于式(5-8),式(5-5)的两个恒等式被表达如下:

$$q_x=-\frac{h^{5/3}}{n\left[\left(\frac{\partial\zeta}{\partial x}+C_x\right)^2+\left(\frac{\partial\zeta}{\partial y}+C_y\right)^2\right]^{1/4}}\cdot\frac{\partial\zeta}{\partial x}+\frac{C_x\cdot h^{5/3}}{n\left[\left(\frac{\partial\zeta}{\partial x}+C_x\right)^2+\left(\frac{\partial\zeta}{\partial y}+C_y\right)^2\right]^{1/4}}\tag{5-9}$$

$$q_y=-\frac{h^{5/3}}{n\left[\left(\frac{\partial\zeta}{\partial x}+C_x\right)^2+\left(\frac{\partial\zeta}{\partial y}+C_y\right)^2\right]^{1/4}}\cdot\frac{\partial\zeta}{\partial y}+\frac{C_y\cdot h^{5/3}}{n\left[\left(\frac{\partial\zeta}{\partial x}+C_x\right)^2+\left(\frac{\partial\zeta}{\partial y}+C_y\right)^2\right]^{1/4}}\tag{5-10}$$

若作如下标记：

$$K_{\mathrm{w}}=\frac{h^{5/3}}{n\left[\left(\frac{\partial\zeta}{\partial x}+C_x\right)^2+\left(\frac{\partial\zeta}{\partial y}+C_y\right)^2\right]^{1/4}} \tag{5-11}$$

式(5-9)和式(5-10)可被简记为

$$q_x=-K_{\mathrm{w}}\frac{\partial\zeta}{\partial x}+K_{\mathrm{w}}\cdot C_x \tag{5-12}$$

$$q_y=-K_{\mathrm{w}}\frac{\partial\zeta}{\partial y}+K_{\mathrm{w}}\cdot C_y \tag{5-13}$$

式中，K_{w}为地表水流运动扩散系数($\mathrm{m^2/s}$)。

式(5-12)和式(5-13)又可被写为向量形式，即

$$\boldsymbol{q}=-K_{\mathrm{w}}\cdot\nabla\zeta+K_{\mathrm{w}}\cdot\boldsymbol{C} \tag{5-14}$$

式中，∇为梯度算子；$\boldsymbol{q}$ 为单宽流量向量，且 $\boldsymbol{q}=(q_x,q_y)^{\mathrm{T}}$；$\boldsymbol{C}$ 为平衡变量向量，且 $\boldsymbol{C}=(C_x,C_y)^{\mathrm{T}}$。

综上推导过程可知，当地表水流速趋于零时，$\partial\zeta/\partial x$ 与 C_x 及 $\partial\zeta/\partial y$ 与 C_y 均属于同阶小量。由于数值计算自身受限于计算机的字节长度，任何变量仅取有限位小数，故地表水位相对高程梯度$\nabla\zeta$ 将比 K_{w} 以更快的速度趋近于零。这意味着当$\nabla\zeta$ 接近于零时，$\boldsymbol{q}$ 也趋近于零，故式(5-14)符合地表水流瞬时静态下无流动的物理事实(Liang and Marche，2009；Hou et al.，2013)，这就是精确模拟地表水流运动消退过程的基本前提条件(Brufau et al.，2002；Strelkoff et al.，2003)。

将式(5-12)和式(5-13)代入式(5-1)，并考虑到 $h=\zeta-b$，且 b 在数值模拟过程中不随 t 而变的事实，即可获得以下具有典型抛物型方程特征的扩散方程：

$$\frac{\partial\zeta}{\partial t}=\frac{\partial}{\partial x}\left(K_{\mathrm{w}}\frac{\partial\zeta}{\partial x}\right)+\frac{\partial}{\partial y}\left(K_{\mathrm{w}}\frac{\partial\zeta}{\partial y}\right)-\left[\frac{\partial}{\partial x}(C_x\cdot K_{\mathrm{w}})+\frac{\partial}{\partial y}(C_y\cdot K_{\mathrm{w}})\right]-i_c \tag{5-15}$$

由式(5-4)可知，C_x和 C_y分别为单宽流量沿地表水深平均的对流效应，故式(5-15)实际上是以隐含形式考虑了对流效应的扩散方程，但因其已被转变为抛物型方程，故更易被数值模拟求解(Morton and Mayers，2005)。

式(5-15)又可被表达为如下紧致形式：

$$\frac{\partial\zeta}{\partial t}=\nabla\cdot(K_w\cdot\nabla\zeta)-\nabla\cdot(K_w\cdot\boldsymbol{C})-i_c\ \text{或}\ \frac{\partial\zeta}{\partial t}=\nabla\cdot(K_w\cdot\nabla\zeta)-\boldsymbol{S} \tag{5-16}$$

式中，$\nabla\cdot$ 为散度算子。

与此同时，在将式(5-2)和式(5-3)合并后，可形成如下具有典型双曲型方程特点的对流方程向量表达式：

$$\frac{\partial\boldsymbol{q}}{\partial t}+\nabla\cdot(\bar{u}\cdot\boldsymbol{q},\bar{v}\cdot\boldsymbol{q})=\boldsymbol{S}_{\zeta}^{M}+\boldsymbol{S}_{f}^{M}+\boldsymbol{S}_{\mathrm{in}}^{M} \tag{5-17}$$

式中，$\boldsymbol{S}_{\zeta}^{M}$ 为地表水位相对高程梯度向量，且 $\boldsymbol{S}_{\zeta}^{M}=\begin{pmatrix}-g(\zeta-b)\dfrac{\partial\zeta}{\partial x}\\-g(\zeta-b)\dfrac{\partial\zeta}{\partial y}\end{pmatrix}$；$\boldsymbol{S}_{f}^{M}$ 为畦面糙率向量，

且 $\boldsymbol{S}_f^M = \begin{pmatrix} -g\dfrac{n^2 \cdot \bar{u}\sqrt{\bar{u}^2+\bar{v}^2}}{(\zeta-b)^{1/3}} \\ -g\dfrac{n^2 \cdot \bar{v}\sqrt{\bar{u}^2+\bar{v}^2}}{(\zeta-b)^{1/3}} \end{pmatrix}$；$\boldsymbol{S}_{\text{in}}^M$ 为入渗向量，且 $\boldsymbol{S}_{\text{in}}^M = \begin{pmatrix} \dfrac{\bar{u} \cdot i_c}{2} \\ \dfrac{\bar{v} \cdot i_c}{2} \end{pmatrix}$。

可以发现，与式(3-25)中的 $\boldsymbol{S}_\zeta$、$\boldsymbol{S}_f$ 和 $\boldsymbol{S}_{\text{in}}$ 相比，式(5-17)的 $\boldsymbol{S}_\zeta^M$、$\boldsymbol{S}_f^M$ 和 $\boldsymbol{S}_{\text{in}}^M$ 中仅含有动量方程的分量。

通过设置并引入平衡函数的做法，将具有典型双曲型方程特征的守恒–非守恒型全水动力学方程[式(5-1)~式(5-3)]分解为抛物型扩散方程[式(5-16)]和双曲型对流方程[式(5-17)]，将原有的双曲型方程改型为双曲–抛物型方程。基于式(5-17)可计算得到惯性(或加速度)作用下的单宽流量，并借助该式等号左侧各项获得式(5-16)中的平衡变量向量 $\boldsymbol{C}$。

5.1.2　初始条件和边界条件

由于构建的基于双曲–抛物型方程结构的守恒–非守恒型全水动力学方程的数学类型发生了本质变化，自变量已从原来的地表水深 h 变为地表水位相对高程 ζ，故需构造相应的初始条件和边界条件。

5.1.2.1　初始条件

当 $t = 0$ 时，由于计算区域内各空间位置点处的地表水深 h 和地表水流垂向均布流速 $\bar{u}$ 和 $\bar{v}$ 均为零，故地表水位相对高程 $\zeta=b$。

对双曲型守恒–非守恒全水动力学方程而言，需在地表有水区域和地表无水区域计算区域内同时定义质量守恒方程和动量守恒方程才可开展数值模拟计算，这使地表无水区域成为求解动量守恒方程的数学奇点。与之相比，由于式(5-16)中的待解变量是 ζ 而非 h，故地表无水区域已不再是求解该方程的数学奇点，为此可在整个计算区域内定义该式。另外，式(5-17)仅被定义在地表有水区域，从而完全规避了初始地表水深假设所引起的在地表无水区域内求解全水动力学方程易出现数学奇点的问题。

5.1.2.2　边界条件

(1)畦首入流边界条件和畦埂无流边界条件

畦首入流边界属于标准的 Neumann 边界条件，可直接将畦田入流口处给定的单宽流量 $\boldsymbol{q}_0$ 赋予式(5-14)，而无须做任何其他处理：

$$\boldsymbol{q}_0 = -K_{\text{w}} \cdot \nabla\zeta + K_{\text{w}} \cdot \boldsymbol{C} \tag{5-18}$$

式中，$\boldsymbol{q}_0$ 为畦田入流口处给定的沿 x 和 y 坐标向的单宽流量向量，其分量为 q_x^0 和 q_y^0 (m^2/s)。

在畦埂无流状态下的畦田边界处，沿 x 或 y 坐标向需满足零流量条件，即令式(5-18)等于零，可得到如下畦埂无流边界条件：

$$K_{\text{w}} \cdot \nabla\zeta - K_{\text{w}} \cdot \boldsymbol{C} = 0 \tag{5-19}$$

由此可见，在畦首入流边界条件和畦埂无流边界条件中，仅涉及属于物理边界条件的流量边界，与从属于数值边界条件的地表水深边界无关，这就避免了现有边界条件中因设置地表水深边界条件引起的计算误差。

(2)干湿边界条件

在计算区域内各空间位置点处,若 $\zeta \leqslant b$,则令 $K_w=0$,此时无须利用式(5-16)计算 ζ 值,且仅在地表有水区域内定义并运算式(5-17),进而完全取消了干湿边界条件设置,根除了由此产生的计算误差。

5.1.3 数值模拟方法

现有向量耗散有限体积法是专门针对数值模拟求解守恒型全水动力学方程开发的,涉及的物理变量包括地表水流垂向均布流速 $\bar{u}$ 和 $\bar{v}$ 及特征速度 $\bar{u}+\bar{c}$ 、$\bar{u}-\bar{c}$ 、$\bar{v}+\bar{c}$ 和 $\bar{v}-\bar{c}$,该法不能用于求解基于双曲-抛物型方程结构的守恒-非守恒型全水动力学方程。亟待依据后者的特征及特点,开发相应的有限体积法时空离散格式,实现高精度、无条件稳定数值模拟求解守恒-非守恒型全水动力学方程的目标。

5.1.3.1 空间离散:标量耗散有限体积法

对构建的基于双曲-抛物型方程结构的守恒-非守恒型全水动力学方程而言,式(5-16)属于抛物型方程,一般采用零耗散中心格式有限体积法(LeVeque,2002)空间离散,而式(5-17)为双曲型方程,原则上可借助向量耗散有限体积法空间离散,但由于涉及的物理变量仅含有 $\bar{u}$ 和 $\bar{v}$ 而不包括任何特征速度,故需构建与之相应的数值模拟方法。

为此,基于迎风格式基本概念,类比于空气动力学中对马赫数(Ma)在数值平均意义下的重新定义(Liou,1996),构建数值模拟求解式(5-17)的标量耗散有限体积法。与现有向量耗散有限体积法相比,标量耗散有限体积法下的复杂矩阵运算量相对减少,可有效降低计算难度。由于零耗散亦属于标量耗散范畴,故将空间离散式(5-16)和式(5-17)的有限体积法统称为标量耗散有限体积法。

(1)抛物型方程空间离散

如图 4-18 所示,在计算区域内第 i 个三角形单元格上,若 Ω_i 为其包含的区域,$|\Omega_i|$ 为其包含的面积,$\partial\Omega_i$ 为其包含的边界,则对式(5-16)中各项做空间积分平均,得

$$\frac{1}{|\Omega_i|}\iint_{\Omega_i}\frac{\partial\zeta}{\partial t}\mathrm{d}x\mathrm{d}y=\frac{1}{|\Omega_i|}\iint_{\Omega_i}\nabla\cdot(K_w\cdot\nabla\zeta)\mathrm{d}x\mathrm{d}y-\frac{1}{|\Omega_i|}\iint_{\Omega_i}\nabla\cdot(K_w\cdot\boldsymbol{C})\mathrm{d}x\mathrm{d}y-\frac{1}{|\Omega_i|}\iint_{\Omega_i}i_c\mathrm{d}x\mathrm{d}y \tag{5-20}$$

式(5-20)等号左侧项称作地表水位相对高程时间导数积分平均项,而等号右侧项则依次称为地表水位相对高程扩散积分平均项、对流效应修正积分平均项和入渗积分平均项。

1)任意三角形单元格节点处的地表水位相对高程变量值重构。在对某物理变量沿第 i 个三角形单元格边界的线积分进行空间离散时,需先获取该变量在此单元格 3 个节点处的取值(Bertolazzi and Manzini,2005),故基于该变量的单元格中心值构造该单元格的边界节点值。如图 4–25 所示,若以第 i 个三角形单元格节点 v_i 为关注对象,则该处的地表水位相对高程值被计算如下(Manzini and Ferraris,2004):

$$\zeta_{v_i}=\sum_{k\in\sigma_{v_i}}\omega_k^v\cdot\zeta_k \tag{5-21}$$

式中，σ_{v_i} 为共享单元格节点 v_i 处所有三角形单元格的集合；$\omega_k^v = \dfrac{|\Omega_{c_{i,k}^v}|}{\sum\limits_k |\Omega_{c_{i,k}^v}|}$，其中，$|\Omega_{c_{i,k}^v}|$ 为 σ_{v_i} 中第 k 个单元格 $c_{i,k}^v$ 的面积(m^2)；ζ_k 为三角形单元格 $c_{i,k}^v$ 中心的地表水位相对高程值(m)。

2)地表水位相对高程时间导数积分平均项的有限体积法离散格式。以第 i 个三角形单元格中心变量值为基本变量(LeVeque,2002)，考虑到单元格大小不随时间而变的事实，对地表水位相对高程时间导数积分平均项进行空间离散，得

$$\frac{1}{|\Omega_i|}\iint_{\Omega_i}\frac{\partial\zeta}{\partial t}\mathrm{d}x\mathrm{d}y = \frac{1}{|\Omega_i|}\cdot\frac{\mathrm{d}\zeta_i}{\mathrm{d}t}\iint_{\Omega_i}\mathrm{d}x\mathrm{d}y = \frac{\mathrm{d}\zeta_i}{\mathrm{d}t} \tag{5-22}$$

3)地表水位相对高程扩散积分平均项的有限体积法离散格式。采用高斯公式将地表水位相对高程扩散积分平均项的面积分转换为单元格边界线积分后，对其进行空间离散，得

$$\frac{1}{|\Omega_i|}\iint_{\Omega_i}\nabla\cdot(K_\mathrm{w}\cdot\nabla\zeta)\mathrm{d}x\mathrm{d}y = \frac{1}{|\Omega_i|}\oint_{\partial\Omega_i}(K_\mathrm{w}\cdot\nabla\zeta)\boldsymbol{n}\mathrm{d}l = \frac{1}{|\Omega_i|}\sum_{k=1}^{3}(K_\mathrm{w}\cdot\nabla\zeta)_{f_{i,k}}\cdot\boldsymbol{n}_{f_{i,k}}\cdot l_{f_{i,k}} \tag{5-23}$$

式中，$\boldsymbol{n}_{f_{i,k}}$ 为第 i 个三角形单元格边界 $f_{i,k}$ 处的外向单位法向量，包括分量 n_x 和 n_y；$l_{f_{i,k}}$ 为第 i 个三角形单元格边界 $f_{i,k}$ 的长度(m)。

式(5-23)等号右侧项中的 $(K_\mathrm{w}\cdot\nabla\zeta)_{f_{i,k}}\cdot\boldsymbol{n}_{f_{i,k}}$ 被计算如下：

$$(K_\mathrm{w}\cdot\nabla\zeta)_{f_{i,k}}\cdot\boldsymbol{n}_{f_{i,k}} = (K_\mathrm{w})_{f_{i,k}}\frac{\zeta_{f_{i,k}}-\zeta_i}{d_{i,f_{i,k}}}\boldsymbol{n}_d\cdot\boldsymbol{n}_{f_{i,k}} = \frac{(K_\mathrm{w})_{f_{i,k}}(n_{d,x}\cdot n_x+n_{d,y}\cdot n_y)}{d_{i,f_{i,k}}}\cdot\Big(\sum_{j_v=1,2}\lambda_{f_{i,k},j_v}\cdot\zeta_{j_v}-\zeta_i\Big) \tag{5-24}$$

式中，$f_{i,k}$，j_v 为第 i 个三角形单元格边界 $f_{i,k}$ 的重心坐标；ζ_{j_v} 为第 i 个三角形单元格边界 $f_{i,k}$ 两个节点处的地表水位相对高程值(m)，下标 j_v 为 $f_{i,k}$ 两个节点的标号；$d_{i,f_{i,k}}$ 为第 i 个三角形单元格中心 c_i 到边界 $f_{i,k}$ 的距离(m)；$\boldsymbol{n}_d$ 为第 i 个三角形单元格边界 $f_{i,k}$ 处的地表水位相对高程梯度 $(\nabla\zeta)_{f_{i,k}}$ 的单位向量，包括 $n_{d,x}$ 和 $n_{d,y}$。

由于式(5-24)中的 ζ_{j_v} 恰好是如图 4-25 所示第 i 个三角形单元格节点 v_i 处的地表水位相对高程值 ζ_{v_i}，故若以 $f_{i,k}$ 为关注点，则式(5-21)可被重新标记为 $\zeta_{j_v} = \sum\limits_{j\in\sigma_{v_j}}\omega_j^v\cdot\zeta_j$，将其代入式(5-24)后，可得到：

$$(K_\mathrm{w}\cdot\nabla\zeta)_{f_{i,k}}\cdot\boldsymbol{n}_{f_{i,k}} = \frac{(K_\mathrm{w})_{f_{i,k}}\cdot\bar{n}_{f_{i,k}}}{d_{i,f_{i,k}}}\cdot\Bigg(\sum_{j_v=1,2;j\in\sigma_{v_j}^w}\lambda_{f_{i,k},j_v}\cdot\omega_j^v\cdot\zeta_j-\zeta_i\Bigg) \tag{5-25}$$

式中，$\bar{n}_{f_{i,k}} = n_{d,x}\cdot n_x + n_{d,y}\cdot n_y$。

再将式(5-25)代入式(5-23)等号右侧项，即可得到地表水位相对高程扩散积分平均项的空间离散格式，即

$$\frac{1}{|\Omega_i|}\iint_{\Omega_i}\nabla\cdot(K_\mathrm{w}\cdot\nabla\zeta)\mathrm{d}x\mathrm{d}y = \frac{1}{|\Omega_i|}\sum_{k=1}^{3}\frac{(K_\mathrm{w})_{f_{i,k}}\cdot\bar{n}_{f_{i,k}}}{d_{i,f_{i,k}}}\cdot\Big(\sum_{j_v=1,2;j\in\sigma_{v_j}^w}\lambda_{f_{i,k},j_v}\cdot\omega_j^v\cdot\zeta_j-\zeta_i\Big)\cdot l_{f_{i,k}} \tag{5-26}$$

式(5-26)虽然包含了两重求和运算,但仍为待求变量ζ_i的线性函数,故可用向量符号将该式表达为如下紧致形式:

$$\frac{1}{|\Omega_i|}\iint_{\Omega_i}\nabla\cdot(K_\mathrm{w}\cdot\nabla\zeta)\mathrm{d}x\mathrm{d}y=(\boldsymbol{a}^\mathrm{T})_i\cdot\boldsymbol{\zeta}_i \tag{5-27}$$

式中,$(\boldsymbol{a}^\mathrm{T})_i$为两重求和运算下与$\boldsymbol{\zeta}_i$相关项的系数总和,上标$T$为向量转置运算符号。

4)地表水位相对高程对流效应修正积分平均项和入渗积分平均项的有限体积法离散格式。采用高斯公式将地表水位相对高程对流效应修正积分平均项的面积分转换为单元格边界的线积分后,对其进行空间离散,得

$$\frac{1}{|\Omega_i|}\iint_{\Omega_i}\nabla\cdot(K_\mathrm{w}\cdot\boldsymbol{C})\mathrm{d}x\mathrm{d}y=\frac{1}{|\Omega_i|}\oint_{\partial\Omega_i}(K_w\cdot\boldsymbol{C})\cdot\boldsymbol{n}\mathrm{d}l=\frac{1}{|\Omega_i|}\sum_{k=1}^{3}(K_\mathrm{w}\cdot\boldsymbol{C})_{f_{i,k}}\cdot\boldsymbol{n}_{f_{i,k}}\cdot l_{f_{i,k}} \tag{5-28}$$

为了表述方便,式(5-28)可被标记为$\bar{\omega}_\mathrm{i}$,即

$$\bar{\omega}_i=\frac{1}{|\Omega_i|}\sum_{k=1}^{3}(K_\mathrm{w}\cdot\boldsymbol{C})_{f_{i,k}}\cdot\boldsymbol{n}_{f_{i,k}}\cdot l_{f_{i,k}} \tag{5-29}$$

考虑到物理变量在任意空间单元格内的积分平均值即为其在该单元格内的中心值,故对入渗积分平均项进行空间离散,得

$$\frac{1}{|\Omega_i|}\iint_{\Omega_i}i_c\mathrm{d}x\mathrm{d}y=\frac{1}{|\Omega_i|}(i_c)_i\,|\Omega_i|=(i_c)_i \tag{5-30}$$

(2)双曲型方程空间离散

如图4-18所示,在计算区域内第i个三角形单元格上,对式(5-17)中各项做空间积分平均,得

$$\frac{1}{|\Omega_i|}\iint_{\Omega_i}\frac{\partial\boldsymbol{q}}{\partial t}\mathrm{d}x\mathrm{d}y+\frac{1}{|\Omega_i|}\iint_{\Omega_i}\nabla\cdot(\bar{u}\cdot\boldsymbol{q},\bar{v}\cdot\boldsymbol{q})\mathrm{d}x\mathrm{d}y=\frac{1}{|\Omega_i|}\iint_{\Omega_i}\boldsymbol{S}_\zeta^M\mathrm{d}x\mathrm{d}y+\frac{1}{|\Omega_i|}\iint_{\Omega_i}\boldsymbol{S}_f^M\mathrm{d}x\mathrm{d}y+\frac{1}{|\Omega_i|}\iint_{\Omega_i}\boldsymbol{S}_\mathrm{in}^M\mathrm{d}x\mathrm{d}y \tag{5-31}$$

式(5-17)等号左侧项依次称为单宽流量向量时间导数积分平均项和对流通量积分平均项,而右侧项则分别称为地表水位相对高程梯度向量积分平均项、畦面糙率向量积分平均项和入渗向量积分平均项。

1)单宽流量向量时间导数积分平均项的有限体积法离散格式。与对式(5-22)的空间离散相类似,对单宽流量向量时间导数积分平均项进行空间离散,得

$$\frac{1}{|\Omega_i|}\iint_{\Omega_i}\frac{\partial\boldsymbol{q}}{\partial t}\mathrm{d}x\mathrm{d}y=\frac{1}{|\Omega_i|}\cdot\frac{\mathrm{d}\,\boldsymbol{q}_i}{\mathrm{d}t}\iint_{\Omega_i}\mathrm{d}x\mathrm{d}y=\frac{\mathrm{d}\,\boldsymbol{q}_i}{\mathrm{d}t} \tag{5-32}$$

2)对流通量积分平均项的有限体积法离散格式。采用高斯公式将对流通量积分平均项的面积分转换为单元格边界的线积分后,对其进行空间离散,得

$$\frac{1}{|\Omega_i|}\iint_{\Omega_i}\nabla\cdot(\bar{u}\cdot\boldsymbol{q},\bar{v}\cdot\boldsymbol{q})\mathrm{d}x\mathrm{d}y=\frac{1}{|\Omega_i|}\oint_{\partial\Omega_i}(\bar{u}\cdot\boldsymbol{q},\bar{v}\cdot\boldsymbol{q})\cdot\boldsymbol{n}\mathrm{d}l \tag{5-33}$$

式中,$\boldsymbol{n}$为任意三角形单元格边界处的外向单位法向量。

式(5-33)中$\bar{u}\cdot\boldsymbol{q}$和$\bar{v}\cdot\boldsymbol{q}$被分别表达为

$$\bar{u}\cdot\boldsymbol{q}=\begin{pmatrix}q_x\cdot\bar{u}\\q_y\cdot\bar{u}\end{pmatrix}=\frac{\bar{u}}{\tilde{c}}\begin{pmatrix}q_x\cdot\tilde{c}\\q_y\cdot\tilde{c}\end{pmatrix}=Fr_x\begin{pmatrix}q_x\cdot\tilde{c}\\q_y\cdot\tilde{c}\end{pmatrix}=\tilde{c}\cdot Fr_x\cdot\boldsymbol{q}\tag{5-34}$$

$$\bar{v}\cdot\boldsymbol{q}=\begin{pmatrix}q_x\cdot\bar{u}\\q_y\cdot\bar{u}\end{pmatrix}=\frac{\bar{u}}{\tilde{c}}\begin{pmatrix}q_x\cdot\tilde{c}\\q_y\cdot\tilde{c}\end{pmatrix}=Fr_y\begin{pmatrix}q_x\cdot\tilde{c}\\q_y\cdot\tilde{c}\end{pmatrix}=\tilde{c}\cdot Fr_y\cdot\boldsymbol{q}\tag{5-35}$$

式中,Fr_x 和 Fr_y 分别为 $\boldsymbol{Fr}$ 沿 x 和 y 坐标向的分量。

将式(5-34)和式(5-35)合并为如下形式:

$$(\bar{u}\cdot\boldsymbol{q},\bar{v}\cdot\boldsymbol{q})\cdot\boldsymbol{n}=\bar{\boldsymbol{u}}^{\mathrm{T}}\cdot\boldsymbol{q}=\left[\begin{pmatrix}q_x\cdot\bar{u}\\q_y\cdot\bar{u}\end{pmatrix},\begin{pmatrix}q_x\cdot\bar{v}\\q_y\cdot\bar{v}\end{pmatrix}\right]\cdot\boldsymbol{n}=\left[\frac{\bar{u}}{\tilde{c}}\begin{pmatrix}q_x\cdot\tilde{c}\\q_y\cdot\tilde{c}\end{pmatrix},\frac{\bar{u}}{\tilde{c}}\begin{pmatrix}q_x\cdot\tilde{c}\\q_y\cdot\tilde{c}\end{pmatrix}\right]\cdot\boldsymbol{n}$$

$$=\tilde{c}(Fr_x\cdot\boldsymbol{q},Fr_y\cdot\boldsymbol{q})\cdot\boldsymbol{n}=\tilde{c}(Fr_x\cdot n_x+Fr_y\cdot n_y)\cdot\boldsymbol{q}\tag{5-36}$$

在第 i 个三角形单元格上,对式(5-33)等号右侧项展开如下:

$$\frac{1}{|\Omega_i|}\oint_{\partial\Omega_i}(\bar{u}\cdot\boldsymbol{q},\bar{v}\cdot\boldsymbol{q})\cdot\boldsymbol{n}\mathrm{d}l=\frac{1}{|\Omega_i|}\sum_{k=1}^{3}\tilde{c}_{f_{i,k}}(Fr_x\cdot n_x+Fr_y\cdot n_y)_{f_{i,k}}\cdot l_{f_{i,k}}\cdot\boldsymbol{q}_{f_{i,k}}\tag{5-37}$$

将式(5-37)等号右侧项中的变量集标记为通过第 i 个三角形单元格边界 $f_{i,k}$ 处的单宽流量通量,即

$$\boldsymbol{F}^{Q}_{f_{i,k}}=\tilde{c}_{f_{i,k}}(Fr_x\cdot n_x+Fr_y\cdot n_y)_{f_{i,k}}\cdot l_{f_{i,k}}\cdot\boldsymbol{q}_{f_{i,k}}\tag{5-38}$$

依据迎风格式的基本定义(LeVeque,2002),并标记 $Fr_{f_{i,k}}=(Fr_x\cdot n_x+Fr_y\cdot n_y)_{f_{i,k}}$,则式(5-38)被表达为

$$\boldsymbol{F}^{Q}_{f_{i,k}}=\frac{1}{2}\{\tilde{c}_{f_{i,k}}Fr_{f_{i,k}}[(\boldsymbol{q}_{f_{i,k}})_{\mathrm{IN}}+(\boldsymbol{q}_{f_{i,k}})_{\mathrm{OUT}}]\}l_{f_{i,k}}-\frac{1}{2}\{\tilde{c}_{f_{i,k}}|Fr_{f_{i,k}}|[(\boldsymbol{q}_{f_{i,k}})_{\mathrm{OUT}}-(\boldsymbol{q}_{f_{i,k}})_{\mathrm{IN}}]\}\cdot l_{f_{i,k}}\tag{5-39}$$

式(5-39)只适用于线性系统,当用于非线性系统时,会出现模拟精度不高等问题。为此,Liou(1996)在求解空气动力学中可压缩 Navier-Stokes 方程和 Euler 方程时,通过对数值通量提出一些限制性条件,建立了 Ma 在单元格两侧的平均定义式,从而有效提高了数值模拟精度。该限制性条件包括:① $f_d^+ + f_d^- = f_d$;② $f_d^+ \geqslant 0$,$f_d^- < 0$;③ f_d^+ 和 f_d^- 是 Ma 的单调递增函数,其中,Ma 为马赫数,表示物体运动速度与声速的比值;④ $f_d^+(Ma)=-f_d^-(-Ma)$;⑤若 $Ma\geqslant 1$,$f_d=f_d^+$,否则,$f_d=f_d^-$;⑥ f_d^+ 和 f_d^- 连续可微。

由于式(5-17)与空气动力学方程均属于双曲型方程,且 Fr 的物理特性也与 Ma 类似,故认为式(5-38)也符合上述 6 个限制性条件,即地表水流运动对流通量也应具备这些数学特性。为此,若认为地表水流重力波速度 $\tilde{c}$ 与空气动力学声速的作用相同,则可将式(5-39)中的 $Fr_{f_{i,k}}$ 表达如下:

$$Fr_{f_{i,k}}=(\lambda_{f_{i,k}})^{+}_{\mathrm{IN}}+(\lambda_{f_{i,k}})^{-}_{\mathrm{OUT}}\tag{5-40}$$

$$(\lambda_{f_{i,k}})^{+}_{\mathrm{IN}}=\begin{cases}\dfrac{1}{4}[(Fr_{f_{i,k}})_{\mathrm{IN}}+1]^2 & |(Fr_{f_{i,k}})_{\mathrm{IN}}|\leqslant 1\\ \dfrac{1}{2}[(Fr_{f_{i,k}})_{\mathrm{IN}}+|(Fr_x\cdot n_x+Fr_y\cdot n_y)_{f_{i,k}}|_{\mathrm{IN}}] & |(Fr_{f_{i,k}})_{\mathrm{IN}}|>1\end{cases}\tag{5-41}$$

$$(\lambda_{f_{i,k}})^{-}_{\mathrm{OUT}}=\begin{cases}-\dfrac{1}{4}[(Fr_{f_{i,k}})_{\mathrm{OUT}}-1]^2 & |(Fr_{f_{i,k}})_{\mathrm{OUT}}|\leqslant 1\\ \dfrac{1}{2}[(Fr_{f_{i,k}})_{\mathrm{OUT}}-|(Fr_x\cdot n_x+Fr_y\cdot n_y)_{f_{i,k}}|_{\mathrm{OUT}}] & |(Fr_{f_{i,k}})_{\mathrm{OUT}}|>1\end{cases}\tag{5-42}$$

式中，$(\lambda_{f_{i,k}})^{+}_{\mathrm{IN}}$ 和 $(\lambda_{f_{i,k}})^{-}_{\mathrm{OUT}}$ 分别为 Fr 在第 i 个单元格边界 $f_{i,k}$ 两侧的分裂函数；$|\cdot|$ 为欧几里得范数。

与此同时，对式(5-39)中 $\tilde{c}$ 在第 i 个单元格边界 $f_{i,k}$ 处的值，可取其边界两侧的算术平均值，即

$$\tilde{c}_{f_{i,k}}=\frac{1}{2}[(\tilde{c}_{f_{i,k}})_{\mathrm{IN}}+(\tilde{c}_{f_{i,k}})_{\mathrm{OUT}}]\tag{5-43}$$

由式(5-40)和式(5-43)的定义可知，对计算区域内第 i 个三角形单元格边界 $f_{i,k}$ 而言，向量耗散空间离散格式的耗散强度是由式(4-153)等号右侧中的 Jacobi 系数矩阵 $|(\boldsymbol{A}_x n_x+\boldsymbol{A}_y n_y)^{n_t}_{f_{i,k}}|$ 度量，而标量耗散空间离散格式的耗散强度则是由式(5-39)等号右侧中的标量 $\tilde{c}_{f_{i,k}}|Fr_{f_{i,k}}|$ 度量，显而易见，后者的数学类型形式要比前者明显简易，这有效降低了标量耗散空间离散格式的计算难度，提高了计算效率。此外，由于标量耗散要比向量耗散具有更低的耗散强度(Liou，1996)，这实际上也起到了提升模拟精度的作用。

基于式(5-40)和式(5-43)，可将式(5-39)变形为如下形式：

$$\boldsymbol{F}^{Q}_{f_{i,k}}=\frac{1}{2}\tilde{c}_{f_{i,k}}(Fr_{f_{i,k}}+|Fr_{f_{i,k}}|)l_{f_{i,k}}(\boldsymbol{q}_{f_{i,k}})_{\mathrm{IN}}+\frac{1}{2}\tilde{c}_{f_{i,k}}(Fr_{f_{i,k}}-|Fr_{f_{i,k}}|)l_{f_{i,k}}(\boldsymbol{q}_{f_{i,k}})_{\mathrm{OUT}}\tag{5-44}$$

基于式(4-170)和式(4-171)，再将 ϕ 换成 $\boldsymbol{q}$ 后，可计算得到式(5-44)中 $(\boldsymbol{q}_{f_{i,k}})_{\mathrm{IN}}$ 和 $(\boldsymbol{q}_{f_{i,k}})_{\mathrm{OUT}}$ 为

$$(\boldsymbol{q}_{f_{i,k}})_{\mathrm{IN}}=\boldsymbol{q}_{c_i}+\boldsymbol{r}_{c_i,c_{i,k}}\cdot\tilde{\nabla}\boldsymbol{q}_{c_i};\quad(\boldsymbol{q}_{f_{i,k}})_{\mathrm{OUT}}=\boldsymbol{q}_{c_{i,k}}+\boldsymbol{r}_{c_{i,k},c_i}\cdot\tilde{\nabla}\boldsymbol{q}_{c_{i,k}}\tag{5-45}$$

将式(5-45)代入式(5-44)后，可得到 $\boldsymbol{F}^{Q}_{f_{i,k}}$ 的空间离散格式为

$$\begin{aligned}\boldsymbol{F}^{Q}_{f_{i,k}}=&\frac{1}{2}\cdot\tilde{c}_{f_{i,k}}(Fr_{f_{i,k}}+|Fr_{f_{i,k}}|)\cdot l_{f_{i,k}}\cdot\boldsymbol{q}_{c_i}+\frac{1}{2}\cdot\tilde{c}_{f_{i,k}}(Fr_{f_{i,k}}-|Fr_{f_{i,k}}|)\cdot l_{f_{i,k}}\cdot\boldsymbol{q}_{c_{i,k}}\\&+\frac{1}{2}\cdot\tilde{c}_{f_{i,k}}(Fr_{f_{i,k}}+|Fr_{f_{i,k}}|)\cdot l_{f_{i,k}}\cdot\boldsymbol{r}_{c_i,c_{i,k}}\cdot\tilde{\nabla}\boldsymbol{q}_{c_i}+\frac{1}{2}\cdot c_{f_{i,k}}(Fr_{f_{i,k}}-|Fr_{f_{i,k}}|)\\&\cdot l_{f_{i,k}}\cdot\boldsymbol{r}_{c_{i,k},c_i}\cdot\tilde{\nabla}\boldsymbol{q}_{c_{i,k}}\end{aligned}\tag{5-46}$$

再将式(5-46)代入式(5-37)后，即可得到对流通量积分平均项的空间离散格式为

$$\begin{aligned}\frac{1}{|\Omega_i|}\oint_{\partial\Omega_i}(\bar{u}\cdot\boldsymbol{q},\bar{v}\cdot\boldsymbol{q})\cdot\boldsymbol{n}\mathrm{d}l=&\frac{1}{2|\Omega_i|}\sum_{k=1}^{3}[\tilde{c}_{f_{i,k}}(Fr_{f_{i,k}}+|Fr_{f_{i,k}}|)\cdot l_{f_{i,k}}\cdot\boldsymbol{q}_{c_i}\\&+\tilde{c}_{f_{i,k}}(Fr_{f_{i,k}}-|Fr_{f_{i,k}}|)\cdot l_{f_{i,k}}\cdot\boldsymbol{q}_{c_{i,k}}]+\frac{1}{2|\Omega_i|}\sum_{k=1}^{3}[\tilde{c}_{f_{i,k}}(Fr_{f_{i,k}}+|Fr_{f_{i,k}}|)\\&\cdot l_{f_{i,k}}\cdot\boldsymbol{r}_{c_i,c_{i,k}}\cdot\tilde{\nabla}\boldsymbol{q}_{c_i}+c_{f_{i,k}}(Fr_{f_{i,k}}-|Fr_{f_{i,k}}|)\cdot l_{f_{i,k}}\cdot\boldsymbol{r}_{c_{i,k},c_i}\cdot\tilde{\nabla}\boldsymbol{q}_{c_{i,k}}]\end{aligned}\tag{5-47}$$

基于图 4-18，将式(5-47)中 $\boldsymbol{q}_{c_i}$ 和 $\boldsymbol{q}_{c_{i,k}}$ 统一标记为 $\boldsymbol{q}_j$，相应的系数标记为 $\boldsymbol{a}_{Q,j}$，并将与

$\tilde{\nabla} \boldsymbol{q}_{c_i}$ 和 $\tilde{\nabla} \boldsymbol{q}_{c_{i,k}}$ 的相关项统一标记为 $\boldsymbol{C}_{Q,i}$，则式(5-47)被表达为如下形式：

$$\frac{1}{|\Omega_i|}\oint_{\partial\Omega_i}(\bar{u}\cdot\boldsymbol{q},\bar{v}\cdot\boldsymbol{q})\cdot\boldsymbol{n}\mathrm{d}l=\sum_{j\in\sigma v_i}\boldsymbol{a}_{Q,j}\cdot q_j+\boldsymbol{C}_{Q,i} \tag{5-48}$$

式中，σv_i为第 i 个三角形单元格与相邻 3 个单元格的集合。

3）地表水位相对高程梯度向量积分平均项的有限体积法离散格式。对地表水位相对高程梯度向量积分平均项进行空间离散，得

$$\frac{1}{|\Omega_i|}\iint_{\Omega_i}\boldsymbol{S}_\zeta^M\mathrm{d}x\mathrm{d}y=\frac{1}{|\Omega_i|}\iint_{\Omega_i}\begin{pmatrix}-g(\zeta-b)\dfrac{\partial\zeta}{\partial x}\\-g(\zeta-b)\dfrac{\partial\zeta}{\partial y}\end{pmatrix}\mathrm{d}x\mathrm{d}y=-g(\zeta-b)_{c_i}\cdot\nabla\zeta_{c_i} \tag{5-49}$$

将式(4-163)中 ϕ 替换为 ζ，并在该式两侧乘以 $-g(\zeta-b)_{c_i}$ 后，可获得式(5-49)的展开式，即

$$-g(\zeta-b)_{c_i}\cdot\nabla\zeta_{c_i}=-g(\zeta-b)_{c_i}\frac{\begin{pmatrix}y_{c_{i,3}}-y_{c_{i,1}} & -y_{c_{i,2}}+y_{c_{i,1}}\\-x_{c_{i,3}}+x_{c_{i,1}} & x_{c_{i,2}}-x_{c_{i,1}}\end{pmatrix}}{(x_{c_{i,2}}-x_{c_{i,1}})(y_{c_{i,3}}-y_{c_{i,1}})-(x_{c_{i,3}}-x_{c_{i,1}})(y_{c_{i,2}}-y_{c_{i,1}})}\cdot\begin{pmatrix}\zeta_{c_{i,2}}-\zeta_{c_{i,1}}\\\zeta_{c_{i,3}}-\zeta_{c_{i,1}}\end{pmatrix} \tag{5-50}$$

对式(5-50)进行合并同类项处理后，式(5-49)的空间离散格式被表达为

$$\frac{1}{|\Omega_i|}\iint_{\Omega_i}\boldsymbol{S}_\zeta^M\mathrm{d}x\mathrm{d}y=-C_\zeta\begin{pmatrix}(y_{c_{i,3}}-y_{c_{i,1}})\cdot(\zeta_{c_{i,2}}-\zeta_{c_{i,1}})+(y_{c_{i,1}}-y_{c_{i,2}})\cdot(\zeta_{c_{i,3}}-\zeta_{c_{i,1}})\\(x_{c_{i,1}}-x_{c_{i,3}})\cdot(\zeta_{c_{i,2}}-\zeta_{c_{i,1}})+(x_{c_{i,2}}-x_{c_{i,1}})\cdot(\zeta_{c_{i,3}}-\zeta_{c_{i,1}})\end{pmatrix} \tag{5-51}$$

式中，$C_\zeta=\dfrac{g(\zeta-b)_{c_i}}{(x_{c_{i,2}}-x_{c_{i,1}})\cdot(y_{c_{i,3}}-y_{c_{i,1}})-(x_{c_{i,3}}-x_{c_{i,1}})\cdot(y_{c_{i,2}}-y_{c_{i,1}})}$。

为了表述方便，将式(5-51)简记为 $(\boldsymbol{S}_\zeta^M)_i$。

4）畦面糙率向量积分平均项和入渗向量积分平均项的有限体积法离散格式。畦面糙率向量积分平均项和入渗向量积分平均项均为非微分项，可直接借助单元格中心值进行空间离散，得

$$\frac{1}{|\Omega_i|}\iint_{\Omega_i}\boldsymbol{S}_f^M\mathrm{d}x\mathrm{d}y=\frac{1}{|\Omega_i|}\iint_{\Omega_i}\begin{pmatrix}-g\dfrac{n^2\cdot u\sqrt{u^2+v^2}}{(\zeta-b)^{1/3}}\\-g\dfrac{n^2\cdot v\sqrt{u^2+v^2}}{(\zeta-b)^{1/3}}\end{pmatrix}\mathrm{d}x\mathrm{d}y=-g\cdot n^2\frac{\sqrt{u_i^2+v_i^2}}{(\zeta-b)_i^{4/3}}\cdot\begin{pmatrix}q_{x,i}\\q_{y,i}\end{pmatrix}=-f_i\cdot\boldsymbol{q}_i \tag{5-52}$$

$$\frac{1}{|\Omega_i|}\iint_{\Omega_i} \boldsymbol{S}_{\mathrm{in}}^M \mathrm{d}x\mathrm{d}y = \frac{1}{|\Omega_i|}\iint_{\Omega_i}\begin{pmatrix}\dfrac{\bar{u}\cdot i_c}{2}\\ \dfrac{\bar{v}\cdot i_c}{2}\end{pmatrix}\mathrm{d}x\mathrm{d}y = \begin{pmatrix}\dfrac{\bar{u}_i\cdot(i_c)_i}{2}\\ \dfrac{\bar{v}_i\cdot i_{c,i}}{2}\end{pmatrix} = \frac{(i_c)_i}{2(\zeta-b)_i}\cdot\begin{pmatrix}q_{x,i}\\ q_{y,i}\end{pmatrix} = \frac{(i_c)_i}{2(\zeta-b)_i}\cdot\boldsymbol{q}_i \tag{5-53}$$

5.1.3.2　时间离散:全隐时间离散格式

采用全隐时间离散格式对全水动力学方程进行时间离散,常难以实现数值模拟计算的无条件稳定状态,致使模拟计算不易收敛(Morales-Hernandez et al.,2012)。为此,人们借助空气动力学中被广泛应用的双时间步法,建起模拟洪水演变的全水动力学方程全隐时间解法(Yu et al.,2015),其中,适宜的虚拟时间步长可以始终保持隐时间格式下待解代数方程组系数矩阵中对角占优的特征,从而增加模拟计算的收敛性。但守恒型和守恒-非守恒型全水动力学方程具有的双曲型特征属性决定了在全隐时间格式中,必须包含真实与虚拟时间步长的比值,即在确定真实时间步长后,需要通过实时判断才能获得适宜的比值,这导致全隐时间格式无法实现真正意义上的无条件稳定性求解,致使该解法未得到广泛应用。

对构建的基于双曲-抛物型方程结构的守恒-非守恒型全水动力学方程而言,因其具备了双曲型和抛物型的混合结构,故而允许在各分量方程中仅包含真实时间步长或虚拟时间步长,这就消除了两者间比值的限定,从而真正实现了全隐时间离散格式下的无条件稳定性数值求解。

基于以上空间离散步骤和结果,形成式(5-16)和式(5-17)的最终空间离散格式,即

$$\frac{\mathrm{d}\zeta_i}{\mathrm{d}t} - (\boldsymbol{a}^{\mathrm{T}})_i\cdot\boldsymbol{\zeta}_i = -(i_c)_i - \bar{\omega}_i \tag{5-54}$$

$$\frac{\mathrm{d}\boldsymbol{q}_i}{\mathrm{d}t} + \sum_{j\in\sigma v_i}\boldsymbol{a}_{Q,j}\cdot\boldsymbol{q}_j = (\boldsymbol{S}_\zeta^M)_i - f_i\cdot\boldsymbol{q}_i + \frac{(i_c)_i}{2(\zeta-b)_i}\cdot\boldsymbol{q}_i - \boldsymbol{C}_{Q,i} \tag{5-55}$$

对式(5-54)做移项处理后,采用二阶精度全隐时间离散格式开展时间离散:

$$\frac{3\zeta_i^{n_t+1} - 4\zeta_i^{n_t} + \zeta_i^{n_t-1}}{\Delta t} - (\boldsymbol{a}^{\mathrm{T}})_i^{n_t+1}\cdot\boldsymbol{\zeta}_i^{n_t+1} = -(i_c)_i^{n_t+1} - \bar{\omega}_i^{n_t+1} \tag{5-56}$$

式中,n_t为时间迭代步;Δt 为时间离散步长(s)。

式(5-56)为非线性代数方程组,为便于求解,先采用 Picard 迭代(Manzini and Ferraris, 2004)对其做线性化处理,得

$$\frac{3\zeta_i^{n_t+1,n_p+1} - 4\zeta_i^{n_t} + \zeta_i^{n_t-1}}{\Delta t} - (\boldsymbol{a}^{\mathrm{T}})_i^{n_t+1,n_p}\cdot\boldsymbol{\zeta}_i^{n_t+1,n_p+1} = -(i_c)_i^{n_t+1,n_p} - \bar{\omega}_i^{n_t+1,n_p} \tag{5-57}$$

式中,n_p为虚拟迭代时间步。

通过合并同类项处理后,式(5-57)可被表达为

$$(\boldsymbol{a}_\zeta^{\mathrm{T}})_i^{n_t+1,n_p}\cdot\boldsymbol{\zeta}_i^{n_t+1,n_p+1} = -\Delta t[(i_c)_i^{n_t+1,n_p} + \bar{\omega}_i^{n_t+1,n_p}] + 4\zeta_i^{n_t} - \zeta_i^{n_t-1} \tag{5-58}$$

式中,$(\boldsymbol{a}_\zeta^{\mathrm{T}})_i^{n_t+1,n_p}$ 为式(5-57)中$\boldsymbol{\zeta}_i^{n_t+1,n_p+1}$ 被向量化后的系数与$\boldsymbol{\zeta}_i^{n_t+1,n_p+1}$ 的系数 $(\boldsymbol{a}^{\mathrm{T}})_i^{n_t+1,n_p}$ 合并项。

为了表述方便,将式(5-58)表达成如下矩阵形式:

$$\boldsymbol{A}_{\zeta}^{n_t+1,n_p}\cdot\boldsymbol{\zeta}^{n_t+1,n_p+1}=\boldsymbol{D}_{\zeta}^{n_t+1,n_p} \tag{5-59}$$

采用式(5-59)可计算获得任意时间步的地表水位相对高程空间分布状况，但仍需要不断地获得平衡变量向量 $\boldsymbol{C}$，才能获知正确的对流过程。为此，在基于式(5-54)的虚拟时间步 n_p 收敛迭代过程中，对式(5-55)进行全隐时间离散，得

$$\frac{\boldsymbol{q}_i^{n_p+1}-\boldsymbol{q}_i^{n_p}}{\Delta t_p}+\sum_{j\in\sigma v_i}\boldsymbol{a}_{Q,j}^{n_p}\cdot\boldsymbol{q}_j^{n_p+1}=(\boldsymbol{S}_{\zeta}^{M})_i^{n_p}-f_i^{n_p}\cdot\boldsymbol{q}_i^{n_p+1}+\frac{(i_c)_i^{n_p}}{2(\zeta-b)_i^{n_p}}\cdot\boldsymbol{q}_i^{n_p+1}-\boldsymbol{C}_{Q,i}^{n_p+1} \tag{5-60}$$

式中，Δt_p 为虚拟迭代时间步长。

经合并同类项运算处理后，式(5-60)被表达为如下简约形式：

$$\sum_{j\in\sigma v_i}\boldsymbol{A}_{Q,j}^{n_p}\cdot\boldsymbol{q}_j^{n_p+1}=\Delta t_p\cdot(\boldsymbol{S}_{\zeta}^{M})_i^{n_p+1}+\boldsymbol{q}_i^{n_p}-\Delta t_p\cdot\boldsymbol{C}_{Q,i}^{n_p+1} \tag{5-61}$$

为了表述方便，将式(5-61)表达成如下矩阵形式：

$$\boldsymbol{A}_{Q}^{n_p}\cdot\boldsymbol{q}^{n_p+1}=\boldsymbol{D}_{Q}^{n_p} \tag{5-62}$$

从对式(5-61)的合并同类项处理过程可知，采用全隐时间离散格式可使畦面糙率向量合并到 $\boldsymbol{A}_{Q,j}^{n_p}$ 的对角元素中，这显著增强了其对角占优的特征，强化了数值计算的收敛性，实现了无条件稳定性数值求解的目的。与之相比，显时间离散格式中的畦面糙率向量为非稳定因素(Liang and Marche,2009)，而保障该向量的绝对稳定正是全隐时间离散格式的优点之一。

5.1.3.3　时空离散方程求解

由于式(5-59)和式(5-62)中的系数矩阵均具有明显的对角元素占优特征，可采用松弛法或双重共轭稳定梯度法求解。

若计算的地表水位相对高程满足如下迭代计算收敛准则，则基于式(5-59)和式(5-62)可完成一次迭代计算收敛过程，获得一个时间步的模拟结果，即

$$\max_i\left(\frac{|\zeta_i^{n_p+1}-\zeta_i^{n_p}|}{\zeta_i^{n_p}},\frac{|\bar{\boldsymbol{u}}_i|^{n_p+1}-|\bar{\boldsymbol{u}}_i|^{n_p}}{|\bar{\boldsymbol{u}}_i|^{n_p}}\right)<\varepsilon \tag{5-63}$$

式中，ε 为预设的收敛误差值，一般小于0.01；$|\bar{\boldsymbol{u}}_i|=\sqrt{\bar{u}_i^2+\bar{v}_i^2}$。

如图5-1所示，在基于式(5-59)和式(5-62)的迭代计算收敛过程中，需借助式(5-4)获得平衡变量向量 $\boldsymbol{C}$ 的计算式：

$$\boldsymbol{C}_i^{n_p+1}=\frac{1}{g(\zeta_i^{n_p+1}-b_i)}\cdot\left(\frac{\boldsymbol{q}_i^{n_p+1}-\boldsymbol{q}_i^{n_p}}{\Delta t_p}+\sum_{j\in\sigma v_i}\boldsymbol{a}_{Q,j}^{n_p}\cdot\boldsymbol{q}_j^{n_p+1}+\boldsymbol{C}_{Q,i}^{n_p+1}\right) \tag{5-64}$$

在数值模拟求解基于双曲–抛物型方程结构的守恒–非守恒型全水动力学方程中，式(5-64)的作用是在任意时间步的迭代计算收敛过程中不断地修正平衡变量向量 $\boldsymbol{C}$。此外，将获得的 $\boldsymbol{C}_i^{n_p+1}$ 代入式(5-59)中的 $\boldsymbol{A}_{\zeta}^{n_t+1,n_p}$，并不断修正隐式参数 K_w 值，可使该式能同时精确考虑对流效应和扩散效应对地表水流运动过程产生的双重驱动作用。

真实时间迭代域

虚拟时间迭代域

$$\boldsymbol{A}_{\zeta}^{n_t+1,n_p} \cdot \boldsymbol{\zeta}^{n_t+1,n_p+1} = \boldsymbol{D}_{\zeta}^{n_t+1,n_p}$$

地表有水区域

$$\boldsymbol{A}_{Q}^{n_p} \cdot \boldsymbol{q}^{n_p+1} = \boldsymbol{D}_{Q}^{n_p}$$

$$\boldsymbol{C}_i^{n_p+1} = \frac{1}{g(\zeta_i^{n_p+1} - b_i)} \cdot \left(\frac{\boldsymbol{q}_i^{n_p+1} - \boldsymbol{q}_i^{n_p}}{\Delta t_p} + \sum_{j \in \sigma v_i} \boldsymbol{a}_{Q,j}^{n_p} \cdot \boldsymbol{q}_j^{n_p+1} + \boldsymbol{C}_{Q,i}^{n_p+1} \right)$$

地表有水区域

计算收敛准则：式 (5-63)

虚拟时间迭代域

真实时间迭代域

图 5-1 基于双曲-抛物型方程结构的守恒-非守恒型全水动力学方程的时空离散格式计算流程

5.1.4 全水动力学方程特性对比

守恒-非守恒型全水动力学方程是含有复杂源项的对流表达式,属于典型的双曲平衡律问题,致使对其进行数值模拟求解的难度较大。由于地表水深和流速等物理变量是以混合的形式出现在全水动力学方程中,质量守恒方程和动量守恒方程必须同时定义在地表有水区域和无水区域内,这导致无水区域成为数值模拟求解该方程的数学奇点,极易引起地表水逆向流动等非物理现象及错误的地表水局部绕流问题(Burguete et al.,2008;Liang and Marche,2009)。

相比之下,基于双曲-抛物型方程结构的守恒-非守恒型全水动力学方程在数学结构上发生了根本变化,考虑对流效应的扩散方程[式(5-16)]已从原有双曲型方程类型变换为抛物型方程,基于开发的标量耗散有限体积法和全隐时间离散格式,可在统一数值模拟求解全水动力学方程各分量的同时,无条件稳定性地确保模拟结果具有较高的估算精度和计算效率。由于式(5-16)是以地表水位相对高程而非地表水深作为自变量,故充分满足了仅在地表有水区域内存在动量守恒过程的物理事实,而地表无水区域不再成为求解全水动力学方程的数学奇点,并完全取消了干湿边界条件,避免了因设置地表水深数值边界条件带来的不可预知计算误差。

综上可见,对具有典型双曲型方程特征的守恒-非守恒型全水动力学方程的数学类型进行改型,并构造相应的初始条件和边界条件,开发相应的数值模拟解法,使构建的基于双曲-抛物型方程结构的守恒-非守恒型全水动力学方程畦田灌溉模型能够更为逼真地描述地表水非恒定流运动过程,为合理模拟畦田灌溉地表水流运动提供了可靠的支撑条件。

5.2　基于双曲–抛物型方程结构的全水动力学方程畦田灌溉模型模拟效果评价方法

选取畦田规格、单宽流量、入流形式、畦面微地形空间分布状况、土壤入渗性能、畦面糙率系数等灌溉技术要素之间存在差异的 3 个典型畦田灌溉试验为实例，依据田间试验观测数据，借助模拟效果评价指标，确认具有典型双曲型方程特征的守恒型全水动力学方程和基于双曲–抛物型方程结构的守恒–非守恒型全水动力学方程的畦田灌溉模型模拟结果，对比分析两者的模拟性能差异。

5.2.1　典型畦田灌溉试验实例

表 5-1 中实例 1 来自河北省冶河灌区管理处 2008 年冬小麦冬灌试验期，试区表土为砂质壤土，平均干容重为 1.46g/cm^3，实例 2 和实例 3 来自新疆生产建设兵团某团场 2010 年冬小麦春灌试验期，试区表土为壤土，平均干容重为 1.58g/cm^3。

表 5-1　典型畦田灌溉试验实例观测数据与测定结果

典型畦田灌溉试验	畦田规格（m×m）	单宽流量 q [L/(s·m)]	入流形式	畦面微地形空间分布状况 S_d(cm)	Kostiakov 公式参数		畦面糙率系数 n(s/m$^{1/3}$)
					k_{in}(cm/min$^\alpha$)	α	
实例 1	50×50	0.83	扇形	2.18	0.0723	0.50	0.08
实例 2	80×50	1.04	角形	3.58	0.1134	0.39	0.09
实例 3	200×60	1.10	线形	6.15	0.1282	0.36	0.10

如图 5-2 所示，在各实例畦田内分别开展 6 组双环土壤入渗试验，根据实测数据确定 Kostiakov 公式 $Z=k_{in}\tau^\alpha$ 中 k_{in} 和 α 的平均值（表 5-1）；在邻近各实例畦田处分别布设3 个条

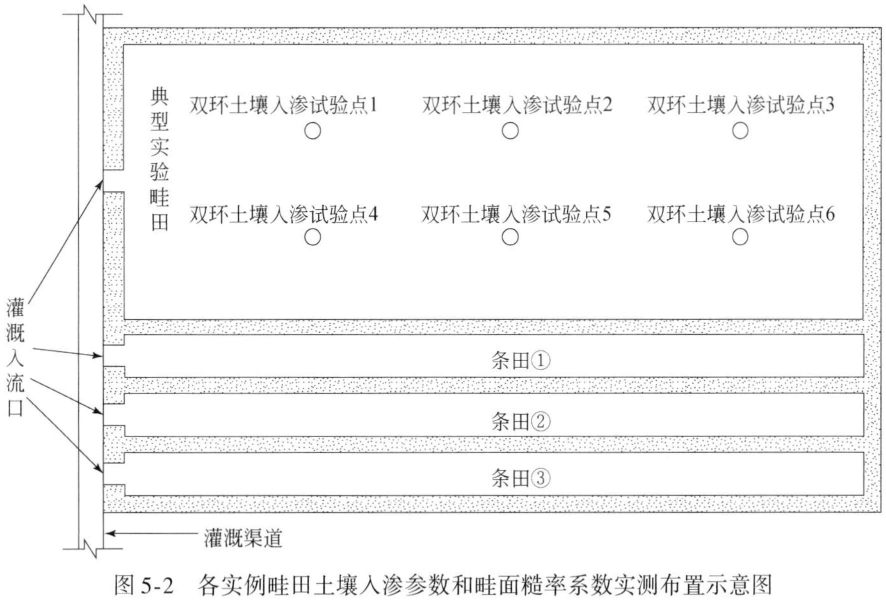

图 5-2　各实例畦田土壤入渗参数和畦面糙率系数实测布置示意图

田,基于实测的地表水深、单宽流量、平均坡度等数据,利用明渠水力学 Checy 公式(Strelkoff et al.,2003)反演计算得到畦面糙率系数 n 的平均值(表 5-1)。

以 5m×5m 网格实测各实例畦田的地表(畦面)相对高程空间分布状况(图 5-3),基于地表(畦面)相对高程标准偏差值 S_d 表征畦面微地形空间分布状况,畦面平均坡度由地表(畦面)相对高程实测数据计算获得,其中,沿 x 和 y 坐标向分别为 11/10 000 和 2.4/10 000、9/10 000 和 3.1/10 000、8.7/10 000 和 5.4/10 000。

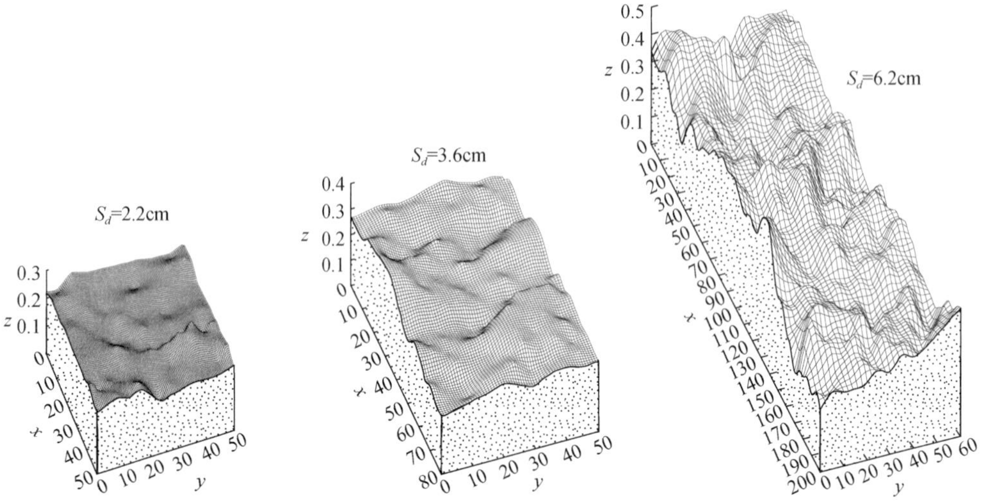

(a) 实例 1　(b) 实例 2　(c) 实例 3

图 5-3　各实例畦田的地表(畦面)相对高程空间分布状况

5.2.2　畦田灌溉模拟效果评价指标

借助畦田灌溉地表水流运动推进时间和消退时间的模拟结果与实测值间的平均相对误差确认模型的模拟结果,使用数值计算稳定性、水量平衡误差、计算效率、收敛速率等指标定量评价模型的模拟性能。

5.2.2.1　平均相对误差

采用地表水流运动推进时间和消退时间的模拟结果与实测值间的平均相对误差 ARE_{adv} 和 ARE_{rec},确认地表水流运动模拟结果为

$$ARE_{adv} = \sum_{i=1}^{M} \frac{|t_{adv,i}^{o} - t_{adv,i}^{s}|}{t_{adv,i}^{o}} \cdot 100\% \tag{5-65}$$

$$ARE_{rec} = \sum_{i=1}^{M} \frac{|t_{rec,i}^{o} - t_{rec,i}^{s}|}{t_{rec,i}^{o}} \cdot 100\% \tag{5-66}$$

式中,$t_{adv,i}^{o}$ 和 $t_{adv,i}^{s}$ 分别为地表水流运动推进到畦田第 i 点处实测和模拟的时间(min);$t_{rec,i}^{o}$ 和 $t_{rec,i}^{s}$ 分别为地表水流在畦田第 i 点处消退时实测和模拟的时间(min)。

5.2.2.2　数值计算稳定性

数值计算稳定性是指初始误差、边界误差、迭代误差等对数值离散方程模拟结果的影

响随时间增长所保持的有界状态,可采用地表水流运动消退过程中任意空间单元各界面处最大单宽流量接近于零时($q \leqslant 0.001\mathrm{m}^3/\mathrm{s}$)的地表水位相对高程模拟值的振幅 $\Delta\zeta$,作为度量数值计算稳定性的参数,常取 $\Delta\zeta = 0.001\mathrm{m}$(Strelkoff et al.,2003)。

当畦田内地表水体为单一连通域(图 5-4)时:

$$\Delta\zeta = \max[\max(\zeta^{n_t}) - \min(\zeta^{n_t})] \tag{5-67}$$

式中, ζ^{n_t} 为时间迭代步 n_t 时畦田内地表水位相对高程模拟值(m)。

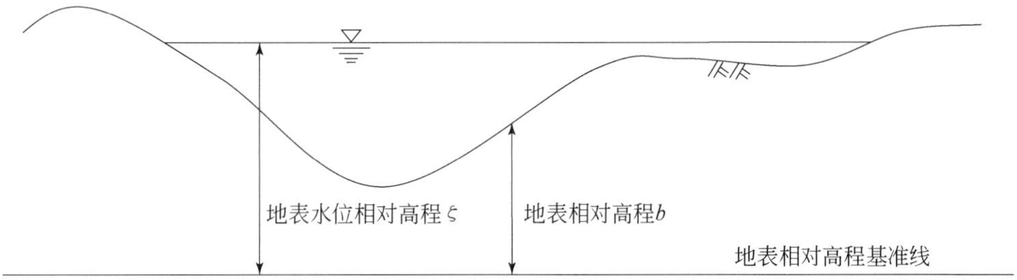

图 5-4　畦田内地表水体单一连通域示意图

当畦田内地表水体为多个连通域(图 5-5)时:

$$\Delta\zeta = \max(\Delta\zeta_r^{n_t}) \ (r = 1,2,3,\cdots,N) \tag{5-68}$$

式中, $\Delta\zeta_r^{n_t}$ 为时间迭代步 n_t 时第 r 个连通域内地表水位相对高程模拟值的振幅(m); N 为畦田内地表水体连通域的个数。

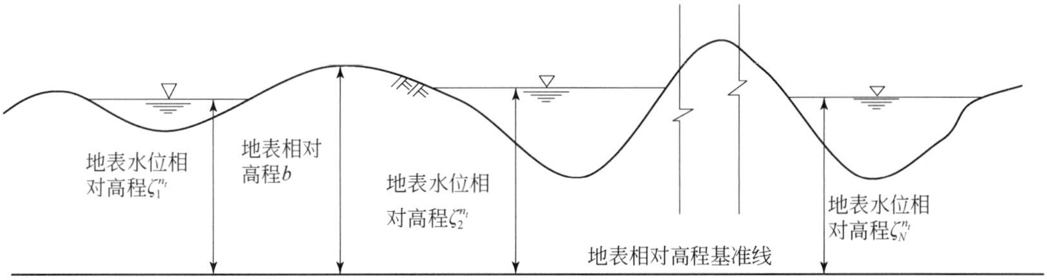

图 5-5　畦田内地表水体多个连通域示意图

5.2.2.3　水量平衡误差

采用水量平衡误差 e_q 评价数值模拟的质量守恒性,可借助图形直观展示模拟过程中 e_q 随时间演变的趋势,或仅给出模拟结束时的 e_q 值:

$$e_q = \frac{|Q_{\mathrm{in}} - Q_{\mathrm{surface}} - Q_{\mathrm{soil}}|}{Q_{\mathrm{in}}} \cdot 100\% \tag{5-69}$$

式中, Q_{in} 为入畦总水量(m^3); Q_{surface} 为畦面存留水量(m^3); Q_{soil} 为畦内入渗水量(m^3)。

5.2.2.4　计算效率

采用 E_r 估算数值模拟的计算效率,即

$$E_r = \frac{1}{T} \tag{5-70}$$

式中，T 为数值模拟计算耗时(min)。

5.2.2.5　收敛速率

数值模拟求解偏微分方程的收敛速率是指随时空离散单元格尺寸缩小，数值解将以一定的收敛速率收敛至精确解。在无解析解条件下，基于地表水流运动推进锋位置估算数值解的收敛速率 R(Shao and Lo,2003)，即

$$\frac{E_l - E_{l/2}}{E_{l/2} - E_{l/4}} \approx 2^R \tag{5-71}$$

式中，E_l、$E_{l/2}$和 $E_{l/4}$分别为空间离散单元格尺寸为 l、$l/2$ 和 $l/4$ 时的模拟结果，相应的单元格集合分别被标记为 M_l、$M_{l/2}$和 $M_{l/4}$；R 为收敛速率。

如图 5-6 所示，对任选集合 M_l中的三角形单元格而言，若以其三个边长的中点为节点进行再剖分，可将该单元格剖分成 4 个单元格，按此流程可获得单元格集合 $M_{l/2}$。同理，还可由 $M_{l/2}$获得单元格集合 $M_{l/4}$。

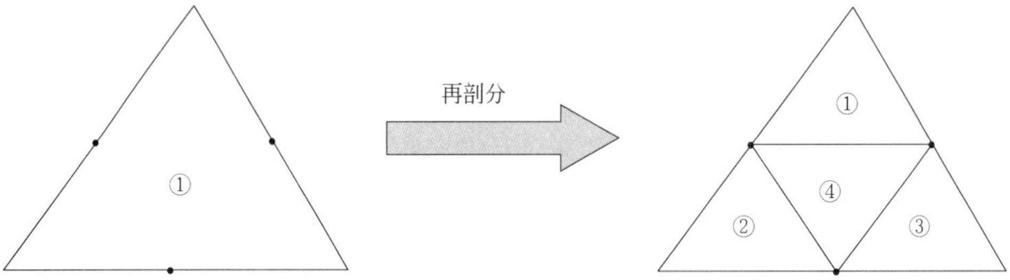

图 5-6　任意三角形单元格再剖分示意图

式(5-71)的物理意义是在模拟结果满足稳定性条件下，随着空间步长的二倍细分，模拟结果将近似以 R 次幂律收敛至精确解。为了确定收敛速率 R，在任意时间点、不同空间离散单元格下的模拟计算误差可采用式(5-72)和式(5-73)计算：

$$E_l - E_{l/2} = |X_l - X_{l/2}| \tag{5-72}$$

$$E_{l/2} - E_{l/4} = |X_{l/2} - X_{l/4}| \tag{5-73}$$

式中，X_l、$X_{l/2}$和 $X_{l/4}$分别为任意时间点时在单元格集合 M_l、$\mathrm{M}_{l/2}$和 $\mathrm{M}_{l/4}$(单元格尺寸分别为空间离散单元格尺寸为 l、$l/2$ 和 $l/4$)下的地表水流运动推进锋位置；$|\cdot|$为不同空间离散单元格下地表水流运动推进锋形成的空间数值序列之间的平均相对误差。

当难以忽略畦面微地形空间分布状况对地表水流运动影响时，非正常的地表水位相对高程分布(即非物理解)模拟下仍可产生合理的地表水流运动推进锋位置变化过程。图 5-7 表明非正常的地表水位相对高程分布模拟来自于采用的数值模拟解法，其常难以保证全水动力学方程中各空间导数之间的平衡(Hubbard and Garcia-Navarro,2000)。

为了避免出现如图 5-7 所示的状况，可采用地表水位相对高程分布模拟值替代式(5-72)和式(5-73)中的地表水流运动推进锋位置，即

$$E_l - E_{l/2} = |\zeta_l - \zeta_{l/2}| \tag{5-74}$$

$$E_{l/2} - E_{l/4} = |\zeta_{l/2} - \zeta_{l/4}| \tag{5-75}$$

当采用式(5-74)和式(5-75)进行计算时，空间离散单元格尺寸为 l、$l/2$ 和 $l/4$ 下的单

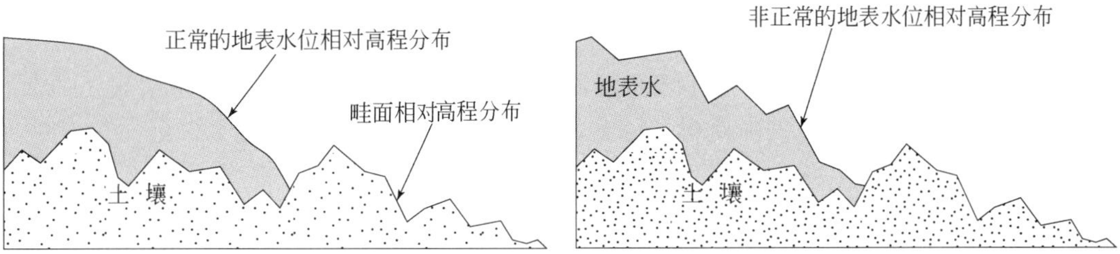

(a) 正常　　　(b) 非正常

图 5-7　正常与非正常的地表水位相对高程分布数值模拟值

元格数量不等,为此,应采用线性插值方式使其单元格的数量相等。

在收敛速率分析中,先获得基础网格集合 M_l,据此以任意三角形单元格边界中点和单元格中心为顶点,将任意单元格分为 4 个子单元格,集合标记为 $M_{l/2}$,再基于 $M_{l/2}$,继续生成子单元格集合 $M_{l/4}$。基于实测的地表(畦面)相对高程值,采用线性插值方式即可获得任意三角形网格中心点和顶点的相对高程值。

5.3　基于双曲–抛物型方程结构的全水动力学方程畦田灌溉模型确认与验证

以典型畦田灌溉试验实例的实测数据为参照,以具有典型双曲型方程特征的守恒型全水动力学方程(简称双曲型全水动力学方程)畦田灌溉模型模拟结果为对比,确认和验证基于双曲–抛物型方程结构的守恒–非守恒型全水动力学方程(简称双曲–抛物型全水动力学方程)畦田灌溉模型在模拟效果上的差异。与此同时,依据数值模拟过程中考虑对流效应的程度①同时考虑扩散效应和对流效应;②忽略对流效应($Fr \leqslant 0.1$);③忽略对流效应($Fr \leqslant 0.2$);④仅考虑扩散效应。开展模拟结果间的对比分析。

典型畦田灌溉试验实例中地表水流运动推进过程和消退过程观测网格与地表(畦面)相对高程实测网格相同,由于双曲–抛物型全水动力学方程的时间离散步长不受稳定性条件的约束,故可取 $\Delta t = 10\text{s}$、20s 和 30s(Hou et al.,2013),而双曲型全水动力学方程的时间离散步长则需满足式(4-76),Δt 小于 1s。表 5-2 给出典型畦田灌溉试验实例数值模拟过程中采用的地表水流运动空间离散单元格集合信息。

表 5-2　典型畦田灌溉试验实例数值模拟过程中采用的地表水流运动空间离散单元格集合信息

(单位:个)

典型畦田灌溉试验	集合 M_l 单元格数目	集合 $M_{l/2}$ 单元格数目	集合 $M_{l/4}$ 单元格数目
实例 1	1 822	2 923	4 745
实例 2	7 288	11 692	18 980
实例 3	29 152	46 768	75 920

5.3.1　畦田灌溉模型模拟结果确认

表 5-3 和表 5-4 给出双曲–抛物型全水动力学方程畦田灌溉模型模拟的地表水流运动

推进时间和消退时间与相应实测值间的平均相对误差值 ARE_{adv} 和 ARE_{rec}，其中，同时考虑扩散效应和对流效应下的 ARE_{adv} 和 ARE_{rec} 值分别为 5.88% ~ 11.97% 和 9.15% ~ 15.96%，而双曲型全水动力学方程畦田灌溉模型下的相应值分别为 6.13% ~12.68% 和 11.95% ~18.21%（表 5-5），由此可见，前者的模拟精度明显高于后者。

表 5-3　双曲–抛物型全水动力学方程畦田灌溉模型模拟的和实测的地表水流运动推进时间的平均相对误差值

Δt(s)	考虑对流效应程度	ARE_{adv}(%)		
		实例 1	实例 2	实例 3
10	Ⅰ	5.88	6.81	7.44
	Ⅱ	5.89	6.81	7.49
	Ⅲ	7.11	9.68	11.60
	Ⅳ	7.83	10.98	11.92
20	Ⅰ	5.90	6.82	7.44
	Ⅱ	5.90	6.82	7.49
	Ⅲ	7.13	9.67	11.63
	Ⅳ	7.94	10.99	11.96
30	Ⅰ	5.90	6.82	7.46
	Ⅱ	5.91	6.82	7.49
	Ⅲ	7.15	9.68	11.63
	Ⅳ	7.94	10.99	11.97

表 5-4　双曲–抛物型全水动力学方程畦田灌溉模型模拟的和实测的地表水流运动消退时间的平均相对误差值

Δt(s)	考虑对流效应程度	ARE_{rec}(%)		
		实例 1	实例 2	实例 3
10	Ⅰ	9.15	10.36	11.92
	Ⅱ	9.16	10.38	11.95
	Ⅲ	11.12	13.16	15.68
	Ⅳ	11.35	13.21	15.92
20	Ⅰ	9.16	10.38	11.93
	Ⅱ	9.16	10.39	11.95
	Ⅲ	11.16	13.21	15.70
	Ⅳ	11.36	13.22	15.96
30	Ⅰ	9.16	10.38	11.94
	Ⅱ	9.17	10.38	11.94
	Ⅲ	11.17	13.22	15.78
	Ⅳ	11.36	13.25	16.03

表5-5　双曲型全水动力学方程畦田灌溉模型模拟的和实测的地表水流运动推进时间和消退时间的平均相对误差值

项目	实例1	实例2	实例3
ARE_{adv}	6.13	9.68	12.68
ARE_{rec}	11.95	15.25	18.21

表5-3和表5-4显示的结果还表明，忽略对流效应（$Fr \leqslant 0.1$）下获得的地表水流运动推进时间和消退时间的模拟结果与同时考虑扩散效应和对流效应下的模拟值之间几无差异，这表明此时可忽略对流效应的影响（Bradford and Katopodes，2001；Strelkoff et al.，2003）。此外，忽略对流效应（$Fr \leqslant 0.2$）下得到的 ARE_{adv} 和 ARE_{rec} 值明显增大，并接近仅考虑扩散效应下的相应值，这或许是由于忽略对流效应后计算的 Fr 值与同时考虑扩散效应和对流效应下得到的相应值间存在较大差异，且该差异还随着模拟时间不断被放大，直到与仅考虑扩散效应下的模拟结果趋同，故此时不能无条件忽略对流效应。

如表5-3和表5-4所示，不同 Δt 下的模拟结果之间差异甚微，对平均相对误差无明显影响，这可能是较大时间步长下两个时间节点间的地表水流流态差异较大，需迭代多次后才可达到收敛阈值的缘故（Marsden and Ratiu，1999）。

5.3.2　畦田灌溉模型模拟性能评价

（1）数值计算稳定性

表5-6和表5-7分别给出双曲–抛物型全水动力学方程和双曲型全水动力学方程畦田灌溉模型的数值计算稳定性状况。对任一实例而言，在不同时间离散步长和考虑各种对流效应的程度下，前者均具备优良的数值计算稳定性，而后者则相对较差，相应的 $\Delta\zeta$ 值大致高于前者2个数量级，但与稳定性控制值0.001m相比，仍具备一定的稳定性能（Strelkoff et al.，2003）。

表5-6　双曲–抛物型全水动力学方程畦田灌溉模型的数值计算稳定性

Δt(s)	考虑对流效应程度	$\Delta\zeta$(m)		
		实例1	实例2	实例3
10	Ⅰ	1.25×10^{-8}	1.12×10^{-7}	1.46×10^{-7}
	Ⅱ	1.31×10^{-7}	1.21×10^{-7}	1.33×10^{-7}
	Ⅲ	1.25×10^{-7}	1.21×10^{-7}	1.55×10^{-7}
	Ⅳ	1.29×10^{-7}	1.22×10^{-7}	1.55×10^{-7}
20	Ⅰ	1.34×10^{-7}	1.34×10^{-7}	1.45×10^{-7}
	Ⅱ	1.26×10^{-7}	1.26×10^{-7}	1.54×10^{-7}
	Ⅲ	1.35×10^{-7}	1.35×10^{-7}	1.53×10^{-7}
	Ⅳ	1.35×10^{-7}	1.34×10^{-7}	1.51×10^{-7}
30	Ⅰ	1.35×10^{-7}	1.35×10^{-7}	1.64×10^{-7}
	Ⅱ	1.32×10^{-7}	1.26×10^{-7}	1.63×10^{-7}
	Ⅲ	1.36×10^{-7}	1.32×10^{-7}	1.72×10^{-7}
	Ⅳ	1.36×10^{-7}	1.34×10^{-7}	1.76×10^{-7}

表 5-7　双曲型全水动力学方程畦田灌溉模型的数值计算稳定性　（单位：m）

项目	实例 1	实例 2	实例 3
$\Delta\zeta$	2.53×10^{-5}	3.36×10^{-5}	4.53×10^{-5}

为了更直观展示双曲–抛物型全水动力学方程畦田灌溉模型的数值计算稳定性，图 5-8给出 $\Delta t=15$s 时地表水流运动消退阶段模拟的地表水位相对高程空间分布状况，图 5-9 ~ 图 5-11 分别给出与其对应的在不同坐标向特定位置处的地表水位相对高程空间分布剖面图，由此可以发现，模拟的地表水位相对高程的轮廓线具有极为平滑分布的特点，没有显示出数值计算不稳定的现象。

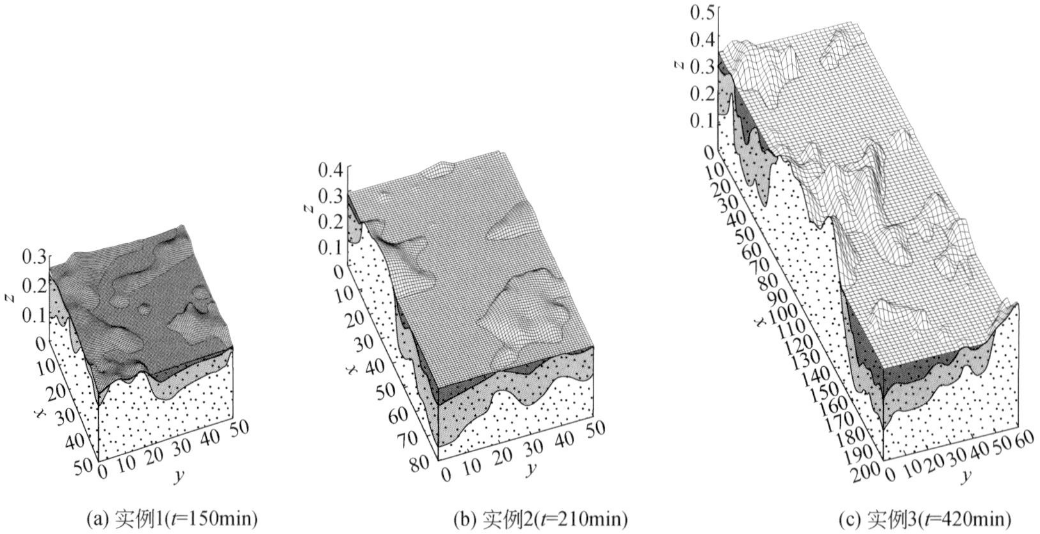

(a) 实例1(t=150min)　(b) 实例2(t=210min)　(c) 实例3(t=420min)

图 5-8　双曲–抛物型全水动力学方程畦田灌溉模型模拟的地表水流运动消退阶段地表水位相对高程空间分布状况

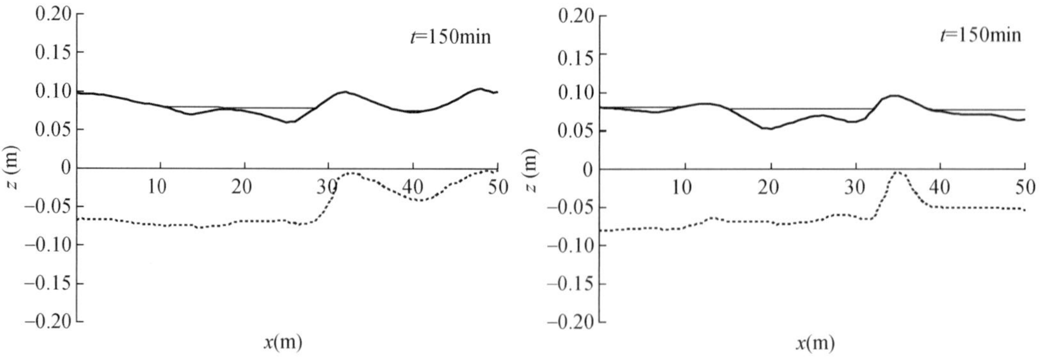

(a) y坐标向15m处　(b) y坐标向35m处

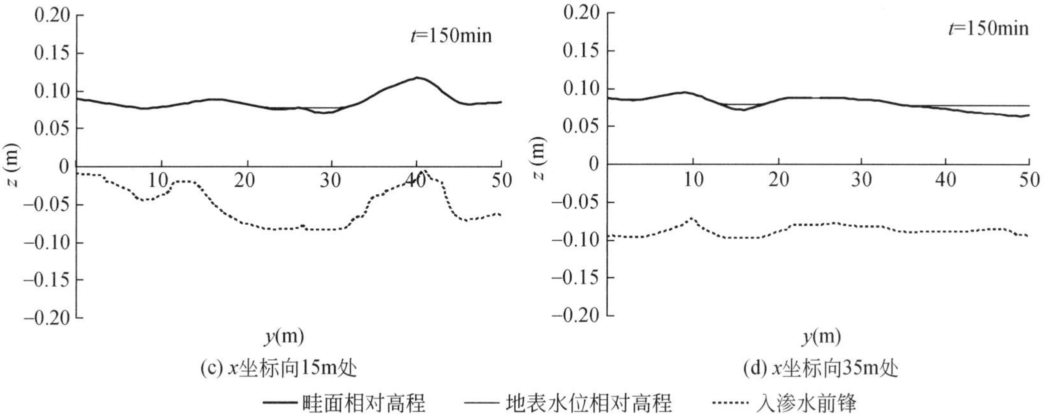

图 5-9　双曲–抛物型全水动力学方程畦田灌溉模型模拟的实例 1 地表水流运动消退阶段地表水位相对高程空间分布剖面

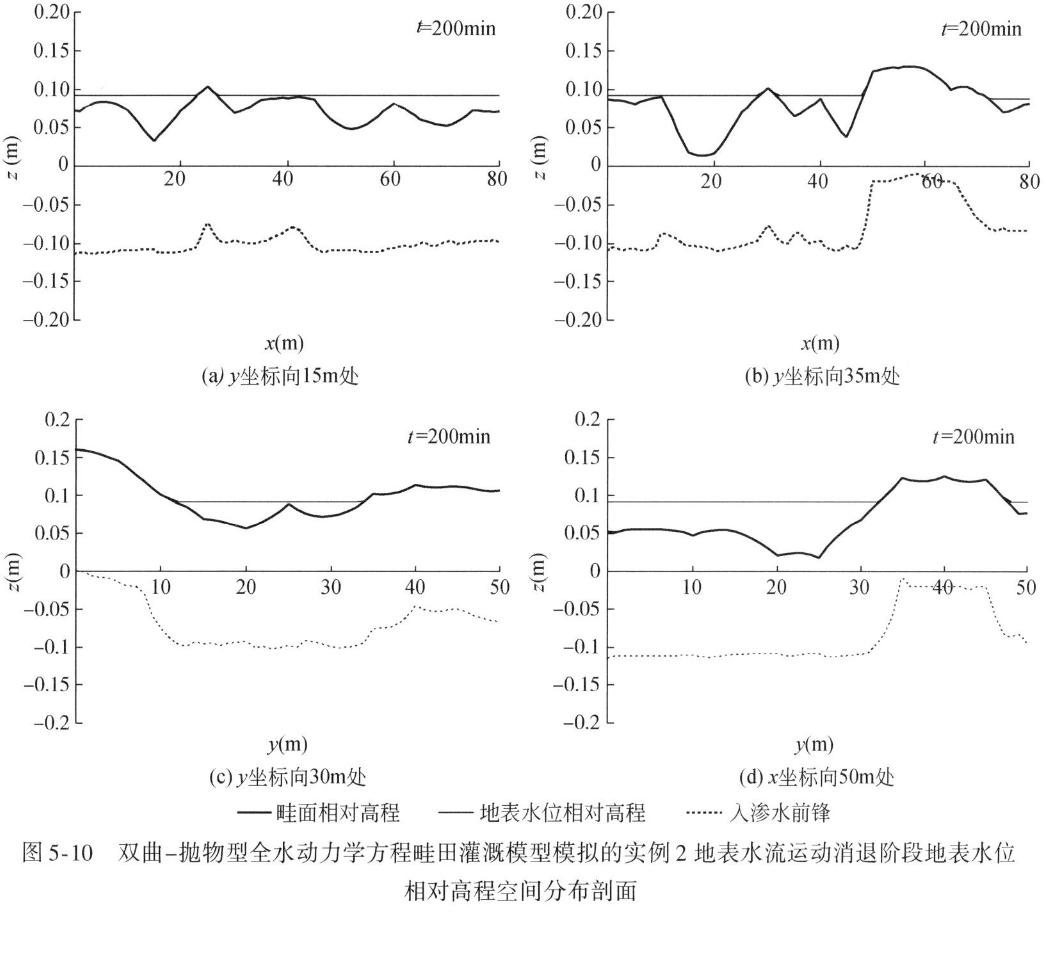

图 5-10　双曲–抛物型全水动力学方程畦田灌溉模型模拟的实例 2 地表水流运动消退阶段地表水位相对高程空间分布剖面

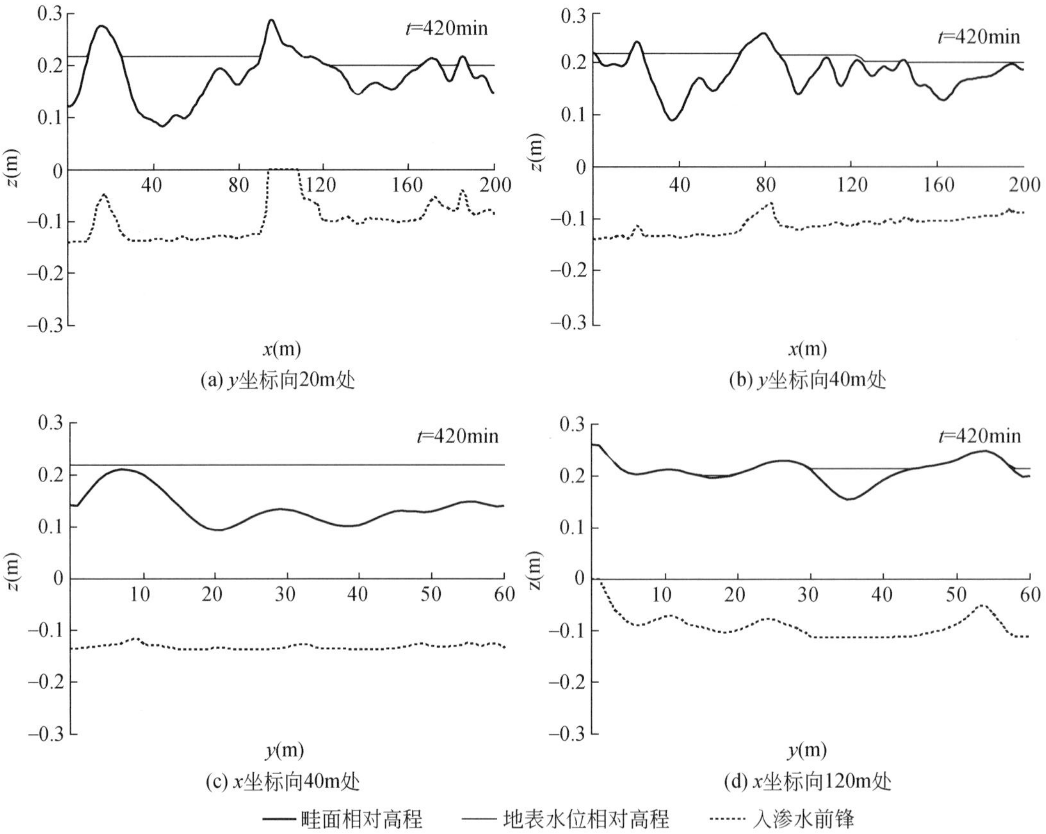

图 5-11　双曲-抛物型全水动力学方程畦田灌溉模型模拟的实例 3 地表水流运动消退阶段地表水位相对高程空间分布剖面

(2)水量平衡误差

双曲-抛物型全水动力学方程和双曲型全水动力学方程畦田灌溉模型的水量平衡误差值见表 5-8 和表 5-9。对任一实例而言,在不同时间离散步长和考虑各种对流效应的程度下,前者的 e_q 值约低于后者 3 个数量级,这表明双曲-抛物型全水动力学方程畦田灌溉模型可有效提高模拟计算的水量平衡性能。

表 5-8　双曲-抛物型全水动力学方程畦田灌溉模型的水量平衡误差值

Δt(s)	考虑对流效应程度	e_q		
		实例 1	实例 2	实例 3
10	Ⅰ	0.0087	0.0091	0.0091
	Ⅱ	0.0086	0.0091	0.0092
	Ⅲ	0.0087	0.0090	0.0091
	Ⅳ	0.0086	0.0090	0.0091

续表

Δt(s)	考虑对流效应程度	e_q		
		实例 1	实例 2	实例 3
20	Ⅰ	0.0092	0.0091	0.0092
	Ⅱ	0.0091	0.0092	0.0093
	Ⅲ	0.0090	0.0091	0.0091
	Ⅳ	0.0090	0.0093	0.0091
30	Ⅰ	0.0093	0.0087	0.0091
	Ⅱ	0.0091	0.0091	0.0094
	Ⅲ	0.0090	0.0090	0.0090
	Ⅳ	0.0091	0.0090	0.0089

表 5-9　双曲型全水动力学方程畦田灌溉模型的水量平衡误差值

项目	实例 1	实例 2	实例 3
e_q	1.1	3.3	5.3

图 5-12 分别显示出 $\Delta t=15$s 时双曲–抛物型全水动力学方程和双曲型全水动力学方程畦田灌溉模型的水量平衡误差值随时间演变进程，可以看出，前者仅在初始时刻稍高后就急剧下降并趋于稳定，而后者却较大（>10%），虽然，随着时间演进逐渐趋小，但降速缓慢，保持水量平衡性能的能力相对较差。

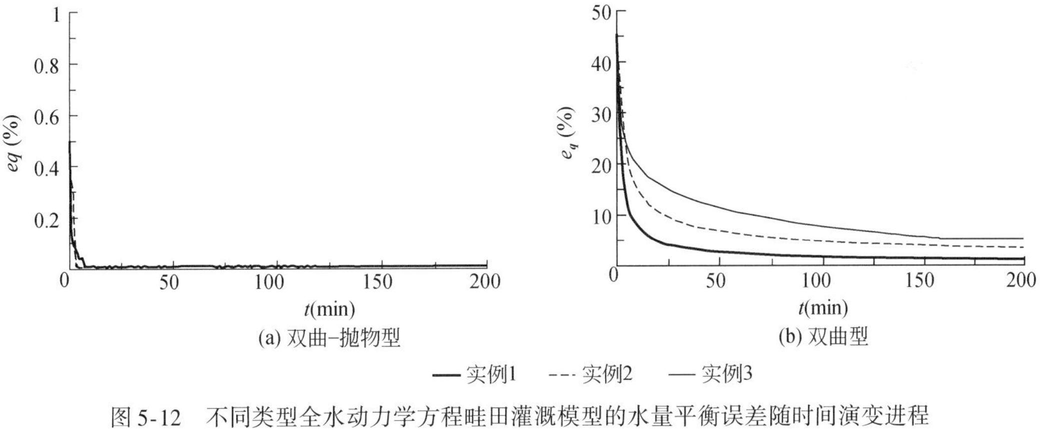

图 5-12　不同类型全水动力学方程畦田灌溉模型的水量平衡误差随时间演变进程

（3）计算效率

表 5-10 给出双曲–抛物型全水动力学方程畦田灌溉模型的计算效率，针对不同时间离散步长和考虑各种对流效应的程度，均具备优良的计算效率。与之相比，双曲型全水动力学方程畦田灌溉模型的计算效率值却较低（表 5-11），这与其复杂的空间离散格式和显时间格式下为满足数值计算稳定所需较小的时间离散步长密切相关。此外，从表 5-10 还可看出，增大 Δt 后的计算效率并未提高，原因或许是在较大时间离散步长下相邻两个时间点处的地表水流流态相差较大，故需较多迭代时间才能达到预设的收敛误差（van der

Vorst,1992)。

表 5-10　双曲-抛物型全水动力学方程畦田灌溉模型的计算效率值

Δt(s)	考虑对流效应程度	E_r(1/min)		
		实例 1	实例 2	实例 3
10	Ⅰ	0.86	1.71	2.16
	Ⅱ	3.98	6.13	9.12
	Ⅲ	5.90	11.14	19.24
	Ⅳ	6.22	12.94	20.15
20	Ⅰ	0.88	1.73	2.20
	Ⅱ	4.01	6.11	9.16
	Ⅲ	5.94	11.20	19.24
	Ⅳ	6.20	12.90	20.17
30	Ⅰ	0.86	1.71	2.18
	Ⅱ	3.99	6.13	9.15
	Ⅲ	5.92	11.15	19.34
	Ⅳ	6.21	12.91	20.25

表 5-11　双曲型全水动力学方程畦田灌溉模型的计算效率值

项目	实例 1	实例 2	实例 3
E_r(1/min)	0.31	0.66	1.56

(4)收敛速率

表 5-12 给出双曲-抛物型全水动力学方程畦田灌溉模型的收敛速率 R 的平均值为 1.9675,接近于求解双曲型全水动力学方程畦田灌溉模型时采用的时空离散二阶精度理论值,且随着空间剖分单元格加密,模拟结果可以接近于二次的幂律收敛至各自极限解,这意味着优良的收敛速率(Manzini and Ferraris,2004)。相比之下,双曲型全水动力学方程畦田灌溉模型的收敛速率相对较差(表 5-13),且随着从实例 1 到实例 3 畦田规格和 S_d 值逐渐增大,收敛速率不断下降,R 的平均值约为 1.8667,这或许与其需要构造复杂的地表水流运动推进锋的捕捉方式密切相关(Zhang et al.,2012)。

表 5-12　双曲-抛物型全水动力学方程畦田灌溉模型的收敛速率值

Δt(s)	考虑对流效应程度	R		
		实例 1	实例 2	实例 3
10	Ⅰ	1.99	1.98	1.98
	Ⅱ	1.98	1.98	1.96
	Ⅲ	1.96	1.96	1.97
	Ⅳ	1.98	1.98	1.98

续表

Δt(s)	考虑对流效应程度	R		
		实例 1	实例 2	实例 3
20	Ⅰ	1.96	1.97	1.95
	Ⅱ	1.97	1.98	1.96
	Ⅲ	1.96	1.96	1.97
	Ⅳ	1.98	1.97	1.97
30	Ⅰ	1.98	1.96	1.96
	Ⅱ	1.96	1.97	1.97
	Ⅲ	1.95	1.95	1.95
	Ⅳ	1.96	1.96	1.96

表 5-13　双曲型全水动力学方程畦田灌溉模型的收敛速率值

项目	实例 1	实例 2	实例 3
R	1.91	1.88	1.81

5.3.3　畦田灌溉模型确认与验证结果

从以上对基于双曲-抛物型方程结构的全水动力学方程畦田灌溉模型确认与验证结果的分析可知，与双曲型全水动力学方程畦田灌溉模型相比，其在估值精度、数值计算稳定性、水量平衡性能、计算效率和收敛速率等指标上均有较大提升，明显改善了数值模拟效果。当以 $Fr \leqslant 0.1$ 作为实时判别在畦田灌溉地表水流运动中是否考虑对流效应影响的阈值时，仅在考虑扩散效应下，该模型可被约化为零惯量(扩散波)模型，相应的数值计算稳定性、水量平衡误差和收敛速率与不同 Fr 值下同时考虑扩散效应和对流效应的模拟结果相似，但由于在实际模拟中难以预知事前效果，故建议不直接采用零惯量(扩散波)模型。

5.3.4　对流-扩散效应对畦面微地形空间分布状况直观物理响应

与洪水演变和河流水动力学下的地表水流运动状况相比，在地表水深明显减小、水流运动整体速度显著放缓条件下，畦田灌溉地表水流运动状况受畦面微地形空间分布状况的影响明显增强，对流-扩散效应随之发生相应的变化，地表局部流态呈现出随机的急流状态，致使地表水流运动往往显现出要比明渠地表水流运动更为复杂的流态(Bradford and Katopodes，2001)。

通常采用 Fr 作为定量表述地表水流运动对流-扩散效应的指标，即当 $Fr \leqslant 0.1$ 时，可忽略对流效应对地表水流运动的影响(Bradford and Katopodes，2001)，由式(3-39)可得到式(5-76)：

$$Fr^2 = \frac{\bar{u}^2 + \bar{v}^2}{g \cdot h} \tag{5-76}$$

基于单位质量水体动能和势能的定义式 [$(\bar{u}^2+\bar{v}^2)/2$ 和 $g\cdot h$] 可知,当 $Fr\leqslant0.1$,式(5-77)不成立,即

$$\frac{(u^2+v^2)/2}{g\cdot h}\leqslant 0.005 \tag{5-77}$$

式(5-77)意味着当 $Fr\leqslant0.1$ 时,地表水流动能量不大于其势能量的0.5%,这即为在一定条件下可以忽略对流效应影响的物理本质所在。为此,从考虑和不考虑地表(畦面)相对高程空间随机分布状况的影响出发,描述 S_d 对 Fr 畦面微地形空间分布状况的影响,更为直观地揭示了对流-扩散效应对畦面微地形空间分布状况的物理响应,加深了对对流-扩散效应驱动地表水流运动物理机制的认识。

5.3.4.1 不考虑地表(畦面)相对高程空间随机分布状况影响

在不考虑地表(畦面)相对高程空间随机分布状况影响($S_d=0$cm)的前提下,同时考虑对流效应和扩散效应时,图5-13给出各实例下模拟的 Fr 值畦面空间分布状况。可以直观看出,Fr 值及其彼此间的分布差异相对较小,除邻近畦田入流口处的 Fr 值大于0.1外,其余位置处都小于0.1,这表明在不考虑地表(畦面)相对高程空间随机分布影响下,畦田灌溉地表水流运动主要以扩散过程为主,基本上可忽略对流效应的影响,此时地表水流流态较为单一,这也是建立零惯量(扩散波)方程的初衷(Strelkoff et al.,2003)。

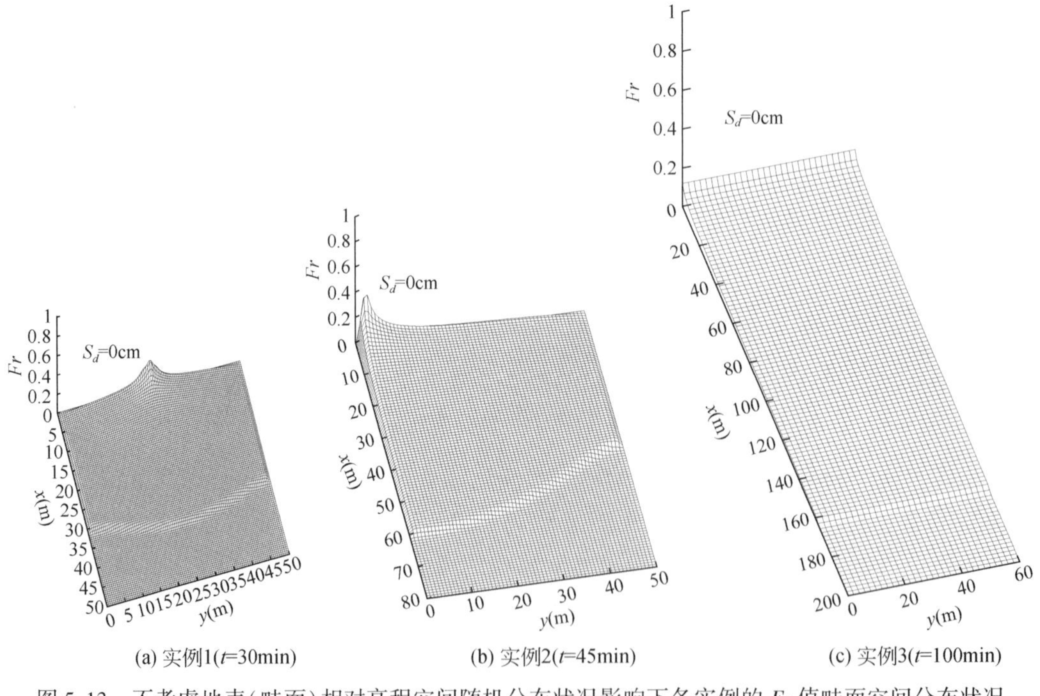

图5-13 不考虑地表(畦面)相对高程空间随机分布状况影响下各实例的 Fr 值畦面空间分布状况

5.3.4.2 考虑地表(畦面)相对高程空间随机分布状况影响

当考虑地表(畦面)相对高程空间随机分布状况影响($S_d\neq0$cm)时,图5-14给出同时考

虑对流效应和扩散效应下模拟的 *Fr* 值畦面空间分布状况。与 S_d = 0cm 情景(图5-13)相比,*Fr* 值的整体分布状况明显受到地表(畦面)相对高程空间随机分布的影响。随着畦田规格和 S_d 值的逐渐增大,越来越多的局部 *Fr* 值大于0.1,且在实例3下已接近1,这意味着在众多畦面局部区域内难以忽略对流效应的影响,否则会产生较大模拟误差(Bradford and Katopodes,2001)。

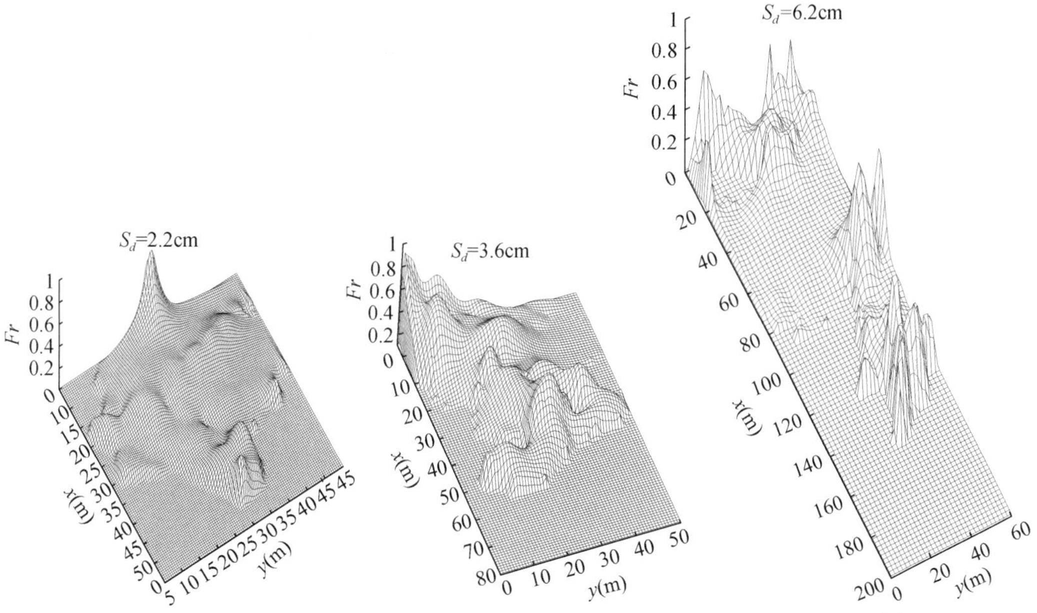

(a) 实例1(*t*=30min)　(b) 实例2(*t*=45min)　(c) 实例3(*t*=100min)

图5-14　考虑地表(畦面)相对高程空间随机分布状况影响下各实例的 *Fr* 值畦面空间分布状况

从图5-14还可看出,在畦面有水区域内,各实例下的 *Fr* 平均值分别为0.287、0.379和0.576,与相应的 S_d 值具有良好的正相关性,这表明随着畦面相对高程空间随机分布状况变差,地表水流分布状况趋于复杂。实例1在畦田入流口附近的 *Fr* 值接近于1,地表水流动能与势能作用基本相近,此时应同时考虑对流效应和扩散效应,但在距入流口稍远处的 *Fr* 值大多小于0.2,地表水流动能小于势能的1%。对实例2和实例3而言,50%以上有水区域内的 *Fr* 值分别大于0.35和0.5,地表水流动能大于势能的10%以上,尤其在实例3中约1/3有水区域内的地表水流动能大于势能的50%以上(*Fr*>0.7),此时若忽略对流效应将严重影响地表水流运动推进锋的模拟结果(Brufau et al.,2002)。

由此可见,为了获得较好的地表水流运动模拟性能,应视畦田内任一时空位置点处的地表水流运动实际状态决定是否需要同时考虑对流效应和扩散效应。

5.4　结　　论

本章通过设置并引入平衡函数的做法,对具有典型双曲型方程特征的守恒–非守恒型全水动力学方程的数学类型进行了改型,将其分解为用于表述地表水流运动对流过程和扩散过程的分项方程，使原有的双曲型全水动力学方程转变为更易于被数值模拟求解的双曲–抛物型方程，并构造出相应的初始条件和边界条件，开发了可统一数值求解全水动力学方程各分量的标量耗散有限体积法和全隐时间离散格式，攻克了初始地表水深、干湿边界条件等假设不合理及缺乏相应数值模拟解法的技术难点，实现了无条件稳定数值模拟求解全水动力学方程的目的。

对基于双曲–抛物型方程结构的守恒–非守恒型全水动力学方程而言，由于采用地表水位相对高程而非地表水深作为自变量，从而取缔了初始地表水深假设，仅在地表有水区域内定义了动量守恒方程，避免了地表无水区域成为数值求解该方程的数学奇点。由于在边界条件中仅含有隶属物理条件的流量边界，根除了由此产生的计算误差，且无须特意捕捉地表水流运动干湿边界。

与具有典型双曲型方程特征的守恒型全水动力学方程畦田灌溉模型相比，在同时考虑扩散效应和对流效应及忽略对流效应（$Fr \leqslant 0.1$）两种状况下，基于双曲–抛物型方程结构的守恒–非守恒型全水动力学方程畦田灌溉模型的模拟精度平均提高了 5 个百分点，数值计算稳定性高出了 2 个数量级，水量平衡误差降低了 3 个数量级，计算效率提高了近 10 倍，收敛速率亦得到有效改善，并具备了自动实现局部时空计算区域内当 Fr 值小于某阈值时可忽略对流效应影响的能力。

参考文献

Arnold V I. 1999. Mathematical Methods of Classical Mechanics (second edition). Beijing: Springer-Verlag New York Inc and Beijing World Publishing Corporation

Abbasi F, Simunek J, van Genuchten M, et al. 2003. Overland water flow and solute transport: model development and field-data analysis. Journal of Irrigation and Drainage Engineering, 129(2): 71-81

Baldwin B S, Lomax H. 1978. Thin Layer Approximation and Algebraic Model for Separated Turbulent Flows. Reston: AIAA

Bertolazzi E, Manzini G. 2005. A unified treatment of boundary conditions in least-square based finite-volume methods. Computers & Mathematics with Applications, 49(11): 1755-1765

Bubrovin B A, Fomenko A T, Novikov S P. 1999. Modern Geometry-Methods and Applications Part Ⅰ. The Geometry of Surface, Transformation Group, and Fields (2nd Edition). Beijing: World Publishing Corporation

Burguete J, Garcr'a-Navarro P, Murillo J. 2008. Friction term discretization and limitation to preserve stability and conservation in the ID shallow-water model: application to unsteady irrigation and river flow. International Journal of Numerical Methods in Fluids, 58: 403-425

Begnudelli L, Sanders B F. 2006. Unstructured grid finite-volume algorithm for shallow-water flow and scalar transport with wetting and drying. Journal of Hydraulic Engineering, 132(4): 371-384

Bradford S F, Katopodes B F. 2001. Finite volume model for non-level basin irrigation. Journal of Irrigation and Drainage Engineering, 127(4): 216-223

Brufau P, Garcia N P, Playán E, et al. 2002. Numerical modeling of basin irrigation with an upwind scheme. Journal of Irrigation and Drainage Engineering, 128(4): 212-223

Courant R, Friedrichs K 0. 1948. Supersonic Flow and Shock Waves. New York: Interscience

Hou J, Liang Q, Simons F, et al. 2013. A 2D well-balanced shallow flow model for unstructured grids with novel slope source term treatment. Advances in Water Resources, 52(2): 107-131

Hubbard M E, Garcia-Navarro P. 2000. Flux difference splitting and the balancing of source terms and flux gradients. Journal of Computational Physics, 165(1): 89-125

Gerald C F, Wheatley P O, Bai F. 1989. Applied Numerical Analysis. New York: Addison-Wesley

Khanna M, Malano H M, Fenton J D, et al. 2003. Two-dimensional simulation model for contour basin layouts in southeast Australia. Ⅰ: rectangular basins. Journal of Irrigation and Drainage Engineering, 129(5): 305-316

LeVeque R J. 2002. Finite Volume Methods for Hyperbolic Problems. Cambridge: The Press Syndicate of the University of Cambridge

Liang Q, Marche F. 2009. Numerical resolution of well-balanced shallow water equations with complex source terms. Advances in Water Resources, 32(6): 873-884

Liou M S. 1996. A sequel to AUSM: AUSM+. Journal of Computational Physics, 129(19): 364-382

Marsden J, Ratiu T. 1999. Introduction to Mechanics and Symmetry. New York: Spring-Verlag New York, Inc.

Manzini G, Ferraris S. 2004. Mass-conservative finite volume methods on 2-D unstructured grids for the Richards' equation. Advances in Water Resources, 27(12): 1199-1215

Morales-Hernandez M, García-Navarro P, Murillo J. 2012. A large time step 1D upwind explicit scheme (CFL>1): application to shallow water equations. Journal of Computational Physics, 231(19): 6532-6557

Murillo J, García-Navarro P, Burguete J. 2009. Conservative numerical simulation of multi-component transport in two-dimensional unsteady shallow water flow. Journal of Computational Physics, 228(15): 5539-5573

Morton K W, Mayers D F. 2005. Numerical Solution of Partial Differential Equations. Cambridge: Cambridge University Press

Monaghan J J. 1994. Simulating free surface with SPH. Journal of Computational Physics, 110(2): 399-406

Playán E, Walker W R, Merkley G P. 1994. Two-dimensional simulation of basin irrigation. Ⅰ: Theory. Journal of Irrigation and Drainage Engineering, 120(5): 837-856

Pope S B. 2000. Turbulent Flows. Cambridge: Cambridge University Press

Rogers B D, Borthwick A G L, Taylor P H. 2003. Mathematical balancing of flux gradient and source terms prior to using Roe's approximate Riemann solver. Journal of Computational Physics, 192(2): 422-451

Strelkoff T S, Tamimi A H, Clemmens A J. 2003. Two-Dimensional basin flow with irregular bottom configuration. Journal of Irrigation and Drainage Engineering, 29(6): 391-401

Shao S, Lo E Y M. 2003. Incompressible SPH method for simulating Newtonian and non-Newtonian flows with a free surface. Advances in Water Resources, 26(7): 787-800

Vivekanand S, Bhallamudi M S. 1996. Hydrodynamic modeling of basin irrigation. Journal of Irrigation and Drainage Engineering, 123(6): 407-414

van der Vorst H A. 1992. Bi-CGSTAB: A fast and smoothly converging variant of Bi-CG for the solution of non-symmetric linear systems. SIAM Journal on Scientific and Statistical Computing, 13(2): 631-644

Yu H, Huang G, Wu C. 2015. Efficient finite-volume model for shallow-water flows using an implicit dual time-stepping method. Journal of Hydraulic Engineering, 141(6): 04015004

Zerihun D, Furman A, Warrick A W, et al. 2004. Coupled surface-subsurface solute transport model for irrigation borders and basins. Ⅰ. model development. Journal of Irrigation and Drainage Engineering, 131(5): 396-406

Zhang Q, Johansen H, Colella P. 2012. A fourth-order accurate finite-volume method with structured adaptive mesh refinement for solving the advection-diffusion equation. SIAM Journal on Scientific Computing, 34(2): 179-201

第 6 章
Chapter 6

考虑各向异性畦面糙率的全水动力学方程畦田灌溉地表水流运动模拟

农田机械化耕播作业后往往在沿畦面特定方向上形成浅沟和浅辙，这改变了地表水流沿此方向上受到的阻力。从力学角度出发，该物理现象属于地表阻力各向异性范畴，即地表阻力随沿畦面方向不同表现出差异的特性，具有显著的二维特征。鉴于上述现象对二维畦田灌溉地表水流运动过程将产生显著影响，故应将地表阻力各向异性特征反映到全水动力学方程畦田灌溉模型中，进而提高地表水流运动模拟精度。

在现有畦田灌溉地表水流运动模型中，采用各向异性畦面糙率系数表征地表水流运动受到地表阻力的影响，是反映畦面平整光滑状况对地表水流运动阻力影响的综合因素系数，多利用 Manning 糙率系数公式估算（Mailapalli et al.，2008；Strelkoff et al.，2009a）。在农业机械化耕播作业措施下，因耕作播种活动引起的作物布局结构及其造成的表土起伏凹凸表现出特定方向性，致使流经畦田任意空间位置点处的地表水流受到的阻力呈现出各向异性特征。Strellkoff 等（2003）基于 Manning 糙率系数公式及其势能理论，初步提出在地表水流运动扩散效应下考虑各向异性糙率特征的张量型地表水流运动阻力系数，但却无法用于扩散效应和对流效应并存情景下，致使其应用范围受到极大制约。

本章借助张量型地表水流运动阻力系数的构思，构造由张量型地表水流运动扩散系数和各向异性畦面糙率向量共同形成的各向异性畦面糙率模型，构建考虑各向异性畦面糙率的基于双曲-抛物型方程结构的守恒-非守恒型全水动力学方程畦田灌溉模型。基于典型畦田灌溉试验实测数据，评价各向异性畦面糙率下基于双曲-抛物型方程结构的守恒-非守恒型全水动力学方程畦田灌溉模型的模拟效果，揭示对流-扩散效应对畦面微地形空间分布状况的直观物理响应，并依据畦田灌溉数值模拟实验设计，分析评价各向异性畦面糙率下灌溉技术要素对畦田灌溉性能的影响。

6.1　考虑各向异性畦面糙率的全水动力学方程畦田灌溉模型构建及数值模拟求解

在定义并推导张量型地表水流运动扩散系数和各向异性畦面糙率向量的基础上，将由两者共同组成的各向异性畦面糙率模型代入基于双曲-抛物型方程结构的守恒-非守恒型全水动力学方程，构建考虑各向异性畦面糙率的全水动力学方程，给出相应的初始条件和边界条件及适宜的时空离散数值模拟解法。

6.1.1　考虑各向异性畦面糙率的全水动力学方程

在考虑地表水流对流效应和扩散效应并存前提下，借助张量型地表水流运动阻力系数的构思，推导获得张量型地表水流运动扩散系数和各向异性畦面糙率向量，建立各向异性畦面糙率模型，构建考虑各向异性畦面糙率的基于双曲-抛物型方程结构的守恒-非守恒型全水动力学方程。

6.1.1.1　张量型地表水流运动阻力系数

如图 1-4 所示，当耕作播种等农业生产活动在田面上遗留下诸多浅沟和浅辙时，地表水流沿此方向的运动速度相对较快，在沿垂直此方向上的运动速度相对较慢，而介于这两个方向之间的运动速度则处于最快与最慢之间，由此出现畦面糙率各向异性问题。

当仅考虑地表水流运动扩散效应时，各向同性畦面糙率下单宽流量向量与地表水流阻力坡度向量间的关系[式(3-49)]被重述如下：

$$\boldsymbol{q}=-K_f^s\sqrt{|\boldsymbol{S}_f^c|}\cdot\boldsymbol{\eta} \tag{6-1}$$

式中，$\boldsymbol{q}$ 为单宽流量向量；K_f^s 为标量型地表水流运动阻力系数，且 $K_f^s=h^{5/3}/n$；$\boldsymbol{S}_f^c$ 为地表水流阻力坡度向量；$\boldsymbol{\eta}$ 为地表水流阻力坡度单位向量；$|\cdot|$为欧几里得范数。

当考虑各向异性畦面糙率时，式(6-1)可被表达为如下张量形式：

$$\boldsymbol{q}=-\boldsymbol{K}_f\sqrt{|\boldsymbol{S}_f^c|}\cdot\boldsymbol{\eta} \tag{6-2}$$

式中，$\boldsymbol{K}_f$ 为张量型地表水流运动阻力系数，且$\boldsymbol{K}_f=\begin{pmatrix}K_{f,xx} & K_{f,xy}\\ K_{f,yx} & K_{f,yy}\end{pmatrix}$。

在$\boldsymbol{K}_f$ 中存在着一对相互垂直的主方向，$\boldsymbol{K}_f$ 可被约化成一个仅含有两个分量的对角矩阵(Strelkoff et al.，2009a)。若将图 6-1 所示的畦田做平面化处理后，可将畦田内任意空间位置点处的地表水流流速最大方向(沿浅沟和浅辙方向)定义为主方向坐标轴 A 轴，垂直于该主方向的坐标轴被定义为 B 轴，建立起主方向 A–B 坐标系。

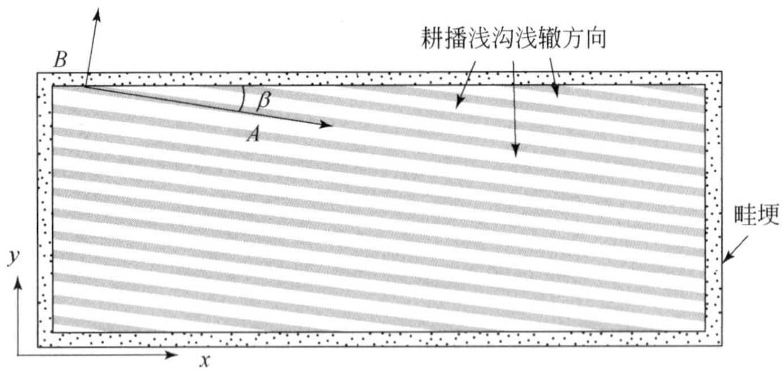

图 6-1　x–y 坐标系与主方向 A–B 坐标系的关系

在主方向 A–B 坐标系下，$\boldsymbol{K}_f$ 可被简化为对角矩阵形式(Temam，1997；Pope，2000)，即

$$\boldsymbol{K}_f=\begin{pmatrix}K_{f,A} & 0\\ 0 & K_{f,B}\end{pmatrix} \tag{6-3}$$

式中，$K_{f,A}$和 $K_{f,B}$分别为沿 A 轴和 B 轴的$\boldsymbol{K}_f$ 分量。

式(6-3)中 $K_{f,A}$和 $K_{f,B}$可被表达如下：

$$K_{f,A}=\frac{h^{5/3}}{n_A};\quad K_{f,B}=\frac{h^{5/3}}{n_B} \tag{6-4}$$

式中，n_A和 n_B分别为沿 A 轴和 B 轴的畦面糙率系数(m/s$^{1/3}$)。

依据式(2-81)，x–y 坐标系下的$\boldsymbol{K}_f$ 被表示为

$$\boldsymbol{K}_f=\begin{pmatrix}K_{f,xx} & K_{f,xy}\\ K_{f,yx} & K_{f,yy}\end{pmatrix}=h^{5/3}\begin{pmatrix}\dfrac{1}{n_A}\cdot\cos^2\beta+\dfrac{1}{n_B}\cdot\sin^2\beta & \dfrac{n_B-n_A}{n_A\cdot n_B}\cdot\cos\beta\cdot\sin\beta\\ \dfrac{n_A-n_B}{n_A\cdot n_B}\cdot\cos\beta\cdot\sin\beta & \dfrac{1}{n_A}\cdot\sin^2\beta+\dfrac{1}{n_B}\cdot\cos^2\beta\end{pmatrix} \tag{6-5}$$

式中,β 为主方向 A–B 坐标系中沿顺时针旋转的角度(rad)。

以上即为 Strelkoff 等(2003,2009a)提出的仅考虑地表水流运动扩散效应下的张量型地表水流运动阻力系数表达式,亦称为地表水流运动阻力系数张量。

6.1.1.2　各向异性畦面糙率模型

借助 6.1.1.1 节中张量型地表水流运动阻力系数的构思,定义张量型地表水流运动扩散系数,基于各向同性畦面糙率向量,推导各向异性畦面糙率向量表达式,构建由两者共同构成的各向异性畦面糙率模型。

(1)张量型地表水流运动扩散系数

当考虑畦面糙率各向异性时,可将由式(5-11)定义的标量型地表水流运动扩散系数 K_{w} 转变为张量型 $\boldsymbol{K}_{\mathrm{w}}$。为此,借助式(6-3)的构思,在主方向 A–B 坐标系下,将 $\boldsymbol{K}_{\mathrm{w}}$ 简化为如下对角矩阵形式:

$$\boldsymbol{K}_{\mathrm{w}}=\begin{pmatrix}K_{\mathrm{w},A} & 0\\ 0 & K_{\mathrm{w},B}\end{pmatrix} \tag{6-6}$$

式中,$K_{\mathrm{w},A}$ 和 $K_{\mathrm{w},B}$ 分别为沿 A 轴和 B 轴的 $\boldsymbol{K}_{\mathrm{w}}$ 分量。

基于式(5-11),式(6-6)中 $K_{\mathrm{w},A}$ 和 $K_{\mathrm{w},B}$ 被分别表达为

$$K_{\mathrm{w},A}=\frac{h^{5/3}}{n_A\left[\left(\dfrac{\partial\zeta}{\partial x}+C_x\right)^2+\left(\dfrac{\partial\zeta}{\partial y}+C_y\right)^2\right]^{1/4}} \tag{6-7}$$

$$K_{\mathrm{w},B}=\frac{h^{5/3}}{n_B\left[\left(\dfrac{\partial\zeta}{\partial x}+C_x\right)^2+\left(\dfrac{\partial\zeta}{\partial y}+C_y\right)^2\right]^{1/4}} \tag{6-8}$$

同理,依据式(2-81),x–y 坐标系下的 $\boldsymbol{K}_{\mathrm{w}}$ 被表示为

$$\boldsymbol{K}_{\mathrm{w}}=\begin{pmatrix}K_{\mathrm{w},xx} & K_{\mathrm{w},xy}\\ K_{\mathrm{w},yx} & K_{\mathrm{w},yy}\end{pmatrix}=\begin{pmatrix}K_{\mathrm{w},A}\cos^2\beta+K_B\sin^2\beta & (K_{\mathrm{w},A}-K_{\mathrm{w},B})\cdot\cos\beta\cdot\sin\beta\\ (K_{\mathrm{w},A}-K_{\mathrm{w},B})\cdot\cos\beta\cdot\sin\beta & K_{\mathrm{w},A}\sin^2\beta+K_{\mathrm{w},B}\cos^2\beta\end{pmatrix} \tag{6-9}$$

式(6-9)即为同时考虑地表水流运动对流效应和扩散效应下的张量型地表水流运动扩散系数表达式,亦称为地表水流运动扩散系数张量。

(2)各向异性畦面糙率向量

在式(5-17)中,同时考虑地表水流运动对流效应和扩散效应下的畦面糙率向量被重述如下:

$$\boldsymbol{S}_f^M=\begin{pmatrix}-g\dfrac{n^2\cdot\bar{u}\sqrt{\bar{u}^2+\bar{v}^2}}{(\zeta-b)^{1/3}}\\[2ex] -g\dfrac{n^2\cdot\bar{v}\sqrt{\bar{u}^2+\bar{v}^2}}{(\zeta-b)^{1/3}}\end{pmatrix} \tag{6-10}$$

对式(6-10)进行变换,得

$$\boldsymbol{S}_f^M=-g\frac{n^2\sqrt{\bar{u}^2+\bar{v}^2}}{(\zeta-b)^{1/3}}\cdot\begin{pmatrix}\bar{u}\\ \bar{v}\end{pmatrix}=-g\frac{\sqrt{\bar{u}^2+\bar{v}^2}}{(\zeta-b)^{1/3}}\cdot\begin{pmatrix}n^2 & 0\\ 0 & n^2\end{pmatrix}\cdot\begin{pmatrix}\bar{u}\\ \bar{v}\end{pmatrix} \tag{6-11}$$

当考虑各向异性畦面糙率时,在主方向 A–B 坐标系下,式(6-11)可被表达为

$$\boldsymbol{S}_f^{\mathrm{ani},M}=-g\frac{\sqrt{\bar{u}^2+\bar{v}^2}}{(\zeta-b)^{1/3}}\cdot\begin{pmatrix}n_A^2 & 0\\ 0 & n_B^2\end{pmatrix}\cdot\begin{pmatrix}\bar{u}\\ \bar{v}\end{pmatrix}\tag{6-12}$$

式中，$\boldsymbol{S}_f^{\mathrm{ani},M}$ 为各向异性畦面糙率向量，上标 ani 表示畦面糙率向量具有各向异性属性。

同理，依据式(2-81)，$x-y$ 坐标系下的$\boldsymbol{S}_f^{\mathrm{ani},M}$ 被表示为

$$\boldsymbol{S}_f^{\mathrm{ani},M}=-g\frac{\sqrt{\bar{u}^2+\bar{v}^2}}{(\zeta-b)^{1/3}}\cdot\begin{pmatrix}n_A^2\cos^2\beta+n_B^2\sin^2\beta & (n_A^2-n_B^2)\cdot\cos\beta\cdot\sin\beta\\ (n_A^2-n_B^2)\cdot\cos\beta\cdot\sin\beta & n_A^2\sin^2\beta+n_B^2\cos\beta\end{pmatrix}\cdot\begin{pmatrix}\bar{u}\\ \bar{v}\end{pmatrix}\tag{6-13}$$

经简单矩阵乘积运算处理后，式(6-13)又可被表达为

$$\boldsymbol{S}_f^{\mathrm{ani},M}=-g\frac{\sqrt{\bar{u}^2+\bar{v}^2}}{(\zeta-b)^{1/3}}\cdot\begin{pmatrix}\bar{u}(n_A^2\cos^2\beta+n_B^2\sin^2\beta)+\bar{v}(n_A^2-n_B^2)\cdot\cos\beta\cdot\sin\beta\\ \bar{u}(n_A^2-n_B^2)\cdot\cos\beta\cdot\sin\beta+\bar{v}(n_A^2\sin^2\beta+n_B^2\cos\beta)\end{pmatrix}\tag{6-14}$$

将含有旋转角度 β 的数学项分离后，式(6-14)被表达为

$$\boldsymbol{S}_f^{\mathrm{ani},M}=-\frac{1}{2}\cdot g\frac{\sqrt{\bar{u}^2+\bar{v}^2}}{(\zeta-b)^{1/3}}\cdot\begin{pmatrix}2\bar{u}\cdot n_A^2+(n_B-n_A)\cdot[\bar{u}(1-\cos2\beta)+\bar{v}\cdot\sin2\beta]\\ 2\bar{v}\cdot n_B^2-(n_B-n_A)\cdot[\bar{u}\cdot\sin2\beta+\bar{v}(1-\cos2\beta)]\end{pmatrix}\tag{6-15}$$

式(6-14)和式(6-15)是各向异性畦面糙率向量的两种表达形式，在推导和探讨各向异性畦面糙率向量的数理特征时，各有其用途。

从以上推导过程可知，各向同性畦面糙率向量$\boldsymbol{S}_f^M$ 实际上是 $n_A=n_B=n$ 时各向异性畦面糙率向量$\boldsymbol{S}_f^{\mathrm{ani},M}$ 的特例，此时 β 自然消失，对地表水流运动阻力方向不起任何作用。这从式(6-14)也可以看出，若 $n_A=n_B$，则其中两个非零分量的右侧项将自动归零，β 自然消失。

当 $n_A\neq n_B$时，$\boldsymbol{S}_f^{\mathrm{ani},M}$ 就难以被约化成$\boldsymbol{S}_f^M$，此时 β 对地表水流运动阻力方向起到一定调整作用，这意味着各向异性畦面糙率向量的物理本质主要源于 $n_A\neq n_B$，而非 β。

若引入如下符号标记：

$$a_f=-g\frac{\sqrt{\bar{u}^2+\bar{v}^2}}{(\zeta-b)^{1/3}}\tag{6-16}$$

$$f_x(\beta)=\frac{1}{2}a_f(n_B-n_A)\cdot[\bar{u}(1-\cos2\beta)+\bar{v}\sin2\beta]\tag{6-17}$$

$$f_y(\beta)=\frac{1}{2}a_f(n_B-n_A)\cdot[\bar{u}\sin2\beta+\bar{v}(1-\cos2\beta)]\tag{6-18}$$

则式(6-15)可被表达如下：

$$\boldsymbol{S}_f^{\mathrm{ani},M}=\begin{pmatrix}a_f\cdot\bar{u}\cdot n_A+f_x(\beta)\\ a_f\cdot\bar{v}\cdot n_B+f_y(\beta)\end{pmatrix}\tag{6-19}$$

在不同畦面糙率状况下，图6-2 显示出式(6-19)的直观物理含义。若畦面糙率各向同性，则畦面任意空间位置点处的地表水流流速向量与畦面糙率向量反方向共线；当畦面糙率各向异性时，地表水流流速向量与畦面糙率向量反方向不共线，且两者间存在偏转角

度,该现象与多孔介质水动力学渗透系数各向异性下的地表水流运动特征极为类似(Bear,1972)。

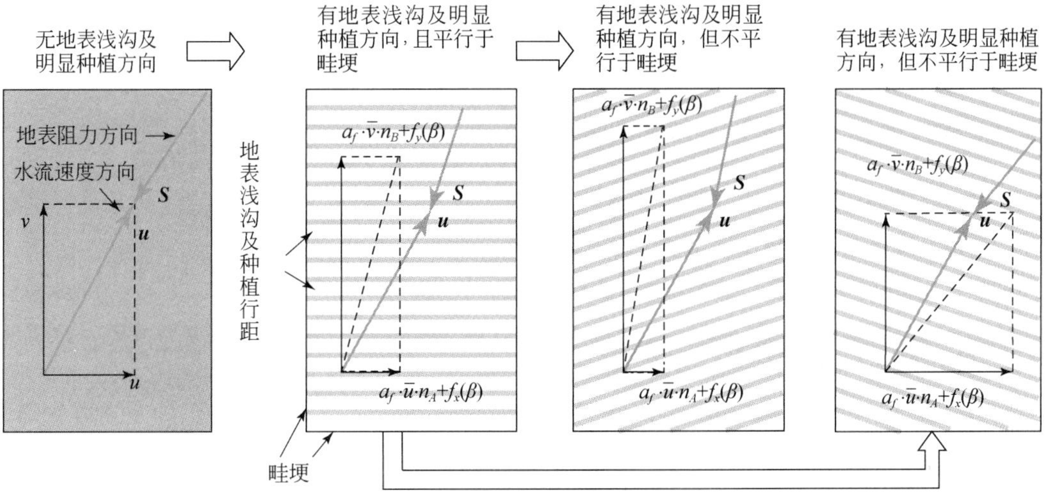

图 6-2　不同畦面糙率状况下畦面任意空间位置点处的地表水流流速向量与畦面糙率向量间的关系

(3)各向异性畦面糙率向量参数特性及其获取

由式(6-14)和式(6-15)可知,各向异性畦面糙率向量参数主要包括畦面糙率系数 n_A 和 n_B 及旋转角度 β。为此,确定这些参数的变化范围及几何表达形式,给出田间参数实测与计算方法。

1)参数变化范围。在各向异性畦面糙率下,假设地表水流流速场沿各方向分布相同,则沿耕播浅沟及作物种植方向上的地表水流运动所受阻力最小,而沿垂直于该方向上受到的阻力最大。如图 6-3 所示,定义平行于耕播浅沟及作物种植方向的为主方向 A,按逆时针旋转后得到主方向 B,并假设 $n_A<n_B$。鉴于选取 $x-y$ 坐标系的任意性,可令 x 坐标向与畦面任意空间位置点处的地表水流流速方向平行。

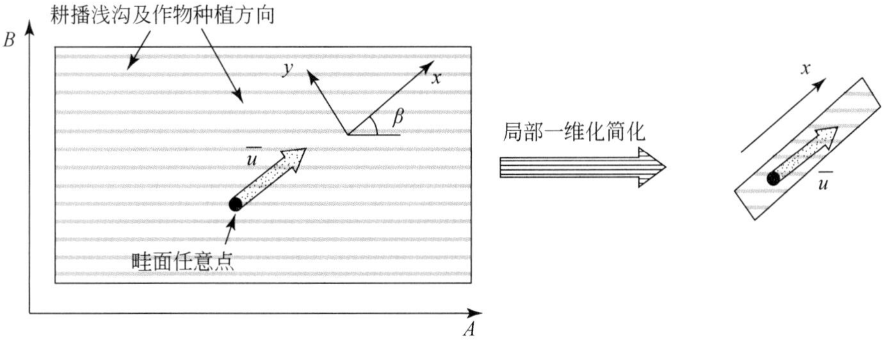

图 6-3　主方向 $A-B$ 坐标系与 $x-y$ 坐标系的关系及地表水流运动局部一维化示意图

图 6-3 表明地表水流运动始终处于瞬时平衡状态,其二维运动在畦面局部可近似视为瞬间一维运动,故沿 A 轴和 B 轴坐标及 x 坐标向上存在着 3 个畦面糙率向量的参数 n_A、n_B

和 n，其中，n 为沿任意方向上的畦面糙率系数。若将沿 x 坐标向视为局部一维地表水流运动问题，可得到单宽流量形式下的局部一维糙率系数公式（García-Navarro et al.，2000；Strelkoff et al.，2009），即

$$(\boldsymbol{S}_f^{\mathrm{ani},M})_x = -g\,\frac{|\bar{u}|}{h^{1/3}}\cdot n^2\cdot\bar{u} \tag{6-20}$$

对式（6-14）而言，由于 $\bar{v}=0$，则该式被表达为

$$(\boldsymbol{S}_f^{\mathrm{ani},M})_x = -g\,\frac{\bar{u}^2}{h^{1/3}}\cdot(n_B^2\cdot\sin^2\beta+n_A^2\cdot\cos^2\beta) \tag{6-21}$$

式（6-20）和式（6-21）是从不同视角出发描述相同的物理现象，两式相等后可获得

$$n^2=n_B^2\cdot\sin^2\beta+n_A^2\cdot\cos^2\beta \tag{6-22}$$

图 6-3 中 x 坐标向位于主方向 A–B 坐标系的第 I 象限内，通过调整 A 的方向，可使任意 x 坐标向均位于第 I 象限内。当调整 β 使之处于 $0\leqslant\beta\leqslant\pi/2$ 时，其正弦和余弦函数值均大于等于零，则由式（6-22）可得到如下不等式：

$$n^2=(n_B^2\cdot\sin^2\beta+n_A^2\cdot\cos^2\beta)\geqslant(n_A^2\cdot\sin^2\beta+n_A^2\cdot\cos^2\beta)\geqslant n_A^2 \tag{6-23}$$

$$n^2=(n_B^2\cdot\sin^2\beta+n_A^2\cdot\cos^2\beta)\leqslant(n_B^2\cdot\sin^2\beta+n_B^2\cdot\cos^2\beta)\leqslant n_B^2 \tag{6-24}$$

式（6-23）和式（6-24）表明，在畦面任意空间位置点处，沿任意方向的畦面糙率系数 n 应满足如下不等式：

$$n_A\leqslant n\leqslant n_B \tag{6-25}$$

当主方向坐标轴 A–B 与 x–y 坐标轴重合时，式（6-25）左侧或右侧的等号成立，这证明 Strelkoff 等（2009a）对畦面糙率系数取值的论断，即若不考虑各向异性畦面糙率，则各向同性畦面糙率系数值应位于各向异性畦面糙率系数值 n_A 和 n_B 之间。由于任何物理现象的变化规律并不依赖于坐标系的选取，故式（6-25）是各向异性畦面糙率系数取值应满足的普遍适用关系式。

2）参数几何表达形式。由图 6-2 和式（6-25）可知，平行和垂直于耕播浅沟及作物种植方向上的畦面糙率系数值分别为 n_A 和 n_B，而其他方向上的 n 值则位于这两者之间。如图 6-4 所示，在任意畦田上均存在着一个椭圆与其各向异性畦面糙率系数相对应，在该椭圆中心主方向坐标系下，可得到式（6-26）（Marsden and Ratiu，1999）：

$$\frac{x_n^2}{n_B^2}+\frac{y_n^2}{n_A^2}=1 \tag{6-26}$$

式中，x_n 和 y_n 为通过椭圆中心沿任意方向的直线与椭圆交点处的坐标。

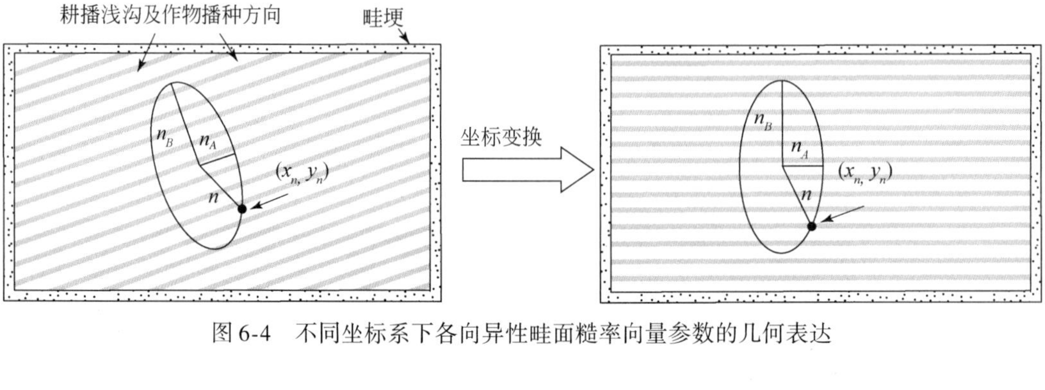

图 6-4　不同坐标系下各向异性畦面糙率向量参数的几何表达

依据椭圆的几何意义，在已知 n_A 和 n_B 前提下，依据式(6-26)，借助简单的平面几何方法就可直接计算获得其他任意方向上的畦面糙率系数值，即

$$n=\sqrt{x_n^2+y_n^2} \tag{6-27}$$

3）参数田间实测与计算方法。如图6-5所示，当实测各向异性畦面糙率向量参数时，需先寻找耕播浅沟及作物种植方向分别垂直和平行于畦埂的两个条田，实测 n_A 和 n_B 值，随后基于式(6-26)计算获得沿任意方向的畦面糙率系数值。该法可用于如图6-4所示右侧情景，此时仅需在畦面水平与垂直向截取图6-5所示的两个条田即可，但并不适用如图6-4左侧所示的 β 为任意值的一般情景。

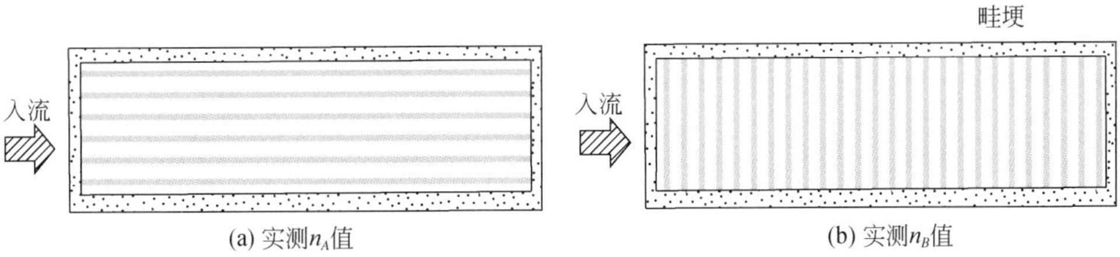

图6-5　实测各向异性畦面糙率向量参数所需条田式样

对如图6-4左侧所示的一般情景，可利用式(6-26)计算获得任意方向的畦面糙率系数值，但此时需已知平行于两个畦埂的畦面糙率系数值。如图6-6所示，假设平行于畦埂的两个畦面糙率系数值分别为 n' 和 n''，则在任意畦面耕播浅沟及作物种植方向上，通过设置平行于畦埂的两个条田，即可获得 n' 和 n'' 值。在确定的畦面耕播浅沟及作物种植方向上，各向异性畦面糙率向量参数的主方向坐标轴朝向是给定的，即 n_A 和 n_B 方向，此时仅需确定椭圆上的两点坐标 n' 和 n''，即可确定该椭圆的曲线方程，并据此获得 n_A 和 n_B 及沿任意方向的畦面糙率系数值。

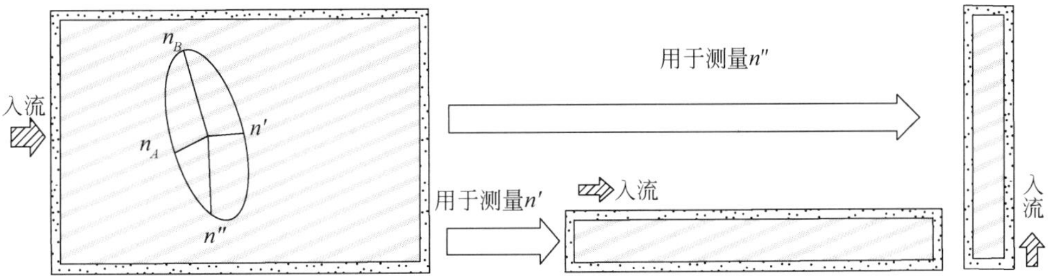

图6-6　畦面糙率参数值 n' 和 n'' 与 A–B 坐标系畦面糙率参数值 n_A 和 n_B 之间的关系

6.1.1.3　考虑各向异性畦面糙率的全水动力学方程

构建的各向异性畦面糙率模型由张量型地表水流运动扩散系数[式(6-9)]和各向异性畦面糙率向量[式(6-14)]共同组成，将其分别代入式(5-16)和式(5-17)后，可获得如下考虑各向异性畦面糙率的基于双曲–抛物型方程结构的守恒–非守恒型全水动力学方程，即

$$\frac{\partial \zeta}{\partial t}=\nabla \cdot (\boldsymbol{K}_{\mathrm{w}} \cdot \nabla \zeta)-\nabla \cdot (\boldsymbol{K}_{\mathrm{w}} \cdot \boldsymbol{C})-i_c \tag{6-28}$$

$$\frac{\partial \boldsymbol{q}}{\partial t}+\nabla \cdot (\bar{u} \cdot \boldsymbol{q}, \bar{v} \cdot \boldsymbol{q})=\boldsymbol{S}_{\zeta}^{M}+\boldsymbol{S}_{f}^{\mathrm{ani},M}+\boldsymbol{S}_{\mathrm{in}}^{M} \tag{6-29}$$

式中，$\boldsymbol{S}_{\zeta}^{M}$ 为地表水位相对高程梯度向量，且$\boldsymbol{S}_{\zeta}^{M}=\begin{pmatrix} -g(\zeta-b)\dfrac{\partial \zeta}{\partial x} \\ -g(\zeta-b)\dfrac{\partial \zeta}{\partial y} \end{pmatrix}$；$\boldsymbol{S}_{f}^{\mathrm{ani},M}$ 为各向异性畦面糙率向量，且$\boldsymbol{S}_{f}^{\mathrm{ani},M}=-g\dfrac{\sqrt{\bar{u}^2+\bar{v}^2}}{(\zeta-b)^{1/3}} \cdot \begin{pmatrix} \bar{u}(n_A^2\cos^2\beta+n_B^2\sin^2\beta)+\bar{v}(n_A^2-n_B^2)\cdot\cos\beta\cdot\sin\beta \\ \bar{u}(n_A^2-n_B^2)\cdot\cos\beta\cdot\sin\beta+\bar{v}(n_A^2\sin^2\beta+n_B^2\cos\beta) \end{pmatrix}$；$\boldsymbol{S}_{\mathrm{in}}^{M}$为入渗向量，且$\boldsymbol{S}_{\mathrm{in}}^{M}=\begin{pmatrix} \dfrac{\bar{u}\cdot i_c}{2} \\ \dfrac{\bar{v}\cdot i_c}{2} \end{pmatrix}$。

6.1.2 初始条件和边界条件

6.1.2.1 初始条件

当 $t=0$ 时，由于计算区域内各空间位置点处的地表水深 h 和地表水垂向均布流速 $\bar{u}$ 和 $\bar{v}$ 均为零，故地表水位相对高程 $\zeta=b$。

6.1.2.2 边界条件

对畦首入流边界而言，可直接将在畦首入流口处给定的单宽流量 $\boldsymbol{q}_0$赋予式(5-14)，即

$$\boldsymbol{q}_0=-\boldsymbol{K}_{\mathrm{w}} \cdot \nabla \zeta+\boldsymbol{K}_{\mathrm{w}} \cdot \boldsymbol{C} \tag{6-30}$$

对畦埂无流状态下的畦田边界而言，沿 x 或 y 坐标向需满足零流量条件，即令式(6-30)等于零，可得到如下畦埂无流边界条件：

$$\boldsymbol{K}_{\mathrm{w}} \cdot \nabla \zeta-\boldsymbol{K}_{\mathrm{w}} \cdot \boldsymbol{C}=0 \tag{6-31}$$

6.1.3 数值模拟方法

与式(5-16)和式(5-17)相比，式(6-28)中的地表水流运动扩散系数 K_{w}已成为张量型 $\boldsymbol{K}_{\mathrm{w}}$，式(6-29)中的畦面糙率向量$\boldsymbol{S}_{f}^{M}$ 也被各向异性畦面糙率向量$\boldsymbol{S}_{f}^{\mathrm{ani},M}$ 取代。为此，采用零耗散中心格式有限体积法对式(6-28)空间离散，利用开发的标量耗散有限体积法对式(6-29)空间离散，并建立相关的全隐时间离散格式。

6.1.3.1 空间离散

(1)抛物型方程空间离散

在计算区域内第 i 个三角形单元格上，对式(6-28)中各项做空间积分平均，得

$$\frac{1}{|\Omega_i|}\iint_{\Omega_i}\frac{\partial\zeta}{\partial t}\mathrm{d}x\mathrm{d}y=\frac{1}{|\Omega_i|}\iint_{\Omega_i}\nabla\cdot(\boldsymbol{K}_{\mathrm{w}}\cdot\nabla\zeta)\mathrm{d}x\mathrm{d}y-\frac{1}{|\Omega_i|}\iint_{\Omega_i}\nabla\cdot(\boldsymbol{K}_{\mathrm{w}}\cdot\boldsymbol{C})\mathrm{d}x\mathrm{d}y-\frac{1}{|\Omega_i|}\iint_{\Omega_i}i_c\mathrm{d}x\mathrm{d}y \tag{6-32}$$

式(6-32)等号左侧项称作地表水位相对高程时间导数积分平均项，而等号右侧项则依次称作地表水位相对高程的扩散积分平均项、对流效应修正积分平均项和入渗积分平均项。在基于式(5-21)对第 i 个三角形单元格节点处的地表水位相对高程值进行重构基础上，分别对上述积分平均项空间离散。

1)地表水位相对高程时间导数积分平均项的有限体积法离散格式。以第 i 个三角形单元格中心变量值为基本变量，考虑到单元格大小不随时间而变的事实，对地表水位相对高程时间导数积分平均项进行空间离散，得

$$\frac{1}{|\Omega_i|}\iint_{\Omega_i}\frac{\partial\zeta}{\partial t}\mathrm{d}x\mathrm{d}y=\frac{1}{|\Omega_i|}\cdot\frac{\mathrm{d}\zeta_i}{\mathrm{d}t}\iint_{\Omega_i}\mathrm{d}x\mathrm{d}y=\frac{\mathrm{d}\zeta_i}{\mathrm{d}t} \tag{6-33}$$

2)地表水位相对高程扩散积分平均项的有限体积法离散格式。采用高斯公式将地表水位相对高程扩散积分平均项的面积分转换为单元格边界的线积分后，对其进行空间离散，得

$$\frac{1}{|\Omega_i|}\iint_{\Omega_i}\nabla\cdot(\boldsymbol{K}_{\mathrm{w}}\cdot\nabla\zeta)\mathrm{d}x\mathrm{d}y=\frac{1}{|\Omega_i|}\oint_{\partial\Omega_i}(\boldsymbol{K}_{\mathrm{w}}\cdot\nabla\zeta)\boldsymbol{n}\mathrm{d}l=\frac{1}{|\Omega_i|}\sum_{k=1}^{3}(\boldsymbol{K}_{\mathrm{w}}\cdot\nabla\zeta)_{f_{i,k}}\cdot\boldsymbol{n}_{f_{i,k}}\cdot l_{f_{i,k}} \tag{6-34}$$

式中，$\boldsymbol{n}_{f_{i,k}}$为第 i 个三角形单元格边界 $f_{i,k}$ 的外向单位法向量；$l_{f_{i,k}}$为第 i 个三角形单元格边界 $f_{i,k}$ 的长度(m)。

式(6-34)等号右侧项中的$(\boldsymbol{K}_{\mathrm{w}}\cdot\nabla\zeta)_{f_{i,k}}$被计算如下：

$$(\boldsymbol{K}_{\mathrm{w}}\cdot\nabla\zeta)_{f_{i,k}}=(\boldsymbol{K}_{\mathrm{w}})_{f_{i,k}}\frac{\zeta_{f_{i,k}}-\zeta_i}{d_{i,f_{i,k}}}\cdot\boldsymbol{n}_d=\begin{pmatrix}K_{\mathrm{w},xx}\cdot n_{d,x}\dfrac{\zeta_{f_{i,k}}-\zeta_i}{d_{i,f_{i,k}}}+K_{\mathrm{w},xy}\cdot n_{d,y}\dfrac{\zeta_{f_{i,k}}-\zeta_i}{d_{i,f_{i,k}}}\\ K_{\mathrm{w},yx}\cdot n_{d,x}\dfrac{\xi_{f_{i,k}}-\zeta_i}{d_{i,f_{i,k}}}+K_{\mathrm{w},yy}\cdot n_{d,y}\dfrac{\zeta_{f_{i,k}}-\zeta_i}{d_{i,f_{i,k}}}\end{pmatrix} \tag{6-35}$$

式中，$d_{i,f_{i,k}}$为第 i 个三角形单元格中心 c_i 到边界 $f_{i,k}$ 的距离(m)；$\boldsymbol{n}_d$ 为第 i 个三角形单元格边界 $f_{i,k}$ 处的地表水位相对高程梯度$(\nabla\zeta)_{f_{i,k}}$的单位向量，包括 $n_{d,x}$ 和 $n_{d,y}$。

基于式(6-35)，可获得式(6-34)等号右侧项中$(\boldsymbol{K}_{\mathrm{w}}\cdot\nabla\zeta)_{f_{i,k}}\cdot\boldsymbol{n}_{f_{i,k}}$的空间离散格式，即

$$(\boldsymbol{K}_{\mathrm{w}}\cdot\nabla\zeta)_{f_{i,k}}\cdot\boldsymbol{n}_{f_{i,k}}=(K_{\mathrm{w},xx}\cdot n_{d,x}\cdot n_x+K_{\mathrm{w},xy}\cdot n_{d,y}\cdot n_x+K_{\mathrm{w},yx}\cdot n_{d,x}\cdot n_y+K_{\mathrm{w},yy}\cdot n_{d,y}\cdot n_y)\frac{\zeta_{f_{i,k}}-\zeta_i}{d_{i,f_{i,k}}} \tag{6-36}$$

若做变量代换 $\tilde{K}_{\mathrm{w},i}=(K_{\mathrm{w},xx}\cdot n_{d,x}\cdot n_x+K_{\mathrm{w},xy}\cdot n_{d,y}\cdot n_x+K_{\mathrm{w},yx}\cdot n_{d,x}\cdot n_y+K_{\mathrm{w},yy}\cdot n_{d,y}\cdot n_y)$，则式(6-36)可被简化成如下形式：

$$(\boldsymbol{K}_{\mathrm{w}}\cdot\nabla\zeta)_{f_{i,k}}\cdot\boldsymbol{n}_{f_{i,k}}=\tilde{K}_{\mathrm{w},i}\frac{\zeta_{f_{i,k}}-\zeta_i}{d_{i,f_{i,k}}} \tag{6-37}$$

通过类比式(5-26)，基于式(6-37)可得到地表水位相对高程扩散积分平均项的空间离散格式，即

$$\frac{1}{|\Omega_i|}\iint_{\Omega_i}\nabla\cdot(\boldsymbol{K}_{\mathrm{w}}\cdot\nabla\zeta)\mathrm{d}x\mathrm{d}y=\frac{1}{|\Omega_i|}\sum_{k=1}^{3}\frac{\tilde{K}_{\mathrm{w},i}}{d_{i,f_{i,k}}}\cdot\left(\sum_{j_v=1,2;j\in\sigma_{v_j}^{w}}\lambda_{f_{i,k},j_v}\cdot\omega_j^{v}\cdot\zeta_j-\zeta_i\right)\cdot l_{f_{i,k}}\tag{6-38}$$

式(6-38)虽然包含了两重求和运算，但仍为待求变量ζ_i的线性函数，故可用向量符号将该式表达为如下紧致形式：

$$\frac{1}{|\Omega_i|}\iint_{\Omega_i}\nabla\cdot(\boldsymbol{K}_{\mathrm{w}}\cdot\nabla\zeta)\mathrm{d}x\mathrm{d}y=(\boldsymbol{a}^{\mathrm{ani,T}})_i\cdot\boldsymbol{\zeta}_i\tag{6-39}$$

式中，$(\boldsymbol{a}^{\mathrm{ani,T}})_i$为两重求和运算下与$\boldsymbol{\zeta}_i$相关项的系数总和，上标T为向量转置运算符号。

3）地表水位相对高程对流效应修正积分平均项和入渗积分平均项的有限体积法离散格式。采用高斯公式将地表水位相对高程对流效应修正积分平均项的面积分转换为单元格边界的线积分后，对其进行空间离散，得

$$\frac{1}{|\Omega_i|}\iint_{\Omega_i}\nabla\cdot(\boldsymbol{K}_{\mathrm{w}}\cdot\boldsymbol{C})\mathrm{d}x\mathrm{d}y=\frac{1}{|\Omega_i|}\oint_{\partial\Omega_i}(\boldsymbol{K}_{\mathrm{w}}\cdot\boldsymbol{C})\cdot\boldsymbol{n}\mathrm{d}l=\frac{1}{|\Omega_i|}\sum_{k=1}^{3}(\boldsymbol{K}_{\mathrm{w}}\cdot\boldsymbol{C})_{f_{i,k}}\cdot\boldsymbol{n}_{f_{i,k}}\cdot l_{f_{i,k}}\tag{6-40}$$

为了表述方便，式(6-40)可被标记为$(\varpi^{\mathrm{ani}})_i$，其表达式为

$$(\varpi^{\mathrm{ani}})_i=\frac{1}{|\Omega_i|}\sum_{k=1}^{3}(\boldsymbol{K}_{\mathrm{w}}\cdot\boldsymbol{C})_{f_{i,k}}\cdot\boldsymbol{n}_{f_{i,k}}\cdot l_{f_{i,k}}\tag{6-41}$$

利用高斯公式对地表水位相对高程入渗积分平均项进行空间离散，得

$$\frac{1}{|\Omega_i|}\iint_{\Omega_i}i_c\mathrm{d}x\mathrm{d}y=\frac{1}{|\Omega_i|}(i_c)_i|\Omega_i|=(i_c)_i\tag{6-42}$$

（2）双曲型方程空间离散

在计算区域第i个三角形单元格上，对式(6-29)中各项做空间积分平均，得

$$\begin{aligned}&\frac{1}{|\Omega_i|}\iint_{\Omega_i}\frac{\partial\boldsymbol{q}}{\partial t}\mathrm{d}x\mathrm{d}y+\frac{1}{|\Omega_i|}\iint_{\Omega_i}\nabla\cdot(\bar{u}\cdot\boldsymbol{q},\bar{v}\cdot\boldsymbol{q})\mathrm{d}x\mathrm{d}y\\&=\frac{1}{|\Omega_i|}\iint_{\Omega_i}\boldsymbol{S}_{\zeta}^{M}\mathrm{d}x\mathrm{d}y+\frac{1}{|\Omega_i|}\iint_{\Omega_i}\boldsymbol{S}_{f}^{\mathrm{ani},M}\mathrm{d}x\mathrm{d}y+\frac{1}{|\Omega_i|}\iint_{\Omega_i}\boldsymbol{S}_{\mathrm{in}}^{M}\mathrm{d}x\mathrm{d}y\end{aligned}\tag{6-43}$$

式(6-43)等号左侧项顺次为单宽流量向量时间导数积分平均项和对流通量积分平均项，而等号右侧项依次为地表水位相对高程梯度向量积分平均项、各向异性畦面糙率向量积分平均项和入渗向量积分平均项。

对各向异性畦面糙率向量积分平均项进行如下空间离散[式(6-44)]，而对其他各积分平均项的空间离散格式详见第5章，不再赘述。

$$\begin{aligned}\frac{1}{|\Omega_i|}\iint_{\Omega_i}\boldsymbol{S}_{f}^{\mathrm{ani},M}\mathrm{d}x\mathrm{d}y&=-\frac{g}{|\Omega_i|}\iint_{\Omega_i}\frac{\sqrt{\bar{u}^2+\bar{v}^2}}{(\zeta-b)^{1/3}}\cdot\begin{pmatrix}\bar{u}(n_A^2\cos^2\beta+n_B^2\sin^2\beta)+\bar{v}(n_A^2-n_B^2)\cdot\cos\beta\cdot\sin\beta\\\bar{u}(n_A^2-n_B^2)\cdot\cos\beta\cdot\sin\beta+\bar{v}(n_A^2\sin^2\beta+n_B^2\cos\beta)\end{pmatrix}\mathrm{d}x\mathrm{d}y\\&=-g\frac{\sqrt{\bar{u}_i^2+\bar{v}_i^2}}{(\zeta-b)_i^{4/3}}\cdot\begin{pmatrix}(n_B^2\sin^2\beta+n_A^2\cos^2\beta)+(n_A^2+n_B^2)\cdot\sin\beta\cdot\cos\beta\cdot\bar{v}_i/\bar{u}_i&0\\0&(n_A^2-n_B^2)\sin\beta\cdot\cos\beta+(n_A^2\cdot\sin^2\beta+\cos^2\beta)\bar{v}_i/\bar{u}_i\end{pmatrix}\cdot\begin{pmatrix}q_{x,i}\\q_{y,i}\end{pmatrix}\\&=-\boldsymbol{f}_i\cdot\boldsymbol{q}_i\end{aligned}\tag{6-44}$$

与各向同性畦面糙率向量积分平均项的空间离散格式[式(5-47)]相比，式(6-44)中

单宽流量向量 $\boldsymbol{q}_i$ 前的系数已成为矩阵形式，以便适应描述各向异性畦面糙率特征之所需。

6.1.3.2　时间离散

基于以上空间离散步骤和结果，形成式(6-28)和式(6-29)的最终空间离散格式，即

$$\frac{\mathrm{d}\zeta_i}{\mathrm{d}t}-(\boldsymbol{a}^{\mathrm{ani,T}})_i\cdot\boldsymbol{\zeta}_i=-(i_c)_i-(\varpi^{\mathrm{ani}})_i \tag{6-45}$$

$$\frac{\mathrm{d}\boldsymbol{q}_i}{\mathrm{d}t}+\sum_{j\in\sigma v_i}\boldsymbol{a}_{Q,j}\cdot\boldsymbol{q}_j=(\boldsymbol{S}_\zeta^M)_i-\boldsymbol{f}_i\cdot\boldsymbol{q}_i+\frac{(i_c)_i}{2(\zeta-b)_i}\boldsymbol{q}_i-\boldsymbol{C}_{Q,i} \tag{6-46}$$

式(6-45)与式(5-54)的差异仅在于 $\boldsymbol{\zeta}_i$ 前的系数解析表达式不同，参考式(5-58)，式(6-45)的全隐时间格式被表达如下：

$$(\boldsymbol{a}_\zeta^{\mathrm{ani,T}})_i^{n_t+1,n_p}\cdot\boldsymbol{\zeta}_i^{n_t+1,n_p+1}=-\Delta t[(i_c)_i^{n_t+1,n_p}+(\varpi^{\mathrm{ani}})_i^{n_t+1,n_p}]+4\zeta_i^{n_t}-\zeta_i^{n_t-1} \tag{6-47}$$

为了表述方便，将式(6-47)表达成如下矩阵形式：

$$\boldsymbol{A}_\zeta^{\mathrm{ani},n_t+1,n_p}\cdot\boldsymbol{\zeta}^{n_t+1,n_p+1}=\boldsymbol{D}_\zeta^{n_t+1,n_p} \tag{6-48}$$

采用式(6-48)可获得任意时间步的地表水位相对高程空间分布状况，但仍需要不断地获得平衡变量向量 $\boldsymbol{C}$，才能获知正确的对流过程。为此，在基于式(6-45)的虚拟时间步 n_p 收敛迭代过程中，对式(6-46)进行全隐时间离散，得

$$\frac{\boldsymbol{q}_i^{n_p+1}-\boldsymbol{q}_i^{n_p}}{\Delta t_p}+\sum_{j\in\sigma v_i}\boldsymbol{a}_{Q,j}^{n_p}\cdot\boldsymbol{q}_j^{n_p+1}=(\boldsymbol{S}_\zeta^M)_i^{n_p}-\boldsymbol{f}_i^{n_p}\cdot\boldsymbol{q}_i^{n_p+1}+\frac{(i_c)_i^{n_p}}{2(\zeta-b)_i^{n_p}}\boldsymbol{q}_i^{n_p+1}-\boldsymbol{C}_{Q,i}^{n_p+1} \tag{6-49}$$

经合并同类项运算处理后，式(6-49)被表达成如下简约形式：

$$\sum_{j\in\sigma v_i}\boldsymbol{A}_{Q,j}^{\mathrm{ani},n_p}\cdot\boldsymbol{q}_j^{n_p+1}=\Delta t_p(\boldsymbol{S}_{\zeta,x}^M)_i^{n+1}+\boldsymbol{q}_i^{n_p}-\Delta t_p\cdot\boldsymbol{C}_{Q,i}^{n_p+1} \tag{6-50}$$

为了表述方便，式(6-50)被表达成如下矩阵形式：

$$\boldsymbol{A}_Q^{\mathrm{ani},n_p}\cdot\boldsymbol{q}^{n_p+1}=\boldsymbol{D}_Q^{n_p} \tag{6-51}$$

6.1.3.3　时空离散方程求解

待解式(6-48)和式(6-51)与式(5-59)及式(5-62)在数学表达形式上完全相同，对其求解的方法也完全一样，详见第 5 章，不再赘述。

6.2　考虑各向异性畦面糙率的全水动力学方程畦田灌溉模型模拟效果评价方法

在各向异性畦面糙率条件下，选取畦田规格、单宽流量、入流形式、畦面微地形空间分布状况、土壤入渗性能、畦面糙率系数等技术要素之间存在差异的 5 个典型畦田灌溉试验为实例，依据田间试验观测数据，借助模拟效果评价指标，确认考虑各向异性畦面糙率和各向同性畦面糙率下的基于双曲–抛物型方程结构的守恒–非守恒型全水动力学方程畦田灌溉模型模拟结果，对比分析两者的模拟性能差异。

6.2.1　典型畦田灌溉试验实例

表 6-1 中实例 1、实例 2 和实例 4 来自河北省冶河灌区管理处杜庄村 2010 年冬小麦春

灌期,实例3和实例5来自大里庄村2010年冬小麦冬灌期,实例表土均为砂质壤土,平均干容重为1.65g/cm³。以1.5m×1.5m网格实测各实例畦田的地表(畦面)相对高程空间分布状况(图6-7),基于地表(畦面)相对高程标准偏差值S_d表征畦面微地形空间分布状况,畦面平均坡度由地表(畦面)相对高程实测数据计算获得。

表6-1 典型畦田灌溉试验实例观测数据与测定结果

典型畦田灌溉试验		实例1	实例2	实例3	实例4	实例5
畦田规格(m×m)		90×20	90×20	80×25	70×25	75×15
单宽流量q[L/(s·m)]		1.6	2.5	1.8	1.3	1.9
入流形式		线形形式	扇形形式	扇形形式	角形形式	角形形式
畦面坡度	S_x	9.2/10 000	8.4/10 000	3.4/10 000	4.7/10 000	1.2/10 000
	S_y	1.2/10 000	3.1/10 000	1/10 000	1/10 000	0.8/10 000
畦面微地形空间分布状况S_d(cm)		3.24	2.30	1.68	2.11	5.12
Kostiakov入渗经验公式参数	k_{in}(cm/min$^\alpha$)	0.085	0.113	0.106	0.094	0.076
	α	0.45	0.60	0.51	0.23	0.45
畦面糙率向量参数	n_A(s/m$^{1/3}$)	0.081	0.079	0.091	0.093	0.087
	n_B(s/m$^{1/3}$)	0.086	0.087	0.11	0.13	0.13
	β	0	0	π/8	π/7	π/5.8

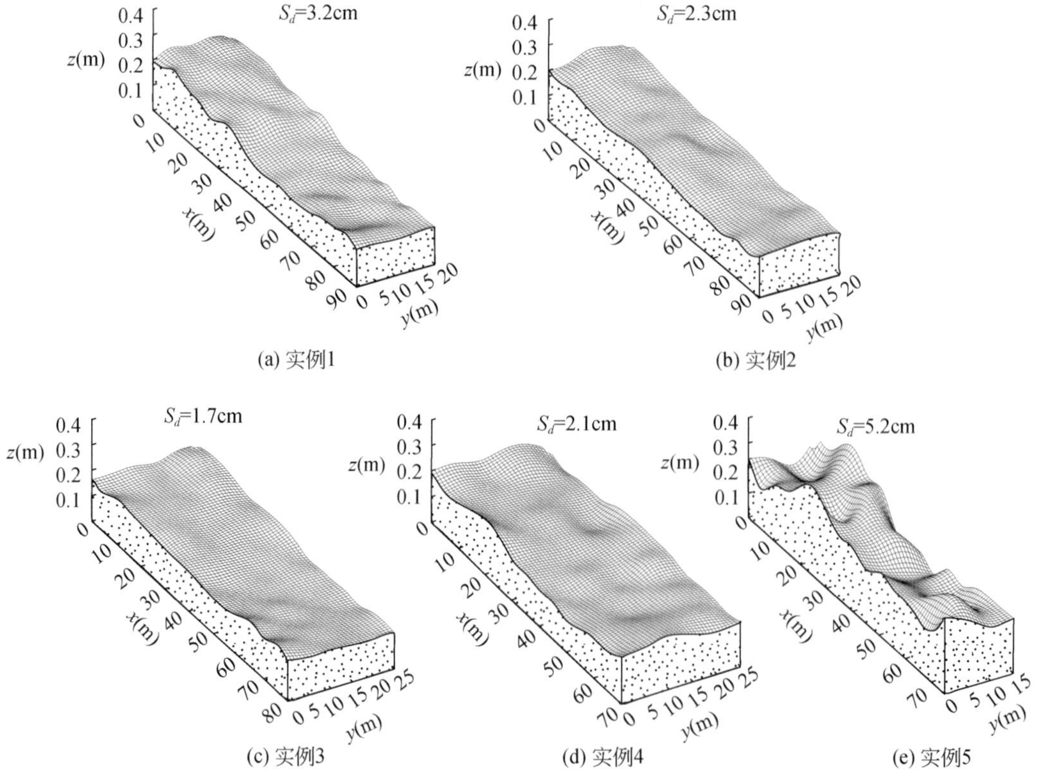

(a) 实例1 (b) 实例2 (c) 实例3 (d) 实例4 (e) 实例5

图6-7 各实例畦田的地表(畦面)相对高程空间分布状况

如图 6-8 所示，在各实例畦田内分别开展 6 组双环土壤入渗试验，根据实测数据确定 Kostiakov 公式 $Z=k_{in}\tau^{\alpha}$ 中参数 k_{in} 和 α 的平均值(表 6-1)。

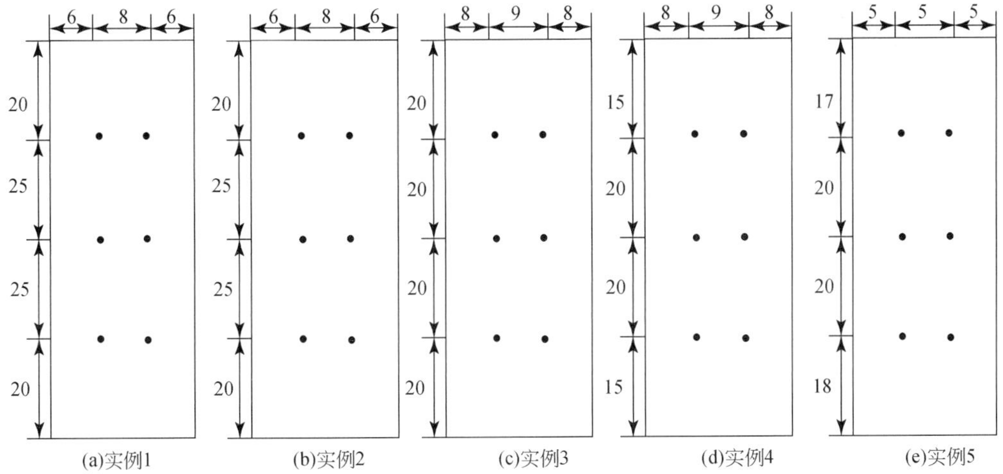

图 6-8　各实例畦田土壤入渗参数实测布置示意图

如图 6-9 所示，为了实测获得各向异性畦面糙率系数，在邻近各实例畦田周围布设 6 个条田，先在各条田内沿畦长方向等距开展 3 组双环土壤入渗试验，确定相应的 k_{in} 和 α 平均值，随后开展灌溉试验，分别获得 3 组畦面糙率系数值 n' 和 n''，并计算得到相应的 n_A 和 n_B 值(表 6-1)。由于各实例畦田内任意两条耕播浅沟及作物种植方向之间成平行状态，故通过实测其与畦埂形成的直角三角形的两个垂直边长，即可计算得到相应的 β 值(表 6-1)。

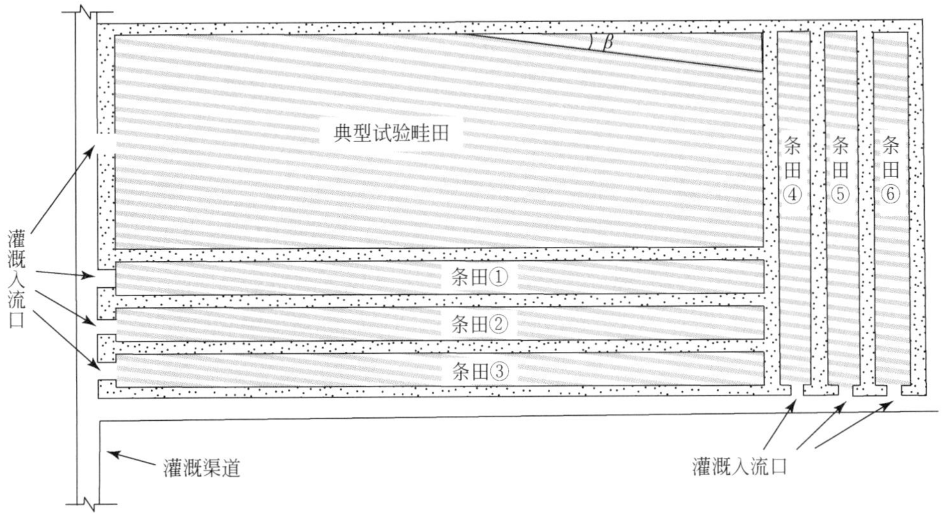

图 6-9　各实例畦田各向异性畦面糙率系数实测布置示意图

6.2.2　畦田灌溉模拟效果评价指标

借助畦田灌溉地表水流运动推进时间和消退时间的模拟结果与实测值间的平均相对误差确认模型的模拟结果，使用数值计算稳定性、水量平衡误差、计算效率、收敛速率等指标定量评价模型的模拟性能，相关评价指标定义详见第5章。

6.3　考虑各向异性畦面糙率的全水动力学方程畦田灌溉模型确认与验证

以典型畦田灌溉试验实例的实测数据为参照，以各向同性畦面糙率下基于双曲-抛物型方程结构的守恒-非守恒型全水动力学方程（简称考虑各向同性畦面糙率的全水动力学方程）畦田灌溉模型模拟结果为对比，确认和验证考虑各向异性畦面糙率下基于双曲-抛物型方程结构的守恒-非守恒型全水动力学方程（简称考虑各向异性畦面糙率的全水动力学方程）畦田灌溉模型在模拟效果上的差异。

典型畦田灌溉试验实例中地表水流运动推进过程和消退过程观测网格与地表（畦面）相对高程实测网格相同，取时间离散步长 $\Delta t = 10\text{s}$。表6-2给出典型畦田灌溉试验实例数值模拟过程中采用的地表水流运动空间离散单元格集合信息。

表6-2　典型畦田灌溉试验实例数值模拟过程中采用的地表水流运动空间离散单元格集合信息

（单位：个）

典型畦田灌溉试验	集合 M_l 单元格数目	集合 $M_{l/2}$ 单元格数目	集合 $M_{l/4}$ 单元格数目
实例1	2 586	10 344	41 376
实例2	2 854	11 416	45 664
实例3	2 518	10 072	40 288
实例4	1 668	6 672	26 688
实例5	1 660	6 640	26 560

6.3.1　畦田灌溉模型模拟结果确认

（1）考虑各向异性畦面糙率下地表水流运动推进时间和消退时间的平均相对误差

表6-3给出考虑各向异性畦面糙率的全水动力学方程畦田灌溉模型模拟的和实测的地表水流运动推进时间与消退时间的平均相对误差值 ARE_{adv}^{ani} 和 ARE_{rec}^{ani}。可以看出，实例1具有相对最小的 ARE_{adv}^{ani} 和 ARE_{rec}^{ani} 值，这或许与该实例下相对均布的线形入流形式密切相关。与之相比，扇形形式和角形形式入流下的地表水流沿不同主方向的非稳定性扩散与土壤特性时空变异性之间的非线性耦合作用，可能会导致模拟精度下降。扇形形式入流下实例2、实例3和实例4的 ARE_{adv}^{ani} 和 ARE_{rec}^{ani} 值呈现逐渐增大趋势，这或许与 β 的逐渐增加有关，该值增大意味着地表水流流态越趋复杂，模型难以考虑随机因素对模拟结果产生的不利影响。

表6-3　考虑各向异性畦面糙率的全水动力学方程畦田灌溉模型模拟的和实测的地表水流运动推进时间与消退时间的平均相对误差值

典型畦田灌溉试验	畦面糙率系数（$s/m^{1/3}$）		旋转角度 β	ARE_{adv}^{ani}（%）	ARE_{rec}^{ani}（%）
	n_A	n_B			
实例1	0.081	0.086	0	7.11	10.62
实例2	0.079	0.087	0	7.73	11.18

续表

典型畦田灌溉试验	畦面糙率系数(s/m$^{1/3}$)		旋转角度β	ARE_{adv}^{ani}(%)	ARE_{rec}^{ani}(%)
	n_A	n_B			
实例3	0.091	0.11	π/8	8.84	12.18
实例4	0.093	0.13	π/7	10.12	14.81
实例5	0.087	0.13	π/5.8	10.63	14.71

(2)考虑畦面糙率方向性下地表水流运动推进时间和消退时间的平均相对误差对比

若以表6-1给出的各实例畦田各向异性畦面糙率系数值n_A和n_B作为各向同性畦面糙率系数n的最小和最大阈值,则对$[n_A,n_B]$等分差值后,可得到另外两个n值,共计获得4个各向同性畦面糙率系数n值。表6-4给出基于这4个n值得到的考虑各向同性畦面糙率的全水动力学方程畦田灌溉模型模拟的和实测的地表水流运动推进时间与消退时间的平均相对误差值ARE_{adv}^{iso}和ARE_{rec}^{iso}。可以看出,这些误差值均大于表6-3给出的考虑各向异性畦面糙率下的相应值。

从表6-5列出的考虑畦面糙率方向性下地表水流运动推进时间和消退时间的平均相对误差值对比可以发现,与各向同性畦面糙率状态相比,各向异性畦面糙率下的地表水流运动推进时间的平均相对误差值($ARE=ARE_{adv}^{ani}-ARE_{adv}^{iso}$)减小了5.0~9.7个百分点,地表水流运动消退时间的平均相对误差值($ARE=ARE_{rec}^{ani}-ARE_{rec}^{iso}$)减小了6.0~13.2个百分点,这表明考虑各向异性畦面糙率的全水动力学方程畦田灌溉模型可有效提高模拟精度。

表6-4 考虑各向同性畦面糙率的全水动力学方程畦田灌溉模型模拟的和实测的地表水流运动推进与消退时间的平均相对误差值

典型畦田灌溉试验	畦面糙率系数n(s/m$^{1/3}$)	ARE_{adv}^{iso}(%)	ARE_{rec}^{iso}(%)
实例1	0.0810	13.64	18.69
	0.0827	13.01	17.74
	0.0844	12.14	16.27
	0.0860	14.68	19.34
实例2	0.0790	15.88	21.14
	0.0817	14.37	17.36
	0.0844	13.29	19.67
	0.0870	16.41	20.21
实例3	0.0910	18.32	23.14
	0.0973	16.23	19.12
	0.1036	15.88	20.31
	0.1100	17.96	24.10

续表

典型畦田灌溉试验	畦面糙率系数 n(s/m$^{1/3}$)	ARE_{adv}^{iso}(%)	ARE_{rec}^{iso}(%)
实例4	0.0930	19.61	25.88
	0.1053	17.23	25.74
	0.1176	16.17	22.57
	0.1300	21.01	26.72
实例5	0.0870	20.35	26.03
	0.1013	16.95	25.21
	0.1156	15.87	24.82
	0.1300	20.05	27.95

表6-5　考虑畦面糙率方向性的全水动力学方程畦田灌溉模型模拟的和实测的地表水流运动推进时间与消退时间的平均相对误差值对比

典型畦田灌溉试验	畦面糙率系数(s/m$^{1/3}$)		旋转角度 β	畦面糙率系数 n(s/m$^{1/3}$)	$ARE_{adv}^{ani}-ARE_{adv}^{iso}$ (%)	$ARE_{rec}^{ani}-ARE_{rec}^{iso}$ (%)
	n_A	n_B				
实例1	0.081	0.086	0	0.0810	-6.53	-8.37
	0.081	0.086	0	0.0827	-5.90	-7.42
	0.081	0.086	0	0.0844	-5.03	-5.95
	0.081	0.086	0	0.0860	-7.57	-9.02
实例2	0.079	0.087	0	0.0790	-8.15	-9.96
	0.079	0.087	0	0.0817	-6.64	-6.18
	0.079	0.087	0	0.0844	-5.56	-8.49
	0.079	0.087	0	0.0870	-8.68	-9.03
实例3	0.091	0.110	π/8	0.0910	-9.48	-10.96
	0.091	0.110	π/8	0.0973	-7.39	-6.94
	0.091	0.110	π/8	0.1036	-7.04	-8.13
	0.091	0.110	π/8	0.1100	-9.12	-11.92
实例4	0.093	0.130	π/7	0.0870	-9.49	-11.07
	0.093	0.130	π/7	0.1013	-7.11	-10.93
	0.093	0.130	π/7	0.1156	-6.05	-7.76
	0.093	0.130	π/7	0.1300	-9.71	-11.91
实例5	0.087	0.130	π/5.8	0.0870	-9.72	-11.32
	0.087	0.130	π/5.8	0.1013	-6.32	-10.50
	0.087	0.130	π/5.8	0.1156	-5.24	-10.11
	0.087	0.130	π/5.8	0.1300	-9.42	-13.24

6.3.2　畦田灌溉模型模拟性能评价

(1)数值计算稳定性

表 6-6 和表 6-7 给出考虑畦面糙率方向性的全水动力学方程畦田灌溉模型的数值计算稳定性状况。对任一实例而言,考虑和不考虑各向异性畦面糙率下的畦田灌溉模型都具备良好的数值计算稳定性,故在地表水流运动模拟中考虑各向异性畦面糙率对数值计算稳定性没有明显影响。

表 6-6　考虑各向异性畦面糙率的全水动力学方程畦田灌溉模型的数值计算稳定性和水量平衡误差值

典型畦田灌溉试验	畦面糙率系数($s/m^{1/3}$)		旋转角度 β	$\Delta\zeta$(m)	e_q^{ani}(%)
	n_A	n_B			
实例 1	0.081	0.086	0	1.12×10^{-7}	0.0079
实例 2	0.079	0.087	0	1.19×10^{-7}	0.0084
实例 3	0.091	0.1100	π/8	1.23×10^{-7}	0.0085
实例 4	0.093	0.1300	π/7	1.12×10^{-7}	0.0094
实例 5	0.087	0.1300	π/5.8	1.16×10^{-7}	0.0087

表 6-7　考虑各向同性畦面糙率的全水动力学方程畦田灌溉模型的数值计算稳定性和水量平衡误差值

典型畦田灌溉试验	畦面糙率系数 n($s/m^{1/3}$)	$\Delta\zeta$(m)	e_q^{iso}(%)
实例 1	0.0810	1.43×10^{-7}	0.0089
	0.0827	1.59×10^{-7}	0.0078
	0.0844	1.56×10^{-7}	0.0067
	0.0860	1.76×10^{-7}	0.0054
实例 2	0.0790	9.66×10^{-8}	0.0087
	0.0817	7.67×10^{-8}	0.0068
	0.0844	1.34×10^{-7}	0.0089
	0.0870	1.56×10^{-7}	0.00870
实例 3	0.0910	1.56×10^{-7}	0.0087
	0.0973	1.35×10^{-7}	0.0089
	0.1036	1.71×10^{-7}	0.0087
	0.1100	1.34×10^{-7}	0.0082
实例 4	0.0930	1.36×10^{-7}	0.0087
	0.1053	1.67×10^{-7}	0.0091
	0.1176	1.26×10^{-7}	0.0078
	0.1300	1.32×10^{-7}	0.0076

续表

典型畦田灌溉试验	畦面糙率系数 $n(s/m^{1/3})$	$\Delta\zeta(m)$	$e_q^{iso}(\%)$
实例 5	0.0870	1.56×10^{-7}	0.0075
	0.1013	7.34×10^{-8}	0.0076
	0.1156	1.89×10^{-7}	0.0073
	0.1300	4.78×10^{-8}	0.0084

(2)水量平衡误差

从表 6-6 和表 6-7 给出的考虑畦面糙率方向性的全水动力学方程畦田灌溉模型的水量平衡误差值情况中可以看出,无论是否考虑畦面糙率各向异性,各实例的 e_q^{ani} 值均小于 0.01%,这表明考虑各向异性畦面糙率几乎不影响数值计算的质量守恒性。

(3)计算效率

表 6-8 和表 6-9 给出考虑畦面糙率方向性的全水动力学方程畦田灌溉模型的计算效率,可以发现,两者之间几乎没有差异,这说明在地表水流运动模拟中考虑各向异性畦面糙率对计算效率并无影响。事实上,大部分计算耗时主要集中在对流通量计算上,而畦面糙率项的计算耗时相对较少(LeVeque,2002)。

表 6-8　考虑各向异性畦面糙率的全水动力学方程畦田灌溉模型的计算效率和收敛速率值

典型畦田灌溉试验	畦面糙率系数 $(s/m^{1/3})$		旋转角度 β	$E_r(1/min)$	R
	n_A	n_B			
实例 1	0.081	0.086	0	0.182	1.97
实例 2	0.079	0.087	0	0.166	1.98
实例 3	0.091	0.110	π/8	0.201	1.99
实例 4	0.093	0.130	π/7	0.189	1.99
实例 5	0.087	0.130	π/5.8	0.212	1.97

表 6-9　考虑各向同性畦面糙率的全水动力学方程畦田灌溉模型的计算效率和收敛速率值

典型畦田灌溉试验	畦面糙率系数 $n(s/m^{1/3})$	$E_r(1/min)$	R
实例 1	0.0810	0.182	1.98
	0.0827	0.181	1.99
	0.0844	0182	1.98
	0.086	0.182	1.97
实例 2	0.079	0.166	1.99
	0.0817	0.166	1.97
	0.0844	0.167	1.98
	0.0870	0.166	1.97

续表

典型畦田灌溉试验	畦面糙率系数 $n(s/m^{1/3})$	$E_r(1/min)$	R
实例 3	0.0910	0.201	1.99
	0.0973	0.202	1.98
	0.1036	0.202	1.98
	0.1100	0.202	1.96
实例 4	0.0930	0.189	1.98
	0.1053	0.189	1.98
	0.1176	0.189	1.95
	0.1300	0.189	1.99
实例 5	0.0870	0.212	1.97
	0.1013	0.212	1.99
	0.1156	0.211	1.99
	0.1300	0.212	1.97

(4)收敛速率

表 6-8 和表 6-9 列出考虑畦面糙率方向性的全水动力学方程畦田灌溉模型的收敛速率，可以看出，各向同性畦面糙率和各向异性畦面糙率下的 R 值都接近于二阶速率，这表明模拟结果可以接近于二次的幂律收敛至极限解。此外，不同实例下 R 值间略有差异，对比表 6-1 可知，这或许与各实例具有不同的 S_d 值有关，其极易影响数值计算收敛性(Hubbard and Garcia-Navarro，2000)。

6.3.3 畦田灌溉模型确认与验证结果

从以上对考虑各向异性畦面糙率的基于双曲–抛物型方程结构的守恒–非守恒型全水动力学方程畦田灌溉模型确认与验证结果的分析可知，与考虑各向同性畦面糙率的全水动力学方程畦田灌溉模型相比，在地表水流运动模拟过程中考虑各向异性畦面糙率特征，并未影响数值计算稳定性、水量平衡性能、计算效率和收敛速率等指标，但却有效地提高了模拟精度，改善了数值模拟效果。

6.3.4 对流–扩散效应对畦面微地形空间分布状况直观物理响应

为了充分认识畦面微地形空间分布状况对畦田灌溉地表水流运动产生的影响作用，从考虑和不考虑地表(畦面)相对高程空间随机分布状况的影响出发，描述 S_d 对 Fr 值畦面空间分布状况的影响，更为直观地揭示对流–扩散效应对畦面微地形空间分布状况的物理响应。

6.3.4.1 不考虑地表(畦面)相对高程空间随机分布状况影响

当不考虑地表(畦面)相对高程空间随机分布状况影响(S_d = 0cm)时，图 6-10 ~ 图 6-14 给出同时考虑对流效应和扩散效应下模拟的 5 个实例的 Fr 值畦面空间分布状况，其中，各向异性畦面糙率下模拟的地表水流运动推进距离要大于各向同性畦面糙率下的相应值，

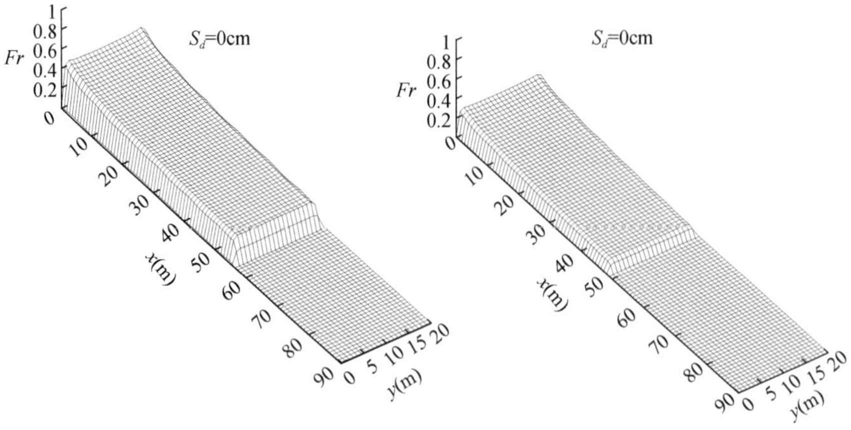

(a) 各向异性畦面糙率　　(b) 各向同性畦面糙率

图 6-10　不考虑地表(畦面)相对高程空间随机分布状况影响下实例 1($t=35$min)的 Fr 值畦面空间分布状况

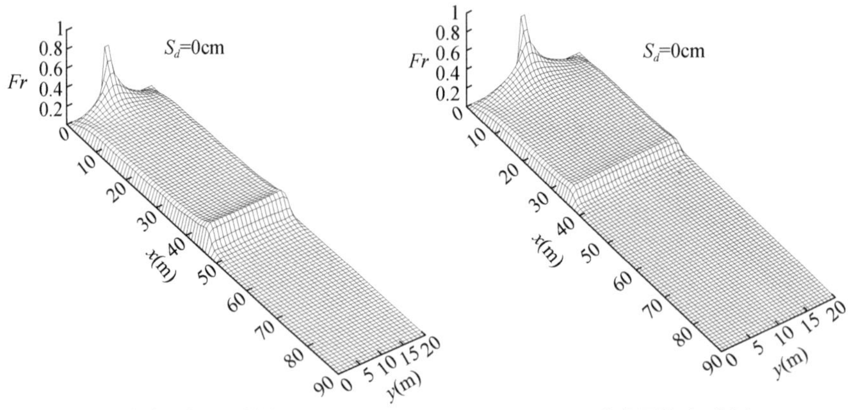

(a) 各向异性畦面糙率　　(b) 各向同性畦面糙率

图 6-11　不考虑地表(畦面)相对高程空间随机分布状况影响下实例 2($t=30$min)的 Fr 值畦面空间分布状况

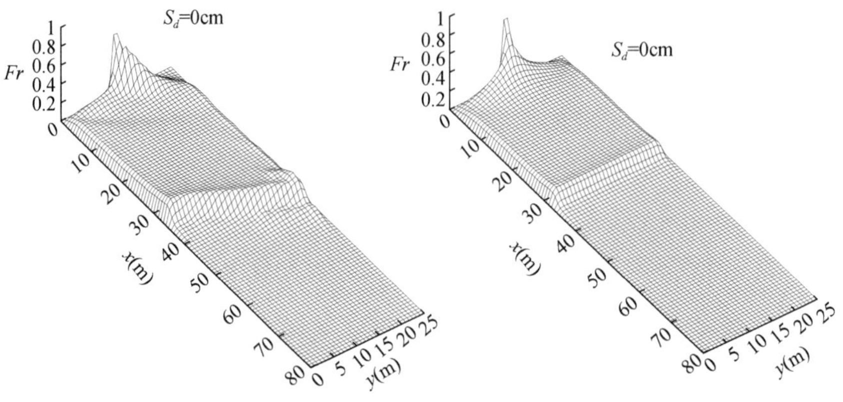

(a) 各向异性畦面糙率　　(b) 各向同性畦面糙率

图 6-12　不考虑地表(畦面)相对高程空间随机分布状况影响下实例 3($t=30$min)的 Fr 值畦面空间分布状况

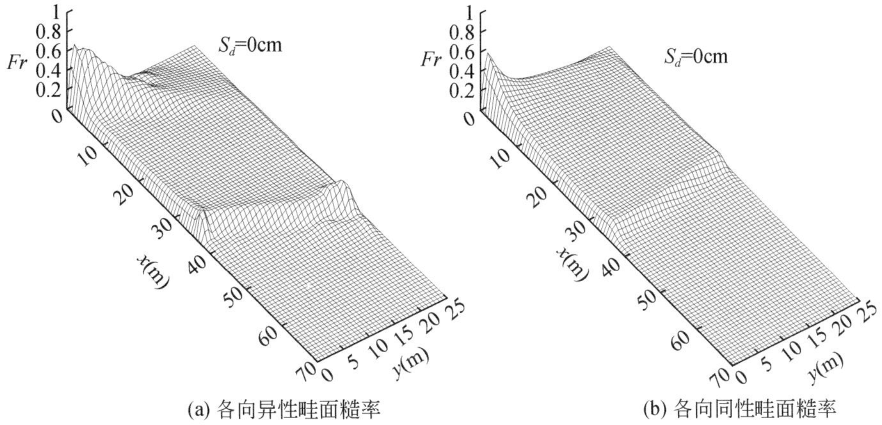

图 6-13　不考虑地表(畦面)相对高程空间随机分布状况影响下实例 4($t=30$min)的 Fr 值畦面空间分布状况

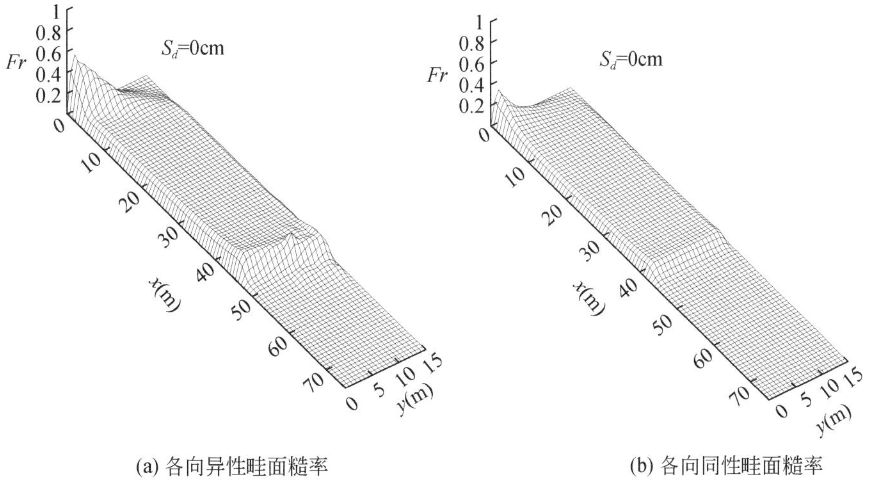

图 6-14　不考虑地表(畦面)相对高程空间随机分布状况影响下实例 5($t=40$min)的 Fr 值畦面空间分布状况

这是由于当考虑各向异性畦面糙率时,顺着耕播浅沟及作物种植方向上的地表水流流速相对较大,增强了水流运动惯性作用,加大了对流效应,这有利于提高畦田灌溉水分分布均匀性(Stelkoff et al.,2009a)。

如图 6-10 ~ 图 6-14 所示,对各典型畦田灌溉试验实例而言,各向异性畦面糙率和各向同性畦面糙率下的 Fr 值畦面空间分布状况之间存在着差异,$Fr>0.1$ 的区域占畦田内地表有水区域的百分比平均分别约为 72.1% 和 8.6%,这表明不考虑地表(畦面)相对高程空间随机分布影响时,各向同性畦面糙率下的地表水流运动主要以扩散过程为主,基本上可忽略对流效应,而各向异性畦面糙率下的地表水流运动则包含了对流过程和扩散过程,不能忽略对流效应。从实例 3 到实例 5 还可看出,非零旋转角度($\beta\neq0$)可能导致地表水流运动推进锋附近处的 Fr 值分布出现畸变,扭曲了地表水流运动推进锋前沿的形状,这在较大畦田规格中尤为明显(图6-13和图6-14),导致畦田灌水分布非均匀性,故应尽量避免非零旋转角度出现。

6.3.4.2　考虑地表(畦面)相对高程空间随机分布状况影响

当考虑地表(畦面)相对高程空间随机分布状况影响($S_d \neq 0$cm)时,图6-15～图6-19给出同时考虑对流效应和扩散效应下模拟的5个实例的 *Fr* 值畦面空间分布状况。与 $S_d = 0$cm 情景(图6-10～图6-14)相比,地表(畦面)相对高程空间分布随机性明显增强了各向异性畦面糙率和各向同性畦面糙率下 *Fr* 值的畦面空间非均布状况,尤其是各向异性畦面糙率特征与地表(畦面)相对高程空间分布随机性之间的非线性耦合叠加,加重了该状况的程度,增大了对流效应。

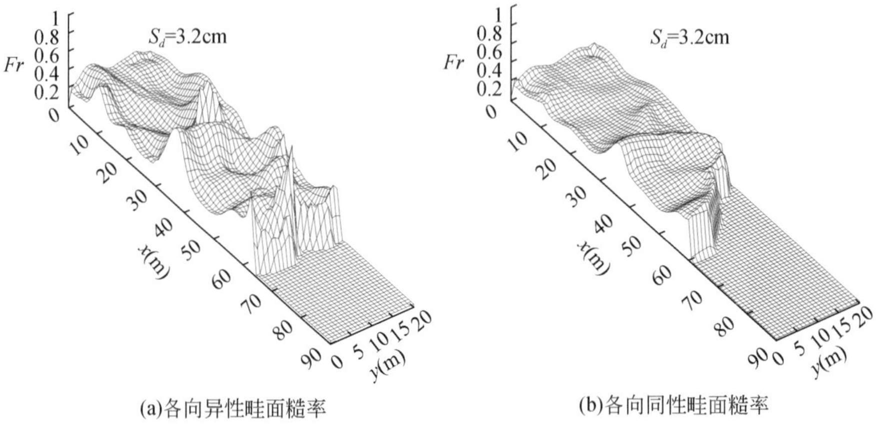

图6-15　考虑地表(畦面)相对高程空间随机分布状况影响下实例1(t=35min)的 *Fr* 值畦面空间分布状况

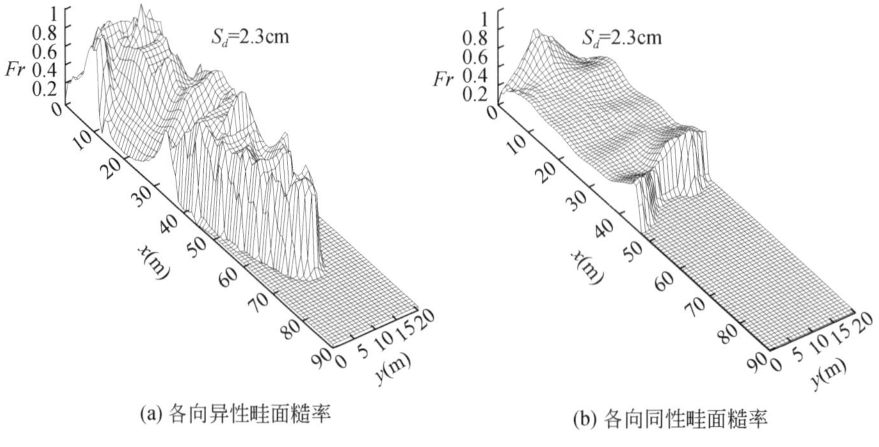

图6-16　考虑地表(畦面)相对高程空间随机分布状况影响下实例2(t=30min)的 *Fr* 值畦面空间分布状况

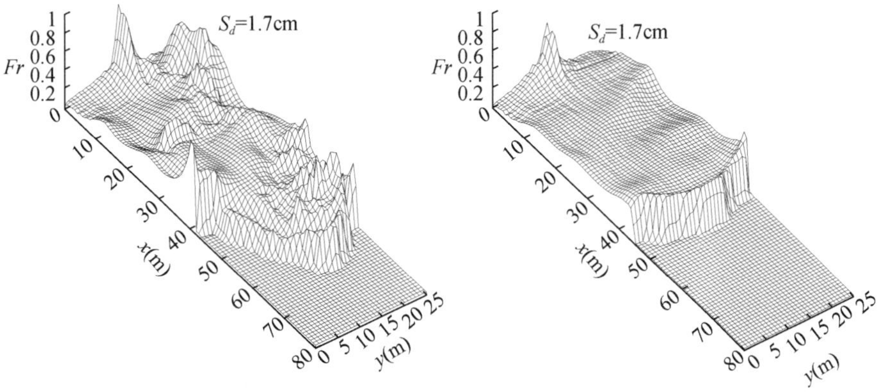

(a) 各向异性畦面糙率　　(b) 各向同性畦面糙率

图 6-17　考虑地表(畦面)相对高程空间随机分布状况影响下实例 3(t=30min)的 Fr 值畦面空间分布状况

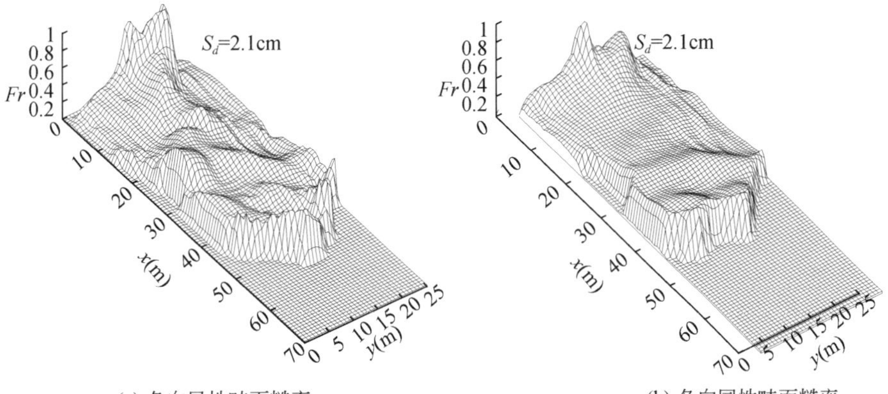

(a) 各向异性畦面糙率　　(b) 各向同性畦面糙率

图 6-18　考虑地表(畦面)相对高程空间随机分布状况影响下实例 4(t=30min)的 Fr 值畦面空间分布状况

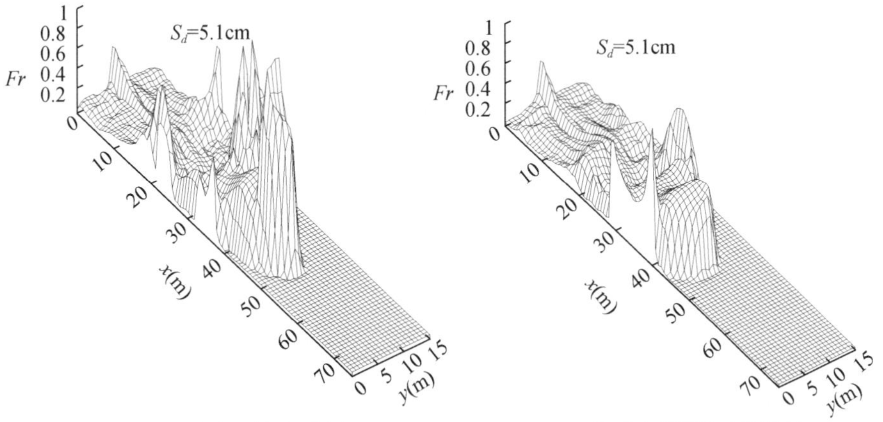

(a) 各向异性畦面糙率　　(b) 各向异同性畦面糙率

图 6-19　考虑地表(畦面)相对高程空间随机分布状况影响下实例 5(t=40min)的 Fr 值畦面空间分布状况

从图6-15～图6-19可以看出，随着S_d值逐渐增大，各向异性畦面糙率和各向同性畦面糙率下的Fr平均值间的差异有所增加。实例5较大S_d值下的Fr平均值间的差异达到23.5%，实例3较小S_d值下的相应值却为9.8%，这意味着在较差地表（畦面）相对高程空间分布状况下，更应考虑各向异性畦面糙率特征的影响。

6.4　考虑各向异性畦面糙率的全水动力学方程畦田灌溉模型应用

在畦田灌溉地表水流运动模拟过程中考虑各向异性畦面糙率的影响，可有效提高模拟计算精度，逼真反映地表阻力各向异性特征对非恒定水流运动产生的作用，达到改善模拟效果的目的。为了详细阐述考虑各向异性畦面糙率特征对畦田灌溉性能评价所起的重要作用，以畦田灌溉数值模拟实验设计为基础，借助考虑各向异性畦面糙率的全水动力学方程畦田灌溉模型，系统开展各灌溉技术要素对畦灌性能评价影响程度的对比分析。

6.4.1　畦田灌溉数值模拟实验设计

表6-10给出畦田灌溉数值模拟实验设计涉及的灌溉技术要素及其设置水平，这包括畦田规格、入流形式、土壤类型、单宽流量q和畦面微地形空间分布状况S_d。其中，典型畦田规格为条畦（100m×5m）、窄畦（150m×20m）和宽畦（100m×50m）（许迪等，2007）；入流形式分别为线形入流、扇形入流和角形入流；典型土壤类型为沙壤土和黏壤土，相应的Kostiakov公式参数（Strelkoff et al.，2009b）见表6-11；单宽流量分别为2L/（s·m）和4L/（s·m）；基于地表（畦面）相对高程的标准偏差值S_d表征畦面微地形空间分布状况，S_d=2cm和6cm分别表征较好和较差的状况。此外，3类典型畦田的平均纵、横向坡度分别为1/10 000和0/10 000。

表6-10　畦田灌溉数值模拟实验设计涉及的灌溉技术要素及其设置水平

畦田灌溉技术要素	设置水平		
	1	2	3
畦田规格（m×m）	条畦（100×5）	窄畦（150×20）	宽畦（100×50）
入流形式	线形入流	扇形入流	角形入流
土壤类型	沙壤土	黏壤土	
单宽流量q[L/（s·m）]	2	4	
畦面微地形空间分布状况S_d（cm）	2	6	

表6-11　典型土壤类型Kostiakov入渗经验公式参数

土壤类型	Kostiakov公式参数	
	k_{in}（cm/min$^{\alpha}$）	α
沙壤土	0.0924	0.50
黏壤土	0.0901	0.23

如图6-9所示，β以畦田上田埂为基准旋转，取值范围在[$-\pi/2$，$\pi/2$]，相应的阈值分别为$\pi/2$和$-\pi/2$，步长为$\pi/4$，较大和较小的n_B/n_A比值分别为2和1.1(陈博，2012)，与之相应的n_A和n_B取值分别为0.06、0.10和0.12、0.11。

6.4.2　畦田灌溉模型参数及模拟条件确定

6.4.2.1　模型参数及模拟条件

采用考虑各向异性畦面糙率的基于双曲–抛物型方程结构的守恒–非守恒型全水动力学方程畦田灌溉模型，对由表6-10中各畦田灌溉技术要素组合的72组方案开展模拟计算。灌水时间从畦口入流开始直至畦面所有空间位置点处恰好被地表水流淹没时为止，这意味着地表水深都应大于零。在数值模拟过程中，取时间离散步长$\Delta t=10\text{s}$，表6-12给出典型畦田规格数值模拟过程中采用的地表水流运动空间离散单元格集合信息。

表6-12　典型畦田规格数值模拟过程中采用的地表水流运动空间离散单元格集合信息

(单位：个)

典型畦田规格	集合M_l单元格数目	集合$M_{l/2}$单元格数目	集合$M_{l/4}$单元格数目
条畦(100m ×5m)	988	3 952	15 808
窄畦(150m×20m)	2 968	11 872	47 488
宽畦(100m×50m)	3 872	15 488	61 952

6.4.2.2　随机模拟畦面微地形空间分布状况的方法

在以上考虑各向异性畦面糙率的全水动力学方程畦田灌溉模型确认与验证中，是将田间实测的地表(畦面)相对高程值直接输入模型，这反映出特定条件下的畦面微地形空间分布状况。但当利用该模型开展畦田灌溉性能数值模拟分析评价时，作为原来已知输入条件的地表(畦面)相对高程却成为未知量，故亟待借助随机模拟方法在生成地表(畦面)相对高程数据基础上，获得相应的畦面微地形空间分布状况。

对大量实测的地表(畦面)相对高程数据进行数理统计分析表明，在$\alpha=0.05$显著水平上，其概率密度分布函数服从正态分布(图6-20)，这意味着地表(畦面)相对高程既具有随机性又具备一定程度的空间相关性。然而，利用随机模拟方法生成的高程数据却仅具有随机性，极需对其进行各种必要地修正，使之能准确表征地表(畦面)相对高程随机变量的物理属性。

在特定S_d值下，相同田块的地表(畦面)相对高程空间位置分布也具有随机性，理论上存在着无数种空间位置分布状况(图6-21)，这均会程度不一地影响畦田灌溉性能。为此，针对特定的S_d值，需要随机生成一定样本容量的数据组才能达到从总体表征地表(畦面)相对高程空间位置分布差异的目的，这就要求确定随机生成的地表(畦面)相对高程最小数据组样本容量，以便开展畦田灌溉性能数值模拟分析评价。

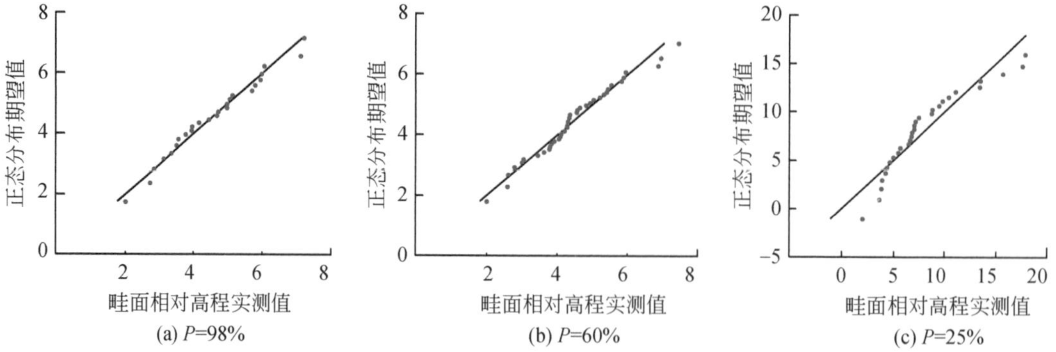

图 6-20　不同相伴概率值 P 对应的地表(畦面)相对高程的 Q-Q 正态概率

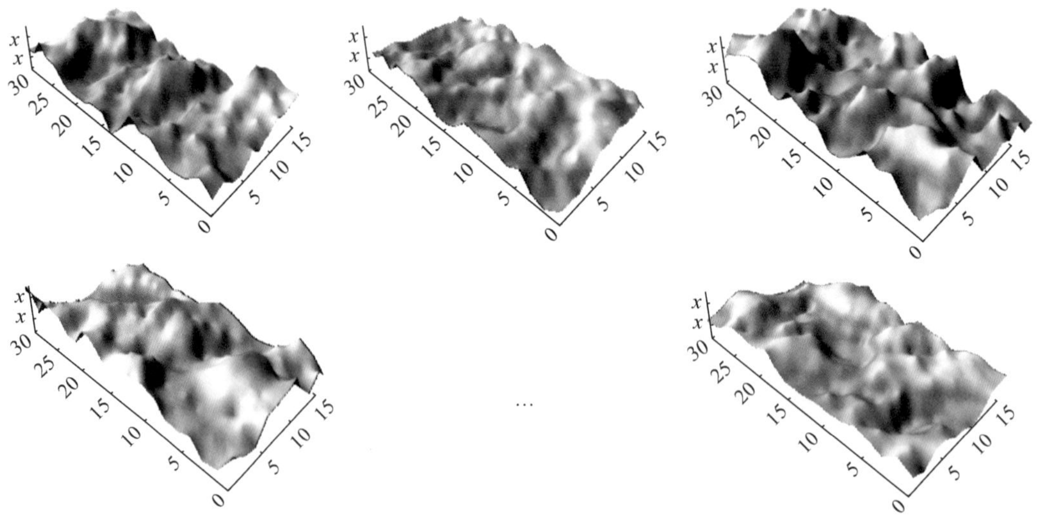

图 6-21　特定 S_d 值下地表(畦面)相对高程空间位置分布状况示意图

许迪等(2007)考虑到地表(畦面)相对高程空间分布既具备随机性又具有空间相关性的物理属性,在利用实测数据开展相对高程空间分布相关结构分析基础上,依据量化的畦块几何参数与相对高程空间变异特征参数之间相关依赖程度,构建起对后者进行估值的半经验公式。在此基础上,针对特定的地表(畦面)相对高程正态分布统计特征值($\bar{b}$ 和 S_d),对由 Monte-Carlo 随机方法模拟生成的地表(畦面)相对高程数据依次进行值域范围和空间相关性修正及统计特征值修正等一系列修正,使模拟的畦面微地貌形状更趋近于田间实际状况(图 6-22),建立起畦面微地形空间分布状况模拟方法。此外,依据构建的畦田灌溉性能评价指标的统计特征值与随机生成的地表(畦面)相对高程数据组样本容量之间的非线性关系,确定了不同 S_d 值下用于总体表征空间分布差异所需要的最小数据组样本容量。

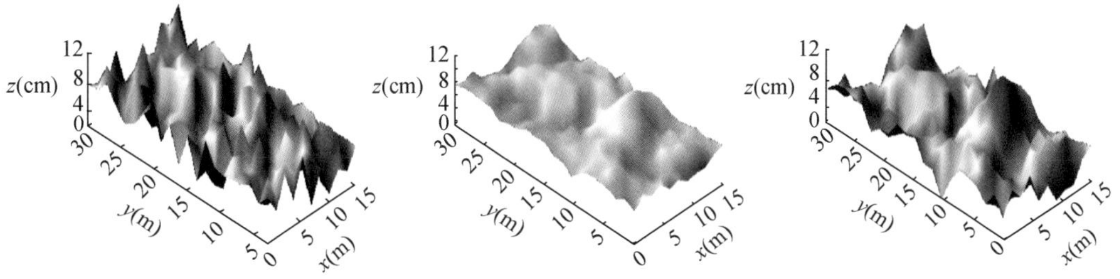

(a) 随机生成　　(b) 值域范围和空间相关性修正　　(c) 统计特征值修正

图 6-22　地表(畦面)相对高程数据的随机生成及其各种修正示意图

针对以上畦田灌溉数值模拟实验设计中 $S_d = 2\text{cm}$ 和 6cm 两种情况,基于相应的地表(畦面)相对高程最小数据组样本容量(许迪等,2007),开展畦田灌溉性能数值模拟分析评价,其中,模拟估算的畦田灌溉性能评价指标值均为该最小数据组样本容量下的算术平均值。在后续章节相关分析中,均采用所述方法随机模拟畦面微地形空间分布状况。

6.4.3　畦田灌溉性能评价指标

采用灌溉效率 E_a 和灌水均匀度 CU 定量评价畦田灌溉性能(Walker and Skogerboe, 1987):

$$E_a = \frac{Z_s}{Z_{\text{avg}}} \cdot 100\% \tag{6-52}$$

$$\text{CU} = 1 - \frac{\sum_{i=1}^{M} |Z_i - Z_{\text{avg}}|}{M \cdot Z_{\text{avg}}} \cdot 100\% \tag{6-53}$$

式中,Z_s 为储存在作物有效根系层内的平均灌水深度(mm);Z_{avg} 为畦田实际平均灌水深度(mm);Z_i 为畦田内第 i 个观测点处的实际灌水深度(mm);M 为畦田内观测点的数量。

6.4.4　畦田灌溉技术要素对畦灌性能评价影响程度对比分析

图 6-23 ~ 图 6-31 分别给出灌后畦田灌溉性能评价指标值随各向异性畦面糙率向量参数的变化趋势。可以发现,不同组合方案下的 E_a 与 CU 值围绕 β 的变化均呈现先增后降的趋势,且随着 n_B/n_A 比值的差异存在不同的变化幅度,相同单宽流量下较大 n_B/n_A 比值对应的 E_a 和 CU 极大值相对最高。入流形式也对不同组合方案下的 E_a 和 CU 值变化状况影响显著,线形入流和扇形入流下的 E_a 和 CU 值变化分布呈现出以 $\beta = 0$ 为轴的对称性特点,极大值都出现在 $\beta = 0$ 处,而角形入流下的极大值却出现在 $\beta = \pi/4$ 附近,E_a 和 CU 值变化分布为非对称性。有鉴于此,可采用 E_a 和 CU 值对 β 的变化率(即 β 每增大 1 个单位下 E_a 与 CU 值的变化量 $\Delta E_a/\Delta\beta$ 和 $\Delta\text{CU}/\Delta\beta$)作为判别各技术要素对畦田灌溉性能评价影响程度的依据,即较大的变化率意味着较强的影响程度。

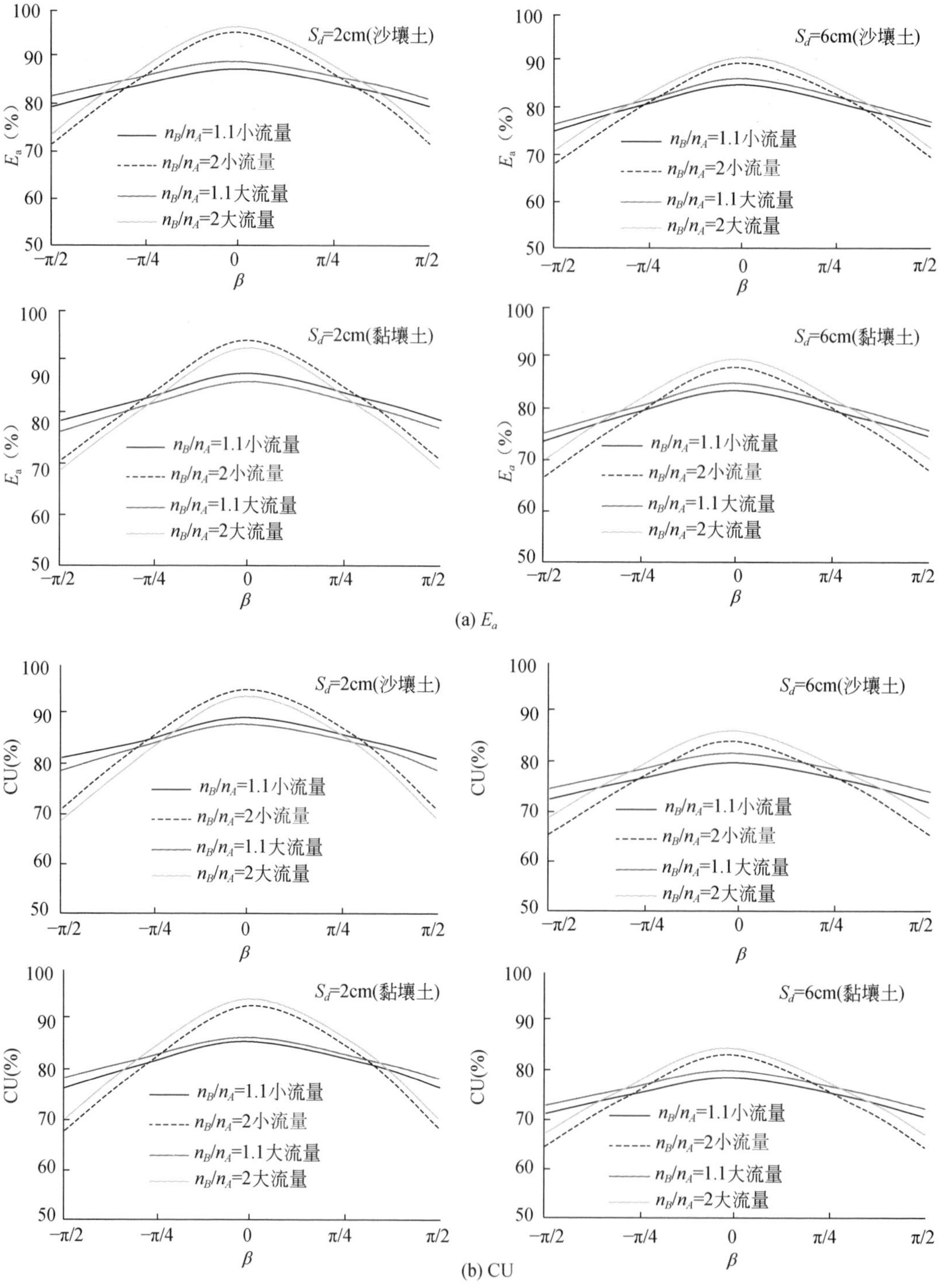

图 6-23　宽畦线性入流下畦田灌溉性能评价指标值随各向异性畦面糙率向量参数的变化趋势

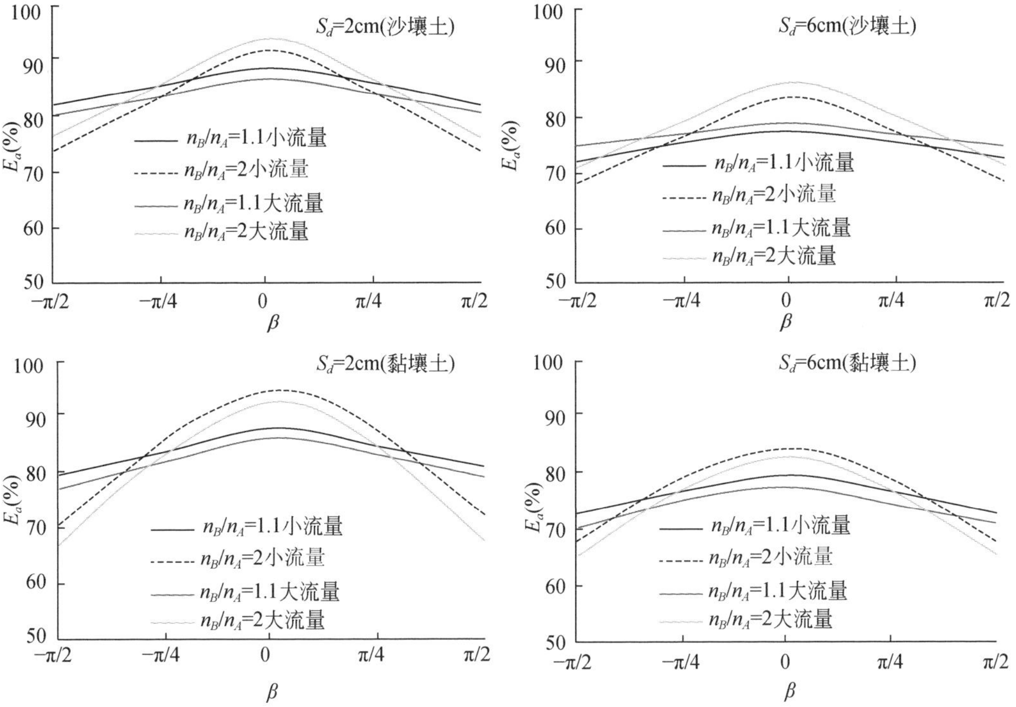

(a) E_a

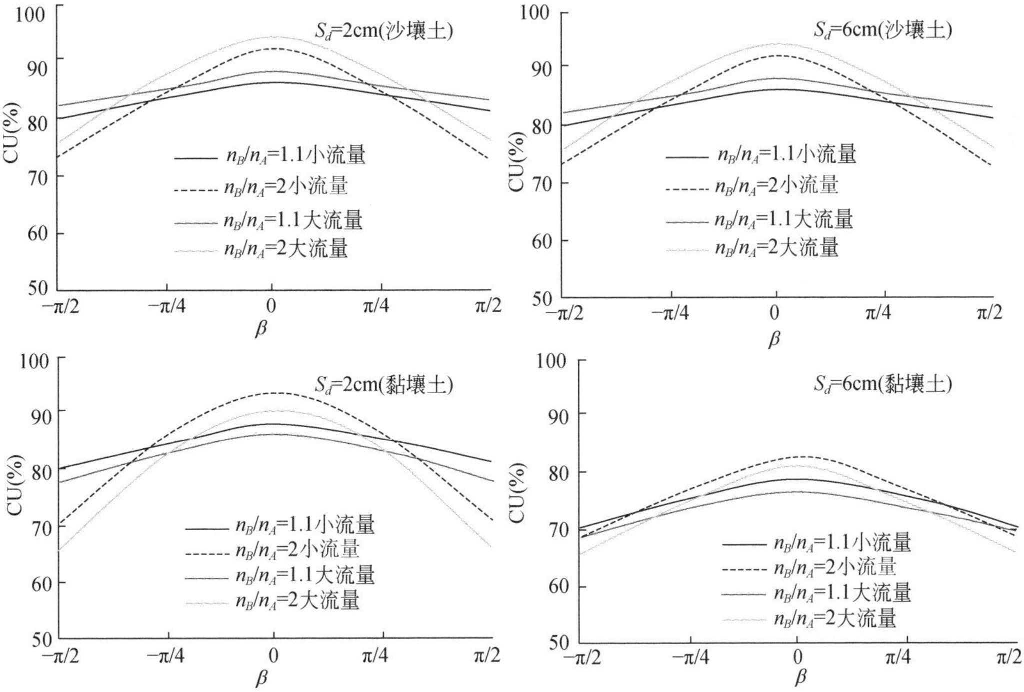

(b) CU

图 6-24　宽畦扇形入流下畦田灌溉性能评价指标值随各向异性畦面糙率向量参数的变化趋势

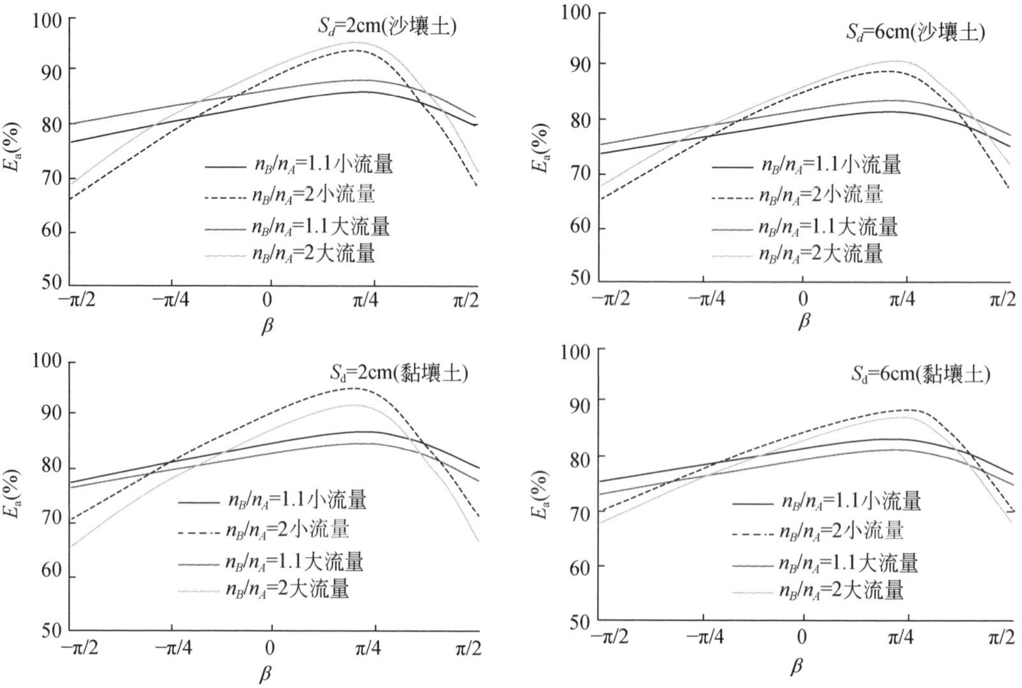

(a) E_a

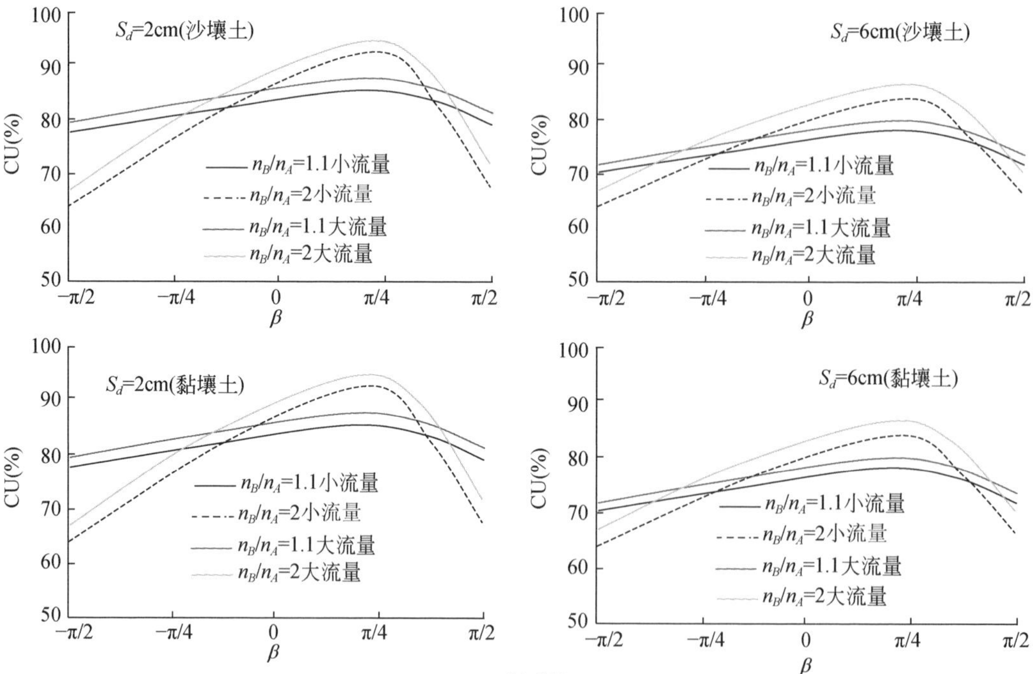

(b) CU

图 6-25　宽畦角形入流下畦田灌溉性能评价指标值随各向异性畦面糙率向量参数的变化趋势

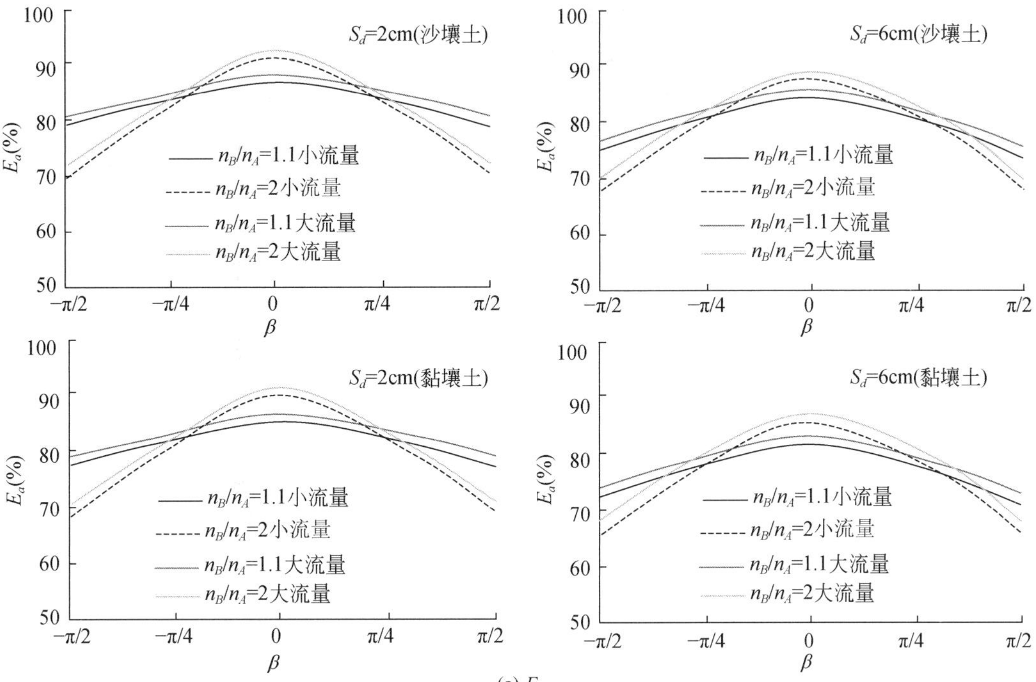

(a) E_a

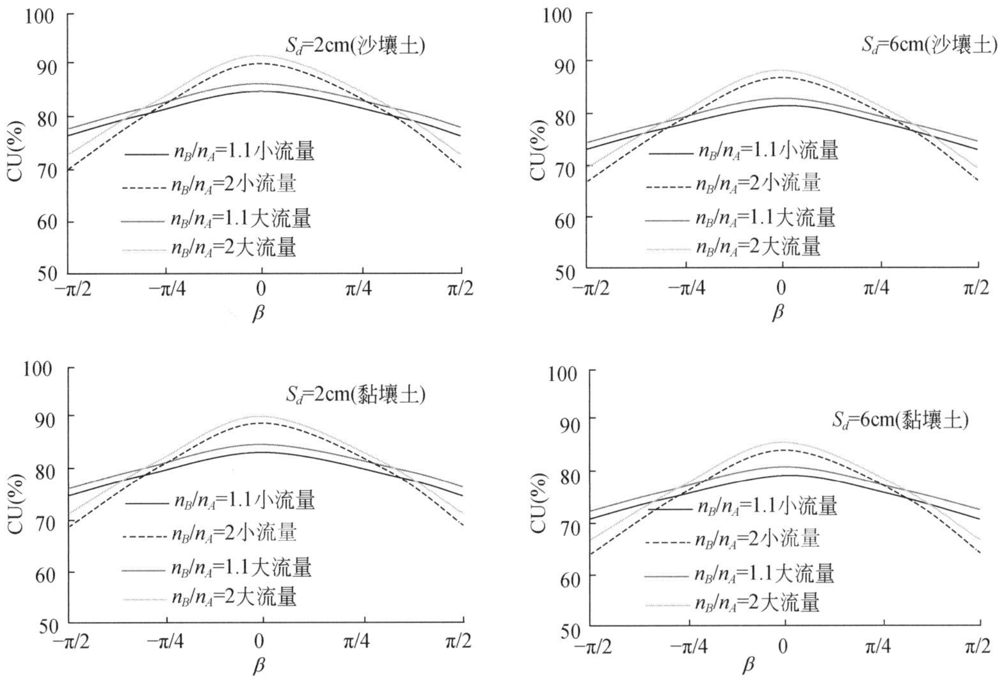

(b) CU

图 6-26　窄畦线性入流下畦田灌溉性能评价指标值随各向异性畦面糙率向量参数的变化趋势

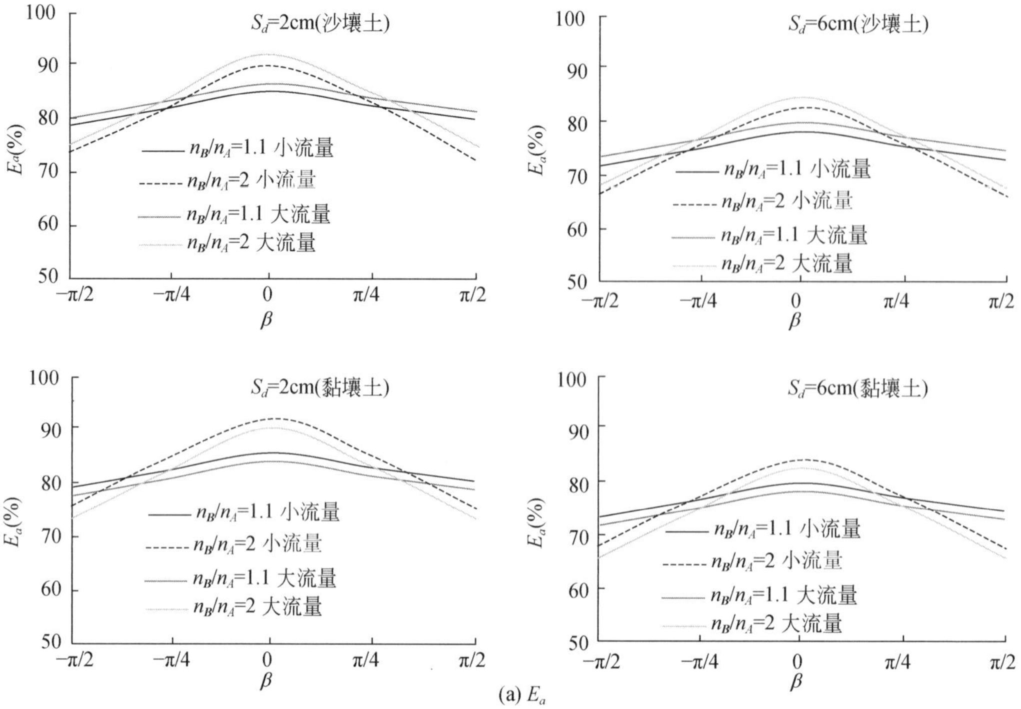

(a) E_a

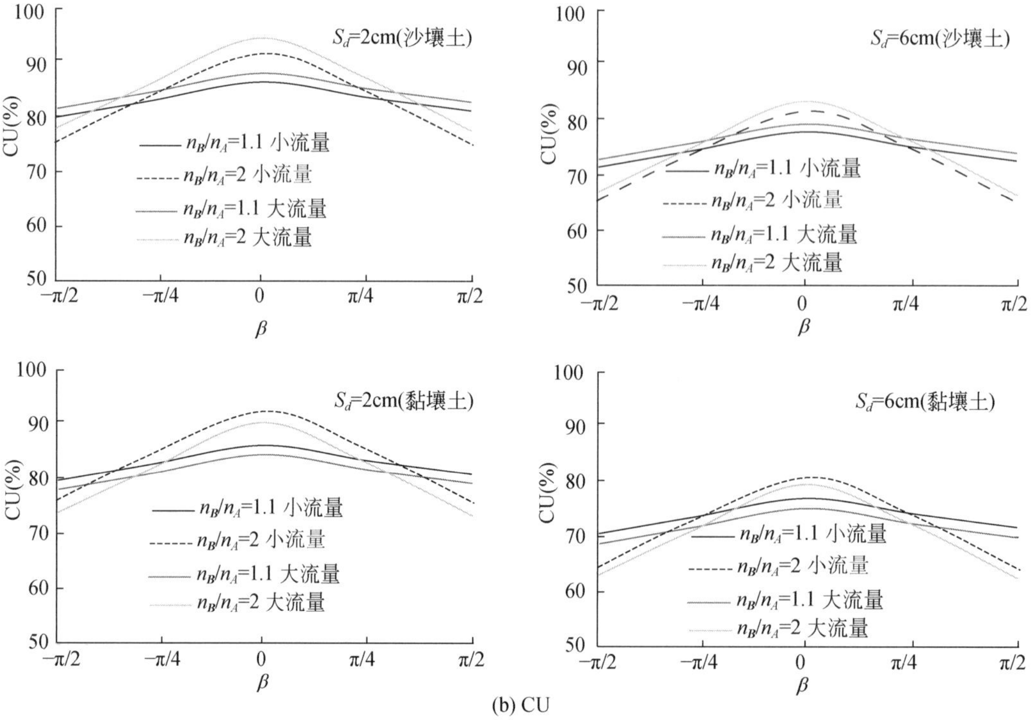

(b) CU

图 6-27　窄畦扇形入流下畦田灌溉性能评价指标值随各向异性畦面糙率向量参数的变化趋势

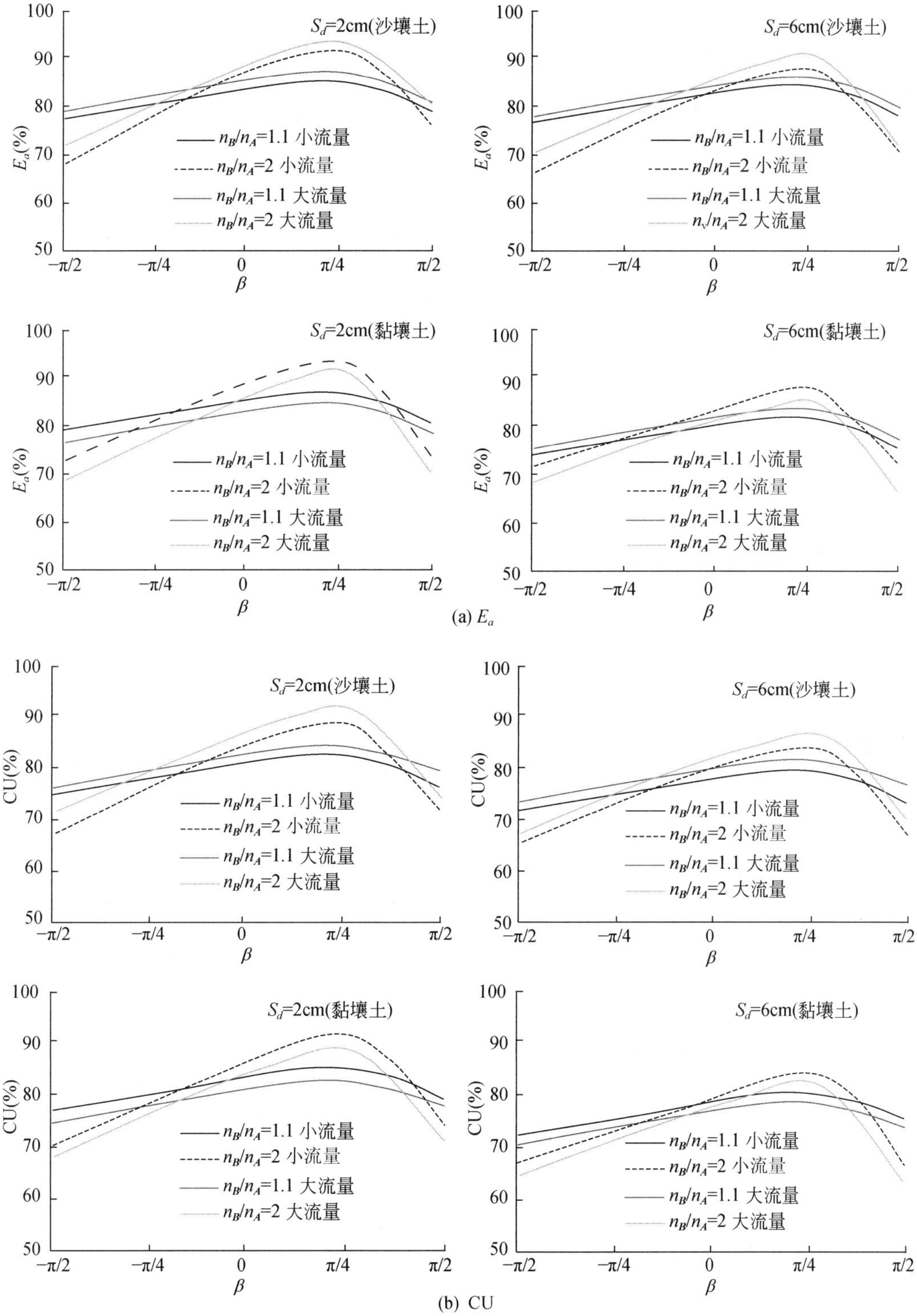

图 6-28　窄畦角形入流下畦田灌溉性能评价指标值随各向异性畦面糙率向量参数的变化趋势

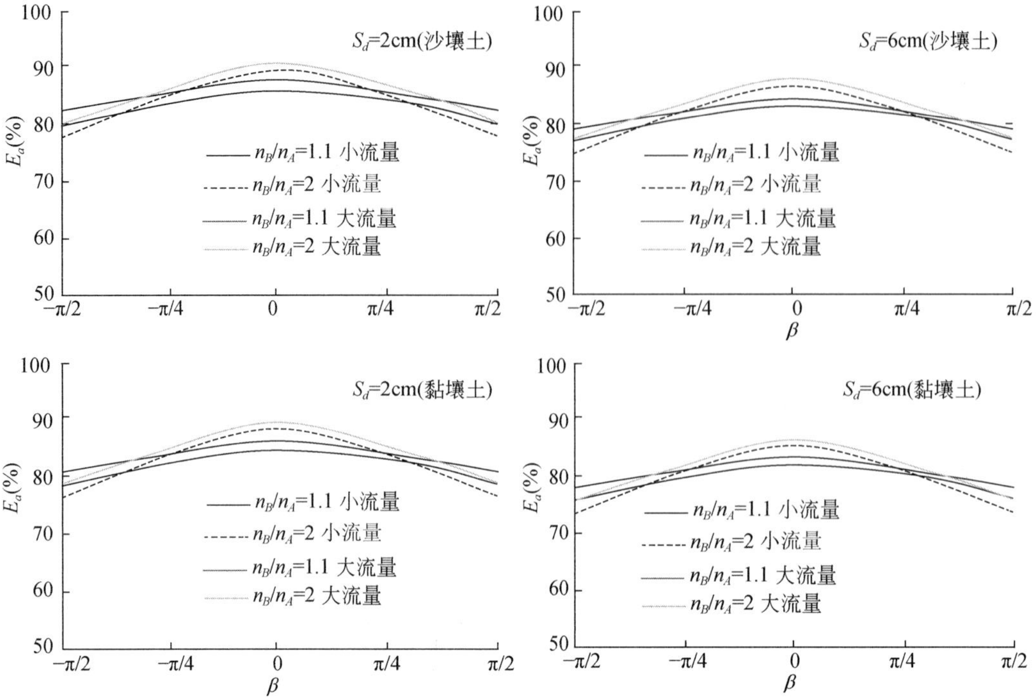

(a) E_a

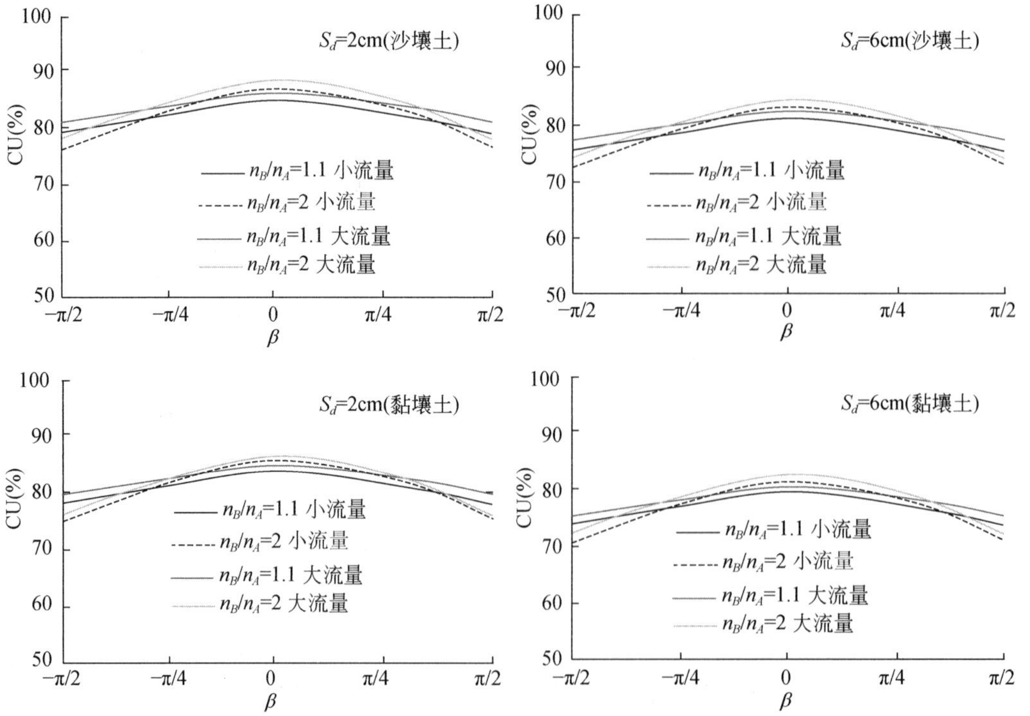

(b) CU

图 6-29　条畦线形入流下畦田灌溉性能评价指标值随各向异性畦面糙率向量参数的变化趋势

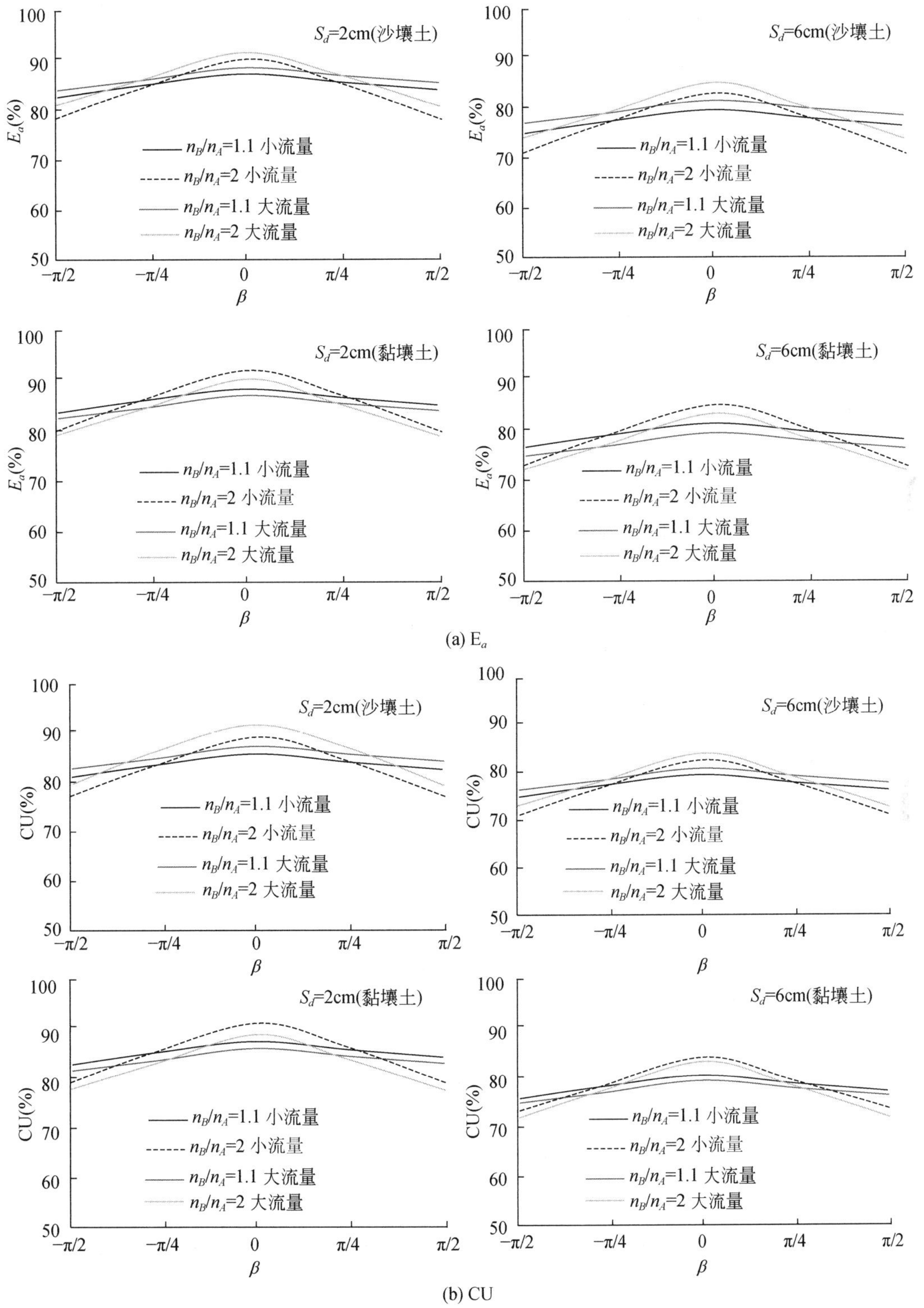

图 6-30　条畦扇形入流下畦田灌溉性能评价指标值随各向异性畦面糙率向量参数的变化趋势

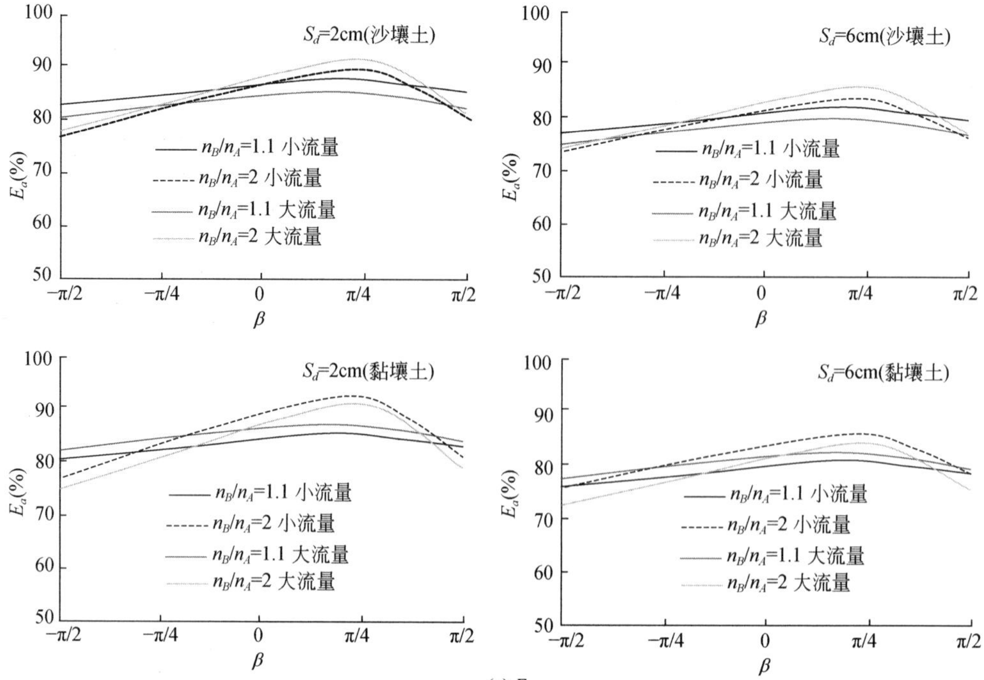

(a) E_a

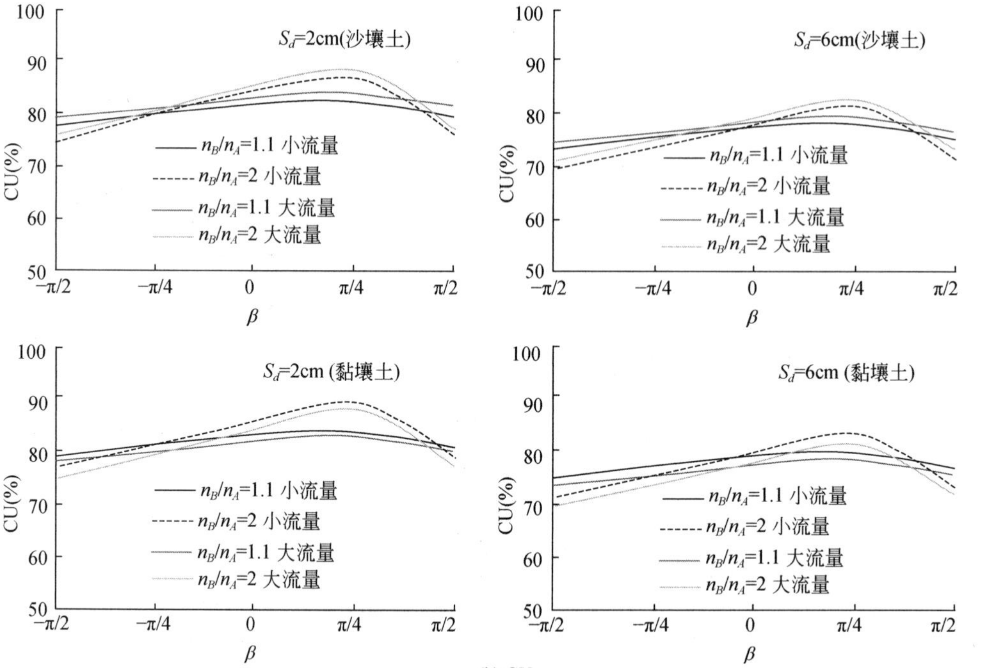

(b) CU

图 6-31　条畦角形入流下畦田灌溉性能评价指标值随各向异性畦面糙率向量参数的变化趋势

6.4.4.1　畦田规格对畦田灌溉性能评价影响程度

如图 6-23 ~ 图 6-31 所示，在 E_a 和 CU 值达到极大值之前，当 $S_d = 2$cm 且 $n_B/n_A = 2$ 时，

宽畦、窄畦和条畦规格下 $\Delta E_a/\Delta\beta$ 的平均值分别为0.603、0.557和0.448，$\Delta CU/\Delta\beta$ 的平均值分别为0.534、0.489和0.436，而 $n_B/n_A=1.1$ 下的相应值则分别为0.292、0.273、0.224和0.287、0.267、0.216；当 $S_d=6cm$ 且 $n_B/n_A=2$ 时，宽畦、窄畦和条畦规格下 $\Delta E_a/\Delta\beta$ 的平均值分别为0.510、0.433和0.328，$\Delta CU/\Delta\beta$ 的平均值分别为0.431、0.327和0.306，而 $n_B/n_A=1.1$ 下的相应值则分别为0.216、0.197、0.178和0.211、0.186、0.154。在 E_a 和CU值达到极大值后，对不同畦田规格而言，线形入流和扇形入流下的变化趋势呈对称性下降，而角形入流下却表现为非对称性降低。

对不同 n_B/n_A 比值而言，当畦田规格从条畦→窄畦→宽畦时，对应的 $\Delta E_a/\Delta\beta$ 和 $\Delta CU/\Delta\beta$ 逐渐增加，这表明考虑各向异性畦面糙率对畦田灌溉性能评价的影响程度逐渐加大，且对宽畦影响的程度最大。

6.4.4.2 入流形式对畦田灌溉性能评价影响程度

如图6-23～图6-31所示，在 E_a 和CU值达到极大值之前，当 $S_d=2cm$ 且 $n_B/n_A=2$ 时，线形入流、扇形入流和角形入流形式下 $\Delta E_a/\Delta\beta$ 的平均值分别为0.501、0.512和0.568，$\Delta CU/\Delta\beta$ 的平均值分别为0.473、0.498和0.531，而 $n_B/n_A=1.1$ 下的相应值则分别为0.287、0.305、0.324和0.276、0.297、0.314；当 $S_d=6cm$ 且 $n_B/n_A=2$ 时，线形入流、扇形入流和角形入流形式下 $\Delta E_a/\Delta\beta$ 的平均值分别为0.447、0.465和0.534，$\Delta CU/\Delta\beta$ 的平均值分别为0.418、0.436和0.524，而 $n_B/n_A=1.1$ 下的相应值则分别为0.229、0.245、0.287、0.228、0.251、0.301。在 E_a 和CU值达到极大值后，对不同入流形式而言，线形入流和扇形入流下的变化趋势呈对称性下降，而角形入流下却表现为非对称性降低。

对不同 n_B/n_A 比值而言，当入流形式从线形入流→扇形入流→角形入流时，对应的 $\Delta E_a/\Delta\beta$ 和 $\Delta CU/\Delta\beta$ 逐渐上升，这意味着考虑各向异性畦面糙率对畦田灌溉性能评价的影响程度逐渐增强，且对角形入流影响的程度最大。

6.4.4.3 土壤类型对畦田灌溉性能评价影响程度

如图6-23～图6-31所示，在 E_a 和CU值达到极大值之前，当 $S_d=2cm$ 且 $n_B/n_A=2$ 时，黏壤土和沙壤土下 $\Delta E_a/\Delta\beta$ 的平均值分别为0.538和0.523，$\Delta CU/\Delta\beta$ 的平均值分别为0.408和0.420，而 $n_B/n_A=1.1$ 下的相应值则分别为0.305、0.308、0.303、0.305；当 $S_d=6cm$ 且 $n_B/n_A=2$ 时，黏壤土和沙壤土下 $\Delta E_a/\Delta\beta$ 的平均值分别为0.498和0.479，$\Delta CU/\Delta\beta$ 的平均值分别为0.425和0.432，而 $n_B/n_A=1.1$ 下的相应值则分别为0.287、0.290和0.289、0.287。在 E_a 和CU值达到极大值后，对不同土壤类型而言，线形入流和扇形入流下的变化趋势呈对称性下降，而角形入流下却表现为非对称性降低。

对不同 n_B/n_A 比值而言，当土壤质地从黏壤土到沙壤土时，尽管前者下的 $\Delta E_a/\Delta\beta$ 和 $\Delta CU/\Delta\beta$ 稍低于后者，但彼此间差异很小，考虑各向异性畦面糙率对不同土壤类型畦田灌溉性能评价的影响程度基本相近。

6.4.4.4 单宽流量对畦田灌溉性能评价影响程度

如图6-23～图6-31所示，在 E_a 和CU值达到极大值之前，当 $S_d=2cm$ 且 $n_B/n_A=2$ 时，

入畦小流量和大流量下 $\Delta E_a/\Delta\beta$ 的平均值分别为 0.524 和 0.510，$\Delta CU/\Delta\beta$ 的平均值分别为 0.516 和 0.531，而 $n_B/n_A=1.1$ 下的相应值则分别为 0.287、0.289 和 0.294、0.298；当 $S_d=6$cm 且 $n_B/n_A=2$ 时，入畦小流量和大流量下 $\Delta E_a/\Delta\beta$ 的平均值分别为 0.507 和 0.500，$\Delta CU/\Delta\beta$ 的平均值分别为 0.498 和 0.477，而 $n_B/n_A=1.1$ 下的相应值则分别为 0.318、0.320 和 0.309、0.313。在 E_a 和 CU 值达到极大值后，对不同单宽流量而言，线形入流和扇形入流下的变化趋势呈对称性下降，而角形入流下却表现为非对称性降低。

对不同 n_B/n_A 比值而言，当 q 从 2L/(s · m) 增大到 4L/(s · m) 时，尽管前者下的 $\Delta E_a/\Delta\beta$ 和 $\Delta CU/\Delta\beta$ 稍低于后者，但彼此间差别很小，考虑各向异性畦面糙率对不同单宽流量畦田灌溉性能评价的影响程度基本相似。

6.4.4.5 畦面微地形空间分布状况对畦田灌溉性能评价影响程度

如图 6-23 ~ 图 6-31 所示，在 E_a 和 CU 值达到极大值之前，$S_d=2$cm 且 $n_B/n_A=2$ 下 $\Delta E_a/\Delta\beta$ 和 $\Delta CU/\Delta\beta$ 的平均值分别为 0.531 和 0.509，而 $n_B/n_A=1.1$ 下的相应值则分别为 0.268 和 0.254；$S_d=6$cm 且 $n_B/n_A=2$ 下 $\Delta E_a/\Delta\beta$ 和 $\Delta CU/\Delta\beta$ 的平均值分别为 0.713 和 0.642，而 $n_B/n_A=1.1$ 下的相应值则分别为 0.369 和 0.347。在 E_a 和 CU 值达到极大值后，对不同畦面微地形空间分布状况而言，线形入流和扇形入流下的变化趋势呈对称性下降，而角形入流下却表现为非对称性降低。

对不同 n_B/n_A 比值而言，当 S_d 值从 2cm 增大到 6cm 时，对应的 $\Delta E_a/\Delta\beta$ 和 $\Delta CU/\Delta\beta$ 有所加大，这意味着考虑各向异性畦面糙率对畦田灌溉性能评价的影响逐渐增强，且对较差畦面微地形空间分布状况影响的程度最大。

6.4.4.6 各向异性畦面糙率向量参数阈值

在考虑各向异性畦面糙率下的畦田灌溉性能影响评价中，亟待了解和获悉当各向异性畦面糙率达到何种程度时，才有必要考虑其对畦田灌溉性能的影响，也即确定各向异性畦面糙率向量参数的阈值。从前述结果分析可知，各向异性畦面糙率向量的物理本质主要源于 $n_A\neq n_B$，而非 β。由于 n_B/n_A 的值体现出两者之间的相对差异程度，故应确定其阈值。为此，基于各灌溉技术要素对畦灌性能评价影响程度的对比分析结果，借助二次样条插值方法，计算得到不同典型畦田规格和入流形式下畦田灌溉性能评价指标等值线的分布状况(图 6-32 ~ 图 6-40)。

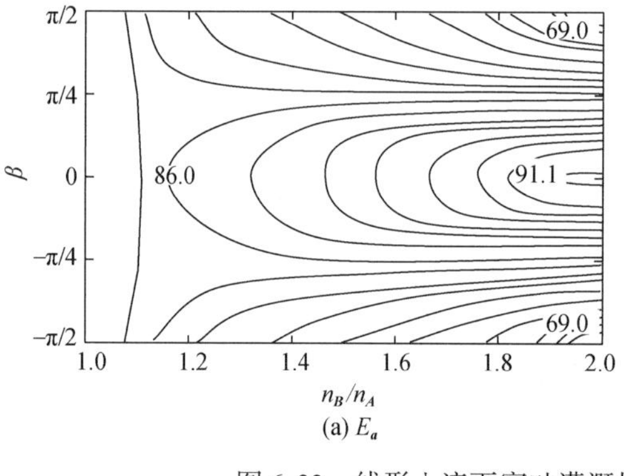

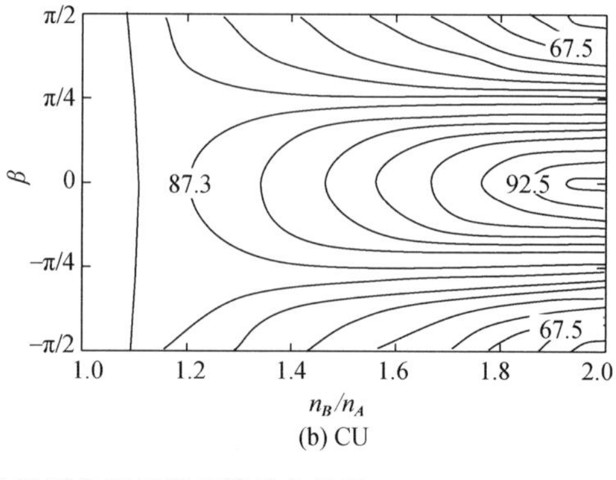

图 6-32 线形入流下宽畦灌溉性能评价指标等值线分布状况

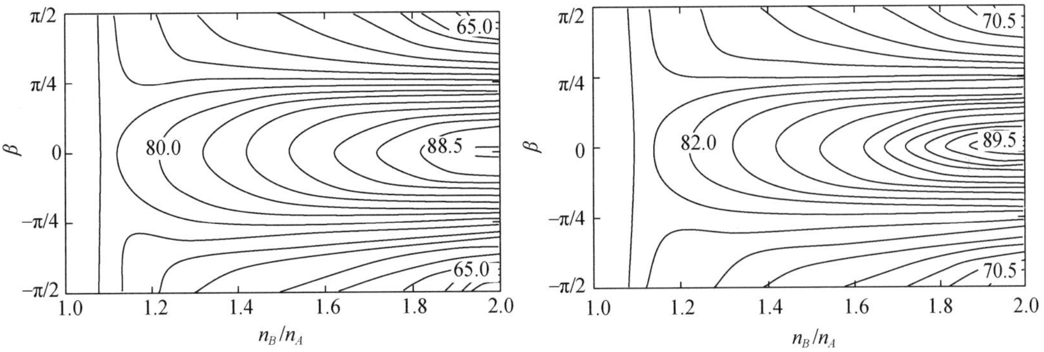

(a) E_a　　(b) CU

图 6-33　扇形入流下宽畦灌溉性能评价指标等值线分布状况

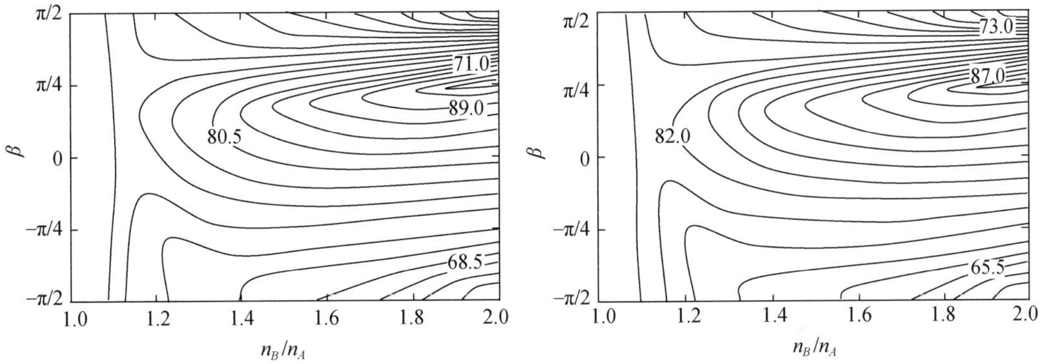

(a) E_a　　(b) CU

图 6-34　角形入流下宽畦灌溉性能评价指标等值线分布状况

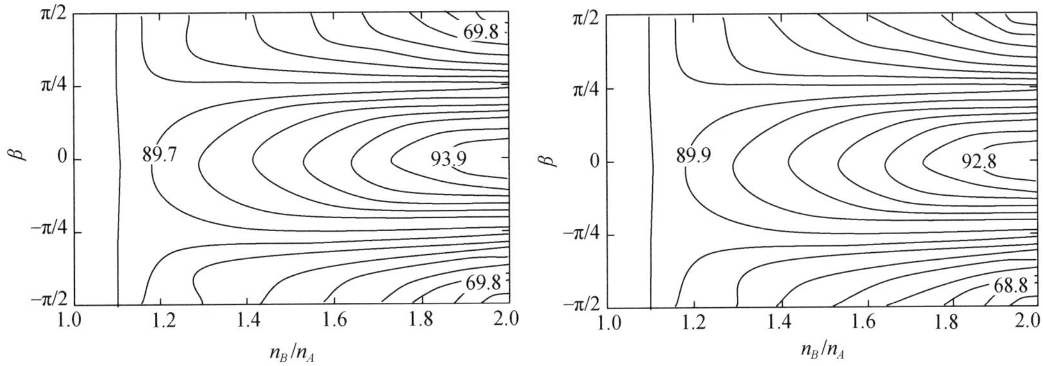

(a) E_a　　(b) CU

图 6-35　线形入流下窄畦灌溉性能评价指标等值线分布状况

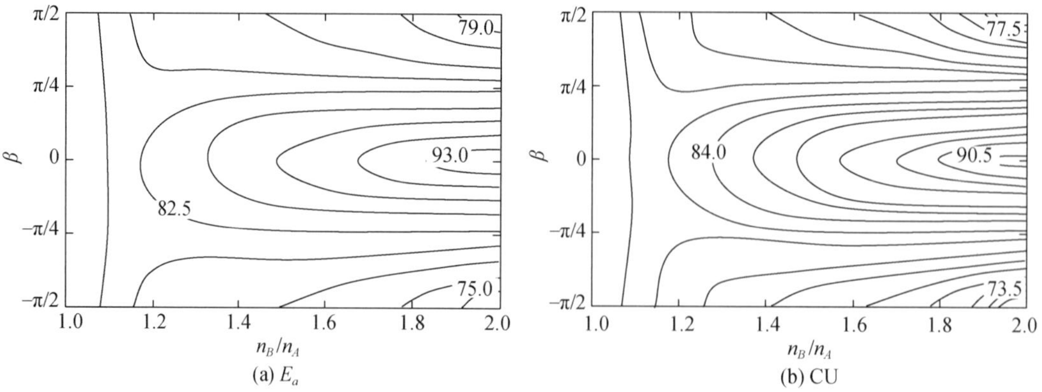

图 6-36 扇形入流下窄畦灌溉性能评价指标等值线分布状况

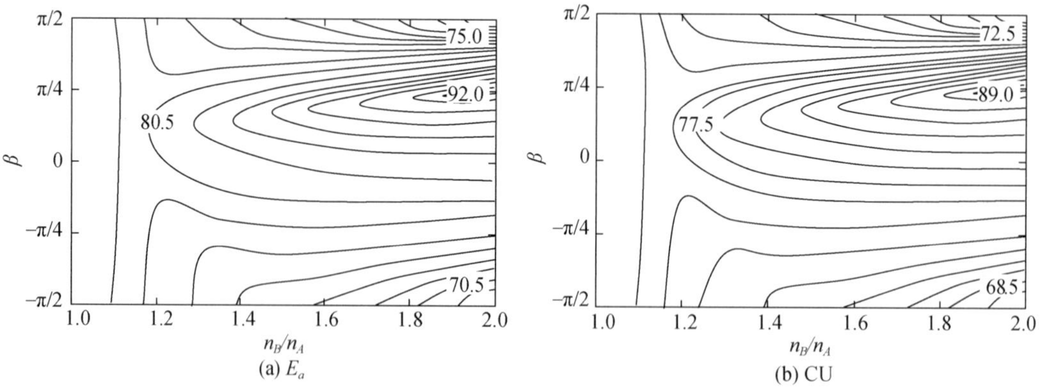

图 6-37 角形入流下窄畦灌溉性能评价指标等值线分布状况

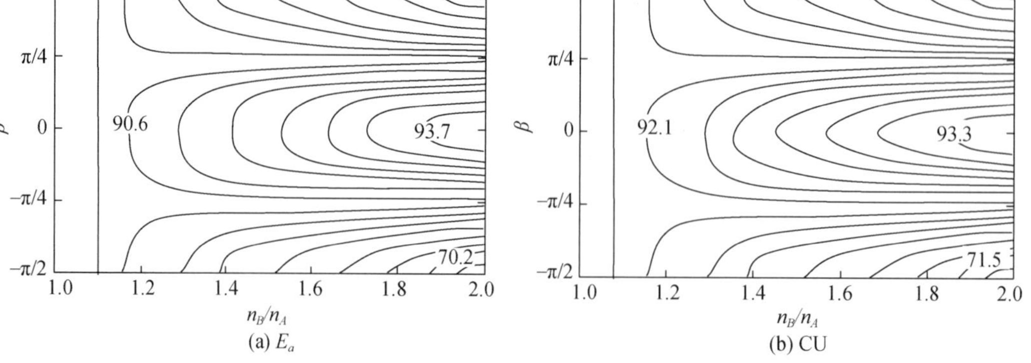

图 6-38 线形入流下条畦灌溉性能评价指标等值线分布状况

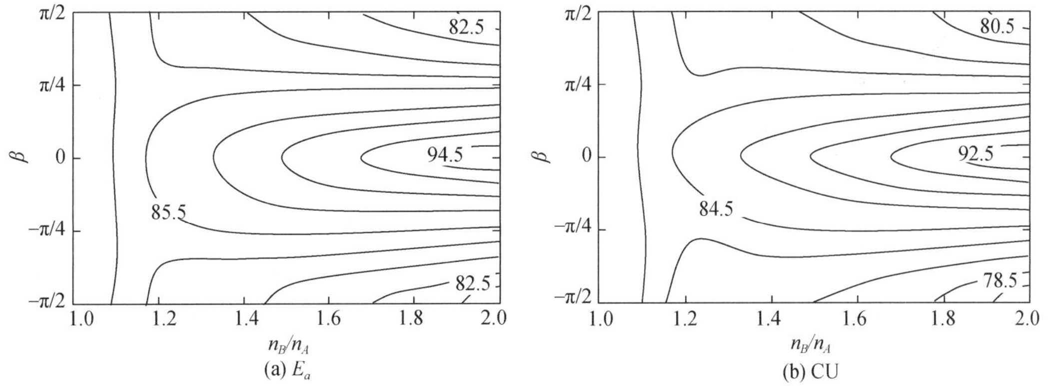

图6-39　扇形入流下条畦灌溉性能评价指标等值线分布状况

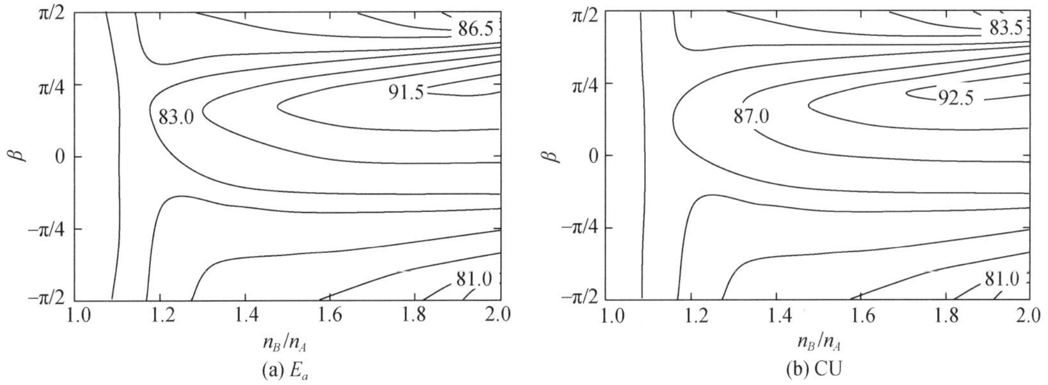

图6-40　角形入流下条畦灌溉性能评价指标等值线分布状况

如图6-32～图6-40所示，在 n_B/n_A 和 β 构成的坐标系中，E_a 和CU的等值线分布结构与形状相类似，彼此间差异仅在于局部等值线的位置及其数量大小。当 n_B/n_A 的平均值约大于1.1时，β 开始起明显作用，此时在畦田灌溉性能评价中考虑各向异性畦面糙率的影响较为适宜，也即 n_B/n_A 的阈值应为1.1，这与在山东引黄灌区得到的实测结果基本相符（陈博，2012）。

6.5　结　　论

本章在考虑地表水流对流效应和扩散效应并存前提下，构造了张量型地表水流运动扩散系数，基于各向同性畦面糙率向量推导得到各向异性畦面糙率向量，将由两者共同组成的各向异性畦面糙率模型代入基于双曲–抛物型方程结构的守恒–非守恒型全水动力学方程，从而构建起考虑各向异性畦面糙率的全水动力学方程畦田灌溉模型，有效解决了数值模拟各向异性畦面糙率对畦田灌溉性能影响评价的关键技术难题。

考虑各向异性畦面糙率特征并未影响基于双曲–抛物型方程结构的守恒–非守恒型全水动力学方程畦田灌溉模型的数值计算稳定性、水量平衡性能、计算效率和收敛速率，但却明显减小了地表水流运动推进时间和消退时间的平均相对误差，其平均相对误差分别减少了5.0～9.7个百分点和6.0～13.2个百分点，显著提高了估值精度，真实反映出地表阻力对畦田水流运动产生的影响作用。

在宽畦、角形入流、较差畦面微地形空间分布状况等条件下，考虑各向异性畦面糙率对畦田灌溉性能评价影响的程度相对较大，而土壤类型和单宽流量差异的影响则相对较小。当n_B/n_A的值大于1.1时，应在畦田灌溉方案优化设计与性能评价中考虑各向异性畦面糙率带来的影响，并尽量避免和消除因耕播等农作活动造成的畦面斜向浅沟和浅辙，有效减小β的影响，提升畦田灌溉质量。

参考文献

白美健. 2007. 微地形和入渗空间变异及其对畦灌系统影响的二维模拟评价. 中国水利水电科学研究院博士学位论文

陈博. 2012. 地下水浅埋区灌溉需水量及不同畦面结构下畦灌过程和效果研究. 中国科学院地理科学与资源研究所博士学位论文

许迪，龚时宏，李益农，等. 2007. 农业高效用水技术研究与创新. 北京：中国农业出版社

Bear J. 1972. Dynamic of Fluids in Porous Media. New York: Dover

Bradford S F, Katopodes B F. 2001. Finite volume model for non-level basin irrigation. Journal of Irrigation and Drainage Engineering, 127(4): 216-223

Brufau P, Garcia N P, Playán E, et al. 2002. Numerical modeling of basin irrigation with an upwind scheme. Journal of Irrigation and Drainage Engineering, 128(4): 212-223

Bubrovin B A, Fomenko A T, Novikov S P. 1999. Modern Geometry-Methods and Applications Part Ⅰ. The Geometry of Surface, Transformation Group, and Fields (2nd Edition). Beijing: World Publishing Corporation

Burguete J, Zapata N, García-Navarro P, et al. 2009. Fertigation in furrows and level furrow systems. Ⅰ: model description and numerical tests. Journal of Irrigation and Drainage Engineering, 135(4): 401-412

García-Navarro P, Playán E, Zapata N. 2000. Solute transport modeling in overland flow applied to fertigation. Journal of Irrigation and Drainage Engineering, 126(1): 33-40

Hubbard M E, Garcia-Navarro P. 2000. Flux difference splitting and the balancing of source terms and flux gradients. Journal of Computational Physics, 2000, 165(1): 89-125

Itskov M. 2013. Tensor Algebra and Tensor Analysis for Engineers: With Applications to Continuum Mechanics. New York: Springer

LeVeque R J. 2002. Finite volume methods for hyperbolic problems. Cambridge: Cambridge University Press

Mailapalli D R, Raghuwanshi N S, Singh R, et al. 2008. Spatial and temporal variation of manning's roughness coefficient in furrow irrigation. Journal of Irrigation and Drainage Engineering, 134(2): 185-192

Marsden J, Ratiu T. 1999. Introduction to Mechanics and Symmetry. New York: Spring-Verlag New York, Inc

Pope S B. 2000. Turbulent Flows. Cambridge: Cambridge University Press

Strelkoff T S, Clemmens A J, Bautista E. 2009a. Estimation of soil and crop hydraulic properties. Journal of Irrigation and Drainage Engineering, 135(5): 537-555

Strelkoff T S, Clemmens A J, Bautista E. 2009b. Field properties in surface irrigation management and design. Journal of Irrigation and Drainage Engineering, 135(5): 525-536

Strelkoff T S, Tamimi A H, Clemmens A J. 2003. Two-dimensional basin flow with irregular bottom configuration. Journal of Irrigation and Drainage Engineering, 129(6): 391-401

Temam R. 1997. Infinite Dimensonal Dynamical Systems in Mechanics and Physics. New York: Springer

Tijms H C. 1994. Stochastic Models: An Algorithmic Approach. New York: John Wiley & Sons

Tritton D J. 1988. Physical Fluid Dynamics. New York: Oxford Science Publications

第 7 章
Chapter 7

利用 Richards 方程估算入渗通量的全水动力学方程畦田灌溉地表水流运动模拟

畦田灌溉地表水下渗进入土壤可为作物生长提供所需水分条件，故合理估算入渗通量对维系作物正常发育生长至关重要（Vico and Porporato，2011）。以往在地表水流运动模型中常采用 Kostiakov 公式（Strelkoff et al.，2009）估算地表入渗率及累积入渗量（Bradford and Katopodes，2001；Brufau et al.，2002；Strelkoff et al.，2003），但该公式并没有考虑土壤水分上移对入渗产生的顶托作用（He et al.，2008；Bautista et al.，2010；Weill et al.，2011），且仅能获得入渗水深沿畦面纵向分布状况而无法确知土壤水分时空分布状况（Vico and Porporato，2011）。为了更精确模拟畦田灌溉地表水流运动过程，人们借助全水动力学方程与土壤水动力学方程（Richards 方程）相耦合的方式，利用 Richards 方程替代 Kostiakov 公式估算地表入渗率，获得土壤水分时空分布状况（Zerihun et al.，2005；Banti et al.，2010）。

Richards 方程和全水动力学方程同属于偏微分方程，在联合求解过程中，存在着相互耦合问题（Furman，2008），不同耦合模式下的模拟性能之间差异较大（Panday and Huyakom，2004）。如图 7-1 所示，现有耦合模式主要包括外耦合、迭代耦合和全耦合（Morita and Yen，2002；Huang and Yeh，2009）。外耦合是以全水动力学方程获得的地表水深作为上边界条件，直接赋予 Richards 方程开展模拟计算，两方程之间无迭代过程，计算效率相对较高，但因未考虑土壤水对地表水的非线性反作用影响，模拟精度相对较低（Huang and Yeh，2009）。迭代耦合是在任一时间步内，以入渗水深或地表水深作为模拟迭代计算收敛的判别标准，通过交替运算全水动力学方程和 Richards 方程，直到计算结果符合预设的模拟精度时为止，计算效率相对较低，但模拟精度却有所改善（Huang and Yeh，2009）。全耦合是同步解算全水动力学方程和 Richards 方程的方式，两个方程被视为整体系统，边界条件以隐式形式被变换为该整体系统的内部条件，计算效率较高，数值计算稳定性较好，但需要全隐求解全水动力学方程才能构造出整体系数矩阵（Gunduz and Aral，2005）。迄今为止，全隐数值模拟求解全水动力学方程的四点偏心差分格式（Preissmann 格式）的时空离散精度仅为一阶，且其难以有效处置干湿边界条件（Morton and Mayers，2005），只能用于常年有水且趋近恒定流的一维河流水动力学问题（Gunduz and Aral，2005），而无法模拟复杂干湿边界下畦田灌溉地表水非恒定流运动。然而，在第 5 章构建的基于双曲–抛物型方程结构的守恒–非守恒型全水动力学方程及其全隐数值模拟解法，却有效克服了现有全耦合模式中存在的以上难题，为利用 Richards 方程估算入渗通量的全水动力学方程畦田灌溉地表水流运动模拟提供了可靠的方法。

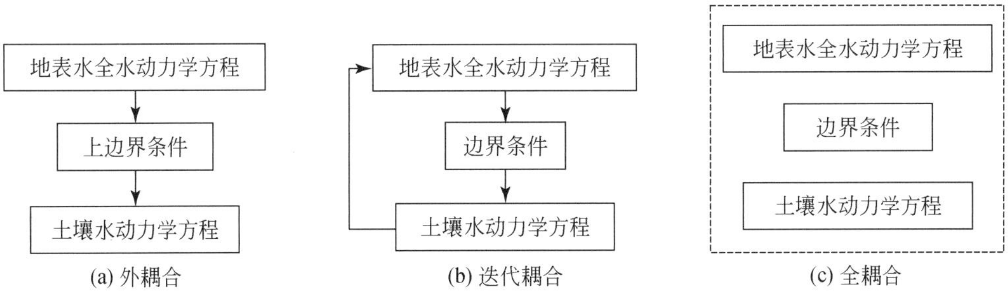

图 7-1　地表水全水动力学方程与土壤水动力学方程联合求解下的耦合模式

本章依据全水动力学方程地表入渗项与 Richards 方程入渗通量项属于同一物理过程的事实,基于线性系统叠加原理,建立地表水与土壤水动力学全耦合方程和全耦合模式,构建利用 Richards 方程估算入渗通量的基于双曲-抛物型方程结构的守恒-非守恒型全水动力学方程畦田灌溉模型。基于典型畦田灌溉试验实测数据,对比评价不同耦合模式下采用 Kostiakov 公式和 Richards 方程估算入渗通量的基于双曲-抛物型方程结构的守恒-非守恒型全水动力学方程畦田灌溉模型的模拟效果,揭示畦面微地形空间分布状况对地表水流运动模拟结果的直观物理影响,并依据畦田灌溉数值模拟实验设计,分析评价采用 Richards 方程估算入渗通量下灌溉技术要素对畦田灌溉性能的影响。

7.1 利用 Richards 方程估算入渗通量的全水动力学方程畦田灌溉模型构建及数值模拟求解

在利用 Richards 方程替代 Kostiakov 公式估算地表入渗率基础上,建立地表水与土壤水动力学全耦合方程和全耦合模式,构建利用 Richards 方程估算入渗通量的基于双曲-抛物型方程结构的守恒-非守恒型全水动力学方程,给出相应的初始条件和边界条件及适宜的时空离散数值模拟解法。

7.1.1 利用 Richards 方程估算入渗通量的全水动力学方程

基于双曲-抛物型方程结构的守恒-非守恒型全水动力学方程描述畦田灌溉地表水流运动过程,利用 Richards 方程表述非饱和土壤水运动过程,建立地表水与土壤水动力学全耦合方程及其在计算区域交界处的全耦合模式,构建利用 Richards 方程估算入渗通量的基于双曲-抛物型方程结构的守恒-非守恒型全水动力学方程。

7.1.1.1 地表水与土壤水动力学全耦合方程

(1)全水动力学方程

已构建的基于双曲-抛物型方程结构的守恒-非守恒型全水动力学方程[式(5-16)和式(5-17)]的非向量形式被重述如下:

$$\frac{\partial\zeta}{\partial t}=\frac{\partial}{\partial x}\left(K_w\frac{\partial\zeta}{\partial x}\right)+\frac{\partial}{\partial y}\left(K_w\frac{\partial\zeta}{\partial y}\right)-\left[\frac{\partial}{\partial x}(K_w\cdot C_x)+\frac{\partial}{\partial y}(K_w\cdot C_y)\right]-i_c \tag{7-1}$$

$$\frac{\partial q_x}{\partial t}+\frac{\partial}{\partial x}(q_x\cdot\bar{u})+\frac{\partial}{\partial y}(q_x\cdot\bar{v})=-g(\zeta-b)\frac{\partial\zeta}{\partial x}-g\frac{n^2\cdot\bar{u}\sqrt{\bar{u}^2+\bar{v}^2}}{(\zeta-b)^{1/3}}+\frac{1}{2}i_c\cdot\bar{u} \tag{7-2}$$

$$\frac{\partial q_y}{\partial t}+\frac{\partial}{\partial x}(q_y\cdot\bar{u})+\frac{\partial}{\partial y}(q_y\cdot\bar{v})=-g(\zeta-b)\frac{\partial\zeta}{\partial y}-g\frac{n^2\cdot\bar{v}\sqrt{\bar{u}^2+\bar{v}^2}}{(\zeta-b)^{1/3}}+\frac{1}{2}i_c\cdot\bar{v} \tag{7-3}$$

式中,ζ 为地表水位相对高程[地表水深 h+地表(畦面)相对高程 b](m);$\bar{u}$ 和 $\bar{v}$ 分别为沿 x 和 y 坐标向的地表水流垂向均布流速(m/s);q_x和 q_y分别为沿 x 和 y 坐标向的单宽流量[$m^3/(s\cdot m)$];g 为重力加速度(m/s^2);K_w为地表水流扩散系数;n 为畦面糙率系数($s/m^{1/3}$);i_c为地表入渗率(cm/min);C_x和 C_y分别为单宽流量沿地表水深平均的对流效应。

(2)土壤水动力学方程

Richards 方程被表达如下(雷志栋等,1988):

$$\frac{\partial\theta}{\partial t}=\frac{\partial}{\partial x}\left(K\frac{\partial h}{\partial x}\right)+\frac{\partial}{\partial y}\left(K\frac{\partial h}{\partial y}\right)+\frac{\partial}{\partial z}\left(K\frac{\partial h}{\partial z}\right)+\frac{\partial K}{\partial z} \tag{7-4}$$

式中,θ 为土壤体积含水量(cm^3/cm^3);h 为土壤压力水头(cm),由于具有与地表水深相同的势能含义,且在地表-土壤系统中连续可微,故采用同一变量表述;K 为非饱和土壤水力传导度(cm/min)。

当建立全水动力学方程与 Richards 方程之间的耦合关系时,式(7-4)常被表达为如下形式:

$$\frac{\partial\theta}{\partial t}=\nabla\cdot[K\cdot\nabla(h+z)] \tag{7-5}$$

式中,$\nabla\cdot$ 和 ∇ 分别为散度算子和梯度算子;$(h+z)$ 为土壤水势能(简称土水势)(cm)。

在不考虑土壤压缩性且土壤处于饱和状态下,式(7-4)和式(7-5)又可被约化成如下形式(Pei et al.,2006):

$$\frac{\partial}{\partial x}\left(K\frac{\partial h}{\partial x}\right)+\frac{\partial}{\partial y}\left(K\frac{\partial h}{\partial y}\right)+\frac{\partial}{\partial z}\left(K\frac{\partial h}{\partial z}+K\right)=0\quad 或\quad \nabla\cdot[K\cdot\nabla(h+z)]=0 \tag{7-6}$$

采用 VG(van Genuchten)模型(van Genuchten,1980)描述土壤体积含水量 θ 与土壤压力水头 h 间的函数关系,得

$$\theta=\begin{cases}\theta_r+\dfrac{\theta_s-\theta_r}{(1+|\alpha\cdot h|^n)^m} & h<0\\ \theta_s & h\geqslant 0\end{cases} \tag{7-7}$$

式中,θ_s 和 θ_r 分别为土壤饱和体积含水量和残余体积含水量(cm^3/cm^3);α、n 和 m 分别为无量纲的经验参数,且 $m=1-1/n$。

基于式(7-7),非饱和土壤水力传导度被表达为

$$K=\begin{cases}K_s\cdot S_e^{1/2}[1-(1-S_e^{1/m})^m]^2 & h<0\\ K_s & h\geqslant 0\end{cases} \tag{7-8}$$

式中,K_s 为土壤饱和水力传导度(cm/min);S_e 为土壤有效饱和度,$S_e=(\theta-\theta_r)/(\theta_s-\theta_r)$。

(3)地表水与土壤水动力学全耦合方程

基于 Richards 方程,i_c 可被表达为

$$i_c=-[K\cdot\nabla(h+z)]\cdot\boldsymbol{n}|_{z=0^-} \tag{7-9}$$

式中,$z=0^-$ 为地表下侧;$\boldsymbol{n}$ 为地表上侧处的外向单位法向量。

将式(7-9)代入式(7-1)~式(7-3)后,即可获得地表水与土壤水动力学全耦合方程:

$$\left\{\frac{\partial\zeta}{\partial t}-\frac{\partial}{\partial x}\left(K_w\frac{\partial\zeta}{\partial x}\right)-\frac{\partial}{\partial y}\left(K_w\frac{\partial\zeta}{\partial y}\right)+\left[\frac{\partial}{\partial x}(C_x\cdot K_w)+\frac{\partial}{\partial y}(C_x\cdot K_w)\right]\right\}_{z=0^+}=[K\cdot\nabla(h+z)]\cdot\boldsymbol{n}|_{z=0^-} \tag{7-10}$$

$$\left[\frac{\partial q_x}{\partial t}+\frac{\partial}{\partial x}(q_x\cdot\bar{u})+\frac{\partial}{\partial y}(q_x\cdot\bar{v})+g(\zeta-b)\frac{\partial\zeta}{\partial x}+g\frac{n^2\cdot\bar{u}\sqrt{\bar{u}^2+\bar{v}^2}}{(\zeta-b)^{1/3}}\right]_{z=0^+}=-\frac{1}{2}\bar{u}\cdot[K\cdot\nabla(h+z)]\cdot\boldsymbol{n}\Big|_{z=0^-} \tag{7-11}$$

$$\left[\frac{\partial q_y}{\partial t}+\frac{\partial}{\partial x}(q_y \cdot \bar{u})+\frac{\partial}{\partial y}(q_y \cdot \bar{v})+g(\zeta-b)\frac{\partial \zeta}{\partial y}+g\frac{n^2 \cdot \bar{v}\sqrt{\bar{u}^2+\bar{v}^2}}{(\zeta-b)^{1/3}}\right]_{z=0^+}=-\frac{1}{2}\bar{v}\cdot[K\cdot\nabla(h+z)]\cdot \boldsymbol{n}\bigg|_{z=0^-} \tag{7-12}$$

式中,$z=0^+$为地表上侧。

7.1.1.2　地表水动力学方程与 Richards 方程全耦合模式

受限于方程的经典表述方式及其数值模拟解法,现有全耦合模式下均采用零惯量(扩散波)方程描述畦田灌溉地表水流运动过程,这仅实现了地表水动力学方程与 Richards 方程间的质量守恒耦合,但没有考虑两者间的动量守恒耦合。然而,正是动量守恒耦合而非质量守恒耦合决定着任意时空区域内地表水深分布和土壤水分布的模拟精度(LeVeque,2002),故仅改善质量守恒耦合的效果或许将被舍去动量守恒耦合的做法所削弱或抵消,甚至出现更大计算误差(Chidyagwai and Rivière,2011)。采用高精度全隐时间格式是保障全耦合模式运行的基本前提(Huang and Yeh,2009),为此,构建的基于双曲–抛物型方程结构的守恒–非守恒型全水动力学方程及其全隐数值模拟解法,就为实现地表水动力学方程与 Richards 方程全耦合求解并消除现有全耦合模式中存在的缺陷奠定了坚实基础。

如图 7-2 所示,现有全耦合模式下仅在地表水动力学方程与 Richards 方程的质量守恒之间建立了互动关系[图 7-2(b)],但在建立的全耦合模式下却实现了地表水动力学方程的质量和动量双重守恒与土壤水动力学方程的质量守恒(因土水势梯度驱动着土壤水运动,故无动量守恒的概念)之间的非线性互动关联[图 7-2(a)],从而有效改善了地表水深分布和土壤水分布的模拟精度。

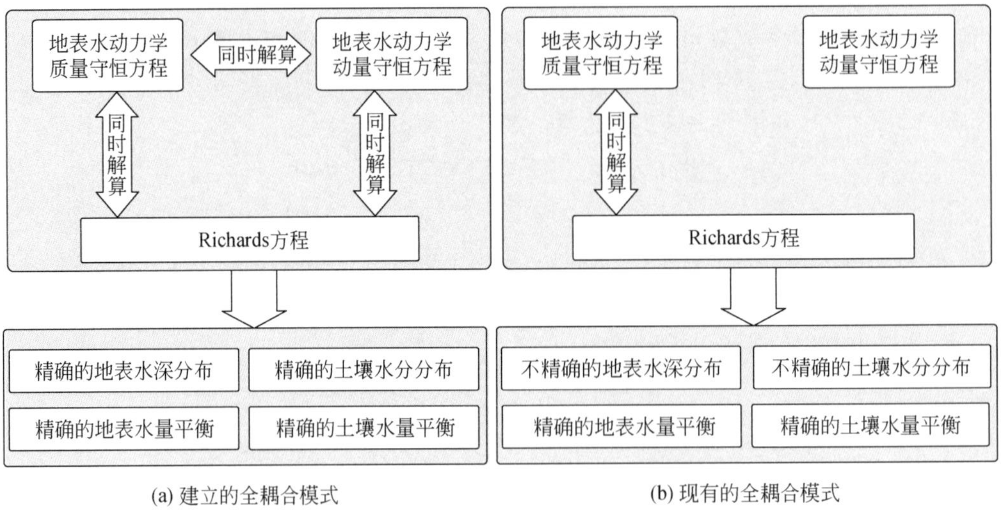

图 7-2　地表水动力学方程与 Richards 方程全耦合模式之间的对比

7.1.2　初始条件和边界条件

初始条件分别针对全水动力学方程和 Richards 方程,而边界条件则仅针对地表水与土壤水动力学全耦合方程。

7.1.2.1　初始条件

当 $t=0$ 时，由于计算区域内各空间位置点处的地表水深 h 和地表水流垂向均布流速 $\bar{u}$ 和 $\bar{v}$ 均为零，故地表水位相对高程 $\zeta=b$，初始土壤压力水头则为实测的土壤压力水头现状。

7.1.2.2　边界条件

畦首入流边界为给定的单宽流量条件［式(5-18)］，畦埂无流边界为零流量条件［式(5-19)］。此外，地表与土壤交界面处的水流通量条件由式(7-10)～式(7-12)给定，无须再设置其他边界条件。在土层四周边界及其底层边界处，给定自由通量(零势能梯度)边界条件，即

$$K \cdot \nabla(h+z)=0 \tag{7-13}$$

7.1.3　数值模拟方法

需要数值模拟求解的方程包括式(7-1)～式(7-3)及式(7-5)和式(7-6)，但由于建立了地表水与土壤水动力学全耦合方程，故实际需求解式(7-5)和式(7-6)及式(7-10)～式(7-12)。其中，式(7-5)和式(7-6)及式(7-10)属于抛物型方程，采用零耗散中心格式有限体积法空间离散，而式(7-11)和式(7-12)被合并后属于双曲型方程，利用开发的标量耗散有限体积法空间离散，并建立相关的全隐时间离散格式。

7.1.3.1　空间离散

(1)抛物型方程(土壤水动力学方程)空间离散

如图 7-3 所示，在计算区域内第 i 个四面体单元格上，若 Φ_i 为其包含的区域，$|\Phi_i|$ 为其包含的体积，$\partial\Phi_i$ 为其包含的 4 个外表面，则对式(7-5)中各项做空间积分平均，得

$$\frac{1}{|\Phi_i|}\iiint_{\Phi_i} \frac{\partial\theta}{\partial t}\mathrm{d}x\mathrm{d}y\mathrm{d}z = \frac{1}{|\Phi_i|}\iiint_{\Phi_i} \nabla\cdot[K\cdot\nabla(h+z)]\mathrm{d}x\mathrm{d}y\mathrm{d}z \tag{7-14}$$

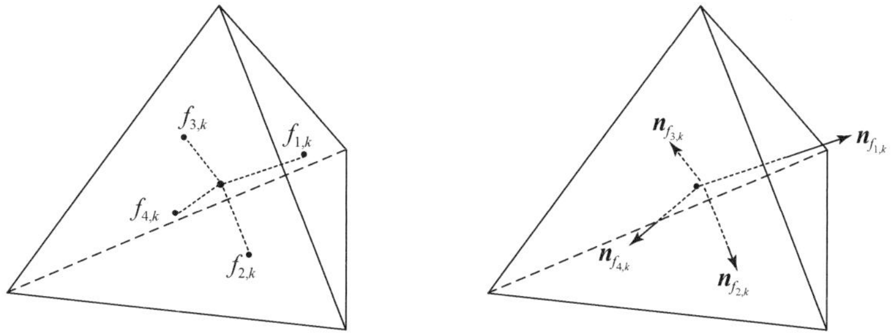

图 7-3　典型四面体单元格下符号标记的示意图

式(7-14)等号左侧项称作土壤含水率时间导数积分平均项，而等号右侧项则称作土水势扩散积分平均项。

1)任意四面体单元格节点处的土壤压力水头变量值重构。如图 7-4 所示，对第 i 个四面体单元格节点 v_i 处的土壤压力水头 h_{v_i} 而言，可由与之相关的各单元格中心变量值重构

如下：

$$h_{v_i} = \sum_{k \in \sigma_{v_i}^S} \omega_k^v \cdot h_k \tag{7-15}$$

式中，$\sigma_{v_i}^S$为共享单元格节点 v_i处所有四面体单元格的集合；$\omega_k^v = \dfrac{|\Phi_{c_{i,k}^v}|}{\sum_k |\Phi_{c_{i,k}^v}|}$，其中，$|\Phi_{c_{i,k}^v}|$为$\sigma_{v_i}^S$中第 k 个单元格 $c_{i,k}^v$的体积（m^3）；h_k 为四面体单元格 $c_{i,k}^v$中心的土壤压力水头值（m）。

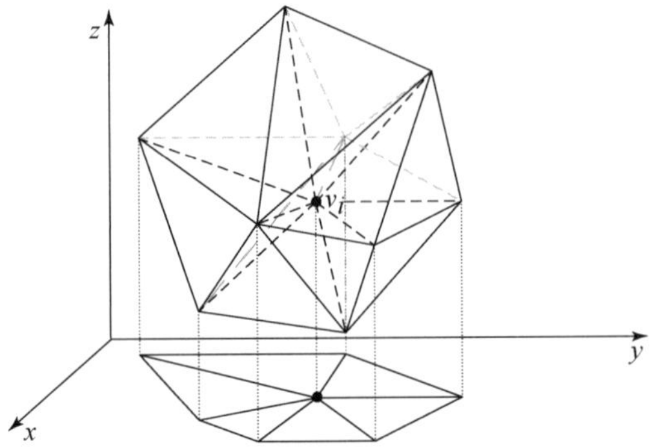

图 7-4　共享单元格节点 v_i处的四面体单元格集合 $\sigma_{v_i}^S$

2）土壤含水率时间导数积分平均项的有限体积法离散格式。以第 i 个四面体单元格中心变量为基本变量，考虑到四面体包含的区域不随时间而变的事实，对土壤含水率时间导数积分平均项进行空间离散，得

$$\frac{1}{|\Phi_i|}\iiint_{\Phi_i} \frac{\partial\theta}{\partial t}\mathrm{d}x\mathrm{d}y\mathrm{d}z = \frac{1}{|\Phi_i|} \cdot \frac{\mathrm{d}\theta_i}{\mathrm{d}t}\iiint_{\Phi_i}\mathrm{d}x\mathrm{d}y\mathrm{d}z = \frac{\mathrm{d}\theta_i}{\mathrm{d}t} \tag{7-16}$$

3）土水势扩散积分平均项的有限体积法离散格式。采用高斯公式将土水势扩散积分平均项的体积分转换为单元格外表面的面积分后，对其进行空间离散，得

$$\begin{aligned}\frac{1}{|\Phi_i|}\iiint_{\Phi_i} \nabla\cdot[K \cdot \nabla(h+z)]\mathrm{d}x\mathrm{d}y\mathrm{d}z &= \frac{1}{|\Phi_i|}\oiint_{\partial\Phi_i}[K \cdot \nabla(h+z)] \cdot \boldsymbol{n}\mathrm{d}S \\ &= \frac{1}{|\Phi_i|}\sum_{k=1}^{4}[K \cdot \nabla(h+z)]_{f_{i,k}} \cdot \boldsymbol{n}_{f_{i,k}} \cdot S_{f_{i,k}}\end{aligned} \tag{7-17}$$

式中，$\boldsymbol{n}_{f_{i,k}}$为第 i 个四面体单元格外表面 $f_{i,k}$处的外向单位法向量，包括分量 n_x、n_y和 n_z；$S_{f_{i,k}}$为第 i 个四面体单元格外表面 $f_{i,k}$的面积（m^2）。

式（7-17）等号右侧项中的$[K \cdot \nabla(h+z)]_{f_{i,k}} \cdot \boldsymbol{n}_{f_{i,k}}$被计算如下：

$$\begin{aligned}[K \cdot \nabla(h+z)]_{f_{i,k}} \cdot \boldsymbol{n}_{f_{i,k}} &= K_{f_{i,k}} \frac{(h+z)_{f_{i,k}} - (h+z)_i}{d_{i,f_{i,k}}}\boldsymbol{n}_d \cdot \boldsymbol{n}_{f_{i,k}} \\ &= \frac{K_{f_{i,k}}(n_{d,x} \cdot n_x + n_{d,y} \cdot n_y + n_{d,z} \cdot n_z)}{d_{i,f_{i,k}}} \\ &\quad \cdot \left[\sum_{j_v=1,2,3}\lambda_{f_{i,k},j_v}(h_{j_v} + z_{j_v}) - (h_i + z_i)\right]\end{aligned} \tag{7-18}$$

式中，$\lambda_{f_{i,k},j_v}$为第 i 个四面体单元格外表面 $f_{i,k}$ 的重心坐标；h_{j_v} 为第 i 个四面体单元格外表面 $f_{i,k}$ 三个节点处的土壤压力水头值(m)，下标 j_v 为 $f_{i,k}$ 三个节点的标号；$d_{i,f_{i,k}}$ 为第 i 个四面体单元格中心 c_i 到外表面 $f_{i,k}$ 的距离(m)；$\boldsymbol{n}_d$ 为第 i 个四面体单元格外表面 $f_{i,k}$ 处的土水势梯度$[\nabla(h+z)]_{f_{i,k}}$的单位向量，包括 $n_{d,x}$、$n_{d,y}$ 和 $n_{d,z}$。

将(h_k+z_k)替代式(7-15)中的土壤压力水头 h_k，通过对比观察可知，式(7-18)中的 $h_{j_v}+z_{j_v}$ 恰好是如图7-4所示的第 i 个四面体单元格节点 v_i 处的土水势值$(h_{v_i}+z_{v_i})$。故若以四面体单元格外表面 $f_{i,k}$ 为关注点，则式(7-15)可被重新标记为 $h_{j_v}+z_{j_v}=\sum\limits_{j\in\sigma_{v_j}^S}\omega_j^v\cdot(h_j+z_j)$，代入式(7-18)后，可得到：

$$[K\cdot\nabla(h+z)]_{f_{i,k}}\cdot\boldsymbol{n}_{f_{i,k}}=\frac{K_{f_{i,k}}\cdot\bar{n}_{f_{i,k}}}{d_{i,f_{i,k}}}\cdot\left(\sum_{j_v=1,2,3;j\in\sigma_{v_j}^S}\lambda_{f_{i,k},j_v}\cdot\omega_j^v(h_j+z_j)-(h_i+z_i)\right)\tag{7-19}$$

式中，$\bar{n}_{f_{i,k}}=n_{d,x}\cdot n_x+n_{d,y}\cdot n_y+n_{d,z}\cdot n_z$。

再将式(7-19)代入式(7-17)等号右则项后，即可获得土水势扩散积分平均项的空间离散格式：

$$\begin{aligned}\frac{1}{|\Phi_i|}\iiint_{\Phi_i}\nabla\cdot[K\cdot\nabla(h+z)]\mathrm{d}x\mathrm{d}y\mathrm{d}z=&\frac{1}{|\Phi_i|}\sum_{k=1}^{4}\frac{K_{f_{i,k}}\cdot\bar{n}_{f_{i,k}}}{d_{i,f_{i,k}}}\\&\cdot\left(\sum_{j_v=1,2,3;j\in\sigma_{v_j}^S}\lambda_{f_{i,k},j_i}\cdot\omega_j^v(h_j+z_j)-(h_i+z_i)\right)\cdot S_{f_{i,k}}\end{aligned}\tag{7-20}$$

式(7-20)虽然包含了两重求和运算，但仍为待求变量 h_i 的线性函数，故可用向量符号将该式表达为如下紧致形式：

$$\frac{1}{|\Phi_i|}\iiint_{\Omega_i}\nabla\cdot[K\cdot\nabla(h+z)]\mathrm{d}x\mathrm{d}y\mathrm{d}z=(\boldsymbol{a}^{\mathrm{T}})_i\cdot\boldsymbol{h}_i+\varpi_i\tag{7-21}$$

式中，$(\boldsymbol{a}^{\mathrm{T}})_i$ 为两重求和运算下与 $\boldsymbol{h}_i$ 相关项的系数总和，上标T为向量转置运算符号；ϖ_i 为与 z_i 相关的各项之和。

对比式(7-6)和式(7-5)可知，式(7-21)也是式(7-6)等号左则非零项的空间离散格式。

(2)抛物型方程(全耦合方程)空间离散

式(7-10)的紧致表达式如下：

$$\left[\frac{\partial\zeta}{\partial t}-\nabla\cdot(K_{\mathrm{w}}\cdot\nabla\zeta)+\nabla\cdot(K_{\mathrm{w}}\cdot\boldsymbol{C})\right]_{z=0^+}=[K\cdot\nabla(h+h)]\cdot\boldsymbol{n}|_{z=0^-}\tag{7-22}$$

分别在地表上侧的二维三角形单元格Ω_i上，对式(7-22)做空间积分平均，得

$$\begin{aligned}&\left[\frac{1}{|\Omega_i|}\iint_{\Omega_i}\frac{\partial\zeta}{\partial t}\mathrm{d}x\mathrm{d}y-\frac{1}{|\Omega_i|}\iint_{\Omega_i}\nabla\cdot(K_{\mathrm{w}}\cdot\nabla\zeta)\mathrm{d}x\mathrm{d}y+\frac{1}{|\Omega_i|}\iint_{\Omega_i}\nabla\cdot(K_{\mathrm{w}}\cdot\boldsymbol{C})\mathrm{d}x\mathrm{d}y\right]_{z=0^+}\\&=\frac{1}{|\Omega_i|}\iint_{\Omega_i}[K\cdot\nabla(h+z)]\cdot\boldsymbol{n}\mathrm{d}x\mathrm{d}y\end{aligned}\tag{7-23}$$

式(7-23)等号左侧各项的空间离散表达式即顺次为式(5-22)、式(5-26)和式(5-28)，

分别被重述如下：

$$\frac{1}{|\Omega_i|}\iint_{\Omega_i}\frac{\partial\zeta}{\partial t}\mathrm{d}x\mathrm{d}y=\frac{1}{|\Omega_i|}\cdot\frac{\mathrm{d}\zeta_i}{\mathrm{d}t}\iint_{\Omega_i}\mathrm{d}x\mathrm{d}y=\frac{\mathrm{d}\zeta_i}{\mathrm{d}t}\tag{7-24}$$

$$\frac{1}{|\Omega_i|}\iint_{\Omega_i}\nabla\cdot(K_{\mathrm{w}}\cdot\nabla\zeta)\mathrm{d}x\mathrm{d}y=\frac{1}{|\Omega_i|}\sum_{k=1}^{3}\frac{(K_{\mathrm{w}})_{f_{i,k}}\cdot\bar{n}_{f_{i,k}}}{d_{i,f_{i,k}}}\cdot\left(\sum_{j_v=1,2,3;j\in\sigma_{v_j}}\lambda_{f_{i,k},j_v}\cdot\omega_j^v\cdot\zeta_j-\zeta_i\right)\cdot l_{f_{i,k}}\tag{7-25}$$

$$\frac{1}{|\Omega_i|}\iint_{\Omega_i}\nabla\cdot(K_{\mathrm{w}}\cdot\boldsymbol{C})\mathrm{d}x\mathrm{d}y=\frac{1}{|\Omega_i|}\oint_{\partial\Omega_i}(K_{\mathrm{w}}\cdot\boldsymbol{C})\cdot\boldsymbol{n}\mathrm{d}l=\frac{1}{|\Omega_i|}\sum_{k=1}^{3}(K_{\mathrm{w}}\cdot\boldsymbol{C})_{f_{i,k}}\cdot\boldsymbol{n}_{f_{i,k}}\cdot l_{f_{i,k}}\tag{7-26}$$

式(7-25)被标记为如式(5-27)所示的紧致形式：

$$\frac{1}{|\Omega_i|}\iint_{\Omega_i}\nabla\cdot(K_{\mathrm{w}}\cdot\nabla\zeta)\mathrm{d}x\mathrm{d}y=(\boldsymbol{a}^{\mathrm{T}})_i\cdot\boldsymbol{\zeta}_i\tag{7-27}$$

式(7-26)等号的右侧项被标记为如式(5-29)所示的变量 ϖ_i：

$$\varpi_i=\frac{1}{|\Omega_i|}\sum_{k=1}^{3}(K_{\mathrm{w}}\cdot\boldsymbol{C})_{f_{i,k}}\cdot\boldsymbol{n}_{f_{i,k}}\cdot l_{f_{i,k}}\tag{7-28}$$

对式(7-23)等号右侧项，由于 $\mathrm{d}x\mathrm{d}y=\mathrm{d}S$（Morton and Mayers，2005），故可得到式(7-29)：

$$\frac{1}{|\Omega_i|}\iint_{\Omega_i}[K\cdot\nabla(h+z)]\cdot\boldsymbol{n}\mathrm{d}x\mathrm{d}y=\frac{1}{|\Omega_i|}\iint_{\Omega_i}[K\cdot\nabla(h+z)]\cdot\boldsymbol{n}\mathrm{d}S\tag{7-29}$$

式(7-29)等号右侧项与式(7-17)等号中间项类似，但仅涉及地表以下四面体中贴近地表的一个面，故式(7-17)等号右侧项中的求和符号可被约化为一项，体积平均可被约化成面积平均，且四面体外边界面的面积 $S_{f_{i,k}}$ 即为相应二维三角形单元格的面积 $|\Omega_i|$，故式(7-29)等号右侧项的空间离散表达式为

$$\frac{1}{|\Omega_i|}\iint_{\Omega_i}[K\cdot\nabla(h+z)]\cdot\boldsymbol{n}\mathrm{d}S=\frac{1}{|\Omega_i|}\{[K\cdot\nabla(h+z)]\cdot\boldsymbol{n}\}_{z=0^-}|\Omega_i|\tag{7-30}$$

在此基础上，用 $z=0^-$ 替换式(7-19)中的边界符号 $f_{i,k}$，并将其带入式(7-30)，即可获得式(7-23)等号右侧项的最终空间离散格式，即

$$\frac{1}{|\Omega_i|}\iint_{\Omega_i}[K\cdot\nabla(h+z)]\cdot\boldsymbol{n}\mathrm{d}x\mathrm{d}y=\frac{K_{z=0^-}\cdot\bar{n}_{z=0^-}}{d_{i,z=0}}\cdot\left(\sum_{j_v=1,2,3;j\in\sigma_{v_j}^S}\lambda_{z=0^-,j_v}\cdot\omega_j^v(h_j+z_j)-(h_i+z_i)\right)\tag{7-31}$$

为了表述方便，式(7-31)可被标记为如下形式：

$$\bar{W}_i=\frac{K_{z=0^-}\cdot\bar{n}_{z=0^-}}{d_{i,z=0}}\cdot\left(\sum_{j_v=1,2,3;j\in\sigma_{v_j}^S}\lambda_{z=0^-,j_v}\cdot\omega_j^v(h_j+z_j)-(h_i+z_i)\right)\tag{7-32}$$

(3) 双曲型方程（全耦合方程）空间离散

将式(7-11)和式(7-12)合并后，可形成类似于式(5-17)的表达式，即

$$\frac{\partial\boldsymbol{q}}{\partial t}+\nabla\cdot(\bar{u}\cdot\boldsymbol{q},\bar{v}\cdot\boldsymbol{q})=\boldsymbol{S}_\zeta^M+\boldsymbol{S}_f^M+\boldsymbol{S}_{\mathrm{in,couple}}^M\tag{7-33}$$

式中，$\boldsymbol{S}_\zeta^M$ 为地表水位相对高程梯度向量，且$\boldsymbol{S}_\zeta^M=\begin{pmatrix}-g(\zeta-b)\dfrac{\partial\zeta}{\partial x}\\ -g(\zeta-b)\dfrac{\partial\zeta}{\partial y}\end{pmatrix}$；$\boldsymbol{S}_f^M$ 为畦面糙率向量，且$\boldsymbol{S}_f^M=\begin{pmatrix}-g\dfrac{n^2\cdot\bar{u}\sqrt{\bar{u}^2+\bar{v}^2}}{(\zeta-b)^{1/3}}\\ -g\dfrac{n^2\cdot\bar{v}\sqrt{\bar{u}^2+\bar{v}^2}}{(\zeta-b)^{1/3}}\end{pmatrix}$；$\boldsymbol{S}_{\text{in,couple}}^M$为入渗向量，且$\boldsymbol{S}_{\text{in,couple}}^M=\begin{pmatrix}\dfrac{1}{2}\bar{u}\cdot[K\cdot\nabla(h+z)]\cdot\boldsymbol{n}|_{z=0^-}\\ \dfrac{1}{2}\bar{v}\cdot[K\cdot\nabla(h+z)]\cdot\boldsymbol{n}|_{z=0^-}\end{pmatrix}$。

在计算区域内第 i 个三角形单元格上，对式(7-33)中各项做空间积分平均，得

$$\begin{aligned}&\frac{1}{|\Omega_i|}\iint_{\Omega_i}\frac{\partial\boldsymbol{q}}{\partial t}\mathrm{d}x\mathrm{d}y+\frac{1}{|\Omega_i|}\iint_{\Omega_i}\nabla\cdot(\bar{u}\cdot\boldsymbol{q},\bar{v}\cdot\boldsymbol{q})\mathrm{d}x\mathrm{d}y\\&=\frac{1}{|\Omega_i|}\iint_{\Omega_i}\boldsymbol{S}_\zeta^M\mathrm{d}x\mathrm{d}y+\frac{1}{|\Omega_i|}\iint_{\Omega_i}\boldsymbol{S}_f^M\mathrm{d}x\mathrm{d}y+\frac{1}{|\Omega_i|}\iint_{\Omega_i}\boldsymbol{S}_{\text{in,couple}}^M\mathrm{d}x\mathrm{d}y\end{aligned}\tag{7-34}$$

式(7-34)等号左侧第1项的空间离散表达式即为式(5-32)，被重述如下：

$$\frac{1}{|\Omega_i|}\iint_{\Omega_i}\frac{\partial\boldsymbol{q}}{\partial t}\mathrm{d}x\mathrm{d}y=\frac{1}{|\Omega_i|}\cdot\frac{\mathrm{d}\boldsymbol{q}_i}{\mathrm{d}t}\iint_{\Omega_i}\mathrm{d}x\mathrm{d}y=\frac{\mathrm{d}\boldsymbol{q}_i}{\mathrm{d}t}\tag{7-35}$$

式(7-34)等号左侧第2项的空间离散表达式即为式(5-48)，被重述如下：

$$\frac{1}{|\Omega_i|}\iint_{\Omega_i}\nabla\cdot(\bar{u}\cdot\boldsymbol{q},\bar{v}\cdot\boldsymbol{q})\mathrm{d}x\mathrm{d}y=\sum_{j\in\sigma v_i}\boldsymbol{a}_{Q,j}\cdot\boldsymbol{q}_j+\boldsymbol{C}_{Q,i}\tag{7-36}$$

式(7-34)等号右侧第1和第2项的空间离散表达式即为式(5-49)和式(5-52)，被重述如下：

$$\frac{1}{|\Omega_i|}\iint_{\Omega_i}\boldsymbol{S}_\zeta^M\mathrm{d}x\mathrm{d}y=-g(\zeta-b)_{c_i}\cdot\nabla\zeta_{c_i}\tag{7-37}$$

$$\frac{1}{|\Omega_i|}\iint_{\Omega_i}\boldsymbol{S}_f^M\mathrm{d}x\mathrm{d}y=-f_i\cdot\boldsymbol{q}_i\tag{7-38}$$

式(7-34)等号右侧第3项中各分量的空间离散表达式与式(7-22)等号右侧项类似，两者仅相差因子$\frac{1}{2}\bar{u}$和$\frac{1}{2}\bar{v}$。若取这两个因子在地表空间离散单元格处的中心值分别为$\frac{1}{2}\bar{u}_i$和$\frac{1}{2}\bar{v}_i$，并与式(7-32)相乘，可获得入渗向量的空间离散格式，即

$$\frac{1}{|\Omega_i|}\iint_{\Omega_i}\boldsymbol{S}_{\text{in,couple}}^M\mathrm{d}x\mathrm{d}y=\begin{pmatrix}\dfrac{1}{2}\bar{u}_i\cdot\overline{W}_i\\ \dfrac{1}{2}\bar{v}_i\cdot\overline{W}_i\end{pmatrix}=\frac{1}{2}\overline{W}_i\cdot\bar{\boldsymbol{u}}_i^{\mathrm{T}}=\frac{\overline{W}_i}{2(\zeta-b)_i}\boldsymbol{q}_i\tag{7-39}$$

式中，$\bar{\boldsymbol{u}}_i^{\mathrm{T}}=\begin{pmatrix}\bar{u}_i\\ \bar{v}_i\end{pmatrix}$。

7.1.3.2　时间离散

基于以上空间离散步骤和结果，形成式(7-5)的最终空间离散格式：

$$\frac{\mathrm{d}\theta_i}{\mathrm{d}t}=(\boldsymbol{a}^{\mathrm{T}})_i\cdot\boldsymbol{h}_i+\varpi_i\tag{7-40}$$

对式(7-40)做移项处理后,可直接采用二阶精度全隐时间格式开展时间离散,即

$$\frac{3\theta_i^{n_t+1}-4\theta_i^{n_t}+\theta_i^{n_t-1}}{\Delta t}=(\boldsymbol{a}^{\mathrm{T}})_i^{n_t+1}\cdot\boldsymbol{h}_i^{n_t+1}+\varpi_i^{n_t+1} \tag{7-41}$$

式(7-41)为非线性代数方程组,为便于求解,先采用 Picard 迭代(Manzini and Ferraris, 2004)对其做线性化处理,得

$$\frac{3\theta_i^{n_t+1,n_p+1}-4\theta_i^{n_t}+\theta_i^{n_t-1}}{\Delta t}-(\boldsymbol{a}^{\mathrm{T}})_i^{n_t+1,n_p}\cdot\boldsymbol{h}_i^{n_t+1,n_p+1}=\varpi_i^{n_t+1,n_p} \tag{7-42}$$

经过合并同类项处理后,式(7-42)可被表达为

$$3\theta_i^{n_t+1,n_p+1}-\Delta t\,(\boldsymbol{a}^{\mathrm{T}})_i^{n_t+1,n_p}\cdot\boldsymbol{h}_i^{n_t+1,n_p+1}=\Delta t\cdot\varpi_i^{n_t+1,n_p}+4\theta_i^{n_t}-\theta_i^{n_t-1} \tag{7-43}$$

在土壤水动力学模拟过程中,当依据时间迭代步开展一级 Taylor 级数近似时,存在如下等式(Manzini and Ferraris,2004):

$$\theta_i^{n_t+1,n_p+1}=\theta_i^{n_t+1,n_p}+\varphi_i^{n_t+1,n_p}(h_i^{n_t+1,n_p+1}-h_i^{n_t+1,n_p}) \tag{7-44}$$

式中,$\varphi_i^{n_t+1,n_p}=\left(\dfrac{\partial\theta_i}{\partial h_i}\right)^{n_t+1,n_p}$。

借助式(7-44)可将式(7-43)表达为

$$3\varphi_i^{n_t+1,n_p}\cdot h_i^{n_t+1,n_p+1}-\Delta t\,(\boldsymbol{a}^{\mathrm{T}})_i^{n_t+1,n_p}\cdot\boldsymbol{h}_i^{n_t+1,n_p+1}=\Delta t\cdot\varpi_i^{n_t+1,n_p}+\varphi_i^{n_t+1,n_p}+4\theta_i^{n_t}-\theta_i^{n_t-1}-\theta_i^{n_t+1,n_p} \tag{7-45}$$

若不考虑真实时间迭代步,式(7-45)即为式(7-6)的时空离散格式,故非饱和与饱和 Richards 方程的时空离散格式可借助式(7-45)一并表达。

为了表述方便,将式(7-45)表达成如下矩阵形式:

$$\boldsymbol{A}_{\text{subsurface}}^{n_t+1,n_p}\cdot\boldsymbol{h}^{n_t+1,n_p+1}=\boldsymbol{D}_{\text{subsurface}}^{n_t+1,n_p} \tag{7-46}$$

基于以上空间离散步骤和结果,在将式(7-32)中的 $\overline{W}_i$ 替代式(5-54)中的$-(i_c)_i$ 后,形成式(7-10)的最终空间离散格式,即

$$\frac{\mathrm{d}\zeta_i}{\mathrm{d}t}-(\boldsymbol{a}^{\mathrm{T}})_i\cdot\boldsymbol{\zeta}_i=\overline{W}_i-\varpi_i \tag{7-47}$$

与式(5-58)结构相类似,可得到式(7-47)的时空离散格式:

$$(\boldsymbol{a}_\zeta^{\mathrm{T}})_i^{n_t+1,n_p}\cdot\boldsymbol{\zeta}_i^{n_t+1,n_p+1}=-\Delta t(-\overline{W}_i^{n_t+1,n_p}+\varpi_i^{n_t+1,n_p})+4\zeta_i^{n_t}-\zeta_i^{n_t-1} \tag{7-48}$$

为了表述方便,将式(7-48)表达为如下矩阵形式:

$$\boldsymbol{A}_{\text{surface},m}^{n_t+1,n_p}\cdot\boldsymbol{\zeta}^{n_t+1,n_p+1}=\boldsymbol{D}_{\text{surface},m}^{n_t+1,n_p} \tag{7-49}$$

基于以上空间离散步骤和结果,在将式(7-39)中的$\dfrac{\overline{W}_i}{2\,(\zeta-b)_i}\boldsymbol{q}_i$ 替代式(5-55)中的$\dfrac{(i_c)_i}{2\,(\zeta-b)_i}\cdot\boldsymbol{q}_i$ 后,并注意入渗方向的正负号问题,形成式(7-11)与式(7-12)合并式的最终空间离散格式,即

$$\frac{\mathrm{d}\boldsymbol{q}_i}{\mathrm{d}t}+\sum_{j\in\sigma v_i}\boldsymbol{a}_{Q,j}\cdot\boldsymbol{q}_j=(\boldsymbol{S}_\zeta^M)_i-f_i\cdot\boldsymbol{q}_i-\frac{\overline{W}_i}{2\,(\zeta-b)_i}\cdot\boldsymbol{q}_i-\boldsymbol{C}_{Q,i} \tag{7-50}$$

与式(5-60)的结构相类似,可得到式(7-50)的时空离散格式:

$$\frac{\boldsymbol{q}_i^{n_p+1}-\boldsymbol{q}_i^{n_p}}{\Delta t_p}+\sum_{j\in\sigma v_i}\boldsymbol{a}_{Q,j}^{n_p}\cdot\boldsymbol{q}_j^{n_p+1}=(\boldsymbol{S}_\zeta^M)_i^{n_p}-f_i^{n_p}\cdot\boldsymbol{q}_i^{n_p+1}-\frac{\overline{W}_i^{n_p}}{2\,(\zeta-b)_i^{n_p}}\cdot\boldsymbol{q}_i^{n_p+1}-\boldsymbol{C}_{Q,i}^{n_p+1} \tag{7-51}$$

经合并同类项运算处理后,式(7-51)被表达为如下简约形式:

$$\sum_{j\in\sigma v_i} \boldsymbol{A}_{Q,j}^{n_p}\cdot \boldsymbol{q}_j^{n_p+1} = \Delta t_p \cdot (\boldsymbol{S}_\zeta^M)_i^{n_p+1} + \boldsymbol{q}_i^{n_p} - \Delta t_p \cdot \boldsymbol{C}_{Q,i}^{n_p+1} \tag{7-52}$$

为了表述方便,将式(7-52)表达成如下矩阵形式:

$$\boldsymbol{A}_{\text{surface},M}^{n_p}\cdot \boldsymbol{q}^{n_p+1} = \boldsymbol{D}_{\text{surface},M}^{n_p} \tag{7-53}$$

7.1.3.3　时空离散方程求解

(1)时空离散方程

地表水与土壤水动力学全耦合方程的时空离散格式被写为如下整体矩阵形式:

$$\begin{pmatrix} \boldsymbol{A}_{\text{subsurface}}^{n_t+1,n_p} & 0 & 0 \\ 0 & \boldsymbol{A}_{\text{surface},m}^{n_t+1,n_p} & 0 \\ 0 & 0 & \boldsymbol{A}_{\text{surface},M}^{n_p} \end{pmatrix} \cdot \begin{pmatrix} \boldsymbol{h}^{n_t+1,n_p+1} \\ \boldsymbol{\zeta}^{n_t+1,n_p+1} \\ \boldsymbol{q}^{n_p+1} \end{pmatrix} = \begin{pmatrix} \boldsymbol{D}_{\text{subsurface}}^{n_t+1,n_p} \\ \boldsymbol{D}_{\text{surface},m}^{n_t+1,n_p} \\ \boldsymbol{D}_{\text{surface},M}^{n_p} \end{pmatrix} \tag{7-54}$$

在式(7-54)中,将 Ricahrds 方程的时空离散格式放在该矩阵方程最上端的原因,是由于据此计算的土壤上边界处的土壤体积含水量将被直接赋给式(7-10)~式(7-12)等号右侧项,以便实时更新地表水流运动控制方程的源项,进而提高方程之间的耦合精度。此外,式(7-54)必须满足如下计算收敛准则:

$$\max_{i,j}\left(\frac{|h_i^{p+1}-h_i^p|}{h_i^p},\frac{|\zeta_j^{n_p+1}-\zeta_j^{n_p}|}{\zeta_j^{n_p}}\right)<\varepsilon \tag{7-55}$$

式中,ε为预设的收敛误差值,考虑到不同土壤质地的压力水头值变化较为剧烈,可取值为 10^{-10}m(Huang and Yeh,2009)。

(2)求解方法

在基于式(7-54)描述地表水与土壤水动力学过程中,土壤水运动往往要比地表水多出一个维度。此外,一维土壤水运动存在水平和垂直两个维度,而二维土壤水运动则沿三维空间进行,致使求解式(7-54)时存在计算工作量庞大、计算过程较为复杂等问题。

对虚拟时间迭代过程 n_p 而言,式(7-54)为一个含有 3 个子方程的线性方程组。假设线性系统满足叠加原理(Newhouse,2011),则式(7-54)可被分解为 3 个线性子系统分别计算(图 7-5)。但当这 3 个线性子系统被移到虚拟时间迭代域以外时,式(7-54)不再属于线性系统,不能参照图 7-5 的流程进行计算。

基于图 7-5 的计算流程求解式(7-54)的突出优点在于,可分别计算地表水流运动质量守恒方程和动量守恒方程的时空离散格式[式(7-49)和式(7-53)]及土壤水动力学方程的时空离散格式[式(7-46)]。此时,可针对地表水和土壤水动力学过程的具体维度,选取最为适宜的求解方法。对条畦灌溉一维地表水流运动问题,适宜选择追赶法;对宽畦灌溉二维地表水流和土壤水流运动问题,应采用松弛迭代法(van der Vorst,1992);对三维土壤水流运动问题,需使用双重共轭梯度稳定法。

7.1.3.4　时空离散方程其他求解及其特征

当采用 Richards 方程计算土壤入渗通量时,根据该偏微分方程特征,可形成不同的地

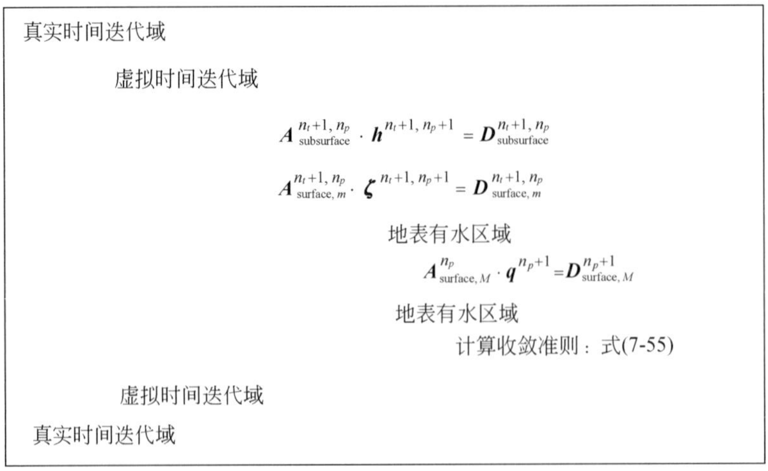

图 7-5　全耦合模式下地表水与土壤水动力学全耦合方程的时空离散格式计算流程

表水动力学方程与 Richards 方程耦合模式,但彼此之间的计算流程及其差异较大(Huang and Yeh,2009)。若以式(7-46)、式(7-49)和式(7-53)为基础,则外耦合模式和迭代耦合模式下地表水与土壤水动力学耦合方程的时空离散格式计算流程分别见图7-6 和图7-7。

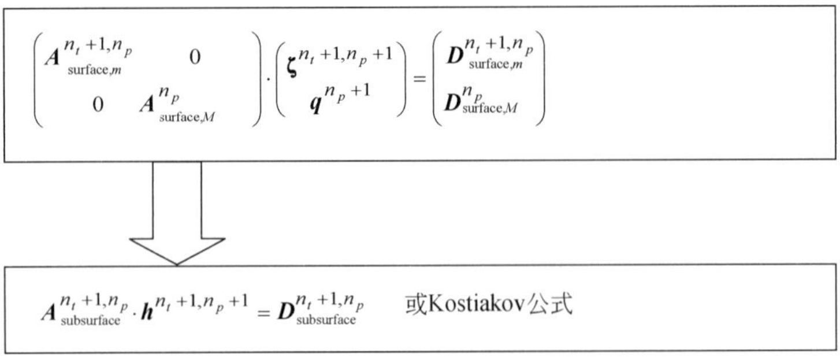

图 7-6　外耦合模式下地表水与土壤水动力学耦合方程的时空离散格式计算流程

$$\begin{pmatrix} A^{n_t+1,n_p}_{\text{surface},m} & 0 \\ 0 & A^{n_p}_{\text{surface},M} \end{pmatrix} \cdot \begin{pmatrix} \zeta^{n_t+1,n_p+1} \\ q^{n_p+1} \end{pmatrix} = \begin{pmatrix} D^{n_t+1,n_p}_{\text{surface},m} \\ D^{n_p}_{\text{surface},M} \end{pmatrix}$$

迭代计算直至收敛

$$A^{n_t+1,n_p}_{\text{subsurface}} \cdot h^{n_t+1,n_p+1} = D^{n_t+1,n_p}_{\text{subsurface}}$$

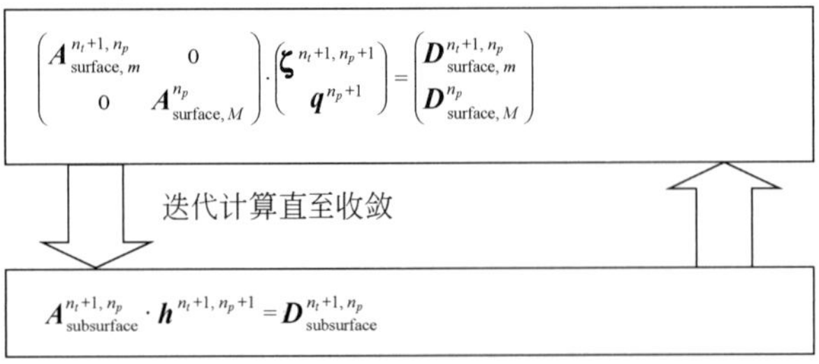

图 7-7　迭代耦合模式下地表水与土壤水动力学耦合方程的时空离散格式计算流程

对比图7-5、图7-6 和图7-7 可以看出,外耦合模式下无法考虑土壤水运动对地表水动力学过程产生的反作用,虽然计算效率相对较高,但估值精度较低,而迭代耦合模式下考虑了土壤水运动对地表水动力学过程产生的反作用,提高了计算精度,但降低了计算效率,且计算工作量宏大,只有全耦合模式下考虑了地表水流运动的质量守恒和动量守恒与土壤水运动的质量守恒间的非线性互动影响,具有数学类型简便、计算量较小及与迭代耦合模式的计算精度相近等诸多优点。

综上所述,现有全耦合模式虽具有计算效率较高和数值计算稳定性较好的特点,但模拟精度明显低于迭代耦合模式。迄今为止,数值模拟求解全水动力学方程的高精度数值解法基本上是基于显时间格式,相应的空间离散方法均难以有效地从全水动力学方程物理通量中分离出因变量向量,故无法获取全隐求解全水动力学方程所需的代数矩阵,进而形成高精度的全耦合方程(Liou,1996)。构建的基于双曲-抛物型方程结构的守恒-非守恒型全水动力学方程及其全隐数值模拟解法,却具备了高精度和高效率的显著特点,有效解决了现有全耦合模式遇到的各种难题。

7.2　利用 Richards 方程估算入渗通量的全水动力学方程畦田灌溉模型模拟效果评价方法

选取畦田规格、单宽流量、入流形式、畦面微地形空间分布状况、土壤入渗性能、畦面糙率系数等灌溉技术要素之间存在差异的 3 个典型畦田灌溉试验为实例,依据田间试验观测数据,借助模拟效果评价指标,确认不同耦合模式下 Richards 方程估算入渗通量的基于双曲-抛物型方程结构的守恒-非守恒型全水动力学方程畦田灌溉模型的模拟效果,对比分析相应的模拟性能差异。

7.2.1　典型畦田灌溉试验实例

由表 5-1 可知,实例 1 来自河北省冶河灌区管理处 2008 年冬小麦冬灌试验期,试区表土为沙质壤土,平均干容重为 1.46g/cm^3,实例 2 和实例 3 来自新疆生产建设兵团某团场 2010 年冬小麦春灌试验期,试区表土为壤土,平均干容重为 1.58g/cm^3。

如图 5-2 所示,在各实例畦田内开展土壤入渗参数和畦面糙率系数观测试验,确定 Kostiakov 公式中参数 k_{in} 和 α 的平均值及畦面糙率系数 n 平均值(表 5-1)。在田间采集土样后,于室内测定土壤水力特性,并优化确定 VG 模型参数(表 7-1)。此外,以 5m×5m 网格实测各实例畦田的地表(畦面)相对高程空间分布状况(图 5-3),畦面平均坡度沿 x 和 y 坐标向分别为 11/10 000 和 2.4/10 000、9/10 000 和 3.1/10 000、8.7/10 000 和 5.4/10 000。

表 7-1　典型畦田灌溉试验实例土壤水力特性参数和 VG 模型参数

典型畦田灌溉试验	θ_s(cm^3/cm^3)	θ_r(cm^3/cm^3)	α(1/cm)	n	K_s(cm/min)
实例 1	0.443	0.069	0.0054	1.6573	0.016 167
实例 2	0.418	0.077	0.0068	1.5679	0.005 646
实例 3	0.356	0.064	0.0094	1.4368	0.016 153

7.2.2　畦田灌溉模拟效果评价指标

借助畦田灌溉地表水流运动推进时间和消退时间的模拟结果与实测值间的平均相对误差确认模型的模拟结果,使用数值计算稳定性、水量平衡误差、计算效率、收敛速率等指标定量评价模型的模拟性能,相关评价指标定义详见第5章。

7.3　利用Richards方程估算入渗通量的全水动力学方程畦田灌溉模型确认与验证

以典型畦田灌溉试验实例的实测数据为参照,基于外耦合模式下Kostiakov公式估算入渗通量的基于双曲–抛物型方程结构的守恒–非守恒型全水动力学方程(简称外耦合Kostiakov公式的全水动力学方程)畦田灌溉模型模拟结果为对比,确认和验证不同耦合模式下Richards方程估算入渗通量的基于双曲–抛物型方程结构的守恒–非守恒型全水动力学方程(简称不同耦合Richards方程的全水动力学方程)畦田灌溉模型在模拟效果上的差异。

典型畦田灌溉试验实例中的地表水流运动推进过程和消退过程观测网格与地表(畦面)相对高程实测网格相同,取时间离散步长$\Delta t=30$s。畦田土层模拟深度为1.0m,土层四周边界和下边界均为自由排水条件。典型畦田灌溉试验实例数值模拟过程中采用的地表水流运动空间离散单元格集合信息见表5-2,土壤水运动空间离散单元格集合信息由表7-2给出。

表7-2　典型畦田灌溉试验实例数值模拟过程中采用的土壤水运动空间离散单元格集合信息

(单位:个)

典型畦田灌溉试验	集合M_l单元格数目	集合$M_{l/2}$单元格数目	集合$M_{l/4}$单元格数目
实例1	6 065	24 260	97 040
实例2	8 136	32 544	130 176
实例3	12 156	48 624	194 496

7.3.1　畦田灌溉模型模拟结果确认

表7-3和表7-4给出不同耦合Richards方程的全水动力学方程和外耦合Kostiakov公式的全水动力学方程畦田灌溉模型模拟和实测的地表水流运动推进时间和消退时间的平均相对误差值ARE_{adv}和ARE_{rec}。对任一实例而言,外耦合下基于Richards方程和Kostiakov公式的全水动力学方程畦田灌溉模型下的ARE_{adv}和ARE_{rec}值基本相同,变化范围分别为5.86%~7.45%和9.13%~11.92%,而与迭代耦合相比,全耦合下基于Richards方程的全水动力学方程畦田灌溉模型下的ARE_{adv}和ARE_{rec}值略低,但基本相近,变化范围分别为3.16%~4.98%和7.41%~7.87%,故全耦合Richards方程的全水动力学方程畦田灌溉模型的模拟精度相对较好。

表 7-3　不同耦合 Richards 方程的全水动力学方程和外耦合 Kostiakov 公式的全水动力学方程畦田灌溉模型模拟和实测的地表水流运动推进时间的平均相对误差值（单位:%）

耦合模式及入渗通量估算方法	ARE_{adv}		
	实例 1	实例 2	实例 3
全耦合 Richards 方程	3. 16	4. 40	4. 98
迭代耦合 Richards 方程	3. 18	4. 41	5. 01
外耦合 Richards 方程	5. 86	6. 79	7. 44
外耦合 Kostiakov 公式	5. 88	6. 81	7. 45

表 7-4　不同耦合 Richards 方程的全水动力学方程和外耦合 Kostiakov 公式的全水动力学方程畦田灌溉模型模拟和实测的地表水流运动消退时间的平均相对误差值（单位:%）

耦合模式及入渗通量估算方法	ARE_{rec}		
	实例 1	实例 2	实例 3
全耦合 Richards 方程	7. 41	8. 22	7. 87
迭代耦合 Richards 方程	7. 45	8. 25	7. 89
外耦合 Richards 方程	9. 13	10. 32	11. 90
外耦合 Kostiakov 公式	9. 15	10. 36	11. 92

7. 3. 2　畦田灌溉模型模拟性能评价

(1)数值计算稳定性

表 7-5 给出不同耦合 Richards 方程的全水动力学方程和外耦合 Kostiakov 公式的全水动力学方程畦田灌溉模型的数值计算稳定性状况。对任一实例而言,外耦合下基于 Richards 方程和 Kostiakov 公式的全水动力学方程畦田灌溉模型的 $\Delta\zeta$ 值大致相同,而与迭代耦合相比,全耦合下基于 Richards 方程的全水动力学方程畦田灌溉模型的 $\Delta\zeta$ 值要低 1 ~ 3 个数量级,故全耦合 Richards 方程的全水动力学方程畦田灌溉模型的数值计算稳定性相对最好。

表 7-5　不同耦合 Richards 方程的全水动力学方程和外耦合 Kostiakov 公式的全水动力学方程畦田灌溉模型的数值计算稳定性（单位:m）

耦合模式及入渗通量估算方法	$\Delta\zeta$		
	实例 1	实例 2	实例 3
全耦合 Richards 方程	1.25×10^{-10}	1.12×10^{-9}	1.46×10^{-8}
迭代耦合 Richards 方程	1.31×10^{-7}	1.19×10^{-8}	1.11×10^{-7}
外耦合 Richards 方程	1.27×10^{-8}	1.23×10^{-7}	1.13×10^{-7}
外耦合 Kostiakov 公式	1.25×10^{-8}	1.12×10^{-7}	1.46×10^{-7}

(2)水量平衡误差

不同耦合 Richards 方程和外耦合 Kostiakov 公式的全水动力学方程畦田灌溉模型的水

量平衡误差情况见表7-6。对任一实例而言,与外耦合下基于Kostiakov公式的全水动力学方程畦田灌溉模型的e_q值相比,其他耦合下利用Richards方程的全水动力学方程畦田灌溉模型的相应值均相对较低,故均具有相对较好的水量平衡特性。

表7-6　不同耦合Richards方程的全水动力学方程和外耦合Kostiakov公式的全水动力学方程畦田灌溉模型的水量平衡误差值　（单位:%）

耦合模式及入渗通量估算方法	e_q		
	实例1	实例2	实例3
全耦合Richards方程	0.0081	0.0078	0.0081
迭代耦合Richards方程	0.0084	0.0083	0.0089
外耦合Richards方程	0.0077	0.0090	0.0081
外耦合Kostiakov公式	0.0087	0.0091	0.0091

图7-8分别显示出不同耦合Richards方程的全水动力学方程和外耦合Kostiakov公式的全水动力学方程畦田灌溉模型的水量平衡误差值随时间演变进程。可以看出,不同耦合模式下初始时刻的水量平衡误差值均稍大,但随后急剧降低并趋于稳定,这直观展示出不同耦合模式下的全水动力学方程畦田灌溉模型均具备优良的水量平衡维持能力。

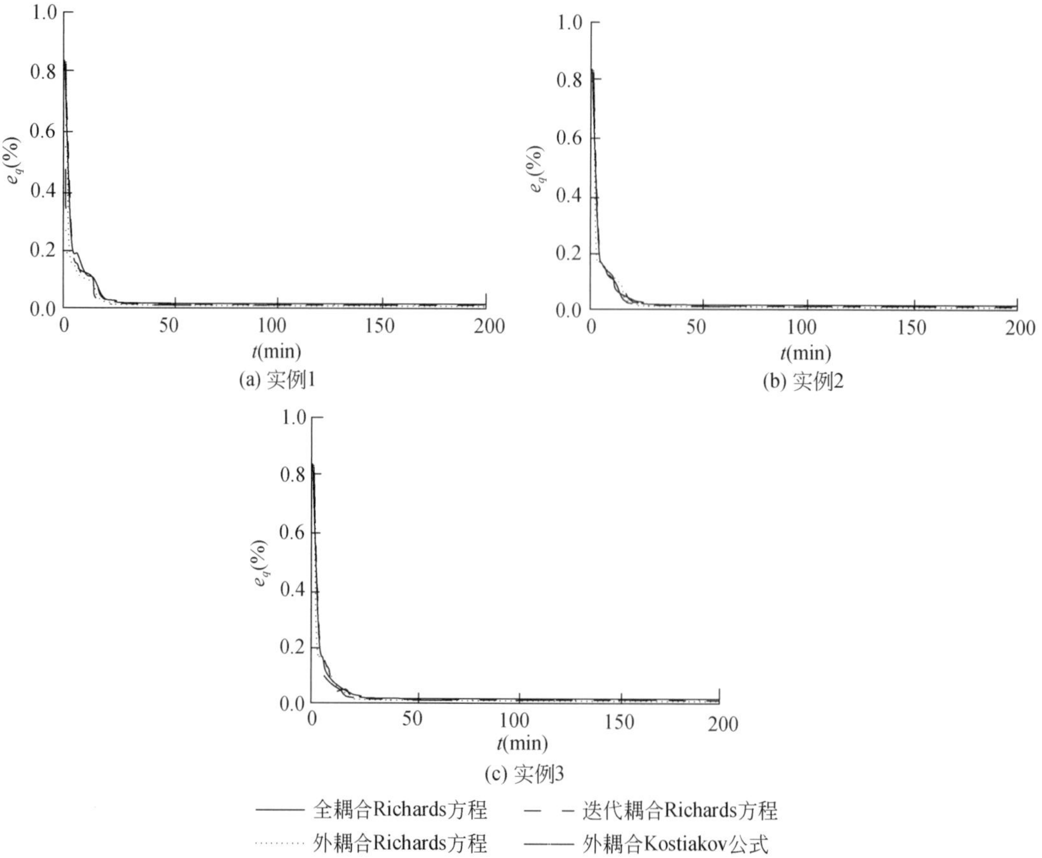

图7-8　不同耦合模式下全水动力学方程畦田灌溉模型的水量平衡误差随时间演变进程

(3)计算效率

表 7-7 给出不同耦合 Richards 方程和外耦合 Kostiakov 公式的全水动力学方程畦田灌溉模型的计算效率情况。对任一实例而言,外耦合 Kostiakov 公式的全水动力学方程畦田灌溉模型的 E_r 值最高,这与其仅采用代数方程而非偏微分方程一次性估算入渗通量密切相关(Huang and Yeh ,2009)。与之相比,不同耦合 Richards 方程的全水动力学方程畦田灌溉模型的 E_r 值均显著较低,其中,全耦合模式下相对较高,迭代耦合模式下最低,这与其反复迭代次数密切相关。

表 7-7　不同耦合 Richards 方程的全水动力学方程和外耦合 Kostiakov 公式的全水动力学方程畦田灌溉模型的计算效率值　(单位:1/min)

耦合模式及入渗通量估算方法	E_r		
	实例 1	实例 2	实例 3
全耦合 Richards 方程	0. 86	1. 71	2. 16
迭代耦合 Richards 方程	0. 14	0. 18	0. 29
外耦合 Richards 方程	0. 67	1. 69	1. 98
外耦合 Kostiakov 公式	6. 64	8. 53	11. 12

(4)收敛速率

表 7-8 给出不同耦合 Richards 方程的全水动力学方程和外耦合 Kostiakov 公式的全水动力学方程畦田灌溉模型的收敛速率状况。对任一实例而言,除迭代耦合外,其他耦合模式下基于 Richards 方程和 Kostiakov 公式的全水动力学方程畦田灌溉模型的 R 值均相对较高,并接近数值模拟求解畦田灌溉模型时采用时空离散二阶精度的理论值,且随着空间剖分单元格加密,模拟结果可以接近于二次的幂律收敛至各自极限解,这表明外耦合和全耦合模式下基于 Richards 方程和 Kostiakov 公式估算入渗通量的全水动力学方程畦田灌溉模型均具备良好的收敛速率。

表 7-8　不同耦合 Richards 方程的全水动力学方程和外耦合 Kostiakov 公式的全水动力学方程畦田灌溉模型的收敛速率值

耦合模式及入渗通量估算方法	R		
	实例 1	实例 2	实例 3
全耦合 Richards 方程	1. 99	1. 98	1. 98
迭代耦合 Richards 方程	1. 92	1. 91	1. 89
外耦合 Richards 方程	1. 96	1. 98	1. 97
外耦合 Kostiakov 公式	1. 99	1. 98	1. 98

7. 3. 3　畦田灌溉模型确认与验证结果

从以上对利用 Richards 方程估算入渗通量的基于双曲-抛物型方程结构的守恒-非守恒型全水动力学方程畦田灌溉模型确认与验证结果的分析可知,全耦合模式下的全水动力学方程畦田灌溉模型无论是在模拟精度还是在数值计算稳定性、水量平衡性能、计算效率及收敛速率上均处于最佳状态，迭代耦合模式下次之，外耦合模式下最差。虽然外耦合模式下利用 Kostiakov 公式估算入渗通量的基于双曲-抛物型方程结构的守恒-非守恒型全水动力学方程畦田灌溉模型的计算效率最高，但模拟精度等其他性能较差。

7.3.4　畦面微地形空间分布状况对地表水流运动模拟结果直观物理影响

为了充分认识畦面微地形空间分布状况对畦田灌溉地表水流运动产生的影响作用，从考虑和不考虑地表（畦面）相对高程空间随机分布状况的影响出发，描述 S_d 值对模拟的地表水流运动推进锋及土壤体积含水量纵向分布的影响，揭示畦面微地形空间分布状况对地表水流运动模拟结果的直观物理影响。

7.3.4.1　不考虑地表（畦面）相对高程空间随机分布状况影响

当不考虑地表（畦面）相对高程空间随机分布状况影响（S_d = 0cm）时，图 7-9 给出全耦合 Richards 方程的全水动力学方程畦田灌溉模型模拟的地表水流运动推进锋及沿畦宽中点土壤体积含水量的纵向分布形状。可以看出，各实例下模拟的分布形状都较为单一平滑，且呈指数函数分布特征，采用质量守恒方程和替代动量守恒方程的指数函数即可近似模拟地表水流运动过程。

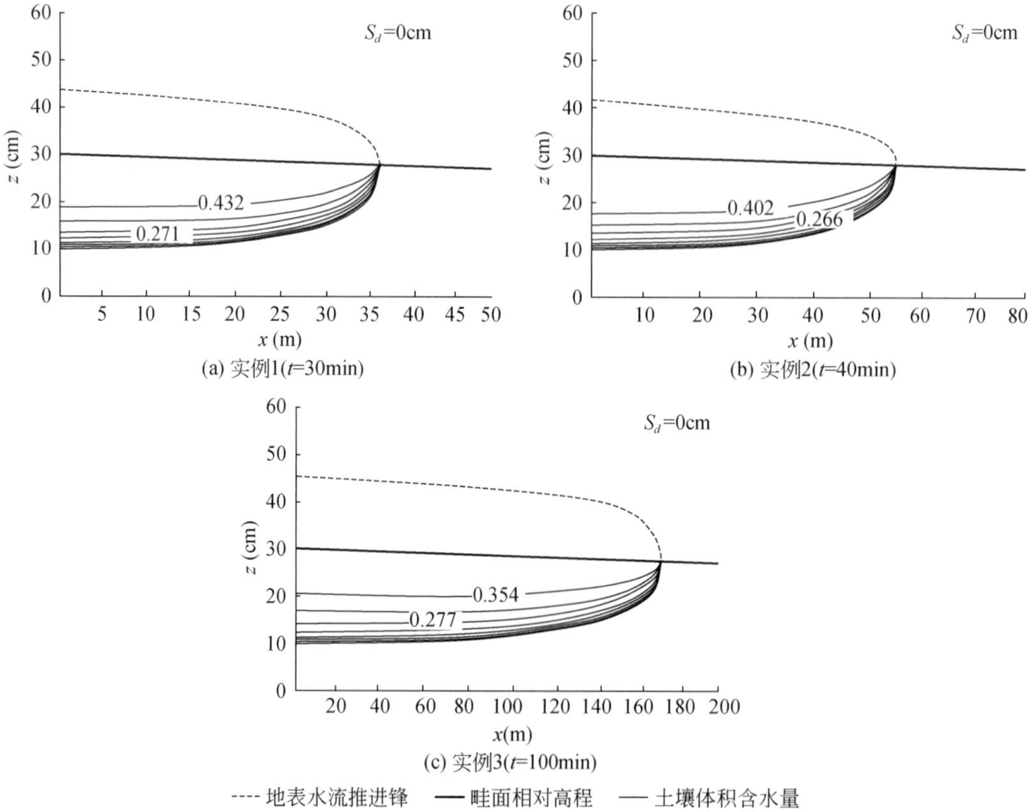

图 7-9　不考虑地表（畦面）相对高程空间随机分布状况影响下各实例的地表水流运动推进锋及沿畦宽中点土壤体积含水量的纵向分布形状

7.3.4.2 考虑地表(畦面)相对高程空间随机分布状况影响

当考虑地表(畦面)相对高程空间随机分布状况影响($S_d \neq 0$cm)时,图7-10给出全耦合Richards方程的全水动力学方程畦田灌溉模型模拟的地表水流运动推进锋及沿畦宽中点土壤体积含水量的纵向分布形状。与$S_d=0$cm情景(图7-9)相比,各实例下模拟的分布形状明显受到S_d影响而发生畸变,从单一平滑的指数函数形状剧变为不规则的曲线形状,相应的地表水深平均值分别为0.126m、0.106m和0.205m,明显高于前者的0.096m、0.082m和0.127m。此外,随着S_d值逐渐增大,从实例1到实例3下的地表水流运动推进锋及沿畦宽中点土壤体积含水量纵向分布形状愈趋复杂,且实例3下因存在局部绕流甚至出现水流不连续状态,这表明只有考虑地表(畦面)相对高程空间随机分布影响才能真实反映地表水流运动过程及其特性。

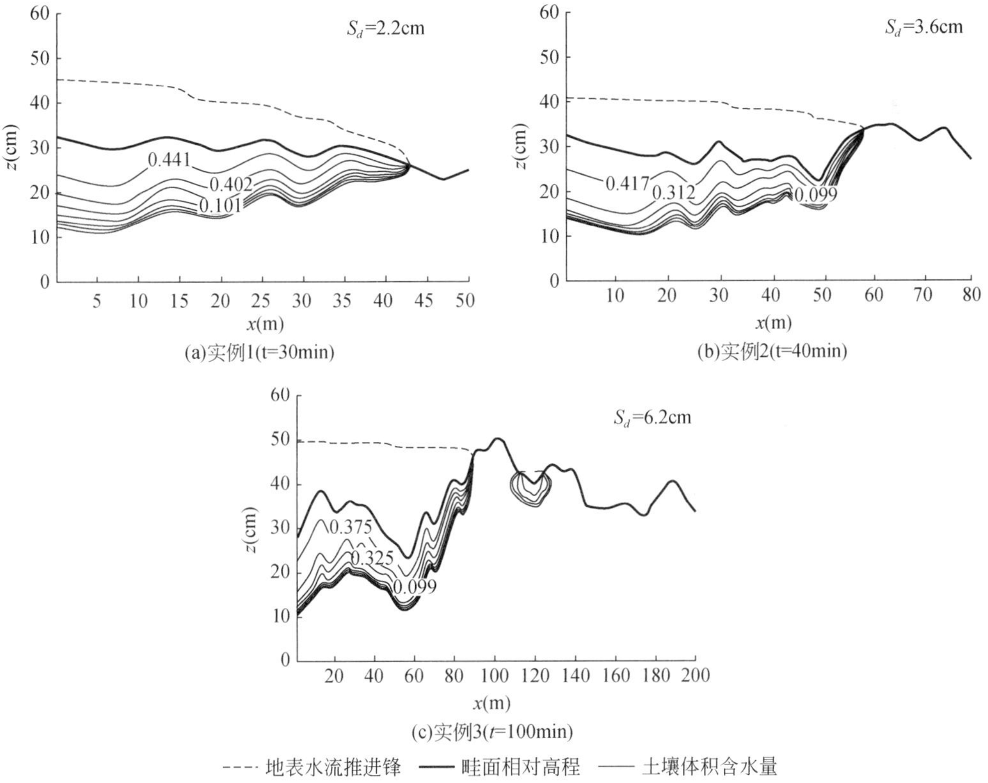

图7-10 考虑地表(畦面)相对高程空间随机分布状况影响下各实例的地表水流运动推进锋及沿畦宽中点土壤体积含水量的纵向分布形状

对比图7-10和图7-9还可发现,$S_d \neq 0$cm下实例1和实例2的地表水流运动推进锋距离要大于$S_d=0$cm下的相应值,而实例3的结果却恰相反。在考虑地表(畦面)相对高程空间随机分布影响后,围绕畦面局部凸凹点会产生明显的随机绕流和水量滞蓄现象,致使沿畦宽中点处的地表水流运动推进锋距离呈现出快于(实例1和实例2)或慢于(实例3)$S_d=0$cm下相应值的情景。

图7-11显示出各实例下模拟的地表水流运动推进锋和土壤体积含水量三维空间分布

形状,其与人们对畦田灌溉地表水动力学过程的直观认识相符,并定性验证了在全耦合模式下基于双曲-抛物型方程结构的守恒-非守恒型全水动力学方程畦田灌溉模型中,采用 Richards 方程估算入渗通量的合理性与有效性。

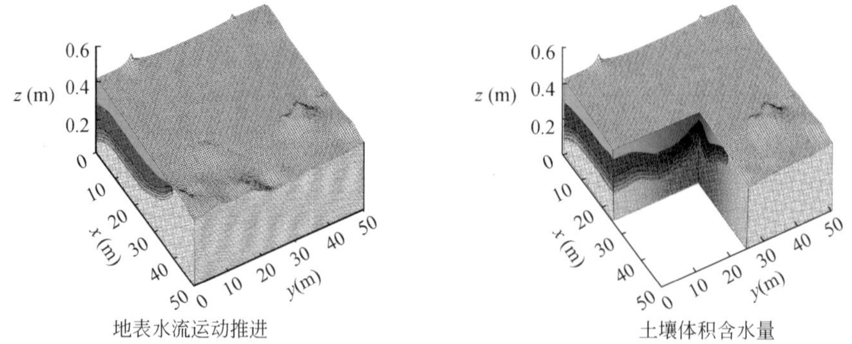

(a) 实例1 (t=30min)

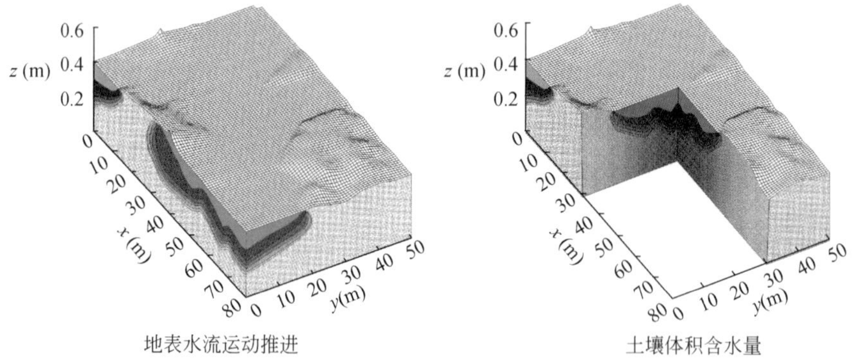

(b) 实例2 (t=40min)

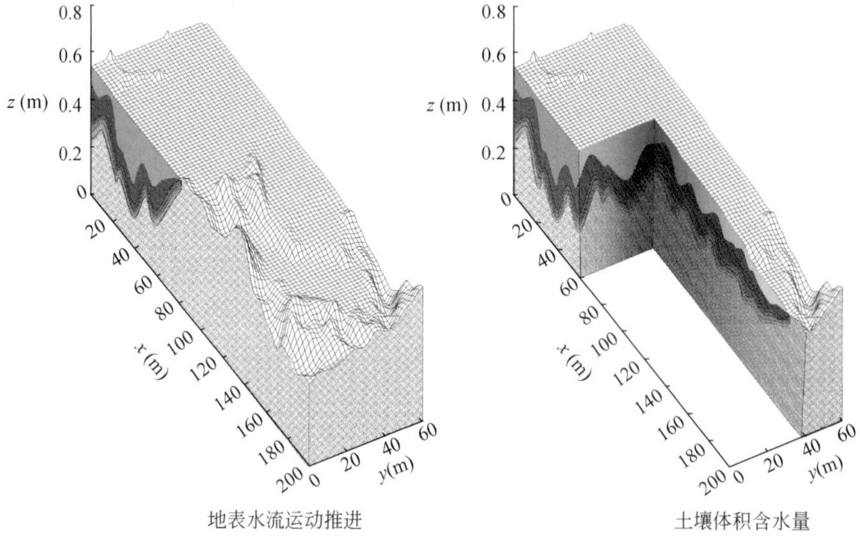

(c) 实例3 (t=100min)

图 7-11　考虑地表(畦面)相对高程空间随机分布状况影响下各实例的地表水流运动推进和土壤体积含水量的三维空间分布形状

7.4　利用 Richards 公式估算入渗通量的全水动力学方程畦田灌溉模型应用

全耦合模式下利用 Richards 方程估算入渗通量的基于双曲-抛物型方程结构的守恒-非守恒型全水动力学方程畦田灌溉模型，不仅可明显改善地表水流运动模拟效果，还能克服采用 Kostiakov 公式估算入渗通量时无法获得灌后土壤水分剖面分布状况的弊端，达到评价畦田灌溉性能的目的。为了详细阐述该模型在畦田灌溉性能评价中的效用，以畦田灌溉数值模拟实验设计为基础，借助全耦合模式下利用 Richards 方程估算入渗通量的基于双曲-抛物型方程结构的守恒-非守恒型全水动力学方程畦田灌溉模型，系统开展各灌溉技术要素对畦灌性能影响的对比分析。

7.4.1　畦田灌溉数值模拟实验设计

表 7-9 给出畦田灌溉数值模拟实验设计涉及的灌溉技术要素及其设置水平，这包括畦田规格、入流形式、土壤类型、单宽流量和畦面微地形空间分布状况。其中，典型畦田规格分别为条畦（100m×5m）、窄畦（150m×20m）和宽畦（100m×50m）（许迪等，2007）；入流形式分别为线形入流、扇形入流和角形入流；典型土壤类型是沙壤土和黏壤土，相关的土壤水力特性参数和 VG 模型参数（Ridolfi et al.，2008；Fernandez-Illescas et al.，2011）见表 7-10；单宽流量分别为 2L/(s·m) 和 4L/(s·m)；基于地表（畦面）相对高程标准偏差值 S_d 表征畦面微地形空间分布状况，S_d=2cm 和 6cm 分别表征较好和较差的状况。此外，3 类典型畦田的平均纵、横向坡度分别为 1/10 000 和 0/10 000，畦面糙率系数取平均值为 0.08s/m$^{1/3}$。

表 7-9　畦田灌溉数值模拟实验设计涉及的灌溉技术要素及其设置水平

畦田灌溉技术要素	设置水平		
	1	2	3
畦田规格（m×m）	条畦（100×5）	窄畦（150×20）	宽畦（100×50）
入流形式	线形入流	扇形入流	角形入流
土壤类型	沙壤土	黏壤土	
单宽流量 q[L/(s·m)]	2	4	
畦面微地形空间分布状况 S_d(cm)	2	6	

表 7-10　典型土壤类型水力特性参数和 VG 模型参数

土壤类型	θ_s(cm^3/cm^3)	θ_r(cm^3/cm^3)	α(1/cm)	n	K_s(cm/min)
沙壤土	0.381	0.042	0.040 2	1.784 9	0.079 377
黏壤土	0.460	0.081	0.006 0	1.609 4	0.013 014

7.4.2　畦田灌溉模型参数及模拟条件确定

依据表 7-9 给出的畦田灌溉技术要素组合方案，利用全耦合 Richards 方程的基于双曲-抛物型方程结构的守恒-非守恒型全水动力学方程畦田灌溉模型，开展 72 组方案的数值模拟计算。灌水时间从畦口入流开始直至畦面所有空间位置点处恰好被地表水流淹没时为止，这意味着地表水深都应大于零。在数值模拟过程中，取时间离散步长 $\Delta t=30s$，模拟的土层平均深度为 1m，土层四周及下边界为自由排水条件。表 7-11 给出典型畦田规格数值模拟过程中采用的地表水流运动空间离散单元格和土壤水运动空间离散单元格集合信息，由于不涉及数值模拟计算的收敛性问题，故仅考虑集合 M_l 包含的单元格数目。

表 7-11 典型畦田规格数值模拟过程中采用的地表水流运动空间离散单元格和土壤水运动空间离散单元格集合信息 （单位：个）

典型畦田规格	地表水流运动空间离散集合 M_l 单元格数目	土壤水运动空间离散集合 M_l 单元格数目
条畦（100m ×5m）	988	4 212
窄畦（150m×20m）	2 968	8 671
宽畦（100m×50m）	3 872	11 573

7.4.3 畦田灌溉技术要素对畦灌性能影响分析评价

以式（6-50）和式（6-51）定义的 E_a 和 CU 作为畦田灌溉性能评价指标，表 7-12 ~ 表 7-17 分别给出灌溉完毕和灌后 1 天时的畦田灌溉性能评价指标值。

表 7-12 不同畦田灌溉技术要素组合方案下的宽畦灌溉性能评价指标值（灌溉完毕）

评价指标	土壤类型	$S_d=2cm$						$S_d=6cm$					
		$q=2L/(s\cdot m)$			$q=4L/(s\cdot m)$			$q=2L/(s\cdot m)$			$q=4L/(s\cdot m)$		
		线形入流	扇形入流	角形入流	线形入流	扇形入流	角形入流	线形入流	扇形入流	角形入流	线形入流	扇形入流	角形入流
E_a（%）	沙壤土	82.3	79.5	75.5	85.3	82.6	78.1	71.3	64.3	62.3	74.6	70.6	67.5
	黏壤土	78.3	70.3	72.3	72.1	76.3	74.3	71.9	64.2	58.6	75.6	70.1	62.3
CU（%）	沙壤土	81.3	76.5	74.6	84.3	79.3	75.3	70.3	60.3	60.3	73.6	70.6	63.4
	黏壤土	76.2	68.3	63.4	80.1	72.3	65.6	68.2	63.6	61.2	70.6	68.3	64.5

表 7-13 不同畦田灌溉技术要素组合方案下的窄畦灌溉性能评价指标值（灌溉完毕）

评价指标	土壤类型	$S_d=2cm$						$S_d=6cm$					
		$q=2L/(s\cdot m)$			$q=4L/(s\cdot m)$			$q=2L/(s\cdot m)$			$q=4L/(s\cdot m)$		
		线形入流	扇形入流	角形入流	线形入流	扇形入流	角形入流	线形入流	扇形入流	角形入流	线形入流	扇形入流	角形入流
E_a（%）	沙壤土	86.6	82.6	78.6	89.3	85.9	81.9	74.6	67.6	65.3	77.3	73.6	71.3
	黏壤土	81.8	72.4	76.1	75.1	79.8	77.8	75.1	70.3	61.3	78.5	74.5	66.5
CU（%）	沙壤土	85.3	78.3	77.7	88.1	82.6	79.1	76.1	68.3	62.6	74.3	72.3	67.3
	黏壤土	80.9	71.9	68.2	84.3	75.3	69.2	72.3	62.3	63.5	73.6	71.3	66.5

表 7-14　不同畦田灌溉技术要素组合方案下的条畦灌溉性能评价指标值(灌溉完毕)

评价指标	土壤类型	$S_d=2$cm						$S_d=6$cm					
		$q=2$L/(s·m)			$q=4$L/(s·m)			$q=2$L/(s·m)			$q=4$L/(s·m)		
		线形入流	扇形入流	角形入流	线形入流	扇形入流	角形入流	线形入流	扇形入流	角形入流	线形入流	扇形入流	角形入流
E_a	沙壤土	90.1	86.4	82.2	92.9	89.4	85.2	78.4	71.2	69.5	81.5	76.1	74.6
(%)	黏壤土	85.1	76.4	79.2	89.3	83.4	81.2	79.4	71.6	65.5	82.5	77.1	69.6
CU	沙壤土	89.1	82.2	81.1	91.6	86.1	82.6	77.7	71.7	65.7	81.9	77.3	70.7
(%)	黏壤土	84.3	74.2	70.3	87.6	78.7	72.4	75.3	70.8	66.8	77.5	75.2	69.6

表 7-15　不同畦田灌溉技术要素组合方案下的宽畦灌溉性能评价指标值(灌后 1 天)

评价指标	土壤类型	$S_d=2$cm						$S_d=6$cm					
		$q=2$L/(s·m)			$q=4$L/(s·m)			$q=2$L/(s·m)			$q=4$L/(s·m)		
		线形入流	扇形入流	角形入流	线形入流	扇形入流	角形入流	线形入流	扇形入流	角形入流	线形入流	扇形入流	角形入流
E_a	沙壤土	78.5	75.6	71.3	81.3	78.6	74.3	67.5	60.3	58.6	70.3	66.5	63.6
(%)	黏壤土	74.5	66.5	68.2	68.3	72.3	70.2	68.3	60.5	54.3	71.3	66.7	58.6
CU	沙壤土	85.3	80.3	79.6	88.3	83.2	74.3	74.3	64.5	64.3	78.6	75.6	67.6
(%)	黏壤土	80.3	72.3	67.9	84.6	76.3	72.6	72.5	68.3	65.9	75.6	72.3	69.3

表 7-16　不同畦田灌溉技术要素组合方案下的窄畦灌溉性能评价指标值(灌后 1 天)

评价指标	土壤类型	$S_d=2$cm						$S_d=6$cm					
		$q=2$L/(s·m)			$q=4$L/(s·m)			$q=2$L/(s·m)			$q=4$L/(s·m)		
		线形入流	扇形入流	角形入流	线形入流	扇形入流	角形入流	线形入流	扇形入流	角形入流	线形入流	扇形入流	角形入流
E_a	沙壤土	82.3	78.6	74.6	85.6	82.3	78.3	70.3	63.5	61.6	73.3	69.5	67.6
(%)	黏壤土	79.6	68.6	72.3	71.3	76.1	74.3	71.3	66.5	57.8	74.6	70.3	62.3
CU	沙壤土	89.3	82.6	82.6	90.6	87.0	83.3	80.6	72.3	67.1	78.3	76.7	71.3
(%)	黏壤土	85.6	76.3	74.6	88.3	79.3	73.6	76.3	66.7	67.9	79.2	75.7	70.9

表 7-17　不同畦田灌溉技术要素组合方案下的条畦灌溉性能评价指标值(灌后 1 天)

评价指标	土壤类型	$S_d=2$cm						$S_d=6$cm					
		$q=2$L/(s·m)			$q=4$L/(s·m)			$q=2$L/(s·m)			$q=4$L/(s·m)		
		线形入流	扇形入流	角形入流	线形入流	扇形入流	角形入流	线形入流	扇形入流	角形入流	线形入流	扇形入流	角形入流
E_a	沙壤土	86.6	82.3	78.6	89.2	85.3	81.7	74.6	67.1	65.3	77.7	72.3	70.8
(%)	黏壤土	81.3	72.3	75.3	85.4	79.2	77.3	75.3	68.0	61.3	78.6	73.6	65.9
CU	沙壤土	93.6	86.6	85.3	96.2	90.2	87.1	82.3	76.3	70.1	86.2	81.3	78.3
(%)	黏壤土	88.3	78.6	74.2	92.1	83.2	76.3	79.3	75.3	71.3	81.2	79.6	74.0

7.4.3.1　畦田规格对畦田灌溉性能影响

由表7-12～表7-14可知，一方面，对沙壤土各入流形式而言，S_d=2cm与不同单宽流量组合下，条畦的E_a和DU值分别平均高出窄畦和宽畦7.6个百分点、5.6个百分点和6.5个百分点、4.9个百分点，且该特征同样出现在S_d=6cm与不同单宽流量组合下，分别平均高出6.3个百分点、4.6个百分点和5.1个百分点、4.6个百分点。另一方面，黏壤土各入流形式下，不同S_d值与单宽流量组合下条畦的E_a和DU值也都分别平均高于窄畦和宽畦。这表明随着畦田规格逐渐增大，较差畦面微地形空间分布状况对土壤水分布均匀性的不利影响愈趋明显，导致灌溉性能降低。

对比表7-12～表7-14与表7-15～表7-17后可知，灌后1天的E_a值随时间推移有所下降，宽畦、窄畦、条畦下分别平均降低5.1个百分点、4.4个百分点和3.4个百分点，但DU值却有所提高，分别平均增加3.4个百分点、2.4个百分点和2.1个百分点，这表明条畦下更易维持较佳的灌溉效率。为了定量了解该现象，针对表7-1中实例3，图7-12和图7-13分别显示出灌溉完毕和灌后1天沿畦宽中点土壤体积含水量一维平面和三维空间分布状况，其中，地表水位相对高程与地表(畦面)相对高程相重合。

7.4.3.2　入流形式对畦田灌溉性能影响

由表7-12～表7-14可知，一方面，对沙壤土各畦田规格而言，S_d=2cm与不同单宽流量组合下，线形入流的E_a和DU值分别平均高出扇形入流和角形入流2.2个百分点、2.4个百分点和3.1个百分点、2.8个百分点，且该趋势同样出现在S_d=6cm与不同单宽流量组合下，分别平均高出4.5个百分点、5.2个百分点和5.4个百分点、3.9个百分点。另一方面，黏壤土各畦田规格下，无论畦面微地形空间分布状况好与差，不同单宽流量线形入流下的E_a和DU值也都分别平均高出扇形入流和角形入流下的相应值。这说明线形入流形式可以起到加快地表水流运动推进速度、缩短灌水历时的作用，这有利于改善灌溉性能。

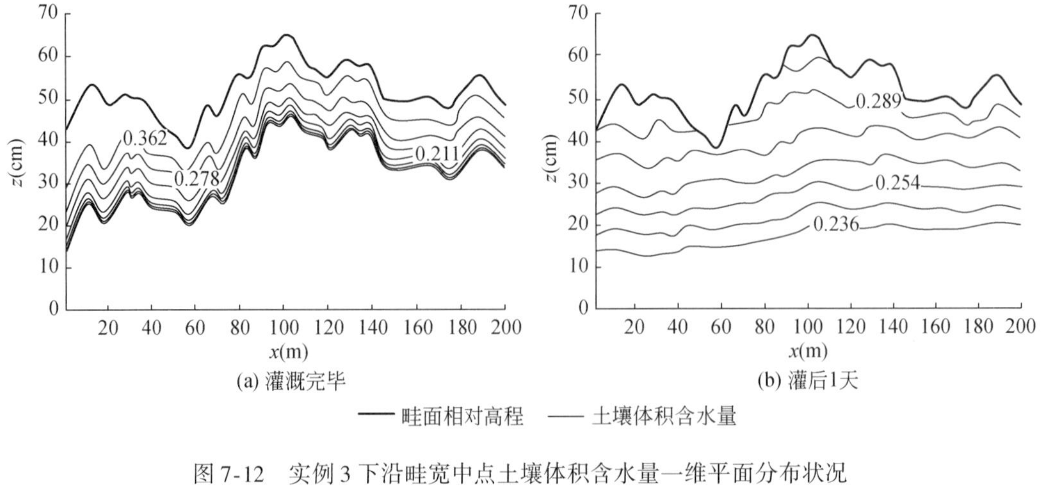

图7-12　实例3下沿畦宽中点土壤体积含水量一维平面分布状况

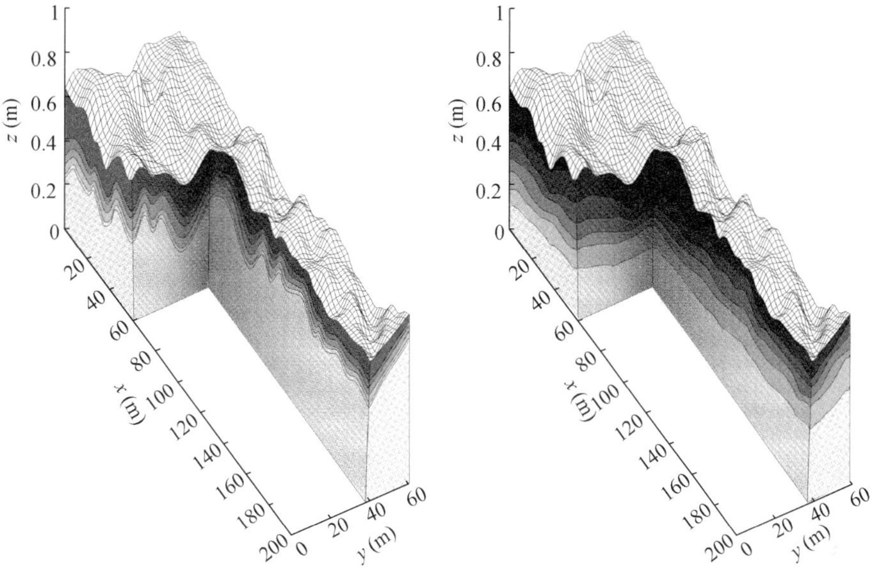

(a) 灌溉完毕　　(b) 灌后1天

图7-13　实例3下沿畦宽中点土壤体积含水量三维空间分布状况

比较表7-12～表7-14与表7-15～表7-17后可知,灌后1天的E_a值随着时间推移也有所下降,线形入流、扇形入流、角形入流下分别平均降低3.4个百分点、4.7个百分点和5.1个百分点,但DU值却有所提高,分别平均增加3.4个百分点、3.8个百分点和4.1个百分点,这表明线形入流形式下更易保持初始灌溉效率的持续性。

7.4.3.3　土壤类型对畦田灌溉性能影响

由表7-12～表7-14可知,对各畦田规格和入流形式而言,S_d=2cm与不同单宽流量组合下,沙壤土的E_a和DU值分别平均高于黏壤土5.9个百分点和5.1个百分点,且该特点同样发生在S_d=6cm与不同单宽流量组合下,分别平均高出5.0个百分点和5.5个百分点,这说明渗透性较好的沙壤土土质有利于改善灌溉性能。

对比表7-12～表7-14与表7-15～表7-17后可知,灌后1天的E_a值随着时间推移亦有所下降,沙壤土和黏壤土下分别平均降低5.4个百分点和3.4个百分点,但DU值却有所提高,分别平均增加4.1个百分点和3.4个百分点,这表明沙壤土下的灌溉效率变化较快。

7.4.3.4　单宽流量对畦田灌溉性能影响

由表7-12～表7-14可知,一方面,对沙壤土各畦田规格而言,S_d=2cm与各入流形式组合下,较大单宽流量[q=4L/(s·m)]的E_a和DU值分别平均高于较小单宽流量[q=2L/(s·m)]2.2个百分点和2.7个百分点,且该趋势同样出现在S_d=6cm与各入流形式组合下,分别平均高出2.3个百分点和3.1个百分点。另一方面,对黏壤土各畦田规格条件,无论畦面微地形空间分布状况好与差,不同入流形式较大单宽流量下的E_a和DU值也都分别平均高于较小单宽流量下的相应值。这说明增大单宽流量可以起到加快地表水流运动推进速度、减少灌水时间的作用,这有利于改善灌溉性能。

对比表7-12～表7-14与表7-15～表7-17后可知,灌后1天的E_a值随时间推移有所下降,较大和较小单宽流量下分别平均降低3.1个百分点和2.8个百分点,但DU值却有所提高,分别平均增加2.8个百分点和3.1个百分点,这表明较大单宽流量更易于保持较佳灌溉效率的持续性。

7.4.3.5　畦面微地形空间分布状况对畦田灌溉性能影响

由表7-12～表7-14可知,对沙壤土各入流形式而言,不同单宽流量与各畦田规格组合下,较好畦面微地形空间分布状况($S_d=2$cm)的E_a和DU值分别平均高于较差状况($S_d=6$cm)6.3个百分点和5.5个百分点,且该特点同样出现在黏壤土各入流形式条件下,分别平均高出3.6个百分点和3.3个百分点。这说明改善畦面微地形空间分布状况,提高畦田土地平整精度,有助于缩短地表水流运动推进时间,增加入渗水量沿畦面分布均匀性,进而提高灌溉性能。

比较表7-12～表7-14与表7-15～表7-17的结果可知,灌后1天的E_a值随时间推移有所下降,较差和较好畦面微地形空间分布状况下分别平均降低4.7个百分点和3.6个百分点,但DU值却有所提高,分别平均增加3.4个百分点和5.6个百分点,这表明较好的畦面微地形空间分布状况下更易保持较佳的灌溉效率。

7.5　结　　论

本章借助基于双曲–抛物型方程结构的守恒–非守恒型全水动力学方程及其全隐数值模拟解法,根据线性系统叠加原理,建立了地表水与土壤水动力学全耦合方程和全耦合模式,突破了以往难以实现地表水动力学方程的质量守恒和动量守恒与土壤水动力学方程的质量守恒间的全耦合技术瓶颈,构建的全耦合模式下利用Richards方程估算入渗通量的基于双曲–抛物型方程结构的守恒–非守恒型全水动力学方程畦田灌溉模型,不仅具备计算结构相对简便、充分考虑地表水与土壤水运动各物理过程间非线性相互作用等突出特点,还极大简化了计算流程并有效提高了入渗水量估值精度。

外耦合模式下采用Kostiakov公式估算入渗通量的基于双曲–抛物型方程结构的守恒–非守恒型全水动力学方程畦田灌溉模型,虽然具有较高计算效率,但无法获知畦田灌溉土壤水分时空分布状况,而采用Richards方程估算入渗通量则弥补了该缺陷。与外耦合和迭代耦合模式相比,全耦合模式下利用Richards方程估算入渗通量的基于双曲–抛物型方程结构的守恒–非守恒型全水动力学方程畦田灌溉模型,在模拟精度、数值计算稳定性、水量平衡误差、计算效率和收敛速率等指标上均为最佳状态,更适宜开展地表水动力学方程与Richards方程之间的全耦合模拟计算。

畦田规格、土壤类型、畦面微地形空间分布状况等对畦田灌溉性能影响相对较大,而单宽流量和入流形式影响却相对较小。在较好畦面微地形空间分布状况下,沙壤土条畦规格下更易获得较高的灌溉效率和灌水均匀度。对任一畦田灌溉技术要素组合方案而言,灌后1天的灌溉效率均呈下降趋势,而灌水均匀度却呈升高态势,这是从采用

Kostiakov公式估算入渗通量的全水动力学方程畦田灌溉模型的模拟结果中所无法获知的。

参考文献

白美健.2007. 微地形和入渗空间变异及其对畦灌系统影响的二维模拟评价. 中国水利水电科学研究院博士学位论文

江春波,张永良,丁则平.2007. 计算流体力学. 北京:中国电力出版社

雷志栋,杨诗秀,谢森传.1988. 土壤水动力学. 北京:清华大学出版社

许迪,龚时宏,李益农,等.2007. 农业高效用水技术研究与创新. 北京:中国农业出版社

Banti M, Zissis T, Anastasiadou- Partheniou E. 2010. Furrow irrigation advance simulation using a surface-subsurface interaction model. Journal of Irrigation and Drainage Engineering,137(5):304-314

Bautista E,Zerihun D,Clemmens A J,et al. 2010. External iterative coupling strategy for surface-subsurface flow calculations in surface irrigation. Journal of Irrigation and Drainage Engineering,136(10):692-703

Bertolazzi E,Manzini G. 2005. A unified treatment of boundary conditions in least- square based finite- volume methods. Computers & Mathematics with Applications,49(11):1755-1765

Bradford S F,Katopodes B F. 2001. Finite volume model for non- level basin irrigation. Journal of Irrigation and Drainage Engineering,127(4):216-223

Brufau P, Garcia N P, Playán E, et al. 2002. Numerical modeling of basin irrigation with an upwind scheme. Journal of Irrigation and Drainage Engineering,128(4):212-223

Chidyagwai P,Rivière B. 2011. A two- grid method for coupled free flow with porous media flow. Advances in Water Resources,34(9):1113-1123

Fernandez-Illescas C P,Porporato A,Laio F,et al. 2001. The ecohydrological role of soil texture in a water -limited ecosystem. Water Resources Research,37(12):2863-2872

Furman A. 2008. Modeling coupled surface- subsurface flow processes: a review. Vadose Zone Journal,7(2):741-756

Gunduz O, Aral M M. 2005. River networks and groundwater flow: a simultaneous solution of a coupled system. Journal of Hydrology,301(1):216-234

He Z,Wu W,Wang S S. 2008. Coupled finite- volume model for 2D surface and 3D subsurface flows. Journal of Hydrologic Engineering,13(9):835-845

Householder A S. 2013. The Theory of Matrices in Numerical Analysis. New York:Courier Dover Publications

Huang G, Yeh G. 2009. Comparative study of coupling approaches for surface water and subsurface interactions. Journal of Hydrologic Engineering,14(5):453-462

Hughes J D,Decker J D,Langevin C D. 2011. Use of upscaled elevation and surface roughness data in two-dimensional surface water models. Advances in Water Resources,34(9):1151-1164

Khanna M,Malano H M,Fenton J D,et al. 2003. Two-dimensional simulation model for contour basin layouts in southeast Australia Ⅰ:rectangular basins. Journal of Irrigation and Drainage Engineering,129(5):305-316

Kollet S J,Maxwell R M. 2006. Integrated surface- groundwater flow modeling: A free- surface overland flow boundary condition in a parallel groundwater flow model. Advances in Water Resources,29(7),945-958

LeVeque R J. 2002. Finite Volume Methods for Hyperbolic Problems. Cambridge: The Press Syndicate of the University of Cambridge.

Liou M S. 1996. A sequel to ausm:AUSM+. Journal of Computational Physics,129(2):364-382

Manzini G,Ferraris S. 2004. Mass- conservative finite volume methods on 2- D unstructured grids for the

Richards' equation. Advances in Water Resources, 27(12): 1199-1215

Morita M, Yen B C. 2002. Modeling of conjunctive two-dimensional surface-three-dimensional subsurface flows. Journal of Hydraulic Engineering, 128(2), 184-200

Morton K W, Mayers D F. 2005. Numerical Solution of Partial Differential Equations. Cambridge: Cambridge University Press

Newhouse S E. 2011. Lectures on Dynamical Systems. Berlin: Springer Berlin Heidelberg

Panday S, Huyakom P S. 2004. A fully coupled physically-based spatially-distributed model for evaluating surface/subsurface flow. Advances in Water Resources, 27(4): 361-382

Pei Y, Wang J, Tian Z, Yu J. 2006. Analysis of interfacial error in saturated-unsaturated flow models. Advances in Water Resources, 29(4): 515-524

Playán E, Walker W R, Merkley G P. 1994. Two-dimensional simulation of basin irrigation. Ⅰ: theory. Journal of Irrigation and Drainage Engineering, 120(5): 837-856

Ridolfi L, D'Odorico P, Laio F, et al. 2008. Coupled stochastic dynamics of water table and soil moisture in bare soil conditions. Water Resources Research, 44(1): W01435

Strelkoff T S, Tamimi A H, Clemmens A J. 2003. Two-dimensional basin flow with irregular bottom configuration. Journal of Irrigation and Drainage Engineering, 29(6): 391-401

Strelkoff T, Clemmens A, Bautista E. 2009. Estimation of soil and crop hydraulic properties. Journal of Irrigation and Drainage Engineering, 135(5), 537-555

Van Genuchten M T. 1980. A closed-form equation for predicting the hydraulic conductivity of unsaturated soils. Soil Science Society of America Journal, 44(5): 892-898

Vico G, Porporato A. 2011. From rainfed agriculture to stress-avoidance irrigation: Ⅰ. a generalized irrigation scheme with stochastic soil moisture. Advances in Water Resources, 34(2): 263-271

Weill S, Mazzia A, Putti M, et al. 2011. Coupling water flow and solute transport into a physically-based surface-subsurface hydrological model. Advances in Water Resources, 34(1): 128-136

Walker W R, Skogerboe G V. 1987. Surface Irrigation, Theory and Practice. Englewood Cliffs: Prentice-Hall

Zerihun D, Furman A, Warrick A W, et al. 2005. Coupled surface-subsurface flow model for improved basin irrigation management. Journal of Irrigation and Drainage Engineering, 131(2): 111-128

Zhang Q, Johansen H, Colella P. 2012. A fourth-order accurate finite-volume method with structured adaptive mesh refinement for solving the advection-diffusion equation. SIAM Journal on Scientific Computing, 34(2): 179-201

第 8 章

Chapter 8

依据维度分裂主方向修正的全水动力学方程畦田灌溉地表水流运动模拟

虽然基于向量耗散有限体积法模拟求解的守恒型全水动力学方程可以较好表述畦田灌溉地表水非恒定流运动过程,但在较差畦面微地形空间分布状况下却难获得较佳模拟效果(Soroush et al.,2013)。采用第5章构建的具有双曲-抛物型方程结构的守恒-非守恒型全水动力学方程及其全隐数值模拟解法,可在任意畦面微地形空间分布状况下获得较好模拟结果,但由于改型后的全水动力学方程具备复杂维度耦合的非线性结构特征,故有必要探索相关的简化解法。

人们已提出维度分裂解法作为全水动力学方程的简化解法,即将高维全水动力学方程解耦降维分解为多个一维方程后进行求解(LeVeque,2002),从而将用于一维方程的描述方法、数值解法及程序代码直接移用到高维方程。采用维度分裂解法简化了对复杂数理方程的表述方式及其解法,在牺牲有限模拟精度前提下,达到提高计算效率的目的(Gosse,2000)。目前,常用的维度分裂解法主要针对具有典型双曲型方程特征的守恒型全水动力学方程,需对其改进拓展后,才可用于基于双曲-抛物型方程结构的守恒-非守恒型全水动力学方程。

本章基于维度分裂解法中各分量的物理含义,定义提出不同主方向修正的概念,构建依据维度分裂主方向修正的基于双曲-抛物型方程结构的守恒-非守恒型全水动力学方程畦田灌溉模型。根据典型畦田灌溉试验实测数据,比较分析不同主方向修正下维度分裂与维度非分裂隐式解法之间在模拟效果上的差异,探寻最佳的维度分裂隐式解法,揭示畦面微地形空间分布状况对地表水流运动模拟结果的直观物理影响。

8.1 依据维度分裂主方向修正的全水动力学方程畦田灌溉模型构建及数值模拟求解

在改进完善经典维度分裂解法表达式基础上,定义不同主方向修正的概念,构建依据维度分裂主方向修正的基于双曲-抛物型方程结构的守恒-非守恒型全水动力学方程,给出相应的初始条件和边界条件及适宜的时空离散数值解法。

8.1.1 依据维度分裂主方向修正的全水动力学方程

基于维度分裂基本概念,在不同维度间对全水动力学方程做解耦降维处理,对形成的维度分裂表达式进行完全主方向修正、无糙率主方向修正和无主方向修正,构建依据不同维度分裂主方向修正的基于双曲-抛物型方程结构的守恒-非守恒型全水动学方程。

8.1.1.1 基于经典维度分裂解法的全水动力学方程

为了简化具有典型双曲型方程特征的守恒型全水动力学方程在高维下的数值模拟求解过程,借助“分步解法”的概念,形成经典维度分裂表达式,依据时间分步解算在实施步骤上的差异,提出了Godunov和Strang两种维度分裂解法(LeVeque,2002)。

1)具有典型双曲型方程特征的守恒型全水动力学方程

二维状况下的式(3-9)可被表述为

$$\frac{\partial \boldsymbol{U}}{\partial t}+\frac{\partial \boldsymbol{F}_x}{\partial x}+\frac{\partial \boldsymbol{F}_y}{\partial y}=\boldsymbol{S}_{bx}+\boldsymbol{S}_{by}+\boldsymbol{S}_f+\boldsymbol{S}_{\text{in}} \tag{8-1}$$

式中，$\boldsymbol{U}$ 为地表水流运动因变量向量，且 $\boldsymbol{U}=\begin{pmatrix} h \\ q_x \\ q_y \end{pmatrix}$；$\boldsymbol{F}_x$ 和 $\boldsymbol{F}_y$ 分别为沿 x 和 y 坐标向的地表水流运动物理通量，且 $\boldsymbol{F}_x=\begin{pmatrix} q_x \\ q_x \cdot \bar{u}+\frac{1}{2}g \cdot h^2 \\ q_x \cdot \bar{u} \end{pmatrix}$ 和 $\boldsymbol{F}_y=\begin{pmatrix} q_y \\ q_y \cdot \bar{v} \\ q_y \cdot \bar{v}+\frac{1}{2}g \cdot h^2 \end{pmatrix}$；$\boldsymbol{S}_{bx}$ 和 $\boldsymbol{S}_{by}$ 分别为沿 x 和 y 坐标向的地表（畦面）相对高程梯度向量，且 $\boldsymbol{S}_{bx}=\begin{pmatrix} 0 \\ -g \cdot h\dfrac{\partial b}{\partial x} \\ 0 \end{pmatrix}$ 和 $\boldsymbol{S}_{by}=\begin{pmatrix} 0 \\ 0 \\ -g \cdot h\dfrac{\partial b}{\partial y} \end{pmatrix}$；$\boldsymbol{S}_f$ 为畦面糙率向量，且 $\boldsymbol{S}_f=\begin{pmatrix} 0 \\ -g \cdot h\dfrac{n^2 \cdot \bar{u}\sqrt{\bar{u}^2+\bar{v}^2}}{h^{4/3}} \\ -g \cdot h\dfrac{n^2 \cdot \bar{v}\sqrt{\bar{u}^2+\bar{v}^2}}{h^{4/3}} \end{pmatrix}$；$\boldsymbol{S}_{\text{in}}$ 为入渗向量，且 $\boldsymbol{S}_{\text{in}}=\begin{pmatrix} i_c \\ \frac{1}{2}\bar{u} \cdot i_c \\ \frac{1}{2}\bar{v} \cdot i_c \end{pmatrix}$。

（2）经典维度分裂表达式

基于矩形网格单元格，对式（8-1）进行空间维度解耦降维，将其分裂为沿 x 和 y 坐标向的一维地表水流运动控制方程（LeVeque，2002），即

沿 x 坐标向的维度分裂方程：$\dfrac{\partial \boldsymbol{U}}{\partial t}+\dfrac{\partial \boldsymbol{F}_x}{\partial x}=\boldsymbol{S}_{bx}+\boldsymbol{S}_f+\boldsymbol{S}_{\text{in}}$　（8-2）

沿 y 坐标向的维度分裂方程：$\dfrac{\partial \boldsymbol{U}}{\partial t}+\dfrac{\partial \boldsymbol{F}_y}{\partial y}=\boldsymbol{S}_{by}+\boldsymbol{S}_f+\boldsymbol{S}_{\text{in}}$　（8-3）

（3）经典维度分裂解法

在任意时间步长［n_t，n_t+1］内，基于显时间差分格式和有限体积法，当沿 x 和 y 坐标向直接分步计算式（8-2）和式（8-3）时，称之为 Godunov 维度分裂有限体积法，并得到如下公式：

$$\boldsymbol{U}_{i,j}^{n_t^*}=\boldsymbol{U}_{i,j}^{n_t}-\frac{\Delta t}{\Delta x}\cdot\left[(\boldsymbol{F}_x)_{i+1/2,j}^{n_t}-(\boldsymbol{F}_x)_{i-1/2,j}^{n_t}\right]+\boldsymbol{S}_{bx,i,j}^{n_t}+\boldsymbol{S}_{f,i,j}^{n_t}+\boldsymbol{S}_{\text{in},i,j}^{n_t} \tag{8-4}$$

$$\boldsymbol{U}_{i,j}^{n_t+1}=\boldsymbol{U}_{i,j}^{n_t^*}-\frac{\Delta t}{\Delta y}\cdot\left[(\boldsymbol{F}_y)_{i,j+1/2}^{n_t^*}-(\boldsymbol{F}_y)_{i,j-1/2}^{n_t^*}\right]+\boldsymbol{S}_{by,i,j}^{n_t^*}+\boldsymbol{S}_{f,i,j}^{n_t^*}+\boldsymbol{S}_{\text{in},i,j}^{n_t^*} \tag{8-5}$$

式（8-4）和式（8-5）的时间精度仅为一阶，为了提高至二阶精度，Strang（1968）对 Godunov 维度分裂格式有限体积法进行改进，形成了 Strang 维度分裂有限体积法，并得到如下公式：

$$\boldsymbol{U}_{i,j}^{n_t^*}=\boldsymbol{U}_{i,j}^{n_t}-\frac{\Delta t}{2\Delta x}\cdot\left[(\boldsymbol{F}_x)_{i+1/2,j}^{n_t}-(\boldsymbol{F}_x)_{i-1/2,j}^{n_t}\right]+\boldsymbol{S}_{bx,i,j}^{n_t}+\boldsymbol{S}_{f,i,j}^{n_t}+\boldsymbol{S}_{\text{in},i,j}^{n_t} \tag{8-6}$$

$$\boldsymbol{U}_{i,j}^{n_t^{**}}=\boldsymbol{U}_{i,j}^{n_t^*}-\frac{\Delta t}{\Delta y}\cdot\left[(\boldsymbol{F}_y)_{i,j+1/2}^{n_t^*}-(\boldsymbol{F}_y)_{i,j-1/2}^{n_t^*}\right]+\boldsymbol{S}_{by,i,j}^{n_t^*}+\boldsymbol{S}_{f,i,j}^{n_t^*}+\boldsymbol{S}_{\text{in},i,j}^{n_t^*} \tag{8-7}$$

$$\boldsymbol{U}_{i,j}^{n_t+1}=\boldsymbol{U}_{i,j}^{n_t^{**}}-\frac{\Delta t}{2\Delta x}\cdot\left[(\boldsymbol{F}_x)_{i+1/2,j}^{n_t^{**}}-(\boldsymbol{F}_x)_{i-1/2,j}^{n_t^{**}}\right]+\boldsymbol{S}_{bx,i,j}^{n_t^{**}}+\boldsymbol{S}_{f,i,j}^{n_t^{**}}+\boldsymbol{S}_{\text{in},i,j}^{n_t^*} \tag{8-8}$$

式中，i 和 j 分别为任意空间离散单元格沿 x 和 y 坐标向的编号；n_t 和 n_t+1 分别为已知和未知时间离散步；n_t^* 和 n_t^{**} 为由 n_t 过渡至 n_t+1 的过渡时间步；$(\boldsymbol{F}_x)_{i+1/2,j}^{n_t}$、$(\boldsymbol{F}_x)_{i-1/2,j}^{n_t}$、$(\boldsymbol{F}_y)_{i,j+1/2}^{n_t}$ 和 $(\boldsymbol{F}_y)_{i,j-1/2}^{n_t}$ 则分别为通过单元格界面 $(i+1/2,j)$、$(i-1/2,j)$、$(i,j+1/2)$ 和 $(i,j-1/2)$ 的数值通量。

对比经典 Godunov 和 Strang 维度分裂解法可知，两者的本质差异在于以不同的时间离散格式实现一维地表水流运动控制方程对二维问题的逼近（LeVeque，2002），即为两种用于一维控制方程的时间离散格式。

8.1.1.2 依据维度分裂主方向修正的全水动力学方程

通过类比以上经典维度分裂解法，建立基于双曲–抛物型方程结构的守恒–非守恒型全水动力学方程的维度分裂解法表达式，依据其中源项对相应维度内的地表水动力学过程产生影响作用的差异，定义提出完全主方向修正、无糙率主方向修正和无主方向修正等修正方式。

（1）基于双曲–抛物型方程结构的守恒–非守恒型全水动力学方程

已构建的基于双曲–抛物型方程结构的守恒–非守恒型全水动力学方程[式(5-16)和式(5-17)]的非向量形式被重述如下：

$$\frac{\partial \zeta}{\partial t}=\frac{\partial}{\partial x}\left(K_w\frac{\partial \zeta}{\partial x}\right)+\frac{\partial}{\partial y}\left(K_w\frac{\partial \zeta}{\partial y}\right)-\left[\frac{\partial}{\partial x}(K_w\cdot C_x)+\frac{\partial}{\partial y}(K_w\cdot C_y)\right]-i_c \tag{8-9}$$

$$\frac{\partial q_x}{\partial t}+\frac{\partial}{\partial x}(q_x\cdot\bar{u})+\frac{\partial}{\partial y}(q_x\cdot\bar{v})=-g(\zeta-b)\frac{\partial \zeta}{\partial x}-g\frac{n^2\cdot\bar{u}\sqrt{\bar{u}^2+\bar{v}^2}}{(\zeta-b)^{1/3}}+\frac{1}{2}i_c\cdot\bar{u} \tag{8-10}$$

$$\frac{\partial q_y}{\partial t}+\frac{\partial}{\partial x}(q_y\cdot\bar{u})+\frac{\partial}{\partial y}(q_y\cdot\bar{v})=-g(\zeta-b)\frac{\partial \zeta}{\partial y}-g\frac{n^2\cdot\bar{v}\sqrt{\bar{u}^2+\bar{v}^2}}{(\zeta-b)^{1/3}}+\frac{1}{2}i_c\cdot\bar{v} \tag{8-11}$$

式中，ζ 为地表水位相对高程[地表水深 h+地表（畦面）相对高程 b]（m）；$\bar{u}$ 和 $\bar{v}$ 分别为沿 x 和 y 坐标向的地表水流垂向均布流速（m/s）；q_x 和 q_y 分别为沿 x 和 y 坐标向的单宽流量[$m^3/(s\cdot m)$]；g 为重力加速度（m/s^2）；K_w 为地表水流扩散系数；n 为畦面糙率系数（$s/m^{1/3}$）；i_c 为地表入渗率（cm/min）；C_x 和 C_y 分别为单宽流量沿地表水深平均的对流效应。

（2）维度分裂表达式

类比于式(8-2)和式(8-3)，分别沿 x 和 y 坐标向对式(8-9)～式(8-11)中的各项进行维度分裂，开展空间维度解耦降维处理，即

沿 x 坐标向的维度分裂方程：
$$\frac{\partial \zeta}{\partial t}=\frac{\partial}{\partial x}\left[K_w\frac{\partial \zeta}{\partial x}\right]-\frac{\partial}{\partial x}(K_w\cdot C_x)-i_c \tag{8-12}$$

$$\frac{\partial q_x}{\partial t}+\frac{\partial (q_x\cdot\bar{u})}{\partial x}=-g(\zeta-b)\frac{\partial \zeta}{\partial x}-g\frac{n^2\cdot\bar{u}\sqrt{\bar{u}^2+\bar{v}^2}}{(\zeta-b)^{1/3}} \tag{8-13}$$

$$\frac{\partial q_y}{\partial t}+\frac{\partial (q_y\cdot\bar{u})}{\partial x}=-g\frac{n^2\cdot\bar{v}\sqrt{\bar{u}^2+\bar{v}^2}}{(\zeta-b)^{1/3}} \tag{8-14}$$

沿 y 坐标向的维度分裂方程：
$$\frac{\partial \zeta}{\partial t}=\frac{\partial}{\partial y}\left[K_w\frac{\partial \zeta}{\partial y}\right]-\frac{\partial}{\partial y}(K_w\cdot C_y)-i_c \tag{8-15}$$

$$\frac{\partial q_x}{\partial t}+\frac{\partial (q_x\cdot\bar{v})}{\partial y}=-g\frac{n^2\cdot\bar{u}\sqrt{\bar{u}^2+\bar{v}^2}}{(\zeta-b)^{1/3}} \tag{8-16}$$

$$\frac{\partial q_y}{\partial t}+\frac{\partial(q_y \cdot \bar{v})}{\partial y}=-g(\zeta-b)\frac{\partial \zeta}{\partial y}-g\frac{n^2 \cdot \bar{v}\sqrt{\bar{u}^2+\bar{v}^2}}{(\zeta-b)^{1/3}} \tag{8-17}$$

在以上维度分裂过程中，由于式(8-10)和式(8-11)中的地表入渗项 $i_c \cdot \bar{u}/2$ 和 $i_c \cdot \bar{v}/2$ 对模拟结果影响甚小(Vivekanand and Bhallamudi，1996)，故常忽略。

(3)维度分裂主方向修正解法

式(8-12)～式(8-17)均为用于描述一维地表水流运动过程的分量方程，其对二维地表水流运动过程模拟会产生不同程度影响。为此，依据这些分量方程在不同空间维度内的具体物理含义，对维度分裂表达式分别进行完全主方向修正、无糙率主方向修正和无主方向修正，建立依据维度分裂主方向修正的基于双曲-抛物型方程结构的守恒-非守恒型全水动学方程。

1)完全主方向修正。从式(8-12)～式(8-14)可以看出，式(8-12)和式(8-13)属于标准的一维全水动力学方程，而式(8-14)为 y 坐标向 q_y 沿 x 坐标向的对流效应修正。由于此时 x 坐标向为计算的主方向(y 坐标向为计算的次方向)，故称式(8-14)为沿 x 坐标向的完全主方向修正。同理，可称式(8-17)为沿 y 坐标向的完全主方向修正(x 坐标向为计算的次方向)。

以上一维全水动力学方程[式(8-12)、式(8-13)、式(8-15)和式(8-16)]与沿 x 和 y 坐标向的完全主方向修正式[式(8-14)和式(8-17)]的组合，即构成依据维度分裂完全主方向修正的全水动力学方程。

2)无糙率主方向修正。在地表水流运动模拟结果与实测值间的平均相对误差值小于5%允许范围内，当忽略畦面糙率影响时，若仅考虑因变量向量各分量耦合下 q_y 沿主方向的对流输运效应，则对式(8-15)做如下简化，得

$$\frac{\partial q_y}{\partial t}+\frac{\partial(q_y \cdot \bar{u})}{\partial x}=0 \tag{8-18}$$

此时称式(8-18)为沿 x 坐标向的无糙率主方向修正，其为标准的一维守恒型对流方程，易于被求解。同理，可对式(8-16)做相应简化，得到沿 y 坐标向的无糙率主方向修正，即

$$\frac{\partial q_x}{\partial t}+\frac{\partial(q_x \cdot \bar{v})}{\partial y}=0 \tag{8-19}$$

以上一维全水动力学方程[式(8-12)、式(8-13)、式(8-15)和式(8-16)]与沿 x 和 y 坐标向的无糙率主方向修正式[式(8-18)和式(8-19)]的组合，即构成依据维度分裂无糙率主方向修正的全水动力学方程。

3)无主方向修正。在地表水流运动模拟结果与实测值间的平均相对误差值小于5%允许范围内，当地表水流流速相对缓慢时，往往可解耦因变量向量分量 q_y 与 q_x 间的相互作用，此时可忽略式(8-14)和式(8-17)，使沿 x 和 y 坐标向均变为标准的一维问题。

以上一维全水动力学方程[式(8-12)、式(8-13)、式(8-15)和式(8-16)]，即构成依据维度分裂无主方向修正的全水动力学方程。

8.1.2　初始条件和边界条件

8.1.2.1　初始条件

当 $t=0$ 时,由于计算区域内各空间位置点处的地表水深 h 及地表水流垂向均布流速 $\bar{u}$ 和 $\bar{v}$ 均为零,故地表水位相对高程 $\zeta=b$。

8.1.2.2　边界条件

如图 8-1 所示,对沿 x 或 y 坐标向维度分裂为一维问题的边界条件,若上游位于畦首入流口处,可设置一维入流边界,若上游与下游均为畦埂,则设置为一维无流边界。由此可见,维度分裂下的边界条件表达形式可被大为简化。

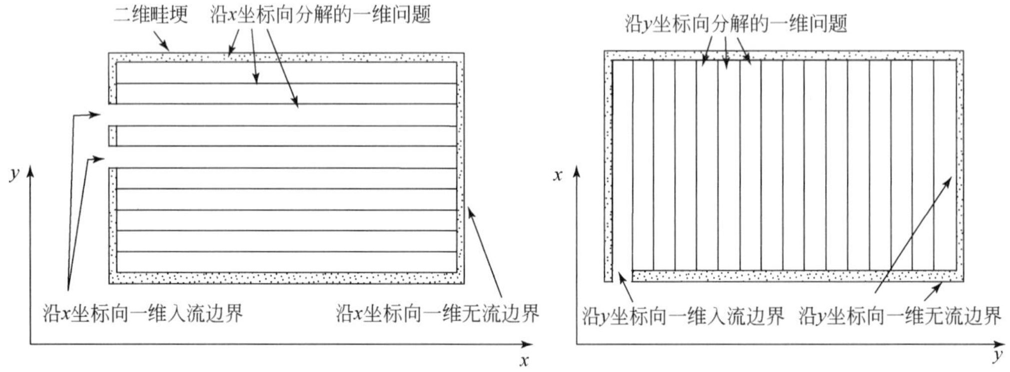

(a)沿x坐标向分解　　(b)沿y坐标向分解

图 8-1　沿 x 或 y 坐标向维度分裂为一维问题的边界条件

在畦首入流边界处,式(5-14)在沿 x 和 y 坐标向上可被简化为

$$q_x^0=-K_w\cdot\nabla\zeta+K_w\cdot C_x \tag{8-20}$$

$$q_y^0=-K_w\cdot\nabla\zeta+K_w\cdot C_y \tag{8-21}$$

式中,q_x^0 和 q_y^0 分别为畦首入流口处给定的沿 x 和 y 坐标向的单宽流量(m^2/s)。

在畦埂无流边界处,式(5-14)在沿 x 或 y 坐标向上可被简化为

$$K_w\cdot\nabla\zeta-K_w\cdot C_x=0 \tag{8-22}$$

$$K_w\cdot\nabla\zeta-K_w\cdot C_y=0 \tag{8-23}$$

8.1.3　数值模拟方法

针对依据维度分裂主方向修正(完全主方向修正、无糙率主方向修正和无主方向修正)的基于双曲-抛物型方程结构的守恒-非守恒型全水动力学方程,在改进经典 Godunov 和 Strang 维度分裂解法的基础上,利用开发的标量耗散有限体积法开展空间离散,建立相应的维度分裂隐式解法。

8.1.3.1　空间离散

利用零耗散中心格式有限体积法对式(8-12)开展空间离散, 得

$$\frac{\mathrm{d}\zeta_{i,j}}{\mathrm{d}t}=\frac{1}{(\Delta x_{i,j})^2}\cdot[K_{\mathrm{w},i-1/2,j}\cdot\zeta_{i-1,j}-(K_{\mathrm{w},i+1/2,j}+K_{\mathrm{w},i-1/2,j})\cdot\zeta_{i,j}+K_{\mathrm{w},i+1/2,j}\cdot\zeta_{i+1,j}]$$
$$-\frac{1}{g\Delta x_{i,j}}\cdot(K_{\mathrm{w},i+1/2,j}\cdot C_{x,i+1/2,j}-K_{\mathrm{w},i-1/2,j}\cdot C_{x,i-1/2,j})-i_{c,i,j}\tag{8-24}$$

采用标量耗散有限体积法对式(8-13)和式(8-14)进行空间离散：

$$\frac{\mathrm{d}q_{x,i,j}}{\mathrm{d}t}=-\frac{1}{\Delta x_{i,j}}\cdot\alpha_{x,i,j}\cdot q_{x,i-1,j}-\frac{1}{\Delta x_{i,j}}\cdot\beta_{x,i,j}\cdot q_{x,i,j}-\frac{1}{\Delta x_{i,j}}\cdot\gamma_{x,i,j}\cdot q_{x,i+1,j}$$
$$-g(\zeta_{i,j}-b_{i,j})\frac{\zeta_{i+1/2,j}-\zeta_{i-1/2,j}}{\Delta x_{i,j}}-g\frac{n^2\cdot\bar{u}_{i,j}\sqrt{\bar{u}_{i,j}^2+\bar{v}_{i,j}^2}}{(\zeta_{i,j}-b_{i,j})^{1/3}}\tag{8-25}$$

$$\frac{\mathrm{d}q_{y,i,j}}{\mathrm{d}t}=-\frac{1}{\Delta x_{i,j}}\cdot\alpha_{x,i,j}\cdot q_{y,i-1,j}-\frac{1}{\Delta x_{i,j}}\cdot\beta_{x,i,j}\cdot q_{y,i,j}-\frac{1}{\Delta x_{i,j}}\cdot\gamma_{x,i,j}\cdot q_{y,i+1,j}-g\frac{n^2\cdot\bar{v}_i\sqrt{\bar{u}_{i,j}^2+\bar{v}_{i,j}^2}}{(\zeta_{i,j}-b_{i,j})^{1/3}}\tag{8-26}$$

式(8-24)~(8-26)中的$\alpha_{x,i,j}$、$\beta_{x,i,j}$和$\gamma_{x,i,j}$被分别表达为

$$\alpha_{x,i,j}=-\frac{1}{2}\cdot\tilde{c}_{i-1/2,j}(Fr_{i-1/2,j}+|Fr_{i-1/2,j}|)\tag{8-27}$$

$$\beta_{x,i,j}=\frac{1}{2}\cdot[\tilde{c}_{i+1/2,j}(Fr_{i+1/2,j}+|Fr_{i+1/2,j}|)-\tilde{c}_{i-1/2,j}(Fr_{i-1/2,j}-|Fr_{i-1/2,j}|)]\tag{8-28}$$

$$\gamma_{x,i,j}=\frac{1}{2}\cdot\tilde{c}_{i+1/2,j}(Fr_{i+1/2,j}-|Fr_{i+1/2,j}|)\tag{8-29}$$

同理，利用零耗散中心格式有限体积法和标量耗散有限体积法分别对式(8-15)~式(8-17)进行空间离散，得

$$\frac{\mathrm{d}\zeta_{i,j}}{\mathrm{d}t}=\frac{1}{(\Delta y_{i,j})^2}\cdot[K_{\mathrm{w},i,j-1/2}\cdot\zeta_{i,j-1}-(K_{\mathrm{w},i,j+1/2}+K_{\mathrm{w},i,j-1/2})\cdot\zeta_{i,j}+K_{\mathrm{w},i,j+1/2}\cdot\zeta_{i,j+1}]$$
$$-\frac{1}{g\Delta y_{i,j}}\cdot(K_{\mathrm{w},i,j+1/2}\cdot C_{x,i,j+1/2}-K_{\mathrm{w},i,j-1/2}\cdot C_{x,i,j-1/2})-i_{c,i,j}\tag{8-30}$$

$$\frac{\mathrm{d}q_{x,i,j}}{\mathrm{d}t}=-\frac{1}{\Delta y_{i,j}}\cdot\alpha_{y,i,j}\cdot q_{x,i,j-1}-\frac{1}{\Delta y_{i,j}}\cdot\beta_{y,i,j}\cdot q_{x,i,j}-\frac{1}{\Delta y_{i,j}}\cdot\gamma_{y,i,j}\cdot q_{x,i+1}-g\frac{n^2\cdot\bar{u}_i\sqrt{\bar{u}_{i,j}^2+\bar{v}_{i,j}^2}}{(\zeta_{i,j}-b_{i,j})^{1/3}}\tag{8-31}$$

$$\frac{\mathrm{d}q_{y,i,j}}{\mathrm{d}t}=-\frac{1}{\Delta y_{i,j}}\cdot\alpha_{y,i,j}\cdot q_{y,i,j-1}-\frac{1}{\Delta y_{i,j}}\cdot\beta_{y,i,j}\cdot q_{y,i,j}-\frac{1}{\Delta y_{i,j}}\cdot\gamma_{y,i,j}\cdot q_{y,i,j+1}-g(\zeta_{i,j}-b_{i,j})$$
$$\cdot\frac{\zeta_{i,j+1/2}-\zeta_{i,j-1/2}}{\Delta y_{i,j}}-g\frac{n^2\cdot\bar{u}_{i,j}\sqrt{\bar{u}_{i,j}^2+\bar{v}_{i,j}^2}}{(\zeta_{i,j}-b_{i,j})^{1/3}}\tag{8-32}$$

式(8-30)~式(8-32)中的$\alpha_{y,i,j}$、$\beta_{y,i,j}$和$\gamma_{y,i,j}$被分别表达为

$$\alpha_{y,i,j}=-\frac{1}{2}\cdot\tilde{c}_{i,j-1/2}(Fr_{i,j-1/2}+|Fr_{i,j-1/2}|)\tag{8-33}$$

$$\beta_{y,i,j}=\frac{1}{2}\cdot[\tilde{c}_{i,j+1/2}(Fr_{i,j+1/2}+|Fr_{i,j+1/2}|)-\tilde{c}_{i,j-1/2}(Fr_{i,j-1/2}-|Fr_{i,j-1/2}|)]\tag{8-34}$$

$$\gamma_{y,i,j}=\frac{1}{2}\cdot\tilde{c}_{i,j+1/2}(Fr_{i,j+1/2}-|Fr_{i,j+1/2}|)\tag{8-35}$$

8.1.3.2 时间离散

Godunov 和 Strang 维度分裂解法的本质差异在于不同时间离散格式下采用一维地表水流运动控制方程逼近二维问题(LeVeque,2002),故维度分裂主方向修正解法下的时间离散格式也应分为 Godunov 维度分裂隐时间格式和 Strang 维度分裂隐时间格式。

(1)Godunov 维度分裂隐时间格式

当将式(8-4)和式(8-5)中显时间格式的已知时间迭代步直接改为未知时间步时,沿 x 和 y 坐标向的一维简化空间离散格式[式(8-24)~式(8-26)和式(8-30)~式(8-32)]的 Godunov 维度分裂隐时间格式为

沿 x 坐标向:

$$\frac{\zeta_{i,j}^{n_t^*}-\zeta_{i,j}^{n_t}}{\Delta t}=\frac{1}{(\Delta x_{i,j})^2}\cdot\left[K_{\mathrm{w},i-1/2,j}^{n_t^*}\cdot\zeta_{i-1,j}^{n_t^*}-(K_{\mathrm{w},i+1/2,j}^{n_t^*}+K_{\mathrm{w},i-1/2,j}^{n_t^*})\cdot\zeta_{i,j}^{n_t^*}+K_{\mathrm{w},i+1/2,j}^{n_t^*}\cdot\zeta_{i+1,j}^{n_t^*}\right]$$
$$-\frac{1}{g\Delta x_{i,j}}\cdot(K_{\mathrm{w},i+1/2,j}^{n_t^*}\cdot C_{x,i+1/2,j}^{n_t^*}-K_{\mathrm{w},i-1/2,j}^{n_t^*}\cdot C_{x,i-1/2,j}^{n_t^?})-i_{c,i,j}^{n_t^*} \tag{8-36}$$

$$\frac{q_{x,i,j}^{n*}-q_{x,i,j}^{n}}{\Delta t}=-\frac{1}{\Delta x_{i,j}}\alpha_{x,i,j}^{n*}\cdot q_{x,i-1,j}^{n*}-\frac{1}{\Delta x_{i,j}}\beta_{x,i,j}^{n*}\cdot q_{x,i,j}^{n*}-\frac{1}{\Delta x_{i,j}}\gamma_{x,i,j}^{n*}\cdot q_{x,i+1,j}^{n*}$$
$$-g(\zeta_{i,j}^{n*}-b_{i,j})\frac{\zeta_{i+1/2,j}^{n*}-\zeta_{i-1/2,j}^{n*}}{\Delta x_{i,j}}-g\frac{n^2\cdot\bar{u}_{i,j}^{n*}\sqrt{(\bar{u}^2)_{i,j}^{n*}+(\bar{v}^2)_{i,j}^{n*}}}{(\zeta_{i,j}^{n*}-b_{i,j})^{1/3}} \tag{8-37}$$

$$\frac{q_{y,i,j}^{n_t^*}-q_{y,i,j}^{n_t}}{\Delta t}=-\frac{1}{\Delta x_{i,j}}\cdot\alpha_{x,i,j}^{n_t^*}\cdot q_{y,i-1,j}^{n_t^*}-\frac{1}{\Delta x_{i,j}}\cdot\beta_{x,i,j}^{n_t^*}\cdot q_{y,i,j}^{n_t^*}-\frac{1}{\Delta x_{i,j}}\cdot\gamma_{x,i,j}^{n_t^*}\cdot q_{y,i+1,j}^{n_t^*}$$
$$-g\frac{n^2\cdot\bar{v}_{i,j}^{n_t^*}\sqrt{(\bar{u}^2)_{i,j}^{n_t^*}+(\bar{v})_{i,j}^{n_t^*}}}{(\zeta_{i,j}^{n_t^*}-b_{i,j})^{1/3}} \tag{8-38}$$

沿 y 坐标向:

$$\frac{\zeta_{i,j}^{n_t+1}-\zeta_{i,j}^{n_t^*}}{\Delta t}=\frac{1}{(\Delta y_i)^2}\cdot\left[K_{\mathrm{w},i,j-1/2}^{n_t+1}\cdot\zeta_{i,j-1}^{n_t+1}-(K_{\mathrm{w},i,j+1/2}^{n_t+1}+K_{\mathrm{w},i,j-1/2}^{n_t+1})\cdot\zeta_{i,j}^{n_t+1}+K_{\mathrm{w},i,j+1/2}^{n_t+1}\cdot\zeta_{i,j+1}^{n_t+1}\right]$$
$$-\frac{1}{g\Delta y_i}\cdot(K_{\mathrm{w},i,j+1/2,j}^{n_t+1}\cdot C_{y,i,j+1/2}^{n_t+1}-K_{\mathrm{w},i,j-1/2}^{n_t+1}\cdot C_{y,i,j-1/2}^{n_t+1})-i_{c,i,j}^{n_t+1} \tag{8-39}$$

$$\frac{q_{x,i,j}^{n_t+1}-q_{y,i,j}^{n_t^*}}{\Delta t}=-\frac{1}{\Delta y_{i,j}}\cdot\alpha_{y,i,j}^{n_t+1}\cdot q_{x,i,j-1}^{n_t+1}-\frac{1}{\Delta y_{i,j}}\cdot\beta_{y,i,j}^{n_t+1}\cdot q_{x,i,j}^{n_t+1}-\frac{1}{\Delta y_{i,j}}\cdot\gamma_{y,i,j}^{n_t+1}\cdot q_{x,i,j+1}^{n_t+1}$$
$$-g\frac{n^2\cdot\bar{u}_{i,j}^{n_t+1}\sqrt{(\bar{u}^2)_{i,j}^{n_t+1}+(\bar{v})_{i,j}^{n_t+1}}}{(\zeta_{i,j}^{n_t+1}-b_{i,j})^{1/3}} \tag{8-40}$$

$$\frac{q_{y,i,j}^{n_t+1}-q_{y,i,j}^{n_t^*}}{\Delta t}=-\frac{1}{\Delta y_{i,j}}\cdot\alpha_{y,i,j}^{n_t+1}\cdot q_{y,i,j-1}^{n_t+1}-\frac{1}{\Delta y_{i,j}}\cdot\beta_{y,i,j}^{n_t+1}\cdot q_{y,i,j}^{n_t+1}-\frac{1}{\Delta y_{i,j}}\cdot\gamma_{y,i,j}^{n_t+1}\cdot q_{y,i,j+1}^{n_t+1}$$
$$-g(\zeta_{i,j}^{n_t+1}-b_{i,j})\frac{\zeta_{i,j+1/2}^{n_t+1}-\zeta_{i,j-1/2}^{n_t+1}}{\Delta y_{i,j}}-g\frac{n^2\cdot\bar{u}_{i,j}^{n_t+1}\sqrt{(\bar{u}^2)_{i,j}^{n_t+1}+(\bar{v}^2)_{i,j}^{n_t+1}}}{(\zeta_{i,j}^{n_t+1}-b_{i,j})^{1/3}} \tag{8-41}$$

经典 Godunov 维度分裂解法的时间格式属于显式,而改进后的 Godunov 维度分裂解法的时间格式却成为隐式,时间步上标 * 表示由 n_t 过渡至 n_t+1 的时间步。

(2) Strang 维度分裂隐时间格式

当将式(8-6) ~ 式(8-8)中显时间格式的已知时间迭代步直接改为未知时间步时,沿 x 和 y 坐标向的一维简化空间离散格式[式(8-24) ~ 式(8-26)和式(8-30) ~ 式(8-32)]的 Strang 维度分裂隐时间格式为

沿 x 坐标向:

$$\frac{\zeta_{i,j}^{n_t^*}-\zeta_{i,j}^{n_t}}{\Delta t/2}=\frac{1}{(\Delta x_{i,j})^2}\cdot\left[K_{\mathrm{w},i-1/2,j}^{n_t^*}\cdot\zeta_{i-1,j}^{n_t^*}-(K_{\mathrm{w},i+1/2,j}^{n_t^*}+K_{\mathrm{w},i-1/2,j}^{n_t^*})\cdot\zeta_{i,j}^{n_t^*}+K_{\mathrm{w},i+1/2,j}^{n_t^*}\cdot\zeta_{i+1,j}^{n_t^*}\right]$$
$$-\frac{1}{g\Delta x_i}\cdot(K_{\mathrm{w},i+1/2,j}^{n_t^*}\cdot C_{x,i+1/2,j}^{n_t^*}-K_{\mathrm{w},i-1/2,j}^{n_t^*}\cdot C_{x,i-1/2,j}^{n_t^*})-i_{c,i,j}^{n_t^*} \tag{8-42}$$

$$\frac{q_{x,i,j}^{n*}-q_{x,i,j}^{n}}{\Delta t/2}=-\frac{1}{\Delta x_{i,j}}\cdot\alpha_{x,i,j}^{n*}\cdot q_{x,i-1,j}^{n*}-\frac{1}{\Delta x_{i,j}}\cdot\beta_{x,i,j}^{n*}\cdot q_{x,i,j}^{n*}-\frac{1}{\Delta x_{i,j}}\cdot\gamma_{x,i,j}^{n*}\cdot q_{x,i+1,j}^{n*}$$
$$-g(\zeta_{i,j}^{n*}-b_{i,j})\frac{\zeta_{i+1/2,j}^{n*}-\zeta_{i-1/2,j}^{n*}}{\Delta x_{i,j}}-g\frac{n^2\cdot\bar{u}_{i,j}^{n*}\sqrt{(\bar{u}^2)_{i,j}^{n*}+(\bar{v}^2)_{i,j}^{n*}}}{(\zeta_{i,j}^{n*}-b_{i,j})^{1/3}} \tag{8-43}$$

$$\frac{q_{y,i,j}^{n_t^*}-q_{y,i,j}^{n_t}}{\Delta t/2}=-\frac{1}{\Delta x_{i,j}}\cdot\alpha_{x,i,j}^{n_t^*}\cdot q_{y,i-1,j}^{n_t^*}-\frac{1}{\Delta x_{i,j}}\cdot\beta_{x,i,j}^{n_t^*}\cdot q_{y,i,j}^{n_t^*}-\frac{1}{\Delta x_{i,j}}\cdot\gamma_{x,i,j}^{n_t^*}\cdot q_{y,i+1,j}^{n_t^*}$$
$$-g\frac{n^2\cdot\bar{v}_{i,j}^{n_t^*}\sqrt{(\bar{u}^2)_{i,j}^{n_t^*}+(\bar{v})_{i,j}^{n_t^*}}}{(\zeta_{i,j}^{n_t^*}-b_{i,j})^{1/3}} \tag{8-44}$$

沿 y 坐标向:

$$\frac{\zeta_{i,j}^{n_t^{**}}-\zeta_{i,j}^{n_t^*}}{\Delta t}=\frac{1}{(\Delta y_{i,j})^2}\cdot\left[K_{\mathrm{w},i,j-1/2}^{n_t^{**}}\cdot\zeta_{i,j-1}^{n_t^{**}}-(K_{\mathrm{w},i,j+1/2}^{n_t^{**}}+K_{\mathrm{w},i,j-1/2}^{n_t^{**}})\cdot\zeta_{i,j}^{n_t^{**}}+K_{\mathrm{w},i,j+1/2}^{n_t^{**}}\cdot\zeta_{i,j+1}^{n_t^{**}}\right]$$
$$-\frac{1}{g\Delta y_{i,j}}\cdot(K_{\mathrm{w},i,j+1/2,j}^{n_t^{**}}\cdot C_{y,i,j+1/2}^{n_t^{**}}-K_{\mathrm{w},i,j-1/2}^{n_t^{**}}\cdot C_{y,i,j-1/2}^{n_t^{**}})-i_{c,i,j}^{n_t^{**}} \tag{8-45}$$

$$\frac{q_{y,i,j}^{n_t^{**}}-q_{y,i,j}^{n_t^*}}{\Delta t}=-\frac{1}{\Delta y_{i,j}}\cdot\alpha_{y,i,j}^{n_t^{**}}\cdot q_{x,i,j-1}^{n_t^{**}}-\frac{1}{\Delta y_{i,j}}\cdot\beta_{y,i,j}^{n_t^{**}}\cdot q_{x,i,j}^{n_t^{**}}-\frac{1}{\Delta y_{i,j}}\cdot\gamma_{y,i,j}^{n_t^{**}}\cdot q_{x,i,j+1}^{n_t^{**}}$$
$$-g\frac{n^2\cdot\bar{u}_{i,j}^{n_t^{**}}\sqrt{(\bar{u}^2)_{i,j}^{n_t^{**}}+(\bar{v})_{i,j}^{n_t^{**}}}}{(\zeta_{i,j}^{n_t^{**}}-b_{i,j})^{1/3}} \tag{8-46}$$

$$\frac{q_{y,i,j}^{n_t^{**}}-q_{y,i,j}^{n_t^*}}{\Delta t}=-\frac{1}{\Delta y_{i,j}}\cdot\alpha_{y,i,j}^{n_t^{**}}\cdot q_{y,i,j-1}^{n_t^{**}}-\frac{1}{\Delta y_{i,j}}\cdot\beta_{y,i,j}^{n_t^{**}}\cdot q_{y,i,j}^{n_t^{**}}-\frac{1}{\Delta y_{i,j}}\cdot\gamma_{y,i,j}^{n_t^{**}}\cdot q_{y,i,j+1}^{n_t^{**}}$$
$$-g(\zeta_{i,j}^{n_t^{**}}-b_{i,j})\frac{\zeta_{i,j+1/2}^{n_t^{**}}-\zeta_{i,j-1/2}^{n_t^{**}}}{\Delta y_{i,j}}-g\frac{n^2\cdot\bar{u}_{i,j}^{n_t^{**}}\sqrt{(\bar{u}^2)_{i,j}^{n_t^{**}}+(\bar{v}^2)_{i,j}^{n_t^{**}}}}{(\zeta_{i,j}^{n_t^{**}}-b_{i,j})^{1/3}} \tag{8-47}$$

沿 x 坐标向:

$$\frac{\zeta_{i,j}^{n_t+1}-\zeta_{i,j}^{n_t^{**}}}{\Delta t/2}=\frac{1}{(\Delta x_{i,j})^2}\cdot\left[K_{\mathrm{w},i-1/2,j}^{n_t+1}\cdot\zeta_{i-1,j}^{n_t+1}-(K_{\mathrm{w},i+1/2,j}^{n_t+1}+K_{\mathrm{w},i-1/2,j}^{n_t+1})\cdot\zeta_{i,j}^{n_t+1}+K_{\mathrm{w},i+1/2,j}^{n_t+1}\cdot\zeta_{i+1,j}^{n_t+1}\right]$$
$$-\frac{1}{g\Delta x_{i,j}}\cdot(K_{\mathrm{w},i+1/2,j}^{n_t+1}\cdot C_{x,i+1/2,j}^{n_t+1}-K_{\mathrm{w},i-1/2,j}^{n_t+1}\cdot C_{x,i-1/2,j}^{n_t+1})-i_{c,i,j}^{n_t+1} \tag{8-48}$$

$$\frac{q_{x,i,j}^{n_t+1}-q_{x,i,j}^{n_t^{**}}}{\Delta t/2}=-\frac{1}{\Delta x_{i,j}}\cdot\alpha_{x,i,j}^{n_t+1}\cdot q_{x,i-1,j}^{n_t+1}-\frac{1}{\Delta x_{i,j}}\cdot\beta_{x,i,j}^{n_t+1}\cdot q_{x,i,j}^{n_t+1}-\frac{1}{\Delta x_{i,j}}\cdot\gamma_{x,i,j}^{n_t+1}\cdot q_{x,i+1,j}^{n_t+1}$$
$$-g(\zeta_{i,j}^{n_t+1}-b_{i,j})\frac{\zeta_{i+1/2,j}^{n_t+1}-\zeta_{i-1/2,j}^{n_t+1}}{\Delta x_{i,j}}-g\frac{n^2\cdot\bar{u}_{i,j}^{n_t+1}\sqrt{(\bar{u}^2)_{i,j}^{n_t+1}+(\bar{v}^2)_{i,j}^{n_t+1}}}{(\zeta_{i,j}^{n_t+1}-b_{i,j})^{1/3}} \tag{8-49}$$

$$\frac{q_{y,i,j}^{n_t+1}-q_{y,i,j}^{n_t^{**}}}{\Delta t/2}=-\frac{1}{\Delta x_{i,j}}\cdot\alpha_{x,i,j}^{n_t+1}\cdot q_{y,i-1,j}^{n_t+1}-\frac{1}{\Delta x_{i,j}}\cdot\beta_{x,i,j}^{n_t+1}\cdot q_{y,i,j}^{n_t+1}-\frac{1}{\Delta x_{i,j}}\cdot\gamma_{x,i,j}^{n_t+1}\cdot q_{y,i+1,j}^{n_t+1}$$
$$-g\frac{n^2\cdot\bar{v}_{i,j}^{n_t+1}\sqrt{(\bar{u}^2)_{i,j}^{n_t+1}+(\bar{v})_{i,j}^{n_t+1}}}{(\zeta_{i,j}^{n_t+1}-b_{i,j})^{1/3}} \tag{8-50}$$

经典 Strang 维度分裂解法的时间格式为显式，而改进后的 Strang 维度分裂解法的时间格式却成为隐式，时间步上标 * 和 ** 分别表示由 n_t 过渡至 n_t+1 的时间步。

与式(5-58)和式(5-60)进行对比可以看出，虽然两种维度分裂隐式解法含有较多计算公式，但均属于一维问题，故有效简化了对地表水动力学过程的描述并降低了控制方程的空间维度。

8.1.3.3 时空离散方程求解

显而易见，Godunov 和 Strang 维度分裂隐式解法下的式(8-36)～式(8-41)及式(8-42)～式(8-50)均为非线性代数方程组，可先借助 Picard 迭代法(Manzini and Ferraris,2004)对其做线性化处理后，再采用追赶法(Soroush et al.,2013)完成求解。

(1) Godunov 维度分裂隐式解法

借助 Picard 迭代法，可得到式(8-36)～式(8-41)的线性化时空离散格式，其表达式为

沿 x 坐标向：

$$\mu_{x,i,j}\cdot K_{w,i-1/2,j}^{n_t^*,n_p}\cdot\zeta_{i-1,j}^{n_t^*,n_p+1}+(1-\mu_{x,i,j}\cdot K_{w,i+1/2,j}^{n_t^*,n_p}-\mu_{x,i,j}\cdot K_{w,i-1/2,j}^{n_t^*})\cdot\zeta_{i,j}^{n_t^*,n_p+1}+\mu_{x,i,j}\cdot K_{w,i+1/2,j}^{n_t^*,n_p}\cdot\zeta_{i+1,j}^{n_t^*,n_p+1}=$$
$$-\zeta_{i,j}^{n}+\lambda_{x,i,j}\cdot K_{w,i+1/2,j}^{n_t^*}\cdot C_{x,i+1/2,j}^{n_t^*,n_p+1}-\lambda_{x,i,j}\cdot K_{w,i-1/2,j}^{n_t^*,n_p}\cdot C_{x,i-1/2,j}^{n_t^*,n_p}+\Delta t\cdot i_{c,i,j}^{n_t^*,n_p} \tag{8-51}$$

$$\lambda_{x,i,j}\cdot\alpha_{x,i,j}^{n_t^*,n_p}\cdot q_{x,i-1,j}^{n_t^*,n_p+1}+\left[1+\lambda_{x,i,j}\cdot\beta_{x,i,j}^{n_t^*,n_p}+\Delta t\cdot g\frac{n^2\sqrt{(u^2)_{i,j}^{n_t^*,n_p}+(v^2)_{i,j}^{n_t^*,n_p}}}{(\zeta_{i,j}^{n^*}-b_{i,j})^{4/3}}\right]\cdot q_{x,i,j}^{n_t^*,n_p+1}-\lambda_{x,i,j}$$
$$\cdot\gamma_{x,i,j}^{n^*}\cdot q_{x,i+1,j}^{n^*}=q_{x,i,j}^{n}-g\cdot\lambda_{x,i,j}(\zeta_{i,j}^{n^*}-b_{i,j})\frac{\zeta_{i+1/2,j}^{n^*}-\zeta_{i-1/2,j}^{n^*}}{\Delta x_{i,j}} \tag{8-52}$$

$$\lambda_{y,i,j}\cdot\alpha_{x,i,j}^{n_t^*,n_p}\cdot q_{y,i-1,j}^{n_t^*,n_p+1}+\left[1+\lambda_{y,i,j}\cdot\beta_{x,i,j}^{n_t^*,n_p}+g\frac{n^2\sqrt{(u^2)_{i,j}^{n_t^*}+(v^2)_{i,j}^{n_t^*}}}{(\zeta_{i,j}^{n_t^*}-b_{i,j})}\right]\cdot q_{y,i,j}^{n_t^*,n_p+1}+\lambda_{y,i,j}\cdot\gamma_{x,i,j}^{n_t^*,n_p}$$
$$\cdot q_{y,i+1,j}^{n_t^*,n_p+1}=q_{y,i,j}^{n} \tag{8-53}$$

沿 y 坐标向：

$$\mu_{y,i,j}\cdot K_{w,i,j-1/2}^{n_t+1,n_p}\cdot\zeta_{i,j-1}^{n_t+1,n_p+1}+(1-\mu_{y,i,j}\cdot K_{w,i,j+1/2}^{n_t+1,n_p}-\mu_{y,i,j}\cdot K_{w,i,j-1/2}^{n_t+1,n_p})\zeta_{i,j}^{n_t+1,n_p+1}+\mu_{y,i,j}\cdot K_{w,i,j+1/2}^{n_t+1,n_p}$$
$$\cdot\zeta_{i,j+1}^{n_t+1,n_p+1}=-\zeta_{i,j}^{n}+\lambda_{y,i,j}\cdot K_{w,i,j+1/2}^{n_t+1,n_p}\cdot C_{y,i,j+1/2}^{n_t+1,n_p}-\lambda_{y,i,j}\cdot K_{w,i,j-1/2}^{n_t+1,n_p}\cdot C_{y,i,j-1/2}^{n_t+1,n_p}+\Delta t\cdot i_{c,i,j}^{n_t+1,n_p} \tag{8-54}$$

$$\lambda_{y,i,j}\cdot\alpha_{y,i,j}^{n_t+1,n_p}\cdot q_{y,i,j-1}^{n_t+1,n_p+1}+\left[1+\lambda_{y,i,j}\cdot\beta_{y,i,j}^{n_t+1,n_p}+\Delta t\cdot g\frac{n^2\sqrt{(u^2)_{i,j}^{n_t+1,n_p}+(v^2)_{i,j}^{n_t+1,n_p}}}{(\zeta_{i,j}^{n_t^*}-b_{i,j})}\right]q_{y,i,j}^{n_t+1,n_p+1}+\lambda_{y,i,j}$$
$$\cdot\gamma_{y,i,j}^{n_t+1,n_p}\cdot q_{y,i,j+1}^{n_t+1,n_p+1}=q_{y,i,j}^{n_t^*} \tag{8-55}$$

$$\lambda_{y,i,j}\cdot\alpha_{y,i,j}^{n_t+1,n_p}\cdot q_{y,i,j-1}^{n_t+1,n_p+1}+\left[1+\lambda_{y,i,j}\cdot\beta_{y,i,j}^{n_t+1,n_p}+\Delta t\cdot g\frac{n^2\sqrt{(u^2)_{i,j}^{n_t+1,n_p}+(v^2)_{i,j}^{n_t+1,n_p}}}{(\zeta_{i,j}^{n*}-b_{i,j})^{4/3}}\right]q_{y,i,j}^{n_t+1,n_p+1}-\lambda_{y,i,j}$$

$$\cdot\gamma_{y,i,j}^{n_t+1,n_p}\cdot q_{y,i+1,j}^{n_t+1,n_p+1}=q_{y,i,j}^{n_t^*}-g\cdot\lambda_{y,i,j}(\zeta_{i,j}^{n_t,n_p+1}-b_{i,j})\frac{\zeta_{i,j+1/2}^{n_t+1,n_p}-\zeta_{i,j-1/2}^{n_t+1,n_p}}{\Delta y_{i,j}}\tag{8-56}$$

式中，$\mu_{x,i,j}=\Delta t/(\Delta x_i)^2$；$\mu_{y,i,j}=\Delta t/(\Delta y_i)^2$；$\lambda_{x,i,j}=\Delta t/\Delta x_i$；$\lambda_{y,i,j}=\Delta t/\Delta y_i$。

式(8-51)～式(8-56)为三对角方程组，可采用追赶法求解。

(2) Strang 维度分裂隐式解法

借助 Picard 迭代法，可得到式(8-42)～式(8-50)的线性化时空离散格式，其表达式为

沿 x 坐标向：

$$\mu_{x,i,j}\cdot K_{\mathrm{w},i-1/2,j}^{n_t^*,n_p}\cdot\zeta_{i-1,j}^{n_t^*,n_p+1}+(2-\mu_{x,i,j}\cdot K_{\mathrm{w},i+1/2,j}^{n_t^*,n_p}-\mu_{x,i,j}\cdot K_{\mathrm{w},i-1/2,j}^{n_t^*})\cdot\zeta_{i,j}^{n_t^*,n_p+1}+\mu_{x,i,j}\cdot K_{\mathrm{w},i+1/2,j}^{n_t^*,n_p}$$

$$\cdot\zeta_{i+1,j}^{n_t^*,n_p+1}=-\zeta_{i,j}^{n}+\lambda_{x,i,j}\cdot K_{\mathrm{w},i+1/2,j}^{n_t^*}\cdot C_{x,i+1/2,j}^{n_t^*,n_p+1}-\lambda_{x,i,j}\cdot K_{\mathrm{w},i-1/2,j}^{n_t^*,n_p}\cdot C_{x,i-1/2,j}^{n_t^*,n_p}+\Delta t\cdot i_{c,i,j}^{n_t^*,n_p}\tag{8-57}$$

$$\lambda_{x,i,j}\cdot\alpha_{x,i,j}^{n_t^*,n_p}\cdot q_{x,i-1,j}^{n_t^*,n_p+1}+\left[2+\lambda_{x,i,j}\cdot\beta_{x,i,j}^{n_t^*,n_p}+\Delta t\cdot g\frac{n^2\sqrt{(u^2)_{i,j}^{n_t^*,n_p}+(v^2)_{i,j}^{n_t^*,n_p}}}{(\zeta_{i,j}^{n*}-b_{i,j})^{4/3}}\right]\cdot q_{x,i,j}^{n_t^*,n_p+1}-\lambda_{x,i,j}$$

$$\cdot\gamma_{x,i,j}^{n*}\cdot q_{x,i+1,j}^{n*}=q_{x,i,j}^{n}-g\cdot\lambda_{x,i,j}(\zeta_{i,j}^{n*}-b_{i,j})\frac{\zeta_{i+1/2,j}^{n*}-\zeta_{i-1/2,j}^{n*}}{\Delta x_{i,j}}\tag{8-58}$$

$$\lambda_{y,i,j}\cdot\alpha_{x,i,j}^{n_t^*,n_p}\cdot q_{y,i-1,j}^{n_t^*,n_p+1}+\left[2+\lambda_{y,i,j}\cdot\beta_{x,i,j}^{n_t^*,n_p}+g\frac{n^2\sqrt{(u^2)_{i,j}^{n_t^*}+(v^2)_{i,j}^{n_t^*}}}{(\zeta_{i,j}^{n_t^*}-b_{i,j})}\right]\cdot q_{y,i,j}^{n_t^*,n_p+1}+\lambda_{y,i,j}\cdot\gamma_{x,i,j}^{n_t^*,n_p}$$

$$\cdot q_{y,i+1,j}^{n_t^*,n_p+1}=q_{y,i,j}^{n}\tag{8-59}$$

沿 y 坐标向：

$$\mu_{y,i,j}\cdot K_{\mathrm{w},i,j-1/2}^{n_t^{**},n_p}\cdot\zeta_{i,j-1}^{n_t^{**},n_p+1}+(1-\mu_{y,i,j}\cdot K_{\mathrm{w},i,j+1/2}^{n_t^{**},n_p}-\mu_{y,i,j}\cdot K_{\mathrm{w},i,j-1/2}^{n_t^{**}})\cdot\zeta_{i,j}^{n_t^{**},n_p+1}+\mu_{y,i,j}\cdot K_{\mathrm{w},i,j+1/2}^{n_t^{**},n_p}$$

$$\cdot\zeta_{i,j+1}^{n_t^{**},n_p+1}=-\zeta_{i,j}^{n_t^*}+\lambda_{y,i,j}\cdot K_{\mathrm{w},i,j+1/2}^{n_t^{**}}\cdot C_{y,i,j+1/2}^{n_t^{**},n_p+1}-\lambda_{y,i,j}\cdot K_{\mathrm{w},i,j-1/2}^{n_t^{**},n_p}\cdot C_{y,i,j-1/2}^{n_t^{**},n_p}+\Delta t\cdot i_{c,i,j}^{n_t^{**},n_p}\tag{8-60}$$

$$\lambda_{y,i,j}\cdot\alpha_{y,i,j}^{n_t^{**},n_p}\cdot q_{y,i,j-1}^{n_t^{**},n_p+1}+\left[1+\lambda_{y,i,j}\cdot\beta_{y,i,j}^{n_t^{**},n_p}+g\frac{n^2\sqrt{(u^2)_{i,j}^{n_t^{**}}+(v^2)_{i,j}^{n_t^{**}}}}{(\zeta_{i,j}^{n_t^*}-b_{i,j})}\right]\cdot q_{y,i,j}^{n_t^{**},n_p+1}+\lambda_{y,i,j}\cdot\gamma_{y,i,j}^{n_t^{**},n_p}$$

$$\cdot q_{y,i,j+1}^{n_t^{**},n_p+1}=q_{y,i,j}^{n_t^*}\tag{8-61}$$

$$\lambda_{y,i,j}\cdot\alpha_{y,i,j}^{n_t^{**},n_p}\cdot q_{y,i,j-1}^{n_t^{**},n_p+1}+\left[1+\lambda_{y,i,j}\cdot\beta_{y,i,j}^{n_t^{**},n_p}+\Delta tg\frac{n^2\sqrt{(u^2)_{i,j}^{n_t^{**},n_p}+(v^2)_{i,j}^{n_t^{**},n_p}}}{(\zeta_{i,j}^{n*}-b_{i,j})^{4/3}}\right]q_{y,i,j}^{n_t^{**},n_p+1}-\lambda_{y,i,j}$$

$$\cdot\gamma_{y,i,j}^{n_t^{**},n_p}\cdot q_{y,i+1,j}^{n_t^{**},n_p+1}=q_{y,i,j}^{n_t^*}-g\cdot\lambda_{y,i,j}(\zeta_{i,j}^{n_t^{**},n_p}-b_{i,j})\frac{\zeta_{i,j+1/2}^{n_t^{**},n_p}-\zeta_{i,j-1/2}^{n_t^{**},n_p}}{\Delta y_{i,j}}\tag{8-62}$$

沿 x 坐标向：

$$\mu_{x,i,j}\cdot K_{\mathrm{w},i-1/2,j}^{n_t+1,n_p}\cdot\zeta_{i-1,j}^{n_t+1,n_p+1}+(2-\mu_{x,i,j}\cdot K_{\mathrm{w},i+1/2,j}^{n_t+1,n_p}-\mu_{x,i,j}\cdot K_{\mathrm{w},i-1/2,j}^{n_t+1,n_p})\zeta_{i,j}^{n_t+1,n_p+1}+\mu_{x,i,j}\cdot K_{\mathrm{w},i+1/2,j}^{n_t+1,n_p}$$

$$\cdot\zeta_{i+1,j}^{n_t+1,n_p+1}=-\zeta_{i,j}^{n_t^{**}}+\lambda_{x,i,j}\cdot K_{\mathrm{w},i+1/2,j}^{n_t+1}\cdot C_{x,i+1/2,j}^{n_t+1,n_p+1}-\lambda_{x,i,j}\cdot K_{\mathrm{w},i-1/2,j}^{n_t+1,n_p}\cdot C_{x,i-1/2,j}^{n_t+1,n_p}+\Delta t\cdot i_{c,i,j}^{n_t+1,n_p}\tag{8-63}$$

$$\lambda_{x,i,j}\cdot\alpha_{x,i,j}^{n_t+1,n_p}\cdot q_{x,i-1,j}^{n_t+1,n_p+1}+\left[2+\lambda_{x,i,j}\cdot\beta_{x,i,j}^{n_t+1,n_p}+\Delta t\cdot g\frac{n^2\sqrt{(u^2)_{i,j}^{n_t+1,n_p}+(v^2)_{i,j}^{n_t+1,n_p}}}{(\zeta_{i,j}^{n_t+1,n_p}-b_{i,j})^{4/3}}\right]\cdot q_{x,i,j}^{n_t+1,n_p+1}-\lambda_{x,i,j}$$

$$\cdot\gamma_{x,i,j}^{n_t+1,n_p}\cdot q_{x,i+1,j}^{n_t+1,n_p+1}=q_{x,i,j}^{n_t^{**}}-g\cdot\lambda_{x,i,j}(\zeta_{i,j}^{n_t+1,n_p}-b_{i,j})\frac{\zeta_{i+1/2,j}^{n_t+1,n_p}-\zeta_{i-1/2,j}^{n_t+1,n_p}}{\Delta x_{i,j}}\tag{8-64}$$

$$\lambda_{y,i,j}\cdot\alpha_{x,i,j}^{n_t+1,n_p}\cdot q_{y,i-1,j}^{n_t+1,n_p+1}+\left[2+\lambda_{y,i,j}\cdot\beta_{x,i,j}^{n_t+1,n_p}+g\frac{n^2\sqrt{(u^2)_{i,j}^{n_t+1,n_p}+(v^2)_{i,j}^{n_t+1,n_p}}}{(\zeta_{i,j}^{n_t^*}-b_{i,j})}\right]\cdot q_{y,i,j}^{n_t+1,n_p+1}+\lambda_{y,i,j}$$

$$\cdot\gamma_{x,i,j}^{n_t+1,n_p}\cdot q_{y,i+1,j}^{n_t+1,n_p+1}=q_{y,i,j}^{n_t^{**}} \tag{8-65}$$

式(8-57)~式(8-65)为三对角方程组,可采用追赶法求解。

8.2 依据维度分裂主方向修正的全水动力学方程畦田灌溉模型模拟效果评价方法

选取畦田规格、单宽流量、入流形式、畦面微地形空间分布状况、土壤入渗性能、畦面糙率系数等灌溉技术要素之间存在差异的 3 个典型畦田灌溉试验为实例,依据田间试验观测数据,借助模拟效果评价指标,确认依据维度分裂主方向修正的和基于维度非分裂隐式解法的基于双曲–抛物型方程结构的守恒–非守恒型全水动力学方程畦田灌溉模型模拟结果,对比分析两者的模拟性能差异。

8.2.1 典型畦田灌溉试验实例

表 8-1 中实例 1 来自北京市大兴区中国水利水电科学研究院节水灌溉试验研究基地 2005 年冬小麦春灌期,实例 1 表土为沙质壤土,平均干容重为 1.54g/cm^3,实例 2 和实例 3 来自新疆生产建设兵团某团场 2010 年冬小麦春灌和冬灌期,实例 2 和实例 3 表土为黏质壤土,平均干容重为 1.60g/cm^3。

如图 5-2 所示,在各实例畦田内开展土壤入渗参数和畦面糙率系数观测试验,确定 Kostiakov 公式中参数 k_{in}和 α 的平均值及畦面糙率系数 n 平均值(表 8-1)。此外,以 1.5m×1.5m 和 5m×5m 网格实测各实例畦田的地表(畦面)相对高程空间分布状况(图 8-2),畦田平均坡度沿 x 和 y 坐标向分别为 10.6/10 000 和 4.1/10 000、9.5/10 000 和 2.5/10 000、1/10 000 和 2.4/10 000。

表 8-1 典型畦田灌溉试验实例观测数据与测定结果

典型畦田灌溉试验	畦田规格 (m×m)	单宽流量 q [L/(s·m)]	入流形式	畦面微地形空间分布状况 S_d(cm)	Kostiakov 公式参数		畦面糙率系数 n(s/m$^{1/3}$)
					k_{in}(cm/min$^{\alpha}$)	α	
实例 1	30×15	0.83	扇形入流	2.18	0.103	0.20	0.16
实例 2	200×50	3.02	线形入流	4.57	0.083	0.2	0.07
实例 3	100×40	2.04	角形入流	5.66	0.112	0.07	0.10

8.2.2 畦田灌溉模拟效果评价指标

借助畦田灌溉地表水流运动推进时间和消退时间的模拟结果与实测值间的平均相对误差确认模型的模拟结果,使用数值计算稳定性、水量平衡误差、计算效率、收敛速率等指标定量评价模型的模拟性能,相关评价指标定义详见第 5 章。

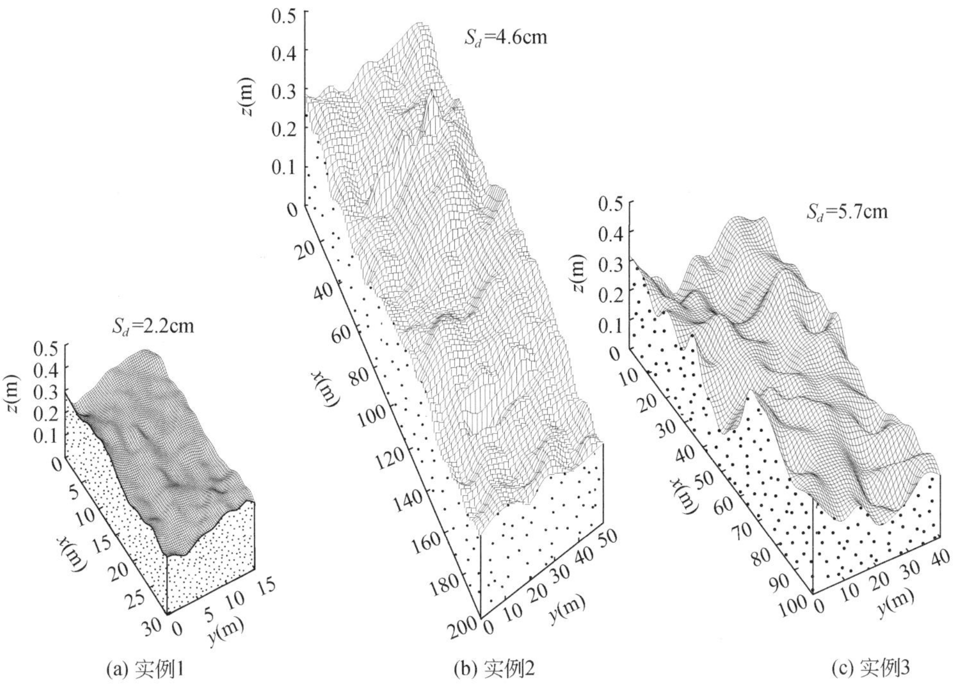

图 8-2　各实例畦田的地表(畦面)相对高程空间分布状况

8.3　依据维度分裂主方向修正的全水动力学方程畦田灌溉模型确认与验证

以典型畦田灌溉试验实例的实测数据为参照,维度非分裂隐式解法的基于双曲-抛物型方程结构的守恒-非守恒型全水动力学方程(简称维度非分裂的全水动力学方程)畦田灌溉模型模拟结果为对比,确认和验证依据维度分裂主方向修正的基于双曲-抛物型方程结构的守恒-非守恒型全水动力学方程(简称维度分裂主方向修正的全水动力学方程)畦田灌溉模型在模拟效果上的差异。

典型畦田灌溉试验实例中地表水流运动推进过程和消退过程观测网格为 1.5m×1.5m,采用的矩形单元格为 0.5m×0.5m,取时间离散步长为 $\Delta t=30$s。

8.3.1　畦田灌溉模型模拟结果确认

表 8-2 给出基于维度分裂主方向修正和维度非分裂的全水动力学方程畦田灌溉模型模拟的和实测的地表水流运动推进时间和消退时间的平均相对误差值 ARE_{adv} 和 ARE_{rec}。可以看出,前者下的 ARE_{adv} 和 ARE_{rec} 值分别为 4.7% ~9.3% 和 9.6% ~17.1%,而后者下却分别为 4.3% ~5.1% 和 8.9% ~10.5%,模拟精度有所下降。其中,完全主方向修正、无糙率主方向修正、无主方向修正下 Godunov 和 Strang 维度分裂隐式解法的最大 ARE_{adv} 和 ARE_{rec} 值与维度非分裂隐式解法间的差异分别在 4 个百分点、5 个百分点和 7 个百分点,这

表明基于前两种修正方式下的模拟精度要好于后者。从实例 2→实例 3→实例 1 可以看出,随着畦面糙率系数 n 增大,不同主方向修正下 Godunov 和 Strang 维度分裂隐式解法的 ARE_{adv} 和 ARE_{rec} 值与维度非分裂隐式解法间的差异呈上升趋势,畦面粗糙程度对维度分裂隐式解法的模拟效果产生了影响。

表 8-2　基于维度分裂主方向修正和维度非分裂的全水动力学方程畦田灌溉模型模拟的和实测的地表水流运动推进时间与消退时间的平均相对误差值（单位:%）

数值解法		ARE_{adv}			ARE_{rec}		
		实例 1	实例 2	实例 3	实例 1	实例 2	实例 3
维度非分裂隐式解法		5.1	4.3	4.9	10.5	8.9	9.9
Godunov 维度分裂隐式解法	完全主方向修正	6.8	4.8	6.1	14.4	9.9	12.6
	无糙率主方向修正	7.7	5.5	7.3	15.5	10.0	14.1
	无主方向修正	9.3	5.8	8.3	17.1	10.8	16.8
Strang 维度分裂隐式解法	完全主方向修正	6.5	4.7	6.0	13.8	9.7	12.0
	无糙率主方向修正	7.4	5.1	7.0	14.9	9.6	13.3
	无主方向修正	9.1	5.7	8.1	16.7	10.0	16.2

表 8-2 还表明,Strang 维度分裂隐式解法下的 ARE_{adv} 和 ARE_{rec} 值与维度非分裂隐式解法下相应值间的差异要小于 Godunov 维度分裂隐式解法,完全主方向修正或无糙率主方向修正下 Strang 维度分裂隐式解法与维度非分裂隐式解法下相比,降低模拟精度为 4～5 个百分点。

8.3.2　畦田灌溉模型模拟性能评价

(1)数值计算稳定性

表 8-3 给出基于维度分裂主方向修正和维度非分裂的全水动力学方程畦田灌溉模型的数值计算稳定性情况。对任一实例而言,以上两类模型的 $\Delta\zeta$ 值都远小于稳定性控制值 0.001m(Strelkoff et al.,2003),均具备良好的数值计算稳定性,采用维度分裂隐式解法对数值计算稳定性无明显影响。

表 8-3　基于维度分裂主方向修正和维度非分裂的全水动力学方程畦田灌溉模型的数值计算稳定性

（单位:m）

数值解法		$\Delta\zeta$		
		实例 1	实例 2	实例 3
维度非分裂隐式解法		1.32×10^{-8}	1.53×10^{-7}	1.45×10^{-7}
Godunov 维度分裂隐式解法	完全主方向修正	1.43×10^{-8}	1.34×10^{-8}	1.36×10^{-8}
	无糙率主方向修正	1.34×10^{-7}	1.43×10^{-8}	1.42×10^{-7}
	无主方向修正	1.37×10^{-8}	1.34×10^{-7}	1.32×10^{-7}

续表

数值解法		$\Delta\zeta$		
		实例 1	实例 2	实例 3
Strang 维度分裂隐式解法	完全主方向修正	1.23×10^{-8}	1.35×10^{-7}	1.32×10^{-7}
	无糙率主方向修正	1.52×10^{-8}	1.45×10^{-7}	1.24×10^{-7}
	无主方向修正	1.41×10^{-8}	1.52×10^{-7}	1.56×10^{-7}

(2)水量平衡误差

表 8-4 给出基于维度分裂主方向修正和维度非分裂的全水动力学方程畦田灌溉模型的水量平衡误差值,对任一实例,前者下的 e_q 值均小于 0.01%,且都低于后者下的相应值。由于在计算区域边界单元格内,地表水流运动控制方程在两个维度内以耦合方式保持质量守恒的能力要小于在一个维度内的能力,故维度分裂隐式解法的质量守恒性相对较强(Bradford and Katopodes,2001)。

表 8-4　基于维度分裂主方向修正和维度非分裂的全水动力学方程畦田灌溉模型的水量平衡误差值

(单位:%)

数值解法		e_q		
		实例 1	实例 2	实例 3
维度非分裂隐式解法		0.0070	0.0078	0.0092
Godunov 维度分裂隐式解法	完全主方向修正	0.0032	0.0054	0.0031
	无糙率主方向修正	0.0028	0.0035	0.0024
	无主方向修正	0.0012	0.0011	0.0010
Strang 维度分裂隐式解法	完全主方向修正	0.0026	0.0026	0.0021
	无糙率主方向修正	0.0014	0.0015	0.0012
	无主方向修正	0.0004	0.0003	0.0005

如表 8-4 所示,对同一维度分裂隐式解法,不同主方向修正下的 e_q 值从低到高的顺序为:无主方向修正→无糙率主方向修正→完全主方向修正;相同主方向修正方式下的 e_q 值从低到高的顺序是:Strang 维度分裂隐式解法→Godunov 维度分裂隐式解法。对 Strang 维度分裂隐式解法而言,无主方向修正和完全主方向修正下具有最小和最大 e_q 值,这或许与包含了畦面糙率项的完全主方向修正具有最慢的收敛过程有关(LeVeque,2002)。与维度非分裂隐式解法相比,无主方向修正或无糙率主方向修正下的 Strang 维度分裂隐式解法具有相对较好的质量守恒性。

(3)计算效率

表 8-5 给出基于维度分裂主方向修正与维度非分裂的全水动力学方程畦田灌溉模型计算效率的比值,不同主方向修正方式下 Godunov 和 Strang 维度分裂隐式解法的该比值均大于 1,具备提高运算效率的性能。对任一实例而言,不同主方向修正下 Strang 维度分裂隐式解法的该比值均高于 Godunov 维度分裂隐式解法,且相同实例无主方向修正下的计算

效率比值最高,无糙率主方向修正下次之,这或许与不同主方向修正式的复杂程度密切相关。与维度非分裂隐式解法相比,无主方向修正或无糙率主方向修正下的 Strang 维度分裂隐式解法具有相对较高的运算效率。

表 8-5　基于维度分裂主方向修正与维度非分裂的全水动力学方程畦田灌溉模型计算效率的比值

数值解法		计算效率的比值		
		实例 1	实例 2	实例 3
Godunov 维度分裂隐式解法	完全主方向修正	1.18	1.15	1.17
	无糙率主方向修正	1.26	1.24	1.29
	无主方向修正	1.49	1.47	1.45
Strang 维度分裂隐式解法	完全主方向修正	1.64	1.67	1.55
	无糙率主方向修正	1.74	1.71	1.77
	无主方向修正	2.08	2.05	2.04

(4)收敛速率

表 8-6 列出基于维度分裂主方向修正和维度非分裂的全水动力学方程畦田灌溉模型的收敛速率值。可以看出,不同主方向修正下 Godunov 和 Strang 维度分裂隐式解法的 R 值虽略高于维度非分裂隐式解法,但差异不大,且 R 值都接近于二阶速率,不同维度分裂控制方程的时空离散式均能以近似二次的幂律收敛至各自极限解,这与其计算格式均可满足稳定性条件且在任意空间单元格和时间步内的离散精度都达到二阶程度密切相关。

表 8-6　基于维度分裂主方向修正和维度非分裂的全水动力学方程畦田灌溉模型的收敛速率值

数值解法		R								
		实例 1			实例 2			实例 3		
		10min	20min	30min	10min	20min	30min	10min	20min	30min
维度非分裂隐式解法		1.907	1.898	1.898	1.883	1.883	1.877	1.896	1.887	1.887
Godunov 维度分裂隐式解法	完全主方向修正	1.917	1.909	1.908	1.908	1.897	1.887	1.903	1.903	1.896
	无糙率主方向修正	1.925	1.916	1.915	1.906	1.898	1.892	1.914	1.908	1.908
	无主方向修正	1.946	1.926	1.925	1.914	1.913	1.908	1.925	1.918	1.918
Strang 维度分裂隐式解法	完全主方向修正	1.938	1.924	1.924	1.910	1.899	1.892	1.925	1.925	1.911
	无糙率主方向修正	1.945	1.936	1.927	1.918	1.908	1.903	1.925	1.923	1.922
	无主方向修正	1.947	1.936	1.936	1.918	1.918	1.913	1.926	1.926	1.924

对任一实例,不同主方向修正方式下 Strang 维度分裂隐式解法的 R 值均高于 Godunov 维度分裂隐式解法(表 8-6),这或许与前者地表水流运动控制方程分量式个数均少于后者有关。从完全主方向修正、无糙率主方向修正到无主方向修正下,Strang 维度分裂隐式解法的 R 值略呈增加趋势,这与该解法下地表水流运动控制方程的简便形式更有利于减少

计算误差相关(Bradford and Katopodes,2001)。与维度非分裂隐式解法相比,无主方向修正或无糙率主方向修正下的 Strang 维度分裂隐式解法具有相近的收敛性。

8.3.3　畦田灌溉模型确认与验证结果

从 8.3.1 节、8.3.2 节中对依据维度分裂主方向修正的基于双曲–抛物型方程结构的守恒–非守恒型全水动力学方程畦田灌溉模型确认与评价结果的分析可知,与基于维度非分裂隐式解法的具有双曲–抛物型方程结构的守恒–非守恒型全水动力学方程畦田灌溉模型相比,维度分裂隐式解法尽管维持了数值计算稳定性和收敛速率,改善了水量平衡误差和计算效率,但模拟精度却有所下降。不同主方向修正下的 Strang 维度分裂隐式解法的模拟效果要优于 Godunov 维度分裂隐式解法,其中,完全主方向修正和无糙率主方向修正下的 Strang 维度分裂隐式解法的模拟效果相对较好。然而,无糙率主方向修正要比完全主方向修正下的表达式更为简洁,从实用角度而言,推荐无糙率主方向修正下的 Strang 维度分裂隐式解法。

8.3.4　畦面微地形空间分布状况对地表水流运动模拟结果直观物理影响

为了充分认识畦面微地形空间分布状况对畦田灌溉地表水流运动产生的影响作用,从考虑和不考虑地表(畦面)相对高程空间随机分布状况的影响出发,描述 S_d 对模拟的地表水位相对高程等值线分布形状的影响,揭示畦面微地形空间分布状况对地表水流运动模拟结果的直观物理影响。

8.3.4.1　不考虑地表(畦面)相对高程空间随机分布状况影响

当不考虑地表(畦面)相对高程空间随机分布状况影响($S_d=0$cm)时,图 8-3 给出无糙率主方向修正下基于 Strang 维度分裂隐式解法的地表水位相对高程等值线分布形状。如图 8-3 所示,各实例下模拟的地表水位相对高程分布形状较为规则平滑,在畦首入流口附近的分布形状分别呈现为扇形、直线形和半圆形,且随着到畦首入流口距离逐渐增大,该分布形状被逐渐伸展趋于线状形态。这表明当不考虑畦面微地形空间分布状况影响时,畦首入流口附近的地表水位相对高程等值线形状受制于入流形式,而距入流口较远处的等值线形状大致呈线形分布。

8.3.4.2　考虑地表(畦面)相对高程空间随机分布状况影响

当考虑地表(畦面)相对高程空间随机分布状况影响($S_d\neq0$cm)时,图 8-4 给出无糙率主方向修正下基于 Strang 维度分裂隐式解法的地表水位相对高程等值线分布形状。与 $S_d=0$cm 情景(图 8-3)相比,地表水位相对高程等值线分布形状及地表水流推进锋明显受到 S_d 影响而发生畸变,从较为规则的形状剧变为非线性随机状态。随着 S_d 值逐渐增大,从实例 1 到实例 3 下的地表水位相对高程等值线及地表水流推进锋的分布形状愈趋复杂,实例 3 下地表水流推进锋距畦首最大距离约为最小距离的 2.2 倍,推进锋线的摆动性明显,这表明若想真实反映畦田灌溉地表水流运动过程及其特性就必须考虑地表(畦面)相对高程空间随机分布影响。

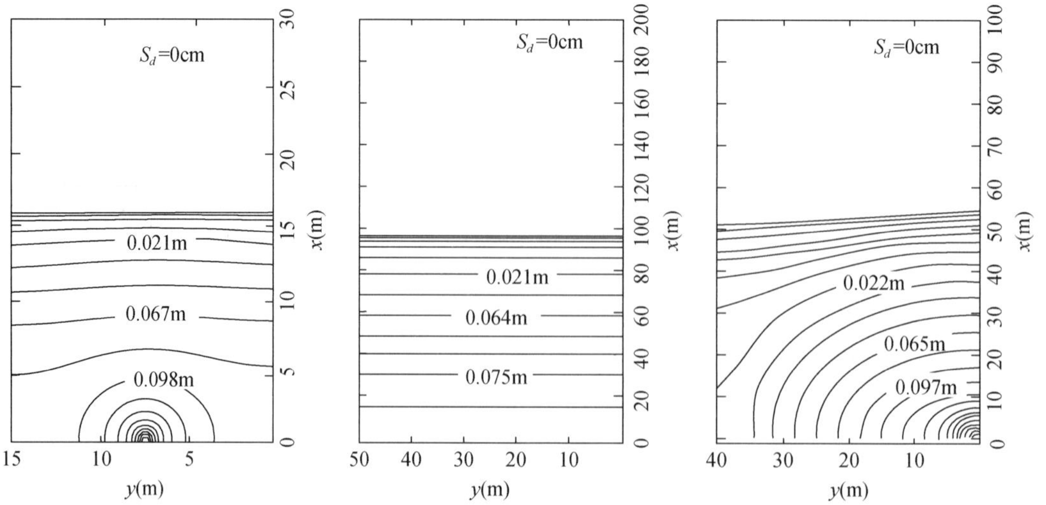

(a) 实例1（t=20min）　(b) 实例2（t=40min）　(c) 实例3（t=40min）

图 8-3　不考虑地表（畦面）相对高程空间随机分布状况影响下各实例的地表水位相对高程等值线分布形状

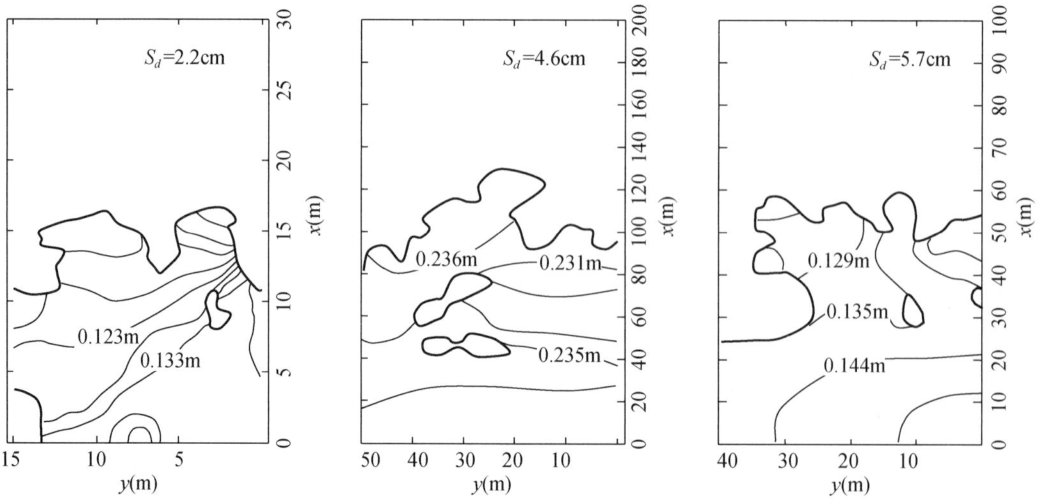

(a) 实例1(t=20min)　(b) 实例2(t=40min)　(c) 实例3(t=40min)

图 8-4　考虑地表（畦面）相对高程空间随机分布状况影响下各实例的地表水位相对高程等值线分布形状

注：其中粗线为地表水流推进锋线。

对比图 8-4 和图 8-3 可以发现，S_d = 0cm 下各实例的地表水流推进锋线即为地表水位相对高程等值线，地表水流推进锋沿畦长方向均保持等距状态，流态相对稳定，而 $S_d \neq 0$cm 下的地表水流推进锋线出现畸变，流态处于非恒定状况，且在畦面局部凸点处，因局部绕流引起的地面“干斑”现象明显。

8.4 结　　论

本章在对具有典型双曲型方程特征的守恒型全水动力学方程的经典维度分裂解法进行改进完善后，推广到基于双曲-抛物型方程结构的守恒-非守恒型全水动力学方程，依据维度分裂解法中各分量的物理含义，将二维畦田灌溉全水动力学方程解耦降维为一维方程组，定义提出了完全主方向修正、无糙率主方向修正和无主方向修正三种不同修正方式，利用开发的全隐数值模拟解法对依据维度分裂主方向修正的基于双曲-抛物型方程结构的守恒-非守恒型全水动力学方程进行时空离散，拓展深化了经典维度分裂解法的物理内涵，简化了对畦田灌溉地表水非恒定流运动过程的数学描述。

与基于维度非分裂隐式解法的具有双曲-抛物型方程结构的守恒-非守恒型全水动力学方程畦田灌溉模型模拟效果相比，完全主方向修正和无糙率主方向修正下 Strang 维度分裂隐式解法的模拟精度虽下降了4～5个百分点，但却维系了相近的数值计算稳定性和收敛速率，改善了水量平衡误差和计算效率。为此，在预期相对均衡的模拟效果前提下，采用完全主方向修正和无糙率主方向修正下的 Strang 维度分裂隐式解法似乎是相对较好的简化解法。

参考文献

Bautista E, Clemmens A J, Strelkoff T S, et al. 2009. Modern analysis of surface irrigation systems with WinSRFR. Agricultural Water Management, 96(7): 1146-1154

Bradford S F, Katopodes B F. 2001. Finite volume model for non-level basin irrigation. Journal of Irrigation and Drainage Engineering, 127(4): 216-223

Brufau P, Garcia N P, Playán E, et al. 2002. Numerical modeling of basin irrigation with an upwind scheme. Journal of Irrigation and Drainage Engineering, 128(4): 212-223

Gosse L. 2000. A well-balanced flux-vector splitting scheme designed for hyperbolic systems of conservation laws with source terms. Computational Mathematical Application, 39(6): 135-159

Hubbard M E, Garcia-Navarro P. 2000. Flux difference splitting and the balancing of source terms and flux gradients. Journal of Computational Physics, 165(1): 89-125

LeVeque R J. 2002. Finite volume methods for hyperbolic problems. Cambridge: Cambridge University Press

Manzini G, Ferraris S. 2004. Mass-conservative finite volume methods on 2-D unstructured grids for the Richards' equation. Advances in Water Resources, 27(12): 1199-1215

Pei Y, Wang J, Tian Z, et al. 2006. Analysis of interfacial error in saturated-unsaturated flow models. Advances in Water Resources, 29(4): 515-524

Playán E, Walker W R, Merkley G P. 1994. Two-dimensional simulation of basin irrigation, Ⅰ: theory. Journal of Irrigation and Drainage Engineering, 120(5): 837-856

Shao S, Lo E Y M. 2003. Incompressible SPH method for simulating Newtonian and non-Newtonian flows with a free surface. Advances in Water Resources, 26(7): 787-800

Soroush F, Fenton J D, Mostafazadeh-Fard B, et al. 2013. Simulation of furrow irrigation using the Slow-change/slow-flow equation, Agricultural water management, 116: 160-174

Strang G. 1968. On the construction and comparison of difference schemes. SIAM Journal on Numerical Analysis,

5(3):506-517

Strelkoff T S, Tamimi A H, Clemmens A J. 2003. Two-dimensional basin flow with irregular bottom configuration. Journal of Irrigation and Drainage Engineering, 129(6):391-401

Temam R. 1997. Infinite Dimensonal Dynamical Systems in Mechanics and Physics(Sewnd Edition). Springer

Tritton D J. 1988. Physical Fluid Dynamics. New York: Oxford Science Publications

Vivekanand S, Bhallamudi M S. 1996. Hydrodynamic modeling of basin irrigation. Journal of Irrigation and Drainage Engineering, 123(6):407-414

Zapata N, Playán E. 2000. Simulating elevation and infiltration in level-basin irrigation. Journal of Irrigation and Drainage Engineering, 126(2):78-84

第 9 章
Chapter 9

畦田施肥灌溉试验与方法

一次性施肥往往难以满足作物生长发育对肥料养分的需求,肥效不能得到较好发挥,肥料利用率也较低。故在作物整个生育期内,需要多次施肥,分为基肥、种肥、追肥等。当结合地面灌溉过程追肥时,称作地面施肥灌溉,即伴随着灌溉将肥料施用给作物的过程。若依据灌溉方法划分,地面施肥灌溉可分为畦田施肥灌溉和沟田施肥灌溉;若按照施用方式划分,地面施肥灌溉可分为撒施肥料灌溉和液施肥料灌溉,前者是将化肥均匀撒施在地表后随即灌水,后者则是先将化肥溶解在施肥罐内再将水肥混合液随灌水过程注入田间。地面施肥灌溉具有基于作物营养需求精准供给养分及有效利用、对整个灌溉土体有效施用肥料、任何土壤或作物条件下均能施加田间养分等诸多特点。

Jaynes 等(1992)在沙壤土开展水平畦田施肥灌溉试验,采用溴离子代替硝酸根离子,在灌水开始 17min 后,从距畦田上游 30m 处随渠道灌水注入溴化钾溶液,入畦流量为 0.098m^3/s,当地表水流推进到距畦尾 30.5m 时停止灌水,观察溴离子沿畦长空间分布状况。Playán 和 Faci(1997)开展了畦田施肥灌溉试验,研究了不同单宽流量、灌水时间和施肥时机对硝酸铵肥料空间均匀分布的影响。巨晓棠等(2003)在条畦灌溉试验小区内,针对限量灌溉、常规灌溉和优化灌溉等不同处理及秸秆还田与不还田等耕作方式,在不施氮、常规施氮和分期动态优化施氮等水平下,测定了相应的土壤硝态氮累积及迁移过程。Adamsen 等(2005)在给定入畦流量下,比较了 4 种施肥时机下溴化物在土壤剖面上的分布状况,其中,黏土灌溉全程施用溴化物可获得最佳土壤溶质分布状况,而在灌溉前半程注入溴化物与全程施用相比,无显著性差异。

综上所述,在国内外已开展的畦田施肥灌溉试验研究均是在液施肥料灌溉方式下进行,并多以溴化物或^{15}N 作为示踪剂观测肥料溶质随地表水流运动的分布趋势及其在土壤中的运移分布规律。虽然示踪法具有定量描述溶质运动与运移轨迹相对准确的特点,但因忽略了施肥后土壤氮素形态间互为转化的事实,致使观测结果与实际施肥效果间存在明显差异(Zerihun et al.,2003)。

本章以尿素和硫酸铵作为地面施肥灌溉中施用的化肥,开展各类畦田施肥灌溉田间试验研究,实际观测地表水流溶质运动过程及土壤水分和溶质空间分布状况,在为合理评价畦田施肥灌溉性能提供基础数据的同时,也为确认和验证后续所构建的畦田施肥灌溉地表水流溶质运动全耦合模型提供支撑条件。

9.1　施肥灌溉方式

氮肥是农业生产中施用的最常见化肥,其中,尿素和硫酸铵又是施用较多的氮肥品种。地面施肥灌溉种类与方式主要包括撒施肥料灌溉(conventional fertilization)和液施肥料灌溉(fertigation),前者又可分为均匀撒施肥料灌溉和非均匀撒施肥料灌溉。

9.1.1　氮肥类型与特性

化肥属于无机肥料,大部分为无机化合物,成分比较单纯,多为单一肥料,部分是复合肥料。根据化肥包含的养分,可分为氮肥、磷肥、钾肥和微肥 4 类。各类化肥所含养分和利用的原料各不相同,故在颜色、形状、气味上均有所差异。农业生产过程中最常用的化肥是氮肥。

9.1.1.1 氮肥种类

根据化合物形态特征，氮肥主要分为铵态氮肥、硝态氮肥、硝铵态氨肥、酰胺态氮肥等，相关主要性质如下。

(1)铵态氮肥

氮素形态以氨(NH_3)或铵离子(NH_4^+)形式存在，主要产品是液氨、氨水、硫酸铵、氯化铵、碳酸氢铵等，共同的特点是易溶于水、肥效快、移动性小、不易淋失、遇碱性物质分解易出现氨气挥发损失。在通气性良好土壤中，易发生硝化作用形成硝态氮，肥效比硝态氮肥慢但持久，可作追肥，也可作基肥。

(2)硝态氮肥

氮素形态以硝酸根(NO_3^-)形式存在，主要产品包括硝酸钙、硝酸钾、硝酸钠等，共同的特点是白色结晶、易溶于水、肥效快、不易被土壤胶体吸附、易淋失，嫌气条件下常发生反硝化作用，生成 N_2、N_2O 等损失氮素，吸湿性较大，物理性状较差，易爆、易燃，在储存和运输过程中，应采取必要的安全措施。

(3)硝铵态氨肥

氮素形态以铵离子(NH_4^+)和硝酸根(NO_3^-)形式存在，主要产品有硝酸铵、硝酸铵钙等，共同的特点是肥效快、可同时供应铵态和硝态两种不同形态的氮源、极易溶于水，具有较强的吸湿性、结块性和易燃易爆性，若管理不当，会引起火灾或爆炸。

(4)酰胺态氮肥

氮素形态以有机态形式存在，主要产品有尿素、碳氮等，共同的特点是化学性质较为稳定，不易挥发损失，是固体氮中含氮量最高的肥料，但所含酰胺态氮在土壤中常以分子态存在，不能被作物直接吸收利用，需经土壤微生物(尿酶)作用转化为铵态氮后，才能被作物吸收利用，肥效相对缓慢而持久。

9.1.1.2 常用氮肥特性

农业生产中施用较多的氮肥品种是尿素、硫酸铵、硝酸铵等，主要特性如下。

(1)尿素

尿素 CON_2H_4、$(NH_2)_2CO$ 或 CN_2H_4O 属酰胺态氮肥，化学名称为碳酰二胺，含氮量为43%～46%，是施用最多的氮肥品种。普通尿素为白色结晶、吸湿性强、多为半透明颗粒。在气温为10～20℃时，尿素吸湿性弱，但随着气温升高和湿度加大，吸湿性随之增强。尿素在高温造粒过程中会产生缩二脲，当其含量超过2%时，对作物种子和幼苗均有毒害作用。尿素易溶于水，20℃下100kg水中可溶解105kg尿素。

尿素属中性肥料，长期施用对土壤没有副作用。当施入土壤后，尿素的一小部分以分子态溶于土壤溶液中，通过氢键作用被土壤吸附，而大部分则在脲酶作用下水解成碳酸铵，进而生成碳酸氢铵和氢氧化铵。尿素的水解过程：$(NH_2)_2CO+2H_2O \rightarrow (NH_4)2CO_3$，水解速度不仅与土壤酸度、湿度、温度有关，还受土壤类型、熟化程度和施肥深度等因素影响。通常情况下，尿素全部水解成碳酸铵的时间是：气温为10℃时约为10天，20℃时为

4～5天,30℃时约为2天。伴随着铵的累积,当有充足氧气时,铵易被硝化成亚硝态氮和硝态氮,同时,尿素水解能使pH上升,有利于NH_3挥发。形成的亚硝态氮通过反硝化作用会引起尿素氮的气体损失和地下水亚硝酸盐污染。在温度和pH等适宜条件下,脲酶和微生物菌群作用较强,尿素分解成NH_4^+、NO_2^-、NO_3^-越快,而NH_4^+和NO_3^-正是植物生长所需养分,但分解过快却难被植物充分吸收利用,易转化成NH_3挥发损失或径流损失。

尿素适用于各类土壤和各种作物,可作基肥和追肥,因其含氮量高,在水解过程中施肥点附近的NH_4^+浓度剧增,使土壤pH在短期内升高1～2个单位,从而影响种子发芽或幼苗根系生长,严重时导致种子失去发芽能力。作种肥施用时,须和干细土混合施在种子以下一定距离处,避免肥料和种子直接接触,还应控制施用量。尿素是电离度很小的中性有机物,不含副成分,对作物灼伤很小,且尿素分子较小,具有吸湿性,容易被叶片吸收和进入叶细胞,故尿素适宜作物根外追肥,但缩二脲含量不应超过0.5%。

(2)硫酸铵

硫酸铵[$(NH_4)_2SO_4$]属铵态类氮肥,简称硫铵,俗称肥田粉,含氮量约为20%,是施用和生产最早的氮肥品种。制取硫酸铵是用合成氨或炼焦、炼油、有机合成等工业生产中的副产品回收氨,再用硫酸中和,其反应式为$2NH_3+H_2SO_4 \rightarrow (NH_4)_2SO_4$。硫酸铵一般为白色产品,若混有杂质时带黄色或灰色,物理性质稳定,分解温度高,不易吸湿,但结块后很难打碎。硫酸铵易溶于水,水中溶解度0℃时为70.6g,100℃时为103.8g,不溶于乙醇和丙酮。在0.1moL/L水溶液中的pH为5.5,相对密度为1.77。硫酸铵产品中往往有游离酸存在,故也呈微酸性,除含氮外,还含有25%的硫,故也是一种重要的硫肥。

硫酸铵主要优点为吸湿性小、化学性质稳定且适于农业应用,是氮和硫的良好来源。硫酸铵在土壤中形成强酸,这适宜于pH较高土壤和茶树等需酸作物,但不宜施在需用石灰调节的酸性土壤上。硫酸铵主要缺点是含氮量较低,如为补氮而单独使用,会大大增加包装、储存和运输成本,单位重量氮的成本一般比尿素和硝酸铵高。

硫酸铵可用作基肥、种肥和追肥。作基肥时要深施覆土;作种肥时施用量不宜过大,不要超过45kg/hm^2;作追肥是最为适宜的施用方法,但要根据不同土壤类型确定追肥量。在旱地施用硫酸铵时,一定要注意及时浇水,在水田施用时,则应先排水落干,并注意结合耕耙等措施同时施用。硫酸铵不宜在同一块耕地上长期施用,否则土壤会变酸造成板结。如确需施用时,可适量配合施用一些石灰或有机肥,但须注意硫酸铵和石灰不能混施,以防止硫酸铵分解,造成氮素损失。

9.1.2　畦田施肥灌溉方式

畦田施肥灌溉主要包括畦田撒施肥料灌溉和畦田液施肥料灌溉两种方式,前者为传统的畦田施肥灌溉方式,目前仍广泛用于包括中国在内的许多发展中国家,后者则是近年来发展起来的新型畦田施肥灌溉方式,多为发达国家采用。

9.1.2.1　畦田撒施肥料灌溉

畦田撒施肥料灌溉是常用的地面施肥灌溉方式,在利用机械或人工方式将固体肥料均匀撒施在田面(图9-1)后,随之进行灌溉。随着地表水流向畦田下游推进,分布于地表的固态肥料被不断溶解并被输运至畦田下游，特点是操作简便，缺点是撒施裸露在地表的氮肥易挥发损失，灌溉水流对地表肥料形成的冲蚀、输运作用会造成肥料沿畦长的非均匀分布。

(a) 耙前撒施化肥　(b) 耕前撒施复合肥　(c) 苗期撒施追肥

图 9-1　田间撒施肥料作业现场

根据灌溉前固体肥料被撒施在田面的分布状况，撒施肥料灌溉方式又分为均匀撒施和非均匀撒施两种形式。通常认为撒施在田面的固体肥料分布越均匀，灌溉后的土壤肥分分布也越均匀，但试验观测结果表明，地表水流推进锋对固体肥粒产生的夹带、冲蚀和输运等作用，会使部分溶解后的肥料向畦田下游尾部聚集，引发肥料沿畦长的非均匀分布现象。为此，在肥料用量不变前提下，采用沿畦长逐段减少施肥量的非均匀撒施肥料灌溉形式将有助于提高施肥均匀性，明显改善畦田施肥灌溉性能。

（1）畦田均匀撒施肥料灌溉

如图 9-2 所示，畦田均匀撒施肥料灌溉一般是在未栽种作物之前或作物生长密度较高情况下，当无法进行肥料深施、条施和穴施时，加以采用。作追肥撒施时，只需将肥料直接均匀泼撒在地表即可，作基肥撒施则可在耕前或耕后耙地前完成。该方法优点是可将肥料均布于土壤耕作层，有利于作物根系早期吸收利用，缺点是伴随着降雨或灌溉，肥料易随水流失，造成肥料损失浪费，且养分进入地表和地下水体后易造成潜在的农田面源污染。此外，作追肥撒施时，氮肥易损失，在表土上难被作物根系吸收利用。故肥料撒施常与耕作、灌溉等措施相结合，使肥料与土壤或灌溉水充分融合，尽量减少肥分损失。

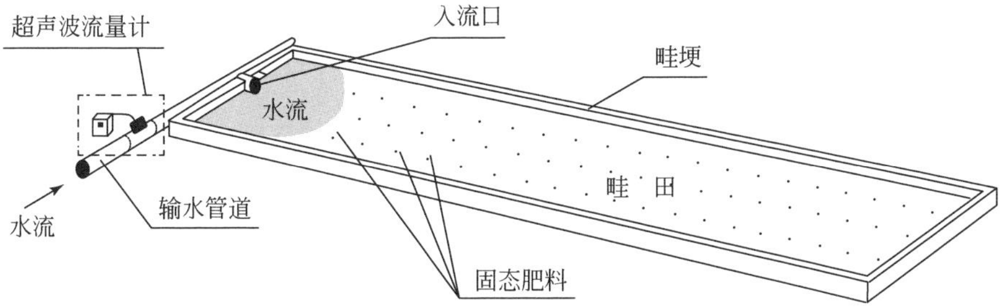

图 9-2　畦田均匀撒施肥料灌溉的示意图

(2)畦田非均匀撒施肥料灌溉

畦田非均匀撒施肥料灌溉是按照事先设计沿畦长逐段减少的施用量比例,将肥料非均匀泼撒在地表。与均匀撒施肥料灌溉形式相比,施肥手段相同,但肥料撒施的分布比例不同。一般先按照预期达到的肥料撒施均匀性,将畦(沟)长分成若干区段后,逐段差额撒施,尽量使施肥量沿畦长分布状况呈线性减小的趋势(图 9-3)。

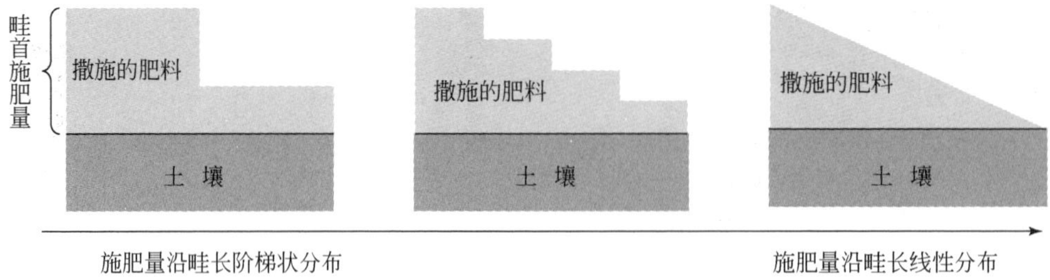

图 9-3 畦田非均匀撒施肥料灌溉下施肥量沿畦长分布状况

基于非均匀撒施肥料的理念,利用定义的非均匀撒施系数 U_{SN} 定量描述肥料非均匀撒施程度,即

$$U_{SN}=\frac{N_{max}-N_{ave}}{N_{ave}} \tag{9-1}$$

式中,N_{max} 为畦首处施肥量(kg);N_{ave} 为沿畦长平均施肥量,即设计施肥量(kg)。

如图 9-4 所示,均匀撒施就是 $U_{SN}=0$(即 $N_{max}=N_{ave}$)时的特例,理论上 $0\leqslant U_{SN}<\infty$,但实际中 U_{SN} 应为有限值。

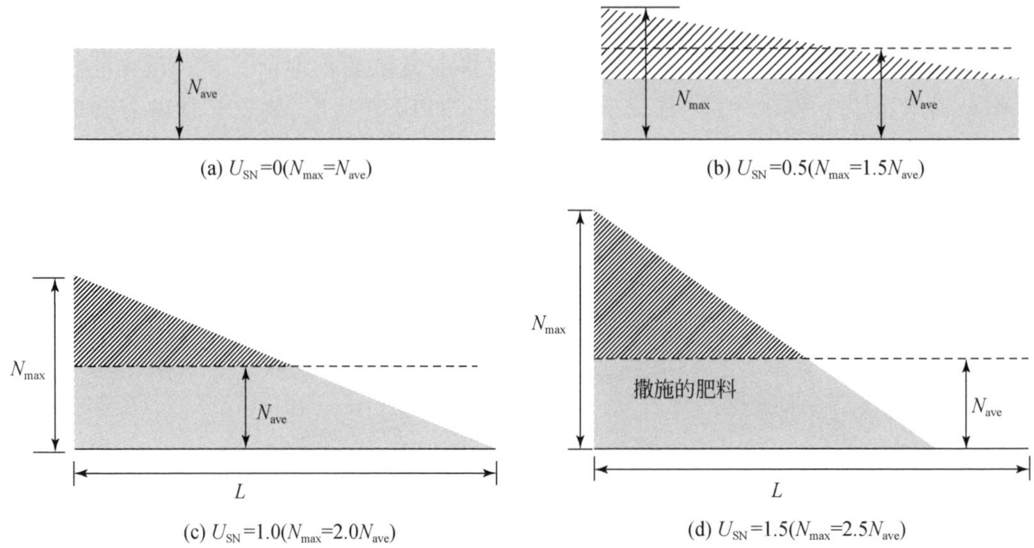

图 9-4 肥料非均匀撒施系数 U_{SN} 的变化情况

9.1.2.2　畦田液施肥料灌溉

畦田液施肥料灌溉是将化肥预先在施肥罐中充分溶解后,再与灌溉水混合后形成的地面施肥灌溉方式,是施肥与灌溉结合的产物(Bar-Yosef,1999)。畦田液施肥料灌溉不但可实现产量最大化,且对环境的潜在影响也最小(Hagin et al.,2002)。通过施肥罐控制施肥时机和施肥量,达到有效提高化肥利用效率的目的。

如图 9-5 所示,畦田液施肥料灌溉对施肥设备、施肥灌溉控制方式和施用的肥料品种等有一定要求。对压力施肥设备而言,其承受的压力必须大于灌溉系统内部压力,设备前端必须装有过滤装置,防止通道被固体颗粒堵塞,且需配备逆止阀,防止肥液倒流。施用的肥料须为水溶性肥料品种。灌溉水中含有不同化学成分,故需避免其与肥料发生反应后生成有害物质。此外,还需考虑肥料的酸碱度,避免腐蚀灌溉系统。

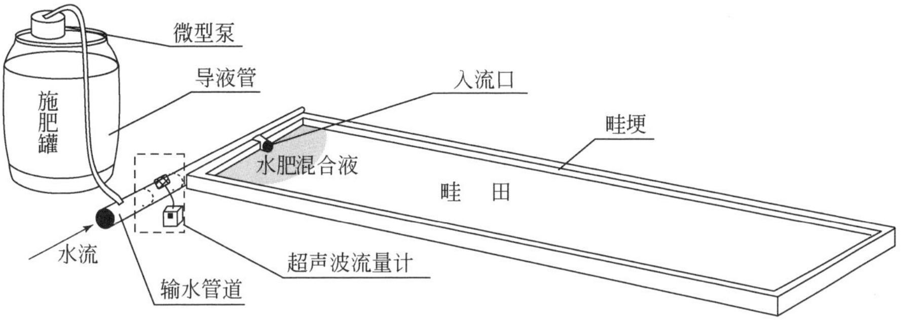

图 9-5　畦田液施肥料灌溉的示意图

(1)施肥灌溉设备

通常根据作物生长需求和灌溉系统供水特点,选用适宜的施肥灌溉方法与设备。对采用明渠输配水或应用重力滴管或微喷灌的非压力灌溉系统,可采用重力施肥法,即先将肥料池或施肥罐安置在高于渠道或蓄水池的位置,再直接将肥液注入配水管道出水口(图 9-6)。该方法操作简单,施肥速度快且施肥均匀,节省人工。对压力灌溉系统而言,为了确保溶解后的肥液被注入灌溉输水管道中,须借助施肥器使肥液注入时能够克服灌溉系统内部压力,常用的施肥方法主要分为 4 类:

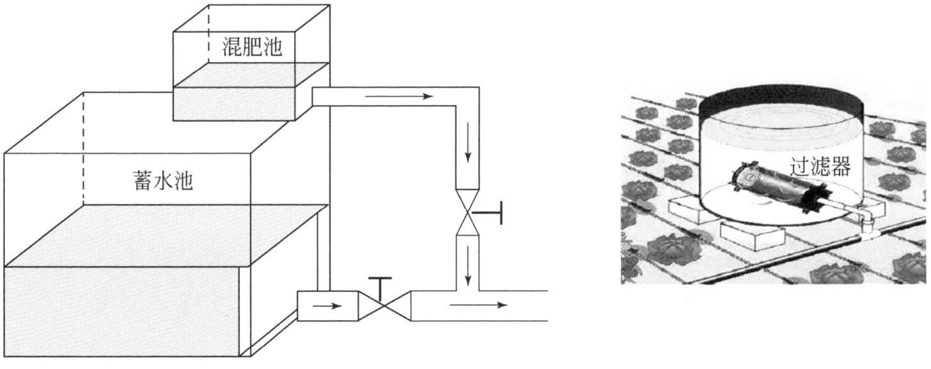

(a)　(b)

图 9-6　重力施肥法的示意图

1)文丘里施肥器注入法。如图 9-7 所示,将文丘里施肥器与压力灌溉系统供水管控制阀门并联安装,使用时将控制阀门关小,使控制阀门前后形成一定压差,当水流经过文丘里施肥器的喉管后,再利用水流通过文丘里管产生的真空吸力,将肥料溶液从敞口的肥料桶中均匀吸入管道系统进行施肥。文丘里施肥器具有造价低廉,使用方便,施肥浓度稳定,无须外加动力等特点,但压力损失较大。

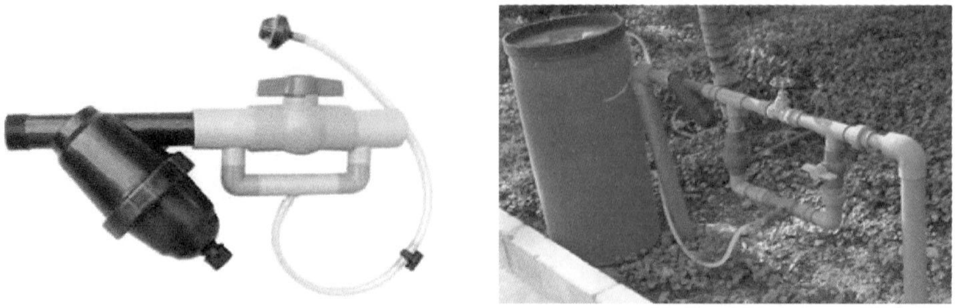

(a)　　(b)

图 9-7　文丘里施肥器注入法的示意图

2)压差式施肥泵注入法。如图 9-8 所示,压差式施肥泵经过两根细管分别与施肥罐的进口、出口相连,然后再与主管道相通,在主管道上两条细管接点之间设置一个截止阀用于产生一个较小的压力差(1～2m),使一部分水流进入施肥罐进水管直达罐底,待水溶解罐中肥料后,肥液由出水口进入主管道,将肥料带到作物根区。

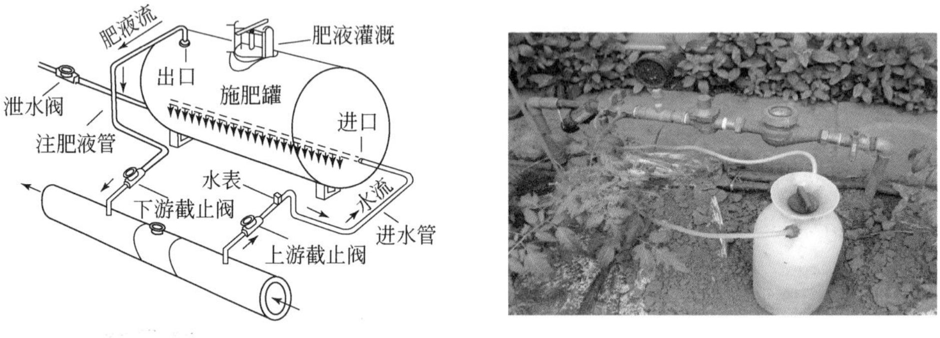

(a)　　(b)

图 9-8　压差式施肥泵注入法的示意图

3)泵吸施肥法。如图 9-9 所示,泵吸施肥法主要用于有泵加压的灌溉系统,适用于统一管理的种植区。水泵一边吸水,一边吸肥。施肥时首先开机灌水,打开灌水器阀门,待运行正常时,打开施肥管阀门,肥液在水泵负压状态下被吸入水泵的进水管,当与进水管中的水混合后,通过出水口进入管网系统。通过调节肥液管阀门,可以控制施肥速度,肥水在管网输送过程中自行均匀混合,不需人工配制浓度。该方法优点是无须外加动力、结构简单、操作方便、不需要调配肥料浓度、可以用敞口容器装肥料溶液、也可以用肥料池等。

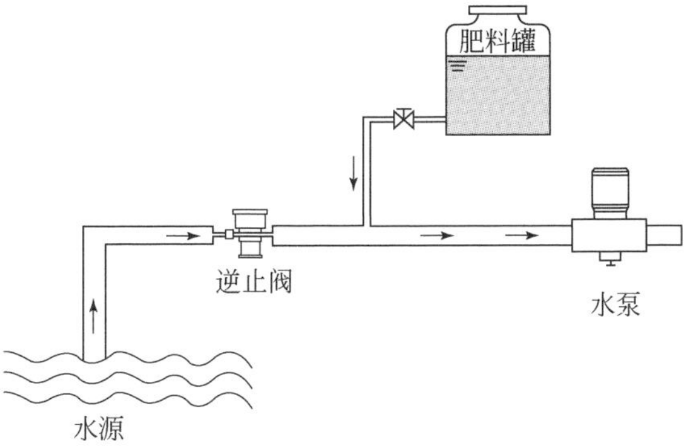

(a)

(b)

图 9-9　泵吸施肥法的示意图

4)泵注肥法。如图 9-10 所示,在灌溉压力管道中施肥(如采用潜水泵无法用泵吸施肥或用自来水等压力水源)时,可采用泵注肥法,注入口可在灌溉管道上任何位置,要求注入肥料溶液的压力应大于管道内水流压力。该方法的注肥速度易于调节,方法简单,操作方便。

图 9-10　泵注肥法的使用现场

(2)施肥灌溉控制方式

理论上控制施肥灌溉的方式有两种,一是按比例供肥,特点是以恒定的养分比例向灌溉水中供肥,供肥流量与入畦流量成比例,如文丘里注入法和泵吸肥法,二是定量供肥,特点是在整个施肥过程中肥料浓度是变化的,但施肥总量不变,如压差式施肥泵注入法等。按比例供肥系统的价格昂贵,但可实现精确施肥,而定量供肥系统的投入相对较小,操作简单,但不能实现精确施肥。对畦田液施肥料灌溉而言,由于地表水流运动过程较为复杂,最好采用恒定流量供肥方式,即每次灌溉时,先将肥料完全溶解在施肥罐中,然后再根据施肥量、灌溉时间和肥液浓度,合理设置肥液的出流量。

(3)施肥品种选取

选取施肥品种需考虑作物类型和生长阶段、土壤条件、水质和肥料特性与价格等诸多因素(Kafkafi,2005)。通常液施肥料灌溉选用的肥料应为水溶性化合物,肥料是否可用于施肥灌溉取决于其自身特性,尤其是可溶解性。所有液体肥料和常温下可完全溶解的固体肥料都适用于液施肥料灌溉,但混合时必须保证肥料间的相容性,不能有沉淀生成且混合后不改变它们的溶解度。肥料溶液的腐蚀性也很重要,肥料在灌溉系统中会与金属成分发生化学反应,其中,酸性和含氯化物的肥料通常要比其他肥料的腐蚀性强。含有螯合态微量元素的肥料母液不要和其他肥料混合,螯合物与酸性肥料母液必须分开配制,因前者在酸性溶液中会趋于分解。通常可选用的氮肥品种有 NH_4NO_3、$Ca(NO_3)_2$、NH_4Cl、$(NH_4)_2SO_4$、$CO(NH_2)_2$及各种含氮溶液等;磷肥品种有 H_3PO_4;钾肥品种包括 KCl、K_2SO_4;复合肥如 KNO_3、$NH_4H_2PO_4$、$(NH_4)_2HPO_4$、KH_2PO_4和 K_2HPO_4等或选择根据最佳养分吸收量确定的不同 N、P、K 比例水溶性的混合肥料。微量元素肥料应是水溶性或螯合态的化合物。

9.2　畦田施肥灌溉试验区

畦田施肥灌溉试验区位于中国水利水电科学研究院节水灌溉试验研究基地内,其地处北京市大兴区魏善庄镇东部,地理位置为北纬 39°39′,东经 116°15′。大兴区东接通州区,西邻房山区,南与河北固安县毗邻,北与丰台区和朝阳区接壤。

9.2.1　地理与自然条件

中国水利水电科学研究院节水灌溉试验研究基地位于华北平原中部太行山东麓,为山前冲洪积倾斜平原区,属半干旱温带大陆性季风性气候,冬季寒冷少雪,春季干燥多风,夏季炎热多雨,具有冬春干旱、夏季多雨、旱涝交替的显著气候特点。多年平均降水量为540mm,最大降水量为971mm(1954 年),最小降水量为206mm(1962 年),降雨多集中在每年6~9月汛期,降雨量占全年降水总量 80% 以上,其中,汛期降雨又主要集中在每年 7~8月,约占全年降水量 60%。多年平均气温为 12.1℃,极端最高温度为 39.5℃(7 月),极端最低温度为-25℃(1 月),东北风和西北风是主要风向,年均风速为 1.2m/s。全天大于10℃的有效积温为4730℃,分布在每年 2 月 22 日~12 月 4 日,共 285 天。全年无霜期平均为 185 天,日照时数为 2600h,平均水面蒸发量为 1800mm 以上。表土上冻期平均从每年的 12 月 10 日至次年 3 月初,最大冻土深为 50cm,出现在每年 2 月。常年地下水位埋深为 10m 以上。

区内丰富的光热自然条件适宜于冬小麦、玉米、花生、芝麻、豆类等多种作物生长发育,其中,冬小麦(每年 10 月初至次年 6 月中)和夏玉米(每年 6 月中~9 月底)连作是当地普遍采用的主要作物种植模式,平均复种指数为 1.4。正常年份下冬小麦通常灌溉 3 次(冬灌、返青灌、扬花灌),平水年以上,夏玉米通常不灌溉。

9.2.2　土壤特性与畦田施肥灌溉方式

畦田施肥灌溉试验区的表土以沙壤土为主(表 9-1),其中 0~30cm 和 40~100cm 土层的平均干容重为1.38g/cm^3,30～40cm土层含有一定黏粒含量,平均干容重为1.48g/cm^3。灌溉水源来自地下水,机井出水量约为80m^3/h,采用低压管道输水与田间闸管配水系统相结合的畦田灌溉方式。利用施肥罐进行畦田液施肥料灌溉,采用人工方式开展畦田撒施肥料灌溉。在冬小麦播种施耕前,采用激光控制土地精平设备对田块开展土地精平作业。

表9-1　畦田施肥灌溉试验区的土层结构及土壤物理性质

土层深度(cm)	不同粒径土壤颗粒百分比含量(%)			土壤质地	干容重(g/cm^3)	饱和含水量(%)
	2～0.02mm	0.002～0.02mm	<0.002mm			
0～20	70.43	29.52	0.05	沙壤土	1.36	43
20～40	66.53	33.37	0.10	沙壤土	1.52	47
40～100	65.72	34.25	0.03	沙壤土	1.41	45

9.3　畦田施肥灌溉试验

为了系统研究不同畦田施肥灌溉方式下地表水流溶质运动规律及土壤水肥空间分布特性,评价相应的畦田施肥灌溉性能,并为确认和验证后续构建的畦田施肥灌溉地表水流溶质运动全耦合模型提供支撑条件,在施用尿素和硫酸铵化肥下,分别开展冬小麦撒施和液施肥料下条畦与宽畦的施肥灌溉试验。

9.3.1　均匀撒施尿素条畦施肥灌溉

均匀撒施尿素条畦施肥灌溉试验以中麦9号冬小麦为对象,于2005年10月14日播种,2006年6月19号收获。

9.3.1.1　试验处理设计

在冬小麦生长返青期间的2006年4月2日和扬花期间的5月8日,选取单宽流量和施氮量作为试验处理设计要素(表9-2),其中,单宽流量分别为2L/(s·m)(q_2)和4L/(s·m)(q_4),施氮量分别为180kg N/hm^2(N_1)和360kg N/hm^2(N_2)。按完全试验设计考虑,共计4种试验处理。在冬小麦生长返青期和扬花期中,各试验小区的平均灌水量分别为50mm和60mm,以保证入畦水流能够推进到畦尾。

表9-2　均匀撒施尿素条畦施肥灌溉试验处理设计要素

试验日期	试验处理	单宽流量 q[L/(s·m)]	施氮量(kg N/hm^2)	灌水量(mm)
2006年4月2日返青水	Ⅰ(N_1-q_2)	2	180	50
	Ⅱ(N_2-q_2)	2	360	
	Ⅲ(N_1-q_4)	4	180	
	Ⅳ(N_2-q_4)	4	360	

续表

试验日期	试验处理	单宽流量 q[L/(s·m)]	施氮量(kg N/hm^2)	灌水量(mm)
2006年5月8日 扬花水	Ⅰ(N_1-q_2)	2	180	60
	Ⅱ(N_2-q_2)	2	360	
	Ⅲ(N_1-q_4)	4	180	
	Ⅳ(N_2-q_4)	4	360	

如图9-11所示,各条畦施肥灌溉试验处理均设置三组重复,共布设12个封闭条畦,畦田规格均为30m×2m,平均畦面坡度为5/10 000。为便于试验观测取样并防止条畦间交相影响,在各条畦之间均预留有宽为50cm的工作通道。

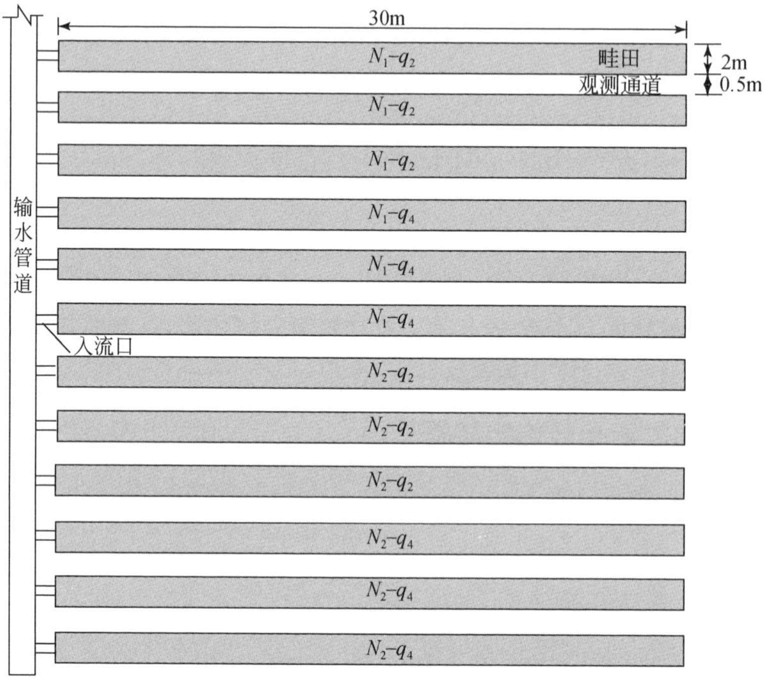

图9-11 均匀撒施尿素条畦施肥灌溉试验小区布设的示意图

9.3.1.2 观测内容及观测点布设

畦面微地形空间分布状况:沿畦宽均匀布设3条测线,每条测线上的地表(畦面)相对高程观测点间距为5m,各条畦有21个观测点,总计252个观测点。

灌前和灌后2天土壤体积含水量:沿畦长布设6个观测点,各观测点到畦首距离依次为0.5m、6m、12m、18m、24m和29.5m;在各观测点处沿土深方向设置5个测点,深度分别为10cm、30cm、50cm、70cm和90cm,各条畦有30个观测点,总计720个土样。

灌前和灌后2天土壤含氮量:观测点布局及土样数量与土壤体积含水量相同。

地表水流含氮量:在沿畦长布设的6个观测点处,于灌溉过程中定时采集水样,采样个数不仅取决于观测点布局,还与采样次数有关。

地表水流运动推进时间和消退时间:沿畦长布设 7 个观测点,测点间距为 5m,总计 84 个观测点。

9.3.2　液施尿素条畦施肥灌溉

液施尿素条畦施肥灌溉试验以中麦 9 号冬小麦为对象,于 2006 年 10 月 18 日播种,2007 年 6 月 20 日收获。

9.3.2.1　试验处理设计

在冬小麦生长返青期间的 2007 年 4 月 5 日和扬花期间的 5 月 12 日,选取单宽流量和施肥时机作为试验处理设计要素(表 9-3),其中,单宽流量分别为 2L/(s·m)(q_2)和 4L/(s·m)(q_4),施肥时机分别为全程液施灌溉(100%)和后半程液施灌溉(SH)。按完全试验设计考虑,共计 4 种试验处理。在冬小麦生长返青期和扬花期中,各试验小区的平均灌水量分别为 96mm 和 126mm,以保证入畦水流能够推进到畦尾,施氮量分别为 100kg N/hm^{2}和 200kg N/hm^2。

表 9-3　液施尿素条畦施肥灌溉试验处理设计要素

试验日期	试验处理	单宽流量 q[L/(s·m)]	施肥时机	施氮量(kg N/hm^2)	灌水量(mm)
2007 年 4 月 5 日返青水	Ⅰ(q_2-100%)	2	全程液施灌溉	100	96
	Ⅱ(q_2-SH)	2	后半程液施灌溉		
	Ⅲ(q_4-100%)	4	全程液施灌溉		
	Ⅳ(q_4-SH)	4	后半程液施灌溉		
2007 年 5 月 12 日扬花水	Ⅰ(q_2-100%)	2	全程液施灌溉	200	126
	Ⅱ(q_2-SH)	2	后半程液施灌溉		
	Ⅲ(q_4-100%)	4	全程液施灌溉		
	Ⅳ(q_4-SH)	4	后半程液施灌溉		

如图 9-12 所示,各条畦施肥灌溉试验处理都设置三组重复,共布设 12 个封闭条畦,畦田规格均为 80m×1.5m,平均畦面坡度为 5/10 000。为便于试验观测取样并防止条畦间交相影响,在各条畦之间均预留有宽为 90cm 的工作通道。

9.3.2.2　观测内容及观测点布设

畦面微地形空间分布状况:在畦宽中央布设 1 条测线,测线上的地表(畦面)相对高程观测点间距为 5m,各条畦有 17 个观测点,总计 204 个观测点。

灌前和灌后 2 天土壤体积含水量:沿畦长布置 5 个观测点,各观测点到畦首距离依次为 8m、24m、40m、56m 和 72m;在各观测点处沿土深方向设置 4 个测点,深度分别为 10cm、30cm、50cm 和 70cm,各条畦有 20 个观测点,总计 480 个土样。

灌前和灌后 2 天土壤含氮量:观测点布局及土样数量与土壤体积含水量一致。

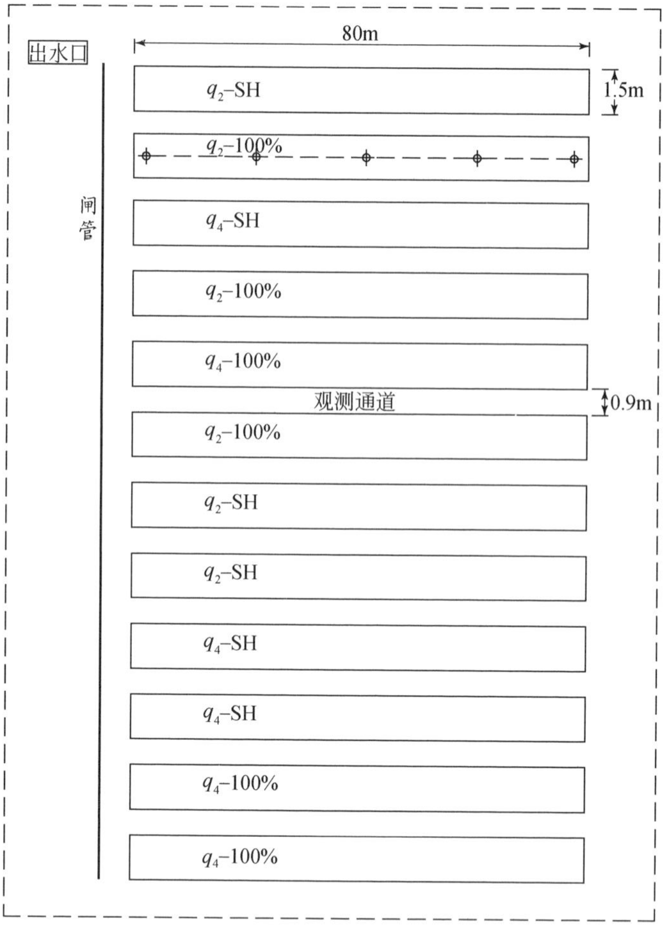

图 9-12　液施尿素条畦施肥灌溉试验小区布设的示意图

地表水流溶质浓度:在沿畦长布设的 5 个观测点处,于灌溉过程中定时采集水样,采样个数不仅取决于观测点布局,还与采样次数有关。

地表水流运动推进时间和消退时间:沿畦长布设 17 个观测点,测点间距为 5m,总计 204 个观测点。

9.3.3　均匀撒施和全程液施硫酸铵条畦施肥灌溉

均匀撒施和全程液施硫酸铵条畦施肥灌溉试验以中麦 9 号冬小麦为对象,于 2008 年 10 月 18 日播种,2009 年 6 月 15 日收获。

9.3.3.1　试验处理设计

在冬小麦生长返青期间的 2009 年 4 月 5 日,选取单宽流量和施肥灌溉方式作为试验处理设计要素(表 9-4),其中,单宽流量分别为 6L/(s·m)(QX)和 3L/(s·m)(QD),施肥灌溉方式分别为均匀撒施灌溉(SS)和全程液施灌溉(YS)。按完全试验设计考虑,共计 4 种试验处理。在冬小麦生长返青期中,各试验小区的平均灌水量均为 135mm,以保证入畦水流能够推进到畦尾,施氮量为 120kg N/hm^2。

表 9-4　均匀撒施和液施硫酸铵条畦施肥灌溉试验处理设计要素

试验日期	试验处理	单宽流量 q[L/(s·m)]	施肥灌溉方式	施氮量(kg N/hm^2)
2009 年 4 月 5 日返青水	Ⅰ(QDSS)	6	均匀撒施灌溉	120
	Ⅱ(QDYS)	6	全程液施灌溉	120
	Ⅲ(QXSS)	3	均匀撒施灌溉	120
	Ⅳ(QXYS)	3	全程液施灌溉	120

如图 9-13 所示,各条畦施肥灌溉试验处理分别设置三组重复,共布设 12 个封闭条畦,畦田规格均为 102m×2m,平均畦面坡度为 4/10 000。为便于试验观测取样并防止条畦间交相影响,在各条畦之间均预留有 2m 宽的工作通道。

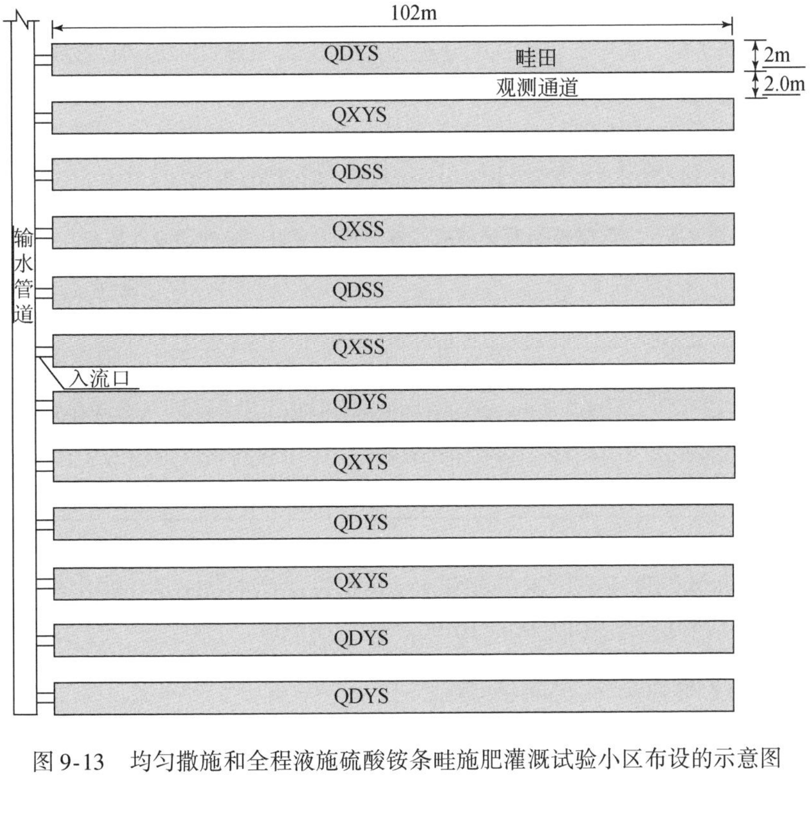

图 9-13　均匀撒施和全程液施硫酸铵条畦施肥灌溉试验小区布设的示意图

9.3.3.2　观测内容及观测点布设

畦面微地形空间分布状况:沿畦宽均匀布设 3 条测线,每条测线上的地表(畦面)相对高程观测点间距为 5m,各条畦有 63 个观测点,总计 756 个观测点。

灌前和灌后 1 天土壤体积含水量:沿畦长布设 6 个观测点,各测点到畦首距离依次为 10m、30m、50m、70m、90m 和 102m,在各观测点处沿土深方向设置 5 个测点,深度分别为 20cm、40cm、60cm、80cm 和 100cm,各条畦有 30 个观测点,总计 720 个土样。

灌前和灌后 1 天土壤含氮量:观测点布局及土样数量与土壤体积含水量一致。

地表水流溶质浓度:在沿畦长布设的 6 个观测点处,于灌溉过程中的 3 个时刻[地表水流到达不同观测点(不同时间)、地表水流到达畦尾和地表水流到达畦尾后 15min(同一时间)]采集水样,采样个数不仅取决于观测点布局,还与采样次数有关。

地表水流运动推进时间和消退时间:沿畦长布设 21 个观测点,测点间距为 5m,总计 252 个观测点。

9.3.4 均匀撒施和液施硫酸铵宽畦施肥灌溉

均匀撒施和液施硫酸铵宽畦施肥灌溉试验以中麦 9 号冬小麦为对象,于 2009 年 10 月 15 日播种,2010 年 6 月 12 日收获。

9.3.4.1 试验处理设计

在冬小麦生长返青期间的 2010 年 4 月 9 日,选取入流形式和施肥灌溉方式作为试验处理设计要素(表 9-5),其中,入流形式分别为线性入流和扇形入流,施肥灌溉方式分别为均匀撒施灌溉和液施灌溉,后者按施肥时机又分为全程液施灌溉、前半程液施灌溉和后半程液施灌溉。按不完全试验设计考虑,共计 4 种试验处理。在冬小麦生长返青期中,单宽流量为 0.8L/(s·m),灌水时间为 112min,施氮量为 120kg N/hm^2。

表 9-5 均匀撒施和液施硫酸铵宽畦施肥灌溉试验处理设计要素

试验日期	试验处理	入流形式	施肥灌溉方式 施肥时机	施氮量 (kg N/hm^2)
2010 年 4 月 9 日 返青水	Ⅰ(SS)	线性入流(入流口沿畦田短边,出水口间距为 1m)	均匀撒施灌溉	120
	Ⅱ(YST)	扇形入流(入流口在畦田短边中间位置)	全程液施灌溉	120
	Ⅲ(YSHQ)	扇形入流(入流口在畦田短边中间位置)	前半程液施灌溉	120
	Ⅳ(YSHH)	扇形入流(入流口在畦田短边中间位置)	后半程液施灌溉	120

各宽畦施肥灌溉处理下只设置一组试验,共布设 4 个封闭宽畦,畦田规格均为 75m×25m,平均畦面纵坡和横坡分别为 9.8/10 000 和 3/10 000。

9.3.4.2 观测内容及观测点布设

畦面微地形空间分布状况:沿畦宽均匀布设 6 条测线,每条测线上的地表(畦面)相对高程观测点间距为 5m,各宽畦有 96 个观测点,总计 384 个观测点。

灌前 1 天土壤含氮量:沿畦长和宽度布设 6 个观测点(图 9-14),各测点处的取样深度均为 20cm,总计 24 个土样。

地表水流溶质浓度:观测点布局及水样数量与土壤含氮量相同。

地表水流运动推进和消退时间:沿畦宽均匀布设 3 条测线,每条测线上的观测点间距为 5m,各宽畦有 48 个观测点,总计 192 个观测点。

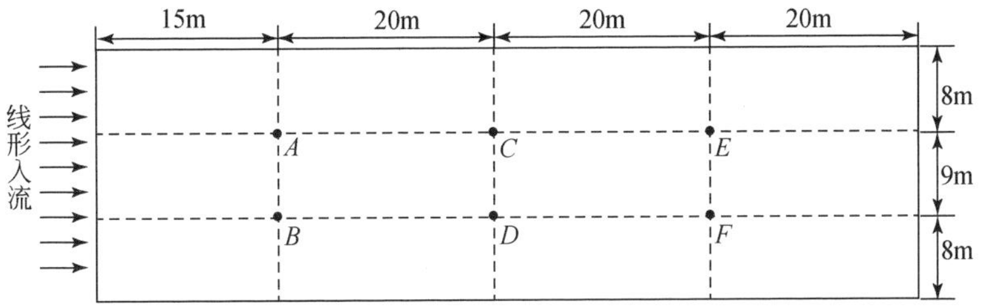

图 9-14　均匀撒施施硫酸铵宽畦施肥灌溉试验小区观测点布设的示意图

9.3.5　均匀和非均匀撒施硫酸铵条畦施肥灌溉

均匀和非均匀撒施硫酸铵条畦施肥灌溉试验以济麦 22 号冬小麦为对象，于 2014 年 10 月 18 日播种，2015 年 6 月 13 日收获。

9.3.5.1　试验处理设计

在冬小麦生长返青期间的 2015 年 4 月 5 日，选取单宽流量和撒施肥料灌溉方式作为试验处理设计要素（表 9-6），其中，单宽流量分别为 6L/(s · m)(q_6) 和 2L/(s · m)(q_2)，撒施肥料灌溉方式分别为均匀和非均匀撒施灌溉，相应的肥料非均匀撒施系数分别为 0(s_0)、1(s_1) 和 1.5($s_{1.5}$)。按完全试验设计考虑，共计 6 种试验处理。在冬小麦生长返青期中，各试验小区的平均灌水量均为 103mm，以保证入畦水流能够推进到畦尾，施氮量为 200kg N/hm^2。

表 9-6　非均匀撒施条畦施肥灌溉试验处理设计要素

试验日期	试验处理	单宽流量 q[L/(s · m)]	非均匀撒施系数 U_{SN}	施氮量(kg N/hm^2)	灌水量(mm)
2015 年 4 月 5 日返青水	Ⅰ(q_2-s_0)	2	0	200	103
	Ⅱ(q_2-s_1)	2	1		
	Ⅲ(q_2-$s_{1.5}$)	2	1.5		
	Ⅳ(q_6-s_0)	6	0		
	Ⅴ(q_6-s_1)	6	1		
	Ⅵ(q_6-$s_{1.5}$)	6	1.5		

如图 9-15 所示，各条畦施肥灌溉处理分别设置三组重复，共布设 18 个封闭条畦，畦田规格均为 103m×1.5m，平均畦面坡度为 5.5/10 000。为便于试验观测取样并防止条畦间交互影响，在各条畦之间均预留有 50cm 的工作通道。

9.3.5.2　观测内容与观测点布设

畦面微地形空间分布状况：在畦宽中央布置 1 条测线，测线上的地表（畦面）相对高程观测点间距为 5m，各条畦有 21 个观测点，总计 378 个观测点。

灌前和灌后 2 天土壤体积含水量：沿畦长布设 5 个观测点（图 9-16），各测点到畦首距离依次为 10m、30m、50m、70m 和 90m；在各观测点处沿土深方向设置 4 个测点，深度分别为 20cm、40cm、60cm 和 80cm，各条畦有 20 个观测点，总计 720 个土样。

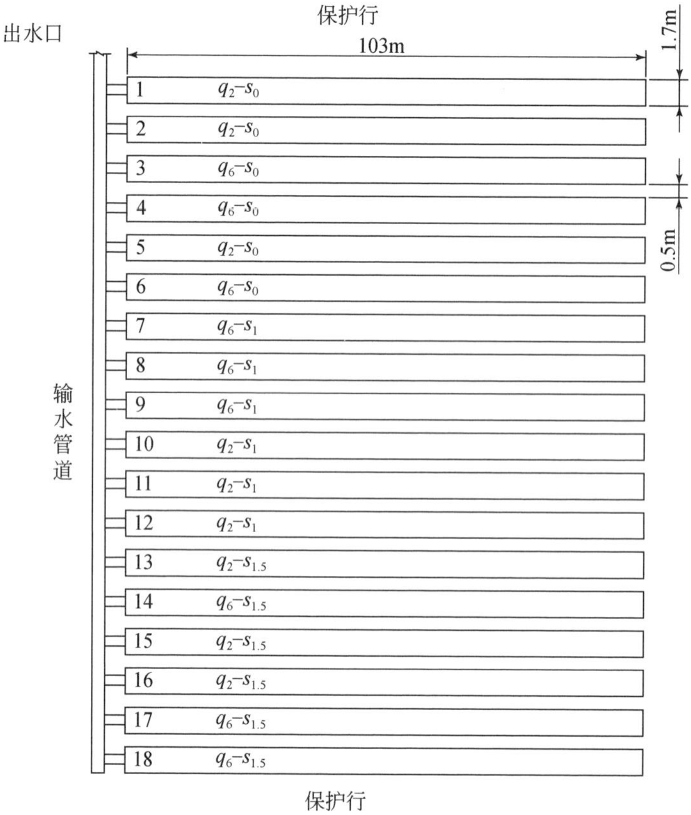

图 9-15 均匀和非均匀撒施硫酸铵条畦灌溉施肥试验小区布设的示意图

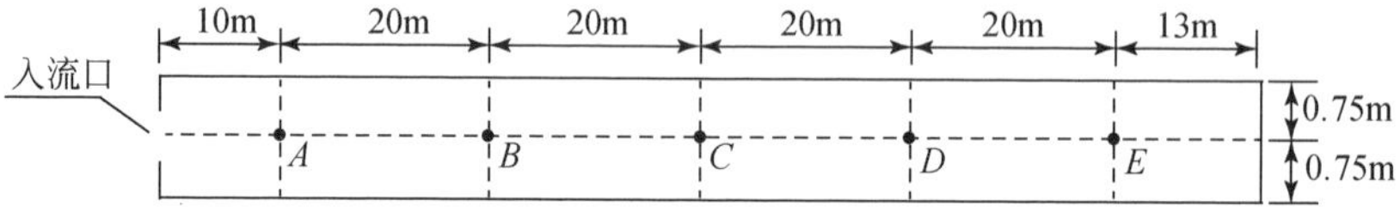

图 9-16 均匀和非均匀撒施硫酸铵条畦施肥灌溉试验小区观测点布设的示意图

灌前和灌后 2 天土壤含氮量:在试验处理Ⅴ下测定土壤氮素,观测点布局及土样数量与土壤体积含水量一致。

地表水流含氮量:在沿畦长布设的 5 个观测点(图 9-16)处,于灌溉过程中的 4 个时刻[地表水流到达不同观测点(不同时间)、地表水流到达最后 1 个观测点(同一时间)、地表水流到达畦尾和地表水流到达畦尾后 15min(同一时间)]采集水样,各条畦有 20 个,总计 360 个水样。

地表水流含氮量垂向分布状况:在试验处理Ⅰ、Ⅲ、Ⅳ和Ⅵ下 1 个典型条畦内,在沿畦长布设的 5 个观测点处沿水深分层采样,其中,测点 A 处的水深被等分为 6 层,取样 4 次,测点 B 和 C 处被等分为 6 层,取样 3 次,测点 D 和 E 处被等分为 3 层,取样 2 次。如图 9-17 所示,在 30cm 长的直钢尺上每隔 2cm 打孔,将塑料导管一端与钢尺上孔口相连,另一端与 200ml 容量的注射器连接,采样时将直钢尺插入表土 5cm,通过连接在塑料导管上的注射器抽吸水样。采样间隔与入畦流量有关,2L/(s · m)下为 13min,6L/(s · m)下为 8min,总计 264 个水样。

图 9-17　均匀和非均匀撒施硫酸铵条畦施肥灌溉地表水流溶质沿水深分布的采样现场

地表水流运动推进时间和消退时间:沿畦长布设 21 个观测点,测点间距为 5m,总计 378 个观测点。

9.4　畦田施肥灌溉试验观测与测试方法

9.4.1　试验观测要素

在畦田施肥灌溉试验设计中,需观测的主要要素有:入畦流量、畦面微地形空间分布状况及田面平整精度、地表水流推进时间和消退时间、地表水流溶质浓度、土壤含水量、土壤含氮量等。

9.4.1.1　入畦流量

入畦流量是单位时间内进入畦田的流量,是开展畦田施肥灌溉工程设计、性能评价和运行管理的重要依据。测流的主要方法和设备包括水位计、流量计、建筑物、流速仪、量水堰(槽)等,测定末级入畦流量要相对困难。对采用灌溉管道输配水的田块,可采用超声波流量计或水表;对利用渠道输配水的田块,常采用三角堰、无喉堰或梯形堰等;对井灌区或扬水灌区,可根据泵的出流量进行估算。由于入畦流量过程并非稳定,为简化起见,常采用平均入畦流量。

在畦田施肥灌溉试验中,采用安装在灌溉输水管道上的超声波流量计(1010P/WP,美国 CONTROLOTRON,测量流速:0 ~ 12m/s,精度:0.2%)实时监控入畦流量(图 9-18)。该流量计将一组超声波检测器分装于管外两侧,同时传送和接收给以对方的信号。超声波在流动的水流中,沿顺向和逆向水流传送声波的时间和接收时间上存在着差异,主机根据侦测传送波的时间和接收到的时间信号,将计算的时间差值转换为流量,实时计算入畦流量和累积水量,并及时在屏幕上显示。

图 9-18　畦田施肥灌溉试验中使用的超声波流量计

9.4.1.2　畦面微地形空间分布状况及田面平整精度

畦面微地形空间分布状况属于田块几何尺度参数，是影响畦田施肥灌溉性能的重要因素。通常采用地表（畦面）相对高程的标准偏差值 S_d［式(9-2)］表征畦面微地形空间分布状况，这也即为田面平整精度（Hillel，1982）。

$$S_d = \sqrt{\frac{\sum_{i=1}^{N}(b_i - \bar{b})^2}{N - 1}} \tag{9-2}$$

式中，b_i为地表（畦面）相对高程（cm）；$\bar{b}$ 为地表（畦面）相对高程的平均值（cm）；N 为地表（畦面）相对高程观测点的数目。

S_d反映了田面平整精度的总体状况，为了确切反映田面平整精度的分布状况，可先计算得到田块内各测点处 $|b_i-\bar{b}|$ 的绝对差值，再根据小于某一绝对差值的测点累积百分比数，达到评价田块畦面形状差异及其分布特征（Dedrick et al.，1982）。

在激光控制土地精细平整过程（图 9-19）中，采用美国 Spectra-Pyhsics 和 Laserplane 公司的激光发射器（L-750）和接收器（R2S-S）等产品，平地铲运设备（H20M）为葡萄牙 HERCULANO 公司的产品，牵引动力设备拖拉机（TN-654L）为天津拖拉机制造厂生产。分别采用三维 GPS（global positioning system，全球定位系统）地面高程测量设备［美国 Trimble（天宝）公司］和具有自动校平功能的光学水准仪（DSZ-C24）测定地表（畦面）相对高程（图 9-20），观测点间距可根据田块规格设定，通常为 5m，沿畦宽可布设 1 ~ 3 条测线不等，具体视畦宽而定。待土地精平成畦后，通过上述方法实测地表（畦面）各观测点处的相对高程值后，依据式(9-2)计算 S_d值。

9.4.1.3　地表水流运动推进时间和消退时间

地表水流运动推进过程是指灌溉水流进入畦田后沿地面非恒定流运动过程，反映出地表水流从畦首到尾部的动态运动状况，地表水流推进到畦田各观测点处的时间称作地表水流运动推进时间。地表水流运动消退过程则是指停止灌溉后地表水流在畦田内聚集、下渗、再分布直至从地面消失的过程，地表水流从畦面各观测点处消失的时间称为地表水流运动消退

图 9-19　激光控制土地精细平整工作现场

图 9-20　三维 GPS 地面高程测量设备

时间。

受畦面微地形空间分布状况、土壤入渗空间变异性等因素影响,地表水流运动推进和消退过程并非均匀,故判断地表水流推进到某观测点处的依据应以该观测点处大部分畦面被水淹没时为准,理论上地表水流运动消退时间也应以该观测点处的畦面积水完全消失时为准,但实测中常以地表水流在该观测点处不再流动且大部分积水已消失定义消退时间。此外,畦田各观测点处的地表水流运动消退时间与推进时间之差即为土壤受水时间,这直接影响各观测点处的入渗累积量。由此可见,准确观测和判断地表水流运动推进时间和消退时间是开展畦田施肥灌溉工程设计与性能评价的关键要素之一。

在以上开展的畦田施肥灌溉试验中,采用人工判断方式观测和记录各观测点处的地表水流运动推进时间和消退时间(图 9-21),判断地表水流是否推进到各观测点处的依据是以水流推进至该点且已覆盖附近 80% 的畦面为准,而地表水流是否已从各观测点处完全消退的判别依据则是该点周围 80% 的畦面积水消失完毕。

9.4.1.4　地表水流溶质浓度

在畦田施肥灌溉试验开始后,分别在各观测点处地表水深的中部定时采集水样,用于测定地表水流溶质浓度。通常第 1 次取样是在地表水流推进到各观测点且水深为 3cm

图 9-21　畦田施肥灌溉试验中地表水流运动推进状况测定

时,第 2 次取样是在地表水流推进到畦尾,第 3 次取样是地表水流推进到畦尾后 15min。此外,还选取部分典型观测点加密取样,间隔为单宽流量 3L/(s·m)或 2L/(s·m)下为 5min,6L/(s·m)或 4L/(s·m)下为 3min。当地表水流运动推进至畦尾并停止灌水后,继续按 5min 和 3min 间隔取样,直至流动停止。

对畦田施肥灌溉试验中提取的水样,由于从采集到分析过程中易受物理、化学和生物等作用影响发生变化,故水样带回室内后,应立即过滤并冷冻保存。测试时,需先解冻水样,再采用相关仪器设备测定硝态氮、铵态氮、硫酸根离子含量等。

9.4.1.5　土壤含水量

在均匀撒施和液施尿素条畦施肥灌溉试验中,分别于冬小麦生长返青水和扬花水灌前和灌后 2 天,采用 Trime 土壤水分测试系统测定各观测点处的土壤体积含水量(图 9-22),均匀撒施下的测量深度分别为 10cm、30cm、50cm、70cm 和 90cm,液施下则分别为 10cm、30cm、50cm 和 70cm。在冬小麦生长返青水灌后 4 天和 10 天,分别在各液施尿素试验处理下 1 个典型条畦内,观测各点处的土壤体积含水量。

在均匀撒施和液施硫酸铵条畦施肥灌溉试验中,分别于冬小麦生长返青水灌前和灌后 1 天,采用土钻在各观测点处 0 ~ 100cm 土层剖面上取土样,利用烘干法测定土壤重量含水量,测量深度分别为 20cm、40cm、60cm、80cm 和 100cm。

图 9-22　田间测定土壤水分的 Trime 管

9.4.1.6　土壤含氮量

在均匀撒施尿素条畦施肥灌溉试验中,分别于冬小麦生长返青水和扬花水灌前和灌后2天,利用土钻采样,测定各观测点处的土壤氮素,测量深度分别为10cm、30cm、50cm、70cm和90cm。在液施尿素条畦施肥灌溉试验中,分别于冬小麦生长返青水和扬花水灌前和灌后2天,采用预埋的土壤溶液提取器(图9-23)和土钻采样,测量深度分别为10cm、30cm、50cm和70cm。在冬小麦生长返青水灌后4天和10天,分别在各液施尿素试验处理下1个典型条畦内,监测各观测点处的土壤氮素。

图9-23　田间埋设的土壤溶液提取器

在均匀撒施和液施硫酸铵畦田施肥灌溉试验中,条畦下分别于冬小麦甚至返青水灌前和灌后1天,利用土钻采样,测量深度分别为20cm、40cm、60cm、80cm和100cm;宽畦下于冬小麦生长返青水灌前1天采样,监测各观测点20cm深度处的土壤氮素。

9.4.2　测试设备与方法

在9.3节畦田施肥灌溉试验后,需在室内测试的主要项目有地表水流和土壤的硝态氮、铵态氮及硫酸根离子含量。采用连续流动分析仪(型号:Auto Analyzer Ⅲ,德国Bran+Luebbe公司)测定样品的硝态氮和铵态氮浓度,使用离子色谱仪(型号:ICS2100,美国戴安公司)测定样品的硫酸根离子含量。

9.4.2.1　连续流动分析仪测试原理与过程

由德国Bran+Lubbe公司制造的连续流动分析仪是基于连续流动原理设计,具有铵态氮、硝态氮、磷酸根、DOC等分析模块。该仪器采用均匀的空气泡将样品之间分开,标准样品和未知样品均在相同环境下得到处理,经过对吸光度的比较,得出准确的测试结果。

连续流动分析仪由采样器、AA3泵、AA3化学模块、AA3数字比色计和AAEC软件组成(图9-24)。采样器拥有270个或540个样杯,并可使用各种不同的样品杯与试管,能过大容量的随机存取样品;AA3泵是一种高精度的蠕动泵,可将样品、试剂及空气泡按确定的流量泵入系统中;AA3化学模块包含反应所需的全部组成,如混合圈、渗析器、加热池、镉柱等;AA3数字比色计含有检测器和AA3所有模块的电子控制单元;AACE软件是德国Bran+Luebbe公司提供的连续流动程序包,用于控制AA3化学模块、程序和开始运行、显示运行图表和报告结果等。

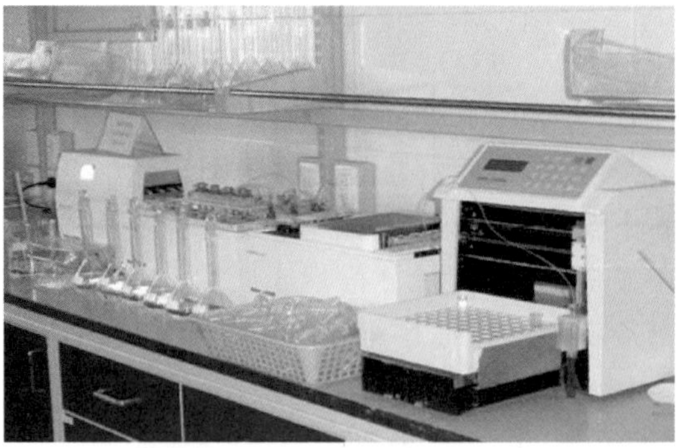

图 9-24　连续流动分析仪

使用连续流动分析仪测试样品的硝态氮或铵态氮浓度时，只需配制出标准溶液和仪器所需各种试剂，仪器即可自动吸入试剂和样品（或标准溶液），所有反应过程均自动进行，外界不能干预，操作员可通过 AACE 软件及时了解测试情况。由于该连续流动分析仪要求的相关系数达到 0.999 以上，故测定结果的准确度较高。

9.4.2.2　离子色谱仪的测试原理与过程

美国戴安公司生产的离子色谱仪是同时集淋洗液在线发生器（RFIC-EG）和免化学试剂电解样品前处理装置（RFIC-ESP）于一体的测试设备（图 9-25），同时具有等度和梯度淋洗功能。2mm 体系色谱柱与 4mm 体系色谱柱均可在该仪器上完成工作，可免除化学试剂电解样品的前处理，依据阀切换技术措施和电解水原理，用于多种基体样品的不同前处理。IC 法利用离子交换原理对样品中的阳离子或阴离子进行分离，分离后的离子可用于电导检测器检查，检测信号的强度与离子浓度相关，由此进行定量分析。离子在交换柱中被洗脱液洗脱的速度与离子性质有关，由此进行定性分析，故该仪器具有灵敏度高、精密度好、测定范围宽、选择性强等优点。

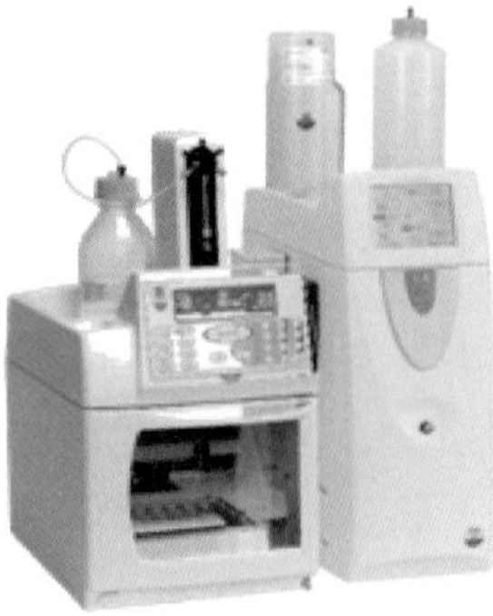

图 9-25　离子色谱仪

集成型离子色谱系统可用于各种离子的分离，包括阴离子、阳离子、有机胺、有机酸等。其中，RFIC-EG 淋洗液在线发生装置可在线将高纯去离子水转化为淋洗液，利用

RFIC-ESP免化学试剂电解样品前处理离子色谱装置,可对在线水纯化装置及其他样品前处理装置进行在线操控,对多种不同基体的样品自动进行前处理,包括在线过滤、基体消除、在线中和、在线浓缩等。

9.4.2.3　待测标准溶液配制

在测定地表水硝态氮、铵态氮及硫酸根离子浓度时,测前须将水样处理成标准液体。对采集的水样可直接利用定量滤纸过滤以制备滤液,对已制备好的标准液,若不能及时进行测试,需放入冰柜冷冻储存。

在测定土壤硝态氮、铵态氮和硫酸根离子含量时,测前须将土样处理成标准液体。对采集的土样在测试前须先风干并磨细,过2mm网筛后,称取干土20.00g置于200ml三角瓶内,加入50ml的1mol KCl溶液后,在振荡机上振荡1h,取出静置,待溶液澄清后过滤至塑料方瓶中。对已制备好的标准液,若不能及时进行测试,也需放入冰柜冷冻储存。

9.4.2.4　硝态氮、铵态氮、硫酸根离子测定

硝态氮测定是硝酸盐在碱性环境下经铜(Cu)催化作用后被硫酸肼($N_2H_4 \cdot H_2SO_4$)还原成亚硝酸盐的过程,并和对氨基苯磺酰胺($C_6H_8N_2O_2S$)及NEDD发生反应生成粉红色化合物在550nm波长下检测。加入磷酸(H_3PO_4)是为了降低pH并防止产生氢氧化钙[$Ca(OH)_2$]和氢氧化镁[$Mg(OH)_2$],加入锌(Zn)是为了抑制氧化物和铜的反应。装有适用于高浓度范围的透析器,可起到消除有色物质和悬浮颗粒干扰的作用。测定试验中所需的试剂有:30%溶液Brij-35(Bran+Luebbe)、氯化钙($CaC_{12} \cdot 2H_2O$)、硫酸铜($CuSO_4 \cdot 5H_2O$)、硫酸联胺($N_2H_4 \cdot H_2SO_4$)、N—(1—萘基)乙二胺二盐酸($C_{12}H_{14}N_2 \cdot 2HCl \cdot CH_3O$)、磷酸($H_3PO_4$)、硝酸钾($KNO_3$)、氢氧化钠(NaOH)、亚硝酸钠($NaNO_2$)、磺胺($C_6H_8N_2O_2S$)、水二磷酸钠($Na_4P_2O_7 \cdot 10H_2O$)和硫酸锌($ZnSO_4 \cdot 7H_2O$)等。

铵态氮测定是样品与水杨酸钠($Na_2C_7H_5O_3$)和DCI反应生成蓝色化合物在660nm波长下检测。加入硝普钠作为催化剂,是因为水杨酸钠可和酚盐替换。MT7透析器适用于高浓度范围,可消除有色物质和悬浮颗粒的干扰。测定试验中所需的试剂有:30%溶液Brij-35、氯化钙($CaC_{12} \cdot 2H_2O$)、硫酸铵[$(NH_4)_2SO_4 \cdot 5H_2O$]、硝普钠{$Na_2[Fe(CN)_5NO] \cdot 2H_2O$}、二氯异氰脲酸钠($C_3C_{12}N_3NaO_3 \cdot 2H_2O$)、氢氧化钠(NaOH)、水杨酸钠和柠檬酸钠($C_6H_5Na_3 \cdot 2H_2O$)等。

硫酸根离子测定是根据$BaSO_4$不溶于水和酸的性质,采用可溶性钡盐溶液与稀硝酸(或稀盐酸)检验硫酸根离子的存在。

9.5　畦田施肥灌溉试验数据统计分析方法

对畦田施肥灌溉试验数据开展数理统计分析所涉及的主要方法包括:水氮时空分布变化分析方法、水氮相关性分析方法和水氮空间分布差异性检验方法。

9.5.1　水氮时空分布变化分析方法

采用数理统计学中的变差系数(C_V)定量评价地表水流和土壤氮素沿畦长时空分布变

化状况，该值反映了随机变量分布的离散程度，表达了水氮要素在时空分布上的变异程度。若 $C_V \leqslant 0.1$，呈弱变异性；$0.1<C_V<1$，为中等变异性；$C_V \geqslant 1$ 时，属强变异性（Hillel, 1980）。

对畦田施肥灌溉试验处理下的地表水流和土壤硝态氮或铵态氮时空变差系数而言，均取用不同重复下的平均值。由于 C_V 是标准偏差与平均值的比值，故在表达变量的变异程度时，应同时给出相应的平均值和标准偏差值。

9.5.2　水氮相关性分析方法

采用数理统计学中的相关系数（r）定量描述地表水流氮素浓度与土壤氮素浓度间的相关程度，以及土壤水分分布与氮素增量分布间的相关程度。若 $|r| \geqslant 0.5$ 时，为高度相关性；$0.3 \leqslant |r| < 0.5$，呈中度相关性；$|r| < 0.3$ 时，无相关性（余建英和何旭宏，2003）。

在分析地表水流氮素浓度与土壤氮素浓度间的相关性时，主要是分析地表水流运动推进到各观测点时和地表水流推进到畦尾后 15min 时的地表水流氮素浓度系列值，而土壤氮素浓度则主要是考虑 0～20cm 和 0～100cm 土层的平均值。为此，借助分析软件 SPSS 估算地表水流各系列值与土壤各系列值间的相关系数，获得不同时刻下地表水流氮素浓度与不同深度土壤氮素浓度间的相关程度。

在分析土壤水分分布与氮素增量分布间的相关性时，分别根据灌后和灌前土壤含水量和土壤氮素浓度下得到的土壤水分分布系列值和氮素增量分布系列值，利用 SPSS 软件估算土壤水分分布与土壤氮素增量分布间的相关程度。

9.5.3　水氮空间分布差异性检验方法

运用数理统计学中的统计方差分析方法对比地表水流和土壤氮素空间分布差异性，借助新复极差显著性检验方法（DMRT）比较不同变量参数样本平均值间的差异（南京农学院，1979）。采用不同显著差数标准比较所有变量参数的平均值，并用于平均数间的相互比较。当两个样本平均值的绝对差大于最小显著极差 LSR_α 时，即可认为样本间在 α 水平上差异性显著。

新复极差方法又称 SSR（simple sequence repeat）测验方法，其所做的无效假设为 $H_0: \mu_A - \mu_B = 0$，即任意两个总体平均数的极差为 0。然后计算平均数的标准误差 $SE = \sqrt{\frac{s_e^2}{n}}$。当各样本容量皆为 n 时，通过查询 SSR 表，可得到 s_e^2 具有的自由度下，$p=2,3,\cdots,k$ 时的 SSR_α 值，其中 p 为某两极差间所包含的平均个数，进而计算得到各 p 值下的最小显著极差 LSR_α，其表达式如下：

$$LSR_\alpha = SE \cdot SSR_\alpha \tag{9-3}$$

在将各平均数按大小顺序排列后，利用各 p 值下的 LSR_α 值即可测验各平均数两极差的显著性：凡两极差小于 LSR_α 者为接受 H_0；凡两极差大于 LSR_α 者为否定 H_0，即两极差在 α 水平上显著。

在多重比较各平均数后，采用标记字母法对结果进行标注。先将全部平均数从大到小依次排列，然后在最大的平均数上标注 a，并将该平均数与其他各平均数相比，凡相差不

显著的都标注 a,直至某一个与之相差显著的平均数则标注 b。再以标注有 b 的平均数为标准,与上方各个比其大的平均数相比,凡不显著的也一律标注 b,直至某一个与之相差显著的平均数则标注 c。如此重复下去,直至最小的一个平均数被标注字母为止。这样,在各个平均数之间,凡标有一个相同标记字母的即为差异不显著,凡具有不同标记字母的即为差异显著。

9.6　结　　论

本章系统描述了开展的各类畦田施肥灌溉田间试验,介绍了畦田施肥灌溉试验观测要素及其测试设备与方法,以及相关的试验数据统计分析方法。基于非均匀撒施肥料理念,首次定义并提出了肥料非均匀撒施系数 U_{SN} 的表达式,用于定量描述肥料被非均匀撒施的程度,为合理表征与评价畦田撒施肥料灌溉性能提供了科学依据。

参考文献

鲍士旦. 2000. 土壤农化分析. 北京:中国农业出版社

陈明昌,张强. 1995. 土壤硝态氮含量测定方法的选择和验证. 山西农业科学,1:31-36

崔振岭,陈新平. 2006. 不同灌溉畦长对麦田灌水均匀度与土壤硝态氮分布的影响. 中国生态农业学报,14(3):82-85

巨晓棠,刘学军,张福锁,等. 2003. 冬小麦/夏玉米轮作中 NO_3^-—N 在土壤剖面的累积及移动. 土壤学报,40(4):538-546

巨晓棠,潘家荣,刘学军,等. 2003. 北京郊区冬小麦/夏玉米轮作体系中氮肥去向研究. 植物营养与肥料学报,9(3):264-270

雷志栋,杨诗秀,谢森传. 1988. 土壤水动力学. 北京:清华大学出版社

李楠,刘伟. 2000. 土壤预处理对土壤氮素组分的影响. 吉林农业大学学报,4:81-84

梁艳萍. 2008. 畦灌施肥土壤水氮时空分布试验研究. 中国水利水电科学研究院硕士学位论文

孟盈,薛敬意. 2001. 西双版纳不同热带森林下土壤铵态氮和硝态铵动态研究. 植物生态学报,1:99-104

南京农学院. 1979. 田间试验和统计方法. 北京:农业出版社

时新玲,王国栋. 2003. 土壤含水量测定方法研究进展. 中国农村水利水电,10:84-86

杨乐苏,周光益,邱治军,等. 2005. 森林土壤硝态氮测定中样品采集与保存方法的研究. 18(2):209-213

于非. 2007. 地面施肥灌溉条件下水氮分布试验研究. 中国水利水电科学研究院硕士学位论文

余建英,何旭宏. 2003. 数据统计分析与 SPSS 应用. 北京:人民邮电出版社

Adamsen F J, Hunsaker D J, Perea H. 2005. Border strip fertigation: effect of injection strategies on the distribution of bromide. Transactions of the ASAE,48(2):529-540

Bar-Yosef B. 1999. Advances in fertigation. Advances in Agronomy,65(C):1-77

Dedrick A R, Erie L J, Clemmens A J. 1982. Lever-basin irrigation//Hillel D L. In Advances in Irrigation, New York: Academic Press

Hagin J, Sneh M, Lowengart-Aycicegi A. 2002. Fertigation-Fertilization through irrigation//Johnston A E. IPI Research Topics No. 23 Switzerland: International Potash Institute

Hillel D. 1980. Application of Soil Physics. New York: Academic Press

Hillel D. 1982. In Advances in Irrigation. New York: Academic Press

Izadi B, King B W, Estermann D, et al. 1993. Field scale transport of bromide under variable conditions observed in a furrow irrigated field. Transactions of the ASAE,36 (6):1679-1685

Jaynes D B,Rice R C,Hunsaker D J. 1992. Solute transport during chemigation of a level basin. Transactions of the ASAE,35 (6):1809-1815

Kafkafi U. 2005. Global aspects of fertigation usage. Fertigation Proceedings, Beijing: International Symposium on Fertigation

Playán E, Faci J M. 1997. Border fertigation: field experiments and a simple model. Irrigation Science, 17: 163-171

Sne M. 2006. Micro irrigation in arid and semi-arid regions//Kulkarni S A. Guidelines for Planning and Design. New Delhi:International Commission on Irrigation and Drainage

Zerihun D, Sanchez C A, Farell-Poe K L, et al. 2003. Performance indices for surface fertigation. Journal of Irrigation and Drainage Engineering,129(3):173-183

第10章
Chapter 10

畦田液施肥料灌溉地表水流溶质运动全耦合模拟

与追肥时常采用的畦田撒施肥料灌溉方式相比,液施肥料灌溉易于控制肥料溶液浓度和施肥时机,可有效提高化肥利用效率(Zerihun et al.,2004),在国外得到推广应用。为了深入研究液施肥料灌溉地表水流溶质运动规律与特征,为畦田液施肥料灌溉工程设计与性能评价提供合理的模拟手段与分析工具,人们相继开发出相关的地表水流溶质运动模型(Burguete et al.,2008,2009)。

在畦田液施肥料灌溉地表水流溶质运动速度相对缓慢条件下,采用顺次非耦合求解地表水流运动控制方程和地表水流溶质运动控制方程的做法,可以获得较好的模拟结果(Xiao and Yabe,2001;Oliviera and Fortunato,2002),但当畦面微地形空间分布状况和畦田灌溉入流条件相对较差时,极易导致地表局部流速场和溶质浓度场的急剧变化,致使模拟效果大为下降(Murillo et al.,2005,2006)。由于流速场和溶质浓度场本属于同一物理场,故应采用相同的数值模拟解法同步耦合求解这两个控制方程,但顺次非耦合求解却采用了不同的时空离散方法,引起模拟的两个物理场之间产生较大差异(Murillo et al.,2008)。为此,人们构建起地表水流溶质运动耦合方程及耦合模式,在同步耦合求解地表水流运动控制方程和地表水流溶质运动控制方程中的对流项同时,异步非耦合解算后者中的弥散项(Begnudelli and Sanders,2006),消除强对流干扰下地表水流和溶质浓度运动波传播误差,改善地表水流溶质运动模拟效果(Murillo et al.,2009)。

然而,在现有地表水流溶质运动耦合方程及耦合模式中,全水动力学方程和对流-弥散方程中的对流项均属于双曲型方程,采用向量耗散有限体积法求解时宜采用显时间格式离散,而对流-弥散方程中的弥散项却属于抛物型方程,更适宜使用隐时间格式进行离散(LeVeque,2002),故迄今仍无法采用相同的时空离散格式统一处理全水动力学方程和对流-弥散方程中的所有物理项,难以实现地表水流溶质弥散过程与地表水流溶质运动其他物理过程间的同步全耦合求解(Begnudelli and Sanders,2007)。然而,第5章构建的基于双曲-抛物型方程结构的守恒-非守恒型全水动力学方程及其全隐数值模拟解法,却能够有效克服现有耦合模式中遇到的以上难题,为实现同步全耦合求解地表水流溶质运动耦合方程提供了可靠方法。

本章基于双曲-抛物型方程结构的守恒-非守恒型全水动力学方程及其全隐数值模拟解法,借助守恒型对流-弥散方程描述地表水流溶质运动,建立地表水流溶质运动全耦合方程及全耦合模式,构建畦田液施肥料灌溉地表水流溶质运动全耦合模型。基于典型畦田液施硫酸铵灌溉试验实测数据,评价畦田液施肥料灌溉地表水流溶质运动全耦合模型模拟效果,揭示畦面微地形空间分布状况对地表水流溶质量分布状况的直观物理影响。

10.1 畦田液施肥料灌溉地表水流溶质运动全耦合模型构建及数值模拟求解

将基于双曲-抛物型方程结构的守恒-非守恒型全水动力学方程与守恒型对流-弥散方程相结合,建立畦田液施肥料灌溉地表水流溶质运动全耦合方程及全耦合模式,给出相应的初始条件和边界条件及适宜的时空离散数值模拟解法。

10.1.1 地表水流溶质运动全耦合方程及全耦合模式

基于双曲-抛物型方程结构的守恒-非守恒型全水动力学方程描述畦田液施肥料灌溉

地表水流运动过程，利用守恒型对流–弥散方程表述地表水流溶质运动过程，建立地表水流溶质运动全耦合方程及全耦合模式。

10.1.1.1　地表水流溶质运动全耦合方程

（1）全水动力学方程

已构建的基于双曲–抛物型方程结构的守恒–非守恒型全水动力学方程[式(5-16)和式(5-17)]的非向量形式被重述如下：

$$\frac{\partial\zeta}{\partial t}=\frac{\partial}{\partial x}\left(K_w\frac{\partial\zeta}{\partial x}\right)+\frac{\partial}{\partial y}\left(K_w\frac{\partial\zeta}{\partial y}\right)-\left[\frac{\partial}{\partial x}(K_w\cdot C_x)+\frac{\partial}{\partial y}(K_w\cdot C_y)\right]-i_c \tag{10-1}$$

$$\frac{\partial q_x}{\partial t}+\frac{\partial}{\partial x}(q_x\cdot\bar{u})+\frac{\partial}{\partial y}(q_x\cdot\bar{v})=-g(\zeta-b)\frac{\partial\zeta}{\partial x}-g\frac{n^2\cdot\bar{u}\sqrt{\bar{u}^2+\bar{v}^2}}{(\zeta-b)^{1/3}}+\frac{1}{2}i_c\cdot\bar{u} \tag{10-2}$$

$$\frac{\partial q_y}{\partial t}+\frac{\partial}{\partial x}(q_y\cdot\bar{u})+\frac{\partial}{\partial y}(q_y\cdot\bar{v})=-g(\zeta-b)\frac{\partial\zeta}{\partial y}-g\frac{n^2\cdot\bar{v}\sqrt{\bar{u}^2+\bar{v}^2}}{(\zeta-b)^{1/3}}+\frac{1}{2}i_c\cdot\bar{v} \tag{10-3}$$

式中，ζ 为地表水位相对高程[地表水深 h+地表（畦面）相对高程 b]（m）；$\bar{u}$ 和 $\bar{v}$ 分别为沿 x 和 y 坐标向的地表水流垂向均布流速（m/s）；q_x 和 q_y 分别为沿 x 和 y 坐标向的单宽流量[$\mathrm{m^3/(s\cdot m)}$]；g 为重力加速度（$\mathrm{m/s^2}$）；K_w 为地表水流扩散系数；n 为畦面糙率系数（$\mathrm{s/m^{1/3}}$）；i_c 为地表入渗率（cm/min）；C_x 和 C_y 分别为单宽流量沿地表水深平均的对流效应。

（2）对流–弥散方程

采用守恒型对流–弥散方程[式(3-72)]描述畦田液施肥料灌溉地表水流溶质运动过程，即

$$\begin{aligned}&\frac{\partial}{\partial t}[(\zeta-b)\cdot\bar{c}]+\frac{\partial}{\partial x}[(\zeta-b)\cdot\bar{u}\cdot\bar{c}]+\frac{\partial}{\partial y}[(\zeta-b)\cdot\bar{v}\cdot\bar{c}]\\&=\frac{\partial}{\partial x}\left((\zeta-b)\cdot K_x^c\frac{\partial\bar{c}}{\partial x}\right)+\frac{\partial}{\partial y}\left((\zeta-b)\cdot K_y^c\frac{\partial\bar{c}}{\partial y}\right)-i_c\cdot\bar{c}\end{aligned} \tag{10-4}$$

式中，$\bar{c}$ 为畦面内任意空间位置点处的地表水流垂向均布溶质浓度（mg/L）；K_x^c 和 K_y^c 分别为沿 x 和 y 坐标向的地表水流溶质弥散系数（$\mathrm{m/s^2}$），且 $K_x^c=K_y^c=K_l^m\sqrt{\bar{u}^2+\bar{v}^2}$。

（3）地表水流溶质运动全耦合方程

畦田液施肥料灌溉地表水流溶质运动全耦合方程由式(10-1)～式(10-4)共同组成，这 4 个分量方程表达了以地表水流垂向均布流速场($\bar{u}$,$\bar{v}$)为核心所形成的 4 个物理过程，即地表水流运动的对流过程和扩散过程及地表水流溶质运动的对流过程与弥散过程，其构成了同时并发且难以割裂的整体物理过程。此时的地表水流与溶质运动共处相同空间，这与第 7 章中地表水与土壤水运动分别处于两个空间明显不同，故与式(7-10)～式(7-12)的全耦合方程表达式有所差异。

10.1.1.2　地表水流溶质运动全耦合模式

受限于方程表达式和数值模拟解法，现有地表水流溶质运动耦合方程及耦合模式仅实现了地表水流运动的对流过程和扩散过程与地表水流溶质运动对流过程的耦合，但并没有考虑其与地表水流溶质运动弥散过程的耦合。由于在畦田中下游区段内，往往出现

较强的地表水流溶质运动弥散效应及地表水流溶质运动对流与弥散效应共存的物理现象(Burguete et al.,2008),故对溶质弥散过程的异步非耦合求解极易产生明显的模拟误差。由于高精度隐时间格式是建立地表水流溶质运动各物理过程全耦合模式的基本前提(LeVeque,2002),为此,构建的基于双曲–抛物型方程结构的守恒–非守恒型全水动力学方程及其全隐数值模拟解法,就为实现畦田液施肥料灌溉地表水流溶质运动控制方程的全耦合求解并消除现有耦合模式中存在的缺陷提供了坚实基础。

如图 10-1 所示,现有耦合模式[图 10-1(b)]下仅在地表水流运动的对流过程和扩散过程与地表水流溶质运动对流过程之间建立了互动关系,而全耦合模式[图 10-1(a)]下则实现了地表水流运动的对流过程和扩散过程与地表水流溶质运动的对流过程和弥散过程间的非线性互动关联,从而有效改善了地表水流溶质运动模拟精度。此外,与地表水与土壤水动力学方程全耦合模式(图 7-2)相似,地表水流溶质运动全耦合模式下也要实现各物理过程间的同步全耦合解算。

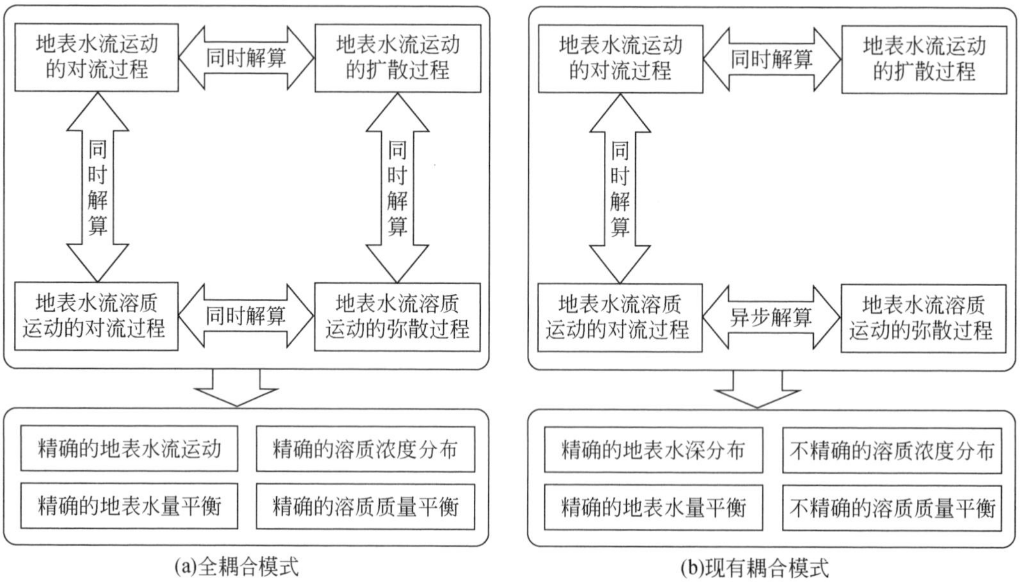

图 10-1 畦田液施肥料灌溉地表水流溶质运动全耦合与耦合模式之间的对比

10.1.2 初始条件和边界条件

10.1.2.1 初始条件

当 $t=0$ 时,由于计算区域各空间位置点处的地表水深 h 和地表水流垂向均布流速 $\bar{u}$ 和 $\bar{v}$ 均为零,故地表水位相对高程 $\zeta=b$,且地表水流垂向均布溶质浓度 $\bar{c}(x,y,t)=0$。

10.1.2.2 边界条件

畦首入流边界条件为给定的单宽流量 $\boldsymbol{q}_0$ 和地表水流垂向均布溶质浓度 C_0,其对应表达式分别如下:

$$\boldsymbol{q}_0=-K_{\mathrm{w}}\cdot\nabla\zeta+K_{\mathrm{w}}\cdot\boldsymbol{C} \tag{10-5}$$

$$C_0=\bar{c}(x_0,y_0,t) \tag{10-6}$$

畦埂无流边界条件为零流量条件和地表水流溶质浓度零梯度条件，其具体表达式如下：

$$K_{\mathrm{w}}\cdot\nabla\zeta-K_{\mathrm{w}}\cdot\boldsymbol{C}=0 \tag{10-7}$$

$$\frac{\partial}{\partial x}\bar{c}(x_{\mathrm{e}},y_{\mathrm{e}},t)=0;\ \frac{\partial}{\partial y}\bar{c}(x_{\mathrm{e}},y_{\mathrm{e}},t)=0 \tag{10-8}$$

10.1.3　数值模拟方法

需要数值模拟求解的方程包括式(10-1)～式(10-3)和式(10-4)，前者的具体解法详见第5章，而后者属于双曲–抛物型方程，其紧致表达式为

$$\frac{\partial\phi}{\partial t}+\nabla\cdot(\bar{u}\cdot\phi,\bar{v}\cdot\phi)=\nabla\cdot[(\zeta-b)\cdot K_c\cdot\nabla\bar{c}]-i_c\cdot\bar{c} \tag{10-9}$$

式中，ϕ为畦面内任意空间位置点处的地表水流溶质量($\mathrm{mg/m^3}$)，且$\phi=(\zeta-b)\cdot\bar{c}$。

从式(10-9)方程结构可知，其等号右侧项具有类似于式(5-16)的抛物型特征，而等号左侧项则具有类似于式(5-17)的双曲型特性，故应分别采用零耗散中心格式有限体积法和开发的标量耗散有限体积法开展空间离散，并建立相应的全隐时间离散格式。

10.1.3.1　空间离散

在计算区域内第i个三角形单元格上，对式(10-9)中各项做如下空间积分平均，得

$$\frac{1}{|\Omega_i|}\iint_{\Omega_i}\frac{\partial\phi}{\partial t}\mathrm{d}x\mathrm{d}y+\frac{1}{|\Omega_i|}\iint_{\Omega_i}\nabla\cdot(\bar{u}\cdot\phi,\bar{v}\cdot\phi)\mathrm{d}x\mathrm{d}y$$
$$=\frac{1}{|\Omega_i|}\iint_{\Omega_i}\nabla\cdot[(\zeta-b)\cdot K_c\cdot\nabla\bar{c}]\mathrm{d}x\mathrm{d}y-\frac{1}{|\Omega_i|}\iint_{\Omega_i}i_c\cdot\bar{c}\mathrm{d}x\mathrm{d}y \tag{10-10}$$

式(10-10)等号左侧项依次称作溶质量时间导数积分平均项和溶质量对流积分平均项，而等号右侧项依次称作溶质弥散积分平均项和溶质入渗积分平均项。

(1)任意三角形单元格节点处的地表水流垂向均布溶质浓度变量值重构

如图4-25所示，若以第i个三角形单元格节点v_i为关注对象，则该处的地表水流垂向均布溶质浓度值被计算如下：

$$\bar{c}_{v_i}=\sum_{k\in\sigma_{v_i}}\omega_k^v\cdot\bar{c}_k \tag{10-11}$$

式中，σ_{v_i}为共享单元格节点v_i处所有三角形单元格的集合；$\omega_k^v=\dfrac{|\Omega_{c_{i,k}^v}|}{\sum_k|\Omega_{c_{i,k}^v}|}$，其中，$|\Omega_{c_{i,k}^v}|$为$\sigma_{v_i}$中第$k$个单元格$c_{i,k}^v$的面积($\mathrm{m^2}$)；$\bar{c}_k$为三角形单元格$c_{i,k}^v$中心的地表水流垂向均布溶质浓度值(mg/L)。

(2)溶质量时间导数积分平均项的有限体积法离散格式

当仅考虑ϕ在单元格的中心值随时间而变时，可获得溶质量时间导数积分平均项的空间离散格式，即

$$\frac{1}{|\Omega_i|}\iint_{\Omega_i}\frac{\partial\phi}{\partial t}\mathrm{d}x\mathrm{d}y=\frac{1}{|\Omega_i|}\cdot\frac{\mathrm{d}\phi_i}{\mathrm{d}t}\iint_{\Omega_i}\mathrm{d}x\mathrm{d}y=\frac{\mathrm{d}\phi_i}{\mathrm{d}t} \tag{10-12}$$

(3)溶质量对流积分平均项的有限体积法离散格式

采用高斯公式将溶质量对流积分平均项的面积分转换为单元格边界的线积分,得

$$\frac{1}{|\Omega_i|}\iint_{\Omega_i}\nabla\cdot(\bar{u}\cdot\phi,\bar{v}\cdot\phi)\mathrm{d}x\mathrm{d}y=\frac{1}{|\Omega_i|}\oint_{\partial\Omega_i}(\bar{u}\cdot\phi,\bar{v}\cdot\phi)\cdot\boldsymbol{n}\mathrm{d}l \tag{10-13}$$

式中,$\boldsymbol{n}$ 为任意三角形单元格边界的外向单位法向量。

基于式(3-66)中 Fr_x 和 Fr_y 表达式,对式(10-13)等号右侧中的$(\bar{u}\cdot\phi,\bar{v}\cdot\phi)\cdot\boldsymbol{n}$ 做如下变形处理,得

$$(\bar{u}\cdot\phi,\bar{v}\cdot\phi)\cdot\boldsymbol{n}=\tilde{c}(Fr_x\cdot\phi,Fr_y\cdot\phi)\cdot\boldsymbol{n}=\tilde{c}(Fr_x\cdot n_x+Fr_y\cdot n_y)\phi \tag{10-14}$$

在任意三角形单元格 i 上,可将式(10-13)等号右侧项展开,得

$$\frac{1}{|\Omega_i|}\oint_{\partial\Omega_i}(\bar{u}\cdot\phi,\bar{v}\cdot\phi)\cdot\boldsymbol{n}\mathrm{d}l=\frac{1}{|\Omega_i|}\sum_{k=1}^{3}\tilde{c}_{f_{i,k}}(Fr_x\cdot n_x+Fr_y\cdot n_y)_{f_{i,k}}\cdot l_{f_{i,k}}\cdot\phi_{f_{i,k}} \tag{10-15}$$

式中,$l_{f_{i,k}}$为任意三角形单元格边界$f_{i,k}$的长度(m);$\phi_{f_{i,k}}$为任意三角形单元格边界$f_{i,k}$处的溶质量(mg);$\tilde{c}_{f_{i,k}}$为任意三角形单元格边界$f_{i,k}$的重力波速(m/s)。

通过任意三角形单元格 i 边界 $f_{i,k}$处的地表水流溶质量与式(5-38)有类似表达形式,即

$$f^{\bar{c}}_{f_{i,k}}=\tilde{c}_{f_{i,k}}\cdot(Fr_x\cdot n_x+Fr_y\cdot n_y)_{f_{i,k}}\cdot l_{f_{i,k}}\cdot\phi_{f_{i,k}} \tag{10-16}$$

基于开发的标量耗散有限体积法,可将式(10-16)改为与式(5-39)类似的空间离散格式,即

$$f^{\bar{c}}_{f_{i,k}}=\frac{1}{2}\{\tilde{c}_{f_{i,k}}\cdot Fr_{f_{i,k}}[(\phi_{f_{i,k}})_{\mathrm{IN}}+(\phi_{f_{i,k}})_{\mathrm{OUT}}]\}\cdot l_{f_{i,k}}-\frac{1}{2}\{\tilde{c}_{f_{i,k}}|Fr_{f_{i,k}}|[(\phi_{f_{i,k}})_{\mathrm{OUT}}-(\phi_{f_{i,k}})_{\mathrm{IN}}]\}\cdot l_{f_{i,k}} \tag{10-17}$$

式中,$Fr_{f_{i,k}}=(Fr_x\cdot n_x+Fr_y\cdot n_y)_{f_{i,k}}$。

式(10-17)中的 $Fr_{f_{i,k}}$可被表达成如式(5-40)~式(5-42)所示形式:

$$Fr_{f_{i,k}}=(\lambda_{f_{i,k}})^{+}_{\mathrm{IN}}+(\lambda_{f_{i,k}})^{-}_{\mathrm{OUT}} \tag{10-18}$$

$$(\lambda_{f_{i,k}})^{+}_{\mathrm{IN}}=\begin{cases}\frac{1}{4}[(Fr_{f_{i,k}})_{\mathrm{IN}}+1]^2 & |(Fr_{f_{i,k}})_{\mathrm{IN}}|\leqslant 1\\ \frac{1}{2}[(Fr_{f_{i,k}})_{\mathrm{IN}}+|(Fr_{f_{i,k}})_{\mathrm{IN}}|] & |(Fr_{f_{i,k}})_{\mathrm{IN}}|>1\end{cases} \tag{10-19}$$

$$(\lambda_{f_{i,k}})^{-}_{\mathrm{OUT}}=\begin{cases}-\frac{1}{4}[(Fr_{f_{i,k}})_{\mathrm{OUT}}-1]^2 & |(Fr_{f_{i,k}})_{\mathrm{OUT}}|\leqslant 1\\ \frac{1}{2}[(Fr_{f_{i,k}})_{\mathrm{OUT}}-|(Fr_{f_{i,k}})_{\mathrm{OUT}}|] & |(Fr_{f_{i,k}})_{\mathrm{OUT}}|>1\end{cases} \tag{10-20}$$

式中,$(\lambda_{f_{i,k}})^{+}_{\mathrm{IN}}$和$(\lambda_{f_{i,k}})^{-}_{\mathrm{OUT}}$分别为 Fr 在三角形单元格 i 边界 $f_{i,k}$处两侧的分裂函数;$|\cdot|$为欧几里得范数。

与此同时,对式(10-17)中 $\tilde{c}_{f_{i,k}}$在三角形单元格 i 边界处的值,取其边界两侧的算术平均值,得

$$\tilde{c}_{f_{i,k}}=\frac{1}{2}[(\tilde{c}_{f_{i,k}})_{\text{IN}}+(\tilde{c}_{f_{i,k}})_{\text{OUT}}] \tag{10-21}$$

基于式(10-18)和式(10-21),可将式(10-17)变形为

$$f^{\bar{c}}_{f_{i,k}}=\frac{1}{2}\tilde{c}_{f_{i,k}}(Fr_{f_{i,k}}+|Fr_{f_{i,k}}|)\cdot l_{f_{i,k}}\cdot(\phi_{f_{i,k}})_{\text{IN}}+\frac{1}{2}\tilde{c}_{f_{i,k}}(Fr_{f_{i,k}}-|Fr_{f_{i,k}}|)\cdot l_{f_{i,k}}\cdot(\phi_{f_{i,k}})_{\text{OUT}} \tag{10-22}$$

依据式(4-170)和式(4-171),可计算得到式(10-22)中的$(\phi_{f_{i,k}})_{\text{IN}}$和$(\phi_{f_{i,k}})_{\text{OUT}}$,即

$$(\phi_{f_{i,k}})_{\text{IN}}=\phi_{c_i}+\boldsymbol{r}_{c_i,c_{i,k}}\cdot\tilde{\nabla}\phi_{c_i};\ (\phi_{f_{i,k}})_{\text{OUT}}=\phi_{c_{i,k}}+\boldsymbol{r}_{c_{i,k},c_i}\cdot\tilde{\nabla}\phi_{c_{i,k}} \tag{10-23}$$

将式(10-23)代入式(10-22)后,可得到如下空间离散表达式:

$$\begin{aligned}f^{\bar{c}}_{f_{i,k}}=&\frac{1}{2}\cdot\tilde{c}_{f_{i,k}}(Fr_{f_{i,k}}+|Fr_{f_{i,k}}|)\cdot l_{f_{i,k}}\cdot\phi_{c_i}+\frac{1}{2}\cdot\tilde{c}_{f_{i,k}}(Fr_{f_{i,k}}-|Fr_{f_{i,k}}|)\cdot l_{f_{i,k}}\cdot\phi_{c_{i,k}}\\&+\frac{1}{2}\cdot\tilde{c}_{f_{i,k}}(Fr_{f_{i,k}}+|Fr_{f_{i,k}}|)\cdot l_{f_{i,k}}\cdot\boldsymbol{r}_{c_i,c_{i,k}}\cdot\tilde{\nabla}\phi_{c_i}\\&+\frac{1}{2}\cdot c_{f_{i,k}}(Fr_{f_{i,k}}-|Fr_{f_{i,k}}|)\cdot l_{f_{o,k}}\cdot\boldsymbol{r}_{c_{i,k},c_i}\cdot\tilde{\nabla}\phi_{c_{i,k}}\end{aligned} \tag{10-24}$$

再将式(10-24)代入式(10-15),即可得到溶质量对流积分平均项的空间离散格式:

$$\begin{aligned}\frac{1}{|\Omega_i|}\oint_{\partial\Omega_i}(\bar{u}\cdot\phi,\bar{v}\cdot\phi)\cdot\boldsymbol{n}\mathrm{d}l=&\frac{1}{4|\Omega_i|}\sum_{k=1}^{3}[\tilde{c}_{f_{i,k}}(Fr_{f_{i,k}}+|Fr_{f_{i,k}}|)\cdot l_{f_{i,k}}\cdot\phi_{c_i}\\&+\tilde{c}_{f_{i,k}}(Fr_{f_{i,k}}-|Fr_{f_{i,k}}|)\cdot l_{f_{i,k}}\cdot\phi_{c_{i,k}}]\\&+\frac{1}{4|\Omega_i|}\sum_{k=1}^{3}[\tilde{c}_{f_{i,k}}(Fr_{f_{i,k}}+|Fr_{f_{i,k}}|)\cdot l_{f_{i,k}}\cdot\boldsymbol{r}_{c_i,c_{i,k}}\cdot\tilde{\nabla}\phi_{c_i}\\&+c_{f_{i,k}}(Fr_{f_{i,k}}-|Fr_{f_{i,k}}|)\cdot l_{f_{o,k}}\cdot\boldsymbol{r}_{c_{i,k},c_i}\cdot\tilde{\nabla}\phi_{c_{i,k}}]\end{aligned} \tag{10-25}$$

基于图 4-18,将式(10-25)中的ϕ_{c_i}和$\phi_{c_{i,k}}$统一标记为ϕ_j,相应的系数标记为$a^{\bar{c}}_{Q,j}$,并将与$\tilde{\nabla}\phi_{c_i}$和$\tilde{\nabla}\phi_{c_{i,k}}$的相关项统一标记为$C^{\bar{c}}_{Q,i}$,则式(10-25)被表达为如下形式:

$$\frac{1}{|\Omega_i|}\oint_{\partial\Omega_i}(\bar{u}\cdot\phi,\bar{v}\cdot\phi)\cdot\boldsymbol{n}\mathrm{d}l=\sum_{j\in\sigma v_i}a^{\bar{c}}_{Q,j}\cdot\phi_j+C^{\bar{c}}_{Q,i} \tag{10-26}$$

(4)溶质弥散积分平均项的有限体积法离散格式

采用高斯公式将溶质弥散积分平均项的面积分转换为单元格边界的线积分后,对其进行空间离散,得

$$\begin{aligned}\frac{1}{|\Omega_i|}\iint_{\Omega_i}\nabla\cdot[(\zeta-b)\cdot K_c\cdot\nabla\bar{c}]\mathrm{d}x\mathrm{d}y&=\frac{1}{|\Omega_i|}\oint_{l_i}(\zeta-b)\cdot K_c\cdot\nabla\bar{c}\cdot\boldsymbol{n}\mathrm{d}l\\&=\frac{1}{|\Omega_i|}\sum_{k=1}^{3}[(\zeta-b)\cdot K_c\cdot\nabla\bar{c}]_{f_{i,k}}\cdot\boldsymbol{n}_{f_{i,k}}\cdot l_{f_{i,k}}\end{aligned} \tag{10-27}$$

与式(5-24)类似,式(10-27)等号右侧项中的$[(\zeta-b)\cdot K_c\cdot\nabla\bar{c}]_{f_{i,k}}\cdot\boldsymbol{n}_{f_{i,k}}$被计算如下:

$$\begin{aligned}[(\zeta-b)\cdot K_c\cdot\nabla\bar{c}]_{f_{i,k}}\cdot\boldsymbol{n}_{f_{i,k}}&=[(\zeta-b)\cdot K_c]_{f_{i,k}}\frac{\bar{c}_{f_{i,k}}-\bar{c}_i}{d_{i,f_{i,k}}}\cdot\boldsymbol{n}_d\cdot\boldsymbol{n}_{f_{i,k}}\\&=\frac{[(\zeta-b)\cdot K_c]_{f_{i,k}}\cdot(n_{d,x}\cdot n_x+n_{d,y}\cdot n_y)}{d_{i,f_{i,k}}}\end{aligned}$$

$$\cdot\left(\sum_{j_v=1,2}\lambda_{f_{i,k},j_v}\cdot\bar{c}_{j_v}-\bar{c}_i\right) \tag{10-28}$$

式中,$\lambda_{f_{i,k},j_v}$为第 i 个三角形单元格边界$f_{i,k}$的重心坐标;$\bar{c}_{j_v}$为第 i 个三角形单元格边界$f_{i,k}$两个节点处的溶质浓度值(m),下标j_v为$f_{i,k}$两个节点的标号;$d_{i,f_{i,k}}$为第 i 个三角形单元格中心 c_i到边界$f_{i,k}$的距离(m);$\boldsymbol{n}_d$ 为第 i 个三角形单元格边界 $f_{i,k}$处的溶质浓度梯度($\nabla\bar{c})_{f_{i,k}}$的单位向量,包括 $n_{d,x}$和 $n_{d,y}$。

由于式(10-28)中的 $\bar{c}_{j_v}$恰是如图 4-25 所示第 i 个三角形单元格节点 v_i处的溶质浓度值 $\bar{c}_{v_i}$,故若以$f_{i,k}$为关注点,则式(10-11)可被重新标记为 $\bar{c}_{j_v}=\sum_{j\in\sigma_{v_j}}\omega_j^v\cdot\bar{c}_j$,将其代入式(10-28)后,可得到:

$$[(\zeta-b)\cdot K_c\cdot\nabla\bar{c}]_{f_{i,k}}\cdot\boldsymbol{n}_{f_{i,k}}=\frac{[(\zeta-b)\cdot K_c]_{f_{i,k}}\cdot\bar{n}_{f_{i,k}}}{d_{i,f_{i,k}}}\cdot\left(\sum_{j_v=1,2;j\in\sigma_{v_j}}\lambda_{f_{i,k},j_v}\cdot\omega_j^v\cdot\bar{c}_j-\bar{c}_i\right) \tag{10-29}$$

式中,$\bar{n}_{f_{i,k}}=n_{d,x}n_x+n_{d,y}n_y$。

再将式(10-29)代入式(10-27)等号右侧项,即可得到溶质弥散积分平均项的空间离散格式:

$$\frac{1}{|\Omega_i|}\iint_{\Omega_i}\nabla\cdot[(\zeta-b)\cdot K_c\cdot\nabla\bar{c}]\mathrm{d}x\mathrm{d}y=\frac{1}{|\Omega_i|}\sum_{k=1}^{3}\frac{[(\zeta-b)\cdot K_c]_{f_{i,k}}\cdot\bar{n}_{f_{i,k}}}{d_{i,f_{i,k}}}\cdot\left(\sum_{j_v=1,2;j\in\sigma_{v_j}}\lambda_{f_{i,k},j_v}\cdot\omega_j^v\cdot\bar{c}_j-\bar{c}_i\right)\cdot l_{f_{i,k}} \tag{10-30}$$

式(10-30)虽然包含了两重求和运算,但仍为待求变量 $\bar{c}_i$ 的线性函数,故可用向量符号将该式表达为如下紧致形式:

$$\frac{1}{|\Omega_i|}\iint_{\Omega_i}\nabla\cdot[(\zeta-b)\cdot K_c\cdot\nabla\bar{c}]\mathrm{d}x\mathrm{d}y=(\boldsymbol{a}^{\mathrm{T}})_i\cdot\bar{\boldsymbol{c}}_i \tag{10-31}$$

式中,$(\boldsymbol{a}^{\mathrm{T}})_i$ 为两重求和运算下与$\bar{c}_i$ 相关项的系数总和,上标 T 为向量转置运算符号。

(5)溶质入渗积分平均项的有限体积法离散格式

考虑到物理变量在任意空间单元格内的积分平均值即为其在该单元格内的中心值,故对溶质入渗积分平均项进行空间离散,得

$$\frac{1}{|\Omega_i|}\iint_{\Omega_i}i_c\cdot\bar{c}\mathrm{d}x\mathrm{d}y=\frac{1}{|\Omega_i|}i_{c,i}\cdot\bar{c}_i\iint_{\Omega_i}\mathrm{d}x\mathrm{d}y=i_{c,i}\cdot\bar{c}_i \tag{10-32}$$

10.1.3.2 时间离散

基于以上空间离散步骤和结果,形成式(10-9)的最终空间离散格式,即

$$\frac{\mathrm{d}\phi_i}{\mathrm{d}t}+\sum_{j\in\sigma v_i}a_{Q,j}^{\bar{c}}\cdot\phi_j=(\boldsymbol{a}^{\mathrm{T}})_i\cdot\bar{\boldsymbol{c}}_i-C_{Q,j}^{\bar{c}}-(i_c)_i\cdot\bar{c}_i \tag{10-33}$$

采用二阶精度全隐时间格式对式(10-33)进行时间离散,得

$$\frac{3\phi_i^{n_t+1}-4\phi_i^{n_t}+\phi_i^{n_t-1}}{\Delta t}+\sum_{j\in\sigma v_i}a_{Q,j}^{\bar{c}}\phi_j^{n_t+1}=(\boldsymbol{a}^{\mathrm{T}})_i^{n_t+1}\cdot\bar{\boldsymbol{c}}_i^{n_t+1}-C_{Q,j}^{\bar{c},n_t+1}-(i_c)_i^{n_t+1}\cdot\bar{c}_i^{n_t+1} \tag{10-34}$$

在地表水流溶质运动全耦合模拟过程中,可预先获知(n_t+1)时的地表水深值 $h=\zeta-b$,故式(10-34)可被表达为

$$\frac{3(\zeta-b)_i^{n_t+1}\cdot\bar{c}_i^{n_t+1}-4(\zeta-b)_i^{n_t}\cdot\bar{c}_i^{n_t}+(\zeta-b)_i^{n_t-1}\cdot\bar{c}_i^{n_t-1}}{\Delta t}+\sum_{j\in\sigma v_j}a_{Q,j}^{\bar{c},n_t+1}(\zeta-b)_j^{n_t+1}\bar{c}_j^{n_t+1}$$
$$=(\boldsymbol{a}^{\mathrm{T}})_i^{n_t+1}\cdot\bar{\boldsymbol{c}}_i^{n_t+1}-C_{Q,j}^{\bar{c},n_t+1}-(i_c)_i^{n_t+1}\cdot\bar{c}_i^{n_t+1} \tag{10-35}$$

与式(10-34)相比,利用式(10-35)可直接获得溶质浓度 $\bar{c}$,而非是与地表水深 h 密切相关的溶质量 ϕ,故简化了计算过程。此外,式(10-35)为非线性代数方程组,为便于求解,先采用 Picards 迭代(Manzini and Ferraris,2004)对其做线性化处理,得

$$\frac{3(\zeta-b)_i^{n_t+1,n_p}\cdot\bar{c}_i^{n_t+1,n_p+1}-4(\zeta-b)_i^{n_t}\cdot\bar{c}_i^{n_t}+(\zeta-b)_i^{n_t-1}\cdot\bar{c}_i^{n_t-1}}{\Delta t}$$
$$+\sum_{j\in\sigma v_i}a_{Q,j}^{\bar{c},n_t+1,n_p}(\zeta-b)_j^{n_t+1,n_p}\bar{c}_j^{n_t+1,n_p+1}$$
$$-(\boldsymbol{a}^{\mathrm{T}})_i^{n_t+1,n_p}\cdot\bar{\boldsymbol{c}}_i^{n_t+1,n_p+1}=-C_{Q,j}^{\bar{c},n_t+1,n_p}-i_{c,i}^{n_t+1,n_p}\cdot\bar{c}_i^{n_t+1,n_p} \tag{10-36}$$

经合并同类项处理后,式(10-36)可被表达为

$$3(\zeta-b)_i^{n_t+1,n_p}\cdot\bar{c}_i^{n_t+1,n_p+1}+\Delta t\cdot\sum_{j\in\sigma v_i}a_{Q,j}^{\bar{c},n_t+1,n_p}(\zeta-b)_j^{n_t+1,n_p}\bar{c}_j^{n_t+1,n_p+1}-\Delta t(\boldsymbol{a}^{\mathrm{T}})_i^{n_t+1,n_p}\cdot\bar{\boldsymbol{c}}_i^{n_t+1,n_p+1}$$
$$=4(\zeta-b)_i^{n_t}\cdot\bar{c}_i^{n_t}-(\zeta-b)_i^{n_t-1}\cdot\bar{c}_i^{n_t-1}-\Delta t\cdot C_{Q,j}^{\bar{c},n_t+1}-\Delta t\cdot i_{c,i}^{n_t+1,n_p}\cdot\bar{c}_i^{n_t+1,n_p} \tag{10-37}$$

为了表述方便,将式(10-37)表达成如下矩阵形式:

$$\boldsymbol{A}_c^{n_t+1,n_p}\cdot\bar{\boldsymbol{c}}^{n_t+1,n_p+1}=\boldsymbol{D}_c^{n_t+1,n_p} \tag{10-38}$$

10.1.3.3　时空离散方程求解

基于双曲-抛物型方程结构的守恒-非守恒型全水动力学方程的质量和动量守恒方程时空离散格式[式(5-59)和式(5-62)]被重述如下:

$$\boldsymbol{A}_\zeta^{n_t+1,n_p}\cdot\boldsymbol{\zeta}^{n_t+1,n_p+1}=\boldsymbol{D}_\zeta^{n_t+1,n_p} \tag{10-39}$$

$$\boldsymbol{A}_Q^{n_p}\cdot\boldsymbol{q}^{n_p+1}=\boldsymbol{D}_Q^{n_p} \tag{10-40}$$

基于双曲-抛物型方程结构的守恒-非守恒型全水动力学方程和守恒型对流-弥散方程的时空离散格式可被写为如下整体矩阵形式,即

$$\begin{pmatrix}\boldsymbol{A}_\zeta^{n_t+1,n_p} & 0 & 0\\ 0 & \boldsymbol{A}_Q^{n_p} & 0\\ 0 & 0 & \boldsymbol{A}_c^{n_t+1,n_p}\end{pmatrix}\cdot\begin{pmatrix}\boldsymbol{\zeta}^{n_t+1,n_p+1}\\ \boldsymbol{q}^{n_p+1}\\ \bar{\boldsymbol{c}}^{n_t+1,n_p+1}\end{pmatrix}=\begin{pmatrix}\boldsymbol{D}_\zeta^{n_t+1,n_p}\\ \boldsymbol{D}_Q^{n_p}\\ \boldsymbol{D}_c^{n_t+1,n_p}\end{pmatrix} \tag{10-41}$$

式(10-41)是畦田液施肥料灌溉地表水流溶质运动全耦合方程的数值模拟求解表达式,需满足如下收敛准则(Furman,2008):

$$\max_i\left(\frac{|\zeta_i^{p+1}-\zeta_i^p|}{\zeta_i^p},\frac{|\bar{c}_i^{n_p+1}-\bar{c}_i^{n_p}|}{\bar{c}_i^{n_p}}\right)<\varepsilon \tag{10-42}$$

式中,ε 为预设的收敛误差值,可取值为 10^{-5}。

式(10-41)是以非线性耦合方式表述二维地表水流流速场和溶质浓度场的时空演变过程,其系数矩阵含有的元素数量明显偏多,导致较大计算工作量和复杂计算过程。对虚拟时间迭代过程而言,式(10-41)为包含 3 个线性子方程组的线性方程组。基于线性系统

叠加原理(Newhouse,2011),该式可被分解成 3 个线性子系统加以计算(图 10-2)。但若将这 3 个线性子系统移到虚拟时间迭代域以外,式(10-41)不再是线性系统,不能按照如图 10-2 所示的流程进行计算。

真实时间迭代域

　虚拟时间迭代域

$$A_\zeta^{n_t+1,n_p} \cdot \zeta^{n_t+1,n_p+1} = D_\zeta^{n_t+1,n_p}$$

$$A_c^{n_t+1,n_p} \cdot \bar{c}^{n_t+1,n_p+1} = D_c^{n_t+1,n_p}$$

　　地表有水区域

$$A_Q^{n_p+1} \cdot q^{n_p+1} = D_Q^{n_p+1}$$

　　地表有水区域

　　收敛准则:式(10-42)

　虚拟时间迭代域

真实时间迭代域

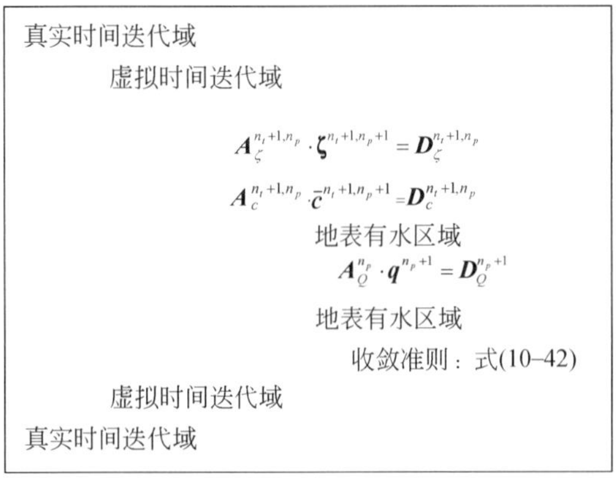

图 10-2　畦田液施肥料灌溉地表水流溶质运动全耦合方程的时空离散格式计算流程

10.2　畦田液施肥料灌溉地表水流溶质运动全耦合模型模拟效果评价方法

选取畦面微地形空间分布状况、施肥时机等灌溉技术要素存在差异的 3 个典型畦田液施硫酸铵灌溉试验为实例,依据田间试验观测数据,借助模拟效果评价指标,确认畦田液施肥料灌溉地表水流溶质运动耦合和全耦合模型模拟结果,对比分析两者间的模拟性能差异。

10.2.1　典型畦田液施硫酸铵灌溉试验实例

表 10-1 中全部实例均来自北京市大兴区中国水利水电科学研究院节水灌溉试验研究基地 2010 年冬小麦春灌试验期(表 9-5),试区表土为沙壤土,平均干容重为 $1.38 g/cm^3$。

如图 5-2 所示,在各实例畦田内开展土壤入渗参数和畦面糙率系数观测试验,确定 Kostiakov 公式中参数 k_{in} 和 α 的平均值及畦面糙率系数 n 的平均值(表 10-1)。此外,以 5m×5m 网格实测各实例畦田的地表(畦面)相对高程空间分布状况(图 10-3),畦田平均坡度沿 x 和 y 坐标向分别为 9.8/10 000 和 3.1/10 000、9.7/10 000 和 3/10 000 及 9.8/10 000 和 2.6/10 000。

表 10-1　典型畦田液施硫酸铵灌溉试验实例观测数据与测定结果

| 典型畦田液施硫酸铵灌溉试验 | 畦田规格(m×m) | 单宽流量 q [L/(s·m)] | 入流形式 | 畦面微地形空间分布状况 S_d(cm) | 施肥时机 | Kostiakov 入渗经验公式参数 | | 畦面糙率系数 n (s/m$^{1/3}$) |
						k_{in} (cm/min$^\alpha$)	α	
实例 1	75×25	0.8	扇形入流	3.28	全程液施灌溉	0.13	0.28	0.08
实例 2	75×25	0.8	扇形入流	4.01	前半程液施灌溉	0.13	0.28	0.08
实例 3	75×25	0.8	扇形入流	3.16	后半程液施灌溉	0.13	0.28	0.08

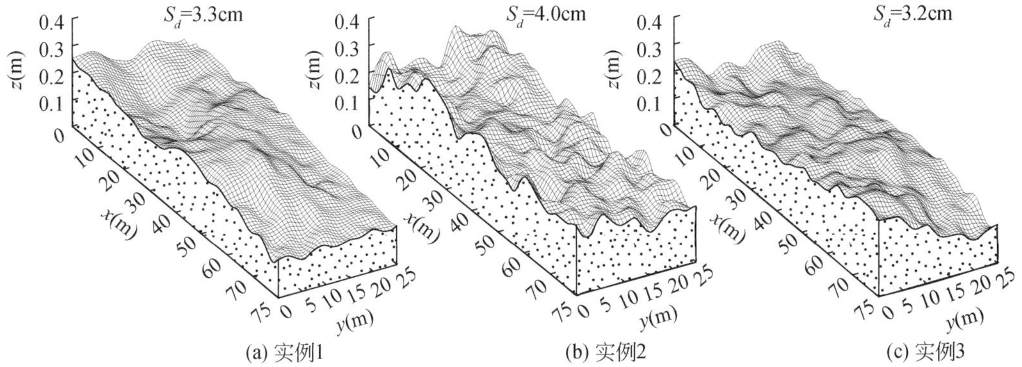

图 10-3　各实例畦田的地表(畦面)相对高程空间分布状况

10.2.2　畦田液施肥料灌溉模拟效果评价指标

借助畦田液施硫酸铵灌溉地表水流运动推进时间和消退时间的模拟结果与实测值间的平均相对误差确认模型的模拟结果,使用数值计算稳定性、水量平衡误差、计算效率、收敛速率等指标定量评价模型的模拟性能。由于地表水流溶质运动中需考虑溶质运动,故需对第 5 章采用的评价指标加以改进。

10.2.2.1　平均相对误差

采用地表水流运动推进时间和消退时间的模拟结果与实测值间的平均相对误差 ARE_{adv} 和 ARE_{rec},以及模拟的和实测的畦内各观测点处溶质浓度时间变化值间的平均相对误差 ARE_c,确认地表水流溶质运动模拟结果,前者可参见式(5-65)和式(5-66),后者定义为

$$ARE_c = \sum_{k=1}^{M} \frac{|\bar{c}_{k,i}^{o} - \bar{c}_{k,i}^{s}|}{\bar{c}_{k,i}^{o}} \cdot 100\% \tag{10-43}$$

式中,$\bar{c}_{k,i}^{o}$ 和 $\bar{c}_{k,i}^{s}$ 分别为地表水流溶质运动推进到畦田内第 i 点处实测的和模拟的地表水流垂向均布溶质浓度值(mg/L),采用下标 i 标记畦内观测点的数量,使用下标 k 标记畦内任意观测点处地表水流垂向均布溶质浓度时间序列点的个数。

10.2.2.2　数值计算稳定性

数值模拟过程中应同时关注地表水位相对高程值和溶质浓度值的振幅均不超过某阈值。由于地表水流与溶质浓度分属不同物理属性,为统一描述两者的数值计算稳定性,将式(5-67)改进为以下无量纲形式,即

$$\Delta\zeta_R = \frac{\Delta\zeta}{\min(\zeta^{n_t})} = \frac{\max[\max(\zeta^{n_t}) - \min(\zeta^{n_t})]}{\min(\zeta^{n_t})} \tag{10-44}$$

对地表水流垂向均布溶质浓度而言,数值不稳定现象主要出现在地表水流运动推进过程中以对流形式携带溶质运动阶段,且单一入流口在持续输入溶质下的浓度场为单一连通域(Murillo et al.,2006)。在此阶段内,类似于式(10-44),可将溶质浓度值的振幅表

达为

$$\Delta\bar{c}=\frac{\Delta\bar{c}}{\min(\bar{c}^{n_t})}=\frac{\max[\max(\bar{c}^{n_t})-\min(\vec{c}^{n_t})]}{\min(\bar{c}^{n_t})} \tag{10-45}$$

基于式(10-44)和式(10-40),可定义如下数值计算稳定性条件:

$$\Delta\zeta_c=\max(\Delta\zeta_R,\Delta\bar{c}) \tag{10-46}$$

10.2.2.3　质量平衡误差

采用水量平衡误差 e_q 和溶质量平衡误差 e_c 评价数值模拟的质量守恒性。为了统一描述模型的质量守恒性,取 e_q 和 e_c 之中最大值作为整体质量平衡误差:

$$e_{q,c}=\max(e_q,e_c) \tag{10-47}$$

式(10-42)中 e_q 可由式(5-69)表示,而 e_c 被定义为

$$e_c=\frac{|\phi_{\text{in}}-\phi_{\text{surface}}-\phi_{\text{soil}}|}{\phi_{\text{in}}}100\% \tag{10-48}$$

式中,ϕ_{in} 为入畦总溶质量(m^3);ϕ_{surface} 为畦面存留的溶质量(m^3);ϕ_{soil} 为畦内入渗溶质量(m^3)。

10.2.2.4　计算效率

利用式(5-70)估算数值模拟计算效率:

$$E_r=\frac{1}{T} \tag{10-49}$$

式中,T 为数值模拟计算耗时(min)。

10.2.2.5　收敛速率

借助式(5-71)描述数值模拟计算收敛速率,其表达式如下:

$$\frac{E_l-E_{l/2}}{E_{l/2}-E_{l/4}}\approx 2^{R_c} \tag{10-50}$$

由于较小的收敛速率意味着较差的收敛状况,故取地表水流运动和溶质运动数值模拟计算中最小的收敛速率值作为整体收敛速率,即

$$R_{q,c}=\min(R,R_c) \tag{10-51}$$

10.3　畦田液施肥料灌溉地表水流溶质运动全耦合模型确认与验证

以典型畦田液施硫酸铵灌溉试验实例的实测数据为参照,以地表水流溶质运动耦合模型模拟结果为对比,确认和验证地表水流溶质运动全耦合模型在模拟效果上的差异。其中,地表水流溶质运动耦合模型是以式(3-92)为控制方程,采用显时间格式向量耗散有限体积法数值模拟求解,基于时间分裂法并利用隐式中心格式有限体积法数值离散溶质弥散项。

典型畦田液施硫酸铵灌溉试验实例中地表水流运动推进过程和消退过程观测网格与

地表(畦面)相对高程实测网格相同,取时间离散步长 $\Delta t = 10s$,地表水流溶质弥散率 $K_l^m = 0.5m$(Murillo et al.,2009)。表 10-2 给出典型畦田液施硫酸铵灌溉试验实例数值模拟过程中采用的地表水流溶质运动空间离散单元格集合信息。

表 10-2　典型畦田液施硫酸铵灌溉试验实例数值模拟过程中采用的地表水流溶质运动空间离散单元格集合信息　(单位:个)

典型畦田液施硫酸铵灌溉试验	集合 M_l 单元格数目	集合 $M_{l/2}$ 单元格数目	集合 $M_{l/4}$ 单元格数目
实例 1	2 761	11 044	44 176
实例 2	2 761	11 044	44 176
实例 3	2 761	11 044	44 176

10.3.1　全耦合模型模拟结果确认

表 10-3 和表 10-4 分别给出地表水流溶质运动全耦合和耦合模型模拟的与实测的地表水流运动推进时间及消退时间的平均相对误差值 ARE_{adv} 和 ARE_{rec},前者下的 ARE_{adv} 和 ARE_{rec} 值分别为 4.54% ~5.02% 和 7.34% ~8.41%,而后者却分别为 5.42% ~6.41% 和 9.89% ~11.45%,全耦合模型模拟精度有所提高。

表 10-3　地表水流溶质运动全耦合和耦合模型模拟的与实测的地表水流运动推进时间的平均相对误差值　(单位:%)

模型类型	ARE_{adv}		
	实例 1	实例 2	实例 3
全耦合模型	4.54	4.71	5.02
耦合模型	5.42	6.41	5.98

表 10-4　地表水流溶质运动全耦合和耦合模型模拟的与实测的地表水流运动消退时间的平均相对误差值　(单位:%)

模型类型	ARE_{rec}		
	实例 1	实例 2	实例 3
全耦合模型	7.56	8.41	7.34
耦合模型	9.89	10.34	11.45

表 10-5 和表 10-6 分别给出地表水流溶质运动全耦合和耦合模型模拟的与实测的各观测点(图 9-14)处地表水流铵态氮浓度时间变化值的平均相对误差值 ARE_c。可以看出,全程液施灌溉下全耦合和耦合模型模拟的各观测点处的铵态氮浓度变化过程基本相似,这与此时肥料溶液已充满地表有水区域而不存在溶质弥散过程密切相关(Latorre et al.,2011)。相比之下,前半程和后半程液施灌溉下全耦合模型模拟结果要明显优于耦合模型,这与溶质弥散以不同程度影响溶质运动全过程及向量耗散有限体积法较大的数值耗散性密切相关(Liou,1996)。随着观测点距畦首距离增大,两个模型的模拟结果与实测值间的差异均增加,这或许与畦田下游复杂的流态导致溶质浓度变化加剧有关。

表 10-5　地表水流溶质运动全耦合模型模拟的和实测的各观测点处地表水流溶质浓度时间变化值的平均相对误差值　（单位：%）

施肥时机	ARE_c					
	测点 *A*	测点 *B*	测点 *C*	测点 *D*	测点 *E*	测点 *F*
全程液施灌溉	3.10	3.32	3.49	4.62	4.10	4.88
前半程液施灌溉	4.64	5.51	5.53	4.53	6.53	6.45
后半程液施灌溉	5.34	5.47	5.64	5.46	6.87	7.76

表 10-6　地表水流溶质运动耦合模型模拟的和实测的各观测点处地表水流溶质浓度时间变化值的平均相对误差值　（单位：%）

施肥时机	ARE_c					
	测点 *A*	测点 *B*	测点 *C*	测点 *D*	测点 *E*	测点 *F*
全程液施灌溉	3.11	3.32	3.56	4.67	4.12	4.95
前半程液施灌溉	7.38	8.81	8.94	7.98	10.14	9.56
后半程液施灌溉	8.23	9.67	10.21	10.89	14.11	13.54

图 10-4～图 10-6 分别给出各实例下不同观测点处模拟的和实测的地表水流铵态氮浓度时间变化过程。其中，全程液施灌溉下全耦合与耦合模型模拟结果间的差异较小，而前半程和后半程液施灌溉下的差异则分别相对增大，全耦合模型模拟结果明显最佳，模拟结果差异可能主要来自弥散过程占主导的阶段。如图 10-5 中测点 C 和测点 F 和图 10-6 中测点 B、测点 C、测点 E 和测点 F 所示，此时铵态氮浓度峰值已被弥散效果显著削弱，并明显小于入流口处峰值。

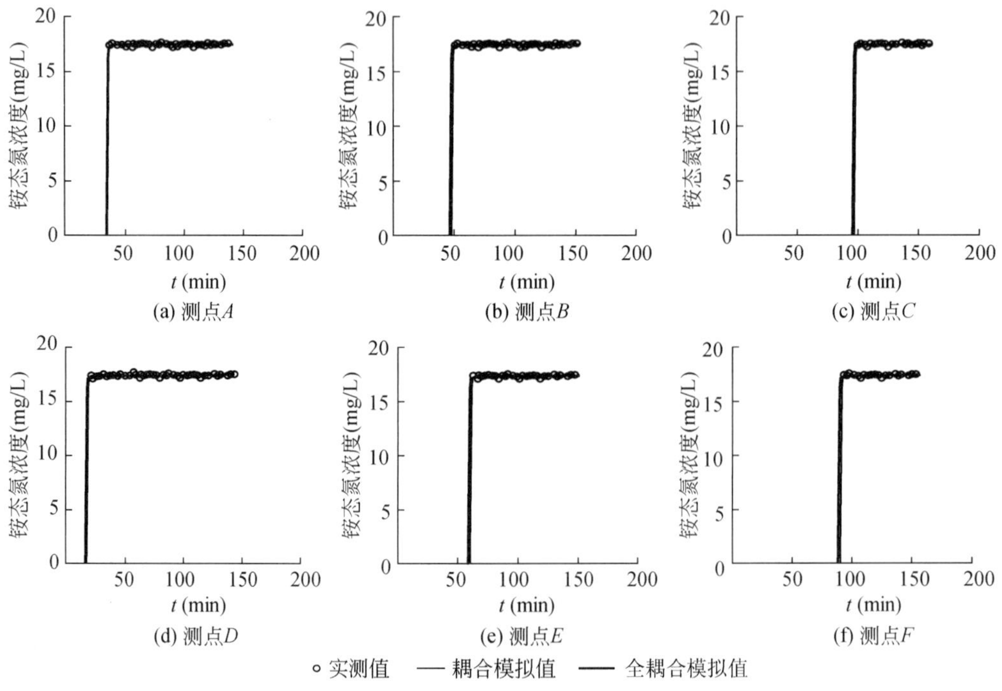

图 10-4　实例 1 畦田内各观测点处地表水流溶质全耦合和耦合模型模拟的与实测的地表水流铵态氮浓度时间变化过程

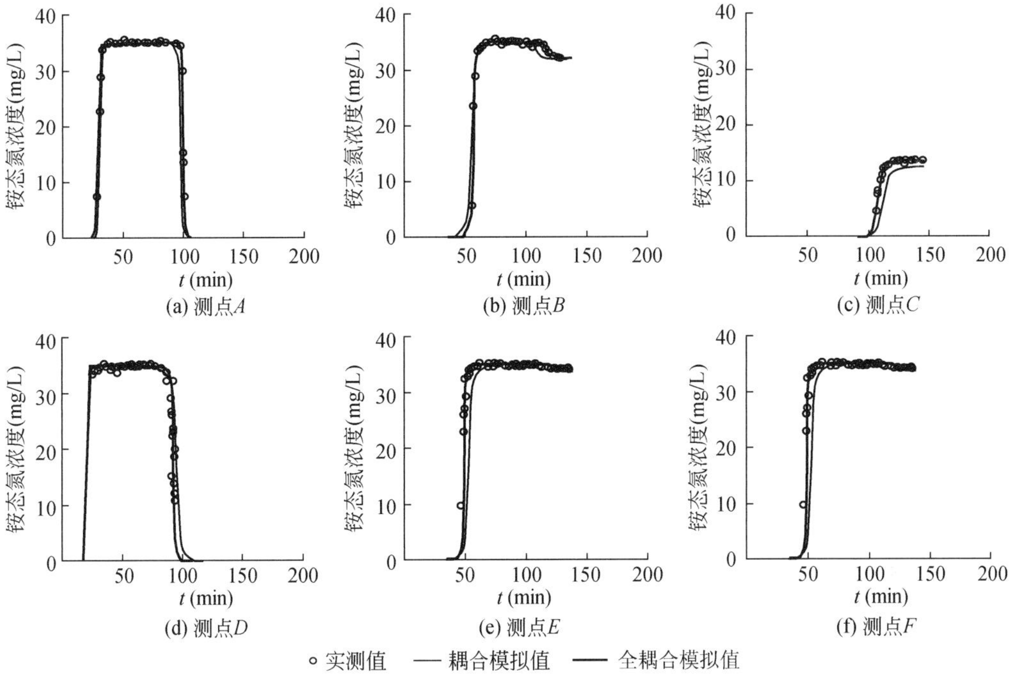

图 10-5 实例 2 畦田内各观测点处地表水流溶质全耦合和耦合模型模拟的与实测的地表水流铵态氮浓度时间变化过程

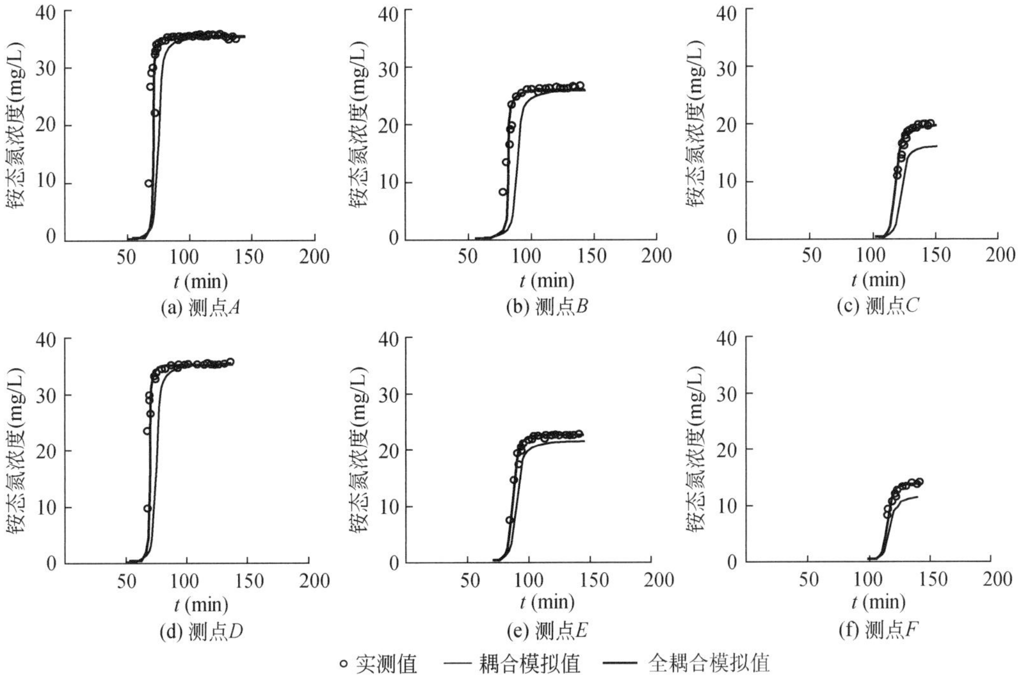

图 10-6 实例 3 畦田内各观测点处地表水流溶质全耦合和耦合模型模拟的与实测的地表水流铵态氮浓度时间变化过程

10.3.2 全耦合模型模拟性能评价

(1)数值计算稳定性

表 10-7 给出地表水流溶质运动全耦合和耦合模型的数值计算稳定性状况。对任一实例而言,两种耦合模型都具备良好的数值计算稳定性,但显然前者的稳定性指标值更优。

表 10-7 地表水流溶质运动全耦合和耦合模型的数值计算稳定性 (单位:m)

模型类型	$\Delta\zeta_c$		
	实例 1	实例 2	实例 3
全耦合模型	1.25×10^{-7}	1.12×10^{-7}	1.46×10^{-6}
耦合模型	1.25×10^{-3}	1.12×10^{-4}	1.46×10^{-4}

(2)质量平衡误差

地表水流溶质运动全耦合和耦合模型的质量平衡误差值见表 10-8。任一实例下前者的质量平衡误差值比后者小 3 个数量级,这表明地表水流溶质运动全耦合模型能够有效提高模拟计算的质量平衡性能。

表 10-8 地表水流溶质运动全耦合和耦合模型的质量平衡误差值 (单位:%)

模型类型	$e_{q,c}$		
	实例 1	实例 2	实例 3
全耦合模型	0.0041	0.0038	0.0061
耦合模型	1.39	1.54	1.26

图 10-6 分别显示出地表水流溶质运动全耦合和耦合模型的质量平衡误差值随时间演变进程。可以看出,前者的质量平衡误差值仅在初始时刻稍大,随后急剧下降并趋于稳定,而后者却较大(>10%),尽管随着时间演进逐渐趋小,但降速缓慢,保持质量平衡性能的能力相对较差。

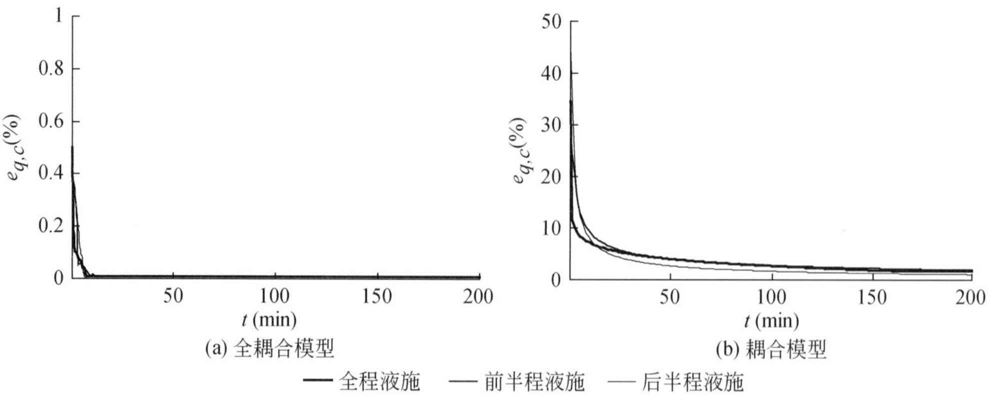

图 10-7 地表水流溶质运动全耦合和耦合模型的质量平衡误差值随时间演变进程

(3)计算效率

表 10-9 给出地表水流溶质运动全耦合和耦合模型的计算效率值,前者的计算效率远高于后者,这与后者采用了复杂的向量耗散有限体积法空间离散格式和显时间格式有关。

表 10-9　地表水流溶质运动全耦合和耦合模型的计算效率值　(单位:1/min)

模型类型	E_r		
	实例 1	实例 2	实例 3
全耦合模型	0.86	1.71	2.16
耦合模型	0.036	0.087	0.114

(4)收敛速率

表 10-10 给出地表水流溶质运动全耦合和耦合模型的收敛速率状况,可以看出,前者的收敛速率值平均为 1.985,极为接近其时空离散二阶精度的理论值,这表明随着空间剖分单元格加密,模拟结果可以接近于二次的幂律收敛至各自极限解,与之相比,后者的收敛速率平均值为 1.785,这与其采用算子分裂法求解溶质运动弥散过程进而降低整体结果的收敛性相关(Manzini and Ferraris,2004)。

表 10-10　地表水流溶质运动全耦合和耦合模型的收敛速率值

模型类型	$R_{q,c}$		
	实例 1	实例 2	实例 3
全耦合模型	1.99	1.98	1.98
耦合模型	1.78	1.79	1.79

10.3.3　全耦合模型确认与验证结果

由对畦田液施肥料灌溉地表水流溶质运动全耦合模型确认与验证结果的分析可知,与地表水流溶质运动耦合模型相比,其无论是在模拟精度上,还是在数值计算稳定性、质量平衡误差、计算效率和收敛速率等指标上均得到提高,明显改善了数值模拟效果。

10.3.4　畦面微地形空间分布状况对地表水流溶质量分布状况直观物理影响

为了充分认识畦面微地形空间分布状况对畦田液施肥料灌溉地表水流溶质运动产生的影响作用,从考虑和不考虑地表(畦面)相对高程空间随机分布状况的影响出发,描述 S_d 对模拟的地表水流溶质量分布状况的影响,直观了解畦面微地形空间分布状况对地表水流溶质运动模拟结果的物理影响。

10.3.4.1　不考虑地表(畦面)相对高程空间随机分布状况影响

当不考虑地表(畦面)相对高程空间随机分布状况影响($S_d=0\text{cm}$)时,图 10-8 给出畦田液施肥料灌溉地表水流溶质运动全耦合模型模拟的地表水流铵态氮溶质量($\phi=h\cdot\bar{c}$)分布状况。可以看到,由于各实例之间在畦田规格、入流形式和单宽流量上均相同,故对应的地表水流流速场完全一样,只是施肥时机差异不同的地表水流溶质量分布状况。其中,全程液施灌溉下的地表水流溶质量分布曲面较为均匀光滑,这意味着地表水流溶质量的分布较为均匀,而前半程液施灌溉和后半程液施灌溉下的相应分布曲面形状则反映出施肥时机差异对地表水流溶质量分布状况产生的影响。

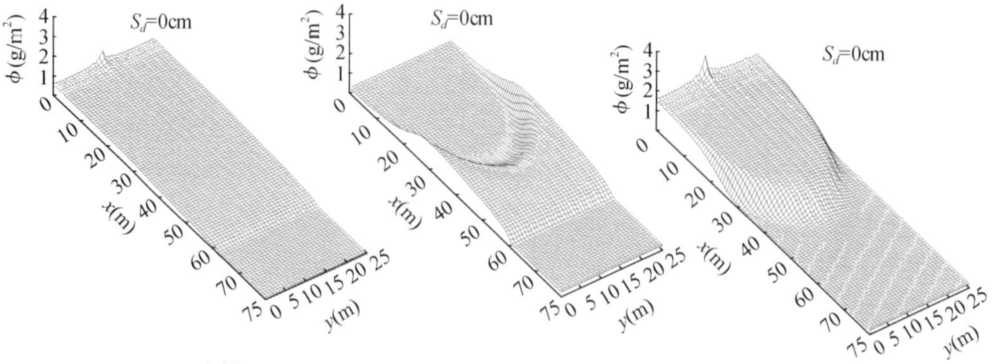

(a) 实例1(t=50min) (b) 实例2(t=50min) (c) 实例3(t=50min)

图 10-8 不考虑地表(畦面)相对高程空间随机分布状况影响下模拟的各实例地表水流铵态氮溶质量分布状况

10.3.4.2 考虑地表(畦面)相对高程空间随机分布状况影响

当考虑地表(畦面)相对高程空间随机分布状况影响($S_d \neq 0$cm)时,图 10-9 给出畦田液施肥料灌溉地表水流溶质运动全耦合模型模拟的地表水流铵态氮溶质量($\phi = h \cdot \bar{c}$)分布状况。与 $S_d = 0$cm 情景(图 10-8)相比,地表水流溶质量分布状态受 S_d 影响发生畸变,溶质量的推进长度减小且峰值显著增大,分布曲面褶皱凸显,地表水流溶质量在畦田内的空间分布差异明显,溶质量平均值分别为 1.53g/m^2、1.81g/m^2 和 2.34g/m^2,分别大于前者的 0.85g/m^2、1.34g/m^2 和 1.65g/m^2。由此可见,只有考虑地表(畦面)相对高程空间随机分布影响才能如实反映畦田液施肥料灌溉下的地表水流溶质运动过程及其特征。

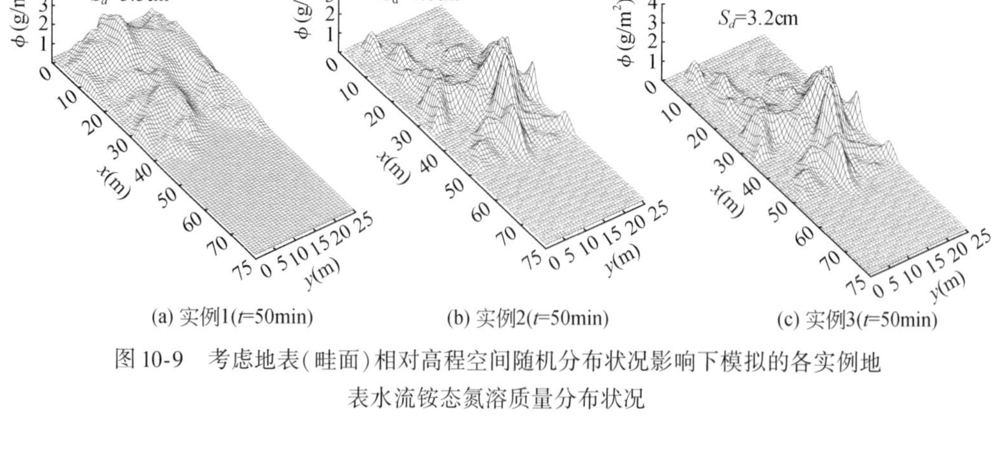

(a) 实例1(t=50min) (b) 实例2(t=50min) (c) 实例3(t=50min)

图 10-9 考虑地表(畦面)相对高程空间随机分布状况影响下模拟的各实例地表水流铵态氮溶质量分布状况

10.4 结 论

本章基于双曲-抛物型方程结构的守恒-非守恒型全水动力学方程描述地表水流运动过程，利用守恒型对流-弥散方程表述地表水流溶质运动过程，构建起畦田液施肥料灌溉地表水流溶质运动全耦合方程及全耦合模式，实现了地表水流运动的对流过程和扩散过程与地表水流溶质运动的对流过程及弥散过程之间的非线性互动关联，开发出同步全耦合求解全水动力学方程和对流-弥散方程的全隐数值模拟解法，克服了现有地表水流溶质运动耦合模型无法满足地表水流溶质弥散过程与其他物理过程间进行全耦合求解的缺陷。

与地表水流溶质运动耦合模型模拟效果相比，畦田液施肥料灌溉地表水流溶质运动全耦合模型的模拟精度平均提高了3个百分点，数值计算稳定性高出了2个数量级以上，质量平衡误差降低了3个数量级，计算效率明显得到改善，收敛速率近似相同，且以前半程和后半程液施肥料灌溉下的模拟性能改善最为明显。

参考文献

Abbasi F, Simunek J, Van Genuchten M T, et al. 2003. Overland water flow and solute transport: model development and field-data analysis. Journal of Irrigation and Drainage Engineering, 129(2): 71-81

Begnudelli L, Sanders B F. 2006. Unstructured grid finite-volume algorithm for shallow-water flow and scalar transport with wetting and drying. Journal of Hydraulic Engineering, 132(4): 371-384

Begnudelli L, Sanders B F. 2007. Conservative wetting and drying methodology for quadrilateral grid finite-volume models. Journal of Hydraulic Engineering, 133(3): 312-322

Beck V T, Kenneth J A. 1977. Parameter Estimation in Engineering and Science. John Wiley and sons, New York - London - Sidney - toronto

Benkhaldoun F, Elmahi I, Seaïd M. 2007. Well-balanced finite volume schemes for pollutant transport by shallow water equations on unstructured meshes. Journal of Computational Physics, 226(1): 180-203

Bouchut F. 2004. An antidiffusive entropy scheme for monotone scalar conservation laws. Journal of Scientific Computing, 21(1): 1-30

Burguete J, García-Navarro P, Murillo J. 2008. Preserving bounded and conservative solutions of transport in one - dimensional shallow - water flow with upwind numerical schemes: application to fertigation and solute transport in rivers. International Journal for Numerical Methods in Fluids, 56(9): 1731-1764

Burguete J, Zapata N, Garcia-Navarro P, et al. 2009. Fertigation in furrows and level furrow systems. Ⅰ: model description and numerical tests. Journal of Irrigation and Drainage Engineering, 135(4): 401-412

Furman A. 2008. Modeling coupled surface-subsurface flow processes: a review. Vadose Zone Journal, 7(2): 741-756

Hou J, Liang Q, Simons F, et al. 2013. A 2D well-balanced shallow flow model for unstructured grids with novel slope source term treatment. Advances in Water Resources, 52(2): 107-131

García-Navarro P, Playán E, Zapata N. 2000. Solute transport modeling in overland flow applied to fertigation. Journal of Irrigation and Drainage Engineering, 126(1): 33-40

Latorre B, Garcia - Navarro P, Murillo J, et al. 2011. Accurate and efficient simulation of transport in multidimensional flow. International Journal for Numerical Methods in Fluids,65(4): 405-431

LeVeque R J. 2002. Finite Volume Methods for Hyperbolic Problems. Cambridge: The Press Syndicate of the University of Cambridge

Liou M S. 1996. A Sequel to AUSM: AUSM+. Journal of Computational Physics,129(19): 364-382

Manzini G, Ferraris S. 2004. Mass- conservative finite volume methods on 2- D unstructured grids for the Richards' equation. Advances in Water Resources,27(12): 1199-1215

Morton K W, Mayers D F. 2005. Numerical Solution of Partial Differential Equations. Cambridge: Cambridge University Press

Murillo J, Burguete J, Brufau P, et al. 2005. Coupling between shallow water and solute flow equations: analysis and management of source terms in 2D. International Journal for Numerical Methods in Fluids, 49 (3): 267-299

Murillo J, García-Navarro P, Burguete J. 2009. Conservative numerical simulation of multi-component transport in two-dimensional unsteady shallow water flow. Journal of Computational Physics,228(15): 5539-5573

Murillo J, García-Navarro P, Burguete J. 2008. Analysis of a second - order upwind method for the simulation of solute transport in 2D shallow water flow. International Journal for Numerical Methods in Fluids, 56 (6): 661-686

Murillo J, García- Navarro P, Burguete J, et al. 2006. A conservative 2D model of inundation flow with solute transport over dry bed. International Journal for Numerical Methods in Fluids,52(10): 1059-1092

Newhouse S E. 2011. Lectures on Dynamical Systems, Berlin: Springer Berlin Heidelberg

Oliviera A, Fortunato A B. 2002. Toward an oscillation- free, mass- conservative, Eulerian- Lagrangian transport method. Journal of Computational Physics,183: 142-164

Xiao F, Yabe T. 2001. Completely conservative and oscillationless semi- Lagrangian schemes for advection transportation. Journal of Computational Physics,170(2): 498-522

Xu Z, Shu C W. 2005. Anti-diffusive flux corrections for high order finite difference WENO schemes. Journal of Computational Physics,205(2): 458-485

Zerihun D, Furman A, Warrick A W, et al. 2004. Coupled surface-subsurface solute transport model for irrigation borders and basins. Ⅰ. model development. Journal of Irrigation and Drainage Engineering,131(5): 396-406

第11章

Chapter 11

畦田撒施肥料灌溉地表水流溶质运动全耦合模拟

与国外应用的液施肥料灌溉方式相比,撒施肥料灌溉存在肥料易于挥发流失、撒施作业较为粗放等缺陷,导致化肥利用效率偏低(Zerihun et al.,2004),但因无须使用专业施肥装置且施肥操作简便,仍是发展中国家农户首选的地面施肥灌溉方式。为此,有必要深入研究撒施肥料灌溉地表水流溶质运动规律与特征,研发相关的地表水流溶质运动控制方程与模型,为畦田撒施肥料灌溉工程设计与性能评价提供合理的模拟手段与分析工具。

在地面水深尺度下的地表水流溶质运动控制方程(Begnudelli and Sanders,2006;Burguete et al.,2009)中,常假设进入畦首的地表水流肥液浓度为垂向均匀分布,利用流速场和溶质浓度场沿水深均布状态下建立的全水动力学方程和对流-弥散方程,可以较好表述液施肥料灌溉地表水流溶质运动过程。然而,在撒施肥料灌溉过程中,地表水流持续不断地溶解和输移撒施在表土上的化肥颗粒,非恒定对流-扩散效应使溶质浓度沿水深呈现明显的非均布性,此时继续沿用传统的地表水流溶质运动控制方程与模型显然已不合时宜(García-Navarro et al.,2000)。

对不同典型特征尺度下的地表水流溶质运动控制方程而言,连续介质尺度下的守恒或非守恒型 Navier-Stokes 方程组尽管具备严格的质量守恒性和动量守恒性(LeVeque,2002),但由于数值模拟求解该方程组的时空离散精度需达到5阶以上,才能获得正确的模拟结果(Borges et al.,2008),故难以用于解决实际问题(Bradford and Katopodes,2001);雷诺平均尺度下的守恒或非守恒型 Navier-Stokes 方程组及湍流模型也因受到地表自由水面难以捕捉、超耗时计算时间等诸多因素制约,而难以用于生产实际(张兆顺等,2008;Bradford and Katopodes,1998)。为此,应基于跨越典型特征尺度的建模思路,建立相应的地表水流溶质运动全耦合模型,实现数值模拟撒施肥料灌溉地表水流溶质运动过程的目的。

本章基于双曲-抛物型方程结构的守恒-非守恒型全水动力学方程表述地表水流运动过程,在重构地表水三维非均布流速场基础上,借助雷诺平均尺度下的守恒型对流-扩散方程描述三维地表水流溶质运动过程,建立地表水流溶质运动全耦合方程及全耦合模式,构建畦田撒施肥料灌溉地表水流溶质运动全耦合模型。基于典型畦田撒施硫酸铵灌溉试验实测数据,评价畦田撒施肥料灌溉地表水流溶质运动全耦合模型模拟效果,揭示畦面微地形空间分布状况对地表水流溶质量分布状况的直观物理影响。

11.1 畦田撒施肥料灌溉地表水流溶质运动全耦合模型构建及数值模拟求解

将基于双曲-抛物型方程结构的守恒-非守恒型全水动力学方程与雷诺平均尺度下的守恒型对流-扩散方程相结合,建立跨越典型特征尺度下的畦田撒施肥料灌溉地表水流溶质运动全耦合方程及全耦合模式,给出相应的初始条件和边界条件及适宜的时空离散数值模拟解法。

11.1.1 地表水流溶质运动全耦合方程及全耦合模式

基于双曲-抛物型方程结构的守恒-非守恒型全水动力学方程表述畦田撒施肥料灌溉

地表水流运动过程，在重构雷诺平均尺度下的地表水三维非均布流速场及溶质浓度场基础上，利用该尺度下的守恒型对流–扩散方程描述地表水流溶质运动过程，建立地表水流溶质运动全耦合方程及全耦合模式。

11.1.1.1　跨越典型特征尺度建模思路

连续介质尺度下难以承受的高阶时空离散精度致使数值模拟求解 Navier-Stokes 方程组尚不具备条件，而雷诺平均尺度下因难以捕捉地表自由水面等诸多问题又导致数值模拟求解 Navier-Stokes 方程组的极不稳定性。然而，由于已构建的地面水深尺度与雷诺平均尺度下地表水流流速场之间的定量关系[式(2-154)和式(2-155)]具备了明显的非偏微分特征，完全解耦了二维地表空间域与一维垂向空间域之间的离散过程，故可依据该关系式并基于地面水深尺度下数值求解 Saint-Venant 方程组获得的流速等模拟结果，借助雷诺平均尺度下 Navier-Stokes 方程组的质量守恒方程重构获得三维地表水非均布流速场，再利用该尺度下的守恒型对流–扩散方程表征三维地表水流溶质运动过程。由此可见，构建跨越典型特征尺度下的地表水流溶质运动全耦合方程及其模型，为数值模拟畦田撒施肥料灌溉地表水流溶质运动提供了可行之道。

为了描述撒施肥料灌溉地表水流溶质运动过程及其流速和溶质浓度的变异分布特征，需基于地面水深尺度下得到的二维地表水流垂向均布流速场 $\bar{\boldsymbol{u}}=(\bar{u},\bar{v})$[图 11-1(a)]，先建立雷诺平均尺度下的三维地表水流非均布流速场 $\langle \boldsymbol{u}\rangle=(\langle u\rangle,\langle v\rangle,\langle w\rangle)$[图 11-2(a)]。由于式(2-154)表明地面水深尺度下沿 x 坐标向的流速 $\bar{u}$ 恰等于雷诺平均尺度下湍流速度分布规律的垂向积分平均值，故利用该式获得式(2-155)中的待定参数 u_τ，进而获知雷诺平均尺度下沿 x 坐标向流速 $\langle u\rangle$ 的垂向非均布信息，同理还可获知沿 y 坐标向流速 $\langle v\rangle$ 的垂向非均布信息。在此基础上，根据式(2-101)可逆向重构获得雷诺平均尺度下沿 z 坐标向流速 $\langle w\rangle$ 的垂向非均布信息，在已知 $\langle \boldsymbol{u}\rangle=(\langle u\rangle,\langle v\rangle,\langle w\rangle)$ 的基础上，可直接解算式(2-163)获得三维地表水非均布溶质浓度场 $\langle c\rangle$[图 11-2(b)]，从而构建起跨越典型特征尺度的畦田撒施肥料灌溉地表水流溶质运动全耦合方程及其模型。

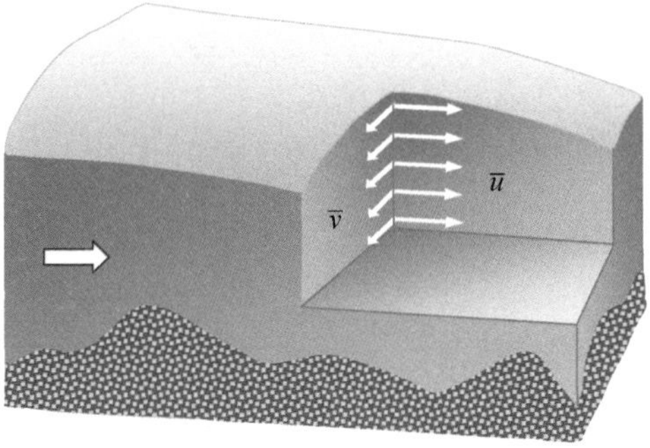

(a) 流速场 $\bar{\boldsymbol{u}}=(\bar{u},\bar{v})$

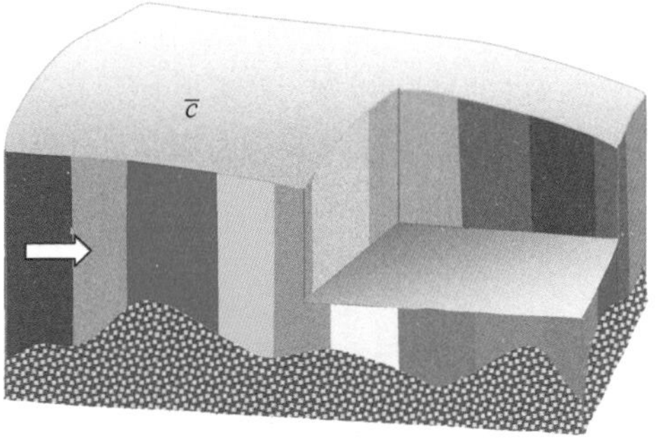

(b) 溶质浓度场 $\bar{c}$

图 11-1　地面水深尺度下二维地表水流垂向均布变量分布示意图

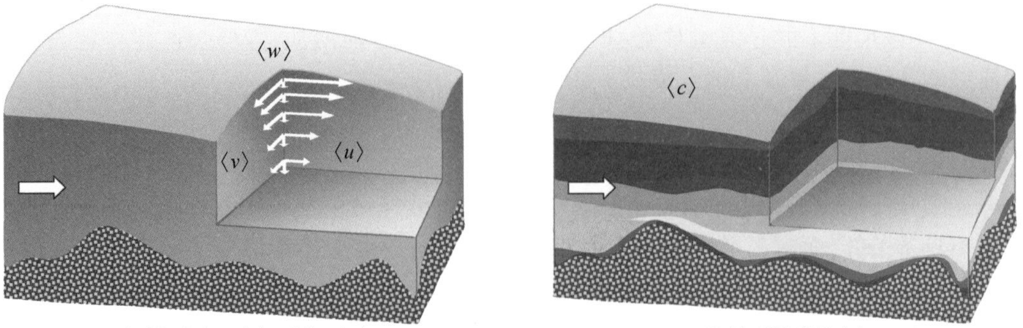

(a) 流速场⟨**u**⟩=(⟨u⟩, ⟨v⟩, ⟨w⟩)　(b) 溶质浓度场⟨c⟩

图 11-2　雷诺平均尺度下三维地表水流非均布变量分布示意图

11.1.1.2　地表水流溶质运动全耦合方程

(1)全水动力学方程

已构建的基于双曲–抛物型方程结构的守恒–非守恒型全水动力学方程[式(5-16)和式(5-17)的非向量形式]被重述如下：

$$\frac{\partial \zeta}{\partial t}=\frac{\partial}{\partial x}\left(K_w\frac{\partial \zeta}{\partial x}\right)+\frac{\partial}{\partial y}\left(K_w\frac{\partial \zeta}{\partial y}\right)-\left[\frac{\partial}{\partial x}(C_x\cdot K_w)+\frac{\partial}{\partial y}(C_y\cdot K_w)\right]-i_c \tag{11-1}$$

$$\frac{\partial q_x}{\partial t}+\frac{\partial}{\partial x}(q_x\cdot \bar{u})+\frac{\partial}{\partial y}(q_x\cdot \bar{v})=-g(\zeta-b)\frac{\partial \zeta}{\partial x}-g\frac{n^2\cdot \bar{u}\sqrt{\bar{u}^2+\bar{v}^2}}{(\zeta-b)^{1/3}}+\frac{1}{2}i_c\cdot \bar{u} \tag{11-2}$$

$$\frac{\partial q_y}{\partial t}+\frac{\partial}{\partial x}(q_y\cdot \bar{u})+\frac{\partial}{\partial y}(q_y\cdot \bar{v})=-g(\zeta-b)\frac{\partial \zeta}{\partial y}-g\frac{n^2\cdot \bar{v}\sqrt{\bar{u}^2+\bar{v}^2}}{(\zeta-b)^{1/3}}+\frac{1}{2}i_c\cdot \bar{v} \tag{11-3}$$

式中，ζ 为地表水位相对高程[地表水深 h+地表(畦面)相对高程 b](m)；$\bar{u}$ 和 $\bar{v}$ 分别为沿 x 和 y 坐标向的地表水流垂向均布流速(m/s)；q_x 和 q_y 分别为沿 x 和 y 坐标向的单宽流量[m^3/(s·m)]；g 为重力加速度(m/s^2)；K_w 为地表水流扩散系数；n 为畦面糙率系数($s/m^{1/3}$)；i_c 为地表入渗率(cm/min)；C_x 和 C_y 分别为单宽流量沿地表水深平均的对流效应。

(2)三维非均布地表水流流速场重构方程

由式(2-155)可知，雷诺平均尺度下地表水流溶质微元体群流速 u 和 v 的数学期望 $\langle u\rangle$ 和 $\langle v\rangle$ 沿水深方向的分布满足如下对数分布规律(Popo，2000)：

$$\langle u\rangle=\frac{u_\tau}{\kappa}\cdot \ln\left(\frac{u_\tau\cdot z}{\nu}\right)+0.52 \tag{11-4}$$

$$\langle v\rangle=\frac{v_\tau}{\kappa}\cdot \ln\left(\frac{v_\tau\cdot z}{\nu}\right)+0.52 \tag{11-5}$$

式中，u_τ 和 v_τ 分别为沿 x 和 y 坐标向的地表水流剪切速度(m/s)；κ 为 Karman 常数，取值为 0.4(Xu，2010)；ν 为地表水流运动黏性系数(m^2/s)，常温、常压(20℃，1 个大气压)下取值为 $10^{-6}m^2/s$。

基于式(2-154)并同理推断，$\bar{u}$ 和 $\bar{v}$ 与 $\langle u\rangle$ 和 $\langle v\rangle$ 之间应分别满足如下关系：

$$\bar{u}=\frac{1}{h}\int_b^\zeta\langle u\rangle dz;\ \bar{v}=\frac{1}{h}\int_b^\zeta\langle v\rangle dz \tag{11-6}$$

将式(11-4)和式(11-5)代入式(11-6)后,可得

$$\bar{u}=\frac{1}{h}\int_b^{\zeta}\left[\frac{u_\tau}{\kappa}\cdot\ln\left(\frac{u_\tau\cdot z}{\nu}\right)+0.52\right]\mathrm{d}z;\quad \bar{v}=\frac{1}{h}\int_b^{\zeta}\left[\frac{v_\tau}{\kappa}\cdot\ln\left(\frac{v_\tau\cdot z}{\nu}\right)+0.52\right]\mathrm{d}z \tag{11-7}$$

在数值模拟求解式(11-1)~式(11-3)获得二维地表水流垂向均布流速场 $\bar{\boldsymbol{u}}=(\bar{u},\bar{v})$ 和地表水位相对高程 ζ 基础上,通过积分式(11-7)可得到 u_τ 和 v_τ,进而利用式(11-4)和式(11-5)获知雷诺平均尺度下 $\langle u\rangle$ 和 $\langle v\rangle$ 的垂向非均布状态,并借助守恒或非守恒型 Navier-Stokes 方程组的质量守恒方程[式(2-101)],构建雷诺平均尺度下三维地表水非均布流速场 $\langle\boldsymbol{u}\rangle=(\langle u\rangle,\langle v\rangle,\langle w\rangle)$,即

$$\frac{\partial\langle u\rangle}{\partial x}+\frac{\partial\langle v\rangle}{\partial y}+\frac{\partial\langle w\rangle}{\partial z}=0 \tag{11-8}$$

由于式(11-8)中不存在时间导数项,故无须设置初始条件。在已知 $\langle u\rangle$ 和 $\langle v\rangle$ 后,式(11-8)中仅含有未知量 $\langle w\rangle$。通过设置适宜的边界条件,即在地表(畦面)相对高程和地表水位相对高程处分别设置法向流速为零和地表入渗率的边界条件,即可由式(11-8)直接获得 $\langle w\rangle$。

由此可见,当已知 $\bar{\boldsymbol{u}}=(\bar{u},\bar{v})$ 和 ζ 时,借助式(11-4)、式(11-5)和式(11-8),即可重构起雷诺平均尺度下的三维非均布地表水流流速场 $\langle\boldsymbol{u}\rangle=(\langle u\rangle,\langle v\rangle,\langle w\rangle)$。

(3)对流-扩散方程

基于以上重构的三维非均布地表水流流速场,采用雷诺平均尺度下的守恒型对流-扩散方程[式(2-163)]表征畦田撒施肥料灌溉三维地表水流溶质运动过程,得

$$\frac{\partial\langle c\rangle}{\partial t}+\frac{\partial(\langle u\rangle\cdot\langle c\rangle)}{\partial x}+\frac{\partial(\langle v\rangle\cdot\langle c\rangle)}{\partial y}+\frac{\partial(\langle w\rangle\cdot\langle c\rangle)}{\partial z}=\frac{\partial}{\partial x}\left(\kappa_t\frac{\partial\langle c\rangle}{\partial x}\right)+\frac{\partial}{\partial y}\left(\kappa_t\frac{\partial\langle c\rangle}{\partial y}\right)+\frac{\partial}{\partial z}\left(\kappa_t\frac{\partial\langle c\rangle}{\partial z}\right) \tag{11-9}$$

式中,$\langle c\rangle$ 为地表水流溶质微元体群携带的溶质浓度 c 的数学期望(mg/L);κ_t 为地表水流溶质湍流扩散系数(m/s^2)。

通常引入普朗特数 P_{r_t} 表达地表水流湍流扩散系数 ν_t 与地表水流溶质湍流扩散系数 κ_t 之间的关系(Popo,2000),得

$$P_{r_t}=\frac{\nu_t}{\kappa_t} \tag{11-10}$$

式(11-10)中 P_{r_t} 取值一般为 0.8(张兆顺等,2008),而 $\nu_t=l^2\cdot\Omega$,式中,l 和 Ω 可参见式(2-117)和式(2-118)。由此可见,在已知 P_{r_t} 前提下,利用计算的 ν_t 值,即可获得 κ_t 值。

(4)地表水流溶质运动全耦合方程

基于跨越典型特征尺度建模的思路,图 11-3 显示出地面水深尺度与雷诺平均尺度结合下的畦田撒施肥料灌溉地表水流溶质运动全耦合方程架构。以地面水深尺度下基于双曲-抛物型方程结构的守恒-非守恒型全水动力学方程获得的二维地表水流垂向均布流速场和地表水位相对高程为约束条件,借助雷诺平均尺度下的垂向非均布流速分布规律及守恒或非守恒型 Navier-Stokes 方程组的质量守恒方程,重构获得三维非均布地表水流流速场,并利用雷诺平均尺度下的守恒型对流-扩散方程表述畦田撒施肥料灌溉地表水流溶质运动过程。

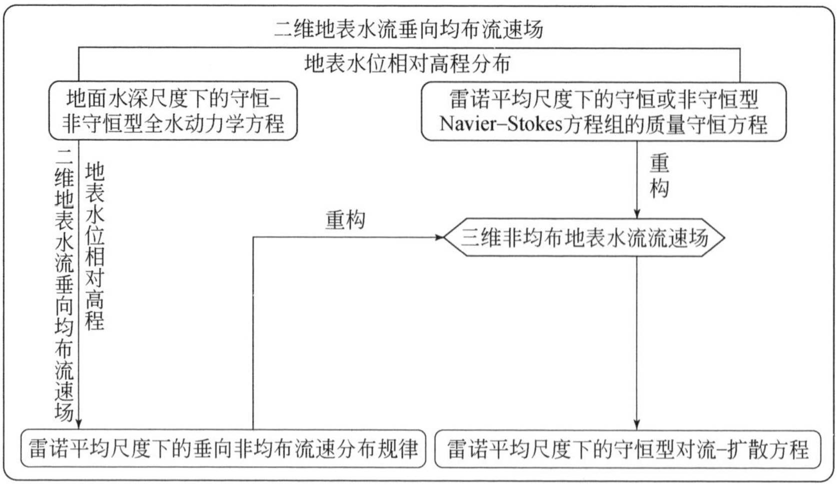

图 11-3 畦田撒施肥料灌溉地表水流溶质运动全耦合方程架构

畦田撒施肥料灌溉地表水流溶质运动全耦合方程由式(11-1)~式(11-5)及式(11-8)和式(11-9)共同组成,这 7 个分量方程以 $\bar{\boldsymbol{u}}=(\bar{u},\bar{v})$ 为核心,以重构的 $\langle \boldsymbol{u} \rangle=(\langle u \rangle,\langle v \rangle,\langle w \rangle)$ 为依托,构成了同时并发且难以割裂的整体物理过程。

11.1.1.3 地表水流溶质运动全耦合模式

如图 11-4 所示,由于跨越典型空间特征尺度下地表水流运动的对流与扩散过程及地表溶质运动的对流与扩散过程等物理过程之间均为同步非顺次发生,这意味着在构建的全耦合模式下需同步耦合解算全部的控制方程,即须采用统一的全隐时间格式对全耦合

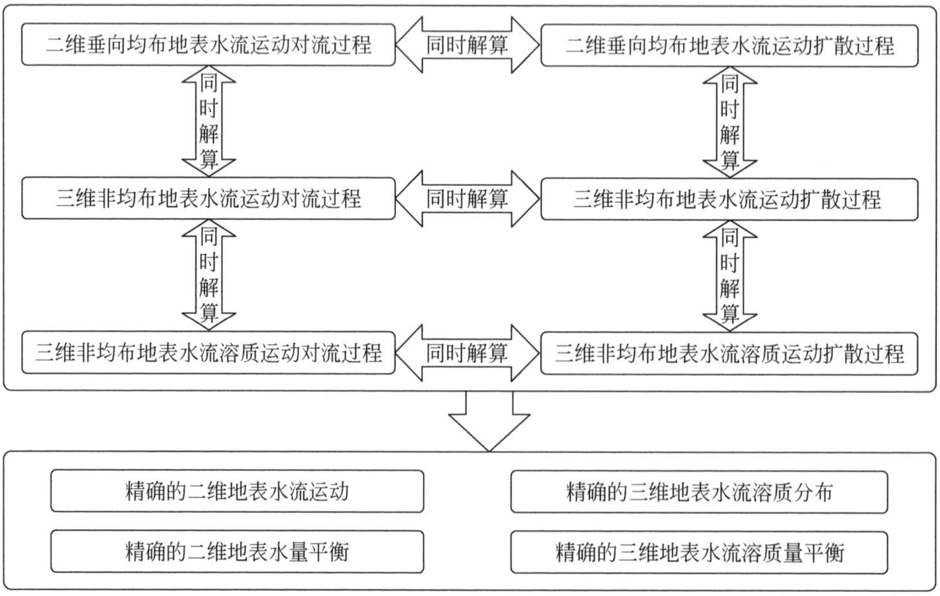

图 11-4 畦田撒施肥料灌溉地表水流溶质运动全耦合模式

方程所涉及的 7 个分量方程进行离散，以便形成具有整体矩阵形式的代数方程组。因此，构建的基于双曲–抛物型方程结构的守恒–非守恒型全水动力学方程及其全隐数值模拟解法，就为实现畦田撒施肥料灌溉地表水流溶质运动控制方程的全耦合数值求解提供了坚实基础。

11.1.2　初始条件和边界条件

11.1.2.1　初始条件

当 $t=0$ 时，由于计算区域内各空间位置点处的地表水深 h 和地表水流垂向均布流速 $\bar{u}$ 和 $\bar{v}$ 均为零，故地表水位相对高程 $\zeta=b$。

撒施于地表的肥料溶质使在畦面任意空间位置点处的初始溶质浓度值为无穷大，这常引起数值求解对流–扩散方程时出现数学奇点问题。为此，假定在地表处存在一个常温下的饱和溶质层初始条件，即

$$c_{\text{initial}}(x,y,b,0)=\alpha_c\cdot c_0\quad 0\leqslant x\leqslant L_x,0\leqslant y\leqslant L_y\tag{11-11}$$

式中，c_0 为常温下撒施于地表的肥料溶质溶解度(g/L)；α_c 为 c_0 的修正系数，其取决于两个因素的非线性耦合效应，一是实际温度与常温间的偏差引起的溶解度变化，二是实际温度下非饱和溶质溶解量与溶解度间的偏差；L_x 和 L_y 分别为畦长和畦宽(m)。

11.1.2.2　边界条件

(1)畦首入流边界条件

畦首入流边界为给定的单宽流量 $\boldsymbol{q}_0$ 和地表水流溶质浓度零梯度条件，为

$$\boldsymbol{q}_0=-K_{\mathrm{w}}\cdot\nabla\zeta+K_{\mathrm{w}}\cdot\boldsymbol{C}\tag{11-12}$$

$$\frac{\partial}{\partial y}\langle c\rangle(0,y,z,t)=0\ \text{或}\ \frac{\partial}{\partial y}\langle c\rangle(L_x,y,z,t)=0\quad 0\leqslant y\leqslant L_y,t>0\tag{11-13}$$

$$\frac{\partial}{\partial x}\langle c\rangle(x,0,z,t)=0\ \text{或}\ \frac{\partial}{\partial x}\langle c\rangle(x,L_y,z,t)=0\quad 0\leqslant x\leqslant L_x,t>0\tag{11-14}$$

(2)畦埂无流边界条件

畦埂无流边界为零流量和地表水流溶质浓度零梯度条件[式(11-13)和式(11-14)]，即

$$K_{\mathrm{w}}\cdot\nabla\zeta-K_{\mathrm{w}}\cdot\boldsymbol{C}=0\tag{11-15}$$

(3)地表(畦面)相对高程边界条件

式(11-4)和式(11-5)的下边界条件为地表(畦面)相对高程，而式(11-8)的下边界条件为 Kostiakov 公式估算的地表入渗率 i_c。

式(11-9)的边界条件较为复杂，在地表(畦面)相对高程处，基于式(11-11)，采用一级动力学方程描述地表水流溶质溶解过程，即

$$\frac{\partial\langle c\rangle}{\partial t}=k_d(\langle c\rangle_{\text{initial}}-\langle c\rangle)\quad 0<t<T_s\tag{11-16}$$

式中，k_d 为局部反应速率常数(L/s)；T_s 为畦面任意空间位置点处溶解后的肥料被完全输运完毕的时刻(s)。

在单位畦田面积内,采用 C_{up} 和 C_{down} 分别标记溶解后的肥料向上输运到表层水体和向下入渗至土壤的溶质总量,其公式分别为

$$C_{up}(T_s) = \int_0^{T_s} \kappa_t \frac{\partial\langle c\rangle}{\partial z} dt \tag{11-17}$$

$$C_{down}(T_s) = \int_0^{T_s} i_c \cdot \langle c\rangle dt \tag{11-18}$$

式(11-17)和式(11-18)中的 T_s 应隐式满足下述等式:

$$C_{up}(T_s) + C_{down}(T_s) = C_s \tag{11-19}$$

式中,C_s 为畦面任意空间位置点处的施肥量(g)。

(4)地表水位相对高程边界条件

式(11-4)和式(11-5)的上边界条件为由式(11-1)~式(11-3)计算得到的地表水位相对高程,而式(11-8)的上边界条件是地表水位相对高程边界处的零流量。

地表水位相对高程边界为地表水流溶质浓度零梯度条件,即

$$\frac{\partial}{\partial z}\langle c\rangle(x,y,H,t) = 0 \quad t>0 \tag{11-20}$$

11.1.3 数值模拟方法

需要数值模拟求解的方程包括式(11-1)~式(11-5)及式(11-8)和式(11-9),其中,式(11-1)~式(11-3)的具体解法详见第5章,式(11-4)和式(11-5)为代数方程式,无须数值模拟求解,而式(11-8)和式(11-9)分属于抛物型方程与双曲-抛物型方程,其紧致表达式分别为

$$\nabla \cdot (\langle u\rangle, \langle v\rangle, \langle w\rangle) = 0 \tag{11-21}$$

$$\frac{\partial\langle c\rangle}{\partial t} + \nabla \cdot (\langle u\rangle \cdot \langle c\rangle, \langle v\rangle \cdot \langle c\rangle, \langle w\rangle \cdot \langle c\rangle) = \nabla \cdot (\kappa_t \cdot \nabla\langle c\rangle) \tag{11-22}$$

采用中心格式有限体积法对式(11-21)进行空间离散。对式(11-22)而言,其等号右侧项具有类似于式(5-16)的抛物特征,而等号左侧项则具有类似于式(5-17)的双曲特性,故分别采用中心格式有限体积法和开发的标量耗散有限体积法开展空间离散,并建立相应的全隐时间离散格式。

11.1.3.1 空间离散

在计算区域第 i 个四面体单元格(图7-3)上,对式(11-21)中各项做空间积分平均,得

$$\frac{1}{|\Phi_i|}\iiint_{\Phi_i} \nabla\cdot(\langle u\rangle, \langle v\rangle, \langle w\rangle) dxdydz = 0 \tag{11-23}$$

式(11-23)等号左侧项称作雷诺平均尺度下流速场散度积分平均项。

与此同时,对式(11-22)中各项做空间积分平均,得

$$\frac{1}{|\Omega_i|}\iiint_{\Omega_i} \frac{\partial\langle c\rangle}{\partial t} dxdydz + \frac{1}{|\Omega_i|}\iiint_{\Omega_i} \nabla(\langle u\rangle \cdot \langle c\rangle, \langle v\rangle \cdot \langle c\rangle, \langle w\rangle \cdot \langle c\rangle) dxdydz = \frac{1}{|\Omega_i|}\iiint_{\Omega_i} \nabla\cdot(\kappa_t \cdot \nabla\langle c\rangle) dxdydz \tag{11-24}$$

式(11-24)等号左侧项依次称为雷诺平均尺度下溶质浓度时间导数积分平均项和雷

诺平均尺度下溶质浓度对流积分平均项，而等号右侧项则称作雷诺平均尺度下溶质浓度扩散积分平均项。

(1)任意四面体单元格节点处的地表水流溶质浓度变量值重构

参考图 7-4，对第 i 个四面体单元格节点 v_i 处的溶质浓度 $\langle c\rangle_{v_i}$ 而言，可由与之相关的各单元格中心变量值重构如下：

$$\langle c\rangle_{v_i} = \sum_{k\in\sigma_{v_i}^S} \omega_k^v \cdot \langle c\rangle_k \tag{11-25}$$

式中，$\sigma_{v_i}^S$ 为共享单元格节点 v_i 处所有四面体单元格的集合；$\omega_k^v = \dfrac{|\Phi_{c_{i,k}^v}|}{\sum\limits_k |\Phi_{c_{i,k}^v}|}$，其中，$|\Phi_{c_{i,k}^v}|$ 为 $\sigma_{v_i}^S$ 中第 k 个单元格 $c_{i,k}^v$ 的体积(m^3)；$\langle c\rangle_k$ 为四面体单元格 $c_{i,k}^v$ 中心的溶质浓度值(m)。

(2)雷诺平均尺度下流速场散度积分平均项的有限体积法离散格式

采用高斯公式将雷诺平均尺度下流速场散度积分平均项的体积分转换为四面体外表面的面积分，即

$$\frac{1}{|\Phi_i|}\iiint_{\Phi_i} \nabla\cdot(\langle u\rangle,\langle v\rangle,\langle w\rangle)\,\mathrm{d}x\mathrm{d}y\mathrm{d}z = \frac{1}{|\Phi_i|}\iint_{\partial\Phi_i}(\langle u\rangle,\langle v\rangle,\langle w\rangle)\cdot\boldsymbol{n}\mathrm{d}S \tag{11-26}$$

由于式(11-26)等号右侧项属于非对流项，故可直接在该四面体的 4 个外表面上进行空间离散，得

$$\begin{aligned}\frac{1}{|\Phi_i|}\iint_{\partial\Phi_i}(\langle u\rangle,\langle v\rangle,\langle w\rangle)\cdot\boldsymbol{n}\mathrm{d}S &= \frac{1}{|\Phi_i|}\sum_{k=1}^{4}(\langle u\rangle,\langle v\rangle,\langle w\rangle)_{f_{i,k}}\cdot\boldsymbol{n}_{f_{i,k}}\cdot S_{f_{i,k}}\\ &= \frac{1}{|\Phi_i|}\sum_{k=1}^{4}\left[\langle u\rangle_{f_{i,k}}(n_x)_{f_{i,k}} + \langle v\rangle_{f_{i,k}}(n_y)_{f_{i,k}} + \langle w\rangle_{f_{i,k}}(n_z)_{f_{i,k}}\right]\cdot S_{f_{i,k}}\end{aligned} \tag{11-27}$$

式中，$\boldsymbol{n}_{f_{i,k}}$ 为第 i 个四面体单元格外表面 $f_{i,k}$ 处的外向单位法向量，包括分量 n_x、n_y 和 n_z；$S_{f_{i,k}}$ 为第 i 个四面体单元格外表面 $f_{i,k}$ 的面积(m^2)。

(3)雷诺平均尺度下溶质浓度时间导数积分平均项的有限体积法离散格式

以第 i 个四面体单元格中心变量为基本变量，考虑到四面体包含的区域不随时间而变的事实，对雷诺平均尺度下溶质浓度时间导数积分平均项进行空间离散，得

$$\frac{1}{|\Phi_i|}\iiint_{\Phi_i}\frac{\partial\langle c\rangle}{\partial t}\mathrm{d}x\mathrm{d}y\mathrm{d}z = \frac{1}{|\Phi_i|}\cdot\frac{\mathrm{d}\langle c\rangle_i}{\mathrm{d}t}\iiint_{\Phi_i}\mathrm{d}x\mathrm{d}y\mathrm{d}z = \frac{\mathrm{d}\langle c\rangle_i}{\mathrm{d}t} \tag{11-28}$$

(4)雷诺平均尺度下溶质浓度对流积分平均项的有限体积法离散格式

采用高斯公式将雷诺平均尺度下溶质浓度对流积分平均项的体积分转换为四面体外表面的面积分：

$$\begin{aligned}&\frac{1}{|\Phi_i|}\iiint_{\Phi_i}\nabla\cdot(\langle u\rangle\langle c\rangle,\langle v\rangle\langle c\rangle,\langle w\rangle\langle c\rangle)\,\mathrm{d}x\mathrm{d}y\mathrm{d}z\\ &= \frac{1}{|\Phi_i|}\oint_{\partial\Phi_i}(\langle u\rangle\langle c\rangle,\langle v\rangle\langle c\rangle,\langle w\rangle\langle c\rangle)\cdot\boldsymbol{n}\mathrm{d}S\end{aligned} \tag{11-29}$$

对重构的三维非均布流速场和溶质浓度场下的地表浅水流运动而言，仍可以地面水深作为典型特征尺度，构造纯数学意义上的 Fr(Ullrich et al.,2010)。为此，定义三维情景下的 $Fr_x=\langle u\rangle/\tilde{c}$、$Fr_y=\langle v\rangle/\tilde{c}$ 和 $Fr_z=\langle w\rangle/\tilde{c}$，据此对式(11-28)等号右侧项中的($\langle u\rangle\langle c\rangle$,

$\langle v\rangle\langle c\rangle,\langle w\rangle\langle c\rangle)\cdot\boldsymbol{n}$ 做变形处理(Liou,1996),得

$$\begin{aligned}(\langle u\rangle\langle c\rangle,\langle v\rangle\langle c\rangle,\langle w\rangle\langle c\rangle)\cdot\boldsymbol{n}&=\langle\tilde{c}\rangle(Fr_x\langle c\rangle,Fr_y\langle c\rangle,Fr_z\langle c\rangle)\cdot\boldsymbol{n}\\&=\tilde{c}(Fr_x\cdot n_x+Fr_y\cdot n_y+Fr_z\cdot n_z)\langle c\rangle\cdot\boldsymbol{n}\end{aligned}\tag{11-30}$$

将式(11-30)代入式(11-29)等号右侧项并展开,得

$$\begin{aligned}&\frac{1}{|\Phi_i|}\oiint_{\partial\Phi_i}(\langle u\rangle\langle c\rangle,\langle v\rangle\langle c\rangle,\langle w\rangle\langle c\rangle)\cdot\boldsymbol{n}\mathrm{d}S\\&=\frac{1}{|\Phi_i|}\sum_{k=1}^{4}\tilde{c}_{f_{i,k}}(Fr_x\cdot n_x+Fr_y\cdot n_y+Fr_z\cdot n_z)\cdot S_{f_{i,k}}\cdot\langle c_{f_{i,k}}\rangle\end{aligned}\tag{11-31}$$

考虑到通过第 i 个四面体单元格外表面 $f_{i,k}$ 处的地表水流溶质浓度与式(5-38)的结构有类似表达形式,即

$$f_{f_{i,k}}^{\langle c\rangle}=\tilde{c}_{f_{i,k}}\cdot(Fr_x\cdot n_x+Fr_y\cdot n_y+Fr_z\cdot n_z)_{f_{i,k}}\cdot S_{f_{i,k}}\cdot\langle c\rangle_{f_{i,k}}\tag{11-32}$$

基于开发的标量耗散有限体积法,可将式(11-32)改为与式(5-39)类似的空间离散格式,即

$$\begin{aligned}f_{f_{i,k}}^{\langle c\rangle}=&\frac{1}{2}\{\tilde{c}_{f_{i,k}}Fr_{f_{i,k}}[(\langle c\rangle_{f_{i,k}})_{\mathrm{IN}}+(\langle c\rangle_{f_{i,k}})_{\mathrm{OUT}}]\}l_{f_{i,k}}\\&-\frac{1}{2}\{\tilde{c}_{f_{i,k}}|Fr_{f_{i,k}}|[(\langle c\rangle_{f_{i,k}})_{\mathrm{OUT}}-(\langle c\rangle_{f_{i,k}})_{\mathrm{IN}}]\}\cdot l_{f_{i,k}}\end{aligned}\tag{11-33}$$

式中,$Fr_{f_{i,k}}=(Fr_x\cdot n_x+Fr_y\cdot n_y)_{f_{i,k}}$。

式(11-33)中 $Fr_{f_{i,k}}$ 可被表达为如式(5-40)~式(5-42)所示形式,即

$$Fr_{f_{i,k}}=(\lambda_{f_{i,k}})_{\mathrm{IN}}^{+}+(\lambda_{f_{i,k}})_{\mathrm{OUT}}^{-}\tag{11-34}$$

$$(\lambda_{f_{i,k}})_{\mathrm{IN}}^{+}=\begin{cases}\dfrac{1}{4}[(Fr_{f_{i,k}})_{\mathrm{IN}}+1]^2 & |(Fr_{f_{i,k}})_{\mathrm{IN}}|\leqslant 1\\[2mm]\dfrac{1}{2}[(Fr_{f_{i,k}})_{\mathrm{IN}}+|(Fr_{f_{i,k}})_{\mathrm{IN}}|] & |(Fr_{f_{i,k}})_{\mathrm{IN}}|>1\end{cases}\tag{11-35}$$

$$(\lambda_{f_{i,k}})_{\mathrm{OUT}}^{-}=\begin{cases}-\dfrac{1}{4}[(Fr_{f_{i,k}})_{\mathrm{OUT}}-1]^2 & |(Fr_{f_{i,k}})_{\mathrm{OUT}}|\leqslant 1\\[2mm]\dfrac{1}{2}[(Fr_{f_{i,k}})_{\mathrm{OUT}}-|(Fr_{f_{i,k}})_{\mathrm{OUT}}|] & |(Fr_{f_{i,k}})_{\mathrm{OUT}}|>1\end{cases}\tag{11-36}$$

式中,$(\lambda_{f_{i,k}})_{\mathrm{IN}}^{+}$和$(\lambda_{f_{i,k}})_{\mathrm{OUT}}^{-}$分别为 Fr 在第 i 个四面体单元格外表面 $f_{i,k}$ 两侧的分裂函数;$|\cdot|$ 为欧几里得范数。

与此同时,对式(11-33)中 $\tilde{c}_{f_{i,k}}$ 在第 i 个四面体单元格边界处的值,可取其边界两侧的算术平均值,即

$$\tilde{c}_{f_{i,k}}=\frac{1}{2}[(\tilde{c}_{f_{i,k}})_{\mathrm{IN}}+(\tilde{c}_{f_{i,k}})_{\mathrm{OUT}}]\tag{11-37}$$

基于式(11-34)和式(11-37),可将式(11-33)变形为

$$f_{f_{i,k}}^{\langle c\rangle}=\frac{1}{2}\tilde{c}_{f_{i,k}}(Fr_{f_{i,k}}+|Fr_{f_{i,k}}|)l_{f_{i,k}}(\langle c\rangle_{f_{i,k}})_{\mathrm{IN}}+\frac{1}{2}\tilde{c}_{f_{i,k}}(Fr_{f_{i,k}}-|Fr_{f_{i,k}}|)l_{f_{i,k}}(\langle c\rangle_{f_{i,k}})_{\mathrm{OUT}}\tag{11-38}$$

依据式(4-170)和式(4-171),可计算得到式(11-38)中的$(\langle c\rangle_{f_{i,k}})_{\mathrm{IN}}$和$(\langle c\rangle_{f_{i,k}})_{\mathrm{OUT}}$,即

$$(\langle c\rangle_{f_{i,k}})_{\mathrm{IN}}=\langle c\rangle_{c_i}+\boldsymbol{r}_{c_i,c_{i,k}}\cdot\tilde{\nabla}\langle c\rangle_{c_i};\quad(\langle c\rangle_{f_{i,k}})_{\mathrm{OUT}}=\langle c\rangle_{c_{i,k}}+\boldsymbol{r}_{c_{i,k},c_i}\cdot\tilde{\nabla}\langle c\rangle_{c_{i,k}}\tag{11-39}$$

将式(11-39)代入式(11-38)后,可得到:

$$\begin{aligned}f_{f_{i,k}}^{\langle c\rangle}=&\frac{1}{2}\cdot\tilde{c}_{f_{i,k}}(Fr_{f_{i,k}}+|Fr_{f_{i,k}}|)\cdot l_{f_{i,k}}\cdot\langle c\rangle_{c_i}+\frac{1}{2}\cdot\tilde{c}_{f_{i,k}}(Fr_{f_{i,k}}-|Fr_{f_{i,k}}|)\cdot l_{f_{i,k}}\cdot\langle c\rangle_{c_{i,k}}\\&+\frac{1}{2}\cdot\tilde{c}_{f_{i,k}}(Fr_{f_{i,k}}+|Fr_{f_{i,k}}|)\cdot l_{f_{i,k}}\cdot\boldsymbol{r}_{c_i,c_{i,k}}\cdot\tilde{\nabla}\langle c\rangle_{c_i}\\&+\frac{1}{2}\cdot c_{f_{i,k}}(Fr_{f_{i,k}}-|Fr_{f_{i,k}}|)\cdot l_{f_{o,k}}\cdot\boldsymbol{r}_{c_{i,k},c_i}\cdot\tilde{\nabla}\langle c\rangle_{c_{i,k}}\end{aligned}\tag{11-40}$$

再将式(11-40)代入式(11-31)后,即可得到雷诺平均尺度下溶质浓度时间导数积分平均项的离散格式,即

$$\begin{aligned}&\frac{1}{|\Phi_i|}\oint_{\partial\Phi_i}(\langle u\rangle\langle c\rangle,\langle v\rangle\langle c\rangle,\langle w\rangle\langle c\rangle)\cdot\boldsymbol{n}\mathrm{d}S\\=&\frac{1}{2|\Phi_i|}\sum_{k=1}^{4}[\tilde{c}_{f_{i,k}}(Fr_{f_{i,k}}+|Fr_{f_{i,k}}|)\cdot l_{f_{i,k}}\cdot\langle c\rangle_{c_i}+\tilde{c}_{f_{i,k}}(Fr_{f_{i,k}}-|Fr_{f_{i,k}}|)\cdot l_{f_{i,k}}\cdot\langle c\rangle_{c_{i,k}}]\\&+\frac{1}{2|\Phi_i|}\sum_{k=1}^{4}[\tilde{c}_{f_{i,k}}(Fr_{f_{i,k}}+|Fr_{f_{i,k}}|)\cdot l_{f_{i,k}}\cdot\boldsymbol{r}_{c_i,c_{i,k}}\cdot\tilde{\nabla}\langle c\rangle_{c_i}\\&+c_{f_{i,k}}(Fr_{f_{i,k}}-|Fr_{f_{i,k}}|)\cdot l_{f_{o,k}}\cdot\boldsymbol{r}_{c_{i,k},c_i}\cdot\tilde{\nabla}\langle c\rangle_{c_{i,k}}]\end{aligned}\tag{11-41}$$

基于图 11-5,将式(11-41)中的$\langle c\rangle_{c_i}$和$\langle c\rangle_{c_{i,k}}$统一标记为$\langle c\rangle_j$,相应的系数标记为$a_{\langle c\rangle,j}$,并将与$\tilde{\nabla}\langle c\rangle_{c_i}$和$\tilde{\nabla}\langle c\rangle_{c_{i,k}}$的相关项统一标记为$C_{\langle c\rangle,i}$,则式(11-41)被表达为如下形式:

$$\frac{1}{|\Phi_i|}\oint_{\partial\Phi_i}(\langle u\rangle\langle c\rangle,\langle v\rangle\langle c\rangle,\langle w\rangle\langle c\rangle)\cdot\boldsymbol{n}\mathrm{d}S=\sum_{j\in\sigma v_i^S}a_{\langle c\rangle,j}\cdot\langle c\rangle_j+C_{\langle c\rangle,i}\tag{11-42}$$

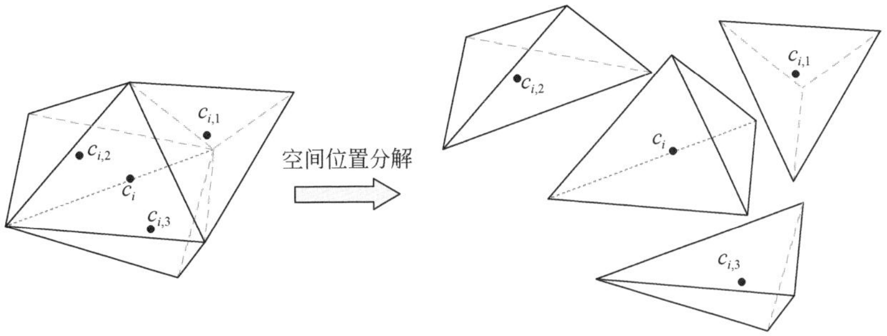

图 11-5　典型四面体单元格下符号标记及其位置关系的示意图

(5)雷诺平均尺度下溶质浓度扩散积分平均项的有限体积法离散格式

采用高斯公式将雷诺平均尺度下溶质浓度扩散积分平均项的体积分转换为四面体外表面的面积分后,对其进行空间离散,得

$$\begin{aligned}\frac{1}{|\Phi_i|}\iiint_{\Phi_i}\nabla\cdot(\boldsymbol{\kappa}_t\cdot\nabla\langle c\rangle)\mathrm{d}x\mathrm{d}y\mathrm{d}z&=\frac{1}{|\Phi_i|}\iint_{\partial\Phi_i}\boldsymbol{\kappa}_t\cdot\nabla\langle c\rangle\cdot\boldsymbol{n}_{f_{i,k}}\mathrm{d}S_{f_{i,k}}\\&=\frac{1}{|\Phi_i|}\sum_{k=1}^{4}(\boldsymbol{\kappa}_c\cdot\nabla\langle c\rangle)_{f_{i,k}}\cdot\boldsymbol{n}_{f_{i,k}}\cdot S_{f_{i,k}}\end{aligned}\tag{11-43}$$

与式(7-18)类似,式(11-43)等号右侧项中的$(\boldsymbol{\kappa}_c \cdot \nabla\langle c\rangle)_{f_{i,k}} \cdot \boldsymbol{n}_{f_{i,k}}$被计算如下:

$$(\boldsymbol{\kappa}_c \cdot \nabla\langle c\rangle)_{f_{i,k}} \cdot \boldsymbol{n}_{f_{i,k}} = (\boldsymbol{\kappa}_t)_{f_{i,k}} \frac{\langle c\rangle_{f_{i,k}} - \langle c\rangle_i}{d_{if_{i,k}}} \boldsymbol{n}_d \cdot \boldsymbol{n}_{f_{i,k}}$$
$$= \frac{(\boldsymbol{\kappa}_t)_{f_{i,k}}(n_{d,x} \cdot n_x + n_{d,y} \cdot n_y + n_{d,z} \cdot n_z)}{d_{if_{i,k}}} \cdot \left(\sum_{j_v=1,2,3} \lambda_{f_{i,k},j_v} \cdot \langle c\rangle_{j_v} - \langle c\rangle_i\right) \tag{11-44}$$

式中,$\boldsymbol{\lambda}_{f_{i,k},j_v}$为第$i$个四面体单元格外表面$f_{i,k}$的重心坐标;$\langle c\rangle_{j_v}$为第$i$个四面体单元格外表面$f_{i,k}$三个节点处的溶质浓度值(m),下标$j_v$为$f_{i,k}$三个节点的标号;$d_{if_{i,k}}$为第$i$个四面体单元格中心$c_i$到外表面$f_{i,k}$的距离(m);$\boldsymbol{n}_d$为第$i$个四面体单元格外表面$f_{i,k}$处的地表水溶质浓度梯度$(\nabla\langle c\rangle)_{f_{i,k}}$的单位向量,包括$n_{d,x}$、$n_{d,y}$和$n_{d,z}$。

式(11-44)中的$\langle c\rangle_{j_v}$恰好是如图7-4所示的第i个四面体单元格节点v_i处的溶质浓度值$\langle c\rangle_{v_i}$。故若以四面体单元格外表面$f_{i,k}$为关注点,则式(11-25)可被重新标记为$\langle c\rangle_{j_v} = \sum_{j\in\sigma_{v_j}^S} \omega_j^v \cdot \langle c\rangle_j$,代入式(11-44)后,可得到:

$$(\boldsymbol{\kappa}_t \cdot \nabla\langle c\rangle)_{f_{i,k}} \cdot \boldsymbol{n}_{f_{i,k}} = \frac{(\boldsymbol{\kappa}_t)_{f_{i,k}} \cdot \bar{n}_{f_{i,k}}}{d_{if_{i,k}}} \cdot \left(\sum_{j_v=1,2,3;j\in\sigma_{v_j}^S} \lambda_{f_{i,k},j_v} \cdot \omega_j^v \langle c\rangle_j - \langle c\rangle_i\right) \tag{11-45}$$

式中,$\bar{n}_{f_{i,k}} = n_{d,x} \cdot n_x + n_{d,y} \cdot n_y + n_{d,z} \cdot n_z$。

再将式(11-45)代入式(11-43)等号右侧项后,即可得到雷诺平均尺度下溶质浓度扩散积分平均项的离散格式,即

$$\frac{1}{|\Phi_i|}\iiint_{\Omega_i} \nabla\cdot(\boldsymbol{\kappa}_t \cdot \nabla\langle c\rangle)\mathrm{d}x\mathrm{d}y\mathrm{d}z = \frac{1}{|\Phi_i|}\sum_{k=1}^{4} \frac{(\boldsymbol{\kappa}_t)_{f_{i,k}} \cdot \bar{n}_{f_{i,k}}}{d_{if_{i,k}}} \cdot \left(\sum_{j_v=1,2,3;j\in\sigma_{j_v}^S} \lambda_{f_{i,k},j} \cdot \omega_j^v \cdot \langle c\rangle_j - \langle c\rangle_i\right) \cdot S_{f_{i,k}} \tag{11-46}$$

式(11-46)虽然包含了两重求和运算,但仍为待求变量$\langle c\rangle_i$的线性函数,故可用向量符号将该式表达为如下紧致形式:

$$\frac{1}{|\Omega_i|}\iiint_{\Omega_i} \nabla\cdot(\boldsymbol{\kappa}_t \cdot \nabla\langle c\rangle)\mathrm{d}x\mathrm{d}y\mathrm{d}z = (\boldsymbol{a}_{\langle c\rangle}^{\mathrm{T}})_i \langle \boldsymbol{c}\rangle_i \tag{11-47}$$

式中,$\boldsymbol{a}_{\langle c\rangle}^{\mathrm{T}}$为两重求和运算下与$\langle \boldsymbol{c}\rangle_i$相关项的系数总和,上标T为向量转置运算符号。

11.1.3.2　时间离散

(1)守恒或非守恒型Navier-Stokes方程组质量守恒方程

对待解变量$\langle w\rangle$而言,为了能够与其他各方程的空间离散格式进行时间耦合,需在式(11-27)引入虚拟时间步项$\frac{\mathrm{d}\langle w\rangle}{\mathrm{d}\tau}$,这并不影响地表水动力学过程的整体收敛性(Xu, 2010),其公式为

$$\frac{\mathrm{d}\langle w\rangle}{\mathrm{d}\tau} = \frac{1}{|\Omega_i|}\sum_{k=1}^{4}[\langle u\rangle_{f_{i,k}}(n_x)_{f_{i,k}} + \langle v\rangle_{f_{i,k}}(n_y)_{f_{i,k}} + \langle w\rangle_{f_{i,k}}(n_z)_{f_{i,k}}] \cdot S_{f_{i,k}} \tag{11-48}$$

采用一阶精度全隐时间格式对式(11-48)时间离散,即

$$\frac{\langle w\rangle_i^{n_p+1}-\langle w\rangle_i^{n_p}}{\mathrm{d}t}=\frac{1}{|\Omega_i|}\sum_{k=1}^{4}\left[\langle u\rangle_{f_{i,k}}^{n_p+1}\cdot(n_x)_{f_{i,k}}+\langle v\rangle_{f_{i,k}}^{n_p+1}\cdot(n_y)_{f_{i,k}}+\langle w\rangle_{f_{i,k}}^{n_p+1}\cdot(n_z)_{f_{i,k}}\right]\cdot S_{f_{i,k}} \tag{11-49}$$

基于式(11-4)和式(11-5),可直接获得式(11-49)中的$\langle u\rangle_{f_{i,k}}^{n_p+1}$和$\langle v\rangle_{f_{i,k}}^{n_p+1}$,再对式(11-49)进行合并同类项处理后,可得到如下线性代数方程组:

$$\langle w\rangle_i^{n_p+1}+\sum_{k=1}^{4}\langle w\rangle_{f_{i,k}}^{n_p+1}=\sum_{k=1}^{4}\frac{\Delta\tau}{\Omega_i}\left[\langle u\rangle_{f_{i,k}\ \ f_{i,k}}^{n_p+1}\cdot(n_x)_{f_{i,k}}+\langle v\rangle_{f_{i,k}}^{n_p+1}\cdot(n_y)_{f_{i,k}}\right]\cdot S_{f_{i,k}}+\langle w\rangle_i^{n_p} \tag{11-50}$$

为了表述方便,将式(11-50)表达成如下矩阵形式:

$$\boldsymbol{A}_{\langle w\rangle}^{n_p}\cdot\langle\boldsymbol{w}\rangle^{n_p}=\boldsymbol{D}_{\langle w\rangle}^{n_p} \tag{11-51}$$

(2)守恒型对流-扩散方程

基于以上空间离散步骤和结果,形成式(11-9)的最终空间离散格式,即

$$\frac{\mathrm{d}\langle c\rangle_i}{\mathrm{d}t}+\sum_{j\in\sigma v_i^S}a_{\langle c\rangle,j}\cdot\langle c\rangle_j=(\boldsymbol{a}_{\langle c\rangle}^{\mathrm{T}})_i\cdot\langle\boldsymbol{c}\rangle_i-C_{\langle c\rangle,i} \tag{11-52}$$

对式(11-52)做移项处理后,采用二阶精度全隐时间格式开展时间离散,得

$$\frac{3\langle c\rangle_i^{n_t+1}-4\langle c\rangle_i^{n_t}+\langle c\rangle_i^{n_t-1}}{\Delta t}+\sum_{j\in\sigma v_i^S}a_{\langle c\rangle,j}^{n_t+1}\cdot\langle c\rangle_j^{n_t+1}=(\boldsymbol{a}_{\langle c\rangle}^{\mathrm{T}})_i^{n_t+1}\cdot\langle\boldsymbol{c}\rangle_i^{n_t+1}-C_{\langle c\rangle,i}^{n_t+1} \tag{11-53}$$

式(11-53)为非线性代数方程组,为便于求解,采用 Picards 迭代(Manzini and Ferraris, 2004)对其做线性化处理,得

$$\frac{3\langle c\rangle_i^{n_t+1,n_p+1}-4\langle c\rangle_i^{n_t}+\langle c\rangle_i^{n_t-1}}{\Delta t}+\sum_{j\in\sigma v_i^S}a_{\langle c\rangle,j}^{n_t+1,n_p}\cdot\langle c\rangle_j^{n_t+1,n_p+1}-(\boldsymbol{a}_{\langle c\rangle}^{\mathrm{T}})_i^{n_t+1,n_p}\cdot\langle\boldsymbol{c}\rangle_i^{n_t+1,n_p+1}=-C_{\langle c\rangle i}^{n_t+1,n_p} \tag{11-54}$$

经合并同类项处理后,式(11-54)可被表达为

$$\begin{aligned}3\langle c\rangle_i^{n_t+1,n_p+1}-\Delta t\sum_{j\in\sigma v_i^S}a_{\langle c\rangle,j}^{n_t+1,n_p}\cdot\langle c\rangle_j^{n_t+1,n_p+1}-\Delta t\cdot(\boldsymbol{a}_{\langle c\rangle}^{\mathrm{T}})_i^{n_t+1,n_p}\cdot\langle\boldsymbol{c}\rangle_i^{n_t+1,n_p+1}\\=4\langle c\rangle_i^{n_t}-\langle c\rangle_i^{n_t-1}-\Delta t\cdot C_{\langle c\rangle,i}^{n_t+1,n_p}\end{aligned} \tag{11-55}$$

为了表述方便,将式(11-55)表达成如下矩阵形式:

$$\boldsymbol{A}_{\langle c\rangle}^{n_t+1,n_p,n_p+1}\cdot\langle\boldsymbol{c}\rangle^{n_t+1,n_p+1}=\boldsymbol{D}_{\langle c\rangle}^{n_t+1,n_p} \tag{11-56}$$

11.1.3.3　时空离散方程求解

基于双曲-抛物型方程结构的守恒-非守恒型全水动力学方程质量守恒方程和动量守恒方程的时空离散格式[式(5-59)和式(5-62)]被重述如下:

$$\boldsymbol{A}_\zeta^{n_t+1,n_p}\cdot\boldsymbol{\zeta}^{n_t+1,n_p+1}=\boldsymbol{D}_\zeta^{n_t+1,n_p} \tag{11-57}$$

$$\boldsymbol{A}_Q^{n_p}\cdot\boldsymbol{q}^{n_p+1}=\boldsymbol{D}_Q^{n_p} \tag{11-58}$$

借助虚拟迭代时间步 n_p,可将式(11-4)和式(11-5)表达成如下向量形式,即

$$\langle\boldsymbol{u}\rangle^{n_p+1}=\frac{\boldsymbol{u}_\tau^{n_p}}{\boldsymbol{\kappa}}\ln\left(\frac{\boldsymbol{u}_\tau^{n_p}\cdot z}{\nu}\right)+0.52 \tag{11-59}$$

利用单位矩阵,可将式(11-59)表达如下:

$$\boldsymbol{I}^{n_p}\langle \boldsymbol{u}\rangle^{n_p+1}=\boldsymbol{D}^{n_p}_{\langle u,v\rangle} \tag{11-60}$$

式中,$\boldsymbol{D}^{n_p}_{\langle u,v\rangle}=\dfrac{\boldsymbol{u}_\tau^{n_p+1}}{\kappa}\ln\left(\dfrac{\boldsymbol{u}_\tau^{n_p+1}z}{\nu}\right)+0.52$。

基于双曲–抛物型方程结构的守恒–非守恒型全水动力学方程、三维非均布地表水流流速场重构方程、雷诺平均尺度下非守恒型 Navier-Stokes 方程组及守恒型对流–扩散方程的时空离散格式可被写为如下整体矩阵形式:

$$\begin{pmatrix} \boldsymbol{A}_\zeta^{n_t+1,n_p} & 0 & 0 & 0 & 0 \\ 0 & \boldsymbol{A}_Q^{n_p} & 0 & 0 & 0 \\ 0 & 0 & \boldsymbol{I}^{n_p} & 0 & 0 \\ 0 & 0 & 0 & \boldsymbol{A}_{\langle w\rangle}^{n_p} & 0 \\ 0 & 0 & 0 & 0 & \boldsymbol{A}_{\langle c\rangle}^{n_t+1,n_p} \end{pmatrix}\cdot\begin{pmatrix} \boldsymbol{\zeta}^{n_t+1,n_p+1} \\ \boldsymbol{q}^{n_p+1} \\ \langle \boldsymbol{u}\rangle^{n_p+1} \\ \langle \boldsymbol{w}\rangle^{n_p+1} \\ \langle \boldsymbol{c}\rangle^{n_t+1,n_p+1} \end{pmatrix}=\begin{pmatrix} \boldsymbol{D}_\zeta^{n_t+1,n_p} \\ \boldsymbol{D}_Q^{n_p} \\ \boldsymbol{D}_{\langle u,v\rangle}^{n_p+1} \\ \boldsymbol{D}_{\langle w\rangle}^{n_p} \\ \boldsymbol{D}_{\langle c\rangle}^{n_t+1,n_p} \end{pmatrix} \tag{11-61}$$

式(11-61)是畦田撒施肥料灌溉地表水流溶质运动全耦合方程的数值模拟求解表达式,需满足以下收敛准则(Furman,2008):

$$\max_i\left(\frac{|\zeta_i^{p+1}-\zeta_i^p|}{\zeta_i^p},\frac{|\langle c\rangle_i^{n_p+1}-\langle c\rangle_i^{n_p}|}{\langle c\rangle_i^{n_p}}\right)<\varepsilon \tag{11-62}$$

式中,ε 为预设的收敛误差值,可取值为 10^{-5}。

式(11-61)是以非线性耦合方式表述三维地表水非均布流速场和溶质浓度场的时空演变过程,其系数矩阵含有海量个数元素,导致巨大的计算工作量和复杂的计算过程。对虚拟迭代时间过程而言,式(11-61)为包含 5 个线性子方程组的线性方程组。基于线性系统叠加原理(Newhouse,2011),该式可被分解成 5 个线性子系统加以计算(图 11-6)。但若将这 5 个线性子系统移到虚拟迭代时间域以外,式(11-61)不再为线性系统,不能按照图 11-6 的流程进行计算。

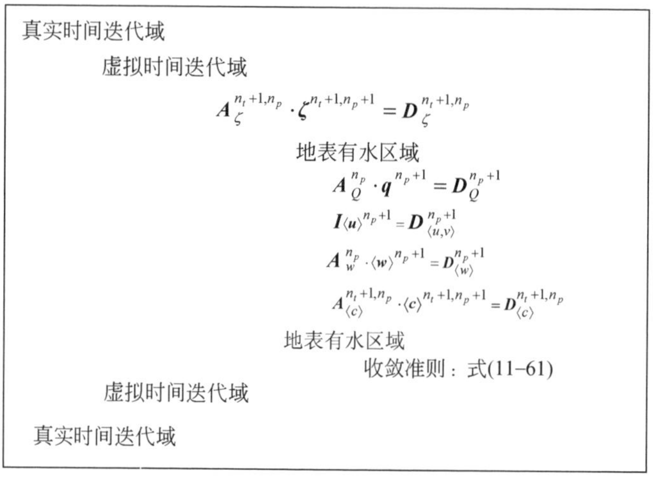

图 11-6 畦田撒施肥料灌溉地表水流溶质运动全耦合方程的时空离散格式计算流程

11.2　畦田撒施肥料灌溉地表水流溶质运动全耦合模型模拟效果评价方法

选取畦田规格、单宽流量、入流形式、畦面微地形空间分布状况、肥料非均匀撒施程度、土壤入渗性能、畦面糙率系数等灌溉技术要素存在差异的 5 个典型畦田撒施硫酸铵灌溉试验为实例，依据田间试验观测数据，借助模拟效果评价指标，确认畦田撒施肥料灌溉地表水流溶质运动全耦合模型的模拟结果，分析其模拟性能。

11.2.1　典型畦田撒施硫酸铵灌溉试验实例

表 11-1 中全部实例均来自北京市大兴区中国水利水电科学研究院节水灌溉试验研究基地 2010 年和 2015 年冬小麦春灌试验期（表 9-5 和表 9-6），实例表土为沙壤土，平均干容重为 1.38g/cm^3。

如图 5-2 所示，在各实例畦田内开展土壤入渗参数和畦面糙率系数观测试验，确定 Kostiakov 公式中参数 k_{in} 和 α 的平均值及畦面糙率系数 n 的平均值（表 11-1）。此外，分别以 0.5m×0.5m 和 5m×5m 网格实测各实例畦田的地表（畦面）相对高程空间分布状况（图 11-7），前 4 个实例的畦面平均坡度分别为 1/10 000、9.9/10 000、9.8/10 000 和 1.1/10 000。

表 11-1　典型畦田撒施硫酸铵灌溉试验实例观测数据与测定结果

典型畦田撒施硫酸铵灌溉试验	畦田规格 (m×m)	单宽流量 q [L/(s·m)]	入流形式	畦面微地形空间分布状况 S_d(cm)	肥料非均匀撒施程度 U_{SN}	Kostiakov 入渗经验公式参数		畦面糙率系数 n (s/m$^{1/3}$)
						k_{in} (cm/min$^\alpha$)	α	
实例 1	103×1.5	2	扇形入流	2.77	0	0.063	0.48	0.08
实例 2	103×1.5	2	扇形入流	2.58	1.5	0.062	0.48	0.08
实例 3	103×1.5	6	扇形入流	2.52	0	0.061	0.49	0.08
实例 4	103×1.5	6	扇形入流	2.88	1.5	0.060	0.47	0.09
实例 5	75×25	0.8	线形入流	3.05	0	0.082	0.36	0.08

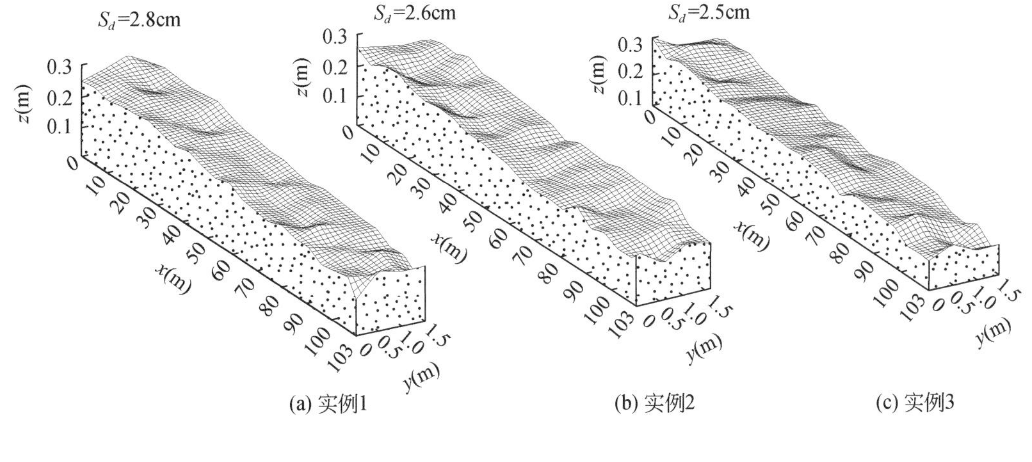

(a) 实例1　　(b) 实例2　　(c) 实例3

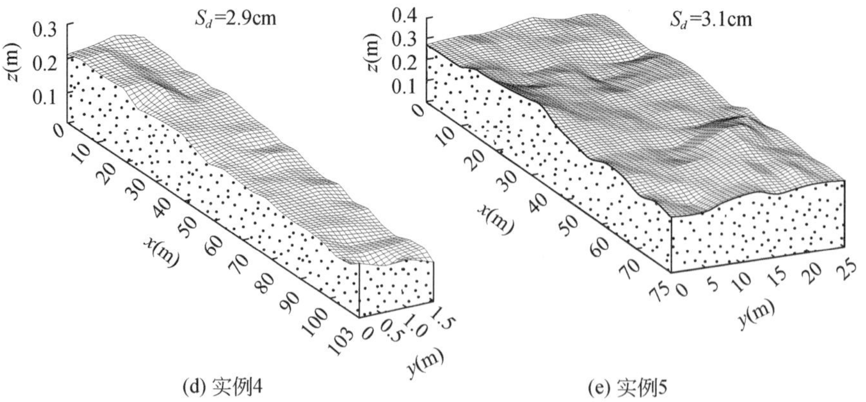

(d) 实例4 (e) 实例5

图 11-7 各实例畦田的地表(畦面)相对高程空间分布状况

11.2.2 畦田撒施肥料灌溉模拟效果评价指标

借助畦田撒施硫酸铵灌溉地表水流运动推进时间与消退时间的模拟结果与实测值间的平均相对误差确认模型的模拟结果,使用数值计算稳定性、质量平衡误差、计算效率、收敛速率等指标定量评价模型的模拟性能,相关评价指标定义详见第 10 章。

11.3 畦田撒施肥料灌溉地表水流溶质运动全耦合模型确认与验证

以典型畦田撒施硫酸铵灌溉试验实例的实测数据为参照,确认和验证地表水流溶质运动全耦合模型的模拟效果。

典型畦田撒施硫酸铵灌溉试验实例中地表水流运动推进过程和消退过程观测网格与地表(畦面)相对高程实测网格相同,实例 1 ~ 实例 4 为 0.5m×5m,实例 5 为 5m×5m,取时间离散步长 $\Delta t=10$s,局部反应速率常数 $k_d=0.000\ 15$L/s,肥料溶质溶解度 $c_0=767$g/L,修正系数 $\alpha_c=0.67$(Livingstone,1963)。典型畦田撒施硫酸铵灌溉试验实例数值模拟过程中采用的地表水流运动和地表水流溶质运动空间离散单元格集合信息分见表 11-2 和表 11-3。

表 11-2 典型畦田撒施硫酸铵灌溉试验实例数值模拟过程中采用的地表水流运动空间离散单元格集合信息 (单位:个)

典型畦田撒施硫酸铵灌溉试验	集合 M_l 单元格数目	集合 $M_{l/2}$ 单元格数目	集合 $M_{l/4}$ 单元格数目
实例 1	1 702	6 808	27 232
实例 2	1 702	6 808	27 232
实例 3	1 702	6 808	27 232
实例 4	1 702	6 808	27 232
实例 5	2 452	9 808	39 232

表 11-3　典型畦田撒施硫酸铵灌溉试验实例数值模拟过程中采用的地表水流溶质运动空间离散单元格集合信息　（单位：个）

典型畦田撒施硫酸铵灌溉试验	集合 M_l 单元格数目	集合 $M_{l/2}$ 单元格数目	集合 $M_{l/4}$ 单元格数目
实例 1	5 235	8 376	1 340 160
实例 2	5 235	8 376	1 340 160
实例 3	5 235	8 376	1 340 160
实例 4	5 235	8 376	1 340 160
实例 5	6 335	101 360	1 621 760

11.3.1　全耦合模型模拟结果确认

表 11-4 给出地表水流溶质运动全耦合模型模拟的和实测的地表水流运动推进时间与消退时间的平均相对误差值 ARE_{adv} 和 ARE_{rec}，两者分别为 3.53% ~4.92%、5.54% ~8.34%，这表明全耦合模型具有较好的模拟精度。

表 11-4　地表水流溶质全耦合模型模拟的和实测的地表水流运动推进时间与消退时间的平均相对误差值　（单位：%）

平均相对误差	典型畦田撒施硫酸铵灌溉试验				
	实例 1	实例 2	实例 3	实例 4	实例 5
ARE_{adv}	3.52	4.53	3.78	3.56	4.92
ARE_{rec}	5.54	7.67	6.78	7.34	8.34

表 11-5 给出地表水流溶质运动全耦合模型模拟的和实测的各观测点（图 9-14 和图 9-16）处地表水流铵态氮浓度垂向积分平均时间变化值间的平均相对误差值 ARE_c，变化范围为 3.23% ~7.65%，其中，实例 5 下的模拟精度稍差，这与采用一级反应动力学方程描述撒施肥料溶解过程仍存在一定误差相关（Tartakovsky et al.，2007）。此外，随着观测点到畦首距离的增大，模拟结果与实测值间的差异加大，这与畦田下游趋于复杂的流态导致溶质浓度变化加剧有关。

表 11-5　地表水流溶质全耦合模型模拟的和实测的地表水流铵态氮浓度垂向积分平均时间变化值的平均相对误差值　（单位：%）

典型畦田撒施硫酸铵灌溉试验	ARE_c					
	测点 A	测点 B	测点 C	测点 D	测点 E	测点 F
实例 1	3.71	3.92	4.21	4.72	5.13	—
实例 2	4.23	4.67	4.91	5.19	5.42	—
实例 3	3.23	3.27	3.56	4.29	4.87	—
实例 4	4.27	4.37	4.89	5.49	5.82	—
实例 5	4.42	5.14	5.42	6.08	7.12	7.65

图 11-8 ~ 图 11-12 分别给出各实例下不同观测点处模拟的和实测的地表水流铵态氮浓度垂向积分平均值的时间变化过程。当地表水流运动刚推进到各观测点时,较浅水层中的铵态氮浓度初始值较高,随着水深增加,其浓度值下降且趋于稳定。由于非均匀撒施

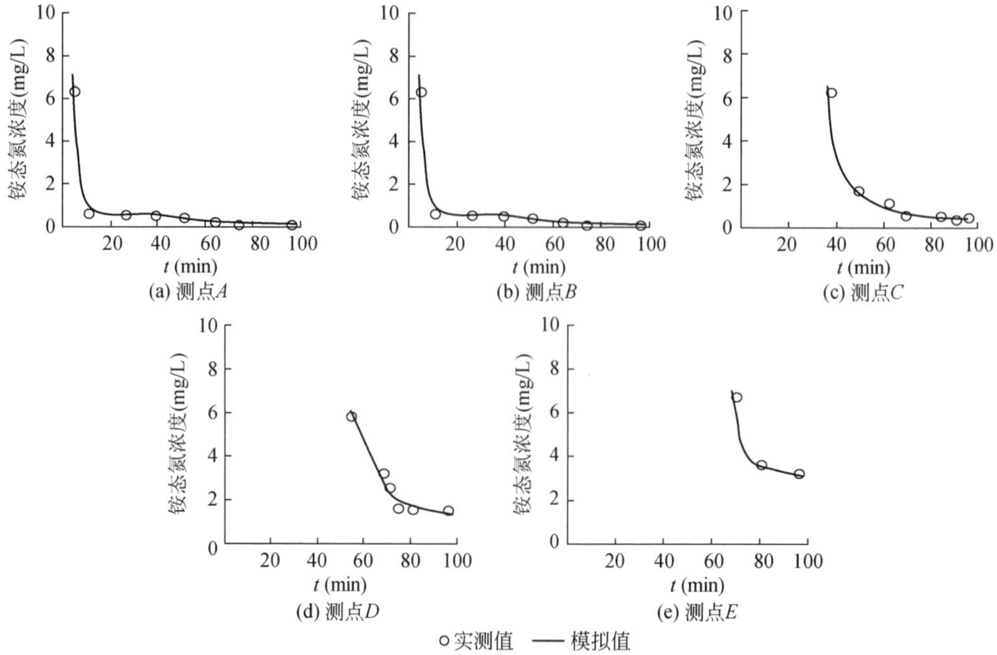

图 11-8 实例 1 条畦内各观测点处地表水流溶质运动全耦合模型模拟的和实测的地表水流铵态氮浓度垂向积分平均值的时间变化过程

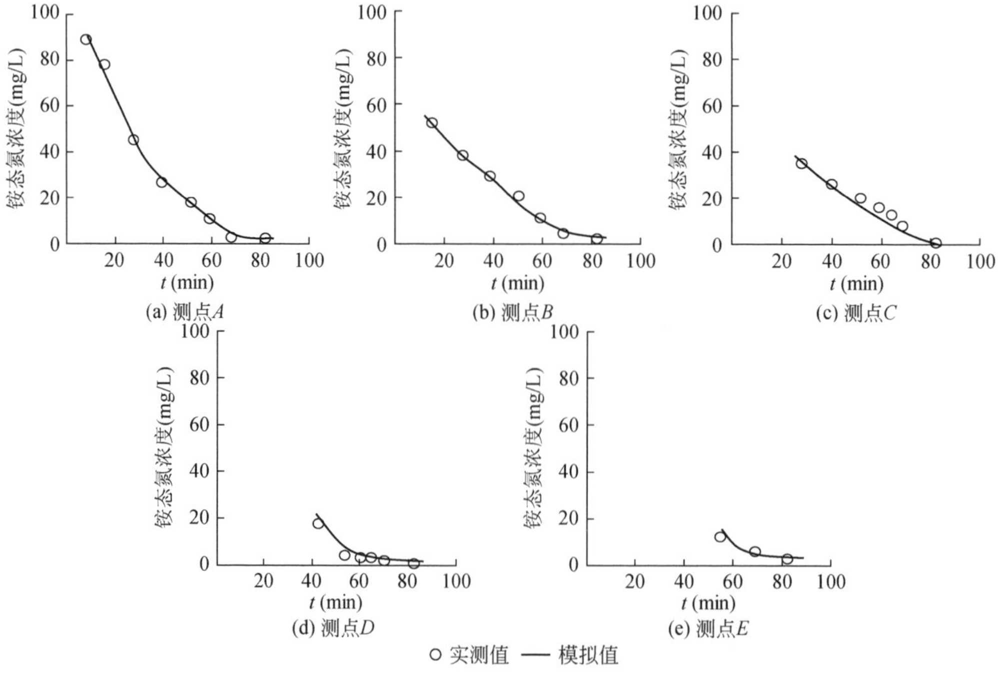

图 11-9 实例 2 条畦内各观测点处地表水流溶质运动全耦合模型模拟的和实测的地表水流铵态氮浓度垂向积分平均值的时间变化过程

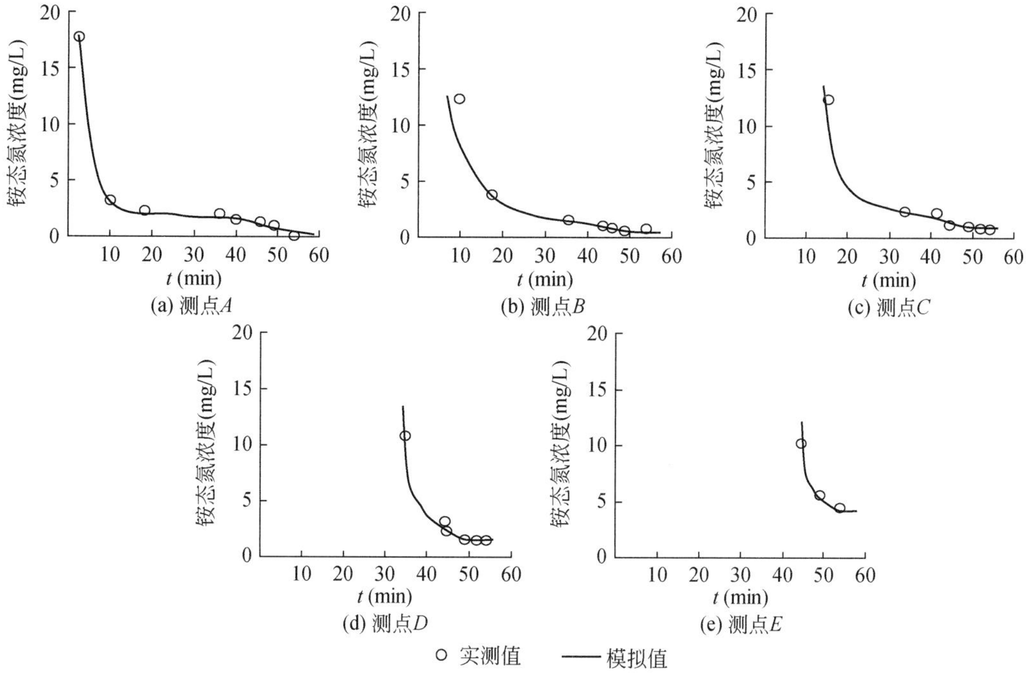

图 11-10　实例 3 条畦内各观测点处地表水流溶质运动全耦合模型模拟的和实测的地表水流铵态氮浓度垂向积分平均值的时间变化过程

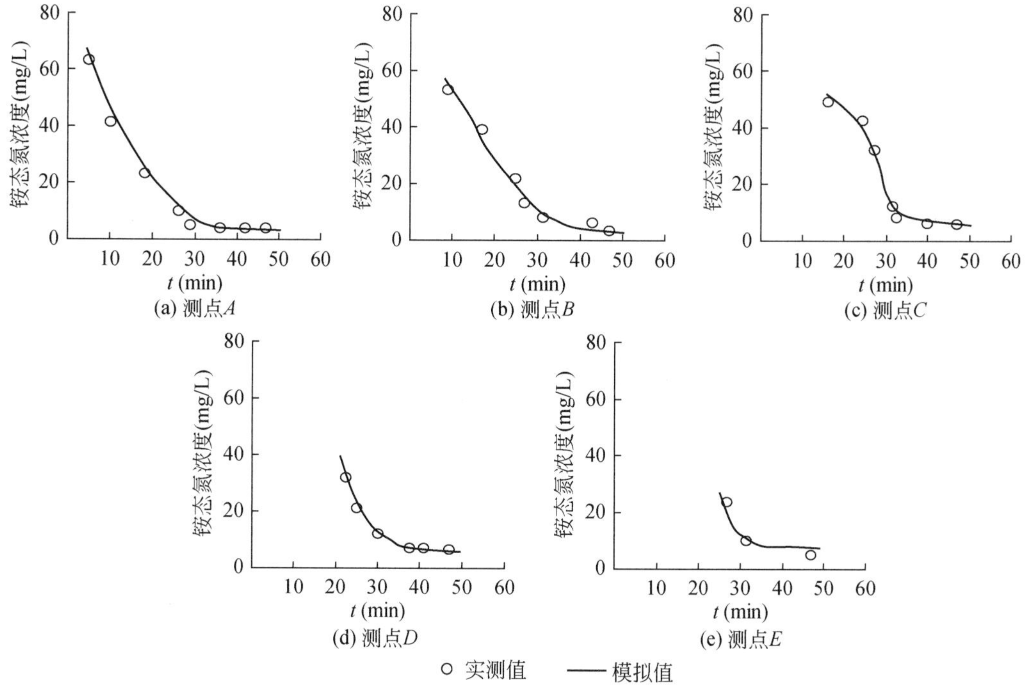

图 11-11　实例 4 条畦内各观测点处地表水流溶质运动全耦合模型模拟的和实测的地表水流铵态氮浓度垂向积分平均值的时间变化过程

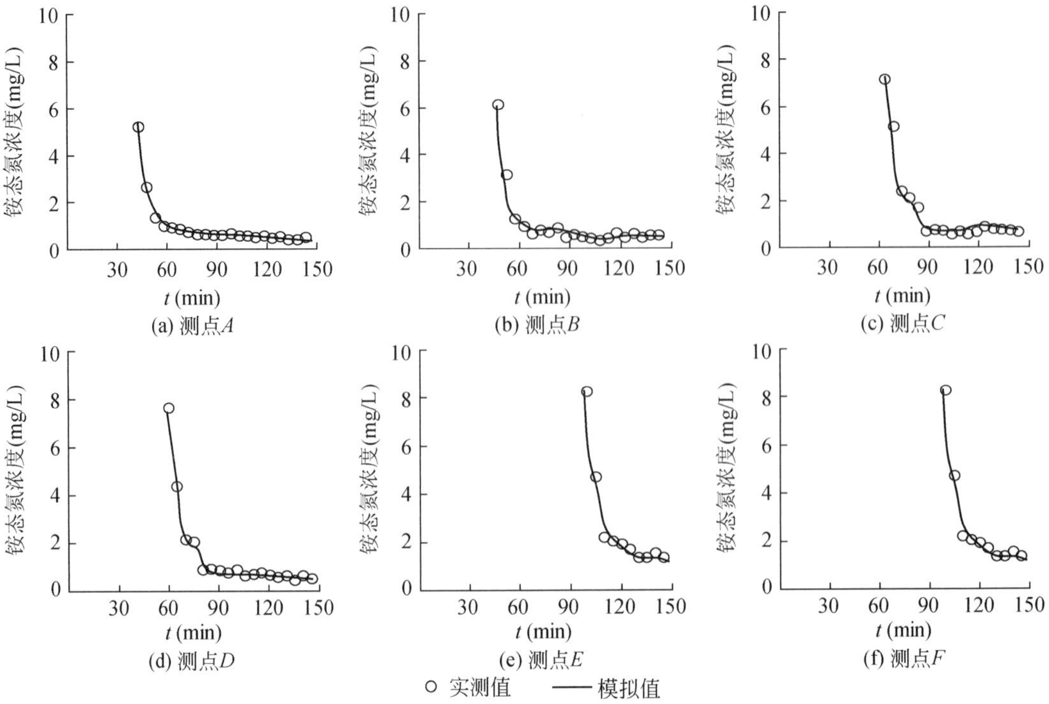

图 11-12 实例 5 宽畦内各观测点处地表水流溶质运动全耦合模型模拟的和实测的地表水流铵态氮浓度垂向积分平均值的时间变化过程

下的肥量在靠近畦首处相对较多,测点 A、测点 B 和测点 C 处的铵态氮浓度初始值在灌后一段时间内仍然较高,但稳定后的浓度值差异变小,且与测点 D 和测点 E 处的稳定浓度值间的差异也较小(图 11-9 和图 11-11),这意味着非均匀撒施肥料下的地表水流溶质浓度在灌溉后期沿畦长分布相对均匀。与之相比,均匀撒施肥料下测点 A、测点 B 和测点 C 处的铵态氮浓度初始值相对较小且下降速率较快,而测点 D、测点 E 和测点 F 处的稳定浓度值明显高于前 3 个测点,呈现出肥料溶质浓度增大的"反翘"现象(图 11-8、图 11-10 和图 11-12),这表明均匀撒施肥料下的地表水流溶质浓度在灌溉后期沿畦长呈非均布状况。此外,非均匀撒施肥料下测点 A、测点 B 和测点 C 处的铵态氮浓度初始值约为均匀撒施下的 6～10 倍,但撒施的肥量仅是后者的 2.5 倍,这缘于各田块距畦首同一位置观测点处地表(畦面)相对高程存在差别,使地表水深与流速间产生差异,造成溶质浓度也不同。

为了更为直观地验证地表水流溶质运动全耦合模型模拟的溶质浓度沿水深的非均布特征,图 11-13～图 11-16 分别给出前 4 个实例下各观测点处实测的沿水深变化的铵态氮浓度值与模拟结果的对比情况。可以看出,除测点 A 和测点 E 处稍差外,全耦合模型可以较好地模拟各观测点处的溶质浓度非均布变化趋势。对位于畦首和畦尾的测点 A 和测点 E 而言,前者处的地表水流流态常趋于射流状态(Bradford and Katopodes,1998),后者处则近似为水流静止状态,这两种流态在一定程度上都偏离了湍流垂向分布律,从而导致模拟效果稍差于位于畦田中部的观测点。

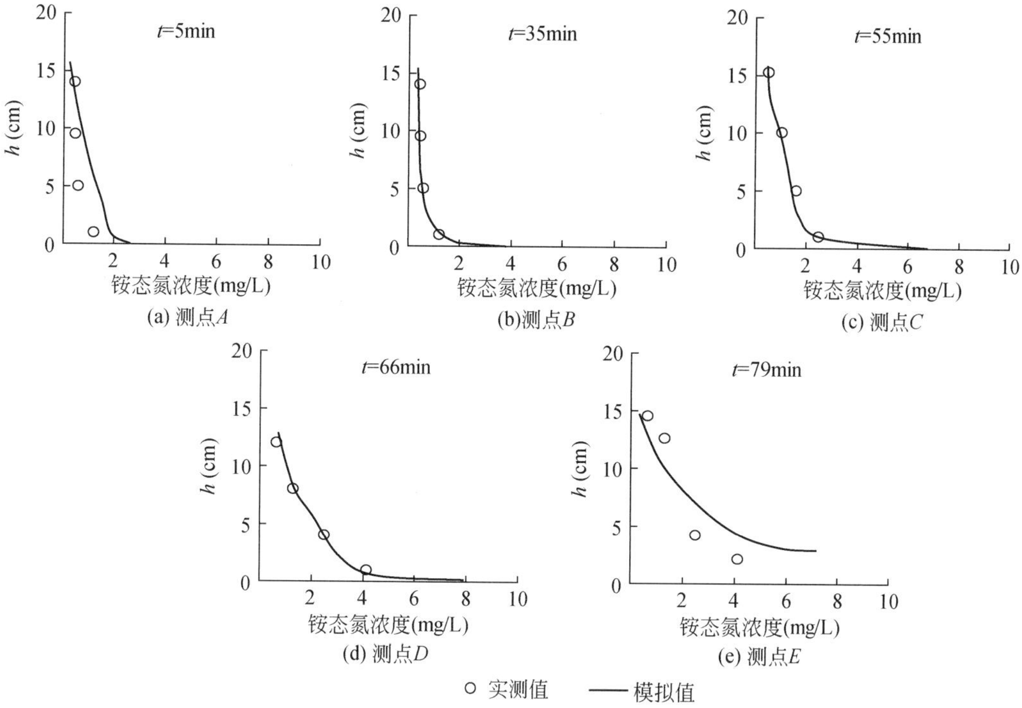

图 11-13　实例 1 条畦内各观测点处地表水流溶质运动全耦合模型模拟的和实测的地表水流铵态氮浓度沿水深的变化状况

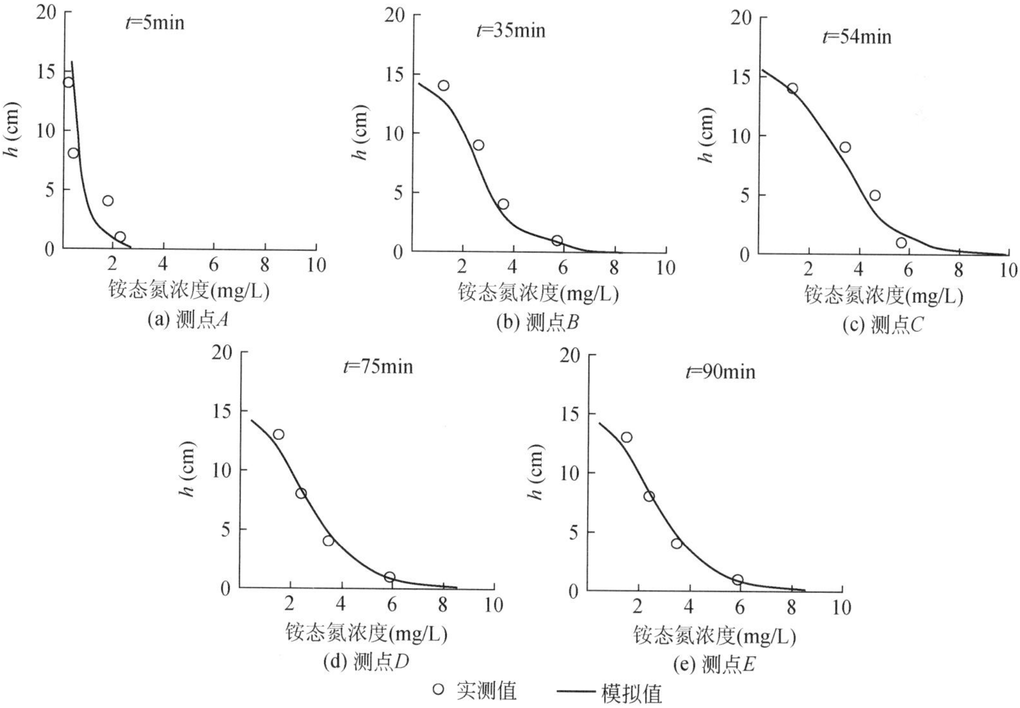

图 11-14　实例 2 条畦内各观测点处地表水流溶质运动全耦合模型模拟的和实测的地表水流铵态氮浓度沿水深的变化状况

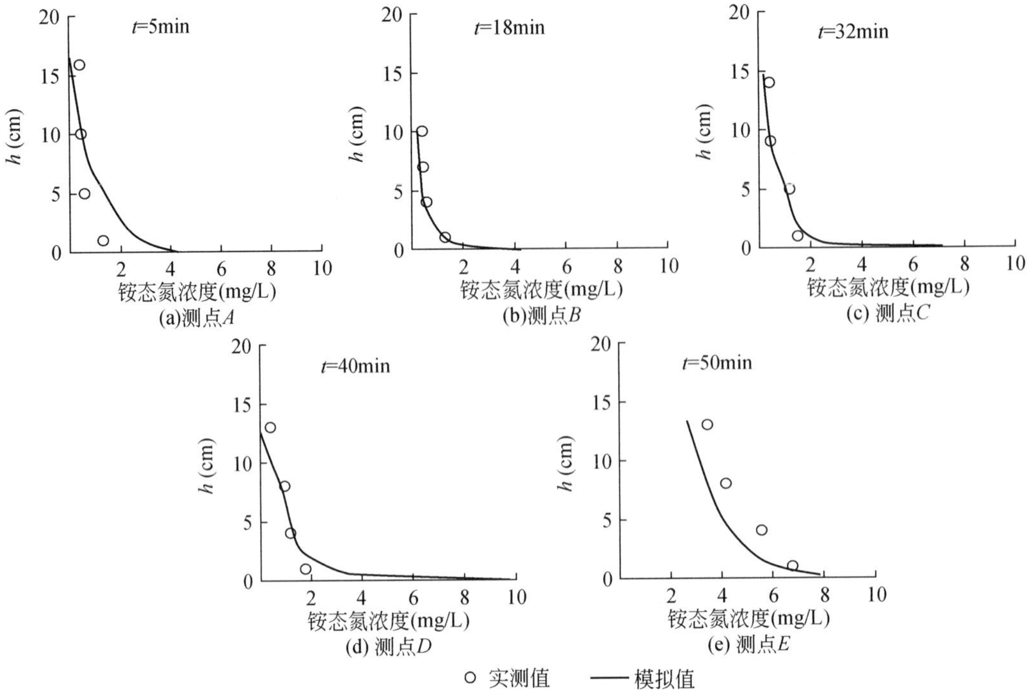

图 11-15　实例 3 条畦内各观测点处地表水流溶质运动全耦合模型模拟的和实测的地表水流铵态氮浓度沿水深的变化状况

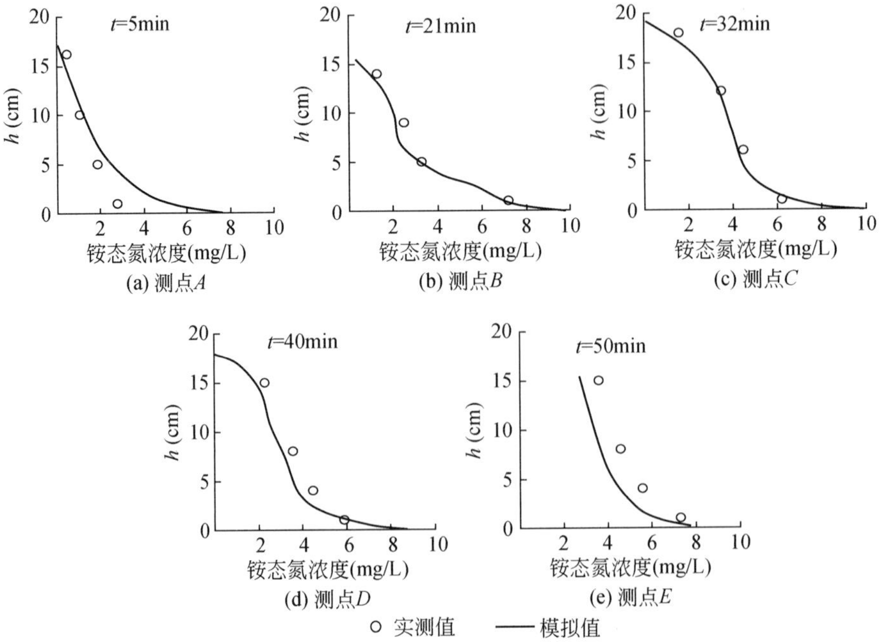

图 11-16　实例 4 条畦内各观测点处地表水流溶质运动全耦合模型模拟的和实测的地表水流铵态氮浓度沿水深的变化状况

11.3.2　全耦合模型模拟性能评价

(1)数值计算稳定性

表 11-6 给出地表水流溶质运动全耦合模型的数值计算稳定性状况。对任一实例而言，$\Delta\zeta_c$ 值均小于 1.3×10^{-6}，这表明全耦合模型具备优良的数值计算稳定性。

表 11-6　地表水流溶质运动全耦合模型的模拟性能评价指标值

评价指标	典型畦田撒施硫酸铵灌溉试验				
	实例 1	实例 2	实例 3	实例 4	实例 5
$\Delta\zeta_c$(m)	1.23×10^{-7}	1.45×10^{-7}	1.41×10^{-7}	1.13×10^{-7}	1.21×10^{-6}
$e_{q,c}$(%)	0.0046	0.0041	0.0041	0.0039	0.0062
E_r(1/min)	0.112	0.112	0.114	0.115	0.075
$R_{q,c}$	1.99	1.98	1.98	1.98	1.99

(2)质量平衡误差

地表水流溶质运动全耦合模型的质量平衡误差值见表 11-6。任一实例下的 $e_{q,c}$ 值均被控制在 0.01% 以下，这表明全耦合模型具备优良的质量守恒性。此外，图 11-17 显示出地表水流溶质运动全耦合模型的质量平衡误差值随时间演变进程。可以看出，质量平衡误差值仅在初始时刻稍大，但随后急剧下降并趋于稳定，其保持质量平衡性能的能力较强。

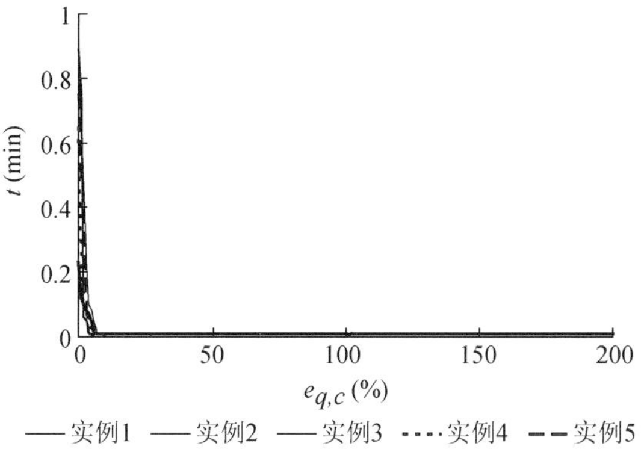

图 11-17　地表水流溶质运动全耦合模型的质量平衡误差值随时间演变进程

(3)计算效率

表 11-6 给出地表水流溶质运动全耦合模型的计算效率值。与表 10-19 相比，畦田撒施肥料灌溉地表水流溶质运动全耦合模型的 E_r 值要低于畦田液施肥料灌溉全耦合模型的相应值，这与撒施肥料灌溉下需要构造三维非均布地表水流流速场并开展三维地表水流溶质运动模拟密切相关。

(4)收敛速率

表 11-6 还给出地表水流溶质运动全耦合模型的收敛速率状况。任一实例下的 $R_{q,c}$ 值均大于 1.98，极为接近其时空离散二阶精度的理论值，这表明随着空间剖分单元格加密，模拟结果将以近似二阶的幂律收敛至各自极限解。

11.3.3　全耦合模型确认与验证结果

从以上对畦田撒施肥料灌溉地表水流溶质运动全耦合模型确认与验证结果的分析可知,无论是在模拟精度还是在数值计算稳定性、质量平衡误差、计算效率和收敛速率等指标上,该模型均具有较好的模拟效果。

11.3.4　畦面微地形空间分布状况对地表水流溶质量分布状况的直观物理影响

为了充分认识畦面微地形空间分布状况对畦田撒施肥料灌溉地表水流溶质运动产生的影响作用,从考虑和不考虑地表(畦面)相对高程空间随机分布状况的影响出发,描述 S_d 对模拟的地表水流溶质量分布状况的影响,直观了解畦面微地形空间分布状况对地表水流溶质运动模拟结果的物理影响。

11.3.4.1　不考虑地表(畦面)相对高程空间随机分布状况影响

当不考虑地表(畦面)相对高程空间随机分布状况影响($S_d=0\text{cm}$)时,图 11-18 给出畦田撒施肥料灌溉地表水流溶质运动全耦合模型模拟的地表水流铵态氮溶质量($\phi=h\cdot\bar{c}$)

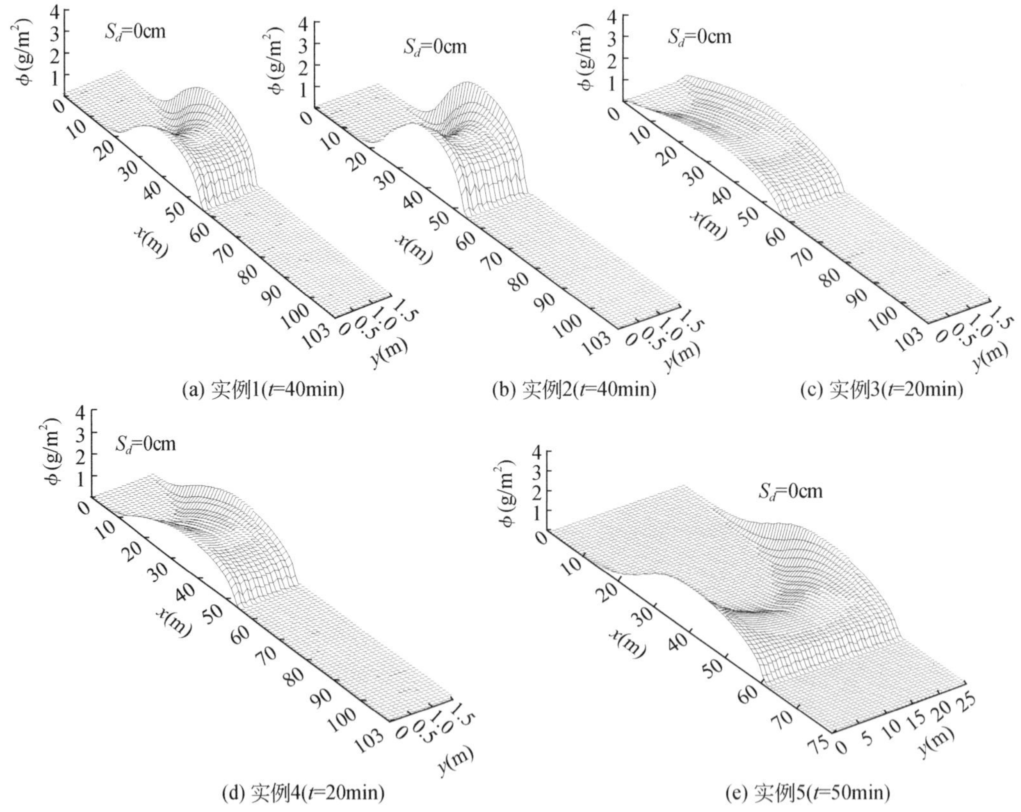

(a) 实例1(t=40min)　(b) 实例2(t=40min)　(c) 实例3(t=20min)

(d) 实例4(t=20min)　(e) 实例5(t=50min)

图 11-18　不考虑地表(畦面)相对高程空间随机分布状况影响下模拟的各实例地表水流铵态氮溶质量分布状况

分布状况。可以看出,尽管不同的肥料非均匀撒施系数和单宽流量导致地表水流溶质量分布状况出现差异,但均呈现出光滑的规则曲面形状。对同一畦田规格而言,非均匀撒施肥料下的地表水流溶质量分布状况(实例 2 和实例 4)要比均匀撒施肥料下的分布状况(实例 1 和实例 3)更趋均布,且与较小单宽流量(实例 1 和实例 2)相比,较大单宽流量(实例 3 和实例 4)对撒施的肥料具有明显冲蚀和输运作用,地表水流溶质量推进速度约增大 1 倍,且溶质量分布区的峰值亦有所增大。

11.3.4.2　考虑地表(畦面)相对高程空间随机分布状况影响

当考虑地表(畦面)相对高程空间随机分布状况影响($S_d \neq 0$cm)时,图 11-19 给出畦田撒施肥料灌溉地表水流溶质运动全耦合模型模拟的地表水流铵态氮溶质量($\phi = h \cdot \bar{c}$)分布状况。与 $S_d = 0$cm 情景(图 11-18)相比,地表水流溶质量分布状况受 S_d 影响出现随机性变化,原本规则的溶质量分布曲面变为褶皱形状,较大 S_d 值和宽畦(实例 5)下的状况改变尤其明显,这说明若要真实反映畦田撒施肥料灌溉地表水流溶质运动过程及其特性,就必须考虑地表(畦面)相对高程空间随机分布状况带来的影响。

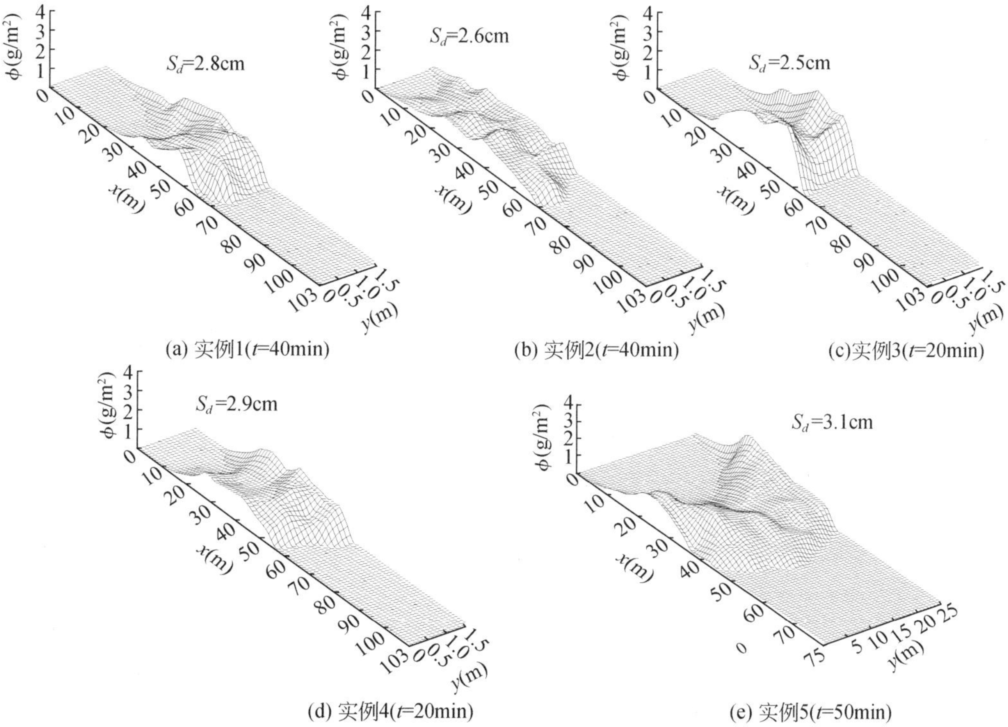

图 11-19　考虑地表(畦面)相对高程空间随机分布状况影响下模拟的各实例地表水流铵态氮溶质量分布状况

11.4　结　　论

本章基于双曲-抛物型方程结构的守恒-非守恒型全水动力学方程获得的二维地表水

流垂向均布流速场和地表水位相对高程为制约条件，利用雷诺平均尺度下的垂向非均布流速分布律及守恒或非守恒型 Navier-Stokes 方程组的质量守恒方程重构起三维非均布地表水流流速场，采用雷诺平均尺度下的守恒型对流-扩散方程表述地表水流溶质运动过程，构建起跨越典型特征尺度下的畦田撒施肥料灌溉地表水流溶质运动全耦合方程及全耦合模式，实现了地表水流运动的对流与扩散过程和地表溶质运动的对流与扩散过程之间的非线性互动关联，解决了尚无法有效模拟畦田撒施肥料灌溉地表水流溶质运动的重大难题。

畦田撒施肥料灌溉地表水流溶质运动全耦合模型模拟的和实测的地表水铵态氮浓度垂向均值的相对误差值为5%左右，具有较好的模拟精度，虽因重构三维非均布地表水流流速场并开展三维地表水流溶质运动模拟，导致计算效率有所下降，但在数值计算稳定性、质量平衡误差和收敛速率等方面均具备优良性能。

参考文献

张兆顺，崔桂利，许春晓. 2006. 湍流理论与模拟. 北京：清华大学出版社

张兆顺，崔桂利，许春晓. 2008. 湍流大涡数值模拟的理论与应用. 北京：清华大学出版社

Abbasi F, Simunek J, Van Genuchten M T, et al. 2003. Overland water flow and solute transport: model development and field-data analysis. Journal of Irrigation and Drainage Engineering, 129(2): 71-81

Begnudelli L, Sanders B F. 2006. Unstructured grid finite-volume algorithm for shallow-water flow and scalar transport with wetting and drying. Journal of Hydraulic Engineering, 132(4): 371-384

Begnudelli L, Sanders B F. 2007. Conservative wetting and drying methodology for quadrilateral grid finite-volume models. Journal of Hydraulic Engineering, 133(3): 312-322

Bertolazzi E, Manzini G. 2005. A unified treatment of boundary conditions in least-square based finite-volume methods. Computers & Mathematics with Applications, 49(11): 1755-1765

Bradford S F, Katopodes N D. 1998. Non-hydrostatic model for surface irrigation. Journal of Irrigation and Drainage Engineering, 124(4): 200-212

Benkhaldoun F, Elmahi I, Seaïd M. 2007. Well-balanced finite volume schemes for pollutant transport by shallow water equations on unstructured meshes. Journal of Computational Physics, 226(1): 180-203

Borges R, Carmona M, Costa B, et al. 2008. An improved weighted essentially non-oscillatory scheme for hyperbolic conservation laws. Journal of Computational Physics, 227(6), 3191-3211

Bradford S F, Katopodes B F. 2001. Finite volume model for non-level basin irrigation. Journal of Irrigation and Drainage Engineering, 127(4): 216-223

Burguete J, García-Navarro P, Murillo J. 2008. Preserving bounded and conservative solutions of transport in one-dimensional shallow-water flow with upwind numerical schemes: application to fertigation and solute transport in rivers. International Journal for Numerical Methods in Fluids, 56(9): 1731-1764

Burguete J, Zapata N, Garcia-Navarro P, et al. 2009. Fertigation in furrows and level furrow systems. Ⅰ: model description and numerical tests. Journal of Irrigation and Drainage Engineering, 135(4): 401-412

Furman A. 2008. Modeling coupled surface-subsurface flow processes: a review. Vadose Zone Journal, 7(2): 741-756

Fosso A, Deniau H, Sicot F, et al. 2010. Curvilinear finite-volume schemes using high-order compact interpolation. Journal of Computational Physics, 229(13): 5090-5122

García-Navarro P, Playán E, Zapata N. 2000. Solute transport modeling in overland flow applied to fertigation. Journal of Irrigation and Drainage Engineering, 126(1): 33-40

LeVeque R J. 2002. Finite Volume Methods for Hyperbolic Problems. Cambridge: The Press Syndicate of the University of Cambridge.

Liou M S. 1996. A Sequel to AUSM: AUSM+. Journal of Computational Physics, 129(19): 364-382

Liu M, Ren Y X, Zhang H. 2004. A class of fully second order accurate projection methods for solving the incompressible Navier - Stokes equations. Journal of Computational Physics, 200(1): 325-346

Livingstone D A. 1963. Chemical Composition of Rivers and Lakes. US Government Printing Office

Manzini G, Ferraris S. 2004. Mass- conservative finite volume methods on 2- D unstructured grids for the Richards' equation. Advances in Water Resources, 27(12): 1199-1215

Monaghan J J. 1994. Simulating free surface with SPH. Journal of Computational Physics, 110(2): 399-406

Morton K W, Mayers D F. 2005. Numerical Solution of Partial Differential Equations. Cambridge: Cambridge University Press

Newhouse S E. 2011. Lectures on Dynamical Systems. Berlin: Springer Berlin Heidelberg

Tartakovsky A M, Meakin P, Scheibe T D, et al. 2007. Simulation of reactive transport and precipitation with smoothed particle hydrodynamics. Journal of Computational Physics, 222: 654-672

Ullrich P A, Jablonowski C, Van Leer B. 2010. High-order finite-volume methods for the shallow-water equations on the sphere. Journal of Computational Physics, 229(17): 6104-6134

Xu R. 2010. An improved incompressible smoothed particle hydrodynamics method and its application in free-surface simulations. UK: PhD, University of Manchester

Zerihun D, Furman A, Warrick A W, et al. 2004. Coupled surface-subsurface solute transport model for irrigation borders and basins Ⅰ. model development. Journal of Irrigation and Drainage Engineering, 131(5): 396-406

第12章
Chapter 12

冬小麦畦田施用尿素肥料灌溉特性与性能评价

作为酰胺态氮肥的典型产品，尿素遇水溶解后具有不能直接形成不同形态氮素的突出特征，且尿素施入土壤后常引起 pH 短时内上升，水解的铵离子除部分被作物吸收外还部分转化为硝酸根被土壤吸附，且极易随水迁移流失成为污染地下水体和地表水体的潜在因素（董燕和王正银，2005）。

Boer 和 Laanbroek（1989）发现施用尿素会使土壤 pH 升高，促进土壤硝化作用，且尿素在土壤中产生的硝态氮量最高。Skiba 和 Wainw Right（1984）发现尿素分解速度随脲酶量及作用时间增加而加快，在 10min 内 2ml 脲酶可分解尿素 27.2%，10ml 脲酶则几乎可全部分解尿素。此外，2ml 脲酶作用下 1h 内可分解尿素 63%，而 20h 内可分解尿素 99%。在 pH 为 4.5 ~ 5 的酸性土壤中，当温度为 10℃时，尿素完全水解需时 5 ~ 7 天，但在 pH 大于 5.6 的酸性土壤中，无论温度高低，尿素在 3 天内即可完全分解。

就耕作和灌溉对施用尿素土壤氮素运移分布的影响而言，赵允格和邵明安（2002）通过开展田间小区试验，分析了不同耕作方式（平地不起垄、起垄不压实和起垄压实）下施用尿素的土壤硝态氮迁移规律，在供水量相同下，平地不起垄土壤中的硝态氮较垄沟耕作易于运动迁移。巨晓棠等（2003）在田间试验小区内，考虑不同灌溉制度（限量灌溉、常规灌溉、优化灌溉）、不同耕作保护措施（秸秆还田和不还田）和不同施肥方式（不施氮、常规施氮、分期动态优化施氮）下，测定了土壤硝态氮累积及迁移状况。当尿素施入旱地土壤后，硝化作用一般在 7 天内完成，铵态氮只在施肥后短期内保持较高含量，而其他时期则基本在 1 ~ 3mg/kg，土壤剖面不同深度处的铵态氮含量一般低于 4mg/kg。此外，低施氮量下的硝态氮主要在 0 ~ 40cm 土层内移动，而当施氮量高于 240kg N/hm^2 时，冬小麦生长季节内即有相当数量的氮移出 0 ~ 100cm 土体。叶优良等（2004）基于田间试验研究了不同灌水量和施氮量下的土壤硝态氮累积与淋失规律，灌水明显影响土壤硝态氮累积量，随着灌水次数增加，土壤硝态氮累积量逐渐降低，高氮和高灌水量下的土壤硝态氮累积量并非最大，作物对氮素吸收亦在增加。

本章基于均匀撒施和液施尿素冬小麦条畦施肥灌溉试验观测数据，分析不同畦田施用尿素灌溉处理下的地表水流氮素时空分布特性和土壤水氮时空分布差异，评价畦田施肥灌溉性能，提出均匀撒施和液施尿素下适宜的冬小麦畦田施肥灌溉方式。

12.1　施肥灌溉性能评价指标

目前，采用的地面施肥灌溉性能评价指标是针对遇水溶解后可形成不同形态氮素的铵态氮肥、硝态氮肥和硝铵态氨肥建立的。通过灌前和灌后作物根层内土壤氮素含量的差异，评价施氮分布均匀性，并基于作物根层内有效施氮量与进入畦田氮素量之比，评价施氮效率。由于尿素肥液中并不直接含有不同形态的氮素，故进入畦田的各种形态氮素数量未知，因而，无法直接采用现有指标评价尿素施用下的施肥灌溉性能。

12.1.1　施肥性能评价指标

针对水溶后可直接形成不同形态氮素的铵态氮肥、硝态氮肥和硝铵态氮肥，Zerihun 等（2003）提出了用于评价施肥灌溉性能指标，其中，施氮效率 E_{aN} 为有效氮肥量与进入畦田氮肥量之比,衡量施氮肥有效性;施氮分布均匀性DU_N为储存在给定土层深度内的氮肥在选定畦段的平均值与在整个畦田的平均值之比,评价施氮均匀性,其对应的表达式分别为

$$E_{aN} = \frac{\sum_{j=1}^{J} M_{EN}^{j}}{\int_{t_{roN}}^{t_{aoN}} q(t) \cdot N_{oc}(t)\,dt} \tag{12-1}$$

$$DU_N = \frac{N_{avf}}{N_{ave}} \tag{12-2}$$

式中,M_{EN}^{j}为第j个畦段内有效氮肥量(kg);t_{aoN}和t_{roN}分别为畦田上游处观测的施肥初始和结束的时间(min);q为单宽流量(L/s·m);N_{oc}为畦田上游处氮肥浓度(mg/L);N_{avf}为储存在给定土层深度内的氮肥浓度在选定畦段上的平均值(mg/L);N_{ave}为储存在给定土层深度内的氮肥浓度在整个畦田上的平均值(mg/L)。

孙传范等(2001)从农学角度给出氮肥利用率$N_{recycle}$的定义,即作物吸收的肥料氮量占施肥总氮量的百分率,反映肥料氮量被植物吸收利用的程度,也称作肥料吸收利用率或回收率,但不包括氮肥损失和残留在土壤中的部分,且仅限于氮肥施入后的当季利用率,不包括对后季作物的效益,其表达式为

$$N_{recycle} = \frac{(N_{residual} - N_{initial}) + (N_{uptake} - N_{control})}{N_{applied}} \cdot 100\% \tag{12-3}$$

式中,$N_{residual}$为作物收获后有效根系层内的残留氮量(kg N/hm^2);$N_{initial}$为作物有效根系层的初始氮量(kg N/hm^2);N_{uptake}为作物吸氮量(kg N/hm^2);$N_{control}$为未施肥处理下的作物含氮量。

上官周平和李世清(2004)考虑到氮肥吸收后的物质生产效率及其向经济器官(如籽粒)的分配情况,提出了氮肥利用效率FUE的定义,即作物产量与施氮量比值,反映施氮对作物产量的作用,但较高FUE并不意味损失量最小,这是因为在未被直接利用的氮肥中还有一部分残留在植株体内和根区土壤中,将被下季作物吸收利用,FUE表达式为

$$FUE = \frac{Y}{N_{applied}} \cdot 100\% \tag{12-4}$$

式中,Y为产量(kg/hm^2);$N_{applied}$为施氮量(kg N/hm^2)。

在提高施用尿素灌溉下的肥料空间分布均匀性及肥分在作物根区储存效率的前提下,人们尤为关注地面灌溉技术要素和施肥灌溉方式对土壤氮素空间分布及其利用的影响,即施肥灌溉下的土壤水氮分布状况和水肥储存效率。由于尿素表施或液施进入土壤后需经过一段时间的水解,才能由铵态氮间接转化为硝态氮,故灌后立即实测的土壤硝态氮含量并非是施用尿素下的直接后果。为此,借助Zerihun等(2003)的思路,以灌前2天观测的土壤氮素分布状况为参照,基于灌后2天实测的土壤氮素浓度值而非其增量值,采用氮素储存比例和氮素分布均匀性两个指标定量评价尿素施灌下的施肥性能。

12.1.1.1 氮素储存比例

借助氮素储存比例指标E_N定量描述作物有效根系层的土壤氮素占0~80cm土层相应值的比例,反映有效储存在作物根系层的土壤氮素状况,其表达式为

$$E_N = \frac{\bar{X}_{RN}}{\bar{X}_N} \cdot 100\% \tag{12-5}$$

式中，$\bar{X}_N$ 为整个畦田长度上 0～80cm 土层的土壤氮素累积值（mg）；$\bar{X}_{RN}$ 为整个畦田长度上作物有效根系层的土壤氮素累积值（mg），其中，冬小麦生长返青期和扬花期的作物有效根系层分别为 0～40cm 和 0～60cm（许迪等，2000）。

12.1.1.2　氮素分布均匀性

借助氮素分布均匀性指标 DU_{NLH} 和 DU_{NLQ} 定量描述作物有效根系层的土壤氮素空间分布均匀性，反映施用的肥料沿畦长分布状况，其表达式分别为

$$DU_{NLH} = \frac{\bar{C}_{NLH}}{\bar{C}_{RN}} \cdot 100\% \tag{12-6}$$

$$DU_{NLQ} = \frac{\bar{C}_{NLQ}}{\bar{C}_{RN}} \cdot 100\% \tag{12-7}$$

式中，$\bar{C}_{NLH}$ 和 $\bar{C}_{NLQ}$ 分别为整个畦田长度上具有最低值的 1/2 和 1/4 畦段作物有效根系层的土壤氮素浓度或含量（mg/L 或 mg/kg）；$\bar{C}_{RN}$ 为整个畦田长度上作物有效根系层的土壤氮素浓度或含量（mg/L 或 mg/kg）。

在均匀撒施和液施尿素冬小麦条畦施肥灌溉试验中，均于各次灌前 2 天和灌后 2 天提取土样，用于测定土壤氮素含量。由于灌后 2 天时进入土壤的尿素已被水解为碳酸铵，受硝化作用影响大部分已转为硝态氮（朱兆良和文启孝，1992），故实测的铵态氮含量相对较低，而硝态氮含量相对较高，为此，分析土壤硝态氮时空分布特性。

12.1.2　灌溉性能评价指标

灌溉水流是地表肥料运动与养分迁移的直接输运载体，肥料随水而来也随水而去，故灌溉性能将直接影响施肥性能。为了便于直接对比尿素施灌下的施肥性能与灌溉性能，使两者的评价指标之间具有一定可比性，借助水分储存比例和水分分布均匀性指标定量评价尿素施灌下的灌溉性能。

12.1.2.1　水分储存比例

借助水分储存比例指标 E_W 定量描述作物有效根系层的土壤水分占 0～80cm 土层相应值的比例，反映有效储存在作物根系层的土壤水分状况，其表达式为

$$E_W = \frac{\bar{X}_{RW}}{\bar{X}_W} \cdot 100\% \tag{12-8}$$

式中，$\bar{X}_W$ 为整个畦田长度上 0～80cm 土层的土壤水分累积值（cm^3）；$\bar{X}_{RW}$ 为整个畦田长度上作物有效根系层的土壤水分累积值（cm^3）。

12.1.2.2　水分分布均匀性

借助水分分布均匀性指标 DU_{WLH} 和 DU_{WLQ} 定量描述作物有效根系层的土壤水分空间

分布均匀性,反映施用的灌水量沿畦长分布状况,其表达式分别为

$$DU_{WLH}=\frac{\bar{C}_{WLH}}{\bar{C}_{RW}}\cdot 100\% \tag{12-9}$$

$$DU_{WLQ}=\frac{\bar{C}_{WLQ}}{\bar{C}_{RW}}\cdot 100\% \tag{12-10}$$

式中,$\bar{C}_{WLH}$和$\bar{C}_{WLQ}$为整个畦田长度上具有最低值的1/2和1/4畦段作物有效根系层的土壤体积含水量(cm^3/cm^3);$\bar{C}_{RW}$为整个畦田长度上作物有效根系层的土壤体积含水量(cm^3/cm^3)。

12.2　畦田均匀撒施尿素灌溉

基于表9-2给出的冬小麦均匀撒施尿素条畦施肥灌溉试验处理设计要素,开展相关试验处理观测数据分析,阐述地表水流氮素和土壤水氮时空分布特性,评价施肥灌溉性能。

12.2.1　地表水流氮素时空分布特性

图12-1给出冬小麦生长返青水均匀撒施尿素条畦施肥灌溉处理下各时刻的地表水流硝态氮和铵态氮浓度沿畦长空间分布状况。地表水流运动推进到各观测点处的硝态氮浓度明显大于推进到畦尾后各时刻的相应值,硝态氮浓度沿畦长分布变化趋势并不明显,各观测点间的溶质浓度差异也不显著,不同处理下的地表水流硝态氮浓度均在6mg/L以内[图12-1(a)]。当地表水流运动推进到畦尾及畦尾后15min时,硝态氮浓度急剧减小,最大值从推进到各观测点处的6mg/L降低到2mg/L和1.95mg/L。地表水流运动推进到畦尾

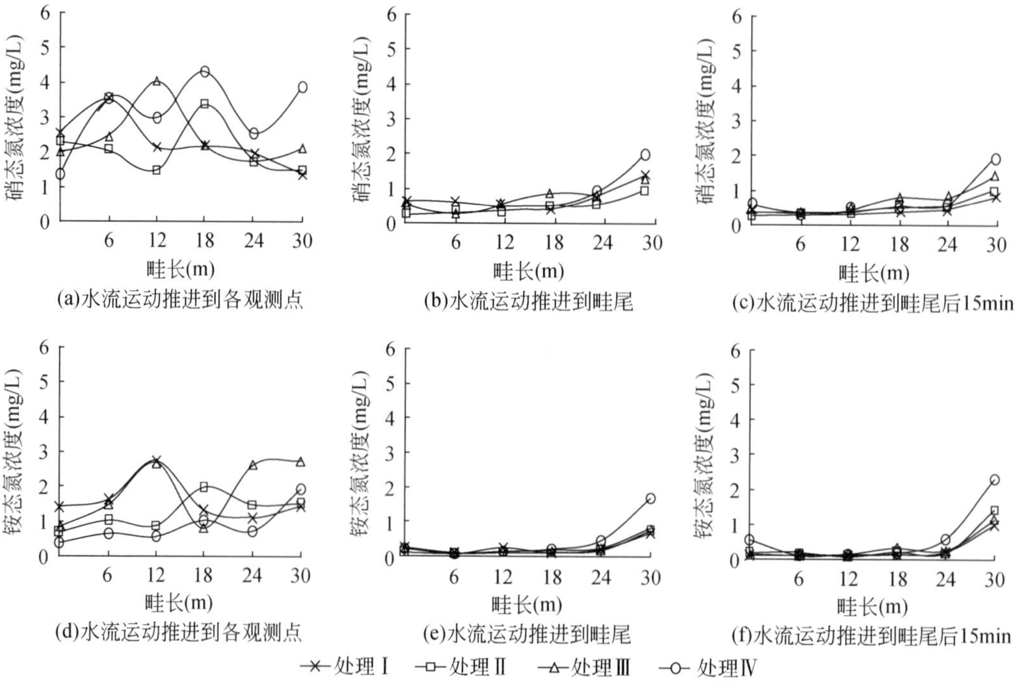

图12-1　冬小麦生长返青水均匀撒施尿素条畦施肥灌溉处理下各时刻的地表水流硝态氮和铵态氮浓度沿畦长空间分布状况

及地表水流运动推进到畦尾后 15min 的硝态氮浓度沿畦长空间分布规律相一致，在畦田前 24m 范围内的浓度变化不大，但在最后 5～6m 内则有所增大，呈现出溶质浓度增大的“反翘”现象[图 12-1(b)和(c)]。此外，冬小麦生长返青水地表水流铵态氮浓度时空分布规律与硝态氮完全一致，只是地表水流运动推进到各观测点处的铵态氮浓度要低于硝态氮，最大不超过 3mg/L[图 12-1(d)～(f)]。

图 12-2 给出冬小麦生长扬花水均匀撒施尿素条畦施肥灌溉处理下各时刻的地表水流硝态氮和铵态氮浓度沿畦长空间分布状况。与返青水时基本一致，地表水流运动推进到各观测点处的溶质浓度沿畦长空间分布并无规律性，但大于推进到畦尾及其后 15min 的相应值[图 12-2(a)和(d)]。当地表水流运动推进到畦尾后时，硝态氮和铵态氮浓度沿畦长空间分布也存在“反翘”现象，但处理Ⅲ却例外，这是因为地表水流运动刚推进到该观测点时，畦尾处的硝态氮浓度极低[图 12-2(a)]，硝态氮沿畦长整体变化不大，尾部溶质浓度“反翘”程度相对较弱[图 12-2(b)和(c)]，但铵态氮的“反翘”程度较为明显[图 12-2(e)和(f)]。相对于返青水，扬花水时作物高度增加对地表水流运动的阻力相对增大，水流对表土侵蚀和冲刷作用相对减弱，故整体氮素浓度要偏低一些。另外，由于尿素溶解后并不能马上分解为硝态氮和铵态氮，故实测的地表水流氮素主要来自表土自逸，相应的溶质浓度值较小。

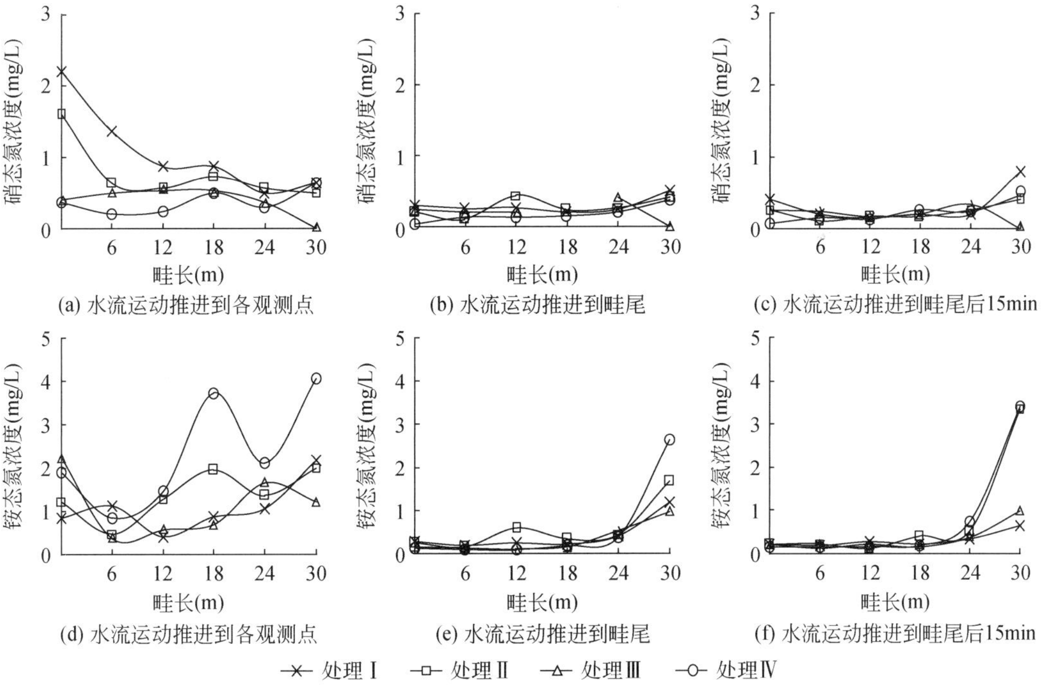

图 12-2　冬小麦生长扬花水均匀撒施尿素条畦施肥灌溉处理下各时刻的地表水流硝态氮和铵态氮浓度沿畦长空间分布状况

12.2.2　土壤水分时空分布特性

图 12-3 和图 12-4 分别显示冬小麦生长返青水灌前 2 天和灌后 2 天均匀撒施尿素条畦施肥灌溉处理下 0～100cm 土层的土壤体积含水量沿畦长空间分布状况，不同处理间的

差异性检验结果见表 12-1。

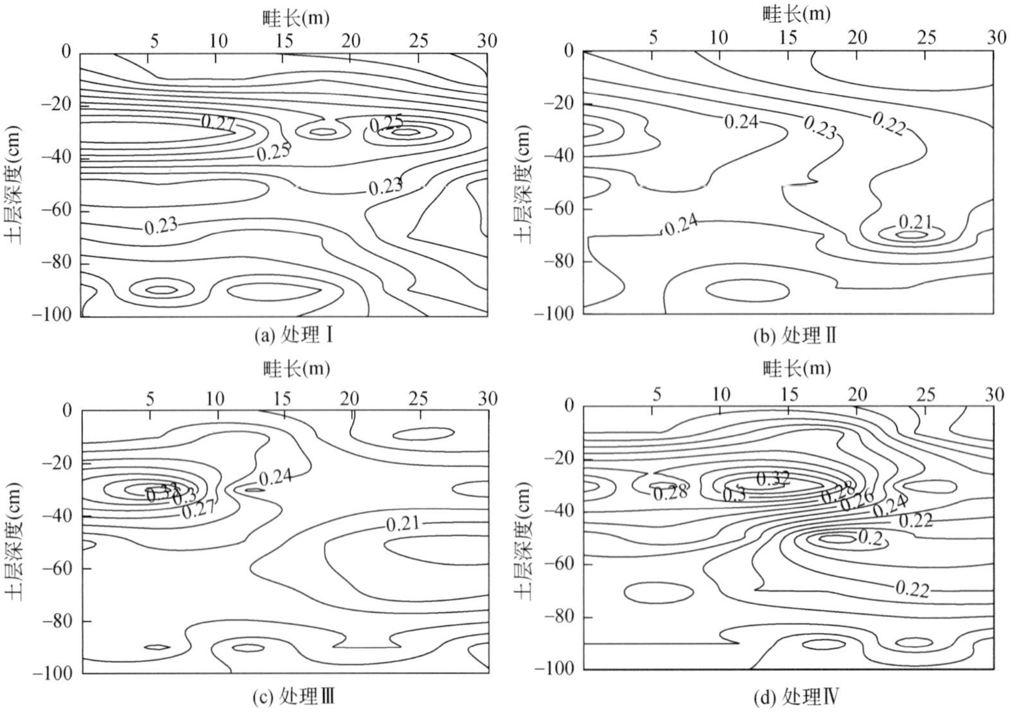

图 12-3　冬小麦生长返青水灌前 2 天均匀撒施尿素条畦施肥灌溉处理下 0～100cm 土层的土壤体积含水量沿畦长空间分布状况

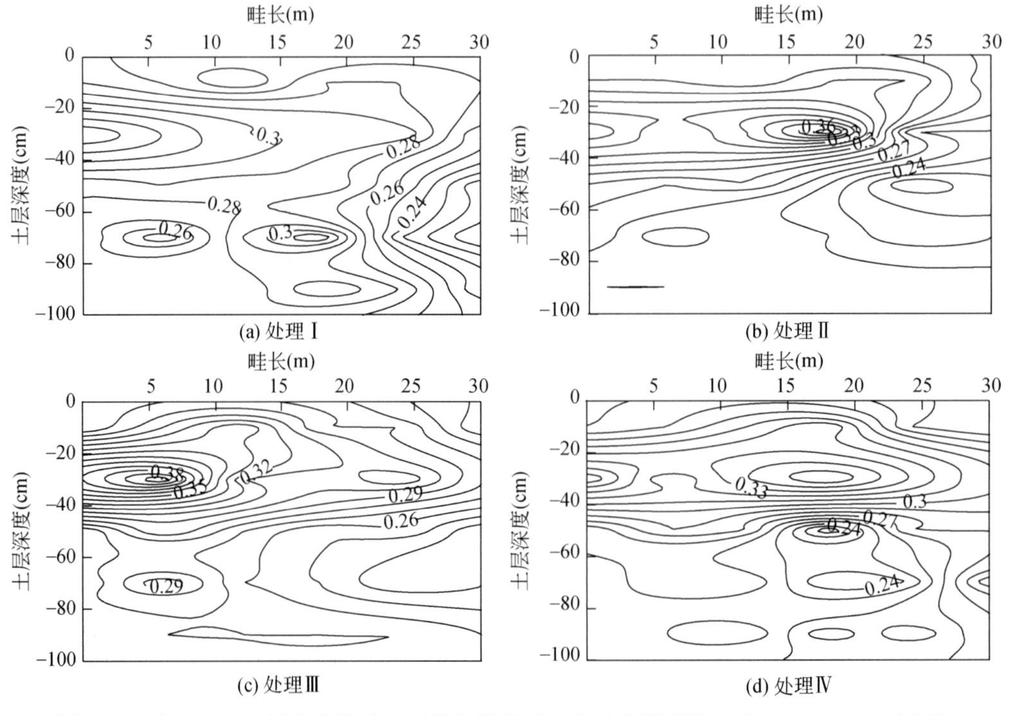

图 12-4　冬小麦生长返青水灌后 2 天均匀撒施尿素条畦施肥灌溉处理下 0～100cm 土层的土壤体积含水量沿畦长空间分布状况

表 12-1　冬小麦生长返青水和扬花水均匀撒施尿素条畦施肥灌溉处理下土壤水氮沿畦长空间分布的 C_v 值及差异性检验

观测参数	观测时间	返青水(0～100cm)				扬花水(0～100cm)			
		处理Ⅰ (N_1-q_2)	处理Ⅱ (N_2-q_2)	处理Ⅲ (N_1-q_4)	处理Ⅳ (N_2-q_4)	处理Ⅰ (N_1-q_2)	处理Ⅱ (N_2-q_2)	处理Ⅲ (N_1-q_4)	处理Ⅳ (N_2-q_4)
土壤体积含水量*	灌前 2 天	0.10a	0.08a	0.09a	0.10a	0.13a	0.16a	0.15a	0.15a
	灌后 2 天	0.11a	0.09a	0.08ab	0.05b	0.12a	0.15a	0.15a	0.09a
土壤硝态氮含量*	灌前 2 天	0.50a	0.41a	0.42a	0.40a	0.52a	0.53a	0.47a	0.45a
	灌后 2 天	0.48a	0.44a	0.43a	0.41a	0.45a	0.46a	0.40a	0.42a

* 对同一观测参数,不同试验处理下具有相同字母的变量数值间在 0.05 水平上无显著性差异。

与冬小麦生长返青水灌前 2 天相比[图 12-3(a)～(d)],灌后 2 天[图 12-4(a)～(d)]的土壤体积含水量分布区域基本相似,虽然 60cm 土层以上的含水量增幅较为显著,但其下则相对较小。对不同处理而言,返青水灌前 2 天的土壤体积含水量沿畦长空间分布的 C_v 值在 0.08～0.1,为弱变异性,且彼此间无明显差异,而返青水灌后 2 天的 C_v 值在 0.05～0.11,也属于弱变异性。除处理Ⅳ与较小单宽流量处理Ⅰ和处理Ⅱ间的 C_v 值差异显著外,其他处理间的差异并不显著,较大单宽流量下的土壤体积含水量沿畦长空间分布变异性明显减弱。由此可知,冬小麦生长返青水均匀撒施尿素条畦施肥灌溉主要对 0～60cm 土层的土壤体积含水量空间分布状况影响显著,适当增大单宽流量,有助于改善土壤体积含水量沿畦长分布均匀性。

图 12-5 和图 12-6 分别显示冬小麦生长扬花水灌前 2 天和灌后 2 天均匀撒施尿素条畦施肥灌溉处理下 0～100cm 土层的土壤体积含水量沿畦长空间分布状况,表 12-1 给出不同处理间的差异性检验结果。

与图 12-3 和图 12-4 相比,冬小麦生长扬花水灌前 2 天和灌后 2 天土壤体积含水量分布的空间变异程度要明显大于返青水,且灌前 2 天和灌后 2 天的土壤体积含水量的空间分布趋势并无相似性,这或许与扬花水时作物根系较为发育有关。不同处理下灌前 2 天的土壤体积含水量沿畦长空间分布的 C_v 值为 0.13～0.16,为中等变异性,而灌后 2 天除处理Ⅳ下的 C_v 值由 0.15 降至 0.09 外,其他处理下灌前 2 天和灌后 2 天的 C_v 值基本相同。灌后 60cm 土层以上的土壤体积含水量增加较为显著,而其下却不明显。

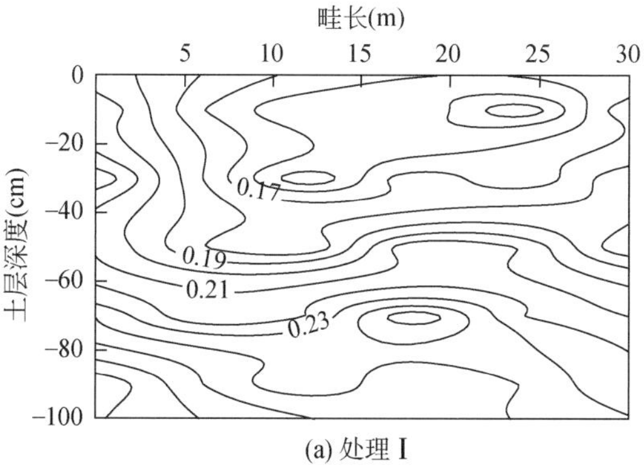

(a) 处理Ⅰ

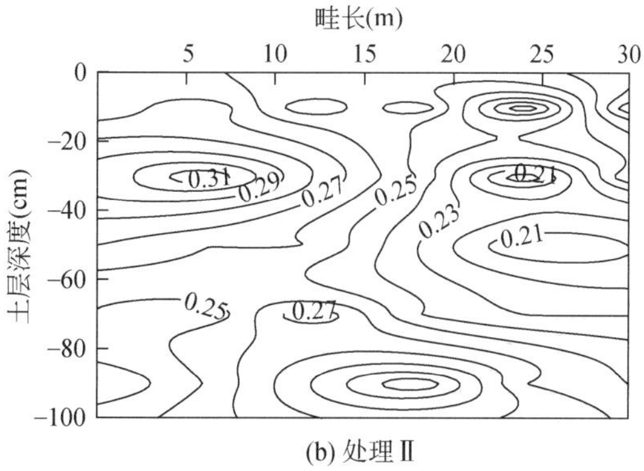

(b) 处理Ⅱ

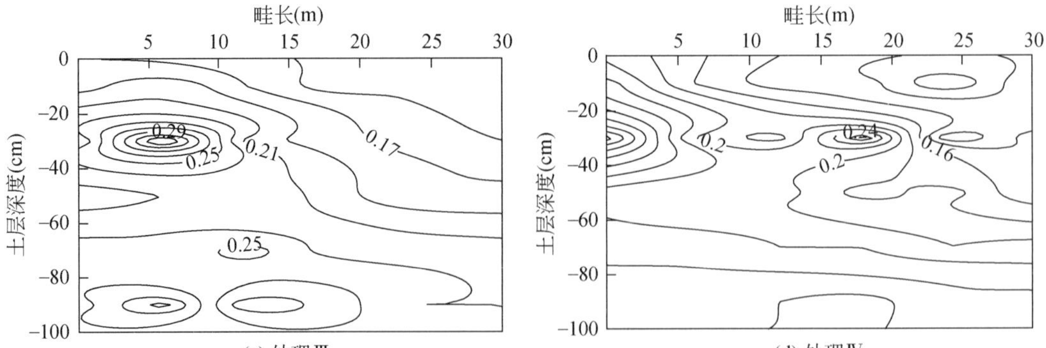

(c) 处理Ⅲ　(d) 处理Ⅳ

图 12-5　冬小麦生长扬花水灌前 2 天均匀撒施尿素条畦施肥灌溉处理下 0～100cm 土层的土壤体积含水量沿畦长空间分布状况

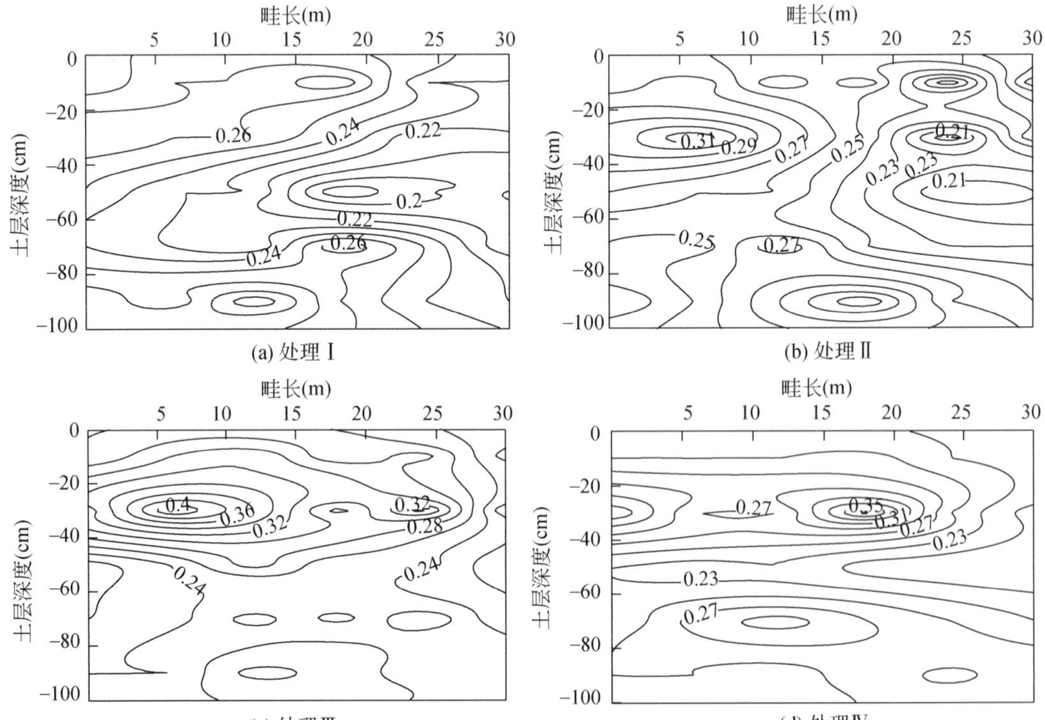

(a) 处理Ⅰ　(b) 处理Ⅱ

(c) 处理Ⅲ　(d) 处理Ⅳ

图 12-6　冬小麦生长扬花水灌后 2 天均匀撒施尿素条畦施肥灌溉处理下 0～100cm 土层的土壤体积含水量沿畦长空间分布状况

12.2.3　土壤氮素时空分布特性

图 12-7～图 12-10 分别显示冬小麦生长返青水和扬花水灌前 2 天和灌后 2 天均匀撒施尿素条畦施肥灌溉处理下 0～100cm 土层的土壤硝态氮含量沿畦长空间分布状况，不同处理间的差异性检验结果见表 12-1。

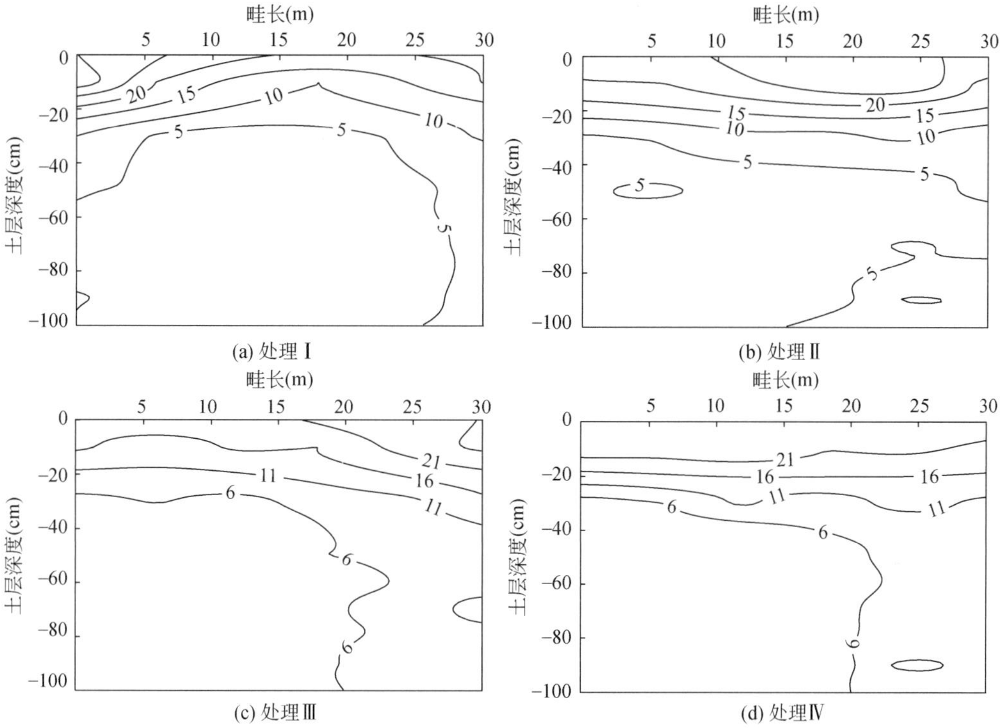

图 12-7　冬小麦生长返青水灌前 2 天均匀撒施尿素条畦施肥灌溉处理下 0～100cm 土层的土壤硝态氮含量沿畦长空间分布状况

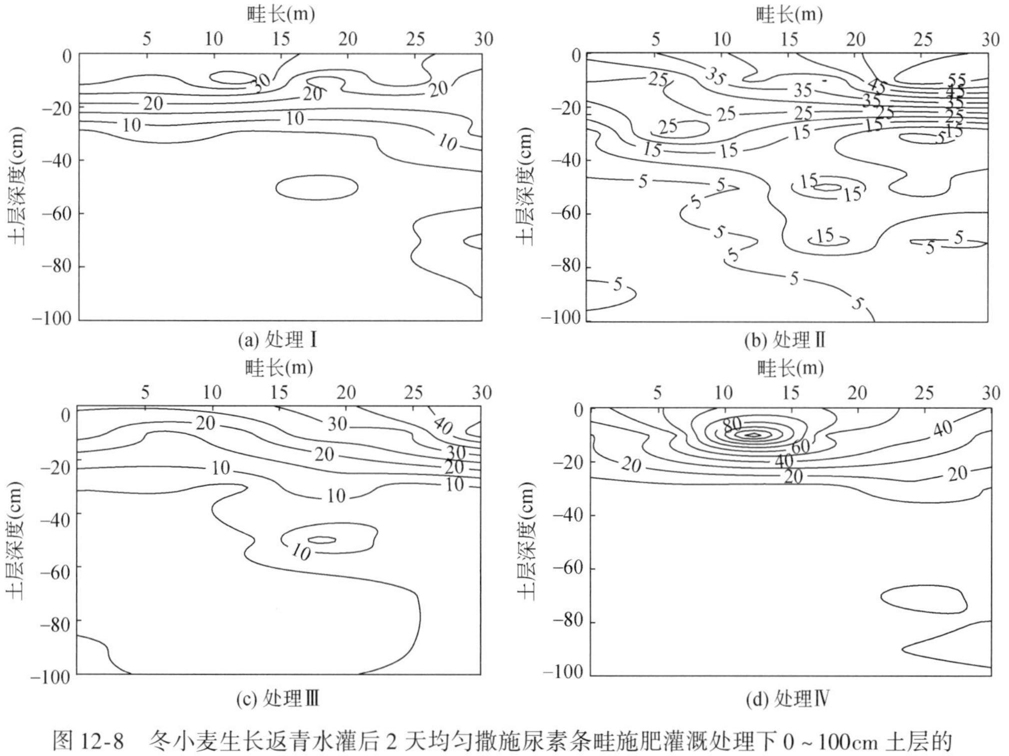

图 12-8　冬小麦生长返青水灌后 2 天均匀撒施尿素条畦施肥灌溉处理下 0～100cm 土层的土壤硝态氮含量沿畦长空间分布状况

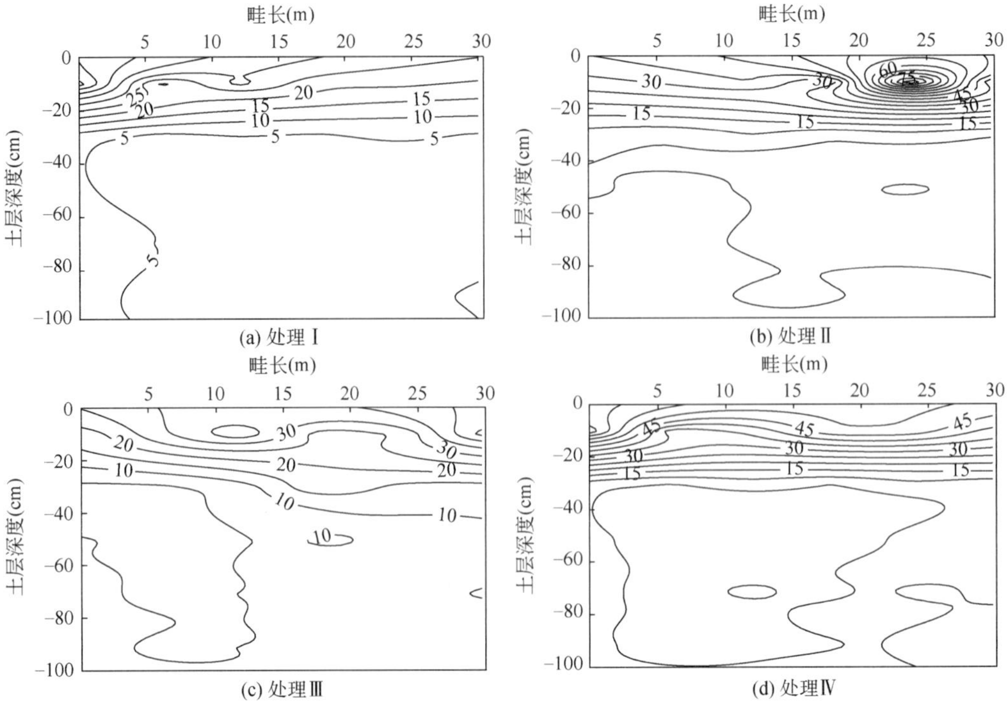

图 12-9　冬小麦生长扬花水灌前 2 天均匀撒施尿素条畦施肥灌溉处理下 0～100cm 土层的土壤硝态氮含量沿畦长空间分布状况

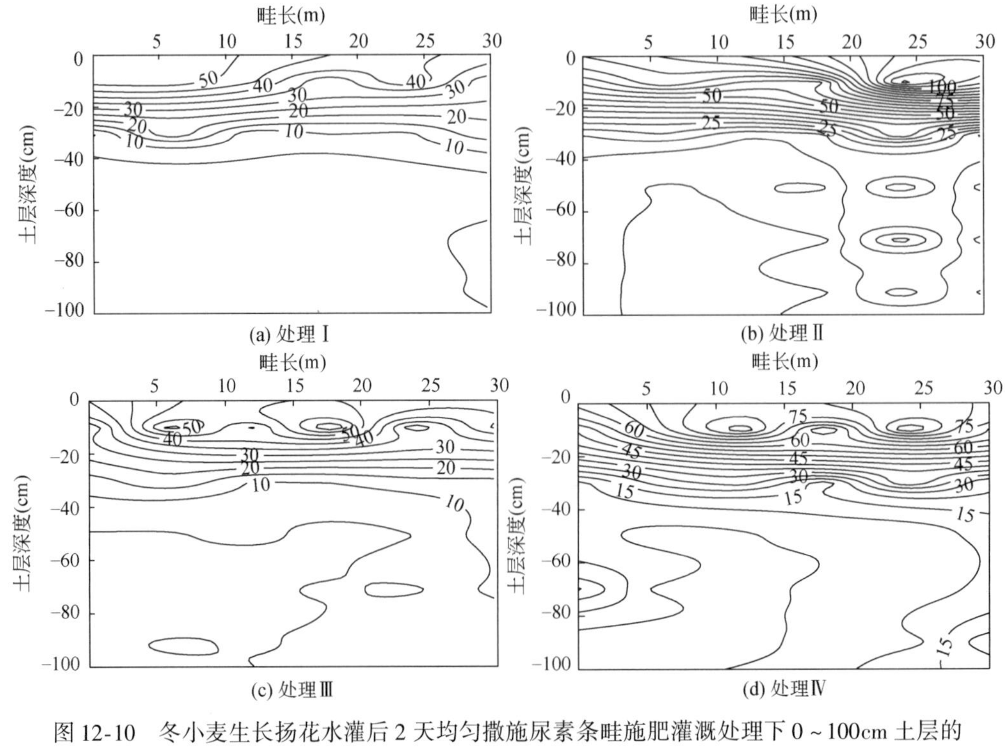

图 12-10　冬小麦生长扬花水灌后 2 天均匀撒施尿素条畦施肥灌溉处理下 0～100cm 土层的土壤硝态氮含量沿畦长空间分布状况

如图 12-7～图 12-10 所示，冬小麦生长返青水和扬花水灌前 2 天和灌后 2 天均匀撒施尿素条畦施肥灌溉处理下 0～100cm 土层的土壤硝态氮含量空间分布趋势之间具有相似性，硝态氮主要聚集在 0～40cm 土层，变异性较大，而其下却较小且分布相对均匀，这表明作物根系层不仅阻缓水分下渗速度，还阻滞下层土壤水分向上蒸发运动的速率。从表 12-1 显示的结果可以看出，不同处理下土壤硝态氮含量沿畦长空间分布的 C_v 值在 0.4～0.53，为中等变异，且彼此间的差异不显著。返青水时，除处理Ⅰ外，其他处理下灌后 2 天的 C_v 值都比灌前 2 天大，而扬花水灌后 2 天却都比灌前 2 天要小，这表明不同灌季内的土壤氮素分布规律并非一致，且与土壤水分布规律不完全相同。这或许是由于地表水流运动对撒施肥料分布产生了一定影响，土壤氮素分布均匀性不仅取决灌水量分布均匀性，还与肥料撒施分布状况密切相关。

12.2.4　施肥灌溉性能评价

采用氮素储存比例 E_N、氮素分布均匀性 DU_{NLH} 和 DU_{NLQ}、水分储存比例 E_W、水分分布均匀性 DU_{WLH} 和 DU_{WLQ} 等指标，定量评价均匀撒施尿素下的条畦施肥灌溉性能。

12.2.4.1　土壤水氮储存比例

表 12-2 给出冬小麦生长返青水和扬花水灌后 2 天均匀撒施尿素下的条畦施肥灌溉性能评价结果，返青水灌后 2 天的 E_W 值在 51.3%～55.0%，除处理Ⅰ外，其他处理间的差异并不显著，而 E_N 值在 72.0%～82.2%，处理Ⅳ下高出处理Ⅲ约 10.2 个百分点，差异显著；扬花水灌后 2 天的 E_W 值在 73.8%～77.5%，而 E_N 值在 86.9%～92.8%，不同处理间的差异均不显著，这表明灌后 2 天土壤硝态氮在作物有效根系层的储存比例要明显高于土壤水分。在返青水时，单宽流量对作物有效根系层的土壤水分储存比例影响相对显著，而土壤硝态氮储存比例在较大单宽流量下受施氮量影响相对明显；在扬花水时，受土壤入渗性能下降和畦面阻水能力增大的影响，不同单宽流量和施氮量下的作物有效根系层的土壤水氮储存比例之间没有表现出明显差异。

表 12-2　冬小麦生长返青水和扬花水灌后 2 天均匀撒施尿素下的条畦施肥灌溉性能评价

评价指标	返青水灌后 2 天				扬花水灌后 2 天			
	处理Ⅰ (N_1-q_2)	处理Ⅱ (N_2-q_2)	处理Ⅲ (N_1-q_4)	处理Ⅳ (N_2-q_4)	处理Ⅰ (N_1-q_2)	处理Ⅱ (N_2-q_2)	处理Ⅲ (N_1-q_4)	处理Ⅳ (N_2-q_4)
E_N *(%)	77.1ab	78.3ab	72.0b	82.2a	92.8a	88.2a	86.9a	90.4a
E_W *(%)	51.3b	55.0a	55.0a	55.0a	75.0a	76.3a	77.5a	73.8a
DU_{NLQ} *(%)	55.8b	61.6a	63.2a	62.5a	62.8a	62.6a	67.0a	64.3a
DU_{NLH} *(%)	58.9b	64.5a	67.3a	66.1a	68.7b	70.4b	74.9a	75.3a
DU_{WLQ} *(%)	88.0b	90.1ab	92.3ab	94.1a	86.1b	85.9b	88.2b	92.7a
DU_{WLH} *(%)	91.3a	91.8a	91.5a	92.6a	87.2b	86.7b	90.2ab	93.4a

*对同一评价指标，不同试验处理下具有相同字母的变量数值间在 0.05 水平上无显著性差异。

12.2.4.2　土壤水氮分布均匀性

表 12-2 表明，作物有效根系层的土壤水分沿畦长空间分布均匀性要明显好于土壤硝态氮。一方面，返青水灌后 2 天均匀撒施尿素条畦施肥灌溉处理下的 DU_{WLQ} 值在 88.0% ~ 94.1%，处理Ⅳ下的 DU_{WLQ} 值明显高于处理Ⅰ，并相对高于处理Ⅱ和处理Ⅲ，而 DU_{WLH} 值在 91.3% ~92.6%，高于相同处理下的 DU_{WLQ} 值，且不同处理间的差异并不明显。DU_{NLQ} 值在 55.8% ~63.2%，处理Ⅳ下的 DU_{NLQ} 值高出处理Ⅰ约 7 个百分点，而 DU_{NLH} 值在 58.9% ~ 67.3%，均高于相同处理下的 DU_{NLQ} 值。另一方面，扬花水灌后 2 天均匀撒施尿素条畦施肥灌溉处理下的 DU_{WLQ} 值在 85.9% ~92.7%，处理Ⅳ与其他处理间的差异性显著，DU_{WLH} 值在 86.7% ~93.4%，都高于相同处理下的 DU_{WLQ} 值，且处理Ⅳ下的 DU_{WLH} 值要明显高于处理Ⅰ和处理Ⅱ，相对高于处理Ⅲ。DU_{NLQ} 值在 62.6% ~67.0%，不同处理间的差异均不显著，DU_{NLH} 值在 68.7% ~75.3%，都高于相同处理下的 DU_{NLQ} 值，且彼此间的差异性显著。由此可知，增大单宽流量有助于改善作物有效根系层的土壤水氮沿畦长空间分布均匀性，且返青水灌后 2 天高肥较大单宽流量处理下的土壤硝态氮沿畦长空间分布均匀性要明显优于低肥较小单宽流量处理。

12.3　畦田液施尿素灌溉

基于表 9-3 给出的冬小麦液施尿素条畦施肥灌溉试验处理设计要素，开展相关试验处理观测数据分析，阐述地表水流氮素和土壤水氮时空分布特性，评价施肥灌溉性能。

12.3.1　地表水流氮素时空分布特性

12.3.1.1　硝态氮时空分布

图 12-11 给出冬小麦生长返青水液施尿素条畦施肥灌溉处理下各观测点处的地表水流硝态氮浓度时间变化过程，可以发现，施肥时机对其产生一定影响。全程液施灌溉下各测点处的地表水流硝态氮浓度随时间变化显著，初始值上扬后急剧下降并趋于稳定[图 12-11(a)和(c)]，后半程液施灌溉下仅对靠近畦尾处的观测点有影响，条畦上游地表水流硝态氮浓度时间变化分布较为均匀[图 12-11(b)和(d)]，各处理之间并无明显差别。

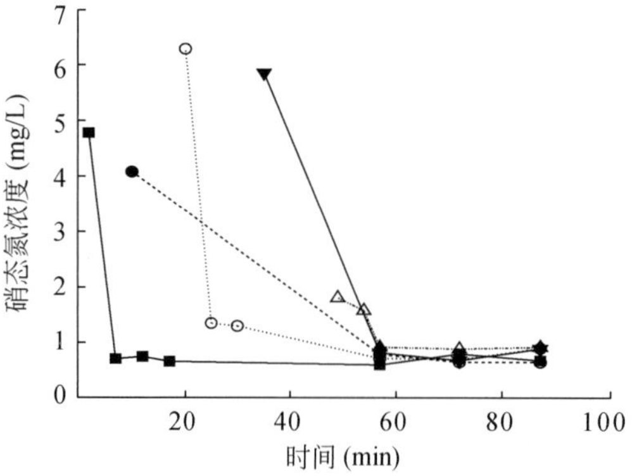

(a) 处理Ⅰ

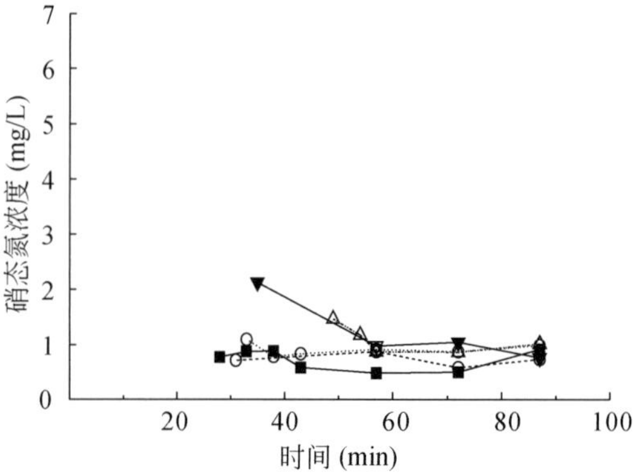

(b) 处理Ⅱ

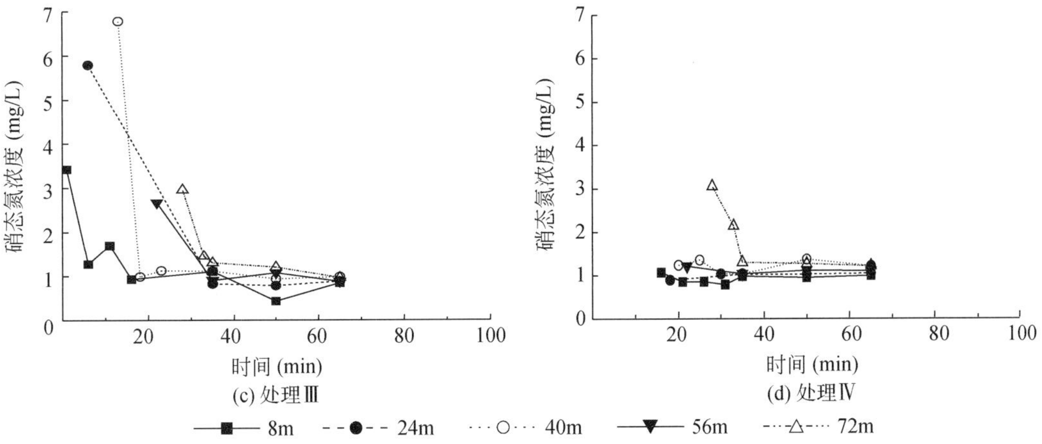

图 12-11　冬小麦生长返青水液施尿素条畦施肥灌溉处理下各观测点处的地表水流硝态氮浓度时间变化过程

在全程液施灌溉期间,入畦肥液水流对表土的冲蚀作用将导致土壤氮素溶解后自逸,进而加大地表水流运动推进锋处的溶质浓度。当地表水流运动刚推进到各观测点时,由于水深相对较浅,初始溶质浓度值相对较高,而当地表水流运动推进锋前移后,随着水深增加及溶质扩散和前移,溶质浓度迅速下降并趋于稳定。当后半程液施灌溉时,地表水流运动推进锋已抵达畦田中上游位置,表土中大部分氮素已被溶解逸出,故初始溶质浓度值较为平稳。当地表水流溶质运移扩散速度赶上地表水流运动推进锋时,将对畦田下游各测点处的硝态氮初始浓度值产生一定影响。由于尿素在 60℃下基本不水解,故液施尿素灌溉过程中的地表水流硝态氮溶质主要来自表土中氮素的溶解自逸,其溶质浓度值基本稳定在 1.0mg/L 左右。

单宽流量对地表水流运动推进过程产生显著影响。在特定土壤质地和畦面纵坡等要素下,各观测点处的地表水流运动推进时间主要取决于单宽流量,较大流量可缩短地表水流运动推进时间,提高土壤受水均匀性。在条畦施肥灌溉过程中,肥液随灌溉水流同步进入田间,地表水流硝态氮浓度时间变化过程与水流运动推进时间变化过程相关,单宽流量对硝态氮浓度时间变化过程会产生一定作用。与较小单宽流量相比[图 12-11(a)和(b)],较大单宽流量下的地表水流硝态氮浓度时间变化过程明显缩短约 1/3[图 12-11(c)和(d)],较大单宽流量可起到提高条畦施肥空间分布均匀性的作用。

12.3.1.2　铵态氮时空分布

图 12-12 给出冬小麦生长返青水液施尿素条畦施肥灌溉处理下各观测点处的地表水流铵态氮浓度时间变化过程,可以发现,施肥时机对其具有一定影响作用。全程液施灌溉下各观测点处的地表水流铵态氮浓度值在初始上扬后有所下降[图 12-12(a)和(c)],而后半程液施灌溉下的初始值较低但随后上升,趋于稳定后各处理间差别并不明显。

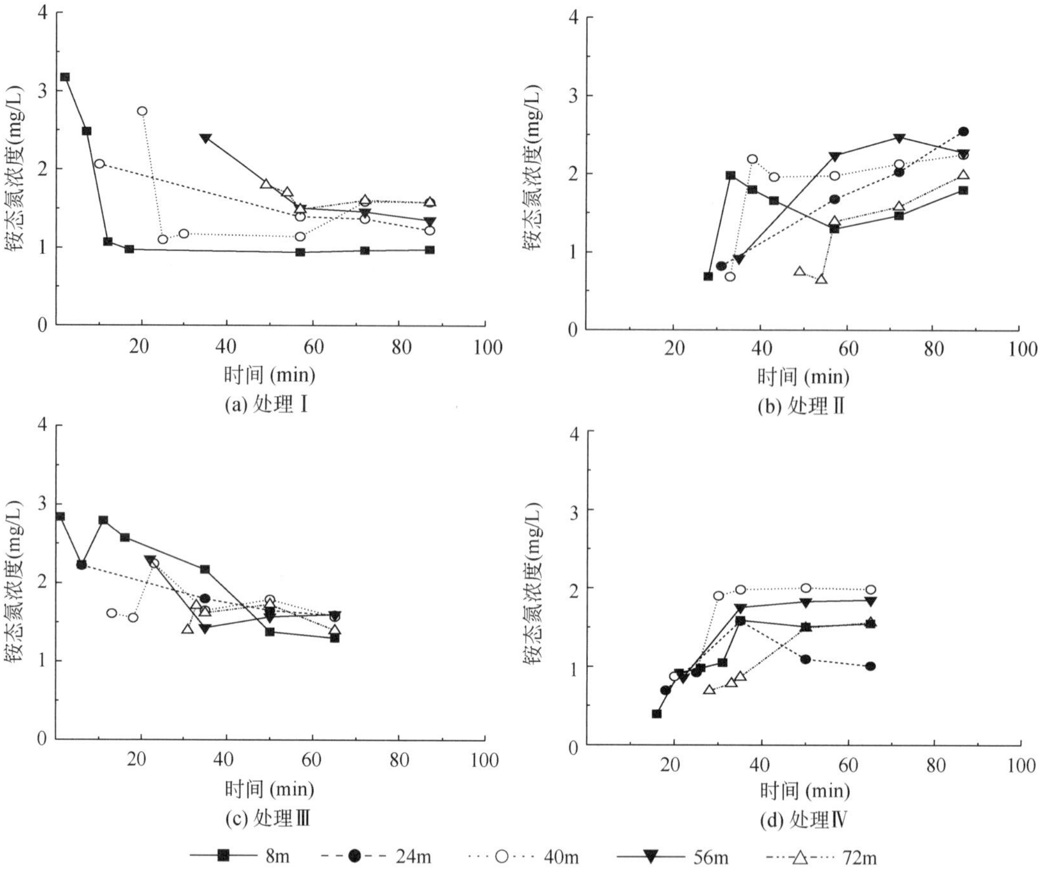

图 12-12　冬小麦生长返青水液施尿素条畦施肥灌溉处理下各观测点处的地表水流铵态氮浓度时间变化过程

在全程液施灌溉期间,地表水流铵态氮浓度初始值较高的原因与施肥后水流冲蚀田面溶解析出表土氮素有关。当地表水流运动推进锋前移后,各观测点处的铵态氮浓度值开始下降,但由于自身的不稳定性,且受土壤水、气、热等条件变化对铵态氮化学转化过程的影响,铵态氮浓度变化并没有趋向稳定。当后半程液施灌溉时,由于施肥时的地表水流运动推进锋已抵达畦田中上游位置,故初始铵态氮浓度值较低,但之后开始上升。与地表水流硝态氮时间变化过程相比,铵态氮浓度时间变化幅度相对较大,且更趋于不稳定。

单宽流量对地表水流铵态氮浓度时间变化过程的影响与硝态氮类似。与较小单宽流量处理相比[图 12-12(a)和(b)],较大单宽流量下的地表水流铵态氮浓度时间变化过程也明显缩短了近 1/3[图 12-12(c)和(d)],这有助于提高条畦施肥空间分布均匀性。

12.3.2　土壤水分时空分布特性

12.3.2.1　土壤水分空间分布

图 12-13 和图 12-14 分别给出冬小麦生长返青水灌前 2 天和灌后 2 天液施尿素条畦

施肥灌溉处理下 0 ~ 80cm 土层的土壤体积含水量沿畦长空间分布状况。与灌前 2 天(图 12-13)相比,灌后 2 天作物有效根系层 0 ~ 40cm 的土壤水分在不同处理下均有较大增加,而在 40 ~ 80cm 土层的变化幅度相对较小,且较大单宽流量下的土壤体积含水量沿畦长空间分布状况[图 12-14(c)和(d)]似乎比较小单宽流量下相对平缓[图 12-14(a)和(b)],尤其在 0 ~ 40cm 土层内的局部土壤水分高(低)极值点也相对较少。

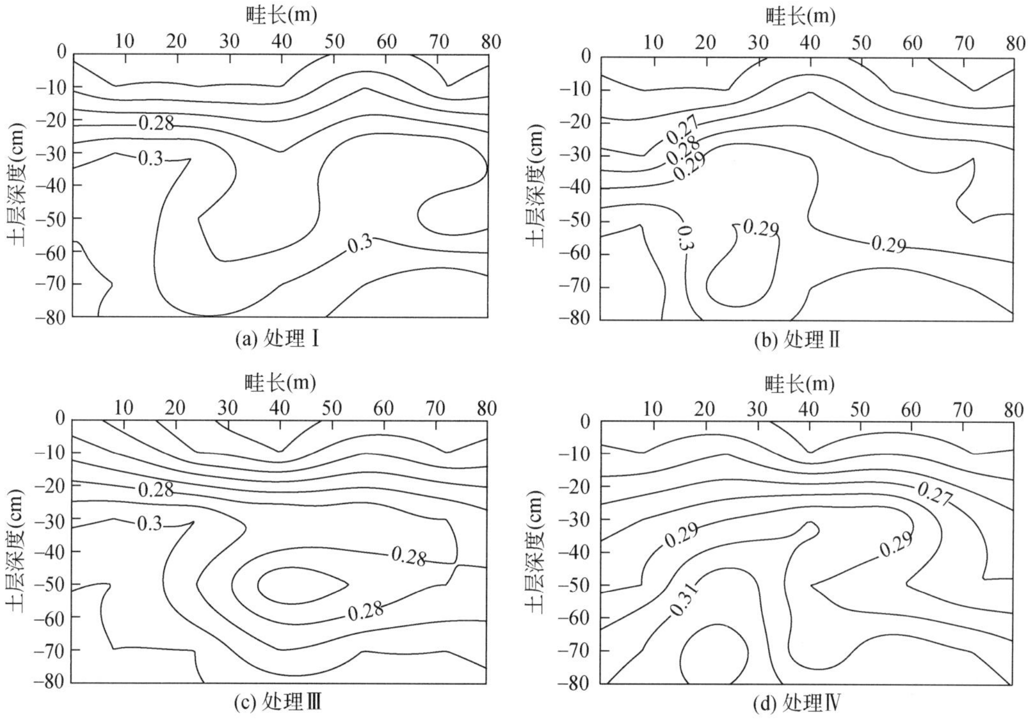

图 12-13　小麦生长返青水灌前 2 天液施尿素条畦施肥灌溉处理下 0 ~ 80cm 土层的土壤体积含水量沿畦长空间分布状况

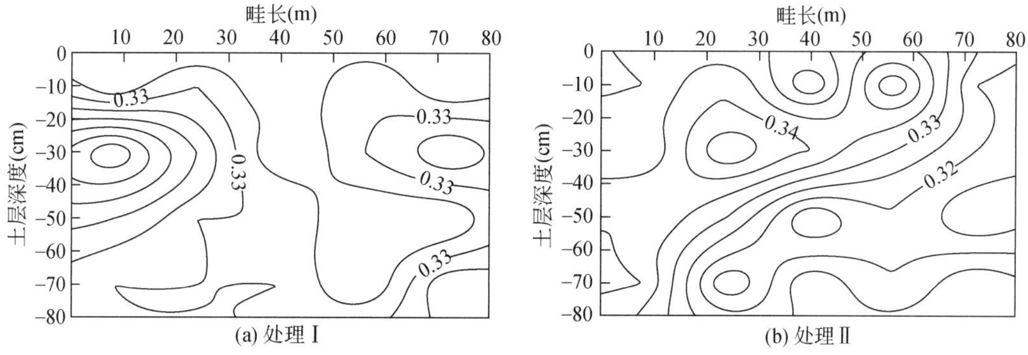

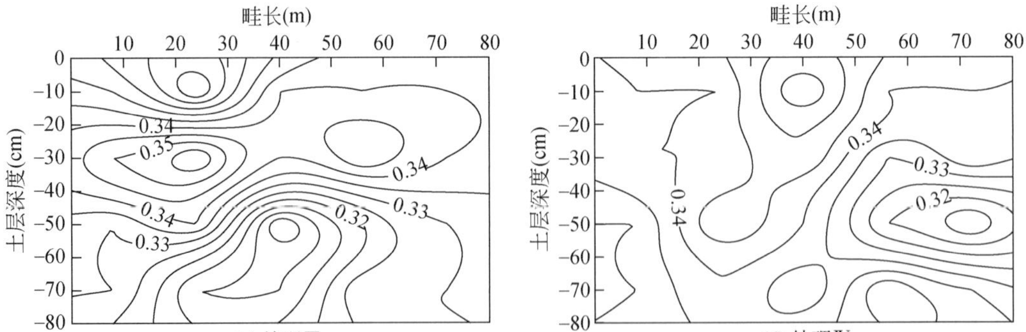

(c) 处理Ⅲ　(d) 处理Ⅳ

图 12-14　冬小麦生长返青水灌后 2 天液施尿素条畦施肥灌溉处理下 0 ~ 80cm 土层的土壤体积含水量沿畦长空间分布状况

图 12-15 和图 12-16 分别给出冬小麦生长扬花水灌前 2 天和灌后 2 天液施尿素条畦施肥灌溉处理下 0 ~ 80cm 土层的土壤体积含水量沿畦长空间分布状况，与返青水状况相似，其仅在变化幅度上存在显著差别。与灌前 2 天(图 12-15)相比，灌后 2 天作物有效根系层的土壤水分均增幅明显，而在 60 ~ 80cm 土层的变化幅度相对较小(图 12-16)，较大单宽流量下的土壤体积含水量沿畦长空间分布状况[图 12-16(c)和(d)]也要比较小单宽流量下相对平缓[图 12-16(a)和(b)]。

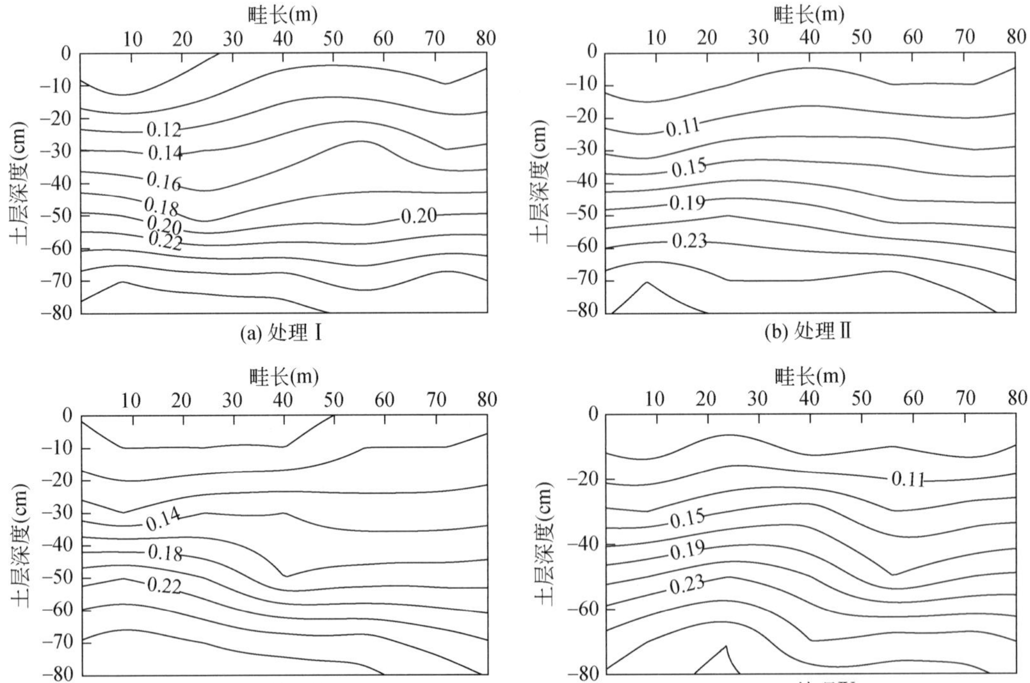

(a) 处理Ⅰ　(b) 处理Ⅱ　(c) 处理Ⅲ　(d) 处理Ⅳ

图 12-15　冬小麦生长扬花水灌前 2 天液施尿素条畦施肥灌溉处理下 0 ~ 80cm 土层的土壤体积含水量沿畦长空间分布状况

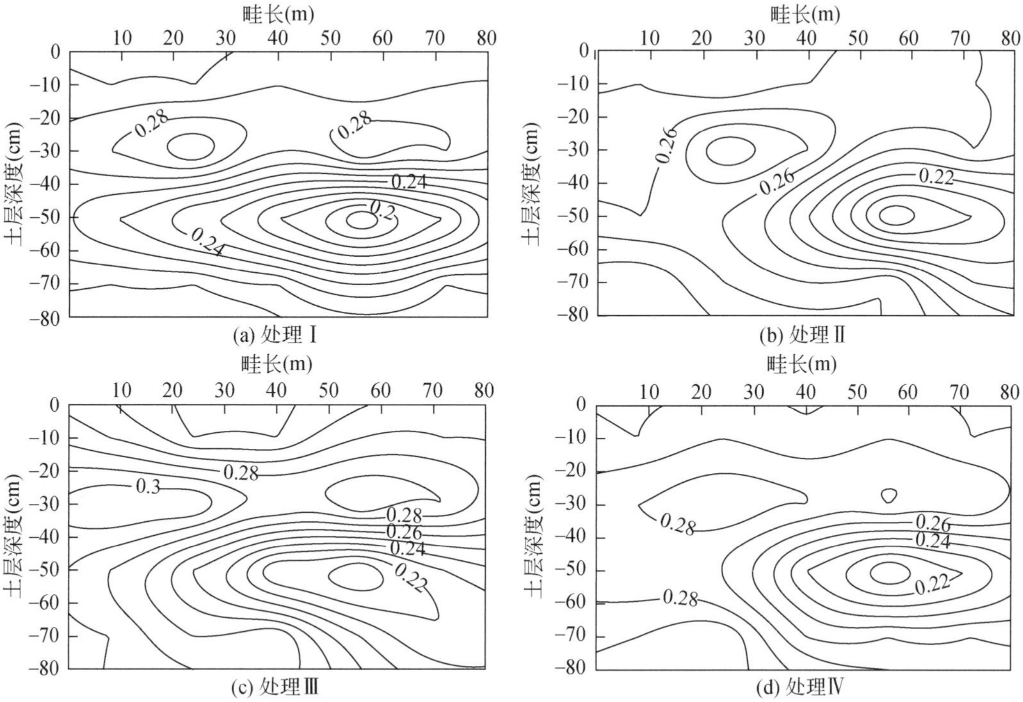

图 12-16　冬小麦生长扬花水灌后 2 天液施尿素条畦施肥灌溉处理下 0 ~ 80cm 土层的土壤体积含水量沿畦长空间分布状况

12.3.2.2　作物有效根系层土壤水分时空变异特性

表 12-3 给出冬小麦生长返青水和扬花水灌前 2 天和灌后 2 天液施尿素下作物有效根系层的土壤体积含水量沿畦长空间分布的统计特征值及其差异性检验结果。返青水灌前 2 天各处理下的土壤体积含水量沿畦长空间分布的 C_v 值为 0.06 ~ 0.08，呈弱变异程度，彼此之间无明显差异，而返青水灌后 2 天各处理下的 C_v 值为 0.03 ~ 0.04，仍为弱变异程度，这表明各处理对作物有效根系层的土壤水分沿畦长空间分布差异没有明显影响，但返青水灌后的土壤体积含水量空间分布差异要比灌前小。

表 12-3　冬小麦生长返青水和扬花水液施尿素下作物有效根系层的土壤体积含水量沿畦长空间分布统计特征值

观测时间	统计特征值	返青水(0 ~ 40cm)				扬花水(0 ~ 60cm)			
		处理Ⅰ (q_2-100%)	处理Ⅱ (q_2-SH)	处理Ⅲ (q_4-100%)	处理Ⅳ (q_4-SH)	处理Ⅰ (q_2-100%)	处理Ⅱ (q_2-SH)	处理Ⅲ (q_4-100%)	处理Ⅳ (q_4-SH)
灌前2天	平均值 (cm^3/cm^3)	0.28	0.27	0.27	0.27	0.14	0.14	0.13	0.14
	标准偏差值 (cm^3/cm^3)	0.018	0.022	0.015	0.015	0.01	0.012	0.013	0.012
	变差系数值 C_v^*	0.06a	0.08a	0.06a	0.06a	0.07a	0.09a	0.09a	0.08a

续表

观测时间	统计特征值	返青水(0～40cm)				扬花水(0～60cm)			
		处理Ⅰ (q_2-100%)	处理Ⅱ (q_2-SH)	处理Ⅲ (q_4-100%)	处理Ⅳ (q_4-SH)	处理Ⅰ (q_2-100%)	处理Ⅱ (q_2-SH)	处理Ⅲ (q_4-100%)	处理Ⅳ (q_4-SH)
灌后2天	平均值 (cm^3/cm^3)	0.33	0.33	0.34	0.34	0.25	0.24	0.27	0.26
	标准偏差值 (cm^3/cm^3)	0.01	0.014	0.012	0.011	0.021	0.018	0.017	0.015
	变差系数值 C_v^*	0.03a	0.04a	0.04a	0.03a	0.08a	0.08a	0.06a	0.06a

* 对同一统计特征值，不同试验处理下具有相同字母的变量数值间在0.05水平上无显著性差异。

扬花水灌前2天各处理下的 C_v 值为0.07～0.09，为弱变异程度，彼此间差异均不显著，而扬花水灌后2天各处理下的 C_v 值为0.06～0.08，属弱变异性，彼此间差异也不明显，这说明各处理对作物有效根系层的土壤水分沿畦长空间分布差异仍无显著影响。

表12-4给出冬小麦生长返青水灌后液施尿素典型试验条畦内作物有效根系层的土壤体积含水量沿畦长空间分布的 C_v 值时间变化趋势。灌后2天各处理下的 C_v 值为0.03～0.04，灌后10天下的 C_v 值有所增加，为0.08～0.10。随着灌后时间推移，各典型试验条畦作物有效根系层的土壤体积含水量沿畦长分布的变异性逐渐增大并趋于稳定，且在灌后10天，土壤水分的再运动将导致其沿畦长的空间分布变异程度发生改变。

表12-4 冬小麦生长返青水灌后液施尿素典型条畦作物有效根系层土壤体积含水量沿畦长空间分布的 C_v 值随时间变化趋势

试验处理	土壤体积含水量沿畦长空间分布的 C_v 值		
	灌后2天	灌后4天	灌后10天
Ⅰ(q_2-100%)	0.03	0.06	0.08
Ⅱ(q_2-SH)	0.04	0.07	0.10
Ⅲ(q_4-100%)	0.03	0.05	0.08
Ⅳ(q_4-SH)	0.03	0.07	0.09

12.3.2.3 土壤水分剖面分布

图12-17给出冬小麦生长返青水灌后2天液施尿素条畦施肥灌溉处理下各观测点处的土壤体积含水量剖面分布状况。各处理下0～20cm土层的土壤水分沿畦长空间分布差别较小，而20～40cm土层的分布差异在较小单宽流量[图12-17(a)和(b)]下要高于较大单宽流量[图12-17(c)和(d)]。此外，如图12-18所示，冬小麦生长扬花水灌后2天各处理下畦内各观测点处的土壤体积含水量空间分布规律及特征与返青水灌后基本类似，但在变化幅度上存在显著差别。在作物有效根系层0～60cm内，各处理间的差异对0～20cm和40～60cm土层的土壤水分沿畦长空间分布差别的影响较小，而20～40cm土层的分布差异在较小单宽流量[图12-18(a)和(b)]下则高于较大单宽流量[图12-18(c)和

(d)],且相应的土壤体积含水量在较大单宽流量下的分布也相对均匀。

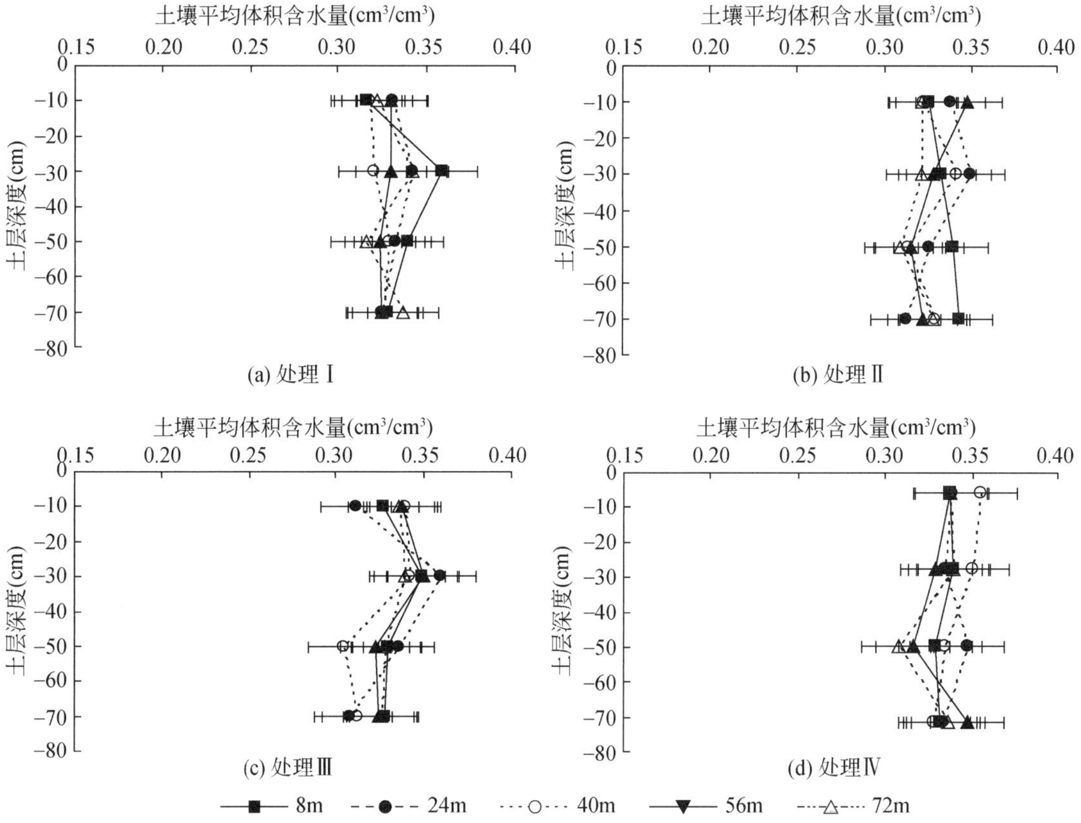

图 12-17　冬小麦生长返青水灌后 2 天液施尿素条畦施肥灌溉处理下各观测点处的土壤体积含水量剖面分布状况

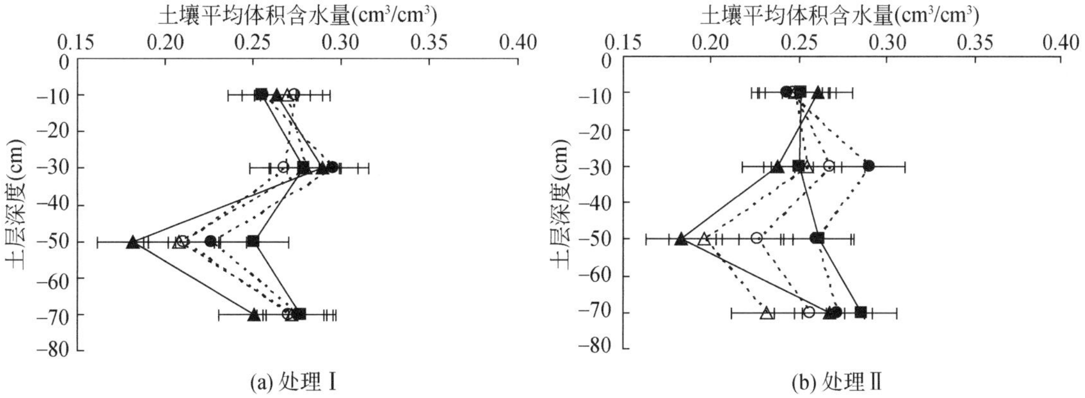

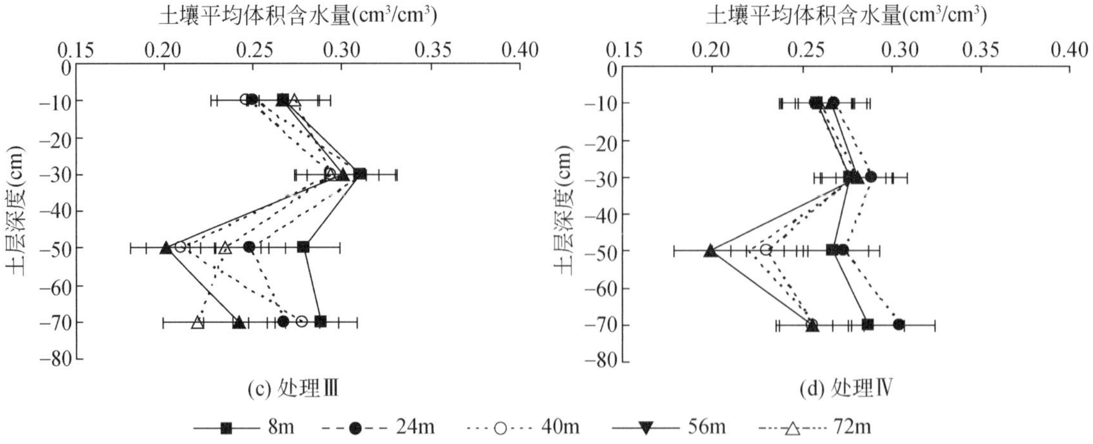

图 12-18 冬小麦生长扬花水灌后 2 天液施尿素条畦施肥灌溉处理下各观测点处的土壤体积含水量剖面分布状况

12.3.3 土壤氮素时空分布特性

12.3.3.1 土壤氮素空间分布

图 12-19 给出冬小麦生长返青水灌前 2 天液施尿素条畦施肥灌溉处理下 0～80cm 土层的土壤硝态氮浓度沿畦长空间分布状况。可以看出,施肥灌溉前的土壤硝态氮浓度均随土层深度增加而减小,且主要分布在 0～40cm 土层,其中,0～20cm 土层的土壤硝态氮浓度最大,而 40cm 土层以下的浓度变化幅度较小,各处理间没有表现出明显差异。

图 12-20 给出冬小麦生长返青水灌后 2 天液施尿素条畦施肥灌溉处理下 0～80cm 土层的土壤硝态氮浓度沿畦长空间分布状况。与返青水灌前 2 天(图 12-19)相比,各处理下的土壤硝态氮主要分布沉积在 0～40cm 土层,其中 0～20cm 土层的土壤硝态氮浓度明显增大,而 40～80cm 土层的分布状况基本保持不变,施氮显著提高了表土硝态氮含量。此外,处理Ⅰ和处理Ⅱ下畦田上游部分畦段的表土硝态氮浓度已超过 55mg/L[图 12-20(a)和(b)],而处理Ⅲ和处理Ⅳ下则为 50mg/L 左右[图 12-20(c)和(d)]。受入畦地表水流

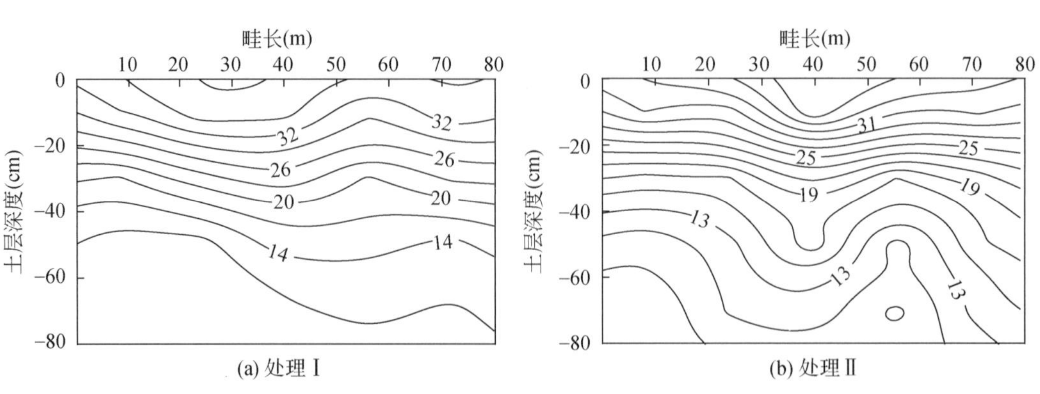

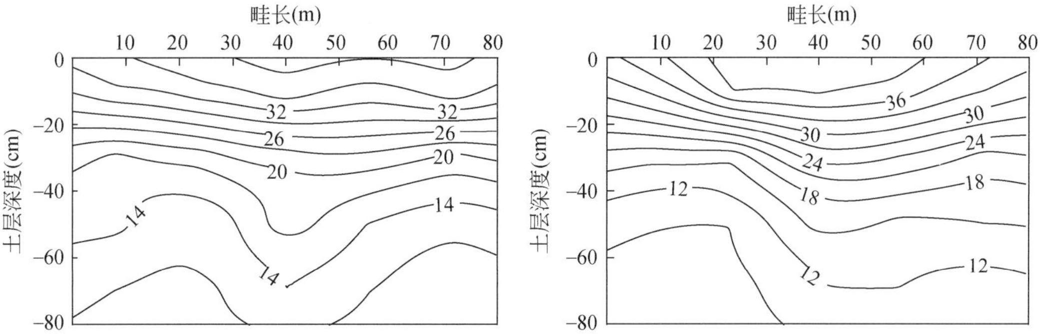

(c) 处理Ⅲ　　(d) 处理Ⅳ

图 12-19　冬小麦生长返青水灌前 2 天液施尿素条畦施肥灌溉处理下 0 ~ 80cm 土层的土壤硝态氮浓度沿畦长空间分布状况

运动推进速度较慢、局部土壤受水时间相对过长影响，较小单宽流量下的表土硝态氮浓度大于较大单宽流量下的相应值。施肥时机差异对表土硝态氮浓度沿畦长空间分布状况也具有一定影响，全程液施灌溉下具有相对较高表土硝态氮浓度值的畦段多出现在条畦前端[图 12-20(a)和(c)]，相对较长的土壤入渗受水时间往往导致下渗的溶质量增多，而后半程液施灌溉虽可一定程度上减少在条畦上游的肥料溶质下渗量，但却会增加在条畦中下游畦段处的相应值[图 12-20(b)和(d)]。

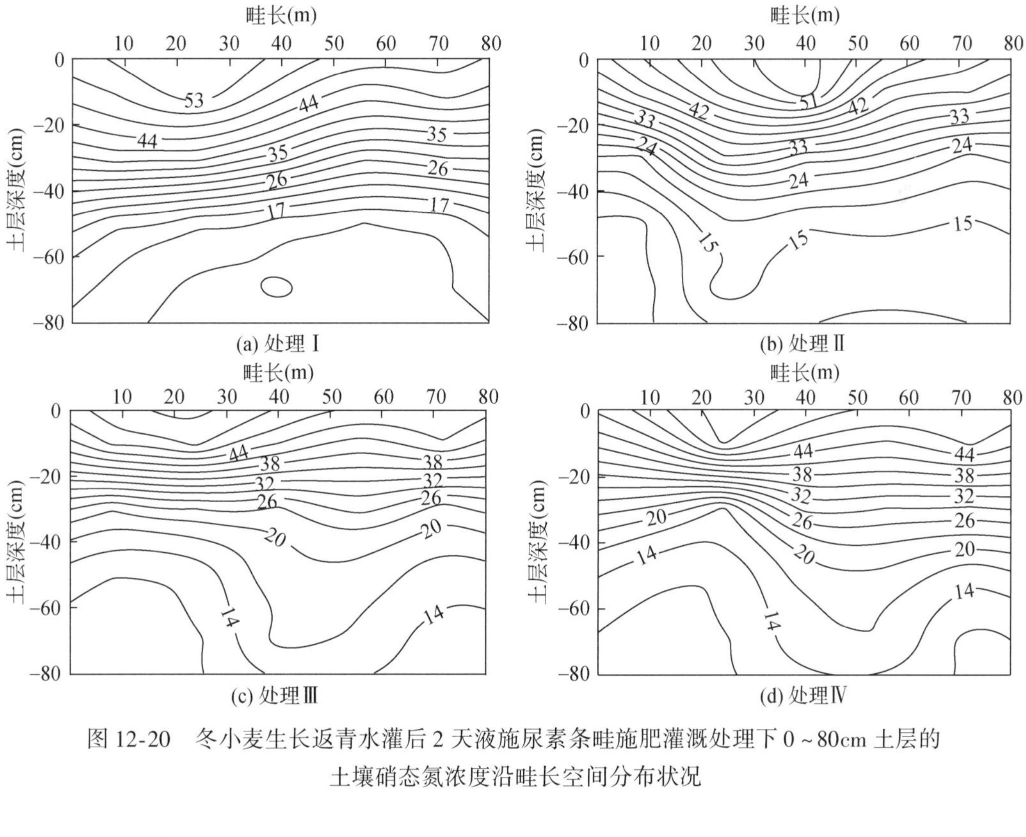

(a) 处理Ⅰ　　(b) 处理Ⅱ

(c) 处理Ⅲ　　(d) 处理Ⅳ

图 12-20　冬小麦生长返青水灌后 2 天液施尿素条畦施肥灌溉处理下 0 ~ 80cm 土层的土壤硝态氮浓度沿畦长空间分布状况

图 12-21 和图 12-22 分别给出冬小麦生长扬花水灌前 2 天和灌后 2 天液施尿素条畦施肥灌溉处理下 0 ~ 80cm 土层的土壤硝态氮含量沿畦长空间分布状况。一方面，灌前 2 天各处理下的土壤硝态氮空间分布趋势与返青水灌前相似，随着土层深度增加而减小，且主要集中在作物有效根系层内，但变异幅度远大于返青水灌前。另一方面，灌后 2 天各处理下的土壤硝态氮也多聚集在作物有效根系层内，分布状况大致不变但比灌前 2 天更为均匀（图 12-22）。与返青水灌后 2 天相比，扬花水灌后 2 天各处理 60cm 土层以下的土壤硝态氮含量增幅较小，受灌溉、作物生长等诸多因素影响，表土入渗能力逐渐减弱，平均入渗水深低于返青水时的相应值。

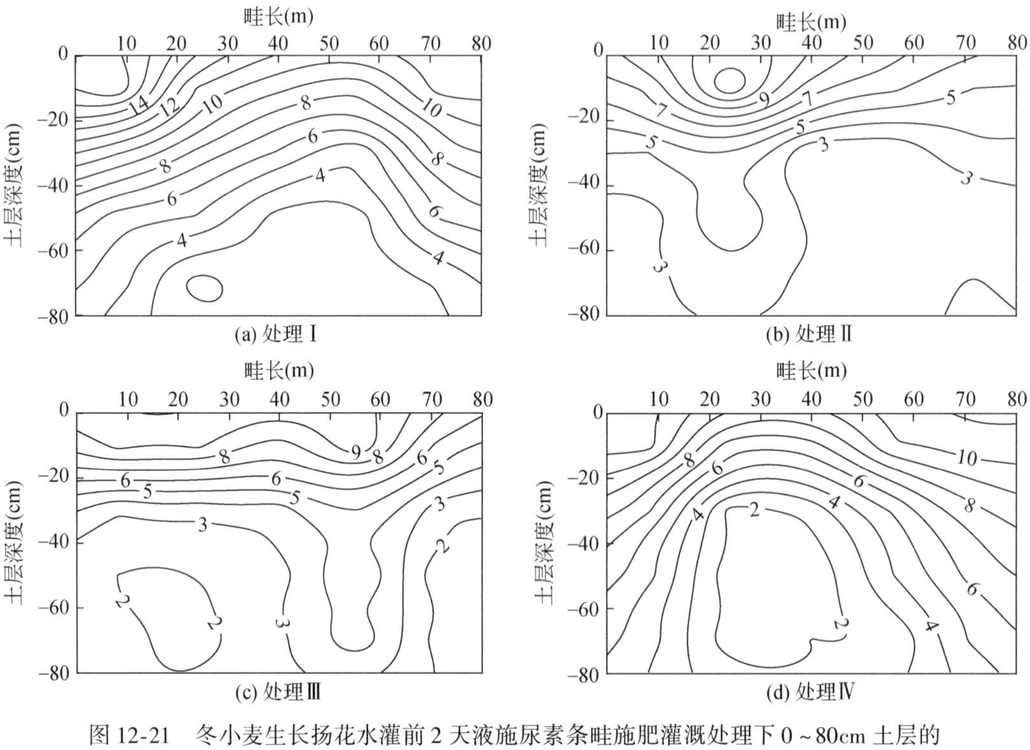

图 12-21　冬小麦生长扬花水灌前 2 天液施尿素条畦施肥灌溉处理下 0 ~ 80cm 土层的土壤硝态氮含量沿畦长空间分布状况

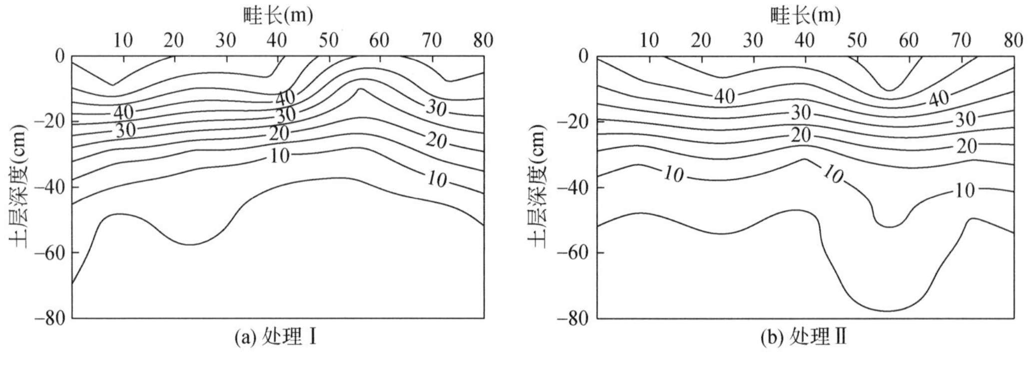

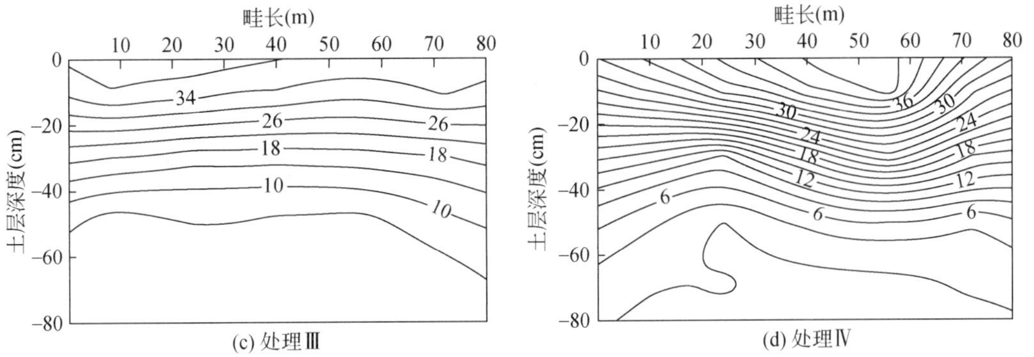

图 12-22　冬小麦生长扬花水灌后 2 天液施尿素条畦施肥灌溉处理下 0 ~ 80cm 土层的土壤硝态氮含量沿畦长空间分布状况

如图 12-22 所示，单宽流量和施肥时机对表土硝态氮含量沿畦长空间分布影响的趋势与返青水(图 12-20)相似。较小单宽流量下部分畦段的表土硝态氮含量大于 50mg/kg[图 12-22(a)和(b)]，而较大单宽流量下的相应值却在 40mg/kg 左右[图 12-22(c)和(d)]，单宽流量对表土硝态氮含量沿畦长空间分布状况亦具有一定影响。施肥时机也对表土硝态氮含量沿畦长空间分布状况产生显著影响，全程液施灌溉下具有相对较高表土硝态氮含量的区域多出现在条畦的上游[图 12-22(a)和(c)]，而后半程液施灌溉下的相应区段则明显向条畦下游移动[图 12-22(b)和(d)]。

12.3.3.2　作物有效根系层土壤氮素时空变异特性

表 12-5 给出冬小麦生长返青水和扬花水灌前 2 天和灌后 2 天液施尿素下作物有效根系层的土壤累积硝态氮浓度(含量)沿畦长空间分布的统计特征值及其差异性检验结果。返青水灌前 2 天各处理下的土壤累积硝态氮浓度沿畦长空间分布的 C_v 值为 0.09 ~ 0.12，属弱变异程度，彼此间无明显差异，而返青水灌后 2 天的 C_v 值在处理Ⅲ下为 0.05，属弱变异程度，其他处理下在 0.11 ~ 0.18，属中等变异程度，且处理Ⅲ下的 C_v 值与其他处理间有明显差异，这表明较大单宽流量和全程液施灌溉下的条畦施肥灌溉处理可在作物有效根系层内形成差异相对较小的土壤氮素空间分布状态。

表 12-5　冬小麦生长返青水和扬花水液施尿素下作物有效根系层的土壤氮素沿畦长空间分布统计特征值

观测时间	统计特征值	返青水(0 ~ 40cm)				扬花水(0 ~ 60cm)			
		处理Ⅰ(q_2-100%)	处理Ⅱ(q_2-SH)	处理Ⅲ(q_4-100%)	处理Ⅳ(q_4-SH)	处理Ⅰ(q_2-100%)	处理Ⅱ(q_2-SH)	处理Ⅲ(q_4-100%)	处理Ⅳ(q_4-SH)
灌前2天	平均值**	27.30	24.76	26.91	27.94	9.28	5.47	5.89	6.92
	标准偏差值**	2.88	2.66	2.42	3.61	2.71	1.69	1.47	2.45
	变差系数值 C_v^*	0.11a	0.11a	0.09a	0.13a	0.29a	0.31a	0.25a	0.35a

续表

观测时间	统计特征值	返青水(0~40cm)				扬花水(0~60cm)			
		处理Ⅰ(q_2-100%)	处理Ⅱ(q_2-SH)	处理Ⅲ(q_4-100%)	处理Ⅳ(q_4-SH)	处理Ⅰ(q_2-100%)	处理Ⅱ(q_2-SH)	处理Ⅲ(q_4-100%)	处理Ⅳ(q_4-SH)
灌后2天	平均值**	40.92	34.85	34.02	35.87	27.78	28.21	25.58	24.62
	标准偏差值**	5.17	6.18	1.68	3.95	7.20	6.49	1.49	5.01
	变差系数值 C_v^*	0.13a	0.18a	0.05b	0.11a	0.26a	0.23a	0.06b	0.2a

* 对同一统计特征值，不同试验处理下具有相同字母的变量数值间在0.05水平上无显著性差异；

** 返青水时土壤氮素浓度单位mg/L，扬花水时土壤氮素含量单位mg/kg。

扬花水灌前2天各处理下的土壤累积硝态氮含量沿畦长空间分布的 C_v 值为0.25~0.35，属中等变异程度，彼此之间无明显差异(表12-5)。与返青水灌前2天相比，各处理下的 C_v 值都增大1~2倍，这既与作物有效根系层增加到0~60cm有关，也与在扬花期间作物生长旺盛、氮素吸收运移和转化较为强烈、作物差异性较大等有关。此外，扬花水灌后2天各处理下的 C_v 值为0.06~0.26，属中等变异程度，其中，处理Ⅲ下的值最低，与其他处理间的差异显著。

表12-6给出冬小麦生长返青水灌后2天液施尿素典型试验条畦作物有效根系层的土壤累积硝态氮浓度沿畦长空间分布的 C_v 值时间变化趋势。随着灌后时间推移，土壤累积硝态氮浓度沿畦长分布空间变异性逐渐增大并趋于稳定，处理Ⅲ下的 C_v 值虽有所增加，但增幅最小。这说明在返青水灌后10天，受作物吸收利用、水分运动、氮素迁移转化、微生物降解等影响，土壤水氮再分布运动使其沿畦长空间分布变异程度发生改变，处理Ⅲ下的增幅相对较小，较佳的土壤水氮沿畦长空间分布状况可在一段时间内得以维持。

表12-6　冬小麦生长返青水灌后液施尿素典型条畦作物有效根系层的土壤氮素沿畦长空间分布的 C_v 值时间变化趋势

试验处理	土壤累积硝态氮浓度沿畦长空间分布的 C_v 值		
	灌后2天	灌后4天	灌后10天
Ⅰ(q_2-100%)	0.15	0.23	0.22
Ⅱ(q_2-SH)	0.19	0.31	0.30
Ⅲ(q_4-100%)	0.05	0.15	0.12
Ⅳ(q_4-SH)	0.14	0.33	0.27

12.3.3.3　土壤氮素剖面分布

图12-23给出冬小麦生长返青水灌后2天液施尿素条畦施肥灌溉处理下各观测点处的土壤硝态氮浓度剖面分布状况。各处理下的土壤硝态氮浓度均随土层深度增加而减小，受分布于作物有效根系层的土壤水分状况影响，土壤硝态氮主要分布沉积在0~40cm土层，而40~80cm土层的分布状况基本保持不变。

在作物有效根系层0~40cm内，除处理Ⅱ外，其他处理下0~20cm土层的土壤硝态氮浓度剖面分布的差别都很小，但20~40cm土层的差别却较大，全程液施灌溉下的差别[图

12-23(a)和(c)]小于后半程液施灌溉[图 12-23(b)和(d)],较小单宽流量[图 12-23(a)和(b)]下的差别高于较大单宽流量[图 12-23(c)和(d)]。由此可见,不同处理对土壤硝态氮浓度剖面分布的影响较为明显,处理Ⅲ[图 12-23(c)]下的分布差异最小,分布均匀性最好。

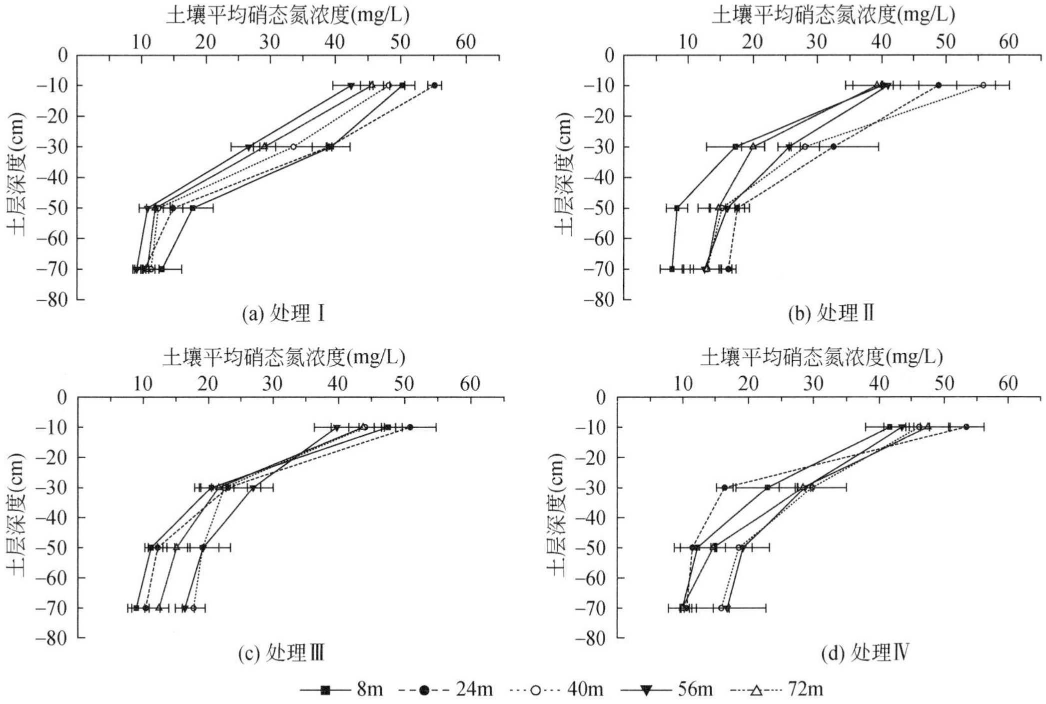

图 12-23　冬小麦生长返青水灌后 2 天液施尿素条畦施肥灌溉处理下各观测点处的土壤硝态氮浓度剖面分布状况

图 12-24 给出冬小麦生长扬花水灌后 2 天液施尿素条畦施肥灌溉处理下各观测点处的土壤硝态氮含量剖面分布状况。各处理下土壤硝态氮含量随土层深度增加而变化的趋势与返青水灌后 2 天基本相同,仅在变化幅度上有所差别。

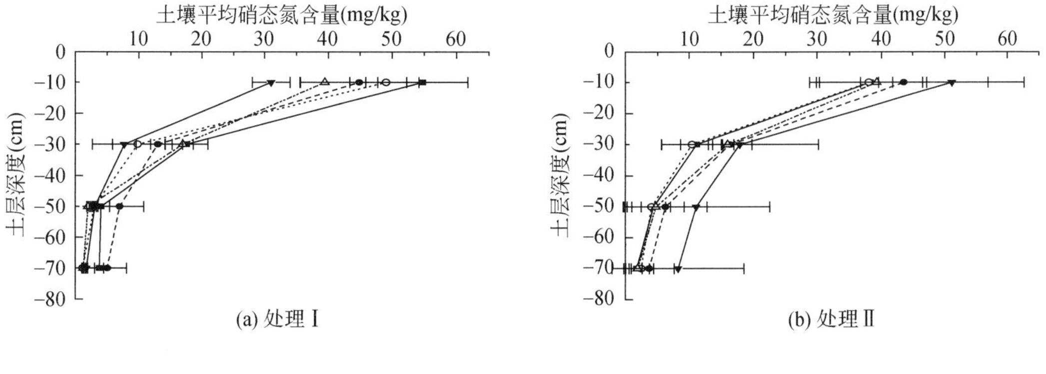

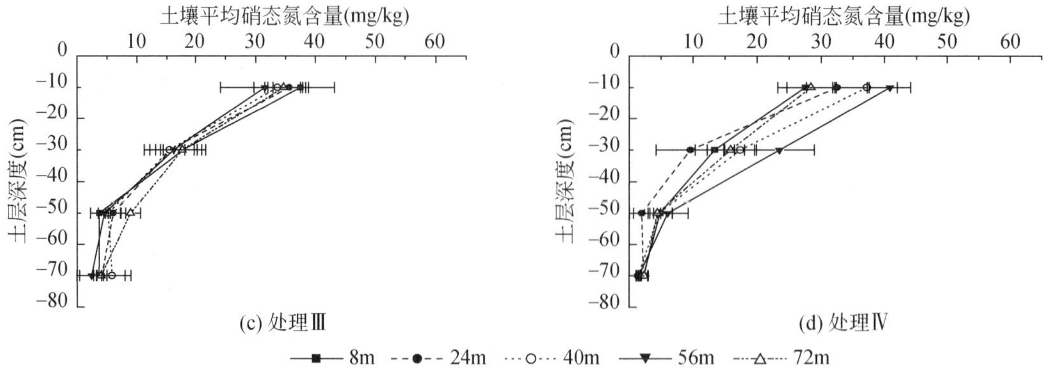

图 12-24 冬小麦生长扬花水灌后 2 天液施尿素条畦施肥灌溉处理下各观测点处的土壤硝态氮含量剖面分布状况

在作物有效根系层 0 ~ 60cm 内,各处理差异对 0 ~ 20cm、20 ~ 40cm 和 40 ~ 60cm 土层的土壤硝态氮含量剖面分布状况影响较大,全程液施灌溉下的分布差别[图 12-24(a)和(c)]要小于后半程液施灌溉[图 12-24(b)和(d)],较小单宽流量[图 12-24(a)和(b)]下的分布差别高于较大单宽流量[图 12-24(c)和(d)],土壤硝态氮含量剖面分布差异最小状况仍出现在处理Ⅲ[图 12-24(c)]下。

12.3.4 施肥灌溉性能评价

采用氮素储存比例 E_N、氮素分布均匀性 DU_{NLH} 和 DU_{NLQ}、水分储存比例 E_W、水分分布均匀性 DU_{WLH} 和 DU_{WLQ} 等指标,定量评价液施尿素下的条畦施肥灌溉性能。

12.3.4.1 土壤水氮储存比例

表 12-7 给出冬小麦生长返青水和扬花水灌后 2 天液施尿素下的条畦施肥灌溉性能评价结果。返青水灌后 2 天的 E_W 值为 48.3% ~49.2%,各处理间的差异并不显著,而 E_N 值为 71.6% ~72.5%,差异也不显著;扬花水灌后 2 天的 E_W 值为 71.7% ~73.8%,E_N 值为 94.2% ~96.5%,各处理间的差异均不明显。由此可知,灌后 2 天土壤硝态氮在作物有效根系层的储存比例要高于土壤水分,氮比水更易于滞留在作物有效根系层内,这与灌后 2 天畦内各观测点处的土壤水氮剖面分布状况(图 12-17、图 12-18、图 12-23 和图 12-24)相一致。扬花水灌后 2 天土壤水氮储存比例高于返青水灌后 2 天,这缘于扬花水时作物有效根系层厚度增加。总体而言,在液施尿素条畦施肥灌溉方式下,施肥时机和单宽流量对灌后 2 天作物根系层土壤水氮储存比例的影响并不明显。

表 12-7 冬小麦生长返青水和扬花水灌后 2 天液施尿素下的条畦施肥灌溉性能评价

评价指标	返青水灌后 2 天				扬花水灌后 2 天			
	处理Ⅰ (q_2-100%)	处理Ⅱ (q_2-SH)	处理Ⅲ (q_4-100%)	处理Ⅳ (q_4-SH)	处理Ⅰ (q_2-100%)	处理Ⅱ (q_2-SH)	处理Ⅲ (q_4-100%)	处理Ⅳ (q_4-SH)
E_N^*(%)	72.5a	71.7a	72.4a	71.6a	95.3a	94.4a	94.2a	96.5a

续表

评价指标	返青水灌后 2 天				扬花水灌后 2 天			
	处理 Ⅰ (q_2-100%)	处理 Ⅱ (q_2-SH)	处理 Ⅲ (q_4-100%)	处理 Ⅳ (q_4-SH)	处理 Ⅰ (q_2-100%)	处理 Ⅱ (q_2-SH)	处理 Ⅲ (q_4-100%)	处理 Ⅳ (q_4-SH)
E_W^*(%)	49.2a	48.3a	49.1a	48.7a	73.5a	71.7a	73.7a	73.8a
DU_{NLQ}^*(%)	82.8a	79.1a	91.7b	85.2a	81.0a	76.8a	92.5b	82.1a
DU_{NLH}^*(%)	84.8a	81.5a	97.8b	90.1a	83.3a	77.8a	95.2b	85.9a
DU_{WLQ}^*(%)	97.5a	93.7a	97.5a	97.1a	93.4a	90.0a	95.7a	94.9a
DU_{WLH}^*(%)	99.1a	98.4a	98.4a	98.0a	96.8a	94.2a	95.5a	96.4a

* 对同一评价指标，不同试验处理下具有相同字母的变量数值间在 0.05 水平上无显著性差异。

12.3.4.2　土壤水氮分布均匀性

表 12-7 给出的结果还表明，冬小麦生长返青水灌后 2 天的 DU_{WLQ} 值为 93.7% ~ 97.5%，DU_{WLH} 值为 98.0% ~ 99.1%，不同处理间的差异并不明显；DU_{NLQ} 值为 79.1% ~ 91.7%，处理Ⅲ高出处理Ⅱ约 12 个百分点，DU_{NLH} 值为 81.5% ~ 97.8%，均高于相同处理下的 DU_{NLQ} 值，处理Ⅲ高出处理Ⅱ约 20 个百分点。冬小麦扬花水灌后 2 天的 DU_{WLQ} 和 DU_{WLH} 值分别为 90.0% ~ 95.7% 和 94.2% ~ 96.8%，各处理间的差异不明显；DU_{NLQ} 值为 76.8% ~ 92.5%，处理Ⅲ高出处理Ⅱ约 16 个百分点，DU_{NLH} 值为 77.8% ~ 95.2%，高于相同处理下的 DU_{NLQ} 值，处理Ⅲ高出处理Ⅱ约 17 个百分点。由此可知，不同处理下的水分分布均匀性都高于氮素分布均匀性，且处理Ⅲ下的土壤氮素分布均匀性差异显著，这表明较大单宽流量和全程液施灌溉对作物有效根系层土壤硝态氮浓度沿畦长空间分布均匀性产生较大影响。

12.4　结　　论

本章基于均匀撒施和液施尿素冬小麦条畦施肥灌溉试验观测数据，分析两种畦田施肥灌溉试验处理下的地表水流氮素时空分布规律及土壤水氮时空分布差异，评价畦田施肥灌溉性能，探讨均匀撒施和液施尿素下适宜的冬小麦条畦施肥灌溉方式。

在冬小麦生长返青和扬花水均匀撒施尿素条畦施肥灌溉下，灌后 2 天土壤水分均布在 0 ~ 80cm 土层，土壤硝态氮多聚集在 0 ~ 40cm 土层，作物有效根系层的土壤水分储存比例明显低于土壤硝态氮储存比例，但土壤水分沿畦长空间分布均匀性却明显好于土壤硝态氮。增大单宽流量有助于改善土壤水氮在作物有效根系层的储存比例及沿畦长空间分布的均匀性，而适当增加单次施氮量则有利于提高作物有效根系层的土壤硝态氮储存比例。

在冬小麦生长返青水和扬花水液施尿素条畦施肥灌溉下，灌后 2 天土壤硝态氮主要分布在 0 ~ 40cm 土层，尽管土壤水分沿畦长空间分布之间无显著性差异，但在土壤硝态氮浓度（含量）之间却存在显著差别，全程液施灌溉下的土壤硝态氮浓度（含量）沿畦长空间分布差异要小于后半程液施灌溉。增大单宽流量有助于改善作物有效根系层的土壤氮素空间分布均匀性，而选择适宜的施肥时机则有利于提高作物有效根系层的土壤氮素储存比例。

在冬小麦生长返青水和扬花水条畦施肥灌溉期间，均匀撒施和液施尿素下土壤氮素储存比例之间的差异并不显著，但液施灌溉下的土壤氮素分布均匀性指标值 DU_{NLH} 和 DU_{NLQ} 却分别平均高出均匀撒施 24.1 个百分点和 16.1 个百分点，施肥均布程度明显改善。在液施尿素畦田施肥灌溉下，应采用相对较大的单宽流量和全程液施灌溉方式，而在均匀撒施尿素畦田施肥灌溉下，则应适当增大单宽流量，以便提高条畦施肥灌溉性能。

参考文献

程东娟，赵新宇，费良军. 2009. 膜孔灌灌施尿素条件下氮素转化和分布室内模拟试验. 农业工程学报，25(12)：58-62

杜红霞，吴普特，冯浩，等. 2009. 氮施用量对夏玉米土壤水氮动态及水肥利用效率的影响. 中国水土保持科学，7(4)：82-87

董燕，王正银. 2005. 尿素在土壤中的转化与植物利用效率. 磷肥与复肥，20(2)：76-78

郭大应，谢成春，熊清瑞，等. 2000. 喷灌条件下土壤中的氮素分布研究. 灌溉排水，19(2)：76-77

巨晓棠，刘学军，张福锁，等. 2003. 冬小麦/夏玉米轮作中 NO_3^-—N 在土壤剖面的累积和移动. 土壤学报，40(4)：538-546

栗岩峰，李久生，李蓓. 2007. 滴灌系统运行方式和施肥频率对番茄根区土壤氮素动态的影响. 水利学报，38(7)：857-865

上官周平，李世清. 2004. 旱地作物氮素营养生理生态. 北京：科学出版社

孙传范，曹卫星，戴廷波. 2001. 土壤——作物系统中氮肥利用率的研究进展. 土壤，2：64-69

水利部部颁标准. 1993. 农田水利技术术语(SL6-93). 北京：水利电力出版社

薛亮，周春菊，雷杨莉，等. 2008. 夏玉米交替施肥灌溉的水氮耦合效应研究. 农业工程学报，24(3)：91-94

叶优良，李隆，张福锁，等. 2004. 灌溉对大麦/玉米带田土壤硝态氮累积和淋失的影响. 农业工程学报，20(5)：105-109

许迪，李益农，李福祥. 2000. 激光控制平地方法的经济可行性分析. 农业工程学报，16(6)：33-37

朱兆良，文启孝. 1992. 中国土壤氮素. 南京：江苏科技出版社

赵允格，邵明安. 2002. 不同施肥条件下农田硝态氮迁移的试验研究. 农业工程学报，18(4)：37-40

Boer W D, Laanbroek H J. 1989. Ureolytic nitrification at low pH by Nitrosospira spec. Archives of Microbiology, 152(2): 178-181.

Burt C M, Clemmens A J, Strelkoff T S, et al. 1997. Irrigation performance measures: efficiency and uniformity. Journal of Irrigation and Drainage Engineering, 123(6): 423-442

Hauck R D. 1984. Technological approaches to improving the efficiency of nitrogen fertilizer use by crop plants. American Society of Agronomy, Crop Science Society of America, Soil Science Society of America, 551-560

Mndahar M S, Hignett T P. 1982. Energy and Fertilizer: policy implications for developing counties. International Fertilizer Development Center, Technical Bulletin T-20

Skiba U, Wainw Right M. 1984. Urea hydrolysis and transformations in coastal dune sands and soil. Plant and soil, 82(1): 117-123

Walker W R, Skogerboe G V. 1987. Surface Irrigation: Theory and Practice. Englewood Cliffs, NJ, USA: Prentice-Hall, Inc

Zerihun D, Sanchez C A, Farrell-Poe K L, et al. 2003. Performance indices for surface N fertigation. Journal of Irrigation and Drainage Engineering, 129(3): 173-184

第13章
Chapter 13

冬小麦畦田施用硫酸铵肥料灌溉特性与性能评价

作为铵态氮肥的典型产品,硫酸铵遇水溶解后可直接形成各种形态的氮素,这与尿素截然不同,但其作为追肥使用时,应防止因分解易造成的氮素损失现象。

Bouwer(1990)建议在灌溉结束时施肥,以避免肥料深层渗漏损失,指出施肥时间和时机是影响肥料分布均匀性和硝酸盐下渗的重要因素。Boldt 等(1994)等开展不同硝酸盐施肥处理灌溉试验,指出若在整个灌溉期间施肥,一旦灌溉用水效率不高就可能增加肥料的深层渗漏量,在灌溉前半程或后半程施肥则可改善灌溉效率和灌水均匀度。Burt 等(1995)推荐在沟灌中恒速持续地注入肥料并利用径流尾水灌溉其他农田,调整入地流量、灌溉时间、沟形特性、施肥时机等是改善施肥灌溉性能、减少径流和淋洗损失的有效措施。Abbasi 等(2003)针对封闭沟灌条件,利用短期施肥措施改善肥料分布状况,并量化了肥料施用量、产量、淋洗量之间的关系,提出具有经济和环境可持续性的土壤和作物管理活动。Gheysari 等(2007)评价了不同地面施肥灌溉措施对青贮玉米生长期土壤氮素淋洗的影响,与充分灌溉相比,非充分灌溉下的作物吸氮量减少而氮素挥发量和土壤氮素残留量却增加,为了避免氮素流失,应根据现有缺水状况的严重性按比例减少施氮量。Abbasi 等(2012)分别在灌溉前半程、后半程及全程于沟口注入硝酸钾化肥,结果表明施肥灌溉最好在水流推进结束之前进行,此时肥料径流损失为零,均匀性相对较高,当入沟流量等参数选择适当时,可不必担心水肥深层渗漏损失。Ebrahimian 等(2013)开展沟灌施肥试验,决策变量包括入流量、关水时间、施肥开始时间和施肥历时,交替沟灌施肥与传统沟灌施肥相比明显减少了水氮损失。

本章基于均匀和非均匀撒施及液施硫酸铵冬小麦畦田施肥灌溉试验观测数据,分析不同畦田施肥灌溉处理下的地表水流氮素时空分布特性和土壤水氮时空分布差异,探讨地表水流氮素与土壤氮素的空间分布关系,评价畦田施肥灌溉性能,提出均匀和非均匀撒施及液施硫酸铵下适宜的冬小麦畦田施肥灌溉方式。

13.1 施肥灌溉性能评价指标

针对遇水溶解后即可直接形成各种形态氮素的肥料而言,Zerihun 等(2003)提出相应的施肥灌溉性能评价指标,如施氮分布均匀性、施氮效率、施氮满足率、施氮损失率等。硫酸铵肥料溶于水后常形成铵根离子和硫酸根离子,前者进入土壤后形成铵态氮,并经硝化反应生成硝态氮。在硝化与反硝化作用下,铵态氮和硝态氮之间因发生复杂的生化反应而相互转化,但短期内转化结果仍保持铵态氮和硝态氮总量之和近似不变,故在施用硫酸铵后,可通过测定铵态氮和硝态氮含量获知每次施用肥料下的土壤氮素数量。为此,选用以上施肥灌溉性能评价指标,评价硫酸铵施用下的施肥灌溉性能。

13.1.1 施肥性能评价指标

施氮分布均匀性、施氮效率和施氮满足率对不同供水和田块条件下的施肥性能评价都适用,但施氮损失率则需根据具体条件加以取舍。施氮损失率通常包括 L_N、R_N和 S_N,其中,L_N为溢出作物有效根系层的施氮量,其与施氮效率之和为常数 1,二者可取其一;R_N为地表径流施氮损失量,当田尾封闭时不产生地表径流,故 $R_N=0$;S_N反映单次施肥灌溉后储存在作物有效根系层的土壤氮素与作物需氮量相比的盈余程度,若无盈余,该值为零。此外,作物需氮量是对整个生育期而言,由于单次灌溉施肥量远小于作物需氮量,并无盈余,可舍去 S_N 指标。

在评价撒施和液施硫酸铵畦田施肥灌溉性能时,L_N 与施氮效率二者相比,选择施氮效率;因畦尾被封闭,舍去 R_N;因评价单次施肥灌溉性能,舍去 S_N。若以灌后和灌前实测的土壤氮素浓度之差作为单次施肥灌溉下的土壤氮素浓度增量,则可借助施氮分布均匀性、施氮效率和施氮满足率定量评价硫酸铵施用下的施肥性能。

13. 1. 1. 1　施氮分布均匀性

施氮分布均匀性指标包括 DU_{HN}、DU_{QN} 和 UCC_N,前两者用于度量局部畦段与整个畦田施氮量间的偏差程度,后者用于度量畦田内各观测点处的实际施氮量偏离平均施氮量的程度,其表达式分别为

$$DU_{HN} = \frac{N_{avh}L}{\int_0^L N\mathrm{d}x} \cdot 100\% \tag{13-1}$$

$$DU_{QN} = \frac{N_{avq}L}{\int_0^L N\mathrm{d}x} \cdot 100\% \tag{13-2}$$

$$UCC_N = \frac{N_{avg} - \sum_{j=1}^{M} N_{avd}^j}{N_{avg}} \cdot 100\% \tag{13-3}$$

式中,M 为畦田内观测点的数量;N_{avh} 和 N_{avq} 分别为畦田内具有最低值的 1/2 和 1/4 畦段的施氮量(g/m);L 为畦长(m);N_{avg} 为畦田平均施氮量(g/m);N 为畦田实际施氮量(g/m);

$$N_{avd}^j = \begin{cases} \dfrac{\int_{x_{j-1}}^{x_j} (N - N_{avg})\mathrm{d}x}{L} & N \geq N_{avg}, x_{j-1} \leq x \leq x_{j+1} \\ \dfrac{\int_{x_{j-1}}^{x_j} (N_{avg} - N)\mathrm{d}x}{L} & N < N_{avg}, x_{j-1} \leq x \leq x_{j+1} \end{cases}$$。

如图 13-1 所示,式(13-3)中 $\sum_{j=1}^{M} N_{avd}^j$ 表示畦田实际施氮量与平均施氮量间的偏差,故 UCC_N 表达了实际施氮量与平均施氮量间的平均偏差程度。

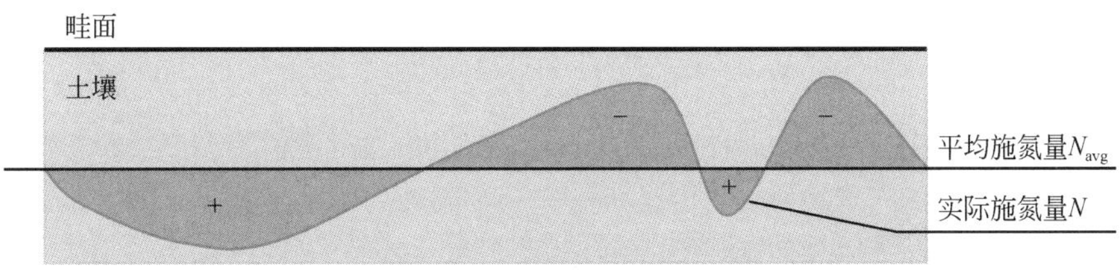

图 13-1　畦田内各观测点处的实际施氮量与平均施氮量分布的比较

注:"+"和"−"号分别表示实际施氮量与平均施氮量间的盈亏。

13.1.1.2　施氮效率

采用施氮效率指标 E_{aN} 度量实际施氮量被存留在作物有效根系层内供作物吸收利用的比例,其表达式为

$$E_{aN} = \frac{\sum_{j=1}^{M} M_{N}^{j}}{N_{avg}} \cdot 100\% \tag{13-4}$$

式中,N_{rz}为作物有效根系层内的氮素增量(g/m);$M_{N}^{j} = \int_{x_{j-1}}^{x_j} N_{rz}\mathrm{d}x \quad x_{j-1} \leqslant x \leqslant x_j$。

13.1.1.3　施氮满足率

采用施氮满足率指标 I_{rN} 度量实际施氮量对作物生理需氮量的满足程度,其表达式为

$$I_{rN} = \frac{\sum_{j=1}^{M} M_{N}^{j}}{N_r L} \cdot 100\% \tag{13-5}$$

式中,N_r为作物生理需氮量(g/m)。

在整个作物生育期内,每 100kg 冬小麦的生理需氮量约为 2.8 ~ 3.2kg(王东等,2010),取其平均值为 3kg/100kg。若以中产水平最高产量 6750kg/hm^2 为潜在值(郭翠花等,2010),则沿单位畦田长度的冬小麦生理需氮量 N_r=20.25g/m^2。

在均匀和非均匀撒施及液施硫酸铵冬小麦条畦施肥灌溉试验中,均于各次灌前 1 天或 2 天和灌后 1 天或 2 天提取了土样,测定土壤氮素含量。硫酸铵肥液进入土壤后,受硝化和反硝化作用影响,铵态氮和硝态氮之间相互转换,难以区分不同形态的氮素,但短期内仍然是土壤氮素总量近似保持不变,为此,分析土壤氮素总量的时空分布特性。

13.1.2　灌溉性能评价指标

为了便于对比硫酸铵施灌下的施肥性能与灌溉性能,使两者的评价指标值之间具有一定可比性,借助灌水分布均匀性、灌水效率和灌水满足率指标定量评价硫酸铵施用下的灌溉性能。

13.1.2.1　灌水分布均匀性

灌水分布均匀性指标包括 DU_{HW}、DU_{QW} 和 UCC_{W},前两者用于度量局部畦段与整个畦田灌水量间的偏差程度,后者度量畦田内各观测点处的实际灌水量偏离平均灌水量的程度,其表达式分别为

$$DU_{HW} = \frac{Z_{avh}}{Z_{avg}} \cdot 100\% \tag{13-6}$$

$$DU_{QW} = \frac{Z_{avq}}{Z_{avg}} \cdot 100\% \tag{13-7}$$

$$\mathrm{UCC_W} = 1 - \frac{\sum_{j=1}^{M} |Z_j - Z_{avg}|}{M \cdot Z_{avg}} \cdot 100\% \tag{13-8}$$

式中,M 为畦田内观测点的数量;Z_{avh}和 Z_{avq}分别为畦田内具有最低值的 1/2 和 1/4 畦段的灌水量(mm);Z_{avg} 为畦田平均灌水量(mm);Z_j 为畦田第 j 个观测点处的实际灌水量(mm)。

13.1.2.2　灌水效率

采用灌水效率指标 E_{aW} 度量实际灌水量被存留在作物有效根系层内供作物吸收利用的比例,其表达式为

$$E_{aW} = \frac{Z_s}{Z_{avg}} \cdot 100\% \tag{13-9}$$

式中,Z_s为储存在作物有效根系层的灌水深度(mm)。

13.1.2.3　灌水满足率

采用灌水满足率指标 I_{rW} 度量储存在作物根系层的灌水量对作物灌溉需水量的满足程度,其表达式为

$$I_{rW} = \frac{Z_s}{Z_{req}} \cdot 100\% \tag{13-10}$$

式中,Z_{req}为作物灌溉需水量(mm)。

13.2　畦田均匀撒施和液施硫酸铵灌溉

基于表 9-4 给出的冬小麦均匀撒施和液施硫酸铵条畦施肥灌溉试验处理设计要素,开展相关试验观测数据分析,阐述地表水流氮素和土壤水氮时空分布特性,探讨地表水流氮素与土壤氮素空间分布关系,评价施肥灌溉性能。

13.2.1　地表水流氮素时空分布特性

13.2.1.1　硝态氮时空分布

图 13-2 给出冬小麦生长返青水施用硫酸铵条畦施肥灌溉处理下地表水流运动推进到各观测点处的硝态氮浓度平均值时间变化过程,可以发现,不同处理下均为地表水流运动刚推进到各观测点处的硝态氮浓度平均值最大,且其与随后测定的浓度平均值间的差异显著。

图 13-3 给出冬小麦生长返青水施用硫酸铵条畦施肥灌溉处理下各时刻的地表水流硝态氮浓度沿畦长空间分布状况,相应的统计特征值见表 13-1。可以看出,相同时刻不同处理下的地表水流硝态氮浓度沿畦长空间分布状况基本一致,彼此间差异并不显著。

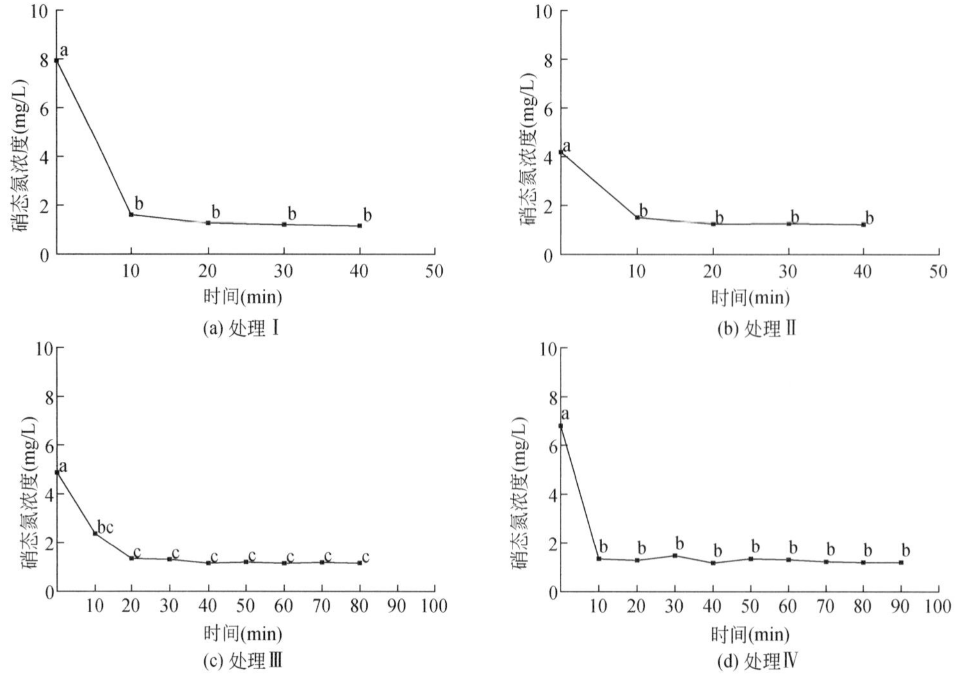

图 13-2　冬小麦生长返青水施用硫酸铵条畦施肥灌溉处理下各观测点处的地表水流硝态氮浓度平均值时间变化过程

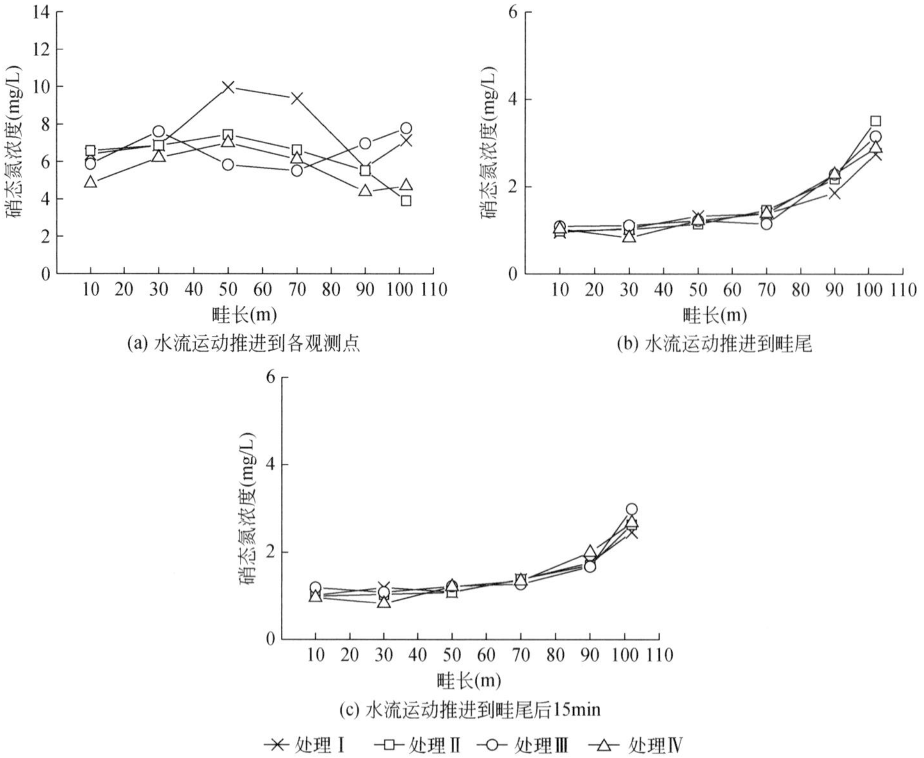

图 13-3　冬小麦生长返青水施用硫酸铵条畦施肥灌溉处理下各时刻的地表水流硝态氮浓度沿畦长空间分布状况

表 13-1　冬小麦生长返青水施用硫酸铵条畦施肥灌溉处理下各时刻的地表水流氮素浓度沿畦长空间分布统计特征值

取样时间	氮素形态	统计特征值	返青水			
			处理Ⅰ(QDSS)	处理Ⅱ(QDYS)	处理Ⅲ(QXSS)	处理Ⅳ(QXYS)
水流运动推进到各观测点	铵态氮	平均值(mg/L)	8.58	43.74	8.22	62.47
		变差系数值 C_v	0.24	0.06	0.26	0.05
	硝态氮	平均值(mg/L)	7.10	6.20	6.60	5.41
		变差系数值 C_v	0.23	0.21	0.15	0.19
水流运动推进到畦尾	铵态氮	平均值(mg/L)	1.92	41.89	2.16	61.44
		变差系数值 C_v	0.28	0.03	0.35	0.08
	硝态氮	平均值(mg/L)	1.55	1.75	1.67	1.42
		变差系数值 C_v	0.43	0.57	0.52	0.50
水流运动推进到畦尾后 15min	铵态氮	平均值(mg/L)	1.86	41.27	1.91	60.74
		变差系数值 C_v	0.45	0.05	0.31	0.05
	硝态氮	平均值(mg/L)	1.48	1.42	1.57	1.62
		变差系数值 C_v	0.37	0.43	0.46`	0.47

如图 13-3(a)所示,地表水流运动推进到各观测点处的硝态氮浓度要明显大于水流推进到畦尾后 15min 的观测值,不同处理下各观测点间的地表水流硝态氮浓度差异并不明显,硝态氮浓度为 5.41 ~ 7.10mg/L,C_v值为 0.15 ~ 0.23(表 13-1)。当地表水流运动推进到畦尾及其后 15min 时[图 13-3(b)和(c)],地表水流硝态氮浓度变化范围从水流推进到各观测点处的 5.41 ~ 7.10mg/L 分别下降到 1.42 ~ 1.75mg/L 和 1.42 ~ 1.62mg/L,C_v值分别为 0.43 ~ 0.57 和 0.37 ~ 0.47(表 13-1)。此时 0 ~ 70m 畦段内地表水流硝态氮浓度的变动不大,但在靠近畦尾 30m 内的浓度却有所增大,呈现出浓度值骤然增高的"反翘"现象。

由此可知,冬小麦生长返青水施用硫酸铵条畦施肥灌溉处理下的地表水流硝态氮浓度时空分布特性间差异并不明显。对硫酸铵水解后形成的硫酸根离子和铵根离子而言,由于后者需在亚硝化杆菌和硝化细菌及土壤通气条件下才可转化为硝态氮,故地表水流中的硝态氮主要来自表土溶解自逸出的氮素,这说明地表水流硝态氮时空分布特性基本不受硫酸铵施肥灌溉方式影响。

13.2.1.2　铵态氮时空分布

图 13-4 给出冬小麦生长返青水施用硫酸铵条畦施肥灌溉处理下地表水流运动推进到各观测点处的铵态氮浓度平均值时间变化过程,可以发现,处理Ⅰ和处理Ⅲ(均匀撒施灌溉)下都是地表水流运动刚推进到各观测点处的铵态氮浓度平均值最大,且其与随后测定的浓度值间的差异显著。另外,对处理Ⅱ和处理Ⅳ(液施灌溉)而言,地表水流运动刚推进到各观测点处的铵态氮浓度平均值与随后测定的浓度值间均无显著差异。

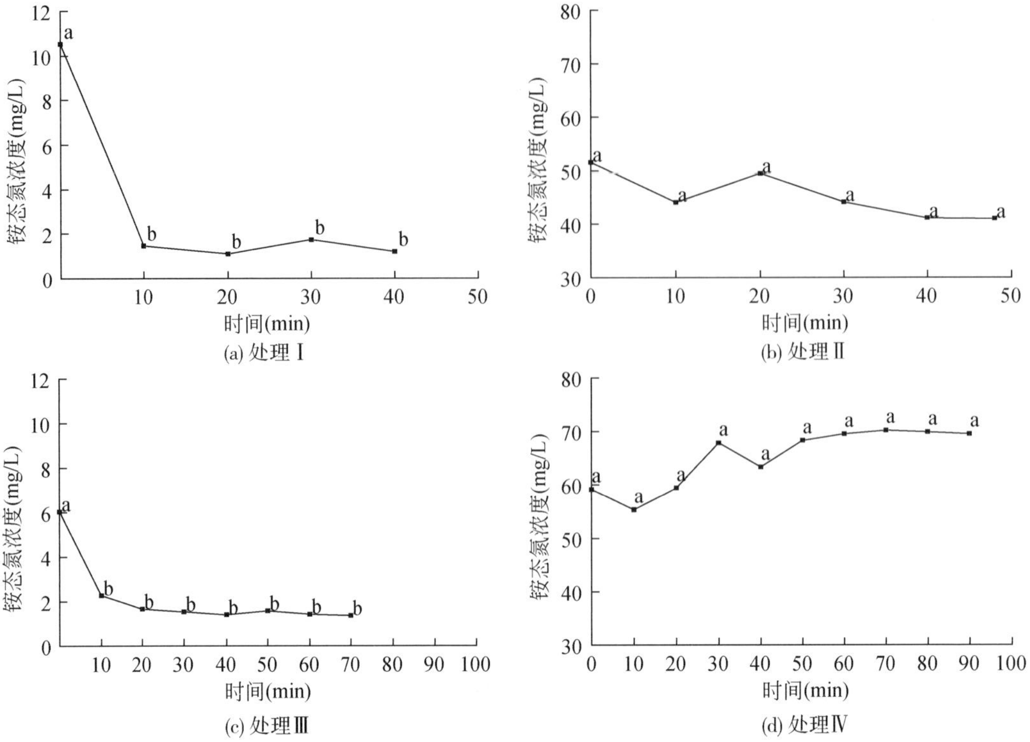

图 13-4　冬小麦生长返青水施用硫酸铵条畦施肥灌溉处理下各观测点处的地表水流铵态氮浓度平均值时间变化过程

图 13-5 给出冬小麦生长返青水施用硫酸铵条畦施肥灌溉处理下各时刻的地表水流铵态氮浓度沿畦长空间分布状况,相应的统计特征值见表 13-1。可以看出,相同时刻均匀撒施灌溉和液施灌溉之间及全程液施灌溉下的地表水流硝态氮浓度沿畦长空间分布状况虽近似相同,当彼此间差异显著。

如图 13-5(a)所示,处理Ⅱ和处理Ⅳ(液施灌溉)下地表水流运动推进到各观测点处的铵态氮浓度要明显大于处理Ⅰ和处理Ⅲ(均匀撒施灌溉),单宽流量对处理Ⅰ和处理Ⅲ下各观测点间的铵态氮浓度差别影响较小,相应的浓度平均值分别为 8.6mg/L 和 8.2mg/L,但对处理Ⅱ和处理Ⅳ下铵态氮浓度差别的影响却较大,浓度平均值分别为 43.7mg/L 和 62.5mg/L(表 13-1)。当地表水流运动推进到畦尾及其后 15min 时[图 13-5(b)和(c)],处理Ⅰ和处理Ⅲ下地表水流铵态氮浓度平均值从之前的 8.2 ~ 8.6mg/L 分别下降到 1.9 ~ 2.2mg/L 和 1.9mg/L,而处理Ⅱ和处理Ⅳ下则从 43.7 ~ 62.5mg/L 分别减少到 41.9 ~ 61.4mg/L 与 41.3 ~ 60.7mg/L(表 13-1),这表明单宽流量对均匀撒施灌溉处理下各观测点间的铵态氮浓度差异影响仍然较小,但对液施灌溉下的影响依然较大。

由此可知,在冬小麦生长返青水施用硫酸铵条畦施肥灌溉处理下,施肥灌溉方式对地表水流铵态氮浓度时空分布特性影响显著。液施灌溉下的地表水流铵态氮浓度值远大于均匀撒施灌溉,且时空分布相对均匀。由于液施的硫酸铵已在施肥罐中与水充分融合,地表水流铵态氮浓度的时空分布相对均匀。在均匀撒施灌溉下,由于表施的硫酸铵处于被

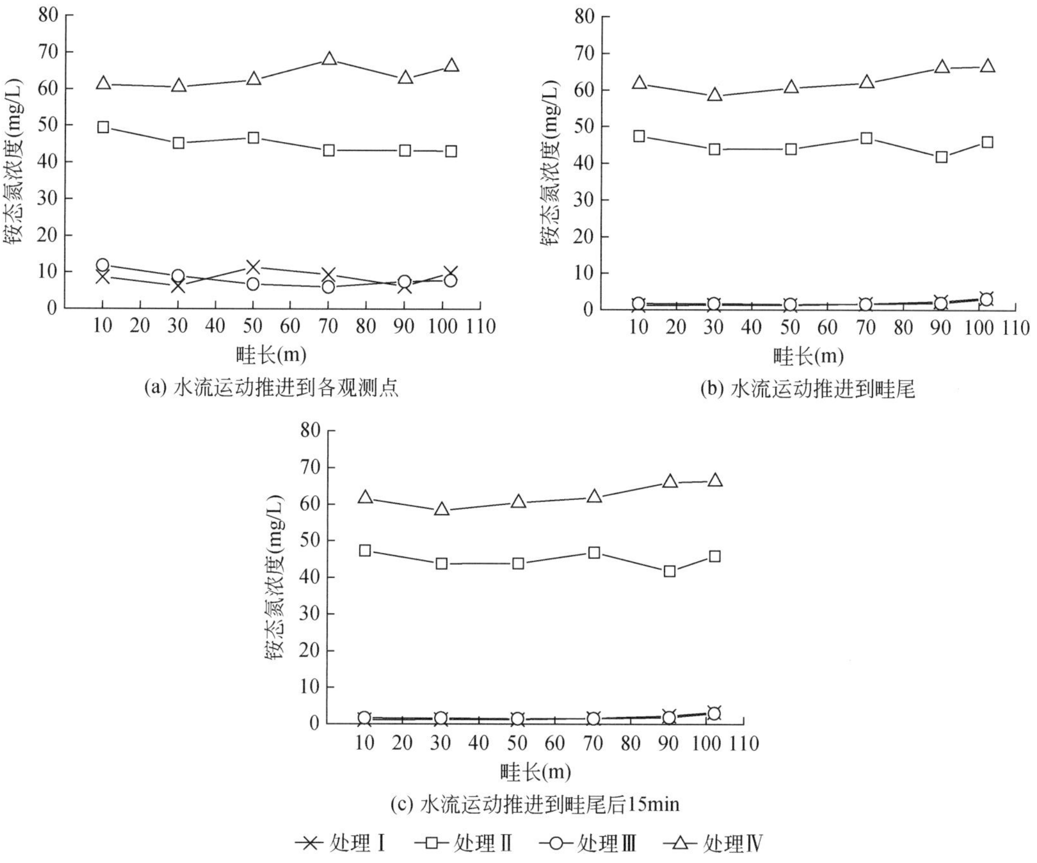

图 13-5　冬小麦生长返青水施用硫酸铵条畦施肥灌溉处理下各时刻的地表水流铵态氮浓度沿畦长空间分布状况

水逐渐溶解过程中,地表水流铵态氮浓度远小于液施灌溉。此外,较大单宽流量液施灌溉下相同地表水体含有的溶质量要低于较小单宽流量下的相应值,故地表水流铵态氮浓度值相对较低,而均匀撒施灌溉下的硫酸铵溶解度与单宽流量关系不大,对地表水流铵态氮浓度的影响并不显著。

13.2.2　土壤水分时空分布特性

13.2.2.1　土壤水分空间分布

图 13-6 和图 13-7 分别给出冬小麦生长返青水灌前 1 天和灌后 1 天施用硫酸铵条畦施肥灌溉处理下 0 ~ 100cm 土层的土壤体积含水量沿畦长空间分布状况,表 13-2 给出相应的统计特征值。与灌前 1 天(图 13-6)相比,灌后 1 天的土壤水分沿畦长空间分布均匀性得到改善,且较大单宽流量[图 13-7(a)和(b)]下的改善效果似乎更为明显,C_v 值由灌前 1 天的 0.07 下降到 0.01,0 ~ 100cm 土层范围内土壤局部水分高(低)极值点相对较少。

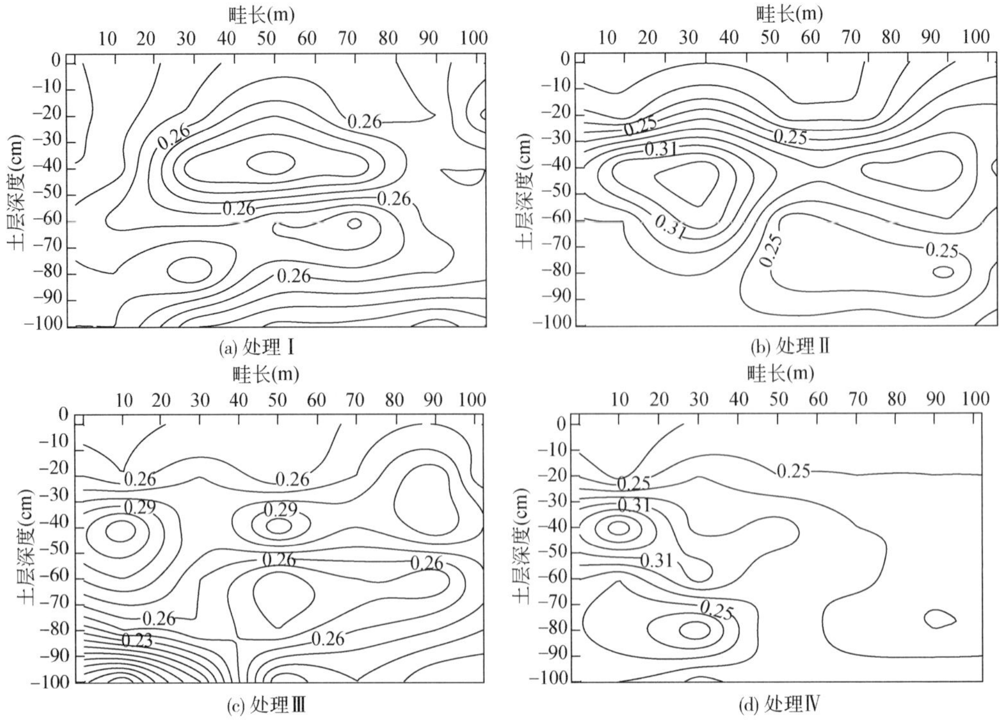

图 13-6　冬小麦生长返青水灌前 1 天施用硫酸铵条畦施肥灌溉处理下 0 ~ 100cm 土层的土壤体积含水量沿畦长空间分布状况

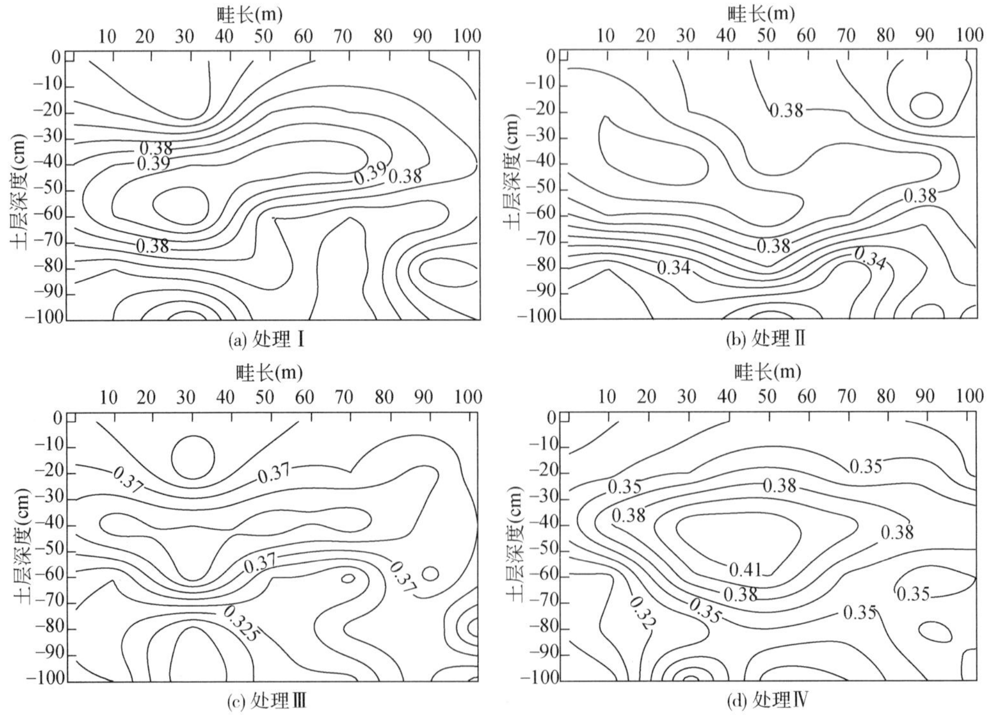

图 13-7　冬小麦生长返青水灌后 1 天施用硫酸铵条畦施肥灌溉处理下 0 ~ 100cm 土层的土壤体积含水量沿畦长空间分布状况

表 13-2　冬小麦生长返青水施用硫酸铵条畦施肥灌溉处理下土壤体积含水量沿畦长空间分布统计特征值

统计特征值	返青水灌前 1 天(0 ~ 100cm)				返青水灌后 1 天(0 ~ 100cm)			
	处理Ⅰ (QDSS)	处理Ⅱ (QDYS)	处理Ⅲ (QXSS)	处理Ⅳ (QXYS)	处理Ⅰ (QDSS)	处理Ⅱ (QDYS)	处理Ⅲ (QXSS)	处理Ⅳ (QXYS)
平均值(cm^3/cm^3)	0.27	0.27	0.27	0.27	0.37	0.37	0.36	0.36
标准偏差值(cm^3/cm^3)	0.02	0.02	0.01	0.006	0.006	0.003	0.01	0.02
变差系数值 C_v	0.07	0.07	0.04	0.02	0.02	0.01	0.03	0.06

13.2.2.2　土壤水分剖面分布

图 13-8 给出冬小麦生长返青水灌后 1 天施用硫酸铵条畦施肥灌溉处理下各观测点处的土壤体积含水量剖面分布状况，可以看出，各处理下 0 ~ 40cm 土层的土壤水分沿畦长空间分布差异较小，这与该土层为黏土且土壤体积含水量较高有关。

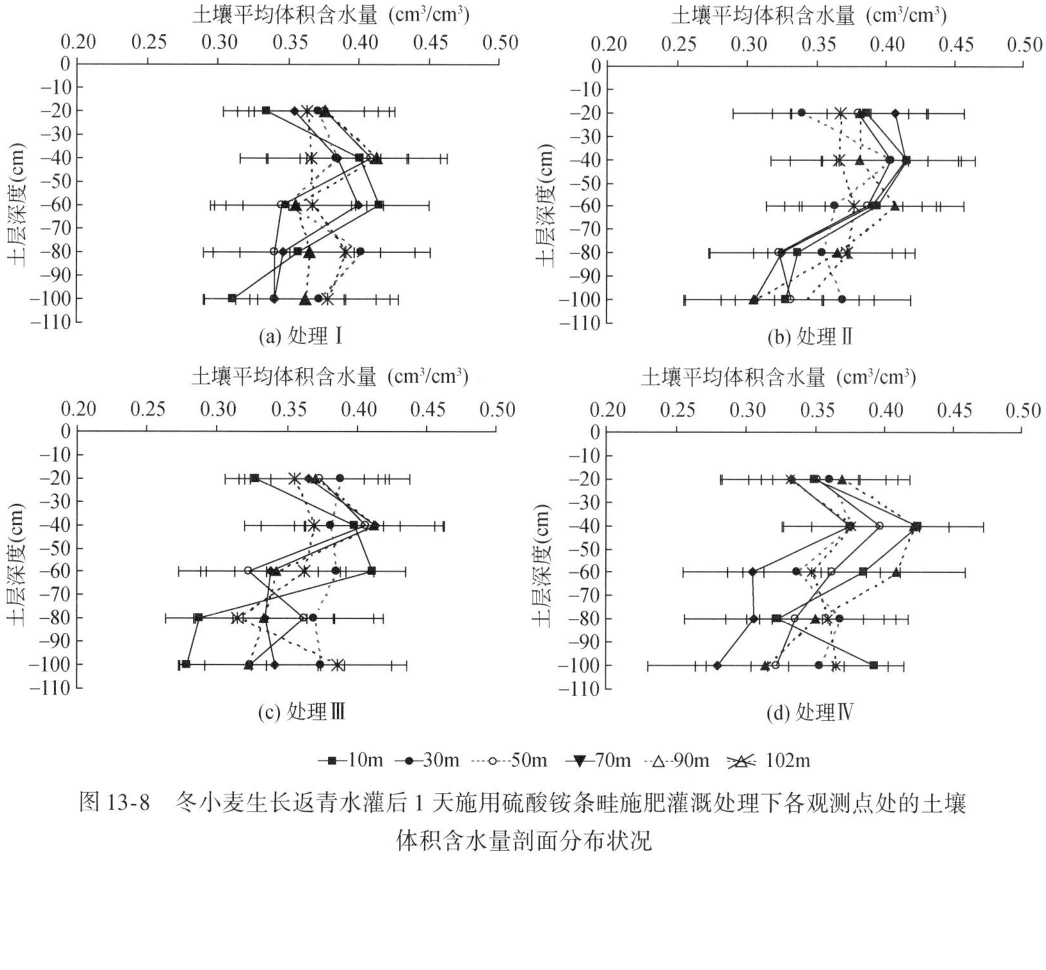

图 13-8　冬小麦生长返青水灌后 1 天施用硫酸铵条畦施肥灌溉处理下各观测点处的土壤体积含水量剖面分布状况

13.2.3　土壤氮素时空分布特性

13.2.3.1　土壤氮素空间分布

图 13-9 给出冬小麦生长返青水灌前 1 天施用硫酸铵条畦施肥灌溉处理下 0～100cm 土层的土壤氮素含量沿畦长空间分布状况，相应的统计特征值见表 13-3。可以看出，一方面，各处理下的土壤氮素空间分布状况基本相同，土壤氮素含量随土层深度增加而减小，且主要分布在 0～40cm 土层内，其中，0～20cm 土层的土壤氮素含量最大，而 40cm 土层以下的含量变化幅度很小。另一方面，土壤氮素含量沿畦长空间分布变异性随土层深度增加而加大，C_v 值由 0～20cm 土层的 0.12 增大到 80～100cm 土层的 0.27。

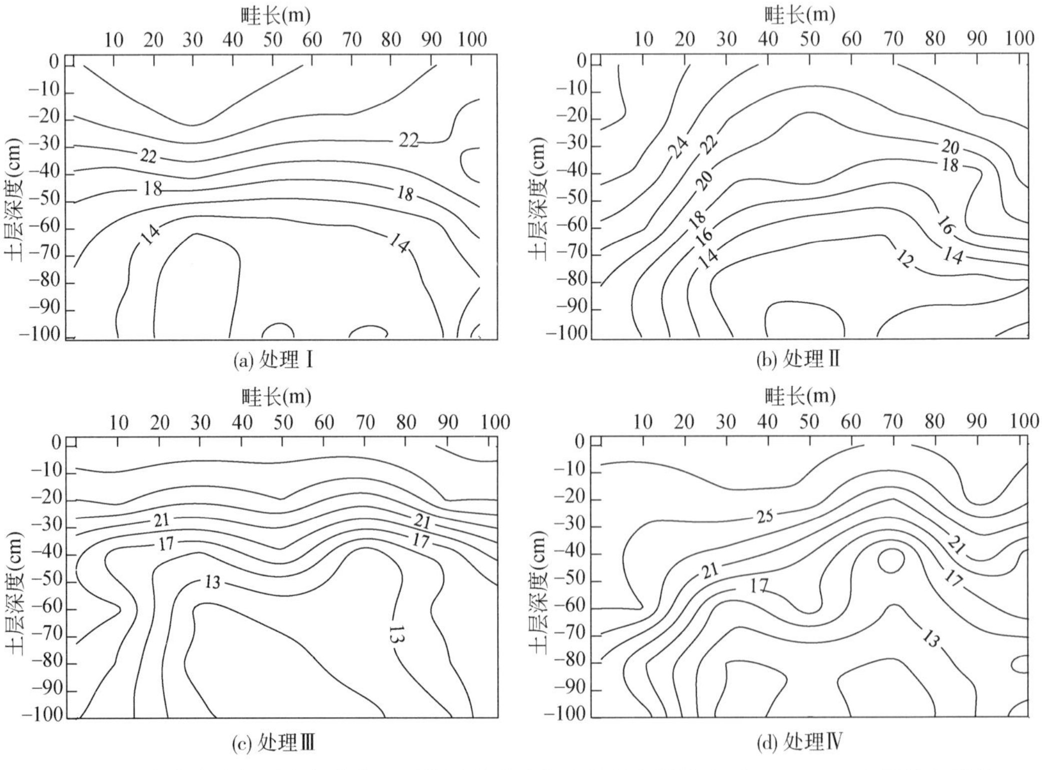

图 13-9　冬小麦生长返青水灌前 1 天施用硫酸铵条畦施肥灌溉处理下 0～100cm 土层的土壤氮素含量沿畦长空间分布状况

表 13-3　冬小麦生长返青水施用硫酸铵条畦施肥灌溉处理下土壤氮素含量沿畦长空间分布统计特征值

土层深度(cm)	统计特征值	返青水灌前 1 天				返青水灌后 1 天			
		处理Ⅰ(QDSS)	处理Ⅱ(QDYS)	处理Ⅲ(QXSS)	处理Ⅳ(QXYS)	处理Ⅰ(QDSS)	处理Ⅱ(QDYS)	处理Ⅲ(QXSS)	处理Ⅳ(QXYS)
0～20	平均值(mg/kg)	23.85	23.18	24.99	25.40	33.09	34.30	34.33	36.27
	变差系数值 C_v	0.11	0.12	0.13	0.12	0.13	0.07	0.15	0.07

续表

土层深度（cm）	统计特征值	返青水灌前 1 天				返青水灌后 1 天			
		处理Ⅰ（QDSS）	处理Ⅱ（QDYS）	处理Ⅲ（QXSS）	处理Ⅳ（QXYS）	处理Ⅰ（QDSS）	处理Ⅱ（QDYS）	处理Ⅲ（QXSS）	处理Ⅳ（QXYS）
20 ~ 40	平均值(mg/kg)	20.10	20.44	16.02	19.7	26.27	26.03	21.77	26.38
	变差系数值 C_v	0.14	0.15	0.14	0.15	0.15	0.08	0.15	0.08
40 ~ 60	平均值(mg/kg)	14.75	16.83	14.24	17.28	17.52	21.17	17.08	22.16
	变差系数值 C_v	0.20	0.22	0.22	0.23	0.20	0.14	0.21	0.15
60 ~ 80	平均值(mg/kg)	13.62	11.99	13.47	12.75	15.17	15.04	15.48	15.94
	变差系数值 C_v	0.21	0.22	0.21	0.23	0.20	0.16	0.22	0.16
80 ~ 100	平均值(mg/kg)	13.76	13.33	13.01	13.59	15.54	14.86	15.09	14.31
	变差系数值 C_v	0.25	0.27	0.22	0.25	0.23	0.21	0.22	0.22
0 ~ 100	平均值(mg/kg)	15.54	17.10	16.35	17.75	21.58	22.27	20.74	23.01
	变差系数值 C_v	0.10	0.11	0.11	0.12	0.12	0.06	0.13	0.08

图 13-10 给出冬小麦生长返青水灌后 1 天施用硫酸铵条畦施肥灌溉处理下 0 ~ 100cm 土层的土壤氮素含量沿畦长空间分布状况，相应的统计特征值见表 13-3。与返青水灌前 1 天（图 13-9）相比，各处理下的土壤氮素含量空间分布状况基本相似，其含量值随土层深度

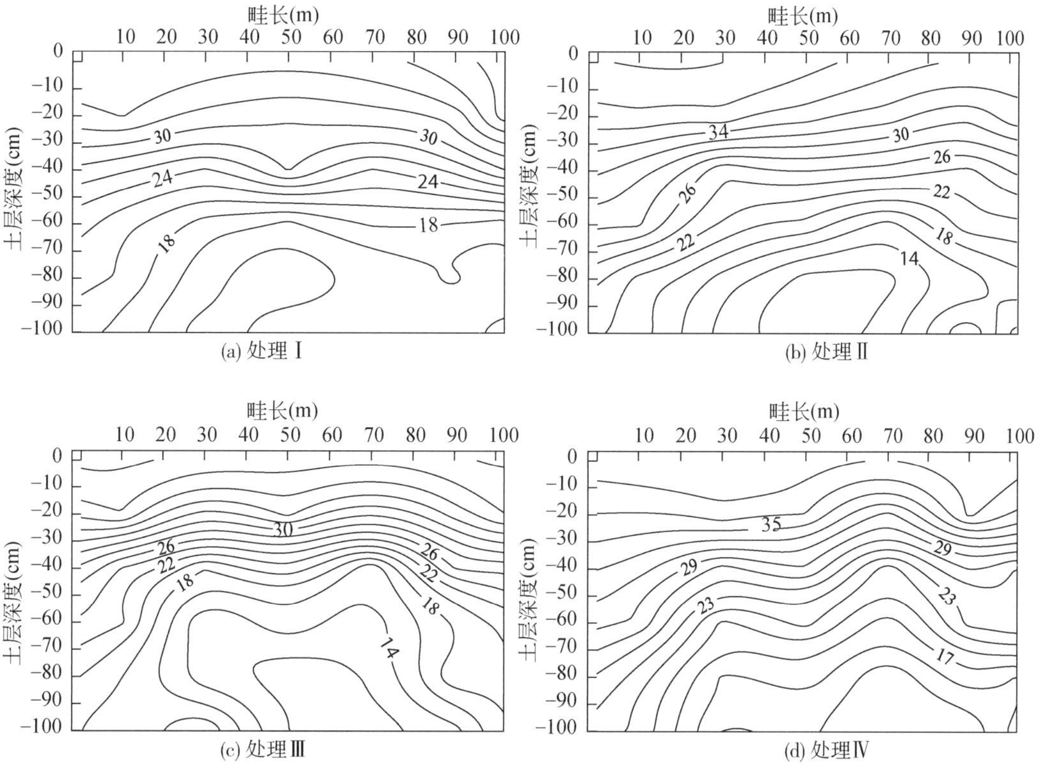

(a) 处理Ⅰ　(b) 处理Ⅱ　(c) 处理Ⅲ　(d) 处理Ⅳ

图 13-10　冬小麦生长返青水灌后 1 天施用硫酸铵条畦施肥灌溉处理下 0 ~ 100cm 土层的土壤氮素含量沿畦长空间分布状况

增加而减小。

施肥灌溉方式对土壤氮素含量沿畦长空间分布状况影响较为显著。如图 13-10(a)和(c)所示,均匀撒施灌溉下的土壤氮素含量沿畦长空间分布差异性要比液施灌溉[图 13-10(b)和(d)]下更为明显,均匀撒施灌溉下 0～80cm 土层的 C_v 平均值分别为 0.14、0.15、0.20 和 0.21,而液施灌溉下则分别为 0.07、0.08、0.14 和 0.16,对 80～100cm 土层,液施灌溉和均匀撒施灌溉在土壤氮素含量上的差异并不显著。全程液施灌溉具有较好的土壤氮素分布均匀性得益于灌前水肥的充分融合,而均匀撒施灌溉下相对较差的土壤氮素分布均匀性则不仅与肥料施撒方式有关,还与表土水流冲蚀引起的地表水流氮素空间分布不均相关。此外,单宽流量对土壤氮素空间分布状况的影响似乎并不明显,对各土层而言,相同施肥灌溉方式不同处理下的 C_v 值差异并不显著(表 13-3)。

13.2.3.2　土壤氮素剖面分布

图 13-11 给出冬小麦生长返青水灌后 1 天施用硫酸铵条畦施肥灌溉处理下各观测点处的土壤氮素含量剖面分布状况。可以看出,各处理下的土壤氮素含量均随土层深度增加而减小,且 0～60cm 土层内的递减趋势更为明显,而 60～100cm 土层内的变化幅度相对较小,这主要受作物有效根系层土壤水分状况影响。

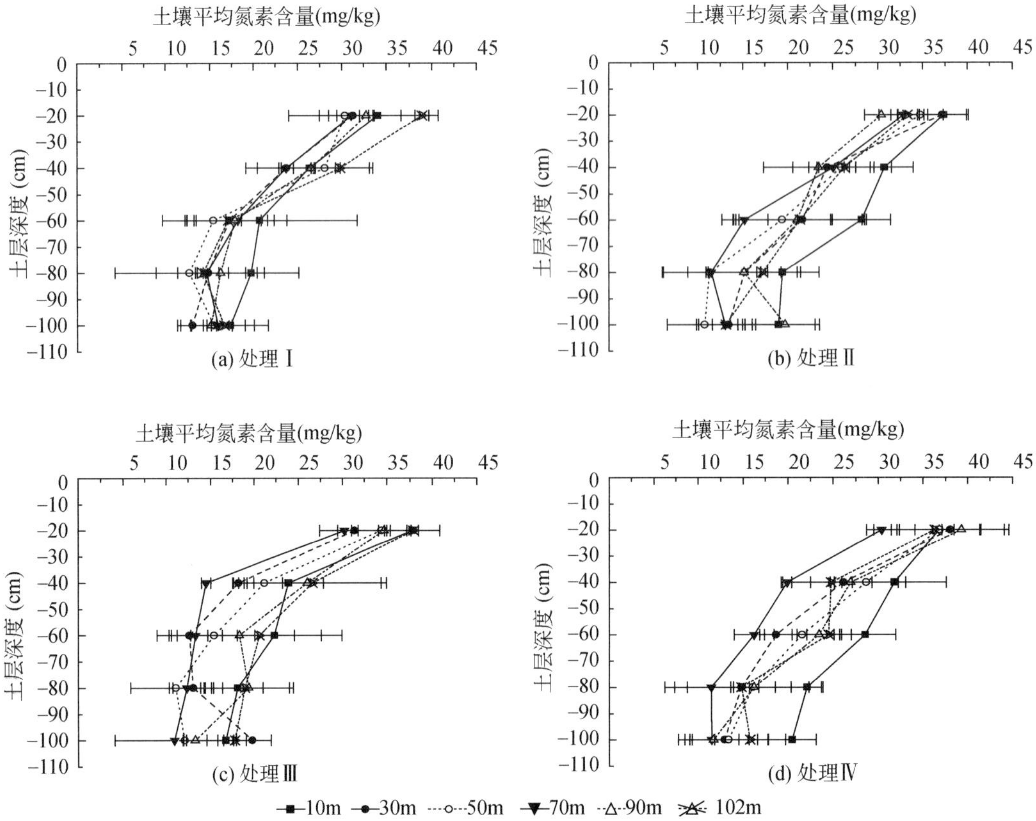

图 13-11　冬小麦生长返青水灌后 1 天施用硫酸铵条畦施肥灌溉处理下各观测点处的土壤氮素含量剖面分布状况

13.2.4　地表水流氮素与土壤氮素空间分布关系

图 13-12 给出冬小麦生长返青水灌后 1 天施用硫酸铵条畦灌溉处理下 0 ~ 20cm 和 0 ~ 100cm土层的土壤氮素含量增量沿畦长空间分布状况，同时也显示出地表水流运动推进到各观测点和推进到畦尾后 15min 时的地表水流铵态氮浓度沿畦长空间分布状况，表 13-4 给出土壤氮素含量增量与地表水流运动推进各时刻的铵态氮浓度间相关性分析结果。

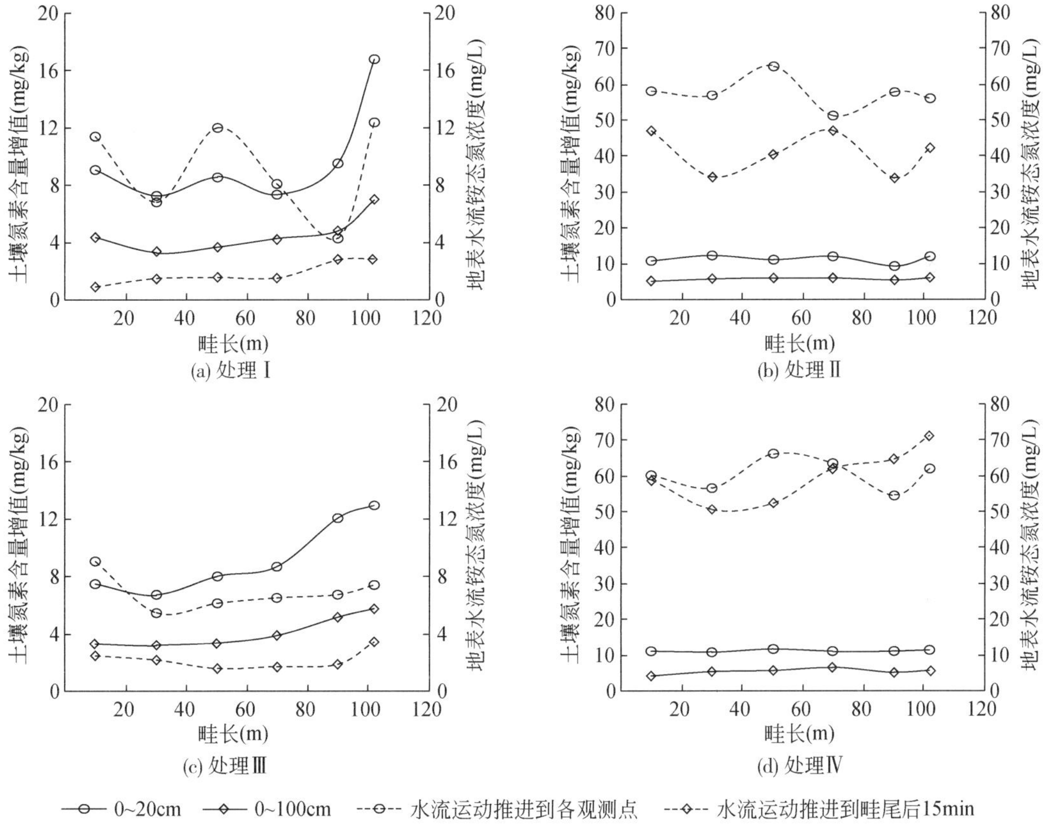

图 13-12　冬小麦生长返青水灌后 1 天施用硫酸铵条畦施肥灌溉处理下土壤氮素含量增量和地表水流铵态氮浓度沿畦长空间分布状况

表 13-4　冬小麦生长返青水灌后 1 天施用硫酸铵条畦施肥灌溉处理下土壤氮素含量增量与地表水流铵态氮浓度间的相关系数

取样时间	各土层的土壤氮素含量增量							
	0 ~ 20cm				0 ~ 100cm			
	处理Ⅰ (QDSS)	处理Ⅱ (QDYS)	处理Ⅲ (QXSS)	处理Ⅳ (QXYS)	处理Ⅰ (QDSS)	处理Ⅱ (QDYS)	处理Ⅲ (QXSS)	处理Ⅳ (QXYS)
水流运动推进到各观测点处的铵态氮浓度	0.88*	0.45	0.83*	-0.63	0.33	0.10	0.13	0.30

续表

取样时间	各土层的土壤氮素含量增量							
	0 ~ 20cm				0 ~ 100cm			
	处理Ⅰ(QDSS)	处理Ⅱ(QDYS)	处理Ⅲ(QXSS)	处理Ⅳ(QXYS)	处理Ⅰ(QDSS)	处理Ⅱ(QDYS)	处理Ⅲ(QXSS)	处理Ⅳ(QXYS)
水流运动推进到畦尾后15min 时的铵态氮浓度	0.23	0.20	0.13	-0.06	0.71 *	0.15	0.54	0.20

* 显著水平 0.05。

如图 13-12(a)和(c)所示,均匀撒施灌溉下 0 ~ 20cm 土层的土壤氮素含量增量与地表水流运动推进到各观测点处的铵态氮浓度沿畦长空间分布状况相近,较大和较小单宽流量下的相关系数分别为 0.88 和 0.83,高相关性与撒施的肥料未被水充分溶解即入渗有关,而 0 ~ 100cm 土层的土壤氮素含量增量与地表水流运动推进到畦尾后 15min 时的铵态氮浓度沿畦长空间分布状况相似,相关系数分别为 0.71 和 0.54,属中度相关性,这与地表水流沿畦宽方向运动对氮素分布影响有关。如图 13-12(b)和(d)所示,液施灌溉下的土壤氮素含量增量与地表水流铵态氮浓度沿畦长空间分布的相关性呈现出低度相关或不相关,这与地表水流铵态氮浓度沿畦长空间分布差异并不显著有关。由此可见,均匀撒施硫酸铵条畦施肥灌溉下地表水流氮素沿畦长空间分布状况对土壤氮素含量增量空间分布的影响显著,地表水流氮素空间分布状况不仅与水流对肥料的冲蚀携带作用有关,还受到撒施肥料分布状况影响。因此,为了提高土壤氮素增量沿畦长空间分布状况,应在优化单宽流量、改善地表水流运动状态同时,采用非均匀撒施肥料灌溉方式。

表 13-5 给出冬小麦生返青水灌后 1 天施用硫酸铵条畦施肥灌溉下 0 ~ 100cm 土层的土壤氮素含量增量与灌水量间相关性分析结果,各处理间均存在程度不一的相关性。处理Ⅱ和处理Ⅳ(液施灌溉)下的土壤氮素含量增量与灌水量间为高度相关,较大和较小单宽流量下的相关系数分别为 0.85 和 0.95,而处理Ⅰ和处理Ⅲ(均匀撒施灌溉)下则为中度相关,相关系数分别为 0.48 和 0.63。这表明液施灌溉方式更易于实现土壤水肥同步均布的目的,而撒施灌溉方式下则应采用非均匀撒施措施,以便提高水肥分布均匀性。

表 13-5 冬小麦生长返青水灌后 1 天施用硫酸铵条畦施肥灌溉处理下土壤氮素含量增量与灌水量间的相关系数

项目	0 ~ 100cm 土层的土壤氮素含量增量			
	处理Ⅰ(QDSS)	处理Ⅱ(QDYS)	处理Ⅲ(QXSS)	处理Ⅳ(QXYS)
相关系数	0.48	0.85 *	0.63	0.95 **

* 显著水平 0.05;** 显著水平 0.01。

13.2.5 施肥灌溉性能评价

采用施氮分布均匀性 DU_{HN}、DU_{QN} 和 UCC_N、施氮效率 E_{aN} 和施氮满足率 I_{rN},以及灌水分布均匀性 DU_{HW}、DU_{QW} 和 UCC_W、灌水效率 E_{aW} 和灌水满足率 I_{rW} 等指标,定量评价均匀撒施和液施硫酸铵下的条畦施肥灌溉性能。

13. 2. 5. 1　施肥性能评价

(1)施氮分布均匀性

表 13-6 给出冬小麦生长返青水灌后 1 天施用硫酸铵条畦施肥灌溉下的施肥性能评价结果。可以看出,均匀撒施和液施灌溉下的施氮分布均匀性之间存在显著差异。较大单宽流量液施灌溉(处理Ⅱ)下的 DU_{HN}、DU_{QN}和 UCC_N值分别高出较大单宽流量均匀撒施灌溉(处理Ⅰ)17 个百分点、16. 8 个百分点和 18. 9 个百分点,且比较小单宽流量均匀撒施灌溉(处理Ⅲ)分别高出 15. 4 个百分点、16 个百分点和 13. 4 个百分点;较小单宽流量液施灌溉(处理Ⅳ)下的 DU_{HN}、DU_{QN}和 DCC_N值分别高出较大单宽流量均匀撒施灌溉(处理Ⅰ)13. 7 个百分点、11. 8 个百分点和 16. 9 个百分点,且比较小单宽流量均匀撒施灌溉(处理Ⅲ)分别高出 12. 1 个百分点、11 个百分点和 11. 4 个百分点,这表明较大单宽流量液施灌溉下的施氮分布均匀性最佳,这与液施灌溉地表水流氮素浓度分布相对均匀密切相关。

表 13-6　冬小麦生长返青水灌后 1 天施用硫酸铵条畦施肥灌溉下的施肥性能评价　(单位:%)

评价指标	返青水灌后 1 天			
	处理Ⅰ(QDSS)	处理Ⅱ(QDYS)	处理Ⅲ(QXSS)	处理Ⅳ(QXYS)
DU_{HN}^*	76. 1c	93. 1a	77. 7c	89. 8b
DU_{QN}^*	72. 0c	88. 8a	72. 8c	83. 8b
UCC_N^*	72. 3b	91. 2a	77. 8c	89. 2a
E_{aN}^*	48. 1b	65. 7a	53. 4c	64. 3a
I_{rN}^*	28. 5c	38. 9a	31. 7b	38. 1a

* 对同一评价指标,不同试验处理下具有相同字母的变量数值间在 0. 05 水平上无显著性差异。

从表 13-6 还可看出,一方面,较大单宽流量液施灌溉(处理Ⅱ)与较小单宽流量(处理Ⅳ)下的 DU_{HN}和 DU_{QN}值之间存在显著差异,前者的 DU_{HN}和 DU_{QN}值分别高出后者 3. 3 个百分点和 5. 0 个百分点,这与较大单宽流量下的地表水氮运动更易于克服畦面微地形空间分布状况等随机因素的影响有关。另一方面,较大单宽流量均匀撒施灌溉(处理Ⅰ)与较小单宽流量(处理Ⅲ)下的 UCC_N值存在着显著差异,后者的 UCC_N值高出前者 5. 5 个百分点,这与较大单宽流量下地表水流更易于冲蚀和输运氮肥进而造成氮素沿畦长分布不均等有关。

(2)施氮效率

由表 13-6 可知,均匀撒施和液施灌溉下的施氮效率间存在显著差异。一方面,较大单宽流量液施灌溉(处理Ⅱ)下的 E_{aN}值分别高出较大单宽流量均匀撒施灌溉(处理Ⅰ)和较小单宽流量(处理Ⅲ)17. 6 个百分点和 12. 3 个百分点,而较小单宽流量液施灌溉(处理Ⅳ)下的 E_{aN}值也分别高出较大单宽流量均匀撒施灌溉(处理Ⅰ)和较小单宽流量(处理Ⅲ)16. 2 个百分点和 10. 9 个百分点,这与撒施的氮肥更易于被水流冲蚀和输运至畦内局部洼地或畦尾进而增加氮素深层渗漏相关。另一方面,较大单宽流量液施灌溉(处理Ⅱ)与较小单宽流量(处理Ⅳ)下的 E_{aN}值之间并无显著性差异,而较大单宽流量均匀撒施灌溉(处理Ⅰ)与较小单宽流量(处理Ⅲ)下的 E_{aN}值间却差异明显,后者高出前者 5. 3 个百分点,这与较大单宽流量下的氮素浓度分布更易不均所引起的氮素深层渗漏增加有关。

(3)施氮满足率

表13-6还说明均匀撒施和液施灌溉下的施氮满足率之间也存在显著差异。一方面,较大单宽流量液施灌溉(处理Ⅱ)下的I_{rN}值要比较大单宽流量均匀撒施灌溉(处理Ⅰ)和较小单宽流量均匀撒施灌溉(处理Ⅲ)分别高出10.4个百分点和7.2个百分点,而较小单宽流量液施灌溉(处理Ⅳ)下的I_{rN}值也比较大单宽流量均匀撒施灌溉(处理Ⅰ)和较小单宽流量均匀撒施灌溉(处理Ⅲ)分别高出6.4个百分点和9.6个百分点,这与均匀撒施灌溉下水氮沿畦长的非均匀分布易导致氮素深层渗漏有较大关系。另一方面,不同单宽流量液施灌溉(处理Ⅱ和处理Ⅳ)下的I_{rN}值之间无显著性差异,但较大单宽流量均匀撒施灌溉(处理Ⅰ)下的I_{rN}值却比较小单宽流量均匀撒施灌溉(处理Ⅲ)低3.2个百分点,这与较大单宽流量下氮素浓度更易于分布不均导致的氮素深层渗漏加大有关。

13.2.5.2 灌溉性能评价

(1)灌水分布均匀性

表13-7给出冬小麦生长返青水灌后1天施用硫酸铵条畦施肥灌溉下的灌溉性能评价结果。可以看出,均匀撒施和液施灌溉下的灌水分布均匀性之间存在显著差异。较大单宽流量下的DU_{HW}、DU_{QW}和UCC_W值要比较小单宽流量分别高出4.2个百分点和8个百分点、8个百分点和9.3个百分点及2.5个百分点与6.5个百分点,但在同一较大单宽流量(处理Ⅰ和处理Ⅱ)和较小单宽流量(处理Ⅲ和处理Ⅳ)下,在DU_{HW}、DU_{QW}和UCC_W值间并没显著差异,这表明不同条畦施肥灌溉处理下的灌水分布均匀性只与单宽流量大小有关,而与施肥灌溉方式无关。

表13-7 冬小麦生长返青水灌后1天施用硫酸铵条畦施肥灌溉下的灌溉性能评价

(单位:%)

评价指标	返青水灌后1天			
	处理Ⅰ(QDSS)	处理Ⅱ(QDYS)	处理Ⅲ(QXSS)	处理Ⅳ(QXYS)
DU_{HW}^*	92.0a	92.8a	87.8b	84.8b
DU_{QW}^*	88.6a	91.3a	80.6b	82.0b
UCC_W^*	89.6a	91.6a	87.1a	85.1b
E_{aW}^*	71.5a	70.0a	70.1a	70.1a
I_{rW}^*	98.9a	92.9a	93.8a	93.9a

*对同一评价指标,不同试验处理下具有相同字母的变量数值间在0.05水平上无显著性差异。

(2)灌水效率

表13-7还表明均匀撒施和液施灌溉下的灌水效率之间没有显著差异。各处理下的E_{aW}值都在70%左右,远大于施氮效率值E_{aN}。在土壤质地、畦田规格、土壤先期含水量等条件相近下,当以地表水流覆盖整个畦面作为切断供水的控制条件时,各处理下的实际灌水量都高于作物有效根系层的可储水量,且灌水量间差异不大,这导致相近的灌水效率。

(3)灌水满足率

从表13-7还可看出均匀撒施和液施灌溉下的灌水满足率之间也没有显著性差异。各

处理下的 I_{rW} 最大值为98.9%，而最小值为92.9%，远大于施氮满足率值 I_{rN}。由于各处理下的作物灌溉需水量基本相同，且作物有效根系层内储存的水量差异也不大，故有相近的灌水满足率。

13.3　畦田非均匀撒施硫酸铵灌溉

基于表9-6给出的冬小麦均匀和非均匀撒施硫酸铵条畦施肥灌溉试验处理设计要素，选取较大单宽流量[q=6L/(s·m)]非均匀撒施(U_{SN}=1)处理Ⅴ下获得的试验观测数据，阐述地表水流氮素和土壤水氮时空分布特性，探讨地表水流氮素与土壤氮素空间分布关系，评价施肥灌溉性能。

13.3.1　地表水流氮素时空分布特性

13.3.1.1　铵态氮时间分布

图13-13给出冬小麦生长返青水非均匀撒施硫酸铵条畦施肥灌溉处理下地表水流运动推进到各观测点处的铵态氮浓度时间变化过程。可以发现，各观测点处的铵态氮浓度值均为水流刚抵达时最高，随后急剧下降并趋于稳定，彼此间无明显差异。以距畦首10m处的测点 A 为例，地表水流运动刚推进到该处时的浓度值高达45mg/L，但当水流推进到畦尾时仅为1mg/L。

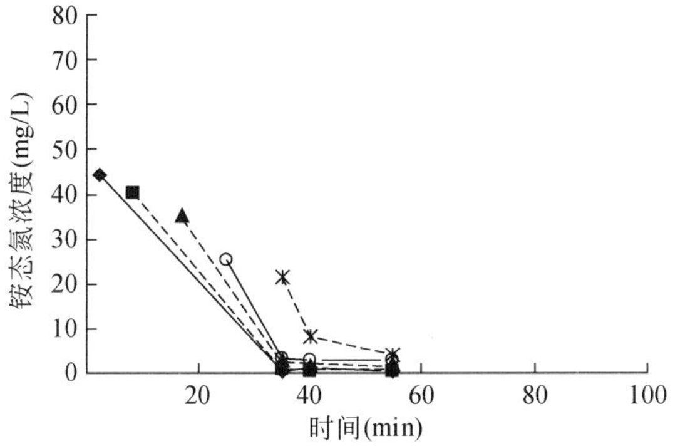

图13-13　冬小麦生长返青水非均匀撒施硫酸铵条畦施肥灌溉处理下各观测点处的地表水流铵态氮浓度时间变化过程

13.3.1.2　铵态氮空间分布

图13-14给出冬小麦生长返青水非均匀撒施硫酸铵条畦施肥灌溉处理下各时刻的地表水流铵态氮浓度沿畦长空间分布状况，相应的统计特征值见表13-8。可以看出，由于非均匀撒施的肥量沿畦长线性均匀减小，故地表水流运动推进到各观测处的铵态氮浓度初值沿畦长呈现出逐渐下降趋势[图13-14(a)]，而当地表水流运动推进到畦尾和畦尾后15min时，各观测点的铵态氮浓度初始平均值已由33.3mg/L分别减小到2.3mg/L和

1.9mg/L，且彼此间的差异较小，非均匀撒施灌溉方式有助于削弱地表水流溶质浓度在畦尾处骤然增高的“反翘”现象。

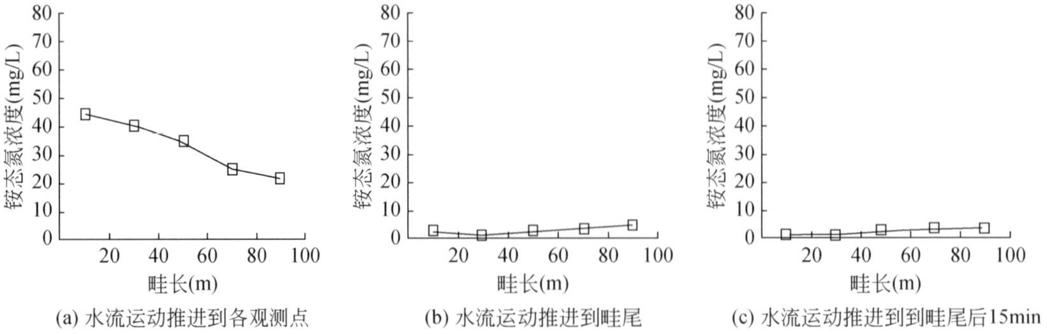

图 13-14　冬小麦生长返青水非均匀撒施硫酸铵条畦施肥灌溉处理下各时刻的地表水流铵态氮浓度沿畦长空间分布状况

表 13-8　冬小麦生长返青水非均匀撒施硫酸铵条畦施肥灌溉处理下各时刻的地表水流铵态氮浓度沿畦长空间分布状况统计特征值

统计特征值	取样时间		
	水流运动推进到各观测点	水流运动推进到畦尾	水流运动推进到畦尾后 15min
平均值(mg/L)	33.3	2.3	1.9
变差系数值 C_v	0.26	0.76	0.67

13.3.2　土壤水分时空分布特性

13.3.2.1　土壤水分空间分布

图 13-15 给出冬小麦生长返青水灌前 2 天和灌后 2 天非均匀撒施硫酸铵条畦施肥灌溉处理下 0～80cm 土层的土壤体积含水量沿畦长空间分布状况，表 13-9 给出相应的统计特征值。与灌前 2 天相比[图 13-15(a)]，灌后 2 天的土壤水分沿畦长空间分布均匀性得到一定改善，C_v 值由 0.02 下降到 0.01，且 0～80cm 土层范围内土壤局部水分高(低)极值点相对较少。

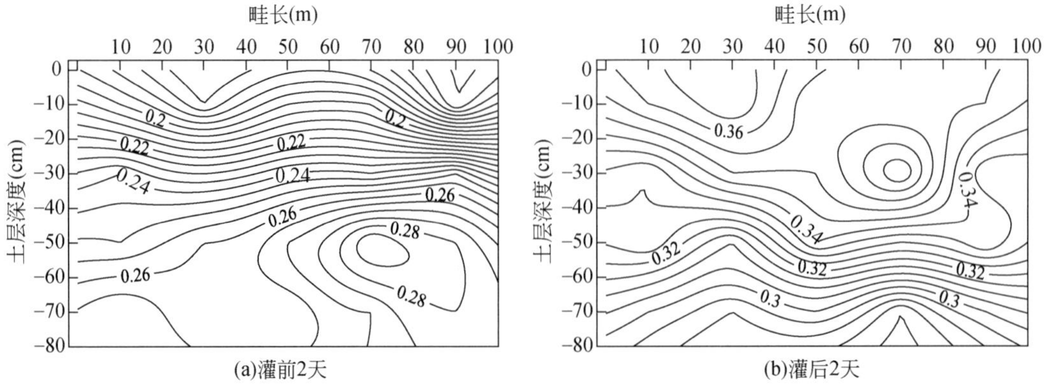

图 13-15　冬小麦生长返青水灌前 2 天和灌后 2 天非均匀撒施硫酸铵条畦施肥灌溉处理下 0～80cm 土层的土壤体积含水量沿畦长空间分布状况

表 13-9　冬小麦生长返青水灌前和灌后 2 天非均匀撒施硫酸铵条畦施肥灌溉处理下土壤体积含水量沿畦长空间分布统计特征值

土层深度(cm)	统计特征值	灌前 2 天	灌后 2 天
0 ~ 20	平均值(cm^3/cm^3)	0.19	0.36
	变差系数值 C_v	0.09	0.03
20 ~ 40	平均值(cm^3/cm^3)	0.24	0.34
	变差系数值 C_v	0.02	0.04
40 ~ 60	平均值(cm^3/cm^3)	0.27	0.33
	变差系数值 C_v	0.05	0.03
60 ~ 80	平均值(cm^3/cm^3)	0.27	0.29
	变差系数 C_v	0.03	0.03
0 ~ 80	平均值(cm^3/cm^3)	0.24	0.33
	变差系数值 C_v	0.02	0.01

13.3.2.2　土壤水分剖面分布

图 13-16 给出冬小麦生长返青水灌前 2 天和灌后 2 天非均匀撒施硫酸铵条畦施肥灌溉处理下各观测点处的土壤体积含水量剖面分布状况。可以看出，灌前 2 天的土壤体积含水量随土层深度增加而变化，0 ~ 60cm 土层的变化幅度较大，60 ~ 80cm 土层的水分差异较小，而灌后 2 天各土层的土壤体积含水量却明显增加，0 ~ 20cm 土层的增幅最大，约为 15%，20 ~ 40cm、40 ~ 60cm 和 60 ~ 80cm 土层的增幅分别为 10%、7% 和 3%，灌后 2 天的土壤水分主要分布在 0 ~ 60cm 土层。

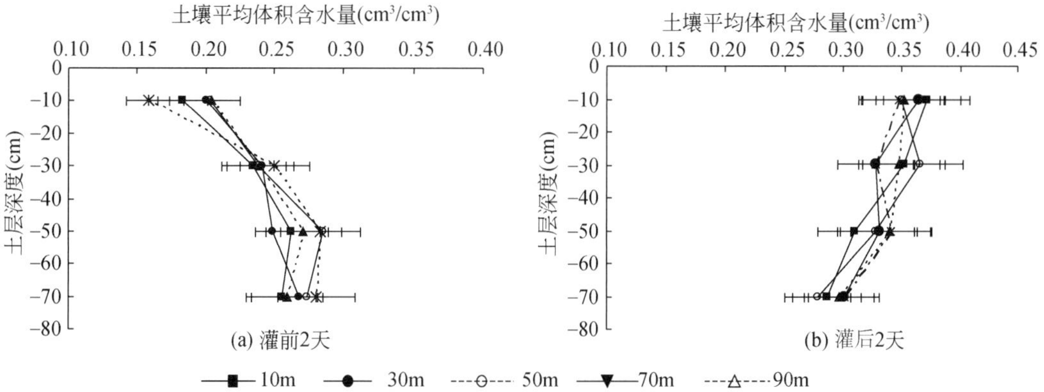

图 13-16　冬小麦生长返青水灌前 2 天和灌后 2 天非均匀撒施硫酸铵条畦施肥灌溉处理下各观测点处的土壤体积含水量剖面分布状况

13.3.3　土壤氮素时空分布特性

13.3.3.1　土壤氮素空间分布

图 13-17 给出冬小麦生长返青水灌前 2 天和灌后 2 天非均匀撒施硫酸铵条畦施肥灌溉处理下 0～80cm 土层的土壤氮素含量沿畦长空间分布状况，相应的统计特征值见表 13-10。可以看出，灌前 2 天和灌后 2 天土壤氮素含量均随土层深度增加而减小，沿畦长分布均匀性要好于沿土层深度方向，灌前 2 天时 0～80cm 土层的土壤氮素含量为 12.54mg/kg，而灌后 2 天为 30.11mg/kg，其中，0～20cm 土层的含量增值为 45.75mg/kg，而 60～80cm 土层却为 2.22mg/kg，这表明非均匀撒施肥料下灌后 2 天的土壤氮素含量增值主要在 0～20cm 土层。此外，从空间分布均匀性来看，灌前 2 天和灌后 2 天各土层的土壤氮素含量沿畦长空间分布的 C_v 值范围分别为 0.05～0.16 和 0.07～0.16，其中，40～60cm 土层的变异性最大。

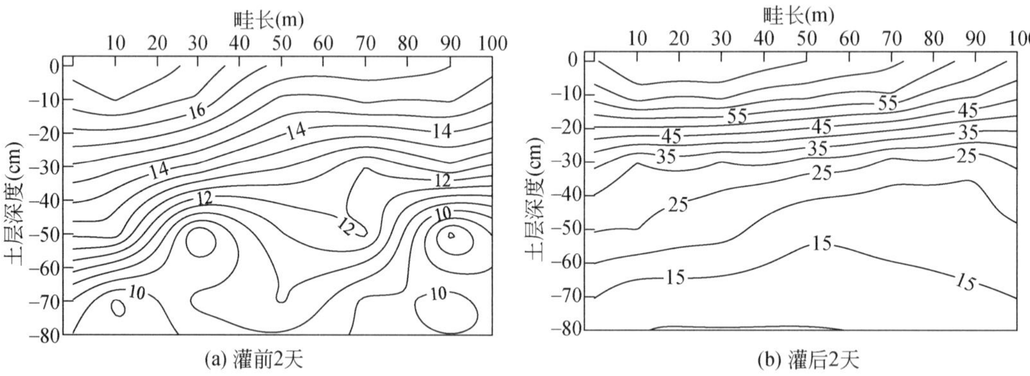

图 13-17　冬小麦生长返青水灌前 2 天和灌后 2 天非均匀撒施硫酸铵条畦施肥灌溉处理下 0～80cm 土层的土壤氮素含量沿畦长空间分布状况

表 13-10　冬小麦生长返青水灌前和灌后 2 天非均匀撒施硫酸铵条畦施肥灌溉处理下土壤氮素含量沿畦长空间分布统计特征值

土层深度(cm)	统计特征值	灌前 2 天	灌后 2 天
0～20	平均值(mg/kg)	15.70	61.45
	变差系数值 C_v	0.05	0.10
20～40	平均值(mg/kg)	13.28	26.43
	变差系数值 C_v	0.07	0.14
40～60	平均值(mg/kg)	10.94	20.12
	变差系数值 C_v	0.16	0.16
60～80	平均值(mg/kg)	10.24	12.46
	变差系数值 C_v	0.06	0.07
0～80	平均值(mg/kg)	12.54	30.11
	变差系数值 C_v	0.05	0.09

13.3.3.2　土壤氮素剖面分布

图 13-18 给出冬小麦生长返青水灌前 2 天和灌后 2 天非均匀撒施硫酸铵条畦施肥灌溉处理下各观测点处的土壤氮素含量剖面分布状况。可以看出，灌前 2 天的土壤氮素含量在 0 ~ 60cm 土层内随土层深度增加而减小，但 60 ~ 80cm 土层的差异却并不明显；灌后 2 天时 0 ~ 20cm 土层的土壤氮素含量明显高于其他土层，且 0 ~ 40cm 土层的土壤氮素含量递减趋势明显，40 ~ 80cm 土层的变化则相对较小。

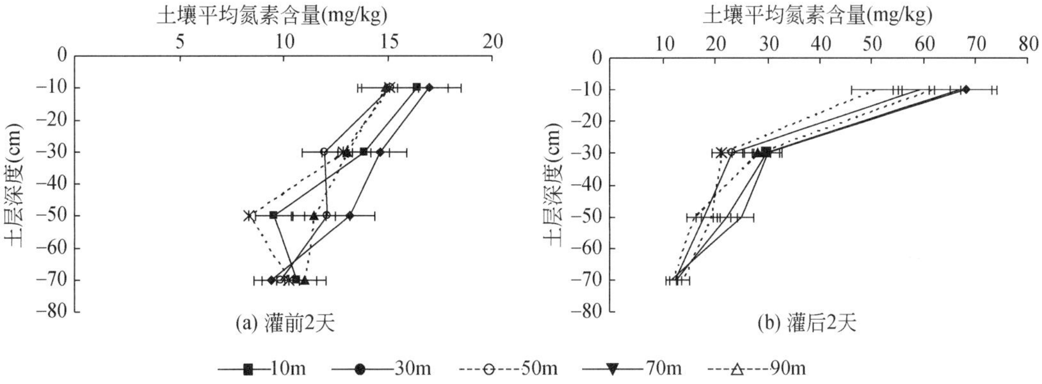

图 13-18　冬小麦生长返青水灌前 2 天和灌后 2 天非均匀撒施硫酸铵条畦施肥灌溉处理下各观测点处的土壤氮素含量剖面分布状况

13.3.4　地表水流氮素与土壤氮素空间分布关系

图 13-19 给出冬小麦生长返青水灌后 2 天非均匀撒施硫酸铵条畦施肥灌溉处理下 0 ~ 20cm 和 0 ~ 80cm 土层的土壤氮素含量增量沿畦长空间分布状况，同时也显示出地表水流运动推进到各观测点处和推进到畦尾后 15min 时的地表水流铵态氮浓度沿畦长空间分布状况，表 13-11 给出土壤氮素含量增量与地表水流运动推进各时刻的铵态氮浓度间的相关分析结果。

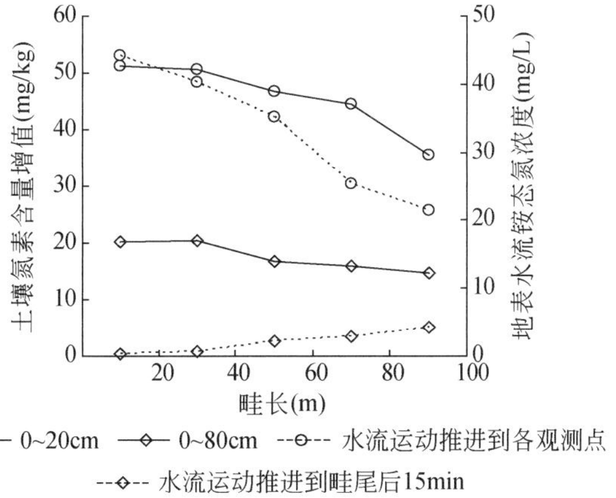

图 13-19　冬小麦生长返青水灌后 2 天非均匀撒施硫酸铵条畦施肥灌溉处理下土壤氮素含量增量和地表水流铵态氮浓度沿畦长空间分布状况

表 13-11 冬小麦生长返青水灌后 2 天非均匀撒施硫酸铵条畦施肥灌溉处理下土壤氮素含量增量与地表水流铵态氮浓度间的相关系数

取样时间	各土层的土壤氮素含量增量	
	0 ~ 20cm	0 ~ 80cm
水流运动推进到各观测测点处的铵态氮浓度	0. 922 *	0. 942 *
水流运动推进到畦尾后 15min 时的铵态氮浓度	-0. 965 * *	-0. 981 * *

* 显著水平 0. 05; * * 显著水平 0. 01。

由表 13-11 可知,0 ~ 20cm 土层的土壤氮素含量增量与地表水流运动推进到各观测点处的铵态氮浓度沿畦长空间分布状况相近,相关系数为 0. 922;0 ~ 80cm 土层的土壤氮素含量增量沿畦长空间分布均匀性要比 0 ~ 20cm 土层有所改善,其与地表水流运动推进到各观测处的铵态氮浓度间呈高度相关,相关系数为 0. 942。另外,0 ~ 20cm 和 0 ~ 80cm 土层的土壤氮素含量增量与地表水流运动推进到畦尾后 15min 时的铵态氮浓度之间均呈高度负相关,采用非均匀撒施肥料灌溉方式可使施肥量沿畦长呈均匀递减状态,从而消除均匀撒施下地表水流溶质浓度沿畦长递增分布的现象。

13. 3. 5 施肥灌溉性能评价

采用施氮分布均匀性 DU_{HN}、DU_{QN} 和 UCC_N,施氮效率 E_{aN} 及施氮满足率 I_{rN},以及灌水分布均匀性 DU_{HW}、DU_{QW} 和 UCC_W,灌水效率 E_{aW} 及灌水满足率 I_{rW} 等指标,定量评价非均匀撒施硫酸铵下的条畦施肥灌溉性能。

13. 3. 5. 1 施肥性能评价

表 13-12 给出冬小麦生长返青水灌后 2 天非均匀撒施硫酸铵条畦施肥灌溉下的施肥性能评价结果。与表 13-6 给出的较大单宽流量均匀撒施(处理Ⅰ)下的评价指标值相比,DU_{HN}、DU_{QN} 和 UCC_N 值分别为 91. 1%、83. 3% 和 88. 4%,平均约提高 15 个百分点;E_{aN} 和 I_{rN} 值分别为 60. 5% 和 33. 2%,提高 14 个百分点和 5 个百分点。这表明非均匀撒施硫酸铵条畦施肥灌溉可以较好改善施肥性能,使施用的肥料被最大限度均匀存储在作物有效根系层内。

表 13-12 冬小麦生长返青水灌后 2 天非均匀撒施硫酸铵条畦施肥灌溉下的施肥性能评价

(单位:%)

评价指标	DU_{HN}	DU_{QN}	UCC_N	E_{aN}	I_{rN}
指标值	91. 1	83. 3	88. 4	60. 5	33. 2

13. 3. 5. 2 灌溉性能评价

表 13-13 给出冬小麦生长返青水灌后 2 天非均匀撒施硫酸铵条畦施肥灌溉下的灌溉性能评价结果。可以看出,灌溉性能评价指标值基本不受撒施肥料方式影响,均接近表 13-7 中较大单宽流量均匀撒施(处理Ⅰ)下的相应值,DU_{HW}、DU_{QW} 和 UCC_W 值几乎都大于

85%，E_{aW}和I_{rW}值分别为 71.5%和 95.1%，非均匀撒施硫酸铵条畦施肥灌溉方式也具有较好的灌溉性能。

表 13-13　冬小麦生长返青水灌后 2 天非均匀撒施硫酸铵条畦施肥灌溉下的灌溉性能评价

（单位:%）

评价指标	DU_{HW}	DU_{QW}	UCC_W	E_{aW}	I_{rW}
指标值	89.1	84.4	94.7	71.5	95.1

13.4　结　论

本章基于均匀和非均匀撒施及液施硫酸铵冬小麦条畦施肥灌溉试验观测数据，分析不同畦田施肥灌溉试验处理下的地表水流氮素空间分布规律及土壤水氮空间分布差异，评价畦田施肥灌溉性能，探讨均匀和非均匀撒施及液施硫酸铵下适宜的冬小麦条畦施肥灌溉方式。

在冬小麦生长返青水均匀撒施和液施硫酸铵条畦施肥灌溉下，灌后 1 天的土壤氮素主要分布在 0 ~ 40cm 土层，全程液施灌溉下的地表水流铵氮浓度时空分布差异不显著，土壤氮素含量增量与灌水量之间具有高度相关性，而均匀撒施灌溉下的地表水流铵态氮浓度时空分布状况则受水流冲蚀携带效应的影响较大，土壤氮素含量增量与地表水流铵态氮浓度的相关性较强。较大单宽流量全程液施硫酸铵下的条畦施肥灌溉性能优于均匀撒施，且灌溉性能与施肥性能之间具有较好同步性，而在均匀撒施硫酸铵灌溉方式下，适当增大单宽流量对施氮效率及满足率的影响要高于施氮分布均匀性。

在冬小麦生长返青水非均匀撒施硫酸铵条畦施肥灌溉下，灌后 2 天时 0 ~ 20cm 土层的土壤氮素明显高于其他土层，施肥量沿畦长均匀递减有助于克服均匀撒施下畦尾处溶质浓度增高的弊端，通过优选肥料非均匀撒施系数，可以获得最佳施肥灌溉性能。

参 考 文 献

崔振岭，陈新平 . 2006. 不同灌溉畦长对麦田灌水均匀度与土壤硝态氮分布的影响 . 中国生态农业学报，14(3):82-85

郭翠花，高志强，苗果园 . 2010. 不同产量水平下小麦倒伏与茎秆力学特性的关系 . 农业工程学报，26(3):151-155

李久生，饶敏杰，李蓓 . 2005. 喷灌施肥灌溉均匀性对土壤硝态氮空间分布影响的田间试验研究 . 农业工程学报，21(3):51-55

王东，桑晓光，周杰，等 . 2010. 不同类型冬小麦氮、硫积累分配及利用效率的差异 . 中国农业科学，43(22):4587-4597

张建君 . 2002. 滴灌施肥灌溉土壤水分分布规律的试验研究及数学模拟 . 中国农业科学院硕士学位论文

Abbasi F，Feyen J，Roth R L. 2003. Water flow and solute transport in furrow-irrigated fields. Irrigation Science，22(2):57-65

Abbasi F，Rezaee H T，Jolaini M，et al. 2012. Evaluation of fertigation in different soils and furrow irrigation regimes. Irrigation and Drainage，61(4):533-541

Boldt A L, Watts D G, Eisenhauer D E, et al. 1994. Simulation of water applied nitrogen distribution under surge irrigation. Transaction of ASAE, 37(4):1157-1165

Bouwer H. 1990. Agricultural chemicals and ground water quality. Journal of Soil and Water Conservation, 45(2):184-189

Burt C, O'Connor K, Ruehr T. 1995. Fertigation. San Luis Obispo, Cal.: California Polytechnic State University: Irrigation Training and Research Center

Ebrahimian H, Liaghat A, Parsinejad, et al. 2013. Optimum design of alternate and conventional furrow fertigation to minimize nitrate loss. Journal of Irrigation and Drainage Engineering, 139(11):911-921

Gheysari M, Mirlatifi M S, Asadi M E, et al. 2007. The impact of different levels of nitrogen fertigation and irrigation on nitrogen leaching of corn silage. Michigan: American Society of Agricultural

Jaynes D B, Rice R C, Hunsaker D J. 1992. Solute transport during chemigation of a level basin. Transaction of the ASAE, 35(6):1809-1815

Khan A A, Yitayew M, Warrick A W. 1996. Field evaluation of water and solute distribution from a point source. Journal of Irrigation and Drainage Engineering, 122(4):221-227

Zerihun D, Sanchez C A, Farell-Poe K L, et al. 2003. Performance indices for surface fertigation. Journal of Irrigation and Drainage Engineering, 129(3):173-183

第14章

Chapter 14

畦田液施肥料灌溉性能模拟评价与技术要素优化组合

液施肥料灌溉是近年来国外推广应用的地面施肥灌溉方式,利用施肥罐和微型泵等设施可有效控制液施肥料浓度及施肥时机,在获得较好灌溉性能同时,达到有效提高化肥利用效率和肥料分布均匀性的目的(Zerihun et al.,2004;Crevoisier et al.,2008)。

在液施肥料灌溉性能模拟评价与技术要素优化组合研究方面,Playán 和 Faci(1997)基于纯对流方程开展一维畦灌液施性能评价,探讨了最佳施肥时机等问题。García-Navarro 等(2000)分别采用全水动力学方程和对流-弥散方程描述畦田施肥灌溉地表水流和肥液运动过程,弥补了纯对流方程估值精度较低的不足,这虽然提高了一维畦灌液施性能的评价精度,但不适宜的控制方程表达式及其复杂的数值模拟解法,导致计算效率较低。Abbasi 等(2003)分别采用零惯量方程和对流-弥散方程描述畦田施肥灌溉地表水流与肥料溶液运动过程,在保持液施肥料畦田灌溉性能评价精度同时,在一定程度上提高了计算效率。由此可知,现有研究成果主要针对不考虑畦面微地形空间分布状况影响下的一维畦田施肥灌溉情景,而无法满足开展二维畦田液施肥料灌溉性能模拟评价与技术要素优化组合的迫切实际需求。在第 10 章中构建的畦田液施肥料灌溉地表水流溶质运动全耦合模型可以有效地克服上述缺陷和不足,为开展畦田液施肥料灌溉性能模拟评价与技术要素优化组合提供了可靠的分析手段。

本章基于构建的畦田液施肥料灌溉地表水流溶质运动全耦合模型,根据畦田施肥灌溉数值模拟实验设计,系统开展畦田液施肥料灌溉性能模拟评价,分析各施肥灌溉技术要素对施肥性能的影响,确定施肥灌溉技术要素的优化组合方案及优化组合空间区域。

14.1 畦田液施肥料灌溉数值模拟实验设计

表 14-1 给出畦田液施肥料灌溉数值模拟实验设计涉及的施肥灌溉技术要素及其设置水平,这包括畦田规格、施肥时机、入流形式、土壤类型、单宽流量和畦面微地形空间分布状况。其中,典型畦田规格分别为条畦(100m ×5m)、窄畦(150m ×20m)和宽畦(100m × 50m)(许迪等,2007);施肥时机分别为全程液施灌溉、前半程液施灌溉和后半程液施灌溉,即分别在灌溉全时段、前 1/2 时段和后 1/2 时段内进行肥料液施;入流形式分别为线形入流、扇形入流和角形入流;典型土壤类型是沙壤土和黏壤土,相应的 Kostiakov 公式中的参数值见表 6-11;单宽流量分别为 2L/(s · m)和 4L/(s · m);基于地表(畦面)相对高程标准偏差值 S_d 表征畦面微地形空间分布状况,S_d 取值范围为[0,6],计算步长为 1cm。此外,3 类典型畦田的平均纵、横向坡度分别为 1/10 000 和 0/10 000,畦面糙率系数取平均值为 0.08s/m$^{1/3}$,施用的化肥为硫酸铵,施氮量为 200kg N/hm^2。

表 14-1 畦田液施肥料灌溉数值模拟实验设计涉及的施肥灌溉技术要素及其设置水平

畦田液施肥料灌溉技术要素	设置水平		
	1	2	3
畦田规格(m×m)	条畦(100×5)	窄畦(150×20)	宽畦(100×50)
施肥时机	全程液施灌溉	前半程液施灌溉	后半程液施灌溉
入流形式	线形入流	扇形入流	角形入流

续表

畦田液施肥料灌溉技术要素	设置水平		
	1	2	3
土壤类型	沙壤土	黏壤土	
单宽流量 q[L/(s·m)]	2	4	
畦面微地形空间分布状况 S_d(cm)	0	…	6

14.2　畦田液施肥料灌溉模型参数及模拟条件确定

基于构建的畦田液施肥料灌溉地表水流溶质运动全耦合模型，对表 14-1 中由 6 个施肥灌溉技术要素组合成的 756 个方案开展数值模拟计算。灌水时间从畦口入流开始直至畦面所有空间位置点处恰好被地表水流淹没时为止，这意味着地表水深都应大于零。在数值模拟过程中，取时间离散步长 $\Delta t = 10\text{s}$，地表水流溶质弥散率 $K_l^m = 0.5\text{m}$。表 14-2 给出典型畦田规格数值模拟过程中采用的地表水流溶质运动空间离散单元格集合信息。

表 14-2　典型畦田规格数值模拟过程中采用的地表水流溶质运动空间离散单元格集合信息

（单位：个）

典型畦田规格	集合 M_l 单元格数目	集合 $M_{l/2}$ 单元格数目	集合 $M_{l/4}$ 单元格数目
条畦(100m ×5m)	988	3 952	15 808
窄畦(150m ×20m)	2 968	11 872	47 488
宽畦(100m ×50m)	3 872	15 488	61 952

14.3　畦田液施肥料灌溉施肥性能评价指标

将式(13-3)和式(13-4)定义的施氮分布均匀性 UCC_N 和施氮效率 E_{aN} 指标扩展到二维畦田状况下，定量评价畦田液施肥料灌溉施肥性能，其表达式分别为

$$UCC_N = \frac{N_{avg} - \sum_{j=1}^{M} N_{avd}^j}{N_{avg}} \cdot 100\% \tag{14-1}$$

$$E_{aN} = \frac{\sum_{j=1}^{M} M_N^j}{N_{avg}} \cdot 100\% \tag{14-2}$$

式中，$M_N^j = \int_{\Omega_j} N_{rz} d\Omega$，其中，$N_{rz}$ 为作物有效根系层内的氮素增量(g)；N_{avg} 为畦田平均施氮量(g)；$N_{avd}^j = \begin{cases} \dfrac{\iint_{\Omega_j}(N - N_{avg})d\Omega}{A} & N \geq N_{avg} \\ \dfrac{\iint_{\Omega_j}(N_{avg} - N)d\Omega}{A} & N < N_{avg} \end{cases}$，其中，$N$ 为畦田实际施氮量(g)；A 为畦田面积(m^2)。

14.4　畦田液施肥料灌溉技术要素对施肥性能影响模拟评价

图14-1～图14-3分别给出灌溉完毕时各施肥灌溉技术要素组合方案下施肥时机与施肥性能评价指标间的关系，据此开展畦田液施肥料灌溉技术要素（畦田规格、施肥时机、入流形式、土壤类型、单宽流量、畦面微地形空间分布状况）对施肥性能影响的模拟评价。

14.4.1　畦田规格对施肥性能影响

如图14-1～图14-3所示，对沙壤土和各入流形式与施肥时机而言，在S_d≤3cm与不同单宽流量组合下，条畦下的UCC_N和E_{aN}值分别平均高出窄畦5.3个百分点和6.5个百分点及宽畦7.4个百分点与7.6个百分点，该特点也出现在S_d>3cm与不同单宽流量组合下，分别平均高出6.8个百分点和6.3个百分点及7.2个百分点与6.6个百分点；对黏壤土和各入流形式与施肥时机条件，无论S_d好差，不同单宽流量条畦下的UCC_N和E_{aN}值也都分别平均高出窄畦和宽畦下的相应值，且随着S_d值增大，各畦田规格不同施肥灌溉技术要素组合方案下相同施肥时机的UCC_N和E_{aN}值呈现出明显下降趋势。

以上分析结果表明，随着畦田规格从条畦→窄畦→宽畦的变化，施肥性能评价指标值显示出下降趋势，且受S_d值增大影响显著，尽量使用条畦有利于提高施肥性能。

14.4.2　施肥时机对施肥性能影响

如图14-1～图14-3所示，对沙壤土和窄（宽）畦与扇（角）形入流形式而言，在S_d≤3cm与不同单宽流量组合下，全程液施灌溉下的UCC_N和E_{aN}值分别平均高出前半程液施灌溉3.9个百分点和4.0个百分点及后半程液施灌溉5.8个百分点与6.1个百分点，而沙壤土和窄（宽）畦与线形入流形式，以及沙壤土和条畦与不同入流形式下，前半程液施灌溉下的UCC_N和E_{aN}值分别平均高出全程液施灌溉3.8个百分点和4.1个百分点及后半程液施灌溉5.7个百分点与6.2个百分点，该特点也出现在S_d>3cm与不同单宽流量组合下，分别平均高出3.7个百分点和4.0个百分点、5.1个百分点与5.2个百分点，以及3.5个百分点和3.7个百分点、5.3个百分点与5.5个百分点；对黏壤土和各畦田规格与相应的入流形式条件，无论S_d好坏，不同单宽流量全程或前半程液施灌溉下的UCC_N和E_{aN}值也都分别平均高出前半程或全程及后半程液施灌溉下的相应值。

此外，如图14-1～图14-3还表明，随着S_d值增大，不仅各畦田规格不同施肥灌溉技术要素组合方案下相同施肥时机的UCC_N和E_{aN}值呈现出明显下降趋势，且相同S_d值下的UCC_N和E_{aN}值也随施肥时机变化显示出逐渐下降规律。若以宽畦、黏壤土、q=2L/(s·m)和各入流形式灌溉技术要素组合方案为例，S_d值分别等于0cm、3cm和6cm下UCC_N和E_{aN}值随施肥时机变化的趋势如图14-4所示。

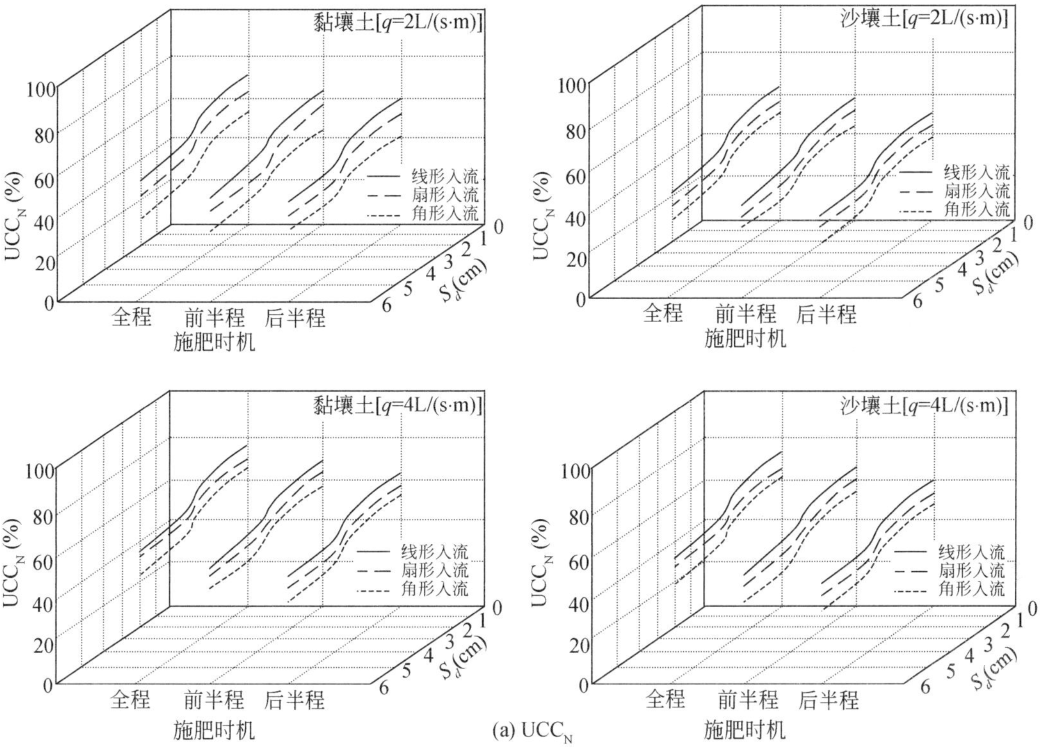

(a) UCC_N

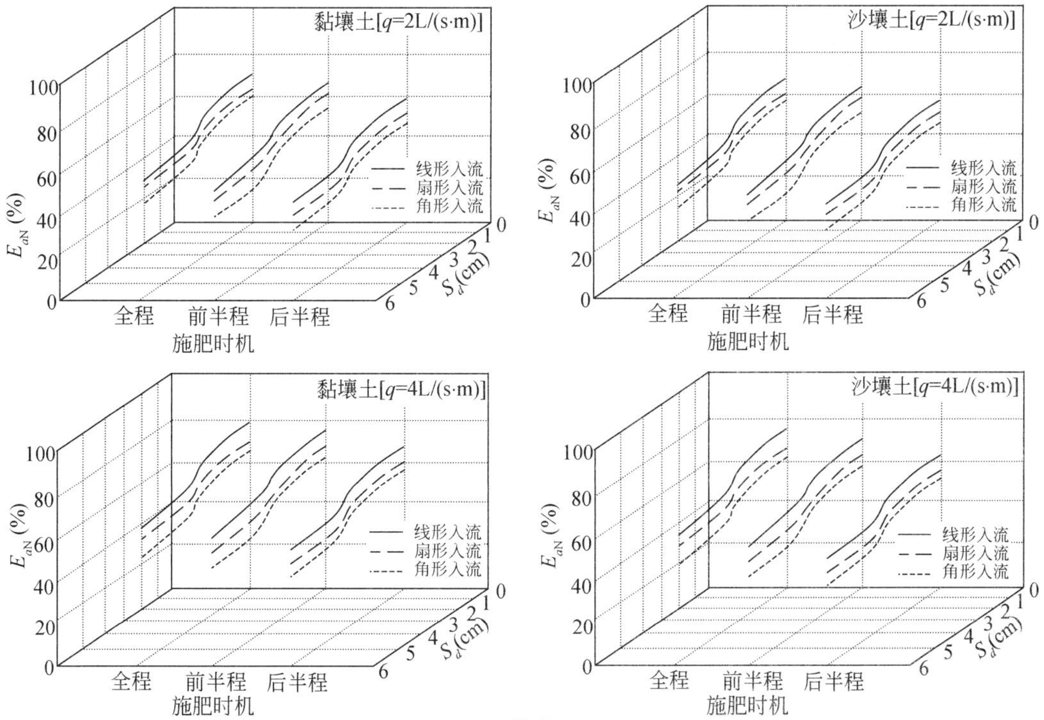

(b) E_{aN}

图 14-1　宽畦不同施肥灌溉技术要素组合方案下施肥时机与施肥性能评价指标的关系

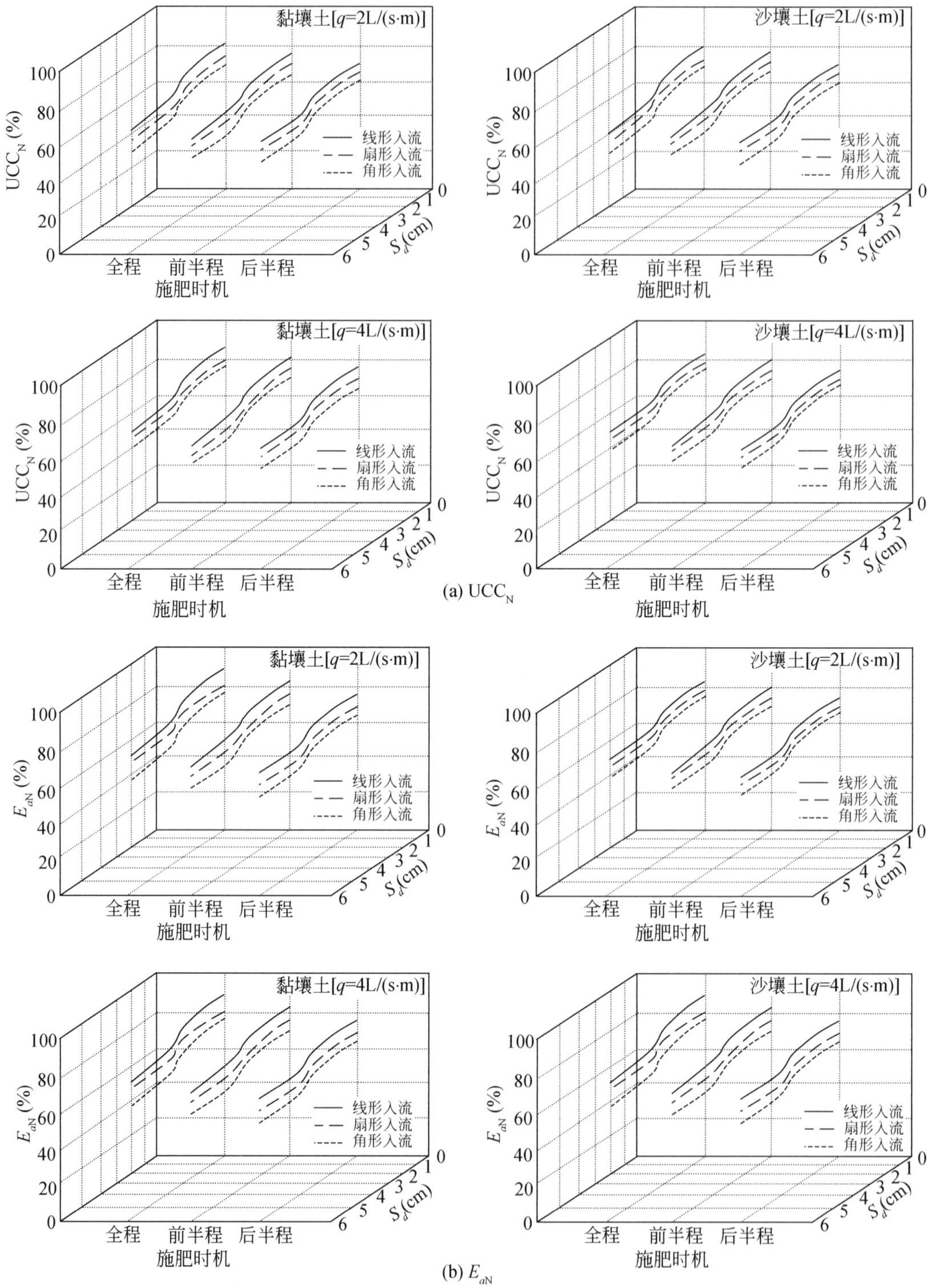

(a) UCC_N

(b) E_{aN}

图 14-2　窄畦不同施肥灌溉技术要素组合方案下施肥时机与施肥性能评价指标的关系

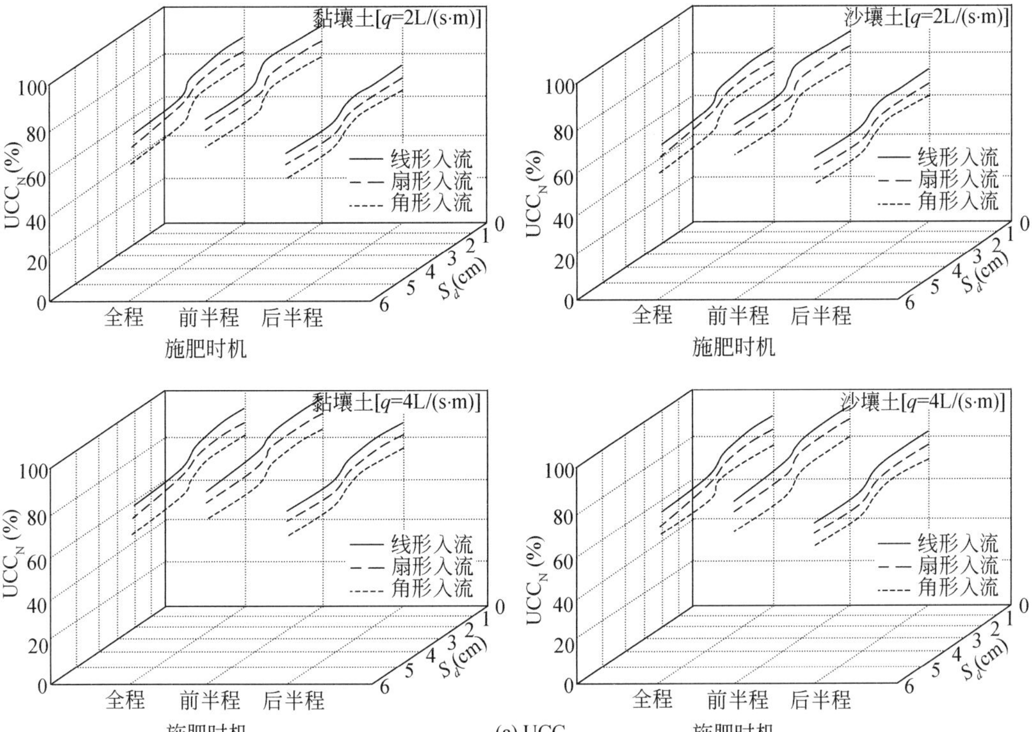

(a) UCC_N

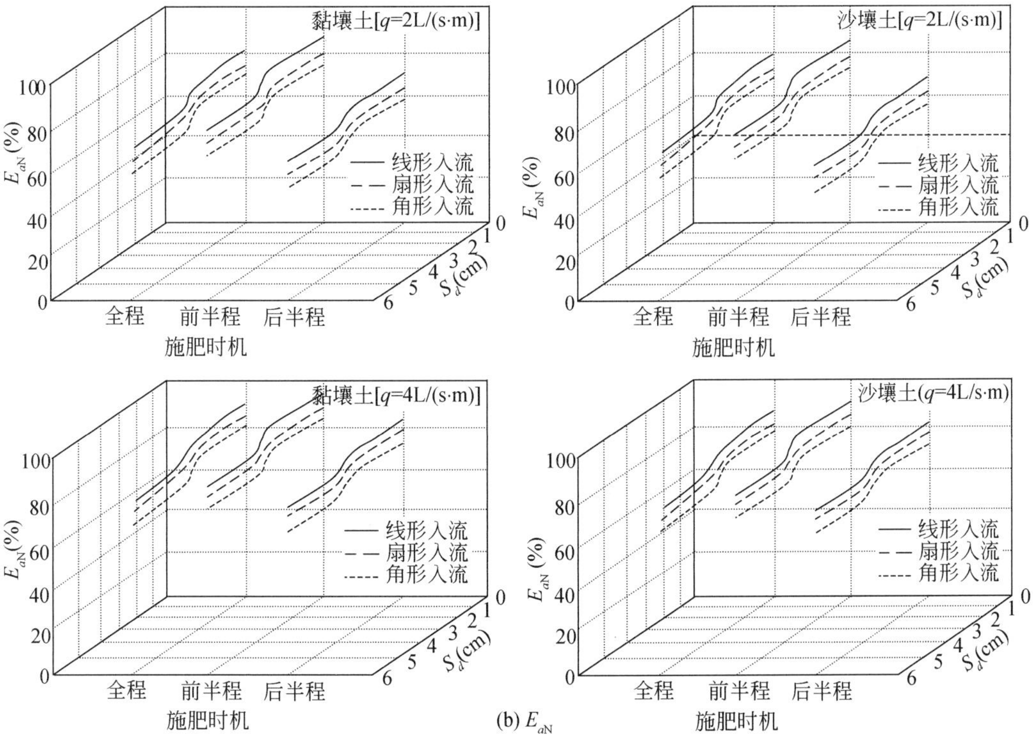

(b) E_{aN}

图 14-3　条畦不同施肥灌溉技术要素组合方案下施肥时机与施肥性能评价指标的关系

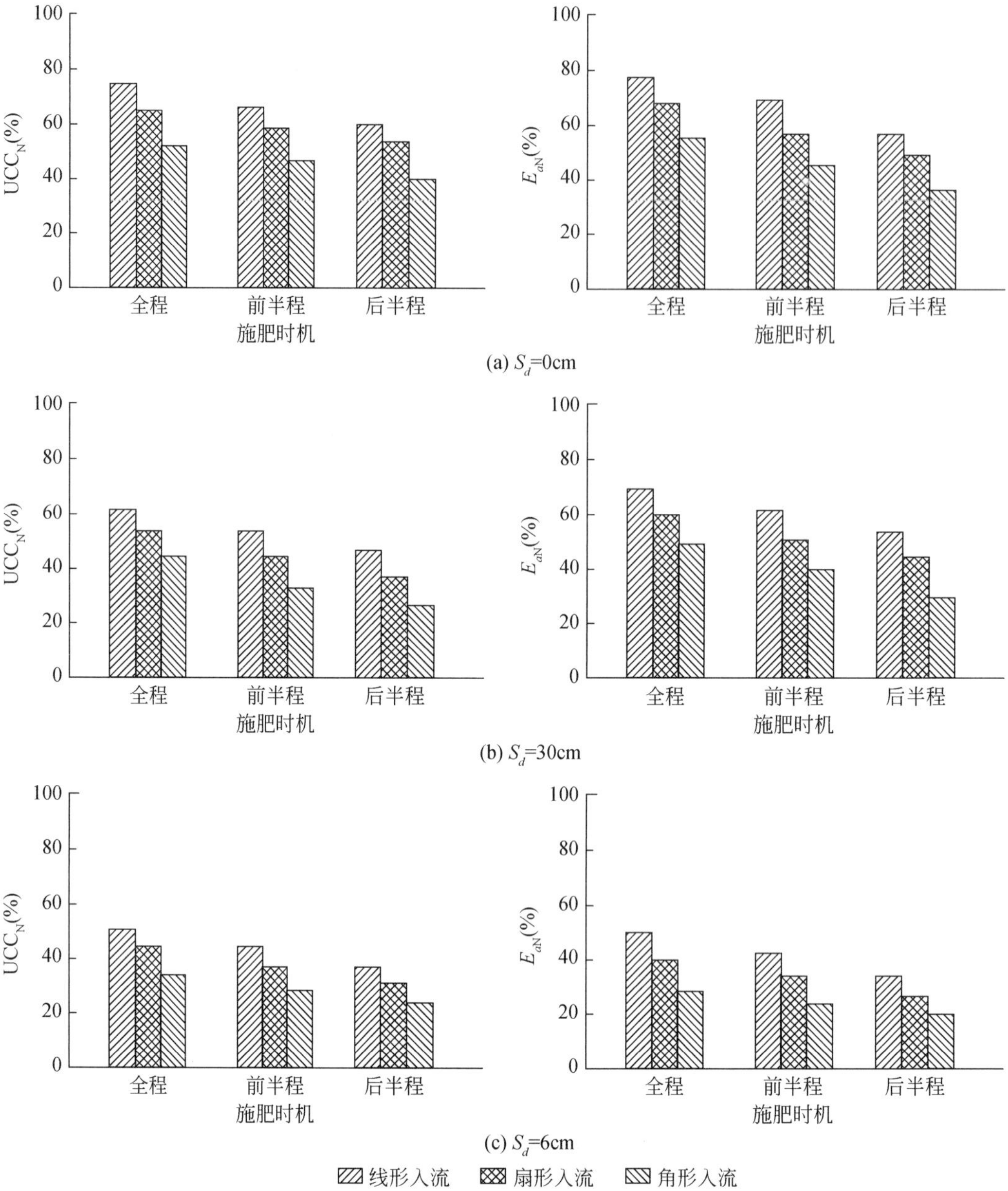

图 14-4　宽畦、黏壤土、$q=2\text{L}/(\text{s}\cdot\text{m})$和各入流形式施肥灌溉技术要素组合方案下施肥时机与施肥性能评价指标的关系

以上分析结果说明,随着施肥时机从全程液施灌溉→前半程液施灌溉→后半程液施灌溉的变化,施肥性能评价指标值出现减小趋势,且受 S_d 值增大影响显著,利用全程或前半程液施肥料灌溉方式有助于提高施肥性能。

14.4.3　入流形式对施肥性能影响

如图 14-1 ~ 图 14-3 所示,对沙壤土和各畦田规格与施肥时机而言,在 $S_d \leqslant 3\text{cm}$ 与不同单宽流量组合下,线形入流下的 UCC_N 和 E_{aN} 值分别平均高出扇形入流下 4. 3 个百分点和 4. 1 个百分点及角形入流下 5. 9 个百分点与 5. 6 个百分点,该特点也出现在 S_d>3cm 与不同单宽流量组合下,分别平均高出 4. 3 个百分点和 5. 8 个百分点,以及 4. 9 个百分点和 6. 9 个百分点;对黏壤土和各畦田规格与施肥时机条件,无论 S_d 好差,不同单宽流量线形入流下的 UCC_N 和 E_{aN} 值也都分别平均高出扇形入流和角形入流下的相应值,且随着 S_d 值增大,各畦田规格不同施肥灌溉技术要素组合方案下相同入流形式的 UCC_N 和 E_{aN} 值呈现出明显下降趋势。

以上分析结果意味着,随着入流形式从线形入流→扇形入流→角形入流的变化,施肥性能评价指标值显示出下降趋势,且受 S_d 值增大影响显著,使用线形入流形式有益于提高施肥性能。

14. 4. 4　土壤类型对施肥性能的影响

如图 14-1 ~ 图 14-3 所示,对各畦田规格和各入流形式与施肥时机而言,在 S_d≤3cm 与不同单宽流量组合下,黏壤土下的 UCC_N 和 E_{aN} 值分别平均高出沙壤土 3. 6 个百分点和 4. 2 个百分点,该特点也发生在 S_d>3cm 与不同单宽流量组合下,分别平均高出 3. 8 个百分点和 4. 5 个百分点,且随着 S_d 值增大,各畦田规格不同施肥灌溉技术要素组合方案下相同土壤类型的 UCC_N 和 E_{aN} 值均呈现出明显下降趋势。

以上分析结果表明,随着土壤类型从沙壤土到黏壤土的变换,施肥性能评价指标值表现出上升趋势,且受 S_d 值增大影响显著,黏壤土下的施肥性能相对较好。

14. 4. 5　单宽流量对施肥性能影响

如图 14-1 ~ 图 14-3 所示,对沙壤土和各畦田规格与施肥时机而言,在 S_d≤3cm 与不同入流形式组合下,较大单宽流量[q=4L/(s · m)]下的 UCC_N 和 E_{aN} 值分别平均高出较小单宽流量[q=2L/(s · m)]4. 9 个百分点和 6. 4 个百分点,该特点也出现在 S_d>3cm 与不同入流形式组合下,分别平均高出 5. 3 个百分点和 7. 5 个百分点;对黏壤土和各畦田规格与施肥时机条件,无论 S_d 好差,不同入流形式较大单宽流量下的 UCC_N 和 E_{aN} 值也都分别平均高出较小单宽流量下的相应值,且随着 S_d 值增大,各畦田规格不同施肥灌溉技术要素组合方案下相同单宽流量的 UCC_N 和 E_{aN} 值呈现出明显下降趋势。

以上分析结果表明,随着单宽流量 q 从 2L/(s · m)增大到 4L/(s · m),施肥性能评价指标值呈现出增加趋势,且受 S_d 值增大影响显著,采用较大单宽流量可以提高施肥性能。

14. 4. 6　畦面微地形空间分布状况对施肥性能影响

如 14-1 ~ 图 14-3 所示,对沙壤土和各畦田规格与施肥时机而言,在 q=2L/(s · m)与不同入流形式组合下,较好畦面微地形空间分布状况(S_d≤3cm)下的 UCC_N 和 E_{aN} 值分别平均高出较差畦面微地形空间分布状况(S_d>3cm)7. 3 个百分点和 7. 8 个百分点,该特点也出现在 q=4L/(s · m)与不同入流形式组合下,分别平均高出 6. 9 个百分点和 7. 5 个百分点;对黏壤土和各畦田规格与施肥时机条件,无论单宽流量大小,不同入流形式下,较好畦面微地形空间分布状况下的 UCC_N 和 E_{aN} 值也都分别平均高出较差畦面微地形空间分布状况下的相应值。

此外，图 14-1 ~ 图 14-3 还表明，随着 S_d 值增大，不仅各畦田规格不同施肥灌溉技术要素组合方案下相同施肥时机的 UCC_N 和 E_{aN} 值呈现出明显下降趋势，且 $S_d = 3cm$ 下尤为明显，这表明 S_d 大于该值后畦面微地形空间分布状况及其变异性对施肥性能影响显著(许迪等，2007)。若以宽畦、黏壤土、$q = 2L/(s \cdot m)$ 和各入流形式技术要素组合方案为例，施肥时机分别为全程液施灌溉、前半程液施灌溉和后半程液施灌下 UCC_N 和 E_{aN} 值随 S_d 值增大而下降的趋势如图 14-5 所示。

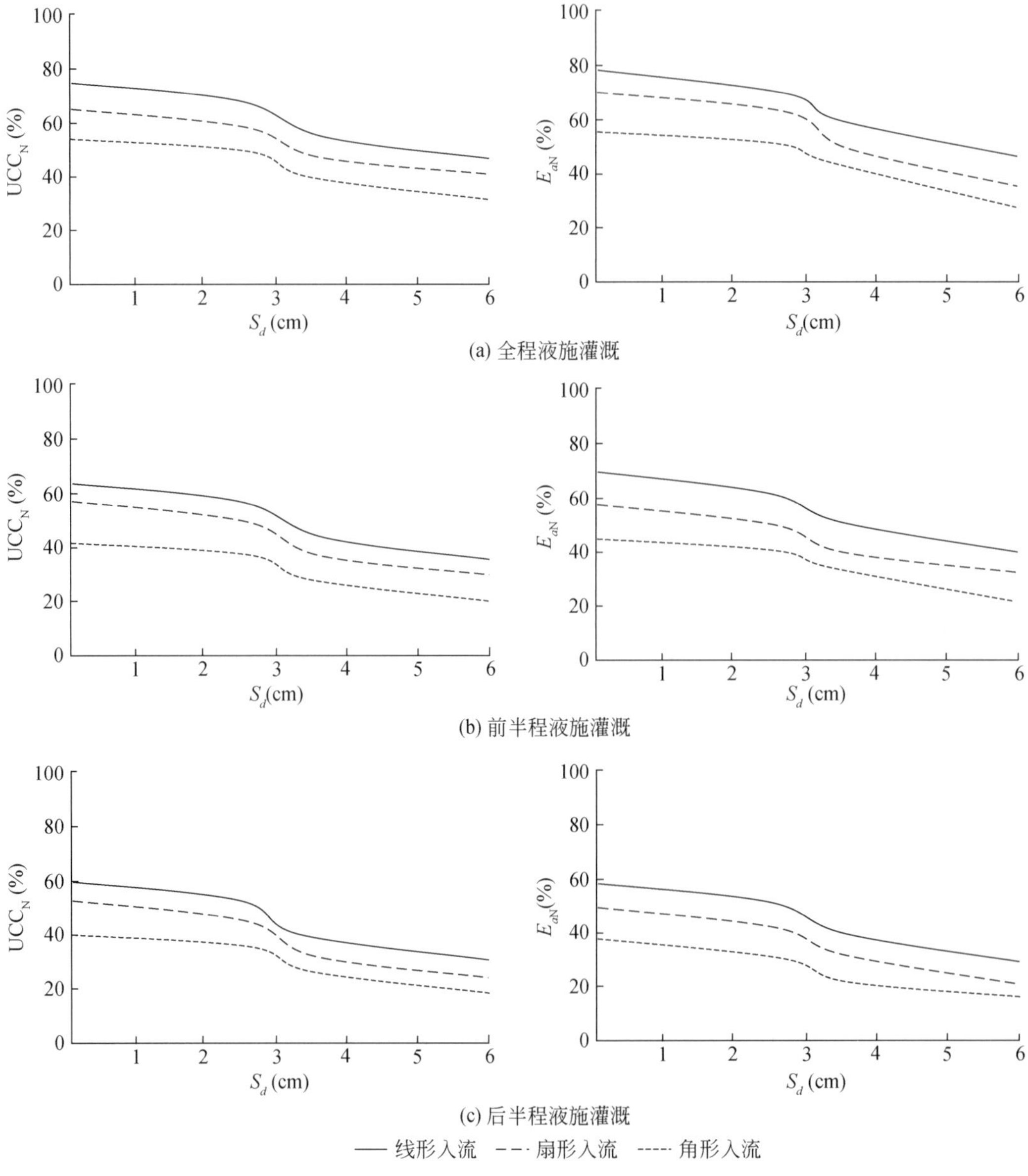

图 14-5 宽畦、黏壤土、$q = 2L/(s \cdot m)$ 和各入流形式组合方案下 S_d 与施肥性能评价指标的关系

以上分析结果意味着，随着 S_d 值从 0cm 逐渐增大到 6cm，施肥性能评价指标值表现出下降趋势，且 S_d>3cm 后尤其明显，改善畦面微地形空间分布状况、提升田面平整精度有利于提高施肥性能。

综上所述，畦田液施肥料灌溉技术要素对施肥性能影响显著，尤以施肥时机和畦面微地形空间分布状况的影响较为突出。故在改善畦面微地形空间分布状况、提升田面平整精度基础上，利用全程或前半程液施肥料灌溉方式有助于提高施肥性能，而尽量减小畦田规格、采用线形入流形式、适当增大单宽流量也对改善施肥性能产生程度不同的作用。

14.5　畦田液施肥料灌溉技术要素优化组合分析

基于以上畦田液施肥料灌溉技术要素（畦田规格、施肥时机、入流形式、土壤类型、单宽流量、畦面微地形空间分布状况）对施肥性能影响的模拟评价结果，确定畦田液施肥料灌溉技术要素的优化组合方案及优化组合空间区域。

14.5.1　畦田液施肥料灌溉技术要素优化组合方案

基于图 14-1 ~ 图 14-3 显示的结果，以 UCC_N 和 E_{aN} 的极大值及对应的最佳施肥时机为依据，从 756 个畦田液施肥料灌溉技术要素组合方案中遴选出 252 个优化组合方案（表 14-3 ~ 表 14-23）。从中可以发现，条畦各入流形式下的最佳施肥时机均为前半程液施灌溉，窄畦和宽畦线形入流下的最佳施肥时机也为前半程液施灌溉，而扇形入流和角形入流下却是全程液施灌溉。

表 14-3　宽畦液施肥料灌溉技术要素优化组合方案（S_d=0cm）

最佳施肥时机	极大值		液施肥料灌溉技术要素		
	UCC_N(%)	E_{aN}(%)	入流形式	q[L/(s·m)]	土壤类型
前半程液施灌溉	84.4	85.7	线形入流	2	黏壤土
全程液施灌溉	83.1	81.2	扇形入流		
全程液施灌溉	76.1	74.6	角形入流		
前半程液施灌溉	87.5	91.5	线形入流	4	黏壤土
全程液施灌溉	84.1	78.5	扇形入流		
全程液施灌溉	77.6	76.5	角形入流		
前半程液施灌溉	82.6	80.2	线形入流	2	沙壤土
全程液施灌溉	77.7	76.4	扇形入流		
全程液施灌溉	71.9	74.2	角形入流		
前半程液施灌溉	85.3	88.1	线形入流	4	沙壤土
全程液施灌溉	77.6	77.4	扇形入流		
全程液施灌溉	76.8	75.2	角形入流		

表 14-4　宽畦液施肥料灌溉技术要素优化组合方案(S_d=1cm)

最佳施肥时机	极大值		液施肥料灌溉技术要素		
	UCC_N(%)	E_{aN}(%)	入流形式	q[L/(s·m)]	土壤类型
前半程液施灌溉	82.3	83.4	线形入流	2	黏壤土
全程液施灌溉	80.4	79.1	扇形入流		
全程液施灌溉	74.3	72.4	角形入流		
前半程液施灌溉	85.3	89.4	线形入流	4	黏壤土
全程液施灌溉	81.3	76.9	扇形入流		
全程液施灌溉	75.3	74.7	角形入流		
前半程液施灌溉	80.5	78.9	线形入流	2	沙壤土
全程液施灌溉	75.2	74.3	扇形入流		
全程液施灌溉	69.8	72.1	角形入流		
前半程液施灌溉	83.2	86.3	线形入流	4	沙壤土
全程液施灌溉	75.4	75.3	扇形入流		
全程液施灌溉	74.2	73.1	角形入流		

表 14-5　宽畦液施肥料灌溉技术要素优化组合方案(S_d=2cm)

最佳施肥时机	极大值		液施肥料灌溉技术要素		
	UCC_N(%)	E_{aN}(%)	入流形式	q[L/(s·m)]	土壤类型
前半程液施灌溉	80.1	81.2	线形入流	2	黏壤土
全程液施灌溉	78.8	77.3	扇形入流		
全程液施灌溉	72.6	70.1	角形入流		
前半程液施灌溉	83.2	87.3	线形入流	4	黏壤土
全程液施灌溉	79.1	74.8	扇形入流		
全程液施灌溉	73.2	72.6	角形入流		
前半程液施灌溉	78.6	78.9	线形入流	2	沙壤土
全程液施灌溉	73.3	72.1	扇形入流		
全程液施灌溉	67.6	68.9	角形入流		
前半程液施灌溉	81.5	84.8	线形入流	4	沙壤土
全程液施灌溉	73.7	74.2	扇形入流		
全程液施灌溉	72.1	71.5	角形入流		

表 14-6　宽畦液施肥料灌溉技术要素优化组合方案(S_d=3cm)

最佳施肥时机	极大值		液施肥料灌溉技术要素		
	UCC_N(%)	E_{aN}(%)	入流形式	q[L/(s·m)]	土壤类型
前半程液施灌溉	78.2	79.1	线形入流	2	黏壤土
全程液施灌溉	76.3	75.6	扇形入流		
全程液施灌溉	70.1	68.2	角形入流		

续表

最佳施肥时机	极大值		液施肥料灌溉技术要素		
	UCC_N(%)	E_{aN}(%)	入流形式	q[L/(s·m)]	土壤类型
前半程液施灌溉	81.4	85.1	线形入流	4	黏壤土
全程液施灌溉	77.3	72.3	扇形入流		
全程液施灌溉	71.1	70.3	角形入流		
前半程液施灌溉	76.2	76.3	线形入流	2	沙壤土
全程液施灌溉	71.2	72.2	扇形入流		
全程液施灌溉	65.4	66.2	角形入流		
前半程液施灌溉	79.1	82.1	线形入流	4	沙壤土
全程液施灌溉	71.2	70.4	扇形入流		
全程液施灌溉	70.3	68.9	角形入流		

表 14-7　宽畦液施肥料灌溉技术要素优化组合方案(S_d=4cm)

最佳施肥时机	极大值		液施肥料灌溉技术要素		
	UCC_N(%)	E_{aN}(%)	入流形式	q[L/(s·m)]	土壤类型
前半程液施灌溉	69.8	72.1	线形入流	2	黏壤土
全程液施灌溉	68.1	69.6	扇形入流		
全程液施灌溉	62.5	64.5	角形入流		
前半程液施灌溉	76.4	78.2	线形入流	4	黏壤土
全程液施灌溉	72.3	71.8	扇形入流		
全程液施灌溉	63.1	66.5	角形入流		
前半程液施灌溉	66.8	68.3	线形入流	2	沙壤土
全程液施灌溉	65.1	63.3	扇形入流		
全程液施灌溉	57.8	61.8	角形入流		
前半程液施灌溉	74.1	73.6	线形入流	4	沙壤土
全程液施灌溉	67.1	65.5	扇形入流		
全程液施灌溉	56.9	62.4	角形入流		

表 14-8　宽畦液施肥料灌溉技术要素优化组合方案(S_d=5cm)

最佳施肥时机	极大值		液施肥料灌溉技术要素		
	UCC_N(%)	E_{aN}(%)	入流形式	q[L/(s·m)]	土壤类型
前半程液施灌溉	66.7	69.5	线形入流	2	黏壤土
全程液施灌溉	65.7	66.7	扇形入流		
全程液施灌溉	59.6	60.8	角形入流		

续表

最佳施肥时机	极大值		液施肥料灌溉技术要素		
	UCC_N(%)	E_{aN}(%)	入流形式	q[L/(s·m)]	土壤类型
前半程液施灌溉	73.6	75.3	线形入流	4	黏壤土
全程液施灌溉	69.6	68.8	扇形入流		
全程液施灌溉	60.6	62.9	角形入流		
前半程液施灌溉	63.6	66.7	线形入流	2	沙壤土
全程液施灌溉	62.5	60.5	扇形入流		
全程液施灌溉	54.7	58.6	角形入流		
前半程液施灌溉	71.2	69.9	线形入流	4	沙壤土
全程液施灌溉	64.7	59.7	扇形入流		
全程液施灌溉	53.7	59.6	角形入流		

表 14-9　宽畦液施肥料灌溉技术要素优化组合方案(S_d=6cm)

最佳施肥时机	极大值		液施肥料灌溉技术要素		
	UCC_N(%)	E_{aN}(%)	入流形式	q[L/(s·m)]	土壤类型
前半程液施灌溉	64.8	67.3	线形入流	2	黏壤土
全程液施灌溉	63.6	64.3	扇形入流		
全程液施灌溉	57.5	59.5	角形入流		
前半程液施灌溉	71.7	73.2	线形入流	4	黏壤土
全程液施灌溉	67.1	65.5	扇形入流		
全程液施灌溉	58.6	56.6	角形入流		
前半程液施灌溉	62.1	63.6	线形入流	2	沙壤土
全程液施灌溉	59.8	58.1	扇形入流		
全程液施灌溉	52.3	54.1	角形入流		
前半程液施灌溉	69.5	67.8	线形入流	4	沙壤土
全程液施灌溉	62.9	57.8	扇形入流		
全程液施灌溉	51.6	56.8	角形入流		

表 14-10　窄畦液施肥料灌溉技术要素优化组合方案(S_d=0cm)

最佳施肥时机	极大值		液施肥料灌溉技术要素		
	UCC_N(%)	E_{aN}(%)	入流形式	q[L/(s·m)]	土壤类型
前半程液施灌溉	90.2	87.9	线形入流	2	黏壤土
全程液施灌溉	88.3	84.6	扇形入流		
全程液施灌溉	85.7	82.7	角形入流		

续表

最佳施肥时机	极大值		液施肥料灌溉技术要素		
	UCC_N(%)	E_{aN}(%)	入流形式	q[L/(s·m)]	土壤类型
前半程液施灌溉	91.2	89.4	线形入流	4	黏壤土
全程液施灌溉	87.9	85.9	扇形入流		
全程液施灌溉	86.8	84.3	角形入流		
前半程液施灌溉	85.7	85.3	线形入流	2	沙壤土
全程液施灌溉	83.3	80.7	扇形入流		
全程液施灌溉	82.5	77.4	角形入流		
前半程液施灌溉	87.3	86.5	线形入流	4	沙壤土
全程液施灌溉	85.8	84.5	扇形入流		
全程液施灌溉	84.5	82.9	角形入流		

表 14-11 窄畦液施肥料灌溉技术要素优化组合方案(S_d=1cm)

最佳施肥时机	极大值		液施肥料灌溉技术要素		
	UCC_N(%)	E_{aN}(%)	入流形式	q[L/(s·m)]	土壤类型
前半程液施灌溉	88.4	86.7	线形入流	2	黏壤土
全程液施灌溉	87.8	83.7	扇形入流		
全程液施灌溉	84.7	81.5	角形入流		
前半程液施灌溉	89.8	88.2	线形入流	4	黏壤土
全程液施灌溉	86.8	84.8	扇形入流		
全程液施灌溉	85.4	83.5	角形入流		
前半程液施灌溉	84.6	84.1	线形入流	2	沙壤土
全程液施灌溉	82.5	79.9	扇形入流		
全程液施灌溉	81.4	76.2	角形入流		
前半程液施灌溉	86.1	85.4	线形入流	4	沙壤土
全程液施灌溉	84.6	83.3	扇形入流		
全程液施灌溉	83.2	81.8	角形入流		

表 14-12 窄畦液施肥料灌溉技术要素优化组合方案(S_d=2cm)

最佳施肥时机	极大值		液施肥料灌溉技术要素		
	UCC_N(%)	E_{aN}(%)	入流形式	q[L/(s·m)]	土壤类型
前半程液施灌溉	87.1	85.6	线形入流	2	黏壤土
全程液施灌溉	86.7	82.9	扇形入流		
全程液施灌溉	83.6	80.6	角形入流		

续表

最佳施肥时机	极大值		液施肥料灌溉技术要素		
	UCC_N(%)	E_{aN}(%)	入流形式	q[L/(s·m)]	土壤类型
前半程液施灌溉	88.7	87.1	线形入流	4	黏壤土
全程液施灌溉	85.5	83.6	扇形入流		
全程液施灌溉	84.1	82.3	角形入流		
前半程液施灌溉	83.5	82.9	线形入流	2	沙壤土
全程液施灌溉	81.6	78.6	扇形入流		
全程液施灌溉	80.0	75.1	角形入流		
前半程液施灌溉	85.3	84.3	线形入流	4	沙壤土
全程液施灌溉	83.4	82.1	扇形入流		
全程液施灌溉	82.1	80.7	角形入流		

表 14-13 窄畦液施肥料灌溉技术要素优化组合方案(S_d=3cm)

最佳施肥时机	极大值		液施肥料灌溉技术要素		
	UCC_N(%)	E_{aN}(%)	入流形式	q[L/(s·m)]	土壤类型
前半程液施灌溉	83.2	82.4	线形入流	2	黏壤土
全程液施灌溉	82.1	79.7	扇形入流		
全程液施灌溉	80.5	75.4	角形入流		
前半程液施灌溉	85.8	84.2	线形入流	4	黏壤土
全程液施灌溉	82.3	81.5	扇形入流		
全程液施灌溉	81.2	79.4	角形入流		
前半程液施灌溉	80.1	80.2	线形入流	2	沙壤土
全程液施灌溉	78.2	76.7	扇形入流		
全程液施灌溉	77.7	73.0	角形入流		
前半程液施灌溉	82.5	82.1	线形入流	4	沙壤土
全程液施灌溉	80.3	79.4	扇形入流		
全程液施灌溉	79.8	77.3	角形入流		

表 14-14 窄畦液施肥料灌溉技术要素优化组合方案(S_d=4cm)

最佳施肥时机	极大值		液施肥料灌溉技术要素		
	UCC_N(%)	E_{aN}(%)	入流形式	q[L/(s·m)]	土壤类型
前半程液施灌溉	76.7	77.4	线形入流	2	黏壤土
全程液施灌溉	74.6	75.6	扇形入流		
全程液施灌溉	70.5	69.3	角形入流		

续表

最佳施肥时机	极大值		液施肥料灌溉技术要素		
	UCC_N(%)	E_{aN}(%)	入流形式	q[L/(s·m)]	土壤类型
前半程液施灌溉	78.3	82.4	线形入流	4	黏壤土
全程液施灌溉	75.6	76.8	扇形入流		
全程液施灌溉	72.2	70.4	角形入流		
前半程液施灌溉	74.3	73.6	线形入流	2	沙壤土
全程液施灌溉	70.5	71.3	扇形入流		
全程液施灌溉	68.6	66.3	角形入流		
前半程液施灌溉	76.9	76.4	线形入流	4	沙壤土
全程液施灌溉	73.1	73.5	扇形入流		
全程液施灌溉	70.4	68.7	角形入流		

表 14-15　窄畦液施肥料灌溉技术要素优化组合方案(S_d=5cm)

最佳施肥时机	极大值		液施肥料灌溉技术要素		
	UCC_N(%)	E_{aN}(%)	入流形式	q[L/(s·m)]	土壤类型
前半程液施灌溉	72.7	74.7	线形入流	2	黏壤土
全程液施灌溉	70.7	72.5	扇形入流		
全程液施灌溉	68.2	65.3	角形入流		
前半程液施灌溉	75.1	80.2	线形入流	4	黏壤土
全程液施灌溉	73.5	74.6	扇形入流		
全程液施灌溉	69.7	67.9	角形入流		
前半程液施灌溉	71.2	70.5	线形入流	2	沙壤土
全程液施灌溉	68.4	68.3	扇形入流		
全程液施灌溉	65.4	62.5	角形入流		
前半程液施灌溉	72.7	74.5	线形入流	4	沙壤土
全程液施灌溉	70.5	70.7	扇形入流		
全程液施灌溉	68.1	64.3	角形入流		

表 14-16　窄畦液施肥料灌溉技术要素优化组合方案(S_d=6cm)

最佳施肥时机	极大值		液施肥料灌溉技术要素		
	UCC_N(%)	E_{aN}(%)	入流形式	q[L/(s·m)]	土壤类型
前半程液施灌溉	70.5	71.8	线形入流	2	黏壤土
全程液施灌溉	68.6	69.8	扇形入流		
全程液施灌溉	65.3	62.1	角形入流		

续表

最佳施肥时机	极大值		液施肥料灌溉技术要素		
	UCC_N(%)	E_{aN}(%)	入流形式	q[L/(s·m)]	土壤类型
前半程液施灌溉	72.2	78.6	线形入流	4	黏壤土
全程液施灌溉	70.3	71.4	扇形入流		
全程液施灌溉	66.1	63.6	角形入流		
前半程液施灌溉	69.1	68.7	线形入流	2	沙壤土
全程液施灌溉	66.3	65.6	扇形入流		
全程液施灌溉	60.1	59.8	角形入流		
前半程液施灌溉	67.3	72.9	线形入流	4	沙壤土
全程液施灌溉	64.8	67.5	扇形入流		
全程液施灌溉	61.9	60.6	角形入流		

表 14-17 条畦液施肥料灌溉技术要素优化组合方案($S_d=0$cm)

最佳施肥时机	极大值		液施肥料灌溉技术要素		
	UCC_N(%)	E_{aN}(%)	入流形式	q[L/(s·m)]	土壤类型
前半程液施灌溉	95.4	91.5	线形入流	2	黏壤土
前半程液施灌溉	92.3	86.5	扇形入流		
前半程液施灌溉	89.4	84.2	角形入流		
前半程液施灌溉	97.1	93.5	线形入流	4	黏壤土
前半程液施灌溉	94.6	89.7	扇形入流		
前半程液施灌溉	89.3	88.4	角形入流		
前半程液施灌溉	91.6	88.5	线形入流	2	沙壤土
前半程液施灌溉	88.7	84.7	扇形入流		
前半程液施灌溉	85.3	81.6	角形入流		
前半程液施灌溉	93.4	88.4	线形入流	4	沙壤土
前半程液施灌溉	90.2	86.5	扇形入流		
前半程液施灌溉	86.4	84.6	角形入流		

表 14-18 条畦液施肥料灌溉技术要素优化组合方案($S_d=1$cm)

最佳施肥时机	极大值		液施肥料灌溉技术要素		
	UCC_N(%)	E_{aN}(%)	入流形式	q[L/(s·m)]	土壤类型
前半程液施灌溉	94.2	90.8	线形入流	2	黏壤土
前半程液施灌溉	91.5	85.3	扇形入流		
前半程液施灌溉	88.6	83.6	角形入流		

续表

最佳施肥时机	极大值		液施肥料灌溉技术要素		
	UCC_N(%)	E_{aN}(%)	入流形式	q[L/(s·m)]	土壤类型
前半程液施灌溉	96.2	92.9	线形入流	4	黏壤土
前半程液施灌溉	93.1	88.5	扇形入流		
前半程液施灌溉	88.2	87.3	角形入流		
前半程液施灌溉	90.4	87.9	线形入流	2	沙壤土
前半程液施灌溉	87.9	83.6	扇形入流		
前半程液施灌溉	84.2	80.7	角形入流		
前半程液施灌溉	92.3	87.3	线形入流	4	沙壤土
前半程液施灌溉	89.1	85.6	扇形入流		
前半程液施灌溉	85.2	83.8	角形入流		

表 14-19　条畦液施肥料灌溉技术要素优化组合方案(S_d=2cm)

最佳施肥时机	极大值		液施肥料灌溉技术要素		
	UCC_N(%)	E_{aN}(%)	入流形式	q[L/(s·m)]	土壤类型
前半程液施灌溉	93.6	89.5	线形入流	2	黏壤土
前半程液施灌溉	90.1	84.2	扇形入流		
前半程液施灌溉	87.3	82.3	角形入流		
前半程液施灌溉	95.2	91.7	线形入流	4	黏壤土
前半程液施灌溉	92.3	87.1	扇形入流		
前半程液施灌溉	86.6	86.8	角形入流		
前半程液施灌溉	89.3	87.3	线形入流	2	沙壤土
前半程液施灌溉	86.7	82.3	扇形入流		
前半程液施灌溉	82.1	79.5	角形入流		
前半程液施灌溉	91.1	86.2	线形入流	4	沙壤土
前半程液施灌溉	87.9	84.5	扇形入流		
前半程液施灌溉	83.9	82.6	角形入流		

表 14-20　条畦液施肥料灌溉技术要素优化组合方案(S_d=3cm)

最佳施肥时机	施肥性能评价指标极大值		液施肥料灌溉技术要素		
	UCC_N(%)	E_{aN}(%)	入流形式	q[L/(s·m)]	土壤类型
前半程液施灌溉	89.3	87.3	线形入流	2	黏壤土
前半程液施灌溉	88.3	83.3	扇形入流		
前半程液施灌溉	84.3	80.1	角形入流		

续表

最佳施肥时机	施肥性能评价指标极大值		液施肥料灌溉技术要素		
	UCC_N(%)	E_{aN}(%)	入流形式	q[L/(s·m)]	土壤类型
前半程液施灌溉	90.1	89.2	线形入流	4	黏壤土
前半程液施灌溉	88.1	85.3	扇形入流		
前半程液施灌溉	85.1	83.1	角形入流		
前半程液施灌溉	86.2	85.2	线形入流	2	沙壤土
前半程液施灌溉	84.1	80.3	扇形入流		
前半程液施灌溉	80.3	78.1	角形入流		
前半程液施灌溉	88.4	86.4	线形入流	4	沙壤土
前半程液施灌溉	85.9	82.1	扇形入流		
前半程液施灌溉	82.4	80.3	角形入流		

表 14-21 条畦液施肥料灌溉技术要素优化组合方案(S_d=4cm)

最佳施肥时机	极大值		液施肥料灌溉技术要素		
	UCC_N(%)	E_{aN}(%)	入流形式	q[L/(s·m)]	土壤类型
前半程液施灌溉	84.2	79.4	线形入流	2	黏壤土
前半程液施灌溉	82.1	77.2	扇形入流		
前半程液施灌溉	81.5	73.4	角形入流		
前半程液施灌溉	86.0	81.7	线形入流	4	黏壤土
前半程液施灌溉	85.2	78.8	扇形入流		
前半程液施灌溉	83.2	75.2	角形入流		
前半程液施灌溉	83.3	74.3	线形入流	2	沙壤土
前半程液施灌溉	81.0	70.4	扇形入流		
前半程液施灌溉	79.2	68.3	角形入流		
前半程液施灌溉	85.2	76.3	线形入流	4	沙壤土
前半程液施灌溉	83.2	72.7	扇形入流		
前半程液施灌溉	81.2	70.2	角形入流		

表 14-22 条畦液施肥料灌溉技术要素优化组合方案(S_d=5cm)

最佳施肥时机	极大值		液施肥料灌溉技术要素		
	UCC_N(%)	E_{aN}(%)	入流形式	q[L/(s·m)]	土壤类型
前半程液施灌溉	82.3	76.8	线形入流	2	黏壤土
前半程液施灌溉	80.5	74.1	扇形入流		
前半程液施灌溉	79.4	71.3	角形入流		

续表

最佳施肥时机	极大值		液施肥料灌溉技术要素		
	UCC_N(%)	E_{aN}(%)	入流形式	q[L/(s·m)]	土壤类型
前半程液施灌溉	84.1	77.1	线形入流	4	黏壤土
前半程液施灌溉	82.3	75.3	扇形入流		
前半程液施灌溉	81.4	73.1	角形入流		
前半程液施灌溉	80.1	71.2	线形入流	2	沙壤土
前半程液施灌溉	78.5	68.3	扇形入流		
前半程液施灌溉	76.1	65.2	角形入流		
前半程液施灌溉	82.3	74.4	线形入流	4	沙壤土
前半程液施灌溉	80.4	70.3	扇形入流		
前半程液施灌溉	78.9	67.8	角形入流		

表 14-23　条畦液施肥料灌溉技术要素优化组合方案(S_d=6cm)

最佳施肥时机	极大值		液施肥料灌溉技术要素		
	UCC_N(%)	E_{aN}(%)	入流形式	q[L/(s·m)]	土壤类型
前半程液施灌溉	80.3	74.5	线形入流	2	黏壤土
前半程液施灌溉	78.6	71.2	扇形入流		
前半程液施灌溉	76.2	69.6	角形入流		
前半程液施灌溉	82.1	75.6	线形入流	4	黏壤土
前半程液施灌溉	79.8	73.6	扇形入流		
前半程液施灌溉	77.9	71.8	角形入流		
前半程液施灌溉	73.2	69.1	线形入流	2	沙壤土
前半程液施灌溉	71.5	66.2	扇形入流		
前半程液施灌溉	69.8	63.4	角形入流		
前半程液施灌溉	74.1	72.3	线形入流	4	沙壤土
前半程液施灌溉	73.2	68.7	扇形入流		
前半程液施灌溉	71.6	65.7	角形入流		

对表 14-3 ~ 表 14-23 给出的结果进行综合分析可知,一方面,同一畦田规格(条畦、窄畦、宽畦)下的最佳施肥时机随入流形式(线形入流→扇形入流→角形入流)变化而保持稳定或改变,即条畦下为前半程液施灌溉→前半程液施灌溉→前半程液施灌溉;窄畦下为前半程液施灌溉→全程液施灌溉→全程液施灌溉;宽畦下为前半程液施灌溉→全程液施灌溉→全程液施灌溉。另一方面,同一入流形式(线形入流、扇形入流、角形入流)下的最佳施肥时机随畦田规格(条畦→窄畦→宽畦)扩大而保持稳定或改变,即线形入流下为前半程液施灌溉→前半程液施灌溉→前半程液施灌溉;扇形入流下为前半程液施灌溉→全程液施灌溉→全程液施灌溉;角形入流下为前半程液施灌溉→全程液施灌溉→全程液施灌溉(图 14-6)。扇形入流和角形入流形式下的最佳施肥时机随畦田规格扩大由前半程液施

灌溉转变为全程液施灌溉,而窄畦和宽畦规格下的最佳施肥时机随入流形式改变也由前半程液施灌溉转变为全程液施灌溉。扩大畦田规格尽管对线形入流下的最佳施肥时机选择不会产生影响,但却相应改变了扇形入流和角形入流下的最佳施肥时机选择,即采用了相对均衡的全程液施肥料灌溉方式。

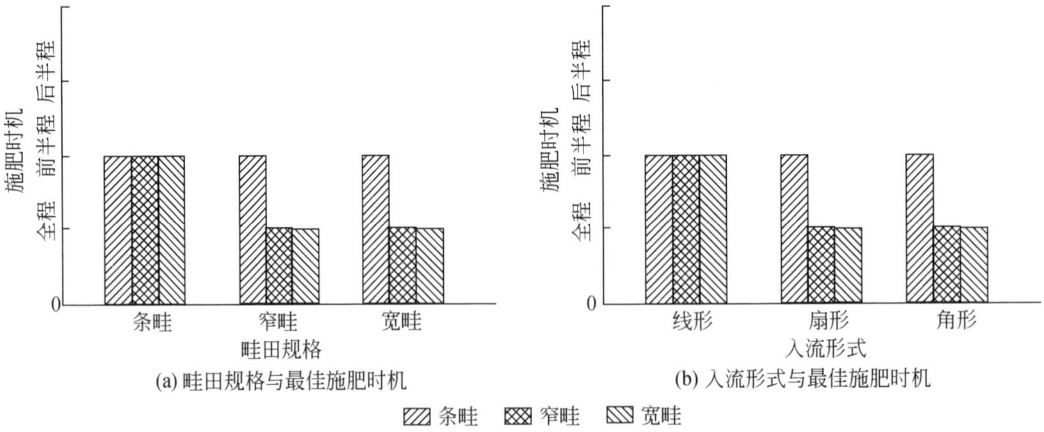

图 14-6　液施肥料灌溉下畦田规格和入流形式与最佳施肥时机之间的关系

14.5.2　畦田液施肥料灌溉技术要素优化组合空间区域

以表 14-3 ~ 表 14-23 列出的 252 个优化组合方案中的最佳施肥时机及施肥性能评价指标值为依据,将单宽流量 q 的取值范围扩充到[1,6],计算步长为 1L/(s · m),并以 $UCC_N \geq 75\%$ 和 $E_{aN} \geq 75\%$ 分别作为约束条件,开展数值模拟计算分析,确定给出畦田液施肥料灌溉技术要素优化组合空间区域(图 14-7 ~ 图 14-9)。采用 Surfer12.0 绘图软件(Golden Software Corporation,2014)内含的 Local Polynomial 插值方法,对得到的施肥性能评价指标值进行插值计算。为了能够量化畦田规格,选取大致相应的畦田面积 A 表征各种畦田规格,并假定对各类畦田规格而言,其长度与宽度之间可按照线性关系进行互变。

14.5.2.1　线形入流前半程液施下畦田液施肥料灌溉技术要素优化组合空间区域

如图 14-7 所示,在 $UCC_N \geq 75\%$ 和 $E_{aN} \geq 75\%$ 约束下,黏壤土不同施肥灌溉技术要素优化组合空间区域都分别稍大于沙壤土,且 $E_{aN} \geq 75\%$ 下黏壤土和沙壤土的空间区域均分别稍大于 $UCC_N \geq 75\%$ 下的相应值。一方面,随着畦田规格增大,$UCC_N \geq 75\%$ 下的 S_d 平均值分别从条畦的 4.7cm(黏壤土)和 4.5cm(沙壤土)下降到宽畦的 4.2cm 和 4.0cm,而 $E_{aN} \geq 75\%$ 下的 S_d 平均值则分别从 4.9cm 和 4.6cm 减小到 4.4cm 和 4.1cm,这表明畦面微地形空间分布状况对宽畦下的施肥性能影响相对敏感。另一方面,随着单宽流量增大,$UCC_N \geq 75\%$ 下的 S_d 平均值分别从 q=1L/(s · m)的 3.0cm(黏壤土)和 2.9cm(沙壤土)上升到 q=6L/(s · m)的 4.5cm 和 4.3cm,而 $E_{aN} \geq 75\%$ 下的 S_d 平均值则分别从 3.3cm 和 3.0cm 增加到 4.7cm 和 4.4cm,这说明畦面微地形空间分布状况对较大单宽流量下的施肥性能影响较不敏感。

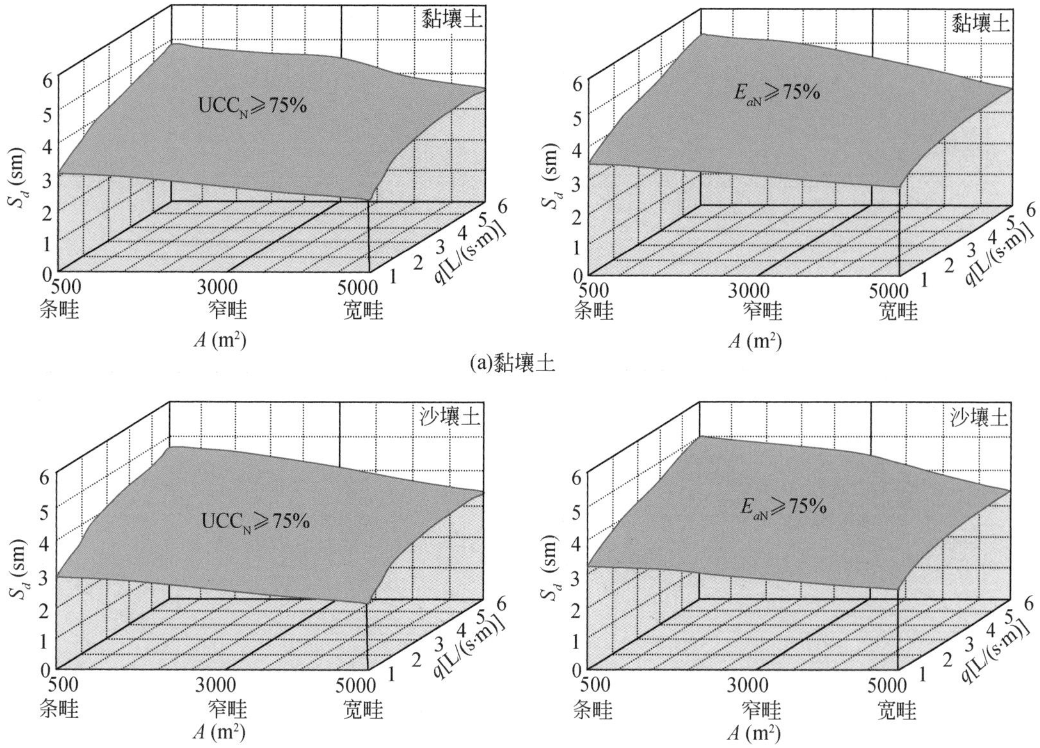

(a)黏壤土

(b)沙壤土

图 14-7　线形入流前半程液施下畦田液施肥料灌溉技术要素优化组合空间区域

与扇形入流和角形入流前半程液施及全程液施(图 14-8 和图 14-9)相比,线形入流前半程液施不同施肥灌溉技术要素优化组合空间区域相对最大,这意味着此时畦面微地形空间分布状况对施肥性能影响的制约程度相对较小。在各类畦田规格线形入流前半程液施肥料灌溉下,可以参考图 14-7 显示的空间区域,开展华北地区冬小麦畦田液施肥料灌溉工程优化设计与性能评价。

14. 5. 2. 2　扇形入流前半程液施及全程液施下畦田液施肥料灌溉技术要素优化组合空间区域

如图 14-8 所示,在 UCC$_N$≥75% 和 E_{aN}≥75% 约束下,黏壤土不同施肥灌溉技术要素优化组合空间区域都分别稍大于沙壤土,且 E_{aN}≥75% 下黏壤土和沙壤土的空间区域均分别稍大于 UCC$_N$≥75% 下的相应值。一方面,随着畦田规格增大,UCC$_N$≥75% 下的 S_d 平均值分别从条畦的 4. 2cm(黏壤土)和 4. 1cm(沙壤土)下降到宽畦的 3. 4cm 和 3. 1cm,而 E_{aN}≥75% 下的 S_d 平均值则分别从 4. 4cm 和 4. 2cm 减小到 3. 5cm 和 3. 2cm,这表明畦面微地形空间分布状况对宽畦下的施肥性能影响相对敏感。另一方面,随着单宽流量增大,UCC$_N$≥75% 下的 S_d 平均值分别从 q=1L/(s · m)的 3. 0cm(黏壤土)和 2. 8cm(沙壤土)上升到 q=6L/(s · m)的 4. 3cm 和 4. 1cm,而 E_{aN}≥75% 下的 S_d 平均值则分别从 3. 2cm 和 2. 9cm 增加到 4. 4cm 和 4. 2cm,这说明畦面微地形空间分布状况对较大单宽流量下的施肥性能影

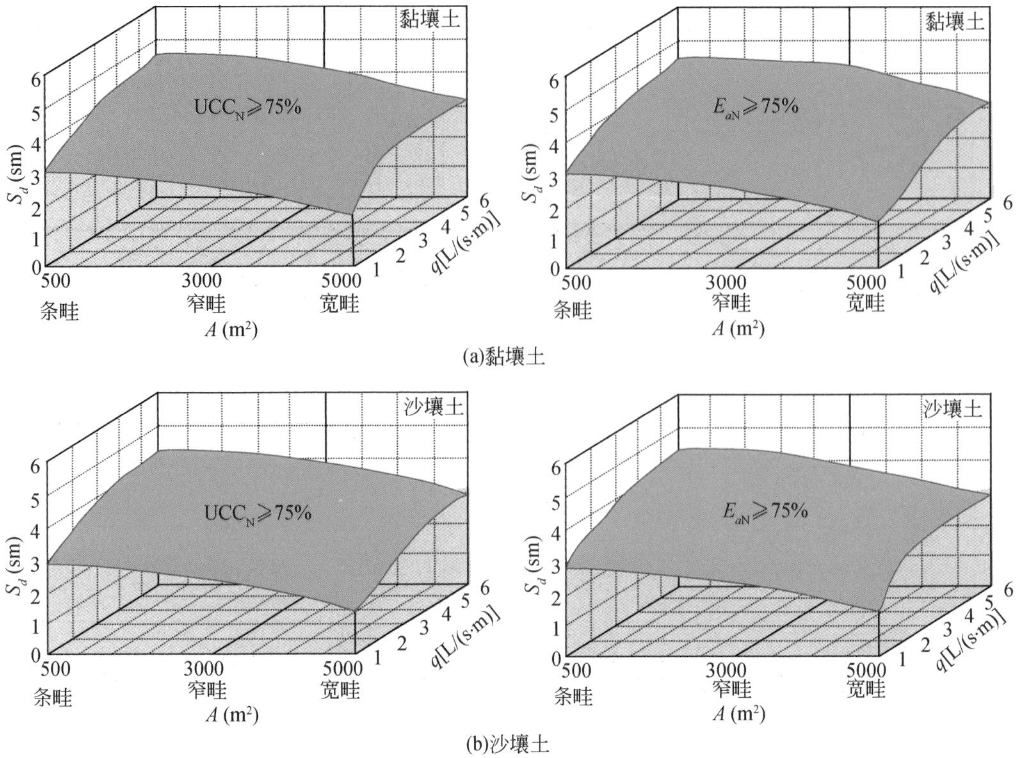

图 14-8　扇形入流前半程液施及全程液施下畦田液施肥料灌溉技术要素优化组合空间区域

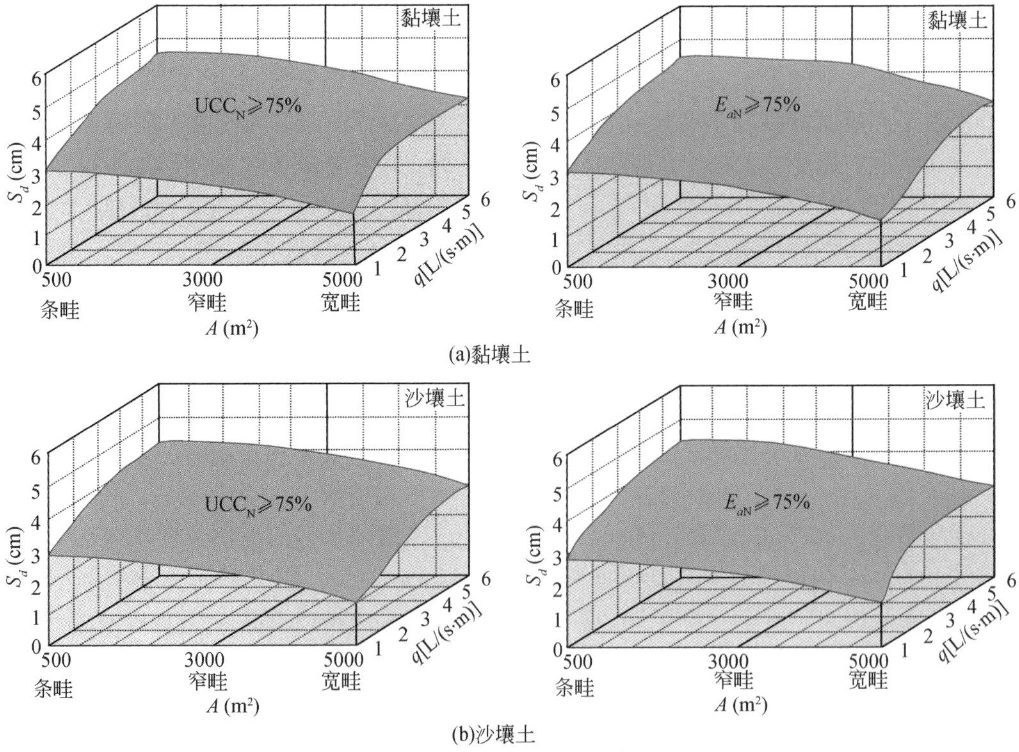

图 14-9　角形入流前半程液施及全程液施下畦田液施肥料灌溉技术要素优化组合空间区域

响较不敏感。

与线形入流前半程液施(图 14-7)和角形入流前半程液施及全程液施(图 14-9)相比,扇形入流前半程液施及全程液施不同施肥灌溉技术要素优化组合空间区域明显小于前者但大于后者,这意味着此时畦面微地形空间分布状况对施肥性能影响的制约程度相对居中。在各类畦田规格扇形入流前半程液施及全程液施肥料灌溉下,可以参考图 14-8 显示的空间区域,开展华北地区冬小麦畦田液施肥料灌溉工程优化设计与性能评价。

14.5.2.3　角形入流前半程液施及全程液施下畦田液施肥料灌溉技术要素优化组合空间区域

如图 14-9 所示,在 UCC_N≥75% 和 E_{aN}≥75% 约束下,黏壤土不同施肥灌溉技术要素优化组合空间区域都分别稍大于沙壤土,且 E_{aN}≥75% 下黏壤土和沙壤土的空间区域均分别稍大于 UCC_N≥75% 下的相应值。一方面,随着畦田规格增大,UCC_N≥75% 下的 S_d 平均值分别从条畦的 4.0cm(黏壤土)和 3.9cm(沙壤土)下降到宽畦的 3.4cm 和 3.1cm,而 E_{aN}≥75% 下的 S_d 平均值则分别从 4.2cm 和 4.0cm 减小到 3.5cm 和 3.3cm,这表明畦面微地形空间分布状况对宽畦下的施肥性能影响相对敏感。另一方面,随着单宽流量增大,UCC_N≥75% 下的 S_d 平均值分别从 q=1L/(s·m)的 2.7cm(黏壤土)和 2.5cm(沙壤土)上升到 q=6L/(s·m)的 4.0cm 和 3.9cm,而 E_{aN}≥75% 下的 S_d 平均值则分别从 2.9cm 和 2.7cm 增加到 4.2cm 和 4.0cm,这说明畦面微地形空间分布状况对较大单宽流量下的施肥性能影响较不敏感。

与线形入流前半程液施(图 14-7)和扇形入流前半程液施及全程液施(图 14-8)相比,角形入流前半程液施及全程液施不同施肥灌溉技术要素优化组合空间区域明显小于前者并相对小于后者,这意味着此时畦面微地形空间分布状况对施肥性能影响的制约程度相对较大。在各类畦田规格角形入流前半程液施及全程液施肥料灌溉下,可以参考图 14-9 显示出的空间区域,开展华北地区冬小麦畦田液施肥料灌溉工程优化设计与性能评价。

14.6　结　　论

本章基于构建的畦田液施肥料灌溉地表水流溶质运动全耦合模型,以数值模拟实验设计方案为基础,系统开展了畦田液施肥料灌溉性能模拟评价,分析了不同施肥灌溉技术要素对施肥性能的影响,确定出畦田液施肥料灌溉技术要素的优化组合方案及优化组合空间区域。

畦田液施肥料灌溉技术要素对施肥性能影响显著,尤以施肥时机和畦面微地形空间分布状况的作用相对突出。条畦各入流形式及窄畦和宽畦线形入流下的最佳施肥时机均为前半程液施灌溉,而窄畦和宽畦扇形入流与角形入流下却是全程液施灌溉,且 S_d>3cm 后的施肥性能明显变差。在有效改善畦面微地形空间分布状况、提升田面平整精度基础上,利用前半程或全程肥料液施灌溉方式可有效提高施肥性能,而尽量减小畦田规格、采用线形入流形式、适当增大单宽流量也对提升施肥性能起到积极作用。

当以 UCC_N≥75% 和 E_{aN}≥75% 作为确定畦田液施肥料灌溉技术要素优化组合空间区

域的约束条件时,线形入流各畦田规格下采用前半程液施肥料灌溉具有最佳施肥性能,相对最大的空间区域表明其具备较强的技术适宜性,畦面微地形空间分布状况对施肥性能影响的制约程度相对较小;扇形入流条畦和窄(宽)畦下分别利用前半程液施与全程液施肥料灌溉具有最佳施肥性能,相对较小的空间区域表明其具备较弱的技术适宜性,畦面微地形空间分布状况对施肥性能影响的制约程度相对居中;角形入流条畦和窄(宽)畦下分别使用前半程液施与全程液施肥料灌溉具有最佳施肥性能,相对最小的空间区域表明其具备较低的技术适宜性,畦面微地形空间分布状况对施肥性能影响的制约程度相对较大。可以参考以上确定的畦田液施肥料灌溉技术要素优化组合空间区域,开展华北地区冬小麦畦田液施肥料灌溉工程优化设计与性能评价。

参考文献

许迪,龚时宏,李益农,等. 2007. 农业高效用水技术研究与创新. 北京:中国农业出版社

Abbasi F, Simunek J, Van Genuchten M T, et al. 2003. Overland water flow and solute transport: model development and field-data analysis. Journal of Irrigation and Drainage Engineering, 129(2):71-81

Crevoisier D, Popova Z, Mailhol J C, et al. 2008. Assessment and simulation of water and nitrogen transfer under furrow irrigation. Agricultural Water Management, 95(4):354-366

Ebrahimian H, Liaghat A, Parsinejad M, et al. 2013. Simulation of 1D surface and 2D subsurface water flow and nitrate transport in alternate and conventional furrow fertigation. Irrigation Science, 31(3):301-316

García- Navarro P, Playán E, Zapata N. 2000. Solute transport modeling in overland flow applied to fertigation. Journal of Irrigation and Drainage Engineering, 126(1):33-40

Golden Software Corporation. 2014. Surfer 12. 0. USA, Colorado

Murillo J, Burguete J, Brufau P, et al. 2005. Coupling between shallow water and solute flow equations: analysis and management of source terms in 2D. International Journal for Numerical Methods in Fluids, 49(3):267-299

Murillo J, García-Navarro P, Burguete J. 2008. Analysis of a second-order upwind method for the simulation of solute transport in 2D shallow water flow. International Journal for Numerical Methods in Fluids, 56(6): 661-686

Murillo J, García-Navarro P, Burguete J. 2009. Conservative numerical simulation of multi-component transport in two-dimensional unsteady shallow water flow. Journal of Computational Physics, 228(15):5539-5573

Playán E, Faci J M. 1997. Border fertigation: field experiments and a simple model. Irrigation Science, 17(4): 163-171

Strelkoff T S, Clemmens A J, Bautista E. 2009. Field properties in surface irrigation management and design. Journal of Irrigation and Drainage Engineering, 135(5):525-536

Zerihun D, Furman A, Warrick A W, et al. 2005. Coupled surface-subsurface solute transport model for irrigation borders and basins. Ⅰ. model development. Journal of Irrigation and Drainage Engineering, 131(5):396-406

第15章
Chapter 15

畦田撒施肥料灌溉性能模拟评价与技术要素优化组合

撒施肥料灌溉是我国普遍采用的地面施肥灌溉方式,表施后的肥料易于挥发流失,化肥利用效率相对较低(Playán and Faci,1997),但却具备施肥操作简便、无须施肥装置等特点。

在液施肥料灌溉性能评价与技术要素优化组合研究上,常假定地表水流流速场和溶质浓度场沿垂向水深呈均布状态,但撒施肥料灌溉地表水流溶质运动过程中则明显表现出垂向非均布特征(Bradford and Katopodes,1998),故现有液施肥料灌溉研究成果难以直接用于撒施肥料灌溉下。在第 11 章构建的畦田撒施肥料灌溉地表水流溶质运动全耦合模型可以有效地解决以上难题,为开展畦田撒施肥料灌溉性能模拟评价与技术要素优化组合提供了可靠的分析手段。

本章基于构建的畦田撒施肥料灌溉地表水流溶质运动全耦合模型,根据畦田施肥灌溉数值模拟实验设计,系统开展畦田撒施肥料灌溉性能模拟评价,分析各施肥灌溉技术要素对施肥性能的影响,确定施肥灌前各技术要素的优化组合方案及优化组合空间区域。

15.1　畦田撒施肥料灌溉数值模拟实验设计

表 15-1 给出畦田撒施肥料灌溉数值模拟实验设计涉及的施肥灌溉技术要素及其设置水平,这包括畦田规格、肥料非均匀撒施程度、入流形式、土壤类型、单宽流量和畦面微地形空间分布状况。其中,典型畦田规格分别为条畦(100m ×5m)、窄畦(150m ×20m)和宽畦(100m ×50m)(许迪等,2007);采用非均匀撒施系数 U_{SN}定量表述肥料非均匀撒施的程度,U_{SN}取值范围为[0,2],计算步长为 0.1;入流形式分别为线形入流、扇形入流和角形入流;典型土壤类型是沙壤土和黏壤土,相应的 Kostiakov 公式中的参数值见表 6-11;单宽流量分别为 2L/(s・m)和 4L/(s・m);基于地表(畦面)相对高程标准偏差值 S_d表征畦面微地形空间分布状况,S_d取值范围为[0,6],计算步长为 1cm。此外,3 类典型畦田的平均纵、横向坡度分别为 1/10 000 和 0/10 000,畦面糙率系数取平均值为 0.08s/m$^{1/3}$,施用的化肥为硫酸铵,施氮量为 200kg N/hm^2。

表 15-1　畦田撒施肥料灌溉数值模拟实验设计涉及的施肥灌溉技术要素及其设置水平

畦田撒施肥料灌溉技术要素	设置水平		
	1	2	3
畦田规格(m×m)	宽畦(100×50)	窄畦(150×20)	条畦(100×5)
肥料非均匀撒施程度 U_{SN}	0	…	2
入流形式	线形入流	扇形入流	角形入流
土壤类型	沙壤土	黏壤土	
单宽流量 q[L/(s・m)]	2	4	
畦面微地形空间分布状况 S_d(cm)	0	…	6

15.2　畦田撒施肥料灌溉模型参数及模拟条件确定

基于构建的畦田撒施肥料灌溉地表水流溶质运动全耦合模型,对表 15-1 中由 6 个施肥灌溉技术要素组合成的5292 个方案开展数值模拟计算。灌水时间从畦口入流开始直至畦面所有空间位置点处恰好被地表水流淹没时为止,这意味着地表水深都应大于零。在数值模拟过程中,取时间离散步长 $\Delta t=10\mathrm{s}$,局部反应速率常数 $k_d=0.000\ 15\mathrm{L/s}$,肥料溶质溶解度 $c_0=767\mathrm{g/L}$,修正系数 $\alpha_c=0.67$。典型畦田规格数值模拟过程中采用的地表水流运动和地表水流溶质运动空间离散单元格集合信息分见表 15-2 和表 14-2。

表 15-2　典型畦田规格数值模拟过程中采用的地表水流运动空间离散单元格集合信息

（单位:个）

典型畦田规格	集合 M_l 单元格数目	集合 $M_{l/2}$ 单元格数目	集合 $M_{l/4}$ 单元格数目
条畦(100m×5m)	4 256	9 563	1 478 512
窄畦(150m×20m)	6 795	12 316	1 964 335
宽畦(100m×50m)	10 967	24 693	2 212 311

15.3　畦田撒施肥料灌溉施肥性能评价指标

将式(13-3)和式(13-4)定义的施氮分布均匀性 $\mathrm{UCC_N}$ 和施氮效率 $E_{a\mathrm{N}}$ 指标扩展到二维畦田状况下,定量评价畦田撒施肥料灌溉施肥性能,其表达式分别为

$$\mathrm{UCC_N}=\frac{N_{\mathrm{avg}}-\sum_{j=1}^{M}N_{\mathrm{avd}}^{j}}{N_{\mathrm{avg}}}\cdot 100\% \tag{15-1}$$

$$E_{\mathrm{aN}}=\frac{\sum_{j=1}^{M}M_{N}^{j}}{N_{\mathrm{avg}}}\cdot 100\% \tag{15-2}$$

式中,$M_{\mathrm{N}}^{j}=\int_{\Omega_j}N_{\mathrm{rz}}\mathrm{d}\Omega$;$N_{\mathrm{rz}}$ 为作物有效根系层内的氮素增量(g);N_{avg} 为畦田平均施氮量(g);

$$N_{\mathrm{avd}}^{j}=\begin{cases}\dfrac{\iint_{\Omega_j}(N-N_{\mathrm{avg}})\mathrm{d}\Omega}{A} & N\geqslant N_{\mathrm{avg}}\\[2ex] \dfrac{\iint_{\Omega_j}(N_{\mathrm{avg}}-N)\mathrm{d}\Omega}{A} & N<N_{\mathrm{avg}}\end{cases}$$

,其中,N 为畦田实际施氮量(g);A 为畦田面积(m^2)。

15.4　畦田撒施肥料灌溉技术要素对施肥性能影响模拟评价

图 15-1 ~ 图 15-3 分别给出灌溉完毕时各施肥灌溉技术要素组合方案下肥料非均匀撒施系数与施肥性能评价指标间的关系,据此开展畦田撒施肥料灌溉技术要素(畦田规格、肥料非均匀撒施程度、入流形式、土壤类型、单宽流量、畦面微地形空间分布状况)对施肥性能影响的模拟评价。

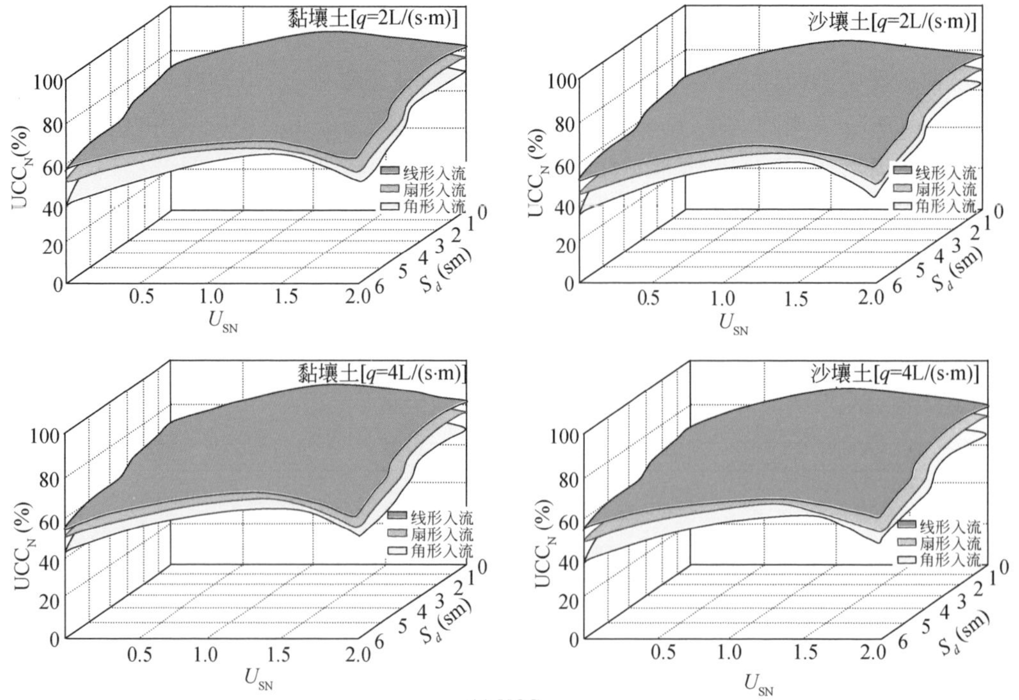

(a) UCC_N

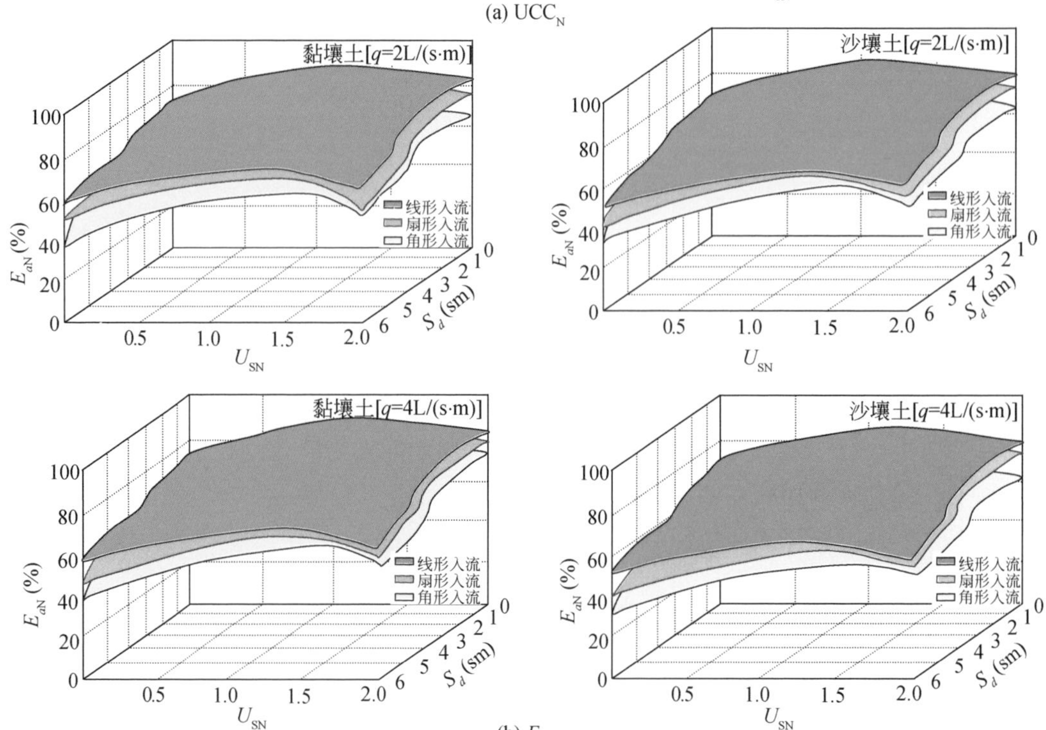

(b) E_{aN}

图 15-1　宽畦不同施肥灌溉技术要素组合方案下肥料非均匀撒施系数与施肥性能评价指标的关系

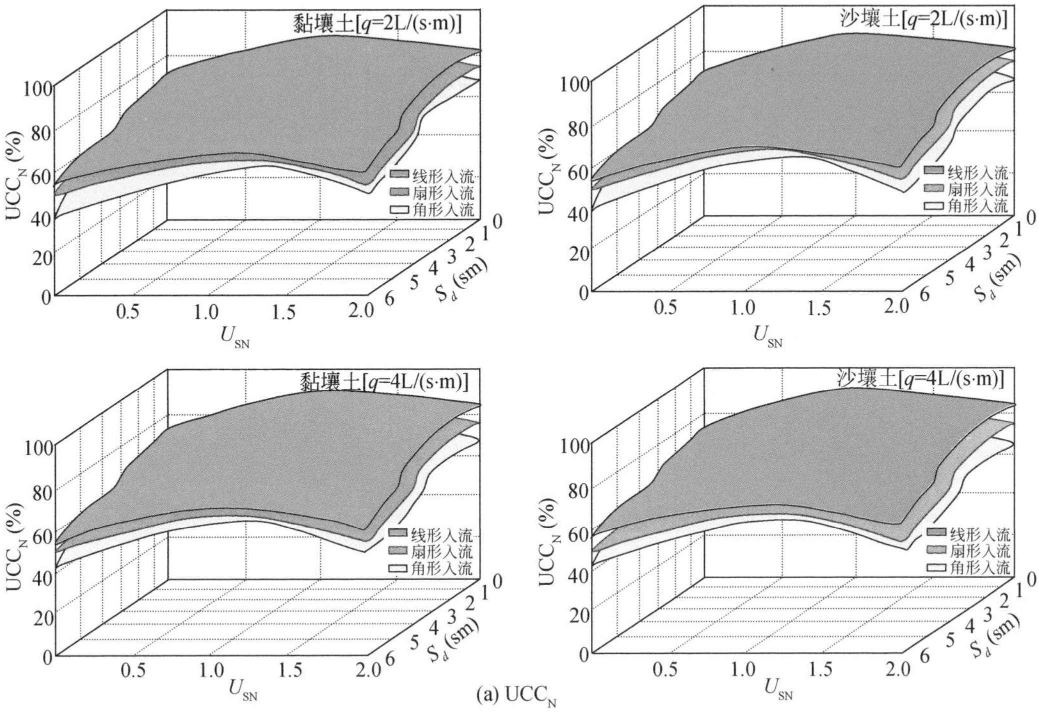

(a) UCC_N

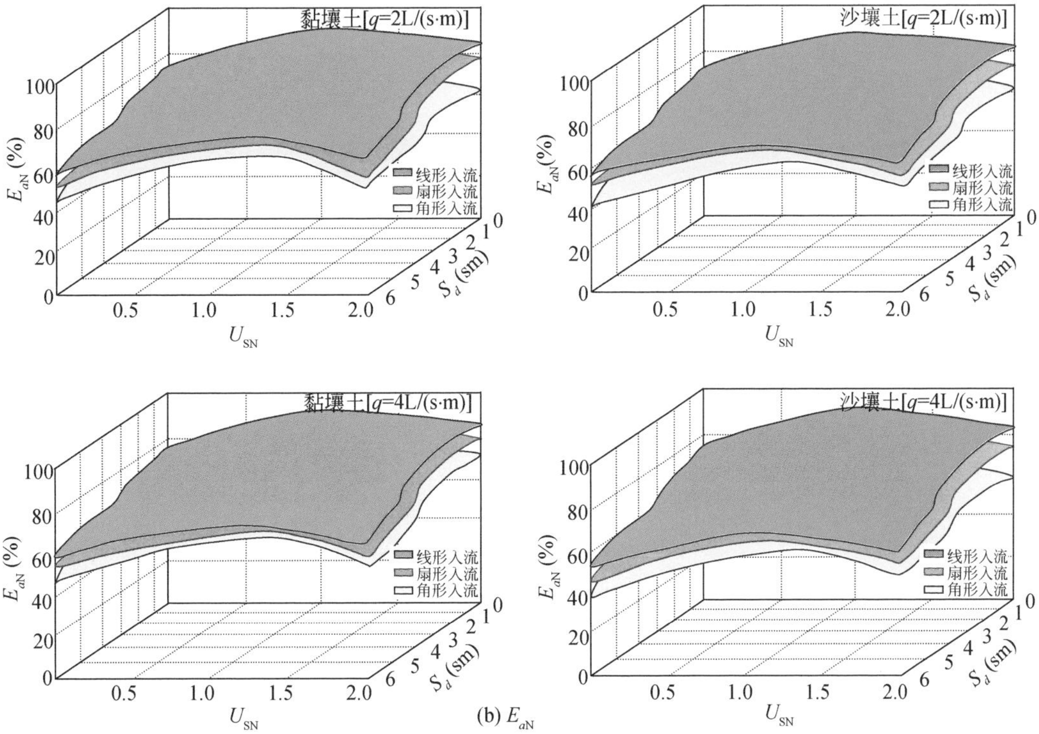

(b) E_{aN}

图 15-2　窄畦不同施肥灌溉技术要素组合方案下肥料非均匀撒施系数与施肥性能评价指标的关系

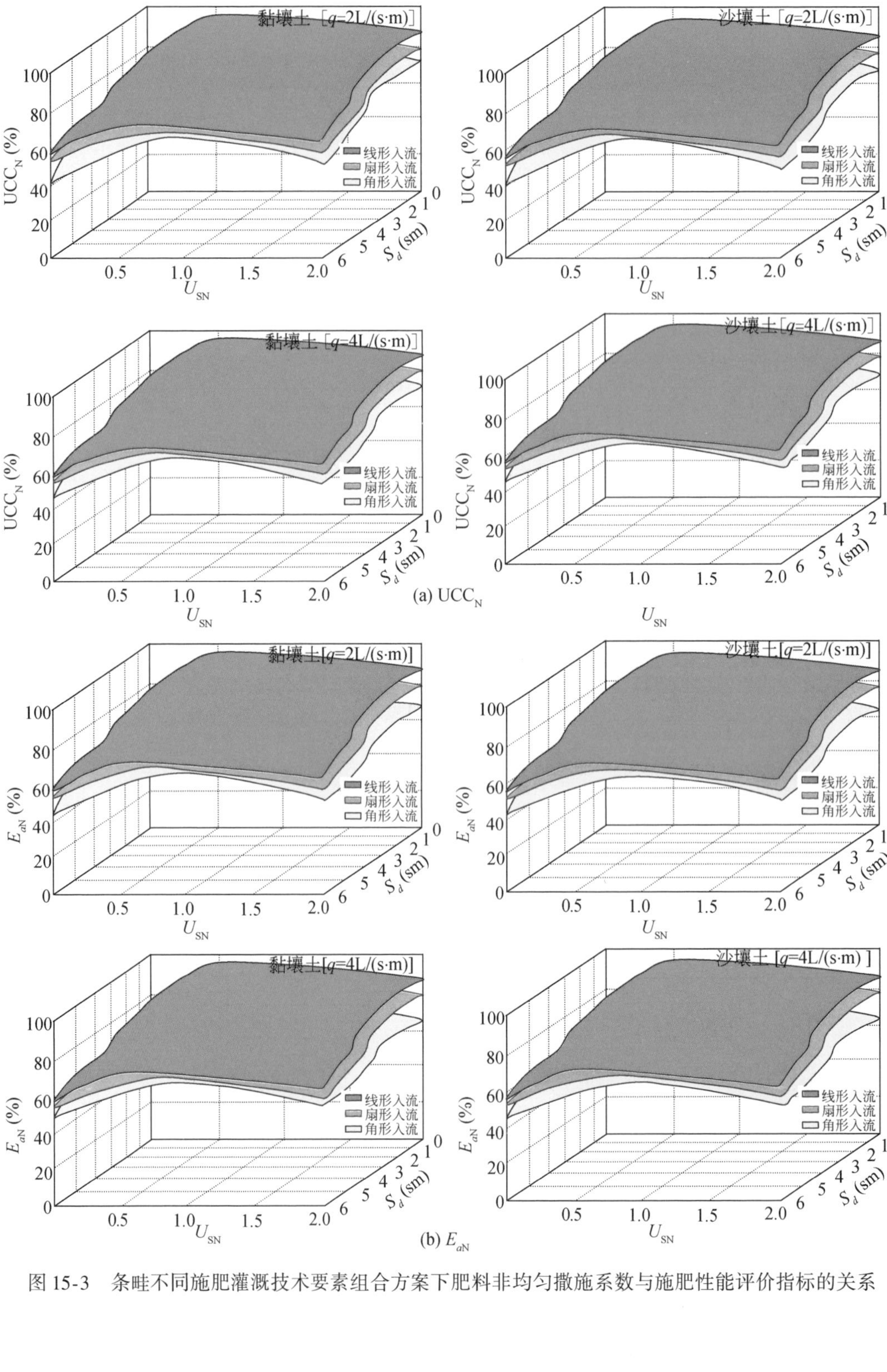

图 15-3　条畦不同施肥灌溉技术要素组合方案下肥料非均匀撒施系数与施肥性能评价指标的关系

15.4.1　畦田规格对施肥性能影响

如图 15-1 ~ 图 15-3 所示，对沙壤土和各入流形式与非均匀撒施程度而言，当 UCC_N 和 E_{aN} 值达到极大值时，在 $S_d \leqslant 3$cm 与不同单宽流量组合下，条畦下的 UCC_N 和 E_{aN} 值分别平均高出窄畦 4.9 个百分点和 5.2 个百分点，以及宽畦 5.1 个百分点和 5.7 个百分点，该特点也出现在 $S_d > 3$cm 与不同单宽流量组合下，分别平均高出 4.1 个百分点和 4.8，以及 5.3 个百分点和 5.5 个百分点；对黏壤土和各入流形式与非均匀撒施程度，无论 S_d 好坏，不同单宽流量条畦下的 UCC_N 和 E_{aN} 值也都分别平均高出窄畦和宽畦下的相应值，且随着 S_d 值增大，各畦田规格不同施肥灌溉技术要素组合方案下相同非均匀撒施系数的 UCC_N 和 E_{aN} 值呈现出明显下降趋势。

以上分析结果表明，随着畦田规格从条畦→窄畦→宽畦的变化，施肥性能评价指标值显示出下降趋势，且受 S_d 值增大影响显著，尽量使用条畦有利于提高施肥性能。

15.4.2　肥料非均匀撒施系数对施肥性能影响

如图 15-1 ~ 图 15-3 所示，对沙壤土和各畦田规格与入流形式而言，当 UCC_N 和 E_{aN} 值达到极大值时，在 $S_d \leqslant 3$cm 与不同单宽流量组合下，肥料均匀撒施系数（$U_{SN}=0$）下的 UCC_N 和 E_{aN} 值分别平均小于较小非均匀撒施系数（$U_{SN}=1$）6.7 个百分点和 6.2 个百分点，以及较大非均匀撒施系数（$U_{SN}=2$）4.8 个百分点和 4.6 个百分点，该特点也出现在 $S_d >$ 3cm 与不同单宽流量组合下，分别平均高出 5.9 个百分点和 6.3 个百分点，以及 4.2 个百分点和 3.9 个百分点；对黏壤土和各畦田规格与入流形式条件，无论 S_d 好坏，不同单宽流量均匀撒施下的 UCC_N 和 E_{aN} 值也都分别平均小于较小和较大非均匀撒施系数下的相应值。

此外，图 15-1 ~ 图 15-3 还表明，随着 S_d 值增大，不仅各畦田规格不同施肥灌溉技术要素组合方案下相同非均匀撒施系数的 UCC_N 和 E_{aN} 值呈现出明显下降趋势，且相同 S_d 值下的 UCC_N 和 E_{aN} 值也随非均匀撒施系数变化显示出逐渐下降规律。若以宽畦、黏壤土、$q=2$L/(s・m) 和各入流形式灌溉技术要素组合方案为例，S_d 值分别等于 0cm、3cm 和 6cm 下 UCC_N 和 E_{aN} 值随肥料非均匀撒施系数变化的趋势可参见图 15-4。

以上分析结果说明，随着肥料非均匀撒施系数从均匀（$U_{SN}=0$）变化到非均匀（$U_{SN}=2$），施肥性能评价指标值出现先增后减趋势，且受 S_d 值增大影响显著，选用最佳非均匀撒施系数有助于提高施肥性能。

15.4.3　入流形式对施肥性能影响

如图 15-1 ~ 图 15-3 所示，对沙壤土和各畦田规格与非均匀撒施系数而言，当 UCC_N 和 E_{aN} 值达到极大值时，在 $S_d \leqslant 3$cm 与不同单宽流量组合下，线形入流下的 UCC_N 和 E_{aN} 值分别平均高出扇形入流 5.6 个百分点和 6.1 个百分点，以及角形入流 5.9 个百分点和 6.4 个百分点，该特点也出现在 $S_d > 3$cm 与不同单宽流量组合下，分别平均高出 4.9 个百分点和 5.6 个百分点，以及 5.2 个百分点和 5.7 个百分点；对黏壤土和各畦田规格与非均匀撒施系数，无论 S_d 好坏，不同单宽流量线形入流下的 UCC_N 和 E_{aN} 值也都分别平均高出扇形入流和角形入流下的相应值，且随着 S_d 值增大，各畦田规格不同施肥灌溉技术要素组合方案下

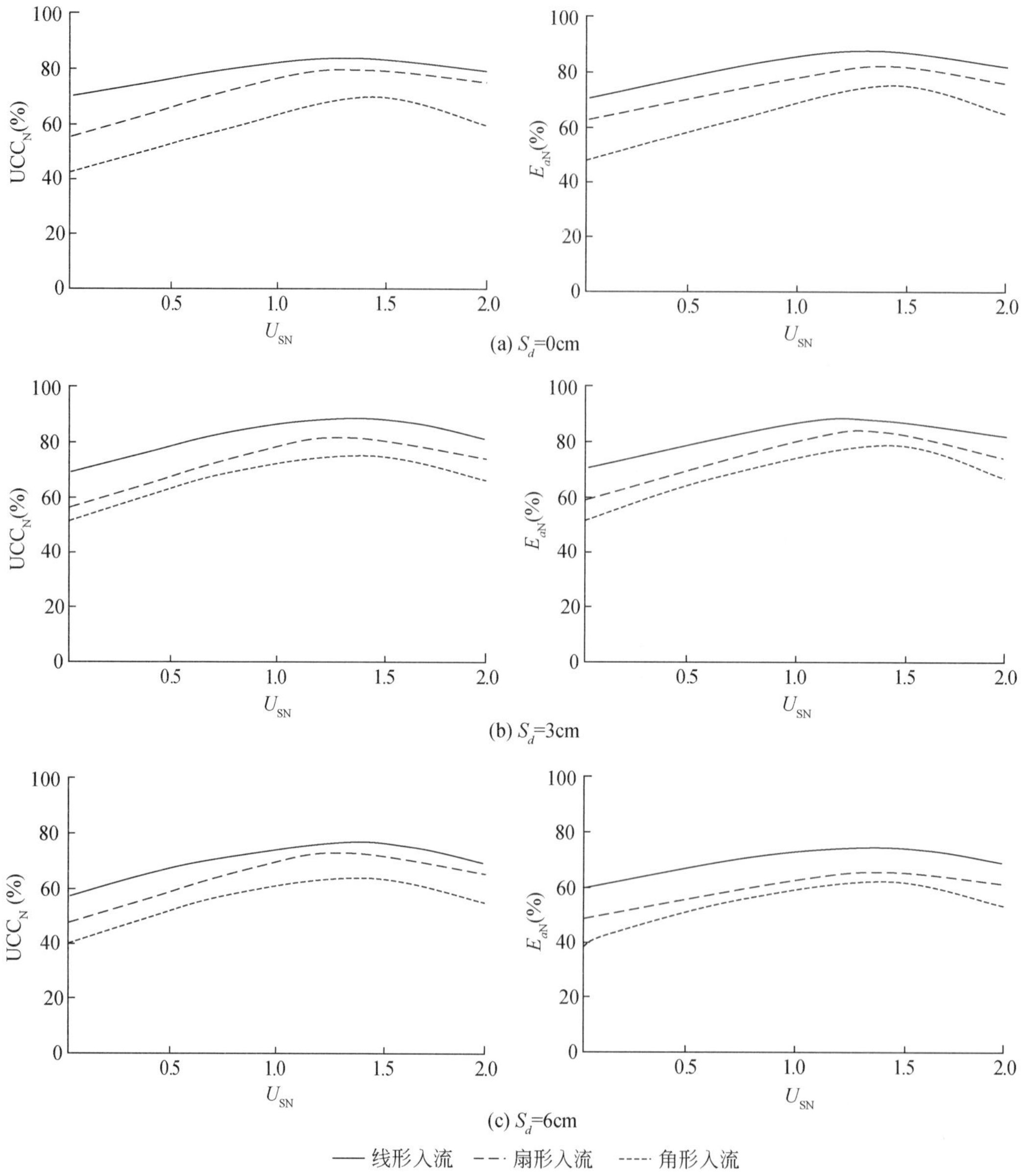

图 15-4　宽畦、黏壤土、q=2L/(s·m)和各入流形式灌溉技术要素组合方案下肥料非均匀撒施系数与施肥性能评价指标的关系

相同入流形式的 UCC_N 和 E_{aN} 值呈现出明显下降趋势。

以上分析结果意味着，随着入流形式从线形入流→扇形入流→角形入流的变化，施肥性能评价指标值显示出下降趋势，且受 S_d 值增大影响显著，使用线形入流形式有益于提高施肥性能。

15.4.4　土壤类型对施肥性能影响

如图 15-1 ~ 图 15-3 所示，对各畦田规格和各入流形式与非均匀撒施系数而言，当

UCC_N和 E_{aN}值达到极大值时，在 $S_d \leqslant 3$cm 与不同单宽流量组合下，黏壤土下的 UCC_N和 E_{aN}值分别平均高出沙壤土 3.1 个百分点和 3.3 个百分点，该特点也发生在 $S_d > 3$cm 与不同单宽流量组合下，分别平均高出 2.9 个百分点和 3.1 个百分点，且随着 S_d值增大，各畦田规格不同施肥灌溉技术要素组合方案下相同土壤类型的 UCC_N和 E_{aN}值呈现出明显下降趋势。

以上分析结果表明，随着土壤类型从沙壤土到黏壤土的变换，施肥性能评价指标值表现出上升趋势，且受 S_d值增大影响显著，黏壤土下的施肥性能相对较好。

15.4.5　单宽流量对施肥性能影响

如图 15-1 ~ 图 15-3 所示，对沙壤土和各畦田规格与非均匀撒施系数而言，当 UCC_N和 E_{aN}值达到极大值时，在 $S_d \leqslant 3$cm 与不同入流形式技术组合下，较大单宽流量[$q = 4$L/(s · m)]下的 UCC_N和 E_{aN}值分别平均高于较小单宽流量[$q = 2$L/(s · m)]4.2 个百分点和 4.5 个百分点，该特点也出现在 $S_d > 3$cm 与不同入流形式组合下，分别平均高出 4.3 个百分点和 4.6 个百分点；对黏壤土和各畦田规格与非均匀撒施系数，无论 S_d好坏，不同入流形式较大单宽流量下的 UCC_N和 E_{aN}值也都分别平均高于较小单宽流量下的相应值，且随着 S_d值增大，各畦田规格不同施肥灌溉技术要素组合方案下相同单宽流量的 UCC_N和 E_{aN}值呈现出明显下降趋势。

以上分析结果表明，随着单宽流量 q 从 2L/(s · m)增大到 4L/(s · m)，施肥性能评价指标值呈现出增加趋势，且受 S_d值增大影响显著，采用较大单宽流量可以提高施肥性能。

15.4.6　畦面微地形空间分布状况对施肥性能影响

如图 15-1 ~ 图 15-3 所示，对沙壤土和各畦田规格与非均匀撒施系数而言，当 UCC_N和 E_{aN}值达到极大值时，在 $q = 2$L/(s · m)与不同入流形式组合下，较好畦面微地形空间分布状况($S_d \leqslant 3$cm)下的 UCC_N和 E_{aN}值分别平均高出较差畦面微地形空间分布状况($S_d > 3$cm) 6.4 个百分点和 6.8 个百分点，该特点也出现在 $q = 4$L/(s · m)与不同入流形式组合下，分别平均高出 5.9 个百分点和 6.3 个百分点；对黏壤土和各畦田规格与非均匀撒施程度，无论单宽流量大小，不同入流形式较好畦面微地形空间分布状况下的 UCC_N和 E_{aN}值也都分别平均高出较差畦面微地形空间分布状况下的相应值。

此外，图 15-1 ~ 图 15-3 还表明，随着 S_d值增大，不仅各畦田规格不同施肥灌溉技术要素组合方案下相同非均匀撒施系数的 UCC_N和 E_{aN}值呈现出明显下降趋势，且当 $S_d = 3$cm 下尤为明显，这表明 S_d大于该值后畦面微地形空间分布状况及其变异性对施肥性能影响显著(许迪等，2007)。若以宽畦、黏壤土、$q = 2$L/(s · m)和各入流形式灌溉技术要素组合方案为例，肥料非均匀撒施系数 U_{SN}分别等于 0、1 和 2 下 UCC_N和 E_{aN}值随 S_d值增加而下降的趋势可参见图 15-5。

以上分析结果意味着，随着 S_d值从 0cm 逐渐增大到 6cm，施肥性能评价指标值表现出下降趋势，且 $S_d > 3$cm 后尤其明显，改善畦面微地形空间分布状况、提升田面平整精度有利于提高施肥性能。

综上所述，畦田撒施肥料灌溉技术要素对施肥性能影响显著，其中，以肥料非均匀撒施

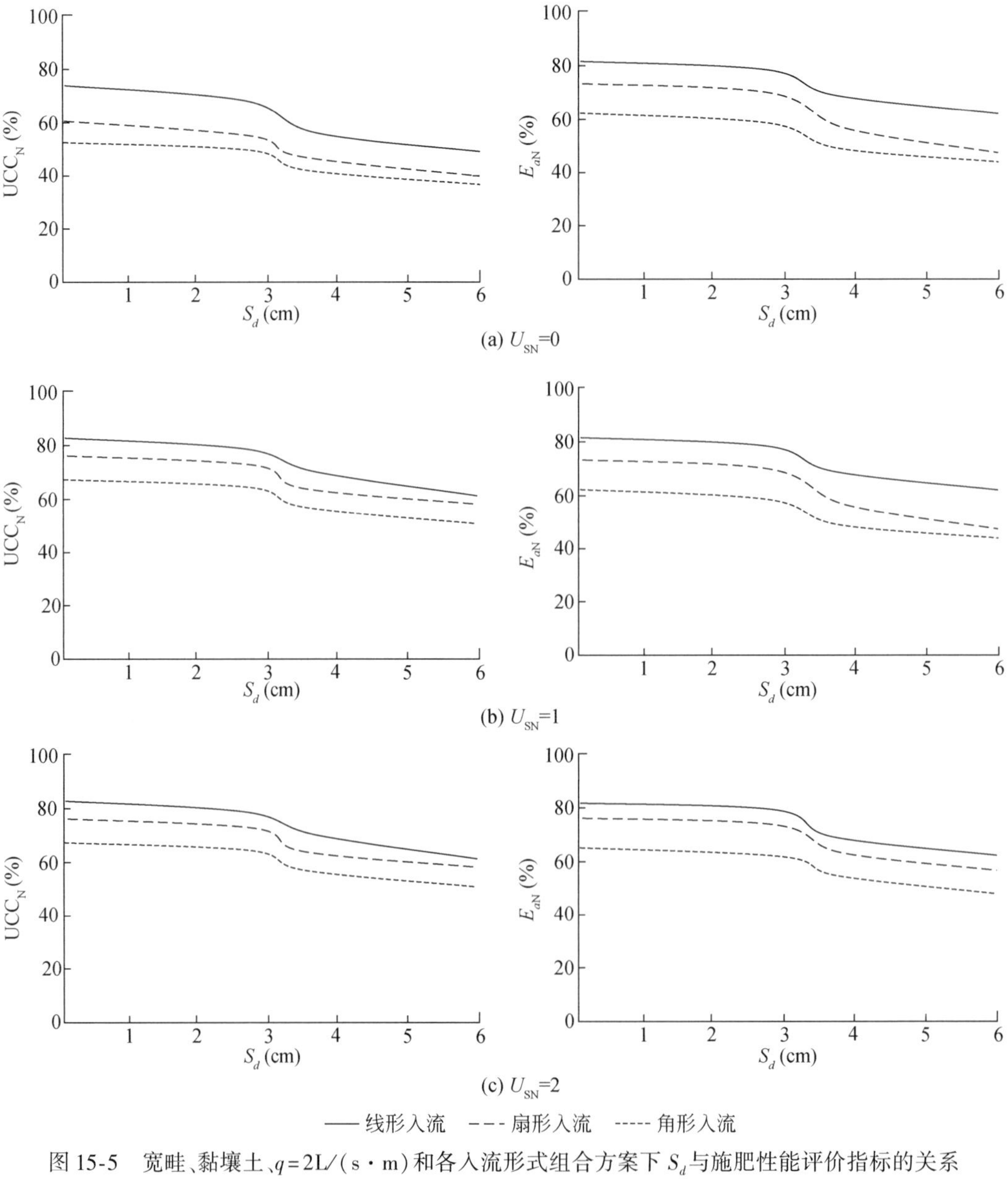

图 15-5　宽畦、黏壤土、q = 2L/(s · m)和各入流形式组合方案下 S_d 与施肥性能评价指标的关系

系数和畦面微地形空间分布状况的影响较为突出。故在改善畦面微地形空间分布状况、提升田面平整精度基础上,择优选用非均匀撒施系数有助于提高施肥性能,而尽量减小畦田规格、采用线形入流形式、适当增大单宽流量也对改善施肥性能产生不同程度的作用。

15.5　畦田撒施肥料灌溉技术要素优化组合分析

基于以上畦田撒施肥料灌溉技术要素(畦田规格、肥料非均匀撒施程度、入流形式、土壤类型、单宽流量、畦面微地形空间分布状况)对施肥性能影响的模拟评价结果,确定畦田撒施肥料灌溉技术要素的优化组合方案及优化组合空间区域。

15.5.1　畦田撒施肥料灌溉技术要素优化组合方案

基于图 15-1 ~ 图 15-3 显示的结果,以 UCC_N 和 E_{aN} 的极大值及对应的最佳非均匀撒施系数为依据,从 5292 个畦田撒施肥料灌溉技术要素组合方案中遴选出 252 个优化组合方案(表 15-3 ~ 表 15-23)。从中可以发现,条畦各入流形式下的最佳 U_{SN} 值均为 0.5、0.7 和 1.1,窄畦和宽畦各入流形式下的最佳非均匀撒施系数 U_{SN} 值分别为 1.0、1.1 和 1.3 及 1.1、1.2 与 1.5。

表 15-3　宽畦撒施肥料灌溉技术要素优化组合方案(S_d=0cm)

最佳非均匀撒施系数 U_{SN}	极大值		撒施肥料灌溉技术要素		
	UCC_N(%)	E_{aN}(%)	入流形式	q[L/(s·m)]	土壤类型
1.1	84.1	85.4	线形入流	2	黏壤土
1.2	82.4	79.5	扇形入流		
1.5	78.4	76.7	角形入流		
1.1	86.3	89.7	线形入流	4	黏壤土
1.2	83.5	82.5	扇形入流		
1.5	77.4	77.8	角形入流		
1.1	82.6	82.8	线形入流	2	沙壤土
1.2	77.6	76.9	扇形入流		
1.5	74.8	73.4	角形入流		
1.1	84.7	86.5	线形入流	4	沙壤土
1.2	79.7	78.5	扇形入流		
1.5	76.4	75.8	角形入流		

表 15-4　宽畦撒施肥料灌溉技术要素优化组合方案(S_d=1cm)

最佳非均匀撒施系数 U_{SN}	极大值		撒施肥料灌溉技术要素		
	UCC_N(%)	E_{aN}(%)	入流形式	q[L/(s·m)]	土壤类型
1.1	82.3	83.7	线形入流	2	黏壤土
1.2	80.5	77.8	扇形入流		
1.5	76.5	74.2	角形入流		
1.1	84.6	87.6	线形入流	4	黏壤土
1.2	81.4	80.7	扇形入流		
1.5	75.3	75.6	角形入流		
1.1	80.3	80.5	线形入流	2	沙壤土
1.2	75.8	74.7	扇形入流		
1.5	72.6	71.7	角形入流		
1.1	82.5	84.6	线形入流	4	沙壤土
1.2	77.6	76.3	扇形入流		
1.5	74.2	73.6	角形入流		

表 15-5 宽畦撒施肥料灌溉技术要素优化组合方案($S_d=2$cm)

最佳非均匀撒施系数 U_{SN}	极大值		撒施肥料灌溉技术要素		
	UCC_N(%)	E_{aN}(%)	入流形式	q[L/(s·m)]	土壤类型
1.1	80.2	81.5	线形入流	2	黏壤土
1.2	78.2	75.9	扇形入流		
1.5	74.3	72.0	角形入流		
1.1	82.4	85.9	线形入流	4	黏壤土
1.2	79.1	78.2	扇形入流		
1.5	73.0	73.7	角形入流		
1.1	77.9	78.2	线形入流	2	沙壤土
1.2	73.3	73.5	扇形入流		
1.5	70.2	69.8	角形入流		
1.1	80.9	82.3	线形入流	4	沙壤土
1.2	75.2	74.6	扇形入流		
1.5	72.1	71.4	角形入流		

表 15-6 宽畦撒施肥料灌溉技术要素优化组合方案($S_d=3$cm)

最佳非均匀撒施系数 U_{SN}	极大值		撒施肥料灌溉技术要素		
	UCC_N(%)	E_{aN}(%)	入流形式	q[L/(s·m)]	土壤类型
1.1	78.4	79.1	线形入流	2	黏壤土
1.2	76.1	73.2	扇形入流		
1.5	72.7	70.2	角形入流		
1.1	80.1	83.4	线形入流	4	黏壤土
1.2	77.6	76.1	扇形入流		
1.5	71.3	71.4	角形入流		
1.1	75.7	76.1	线形入流	2	沙壤土
1.2	71.1	71.3	扇形入流		
1.5	68.5	67.4	角形入流		
1.1	78.2	80.1	线形入流	4	沙壤土
1.2	73.1	72.4	扇形入流		
1.5	70.2	69.7	角形入流		

表 15-7 宽畦撒施肥料灌溉技术要素优化组合方案($S_d=4$cm)

最佳非均匀撒施系数 U_{SN}	极大值		撒施肥料灌溉技术要素		
	UCC_N(%)	E_{aN}(%)	入流形式	q[L/(s·m)]	土壤类型
1.1	70.6	72.8	线形入流	2	黏壤土
1.2	68.6	69.7	扇形入流		
1.5	64.9	65.9	角形入流		

续表

最佳非均匀撒施系数 U_{SN}	极大值		撒施肥料灌溉技术要素		
	UCC_N(%)	E_{aN}(%)	入流形式	q[L/(s·m)]	土壤类型
1.1	74.6	77.8	线形入流	4	黏壤土
1.2	72.8	70.7	扇形入流		
1.5	66.3	67.8	角形入流		
1.1	67.5	68.5	线形入流	2	沙壤土
1.2	65.4	66.4	扇形入流		
1.5	62.7	62.8	角形入流		
1.1	73.1	70.6	线形入流	4	沙壤土
1.2	66.9	67.8	扇形入流		
1.5	64.1	65.7	角形入流		

表 15-8　宽畦撒施肥料灌溉技术要素优化组合方案(S_d=5cm)

最佳非均匀撒施系数 U_{SN}	极大值		撒施肥料灌溉技术要素		
	UCC_N(%)	E_{aN}(%)	入流形式	q[L/(s·m)]	土壤类型
1.1	68.4	70.3	线形入流	2	黏壤土
1.2	66.7	67.4	扇形入流		
1.5	62.4	63.6	角形入流		
1.1	72.3	75.6	线形入流	4	黏壤土
1.2	70.6	68.6	扇形入流		
1.5	64.5	65.4	角形入流		
1.1	65.6	66.3	线形入流	2	沙壤土
1.2	63.7	64.5	扇形入流		
1.5	59.8	60.5	角形入流		
1.1	70.6	68.4	线形入流	4	沙壤土
1.2	64.7	65.3	扇形入流		
1.5	62.5	63.2	角形入流		

表 15-9　宽畦撒施肥料灌溉技术要素优化组合方案(S_d=6cm)

最佳非均匀撒施系数 U_{SN}	极大值		撒施肥料灌溉技术要素		
	UCC_N(%)	E_{aN}(%)	入流形式	q[L/(s·m)]	土壤类型
1.1	66.7	68.1	线形入流	2	黏壤土
1.2	64.2	65.3	扇形入流		
1.5	60.2	61.3	角形入流		

续表

最佳非均匀撒施系数 U_{SN}	极大值		撒施肥料灌溉技术要素		
	UCC_N(%)	E_{aN}(%)	入流形式	q[L/(s·m)]	土壤类型
1.1	70.1	73.2	线形入流	4	黏壤土
1.2	68.0	66.2	扇形入流		
1.5	62.2	63.1	角形入流		
1.1	63.2	64.1	线形入流	2	沙壤土
1.2	61.5	62.3	扇形入流		
1.5	57.5	58.3	角形入流		
1.1	68.3	66.1	线形入流	4	沙壤土
1.2	62.9	63.2	扇形入流		
1.5	60.1	61.5	角形入流		

表 15-10　窄畦撒施肥料灌溉技术要素优化组合方案(S_d=0cm)

最佳非均匀撒施系数 U_{SN}	极大值		撒施肥料灌溉技术要素		
	UCC_N(%)	E_{aN}(%)	入流形式	q[L/(s·m)]	土壤类型
1.0	90.7	89.4	线形入流	2	黏壤土
1.1	88.4	87.3	扇形入流		
1.3	86.2	83.5	角形入流		
1.0	92.6	90.5	线形入流	4	黏壤土
1.1	89.6	87.8	扇形入流		
1.3	88.4	85.3	角形入流		
1.0	87.8	86.3	线形入流	2	沙壤土
1.1	85.4	83.1	扇形入流		
1.3	84.3	79.5	角形入流		
1.1	89.3	88.4	线形入流	4	沙壤土
1.2	86.4	86.1	扇形入流		
1.5	84.7	83.8	角形入流		

表 15-11　窄畦撒施肥料灌溉技术要素优化组合方案(S_d=1cm)

最佳非均匀撒施系数 U_{SN}	极大值		撒施肥料灌溉技术要素		
	UCC_N(%)	E_{aN}(%)	入流形式	q[L/(s·m)]	土壤类型
1.0	88.3	87.6	线形入流	2	黏壤土
1.1	86.2	85.3	扇形入流		
1.3	84.7	81.4	角形入流		

续表

最佳非均匀撒施系数 U_{SN}	极大值		撒施肥料灌溉技术要素		
	UCC_N(%)	E_{aN}(%)	入流形式	q[L/(s·m)]	土壤类型
1.0	90.1	88.4	线形入流	4	黏壤土
1.1	87.4	85.3	扇形入流		
1.3	86.3	83.4	角形入流		
1.0	85.3	84.6	线形入流	2	沙壤土
1.1	83.6	81.7	扇形入流		
1.3	82.1	77.6	角形入流		
1.0	87.2	86.8	线形入流	4	沙壤土
1.1	84.7	84.7	扇形入流		
1.3	82.6	82.4	角形入流		

表 15-12　窄畦撒施肥料灌溉技术要素优化组合方案(S_d=2cm)

最佳非均匀撒施系数 U_{SN}	极大值		撒施肥料灌溉技术要素		
	UCC_N(%)	E_{aN}(%)	入流形式	q[L/(s·m)]	土壤类型
1.0	86.4	85.2	线形入流	2	黏壤土
1.1	84.1	83.1	扇形入流		
1.3	82.3	79.0	角形入流		
1.0	88.7	86.3	线形入流	4	黏壤土
1.1	85.5	83.1	扇形入流		
1.3	84.1	81.2	角形入流		
1.0	83.1	82.1	线形入流	2	沙壤土
1.1	81.2	79.4	扇形入流		
1.3	80.2	75.3	角形入流		
1.0	85.1	84.7	线形入流	4	沙壤土
1.1	82.2	82.3	扇形入流		
1.3	80.3	80.6	角形入流		

表 15-13　窄畦撒施肥料灌溉技术要素优化组合方案(S_d=3cm)

最佳非均匀撒施系数 U_{SN}	极大值		撒施肥料灌溉技术要素		
	UCC_N(%)	E_{aN}(%)	入流形式	q[L/(s·m)]	土壤类型
1.0	84.1	83.1	线形入流	2	黏壤土
1.1	82.3	81.2	扇形入流		
1.3	80.6	77.3	角形入流		

续表

最佳非均匀撒施系数 U_{SN}	极大值		撒施肥料灌溉技术要素		
	UCC_N(%)	E_{aN}(%)	入流形式	q[L/(s·m)]	土壤类型
1.0	86.3	84.5	线形入流	4	黏壤土
1.1	83.1	81.9	扇形入流		
1.3	82.0	78.8	角形入流		
1.0	81.2	80.2	线形入流	2	沙壤土
1.1	79.3	77.2	扇形入流		
1.3	78.1	73.2	角形入流		
1.0	83.2	82.4	线形入流	4	沙壤土
1.1	80.4	80.1	扇形入流		
1.3	78.1	78.3	角形入流		

表 15-14 窄畦撒施肥料灌溉技术要素优化组合方案(S_d=4cm)

最佳非均匀撒施系数 U_{SN}	极大值		撒施肥料灌溉技术要素		
	UCC_N(%)	E_{aN}(%)	入流形式	q[L/(s·m)]	土壤类型
1.0	76.9	76.4	线形入流	2	黏壤土
1.1	74.3	72.8	扇形入流		
1.3	70.8	67.8	角形入流		
1.0	75.8	79.7	线形入流	4	黏壤土
1.1	71.8	74.8	扇形入流		
1.3	66.8	68.7	角形入流		
1.0	75.7	73.1	线形入流	2	沙壤土
1.1	71.7	70.5	扇形入流		
1.3	65.9	64.6	角形入流		
1.0	71.5	76.4	线形入流	4	沙壤土
1.1	69.8	72.7	扇形入流		
1.3	66.8	66.8	角形入流		

表 15-15 窄畦撒施肥料灌溉技术要素优化组合方案(S_d=5cm)

最佳非均匀撒施系数 U_{SN}	极大值		撒施肥料灌溉技术要素		
	UCC_N(%)	E_{aN}(%)	入流形式	q[L/(s·m)]	土壤类型
1.0	74.5	74.3	线形入流	2	黏壤土
1.1	72.7	70.5	扇形入流		
1.3	68.6	65.3	角形入流		

续表

最佳非均匀撒施系数 U_{SN}	极大值		撒施肥料灌溉技术要素		
	UCC_N(%)	E_{aN}(%)	入流形式	q[L/(s·m)]	土壤类型
1.0	73.4	77.3	线形入流	4	黏壤土
1.1	69.5	72.4	扇形入流		
1.3	64.6	63.4	角形入流		
1.0	73.5	70.6	线形入流	2	沙壤土
1.1	69.6	68.4	扇形入流		
1.3	63.7	62.9	角形入流		
1.0	69.6	74.6	线形入流	4	沙壤土
1.1	67.4	68.5	扇形入流		
1.3	64.6	61.6	角形入流		

表 15-16 窄畦撒施肥料灌溉技术要素优化组合方案(S_d=6cm)

最佳非均匀撒施系数 U_{SN}	极大值		撒施肥料灌溉技术要素		
	UCC_N(%)	E_{aN}(%)	入流形式	q[L/(s·m)]	土壤类型
1.0	72.4	72.1	线形入流	2	黏壤土
1.1	70.2	68.9	扇形入流		
1.3	66.5	63.0	角形入流		
1.0	71.1	75.3	线形入流	4	黏壤土
1.1	67.1	70.1	扇形入流		
1.3	62.3	61.5	角形入流		
1.0	71.2	68.7	线形入流	2	沙壤土
1.1	67.2	66.1	扇形入流		
1.3	61.3	60.2	角形入流		
1.0	67.2	72.3	线形入流	4	沙壤土
1.1	65.1	66.7	扇形入流		
1.3	62.3	59.8	角形入流		

表 15-17 条畦撒施肥料灌溉技术要素优化组合方案(S_d=0cm)

最佳非均匀撒施系数 U_{SN}	极大值		撒施肥料灌溉技术要素		
	UCC_N(%)	E_{aN}(%)	入流形式	q[L/(s·m)]	土壤类型
0.5	96.3	92.3	线形入流	2	黏壤土
0.7	94.2	89.2	扇形入流		
1.1	91.7	85.1	角形入流		

续表

最佳非均匀撒施系数 U_{SN}	极大值		撒施肥料灌溉技术要素		
	UCC_N(%)	E_{aN}(%)	入流形式	q[L/(s·m)]	土壤类型
0.5	97.2	94.2	线形入流	4	黏壤土
0.7	96.1	89.6	扇形入流		
1.1	93.2	87.2	角形入流		
0.5	93.8	91.1	线形入流	2	沙壤土
0.7	90.7	87.3	扇形入流		
1.1	86.2	82.7	角形入流		
0.5	94.1	91.2	线形入流	4	沙壤土
0.7	92.2	87.3	扇形入流		
1.1	88.5	84.2	角形入流		

表 15-18　条畦撒施肥料灌溉技术要素优化组合方案(S_d=1cm)

最佳非均匀撒施系数 U_{SN}	极大值		撒施肥料灌溉技术要素		
	UCC_N(%)	E_{aN}(%)	入流形式	q[L/(s·m)]	土壤类型
0.5	94.2	90.5	线形入流	2	黏壤土
0.7	92.1	87.4	扇形入流		
1.1	89.5	83.2	角形入流		
0.5	95.1	92.1	线形入流	4	黏壤土
0.7	94.0	87.8	扇形入流		
1.1	91.4	85.8	角形入流		
0.5	91.6	89.3	线形入流	2	沙壤土
0.7	88.4	85.6	扇形入流		
1.1	84.3	80.6	角形入流		
0.5	92.4	89.4	线形入流	4	沙壤土
0.7	90.1	85.7	扇形入流		
1.1	86.6	82.6	角形入流		

表 15-19　条畦撒施肥料灌溉技术要素优化组合方案(S_d=2cm)

最佳非均匀撒施系数 U_{SN}	极大值		撒施肥料灌溉技术要素		
	UCC_N(%)	E_{aN}(%)	入流形式	q[L/(s·m)]	土壤类型
0.5	92.8	88.7	线形入流	2	黏壤土
0.7	90.3	85.2	扇形入流		
1.1	87.3	81.1	角形入流		

续表

最佳非均匀撒施系数 U_{SN}	极大值		撒施肥料灌溉技术要素		
	UCC_N(%)	E_{aN}(%)	入流形式	q[L/(s·m)]	土壤类型
0.5	93.7	90.3	线形入流	4	黏壤土
0.7	92.1	85.8	扇形入流		
1.1	89.2	83.3	角形入流		
0.5	89.8	87.1	线形入流	2	沙壤土
0.7	86.7	83.1	扇形入流		
1.1	82.1	78.3	角形入流		
0.5	90.8	87.1	线形入流	4	沙壤土
0.7	88.2	83.6	扇形入流		
1.1	84.8	80.4	角形入流		

表 15-20　条畦撒施肥料灌溉技术要素优化组合方案(S_d=3cm)

最佳非均匀撒施系数 U_{SN}	极大值		撒施肥料灌溉技术要素		
	UCC_N(%)	E_{aN}(%)	入流形式	q[L/(s·m)]	土壤类型
0.5	89.7	86.3	线形入流	2	黏壤土
0.7	87.7	83.1	扇形入流		
1.1	84.8	79.4	角形入流		
0.5	91.4	88.1	线形入流	4	黏壤土
0.7	90.3	83.2	扇形入流		
1.1	87.4	81.4	角形入流		
0.5	87.6	85.0	线形入流	2	沙壤土
0.7	84.3	81.2	扇形入流		
1.1	80.3	76.4	角形入流		
0.5	88.6	84.8	线形入流	4	沙壤土
0.7	86.1	81.2	扇形入流		
1.1	82.3	78.7	角形入流		

表 15-21　条畦撒施肥料灌溉技术要素优化组合方案(S_d=4cm)

最佳非均匀撒施系数 U_{SN}	极大值		撒施肥料灌溉技术要素		
	UCC_N(%)	E_{aN}(%)	入流形式	q[L/(s·m)]	土壤类型
0.5	84.6	78.4	线形入流	2	黏壤土
0.7	81.8	75.3	扇形入流		
1.1	79.3	73.7	角形入流		

续表

最佳非均匀撒施系数 U_{SN}	极大值		撒施肥料灌溉技术要素		
	UCC_N(%)	E_{aN}(%)	入流形式	q[L/(s·m)]	土壤类型
0.5	86.7	79.8	线形入流	4	黏壤土
0.7	83.9	77.5	扇形入流		
1.1	82.8	74.8	角形入流		
0.5	77.8	73.8	线形入流	2	沙壤土
0.7	75.3	71.6	扇形入流		
1.1	73.6	66.8	角形入流		
0.5	78.4	78.5	线形入流	4	沙壤土
0.7	77.5	74.1	扇形入流		
1.1	75.7	69.7	角形入流		

表 15-22　条畦撒施肥料灌溉技术要素优化组合方案(S_d=5cm)

最佳非均匀撒施系数 U_{SN}	极大值		撒施肥料灌溉技术要素		
	UCC_N(%)	E_{aN}(%)	入流形式	q[L/(s·m)]	土壤类型
0.5	82.4	76.8	线形入流	2	黏壤土
0.7	79.6	73.4	扇形入流		
1.1	77.2	71.6	角形入流		
0.5	84.3	77.9	线形入流	4	黏壤土
0.7	81.7	75.7	扇形入流		
1.1	80.2	72.6	角形入流		
0.5	75.4	71.6	线形入流	2	沙壤土
0.7	73.6	69.8	扇形入流		
1.1	71.7	64.5	角形入流		
0.5	76.3	76.3	线形入流	4	沙壤土
0.7	75.4	71.5	扇形入流		
1.1	73.5	67.4	角形入流		

表 15-23　条畦撒施肥料灌溉技术要素优化组合方案(S_d=6cm)

最佳非均匀撒施系数 U_{SN}	极大值		撒施肥料灌溉技术要素		
	UCC_N(%)	E_{aN}(%)	入流形式	q[L/(s·m)]	土壤类型
0.5	80.1	74.1	线形入流	2	黏壤土
0.7	77.2	71.5	扇形入流		
1.1	75.3	69.1	角形入流		
0.5	82.0	75.6	线形入流	4	黏壤土
0.7	79.9	73.6	扇形入流		
1.1	78.1	70.4	角形入流		

续表

最佳非均匀撒施系数 U_{SN}	极大值		撒施肥料灌溉技术要素		
	UCC_N(%)	E_{aN}(%)	入流形式	q[L/(s·m)]	土壤类型
0.5	73.2	69.4	线形入流	2	沙壤土
0.7	71.5	67.1	扇形入流		
1.1	69.8	62.0	角形入流		
0.5	74.1	74.1	线形入流	4	沙壤土
0.7	73.2	69.3	扇形入流		
1.1	71.6	65.2	角形入流		

对表 15-3 ~ 表 15-23 给出的结果进行综合分析可知，一方面，同一畦田规格（条畦、窄畦、宽畦）下的最佳非均匀撒施系数 U_{SN} 值随入流形式（线形入流→扇形入流→角形入流）变化而改变，即条畦下为 0.5→0.7→1.1；窄畦下为 1.0→1.1→1.3；宽畦下为 1.1→1.2→1.5。另一方面，同一入流形式（线形入流、扇形入流、角形入流）下的最佳非均匀撒施系数 U_{SN} 值随畦田规格（条畦→窄畦→宽畦）扩大而改变，即线形入流下为 0.5→1.0→1.1；扇形入流下为 0.7→1.1→1.2；角形入流下为 1.1→1.3→1.5（图 15-6）。不同入流形式下的最佳非均匀撒施系数 U_{SN} 值随畦田规格扩大呈递减规律增加，而不同畦田规格下的最佳非均匀撒施系数 U_{SN} 值随入流形式变化呈递增规律增大。扩大畦田规格尽管对各入流形式下的最佳非均匀撒施系数 U_{SN} 值排序不会产生影响，但却相应增大了各入流形式下的最佳非均匀撒施系数 U_{SN} 值，即增大了非均匀撒施肥料的程度。

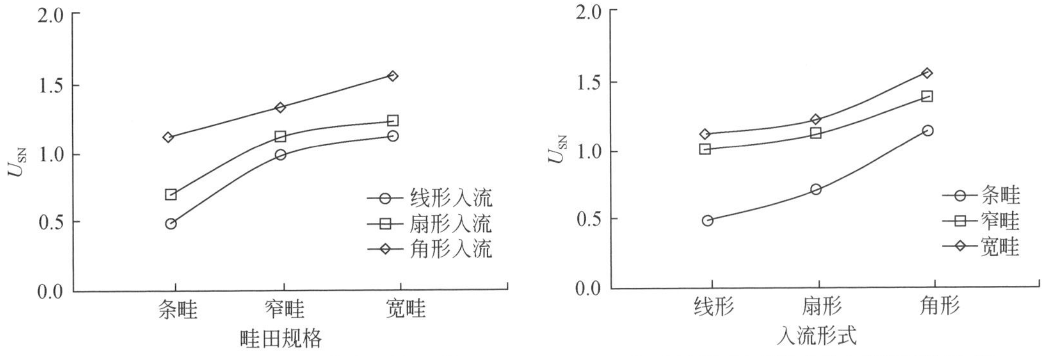

(a) 畦田规格与最佳非均匀撒施系数 U_{SN} 值　(b) 入流形式与最佳非均匀撒施系数 U_{SN} 值

图 15-6　撒施肥料灌溉下畦田规格和入流形式与最佳肥料非均匀撒施系数值之间的关系

15.5.2　畦田撒施肥料灌溉技术要素优化组合空间区域

以表 15-3 ~ 表 15-23 列出的 252 个优化组合方案的最佳非均匀撒施系数值及施肥性能评价指标值为依据，将单宽流量 q 的取值范围扩充到[1,6]，计算步长为 1L/(s·m)，并以 $UCC_N \geq 75\%$ 和 $E_{aN} \geq 75\%$ 分别作为约束条件，开展数值模拟计算分析，确定给出畦田撒施肥料灌溉技术要素优化组合空间区域（图 15-7 ~ 图 15-9）。采用 Surfer12.0 绘图软件（Golden Software Corporation, 2014）内含的 Local Polynomial 插值方法，对得到的施肥性能评价指标值进行插值计算。为了能够量化畦田规格，选取大致相应的畦田面积 A 表征各种畦田规格，并假定对各类畦田规格而言，其长度与宽度之间可按照线性关系进行互变。

15.5.2.1　线形入流最佳非均匀撒施系数 U_{SN} 下畦田撒施肥料灌溉技术要素优化组合空间区域

如图 15-7 所示，在 $UCC_N \geqslant 75\%$ 和 $E_{aN} \geqslant 75\%$ 约束下，黏壤土不同施肥灌溉技术要素优化组合空间区域都分别稍大于沙壤土，且 $E_{aN} \geqslant 75\%$ 下黏壤土和沙壤土的空间区域均分别稍大于 $UCC_N \geqslant 75\%$ 下的相应值。一方面，随着畦田规格增大，$UCC_N \geqslant 75\%$ 下的 S_d 平均值分别从条畦的 4.8cm（黏壤土）和 4.6cm（沙壤土）下降到宽畦的 3.6cm 与 3.3cm，而 $E_{aN} \geqslant 75\%$ 下的 S_d 平均值则分别从 4.9cm 和 4.7cm 减小到 3.8cm 与 3.5cm，这表明畦面微地形空间分布状况对宽畦下的施肥性能影响相对敏感。另一方面，随着单宽流量增大，$UCC_N \geqslant 75\%$ 下的 S_d 平均值分别从 $q=1L/(s \cdot m)$ 的 2.9cm（黏壤土）和 2.7cm（沙壤土）上升到 $q=6L/(s \cdot m)$ 的 4.5cm 与 4.4cm，而 $E_{aN} \geqslant 75\%$ 下的 S_d 平均值则分别从 3.1cm 和 2.8cm 增大到 4.7cm 与 4.5cm，这说明畦面微地形空间分布状况对较大单宽流量下的施肥性能影响较不敏感。

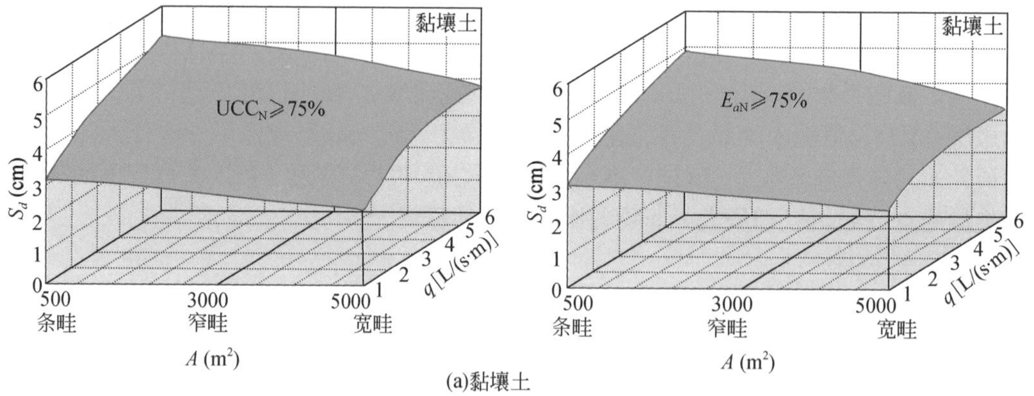

(a)黏壤土

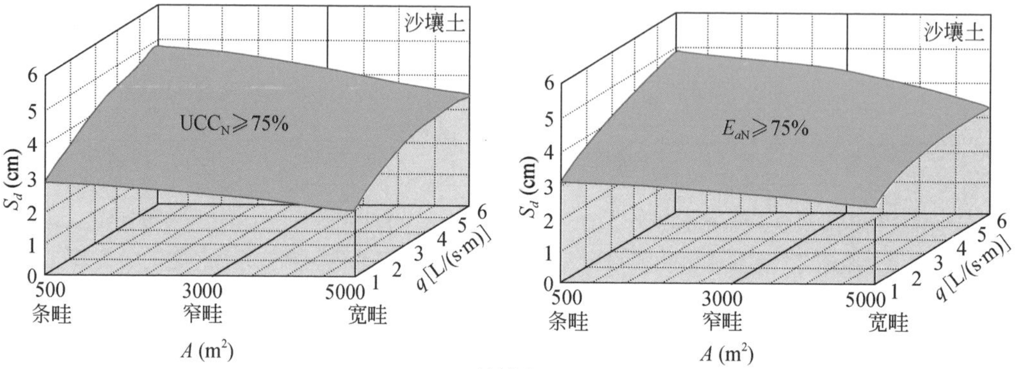

(b)沙壤土

图 15-7　线形入流最佳非均匀撒施系数 U_{SN} 下畦田撒施肥料灌溉技术要素优化组合空间区域

与扇形入流和角形入流最佳非均匀撒施系数 U_{SN} 值（图 15-8 和图 15-9）相比，线形入流最佳非均匀撒施系数 U_{SN} 值不同施肥灌溉技术要素优化组合空间区域最大，这意味着此时畦面微地形空间分布状况对施肥性能影响的制约程度相对较小。在各类畦田规格线形入流非均匀撒施肥料灌溉下，可以参考图 15-7 显示的空间区域，开展华北地区冬小麦畦田撒施肥料灌溉工程优化设计与性能评价。

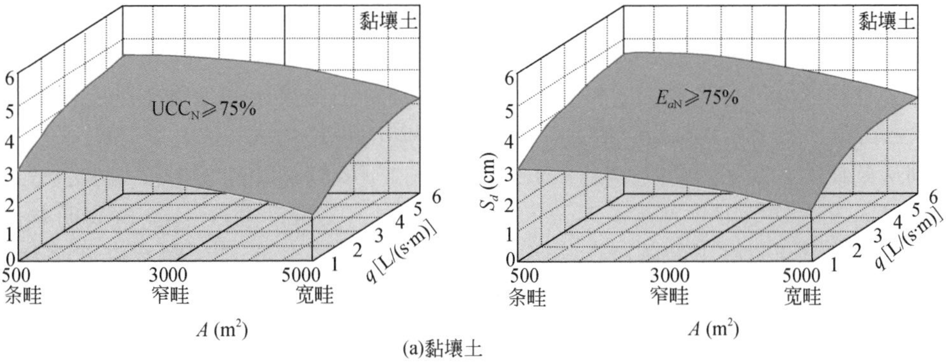

(a)黏壤土

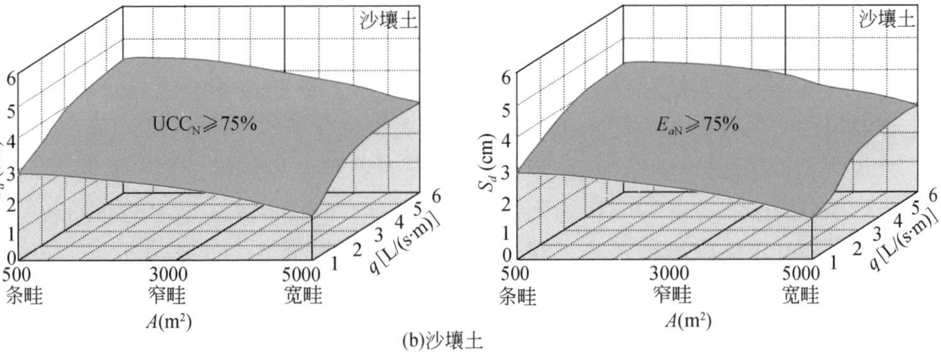

(b)沙壤土

图 15-8　扇形入流最佳非均匀撒施系数下畦田撒施肥料灌溉技术要素优化组合空间区域

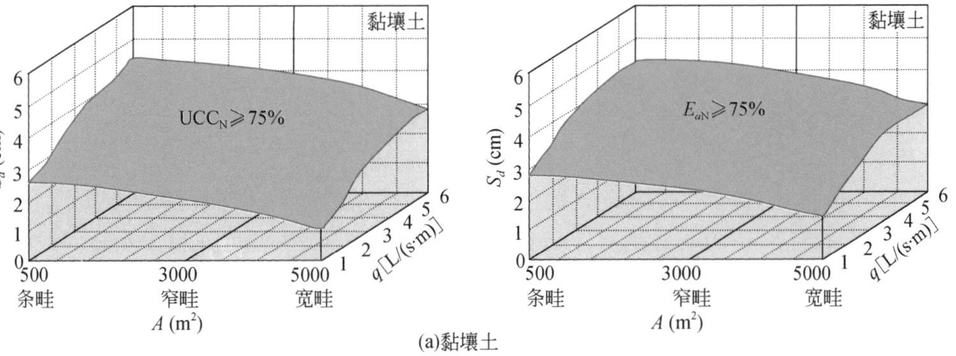

(a)黏壤土

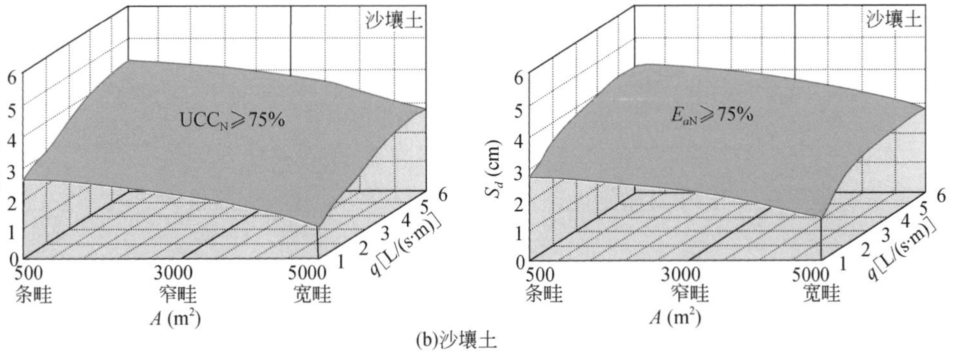

(b)沙壤土

图 15-9　角形入流最佳非均匀撒施系数 U_{SN} 下畦田撒施肥料灌溉技术要素优化组合空间区域

15.5.2.2 扇形入流最佳非均匀撒施系数 U_{SN} 下畦田撒施肥料灌溉技术要素优化组合空间区域

如图 15-8 所示，在 UCC_N≥75% 和 E_{aN}≥75% 约束下，黏壤土不同施肥灌溉技术要素优化组合空间区域都分别稍大于沙壤土，且 E_{aN}≥75% 下黏壤土和沙壤土的空间区域均分别稍大于 UCC_N≥75% 下的相应值。一方面，随着畦田规格增大，UCC_N≥75% 下的 S_d 平均值分别从条畦的 4.3cm（黏壤土）和 4.1cm（沙壤土）下降到宽畦的 3.3cm 与 3.2cm，而 E_{aN}≥75% 下的 S_d 平均值则分别从 4.5cm 和 4.3cm 减小到 3.5cm 与 3.3cm，这表明畦面微地形空间分布状况对宽畦下的施肥性能影响相对敏感。另一方面，随着单宽流量增大，UCC_N≥75% 下的 S_d 平均值分别从 q=1L/(s·m) 的 2.7cm（黏壤土）和 2.6cm（沙壤土）上升到 q=6L/(s·m) 的 4.3cm 与 4.1cm，而 E_{aN}≥75% 下的 S_d 平均值则分别从 2.9cm 和 2.7cm 增大到 4.5cm 与 4.2cm，这说明畦面微地形空间分布状况对较大单宽流量下的施肥性能影响较不敏感。

与线形入流和角形入流最佳非均匀撒施系数 U_{SN} 值（图 15-7 和图 15-9）相比，扇形入流最佳非均匀撒施系数 U_{SN} 值不同施肥灌溉技术要素优化组合空间区域明显小于前者但大于后者，这意味着此时畦面微地形空间分布状况对施肥性能影响的制约程度相对居中。在各类畦田规格扇形入流非均匀撒施肥料灌溉下，可以参考图 15-8 显示的空间区域，开展华北地区冬小麦畦田撒施肥料灌溉工程优化设计与性能评价。

15.5.2.3 角形入流最佳非均匀撒施系数 U_{SN} 下畦田撒施肥料灌溉技术要素优化组合空间区域

如图 15-9 所示，在 UCC_N≥75% 和 E_{aN}≥75% 约束下，黏壤土不同施肥灌溉技术要素优化组合空间区域都分别稍大于沙壤土，且 E_{aN}≥75% 下黏壤土和沙壤土的空间区域均分别稍大于 UCC_N≥75% 下的相应值。一方面，随着畦田规格增大，UCC_N≥75% 下的 S_d 平均值分别从条畦的 4.0cm（黏壤土）和 3.9cm（沙壤土）下降到宽畦的 2.9cm 与 2.6cm，而 E_{aN}≥75% 下的 S_d 平均值则分别从 4.2cm 和 4.1cm 减小到 3.2cm 与 2.8cm，这表明畦面微地形空间分布状况对宽畦下的施肥性能影响相对敏感。另一方面，随着单宽流量增大，UCC_N≥75% 下的 S_d 平均值分别从 q=1L/(s·m) 的 2.6cm（黏壤土）和 2.4cm（沙壤土）上升到 q=6L/(s·m) 的 3.9cm 与 3.8cm，而 E_{aN}≥75% 下的 S_d 平均值则分别从 2.8cm 和 2.5cm 增大到 4.1cm 与 4.0cm，这说明畦面微地形空间分布状况对较大单宽流量下的施肥性能影响较不敏感。

与线形入流和扇形入流最佳非均匀撒施系数 U_{SN} 值（图 15-7 和图 15-8）相比，角形入流最佳非均匀撒施系数 U_{SN} 值不同施肥灌溉技术要素优化组合空间区域明显小于前者并相对小于后者，这意味着此时畦面微地形空间分布状况对施肥性能影响的制约程度相对较大。在各类畦田规格角形入流非均匀撒施肥料灌溉下，可以参考图 15-9 显示的空间区域，开展华北地区冬小麦畦田撒施肥料灌溉工程优化设计与性能评价。

15.6 结　　论

本章基于构建的畦田撒施肥料灌溉地表水流溶质运动全耦合模型，以数值模拟实验设计方案为基础,系统开展了畦田撒施肥料灌溉性能的模拟评价,分析了各施肥灌溉技术要素对施肥性能的影响,确定出畦田撒施肥料灌溉技术要素的优化组合方案及优化组合空间区域。

畦田撒施肥料灌溉技术要素对施肥性能影响显著,以肥料非均匀撒施程度和畦面微地形空间分布状况的作用相对突出。条畦各入流形式下的最佳非均匀撒施系数 U_{SN} 值均为 0.5、0.7 和 1.1,而窄畦和宽畦各入流形式下均分别为 1.0、1.1 和 1.3 及 1.1、1.2 与 1.5,且 S_d>3cm 后的施肥性能明显变差。在有效改善畦面微地形空间分布状况、提升田面平整精度基础上,选用最佳非均匀撒施系数 U_{SN} 值可有效提高施肥性能,而尽量减小畦田规格、采用线形入流形式、适当增大单宽流量也对提升施肥性能起到积极作用。

当以 $UCC_N \geq 75\%$ 和 $E_{aN} \geq 75\%$ 作为确定畦田撒施肥料灌溉技术要素优化组合空间区域的约束条件时,线形入流条畦和窄(宽)畦下采用最佳非均匀撒施系数 U_{SN} 值分别为 0.5 和 1.1 的撒施肥料灌溉具有最佳施肥性能,相对最大的空间区域表明其具备较强的技术适宜性,畦面微地形空间分布状况对施肥性能影响的制约程度相对较小;扇形入流条畦和窄(宽)畦下采用最佳非均匀撒施系数 U_{SN} 值分别为 0.7 和 1.2 的撒施肥料灌溉具有最佳施肥性能,相对较小的空间区域表明其具备较弱的技术适宜性,畦面微地形空间分布状况对施肥性能影响的制约程度相对居中;角形入流条畦和窄(宽)畦下采用最佳非均匀撒施系数 U_{SN} 值分别为 1.1 和 1.4 的撒施肥料灌溉具有最佳施肥性能,相对最小的空间区域表明其具备较低的技术适宜性,畦面微地形空间分布状况对施肥性能影响的制约程度相对较大。可以参考以上确定的畦田撒施肥料灌溉技术要素优化组合空间区域,开展华北地区冬小麦畦田撒施肥料灌溉工程优化设计与性能评价。

参考文献

许迪,龚时宏,李益农,等. 2007. 农业高效用水技术研究与创新. 北京:中国农业出版社

Abbasi F, Simunek J, Van Genuchten M T, et al. 2003. Overland water flow and solute transport: model development and field-data analysis. Journal of Irrigation and Drainage Engineering,129(2):71-81

Bradford S F, Katopodes N D. 1998. Nonhydrostatic model for surface irrigation. Journal of Irrigation and Drainage Engineering,124(4):200-212

Burguete J, Zapata N, García-Navarro P, et al. 2009. Fertigation in furrows and level furrow systems. Ⅰ: model description and numerical tests. Journal of Irrigation and Drainage Engineering,135(4):401-412

García-Navarro P, Playán E, Zapata N. 2000. Solute transport modeling in overland flow applied to fertigation. Journal of Irrigation and Drainage Engineering,126(1):33-40

Golden Software Corporation. 2014. Surfer 12.0. USA, Colorado

Murillo J, García-Navarro P, Burguete J. 2008. Analysis of a second-order upwind method for the simulation of solute transport in 2D shallow water flow. International Journal for Numerical Methods in Fluids, 56(6): 661-686

Playán E, Faci J M. 1997. Border fertigation: field experiments and a simple model. Irrigation Science, 17(4): 163-171

Zhu L, Fox P J. 2002. Simulation of pore-scale dispersion in periodic porous media using smoothed particle hydrodynamics. Journal of Computational Physics,182(2):622-645